AF454262

Wiener Kreis

Texte zur wissenschaftlichen Weltauffassung
von Rudolf Carnap, Otto Neurath,
Moritz Schlick, Philipp Frank, Hans Hahn,
Karl Menger, Edgar Zilsel
und Gustav Bergmann

Herausgegeben von

MICHAEL STÖLTZNER UND THOMAS UEBEL

FELIX MEINER VERLAG
HAMBURG

PHILOSOPHISCHE BIBLIOTHEK BAND 577

Bibliographische Information der Deutschen Nationalbibliothek

Die Deutsche Nationalbibliothek verzeichnet diese Publikation in der Deutschen Nationalbibliographie; detaillierte bibliographische Daten sind im Internet abrufbar über ‹http://portal.dnb.de›.
ISBN 978-3-7873-1811-7
ISBN eBook: 978-3-7873-2109-4

www.meiner.de

INHALT

Wiener Kreis
Texte zur wissenschaftlichen Weltauffassung

I. Programmschriften

II. Frühe philosophische Arbeiten der Gründer

III. Allgemeine Erkenntnislehre und Wissenschaftstheorie

IV. Zu den Programmen des Physikalismus und der Einheitswissenschaft

EINLEITUNG
DER HERAUSGEBER

Vorbemerkung

Die philosophische und historische Forschung der letzten zwei Jahrzehnte hat zu einer weitgehenden Neubewertung des Wiener Kreises geführt. Statt als eine homogene Gruppe, die ein thematisch enges und inzwischen überwundenes Programm, den Logischen Empirismus bzw. Logischen Positivismus, vertreten habe, erscheint der Wiener Kreis heute als eine heterogene Bewegung von eigenständigen Denkern, die sich zum gemeinsamen Projekt einer wissenschaftlichen Weltauffassung zusammenfanden und dabei lokale wie internationale Allianzen mit Gleichgesinnten knüpften. Sosehr sich durch das lange vernachlässigte Studium der Originaltexte nun interne Meinungsverschiedenheiten in der Sache erschließen, sich innerhalb des Kreises sogar wesentliche Argumente der späteren Kritik am Logischen Empirismus finden, so erweist sich der Wiener Kreis nichtsdestoweniger als ein kohärentes historisches Phänomen, das in vielfältiger Weise mit den intellektuellen Bewegungen des Wien der Zwischenkriegszeit verwoben ist.

Der Einfluß des Wiener Kreises auf die gegenwärtige Philosophie besteht weniger in seiner Vorbildfunktion für die aktuelle Wissenschaftstheorie, sondern einerseits in den grundlegenden Beiträgen, die ehemalige Mitglieder des Kreises nach ihrer Emigration in die USA für die historische Entwicklung dieser Disziplin geleistet haben, und andererseits in den inhaltlichen Anregungen, die die heutige Diskussion aus der Wiederentdeckung der europäischen Phase des Logischen Empirismus gewinnt. Einen wichtigen Einfluß für das heutige Verständnis des Logischen Empirismus hat selbstverständlich auch die Philosophie Hans Reichenbachs ausgeübt, zu dem immer ein enger Kontakt bestand.[1]

---

[1] Siehe Sektion 5.1 unten. Die Wichtigkeit Reichenbachs für den

Das Anwachsen der Forschungsliteratur hat auch in der universitären Lehre zu gesteigertem Interesse am Wiener Kreis geführt. Die vorliegende Sammlung beabsichtigt, hierfür geeignete Originaltexte zur Verfügung zu stellen. Während die meisten Monographien des Wiener Kreises heute in Neuauflagen greifbar sind, existiert keine Sammlung von Aufsätzen, die dem derzeitigen Forschungsstand gerecht wird. Eine solche wollen wir hiermit vorlegen. Auf ihrer Basis läßt sich eine ein- oder zweisemestrige Einführung in den Wiener Kreis geben, wobei der Seminarleiter – oder auch der Leser – eher einen historisch orientierten Weg einschlagen oder sich auf die für die heutige analytische Philosophie relevanteren Themen konzentrieren kann.

Gerade anhand von Aufsätzen können nach unserer Überzeugung die Vielstimmigkeit und die Zusammengehörigkeit des Wiener Kreises am besten dargestellt werden. Denn die Vielstimmigkeit wurde wohl orchestriert. Die Mehrzahl der hier vorgelegten Aufsätze ist in den ersten sechs Jahrgängen der Zeitschrift *Erkenntnis* (1930/31–1936) erschienen, die sich als das entscheidende Diskussionsforum der Bewegung des Logischen Empirismus verstand. Daher sind sie stärker aufeinander bezogen, als sich an den ausdrücklichen Zitierungen ablesen läßt. Mit der Publikation im Meiner-Verlag kehren sie gleichsam wieder in ihr ursprüngliches Verlagshaus zurück, und der Leser kann die beeindruckende Dichte der in der *Erkenntnis* geführten Debatten neu erleben.

1. Gründungsakte: Prag 1929

Als der Wiener Kreis im Spätsommer 1929 das erste Mal unter diesem Namen im Umfeld des deutschen Physikertags in Prag in Erscheinung trat, konnte er bereits auf eine gut fünfjährige

Logischen Empirismus wird gerade auch von denjenigen unterstrichen, die den Wiener Kreis in die österreichische Geistesgeschichte einordnen. Man vgl. Rudolf Haller: *Neopositivismus. Eine historische Einführung in die Philosophie des Wiener Kreises*, Darmstadt 1993, § 6.

Arbeit zurückblicken. Der 1924 etablierte donnerstägliche Kreis um den 1922 nach Wien berufenen, promovierten Physiker und nunmehrigen Professor für Philosophie der induktiven Wissenschaften Moritz Schlick ging wiederum auf intellektuelle Netzwerke zurück, die bis in die Jahre 1907–1912 zurückreichten. Damals diskutierten der Mathematiker Hans Hahn und der Physiker Philipp Frank, beide junge Privatdozenten an der Wiener Universität, sowie der Ökonom Otto Neurath zusammen mit Gleichgesinnten in einer Kaffeehausrunde Grundlagenprobleme der modernen Mathematik und der Naturwissenschaften. Neben ihren fachwissenschaftlichen Karrieren traten sie bereits mit ersten philosophischen Veröffentlichungen und Vorträgen hervor, in denen sie einen dezidiert empiristischen Standpunkt vertraten und den französischen Konventionalismus mit offenen Armen aufnahmen.

Doch zunächst blieb die selbstgestellte Aufgabe unerledigt, das lokale Erbe des Machschen Empirismus in solcher Weise umzugestalten, daß es mit der modernen Logik vereinbar war. Dies erforderte nicht nur die von Mach schon teilweise geleistete Verabschiedung des alten Positivismus Comtescher Prägung, sondern auch eine veränderte Konzeption wissenschaftlicher Theorien und eine erneuerte Philosophie der Mathematik. Damit sind bereits einige der zentralen Themen des Schlickzirkels benannt, die sich in der uns überlicferten (allerdings nicht vollständigen) Liste der Sitzungen zeigen.[2] In den Protokollnotizen wird auch deutlich, wie wichtig die Verstärkung war, die dem Kreis 1926 durch den Fregeschüler Rudolf Carnap zuteil geworden war.

Die wissenschaftliche Arbeit wurde in zunehmendem Maße eingebettet in öffentliche Aktivitäten, die sich zunächst auf die Wiener Volksbildungsbewegung konzentrierten. Im Jahre 1928 wurde zusätzlich der Verein Ernst Mach aus der Taufe gehoben, dessen Vorträge sich auch an ein nichtakademisches Publikum

---

[2] Abgedruckt in Friedrich Stadler: *Studien zum Wiener Kreis. Ursprung, Entwicklung und Wirkung des Logischen Empirismus im Kontext*, Frankfurt a. M. 1997, § 7.1.1.

richteten. Die Bestrebungen zur Gründung einer eigenen Zeitschrift und einer Schriftenreihe nahmen in diesen Jahren ebenfalls ihren Anfang.

Diese lange Vorgeschichte – von der in Abschnitt 2 noch zu sprechen sein wird – macht klar, daß der erste öffentliche Auftritt des Kreises wohlgeplant war und bereits ein Beispiel geben sollte, wie man sich die Praxis der wissenschaftlichen Weltauffassung vorstellte und wie sich diese von der akademischen Philosophie unterschied. Daher wollen wir diesen Überblick auch nicht im Stile einer einfachen Chronologie beginnen.

1.1. Plädoyer für eine wissenschaftliche Philosophie

Am Morgen des 16. September 1929 eröffnete Philipp Frank, Professor für Theoretische Physik an der Deutschen Universität Prag, den Fünften Deutschen Physikertag und die Tagung der Deutschen Mathematiker-Vereinigung in Prag mit einem philosophisch orientierten Vortrag: »Welche Bedeutung haben die gegenwärtigen physikalischen Theorien für die allgemeine Erkenntnislehre?«[3] Darin lag zunächst nichts Ungewöhnliches, denn in den Plenarvorträgen der Physikertage und vor allem der Naturforscherversammlungen besaßen derartige Themen bereits eine gewisse Tradition. So hatte Schlick auf der Naturforscherversammlung des Jahres 1922 mit »Die Relativitätstheorie in der Philosophie« den physikalischen Vortrag seines früheren Studienkollegen Max von Laue sekundiert.[4] Auffallend war hingegen, daß Frank als Tagungspräsident der gesamten Eröffnungs-

---

[3] Beitrag 3.1.

[4] Moritz Schlick: »Die Relativitätstheorie in der Philosophie«, in: *Verhandlungen der Gesellschaft Deutscher Naturforscher und Ärzte* 87 (1922), S. 58–69. Zur Rolle der Philosophie im Rahmen der Deutschen Physikalischen Gesellschaft vgl. Michael Stöltzner: »Philipp Frank and the German Physical Society«, in: Werner DePauli-Schimanovich, Eckehart Köhler, Friedrich Stadler (Hg.): *The Foundational Debate*, Dordrecht 1995, S. 293–302.

sitzung eine philosophische Ausrichtung gegeben hatte. Denn als zweiter sprach sein Freund, der angewandte Mathematiker Richard von Mises, über »Kausale und statistische Gesetzmäßigkeit in der Physik«.[5]

Frank und von Mises einte das Bemühen, die in der »Kleinen Bühne« versammelten Wissenschaftler davon zu überzeugen, daß die moderne Physik die Verabschiedung althergebrachter und liebgewonnener philosophischer Vorstellungen erzwang. Durch die Einsteinsche Relativitätstheorie war bald nach der Jahrhundertwende die auf Kant zurückgehende Auffassung unhaltbar geworden, daß der Euklidische Raum und die absolute Zeit a priori Formen unserer physikalischen Erkenntnis darstellen. Mit der Quantenmechanik war zwei Jahre vor der Prager Tagung auch eine weitere Kantische Kategorie in die Kritik geraten, das Kausalprinzip. Denn es hatte sich gezeigt, daß bestimmte Einzelereignisse in atomaren Dimensionen nicht mehr präzise voraussagbar waren, selbst wenn man eine perfekte Kenntnis aller Ausgangsbedingungen voraussetzte. Während für viele Physiker der älteren Generation das Aufgeben der Kausalitätsforderung nicht hinnehmbar war, wiesen Frank und von Mises darauf hin, daß eine vollständige Kenntnis aller Randbedingungen und Wechselwirkungen, auf deren Grundlage ein Laplacescher Geist das zukünftige wie das vergangene Geschehen exakt berechnen könne, bereits in vielen Bereichen der klassischen Physik ein uneinlösbares Versprechen darstellte. Schon für Flüssigkeitsströmungen müsse man im allgemeinen einen statistischen Ansatz wählen. Worauf es in der Wissenschaft letztlich ankomme, sei die richtige Zuordnung zwischen einer mathematisch wohlformulierten Theorie und beobachtbaren Erscheinungen, seien dies nun einzelne Massenpunkte oder Kollektivphänomene.

Das Kausalprinzip, so betonten Frank und von Mises, sei wandelbar und müsse sich den Erfordernissen der jeweiligen Theorie

---

[5] Richard von Mises: »Über kausale und statistische Gesetzmäßigkeit in der Physik«, in: *Die Naturwissenschaften* 18, S. 145–153; auch in: *Erkenntnis* 1 (1930), S. 189–210.

unterordnen. Halte man demgegenüber an den überkommenen Kantischen Vorstellungen fest, so laufe man Gefahr, sinnlose Begriffe und unlösbare philosophische Probleme zu erzeugen, etwa das folgende: »Auch wenn man in der Quantenmechanik niemals gleichzeitig den Ort und Impuls eines Teilchens messen kann, so müssen dennoch beide in Wirklichkeit existieren und es ist die Aufgabe der Philosophie, diese Seinsweise näher zu bestimmen.« Dahinter steckt Frank zufolge eine naive Korrespondenztheorie der Wahrheit, derzufolge Wahrheiten unabhängig von ihrer zumindest prinzipiellen Erfahrbarkeit real existieren. Akzeptiere der Wissenschaftler diese metaphysische Forderung, so rede er letztlich dem erkenntnistheoretischen Pessimismus das Wort. Denn es gäbe nun Gegenstände, von denen wir niemals wissenschaftliches Wissen erlangen könnten.

Hiergegen verlangte Frank eine optimistische Grundhaltung. Es gebe kein im Prinzip unlösbares wissenschaftliches Problem, und der wissenschaftliche Fortschritt erfasse selbst unsere grundlegenden Vorstellungen von Raum, Zeit und Kausalität. Eine ständige Beschäftigung mit den erkenntnistheoretischen Fundamenten der eigenen Wissenschaft sei unumgänglich. Wer sich auf eine »rein physikalische« Betrachtungsweise zurückziehe, übernehme unwillkürlich die Vorstellungen einer früheren wissenschaftlichen Epoche, die sich inzwischen als philosophische Bedingungen der Möglichkeit von Wissenschaft sedimentiert haben. Genau dies sei die Vorgehensweise der »Schulphilosophie«, der Frank nun einen gänzlich anderen Philosophiebegriff gegenüberstellte, nämlich die konsequente Anwendung wissenschaftlicher Methoden auch auf solche Gegenstände, welche die Philosophie bisher als ihr angestammtes Anwendungsfeld betrachtet hatte. Frank nannte auch seine Vorbilder für diese einheitliche wissenschaftliche Weltauffassung: Machs Positivismus, den französischen Konventionalismus und den amerikanischen Pragmatismus.

Der dritte Vortragende der Eröffnungssitzung, der theoretische Physiker Arnold Sommerfeld, ließ keinen Zweifel daran, daß er die Auffassungen seiner Vorredner nicht teilte. Machs Gegnerschaft gegen den Atomismus und seine Skepsis gegenüber der Relativitätstheorie hätten die Fruchtlosigkeit des Positivismus für die Physik hinlänglich erwiesen, auch wenn die derzeitige Fassung der Quantenmechanik die Einschränkung auf beobachtbare Größen zu unterstützen scheine. Ebensowenig erfinde der Physiker die Naturgesetze, »sondern er hat dafür dankbar zu sein, daß es ihm vergönnt ist, einen Bruchteil von der großartigen Einheit und Harmonie der Naturgesetze zu *entdecken*«.[6] Auch unterstrich Sommerfeld, daß die Verhältnisse im Atom Verbindungen mit der Biologie nahelegen, insofern die Kausalität um die Finalität erweitert werden müsse. Aus der Sicht von Frank und von Mises mündete beides direkt in die Schulphilosophie.

In seinen Erinnerungen beschrieb Frank die Reaktionen auf die Eröffnungssitzung als gemischt.[7] Es existierte immerhin eine gewisse Sympathie für das Unterfangen einer wissenschaftlichen Philosophie, auch wenn die von Frank und von Mises propagierte Form des Positivismus kritisch gesehen wurde. Dabei spielte sicherlich die klassische Polemik zwischen Mach und Max Planck, die im – von Sommerfeld wiederholten – Vorwurf der Unfruchtbarkeit des Positivismus gipfelte, eine für die deutschen Physiker eine nicht zu unterschätzende Rolle.[8] Wie aus einem Brief Max Borns hervorgeht[9], stand Plancks ehemaliger Schüler Schlick seinen deutschen Kollegen geistig näher, nicht zuletzt weil er den aus Borns Sicht »anmaßenden« Ton von Franks Eröffnungsrede stets zu vermeiden wußte. Doch der programmatische Charakter der wissenschaftlichen Weltauffassung wurde auf der Prager Tagung noch weiter zugespitzt.

---

[6] Arnold Sommerfeld: »Einige grundsätzliche Bemerkungen zur Wellenmechanik«, in: *Physikalische Zeitschrift* 30 (1929), S. 866–870; Zitat auf S. 866.

[7] Philipp Frank: *Modern Science and Its Philosophy*, New York 1961, S. 49 f.; hier wiedergegeben in Anm. 34, S. 660.

[8] Vgl. Anm. 18 und 24, S. 657 f.

[9] Born an Schlick, 8. März 1931, Nachlaß Moritz Schlick, Rijksarchief Noord-Holland, Haarlem.

1.2. Das Manifest

Im Rahmenprogramm des Physikertages veranstaltete der Wiener Kreis zusammen mit der Berliner Gesellschaft für empirische Philosophie um Hans Reichenbach eine »Tagung für Erkenntnislehre der exakten Wissenschaften«. Hauptthemen waren »Wahrscheinlichkeit und Kausalität« sowie »Grundfragen der Mathematik und Logik«.[10] In diesem Rahmen erschien auch ein kleines von Hahn, Neurath und Carnap im Namen des Vereins Ernst Mach verfaßtes Büchlein mit dem Titel *Wissenschaftliche Weltauffassung. Der Wiener Kreis*, das sich dem Leser nicht unähnlich einem politischen oder künstlerischem Manifest darbot.[11] Im Stile einer modernistischen Künstlerbewegung stellte sich hier eine Gruppe von Denkern namentlich vor, sie benannte ihre Vorbilder und Gegner und rief dazu auf, die angestammte Philosophie zu überwinden und durch eine wissenschaftliche Weltauffassung zu ersetzen. In einer Zeit, da nach allgemeiner Auffassung »metaphysisches und theologisierendes Denken nicht nur im Leben, sondern auch in der Wissenschaft [...] wieder zunehme«[12], mache sich der Wiener Kreis daran, »den metaphysischen und theologischen Schutt der Jahrtausende aus dem Weg zu räumen«.[13]

Historisch stellte sich der Wiener Kreis explizit in die Traditionen des Empirismus britischer Prägung und der französischen Aufklärung, sah sich als Fortsetzer der von Mach und Boltzmann betriebenen Reinigung der Wissenschaft von metaphysischen Gedanken, nahm aber auch andere geistige Strömungen der Habsburgermonarchie auf, wie die von rationalistischen Philoso-

---

[10] Die Beiträge einschließlich der Diskussion erschienen im ersten Jahrgang der *Erkenntnis*. Vor allem hinsichtlich des Wahrscheinlichkeitsbegriffs herrschte eine beträchtliche Meinungsvielfalt selbst innerhalb des Wiener Kreises.

[11] Beitrag 1.1.

[12] Ebd., S. 5.

[13] Ebd., S. 26.

phen katholischer Prägung, darunter Bernard Bolzano und Franz Brentano, betriebene Neubegründung der Logik. Die Autoren strichen dabei besonders heraus, daß kurz nach der Jahrhundertwende in Wien »eine größere Zahl von Menschen allgemeinere Probleme in engem Anschluß an die Erfahrungswissenschaft häufig und mit Eifer diskutierten. Es ging vor allem um erkenntnistheoretische und methodologische Probleme der Physik, zum Beispiel Poincarés Konventionalismus, Duhems Auffassung von Ziel und Struktur der physikalischen Theorien [...]; ferner auch um Grundlagenfragen der Mathematik, Probleme der Axiomatik, Logistik und ähnliches.«[14] Die Runde mit Frank, Hahn und Neurath war einer dieser Kreise.

Das Manifest charakterisierte die wissenschaftliche Weltauffassung vor allem durch die Verbindung von Empirismus bzw. Positivismus und logischer Analyse. Gerade letztere unterschied den neuen vom älteren Positivismus Machscher Prägung, dem die biologisch-psychologische Anpassung als Motor und Regulativ des Wissenschaftsfortschritts gegolten hatte. Die logische Analyse bestand einerseits in der Rückführung wissenschaftlicher Aussagen auf das empirisch Gegebene. Unergründliche metaphysische Tiefen wurden abgelehnt; »überall ist Oberfläche«.[15] Den Erfahrungssätzen standen die analytischen Sätze der Logik und Mathematik gegenüber, die lediglich »tautologische« Umformungen im Sinne Wittgensteins darstellten. Zwischen beiden existierte keine Brücke von synthetischen Erkenntnissen a priori. Die Verbindung beruhte auf Konventionen und rechtfertigte sich letztlich durch ihre praktische Bewährung.

Ziel der logischen Analyse war es andererseits, die Struktur wissenschaftlicher Erkenntnis herauszuarbeiten und versteckte Reste von metaphysischen Vorstellungen, die sich dieser Einordnung widersetzten, zu eliminieren. Metaphysik erschien lediglich als emphatischer Ausdruck eines Lebensgefühls, für das die Lyrik oder die Musik adäquatere Medien darstellten.

14 Ebd., S. 8.
15 Ebd., S. 11.

Da die Trennung zwischen Erfahrungserkenntnis und tautologischer Mathematik einen Grundpfeiler des Wiener Kreises darstellte, war der Ausgang der nicht zuletzt aus den Paradoxien der Mengenlehre erwachsenen Grundlagendebatte in Logik und Arithmetik von großer Bedeutung. Denn es war noch zu klären, ob eine solche tautologische Mathematik überhaupt konsistent formulierbar war.

Neben den Grundlagen der Physik und der Geometrie stellten auch Biologie, Psychologie und die Sozialwissenschaften Anwendungsfelder der wissenschaftlichen Weltauffassung dar. Man trat dem Vitalismus, der eine unabhängige Gesetzlichkeit der Lebensvorgänge behauptete, ebenso entgegen, wie allen aus dem metaphysischen Begriff der Seele entsprungenen Begriffsbildungen in der Psychologie. Man unterstrich die Nähe zum Behaviorismus und bemerkte gegenüber allen Tendenzen zu einer geisteswissenschaftlichen Sozialwissenschaft trocken: »Gegenstand der Geschichte und Nationalökonomie sind Menschen, Dinge und ihre Anordnung.«[16] Bei aller Prägnanz in der Programmatik mußte auffallen, daß das Verständnis dieser Gebiete noch deutlich weniger entwickelt war als die Logik und die Grundlagen der Physik. Dennoch waren gerade gesellschaftliche Fragen für den Wiener Kreis von zentraler Bedeutung. So forderte das Manifest eine rationale Umgestaltung der Gesellschafts- und Wirtschaftsordnung und betonte die Verwandtschaft des Wiener Kreises mit gleichgesinnten internationalistischen Bestrebungen. Dies führte am Ende des Textes zu einer interessanten Dialektik. »Freilich wird nicht jeder einzelne Anhänger der wissenschaftlichen Weltauffassung ein Kämpfer sein. Mancher wird, der Vereinsamung froh, auf den eisigen Firnen der Logik ein zurückgezogenes Dasein führen; mancher vielleicht sogar die Vermengung mit der Masse schmähen, die bei der Ausbreitung unvermeidliche ›Trivialisierung‹ bedauern. Aber auch ihre Leistungen fügen sich der geschichtlichen Entwicklung ein. Wir erleben, wie der Geist wissenschaftlicher Weltauffassung in steigendem Maße die For-

16 Ebd., S. 24.

men persönlichen und öffentlichen Lebens, des Unterrichts, der Erziehung, der Baukunst durchdringt, die Gestaltung des wirtschaftlichen und sozialen Lebens nach rationalen Grundsätzen leiten hilft. *Die wissenschaftliche Weltauffassung dient dem Leben, und das Leben nimmt sie auf.*«[17]

1.3. Mitglieder und Peripherie

Der expliziten Programmatik und detaillierten historischen Selbsteinordnung stand eine gewisse Offenheit im Hinblick auf die Mitgliedschaft im Kreis gegenüber. Mit Verweis auf einen letztlich abgelehnten Ruf Schlicks an die Universität Bonn hieß es im Geleitwort des Manifests: »Ihm und uns wurde bei dieser Gelegenheit zum erstenmal deutlich bewußt, daß es so etwas wie einen ›Wiener Kreis‹ der wissenschaftlichen Weltauffassung gibt, der diese Denkweise in gemeinsamer Arbeit weiterentwickelt. Dieser Kreis hat keine feste Organisation; er besteht aus Menschen gleicher wissenschaftlicher Grundeinstellung; der Einzelne bemüht sich um Eingliederung, jeder schiebt das Verbindende in den Vordergrund, keiner will durch Besonderheit den Zusammenhang stören. In vielem kann der eine den anderen vertreten, die Arbeit des einen kann durch den anderen weitergeführt werden.«[18] Dieses Kollektiv hatte sich in den langjährigen Diskussionen des Schlickzirkels entwickelt. Die Mitglieder kamen »von verschiedenen Wissenschaftszweigen und ursprünglich von verschiedenen philosophischen Einstellungen her. Im Laufe der Jahre aber trat eine zunehmende Einheitlichkeit zutage; auch dies eine Wirkung der spezifisch wissenschaftlichen Einstellung: ›was sich überhaupt sagen läßt, läßt sich klar sagen‹ (Wittgenstein); bei Meinungsverschiedenheiten ist schließlich eine Einigung möglich, daher auch gefordert.«[19]

---

[17] Ebd., S. 27.
[18] Ebd., S. 3.
[19] Ebd., S. 9 f.

Zu Beginn der umfangreichen Bibliographie nennt das Manifest als Mitglieder: Gustav Bergmann, Rudolf Carnap, Herbert Feigl, Philipp Frank, Kurt Gödel, Hans Hahn, Viktor Kraft, Karl Menger, Marcel Natkin, Otto Neurath, Olga Hahn-Neurath, Theodor Radakovic, Moritz Schlick, Friedrich Waismann. Als »dem Wiener Kreise nahestehende Autoren« werden genannt: Hans Reichenbach sowie seine Berliner Kollegen Walter Dubislav und Kurt Grelling, die Wiener Heinrich Loewy und Edgar Zilsel, der Architekt Josef Frank (Philipps Bruder) sowie Hasso Härlen, Eino Kaila, Frank P. Ramsey und Kurt Reidemeister. Doch diese Namensliste ist lediglich eine Momentaufnahme. Wer im historischen Rückblick als Mitglied des Wiener Kreises zu bezeichnen ist, kann nicht allein auf Basis des Manifests entschieden werden. Überdies war manches an den donnerstäglichen Zusammenkünften eher spontaner Natur. So wurden junge Doktoranden der Mathematik und der Naturwissenschaften zu den Sitzungen eingeladen; Bergmann, Gödel und Natkin werden auch im Manifest mit ihrer Dissertation aufgeführt. Hinzu kamen auswärtige Gäste, die den Kreis besuchten, sowie die Partner in den verschiedenen Kooperationsprojekten, von der Wiener Volksbildung bis zu den internationalen Tagungen und den Schriftenreihen. Über die Jahre entwickelte sich so eine vielgestaltige Peripherie dem Kreise nahestehender und organisatorisch verbundener Autoren.

Die an der Gesamtgeschichte des Kreises orientierte Namensliste in Friedrich Stadlers Biobibliographie ist wesentlich länger.[20] Sie enthält neben von Mises auch die Schlickschüler Béla von Juhos und Josef Schächter, den Phänomenologen und Vertreter der Kelsenschen Rechtslehre Felix Kaufmann, die Philosophiestudentin Rose Rand, deren Diskussionsprotokolle eine wichtige Quelle der heutigen Forschung darstellen, die Hahnassistentin Olga Taussky-Todd und Edgar Zilsel. Marcel Natkin, der bald nach seiner Dissertation nach Paris übersiedelte und nicht mehr philosophisch tätig war, und der Mathematiker Theodor Radako-

---

[20] Stadler, op. cit., S. 660–919.

vic werden dagegen von Stadler weder dem Kern noch der Peripherie zugezählt. Unter den nahestehenden Autoren fehlen die Mathematiker Hasso Härlen und Heinrich Loewy sowie Dubislav und Grelling. Die Peripherie ist bei Stadler andererseits beträchtlich erweitert worden und umfaßt auch Karl Popper, W. V. Quine, Alfred Tarski und Ludwig Wittgenstein.

Der Vergleich beider Namenslisten zeigt die Wichtigkeit, zwischen einer persönlichen Assoziation mit dem Wiener Kreis und einer inhaltlichen Nähe zu unterscheiden. Hier einige Beispiele: Es bestand eine große inhaltliche Nähe zwischen dem Wiener Kreis und Zilsel, obwohl sich dieser niemals als Mitglied des Kreises bezeichnet hat. Dies mag wohl vor allem seinen politisch-ideologischen Differenzen mit Neurath über Fragen des Austromarxismus geschuldet sein. Obwohl sich Gödel zeitlebens als Mitglied des Kreises sah, differierten sein mathematischer Platonismus und seine an Kants Zeitbegriff anknüpfende Lesart der Relativitätstheorie doch substantiell von den durch seinen Lehrer Hahn bzw. Frank formulierten Positionen des Kreises.[21]

Der propagandistische Ton des Manifests verprellte den liberal-konservativ orientierten von Mises. Sosehr Frank und von Mises in der Eröffnungssitzung des Physikertages zusammenspielten und sosehr beide in ihren philosophischen Arbeiten geradezu eine Zitationsgemeinschaft bildeten, lehnte es letzterer strikt ab, im Manifest überhaupt genannt zu werden. Sein *Lehrbuch des Positivismus* gab zwar in vielen Gebieten die Grundüberzeugungen des Kreises wieder, er vertrat jedoch in ästhetischen Fragen teilweise eine den Wienern diametral entgegengesetzte Orientierung; er verehrte Rilke, war aber den formalistischen Zügen der Moderne gegenüber kritisch eingestellt.[22] Auch der liberal

---

[21] Vgl. Eckehart Köhler: »Gödel und der Wiener Kreis«, in: Eckehart Köhler et al. (Hg.): *Kurt Gödel. Wahrheit und Beweisbarkeit.* Bd. 1: *Dokumente und historische Analysen*, Wien 2002, S. 83–108.

[22] Richard von Mises: *Kleines Lehrbuch des Positivismus. Einführung in die empiristische Wissenschaftsauffassung*, Den Haag 1939. Neudruck mit einem Vorwort von Friedrich Stadler, Frankfurt a. M. 1990.

orientierte Schlick war mit dem ihm gewidmeten Manifest wenig glücklich. »Die Wende der Philosophie«[23] kann in gewisser Weise als seine eigene Programmschrift gelesen werden, folgte der kurze Text doch in der ersten Nummer der *Erkenntnis* gleich auf das Geleitwort der Herausgeber Carnap und Reichenbach.

2. Zur Entwicklung des Wiener Kreises

Im folgenden Abschnitt soll der Entwicklungsprozeß des Wiener Kreises bis hin zum Manifest skizziert werden. Dabei werden wir diejenigen Mitglieder des Kreises näher vorstellen, die in der vorliegenden Sammlung mit einem Beitrag vertreten sind. Es sind dabei im wesentlichen drei Phasen zu unterscheiden: (i) die Diskussionsrunde um Frank, Hahn und Neurath (1907–1912); (ii) die unmittelbare Vorkriegszeit, in der von den dreien lediglich Neurath in Wien lebte, die Kriegszeit und die unmittelbaren Nachkriegsjahre (1912–1921); und schließlich (iii) die mit der Rückkehr Hahns nach Wien und der Berufung Schlicks beginnende Konstituierung des Kreises bzw. des donnerstäglichen Schlickzirkels (1922–1929).

Folgt man den Erinnerungen Franks[24], so besteht nicht nur eine persönliche, sondern auch eine weitreichende inhaltliche Kontinuität zwischen der Diskussionsrunde und dem durch die Berufung Schlicks institutionalisierten und nach und nach um jüngere Mitglieder erweiterten Wiener Kreis der 1920er Jahre. Diese Kontinuität und die später erlangte Bedeutung des Wiener Kreises rechtfertigen es auch, daß jene Runde gelegentlich als ›erster Wiener Kreis‹ tituliert worden ist.[25]

---

[23] Beitrag 1.2.

[24] Vgl. Frank: *Modern Science and its Philosophy*, Cambridge, MA 1949, S. 31–33.

[25] Rudolf Haller: »Der erste Wiener Kreis«, in: *Fragen zu Wittgenstein und Aufsätze zur Österreichischen Philosophie*, Amsterdam 1986, S. 89–107; Thomas Uebel: »On the Austrian Roots of the Vienna Circle; The Case of the First Vienna Circle«, in: Paolo Parrini, Wesley C. Sal-

2.1. Der erste Wiener Kreis und die Kriegsjahre

Frank, Hahn und Neurath hatten die Wiener Universität zu Beginn des neuen Jahrhunderts bezogen, sie verehrten Mach als Symbolfigur einer erneuerten Aufklärung und gingen in Boltzmanns Vorlesungen über Naturphilosophie. Ihre lebenslange Kooperation begann mit einer Kaffeehausrunde, in der die beiden jungen Privatdozenten und der Nationalökonomielehrer an der Wiener Handelsakademie sich von 1907–1912 über die verschiedensten Aspekte der neueren Philosophie, der modernen Wissenschaft und ihrer sozialen Bedeutung austauschten.

Um 1900 wurden die einschlägigen Debatten bereits zu einem großen Teil international geführt, wenn auch die Rezeption nicht immer einheitlich war. Machs Werke waren schnell ins Englische übertragen worden, die französischen Konventionalisten wurden bereits um diese Zeit ins Deutsche übersetzt. Duhems *Ziel und Struktur wissenschaftlicher Theorien* wurde ein Vorwort von Mach beigegeben.[26] Frank selbst übersetzte 1912 Duhems *Die Wandlungen der Mechanik und der mechanistischen Naturerklärung*.[27] Hahn und Frank rezensierten auch die entsprechenden Bücher für die in Wien herausgegebenen *Monatshefte für Mathematik und Physik*. Frank ließ es sich dabei angelegen sein, »die Mathematiker und Physiker darauf hinzuweisen, daß für sie von Poincaré aus der beste Zugang zur Philosophie ausgeht«.[28] Daneben verfolgten die drei intensiv die von Frege und Russell angestoßenen Debatten um die Grundlagen der modernen Logik und Mengenlehre. Hahn und Neurath publizierten auch über Fragen

mon, Merrilee Salmon (Hg.): *Logical Empiricism. Historical and Contemporary Perspectives*, Pittsburgh 2003, S. 67–93.

[26] Pierre Duhem: *Ziel und Struktur physikalischer Theorien*, Leipzig 1908; Neuauflage mit einem Vorwort von Lothar Schäfer, Hamburg 1998.

[27] Leipzig 1912. Mitübersetzerin war Emma Stiasny. Original *L'evolution de la mechanique*, Paris 1903.

[28] Rezension von »Letzte Gedanken«, in: *Monatshefte für Mathematik und Physik* 25 (1914), S. 55.

der Logik. Mit der Hilbertschen Variante der Axiomatisierung der Wissenschaften waren Frank und Hahn bestens vertraut, nicht nur durch die Lektüre der beispielgebenden *Grundlagen der Geometrie,* sondern auch durch ein- bzw. zweisemestrige Aufenthalte in Göttingen.[29]

Aus dieser Zeit stammen auch die ersten Aufsätze und Vorträge in den damals einschlägigen Foren, vor allem in der von Alois Höfler geleiteten Philosophischen Gesellschaft an der Universität Wien. Dort kam es nicht nur zum berühmten Aufeinandertreffen zwischen Wilhelm Ostwald und Ludwig Boltzmann, die Vorträge umfaßten nahezu alle damals aktuellen Probleme der Wissenschaften und der Philosophie.[30] Sieht man auf die Mitgliederliste von Höflers Gesellschaft, so wird klar, daß sie jungen Gelehrten den beständigen Kontakt mit den ersten Wissenschaftlern der Metropole Wien ermöglichte. Hier konnte Neurath die ganze Breite seiner Interessen zur Geltung bringen. Seine Vorträge widmeten sich dem Problem des Lustmaximums – einem Grundlagenproblem für eine auf den Nutzenbegriff aufbauende Nationalökonomie –, dem Problem einer rationalen Entscheidung bei gleicher Präferenz – hier übertrug Neurath letztlich das klassische Problem von Buridans Esel auf Fragen der modernen Demokratie[31] – und der Geschichte der Optik – wobei es Neurath darum ging, die verschiedenen optischen Theorien für eine vom Konventionalismus inspirierte logische Analyse aufzubereiten.[32]

---

[29] Zur wissenschaftlich-philosophischen Sozialisation von Frank, Hahn und Neurath siehe Thomas Uebel: *Vernunftkritik und Wissenschaft. Otto Neurath und der erste Wiener Kreis,* Wien 2000, Kap. 4, 5 und 7.

[30] Vgl. Robert Reininger (Hg.): *50 Jahre Philosophische Gesellschaft an der Universität Wien: 1888–1938,* Wien 1938.

[31] Vgl. Michael Stöltzner: »An Auxiliary Motive for Buridan's Ass. Otto Neurath on Choice Without Preference in Science and Society«, in: *Conceptus* 33 (2000), S. 23–44.

[32] »Das Problem des Lustmaximums«, in: *Jahrbuch der Philosophischen Gesellschaft an der Universität zu Wien 1912,* S. 89–100; »Die Verirrten des Cartesius und das Auxiliarmotiv (Zur Psychologie des Ent-

Kurz nach seiner Habilitation über Probleme der mathematischen Physik verfaßte Frank zwei philosophische Aufsätze in Ostwalds *Annalen der Naturphilosophie*. Im ersten bezeichnete er das Kausalprinzip als reine Konvention. Diese Arbeiten brachten ihn in Kontakt mit Einstein und führten zu einer Abqualifizierung durch Lenin.[33] Mit dem zweiten Aufsatz begann Franks Auseinandersetzung mit dem Vitalismus, die auch in späteren Schriften eine Rolle spielte.[34] Für einen jungen, an Mach geschulten Physiker und fähigen Mathematiker wie Frank war Einsteins Relativitätstheorie eine große Herausforderung. Denn auch wenn sich letztlich nicht alle erklärten Machianer mit ihr anfreunden wollten, so konnte sie doch als die positive Weiterentwicklung von Machs Kritik der Newtonschen Mechanik verstanden werden. In seinem Aufsatz über »Die Bedeutung der physikalischen Erkenntnistheorie Machs für das Geistesleben der Gegenwart« unterstrich Frank daher, daß dessen Arbeiten vor allem »ein Mittel bilden, das Gebäude der Physik gegen von außen kommende Angriffe zu verteidigen«.[35] In Machs Insistieren, daß die Naturgesetze keine Erklärungen, sondern lediglich Beschreibungen

schlusses)«, in: *Jahrbuch der Philosophischen Gesellschaft an der Universität zu Wien 1913*, S. 45–59; »Zur Klassifikation von Hypothesensystemen (Mit besonderer Berücksichtigung der Optik)«, in: *Jahrbuch der Philosophischen Gesellschaft an der Universität zu Wien 1914*, S. 39–63. Der zweite Aufsatz ist hier abgedruckt als Beitrag 2.3.

[33] »Kausalgesetz und Erfahrung«, in: *Annalen der Naturphilosophie* 6 (1907), S. 443–450. Lenin bezeichnete Frank als Agnostiker und Kantianer (Vladimir I. Lenin: *Materialismus und Empirikritizismus. Kritische Bemerkungen über eine reaktionäre Philosophie*, Berlin 1973, S. 161.) Die Pointe von Franks Aufsatz lag jedoch gerade darin, daß in der von Hans Driesch vorgebrachten neukantischen Position das synthetische Apriori durch eine Konvention im Sinne Poincarés ersetzt wurde.

[34] »Mechanismus oder Vitalismus? Versuch einer präzisen Formulierung der Fragestellung«, in: *Annalen der Naturphilosophie* 6 (1908), S. 393–409. Zur späteren Kritik des Vitalismus vgl. Franks Hauptwerk *Das Kausalgesetz und seine Grenzen*, Wien 1932, und »Philosophische Deutungen und Mißdeutungen der Quantentheorie«, Beitrag 6.4.

[35] Beitrag 2.2, S. 100.

liefern, erblickte er nicht die Forderung, sämtliche Naturgesetze auf wirkliche Beobachtungen zu reduzieren, sondern ein Streben, »nur Begriffe zu verwenden, die auch außerhalb der Physik ihre Brauchbarkeit nicht verlieren«.[36]

Frank war einer der ersten, die sich in der speziellen Relativitätstheorie wissenschaftliche Meriten erwarben. Im Jahre 1912 wurde er daher als Nachfolger Einsteins auf eine Professur für Theoretische Physik an der Deutschen Universität Prag berufen, wo er bis zu seiner Emigration im Jahre 1938 lehrte. Hahn erreichte im Jahre 1909 ein Ruf auf eine Professur an den Rand der Habsburgermonarchie, nach Czernowitz (heute in der Ukraine). Nach Kriegsdienst und Verwundung wechselte er 1916 an die Universität Bonn, 1921 erfolgte schließlich seine Rückberufung nach Wien.

Neurath hatte 1906/7 über antike Wirtschaftsgeschichte in Berlin bei Eduard Meyer und Gustav Schmoller promoviert und sich ab 1910 Fragen der Kriegswirtschaftslehre insbesondere auf dem Balkan gewidmet. Während des Weltkrieges wurde er Direktor des Deutschen Kriegswirtschaftsmuseums in Leipzig, wo er bereits erste Ansätze zu neuartigen Methoden der bildlichen Darstellung im Museumskontext entwickelte. Nach der Revolution fungierte Neurath als Direktor des Bayerischen Zentralwirtschaftsamtes in München, wo er seine Ideen zur Vollsozialisierung der Wirtschaft umzusetzen versuchte. Schon damals finden wir die für Neurath charakteristische Betonung autonomer und dezentraler Einheiten, die sich in einen übergreifenden Gesamtplan einordnen. Neurath blieb auch während der Räterepublik im Amt und wurde nach deren Niederschlagung verhaftet. Mit sechs Wochen Gefängnis, anschließender Ausweisung und dem Verlust seiner 1917 in Heidelberg erlangten Habilitation kam er vergleichsweise glimpflich davon, nicht zuletzt aufgrund einer Intervention der österreichischen Regierung. Im Gefängnis verfaßte Neurath seinen *Anti-Spengler*, in dem er die bereits 1913 im Cartesiusaufsatz entwickelten Argumente gegen den wichtigsten Exponenten des antiwissenschaftlichen und antirationalisti-

---

[36] Ebd., S. 103.

schen Zeitgeistes der frühen Weimarer Republik wortgewaltig
ins Feld führte.

> Die Tat auf vollendete Einsicht gründen wollen, heißt, sie im Keime
> ersticken. Politik ist Tat, stets auf unzulänglicher Umschau errichtet.
> Aber auch Weltanschauung ist Tat; die Fülle des Alls umfassend, ist
> sie Vorwegnahme unabsehbaren Bemühens. Letzten Endes ist all
> unser Denken und Fühlen von solcher Unzulänglichkeit abhängig.
> Wir müssen vorwärts, auch ohne Sicherheit! Es fragt sich nur, ob
> wir uns dessen bewußt sind oder nicht. Unsere Pseudorationalisten
> wagen dem nicht ins Auge zu sehen.[37]

Unter den Fahnen Spenglers huldigten die Pseudorationalisten
einem oberflächlichen Determinismus, demzufolge das Ende der
Wissenschaft nahe und die Rückkehr zum Glauben der Frühzeit
unumgänglich sei. Statt pessimistischer Kontemplation oder wissenschaftlicher Revolution forderte Neurath in der berühmten
und in verschiedenen Varianten oft wiederholten Bootsmetapher
einen schrittweisen Umbau, immer den Duhemschen Holismus
im Auge.

> Wie Schiffer sind wir, die auf offenem Meer ihr Schiff umbauen
> müssen, ohne je von unten frisch anfangen zu können. Wo ein Bal-
> ken weggenommen wird, muß gleich ein neuer an die Stelle kom-
> men, und dabei wird das übrige Schiff als Stütze verwendet. So kann
> das Schiff mit Hilfe der alten Balken und angetriebener Holzstücke
> vollständig neu gestaltet werden – aber nur durch allmählichen
> Umbau.[38]

Mit dem *Anti-Spengler* mischte sich Neurath in die kulturellen
Debatten der frühen Weimarer Republik ein. Es ist daher wohl
berechtigt, bereits für die Zeit vor dem Manifest Neurath und

[37] Otto Neurath: *Anti-Spengler*, in: *Gesammelte philosophische und
methodologische Schriften*, hg. von Rudolf Haller und Heiner Rutte,
Wien 1981, S. 140. (Originalausgabe München 1921)
[38] Ebd., S. 184. Ein weiteres Neurathsches Boot findet sich in Beitrag
5.1. S. 401; das erste Mal stach Neuraths Boot bereits 1913 in See. Zur Entwicklung dieser Metapher im Werk Neuraths siehe Nancy Cartwright,
Jordi Cat, Karola Fleck, Thomas E. Uebel: *Otto Neurath: Philosophy between Science and Politics*, Cambridge 1996, Teil 2.

den Wiener Kreis anderen modernistischen Bewegungen wie
dem Bauhaus an die Seite zu stellen[39], auch wenn konkrete Ko-
operationsprojekte erst Ende der zwanziger Jahre realisiert wurden. (Siehe weiter unten Abschnitt 3.2 der Einleitung.)

2.2. Schlick: Vom Neukantianismus zu Wittgenstein

Im Jahre 1922 gelang es Hahn mit Hilfe seiner Kollegen aus den
Naturwissenschaften und unter Ausnutzung der günstigen politischen Rahmenbedingungen, in der Philosophischen Fakultät
die Berufung Schlicks auf den alten Machschen Lehrstuhl durchzusetzen. Damit kam ein Schüler Plancks und Freund Einsteins
nach Wien, der inzwischen zum angesehensten philosophischen
Interpreten der Relativitätstheorie aufgestiegen war.[40] Nach seiner physikalischen Dissertation im Jahre 1904 hatte Schlick seine
philosophische Tätigkeit jedoch nicht mit Fragen der Erkenntnistheorie begonnen, sondern mit einem Büchlein zur Glückseligkeitslehre und einer Arbeit zur Ästhetik.[41] Auch in seinen Wiener Jahren äußerte sich Schlick wiederholt zu Themen, die im
Kreis nicht diskutiert wurden. Dennoch erschienen seine *Fragen
der Ethik* 1930 in den gemeinsam mit Frank herausgegebenen
»Schriften zur wissenschaftlichen Weltauffassung«. Schlicks
Selbstverständnis als Philosoph im umfassenden Sinne stand
dabei in einem gewissen Kontrast zu Neuraths Bestrebungen, aus

---

[39] Dies hat interessanterweise erstmals Paul Forman (»Weimar Cul-
ture, Causality, and Quantum Theory, 1918–1927: Adaption by German
Physicists and Mathematicians to a Hostile Intellectual Environment«,
in: *Historical Studies in the Physical Sciences* 3 [1971], S. 1–114) getan,
nicht ohne gleichzeitig einige Vertreter der wissenschaftlichen Weltauffassung fälschlicherweise der Kapitulation vor Spengler zu bezichtigen.

[40] Diese Stellung wird gerade durch den auf S. XII, Fn. 4 zitierten Vortrag auf der Naturforscherversammlung augenfällig.

[41] *Lebensweisheit. Versuch einer Glückseligkeitslehre,* München 1908;
»Das Grundproblem der Ästhetik in entwicklungsgeschichtlicher Bedeutung«, in: *Archiv für die gesamte Psychologie* 14 (1909), S. 102–132.

der wissenschaftlichen Weltauffassung eine an den Naturwissenschaften orientierte Einheitswissenschaft zu entwickeln, wodurch die Philosophie schlicht überflüssig werden würde. Jedoch stimmte Schlick dem Credo des Kreises vollständig zu, daß die Entwicklungen der modernen Wissenschaft eine grundlegende Revision der Erkenntnistheorie erforderlich machten und diese auch fortlaufend dem Veränderungsprozeß der Wissenschaft angepaßt werden müsse.

Nach seiner Habilitation in Rostock im Jahre 1911 hatte Schlick begonnen, sich mit der Einsteinschen Relativitätstheorie zu beschäftigen. Bereits seine erste Arbeit zu diesem Thema suchte im Jahre 1915 nach einem neuen, eng an die Physik anschließenden Standpunkt in simultaner Abgrenzung vom Machschen Positivismus und dem Marburger Neukantianismus. Zentral war hierfür Schlicks Übernahme des Konventionalismus und seine Absage an die Korrespondenztheorie der Wahrheit; folgt man Franks bereits oben diskutierter Rede von 1929, war letztere gerade das Grundübel der »Schulphilosophie«. Anders als Frank und Neurath gab Schlick jedoch den Wahrheitsbegriff – sofern darunter mehr als logische Konsistenz und Kohärenz zu verstehen war – nicht vollständig auf, sondern setzte ihn mit der Eindeutigkeit der Zuordnung zwischen dem Tatsächlichen und den Symbolen der Theorie gleich. Nicht nur Einsteins Formulierung der Elektrodynamik auf der Basis der speziellen Relativitätstheorie, sondern auch die Lorentzsche Theorie, in der sich die bewegten Körper verformten, konnten damit aufgrund der jeweils eindeutigen Zuordnung als wahr gelten. Doch welche Theorie entsprach der Wirklichkeit? Zwar könne uns niemand zu diesem Schluß zwingen, so Schlick, doch entspräche es dem tatsächlichen Vorgehen der Wissenschaft, die jeweils einfachste Theorie, d.h. die Theorie mit den jeweils wenigsten willkürlichen Elementen, als die wirkliche anzusehen. Und dieser Vergleich ende zweifellos zugunsten Einsteins.[42]

---

[42] Der hier als Beitrag 2.1 abgedruckte Aufsatz erschien einige Monate vor der endgültigen Form von Einsteins relativistischer Gravitations-

Mit Einsteins positiver Reaktion auf Schlicks Aufsatz begann ein langjähriger und philosophisch gehaltvoller Briefwechsel. Die allgemeine Relativitätstheorie wurde zum selbstgewählten Prüfstein für Schlicks Erkenntnistheorie. Zur besseren Verteidigung gegen Mißverständnisse von neukantianischer Seite vertiefte er in den folgenden Jahren die Trennung zwischen Definitionen aufgrund von Konvention und empirischen Tatsachen. Dadurch wurde einem wie auch immer konzipierten synthetischen Apriori schlicht der Gegenstandsbereich entzogen. In einem längeren Briefwechsel mit Reichenbach bestritt Schlick darüber hinaus, daß ein historisch oder auf den Kontext einer bestimmten Theorie relativiertes Apriori dem Geist der Kantischen Philosophie entspreche.[43] Interessanterweise haben neuere Forschungen die Frage wieder aufgeworfen, ob der von Schlick und Reichenbach vertretene Konventionalismus der physikalischen Geometrie der Einsteinschen Gravitationstheorie tatsächlich gerecht wird und ob dadurch der Transzendentalphilosophie – wie sie etwa von Cassirer vertreten wurde – der Garaus gemacht wurde.[44]

In Schlicks Verständnis bestimmen Definitionen ihre Termini entweder durch Rückführungen auf andere Definitionen, letztlich auf aufweisende (ostensive), oder sie funktionieren innerhalb wissenschaftlicher Theorien als implizite Definitionen. In letzterem Fall werden die Grundbegriffe schlicht durch die von ihnen erfüllten Relationen definiert und nicht durch Verweis auf Anschauung oder ein Standardmodell. Schlick nahm damit

theorie. Durch die Beschränkung auf die spezielle Relativitästheorie treten die philosophischen Motive Schlicks besonders deutlich hervor.

[43] Vgl. die Beiträge von Michael Friedman: »Geometry, Convention, and the Relativized A Priori: Reichenbach, Schlick, and Carnap« und Don Howard: »Einstein, Kant, and the Origins of Logical Empiricism«, in: Wesley Salmon, Gereon Wolters (Hg.): *Logic, Language, and the Structure of Scientific Theories*, Pittsburgh/Konstanz 1994, S. 21–34 bzw. 45–105.

[44] Thomas Ryckman: *The Reign of Relativity. Philosophy in Physics 1915–1925*, Oxford 2005. Vgl. Ernst Cassirer: *Zur Einsteinschen Relativitätstheorie*, Berlin 1921.

in etwas abgewandelter Form den Grundgedanken von Hilberts axiomatischer Methode aus der Mathematik auf. In seinen späteren Schriften unterstrich er mit größerem Nachdruck, daß alle nicht rein logischen Definitionen letztlich Aufweisungen im ›Gegebenen‹ sind.[45] Er glaubte diese Position ganz in der Tradition einer Unterscheidung, die er bereits in der *Allgemeinen Erkenntnislehre*[46] als grundlegend herausgearbeitet hatte, derjenigen zwischen Kennen und Erkennen.[47] Zwar sei nur das Erkennbare mitteilbar, doch existiere eine Art unmittelbarer Vertrautheit mit dem ›Gegebenen‹, ein Kennen, das der Metaphysiker fälschlicherweise als Erkenntnis betrachte, obwohl es lediglich die psychologische Voraussetzung der Wirklichkeitserfahrung darstelle.[48]

Einer der wichtigsten Beiträge Schlicks zum Logischen Empirismus war seine Betonung des (Unterredungen mit Wittgenstein entlehnten) verifikationistischen Sinnkriteriums, demzufolge der Sinn eines Satzes in der Methode seiner Verifikation besteht.[49] Auf empirische Hindernisse kam es dabei nicht an; diese mochten eine tatsächliche Verifikation für immer undurchführbar machen. Was für Schlick zählte, war die prinzipielle logische Möglichkeit einer Verifikation. Man sieht hieran bereits, daß das Verdikt der Sinnlosigkeit eigentlich sehr wenige Sätze traf. Beispiele für prinzipiell sinnlose Ausdrücke sind die absolute Gleichzeitigkeit zweier Ereignisse oder ein niemals beobachtbarer Kern im Inneren des Elektrons. Schlick glaubte, daß sich durch das verifikationistische Sinnkriterium letztlich sogar die Kluft zwischen Positivismus und Realismus überbrücken lasse. »Logischer Positivismus und Realismus sind daher keine Gegensätze; wer unser Grundprinzip anerkennt, muß sogar empirischer Realist

---

[45] Siehe »Positivismus und Realismus«, Beitrag 3.3.

[46] Die schon in Wien abgeschlossene zweite Auflage (Berlin 1925) brachte einige wesentliche Veränderungen im Vergleich zur ersten (Berlin 1918).

[47] Vgl. dazu »Erleben, Erkennen, Metaphysik«, Beitrag 3.2.

[48] Vgl. dazu »Das Fundament der Erkenntnis«, Beitrag 5.3.

[49] Siehe »Die Wende der Philosophie«, Beitrag 1.2.

sein.«[50] Damit war letztlich auch die für Wissenschaftsphilosophen seiner Generation wegweisende Mach-Planck Kontroverse gegenstandslos geworden. Hatte Schlick bislang mit wachsenden Einschränkungen stets für die Plancksche Seite votiert, so markierte »Positivismus und Realismus« den Bruch mit seinem ehemaligen Lehrer.

2.3. Der Wiener Kreis und die Grundlagenkrise

Schlick begann in Fortsetzung eines Seminars ab dem Wintersemester 1924 regelmäßige Treffen zu organisieren, in denen auf Anregung Hahns Wittgensteins *Tractatus logico-philosophicus*[51] Satz für Satz studiert wurde. Besonders wichtig war für dem Logischen Empirismus die Wittgensteinsche These von der Tautologie der Mathematik, denn sie erlaubte eine strikte Trennung zwischen logischen und empirischen Wahrheiten. Damit konnten simultan die Schwächen von Machs empiristischer Grundlegung der Mathematik und der Kantischen, in reiner Anschauung gegründeten Konzeption vermieden werden. Erst dann war auch die Wiener Lesart des Konventionalismus in der Weise anwendbar, daß die Zuordnung zwischen empirischen Sätzen und theoretischen Symbolen letztlich auf der Wahl einer geeigneten Definition beruhe.[52]

Doch ist eine solche tautologische Mathematik überhaupt möglich? Existiert insbesondere eine Mengenlehre bzw. eine Arith-

---

[50] »Positivismus und Realismus«, Beitrag 3.3, S. 222.

[51] Der *Tractatus* war als »Logisch-philosophische Abhandlung« im letzten Jahrgang der *Annalen der Naturphilosophie 14* (1921), S. 185–262, erschienen; unter dem Titel *Tractatus logico-philosophicus* erschien im Folgejahr eine mit einer Einführung Russells versehene deutsch-englische Ausgabe (London 1922). Zu diesem Zeitpunkt arbeitete Wittgenstein bereits als Volksschullehrer in Trattenbach, etwa 100 km südlich von Wien.

[52] Zu den Grenzen dieser Lesart vgl. die Abschnitte 4.1. und 4.6. der Einleitung.

metik, die keiner anderen ontologischen Rechtfertigung bedarf als der formalen Konsistenz? Wenn die Existenz eines durch bestimmte Axiome und Definitionen eingeführten mathematischen Objekts nicht mehr auf einer vorhergehenden Intuition beruht, sie nicht mehr auf unsere Urteile über zählbare physische Objekte rückführbar ist, und mathematische Objekte auch keinen eigenständigen platonischen Seinsbereich bevölkern, dann muß die Frage ihrer Konsistenz mit den bestehenden mathematischen Mitteln effektiv entscheidbar sein. Paradoxien darf es nicht geben. Denn sie sind keine behebbaren Pannen, sondern zerstören derart konzipierte mathematische Objekte. Freges Versuch, die Konsistenz der Arithmetik mit rein logischen Mitteln zu beweisen, war genau daran gescheitert. In den *Principia Mathematica* versuchten nun Whitehead und Russell den logizistischen Ansatz Freges durch Einführung einer Typenhierarchie zu retten, so daß der paradoxe Begriff einer Menge aller Mengen vermieden werden konnte.[53] Doch damit waren die Grundlagenprobleme nicht aus der Welt geschafft, und in den 1920er Jahren verstärkte sich unter den Beteiligten das Gefühl einer veritablen Grundlagenkrise der Mathematik.

Zu deren Bewältigung existierten am Ende des Jahrzehnts im wesentlichen drei Strategien, die auf der zweiten Tagung für Erkenntnislehre der exakten Wissenschaften, die der Königsberger Naturforscherversammlung im Herbst 1930 angegliedert war, ausführlich diskutiert wurden.[54] Während der Wiener Kreis, insbesondere Hahn und Carnap, einem eigenwilligen Logizismus verpflichtet war, propagierte der Holländer L.E.J. Brouwer eine

---

[53] Gottlob Frege: *Die Grundlagen der Arithmetik*, Breslau 1884; Alfred North Whitehead, Bertrand Russell: *Principia Mathematica*, 3 Bde., Cambridge 1910–1913.

[54] Publiziert in *Erkenntnis* 2 (1931) wurden Rudolf Carnap: »Die logizistische Grundlegung der Mathematik« (S. 91–105), Arend Heyting: »Die intuitionistische Grundlegung der Mathematik« (S. 106–115), Johann von Neumann: »Die formalistische Grundlegung der Mathematik« (S. 116–121).

Beschränkung der Mathematik auf solche Begriffe, die durch eine
finite Intuition gerechtfertigt bzw. explizit konstruiert werden
können. Was Brouwers Intuitionismus vehement angriff, das ›ter-
tium non datur‹, ist jedoch ein wesentliches Element der durch
Hilberts axiomatische Methode bewirkten Erneuerung der Mathematik; Existenzbeweise können demzufolge auch indirekt geführt werden, ohne daß eine Konstruktion des entsprechenden
Gegenstandes angegeben wird. Hilberts eigener Vorschlag in der
Grundlagendebatte, meist als Formalismus tituliert, bestand in
der Trennung zwischen einer transfiniten Mathematik und einer
finiten Metamathematik, in der die Axiomensysteme auf Konsistenz überprüft werden sollten.

In der Diskussion auf der Königsberger Tagung wurde eine
epochale Wende in der Grundlagendebatte zum ersten Mal pu-
blik. Der junge Wiener Mathematiker Kurt Gödel, der gerade
über die Vollständigkeit der Prädikatenlogik erster Stufe bei
Hahn promoviert hatte – ein Resultat ganz im Sinne der Hilbertschen Programmatik – und der seit 1926 an den Sitzungen des
Wiener Kreises teilnahm, berichtete von seinem brandneuen Unvollständigkeitstheorem.[55] Durch ein verblüffend einfaches Verfahren konnte er zeigen, daß in einem für die klassische Arithmetik hinreichend starken Axiomensystem unentscheidbare Sätze
existieren; anders gesagt, es gab wahre Sätze – später Gödelsätze
genannt –, deren Wahrheit nicht innerhalb dieses Systems bewiesen werden konnte. Damit war das Hilbertsche Programm
in seiner ursprünglichen Form undurchführbar geworden, was
Johann von Neumann, der dieses in Königsberg vertreten hatte,
noch an Ort und Stelle einräumte. Dem Mathematiker bot sich
nun die Alternative, entweder die Wahrheit des entsprechenden Satzes anzunehmen und nach einem geeigneten stärkeren
Axiomensystem zu suchen – was nach Platonismus roch – oder
aber die Existenz prinzipiell unlösbarer Probleme zuzugeben –

[55] Die Arbeit wurde publiziert unter dem Titel »Über formal unentscheidbare Sätze der Principia mathematica und verwandter Systeme I«,
in: *Monatshefte für Mathematik und Physik* 38 (1931), S. 173–198.

was dem von Hilbert und auch vom Wiener Kreis propagierten epistemischen Optimismus widersprach.

Angesichts von Gödels Resultat unternahm es Carnap in der *Logischen Syntax*, das mathematische Grundlagenproblem selber in Frage zu stellen. Für ihn (wie auch für Hahn) war das Problem, der Mathematik unerschütterliche und sichere Fundamente zu geben, selbst von der Entwicklung überholt worden. Weder gab es eine »wahre« Logik, noch eine »wahre« Mathematik; es gab lediglich symbolische Systeme mehr oder minder großer Mächtigkeit und Ausdrucksstärke, die durch Axiome konventionell festgesetzt werden konnten (Toleranzprinzip). Die zerstörerischen Gödelsätze wurden mittels eines transfiniten Begriffs von Analytizität wieder in die Objektsprache integriert, waren allerdings allein in der mächtigeren Metasprache beweisbar, in der wiederum neue Gödelsätze zu finden waren. Carnap brachte es auf den Punkt: »Die Mathematik erfordert eine unendliche Reihe immer reicherer Sprachen.«[56]

Dank dieser Neubestimmung von Analytizität konnte zwar die Mathematik weiterhin als analytisch verstanden werden, doch bedeutete dies eigentlich einen Verrat an der rein syntaktischen Vorgehensweise, die Carnap in der *Logischen Syntax* proklamiert hatte. Aber gerade dadurch eröffnete sich der Anschluß an die Semantik Tarskis, die der syntaktischen Vorgehensweise Carnaps durch ihre Nichtbeschränkung auf finite Beweisformen überlegen war.[57] Im Nachhinein also spielte Tarskis Wahrheitsdefinition eine wichtige, legitimierende Rolle für Carnaps Überwindung des Wittgensteinschen Verbots, Sprachen über Sprachen sprechen zu lassen. Durch Einführung einer geeigneten Metasprache war es möglich, die durch den *Tractatus* verordnete Beschränkung auf eine einzige logisch-mathematische Sprache zu umgehen und zu einer Semantik für den Wahrheitsbegriff zu gelangen.

---

[56] Rudolf Carnap: *Logische Syntax der Sprache*, Wien 1934, S. 165.
[57] Siehe hierzu Alberto Coffa, »Carnap's Sprachanschauung ca. 1932«, in: *PSA 1976*, Vol. 2, S. 205–241.

Es ist wichtig zu betonen, daß die Erneuerung der Mathematik und die Abkehr von der Anschauung nicht ausschließlich eine Frage der Grundlagen war. Hahns Vortrag »Die Krise der Anschauung« zeigt, daß Fortschritte in der Mathematik gerade dadurch möglich wurden, daß man in der Definition scheinbar anschaulicher Begriffe wie Kurve oder Dimension bewußt einen abstrakteren Standpunkt einnahm. Die erhöhte Präzision in der Argumentation und die Erweiterung der mathematischen Ontologie führten nun allerdings zu einzelnen Beispielen, die unserer Alltagsanschauung paradox anmuten.[58]

2.4. Carnap und die logizistische Wende

Die zentrale Rolle der Grundlagendebatte macht deutlich, wie wichtig die Verstärkung war, die dem Wiener Kreis ab 1926 durch Rudolf Carnap zuteil wurde. Carnap hatte von 1910–1914 in Jena Philosophie, Mathematik und Physik studiert und dabei Freges Vorlesungen besucht.[59] Nachdem er eine Dissertation in der experimentellen Physik kriegsbedingt aufgab, promovierte er 1921 beim Neukantianer Bruno Bauch mit *Der Raum. Ein Beitrag zur Wissenschaftslehre.*[60] Schon in dieser Arbeit wurde ein wichtiger Zug von Carnaps philosophischem Stil deutlich, der auch im späteren Toleranzprinzip seinen Ausdruck findet.[61] Indem er den formalen Raum der Mathematiker, den Anschauungsraum der Husserlschen Wesensschau und den physischen Raum der Physik als eigenständige Entitäten unterschied, glaubte er, den lange währenden Streit zwischen euklidischer und nichteuklidischer

[58] Beitrag 6.2.

[59] Vgl. hierzu Carnaps Autobiographie in *The Philosophy of Rudolf Carnap*, hg. von Paul Arthur Schilpp, La Salle, IL 1963, in deutscher Übersetzung separat erschienen als *Mein Weg in die Philosophie*, Stuttgart 1993.

[60] Erschienen als Ergänzungsheft Nr. 56 der *Kant-Studien.*

[61] Vgl. hierzu auch Thomas Mormann: *Rudolf Carnap*, München 2000, der eine vorzügliche Einführung in Carnaps Denken bietet.

Geometrie auflösen zu können. Den konkurrierenden Standpunkten wurde so zumindest partielle Berechtigung zuteil.

In seiner Dissertation war Carnap einem synthetischen Apriori noch keineswegs abgeneigt, verlegte dieses aber im Sinne von Poincarés *Analysis situs* in die Topologie, während er die Metrik des Raumes als konventionell betrachtete. An dieser prinzipiellen Wahlfreiheit ändert auch die Forderung nach Einfachheit nichts, denn man kann sie entweder auf die mathematischen Strukturen beziehen oder auf die lokalen empirischen Beobachtungen. Im ersten Falle ist dann die nicht-euklidische Geometrie der Einsteingleichungen, im zweiten die euklidische Geometrie zu bevorzugen.[62] In späteren Jahren betrachtete Carnap die unterschiedlichen Standpunkte zunehmend als verschiedene logische Strukturen bzw. als Sprachen. Denn es waren seiner Ansicht nach die inhaltlichen Fragen, die typischerweise metaphysische Konflikte über die grundlegenden Entitäten heraufbeschworen. Beschränke man sich auf die logische Struktur, so sei sehr oft eine Verständigung möglich, insbesondere wenn sich die scheinbar unüberbrückbaren Differenzen als empirisch bedeutungslos herausstellen.

Carnaps Programm, durch Strukturuntersuchung einen metaphysisch neutralen Standpunkt zu erreichen, stand auch im Hintergrund seines philosophischen Hauptwerkes *Der Logische Aufbau der Welt*[63], mit dem er sich 1926 an der Wiener Universität habilitierte. Der von Carnap eingenommene Standpunkt des methodischen Solipsismus ist später (etwa von Quine) meist in genau jenem Sinne verstanden worden, wie auch der Machsche Positivismus meist zerrbildhaft als Subjektivismus oder Phänomenalismus dargestellt wird. Im Stile Russells werde versucht, so lautete der Vorwurf, die Außenwelt als eine logische Konstruktion aus elementaren Sinnesdaten darzustellen, die allein mit der Re-

---

[62] Rudolf Carnap: »Über die Aufgabe der Physik und die Anwendung des Grundsatzes der Einfachstheit«, in: *Kant-Studien* 28 (1923), S. 90–107.
[63] Berlin 1928; Neuauflage Hamburg 1998.

lation der Ähnlichkeitserinnerung auszukommen vorgebe. Doch Carnap suchte gerade einen Standpunkt jenseits der klassischen Positionen von Realismus und Positivismus. Dies geschah durch Verwendung der modernen Logik und unter der Grundvoraussetzung, daß alle wissenschaftlichen Aussagen in Strukturaussagen übersetzbar sind. Dabei wurde eine entwickelte Wissenschaft eigentlich schon vorausgesetzt, denn die logische Konstitution der Weltgegenstände war eine rationale Rekonstruktion der wissenschaftlichen Grundbegriffe, nicht der Entitäten der Welt im Sinne eines metaphysischen Realismus. In welchem Ausmaß Carnaps Konstitutionstheorie auf nicht-empirische Elemente baut und ob sich gerade darin neukantianische Spuren nachweisen lassen, ist derzeit Gegenstand einer breiten Debatte.[64] Diese Offenheit der Interpretation zeigt, daß der *Aufbau* als ein Werk des Übergangs verstanden werden muß; begonnen bald nach der Dissertation, erschien es zu einer Zeit, als Carnap gedanklich längst im Wiener Kreis angekommen war.

Carnaps Wiener Jahre waren bestimmt von seiner Metaphysikkritik, der Protokollsatzdebatte mit Neurath und Schlick sowie der Debatte mit Neurath um die physikalistische Basis der Erkenntnis.[65] Carnaps Metaphysikkritik radikalisierte sich dabei von der im wesentlichen epistemologischen Kritik der *Scheinprobleme* (1928) zur an Heidegger beispielhaft durchgeführten »Überwindung der Metaphysik durch logische Analyse der Sprache«.[66] In den *Scheinproblemen* waren Aussagen genau dann

---

[64] Werner Sauer: »Carnaps Aufbau in kantianischer Sicht«, in: *Grazer Philosophische Studien* 23 (1985), S. 19–35; verschiedene Aufsätze in Michael Friedman: *Reconsidering Logical Positivism*, Cambridge 1999; Alan Richardson: *Carnap's Construction of the World*, Cambridge 1998. Eine rezente Qualifizierung dieses Ansatzes gibt Chris Pincock: »Russell's Influence on Carnap's *Aufbau*«, in: *Synthese* 131 (2002), S. 1–37.

[65] Zur Protokollsatzdebatte und zum Physikalismus siehe die Abschnitte 4.2. bzw. 4.3. der Einleitung.

[66] *Scheinprobleme in der Philosophie*, Berlin 1928; »Überwindung der Metaphysik durch logische Analyse der Sprache«, in: *Erkenntnis* 2 (1931), S. 219–241. Da beide Aufsätze jüngst von Thomas Mormann in

sinnvoll, wenn sie einen Sachverhalt zum Ausdruck brachten. Sachverhalte mußten zumindest prinzipiell aus früheren oder gegenwärtigen Erlebnissen deduktiv oder induktiv herleitbar sein. Carnap glaubte, daß diese Konzeption bereits ausreiche, den klassischen Streit zwischen Idealisten und Realisten als sinnlos zu entlarven, da zwischen beiden Positionen keine sachhaltigen Unterschiede existieren. Ziel von Carnaps logischer Metaphysikkritik war es hingegen, metaphysische Sätze mit schlicht ungrammatischen Sätzen auf eine Stufe zu stellen. Heideggers berühmter Satz »Das Nichts nichtet« z.B. erweise sich in doppelter Weise als sinnlos. Zum einen sei das neu eingeführte Verb »nichten« von vornherein ohne Bedeutung. Zum anderen gehe das »Nichts« durch eine (für die Metaphysik typische) metaphorische Verwendung von in einem geeigneten Kontext durchaus sinnvollen Sätzen hervor. Denn der Satz »Draußen ist nichts.« sei eine sinnvolle Antwort auf die alltägliche Frage »Was ist draußen?« Da unsere Grammatik solche Transformationen nicht verbietet, bedarf es der logischen Analyse als Sprachkritik.

Carnaps Metaphysikkritik ist natürlich nur die negative Seite in der Bestimmung eines stichhaltigen Sinnkriteriums. Aber ist die Erlebnisbasis wirklich ausreichend, um sinnvolle Sätze des Alltags und der empirischen Wissenschaft von metaphysischen

derselben Reihe herausgegeben und kommentiert wurden und Carnaps Metaphysikkritik sich auch in den hier abgedruckten Schriften reichlich findet, haben wir beide Aufsätze nicht in die vorliegende Sammlung aufgenommen (Rudolf Carnap: *Scheinprobleme in der Philosophie und andere metaphysikkritische Schriften*, Hamburg 2004, S. 3–48 bzw. 81–110). Zum historischen Kontext von Carnaps Kritik an Heidegger gehört auch, daß Carnap im Frühjahr 1929 Augenzeuge des Davoser Streitgesprächs zwischen Ernst Cassirer und Martin Heidegger war. Michael Friedman betrachtet dieses Ereignis einschließlich Carnaps Reaktion darauf als den Beginn der Trennung zwischen analytischer und kontinentaler Philosophie, die für die Philosophie nach 1945 prägend war und heute zunehmend in die Kritik gerät; vgl. sein *Carnap, Cassirer, Heidegger. Geteilte Wege*, Frankfurt a. M. 2004; im engl. Original: *Carnap, Cassirer, Heidegger. A Parting of the Ways*, La Salle, IL 2000.

Scheinsätzen definitiv zu unterscheiden? Oder ist die Metaphysikkritik nicht vielmehr eine andauernde Aufgabe an Deck von Neuraths Boot? Das Basisproblem wurde zum Kern der Protokollsatzdebatte.

Carnap ging auch in seinen Prager Jahren seinen Weg in Richtung logischer Analyse konsequent weiter und forderte den Übergang von der Erkenntnistheorie zur Wissenschaftslogik.[67] Fragen, die er noch im *Aufbau* gestellt hatte, wurden nun als erkenntnispsychologische bezeichnet und an die empirischen Wissenschaften zurückverwiesen. Die Aufgabe des Philosophen erschöpft sich in der logischen Strukturanalyse wissenschaftlicher Theorien. Dabei ist die Wissenschaftslogik nicht etwa auf die Sprache der *Principia Mathematica* festgelegt. 1934 formulierte Carnap sein bereits angesprochenes Toleranzprinzip: »In der Logik gibt es keine Moral. Jeder mag seine Logik, d.h. seine Sprachform, aufbauen, wie er will. Nur muß er, wenn er mit uns diskutieren will, deutlich angeben, wie er es machen will, syntaktische Bestimmungen geben anstatt philosophischer Erläuterungen.«[68] Mit dem Aufweis der Wahlfreiheit erschöpft sich die Aufgabe des Wissenschaftslogikers als desjenigen, der die bestehenden und die möglichen Wissenschaftssprachen untersucht. Wie ebenfalls bereits angemerkt, hielt Carnap in seiner Syntaxperiode Erörterungen über die semantischen Beziehungen zwischen Sprache und Welt noch für unzulässig. Unter dem Einfluß von Tarskis Wahrheitstheorie ließ er diese Beschränkung jedoch 1935 fallen.

Ungeachtet des Toleranzprinzips erregte Carnaps Wende zu Logik und Semantik den Argwohn Franks und vor allem Neuraths, nicht zuletzt weil auf den jährlichen Kongressen der Bewegung logische Fragen zunehmend den Ton angaben. Zu sehr schien Neurath dahinter wieder der alte Systemgedanke fröhliche Urständ zu feiern und der ständige Kontakt mit der konkreten Erfahrungswissenschaft verloren zu gehen. »Logik schützt

---

[67] Vgl. Beitrag 3.5.
[68] Rudolf Carnap: *Logische Syntax der Sprache*, a.a.O., S. 44.

vor Metaphysik nicht!« betonte Neurath bei vielen Gelegenheiten, doch galt dies bald als ein leidiger Kassandraruf.

Zu Beginn der dreißiger Jahre war Carnap bereits zu einer Zentralfigur des Wiener Kreises geworden, sowohl inhaltlich als auch in seiner Funktion als Mitherausgeber der *Erkenntnis*. Doch noch lebte er von seinen eigenen Ersparnissen und erhielt lediglich Hörergelder. Im Jahre 1931 folgte der ersehnte Ruf auf eine Professur für Naturphilosophie an der Naturwissenschaftlichen Fakultät der Deutschen Universität Prag, um deren Einrichtung sich Frank lange Jahre bemüht hatte. Carnap genoß die spannungsreiche intellektuelle Vielfalt Prags, das nach der Machtübernahme der Nationalsozialisten in Deutschland und der Proklamation des Ständestaates in Österreich zu einer Zuflucht für viele Emigranten wurde. Dennoch war er hinsichtlich seiner beruflichen Perspektiven sehr skeptisch. So nahm er 1935 auf Vermittlung von Charles Morris eine Professur an der Universität von Chicago an und verließ Europa im Dezember desselben Jahres.

2.5. Die Eigenständigen: Menger und Zilsel

Im diesem Abschnitt sollen zwei weitere Mitglieder des Wiener Kreises näher vorgestellt werden, die zwar regelmäßige Teilnehmer des Schlickzirkels waren und wichtige Beiträge zu dessen Diskussionen lieferten, jedoch auf ihre Eigenständigkeit größeren Wert legten als die bisher erwähnten: Karl Menger und Edgar Zilsel.

Menger war der Sohn des einflußreichen Nationalökonomen Carl Menger, der als einer der Begründer der Grenznutzenlehre gilt. Nach seiner Promotion in Mathematik bei Hahn ging er 1924–1927 als Stipendiat, später als Assistent zu Brouwer nach Amsterdam. Waren seine Hauptarbeitsgebiete bis dahin Geometrie und Topologie gewesen, so kam er durch Brouwer auch mit der mathematischen Grundlagendebatte in engeren Kontakt. Menger verschrieb sich allerdings nicht dem Intuitionismus, sondern trug im Schlickzirkel (am 30. Januar 1930) betont kritisch

darüber vor.[69] In den Diskussionen im Wiener Kreis zeigte er eine
gewisse Distanz zur Suche nach einer letzten Fundierung der Mathematik und lehnte die Wittgensteinsche These von der Tautologie der Mathematik strikt ab. Statt dessen vertrat er bereits zu
dieser Zeit eine Form des Toleranzprinzips, die demjenigen aus
Carnaps *Logischer Syntax* nahestand.[70]

Nachdem Menger 1928 eine Professur für Geometrie an der
Wiener Universität erlangt hatte, organisierte er zusammen mit
Studenten ein abendliches mathematisches Kolloquium. »Ich
folgte im Kolloquium ein wenig dem ungezwungenen Stil des
Schlick-Zirkels, schrieb aber von Herbst 1929 an, was Schlick
leider nicht tat, die besprochenen Themen in eine Art von Pro-
tokollbuch.«[71] In Zusammenarbeit mit Kurt Gödel und Abraham
Wald veröffentlichte Menger dessen Einträge in dünnen, bro-
schierten Heftchen.[72] Darin finden sich sowohl Kurzfassungen
von an anderer Stelle veröffentlichten Aufsätzen als auch wichtige Originalbeiträge, sowohl von Wienern als auch von auswär-
tigen Gästen, darunter Johann von Neumann, Alfred Tarski und
Oswald Wiener. Aus heutiger Sicht betrachtet stand Mengers
Kreis an vorderster Front der Entwicklungen der modernen Ma-

---

[69] Vgl. den hier abgedruckten, sehr ausgewogen in die Problematik
einführenden Beitrag 6.1.

[70] Vgl. auch Karl Menger: *Reminiscences of the Vienna Circle and
the Mathematical Colloquium*, hg. von L. Golland, B. McGuinness und
A. Sklar, Dordrecht 1994. Zur Diskussion der Beziehung zwischen ihren
Toleranzprinzipien vgl. Michael Friedman: »Tolerance and Analytricity in
Carnap's Logical Syntax of Language«, in: *Reconsidering Logical Positivism*, op. cit., und Thomas Uebel: »Learning Logical Tolerance«, in: *History
and Philosophy of Logic* 26 (2005), S. 175–209.

[71] Karl Menger: »Erinnerungen an Kurt Gödel«, in: Eckehart Köhler
et al. (Hg.): *Kurt Gödel. Wahrkeit und Beweisbarkeit*, Bd. 1: *Dokumente
und historische Analysen*, op. cit., S. 63.

[72] *Ergebnisse eines Mathematischen Kolloquiums*, unter Mitwirkung
von Kurt Gödel und Georg Nöbeling hg. von Karl Menger, Wien 1928–
1936; Reprographischer Nachdruck mit thematischen Einführungen hg.
von Egbert Dierker und Karl Sigmund, Wien 1998.

thematik; die grundlegende Bedeutung der Beiträge von Johann von Neumann und Abraham Wald zur mathematischen Ökonomie wurde jedoch erst viel später wahrgenommen.

In seinem Buch *Moral, Wille und Weltgestaltung*[73] versuchte Menger, mathematisch-exaktes Denken in die Ethik einzuführen, und erfand dabei einen Vorläufer der modernen Spieltheorie. Auf der Basis eines individuellen Dezisionismus bezüglich ethischer Normen entwarf er als deren Externalisierung logische Räume von kompatiblen Verhaltensweisen, welche genau diejenigen Menschen zeigen, die sich diesen Normen verschrieben haben. Mengers rein deskriptive Ethik behandelte weiterhin die möglichen Kooperationen zwischen Gruppen gleichgesinnter und andersgesinnter Menschen.

In den Jahren 1933–1936 veranstaltete Menger unter Beteiligung von Kollegen aus den Naturwissenschaften drei gut besuchte Vortragszyklen an der Wiener Universität über Grundlagenprobleme der Wissenschaften. Der erste Zyklus trug den programmatischen Titel *Krise und Neuaufbau in den exakten Wissenschaften*[74] und machte klar, daß die seit Ende des Weltkriegs vielerorts beschworene Krise letztlich zu einer Erneuerung der Grundlagen führte und nicht zum Untergang der gesamten »faustischen« Rationalität des Abendlandes, wie Oswald Spengler vor allem dadurch suggeriert hatte, daß er die Wissenschaft des 20. Jahrhunderts an den Erklärungsidealen des 19. Jahrhunderts maß.[75]

Edgar Zilsel paßt vielleicht am wenigsten zu dem Bild, daß sich die Forschung lange Zeit vom Wiener Kreis gemacht hat. Zwar hatte er in Wien Philosophie, Mathematik und Physik studiert,

---

[73] Karl Menger: *Moral, Wille und Weltgestaltung. Grundlegung zur Logik der Sitten*, Wien 1934.

[74] Aus diesem ersten Zyklus stammen auch die hier abgedruckten Aufsätze Mengers (6.1) und Hahns (6.2). Vgl. Mengers Überblick zu Beginn seines Beitrags.

[75] Oswald Spengler: *Der Untergang des Abendlandes. Erster Band: Gestalt und Wirklichkeit*, Wien/Leipzig 1918.

über Fragen der Wahrscheinlichkeit im Jahre 1915 promoviert und war danach Gymnasiallehrer sowie ein wichtiges Mitglied der Wiener Volksbildungsbewegung und der Schulreformbewegung. Auch hatte sein Buch *Das Anwendungsproblem* (1916) nachhaltige Wirkung auf die Dissertation von Herbert Feigl, obwohl von manchen im Kreis – etwa von Frank und von Mises – bestritten wurde, daß das Problem der Anwendung der Wahrscheinlichkeit auf die Wirklichkeit überhaupt existierte bzw. daß es über die Zuordnung von theoretischen Symbolen zu Erlebnissen hinausging.[76] Doch Zilsel widmete sich auch literarhistorischen und historisch-philologischen Studien, die den meisten Mitgliedern des Kreises fremd waren, obwohl deren Ergebnisse durchaus auf ihrer Linie lagen.

Mit seinen Werken über den neuzeitlichen Geniebegriff[77] griff Zilsel die von Spengler und vielen Strömungen der zeitgenössischen Kunst gepriesene Individualität und Unerklärlichkeit des Genies frontal an und leistete eine marxistisch inspirierte Analyse der Entstehung dieses Ideals in der Neuzeit. Der Versuch, sich mit diesen Arbeiten an der Universität Wien für Philosophie zu habilitieren, scheiterte im Jahre 1924 trotz eines positiven Gutachtens von Ernst Cassirer. Zilsel publizierte in der Folge wieder über wissenschaftstheoretische Fragen, sowohl auf dem Feld der Physik als auch der Biologie. Er ist in diesem Band mit einem Beitrag vertreten, der statistische Betrachtungen zur Kritik einer weltanschaulich inspirierten Lesart der Biologie nimmt.

Die aus heutiger Sicht wichtigsten Beiträge Zilsels fallen in die Zeit nach 1936. In einem großangelegten und nach der Emigra-

---

[76] Edgar Zilsel: *Das Anwendungsproblem*, Leipzig 1916; Herbert Feigl: »Zufall und Gesetz«, in: *Zufall und Gesetz. Drei Dissertationen unter Schlick*, hg. von Rudolf Haller und Thomas Binder, Amsterdam/Atlanta 1999, S. 2–191.

[77] *Die Geniereligion. Ein kritischer Versuch über das moderne Persönlichkeitsideal*, Wien 1918 (Neuauflage mit einer Einleitung von Johann Dvorak, Frankfurt a.M. 1990), und *Die Entstehung des Geniebegriffs. Ein Beitrag zur Ideengeschichte der Antike und des Frühkapitalismus*, Tübingen 1926.

tion in die USA intensivierten Forschungsprojekt untersuchte er die sozialen Ursprünge der neuzeitlichen Wissenschaft. Seiner inzwischen klassischen These zufolge entsprang die moderne experimentelle Wissenschaft Galileis einer Synthese aus dem Empirismus der in der Renaissance sozial hoch angesehenen Künstleringenieure mit der methodischen Aufarbeitung des Wissens durch die humanistischen Gelehrten. Trotz eines in etwa vergleichbaren Entwicklungsstandes fehlte diese Voraussetzung in China, so daß die neuzeitliche Wissenschaft zunächst auf Europa beschränkt blieb.[78] Zur Würdigung von Zilsels Arbeiten ist anzumerken, daß eine Wissenschaftsforschung im heutigen Sinne damals noch nicht existierte.

3. An der Peripherie des Kreises

Wenden wir uns nun der vielgestaltigen Peripherie des Kreises zu. Bei Stadler findet sich sogar ein ganzes Tableau, das diese in mehreren Schichten beschreibt. Die entsprechenden Gruppen waren formell organisiert und auf Außenwirkung bedacht (wie der Verein Ernst Mach), waren rein wissenschaftlich orientiert (wie Karl Mengers Mathematisches Kolloquium), vordringlich an Studenten und Doktoranden gerichtet (wie Carnaps Studiengruppe für wissenschaftliche Zusammenarbeit), sie hatten mehr privaten Charakter (wie der Kreis um Heinrich Gomperz und die Gespräche mit Wittgenstein in Schlicks Wohnung), oder sie waren wiederum Kaffeehausrunden (wie der Kreis um Richard von Mises im Café Central).

Sieht man weniger auf thematische Identifikation mit den Zielen der wissenschaftlichen Weltauffassung, sondern geht vielmehr von Doppelmitgliedschaften und der Zugehörigkeit zum sozialistischen bzw. aufklärerisch-liberalen Kulturmilieu Wiens

---

[78] Die entsprechenden Beiträge sind versammelt in Edgar Zilsel: *Die sozialen Ursprünge der neuzeitlichen Wissenschaft*, hg. von Wolfgang Krohn, Frankfurt a. M. 1976.

aus, so existierten auch Verbindungen zum Österreichischen Monistenbund, zu den Freidenkern, zum Kreis um die Psychologen Karl und Charlotte Bühler, zur Schulreformbewegung, zur Volksbildungsbewegung, zum Kreis um den Rechtspositivisten Hans Kelsen usw.[79] An seiner Peripherie löst sich somit der Wiener Kreis gleichermaßen in die Moderne der Zwischenkriegszeit auf.

Im folgenden wollen wir kurz auf die Gespräche mit Wittgenstein eingehen, um das oft perpetuierte Bild der Einseitigkeit des philosophischen Einflusses zu relativieren, und den Modernebegriff thematisieren, weil er für die historische Einordnung des Wiener Kreises unerläßlich ist. Einige der anderen in der Peripherie vertretenen Kreise sind ja bereits oben näher beleuchtet worden.

3.1. Gespräche mit Wittgenstein:
der Beginn der Flügelbildung

Das intensive Studium des *Tractatus* hatte dazu geführt, daß Schlick brieflichen Kontakt mit Wittgenstein aufnahm. Nach dessen Abschied aus dem Schuldienst kam es ab 1927 zu ersten Gesprächsrunden in Schlicks Wohnung, an denen auch Carnap, Feigl und Waismann teilnahmen. Ab 1929 traf sich Wittgenstein schließlich nur noch mit Schlick und Waismann. Waismann protokollierte die Gespräche, die sich über einen weiten Bereich philosophischer Themen erstrecken und ein wichtiges Dokument zum Verständnis der Neupositionierung Wittgensteins nach dem *Tractatus* darstellen.[80] Den Erinnerungen Bergmanns[81] ist zu entnehmen, daß dieses Exklusivverhältnis und die Verehrung

---

[79] Vgl. die Schemata bei Stadler, op. cit., S. 630 f. bzw. 632–637. Dort finden sich auch kurze Charakterisierungen.

[80] *Ludwig Wittgenstein und der Wiener Kreis. Gespräche aufgezeichnet von Friedrich Waismann*, hg. von Brian McGuinness, Frankfurt a. M. 1967.

[81] Beitrag 7.1.

Wittgensteins durch Schlick zur Erosion des Wiener Kreises beitrugen. Insbesondere Neurath zeigte offen seine Mißbilligung, wenn Schlick und Waismann Wittgensteinsches Gedankengut im Kreis vorbrachten. Mit Verweis auf Carnaps Erinnerungen spricht man hier meist von einem rechten Flügel (Schlick, Waismann) und einem linken Flügel (Carnap, Hahn, Neurath), der für ein liberaleres Sinnkriterium als die Verifizierbarkeit eintrat.[82] Interessanterweise deckte sich diese Namensgebung, wenn auch nur grob, mit der politischen Orientierung der Beteiligten.

Waismanns – bereits im Manifest als erster Band der »Schriften zur Wissenschaftlichen Weltauffassung« angekündigter – Versuch einer verständlichen Darstellung von Wittgensteins Tractatusphilosophie scheiterte an den fortgesetzten Einwänden Wittgensteins.[83] Im Jahre 1932 beschuldigte Wittgenstein Carnap brieflich des Plagiats. Dieser habe u. a. seine Version des Physikalismus den Gesprächen mit ihm entnommen, ohne diese Quelle zu nennen. Der kurze und heftige Prioritätenstreit vertiefte die Gräben zwischen den beiden Lagern. Bedenkt man aber, daß es selbst unter den Physikalisten Prioritätsstreitigkeiten gab, und untersucht man alle angesprochenen Thesen genauer, so zeigt sich eher, daß alle Beteiligten zwar ähnliche, aber verschieden ausgerichteten und gewichteten Konzeptionen das Wort redeten.[84]

Schlick betonte in seinen Schriften stets den Einfluß Wittgensteins, selbst in solchen Fällen, wo er ähnliche Thesen bereits früher vertreten hatte, und integrierte dessen Gedankengut in seine eigene philosophische Agenda. Ein für diese Sammlung instruktives Beispiel ist das folgende. Ab etwa 1932 gab Schlick seinem

[82] Vgl. Rudolf Carnap: *Mein Weg in die Philosophie*, op. cit., S. 89.

[83] Sie wurde erst aus dem Nachlaß von G. P. Baker und Brian McGuinness herausgegeben; Friedrich Waismann: *Logik, Sprache, Philosophie*, Stuttgart 1976.

[84] Siehe Thomas Uebel: »Physicalism in Wittgenstein and the Vienna Circle«, in: Kostas Gavroglu, John Stachel, Marx W. Wartofsky (Hg.): *Physics, Philosophy and the Scientific Community. Essays in Honour of Robert S. Cohen*, Dordrecht 1995, S. 327–356.

bereits oben diskutierten Verifikationismus eine neue Wende im Sinne Wittgensteins. Eine Verifikation trat nun entweder ein oder nicht. Dies war auch die Grundlage von Schlicks zweiter Kausalitätstheorie, die das Kausalprinzip nun mit Verweis auf Wittgenstein als Anweisung zur Bildung von Aussagen betrachtete; in der ersten hatte noch die Einfachheit als ein notwendiges Kriterium kausaler Gesetze gegolten.

> Die Verifikation überhaupt, das Eintreffen einer Voraussage, die Bewährung in der Erfahrung, ist also das Kriterium der Kausalität schlechthin, und zwar in dem praktischen Sinne, in dem allein von der Prüfung eines Gesetzes gesprochen werden kann. [...] Es kann kaum genug betont werden, daß die Bewährung durch die Erfahrung, das Eintreffen einer Prophezeiung ein Letztes, nicht weiter Analysierbares ist. Es läßt sich durchaus nicht in irgendwelchen Sätzen sagen, wann sie eintreten muß, sondern es muß einfach abgewartet werden, ob sie eintritt oder nicht.[85]

Der eigentliche Anlaß für Schlicks neue Kausalitätstheorie war jedoch die Quantenmechanik, durch die Schlicks frühere Theorie unhaltbar geworden war.[86]

Auch die Philosophie war letztlich nichts anderes als praktische Tat – wenn auch auf fundamentaler Ebene: »die letzte Sinngebung geschieht mithin stets durch *Handlungen*, sie machen die philosophische Tätigkeit aus. Es war einer der schwersten Irrtümer vergangener Zeiten, daß man glaubte, den eigentlichen Sinn und letzten Inhalt wiederum durch Aussagen zu formulieren, also in Erkenntnissen darstellen zu können: es war der Irrtum der ›Metaphysik‹.« Die »Wende der Philosophie« bestand daher in der Einsicht, daß »alle Erkenntnis nur vermöge ihrer Form Erkenntnis« war;[87] letzte Inhalte gab es nicht. Dieser zweite Aspekt der »Wende« war durchaus im Sinne von Carnaps Betonung der Strukturanalyse.

---

[85] Beitrag 6.3, S. 561.

[86] Vgl. hierzu auch Abschnitt 4.5. der Einleitung.

[87] Beide Stellen aus »Die Wende der Philosophie«, Beitrag 1.2, S. 35 bzw. 33.

3.2. Modernismus in der Zwischenkriegszeit

Unmittelbar nach seiner Rückkehr aus dem Schuldienst nach
Wien und noch vor den Gesprächen mit Schlick widmete sich
Wittgenstein zusammen mit seinem Freund Paul Engelmann
dem Bau eines Hauses in der Wiener Kundtmannstraße, das
seine Schwester in Auftrag gegeben hatte. Engelmann hatte bei
Adolf Loos studiert, mit dem auch Wittgenstein in Kontakt stand.
Wittgenstein widmete sich vor allem der Innenarchitektur des
Hauses, die in vielem Loos' Kampf gegen Ornament und Behag-
lichkeit im Kunstgewerbe radikalisierte. Wie viele neuzeitliche
Interpreten unterstrich auch Wittgensteins Schwester Hermine
den Zusammenhang des Hauses mit dem Stil des *Tractatus* und
sprach etwas despektierlich von »hausgewordener Logik«.[88]
Auch das Manifest des Wiener Kreises hob den Zusammenhang zwischen der wissenschaftlichen Weltauffassung und der
Architektur ausdrücklich hervor. Doch hatten die Autoren dabei
vordringlich an das Dessauer Bauhaus gedacht, mit dem gerade in
jenen Jahren ein intensiver Austausch stattfand. Sowohl der Wiener Kreis als auch die Architekten und Künstler des Bauhauses
forderten einen klaren und transparenten Aufbau aus einfachen
Elementen, strenge Sachlichkeit und Funktionalität, eine auf
die moderne Wissenschaft und industrielle Technik gegründete
Lebensform. Im Spiegel dieses Moderneverständnisses erschien
die Metaphysik als ein geschwätziges und überflüssiges Ornament. Wer nach Ganzheiten suchte – ob als nationale Baustile
oder Träger einer Lebenskraft – verlieh im Stile der kritisierten
Schulphilosophie solchen Entitäten eine Bedeutung, die bedeutungslos geworden waren. Neben der inhaltlichen Parallelität

---

[88] Peter Galison: »Aufbau/Bauhaus: Logischer Positivismus und ar-
chitektonischer Modernismus«, in: *Deutsche Zeitschrift für Philosophie*
43 (1995), S. 653–685. Vgl. auch Allan Janik, Stephen Toulmin: *Wittgensteins Wien*, München 1983 und Volker Thurm-Nemeth (Hg.): *Von Konstruktion zu Werkbund und Bauhaus. Wissenschaft, Architektur, Wiener Kreis*, Wien 1998.

gab es auch organisatorische Verbindungen. Neurath war schon
bei der Eröffnung des Dessauer Bauhauses im Dezember 1926
zugegen. Nachdem Hannes Meyer im Jahre 1928 dessen Leitung übernommen hatte, hielten in kurzer Folge Herbert Feigl,
Philipp Frank, Reichenbach, Carnap und Neurath Vorträge über
verschiedene Aspekte der modernen Wissenschaft und der wissenschaftlichen Weltauffassung. Diese engen Kontakte erzeug-
ten auch eine wechselseitige Legitimation. Einer künstlerischen
Bewegung verliehen sie die Aura der Wissenschaftlichkeit, während sie den Wiener Kreis auch außerhalb Wiens als progressive
Kulturströmung sichtbar werden ließen.

In Wien konnte hingegen bereits vor dem Manifest über die
modernistische Orientierung des Wiener Kreises kaum ein Zweifel bestehen. Neurath war Spengler weitaus entschiedener entgegengetreten als viele andere, und Frank hatte Mach als neuen
Aufklärer auf den Schild gehoben[89], lange bevor der Verein Ernst
Mach gegründet worden war. Neurath war so eng mit dem Roten
Wien der Zwischenkriegszeit verbunden, daß er nach dem Beginn
des Austrofaschismus und dem Verbot der Sozialdemokratischen
Partei im Februar 1934 nach Holland emigrieren mußte. Nach
dem Einmarsch deutscher Truppen folgte 1940 eine zweite Flucht
nach England. Die Politisierung des Wiener Kreises war jedoch
nicht ausschließlich selbstgewählt. Schlick war eher bürgerlich-
liberal orientiert und hatte 1934 versucht, die Auflösung des Vereins Ernst Mach zu verhindern, indem er der Dollfußregierung
die unpolitische und rein wissenschaftliche Natur der dort gehaltenen Vorträge versicherte. Doch nachdem Schlick im Juni 1936
von einem geistig verwirrten ehemaligen Doktoranden ermordet
worden war, erschien unter dem Pseudonym Dr. Austriacus ein
Schmähartikel gegen die von Schlick betriebene »radikal nieder-
reißende« Philosophie, die den Mörder Nelböck um den Sinn des
Lebens betrogen habe.[90] Die Allianz zwischen sozialistisch und

---

[89] Vgl. Beitrag 2.2.
[90] Stadler, op. cit. S. 384–386 und die Dokumentation zur Ermordung
Schlicks, S. 920–961.

bürgerlich-liberal orientierten Gelehrten, zwischen linkem und rechtem Wiener Kreis resultierte in den dreißiger Jahren nicht zuletzt aus der gemeinsamen Frontstellung gegen ein Milieu, das zunehmend durch den katholisch orientierten österreichischen Ständestaat und deutschnationale bzw. nationalsozialistische Bewegungen geprägt wurde.

Zilsel und vor allem Neurath publizierten regelmäßig in den Schriften der österreichischen Sozialdemokratie, insbesondere in *Der Kampf,* aber auch in *Der Betriebsrat, Arbeiterwille, Arbeit und Wirtschaft, Der Atheist, Sozialistisch-Akademische Rundschau.* Neurath war nach seiner Rückkehr aus Bayern als Generalsekretär des Verbandes für Siedlungs- und Kleingartenwesen um die Verbesserung der Wohnverhältnisse der Arbeiter bemüht, eine Frage, die er auch in der englischen Emigration wieder aufgreifen sollte.

Faktisch alle Mitglieder des Wiener Kreises waren innerhalb des Wiener Volksbildungswesens aktiv, nicht nur durch die Abhaltung von Kursen und Einzelvorträgen, sondern auch als Betreuer von Fachgruppen. Denjenigen Mitgliedern des Kreises, die keine akademische Anstellung hatten, bot dies eine bescheidene Einkommensquelle. Aus historischer Perspektive erscheint diese Verbindung auch als natürliche Ergänzung der Popularisierung der modernen Wissenschaften und ihrer Interpretation auf dem Hintergrund einer wissenschaftlichen Weltauffassung, wie sie vom Verein Ernst Mach und Mengers Vorlesungsreihe betrieben wurden.

Neurath wurde im Jahre 1925 Gründungsdirektor des Gesellschafts- und Wirtschaftsmuseums, das er als ein Lehrmuseum für das Erkennen sozioökonomischer Zusammenhänge konzipierte. Das Museum hatte kein eigenes Gebäude, sondern beschickte Ausstellungen im Wiener Rathaus und in den Bezirken und nahm an internationalen Ausstellungen teil. Zur Darstellung von Themen wie Volksgesundheit, Schule oder Wohnungswesen entwickelte Neurath zusammen mit dem Künstler Gerd Arntz und Marie Reidemeister, seiner späteren Frau, die Wiener Methode der Bildstatistik, später ISOTYPE (International System of Typographic Picture Education) genannt. Einfache und einprägsame Symbole erlaubten es, Größenverhältnisse und einfache kausale Abhängigkeiten, etwa zwischen Armut und der Häufigkeit von Rachitiserkrankungen, so darzustellen, daß sie mit einem Blick erfaßt werden konnten. Schon 1931 wurde in Holland eine Nebenstelle des Gesellschafts- und Wirtschaftsmuseums eingerichtet, die nach der Emigration im Jahre 1934 Neuraths Wirkungsstätte werden sollte.[91]

4. Themen und Debatten der dreißiger Jahre

Nach diesem Überblick zur Entwicklung und zum historischen Kontext des Wiener Kreises und nach der Vorstellung seiner Hauptakteure sollen im vorliegenden Abschnitt zunächst einige Debatten skizziert werden, die in den dreißiger Jahren den gesamten Kreis bewegten. Sie betrafen den Verifikationismus und das empiristische Sinnkriterium (4.1.), die Frage der Protokollsätze (4.2.), sowie die Konzepte des Physikalismus und der Einheitswissenschaft (4.3.). Betrachtet man die in Kapitel IV und V versammelten Beiträge auf dem Hintergrund der im Manifest skizzierten gemeinsamen Programmatik und der in Abschnitt 2 dargelegten Einzelpositionen der Beteiligten, so wird deutlich, daß sich zum Teil substantielle Modifikationen der Standpunkte ergaben.

Bereits das Manifest hatte klargemacht, daß sich der Wiener Kreis keineswegs als reine Theorieveranstaltung aus Mathematik und Physik verstand, sondern die gesellschaftliche Umsetzung der wissenschaftlichen Weltauffassung im Auge hatte. In den 1930er Jahren wurden daher auch zunehmend Überlegungen angestrengt, wie die Sozialwissenschaften in den Rahmen des Logischen Empirismus eingegliedert werden konnten (4.4.). In den Naturwissenschaften kam eine neue Herausforderung hinzu,

[91] Zu Neuraths Programmatik siehe Otto Neurath: *Gesammelte bild-pädagogische Schriften*, hg. von Rudolf Haller und Robin Kinross, Wien 1991.

als die Quantenmechanik und die einschlägigen philosophischen Interpretationen von Physikern in steigendem Maße herangezogen wurden, um metaphysische Begriffe wie die Willensfreiheit naturalistisch zu rechtfertigen oder vitalistische bzw. anthropomorphe Elemente in den Grundlagen der Physik nachzuweisen (4.5.). An der Art und Weise, diese aus der Physik auszuscheiden, hatte sich seit der Zeit vor dem Ersten Weltkrieg nur wenig geändert: man bestand auf der Unterscheidung zwischen konkreten Erlebnissen und theoretischen Symbolen. Beide Ebenen wurden durch Konventionen miteinander verbunden. Aber hatte die Aufnahme des Konventionalismus Poincarés und Duhems wirklich das Erwünschte geleistet, und war somit die Verbindung zwischen Machs Empirismus und der modernen Mathematik gelungen? In Abschnitt 4.6. soll zu dieser Thematik ein kurzes Resümee aus Sicht der späten dreißiger Jahre gezogen werden.

4.1. Verifikationismus
und empiristisches Sinnkriterium

Die strikte Unterteilung sinnvoller Sätze in empirisch-synthetische und analytische sollte sicherstellen, daß jedwede sinnvolle Aussage im Prinzip überprüfbar ist, und zwar durch empirische Tests oder formale Beweise. Gleichzeitig sollte damit die Metaphysik als sinnlos ausgeschlossen werden, da ihre Behauptungen diesen Bedingungen weder genügen wollten noch genügen konnten. Hier ist gleich hinzuzufügen, daß es sich bei diesem Sinnkriterium um intersubjektiv überprüfbaren inhaltlichen Sinn handelt; daß Metaphysik durchaus andere Sinnbedürfnisse stillen kann, war den Vertretern des Wiener Kreises von Anfang an klar, und sie verwiesen selbst oft auf diese nicht-kognitive Funktion metaphysischer Äußerungen. Es war allerdings gar nicht leicht, das erwünschte Sinnkriterium präzise zu definieren. Während eine frühe, auf Wittgenstein zurückgehende Formulierung sich als viel zu streng erwies, zeigte sich nach längeren Überlegungen, daß eine genaue Formulierung mittels logisch notwendiger und hinreichender Bedingungen wenn überhaupt, nur für formal-logische Kunstsprachen gelingen konnte.

Im Gespräch mit Schlick und Waismann sagte Wittgenstein einmal: »Der Sinn des Satzes ist seine Verifikation.«[92] Obwohl hiernach die Sinnhaftigkeit eines Satzes dessen vollständige Verifizierbarkeit verlangte, konnte man trotzdem noch zwischen tatsächlich erfolgter und prinzipiell möglicher Verifikation unterscheiden und zum Zwecke der Sinnhaftigkeit eines Satzes nur die letztere verlangen. Während Schlick länger an dieser Konzeption festhielt, stieß die Forderung nach vollständiger Verifikation bereits um das Jahr 1931 erstmals auf Widerspruch. Niemandem im Kreis war es entgangen, daß die Allsätze der Wissenschaft nach dieser Konzeption streng genommen unsinnig waren. So behalf sich Schlick mit der Reinterpretation solcher Sätze als Anleitungen zur Bildung neuer singulärer Sätze. Dagegen bevorzugten es Carnap, Hahn und Neurath, die Sinnhaftigkeit wissenschaftlicher Gesetze zu erhalten, indem sie von vollständiger Verifikation absahen und nur auf teilweiser Nachprüfbarkeit bestanden.[93]

Diese Liberalisierung des Sinnkriteriums traf sich mit der Erkenntnis, daß es auch nicht möglich war, alle Termini der wissenschaftlichen Sprache auf solche zu reduzieren, deren Verwendung allein mittels Beobachtung verifizierbar war. Zuerst galt diese Einschränkung nur für Dispositionsbegriffe und andere rein theoretische Ausdrücke, für die eine Teildefinition auf der Basis von Beobachtungstermini mittels sogenannter Reduktionsketten verlangt wurde.[94] Später gab Carnap dann auch die Hoffnung auf, alle theoretischen Termini der Wissenschaft auf diese

---

[92] *Wittgenstein und der Wiener Kreis. Gespräche, aufgezeichnet von Friedrich Waismann,* hg. von Brian McGuinness, Frankfurt a.M. 1984, S. 47 (Gespräch vom 22. Dezember 1929).

[93] Vgl. die in diesem Band versammelten Aufsätze von Schlick: »Die Kausalität in der heutigen Physik« (1931) (Beitrag 6.3), Hahn: »Logik, Mathematik und Naturerkennen« (1933) (Beitrag 3.4), Carnap: »Wahrheit und Bewährung« (1936) (Beitrag 5.5).

[94] Vgl. Carnap: »Über die Einheitssprache der Wissenschaft. Logische Bemerkungen zum Projekt einer Enzyklopädie« (1936), (Beitrag 4.4).

Art und Weise an die empirische Basis zu binden, und kehrte zum Zweisprachenmodell zurück, das Schlick bereits in seiner *Allgemeinen Erkenntnislehre* in Umrissen vertreten hatte.[95] Neben der direkt überprüfbaren Beobachtungssprache wurde eine theoretische Sprache zugelassen, deren gesamte Termini mit Hilfe einiger primitiver Ausdrücken implizit definiert wurden, die selbst wiederum nur sehr mittelbar mit der Beobachtungssprache verbunden waren. In den 1950er Jahren entzündete sich eine ähnlich gelagerte Debatte zwischen dem sogenannten wissenschaftlichen Realismus und dem Instrumentalismus an der Frage, ob den theoretischen Termini eigenständige Referenz zugestanden werden müsse.[96]

Doch zurück zum empiristischen Sinnkriterium. Dessen Problematik lag darin, daß sobald eine indirekte, nicht vollständige Nachprüfbarkeit einmal eingeführt worden war, es nicht ersichtlich war, wie denn nun offensichtlich metaphysische Sätze wie »Das Absolute ist allpräsent« zweifelsfrei eliminiert werden können, wenn man die üblichen logischen Transformationsregeln beibehält.[97] Angesichts der Alternative, entweder metaphysische Sätze als sinnvoll oder wissenschaftliche Gesetze als sinnlos zu bezeichnen, zogen es viele Logische Empiristen letztlich vor, die Suche nach einem formal-logischen Sinnkriterium aufzugeben.[98]

---

[95] Man vergleiche Rudolf Carnap: *Foundations of Logic and Mathematics*, Chicago 1939, § 24, mit Schlick: *Allgemeine Erkenntnislehre*, op. cit., § 7 und § 11.

[96] Vgl. Herbert Feigl: »Existential Hypotheses. Realistic versus Phenomenalistic Interpretations«, in: *Philosophy of Science* 17 (1950), S. 32–62, und Philipp Frank: »Comments on Realistic versus Phenomenalistic Interpretations«, in: *Philosophy of Science* 17 (1950), S. 166–169.

[97] Siehe Carl Gustav Hempel: »Empiricist Criteria of Cognitive Significance: Problems and Changes«, in: *Aspects of Scientific Explanation*, New York 1965, S. 101–122, mit besonderem Bezug auf A. J. Ayers Versuch, seine fehlerhafte Formulierung des Kriteriums in der ersten Auflage von *Language, Truth and Logic* im Vorwort zur zweiten Auflage (London 1946) zu korrigieren.

[98] Carnap selbst formulierte noch ein weiteres Sinnkriterium für Termini der theoretischen Sprache, das allerdings nur jeweils relativ der be-

Auf diesem Wege gelangt man zur Unterscheidung zwischen
zwei Auffassungsweisen des empiristischen Sinnkriteriums für
natürliche Sprachen: zum einen als formal-operatives Sinnkriterium einer Bedeutungstheorie, die ihrerseits die Erkenntnistheorie fundiert, zum anderen als pragmatisches, an exemplarischen
Vorgaben orientiertes Demarkationskriterium legitimer wissenschaftlicher Aussagen. Wird das erstere aufgegeben, verbleibt immer noch das letztere, pragmatisch empiristische Sinnkriterium,
mit dem heterodoxe Mitglieder des Wiener Kreises wie Neurath
schon lange, aber auch »externe« Kritiker wie Quine weiterhin
operierten.[99]

4.2. Zur empirischen Basis der Wissenschaft
(Protokollsatzdebatte)

Bereits einige Jahre vor den eben erwähnten Diskussionen über
die Reduzierbarkeit theoretischer Termini in wissenschaftlichen
Theorien und über den Status abstrakter Hypothesen fand im
Wiener Kreis eine langwierige und vielschichtige Debatte um
das rechte Verständnis der empirischen Basis wissenschaftlicher
Theorien statt. Ihren Ausgangspunkt bildete Carnaps *Aufbau*.[100]
Um den Preis einer phänomenalistischen Reduktion auf das dem
Bewußtsein rein Gegebene gelang es Carnap nachzuweisen, daß
alle Begriffe der Wissenschaften in ein und denselben Stamm-
baum eingliederbar sind und ihre Unterschiede rein strukturell
bedingt sind. Weder bedarf die Grundlegung der Wissenschaft
einer primären Intuition, noch muß zwischen radikal verschiedenen Wissenschaftsarten unterschieden werden.

treffenden Theorie in einer formal-logischen Kunstsprache formulierbar
ist; siehe »The Methodological Character of Theoretical Concepts«, in:
*The Foundations of Science and the Concepts of Psychology and Psy-
choanalysis*, hg. von Herbert Feigl und Michael Scriven, Minneapolis
1956, S. 38–76.
   [99] Vgl. W. V. Quine: »Epistemology Naturalized«, in: *Ontological Relativity and Other Essays*, New York 1969, S. 69–90.
   [100] Vgl. oben Abschnitt 2.4. der Einleitung.

Zwar waren allen im Wiener Kreis diese Resultate willkommen, doch es erhob sich die Frage, ob der dafür bezahlte Preis nicht zu hoch war.[101] An dieser Stelle begann die Protokollsatzdebatte. Sie drehte sich um die Fragen, wie die empirische Basis der Wissenschaft zu verstehen ist und welcher Art die Aussagen sind, die zur Überprüfung von Theorien herangezogen werden. Historische Darstellungen dieser Debatte leiden oft unter einer zu engen Perspektive: entweder wird der Zeitraum zu stark eingeschränkt, oder es wird zwischen den verschiedenen Kontrahenten nicht genügend unterschieden. Mit unserer Textauswahl in Kapitel V wollen wir hingegen zeigen, daß es zum Verständnis des Wiener Kreises fruchtbarer ist, den Rahmen der Protokollsatzdebatte möglichst weit zu stecken, und zwar sowohl zeitlich wie auch inhaltlich. Denn die Debatte erstreckte sich von Detailfragen der Erkenntnistheorie bis hin zum Standort der neugeschaffenen wissenschaftlichen Philosophie als solcher.[102]

Welche Vorstellungen hatten nun die Hauptkontrahenten – Schlick, Neurath und Carnap – von den Protokollsätzen, ihrem Inhalt oder ihrer Bedeutung, ihrem erkenntnistheoretischen Status und ihrer Form? Schlick sprach nicht von »Protokollsätzen«, aber es ist wohl statthaft, seine Konzeption von »Konstatierungen«, den in der Verifikation involvierten sinngebenden Sätzen, unter dieser Kategorie zu begreifen. Schlicks Protokollsätze betreffen demnach Eigenpsychisches und sind nicht revidierbar. Bezüglich ihrer Form sagt Schlicks nichts Greifbareres als sie – im

---

[101] Es ist zwar zutreffend, daß Carnap die phänomenalistische Reduktion nur als eine von mehreren Möglichkeiten betrachtete. Doch wenn man zugesteht, daß es mehrere Ansätze für den Carnapschen Strukturalismus gibt, wird das Basisproblem bzw. die Frage der Protokollsätze nur noch dringlicher.

[102] Siehe z. B. Carnap: »Überwindung der Metaphysik durch logische Analyse der Sprache«, in: *Erkenntnis 2* (1931/32), S. 222 f., der neutral von einer bereits ausgetragenen aber noch unentschiedenen Debatte spricht. Zur genaueren Analyse der Debatte, siehe Thomas Uebel: *Overcoming Logical Positivism from Within. Neurath in the Vienna Circle's Protocol Sentence Debate*, Amsterdam 1992.

Spätstadium der Debatte – gänzlich außerhalb der Wissenschaftssprache, ja der intersubjektiven Sprache anzusiedeln. Damit allerdings fallen die Konstatierungen als wissenschaftlich verwendbare Protokollsätze aus, sind bestenfalls als kausale Anstöße zur Hypothesenbildung zu verstehen und können ihre eigene Sicherheit daher nicht auf die wissenschaftlichen Sätze übertragen. Für Neurath hingegen betrafen Protokollsätze schon seit 1929 intersubjektiv zugängliche Tatbestände, waren selbst revidierbar und gehörten zur Wissenschaftssprache bzw. ließen sich mit ihr logisch verbinden. Darüber hinaus machte Neurath sehr konkrete Vorschläge zur Form dieser Sätze. Neuraths Protokollsätze beschreiben nicht nur einen bestimmten intersubjektiv zugänglichen Tatbestand, sondern benennen auch den Protokollanten und die Sinnesmodalität, die den epistemischen Zugang gewährt. Sie drücken also, grob gesagt, durch sukzessive Klammerausdrücke Subjekt-Objekt-Beziehungen aus, während Schlicks Konstatierungen allein Zustände eines Subjekts beschreiben.[103]

Carnap stand im Mittelpunkt der Protokollsatzdebatte, gegen ihn setzen sich jeweils die Positionen Schlicks und Neuraths als Alternativen ab.[104] Im Vergleich zu Schlick und Neurath änderte Carnap nicht nur Details seiner Auffassung, sondern es finden sich auch radikale Umgestaltungen seines rekonstruktiven Erkenntnismodells. Zwischen dem *Aufbau* des Jahres 1928 und seiner semantischen Wende 1935 können wir zwei Zäsuren unterscheiden: die erste (um 1929/30, erkenntlich in »Die alte und die neue Logik«) ist als Reaktion auf Neuraths erste physikalistische

---

[103] Vgl. Neurath: »Protokollsätze« (Beitrag 5.1) und Schlick: »Über das Fundament der Erkenntnis« (Beitrag 5.3).

[104] Schlicks Attacke nennt zwar nur Neurath, doch ist zweifelhaft, ob Neuraths alleinige Vertretung des fallibilistischen Standpunktes eine solche Stellungnahme bewirkt hätte; auf Neuraths Replik »Radikaler Physikalismus und ›wirkliche Welt‹«, in: *Erkenntnis* 4 (1934), S. 346–362, erwiderte Schlick nie. Schlicks »Facts and Propositions«, in: *Analysis* 2 (1935), S. 65–70, antwortet nur auf Hempels »On the Logical Positivists' Theory of Truth«, in: *Analysis* 2 (1935), S. 49–59; Hempels Position aber ist nicht mit der Carnaps oder Neuraths gleichzusetzen

Beschwerden zu verstehen, die zweite gegen Ende 1932 (in »Über Protokollsätze«) als spätere Reaktion auf die anhaltenden und wiederholten Angriffe von seiten Neuraths (und der wohl unbeabsichtigten Schützenhilfe Poppers). So müssen wir in Carnaps Werk sogar in mehreren Hinsichten verschiedene Konzeptionen von Protokollsätzen auseinanderhalten. Bezüglich ihres Inhalts sind es deren vier: Die Entwicklung verlief von Sätzen über Eigenpsychisches, die keiner Übersetzung bedürfen *(Aufbau)*; via Sätzen über Eigenpsychisches, die in Aussagen über Körperzustände übersetzbar sind (ca. 1929/30–1932); zur Klasse von Sätzen über nicht weiter limitierte objektive Tatbestände (Ende 1932–1935); bis die Entwicklung nach der semantischen Wende (ab Mitte 1935) mit der Klasse von Sätzen über beobachtbare Tatbestände einen vorläufigen Endpunkt erreichte.[105] Bezüglich des Status der eigentlichen Protokollsätze wechselte Carnap von nicht revidierbar zu revidierbar (ab Ende 1932); bezüglich ihrer Form erkannte er ebenfalls erst seit Ende 1932 singuläre Sätze der physikalischen Sprache als Protokollsätze an.[106]

Wichtig zum Verständnis Carnaps ist besonders die Übergangsphase 1930–32, während der er die Kompatibilität des methodologischen Solipsismus und des Physikalismus behauptet. Des weiteren kann festgestellt werden, daß Carnap nie mit Neuraths Vorschlägen übereinstimmte, Protokolle als Sätze über Beziehungen von Beobachtern und angeblichen Tatbeständen zu formulieren. Zusammen mit den Differenzen beider zum Standpunkt Schlicks kann also festgehalten werden, daß von Anfang an drei Parteien im Spiel waren und die Protokollsatzdebatte auch mit

---

[105] Typische Manifestationen der jeweiligen Position Carnaps: Phase 1: *Aufbau* (1928), op. cit.; Phase 2: »Die alte und die neue Logik«, in: *Erkenntnis* 1 (1930/31), S. 12–26, »Die Physikalische Sprache als Universalsprache der Wissenschaft« (1931/32), Beitrag 4.2, »Psychologie und physikalischer Sprache«, in: *Erkenntnis* 3 (1932/33), S. 107–142; Phase 3: »Über Protokollsätze« (1932/33), Beitrag 5.2; Phase 4: »Testability and Meaning«, in: *Philosophy of Science* 3 (1936), S. 419–471 und 4 (1937), S. 1–40.

[106] In beiderlei Hinsicht seit »Über Protokollsätze«, Beitrag 5.2.

drei unterschiedlichen Antworten auf das Basisproblem zu Ende ging.

4.3. Physikalismus und Einheitswissenschaft

Wie im vorigen Abschnitt angedeutet, waren Carnap und Neurath die führenden Physikalisten im Wiener Kreis. Doch ebenso wie im Falle der Protokollsätze muß zwischen den Standpunkten beider klar unterschieden werden. Ebenso kann zwischen einem engeren sprachtheoretischen Verständnis und einem etwas weiteren Verständnis des Physikalismus unterschieden werden, das sich auf die Beziehungen der Wissenschaften untereinander bezieht. Manchmal verwendete Neurath »Physikalismus« auch – besonders wenn mit »radikal« qualifiziert – um damit schlechterdings seine naturalistische Ausrichtung der Wissenschaftsphilosophie zu kennzeichnen, die sich von Carnaps Wissenschaftslogik vor allem durch Hinzuziehung empirischer Gesichtspunkte und Argumente unterschied.

Beginnen wir mit der Konzeption Carnaps. Für Carnap heißt Physikalismus, daß die Sprache einer jeden empirischen Wissenschaft in die Sprache der Physik übersetzt werden kann.[107] Diese Bestimmung allein läßt zunächst offen, ob die Aussagen in der Sprache der Physik zum Zweck der Nachprüfung noch in eine phänomenale Sprache übersetzt werden müssen. Es ist dabei wichtig zu beachten, daß Carnaps Physikalismus keinerlei Ansprüche auf ontologische Feststellungen oder Voraussetzungen beinhaltet. Carnap vollzog die sogenannte sprachliche Wende des Wiener Kreises mit bemerkenswerter Radikalität. Für ihn war Physikalismus keine Neuformulierung des Materialismus: die dem letzteren eigene »inhaltliche« Redeweise verletzte sein Postulat, daß Philosophie als logisch-linguistische Analyse sich nur der »formalen« Rede bedienen kann, einer Rede, die nicht Welterkenntnis formuliert, sondern ihren sprachlichen Ausdruck

---

[107] Siehe dazu »Die physikalische Sprache als Universalsprache der Wissenschaft«, Beitrag 4.2.

analysiert.[108] Die »formale« Rede Carnaps bezeichnet einfach metalinguistische Aussagen: ihre Begrenzung auf rein syntaktische Bestimmungen, die er bis zu seiner semantischen Wende offiziell aufrechterhielt, war ihr aber nicht essentiell.

So ist auch Carnaps These von der Universalität der physikalischen Sprache als Feststellung der Möglichkeit zu verstehen, die Einheit der Wissenschaft widerspruchsfrei zum Status eines konstitutiven Prinzips der Wissenschaftstheorie erheben zu können. Was Carnap bekanntermaßen in den folgenden Jahren lernte, war allein, daß er die jeweiligen Kriterien der Übersetzbarkeit in die physikalische Sprache zu eng gefaßt hatte. Sein späterer Enthusiasmus für die Ramseysche Methode zur Definition theoretischer Termini mittels Aufweisung ihrer Konsequenzen in der Beobachtungssprache – an die sich der spätere Funktionalismus von Lewis und Putnam mittelbar anschließt – zeigt, daß es ihm nicht vorrangig um die eliminative Reduktion nicht-physikalischer Begriffe zu tun war.[109] Es ging ihm vielmehr darum, für den Übergang zwischen den einzelnen Wissenschaften eine gemeinsame sprachliche Basis zu finden. Halten wir also fest: Carnaps Physikalismus verlangte ursprünglich die Übersetzbarkeit der Sprachen der Einzelwissenschaften in diejenige der Physik; in seiner reifen Form verlangte er aber nicht, daß deren Fachtermini, z.B. die der Psychologie, selber auf behavioristische und dann stufenweise weiter auf solche der Physik reduziert werden und erlaubte eine geläuterte »thing-language«.[110]

---

[108] So wandte sich auch der späte Carnap noch gegen Herbert Feigls Versuch, seine eigenen Bemerkungen zur prinzipiellen Übersetzbarkeit jeder wissenschaftlichen Sprache in die der Physik zur Untermauerung einer Identitätstheorie zum Körper-Geist-Problem heranzuziehen; siehe Carnaps »Replies«, in: Paul A. Schilpp (Hg.): *The Philosophy of Rudolf Carnap*, La Salle, IL 1963, S. 882–886.

[109] Siehe Carnap: »Beobachtungssprache und theoretische Sprache«, in: *Dialectica* 12 (1958), S. 236–248.

[110] Siehe Carnap: »Testability and Meaning«, op. cit. Diese reife Form von Carnaps Physikalismus findet in den hier abgedruckten Beiträgen Carnaps noch keinen vollen Ausdruck.

Neuraths sprachtheoretischer Physikalismus war anders gelagert, auch wenn er Carnaps Ansatzpunkt teilte: »Jede wissenschaftliche Aussage ist eine Aussage über eine gesetzmäßige Ordnung empirischer Tatsachen.«[111] Anders als Carnap schloß Neurath diese These jedoch eng an das pragmatische empirische Sinnkriterium an und spielte schon zu Beginn der Debatte mit nicht-reduktiven Formen dieses Kriteriums: »Der Physikalismus […] [will] nur darüber etwas aussagen […], was er *irgendwie* auf Beobachtungsaussagen zurückführen kann.«[112] Darüber hinaus bestimmte Neurath, ebenfalls anders als Carnap, Sinnhaftigkeit als von Anfang an an die Möglichkeit intersubjektiver Nachprüfung gebunden; schon 1931 wies er die Brauchbarkeit privater Protokollsprachen zurück.[113] Drittens war die Sprache, in der diese Nachprüfung stattfindet, nicht diejenige der Physik selbst, sondern die »physikalistisch gereinigte« Alltagssprache. Zusammen ergeben diese drei Punkte eine Konzeption, die die im Vergleich zu Carnap fehlende Präzision durch ein alternatives Verständnis des Physikalismus als sprachtheoretisches Prinzip kompensiert. Bei Neurath sollte nicht eine hochwissenschaftliche Sprachform privilegiert werden, nämlich die der Physik; die physikalistisch gereinigte Alltagssprache, also die Sprache, in der die Protokollsätze aller Wissenschaften formuliert werden, stellte vielmehr den Grund der Verknüpfbarkeit der Sprachen der verschiedensten Wissenschaften dar. Auf dieser Ebene liegen auch Neuraths berüchtigte ›Ballungen‹. Dies sind Begriffe der Alltagssprache, die scheinbar einfach sind, aber zu verschiedenen und sogar inkompatiblen Explikationen Anlaß geben können. Sie stellen die theoretisch affizierbaren Komponenten der Beobachtungssprache dar, auf Grund deren die vom klassischen Positivismus vorausgesetzte strikte Trennung von Daten und Theorie von Neurath als un-

---

[111] Neurath: *Empirische Soziologie*, Wien 1931; Neudruck in: *Gesammelte philosophische und methodologische Schriften,* op. cit., Bd. 1, S. 424.

[112] Ebd., S. 425, Hervorhebung hinzugefügt.

[113] Siehe die kontextualisierte Rekonstruktion dieses Arguments in Uebel: »Physicalism in Wittgenstein and the Vienna Circle«, op. cit.

haltbar zurückgewiesen wurde. Neurath bezeichnete diese physikalistisch gereinigte Alltagsprache auch als ›Universalslang‹.[114]

Es muß außerdem betont werden, daß Neuraths Physikalismus keine eliminative Reduktion der Fachtermini der einzelnen Wissenschaften (einschließlich der Sozialwissenschaften) auf solche der Physik oder auf Begriffe der alltäglichen Beobachtungssprache verlangt. »Es ist eine besondere Aufgabe festzustellen, was vom überlieferten Bestand in der neuen strengen Sprache ausdrückbar ist. Der Physikalismus vertritt nicht die These, daß das ›Geistige‹ ein Produkt der ›Materie‹ ist, sondern daß alles, von dem man sinnvoll reden kann, räumlich-zeitliche Ordnungen sind.«[115] Im selben nicht-reduktiven Sinne griff Neurath auch den Behaviorismus auf und verstand ihn schlicht als die Beschränkung der Psychologie auf physikalistische Aussagen über menschliches Verhalten. Darunter fallen bei ihm auch Beschreibungen mittels »intervenierender Variabeln«, die bei den von ihm genannten Behavioristen gerade wegfallen sollten. Insbesondere ist darauf hinzuweisen, daß Neuraths eigene Protokollsatztheorie mittels der Bezeichnungen »Sprechdenken«, »denkender Mensch«, »Aussage machen« explizit auf intentionale Phänomene rekurriert.[116] Ebenso vertrat Neurath einen »Sozialbehaviorismus«, der »letzten Endes alle Soziologie, Nationalökonomie, Geschichte, usw.« umfaßte.[117]

Einen vergleichbaren Unterschied zwischen Carnap und Neurath finden wir auch hinsichtlich ihres Verständnisses der Konzeption der Einheitswissenschaft. Dem in der Literatur immer noch gängigen Verständnis nach besteht die vom Wiener Kreis

---

[114] Vgl. Neurath: »Protokollsätze« (Beitrag 5.1), sowie »Universaljargon und Terminologie« (1941), in: *Gesammelte philosophische und methodologische Schriften*, op. cit., Bd. 2, S. 901–918.

[115] Neurath: *Empirische Soziologie*, op. cit., S. 431.

[116] Siehe z. B. »Protokollsätze« (Beitrag 5.1) und »Mensch und Gesellschaft in der Wissenschaft« (Beitrag 6.7).

[117] Neurath: »Sozialbehaviorismus«, in: *Sociologus* 8 (1932), S. 281–288, Neudruck in: *Gesammelte philosophische und methodologische Schriften*, op. cit., Bd. 2, S. 563–569, Zitat auf S. 565.

angestrebte Einheit der Wissenschaften aus einer Hierarchie
von Disziplinen, deren Begriffe und Gesetze auf die von jeweils
grundlegenderen Disziplinen reduzierbar ist, und letztlich auf die
Physik. Carnap war grundsätzlich ein Befürworter dieser Konzeption, obwohl er schon 1935 Zweifel an der Ableitbarkeit der
Gesetze der speziellen von denen der allgemeineren Disziplinen
anmeldete.[118] Noch 1938 behauptete er aber: »no scientific reason is known for the assumption that such a derivation should
be in principle and forever impossible.«[119] Und noch in den späten fünfziger Jahren warb der junge Hilary Putnam – heute ein
scharfer Kritiker von jeglichem Positivismus – für ein solches
reduktionistisches Programm.[120]

Dagegen schrieb Neurath bereits im Jahre 1932: »Physikalistische Soziologie betreiben heißt nicht etwa Gesetze der Physik
auf Lebewesen und ihre Gruppen zu übertragen, wie es manche
für möglich gehalten haben. Es können umfassende soziologische
Gesetze, ebenso Gesetze für bestimmte engere soziale Gebiete
aufgefunden werden, ohne daß man imstande sein müßte, auf
die Mikrostruktur zurückzugreifen und so diese soziologischen
Gesetze aus physikalischen aufzubauen.«[121] Bedeutsam ist hier
die Zurückweisung des Postulats der Reduzierbarkeit sozialwissenschaftlicher Gesetze auf die der Physik bzw. anderer
grundlegenderer Disziplinen. Dies folgt bereits aus Neuraths
Zurückweisung der Reduzierbarkeit der sozialwissenschaftlichen
Fachbegriffe, doch blieb uns Neurath dieses Argument schuldig.
Dafür schrieb er bereits 1931: »Man kann ja das Funktionieren einer Dampfmaschine recht gut im ganzen kennen, ohne sie im ein-

---

[118] Carnap: »Über die Einheitssprache der Wissenschaft« (Beitrag 4.4).

[119] Carnap: »Logical Foundation of the Unity of Science«, in: Neurath
et al. (Hg.): *Encyclopedia and Unified Science* (International Encyclopedia of Unified Science Vol. 1 No. 1), Chicago 1938, S. 61.

[120] Paul Oppenheim, Hilary Putnam: »The Unity of Science as Work-
ing Hypothesis«, in: H. Feigl, G. Maxwell, M. Scriven (Hg.): *Minnesota
Studies in the Philosophy of Science 2*, Minneapolis 1958, S. 3–36.

[121] Neurath: »Soziologie im Physikalismus« (Beitrag 4.1), S. 294.

zelnen zu überschauen. Und schließlich kann die Struktur einer Maschine wichtiger sein als das Material, aus dem sie besteht.«[122] Der Konsequenz dieses Blickwinkels war er sich ebenfalls bewußt: »Natürlich ergeben sich bestimmte Korrelationen, die wir bei Individuen, bei Sternen oder Maschinen nicht antreffen. Der Sozialbehaviorismus gelangt zu Gesetzen einer bestimmten ihm eigentümlichen Art.«[123] Dies kann durchaus als Zurückweisung der nomologischen These des methodologischen Individualismus gelesen werden, daß Gesetze der Soziologie zumindest auf Gesetze der Individualpsychologie reduzierbar seien. (Daß Neurath damit nicht überempirischen Entitäten wie »Volksgeist« usw. mittels eines ontologischen Holismus Platz zu machen suchte, dürfte offensichtlich sein.)

Worin besteht nun der Anspruch der »Einheitswissenschaft«, wenn nicht in der Ambition, eine reduktionistische Hierarchie von Disziplinen aufzubauen? Neuraths Antwort kann »minimalistisch« genannt werden: »alle Gesetze der Einheitswissenschaft [müssen] miteinander verknüpfbar sein, sollen sie der Aufgabe genügen, möglichst oft einzelne Vorgänge oder bestimmte Gruppen von Vorgängen *voraussagen* zu können.«[124] Nach Neurath besteht die Einheit der Wissenschaften in ihrer empiristischen, auf Nachprüfbarkeit bedachten Arbeitsweise, in ihrer Rückbindung an die allen gemeinsame physikalistisch gereinigte Alltagssprache und in der grundsätzlichen Verknüpfbarkeit ihrer Aussagen zum Zwecke der Erklärung oder Vorhersage von Tatbeständen. Dieses, von vornherein minimalistische Modell der Einheitswissenschaft erfuhr ab 1934 seine Ausbildung in dem Programm des »Enzyklopädismus«.[125]

---

[122] Neurath: *Empirische Soziologie*, op. cit., S. 438.

[123] Neurath: »Soziologie im Physikalismus« (Beitrag 4.1), S. 293 f.

[124] Ebd., S. 284.

[125] Vgl. Sektion 5.2. und Neurath: »Einheit der Wissenschaft als Aufgabe« (Beitrag 4.3) und »Die Enzyklopädie als ›Modell‹« (Beitrag 4.5). Schon im frühen Neurathschen Physikalismus gibt es Anklänge dieser enzyklopädistischen Motive, so in *Empirische Soziologie*, op. cit., S. 514.

4.4. Der Wiener Kreis
und die Sozialwissenschaften

Betrachten wir kurz den Stellenwert der Sozialwissenschaften im Wiener Kreis noch unter einem weiteren Gesichtspunkt. Gerade in der Eingliederung der Sozialwissenschaften in die Einheitswissenschaft zeigt sich die zu seiner Zeit unleugbar aufklärerische Ambition der wissenschaftlichen Weltauffassung. Seit Ende des Ersten Weltkrieges gab es innerhalb der gebildeten Kreise Mitteleuropas eine breite, nicht nur auf die Naturwissenschaften begrenzte Diskussion über eine Krise der Wissenschaft, ihrer angeblichen Überspezialisierung und Lebensfremdheit.[126] Gegen Max Weber, der in seiner weit bekannten Rede »Die Wissenschaft als Beruf«[127] besonders ihre Nüchternheit unter dem Banner der Wertneutralität verteidigte, stellte sich bald eine Phalanx auch untereinander streitender Akademiker und Erzieher, die zur Überwindung dieser Krise eine »höhere Synthese« der Wissenschaften verlangte, mithin eine wertstiftende Metaphysik.[128] Neben der noch über Weber hinausgreifenden, globalen antimetaphysischen Frontstellung, die die Einheitswissenschaft hier einnahm, waren auch politische Gesichtspunkte im Spiel. Bei der Opposition des Wiener Kreises gegenüber der Trennung von Natur- und Geisteswissenschaften nach angeblich prinzipiell verschiedenen Erkenntnisbereichen und Erkenntnisverfahren drehte es sich nämlich nicht nur um wissenschaftsinterne Dinge. Gerade in den zwanziger und dreißiger Jahren verbargen sich unter dem Deckblatt der Geisteswissenschaften und unter dem Mantel der »höheren Synthese« auch zunehmend undemo-

[126] Vgl. zur Grundlagenkrise in Mathematik und Naturwissenschaften die Abschnitte 2.3. und 2.5. dieser Einleitung.

[127] Separat erschienen, München 1919, 2. Aufl. 1921, abgedr. in Weber: *Gesammelte Aufsätze zur Wissenschaftslehre*, 7. Aufl., Tübingen 1978, S. 582–613.

[128] Siehe dazu Fritz Ringer: *Der Untergang der deutschen Mandarine*, München 1983 (original 1968), besonders Kap. 6–7.

kratische und völkische Sozialtheorien, die sich auf diese Weise jedweder empirischen Nachprüfung entzogen.[129]

Neuraths Physikalismus verlangte dagegen, daß sozialwissenschaftliche Theorien Ableitungen ermöglichen, die in der von raum-zeitlichen Gebilden sprechenden Alltagssprache formulierbar und überprüfbar sind. Damit war der Auszeichnung autonomer geisteswissenschaftlicher Entitäten ebenso ein Riegel vorgeschoben wie der Behauptung miteinander gänzlich unvereinbarer Ganzheiten, Volkskörper, Denkwelten. Auch Nichtphysikalisten wie Karl Menger wußten diese Hygienemaßnahme zu schätzen, selbst wenn sie an ihrer Wirksamkeit zweifelten.

Zum anderen wurde das kritische Potential einer physikalistischen Sozialwissenschaft durch eine überaus scharfe Kritik Max Horkheimers im Jahre 1937 völlig in Frage gestellt.[130] Zieht man aber den zeitgeschichtlichen Kontext in Betracht, beachtet man den expressiv marxistischen Duktus so mancher Passagen der Neurathschen sozialwissenschaftlichen Schriften und bedenkt man die wissenschaftspolitische Stoßrichtung von Horkheimers Kritik, dann erweist sich diese nicht nur als übertrieben, sondern geradezu verfehlt.[131]

Eine weitaus problematischere Frage erhebt sich, wenn man die Beziehung des Projekts einer physikalistischen Sozialwissenschaft zu den damals bereits praktizierten Forschungsansätzen in Betracht zieht, etwa zur »verstehenden Soziologie« eben Max Webers. Hier ist nicht zu leugnen, daß Neuraths militante Antimetaphysik für die aufklärerische Agenda teilweise kontra-

---

[129] Ein trauriges Beispiel für viele: Othmar Spann: *Kämpfende Wissenschaft*, Wien 1934.

[130] Max Horkheimer: »Der neueste Angriff auf die Metaphysik« (1937), abgedr. in ders.: *Kritische Theorie*, Frankfurt a. M. 1968.

[131] Vgl. Hans-Jürgen Dahms: *Positivismusstreit. Die Auseinandersetzungen der Frankfurter Schule mit dem logischen Positivismus, dem amerikanischen Pragmatismus und dem kritischen Rationalismus*, Frankfurt a. M. 1994, Kap. 1–6; John O'Neill, Thomas Uebel: »Horkheimer and Neurath: Restarting a Disrupted Debate«, in: *European Journal of Philosophy* 12 (2004), S. 75–105.

produktiv war. So verdammte er aufgrund der von Weber selbst attestierten Anleihen beim Neukantianer Rickert die verstehende Soziologie in Bausch und Bogen.[132] Neuere Forschungen haben dagegen gezeigt, daß Webers Projekt einer ebensowohl interpretativen wie kausal erklärenden Sozialwissenschaft keinesfalls dieser metaphysischen Anleihen bedarf.[133] Es ist jedoch bemerkenswert, daß sich Neurath in späteren Jahren mehr darum bemühte, die Eigenheiten der Sozialwissenschaften innerhalb der Einheitswissenschaft zu betonen, als diese in das Prokrustesbett der Physik zu zwängen.[134]

Neuraths physikalistische Sozialwissenschaft, so kann man zusammenfassen, führte einen Zweifrontenkrieg sowohl gegen just diejenige reduktionistische Einheitswissenschaft, die man mit dem Logischen Empirismus der fünfziger Jahre assoziiert, wie auch gegen die anti-physikalistische Geisteswissenschaft. Es ging Neurath sowohl darum, dem vorzubeugen, daß der Raum sozialwissenschaftlicher Theoriebildung apriorisch, auf Grund philosophischer Spekulation, begrenzt wird, wie auch darum, die relative Autonomie der Sozialwissenschaften gegenüber Naturwissenschaften wie der Physik zu bewahren.

4.5. Neue Herausforderungen
in den Naturwissenschaften

Wie bereits in 2.1. und 2.2. erwähnt, hatte die Einsteinsche Relativitätstheorie – und die schon zuvor immer lauter werdende Kritik an der Newtonschen Auffassung von Raum und Zeit – einen immensen Einfluß auf die Arbeit des Wiener Kreises in den

---

[132] Siehe Neurath: *Empirische Soziologie*, op. cit., S. 461–464. Gleichwohl wird Weber dort zugestanden, daß er »immer wieder zur wissenschaftlichen Soziologie übergeht« (S. 463).

[133] Siehe Fritz Ringer: *Max Weber's Methodology. The Unification of the Cultural and Social Sciences*, Cambridge, MA 1997.

[134] Dazu »Mensch und Gesellschaft in der Wissenschaft« (Beitrag 6.7).

zwanziger Jahren. Sie bildete den entscheidenden Prüfstein für die aus konventionalistischen, empiristischen und logischen Elementen entwickelte Konzeption wissenschaftlicher Theoriebildung. Mit der Quantenmechanik war dem Logischen Empirismus ab 1927 jedoch eine neue Herausforderung erwachsen, nicht zuletzt deshalb, weil führende Physiker wie Heisenberg und Born betonten, daß die neue Theorie die Ungültigkeit des Kausalgesetzes definitiv erwiesen habe.[135] Denn die Unschärferelation besagt, daß Ort und Impuls eines atomaren Teilchens – bzw. andere nicht kommutierende quantenmechanische Beobachtungsgrößen – nicht gleichzeitig scharf gemessen werden können. Zunächst reagierten die »Österreicher« und die »Deutschen« im Wiener Kreis darauf in verschiedener Weise. Unter Zugrundelegung des liberalen Machschen Kausalitätsbegriffs, demzufolge jegliche funktionale Abhängigkeit zwischen den bestimmenden Umständen als Befriedigung unseres Bedürfnisses nach kausaler Erklärung gelten kann, betonte Frank in seiner Prager Eröffnungsrede, daß die Entdeckung der Quantenmechanik nichts am grundlegenden Verhältnis zwischen den Symbolen der physikalischen Theorie geändert habe, außer daß die Zuordnungen zwischen beiden nun statistischer Natur seien. Damit herrsche eine weitgehende philosophische Kontinuität zwischen Relativitätstheorie und Quantenmechanik als den beiden Grundpfeilern der modernen Physik.[136]

Schlick hingegen hatte aus der Quantenmechanik zunächst nicht die prinzipiell statistische Natur des atomaren Geschehens

---

[135] Vgl. insbesondere Werner Heisenberg: »Über den anschaulichen Inhalt der quantentheoretischen Kinematik und Mechanik«, in: *Zeitschrift für Physik* 43 (1927), S. 172–198.

[136] Vgl. Abschnitt 1.1. dieser Einleitung und auch Franks Buch *Das Kausalgesetz und seine Grenzen*, Wien 1932, Kap. VII und VIII. Zur Tradition des Kausalitätsverständnisses von Mach bis Frank vgl. Michael Stöltzner: »Vienna Indeterminism II: From Exner to Frank and von Mises«, in: Paolo Parrini, Wesley Salmon, Merrilee Salmon (Hg.): *Logical Empiricism. Historical and Contemporary Perspectives*, Pittsburgh 2003, S. 194–229.

gefolgert, sondern beharrte auf der Trennung zwischen den kausalen Bestandteilen der quantenmechanischen Vorgänge und den rein zufälligen Schwankungen.[137] In Heisenbergs Unschärferelation erblickte er eine naturgesetzlich verankerte Beschränkung dessen, was prinzipiell verifizierbar war. Somit war die Grenze quantenmechanischer Begrifflichkeit wissenschaftlich exakt und nachprüfbar gezogen. Außerhalb dieser Grenze gibt es Schlick zufolge keine prinzipiell unbeobachtbaren, aber dennoch scharf bestimmten Teilchenbahnen, sondern nur sinnlose Metaphysik.

Der weitere Verlauf der Debatten um die Quantenmechanik brachte auch Herausforderungen für die wissenschaftliche Weltauffassung im allgemeinen. Denn obwohl die von der Theorie nahegelegte Beschränkung auf das Beobachtbare zunächst Wasser auf Wiener Mühlen zu sein schien, so wurden das Meßproblem und der der Kopenhagener Deutung scheinbar inhärente Positivismus immer häufiger metaphysisch gedeutet. Einerseits wurde die quantenmechanische Zustandsreduktion, der ›Kollaps der Wellenfunktion‹, so gelesen, als werde das Meßergebnis durch die Wechselwirkung eines durch die Theorie nicht erfaßten Subjektes mit dem Objektsystem erst konstituiert.[138] Andererseits entwickelte sich der von Niels Bohr als Verallgemeinerung der Kausalität ins Spiel gebrachte Komplementaritätsbegriff zu einem Nährboden für Debatten um Willensfreiheit, Ganzheit und die Eigengesetzlichkeit des Lebens. Das Interpretationsproblem wurde dringlicher, als sich mit der EPR-Arbeit von 1935 zeigte, daß die von Bohr und Heisenberg behauptete – und von Einstein zeitlebens bestrittene – Vollständigkeit der Quantenmechanik keinesfalls so offensichtlich war. Nachdem sich letztlich Bohrs Antwort auf Einstein, die eben auf dem Komplementaritätsbegriff beruhte, in der Community durchgesetzt hatte, erhielt

[137] Vgl. Beitrag 6.3.
[138] Auch das für die weiteren Diskussionen einflußreiche Werk von Johann von Neumann: *Mathematische Grundlagen der Quantenmechanik*, Berlin 1932, ist nicht ganz von dieser Terminologie frei.

auch der metaphysische Beifang eine gewisse wissenschaftliche
Autorität.[139]

Der Wiener Kreis ergriff beim 1936 in Kopenhagen stattfindenden Kongreß für die Einheit der Wissenschaft die Gelegenheit, zur Quantenmechanik Stellung zu beziehen. Nach einem
Gastvortrag Bohrs entwickelten Frank und Schlick eine empiristische und – ihrer Überzeugung nach – metaphysikfreie Fassung
von Bohrs Komplementaritätsbegriff.[140] Sie beschränkten dabei
die Verwendung des Begriffs auf die Atomphysik und blieben
den von Bohr vorgeschlagenen Erweiterungen auf biologische
Phänomene und auf den psychophysischen Parallelismus gegenüber skeptisch. So hatte etwa Bohr behauptet, »daß jede denkbare
Versuchsanordnung, die dazu eingerichtet wäre, das Verhalten
der den Organismus bildenden Atome in so weitem Umfang zu
verfolgen wie es die Beobachtungs- und Definitionsmöglichkei-
ten der Physik zulassen, mit der Aufrechterhaltung des Lebens
des Organismus unverträglich wäre«.[141]

Ebenso hoffte Bohr, daß die erkenntnistheoretische Einstellung,
die zur Klärung der quantenphysikalischen Probleme »geführt
hat, sich auch bei der Diskussion von psychologischen Fragen be-
hilflich erweisen könnte. [...] Vor allem dürfte eben in der prinzipiellen Unmöglichkeit, bei der Selbstbeobachtung zwischen
Subjekt und Objekt im Sinne des Kausalitätsideals scharf zu
unterscheiden, das Willensgefühl seinen natürlichen Spielraum

[139] Albert Einstein, Brian Podolsky, Nathan Rosen: »Can Quantum-
Mechanical Description of Physical Reality Be Considered Complete?«,
in: *Physical Review* 47 (1935), S. 777–780; sowie die Antwort von Niels
Bohr: »Can Quantum-Mechanical Description of Physical Reality Be
Considered Complete?«, in: *Physical Review* 48 (1935), S. 696–702.
[140] Niels Bohr: »Kausalität und Komplementarität«, in: *Erkenntnis* 6
(1937), S. 293–303; Philipp Frank: »Philosophische Deutungen und Mißdeutungen der Quantentheorie«, Beitrag 6.4; Moritz Schlick: »Quantentheorie und Erkennbarkeit der Natur«, in: *Erkenntnis* 6 (1937),
S. 317–326.
[141] Bohr: »Kausalität und Komplementarität«, op. cit., S. 300.

finden.«[142] Zwar legte Bohr Wert darauf, nicht mit dem Vitalismus assoziiert zu werden. Doch Schlick und Frank forderten eine entschiedenere Haltung und suchten nach Wegen, die wissenschaftlichen von den sinnlosen metaphysischen Fragen zu trennen. Dies war letztlich dieselbe Strategie, die vor allem Schlick im Falle der Relativitätstheorie konsequent angewandt hatte.

Schlick kritisierte daher die Rede von den »unbestimmten« Eigenschaften eines Quantensystems vor der Messung und insistierte »daß die Frage nach der Beziehung des Psychischen zum Physischen zu Unrecht in die Überlegungen hineingezogen wird und jedenfalls mit der Beziehung von Beobachter und Beobachtetem, wie sie für die Quantenmechanik wichtig ist, nichts zu tun hat«.[143] »Prinzipiell kann die Erkenntnismethode in der Biologie von derjenigen der Physik nicht verschieden sein. Auch alle Beobachtungen, die sich an Organismen machen lassen, können klassisch beschrieben werden, und die Aufgabe der Wissenschaft besteht darin, einen Formalismus zu finden, der es gestattet, aus dem beobachteten Verhalten eines Organismus so genau wie möglich sein künftiges Verhalten vorauszusagen (wobei das letztere natürlich nur klassisch beschrieben wird).«[144]

Ein wichtiges Element in Bohrs Deutung der Quantenmechanik war die Unverzichtbarkeit klassischer Begriffe zur Beschreibung quantenmechanischer Meßresultate. Bohrs Begründung hierfür war, daß nur so physikalische Sachverhalte in unserer Lebenswelt kommuniziert werden können. Dieses Argument deuteten Schlick und Frank im Lichte ihrer jeweiligen Standpunkte in der Protokollsatzdebatte. Schlick zufolge geschieht eine solche Kommunikation in der Form von Beobachtungsprotokollen, »die letzten Endes Ereignisse in dem gewöhnlichen Raume und der Zeit des täglichen Lebens beschreiben«.[145] Frank gestand

---

[142] Ebd., S. 302 f.
[143] Schlick: »Quantentheorie und Erkennbarkeit der Natur«, op. cit., S. 318.
[144] Ebd., S. 326.
[145] Ebd., S. 320.

hingegen zu, daß man sehr wohl eine für die Quantenmechanik geeignetere Sprache finden könne. Doch die Bedeutung der zur Beschreibung grobmechanischer Vorgänge verwendeten Alltagssprache »liegt darin, daß in ihrer Anwendung alle Menschen einig sind«.[146] Genau dies war auch die Rolle der physikalistischen Alltagssprache im Rahmen von Neuraths nicht-reduktiver Konzeption der Einheitswissenschaft.

Inwieweit nun Ausdrücke dieser Sprache zur Beschreibung atomarer Vorgänge geeignet sind, hängt von der jeweiligen experimentellen Situation ab. Die Kopenhagener Deutung enthielt mithin einen dem Wiener Kreis nicht fremden holistischen Zug. Doch lag darin kein Argument für die Ganzheitsphilosophie. Wie Schlick in einem kurzen Beitrag schon im Vorjahr unterstrichen hatte, besteht die wissenschaftliche Bedeutung des Ganzheitsbegriffs lediglich darin, eine willkürlich gewählte und zweckmäßige Darstellungsform biologischer Phänomene zu ermöglichen. Das Ganze ist nicht mehr als seine Teile, allenfalls weniger.[147]

Pascual Jordan, einer der führenden Quantenmechaniker, radikalisierte die problematischen Aspekte des Komplementaritätsbegriffs zur Behauptung der Eigengesetzlichkeit der Lebensvorgänge im Sinne des Vitalismus. Sein Ausgangspunkt war dabei Heisenbergs Veranschaulichung der Unschärferelation durch ein Gedankenexperiment. Die einzige Möglichkeit, Ort bzw. Impuls eines atomaren Teilchens zu beobachten, besteht in der Aussendung elektromagnetischer Wellen. Doch diese verändern die Bahn des Teilchens in signifikanter Weise durch Comptonstreuung. Jordan argumentierte nun, daß die Lebensvorgänge sehr empfindlich selbst auf so kleine Störungen reagieren, wie sie bei der Beobachtung einzelner atomarer Prozesse auftreten. Jedes Lebewesen würde daher durch die Beobachtung seines Feinzustandes getötet, so daß das lebendige Verhalten grundsätzlich unprognostizierbar sei. Neben der Eigengesetzlichkeit der Biologie

---

[146] Frank: »Philosophische Deutungen und Mißdeutungen der Quantentheorie« (Beitrag 6.4), S. 604.

[147] Schlick: »Über den Begriff der Ganzheit« (Beitrag 6.6).

verwendete Jordan das Störungsargument auch zur Leugnung der Möglichkeit psychologischer Vorhersagen.

Zilsels hier abgedruckter Beitrag geht auf Jordans Argumentation detailliert ein und kritisiert vor allem Jordans These von der Labilität der Lebensvorgänge. Süffisant bemerkt er zum Schluß, daß der Vitalismus sich ja bisher auf die Stabilität und Selbstregulation der Organismen sowie die Existenz ganzheitlicher Regularitäten gestützt habe und nicht auf deren Labilität gegenüber der Mikrophysik. »Im Grunde haben trotzdem beide Theorien das gleiche Ziel: beide wollen das unprognostizierbare Streben, den freien Willen, die unberechenbare ›Beseelung‹ der Organismen, die der vorwissenschaftlichen Betrachtung selbstverständlich sind, irgendwie für die Wissenschaft retten.«[148] Franks Argumente gegen den Vitalismus, denen er fast ein ganzes Kapitel in *Das Kausalgesetz und seine Grenzen* widmete, waren allgemeiner und stützten sich vor allem auf den liberalen Machschen Kausalitätsbegriff und auf die Ablehnung eines reduktiven Physikalismus. Die Behauptungen der Vitalisten, der Ganzheitstheoretiker und der Systemtheorie Ludwig von Bertalanffys waren entweder empirisch prüfbar und damit Sätze der Wissenschaft, die sich methodisch nicht von denen der Physik unterschieden, oder sie waren ohne wissenschaftlichen Gehalt. Frank konnte in seiner Auseinandersetzung mit den Vitalisten auf eine solide Kenntnis biologischer Fragen bauen. Der Wiener Kreis hat mithin Fragen der Biologie nicht geringgeschätzt, auch wenn er sie ebenso wie die Sozialwissenschaften nicht ins Zentrum rückte und ihre Verbindung zu physikalischen Problemen betonte. Dies war nicht lediglich eine Folge einheitswissenschaftlichen Pluralismus und Anti-Reduktionismus. Vielmehr war sich insbesondere Frank wohl bewußt, daß die in den 1930er Jahren einsetzende Verwendung physikalischer Methoden in der Biologie für die Aufklärung genetischer Fragestellungen neue und vielversprechende Perspektiven eröffnet hatte. Mehr als

---

[148] Zilsel: »P. Jordans Versuch, den Vitalismus quantenmechanisch zu retten« (Beitrag 6.5), S. 615.

die Physik war auch die Biologie zum Schauplatz ideologischer Vereinnahmungen geworden, die vor allem am Ganzheitsbegriff offenkundig wurden.[149]

4.6. Das Erbe des Konventionalismus

Kehren wir im Stile einer vorläufigen und teilweisen Bilanz noch einmal zum »ersten Wiener Kreis« in die Zeit der 1920er Jahre zurück und zu demjenigen Ansatz, mit dem Frank, Hahn und Neurath glaubten, Machs Empirismus mit der modernen Logik vereinen zu können, und den Schlick als eine wesentliche Lehre der modernen Physik betrachtete. Die Rede ist vom Konventionalismus.[150] So antwortete man auf die Frage, wie denn die theoretischen Termini der Gravitationstheorie empirisch verankert seien, daß diese mittels frei gewählter koordinativer Definitionen an tatsächlichen Meßverfahren festgemacht wären.[151] Die Frage nach dem Geltungsgrund der Mathematik wurde ebenfalls auf die Wahl konsistenter Symbolsysteme reduziert.[152] Es fragt sich nun, ob es einem um den Konventionalismus erweiterten Empirismus wirklich gelingt, die neue Physik und Mathematik richtig zu verstehen.

[149] Veronika Hofer, private Mitteilung. Verbindungen zur zeitgenössischen Biologie werden thematisiert in Veronika Hofer: »Philosophy of Biology around the Vienna Circle: Bertalanffy and the Cambridge Theoretical Club«, in: Michael Heidelberger, Friedrich Stadler (Hg.): *History of Philosophy of Science. New Trends and Perspectives*, Dordrecht 2002, S. 325–333; bzw. in »Frank on Biology«, in: Veronika Hofer, Michael Stöltzner (Hg.): *Philipp Frank: Vienna–Prague–Boston*, La Salle, IL, erscheint demnächst.

[150] Vgl. die Abschnitte 2.1.–2.3. dieser Einleitung.

[151] Man beachte das in Abschnitt 2.2. angesprochene Problem von Schlicks Interpretation von Einsteins allgemeiner Relativitätstheorie.

[152] Hier stellt sich natürlich das Problem der von Gödel erwiesenen Unvollständigkeit von Axiomensystemen, die mindestens die Stärke der Arithmetik besitzen. (Vgl. 2.3. und 2.4.).

Hier ist zunächst anzumerken, daß die Interpretation der konventionalistischen Problematik keinesfalls ohne Fallstricke ist. Schon Mach verdunkelte eher das Verhältnis seiner Theoriekonzeption zu derjenigen der Konventionalisten Poincaré und Duhem. In einem Zusatz zur seiner *Mechanik* bemerkte er: »Die Beobachtung leitet zunächst nur zur *Vermutung* von Bewegungsgesetzen, die man in besonderer Einfachheit und Genauigkeit als *Hypothesen* annimmt, um zu versuchen, ob sich das Verhalten der Körper aus diesen Hypothesen logisch ableiten läßt. Erst wenn sich diese Hypothesen in vielen einfachen und komplizierten Fällen bewährt haben, *kommt man überein*, sie festzuhalten. Poincaré (in ›La Science et l'Hypothese‹) hat also recht, wenn er die Grundsätze der Mechanik *Konventionen* nennt, die wohl auch anders hätten ausfallen können.«[153] Hier scheint ein bemerkenswertes Mißverständnis auf. Genau die Prinzipien der Mechanik waren Konventionen nicht aus Gründen der Bewährung, sondern aufgrund ihres rein definitorischen Inhalts. Machs Mißverständnis stellt fast eine Umkehrung des Mißverständnisses Poincarés seitens Schlicks und Carnaps dar. Denn diese sprachen Poincaré das Argument zu, daß die Grundprinzipien euklidischer und nicht-euklidischer Geometrien empirisch äquivalent seien und somit als konventionelle Bestimmungen des jeweiligen Raumsystems zu betrachten seien.[154] Die empirische Unterbestimmtheit stellt jedoch keinesfalls den Grund für Poincarés geometrischen Konventionalismus dar. Poincaré argumentierte vielmehr auf der Basis einer ganz spezifischen Konzeption des Aufbaus der Geometrie mittels Liescher Gruppen, die die Entscheidung zwischen den Axiomen der euklidischen und nicht-euklidischen Geometrie unbestimmt läßt.[155]

---

[153] Ernst Mach: *Die Mechanik in ihrer Entwicklung. Historisch-kritisch dargestellt*, 7. Aufl., Neudruck Berlin 1988, S. 273.

[154] Schlick: »Die philosophische Bedeutung des Relativitätsprinzips« (Beitrag 2.1). S. a. Carnap: *An Introduction to the Philosophy of Science*, New York 1974, Neudruck New York 1995, S. 144 f.

[155] Friedman: *Reconsidering Logical Positivism*, op. cit., S. 303–309.

Angesichts dieser historischen Mißverständnisse gilt es mithin erstens, den Fehler bezüglich des geometrischen Konventionalismus zu vermeiden, und zweitens, den Charakter der Konventionen in der Mechanik recht zu verstehen. Sollte zumindest letzteres dem Wiener Kreis im Gegensatz zu Mach gelungen sein? Das Thema erfährt eine weitere Komplizierung durch die notwendige Differenzierung der Ansichten Poincarés und Duhems. Wegen seines holistischen Theorieverständnisses war Duhem nicht in der Lage, zwischen grundlegenden Hypothesen und Definitionen zu unterscheiden. Dies warf die Frage auf, wie die Unterscheidung analytischer und synthetischer Sätze aufrechterhalten werden konnte, wenn man, wie Carnap und Neurath, ebenfalls dem erkenntnistheoretischen Holismus verpflichtet war.

All diese Aufgaben sind vor dem Hintergrund des schon mehrmals angesprochenen zentralen Problems der Philosophie des Wiener Kreises zu verstehen, einem Problem, das schon der »erste Wiener Kreis« von Mach, Boltzmann und den Konventionalisten übernahm: Wie war das synthetische Apriori Kants zu ersetzen? Die bereits vorgestellte Antwort des Wiener Kreises besagt letztlich, daß mit der erschöpfenden Unterscheidung sinnvoller Sätze in empirisch-synthetische und analytische den Konventionen die Aufgabe zufällt, letztere ohne Bezug auf jedwede Anschauung bzw. rationale Intuition zu legitimieren. Analytische Sätze haben weiterhin als a priori im konstitutiven Sinne zu gelten, sind aber eben nicht apodiktisch wahr wie bei Kant, sondern allein relativ zu dem Zeichensystem, in dem sie verwendet werden. Dieses relative Apriori der Konventionen macht keine überempirischen Behauptungen über die Wirklichkeit, sondern schafft die Rahmen innerhalb deren über die Wirklichkeit erst gesprochen werden kann; das relative Apriori drückt keine Denknotwendigkeiten oder Vernunftwahrheiten aus. Es stellt vielmehr in Form von Definitionen Postulate der Sprachverwendung dar, die allein instrumentell zu bewerten sind. Somit gibt die rein formelle Wahrheit dieser Definitionen innerhalb ihres Rahmens keinen Anlaß zur Skepsis. Alle substantielle Wahrheit der Wissenschaft besteht aus synthetischen Behauptungen, die empirisch überprüfbar sind, während formelle Wahrheit als Widerspruchsfreiheit bzw. Ableitbarkeit prinzipiell demonstrierbar ist.

Ob die konventionalistische Antwort des Wiener Kreises auf Kant inhaltlich überzeugt, ist umstritten. Können wirklich alle wissenschaftlichen Konventionen als Tautologien verstanden werden, ja kann überhaupt der Unterschied zwischen empirischen und tautologischen Sätzen aufrechterhalten werden? Für viele Kritiker ist die Antwort eindeutig negativ. Der Konventionalismus des Wiener Kreises scheiterte mit seinem Vertrauen auf die von Quine niedergelegten »empiristischen Dogmen«.[156] Weder ist es möglich, eine Klasse nicht von theoretischem Wissen affizierter empirischer Fakten zu bestimmen, noch ist die Klasse analytischer Sätze erkenntnistheoretisch zu bestimmen. Diese Kritik ist dann besonders triftig, wenn der Wiener Kreis genau das Projekt verfolgte, das ihm traditionell zugeschrieben wird: eine Antwort dort geben zu wollen, wo selbst Kant scheiterte, nämlich gegenüber dem radikalen Skeptiker. Genau solche Ambitionen scheint Schlick in der Tat gelegentlich gehegt zu haben, wenn er analytische Sätze als feststehend bezeichnete. Als fundamentalistische Erkenntnistheorie scheiterte das Wiener Projekt auf zugegebenermaßen höchst instruktive Weise.

Wenn die Theoretiker des Wiener Kreises aber nicht alle so gelesen und zumindest einige ihrer Ansätze als Versuche verstanden werden, den Erkenntnisanspruch der Wissenschaft von innen heraus zu verteidigen, ohne die radikale außerwissenschaftliche Skeptik beschwichtigen zu wollen, dann stellt sich die Frage des Scheiterns – oder des Erfolges – ihres Konventionalismus aufs neue. Dann nämlich läßt sich z.B. Carnaps Modell des Theorienwechsels als Sprachwandel als ein Vorreiter des Kuhnschen Paradigmenwechsels verstehen, der über ein Kontinuum von kaum bemerkbaren bis revolutionären Inkommensurabilitäten verfügt, da jeder Theorienwechsel, der sich in begrifflichen Änderungen ausdrückt, eben als Wandel des analytischen Sprachrahmens

---

[156] Vgl. W. V. Quine: »Two Dogmas of Empiricism«, in: *Philosophical Review* 60 (1951), S. 20–43.

verstanden werden kann.[157] Mit der Unterscheidung analytischer und synthetischer Sätze als eines nur rekonstruktiven, also keine nicht-sprachlichen Notwendigkeiten voraussetzenden Werkzeuges der Wissenschaftstheorie wurde ebenfalls versucht, das Problem zu entschärfen, wie denn zwischen grundlegenden Hypothesen und Definitionen zu unterscheiden sei.[158]

5. Allianzen und Internationalisierung

Wenden wir uns zum Abschluß dieses Überblicks wieder der organisatorischen Entwicklung der Bewegung zu, und betrachten wir das Ende der europäischen Phase des Wiener Kreises und des Logischen Empirismus.

5.1. Berlin – Paris – Warschau

Der ohne Zweifel wichtigste Bündnispartner des Wiener Kreises war die Berliner Gruppe um Hans Reichenbach, Walter Dubislav, Kurt Grelling und Carl Gustav Hempel. Insbesondere fungierten Carnap und Reichenbach ab 1930 als Herausgeber der Zeitschrift *Erkenntnis*.[159] Als Veranstalter der Tagungen für Erkenntnislehre der exakten Wissenschaften fungierten der Verein

---

[157] Zur Frage, ob der Begriff eines relativen Apriori in der Wissenschaftsgeschichte als Explikation des Kuhnschen Ansatzes brauchbar ist, siehe Michael Friedman: *The Dynamics of Reason*, Stanford 2001.

[158] Die weitere Frage, ob Carnaps Unterscheidung zwischen logischen und deskriptiven Termini in wissenschaftlichen Theorien, die wiederum interessante Unterschiede zwischen der speziellen und der allgemeinen Relativitätstheorie herausarbeitet, den oben erwähnten Fehler der Schlick-Reichenbach-Interpretation der Gravitationstheorie überwinden kann, muß hier unbeantwortet bleiben; siehe Carnap: *Logische Syntax der Sprache*, op. cit., § 50.

[159] Rainer Hegselmann, Geo Siegwart: »Zur Geschichte der ›Erkenntnis‹«, in: *Erkenntnis* 35 (1991), S. 461–471.

Ernst Mach und die Berliner Gesellschaft für empirische (später: wissenschaftliche) Philosophie. Führende Mitglieder dieser Gesellschaft waren neben Reichenbach der Gestaltpsychologe Wolfgang Köhler, der Mediziner Friedrich Kraus und der Hirnforscher Oskar Vogt. Dies führte zu einem breiteren Vortragsspektrum einschließlich medizinischer Themen und zu einem größeren Zuspruch innerhalb der wissenschaftlichen Elite Berlins als im Falle des Vereins Ernst Mach; jedoch fehlten die Anbindung an das lokale Volksbildungswesen und die mit den Namen Mach verbundene aufklärerische Agenda.

Interessanterweise konnte auch die Berliner Gesellschaft auf eine längere Vorgeschichte zurückblicken. Bereits im Jahre 1913 hatte nämlich Joseph Petzoldt, der einen Mach verwandten Standpunkt vertrat, zur Gründung einer Gesellschaft für positivistische Philosophie aufgerufen,[160] die jedoch kriegsbedingt nicht wirklich in Gang kam. Eine detailliertere Diskussion der Geschichte und Philosophie der Berliner Gruppe muß hier aus Platzgründen unterbleiben.[161] Die folgenden Bemerkungen über das Verhältnis zwischen Reichenbach und den Wienern mögen jedoch zum Verständnis der internen Dynamik der Bewegung des Logischen Empirismus während der dreißiger Jahre hilfreich sein.

Reichenbach hatte sich ähnlich wie Schlick nach einer physikalischen Promotion (über Fragen der Wahrscheinlichkeit) der philosophischen Interpretation der Relativitätstheorie zugewandt. Beide spielten in den frühen zwanziger Jahren eine führende Rolle im Verteidigergürtel um Einstein[162] und verdankten ihre akademischen Stellen nicht zuletzt der Fürsprache der Berliner

---

[160] Vgl. Gerald Holton: *Wissenschaft und Anti-Wissenschaft*, Wien 2000, S. 1–59, insbesondere die beeindruckende Liste der Unterstützer auf S. 16.

[161] Vgl. Lutz Danneberg, Andreas Kamlah, Lothar Schäfer (Hg.): *Reichenbach und die Berliner Gruppe*, Braunschweig/Wiesbaden 1994.

[162] Der Ausdruck stammt von Klaus Hentschel: *Interpretationen und Fehlinterpretationen der speziellen und der allgemeinen Relativitätstheorie durch Zeitgenossen Albert Einsteins*, Basel 1990.

Physiker. Reichenbach nahm in Fragen der Geometrie ebenso wie die Wiener den Konventionalismus mit offenen Armen auf, war jedoch anders als Schlick zunächst bereit, ein stark relativiertes synthetisches Apriori zuzugestehen. Auch wenn er diesen Standpunkt nach seiner Korrespondenz mit Schlick aufgab, regierte in seinen Stellungnahmen zum Neukantianismus ein höflicherer Ton als in Neuraths Schriften.[163] Auch vertrat Reichenbach einen wissenschaftlichen Realismus, wie man ihn bei den Wienern kaum findet, und in seinem ersten englischsprachigen Buch, noch im türkischen Exil geschrieben, gab er diesem Unterschied einen etwas polemischen Ausdruck.[164] Es war nicht zuletzt Neurath, der schon in den dreißiger Jahren auf Distanz zu Reichenbach gegangen war, weil dieser seiner Meinung nach inhaltliche Differenzen öffentlich zu stark betonte. Doch auch Schlick äußerte sich in dem hier abgedruckten Beitrag dezidiert kritisch über Reichenbachs Auffassungen zur Kausalität, was zu einer Replik Reichenbachs in *Die Naturwissenschaften* führte.[165] In Wien war man allgemein davon überzeugt, daß Reichenbach entgegen seiner eigenen Überzeugung eben keine wahrscheinlichkeitstheoretische Lösung des Induktionsproblems gegeben hatte. Am nächsten stand ihm noch Carnap, nicht zuletzt aufgrund seiner eigenen Interessen an einer Induktionslogik.

Die Reihe der von Wien und Berlin aus gemeinsam veranstalteten, deutschen wissenschaftlichen Gesellschaften angegliederten Tagungen wurde nach 1930 nicht mehr fortgesetzt. Mag sein, daß es nicht im erhofften Maße gelungen war, die wissenschaftliche Philosophie in diesem Forum zu etablieren. Andererseits kam es aber auch durch die Gründung der *Erkenntnis* zu einer

[163] Vgl. Hans Reichenbach: »Kant und die Naturwissenschaft«, in: *Die Naturwissenschaften* 21 (1930), S. 601–606 und 624–626.

[164] Vgl. Hans Reichenbach: *Experience and Prediction*, Chicago 1938. Reichenbach vernachlässigte dort weitgehend die Entwicklung, die das Denken des Wiener Kreises seit Carnaps *Aufbau* durchgemacht hatte.

[165] Vgl. Schlick: »Die Kausalität in der gegenwärtigen Physik« (Beitrag 6.3), S. 577, 584 f., 588. Hans Reichenbach: »Das Kausalproblem in der Physik«, in: *Die Naturwissenschaften* 19 (1931), S. 713–722.

stärkeren Institutionalisierung und damit auch zur Bildung einer
eigenständigen wissenschaftlichen Disziplin, die je nach Standpunkt als Einheitswissenschaft (Neurath), Wissenschaftslogik
(Carnap) oder wissenschaftliche Philosophie (Reichenbach) bezeichnet wurde. Diese bedurfte zwar des kontinuierlichen Aus-
tausches mit den Einzelwissenschaften, aber eben auch einer
spezifischen Art von interner Verständigung. Beides drückte sich
zum einen eben in der *Erkenntnis* aus, zum anderen in den von
Neurath vorangetriebenen Bemühungen um eine Enzyklopädie
der Einheitswissenschaft. In beiden Foren strebte der Wiener
Kreis konsequent nach Internationalisierung und beschränkte
sich nicht mehr auf eine Aufnahme vorgängiger Traditionen. Die
sich abzeichnenden politischen Entwicklungen verstärkten diese
Tendenz, vor allem als 1933 die Machtübernahme der Nationalsozialisten die ersten Mitglieder der Bewegung in die Emigration
zwang.

Der Grundstein für die Kongresse für die Einheit der Wissenschaft wurde 1934 wiederum in Prag gelegt, und zwar am Rande
des 8. Internationalen Philosophenkongresses. Die von 1935 bis
1941 in Paris, Kopenhagen, Paris, Cambridge, Cambridge, MA
und Chicago abgehaltenen Kongresse boten ein breites Forum
für die Kontakte der verschiedenen Partner. Durch die Organisation des ersten dieser Kongresse in Paris hatten sich zeitweise
interessante Kooperationen mit französischen Wissenschaftsphilosophen und -historikern angeboten, die jedoch angesichts
personeller Komplikationen verschiedenster Art bald im Sande
verliefen.[166] Tarski trug in Paris über seine für Carnaps Denken
so einflußreiche Wahrheitsdefinition vor. Die enge Verbindung
zur Schule der polnischen Logiker hatte bereits vorher begonnen.
Von Menger nach Wien eingeladen, sprach Tarski bereits 1930 im
Zirkel zu seinen Arbeiten in Metamathematik. Carnap besuchte
im Gegenzug Warschau noch gegen Ende desselben Jahres. Aber
selbst in Amerika hielt die Verbindung an, als Carnap und Tarski

---

[166] Vgl. Elisabeth Nemeth, Nicolas Roudet (Hg.): *Paris–Wien. Enzyklopädien im Vergleich,* Wien 2005.

gemeinsam im Jahre 1940 ein Forschungssemester an der Harvard University verbrachten.

5.2. Die *Unity of Science*-Bewegung

Spricht man von der *Unity of Science*-Bewegung, in welcher der Wiener Kreis in den späten dreißiger und vierziger Jahren aufging, dann muß zweierlei unterschieden werden. Erstens die Doktrin der Einheitswissenschaft, wie auch immer sie genau verstanden wird. In der Verneinung der kategorialen Trennung von Natur- und Geisteswissenschaften waren sich die Wiener, Berliner und ihre neuen internationalen wissenschaftsphilosophischen Mitstreiter weitestgehend einig. Zweitens die *International Encyclopedia of Unified Science*, ein vor allem von Neurath vorangetriebenes Enzyklopädieprojekt, das aber keine einhellige Zustimmung bei allen Logischen Empiristen fand.[167] Zu deren Verwirklichung suchte er eine möglichst breite internationale Basis und war dafür zu inhaltlichen Zugeständnissen bereit. Dies wird am Klappentext der ersten Enzyklopädieheftchen besonders deutlich, dessen Ton weitaus konzilianter klingt als das Manifest. Der Wiener Kreis diente demgegenüber nun eher als »Kriegsdekoration bei festlichen Gelegenheiten«.[168]

> The wish to ensure impartiality has led to a selection of collaborators with somewhat different points of view, but who agree in considering the unity of science as the ideal aim of their efforts, in eliminating any form of speculation other than that recognized in science, in stressing the importance of logical analysis in various fields, and in taking into account the historical development of scientific concepts and regulative principles. Such collaborators include, for instance, persons stemming from the Vienna Circle, from the Berlin group

[167] So nahmen etwa Reichenbach und Feigl aus verschiedenen inhaltlichen Differenzen mit Neurath die Einladung zu einem Beitrag nicht an.

[168] Brief Neuraths an Carnap, 17. Juli 1937, Rijksarchief Noord-Holland, Haarlem.

of scientific philosophers, from the Polish school of logicians, from
the group centering around Scientia and the Centre de synthèse, as
well as representatives of American pragmatism, the English ana-
lytical school, French conventionalism, various groups of scientific
philosophers in Belgium, Holland, Switzerland, Scandinavia, and
other countries, and a large number of scientists from the various
special branches of science.
For these and other reasons there will be a certain divergence of
opinion within the wider set of agreements which give unity to the
work; tendencies which are often called scientific empiricism and
logical empirism will find a place by the side of other tendencies
which prefer to be called scientific or experimental rationalism.[169]

Im Einleitungsheft zur Enzyklopädie propagierte Neurath diese
Plattform sogar als die Versöhnung zwischen den klassischen philosophischen Antagonisten Empirismus und Rationalismus.[170]

Neurath verstand die Enzyklopädie nicht nur als philosophisches Modell des Erkenntnisfortschritts, sondern sah das konkrete Publikationsprojekt mit Chicago University Press als Fortsetzung der von Denis Diderot und Jean le Rond d'Alembert
initiierten französischen *Encyclopédie*, die von 1751–1772 in
17 Bänden und 11 Tafelbänden erschienen war.[171] Die Vertreter
der Wissenschaftlichen Weltauffassung waren die Nachfolger
der »philosophes«. Ebenso wie diese in Opposition zum »ancien
régime« standen, stammten eine ganze Reihe von Heften in

---

[169] Der hier wiedergegebene Text geht auf längere Verhandlungen
zwischen den Herausgebern der Enzyklopädie auf dem dritten Pariser
Kongreß für Einheit der Wissenschaft 1937 zurück. In späteren Jahren
wurde der Klappentext der Enzyklopädiehefte mehrfach geändert.

[170] »Unified Science as Encyclopedic Integration«, in: *International
Encyclopedia of Unified Science*, Vol. I, No. 1, Chicago 1938; deutsche
Übersetzung »Einheitswissenschaft als enzyklopädische Integration«
in: *Gesammelte philosophische und methodologische Schriften*, op. cit.,
Bd. 2, S. 873–894.

[171] Eine neuere Auswahl von Einträgen in deutscher Übersetzung und
erste Orientierung bietet Anette Selg, Rainer Wieland (Hg.): *Die Welt der
Encyclopédie*, Frankfurt a. M., 2001. Vgl. auch Elisabeth Nemeth, Nicolas
Roudet (Hg.): *Paris–Wien. Enzyklopädien im Vergleich*, op. cit.

Neuraths Enzyklopädie bereits aus der Feder exilierter Autoren. Für den Aufbau des geplanten Großprojekts wählte Neurath ein einprägsames Bild.

> Die *Enzyklopädie* soll wie eine Zwiebel aufgebaut werden. Das Herz der Zwiebel bilden zwanzig programmatische Schriften, die zwei Einführungsbände darstellen. [...] Die erste »Schicht« der Zwiebel [...] ist als eine Serie von Bänden geplant, die sich mit den Problemen der Systematisierung in den Einzelwissenschaften und in der Einheitswissenschaft befassen werden – unter Einbeziehung von Logik, Mathematik, Zeichentheorie, Linguistik, Geschichte und Soziologie der Wissenschaft, der Klassifikation der Wissenschaften und der erzieherischen Implikationen der wissenschaftlichen Einstellung. In diesen Bänden wird Wissenschaftlern mit verschiedenen Ansichten die Gelegenheit geboten werden, ihre individuellen Ideen in ihren eigenen Worten zu erläutern, da es ein spezielles Ziel des Werkes darstellt, die Lücken in unserem gegenwärtigen Wissen hervorzuheben, ebenso wie die Schwierigkeiten und Diskrepanzen, die zur Zeit auf verschiedenen Wissensgebieten anzutreffen sind. [...] Die folgenden Schichten können sich auf spezialisierte Probleme beziehen.[172]

An anderer Stelle erwähnte Neurath als weitere Schicht Probleme der angewandten Wissenschaften, der Erziehung, des Ingenieurwesens, der Jurisprudenz und der Medizin. Es war geplant, das Werk mit einem umfangreichen Thesaurus unter Verwendung der Wiener Methode der Bildstatistik zu beschließen, der übersichtlicher sein sollte als das komplexe Verweisungssystem der *Encyclopédie*. Dabei verstand sich Neuraths Enzyklopädie als permanente Tätigkeit der Gelehrtenrepublik; sie sollte nicht lediglich eine rückblickende Synthese des Wissens geben, sondern auf Probleme und neue Lösungswege hinweisen. »Die Wissenschaft schreitet von Enzyklopädie zu Enzyklopädie voran.«[173] Der Leser besaß mithin zu jedem Zeitpunkt eine partielle Enzyklopädie, die sich in ein einheitliches Projekt eingliederte.

[172] »Einheitswissenschaft als enzyklopädische Integration«, op. cit., S. 892 f.
[173] Neurath: »Die Enzyklopädie als Modell« (Beitrag 4.5), S. 377.

Im Gegensatz zum französischen Vorbild – aber ebenso wie manch anderes Enzyklopädieprojekt – blieb Neuraths Projekt unvollendet. Lediglich die 19 Heftchen aus dem Herz der Zwiebel erschienen verteilt über den beachtlichen Zeitraum von 1938 bis 1969, oft nach mehrmaligem Wechsel des Autors. Ein Beispiel: Neurath hatte als Autor für Wissenschaftsgeschichte den Mathematiker Federigo Enriques gewonnen, der einen dezidierten Kontinuismus vertrat. Doch Enriques verstarb kurz nach Neurath. Statt dessen erschien im Jahre 1962 Thomas S. Kuhns *Struktur wissenschaftlicher Revolutionen*. Es scheint, daß die Mitherausgeber Carnap und Morris nach Neuraths Tod nur noch wenig mit dem Projekt der Internationalen Enzyklopädie der Einheitswissenschaft anzufangen wußten.[174]

5.3. Exil oder Transformation: Wann endete der Wiener Kreis?

Neuraths Tod im Dezember 1945 markierte eine entscheidende Zäsur für den Logischen Empirismus. Die Bewegung hatte urplötzlich ihren Organisator verloren; und auch denjenigen, der nach Kriegsende sofort wieder um Bündelung der Kräfte bemüht war. Hahn war bereits 1934 an den Folgen einer Operation verstorben, Schlick war 1936 ermordet worden, und Zilsel hatte 1944 im amerikanischen Exil Selbstmord begangen. Carnap lehrte zunächst in Chicago, war aber an der Universität ziemlich isoliert. Im Jahre 1954 wurde er Nachfolger des verstorbenen Reichenbach an der Universität von Kalifornien in Los Angeles. Zu diesem Zeitpunkt hatte Carnaps Denken bereits beträchtlichen Einfluß auf die amerikanische Diskussion gewonnen, vor allem durch die klassische Debatte mit W. V. Quine.[175] Diese bildet selbst heute

---

[174] Vgl. George Reisch: *A History of the International Encyclopedia of Unified Science*, Ph. D. dissertation, University of Chicago, 1995.

[175] Rudolf Carnap: »Empiricism, Semantics, and Ontology«, in: *Revue internationale de philosophie* 4 (1950), S. 20–40; W. V. Quine: »Two

noch einen wichtigen Referenzpunkt für aktuelle philosophische Diskussionen. Unter den Mitstreitern an Neuraths Enzyklopädie waren mit John Dewey, Ernest Nagel und Charles Morris drei der einflußreichsten Philosophen der Nachkriegszeit. Frank gelang zusammen mit Kollegen aus den Naturwissenschaften an der Harvard University und aus der Boston Area eine Wiederbelebung des Modells des Verein Ernst Mach.[176] Von 1947 bis zu Franks Tod im Jahre 1966 war das *Institute for the Unity of Science* unter der Ägide der *American Academy for Arts and Science* ein Forum des interdisziplinären Austausch. Feigl, der ja bereits 1931 in die USA übersiedelt war, gründete 1953 das *Minnesota Center for the Philosophy of Science* in Minneapolis. Dies zeigt deutlich, wie sehr der philosophische Brückenschlag gelungen war und welche Bedeutung Mitglieder des ehemaligen Wiener Kreises für den Aufbau der Disziplin Wissenschaftstheorie besaßen. Als solcherart einflußreiches Modell geriet der Logische Empirismus auch in den sechziger Jahren heftig in die Kritik: nicht nur durch Quines Naturalismus, sondern auch durch die von Kuhn propagierte Wende zur Wissenschaftsgeschichte und Poppers kritischen Rationalismus.

Der Emigration folgte nach 1945 keine Rückkehr. Dies galt auch für diejenigen, die sich wie Menger darum bemüht hatten. Diese Verbindung aus radikaler Zäsur und nahezu perfekter Eingliederung legt zwei miteinander verbundene Fragen nahe: (i) Wann endete eigentlich der Wiener Kreis? (ii) Gab es einen »Wiener Kreis im Exil«? Zunächst zur zweiten Frage. Vergleicht man die eben skizzierten Biographien mit denen von Horkheimer, Adorno und anderer Mitglieder der Frankfurter Schule, so fällt auf, daß letztere im amerikanischen Exil im wesentlichen isoliert blieben, nach Kriegsende nach Deutschland zurückkehr-

Dogmas of Empiricism«, in: *Philosophical Review* 60 (1951), S. 20–43. Vgl. auch Richard Creath (Hg.): *Dear Carnap, Dear Van: The Quine–Carnap Correspondence and Related Work*, Berkeley 1990.
[176] Gerald Holton: »Philipp Frank at Harvard: His Work and His Influence«, in: Hofer, Stöltzner (Hg.): op. cit., erscheint demnächst.

ten und erst von dort aus auf die amerikanische Diskussion mit vergleichbarer Nachhaltigkeit wirkten. Trotz dieser augenfälligen Unterschiede wäre die Behauptung übertrieben, der Wiener Kreis sei durch seinen Erfolg schlicht in der amerikanischen Philosophie aufgegangen. Denn er wurde nicht zuletzt von seinen Gegnern weiterhin als solcher identifiziert, meist unter der Rubrik »Logischer Positivismus«.[177] Doch war diese Kanonisierung eben eine historische Konstruktion – deren wissenschaftstheoretische Aspekte heute oft als »received view« tituliert werden[178] – die keiner real existierenden Bewegung mehr entsprach. Zwar blieben die Grundüberzeugungen Carnaps und Franks unverändert, doch gab es signifikante Veränderungen in ihrem Denken einschließlich der Aufgabe vorgeblicher Dogmen. Sofern es Organisationsformen gab, die wie Franks *Institute for the Unity of Science* als Neubegründung des Kreises angesehen werden können, so leisteten diese gerade wichtige Beiträge zur Überwindung des »received view«.[179] Dies zeigt, daß die Idee eines »Wiener Kreises im Exil« im Sinne einer konstruktiven historischen Fortschreibung verstanden werden müßte, wie die des »ersten Wiener Kreises« im Sinne einer rekonstruktiven Entstehungsgeschichte gerechtfertigt werden kann.

Hinzu kommt nun, daß die Emigration keinesfalls die ausschließliche Form der Internationalisierung war. Denn diese war bereits während der gesamten dreißiger Jahre, besonders durch das Enzyklopädieprojekt, konsequent vorangetrieben worden. In gewisser Weise war diese Internationalisierung eine Konsequenz der im Kreis verbreiteten Einstellung, daß man eben keine Philosophenschule war, sondern eine aktive Gruppe innerhalb der

---

[177] Vgl. den folgenden Abschnitt zur Rezeptionsgeschichte.

[178] Diese Bezeichnung stammt von Hilary Putnam: »Logical Positivism and the Philosophy of Mind,« in: Peter Achinstein, Samuel Barker (Hg.): *The Legacy of Logical Positivism*, Baltimore 1969, S. 211–225.

[179] Man vgl. etwa Philipp Frank (Hg.): *The Validation of Scientific Theories*, Boston 1956; darin insbesondere Franks eigenen Beitrag »The Variety of Reasons for the Acceptance of Scientific Theories«, S. 3–17.

dynamischen Entwicklung hin zur wissenschaftlichen Weltauffassung. In Sinne wissenschaftlicher Netzwerke fand somit ein kontinuierlicher Übergang statt, der die Wiener Komponente allerdings immer weiter verdünnte. Bedenkt man dann noch, daß Franks Arbeiten der fünfziger Jahre von den Wissenschaftsphilosophen des Logischen Positivismus kaum noch rezipiert wurden und daß sich gerade Carnap und Feigl – zusammen mit dem Reichenbachschüler Hempel – eher an den formal-logischen Interessen ihrer amerikanischen Kollegen orientierten, dann erscheint es fraglich, ob nach dem Tode Neuraths – von Carnap in einem seiner letzten Briefe als »our big locomotive« gewürdigt – noch genügend Kohärenz herrschte, um von einem »Wiener Kreis im Exil« zu sprechen.

Unsere Antwort auf die Frage »Wann endete der Wiener Kreis?« lautet demnach wie folgt. Nach Hahns Tod, Neuraths Flucht nach Holland und Carnaps Emigration in die USA kann man daher in historischer Perspektive die Ermordung Schlicks – nicht zuletzt wegen der Dramatik dieses Ereignisses – als den Endpunkt des historischen Wiener Kreises betrachten. Es gab zwar noch Versuche Zilsels, die Treffen auf informeller Ebene weiterzuführen. Und nach dem Krieg bildete sich um Viktor Kraft und Béla von Juhos in Wien ein neuer Kreis, in dem Paul Feyerabend seine ersten philosophischen Dispute austrug. Doch diese Kreise kamen in ihrer Bedeutung nicht dem ursprünglichen gleich. Da die vorliegende Sammlung vom Wiener Kreis als einem kohärenten historischen Phänomen ausgeht, haben wir unsere Auswahl nicht über das Jahr 1936 hinaus erstreckt, auch wenn – wie in dieser Einleitung oftmals skizziert – die philosophische Entwicklung sich nahtlos fortsetzen ließe.

6. Rezeption und Forschungsstand

Etwa zur selben Zeit, als der Logische Positivismus in die Kritik geriet, stieg auch im deutschen Sprachraum das Interesse für die Wissenschaftstheorie wieder an. Doch die umfangreichen

Gesamtdarstellungen Wolfgang Stegmüllers verfolgten kein historisches Interesse, sondern begriffen die Philosophen des ehemaligen Wiener Kreises als integralen Bestandteil der zeitgenössischen angloamerikanischen Philosophie.[180] Indem der Reimport die historischen Wurzeln ausblendete, blieb auch unerwähnt, daß ein gutes Stück des Weges zur Überwindung der »Dogmen des Logischen Empirismus« bereits innerhalb des Wiener Kreises selbst zurückgelegt worden war, und zwar in engem Austausch mit den späteren Kritikern. Nur war der Wiener Kreis stets bemüht gewesen, das Trennende unter das Gemeinsame zu stellen und interne Polemiken zu vermeiden.

Diese ahistorische Aufnahme wurde auch dadurch unterstützt, daß sich die Mitglieder des ehemaligen Wiener Kreises im Rückblick auf ihre eigenen Wurzeln wie Naturwissenschaftler und nicht wie Philosophen einer bestimmten Schule verhielten. Neuraths wiederholte Ansätze zu einer Eigengeschichtsschreibung der Bewegung und ihre Einbettung in die Geschichte der Aufklärung fanden zwar in gewissem Sinne eine Fortsetzung, doch weder Rudolf Carnap noch Philipp Frank haben bei dieser Gelegenheit darauf insistiert, daß sie einer kohärenten Denktradition angehören, die inzwischen etwas verzerrt dargestellt werde.[181] In der Rückschau der Beteiligten traten auch die enge Einbettung des Wiener Kreises in das Rote Wien der Zwischenkriegszeit und die vielfältigen Kontakte zu anderen modernistischen Strömungen in den Hintergrund. Wie wir inzwischen wissen, war die – zumindest in der Öffentlichkeit geübte – politische Zurückhaltung nicht zuletzt eine Folge des McCarthyismus.[182] Die anfängliche Rezeption in Deutschland blendete ebenfalls den im Manifest unterstrichenen gesellschaftlich-politischen Anspruch weitgehend aus. Dadurch erschien manchem Leser

---

[180] Wolfgang Stegmüller: *Probleme und Resultate der Wissenschaftstheorie und analytischen Philosophie*, Berlin, mehrere Bände ab 1969.

[181] Rudolf Carnap: *Mein Weg in die Philosophie*, op. cit.; Philipp Frank: *Modern Science and Its Philosophy*, op. cit.

[182] George Reisch: *How the Cold War Transformed Philosophy of Science. To the Icy Slopes of Logic*, Cambridge 2005.

die insbesondere der Metaphysikkritik innewohnende Verve als sektiererische Polemik und nicht als Element eines Ringens um die wissenschaftliche Weltauffassung inmitten eines kulturellen Milieus, das für ein solches Unterfangen alles andere als günstig war. Ob die Metaphysikkritik des Wiener Kreises heute inhaltlich überzeugt und die offensichtlichen Probleme im Detail behoben werden können und ob sie auf die in der derzeitigen analytischen Philosophie akzeptierten Metaphysikkonzepte überhaupt anwendbar ist, kann erst dann sinnvoll diskutiert werden, wenn man die historischen Gegner und den Zeitbezug identifiziert und bewußt von den Argumenten unterscheidet.

Auch der merkwürdige Verlauf des Positivismusstreits am Ende des sechziger Jahre wird eigentlich nur verständlich, wenn er historisch kontextualisiert wird.[183] Zwar befanden sich mit dem empiristischen Sinnkriterium und dem Nonkognitivismus in der Ethik zwei Kernpositionen des Wiener Kreises im Zentrum der Auseinandersetzungen. Doch trafen mit der Frankfurter Schule und dem kritischen Rationalismus zwei Denkrichtungen aufeinander, die sich bereits explizit vom Wiener Kreis abgesetzt hatten. In einer vorgängigen Polemik zwischen Horkheimer und Neurath in den dreißiger Jahren standen einander ein hegelianischer und ein antihegelianischer Sozialismus gegenüber. Dagegen lehnte Popper, inspiriert von Hayek, in den fünfziger Jahren die Neurathsche Gesellschafts- und Wirtschaftskonzeption in Bausch und Bogen ab, ebenso wie den Hegelianismus. Als Ergebnis des Positivismusstreites erschien demnach manchem Betrachter in politisierter Zeit der Wiener Kreis als eine aus den USA rückimportierte kapitalismusfreundliche und weltfremd-formalistische Richtung.

In Österreich, vor allem in Wien, war man sich in der Nachkriegszeit des historischen Kontextes wohl bewußt. Der Wiener Kreis war jedoch ein Unthema, nicht zuletzt weil seine früheren Opponenten und deren Schüler die philosophische Szene dominierten. Darüber hinaus war der gesellschaftliche Umgang mit

---

[183] Vgl. Dahms: *Positivismusstreit*, op. cit.

der Emigration hindernisreich und die historische Thematisierung der beiden Faschismen bestenfalls dürftig. Die Wiederentdeckung des Wiener Kreises durch die nachfolgende Generation ging daher zunächst von den Universitäten in den Bundesländern aus.[184] Als Kontaktbörse mit den Emigranten entwickelte sich das alljährliche Forum Alpbach in Tirol.

Aufgrund dieser Rezeptionsgeschichte ist es nicht verwunderlich, daß die Wiederentdeckung des Wiener Kreises im deutschen und im englischen Sprachraum in sehr verschiedener Weise vor sich ging und sich erst in einem zweiten Schritt eine gemeinsame Herangehensweise herauskristallisierte. In Mitteleuropa wurde die Wiederentdeckung des Wiener Kreises nachhaltig von der zeithistorischen Forschung zum Roten Wien und zum Fin de siècle befördert. Vor diesem Hintergrund ließ sich die wissenschaftliche Weltauffassung des Wiener Kreises als Erneuerung des Aufklärungsprogramms lesen, just als das also, was von den Gegnern des Wiener Kreises im Positivismusstreit geleugnet wurde. Zudem wurde der Wiener Kreis als ein wichtiges Element der österreichischen Geistesgeschichte, ja einer genuin österreichischen Philosophie wahrgenommen, die sich bis zu Bernard Bolzano zurückverfolgen lasse.[185] Schon Neurath hatte in verschiedenen Schriften die spezifische intellektuelle Atmosphäre der Habsburgermonarchie betont, die sich das Zwischenspiel mit Kant ersparte und am Empirismus Humescher Prägung orientiert blieb, ergänzt durch ein vom Katholizismus unterstütztes

---

[184] Rudolf Haller: »Die philosophische Entwicklung im Österreich der Fünfzigerjahre«, in: *Fragen zu Wittgenstein und Aufsätze zur österreichischen Philosophie*, op. cit., S. 219–245.

[185] Eine kompakte und sehr verläßliche philosophische Übersicht des Wiener Kreises aus der österreichischen Perspektive gibt ihr Pionier Rudolf Haller in: *Neopositivismus: Eine historische Einführung in die Philosophie des Wiener Kreises*, op. cit. Vgl. auch seine Aufsätze »Österreichische Philosophie«, in: *Studien zur Österreichischen Philosophie*, Amsterdam 1979, S. 5–22, und »Gibt es eine österreichische Philosophie?«, in: *Fragen zu Wittgenstein und Aufsätze zur österreichischen Philosophie*, op. cit., S. 31–43. Friedrich Stadler hat in umfangreichen Darstellun-

Interesse für Logik.[186] Die Forschung über die verschiedenen Einflüsse auf die Mitglieder des Wiener Kreises ist auch durch das inzwischen wieder wachsende Interesse am Neukantianismus gefördert worden. Innerhalb des letzten Jahrzehnts sind zudem zahlreiche Einzelstudien und Sammelbände zu den Mitgliedern des Wiener Kreises erschienen, einschließlich der Peripherie.[187] Besonders in neueren Untersuchungen zum Werk Carnaps (doch nicht nur dort) wird immer deutlicher, daß die im Wiener Kreis entstandenen Philosophien letztendlich ihre ursprünglichen und zeitgenössischen Einflüsse transzendierten.[188]

Etwas später als die eben skizzierte Wiederentdeckung entwickelte sich in Nordamerika das Unbehagen am gängigen Bild des Neopositivismus allmählich zu einem neuen Forschungsprogramm, in dem es darum ging, die tatsächlichen Entstehungsgründe gegenwärtiger philosophischer Konfliktlinien zu untersuchen. Das Standardbild, das der englischsprachigen Welt vornehmlich durch Alfred J. Ayers *Language, Truth and Logic* von 1936 vermittelt worden war, präsentierte die Philosophie des Wiener Kreises als einen mit formaler Logik angereicherten britischen Empirismus, vertrat Ayer doch mittels seines Berkeleyschen Phänomenalismus die traditionelle Position eines erkenntnistheoretischen Fundamentalismus. Dabei vernachlässigte er völlig die kantianischen und neukantianischen Einflüsse wie auch alle österreichischen außer Mach. Zwar waren bereits zuvor etli-

gen diese Tradition in institutionen-, netzwerk- und ideengeschichtlicher Perspektive erschlossen; vgl. sein *Vom Positivismus zur »wissenschaftlichen Weltauffassung«: Am Beispiel der Wirkungsgeschichte von Ernst Mach in Österreich von 1895–1934*, Wien 1982, und (im Sinne einer »intellectual history«) die *Studien zum Wiener Kreis*, op. cit.

[186] So schon im Manifest, deutlicher expliziert in: »Die Entwicklung des Wiener Kreises und die Zukunft des Logischen Empirismus«, übers. in: *Gesammelte philosophische und methodologische Schriften*, op. cit., Bd. 2, S. 673–702.

[187] Vgl. die Bibliographie am Ende dieser Einleitung.

[188] Vgl. Thomas Mormann: *Carnap*, op. cit., und Steve Awodey, Carsten Klein (Hg.): *Carnap Brought Home. The View from Jena*, Chicago 2004.

che Überblicksartikel in Fachzeitschriften erschienen, doch Ayers Buch war als die erste populäre Darstellung des Neopositivismus für das internationale Publikum von prägendem Einfluß. Daß Ayer im Vorwort zu seiner späteren Sammlung *Logical Positivism* noch behauptete, sein Buch hätte die »klassische Position des Wiener Kreises« dargestellt, zementierte die ausschließliche Assoziation des Wiener Kreises mit dem britischen Empirismus nur noch weiter. Diese hatte inzwischen durch Quines Lesart von Carnaps *Aufbau* als Versuch einer Realisierung von Russells Programm, unsere Welterkenntnis phänomenalistisch zu begreifen, starke Schützenhilfe erhalten.[189] Gegen diese verkürzende Interpretation wandten sich seit den siebziger Jahren – seit der gemeinhin so verstandenen Überwindung des dem Logischen Empirismus entstammenden »received view« der analytischen Wissenschaftsphilosophie – zunehmend Forscher wie Alberto Coffa, Richard Creath, Michael Friedman, Warren Goldfarb, Don Howard, Alan Richardson und Thomas Ricketts, deren Arbeiten inzwischen zum Grundstock der neuen Wiener Kreis-Forschung zählen.[190]

---

[189] Vgl. Alfred J. Ayer: *Language, Truth and Logic*, London 1936, 2nd ed. 1946, S. 54 und 96; »Introduction«, in: A. J. Ayer (Hg.): *Logical Positivism*, Glencoe 1959, S. 8; W. V. Quine: »Two Dogmas of Empiricism«, op. cit.

[190] Alberto Coffa: *The Semantic Tradition from Kant to Carnap. To the Vienna Station* (hg. von Linda Wessels), Cambridge 1991; Richard Creath (Hg.): *Dear Carnap, Dear Van: The Quine – Carnap Correspondence and Related Work*, op. cit.; Michael Friedman: *Reconsidering Logical Positivism*, op. cit.; Warren Goldfarb, Thomas Ricketts: »Carnap and the Philosophy of Mathematics«, in: David Bell, Wilhelm Vossenkuhl (Hg.): *Wissenschaft und Subjektivität. Der Wiener Kreis und die Philosophie des 20. Jahrhunderts*, Berlin 1992, S. 61–78; Don Howard: »Einstein, Kant and the Origins of Logical Positivism«, in: Wesley Salmon, Gereon Wolters (Hg.): *Logic, Language and the Structure of Scientific Theories*, Pittsburgh/Konstanz 1993, S. 145–205; Alan Richardson: *Carnap's Construction of the World*, Cambridge 1998; Thomas Ricketts: »Carnap's Principle of Tolerance, Empiricism and Conventionalism«, in: Peter Clark, Bob Hale (Hg.): *Reading Putnam*, Oxford 1994, S. 176–200. Siehe auch Nancy Cartwright, Jordi Cat, Lola Fleck, Thomas E. Uebel: *Otto Neurath: Philosophy between Science and Politics*, Cambridge 1996.

Es ist aufgrund der Rezeptionsgeschichte vielleicht nicht verwunderlich, daß das erstarkte Interesse am Wiener Kreis neben reichen Studien zu Carnap und Schlick nicht zuletzt auch eine Neurathrenaissance war. Neurath war ein wichtiger Protagonist des Roten Wien und ermöglichte so der Forschung breit angelegte interdisziplinäre Zugänge. Zum anderen war er zweifelsohne der organisatorische Motor des Kreises. Seine umfangreiche Korrespondenz zeigt ihn als Verknüpfer wie als Zuspitzer. Und zum dritten fanden sich in Neuraths Arbeiten viele Gedanken, die als eine interne Überwindung der Dogmen des Logischen Empirismus gedeutet werden können. Auch betonte er stets die Wichtigkeit wissenschaftshistorischer und wissenschaftssoziologischer Überlegungen.

Es dürfte durchaus im Sinne der ursprünglichen Akteure sein, daß die heutige Forschung zum Wiener Kreis in internationaler Zusammenarbeit geschieht. Man kann sogar mit einem gewissen Recht sagen, daß sie sich zum Kern eines neuen Forschungsgebiets gemausert hat, der *History of Philosophy of Science* (HOPOS).[191] Dabei spielt vor allem die enge Verzahnung zwischen Philosophiegeschichte und Wissenschaftsgeschichte eine entscheidende Rolle. Denn man sollte nicht vergessen, daß viele Mitglieder des Wiener Kreises nicht nur aus den Fachwissenschaften hervorgingen, sondern sich in diesen auch beträchtliche Meriten erworben hatten.

Schon zuvor waren einschlägige Forschungsinstitute und Archive gegründet worden, darunter die *Forschungsstelle für Österreichische Philosophie in Graz*, das *Institut Wiener Kreis* in Wien, das *Philosophische Archiv* der Universität Konstanz und die *Archives of Scientific Philosophy* an der Universität Pittsburgh.[192]

---

[191] Man vergleiche die Kongresse der gleichnamigen Gesellschaft und die Homepage http://cas.umkc.edu/scistud/hopos.

[192] Vgl. die folgenden Links: http://www.austrian-philosophy.at/, http://www.univie.ac.at/ivc/, http://www.uni-konstanz.de/FuF/Philo/ philarchiv/, http://www.library.pitt.edu/libraries/special/asp/archive.html.

7. Zur Auswahl

Um dem heutigen Forschungsstand gerecht zu werden, durfte unsere Auswahl nicht zu eng sein. Das Verständnis des Wiener Kreises hat Jahrzehnte lang ja gerade unter der Reduktion auf einzelne Fragestellungen oder gar Dogmen gelitten. Unsere Auswahl mußte den Anschein einer erneuten Kanonisierung vermeiden, alle wesentlichen Themenkreise berücksichtigen und den internen Diskussionen ausreichend Raum geben. So wurden etwa die Meinungsverschiedenheiten in der Protokollsatzdebatte nicht in Polemiken ausgetragen, bei denen die jeweiligen Standpunkte bereits in der ersten Arbeit unverrückbar festlagen. Auf den Seiten der Zeitschrift *Erkenntnis* konturierten sich die Positionen wechselseitig, sie wurden modifiziert, es wurden Kompromisse gesucht bzw. endgültige Meinungsverschiedenheiten freundlich konstatiert.

Andere Texte in dieser Sammlung zielten bewußt nach außen. Hierzu gehören vor allem das Manifest und die beiden Aufsätze, die innerhalb von Mengers Zyklus populärer Universitätsvorträge entstanden waren, aber auch Franks Prager Eröffnungsvortrag, der sich explizit an die in Prag versammelten deutschen Mathematiker und Physiker wandte und ein Plädoyer für eine wissenschaftliche Philosophie enthielt. In anderen Beiträgen wurden explizit oder implizit die philosophischen Ambitionen führender Mathematiker und Naturforscher kritisch hinterfragt. Die enge Verbindung mit der zeitgenössischen Wissenschaft wird nicht zuletzt dadurch ausgedrückt, daß drei der abgedruckten Aufsätze in den *Naturwissenschaften* erschienen sind.

Eine weitere Gruppe von Aufsätzen ist in den Akten des 1935 in Paris abgehaltenen ersten Kongresses für Einheit der Wissenschaft erschienen. Mit ihm begann die von Otto Neurath aus dem holländischen Exil heraus konsequent vorangetriebene Internationalisierung der Bewegung unter dem Banner der *International Encyclopedia of Unified Science*. Außer den in Kapitel II abgedruckten frühen Arbeiten der Gründungsmitglieder und einem Beitrag Schlicks erschienen alle Aufsätze dieser Sammlung erst nach dem Manifest. Hierfür gibt es keine inhaltlichen Gründe, sondern lediglich die Tatsache, daß die Philosophen im Kreis (Carnap, Schlick) sich zuvor hauptsächlich ihren Monographien widmeten[193], während die Nichtphilosophen (Hahn, Frank, Neurath, Menger) von 1924 bis 1929 praktisch kaum über philosophische Themen publizierten. Indem mithin die überwiegende Mehrheit der hier abgedruckten Aufsätze innerhalb von sechs Jahren erschienen ist, wird die Dichte und Schnellebigkeit der Diskussionen offenkundig. Insbesondere wenn man zusätzlich bedenkt, daß sich bald nach Erscheinen des so wuchtig klingenden Manifests zentrifugale Tendenzen innerhalb des Kreises bemerkbar machten.[194]

Es konnte nicht darum gehen, von allen Mitgliedern des Wiener Kreises zumindest einen Beitrag abzudrucken. Vielmehr war es den Herausgebern um eine repräsentative Darstellung der veröffentlichten Debatte zu tun. Dies zwang zum Weglassen von Themen, die nicht im Zentrum des Interesses des gesamten Kreises standen. So haben wir einen Aufsatz von Zilsel ausgewählt, der als Stellungnahme des gesamten Kreises zu Pascual Jordan angesehen werden kann, obwohl seine späteren Beiträge zur Entstehung der neuzeitlichen Wissenschaft ohne Zweifel als seine wichtigste wissenschaftlicher Leistung zu betrachten sind. Die Beschränkung auf die Zeit des historischen Wiener Kreises schloß auch einige jüngere Mitglieder aus, einerseits weil ihre wichtigen philosophischen Arbeiten erst in der Emigration geschrieben wurden (Feigl) oder schlicht in die Zeit nach 1936 fielen (Waismann, Gödel). Dies gilt auch für Gustav Bergmann, dessen Brief an Neurath wir an dieser Stelle als Zeitzeugenbericht aus der Perspektive der jüngeren Mitglieder abdrucken. Letztlich ist noch anzumerken, daß Hans Reichenbach selbst immer die Eigenständigkeit der Berliner Gesellschaft für empirische/wissenschaftliche Philosophie betonte und einer Vermengung mit dem

---

[193] Carnap dem *Aufbau* und den *Scheinproblemen,* Schlick der zweiten Auflage seiner *Allgemeinen Erkenntnislehre.*
[194] Vgl. den in Kapitel VII abgedruckten Bericht Bergmanns.

Wiener Kreis entgegentrat. Aus diesem Grund haben wir keine Beiträge von Autoren des Kreises um Reichenbach in unsere Sammlung aufgenommen. Sosehr Frank und von Mises über die Grundlagen der Physik übereinstimmten, so konnte unsere Auswahl auch nicht an der Tatsache vorbeigehen, daß von Mises zeitlebens eine gewisse Distanz zum Wiener Kreis wahrte.

8. Danksagungen

Das erste Konzept zu diesem Auswahlband entstand in gemeinsamer Arbeit mit unserem Kollegen Eckehart Köhler, dem wir für seine kenntnisreichen Anregungen hier an erster Stelle herzlich danken. Für sorgfältige Lektüre und wertvolle Korrekturvorschläge zur Einleitung sind wir unserer Kollegin Veronika Hofer zu Dank verpflichtet. Marco Mertens und Jeanette Wette haben uns bei der nicht immer einfachen Bearbeitung der Originaltexte unterstützt. Andrea Reichenberger las eine Druckfahnenkorrektur. Mirca Szigat erstellte das Personenregister. Dem Meiner-Verlag und vor allem Marion Lauschke danken wir für die freundliche Aufnahme dieses Projekts und die Geduld mit den Herausgebern. Auch möchten wir die ausgezeichnete Zusammenarbeit bei Satz und Herstellung hervorheben.

Wir danken allen Verlagen und Rechteinhabern für die eingeräumten Abdruckrechte.

9. Zur Edition

Alle hier abgedruckten Texte erscheinen in der Form ihrer Originalpublikation. Eine Ausnahme bildet Neuraths aus dem Französischen übersetzter Aufsatz »Die Enzyklopädie als ›Modell‹«. Die Zitatstellen wurden von den Herausgebern überprüft. Dabei fand sich eine Fülle von Ungenauigkeiten, die jedoch in fast allen Fällen Lesefehler ohne jegliche inhaltliche Relevanz waren. Da ein penibler Nachweis beider Varianten den Rahmen einer

Studienausgabe gesprengt hätte, folgen wir hier stillschweigend der jeweiligen Originalpublikation des Wiener Kreis Autors. An Stellen, wo uns die Abweichungen relevant erschienen – etwa wenn Schlick Russells »meaning« mit »Sinn« übersetzt, die deutsche Ausgabe jedoch mit »Bedeutung« –, haben wir eine entsprechende Bemerkung hinzugefügt.

Die Texte sind in verschiedenen Zeitschriften bzw. als selbständige Broschüren in unterschiedlichen Verlagen erschienen. Unser Ziel war es, dem vorliegenden Band ein einigermaßen kohärentes Aussehen zu geben, ohne den Autoren offensichtlich wichtige Besonderheiten des Satzes einzuebnen. Zeittypische Erscheinungen haben wir hingegen im allgemeinen auf den heutigen Stand gebracht, ohne jedoch inzwischen veraltete Ausdrücke oder damals gängige Austriazismen zu streichen.

Offensichtliche Satzfehler wurden stillschweigend korrigiert, die in Frankreich erschienenen Beiträge erscheinen hier mit Umlauten und ›ß‹. Die Interpunktion wurde modernisiert. Soweit wie möglich wurden die Sektionsüberschriften bzw. Sektionsunterteilungen durch Striche usw. zumindest graphisch vereinheitlicht. Die zu Beginn mancher Beiträge stehenden Inhaltsverzeichnisse wurden fortgelassen bzw. die Überschriften dort in den Text eingefügt, wo im Original nur die entsprechende Zahl stand. In einigen Beiträgen wurden die Endnoten mit der Überschrift »Literatur« eingeleitet; diese wurde von den Herausgebern gestrichen. Die bibliographischen Angaben wurden nach Möglichkeit vereinheitlicht, auch dann wenn sie im Haupttext erscheinen. Nennt der Autor jedoch selbst den Verlag oder macht er andere zusätzliche Angaben, so haben wir diese belassen. Abgekürzte Zeitschriftennamen und Buchtitel wurden ausgeschrieben, weil diese heute nicht mehr in jedem Falle gängig sind. In denjenigen Fällen, wo im Originaltext auf einen Beitrag verwiesen wurde, der im vorliegenden Band abgedruckt ist, haben wir zur Vermeidung von Mißverständnissen nur diese Seitenzahl angegeben und die Originalstelle gestrichen. Darüber hinausgehende Einfügungen der Herausgeber werden durch eckige Klammern gekennzeichnet. Diese heute übliche Vorgehensweise erforderte, einige eckige Klammern der Originale durch runde zu ersetzen. (Eine Ausnahme bildet die Form des Neurathschen Protokollsatzes.) Bei den Jahrgängen der *Erkenntnis* ist zu beachten, daß die Numerierung zunächst dem akademischen Jahr folgte; Band 1 ist also 1930/1 usw.

In der ersten Hälfte des 20. Jahrhunderts war die ausgiebige Verwendung verschiedener Typen von Hervorhebungen nicht unüblich, ebenso doppelte Hervorhebungen. In dieser Ausgabe wurden Sperrungen, Kursivierungen und Fettdruck einheitlich kursiv gesetzt und doppelte Hervorhebungen durch einfache ersetzt. Die generelle Hervorhebung von Eigennamen wurde nicht übernommen. Anführungszeichen wurden generell belassen. Wo sie jedoch zusammen mit Kursivierungen ausschließlich zu doppelten Hervorhebungen führten und nicht innerhalb einer längeren kursiv gesetzten Passage noch einen anderen Sinn haben könnten, wurde die Kursivierung getilgt. Variablen im Text wurden grundsätzlich kursiviert. Der von Carnap und Zilsel in der *Erkenntnis* gelegentlich verwendete Petitsatz ganzer Absätze wurde fortgelassen.

Die vorliegende Textsammlung erscheint ohne ein Sachregister. Für die einzelnen Autoren wäre dies sehr wohl möglich gewesen, doch wurden innerhalb des Kreises oft nahe verwandte Probleme mit verschiedenen Begriffen bezeichnet. So spricht z.B. Schlick immer von »Konstatierungen« anstatt von »Protokollsätzen«, wenn er seine eigene Konzeption der Basissätze derjenigen Carnaps und Neuraths gegenüberstellt. Solche Beziehungen wurden, wenn nicht von den Autoren explizit erwähnt, in den Anmerkungen der Herausgeber hergestellt. Eine wissenschaftstheoretische Terminologie war in den 1930er Jahren erst im Entstehen. Neuraths Enzyklopädie hatte nicht zuletzt dieses Ziel verfolgt, nicht ohne gleichzeitig zu betonen, daß unpräzise Ausdrücke unvermeidlich waren. Auch strebte der Logische Empirismus keine Systemphilosophie mit einem festgefügten Begriffsrahmen an, sondern man nahm teil an den stürmischen innerwissenschaftlichen Entwicklungen – etwa in bezug auf das Kausalprinzip. Aus all diesen Gründen wollten wir der hier vorgestellten schnellebigen Diskussion keinen Begriffsrahmen von außen aufzwängen und glauben, durch die ausführliche Einleitung die Leserinnen und Leser ausreichend orientiert zu haben.

10. Einige weiterführende Werke

Im folgenden stellen wir einige weiterführende Monographien und Aufsatzsammlungen zusammen. Die meisten davon sind bereits in der Einleitung erwähnt worden. Derzeit sind Gesamtausgaben der Werke Carnaps (bei Open Court) und Schlicks (beim Springer-Verlag) in Bearbeitung.

Monographien zum Wiener Kreis allgemein

Victor Kraft: *Der Wiener Kreis. Der Ursprung des Neopositivismus*, Wien 1950, [2]1968, [3]1997.
Rudolf Haller: *Neopositivismus. Eine historische Einführung in die Philosophie des Wiener Kreises*, Darmstadt 1993.
Friedrich Stadler: *Studien zum Wiener Kreis. Ursprung, Entwicklung und Wirkung des Logischen Empirismus im Kontext*, Frankfurt a. M. 1997, [2]2001.

Monographien zu einzelnen Themen

Elisabeth Nemeth: *Otto Neurath und der Wiener Kreis. Revolutionäre Wissenschaftlichkeit als Anspruch*, Frankfurt a. M. 1981.
Johann Dvorak: *Edgar Zilsel und die Einheit der Wissenschaft*, Wien 1981.
Alberto Coffa: *The Semantic Tradition from Kant to Carnap. To the Vienna Station* (hg. von Linda Wessels), Cambridge 1991.
Nancy Cartwright, Jordi Cat, Lola Fleck, Thomas E. Uebel: *Otto Neurath. Philosophy between Science and Politics*, Cambridge 1996.

Alan Richardson: *Carnap's Construction of the World*, Cambridge 1998.
Michael Friedman: *Reconsidering Logical Positivism*, Cambridge 1999.
Thomas Mormann: *Rudolf Carnap*, München 2000.
Thomas Uebel: *Vernunftkritik und Wissenschaft. Otto Neurath und der erste Wiener Kreis*, Wien 2000.
Michael Friedman: *Carnap, Cassirer, Heidegger. Geteilte Wege*, Frankfurt a. M. 2004.

Aufsatzsammlungen zum Wiener Kreis allgemein
oder zu einzelnen Autoren

Hans-Joachim Dahms (Hg.): *Philosophie, Wissenschaft, Aufklärung. Beiträge zur Geschichte des Wiener Kreises*, Berlin 1985.
Rudolf Haller, Friedrich Stadler (Hg.): *Wien–Berlin–Prag. Der Aufstieg der wissenschaftlichen Philosophie*, Wien 1993.
Wesley Salmon, Gereon Wolters (Hg.), *Logic, Language and the Structure of Scientific Theories*, Pittsburgh/Konstanz 1993.
Ronald Giere, Alan Richardson (Hg.): *Origins of Logical Empiricism*, Minneapolis 1996.
Elisabeth Nemeth, Richard Heinrich (Hg.): *Otto Neurath: Rationalität, Planung, Vielfalt*, Berlin 1999.
Paolo Parrini, Wesley Salmon, Merrilee Salmon (Hg.): *Logical Empiricism. Historical and Contemporary Perspectives*, Pittsburgh 2003.
Gary Hardcastle, Alan Richardson (Hg.): *Logical Empiricism in North America*, Minneapolis 2003.
Thomas Bonk (Hg.): *Language, Truth and Knowledge. Contribution to the Philosophy of Rudolf Carnap*, Dordrecht 2003.
Friedrich Stadler (Hg.): *The Vienna Circle and Logical Empiricism. Re-evaluation and Future Perspectives*, Dordrecht 2003.
Steve Awodey, Carsten Klein (Hg.): *Carnap Brought Home. The View from Jena*, Chicago 2004.

Richard Creath, Michael Friedman (Hg.): *The Cambridge Companion to Carnap*, Cambridge, im Erscheinen.
Alan Richardson, Thomas Uebel (Hg.): *The Cambridge Companion to Logical Empiricism*, Cambridge, im Erscheinen.
Veronika Hofer, Michael Stöltzner (Hg.): *Philipp Frank: Vienna – Prague – Boston*, La Salle, IL, im Erscheinen.

Sammlungen zur Peripherie und Einbettung in die österreichische Geistesgeschichte

Hal Berghel, Adolf Hübner, Eckehart Köhler (Hg.): *Wittgenstein, der Wiener Kreis und der Kritische Rationalismus*, Wien 1979.
Rudolf Haller: *Fragen zu Wittgenstein und Aufsätze zur Österreichischen Philosophie*, Amsterdam 1986.
Friedrich Stadler (Hg.): *Arbeiterbildung in der Zwischenkriegszeit. Otto Neurath und Gerd Arntz*, Wien 1982.
Clemens Jabloner, Friedrich Stadler (Hg.): *Logischer Empirismus und reine Rechtslehre. Beziehungen zwischen dem Wiener Kreis und der Hans Kelsen-Schule*, Wien 2001.

Neupublikationen von Primärliteratur

Rudolf Carnap: *Mein Weg in die Philosophie*, hg. und übers. von Willy Hochkeppel, Stuttgart 1993.
– *Der logische Aufbau der Welt*, Hamburg 1998.
– *Scheinprobleme in der Philosophie und andere metaphysikkritische Schriften*, hg. von Thomas Mormann, Hamburg 2004.
Einheitswissenschaft, hg. von Joachim Schulte und Brian McGuinness, Frankfurt a. M. 1992.
Philipp Frank: *Das Kausalproblem und seine Grenzen*, hg. von Anne J. Kox, Frankfurt a. M. 1988.
Hans Hahn: *Empirismus, Logik, Mathematik*, hg. von Brian McGuinness, Frankfurt a. M. 1988.

Richard von Mises: *Kleines Lehrbuch des Positivismus*, hg. von Friedrich Stadler, Frankfurt a. M. 1990.

Otto Neurath: *Wissenschaftliche Weltauffassung, Sozialismus und Logischer Empirismus*, hg. von Rainer Hegselmann, Frankfurt a. M. 1979.

– *Die Einheit von Wissenschaft und Gesellschaft*, hg. von Paul Neurath und Elisabeth Neurath, Wien 1994.

– *Gesammelte philosophische und methodologische Schriften*, hg. von Rudolf Haller und Heiner Rutte, 2 Bde., Wien 1981.

– *Gesammelte bildpädagogische Schriften*, hg. von Rudolf Haller und Robin Kinross, Wien 1991.

– *Gesammelte ökonomische, soziologische und sozialpolitische Schriften*, hg. von Rudolf Haller und Ulf Höfer, 2 Bde., Wien 1998.

Karl Menger: *Moral, Wille und Weltgestaltung. Grundlegung zur Logik der Sitten*, hg. von Uwe Czaniera, Frankfurt a. M. 1997.

Moritz Schlick: *Allgemeine Erkenntnislehre*, Frankfurt a. M. 1979.

– *Fragen der Ethik*, hg. von Reiner Hegselmann, Frankfurt a. M. 1984.

– *Philosophische Logik*, hg. von Bernd Philippi, Frankfurt a. M. 1986.

– *Die Probleme der Philosophie in ihrem Zusammenhang*, hg. von Henk Mulder, Anne J. Kox und Rainer Hegselmann, Frankfurt a. M. 1986.

– *Über die Reflexion des Lichtes in einer homogenen Schicht / Raum und Zeit in der gegenwärtigen Physik* (Gesamtausgabe I,2), hg. von Fynn Ole Engler und Matthias Neuber, Wien 2006.

– *Lebensweisheit. Versuch einer Glückseligkeitslehre / Fragen der Ethik* (Gesamtausgabe I,3), hg. von Mathias Iven, Wien 2006.

Friedrich Waismann: *Logik, Sprache, Philosophie*, hg. von Gordon P. Baker und Brian McGuinness, Stuttgart 1976.

– *Wille und Motiv*, hg. von Joachim Schulte, Stuttgart 1983.

Edgar Zilsel: *Die sozialen Ursprünge der neuzeitlichen Wissenschaft*, hg. von Wolfgang Krohn, Frankfurt a. M. 1976.

– *Die Geniereligion*, hg. von Johann Dvorak, Frankfurt a. M. 1990.

– *Wissenschaft und Weltanschauung*, hg. von Gerald Mozetic, Wien 1992.

I. PROGRAMMSCHRIFTEN

1.1 WISSENSCHAFTLICHE WELTAUFFASSUNG.
DER WIENER KREIS
(1929)

Herausgegeben vom Verein Ernst Mach

Moritz Schlick gewidmet

GELEITWORT

Anfang 1929 erhielt Moritz Schlick einen sehr verlockenden Ruf nach Bonn. Nach einigem Schwanken entschloß er sich, in Wien zu bleiben. Ihm und uns wurde bei dieser Gelegenheit zum erstenmal deutlich bewußt, daß es so etwas wie einen »Wiener Kreis« der wissenschaftlichen Weltauffassung gibt, der diese Denkweise in gemeinsamer Arbeit weiterentwickelt. Dieser Kreis hat keine feste Organisation; er besteht aus Menschen gleicher wissenschaftlicher Grundeinstellung; der einzelne bemüht sich um Eingliederung, jeder schiebt das Verbindende in den Vordergrund, keiner will durch Besonderheit den Zusammenhang stören. In vielem kann der eine den anderen vertreten, die Arbeit des einen kann durch den anderen weitergeführt werden.

Der Wiener Kreis ist bestrebt, mit Gleichgerichteten Fühlung zu nehmen und Einwirkung auf Fernerstehende auszuüben. Die Mitarbeit im *Verein Ernst Mach* ist der Ausdruck für dieses Bemühen; Vorsitzender dieses Vereins ist Schlick, dem Vorstand gehören mehrere Mitglieder des Schlickschen Kreises an.

Der Verein Ernst Mach veranstaltet gemeinsam mit der Gesellschaft für empirische Philosophie (Berlin) am 15. und 16. September 1929 in Prag *eine Tagung für Erkenntnislehre der exakten Wissenschaften* im Zusammenhang mit der gleichzeitig dort stattfindenden Tagung der Deutschen Physikalischen Gesellschaft und der Deutschen Mathematikervereinigung. Neben speziellen Fragen soll dort auch Grundsätzliches erörtert werden. Es wurde beschlossen, anläßlich dieser Tagung die vorliegende Schrift über den Wiener Kreis der wissenschaftlichen Weltauffassung zu veröffentlichen. Die Schrift soll Moritz Schlick im Oktober 1929 bei seiner Rückkehr von der Gastprofessur an der Stanford-Universität, Kalifornien, überreicht werden als Zeichen des Dankes und der Freude über sein Bleiben in Wien. Der zweite Teil des Heftes enthält eine Bibliographie, die in Zusammenarbeit mit den Beteiligten aufgestellt worden ist. Sie soll einen Über- 2 blick über die Problemgebiete geben, auf denen die dem Wiener Kreise Angehörenden oder Nahestehenden arbeiten.

Wien, im August 1929.

Für den Verein Ernst Mach:
Hans Hahn

Otto Neurath   Rudolf Carnap

I. DER WIENER KREIS
DER WISSENSCHAFTLICHEN WELTAUFFASSUNG

1. Vorgeschichte

Daß *metaphysisches* und theologisierendes Denken nicht nur im Leben, sondern auch in der Wissenschaft heute wieder zunehme, wird von vielen behauptet. Handelt es sich hiebei um eine allgemeine Erscheinung oder nur um eine auf bestimmte Kreise beschränkte Wandlung? Die Behauptung selbst wird leicht bestätigt durch einen Blick auf die Themen der Vorlesungen an den Universitäten und auf die Titel der philosophischen Veröffentlichungen. Aber auch der entgegengesetzte Geist der Aufklärung und der *antimetaphysischen Tatsachenforschung* erstarkt gegenwärtig, indem er sich seines Daseins und seiner Aufgabe bewußt wird. In manchen Kreisen ist die auf Erfahrung fußende, der Spekulation abholde Denkweise lebendiger denn je, gekräftigt gerade durch den neu sich erhebenden Widerstand.

In der Forschungsarbeit aller Zweige der Erfahrungswissenschaft ist dieser *Geist wissenschaftlicher Weltauffassung* lebendig. Systematisch durchdacht und grundsätzlich vertreten wird er aber nur von wenigen führenden Denkern, und diese sind nur selten in der Lage, einen Kreis gleichgesinnter Mitarbeiter um sich zu sammeln. Wir finden antimetaphysische Bestrebungen vor allem in *England,* wo die Tradition der großen Empiristen noch fortlebt; die Untersuchungen von Russell und Whitehead zur Logik und Wirklichkeitsanalyse haben internationale Bedeutung gewonnen. In *U.S.A.* nehmen diese Bestrebungen die verschiedenartigsten Formen an; in gewissem Sinne wäre auch James hieher zu rechnen. Das neue *Rußland* sucht durchaus nach wissenschaftlicher Weltauffassung, wenn auch zum Teil in Anlehnung an ältere materialistische Strömungen. Im kontinentalen Europa ist eine Konzentration produktiver Arbeit in der Richtung wissenschaftlicher Weltauffassung insbesondere in *Berlin* (Reichenbach, Petzold, Grelling, Dubislav und andere) und Wien zu finden.

Daß *Wien* ein besonders geeigneter Boden für diese Entwicklung war, ist geschichtlich verständlich. In der zweiten Hälfte des 19. Jahrhunderts war lange der *Liberalismus* die in Wien herrschende politische Richtung. Seine Gedankenwelt entstammt der Aufklärung, dem Empirismus, Utilitarismus und der Freihandelsbewegung Englands. In der Wiener liberalen Bewegung standen Gelehrte von Weltruf an führender Stelle. Hier wurde antimetaphysischer Geist gepflegt; es sei erinnert an Theodor Gomperz, der Mills Werke übersetzte (1869–80), Sueß, Jodl und andere.

Diesem Geist der Aufklärung ist es zu danken, daß Wien in der wissenschaftlich orientierten *Volksbildung* führend gewesen ist. Damals wurde unter Mitwirkung von Victor Adler und Friedrich Jodl der Volksbildungsverein gegründet und weitergeführt; die »volkstümlichen Universitätskurse« und das »Volksheim« wurden eingerichtet durch Ludo Hartmann, den bekannten Historiker, dessen antimetaphysische Einstellung und materialistische Geschichtsauffassung in all seinem Wirken zum Ausdruck kam. Aus dem gleichen Geist stammt auch die Bewegung der »Freien Schule«, die die Vorläuferin der heutigen Schulreform gewesen ist.

In dieser liberalen Atmosphäre lebte Ernst Mach (geb. 1838), der als Student und (1861–64) als Privatdozent in Wien war. Er kam erst im Alter nach Wien zurück, als für ihn eine eigene Professur für Philosophie der induktiven Wissenschaften geschaffen wurde (1895). Er war besonders darum bemüht, die empirische Wissenschaft, in erster Linie die Physik, von metaphysischen Gedanken zu reinigen. Es sei erinnert an seine Kritik des absoluten Raumes, durch die er ein Vorläufer Einsteins wurde, an seinen Kampf gegen die Metaphysik des Dinges an sich und des Substanzbegriffs, sowie an seine Untersuchungen über den Aufbau der wissenschaftlichen Begriffe aus letzten Elementen, den Sinnesdaten. In einigen Punkten hat die wissenschaftliche Entwicklung ihm nicht recht gegeben, zum Beispiel in seiner Stellungnahme gegen die Atomistik und in seiner Erwartung einer Förderung der Physik durch die Sinnesphysiologie. Die wesentlichen Punkte seiner Auffassung aber sind in der Weiterentwicklung positiv verwertet worden. Auf der Lehrkanzel von Mach wirkte dann (1902–06) Ludwig Boltzmann, der ausgesprochen empiristische Ideen vertrat.

Das Wirken der Physiker Mach und Boltzmann auf philosophischer Lehrkanzel läßt es begreiflich erscheinen, daß für die erkenntnistheoretischen und logischen Probleme, die mit den Grundlagen der Physik zusammenhängen, lebhaftes Interesse herrschte. Man wurde durch diese Grundlagenprobleme auch auf die Bemühungen um eine Erneuerung der Logik geführt. Diesen Bestrebungen war in Wien auch von ganz anderer Seite her, durch Franz Brentano, der Boden geebnet worden (1874 bis 1880 Professor der Philosophie an der theologischen Fakultät, später Dozent an der philosophischen Fakultät). Brentano hatte als katholischer Geistlicher Verständnis für die Scholastik; er knüpfte unmittelbar an die scholastische Logik und an die Leibnizschen Bemühungen um eine Reform der Logik an, während er Kant und die idealistischen Systemphilosophen beiseite ließ. Das Verständnis Brentanos und seiner Schüler für Männer wie Bolzano (Wissenschaftslehre, 1837) und andere, die sich um eine strenge Neubegründung der Logik bemühten, ist immer wieder deutlich zutage getreten. Insbesondere hat Alois Höfler (1853 bis 1922) vor einem Forum, in dem durch den Einfluß von Mach und Boltzmann die Anhänger der wissenschaftlichen Weltauffassung stark vertreten waren, diese Seite der Brentanoschen Philosophie in den Vordergrund gerückt. In der *Philosophischen Gesellschaft* an der Universität Wien fanden unter Leitung von Höfler zahlreiche Diskussionen über Grundlagenfragen der Physik und verwandte erkenntnistheoretische und logische Probleme statt. Von der Philosophischen Gesellschaft wurden die »Vorreden und Einleitungen zu klassischen Werken der Mechanik« herausgegeben (1899), sowie einzelne Schriften von Bolzano (durch Höfler und Hahn, 1914 und 1921). In dem Wiener Brentano-Kreis lebte (1870–82) der junge Alexius von Meinong (später Professor in Graz), dessen Gegenstandstheorie (1907) immerhin eine gewisse Verwandtschaft mit den modernen Begriffstheorien aufweist und dessen Schüler Ernst Mally (Graz) auch auf dem Gebiet der Logistik arbeitete. Auch die Jugendschriften von Hans Pichler (1909) entstammen diesen Gedankenkreisen.

Etwa gleichzeitig mit Mach wirkte in Wien sein Altersgenosse und Freund Josef Popper-Lynkeus. Neben seinen physikalisch-technischen Leistungen seien hier seine großzügigen, wenn auch unsystematischen philosophischen Betrachtungen erwähnt (1899), sowie sein rationalistischer Wirtschaftsplan (allgemeine Nährpflicht, 1878). Er diente bewußt dem Geist der Aufklärung, wie auch durch sein Buch über Voltaire bezeugt wird. Die Ablehnung der Metaphysik war ihm mit manchen anderen Wiener Soziologen, zum Beispiel mit Rudolf Goldscheid, gemeinsam. Bemerkenswert ist, daß auch auf dem Gebiete der *Nationalökonomie* in Wien durch die Schule der Grenznutzenlehre eine streng wissenschaftliche Methode gepflegt wurde (Carl Menger, 1871); diese Methode faßte in England, Frankreich, Skandinavien Fuß, nicht aber in Deutschland. Auch die marxistische Theorie wurde in Wien mit besonderem Nachdruck gepflegt und ausgebaut (Otto Bauer, Rudolf Hilferding, Max Adler u.a.).

Diese Einwirkungen von verschiedenen Seiten her hatten in Wien besonders seit der Jahrhundertwende zur Folge, daß eine größere Zahl von Menschen allgemeinere Probleme in engem Anschluß an die Erfahrungswissenschaft häufig und mit Eifer diskutierten. Es ging vor allem um erkenntnistheoretische und methodologische Probleme der Physik, zum Beispiel Poincarés Konventionalismus, Duhems Auffassung von Ziel und Struktur der physikalischen Theorien (sein Übersetzer war der Wiener Friedrich Adler, ein Anhänger Machs, damals Privatdozent der Physik in Zürich); ferner auch um Grundlagenfragen der Mathematik, Probleme der Axiomatik, Logistik und ähnliches. Von wissenschafts- und philosophiegeschichtlichen Linien waren es besonders die folgenden, die sich hier vereinigten; sie seien gekennzeichnet durch diejenigen ihrer Vertreter, deren Werke hier hauptsächlich gelesen und erörtert wurden.

1. *Positivismus und Empirismus*: Hume, Aufklärung, Comte, Mill, Rich. Avenarius, Mach.

2. *Grundlagen, Ziele und Methoden der empirischen Wissenschaft* (Hypothesen in Physik, Geometrie usw.): Helmholtz, Riemann, Mach, Poincaré, Enriques, Duhem, Boltzmann, Einstein.
3. *Logistik* und ihre Anwendung auf die Wirklichkeit: Leibniz, Peano, Frege, Schröder, Russell, Whitehead, Wittgenstein.
4. *Axiomatik*: Pasch, Peano, Vailati, Pieri, Hilbert.
5. *Eudämonismus und positivistische Soziologie*: Epikur, Hume, Bentham, Mill, Comte, Feuerbach, Marx, Spencer, Müller-Lyer, Popper-Lynkeus, Carl Menger (Vater).

2. Der Kreis um Schlick

Im Jahre 1922 wurde Moritz Schlick von Kiel nach Wien berufen. Seine Wirksamkeit fügte sich gut ein in die geschichtliche Entwicklung der Wiener wissenschaftlichen Atmosphäre. Er, selbst ursprünglich Physiker, erweckte die Tradition zu neuem Leben, die von Mach und Boltzmann begonnen und von dem antimetaphysisch gerichteten Adolf Stöhr in gewissem Sinne weitergeführt worden war. (In Wien nacheinander: Mach, Boltzmann, Stöhr, Schlick; in Prag: Mach, Einstein, Ph. Frank.)

Um Schlick sammelte sich im Laufe der Jahre ein *Kreis*, der die verschiedenen Bestrebungen in der Richtung wissenschaftlicher Weltauffassung vereinigte. Durch diese Konzentration ergab sich eine fruchtbare gegenseitige Anregung. Die Mitglieder des Kreises sind, soweit Veröffentlichungen von ihnen vorliegen, in der Bibliographie genannt. Keiner von ihnen ist ein sogenannter »reiner« Philosoph, sondern alle haben auf einem wissenschaftlichen Einzelgebiet gearbeitet. Und zwar kommen sie von verschiedenen Wissenschaftszweigen und ursprünglich von verschiedenen philosophischen Einstellungen her. Im Laufe der Jahre aber trat eine zunehmende Einheitlichkeit zutage; auch dies eine Wirkung der spezifisch wissenschaftlichen Einstellung: »was sich überhaupt sagen läßt, läßt sich klar sagen« (Wittgenstein); bei Meinungsverschiedenheiten ist schließlich eine Einigung möglich, daher auch gefordert. Es hat sich immer deutlicher gezeigt, daß die nicht nur metaphysikfreie, sondern antimetaphysische Einstellung das gemeinsame Ziel aller bedeutet.

Auch die Einstellungen zu den Lebensfragen lassen, obwohl diese Fragen unter den im Kreis erörterten Themen nicht im Vordergrund stehen, eine merkwürdige Übereinstimmung erkennen. Diese Einstellungen haben eben eine engere Verwandtschaft mit der wissenschaftlichen Weltauffassung, als es auf den ersten Blick, vom rein theoretischen Gesichtspunkt aus scheinen möchte. So zeigen zum Beispiel die Bestrebungen zur Neugestaltung der wirtschaftlichen und gesellschaftlichen Verhältnisse, zur Vereinigung der Menschheit, zur Erneuerung der Schule und der Erziehung einen inneren Zusammenhang mit der wissenschaftlichen Weltauffassung; es zeigt sich, daß diese Bestrebungen von den Mitgliedern des Kreises bejaht, mit Sympathie betrachtet, von einigen auch tatkräftig gefördert werden.

Der Wiener Kreis begnügt sich nicht damit, als geschlossener Zirkel Kollektivarbeit zu leisten. Er bemüht sich auch, mit den lebendigen Bewegungen der Gegenwart Fühlung zu nehmen, soweit sie wissenschaftlicher Weltauffassung freundlich gegenüberstehen und sich von Metaphysik und Theologie abkehren. Der *Verein Ernst Mach* ist heute die Stelle, von der aus der Kreis zu einer weiteren Öffentlichkeit spricht. Dieser Verein will, wie es in seinem Programm heißt, »wissenschaftliche Weltauffassung fördern und verbreiten. Er wird Vorträge und Veröffentlichungen über den augenblicklichen Stand wissenschaftlicher Weltauffassung veranlassen, damit die Bedeutung exakter Forschung für Sozialwissenschaften und Naturwissenschaften gezeigt wird. So sollen gedankliche Werkzeuge des modernen Empirismus geformt werden, deren auch die öffentliche und private Lebensgestaltung bedarf.« Durch die Wahl seines Namens will der Verein seine Grundrichtung kennzeichnen: metaphysikfreie Wissenschaft. Damit erklärt der Verein aber nicht etwa ein programmatisches Einverständnis mit den einzelnen Lehren von Mach. Der Wiener Kreis glaubt durch seine Mitarbeit im Verein Ernst Mach eine Forderung des Tages zu erfüllen: es gilt, Denkwerkzeuge für den Alltag zu formen, für den Alltag der Gelehrten, aber auch für den Alltag aller, die an der bewußten Lebensgestaltung irgendwie mitarbeiten. Die Lebensintensität, die in den Bemühungen um eine rationale Umgestaltung der Gesellschafts- und Wirtschaftsordnung sichtbar ist, durchströmt auch die Bewegung der wissenschaftlichen Weltauffassung. Es entspricht der gegenwärtigen Situation in Wien, daß bei der Gründung des Vereines Ernst Mach im November 1928 als Vorsitzender Schlick gewählt wurde, um den sich die gemeinschaftliche Arbeit auf dem Gebiet der wissenschaftlichen Weltauffassung am stärksten konzentriert hatte.

Schlick und Ph. Frank geben gemeinsam die Sammlung »Schriften zur wissenschaftlichen Weltauffassung« heraus, in der bisher vorwiegend Mitglieder des Wiener Kreises vertreten sind.

II. DIE WISSENSCHAFTLICHE WELTAUFFASSUNG

Die wissenschaftliche Weltauffassung ist nicht so sehr durch eigene Thesen charakterisiert als vielmehr durch die grundsätzliche Einstellung, die Gesichtspunkte, die Forschungsrichtung. Als Ziel schwebt die *Einheitswissenschaft* vor. Das Bestreben geht dahin, die Leistungen der einzelnen Forscher auf den verschiedenen Wissenschaftsgebieten in Verbindung und Einklang miteinander zu bringen. Aus dieser Zielsetzung ergibt sich die Betonung der *Kollektivarbeit*; hieraus auch die Hervorhebung des intersubjektiv Erfaßbaren; hieraus entspringt das Suchen nach einem neutralen Formelsystem, einer von den Schlacken der historischen Sprachen befreiten Symbolik; hieraus auch das Suchen nach einem Gesamtsystem der Begriffe. Sauberkeit und Klarheit werden angestrebt, dunkle Fernen und unergründliche Tiefen abgelehnt. In der Wissenschaft gibt es keine »Tiefen«; überall ist Oberfläche: alles Erlebte bildet ein kompliziertes, nicht immer überschaubares, oft nur im einzelnen faßbares Netz. Alles ist dem Menschen zugänglich; und der Mensch ist das Maß aller Dinge. Hier zeigt sich Verwandtschaft mit den Sophisten, nicht mit den Platonikern; mit den Epikureern, nicht mit den Pythagoreern; mit allen, die irdisches Wesen und Diesseitigkeit vertreten. Die wissenschaftliche Weltauffassung kennt *keine unlösbaren Rätsel*. Die Klärung der traditionellen philosophischen Probleme führt dazu, daß sie teils als Scheinprobleme entlarvt, teils in empirische Probleme umgewandelt und damit dem Urteil der Erfahrungswissenschaft unterstellt werden. In dieser Klärung von Problemen und Aussagen besteht die Aufgabe der philosophischen Arbeit, nicht aber in der Aufstellung eigener »philosophischer« Aussagen. Die Methode dieser Klärung ist die der *logischen Analyse*; von ihr sagt Russell: sie ist »in Anlehnung an die kritischen Untersuchungen der Mathematiker langsam entstanden. Meines Erachtens liegt hier ein ähnlicher Fortschritt vor, wie er durch Galilei in der Physik hervorgerufen wurde: beweisbare Einzelergebnisse treten an die Stelle unbeweisbarer, auf das Ganze gehender Behauptungen, für die man sich nur auf die Einbildungskraft berufen kann«.   3

Diese *Methode der logischen Analyse* ist es, die den neuen Empirismus und Positivismus wesentlich von dem früheren unterscheidet, der mehr biologisch-psychologisch orientiert war. Wenn jemand behauptet: »es gibt einen Gott«, »der Urgrund der Welt ist das Unbewußte«, »es gibt eine Entelechie als leitendes Prinzip im Lebewesen«, so sagen wir ihm nicht: »was du sagst, ist falsch«; sondern wir fragen ihn: »was meinst du mit deinen Aussagen?« Und dann zeigt es sich, daß es eine scharfe Grenze gibt zwischen zwei Arten von Aussagen. Zu der einen gehören die Aussagen, wie sie in der empirischen Wissenschaft gemacht werden; ihr Sinn läßt sich feststellen durch logische Analyse, genauer: durch Rückführung auf einfachste Aussagen über empirisch Gegebenes. Die anderen Aussagen, zu denen die vorhin genannten gehören, erweisen sich als völlig bedeutungsleer, wenn man sie so nimmt, wie der Metaphysiker sie meint. Man kann sie freilich häufig in empirische Aussagen umdeuten; dann verlieren sie aber den Gefühlsgehalt, der dem Metaphysiker meist gerade wesentlich ist. Der Metaphysiker und der Theologe glauben, sich selbst mißverstehend, mit ihren Sätzen etwas auszusagen, einen

Sachverhalt darzustellen. Die Analyse zeigt jedoch, daß diese Sätze nichts besagen, sondern nur Ausdruck etwa eines Lebensgefühls sind. Ein solches zum Ausdruck zu bringen, kann sicherlich eine bedeutsame Aufgabe im Leben sein. Aber das adäquate Ausdrucksmittel hierfür ist die Kunst, zum Beispiel Lyrik oder Musik. Wird statt dessen das sprachliche Gewand einer Theorie gewählt, so liegt darin eine Gefahr: es wird ein theoretischer Gehalt vorgetäuscht, wo keiner besteht. Will ein Metaphysiker oder Theologe die übliche Einkleidung in Sprache beibehalten, so muß er sich selbst darüber klar sein und deutlich erkennen lassen, daß er nicht Darstellung, sondern Ausdruck gibt, nicht Theorie, Mitteilung einer Erkenntnis, sondern Dichtung oder Mythus. Wenn ein Mystiker behauptet, Erlebnisse zu haben, die über oder jenseits aller Begriffe liegen, so kann man ihm das nicht bestreiten. Aber er kann darüber nicht sprechen; denn sprechen bedeutet einfangen in Begriffe, zurückführen auf wissenschaftlich eingliederbare Tatbestände.

Von der wissenschaftlichen Weltauffassung wird die metaphysische Philosophie abgelehnt. Wie sind aber die Irrwege der Metaphysik zu erklären? Diese Frage kann von verschiedenen Gesichtspunkten aus gestellt werden: in psychologischer, in soziologischer und in logischer Hinsicht. Die Untersuchungen in psychologischer Richtung befinden sich noch im Anfangsstadium; Ansätze zu tiefergreifender Erklärung liegen vielleicht in Untersuchungen der Freudschen Psychoanalyse vor. Ebenso steht es mit soziologischen Untersuchungen; erwähnt sei die Theorie vom »ideologischen Überbau«. Hier ist noch offenes Feld für lohnende weitere Forschung.

Weiter gediehen ist die Klarlegung des *logischen Ursprungs der metaphysischen Irrwege,* besonders durch die Arbeiten von Russell und Wittgenstein. In den metaphysischen Theorien und schon in den Fragestellungen stecken zwei logische Grundfehler: eine zu enge Bindung an die Form der *traditionellen Sprachen* und eine Unklarheit über die logische Leistung des Denkens. Die gewöhnliche Sprache verwendet zum Beispiel dieselbe Wortform, das Substantiv, sowohl für Dinge (»Apfel«) wie für Eigenschaften

(»Härte«), Beziehungen (»Freundschaft«), Vorgänge (»Schlaf«); dadurch verleitet sie zu einer dinghaften Auffassung funktionaler Begriffe (Hypostasierung, Substanzialisierung). Es lassen sich zahlreiche ähnliche Beispiele von Irreführungen durch die Sprache angeben, die für die Philosophie ebenso verhängnisvoll geworden sind.

Der zweite Grundfehler der Metaphysik besteht in der Auffassung, das *Denken* könne entweder aus sich heraus, ohne Benutzung irgendwelchen Erfahrungsmaterials zu Erkenntnissen führen, oder es könne wenigstens von gegebenen Sachverhalten aus durch Schließen zu neuen Inhalten gelangen. Die logische Untersuchung führt aber zu dem Ergebnis, daß alles Denken, alles Schließen in nichts anderem besteht als in einem Übergang von Sätzen zu anderen Sätzen, die nichts enthalten, was nicht schon in jenen steckte (tautologische Umformung). Es ist daher nicht möglich, eine Metaphysik aus »reinem Denken« zu entwickeln.

In solcher Weise wird durch die logische Analyse nicht nur die Metaphysik im eigentlichen, klassischen Sinne des Wortes überwunden, insbesondere die scholastische Metaphysik und die der Systeme des deutschen Idealismus, sondern auch die versteckte Metaphysik des Kantischen und des modernen *Apriorismus*. Die wissenschaftliche Weltauffassung kennt keine unbedingt gültige Erkenntnis aus reiner Vernunft, keine »synthetischen Urteile a priori«, wie sie der Kantischen Erkenntnistheorie und erst recht aller vor- und nachkantischen Ontologie und Metaphysik zugrunde liegen. Die Urteile der Arithmetik, der Geometrie, gewisse Grundsätze der Physik, wie sie von Kant als Beispiele apriorischer Erkenntnis genommen werden, kommen nachher zur Erörterung. Gerade in der Ablehnung der Möglichkeit synthetischer Erkenntnis a priori besteht die Grundthese des modernen Empirismus. Die wissenschaftliche Weltauffassung kennt nur Erfahrungssätze über Gegenstände aller Art und die analytischen Sätze der Logik und Mathematik.

In der Ablehnung der offenen Metaphysik und der versteckten des Apriorismus sind alle Anhänger wissenschaftlicher Weltauffassung einig. Der Wiener Kreis aber vertritt darüber hinaus die Auffassung, daß auch die Aussagen des (kritischen) *Realismus* und *Idealismus* über Realität oder Nichtrealität der Außenwelt und des Fremdpsychischen metaphysischen Charakters sind, da sie denselben Einwänden unterliegen wie die Aussagen der alten Metaphysik: sie sind sinnlos, weil nicht verifizierbar, nicht sachhaltig. *Etwas ist »wirklich« dadurch, daß es eingeordnet wird dem Gesamtgebäude der Erfahrung.*

Die von den Metaphysikern als Erkenntnisquelle besonders betonte Intuition wird von der wissenschaftlichen Weltauffassung nicht etwa überhaupt abgelehnt. Wohl aber wird eine nachträgliche rationale Rechtfertigung jeder intuitiven Erkenntnis Schritt für Schritt angestrebt und gefordert. Dem Suchenden sind alle Mittel erlaubt; das Gefundene aber muß der Nachprüfung standhalten. Abgelehnt wird die Auffassung, die in der Intuition eine höherwertige, tieferdringende Erkenntnisart sieht, die über die sinnlichen Erfahrungsinhalte hinausführen könne und nicht durch die engen Fesseln begrifflichen Denkens gebunden werden dürfe.

Wir haben die *wissenschaftliche Weltauffassung* im wesentlichen durch zwei *Bestimmungen* charakterisiert. *Erstens* ist sie *empiristisch und positivistisch:* es gibt nur Erfahrungserkenntnis, die auf dem unmittelbar Gegebenen beruht. Hiermit ist die Grenze für den Inhalt legitimer Wissenschaft gezogen. *Zweitens* ist die wissenschaftliche Weltauffassung gekennzeichnet durch die Anwendung einer bestimmten Methode, nämlich der der *logischen Analyse.* Das Bestreben der wissenschaftlichen Arbeit geht dahin, das Ziel, die Einheitswissenschaft, durch Anwendung dieser logischen Analyse auf das empirische Material zu erreichen. Da der Sinn jeder Aussage der Wissenschaft sich angeben lassen muß durch Zurückführung auf eine Aussage über das Gegebene, so muß auch der Sinn eines jeden Begriffs, zu welchem Wissenschaftszweige er immer gehören mag, sich angeben lassen durch eine schrittweise Rückführung auf andere Begriffe, bis hinab zu den Begriffen niederster Stufe, die sich auf das Gegebene selbst beziehen. Wäre eine solche Analyse für alle Begriffe durchgeführt, so wären sie damit in ein Rückführungssystem, »Konstitutionssystem«, eingeordnet. Die auf das Ziel eines solchen Konstitutionssystems gerichteten Untersuchungen, die »Konstitutionstheorie«, bilden somit den Rahmen, in dem die logische Analyse von der wissenschaftlichen Weltauffassung angewendet wird. Die Durchführung solcher Untersuchungen zeigt sehr bald, daß die traditionelle, aristotelisch-scholastische Logik für diesen Zweck völlig unzureichend ist. Erst in der modernen symbolischen Logik (»Logistik«) gelingt es, die erforderliche Schärfe der Begriffsdefinitionen und Aussagen zu gewinnen und den intuitiven Schlußprozeß des gewöhnlichen Denkens zu formalisieren, das heißt in eine strenge, durch den Zeichenmechanismus automatisch kontrollierte Form zu bringen. Die Untersuchungen der Konstitutionstheorie zeigen, daß zu den niedersten Schichten des Konstitutionssystems die Begriffe eigenpsychischer Erlebnisse und Qualitäten gehören; darüber sind die physischen Gegenstände gelagert; aus diesen werden die fremdpsychischen und als letzte die Gegenstände der Sozialwissenschaften konstituiert. Die Einordnung der Begriffe der verschiedenen Wissenschaftszweige in das Konstitutionssystem ist in großen Zügen heute schon erkennbar, für die genauere Durchführung bleibt noch viel zu tun. Mit dem Nachweis der Möglichkeit und der Aufweisung der Form des Gesamtsystems der Begriffe wird zugleich der Bezug aller Aussagen auf das Gegebene und damit die Aufbauform der *Einheitswissenschaft* erkennbar.

In die wissenschaftliche Beschreibung kann nur die *Struktur* (Ordnungsform) der Objekte eingehen, nicht ihr »Wesen«. Das die Menschen in der Sprache Verbindende sind die Strukturformeln; in ihnen stellt sich der Inhalt der gemeinsamen Erkenntnis der Menschen dar. Die subjektiv erlebten Qualitäten – die Röte, die Lust – sind als solche eben nur Erlebnisse, nicht Erkenntnisse; in die physikalische Optik geht nur das ein, was auch dem Blinden grundsätzlich verständlich ist.

III. PROBLEMGEBIETE

1. Grundlagen der Arithmetik

In den Arbeiten und Diskussionen des Wiener Kreises wird eine Menge verschiedener Probleme behandelt, die von verschiedenen Zweigen der Wissenschaft herstammen. Das Bestreben geht dahin, die verschiedenen Problemrichtungen zu systematischer Vereinigung zu bringen, um dadurch die Problemsituation zu klären.

Die Grundlagenprobleme der Arithmetik sind dadurch von besonderer geschichtlicher Bedeutung für die Entwicklung der wissenschaftlichen Weltauffassung geworden, daß sie es gewesen sind, die den Anstoß zur Entwicklung einer neuen Logik gegeben haben. Nachdem die Mathematik im 18. und 19. Jahrhundert eine außerordentlich fruchtbare Entwicklung genommen hatte, bei der man mehr auf den Reichtum an neuen Ergebnissen als auf subtile Nachprüfung der begrifflichen Fundamente geachtet hatte, erwies sich schließlich diese Nachprüfung als unumgänglich, wenn nicht die Mathematik die stets gerühmte Sicherheit ihres Gebäudes verlieren sollte. Diese Nachprüfung wurde noch dringlicher, als gewisse Widersprüche, die »Paradoxien der Mengenlehre«, auftraten. Man mußte bald erkennen, daß es sich nicht etwa nur um Schwierigkeiten in einem Teilgebiet der Mathematik handelte, sondern um allgemeinlogische Widersprüche, »Antinomien«, die auf wesentliche Fehler in den Grundlagen der traditionellen Logik hinwiesen. Die Aufgabe der Ausscheidung dieser Widersprüche gab einen besonders starken Anstoß zur Weiterentwicklung der Logik. So trafen sich hier die Bemühungen um eine *Klärung des Zahlbegriffes* mit denen um eine interne *Reform der Logik.* Seit Leibniz und Lambert war immer wieder der Gedanke lebendig gewesen, die Wirklichkeit durch erhöhte Schärfe der Begriffe und der Schlußverfahren zu meistern und diese Schärfe durch eine der mathematischen nachgebildete Symbolik zu erreichen. Nach Boole, Venn und anderen haben besonders Frege (1884), Schröder (1890) und Peano (1895) an dieser Aufgabe gearbeitet. Auf Grund dieser Vorarbeiten konnten

Whitehead und Russell (1910) ein zusammenhängendes System 4
der Logik in symbolischer Form (»Logistik«) aufstellen, das nicht
nur die Widersprüche der alten Logik vermied, sondern diese
auch an Reichtum und praktischer Verwendbarkeit weit übertraf.
Sie leiteten aus diesem logischen System die Begriffe der Arithmetik und Analysis ab, um dadurch der Mathematik ein sicheres
Fundament in der Logik zu geben.

Bei diesem Versuch zur Überwindung der Grundlagenkrise der
Arithmetik (und Mengenlehre) blieben jedoch gewisse Schwierigkeiten bestehen, die bis heute noch keine endgültig befriedigende Lösung gefunden haben. Gegenwärtig stehen auf diesem
Gebiete drei verschiedene Richtungen einander gegenüber; neben
dem »Logizismus« von Russell und Whitehead steht der »Formalismus« von Hilbert, der die Arithmetik als ein Formelspiel
mit bestimmten Regeln auffaßt, und der »Intuitionismus« von
Brouwer, nach dem die arithmetischen Erkenntnisse auf einer
nicht weiter zurückführbaren Intuition der Zwei-Einheit beruhen. Die Auseinandersetzungen zwischen diesen drei Richtungen
werden im Wiener Kreise mit größtem Interesse verfolgt. Wohin
die Entscheidung schließlich führen wird, ist noch nicht abzusehen; jedenfalls wird in ihr zugleich auch eine Entscheidung
über den Aufbau der Logik liegen; daher die Wichtigkeit dieses
Problems für die wissenschaftliche Weltauffassung. Manche sind
der Meinung, daß die drei Richtungen einander gar nicht so fern
stehen, wie es scheint. Sie vermuten, daß wesentliche Züge der
drei Richtungen sich in der weiteren Entwicklung einander annähern und, wahrscheinlich unter Verwertung der weittragenden
Gedanken Wittgensteins, in der schließlichen Lösung vereinigt
sein werden.

Die Auffassung vom tautologischen Charakter der Mathematik, die auf den Untersuchungen von Russell und Wittgenstein
beruht, wird auch vom Wiener Kreis vertreten. Es ist zu beachten,
daß diese Auffassung nicht nur zu Apriorismus und Intuitionismus im Gegensatz steht, sondern auch zu dem älteren Empirismus (zum Beispiel Mill), der Mathematik und Logik gewissermaßen experimentell-induktiv ableiten wollte.

Im Zusammenhang mit den Problemen der Arithmetik und Logik stehen auch die Untersuchungen, die über das Wesen der *axiomatischen Methode* im allgemeinen (Begriffe der Vollständigkeit, Unabhängigkeit, Monomorphie, Nichtgabelbarkeit usw.) wie auch über die Aufstellung von Axiomensystemen für bestimmte mathematische Gebiete angestellt werden.

2. Grundlagen der Physik

Ursprünglich galt das stärkste Interesse des Wiener Kreises den Problemen der Methode der Wirklichkeitswissenschaft. Angeregt durch Gedanken von Mach, Poincaré, Duhem wurden die Probleme der Bewältigung der Wirklichkeit durch wissenschaftliche Systeme, insbesondere durch *Hypothesen- und Axiomensysteme,* erörtert. Ein Axiomensystem kann zunächst, gänzlich losgelöst von aller empirischen Anwendung, betrachtet werden als ein System impliziter Definitionen; damit ist gemeint: die in den Axiomen auftretenden Begriffe werden nicht ihrem Inhalte nach, sondern nur in ihren gegenseitigen Beziehungen durch die Axiome festgelegt, gewissermaßen definiert. Bedeutung für die Wirklichkeit erlangt ein solches Axiomensystem aber erst durch Hinzufügen weiterer Definitionen, nämlich der »Zuordnungsdefinitionen«, durch die angegeben wird, welche Gegenstände der Wirklichkeit als Glieder des Axiomensystems betrachtet werden sollen. Die Entwicklung der empirischen Wissenschaft, die die Wirklichkeit mit einem möglichst einheitlichen und einfachen Netz von Begriffen und Urteilen wiedergeben will, kann nun, wie sich geschichtlich zeigt, in zweierlei Weise vor sich gehen. Die durch neue Erfahrungen erforderlichen Änderungen können entweder an den Axiomen oder an den Zuordnungsdefinitionen vorgenommen werden. Damit ist das besonders von Poincaré behandelte Problem der Konventionen berührt.

Das methodologische Problem der Anwendung von Axiomensystemen auf Wirklichkeit kommt grundsätzlich für jeden Wissenschaftszweig in Betracht. Daß die Untersuchungen bisher aber fast ausschließlich für die Physik fruchtbar geworden sind, ist zu verstehen aus dem gegenwärtigen Stadium der geschichtlichen Entwicklung der Wissenschaft, da die Physik in bezug auf Schärfe und Feinheit der Begriffsbildung den anderen Wissenschaftszweigen weit voraus ist.

Die erkenntnistheoretische Analyse der Hauptbegriffe der Naturwissenschaft hat diese Begriffe immer mehr von den *metaphysischen Beimengungen* befreit, die ihnen seit Urzeiten anhafteten. Insbesondere sind durch Helmholtz, Mach, Einstein und andere die Begriffe *Raum, Zeit, Substanz, Kausalität, Wahrscheinlichkeit* gereinigt worden. Die Lehren von absolutem Raum und absoluter Zeit sind durch die Relativitätstheorie überwunden; Raum und Zeit sind nicht mehr absolute Behälter, sondern nur noch Ordnungsgefüge der Elementarvorgänge. Die materielle Substanz ist durch Atomtheorie und Feldtheorie aufgelöst worden. Die Kausalität wurde ihres anthropomorphen Charakters einer »Einwirkung« oder »notwendigen Verknüpfung« entkleidet und auf Bedingungsbeziehung, funktionale Zuordnung, zurückgeführt. Weiterhin sind an Stelle mancher für streng gehaltener Naturgesetze statistische Gesetze getreten, ja es mehren sich im Anschluß an die Quantentheorie sogar die Zweifel an der Anwendbarkeit des Begriffes einer streng kausalen Gesetzmäßigkeit auf die Erscheinungen in kleinsten Raumzeitgebieten. Der Wahrscheinlichkeitsbegriff wird auf den empirisch erfaßbaren Begriff der relativen Häufigkeit zurückgeführt.

Durch die Anwendung der *axiomatischen Methode* auf die genannten Probleme scheiden sich überall die empirischen Bestandteile der Wissenschaft von den bloß konventionellen, der Aussagegehalt von der Definition. Für ein synthetisches Urteil a priori bleibt da kein Platz mehr. Daß Erkenntnis der Welt möglich ist, beruht nicht darauf, daß die menschliche Vernunft dem Material ihre Form aufprägt, sondern darauf, daß das Material in einer bestimmten Weise geordnet ist. Über Art und Grad dieser Ordnung kann von vornherein nichts gewußt werden. Die Welt könnte weit stärker geordnet sein, als sie es ist; sie könnte aber auch viel weniger geordnet sein, ohne daß die Erkennbarkeit verlorengehen würde. Nur die Schritt für Schritt weiter dringende Forschung der Erfahrungswissenschaft kann uns darüber belehren, in welchem Grade die Welt gesetzmäßig ist. Die Methode der *Induktion*, der Schluß vom Gestern aufs Morgen, vom Hier aufs Dort, ist freilich nur gültig, wenn eine Gesetzmäßigkeit besteht. Aber diese Methode beruht nicht etwa auf einer apriorischen Voraussetzung dieser Gesetzmäßigkeit. Sie mag überall dort, ob genügend oder ungenügend begründet, angewendet werden, wo sie zu fruchtbaren Ergebnissen führt; Sicherheit gewährt sie nie. Aber die erkenntnistheoretische Besinnung fordert, daß einem Induktionsschluß nur insoweit Bedeutung beigelegt wird, als er empirisch nachgeprüft werden kann. Die wissenschaftliche Weltauffassung wird den Erfolg einer Forschungsarbeit nicht deshalb verwerfen, weil er mit unzulänglichen, logisch ungenügend geklärten oder empirisch ungenügend begründeten Mitteln errafft worden ist. Wohl aber wird sie stets die Nachprüfung mit durchgeklärten Hilfsmitteln erstreben und fordern, nämlich die mittelbare oder unmittelbare Rückführung auf Erlebtes.

3. Grundlagen der Geometrie

Unter den Grundlagenfragen der Physik hat das Problem des *physikalischen Raumes* in den letzten Jahrzehnten eine besondere Bedeutung gewonnen. Die Untersuchungen von Gauß (1816), Bolyai (1823), Lobatschefskij (1835) und anderen führten zur *nichteuklidischen Geometrie*, zu der Erkenntnis, daß das bis dahin alleinherrschende, klassische geometrische System von Euklid nur eines unter einer unendlichen Menge logisch gleichberechtigter ist. Dadurch erhob sich die Frage, welche dieser Geometrien die des Raumes der Wirklichkeit sei. Schon Gauß wollte diese Frage durch Ausmessung der Winkelsumme eines großen Dreiecks entscheiden. Damit war die *physikalische Geometrie* zu einer empirischen Wissenschaft, zu einem Zweige der Physik geworden. Die Probleme wurden weiterhin besonders durch Riemann (1868), Helmholtz (1868) und Poincaré (1904) gefördert. Poincaré betonte besonders die Verknüpfung der physikalischen Geometrie mit allen anderen Zweigen der Physik: die Frage nach der Natur des Raumes der Wirklichkeit ist nur im Zusammenhang mit einem Gesamtsystem der Physik beantwortbar. Einstein fand dann ein solches Gesamtsystem, durch das diese Frage beantwortet wurde; und zwar im Sinne eines bestimmten nichteuklidischen Systems.

Durch die genannte Entwicklung wurde die physikalische Geometrie immer deutlicher geschieden von der rein *mathematischen Geometrie*. Diese wurde durch weitere Entwicklung der logischen Analyse schrittweise mehr und mehr formalisiert. Zunächst wurde sie arithmetisiert, das heißt gedeutet als Theorie eines bestimmten Zahlensystems. Weiterhin wurde sie axiomatisiert, das heißt dargestellt durch ein Axiomensystem, das die geometrischen Elemente (Punkte usw.) als unbestimmte Gegenstände auffaßt und nur ihre gegenseitigen Beziehungen festlegt. Und schließlich wurde die Geometrie logisiert, nämlich dargestellt als eine Theorie bestimmter Relationsstrukturen. Die Geometrie wurde so zum wichtigsten Anwendungsgebiet der axiomatischen Methode und der allgemeinen Relationstheorie. Sie gab damit den stärksten Anstoß zur Entwicklung dieser beiden Methoden, die dann für die Entwicklung der Logik selbst und damit wiederum allgemein für die wissenschaftliche Weltauffassung so bedeutungsvoll geworden sind.

Die Beziehungen zwischen mathematischer und physikalischer Geometrie führten naturgemäß auf das Problem der Anwendung von Axiomensystemen auf Wirklichkeit, das dann auch, wie erwähnt, in den allgemeineren Untersuchungen über die Grundlagen der Physik eine große Rolle spielt.

4. Grundlagenprobleme der Biologie und Psychologie

Die Biologie ist von den Metaphysikern stets mit Vorliebe als ein Sondergebiet ausgezeichnet worden. Das kam in der Lehre von einer besonderen Lebenskraft, im *Vitalismus*, zum Ausdruck.

Die modernen Vertreter dieser Lehre bemühen sich, sie aus der unklaren, verschwommenen Form der Vergangenheit in eine begrifflich klare Fassung zu bringen. An Stelle der Lebenskraft treten die »Dominanten« (Reinke, 1899) oder »Entelechien« (Driesch, 1905). Da diese Begriffe nicht der Forderung nach Zurückführbarkeit auf das Gegebene genügen, so werden sie von der wissenschaftlichen Weltauffassung als metaphysisch abgelehnt. Das gleiche gilt vom sogenannten »Psychovitalismus«, der ein Eingreifen der Seele, eine »Führerrolle des Geistigen im Materiellen« lehrt. Schält man aber aus dem metaphysischen Vitalismus den empirisch faßbaren Kern heraus, so bleibt die These übrig, daß die Vorgänge in der organischen Natur nach Gesetzen verlaufen, die sich nicht auf physikalische Gesetze zurückführen lassen. Genauere Analyse zeigt nun, daß diese These gleichbedeutend ist mit der Behauptung, gewisse Gebiete der Wirklichkeit unterständen nicht einer einheitlichen und durchgreifenden Gesetzmäßigkeit.

Es ist verständlich, daß die wissenschaftliche Weltauffassung auf den Gebieten, die sich schon zu begrifflicher Schärfe entwickelt haben, für ihre Grundansichten deutlichere Bestätigungen aufweisen kann als auf anderen Gebieten: auf dem Gebiet der Physik deutlichere als auf dem der Psychologie. Die sprachlichen Formen, in denen wir noch heute auf dem Gebiet des Psychischen sprechen, sind in alter Zeit gebildet auf Grund gewisser metaphysischer Vorstellungen von der Seele. Die Begriffsbildung auf dem Gebiete der Psychologie wird vor allem erschwert durch diese Mängel der Sprache: metaphysische Belastung und logische Unstimmigkeit. Dazu kommen noch gewisse sachliche Schwierigkeiten. Die Folge ist, daß bisher die meisten in der Psychologie verwendeten Begriffe nur recht mangelhaft definiert sind; von manchen steht nicht einmal fest, ob sie sinnvoll sind oder ob sie nur durch den Sprachgebrauch als sinnvoll vorgetäuscht werden. So bleibt auf diesem Gebiet für die erkenntnistheoretische Analyse noch beinahe alles zu tun; freilich ist diese Analyse hier auch schwieriger als auf dem Gebiet des Physischen. Der Versuch der behavioristischen Psychologie, alles Psychische in dem Verhalten von Körpern, also in einer der Wahrnehmung zugänglichen Schicht, zu erfassen, steht in seiner grundsätzlichen Einstellung der wissenschaftlichen Weltauffassung nahe.

5. Grundlagen der Sozialwissenschaften

Jeder Zweig der Wissenschaft wird, wie wir es besonders bei der Physik und der Mathematik betrachtet haben, in einem früheren oder späteren Stadium seiner Entwicklung zu der Notwendigkeit einer erkenntnistheoretischen Nachprüfung seiner Grundlagen, einer logischen Analyse seiner Begriffe geführt. So auch die soziologischen Wissenschaftsgebiete, in erster Linie Geschichte und Nationalökonomie. Schon seit etwa hundert Jahren ist auf diesen Gebieten ein Prozeß der Ausscheidung metaphysischer Beimengungen im Gange. Hier ist zwar noch nicht derselbe Grad der Reinigung wie in der Physik erreicht; anderseits aber ist hier vielleicht die Reinigungsaufgabe auch weniger dringend. Wie es scheint, ist nämlich hier der metaphysische Einschuß auch in den Höhezeiten der Metaphysik und Theologie nicht sonderlich stark gewesen; vielleicht liegt das daran, daß die Begriffe dieses Gebietes, wie: Krieg und Frieden, Einfuhr und Ausfuhr, der unmittelbaren Wahrnehmung noch näher stehen als solche Begriffe wie Atom und Äther. Es fällt nicht allzu schwer, solche Begriffe wie »Volksgeist« fallen zu lassen und statt dessen Gruppen von Individuen bestimmter Art zum Objekt zu nehmen. Quesnay, Adam Smith, Ricardo, Comte, Marx, Menger, Walras, Müller-Lyer, um Forscher verschiedenster Richtung zu nennen, haben im Sinne empiristischer, antimetaphysischer Einstellung gewirkt. Gegenstand der Geschichte und Nationalökonomie sind Menschen, Dinge und ihre Anordnung.

IV. RÜCKBLICK UND AUSBLICK

Aus den Arbeiten an den angeführten Problemen heraus hat die moderne wissenschaftliche Weltauffassung sich entwickelt. Wir haben gesehen, wie in der Physik das Bestreben, zunächst selbst mit unzulänglichen oder noch ungenügend geklärten wissenschaftlichen Werkzeugen handgreifliche Ergebnisse zu gewinnen, sich immer stärker auch zu methodologischen Untersuchungen gedrängt sah. So kam es zur Entwicklung der Methode der Hypothesenbildung und dann weiter zur Entwicklung der axiomatischen Methode und der logischen Analyse; damit gewann die Begriffsbildung immer größere Klarheit und Strenge. Auf dieselben methodologischen Probleme führte, wie wir gesehen haben, auch die Entwicklung der Grundlagenforschung in physikalischer Geometrie, mathematischer Geometrie und Arithmetik. Hauptsächlich aus diesen Quellen stammen die Probleme, mit denen sich die Vertreter der wissenschaftlichen Weltauffassung gegenwärtig vorzugsweise beschäftigen. Es ist verständlich, daß im Wiener Kreis die Herkunft der einzelnen von den verschiedenen Problemgebieten her noch deutlich erkennbar bleibt. Dadurch ergeben sich oft auch Unterschiede der Interessenrichtungen und Gesichtspunkte, die zu Unterschieden der Auffassung führen. Kennzeichnend ist aber, daß durch die Bemühung um präzise Formulierung, um Anwendung einer exakten logischen Sprache und Symbolik, um deutliche Unterscheidung des theoretischen Gehaltes einer These von den bloßen Begleitvorstellungen das Trennende verringert wird. Schritt für Schritt wird der Bestand an gemeinsamen Auffassungen vergrößert, die den Kern wissenschaftlicher Weltauffassung bilden, an den sich die äußeren Schichten mit stärkerer subjektiver Divergenz anschließen.

Rückblickend wird uns nun das *Wesen der neuen wissenschaftlichen Weltauffassung* im Gegensatz zur herkömmlichen Philosophie deutlich. Es werden nicht eigene »philosophische Sätze« aufgestellt, sondern nur Sätze geklärt; und zwar Sätze der empirischen Wissenschaft, wie wir es bei den verschiedenen, vorhin erörterten Problemgebieten gesehen haben. Manche Vertreter der wissenschaftlichen Weltauffassung wollen, um den Gegensatz zur Systemphilosophie noch stärker zu betonen, für ihre Arbeit das Wort »Philosophie« überhaupt nicht mehr anwenden. Wie solche Untersuchungen nun auch bezeichnet werden mögen, das jedenfalls steht fest: *es gibt keine Philosophie als Grund- oder Universalwissenschaft neben oder über den verschiedenen Gebieten der einen Erfahrungswissenschaft;* es gibt keinen Weg zu inhaltlicher Erkenntnis neben dem der Erfahrung; es gibt kein Reich der Ideen, das über oder jenseits der Erfahrung stände. Dennoch bleibt die Arbeit der »philosophischen« oder »Grundlagen«-Untersuchungen im Sinne der wissenschaftlichen Weltauffassung wichtig. Denn die logische Klärung der wissenschaftlichen Begriffe, Sätze und Methoden befreit von hemmenden Vorurteilen. Die logische und erkenntnistheoretische Analyse will der wissenschaftlichen Forschung nicht etwa Einschränkungen auferlegen; im Gegenteil: sie stellt ihr einen möglichst vollständigen Bereich formaler Möglichkeiten zur Verfügung, aus dem die zu der jeweiligen Erfahrung stimmende auszuwählen ist (Beispiel: die nichteuklidischen Geometrien und die Relativitätstheorie).

Die Vertreter der wissenschaftlichen Weltauffassung stehen entschlossen auf dem Boden der einfachen menschlichen Erfahrung. Sie machen sich mit Vertrauen an die Arbeit, den metaphysischen und theologischen Schutt der Jahrtausende aus dem Wege zu räumen. Oder, wie einige meinen: nach einer metaphysischen Zwischenzeit zu einem einheitlichen diesseitigen Weltbild zurückzukehren, wie es in gewissem Sinne schon dem von Theologie freien Zauberglauben der Frühzeit zugrunde gelegen habe.

Die Zunahme metaphysischer und theologisierender Neigungen, die sich heute in vielen Bünden und Sekten, in Büchern und Zeitschriften, in Vorträgen und Universitätsvorlesungen geltend macht, scheint zu beruhen auf den heftigen sozialen und wirtschaftlichen Kämpfen der Gegenwart: die eine Gruppe der Kämpfenden, auf sozialem Gebiet das Vergangene festhaltend, pflegt auch die überkommenen, oft inhaltlich längst überwundenen Einstellungen der Metaphysik und Theologie; während die andere, der neuen Zeit zugewendet, besonders in Mitteleuropa diese Einstellungen ablehnt und sich auf den Boden der Erfahrungswissenschaft stellt. Diese Entwicklung hängt zusammen mit der des modernen Produktionsprozesses, der immer stärker maschinentechnisch ausgestaltet wird und immer weniger Raum für metaphysische Vorstellungen läßt. Sie hängt auch zusammen mit der Enttäuschung breiter Massen über die Haltung derer, die die überkommenen metaphysischen und theologischen Lehren verkünden. So kommt es, daß in vielen Ländern die Massen jetzt weit bewußter als je zuvor diese Lehren ablehnen und im Zusammenhang mit ihrer sozialistischen Einstellung einer erdnahen, empiristischen Auffassung zuneigen. In früherer Zeit war der *Materialismus* der Ausdruck für diese Auffassung; inzwischen aber hat der moderne Empirismus sich aus manchen unzulänglichen Formen herausentwickelt und in der *wissenschaftlichen Weltauffassung* eine haltbare Gestalt gewonnen.

So steht die wissenschaftliche Weltauffassung dem Leben der Gegenwart nahe. Zwar drohen ihr sicherlich schwere Kämpfe und Anfeindungen. Trotzdem gibt es viele, die nicht verzagen, sondern, angesichts der soziologischen Lage der Gegenwart, hoffnungsfroh der weiteren Entwicklung entgegensehen. Freilich wird nicht jeder einzelne Anhänger der wissenschaftlichen Weltauffassung ein Kämpfer sein. Mancher wird, der Vereinsamung froh, auf den eisigen Firnen der Logik ein zurückgezogenes Dasein führen; mancher vielleicht sogar die Vermengung mit der Masse schmähen, die bei der Ausbreitung unvermeidliche »Trivialisierung« bedauern. Aber auch ihre Leistungen fügen sich der geschichtlichen Entwicklung ein. Wir erleben, wie der Geist wissenschaftlicher Weltauffassung in steigendem Maße die Formen persönlichen und öffentlichen Lebens, des Unterrichts, der Erziehung, der Baukunst durchdringt, die Gestaltung des wirtschaftlichen und sozialen Lebens nach rationalen Grundsätzen leiten hilft. *Die wissenschaftliche Weltauffassung dient dem Leben, und das Leben nimmt sie auf.*

1. Die Mitglieder des Wiener Kreises 5

Gustav Bergmann, Wien.

Rudolf Carnap, Privatdozent an der Universität Wien.

Herbert Feigl, Dozent an der Volkshochschule Wien.

Philipp Frank, Professor der theoretischen Physik an der Deutschen Universität in Prag.

Kurt Gödel, Wien.

Hans Hahn, Professor der Mathematik an der Universität Wien.

Viktor Kraft, Professor der Philosophie an der Universität Wien.

Karl Menger, Professor der Mathematik an der Universität Wien.

Marcel Natkin, (Wien) Paris.

Otto Neurath, Direktor des Gesellschafts- u. Wirtschaftsmuseums in Wien.

Olga Hahn-Neurath, Wien.

Theodor Radakovic, Privatdozent an der Technischen Hochschule Wien.

Moritz Schlick, Professor der Philosophie an der Universität Wien.

Friedrich Waismann, Wien.

2. Dem Wiener Kreise nahestehende Autoren

Walter Dubislav, Privatdozent an der Techn. Hochschule Berlin.

Josef Frank, Architekt, Prof. a. D. an der Kunstgewerbeschule Wien.

Kurt Grelling, Berlin.

Hasso Härlen, Stuttgart.

Eino Kaila, Professor der Philosophie an der Universität Turku (Abo), Finnland.

Heinrich Loewy, Wien.

F. P. Ramsey, Fellow of King's College Cambridge and University Lecturer in Mathematics.

Hans Reichenbach, Professor an der Universität Berlin.

Kurt Reidemeister, Professor der Mathematik an der Universität Königsberg.

Edgar Zilsel, Dozent an der Volkshochschule Wien und Mittel-
schulprofessor.

*3. Führende Vertreter
der wissenschaftlichen Weltauffassung*

Albert Einstein.
Bertrand Russell.
Ludwig Wittgenstein.

1.2 DIE WENDE DER PHILOSOPHIE
(1930)

Moritz Schlick

Von Zeit zu Zeit hat man Preisaufgaben über die Frage gestellt, welche Fortschritte die Philosophie in einem bestimmten Zeitraume gemacht habe. Der Zeitabschnitt pflegte auf der einen Seite durch den Namen eines großen Denkers, auf der andern durch die »Gegenwart« abgegrenzt zu werden. Man schien also vorauszusetzen, daß über die philosophischen Fortschritte der Menschheit bis zu jenem Denker hin einigermaßen Klarheit herrsche, daß es aber von da ab zweifelhaft sei, welche neuen Errungenschaften die letzte Zeit hinzugefügt habe.

Aus solchen Fragen spricht deutlich ein Mißtrauen gegen die Philosophie der jeweils jüngst vergangenen Zeit, und man hat den Eindruck, als sei die gestellte Aufgabe nur eine verschämte Formulierung der Frage: Hat denn die Philosophie in jenem Zeitraum *überhaupt* irgendwelche Fortschritte gemacht? Denn wenn man sicher wäre, daß Errungenschaften da sind, so wüßte man wohl auch, worin sie bestehen.

Wenn die ältere Vergangenheit mit geringerer Zweifelsucht betrachtet wird und wenn man eher geneigt ist, in ihrer Philosophie eine aufsteigende Entwicklung anzuerkennen, so dürfte dies seinen Grund darin haben, daß man allem, was schon historisch geworden ist, mit größerer Ehrfurcht gegenübersteht; es kommt hinzu, daß die älteren Philosopheme wenigstens ihre historische Wirksamkeit bewiesen haben, daß man daher bei ihrer Betrachtung ihre historische Bedeutung anstelle der sachlichen zugrunde legen kann, und dies um so eher, als man oft zwischen beiden gar nicht zu unterscheiden wagt.

Aber gerade die besten Köpfe unter den Denkern glaubten selten an unerschütterliche, bleibende Ergebnisse des Philosophierens früherer Zeiten und selbst klassischer Vorbilder; dies erhellt daraus, daß im Grunde jedes neue System wieder ganz von vorn beginnt, daß jeder Denker seinen eigenen festen Boden sucht und sich nicht auf die Schultern seiner Vorgänger stellen mag. Descartes fühlt sich (nicht ohne Recht) durchaus als einen Anfang; Spinoza glaubt mit der (freilich recht äußerlichen) Einführung mathematischer Form die endgültige philosophische Methode gefunden zu haben; und Kant war davon überzeugt, daß auf dem von ihm eingeschlagenen Wege die Philosophie nun endlich den sichern Gang einer Wissenschaft nehmen würde. Weitere Beispiele sind billig, denn fast alle großen Denker haben eine radikale Reform der Philosophie für notwendig gehalten und selbst versucht.

Dieses eigentümliche Schicksal der Philosophie wurde so oft geschildert und beklagt, daß es schon trivial ist, davon überhaupt zu reden, und daß schweigende Skepsis und Resignation die einzige der Lage angemessene Haltung zu sein scheint. Alle Versuche, dem Chaos der Systeme ein Ende zu machen und das Schicksal der Philosophie zu wenden, können, so scheint eine Erfahrung von mehr als zwei Jahrtausenden zu lehren, nicht mehr ernst genommen werden. Der Hinweis darauf, daß der Mensch schließlich die hartnäckigsten Probleme, etwa das des Dädalus, gelöst habe, gibt dem Kenner keinen Trost, denn was er fürchtet, ist gerade, daß die Philosophie es nie zu einem echten »Problem« bringen werde.

Ich gestatte mir diesen Hinweis auf die so oft geschilderte Anarchie der philosophischen Meinungen, um keinen Zweifel darüber zu lassen, daß ich ein volles Bewußtsein von der Tragweite und Inhaltsschwere der Überzeugung habe, die ich nun aussprechen möchte. Ich bin nämlich überzeugt, daß wir in einer durchaus endgültigen Wendung der Philosophie mitten darin stehen und daß wir sachlich berechtigt sind, den unfruchtbaren Streit der Systeme als beendigt anzusehen. Die Gegenwart ist, so behaupte ich, bereits im Besitz der Mittel, die jeden derartigen Streit im Prinzip unnötig machen; es kommt nur darauf an, sie entschlossen anzuwenden.

Diese Mittel sind in aller Stille, unbemerkt von der Mehrzahl der philosophischen Lehrer und Schriftsteller, geschaffen worden, und so hat sich eine Lage gebildet, die mit allen früheren unvergleichbar ist. Daß die Lage wirklich einzigartig und die eingetretene Wendung wirklich endgültig ist, kann nur eingesehen werden, indem man sich mit den neuen Wegen bekannt macht und von dem Standpunkte, zu dem sie führen, auf alle die Bestrebungen zurückschaut, die je als »philosophische« gegolten haben.

Die Wege gehen von der *Logik* aus. Ihren Anfang hat Leibniz undeutlich gesehen, wichtige Strecken haben in den letzten Jahrzehnten Gottlob Frege und Bertrand Russell erschlossen, bis zu der entscheidenden Wendung aber ist zuerst Ludwig Wittgenstein (im »Tractatus logico-philosophicus«, 1922) vorgedrungen.

Bekanntlich haben die Mathematiker in den letzten Jahrzehnten neue logische Methoden entwickelt, zunächst zur Lösung ihrer eigenen Probleme, die sich mit Hilfe der überlieferten Formen der Logik nicht bewältigen ließen; dann aber hat die so entstandene Logik (siehe den Artikel von Carnap in diesem Heft) auch sonst ihre Überlegenheit über die alten Formen längst bewiesen und wird diese zweifellos bald ganz verdrängt haben. Ist nun diese Logik das große Mittel, von dem ich vorhin sagte, es sei imstande, uns im Prinzip aller philosophischen Streitigkeiten zu entheben, liefert sie uns etwa allgemeine Vorschriften, mit deren Hilfe alle traditionellen Fragen der Philosophie wenigstens prinzipiell aufgelöst werden können?

Wäre dies der Fall, so hätte ich kaum das Recht gehabt zu sagen, daß eine völlig neue Lage geschaffen sei, denn es würde dann nur ein gradueller, gleichsam technischer Fortschritt erzielt sein, sowie etwa die Erfindung des Benzinmotors schließlich die Lösung des Flugproblems ermöglichte. So hoch aber auch der Wert der neuen Methode zu schätzen ist: durch die bloße Ausbildung einer Methode kann niemals etwas so Prinzipielles geleistet werden. Nicht ihr selbst ist daher die große Wendung zu danken, sondern etwas ganz anderem, das durch sie wohl erst möglich gemacht und angeregt wurde, aber in einer viel tieferen Schicht sich abspielt: das ist die Einsicht in das Wesen des Logischen selber.

Daß das Logische in irgendeinem Sinne das rein *Formale* ist, hat man früh und oft ausgesprochen; dennoch war man sich über das Wesen der reinen Formen nicht wirklich klar gewesen. Der Weg zur Klarheit darüber geht von der Tatsache aus, daß jede Erkenntnis ein Ausdruck, eine Darstellung ist. Sie drückt nämlich den Tatbestand aus, der in ihr erkannt wird, und dies kann auf beliebig viele Weisen, in beliebigen Sprachen, durch beliebige willkürliche Zeichensysteme geschehen; alle diese möglichen Darstellungsarten, wenn anders sie wirklich dieselbe Erkenntnis ausdrücken, müssen eben deswegen etwas gemeinsam haben, und dies Gemeinsame ist ihre logische Form.

So ist alle Erkenntnis nur vermöge ihrer Form Erkenntnis; durch sie stellt sie die erkannten Sachverhalte dar, die Form selbst aber kann ihrerseits nicht wieder dargestellt werden; auf sie allein kommt es bei der Erkenntnis an, alles übrige daran ist unwesentlich und zufälliges Material des Ausdrucks, nicht anders als etwa die Tinte, mit der wir einen Satz niederschreiben.

Diese schlichte Einsicht hat Folgen von der allergrößten Tragweite. Durch sie werden zunächst die traditionellen Probleme der »Erkenntnistheorie« abgetan. An die Stelle von Untersuchungen des menschlichen »Erkenntnisvermögens« tritt, soweit sie nicht der Psychologie überantwortet werden können, die Besinnung über das Wesen des Ausdrucks, der Darstellung, d.h. jeder möglichen »Sprache« im allgemeinsten Sinne des Worts. Die Fragen nach der »Geltung und den Grenzen der Erkenntnis« fallen fort. Erkennbar ist alles, was sich ausdrücken läßt, und das ist alles, wonach man sinnvoll fragen kann. Es gibt daher keine prinzipiell unbeantwortbaren Fragen, keine prinzipiell unlösbaren Probleme. Was man bisher dafür gehalten hat, sind keine echten Fragen, sondern sinnlose Aneinanderreihungen von Worten, die zwar äußerlich wie Fragen aussehen, da sie den gewohnten Regeln der Grammatik zu genügen scheinen, in Wahrheit aber aus leeren Lauten bestehen, weil sie gegen die tiefen inneren Regeln der logischen Syntax verstoßen, welche die neue Analyse aufgedeckt hat.

Wo immer ein sinnvolles Problem vorliegt, kann man theoretisch stets auch den Weg angeben, der zu seiner Auflösung führt, denn es zeigt sich, daß die Angabe dieses Weges im Grund mit der Aufzeigung des Sinnes zusammenfällt; die praktische Beschreitung des Weges kann natürlich dabei durch tatsächliche Umstände, z.B. mangelhafte menschliche Fähigkeiten, verhindert sein. Der Akt der Verifikation, bei dem der Weg der Lösung schließlich endet, ist immer von derselben Art: es ist das Auftreten eines bestimmten Sachverhaltes, das durch Beobachtung, durch unmittelbares Erlebnis konstatiert wird. Auf diese Weise wird in der Tat im Alltag wie in jeder Wissenschaft die Wahrheit (oder Falschheit) jeder Aussage festgestellt. Es gibt also keine andere Prüfung und Bestätigung von Wahrheiten als die durch Beobachtung und Erfahrungswissenschaft. Jede Wissenschaft (sofern wir bei diesem Worte an den *Inhalt* und nicht an die menschlichen Veranstaltungen zu seiner Gewinnung denken) ist ein System von Erkenntnissen, d.h. von wahren Erfahrungssätzen; und die Gesamtheit der Wissenschaften, mit Einschluß der Aussagen des täglichen Lebens, ist das System der Erkenntnisse; es gibt nicht außerhalb seiner noch ein Gebiet »philosophischer« Wahrheiten, die Philosophie ist nicht ein System von Sätzen, sie ist keine Wissenschaft.

Was ist sie aber dann? Nun, zwar keine Wissenschaft, aber doch etwas so Bedeutsames und Großes, daß sie auch fürder, wie einst, als die Königin der Wissenschaften verehrt werden darf; denn es steht ja nirgends geschrieben, daß die Königin der Wissenschaften selbst auch eine Wissenschaft sein müßte. Wir erkennen jetzt in ihr – und damit ist die große Wendung in der Gegenwart positiv gekennzeichnet – anstatt eines Systems von Erkenntnissen ein System von *Akten*; sie ist nämlich diejenige Tätigkeit, durch welche der Sinn der Aussagen festgestellt oder aufgedeckt wird. Durch die Philosophie werden Sätze geklärt, durch die Wissenschaften verifiziert. Bei diesen handelt es sich um die Wahrheit von Aussagen, bei jener aber darum, was die Aussagen eigentlich *meinen.* Inhalt, Seele und Geist der Wissenschaft stecken natürlich in dem, was mit ihren Sätzen letzten Endes *gemeint* ist; die philosophische Tätigkeit der Sinngebung ist daher das Alpha und Omega aller wissenschaftlichen Erkenntnis. Dies hat man wohl richtig geahnt, wenn man sagte, die Philosophie liefere sowohl die Grundlage wie den Abschluß des Gebäudes der Wissenschaften; irrig war nur die Meinung, daß das Fundament von »philosophischen Sätzen« gebildet werde (den Sätzen der Erkenntnistheorie) und daß der Bau auch von einer Kuppel philosophischer Sätze (genannt Metaphysik) gekrönt werde.

Daß die Arbeit der Philosophie nicht in der Aufstellung von Sätzen besteht, daß also die Sinngebung von Aussagen nicht wiederum durch Aussagen geschehen kann, ist leicht einzusehen. Denn wenn ich etwa die Bedeutung meiner Worte durch Erläuterungssätze und Definitionen angebe, also mit Hilfe neuer Worte, so muß man weiter nach der Bedeutung dieser andern Worte fragen, und so fort. Dieser Prozeß kann nicht ins unendliche gehen, er findet sein Ende immer nur in tatsächlichen Aufweisungen, in Vorzeigungen des Gemeinten, in wirklichen Akten also; nur diese sind keiner weiteren Erläuterung fähig und bedürftig; die letzte Sinngebung geschieht mithin stets durch *Handlungen*, sie machen die philosophische Tätigkeit aus.

Es war einer der schwersten Irrtümer vergangener Zeiten, daß man glaubte, den eigentlichen Sinn und letzten Inhalt wiederum durch Aussagen zu formulieren, also in Erkenntnissen darstellen zu können: es war der Irrtum der »Metaphysik«. Das Streben der Metaphysiker war von jeher auf das widersinnige Ziel gerichtet (vgl. meinen Aufsatz »Erleben, Erkennen, Metaphysik« [in diesem Band, S. 169–186]), den Inhalt reiner Qualitäten (das »Wesen« der Dinge) durch Erkenntnisse auszudrücken, also das Unsagbare zu sagen; Qualitäten lassen sich nicht sagen, sondern nur im Erlebnis aufzeigen, Erkenntnis aber hat damit nichts zu schaffen.

So fällt die Metaphysik dahin, nicht weil die Lösung ihrer Aufgabe ein Unterfangen wäre, dem die menschliche Vernunft nicht gewachsen ist (wie etwa Kant meinte), sondern weil es diese

Aufgabe gar nicht gibt. Mit der Aufdeckung der falschen Fragestellung wird aber zugleich die Geschichte des metaphysischen Streites verständlich.

Überhaupt muß unsere Auffassung, wenn sie richtig ist, sich auch historisch legitimieren. Es muß sich zeigen, daß sie imstande ist, von dem Bedeutungswandel des Wortes Philosophie einigermaßen Rechenschaft zu geben.

Dies ist nun wirklich der Fall. Wenn im Altertum, und eigentlich bis in die neuere Zeit hinein, Philosophie einfach identisch war mit jedweder rein theoretischen wissenschaftlichen Forschung, so deutet das darauf hin, daß die Wissenschaft sich eben in einem Stadium befand, in welchem sie ihre Hauptaufgabe noch in der Klärung der eigenen Grundbegriffe sehen mußte; und die Emanzipation der Einzelwissenschaften von ihrer gemeinsamen Mutter Philosophie ist der Ausdruck davon, daß der Sinn gewisser Grundbegriffe klar genug geworden war, um mit ihnen erfolgreich weiterarbeiten zu können. Wenn ferner auch gegenwärtig noch z.B. Ethik und Ästhetik, ja manchmal sogar Psychologie als Zweige der Philosophie gelten, so zeigen diese Disziplinen damit, daß sie noch nicht über ausreichend klare Grundbegriffe verfügen, daß vielmehr ihre Bemühungen noch hauptsächlich auf den *Sinn* ihrer Sätze gerichtet sind. Und endlich: wenn sich mitten in der fest konsolidierten Wissenschaft plötzlich an irgendeinem Punkte die Notwendigkeit herausstellt, sich auf die wahre Bedeutung der fundamentalen Begriffe von neuem zu besinnen, und dadurch eine tiefere Klärung des Sinnes herbeigeführt wird, so wird diese Leistung sofort als eine eminent philosophische gefühlt; alle sind darüber einig, daß z.B. die Tat Einsteins, die von einer Analyse des Sinnes der Aussagen über Zeit und Raum ausging, eben wirklich eine philosophische Tat war. Hier dürfen wir noch hinzufügen, daß die ganz entscheidenden, epochemachenden Fortschritte der Wissenschaft immer von dieser Art sind, daß sie eine Klärung des Sinnes der fundamentalen Sätze bedeuten und daher nur solchen gelingen, die zur philosophischen Tätigkeit begabt sind; das heißt: der große Forscher ist immer auch Philosoph.

Daß häufig auch solche Geistestätigkeiten den Namen Philosophie tragen, die nicht auf reine Erkenntnis, sondern auf Lebensführung abzielen, erscheint gleichfalls leicht begreiflich, denn der Weise hebt sich von der unverständigen Menge eben dadurch ab, daß er den Sinn der Aussagen und Fragen über Lebensverhältnisse, über Tatsachen und Wünsche klarer aufzuzeigen weiß als jene.

Die große Wendung der Philosophie bedeutet auch eine endgültige Abwendung von gewissen Irrwegen, die seit der zweiten Hälfte des 19. Jahrhunderts eingeschlagen wurden und zu einer ganz verkehrten Einschätzung und Wertschätzung der Philosophie führen mußten: ich meine die Versuche, ihr einen induktiven Charakter zu vindizieren und daher zu glauben, daß sie aus lauter Sätzen von hypothetischer Geltung bestehe. Der Gedanke, für ihre Sätze nur Wahrscheinlichkeit in Anspruch zu nehmen, lag früheren Denkern fern; sie hätten ihn als mit der Würde der Philosophie unverträglich abgelehnt. Darin äußerte sich ein gesunder Instinkt dafür, daß die Philosophie den allerletzten Halt des Wissens abzugeben hat. Nun müssen wir freilich in ihrem entgegengesetzten Dogma, die Philosophie biete unbedingt wahre apriorische Grundsätze dar, eine höchst unglückliche Äußerung dieses Instinktes erblicken, zumal sie ja überhaupt nicht aus Sätzen besteht; aber auch wir glauben an die Würde der Philosophie und halten den Charakter des Unsicheren und bloß Wahrscheinlichen für unvereinbar mit ihr und freuen uns, daß die große Wendung es unmöglich macht, ihr einen derartigen Charakter zuzuschreiben. Denn auf die sinngebenden Akte, welche die Philosophie ausmachen, ist der Begriff der Wahrscheinlichkeit oder Unsicherheit gar nicht anwendbar. Es handelt sich ja um Setzungen, die allen Aussagen ihren Sinn als ein schlechthin Letztes geben. Entweder wir *haben* diesen Sinn, dann wissen wir, was mit den Aussagen gemeint ist; oder wir haben ihn nicht, dann stehen nur bedeutungsleere Worte vor uns und noch gar keine Aussagen; es gibt kein drittes, und von Wahrscheinlichkeit der Geltung kann keine Rede sein. So zeigt nach der großen Wendung die Philosophie ihren Charakter der Endgültigkeit deutlicher als zuvor.

Nur vermöge dieses Charakters kann ja auch der Streit der Systeme beendet werden. Ich wiederhole, daß wir ihn infolge der angedeuteten Einsichten bereits heute als im Prinzip beendet ansehen dürfen, und ich hoffe, daß dies auch auf den Seiten dieser Zeitschrift in ihrem neuen Lebensabschnitt immer deutlicher sichtbar werden möge.

Gewiß wird es noch manches Nachhutgefecht geben, gewiß werden noch jahrhundertelang viele in den gewohnten Bahnen weiterwandeln; philosophische Schriftsteller werden noch lange alte Scheinfragen diskutieren, aber schließlich wird man ihnen nicht mehr zuhören, und sie werden Schauspielern gleichen, die noch eine Zeitlang fortspielen, bevor sie bemerken, daß die Zuschauer sich allmählich fortgeschlichen haben. Dann wird es nicht mehr nötig sein, über »philosophische Fragen« zu sprechen, weil man über *alle* Fragen philosophisch sprechen wird, das heißt: sinnvoll und klar.

II. FRÜHE PHILOSOPHISCHE ARBEITEN DER GRÜNDER

2.1 DIE PHILOSOPHISCHE BEDEUTUNG DES RELATIVITÄTSPRINZIPS (1915)

Moritz Schlick

I.

Seit den Zeiten Kants wissen wir, daß die einzig fruchtbare Methode aller theoretischen Philosophie in der kritischen Erforschung der letzten Prinzipien der Einzelwissenschaften besteht. Jeder Wandel in diesen letzten Grundsätzen, jedes Auftauchen eines neuen fundamentalen Prinzips muß daher die philosophische Arbeit in Bewegung setzen und hat es natürlich auch schon vor Kant getan. Das strahlendste Beispiel ist wohl die Geburt der neueren Philosophie aus den wissenschaftlichen Entdeckungen der Renaissance. Und der Kantsche Kritizismus selbst darf als eine Frucht der Newtonschen Naturlehre betrachtet werden. Es sind vornehmlich, oder sogar ausschließlich, die Grundsätze der *exakten* Wissenschaften, denen die hohe philosophische Bedeutung innewohnt, aus dem einfachen Grunde, weil allein in diesen Disziplinen so feste und scharf umrissene Fundamente vorhanden sind, daß eine Änderung daran eine merkliche Erschütterung hervorruft, die dann auch Einfluß auf die Weltanschauung gewinnen kann.

Es ist sehr lehrreich, zu beobachten, wie die Philosophie – oder soll ich lieber sagen: die Philosophen? – auf die Zumutungen reagieren, die von den neu entdeckten Prinzipien an sie gestellt werden. Es kann der Fall eintreten, daß ein philosophisches System seine Sätze und Begriffe modifizieren muß, um den neuen Anforderungen gerecht zu werden, oder sogar dabei ganz ins Wanken gerät. Es kann aber auch sein, daß das Neue in schönster Harmonie sich einfügt in die Struktur des Ganzen und vielleicht seinen sinnvollen Zusammenhang nur in noch helleres Licht rückt. Wo dieser letztere Fall eintritt, bedeutet es natürlich einen Triumph für das geprüfte System, eine Verifikation, die manchmal dem Eintreffen einer Voraussage gleichkommen kann. Andrerseits ist ein philosophischer Gedankenbau, in den nicht einmal geringere Entdeckungen der Einzelwissenschaften hineinpassen, ein höchst labiles Gefüge, das leicht aus den Fugen geht. Man kann kein Vertrauen haben zu einem System, welches uns aus Begriffen deduziert, daß die Zahl der Planeten des Sonnensystems sieben betragen müsse (Hegel), zu der gleichen Zeit, in der der achte entdeckt wird; oder zu einem System, das uns beweist, die Materie müsse ihrer Masse nach konstant sein, zur gleichen Zeit, da physikalische Forschungen es wahrscheinlich machen, daß dies tatsächlich gar nicht zutrifft.

In dem Verhalten zu neu entdeckten Prinzipien haben wir also gleichsam ein Kriterium für die Tüchtigkeit einer Philosophie. Aber freilich ist die Anwendung dieses Kriteriums so lange noch sehr schwer, als sich noch darüber streiten läßt, welches Verhalten denn eine bestimmte philosophische Theorie den neuen Errungenschaften gegenüber konsequenterweise zeigen muß. Bekanntlich hielten z.B. die Entdecker der nichteuklidischen Geometrie die Kantsche Erkenntnistheorie dadurch für widerlegt; heute aber ist der Kantianer geneigt, in jenen Entdeckungen eher einen Beweis für die Richtigkeit der Kantschen Ansicht zu erblicken.

Nun ist die Physik der letzten Jahre wieder auf Fragen von so prinzipieller Bedeutung gestoßen, daß sie sich dadurch mit einem großen Schritt mitten in die Erkenntnistheorie hineinbegeben hat: sie stellte das »Relativitätsprinzip« auf, verneinte damit die strenge Gültigkeit des bisher scheinbar bestfundierten Teiles der Naturlehre, nämlich der Newtonschen Mechanik, und forderte die Einführung einer neuen Auffassung vom Wesen der Zeit, ja der Zeit und des Raumes.

Mit diesem Prinzip scheint also ein Prüfstein gegeben zu sein, an dem die Haltbarkeit verschiedener erkenntnistheoretischer Ansichten erprobt werden kann. Ist eine der herrschenden Richtungen imstande, sich mit dem Prinzip abzufinden, es ganz natürlich in sich aufzunehmen, oder zwingt es etwa die Philosophen, von bisher verfolgten Pfaden abzubiegen und andere noch unbetretene Wege einzuschlagen?

Die beiden am schärfsten umrissenen in der Gegenwart herrschenden philosophischen Systeme, der Neukantianismus und der Positivismus, haben sich des neuen Prinzips bereits liebevoll angenommen: beide behaupten, daß es sich mit ihren Anschauungen aufs beste vertrage, ja sich als eine notwendige Folge davon darstelle, das Prinzip sei genau das, was man von ihrem Standpunkt aus hätte erwarten müssen oder sogar schon vorausgesagt habe.

Von den übrigen erkenntnistheoretischen Gedankenbildungen unserer Zeit sind die einen (man denke etwa an die Wertphilosophen oder die Phänomenologen) so allgemeiner Natur, daß sich fast jedes beliebige naturwissenschaftliche Prinzip mit ihnen gleich gut vertragen würde, die anderen hängen so sehr an den geläufigen Vorstellungen des common sense (der Philosophie der Unphilosophischen), daß sie einfach das Relativitätsprinzip selber als absurd verwerfen, weil es mit jenen Vorstellungen in der Tat nicht vereinbar ist.

Indem wir nun darangehen, diese von den verschiedenen Seiten erhobenen Ansprüche auf ihre Berechtigung zu prüfen, dürfen wir hoffen, nicht bloß ein Kriterium für die Brauchbarkeit jener Standpunkte zu gewinnen, sondern darüber hinaus einen Ausblick auf die Richtlinien, denen die Erkenntnistheorie folgen muß, um die Errungenschaften des gegenwärtigen physikalischen Denkens sich ganz zu eigen zu machen – einen Ausblick auch auf das Verhältnis der Gedankenbildungen der Philosophie zu den Ergebnissen der Einzelwissenschaft überhaupt.

Damit die Erkenntnistheorie ein allgemeines wissenschaftliches Prinzip ganz in sich aufnehme und sich von ihm befruchten lasse, muß eine Bedingung natürlich vor allem unweigerlich erfüllt sein: das fragliche Prinzip muß restlos *verstanden* sein. Solange der rein physikalische Sinn eines physikalischen Grundsatzes nicht mit vollkommener Sicherheit beherrscht wird, darf man wahrlich nicht daran denken, es philosophisch auszuwerten. Leider sehen wir diese fundamentale Bedingung oft ungenügend erfüllt, obwohl es nicht an Darstellungen von berufener Hand fehlt, durch die es auch dem physikalischen Laien ermöglicht wird, zum völligen Verständnis des neuen Gesetzes zu gelangen. Der Uneingeweihte wird über die wahre Stellung des Relativitätsprinzips in der gegenwärtigen Naturwissenschaft leicht getäuscht durch den Umstand, daß auch unter den Physikern manche abseits stehen, manche die Relativitätstheorie sogar ganz ablehnen, teils weil sie sich bewußt sträuben, von der gewohnten Auffassung von Raum und Zeit abzugehen, teils aber auch, weil sie infolge von Mißverständnissen die Theorie für widerspruchsvoll, für in sich falsch halten. Auch die letzteren haben durch populäre Darstellungen[1] die Gunst der Laien und der Philosophen zu erringen gesucht und dadurch der Einsicht in die Wahrheit geschadet.

Die Wahrheit aber ist, daß dem Prinzip samt seinen erkenntnistheoretischen Grundlagen keine Undeutlichkeit[2] anhaftet, sondern daß es genauso klar und einfach formuliert werden kann und formuliert worden ist wie irgendein exaktes Naturgesetz.

[1] Es ist sehr beklagenswert, daß zu diesen auch der Artikel von E. Gehrcke in den *Kantstudien*, Band XIX, S. 481, gehört. Er baut sich auf schweren Irrtümern und Fehlern auf, und um diese im Interesse der Leser jenes Artikels nicht ganz unberichtigt zu lassen, werde ich in der folgenden Darstellung in den Anmerkungen gelegentlich darauf Bezug nehmen müssen, so wenig auch die in ihm erhobenen Einwände gegen das Prinzip einer ausdrücklichen Widerlegung würdig sind. Gehrcke hat als experimenteller Forscher überaus Tüchtiges geleistet; das Recht aber, in allgemeineren und theoretischen Fragen ernst genommen zu werden, hat er sich verscherzt durch alle seine Bemerkungen zur Relativitätstheorie (man findet sie besonders in den Jahrgängen 1911–1913 der *Verhandlungen der Deutschen Physikalischen Gesellschaft*); sie sind erstaunlich.

[2] Gehrcke behauptet nicht nur das Bestehen einer solchen Undeutlichkeit, sondern auch, daß auf ihr die suggestive Kraft beruhe, welche die Relativitätstheorie entfaltet hat (a. a. O. S. 482). Daß unsere bedeutenden Physiker sich gerade von undeutlichen Theorien besonders angezogen fühlen, dürfte neu sein.

Auf Grund bestimmter experimenteller Erfahrungen wurde es aufgestellt und in allen Fällen bestätigt gefunden, wo eine erfahrungsmäßige Prüfung überhaupt möglich war; seine Anwendungen auf alle Gebiete der Physik sind wenigstens im Prinzip vollständig durchgeführt[3], und es wird deshalb von den berufenen Vertretern der theoretischen Physik als sicherer Besitz dieser Wissenschaft angesehen. Eben hierauf[4] beruht es, daß die physikalische Forschung sich jetzt nicht mehr so eifrig mit der Diskussion des Prinzips beschäftigt: die Zeit für eine ruhige philosophische Erwägung seiner Bedeutung ist gekommen.

Wir müssen uns zunächst ganz kurz klar machen, was denn das Relativitätsprinzip eigentlich behauptet, und dann wollen wir zusehen, auf welchem Wege man zu seiner Aufstellung gekommen ist. Das letztere ist für unsern Zweck von besonderer Wichtigkeit, denn die erkenntnistheoretischen Grundlagen eines Satzes müssen am deutlichsten aus den Motiven herausleuchten, die zu seiner Aufstellung geführt haben. Dagegen ist es überflüssig, hier noch einmal die allgemeinen Folgerungen abzuleiten, die aus unserm Prinzip fließen und in ihrer Gesamtheit eben die Relativitäts*theorie* ausmachen. Jedermann kann diese Ableitung, wo nicht aus den Originalarbeiten, so doch aus den erläuternden Darstellungen der kompetenten Forscher kennenlernen.[5]

---

[3] Besonders in dem zusammenfassenden Werk von M. von Laue: *Das Relativitätsprinzip*, 2. Auflage Braunschweig 1913.

[4] Nicht also, wie Gehrcke in den ersten Sätzen seines Kantstudien-Artikels andeutet, darauf, daß das Urteil der Physiker über das Prinzip sich geändert hätte.

[5] Siehe die kurze Darstellung von Einstein im Bande *Physik* der *Kultur der Gegenwart*, hg. v. Paul Hinneberg, Leipzig 1915, S. 703–713, ferner die lichtvollen Ausführungen von Laue in *Jahrbücher der Philosophie*, Band I, beide nur von den einfachsten mathematischen Mitteln Gebrauch machend. Ganz ohne solche behandelt den Gegenstand der hübsche Aufsatz von Emil Cohn in *Himmel und Erde*, Band 23, S. 117, auch separat erschienen; er trägt den Titel: »Physikalisches über Raum und Zeit«. Sehr empfehlenswert, obwohl nicht auf Einsteinschem Standpunkt stehend, ist auch H. A. Lorentz, *Das Relativitätsprinzip*. Drei Vorlesungen, bearbeitet von Keesom, Leipzig 1914.

Im folgenden behandeln wir die Relativitätstheorie[6] zunächst ausschließlich in ihrer klassischen Form, wie sie 1905 von Albert Einstein aufgestellt wurde; nur am Schluß müssen wir kurz auf die neueren Versuche ihres Urhebers eingehen, ihr eine erweiterte Fassung zu geben. Es sei aber gleich bemerkt, daß die an die ursprüngliche Form geknüpften philosophischen Folgerungen nichts von ihrer prinzipiellen Bedeutung einbüßen, wenn sich etwa einst herausstellen sollte, daß jene einer erweiterten Fassung Platz machen muß.

II.

Das Prinzip läßt sich nun kurz etwa so aussprechen:

Alle geradlinigen und gleichförmigen Bewegungen, von denen in den Naturgesetzen die Rede ist, sind *relativ*.

Anders ausgedrückt: Es ist durch keine Erfahrung möglich, eine *absolute* geradlinig-gleichförmige Bewegung in der Natur festzustellen.

Noch anders formuliert: Die Naturvorgänge, die in einem beliebigen abgeschlossenen System stattfinden, spielen sich in genau der gleichen Weise (nach denselben Gesetzen) ab, ob nun das System ruht oder in geradlinig-gleichförmiger Bewegung sich befindet. – Wäre das nämlich nicht der Fall, verliefen die Erscheinungen des Systems im Bewegungszustande anders als in der Ruhe, so könnte ein im System ruhender Betrachter durch Beobachtung des Ablaufs jener Erscheinungen konstatieren, ob es ruht oder sich bewegt; die Relativität der Bewegung bedeutet aber gerade, daß es auf keine Weise möglich ist, einen Unterschied zwischen einem ruhenden und einem geradlinig-gleichförmig bewegten System festzustellen.

---

[6] Gehrckes Aufsatz redet von verschiedenen Relativitätstheorien; streng genommen gibt es aber keine außer der Einsteinschen. Minkowskis Arbeiten geben nur eine sehr elegante mathematische Formulierung und Interpretation von Einsteins Gedanken; Wiechert ist überhaupt ein Gegner derselben und vertritt eine physikalische Absoluttheorie.

Die Gesetze, die den Verlauf irgendwelcher Naturvorgänge beherrschen, werden durch Gleichungen dargestellt, und in diesen Gleichungen treten im allgemeinen Größen auf, welche den Ort jener Naturprozesse, d. h. die Lage aller daran beteiligten Punkte bezeichnen. Die Lage eines Punktes läßt sich natürlich immer nur relativ zu einem festen System angeben, auf welches alle Ortsangaben bezogen werden. Als solch ein Bezugssystem denkt man sich meist drei zueinander senkrechte Ebenen im Raum, die sich in drei zueinander senkrechten Achsen schneiden, und die drei Abstände eines Punktes von diesen drei Ebenen, seine Koordinaten, sind eben die Größen, die seinen Ort bestimmen.

Das Relativitätsprinzip sagt dann also: Die Naturgesetze und die sie darstellenden Gleichungen bleiben genau dieselben, wenn ich statt des benutzten Bezugssystems ein anderes wähle, das sich relativ zum ersten in beliebiger Richtung geradlinig mit konstanter Geschwindigkeit bewegt. Es gibt also nicht eines, sondern unendlich viele zueinander bewegte Koordinatensysteme, in bezug auf welche die Naturgesetze genau die gleiche Form haben, die Naturprozesse sich in genau derselben Weise abspielen. Keins dieser Systeme ist vor den andern bevorzugt oder irgendwie ausgezeichnet, es gibt kein »absolut« ruhendes, sondern sie sind alle gleichberechtigt. Welches von diesen Systemen wir als ruhend bezeichnen wollen, ist unserer Willkür überlassen: keine Beobachtung von Naturvorgängen kann unsere Wahl leiten, denn deren Gesetze sind ja für alle jene Systeme streng dieselben.

Daß dieses Relativitätsprinzip für alle *mechanischen* Vorgänge richtig ist, war eigentlich von jeher wohlbekannt. Es findet seinen Ausdruck nicht bloß in den Grundsätzen und Grundgleichungen der Newtonschen Mechanik, sondern jedermann weiß aus der alltäglichen Erfahrung von seiner Richtigkeit. In einem auf gerader Strecke mit gleichförmiger Geschwindigkeit dahinfahrenden Eisenbahnzug spielen sich alle mechanischen Vorgänge ganz ebenso ab wie im stillstehenden – abgesehen natürlich von Erschütterungen, die auf der Unvollkommenheit des Schienenweges beruhen. Der Lauf der Erde um die Sonne, der mit einer Geschwindigkeit von 30 km/sec stattfindet und innerhalb kurzer

Zeiten mit größter Annäherung als geradlinig betrachtet werden kann, ist durch mechanische Experimente auf keinem Wege nachzuweisen: sie verlaufen alle genauso, als ob die Erde in Ruhe wäre. Hat man ein Koordinatensystem gefunden, für welches z. B. das Galileische Trägheitsgesetz gilt (ein solches wird Inertialsystem genannt), so gilt es auch für alle Bezugssysteme, die sich relativ zum ersten geradlinig-gleichförmig bewegen (sie sind gleichfalls Inertialsysteme).

Zugleich aber sehen wir, daß unter den Voraussetzungen der Newtonschen Mechanik[7] das Relativitätsprinzip *nicht* etwa gilt für *un*gleichförmige Bewegungen. Die Stöße auf der Eisenbahn, die ja nichts sind als Bewegungen mit schnell variabler Geschwindigkeit, und die Erfahrungen bei einer Beschleunigung oder Verlangsamung des Fahrtempos lehren es uns. An ihnen erkennen wir ja mit Leichtigkeit, daß wir keineswegs in einem ruhenden, sondern in einem bewegten Zuge sitzen. Beschleunigungen haben also in der Newtonschen Mechanik *absoluten* Charakter[8]. Das gleiche gilt von Drehungen, denn die Rotation ist nichts als ein besonderer Fall beschleunigter Bewegungen (Bewegung unter dem Einfluß einer Zentripetalbeschleunigung).

Hiernach durfte man nicht erwarten, daß jemals irgendwelche mechanischen Experimente die Auszeichnung eines bestimmten Koordinatensystems als des allein berechtigten erlauben oder fordern würden. Aber ganz anders stand es mit den optischen Versuchen (oder den elektrischen, denn das Licht ist eine elektromagnetische Erscheinung). Die bis dahin durch alle Erfahrungen durchweg auf das glänzendste bestätigte Theorie dieser Er-

---

[7] Wie sich die Sachlage ändert, wenn man gewisse Voraussetzungen der Newtonschen Mechanik fallen läßt, wird weiter unten zu erwähnen sein.

[8] Herr Gehrcke bestreitet es (*Kantstudien* XIX, S. 484 f.) auf Grund eines rechnerischen »Beweises«, den ich in der analytischen Mechanik bewanderten Lesern zur Lektüre empfehle (*Verhandlungen der Deutschen Physikalischen Gesellschaft* 15 [1913], S. 260). Noch wunderbarer aber ist, daß er in seiner Ansicht über die Newtonsche Mechanik mit Einstein übereinzustimmen glaubt.

scheinungen nämlich schien zu fordern, daß für sie keineswegs sämtliche Bezugssysteme, die sich voneinander nur durch eine gleichförmige Translation unterscheiden, gleichberechtigt seien; es mußte vielmehr unter den unendlich vielen *eines*[9] ausgezeichnet sein: dasjenige, welches im »Äther« ruhte, d. h. in dem allverbreiteten Medium, das als der Träger der elektrischen und mithin der optischen Erscheinungen betrachtet wurde. Gewisse Versuche zwangen zu der Annahme, daß dieser Äther nicht teilnimmt an den Bewegungen der Materie, sondern überall in Ruhe verharrt. Alle unsere Instrumente, die ja z. B. wegen des Laufs der Erde um die Sonne in steter Bewegung sind, reißen dabei den Äther nicht mit sich fort, sondern unser Planet mit allem, was auf ihm ist, bewegt sich durch ihn hindurch, viel leichter als ein Netz durch die Luft, die Ruhe des Äthers wird dadurch nicht im geringsten gestört. Durch diese unerschütterliche Ätherruhe mußte das mit ihm fest verbundene Koordinatensystem vor allen andern ausgezeichnet sein: die elektromagnetischen (z. B. optischen) Vorgänge hätten sich anders abspielen sollen, je nachdem die Apparate, in denen sie stattfanden, in bezug auf den Äther ruhten oder sich bewegten. Mit andern Worten: für die optischen Erscheinungen mußte man erwarten, daß das Relativitätsprinzip *nicht* gelte. Mit Hilfe solcher Erscheinungen hätte es möglich sein müssen, von den für die mechanischen Vorgänge gleichberechtigten Bezugssystemen *eins* als ausgezeichnet zu erweisen und als das *absolut* ruhende zu bezeichnen. Freilich ist das Wort absolut dabei nicht im ganz strengen philosophischen Sinne genommen, denn es bedeutet hier ja nur: relativ gegen den Äther. Man könnte immer noch sagen, dem Äther als Ganzem mitsamt dem in ihn eingebetteten Kosmos dürfe man eine beliebige Bewegung oder Ruhe im Raume zuschreiben und so die Relativität aller Bewegung aufrecht erhalten. Das ist natürlich richtig, aber

---

[9] Die Gesamtheit aller zueinander *ruhenden* Systeme rechnen wir natürlich als ein einziges, denn sie sind physikalisch absolut gleichwertig, man gelangt von einem zum andern durch bloße rein geometrische Umformungen.

der Gedanke ist völlig unfruchtbar, weil er das Gebiet aller möglichen Erfahrung überschreitet, und er wird zudem, wie man gleich sehen wird, durch das allgemeine Relativitätsprinzip überhaupt gegenstandslos.

Es kam darauf an, durch Versuche den Einfluß der Bewegung unserer Apparate gegen den Äther nachzuweisen und so zu zeigen, daß in der Tat die Gesetze der Erscheinungen nicht dieselben sind, wenn ich sie auf ein gegen den Äther bewegtes (z.B. mit der Erde fest verbundenes) Koordinatensystem beziehe, als wenn ich ein im Äther ruhendes System wähle. Man hat solche Versuche angestellt, indem man den Ablauf gewisser Vorgänge beobachtete, einmal in Richtung des Erdlaufs um die Sonne, das andere Mal senkrecht dazu, also in relativer Ruhe zum Äther. Alle diese Versuche, z.B. der von Michelson über die Fortpflanzung des Lichtes, der von Trouton und Noble über das Verhalten eines geladenen Kondensators, haben nun ein durchaus negatives Resultat ergeben. Sie zeigten wider Erwarten, daß die Vorgänge in geradlinig-gleichförmig bewegten Körpern genauso verlaufen, als ob die Körper in Ruhe wären (beides relativ zum Äther), daß sich also nicht etwa bloß durch kein mechanisches Experiment, sondern überhaupt durch *gar kein* Mittel ein Bezugssystem vor den andern als ausgezeichnet nachweisen läßt, es kann keines als absolut ruhend festgestellt, sondern höchstens willkürlich als »ruhend« angenommen werden. Mit andern Worten: nur relative, nicht absolute gleichförmige Translationsbewegungen gehen in die Naturgesetze ein.

Die Erfahrung lehrt also, daß das Relativitätsprinzip in der oben ausgesprochenen Form tatsächlich ein gültiges Naturgesetz ist. Irgendein philosophischer Streit darüber, ob das Prinzip in eben jener Form wirklich gilt, kann gar nicht stattfinden, denn die Erfahrung hat ihn bereits entschieden. Sie zeigt, daß eine absolute Bewegung (im folgenden ist, wo nicht ausdrücklich anders bemerkt, unter »Bewegung« immer eine gleichförmige Translation verstanden) auf keine Weise festgestellt werden kann.

Man darf nicht etwa die Unvollkommenheit der physikalischen Versuche für das Mißlingen einer solchen Feststellung verantwortlich machen wollen; diese waren vielmehr von völlig ausreichender Genauigkeit. Der oft wiederholte Michelsonversuch war es so sehr, daß der Einfluß einer absoluten Bewegung auch dann noch hätte bemerkt werden müssen, wenn seine Größe auch nur den hundertsten Teil der von der Theorie geforderten betragen hätte. Es wurde aber keiner bemerkt.

Man könnte ferner einwerfen, das bisherige Mißlingen jener Feststellung berechtige nicht zur Behauptung ihrer Unmöglichkeit, denn später könnte der Nachweis der absoluten Bewegung ja einmal glücken. Dieser Einwand ist im Prinzip richtig, er stellt aber bloß einen Vorbehalt dar, den wir allen empirischen Naturgesetzen gegenüber ohne Ausnahme machen müssen. Prinzipiell ist kein Naturgesetz, und wäre es ein grundlegendes, wie etwa das Energieprinzip, dagegen gefeit, durch spätere Erfahrungen einmal umgestoßen zu werden: aber wenn alle unsere Prüfungen es bestätigen und wenn es sich sonst in die Gesamtheit der Naturregelmäßigkeiten harmonisch einfügt, so haben wir allen Grund, es als richtig hinzunehmen, denn bessere Gründe gibt es in der empirischen Wissenschaft überhaupt nicht. Dies alles aber trifft für das Relativitätsprinzip in vollem Maße zu: überall, wo seine Richtigkeit prüfbar war, hat sie sich restlos bestätigt, und es ist keine einzige Erfahrung bekannt, die ihm widerspräche. Damit sind alle Voraussetzungen erfüllt, um ihm den Rang eines allgemeingültigen Gesetzes zuzuerkennen.

In der Form, die wir dem Prinzip gaben, sagte es aus, daß eine absolute Bewegung *nicht nachweisbar* ist. In dieser Form ist es einfach der Ausdruck einer Erfahrungstatsache und zweifellos richtig. Wie aber, wenn man es in der Form ausspricht: »es *gibt keine* absolute Bewegung«? Sagen beide Formen dasselbe? Und wenn etwa nein, ist dann trotzdem auch die zweite Form *richtig?* Dies sind philosophische Fragen, zu denen man entweder eine Antwort suchen oder von denen man nachweisen muß, daß sie nicht sinnvoll gestellt werden können.

III.

Wir sahen soeben, daß wohlbegründete, in aller Erfahrung bis
dahin glänzend bewährte theoretische Anschauungen (wir wollen sie unter dem Namen »Lorentzsche Elektrodynamik« zusammenfassen) dem Relativitätsprinzip entgegenstanden, indem sie
notwendig die Auszeichnung eines bestimmten Bezugssystems
vor den anderen zu fordern schienen, welches man dann als »im
Äther ruhend« bezeichnete. Dieser Gegensatz zwischen jenen
Anschauungen und dem tatsächlich als gültig befundenen Relativitätsprinzip mußte beseitigt werden, und diese Aufgabe erst
führte zu den paradoxen Konsequenzen, die so viel Aufsehen
erregt haben. Verschiedene Wege der Versöhnung sind möglich,
und es ist für unser Thema durchaus nötig, sie einzeln zu betrachten.

Der *erste* Weg besteht darin, daß man jene dem Relativitätsprinzip widerstreitenden Anschauungen der Lorentzschen Elektrodynamik aufgibt und neue *physikalische* Grundlagen sucht.
Diesen Weg ging seinerzeit die Theorie von Ritz. Er ließ die
bis dahin allgemein angenommene Voraussetzung fallen, daß
die Geschwindigkeit der Ausbreitung des Lichts, oder anderer
elektrischer Erregungen, konstant sei; er nahm vielmehr an, daß
sie von der Geschwindigkeit der Lichtquelle abhänge. Seine auf
Grund dieser Annahme entwickelte Theorie blieb nun zwar mit
dem Relativitätsprinzip mühelos im Einklang, verstieß »aber
sonst ziemlich überall gegen die gesichertsten Tatsachen der
Optik«[10]. Durch allerlei Hilfshypothesen hätte man die Theorie
vielleicht zurecht flicken können, so daß sie mit den Tatsachen
in Übereinstimmung blieb, aber inzwischen kann es durch astronomische und physikalische Beobachtungen als dargetan gelten,
daß die Geschwindigkeit des Lichtes *nicht* von der Geschwindigkeit der Lichtquelle abhängig ist, von der es ausgesandt wird.[11]

---

[10] Von Laue, *Philosophische Jahrbücher* I, S. 105.
[11] De Sitter, »Ein astronomischer Beweis für die Konstanz der Lichtgeschwindigkeit«, *Physikalische Zeitschrift* 14 (1913), S. 429. Physikalische

Damit erwies sich also der erste Weg aus innerphysikalischen Gründen ungangbar.

Einen *zweiten* Weg, den Widerspruch jener wohlbewährten Theorie vom Wesen der elektromagnetischen Vorgänge mit der experimentell festgestellten Gültigkeit unseres Prinzips fortzuschaffen, fanden H. A. Lorentz und Fitzgerald. Sie behielten die Lorentzsche Elektrodynamik im wesentlichen bei, und damit die Annahme eines physikalischen Einflusses der absoluten Bewegung, nur fügten sie die Hypothese hinzu, daß die absolute Bewegung außer diesem Einfluß noch eine andere Wirkung habe, nämlich die, daß jeder bewegte Körper sich in der Bewegungsrichtung um einen gewissen Bruchteil verkürze, und zwar so, daß das Verhältnis der verkürzten zur ursprünglichen Länge den Wert $k = \sqrt{1-\frac{q^2}{c^2}}$ hat, wenn q die Geschwindigkeit des Körpers, c diejenige des Lichtes bedeutet. Sie konnten leicht zeigen, daß diese Hypothese in der Tat die Ergebnisse der Beobachtungen vollständig erklärt. Unter dieser Voraussetzung ist es nämlich unmöglich, durch physikalische Maßmethoden den Effekt einer absoluten Bewegung wirklich festzustellen, weil der verkürzende Einfluß der Bewegung auf unsere Meßapparate jenen Effekt genau kompensiert und dadurch aller Beobachtung entrückt. Es muß aber hervorgehoben werden, daß außer dieser Kontraktionshypothese auch noch andere Nebenannahmen nötig wurden, um zu einem allseitig befriedigenden System physikalischer Erklärungen zu gelangen. Immerhin stellt diese Lorentzsche Theorie auf jeden Fall einen durchaus gangbaren Weg dar.

Da führte 1905 der geniale Gedanke Einsteins auf den dritten (oder, nachdem der zuerst erwähnte ausgeschlossen ist, den zweiten) Weg. Einstein erkannte, daß man überhaupt keiner neuen physikalischen Hypothesen bedürfe, um mit allen Beobachtungen in Einklang zu bleiben, sondern nur nötig habe, eine Voraussetzung zu revidieren, die bisher ungeprüft in alle phy-

Gründe findet man in einer Abhandlung von R. C. Tolman, »The Second Postulate of Relativity«, *Physical Review* 31 (1910), S. 26. Weitere Literatur bei H. A. Lorentz, in den oben zitierten 3 Vorlesungen, S. 4, Anm. 3.

sikalischen Betrachtungen als etwas Selbstverständliches einge-
gangen war: die Voraussetzung des absoluten Charakters der
Zeitmessung. Unter Beibehaltung des Prinzips der Konstanz der
Lichtgeschwindigkeit bleibt das Relativitätsprinzip vollständig
gewahrt, wenn man annimmt, daß keiner Zeitbestimmung eine
absolute Bedeutung zukommt, sondern daß ein und derselbe
Vorgang, wenn er auf verschiedene berechtigte Bezugssysteme
bezogen wird, auch auf verschiedene Weise zeitlich eingeordnet
wird. Zwei räumlich getrennte Ereignisse, die für das eine System
gleichzeitig sind, finden für ein zweites, gleichfalls berechtigtes
Bezugssystem zu verschiedenen Zeiten statt. Ein und derselbe
Vorgang, z. B. die Pendelschwingung einer Uhr, hat in dem mit
der Uhr ruhenden System eine kürzere Dauer, als wenn man ihn
von einem berechtigten System aus betrachtet, das sich relativ
zu der Uhr bewegt. Infolge des Prinzips der Konstanz der Lichtgeschwindigkeit bedingt die Relativität der Zeitbestimmung auch
eine solche der Längenmaße: ein Stab hat in einem mit ihm ruhenden System eine um den Faktor $1 : k$ größere Länge, als wenn
seine Länge festgestellt wird durch Beobachtungen von einem
System aus, in bezug auf welches er sich mit der Geschwindigkeit q bewegt. Die Kontraktion also, die bei Lorentz eine reale
physische Wirkung der absoluten Bewegung war, ist bei Einstein
nur der Ausdruck für die Relativität aller Längenmaße. Man darf
nicht etwa sagen, ein Stab »scheine« in bezug auf das eine System
kürzer zu sein als in bezug auf ein anderes; ein Unterschied zwischen scheinbarer und wirklicher Länge des Stabes darf in diesem Sinne nicht gemacht werden. Alle in beliebigen berechtigten
Systemen ruhenden Beobachter können vielmehr mit *gleichem*
Rechte als »wirkliche« Länge des Stabes diejenige bezeichnen,
die sie von ihrem eigenen System aus feststellen, denn von den
verschiedenen berechtigten Systemen nimmt ja keines eine ausgezeichnete Sonderstellung ein. Es gibt eben keine »absolute«
Zeitdauer oder »absolute« Länge; der Begriff Länge ist ein relativer, wie auch die Begriffe »länger« und »kürzer«.

Es kommt für unsere Zwecke alles darauf an, den Unterschied
zwischen der Lorentzschen und der Einsteinschen Auffassung

ganz klar zu machen. Nach der ersteren *existiert* ein realer Einfluß der absoluten Bewegung, es wird aber außerdem noch eine Reihe anderer physikalischer Einflüsse hypothetisch angenommen, um zu erklären, warum jener Einfluß nicht beobachtet wird. Nach Einstein dagegen existiert ein Einfluß absoluter Bewegung nicht, es gibt eine solche gar nicht; und die Übereinstimmung mit der Erfahrung wird nicht durch viele einzelne ad hoc ersonnene Hypothesen erreicht, sondern erscheint völlig selbstverständlich unter Zugrundelegung eines einzigen kühnen erkenntnistheoretischen Gedankens. Die mathematische Form der Gesetze, nach denen die Naturprozesse verlaufen, ist für beide Theorien genau dieselbe, nur ihre *Deutung* ist verschieden.

Die Theorien leisten also beide das gleiche, aber die Einsteinsche ist sehr viel einfacher – benutzt sie doch nur ein einziges Erklärungsprinzip, während die andere einer Reihe eigentümlicher Hypothesen bedarf. Bei dieser Sachlage würde niemals ein Zweifel darüber aufgekommen sein, welche Theorie vorzuziehen, welche also als die »richtige« zu betrachten sei, jeder würde – bewußt oder unbewußt – nach der Regel »principia non sunt augenda praeter necessitatem« verfahren und ohne weiteres die Einsteinsche Theorie angenommen haben – wenn nur eben ihr Grundgedanke nicht weit von Denkgewohnheiten abgewichen wäre, die niemals vorher angetastet worden sind.

… Kann unser Geist eine solche Abweichung vollziehen? Oder besteht etwa in der Welt unserer Anschauung nur die altgewohnte Auffassung von Raum und Zeit zu recht, so daß jede Änderung daran für unsere Welt unmöglich wäre? Auf solche Fragen darf man Antwort von einer philosophischen Besinnung verlangen. Und sie ist wohl auch nicht schwer zu geben.

IV.

Die vorhergehenden Betrachtungen haben uns gelehrt, zu unterscheiden zwischen dem Relativitäts*prinzip* als einem Gesetz, dessen Gültigkeit experimentell festgestellte Tatsache ist, und dem Komplex der Einsteinschen Folgerungen, welche wir unter dem Namen Relativität*stheorie* zusammenfassen wollen.

Daß die Theorie Einsteins in sich widersprechend wäre, sollte man heute nicht mehr behaupten dürfen. Schon die erste Arbeit Einsteins bewies, daß sie ein in sich völlig konsequenter Gedankenbau ist, und alle Versuche ihrer Gegner, ihr immanente Widersprüche nachzuweisen, leiden ausnahmslos an dem Fehler, daß sie bei ihren Einwänden den Begriff der absoluten Zeit versteckt voraussetzen.[12] Diesem widerspricht die Relativitätstheorie allerdings, denn sie vollzieht ja gerade seine Aufhebung, ihren eigenen Thesen aber widerspricht sie nicht. Diejenige Richtigkeit, welche in der Folgerichtigkeit besteht, die logische Makellosigkeit, kommt der Theorie zweifellos zu; aber damit ist natürlich die Frage nach ihrer Wahrheit noch nicht erledigt. Wir verlangen ja nicht nur zu wissen, ob sie in sich widerspruchslos sei, sondern vor allem, ob ihr objektive Gültigkeit zukommt. Wenn nicht sich selbst, so könnte sie doch, mit Kant zu reden, unserer Anschauung a priori widersprechen und würde dann keine Gültigkeit für die objektive Welt haben, weil diese unter den Gesetzen unserer Anschauung steht.

Ich glaube, daß die Theorie mit unserer unmittelbaren Zeitanschauung sehr wohl vereinbar ist, aus dem einfachen Grunde, weil die letztere uns über die Eigenschaften der Zeit, von denen die Relativitätstheorie handelt, überhaupt gar nichts lehrt. Die Zeit unserer Anschauung ist die psychologische Zeit, etwas un-

---

[12] Ein drastisches Beispiel dafür sind die Darlegungen Gehrckes, *Kantstudien*, S. 484. Er hält dort fälschlich das Nachgehen einer »bewegten« Uhr gegenüber einer »ruhenden« für ein absolutes und glaubt daher, »der Vergleich der Zeitangaben von relativ zueinander bewegten Uhren« gebe »nach dieser Theorie ein Mittel an die Hand, um zu erkennen, bei welchem System die absolute Bewegung die größere ist«. Natürlich ist aber für den »bewegten« Beobachter die »ruhende« Uhr die langsamer gehende, jener Vergleich der Zeitangaben fällt also verschieden aus, je nachdem, von welchem System aus er vorgenommen wird, und die Relativität bleibt gewahrt. In alle dem liegt keine Spur eines Widerspruchs, da nach der Theorie »langsamer« eben ein relativer Begriff ist.

meßbar Qualitatives, Einsteins Theorie aber handelt von der *Zeitmessung*. Die wahrhaft anschauliche Zeit ist ein rein qualitatives Moment unseres Erlebens, das sich in keiner Weise zu objektiven Bestimmungen eignet. Es bewirkt, daß Vorgänge, die uns langweilig sind, im Schneckentempo dahinschleichen, während es andere von objektiv gleicher Dauer im Nu an uns vorüberziehen läßt; in der Bewußtlosigkeit verschwindet es ganz, und ohne nachträgliche Erwägung würden wir nicht wissen, daß auch während des Schlafs Zeit verstrichen ist. Dieses qualitative Moment kann uns in seinen Abwandlungen allenfalls zur Schätzung von Zeitintervallen dienen (die experimentell psychologischen Untersuchungen des Zeitbewußtseins beschäftigen sich meist mit diesem Punkt), es kann aber selbst weder gemessen noch zur Messung benutzt werden. Es lehrt uns nichts darüber, ob der Begriff der Gleichzeitigkeit absolut oder relativ ist, denn Gleichzeitigkeit von Ereignissen an verschiedenen Orten wird niemals unmittelbar anschaulich erfahren, weil mindestens der eine von zwei räumlich getrennten Vorgängen nur durch Vermittlung räumlich-physischer Prozesse zu unserer Kenntnis gelangt (Telegraph, Licht, Schall). Und wenn mancher dennoch auf Grund der Anschauung eine Reihe von Sätzen glaubt a priori aussprechen zu dürfen – wie etwa den, daß die Dauer eines Vorgangs etwas absolutes, vom Bezugssystem unabhängiges sein müsse –, so täuscht er sich über die Herkunft solcher Sätze. Es sind in Wahrheit einfachste Annahmen, zu deren Korrektur bis dahin die Erfahrung niemals nötigte und die sich daher festsetzten, obgleich unser anschauliches Erleben keinerlei *Zwang* dazu enthält. Daß auch Kant zur reinen Anschauungsform manches rechnete, was in Wahrheit als Zutat des Verstandes oder der Reflexion angesehen werden muß, hat sich in bezug auf den Raum in der Entwicklung der neueren Mathematik deutlich gezeigt, es gilt aber ebenso in bezug auf die Zeit. Kants Anschauungsformen haben ja alle Eigenschaften des absoluten Raumes und der absoluten Zeit Newtons. Da wir auf das Verhältnis der Relativitätstheorie zur Kantschen Philosophie sogleich noch zurückkommen, so sollen diese Andeutungen jetzt nicht weiter verfolgt werden. Wir halten nur fest, daß man kein Recht hat zu sagen, die Theorie verstoße gegen die unserm Geiste eigentümliche Zeitanschauung, in die er die Erscheinungen der Welt mit Notwendigkeit einordnen muß.

Damit ist der Stein des Anstoßes weggeräumt, der sonst der Annahme der Theorie im Wege gestanden hätte; und wer sich unsern Erwägungen nicht verschließt, muß infolge der erwähnten Vorzüge der Einsteinschen Auffassung zu einem Anhänger der Theorie werden. Aber ist sie damit schon als die einzig wahre erwiesen? Ist jener Satz, wonach stets die einfachste und hypothesenärmste Theorie als die richtigste zu gelten hat, ein unweigerlich bindendes Prinzip? Worin liegt seine philosophische Rechtfertigung?

Wenn jemand uns sagt – und ein so hervorragender Forscher wie Lorentz tut es –: wir ziehen es vor, die altgewohnten Vorstellungen von Raum- und Zeitmaßen beizubehalten und führen lieber physikalische Hilfsannahmen (z. B. die Kontraktionshypothese) ein, um mit der Erfahrung in Einklang zu bleiben, so gibt es keine Tatsache, durch die dieser Standpunkt als schlechthin unhaltbar erwiesen würde. Er bleibt nach wie vor als eine mögliche Lösung bestehen. Man kann, wie gesagt, zur Empfehlung der Relativitätstheorie nur auf ihre große Einfachheit hinweisen, die mit einem Schlage eine Übereinstimmung mit der Erfahrung erzielt, die sonst nur mit Hilfe besonders erfundener Hypothesen erreicht werden konnte. Ja, noch darüber hinaus bedeutet sie eine beträchtliche Vereinfachung des Weltbildes; sie führt z. B. zwei bisher unverbunden nebeneinanderstehende Grundgesetze der Physik aufeinander zurück: die Prinzipien der Erhaltung der Masse und der Erhaltung der Energie, indem sie das erste als einen Spezialfall des zweiten darstellt, wobei sich zugleich ergab, daß dem ersteren keine strenge Gültigkeit zukommt – ein Resultat, zu dem auch Überlegungen andrer Art bereits geführt hatten. Die alte Newtonsche Mechanik muß in der Hauptsache verlassen werden; sie ist nur eine Annäherung, richtig für Massenbewegungen, die langsam sind im Vergleich zur Lichtgeschwindigkeit. Dieses Ergebnis ist der Lorentzschen und der Einsteinschen Theorie gemeinsam. Überhaupt stellen beide Theorien alle beobachtbaren Naturvorgänge durch dieselben Gleichungen dar, und nur die Interpretation, der Gedankengang, der zu den Gleichungen führt, ist bei beiden verschieden.

So wiederholen wir: durch keine Mittel des Experiments, also der Erfahrung, ist es möglich (zum mindesten beim jetzigen Stande der Dinge), einen der beiden Standpunkte zu widerlegen und damit die alleinige Wahrheit des andern zu beweisen. Es ist ja nicht schlechthin ausgeschlossen, daß in später Zukunft einmal ein Experiment überhaupt die allgemeine Gültigkeit des Relativitätsprinzips widerlegte, aber darauf deutet, wie gesagt, kein Anhaltspunkt hin, und wir können doch die Ordnung unserer Gedanken nicht in der Erwartung eines solchen Ereignisses einfach aufschieben, sondern müssen wissen, was wir zu denken haben in dem wahrscheinlichen Fall, daß es niemals eintritt, daß also die Feststellung einer »absoluten« Bewegung nicht bloß bis jetzt, sondern prinzipiell unmöglich ist. Dies also setzen wir in der Folge immer voraus.

Die Frage ist also physikalisch nicht entscheidbar. Dürfen oder müssen wir sie aus erkenntnistheoretischen Gründen entscheiden? Mit Recht sagt v. Laue[13], die Relativitätstheorie verdanke ihren Erfolg zweifellos Gründen philosophischer Art. Um den Wert dieser Gründe abschätzen zu lernen, wollen wir einmal die Gegengründe etwas näher ins Auge fassen, welche die Widersacher der Theorie gegen sie ins Feld führen.

Außer der Scheu vor der Relativierung der Raum- und Zeitbegriffe erweist sich vor allem die Anhänglichkeit an den stofflichen Lichtäther als hinderlich für die Annahme der Theorie. Sie muß nämlich (wir sprechen weiter unten noch davon) mit der Existenz eines ausgezeichneten Bezugssystems auch das Dasein des Äthers verneinen, weil letzterer, zur Definition eines solchen dienen könnte, und der Vollzug dieses Schrittes fällt dem meist an die Substanzvorstellung stark gebundenen Denken des Physikers sehr schwer. Sehr instruktiv sind E. Wiecherts Betrach-

---

[13] *Philosophische Jahrbücher* I, S. 106.

tungen über diesen Punkt.[14] Er stellt unter Betrachtung dreier Beispiele die Erklärungen der Relativitätstheorie und der Ätherhypothese Fall für Fall einander gegenüber und findet jedesmal die Behauptung der ersteren »höchst unbefriedigend«, weil sie als Erklärungsgrund »eine uns Menschen verborgene eigenartige Verbindung von Raum und Zeit« setze, während die Ätherhypothese uns »sehr eindrucksvoll« die Wirkung des substantiellen Äthers als Ursache der besprochenen Erscheinungen erkennen lasse.[15] Warum erscheint die Erklärung durch die Einwirkung von Substanzen aufeinander sehr eindrucksvoll? Offenbar nur, weil gegenseitige Wirkungen von Körpern etwas altgewohntes, vertrautes sind. Fragen wir aber nach dem Wie und Warum solcher Einwirkung, müßte uns da der Physiker nicht auch antworten, sie beruhte auf »einer uns Menschen verborgenen eigenartigen Verbindung?« Warum soll uns dieser Gedanke beruhigender sein als der, daß unsere Raum- und Zeitmessung in der Natur eben an ganz bestimmte besondere Bedingungen geknüpft ist, und keine andern? Mit eigentümlicher Gedankenwendung sagt Wiechert, die Grundlagen der Relativitätstheorie habe man »im Transzendenten zu suchen, nämlich in jenen raumzeitlichen Beziehungen, welchen alles Sein in der Welt unterworfen ist«; sie sage mehr den mathematisch gerichteten Geistern zu. »Diejenigen dagegen, welche mehr gewohnt sind, das Augenmerk auf die Fülle der Einzelerscheinungen in der Welt zu richten, scheuen sich, hier schon die Grenze des Transzendenten anzuerkennen, und sind darum mehr geneigt, nach einer Stütze in der Ätherhypothese zu suchen.«[16] Man wird es uns nicht verargen, wenn wir aus diesen Darlegungen nur den Gedanken hervorlugen sehen: »solange nur eine Möglichkeit besteht, mit den altgewohnten Vorstellungen auszukommen, wollen wir von einer philosophischen Besinnung über diese Vorstellungen nichts wissen.« Aus all diesem ist wohl ganz deutlich, wie wirklich nur das Verharren in gewohnten

---

[14] Vgl. *Kultur der Gegenwart,* Band *Physik,* S. 50 ff.
[15] A. a. O., S. 51.
[16] A. a. O., S. 56.

Denkbahnen, nicht die Macht philosophischer Gründe hier der Annahme der Relativitätstheorie entgegen ist.

Der Kuriosität halber sei noch erwähnt, daß ein anderer Autor die Theorie durch folgende Argumentation zu widerlegen glaubte: Erklären heißt Zurückführen des Unbekannten auf das Bekannte, des Ungewohnten auf das Gewohnte; da nun die Relativitätstheorie nichts dergleichen leistet, sondern im Gegenteil das Gewohnte umwerfen will und dafür das Ungewohnteste uns anbietet, so taugt sie nichts und ist zu verwerfen. Dazu ist nur zu bemerken, daß Erklärung nicht notwendig Zurückführung des Neuen auf das Alte bedeutet – obgleich man oft dieser gedankenlosen Formel begegnet –, sondern eine Erklärung liegt schon überall vor, wo nur überhaupt Begriffe aufeinander reduziert werden, gleichgültig, welches die früheren oder die späteren sind. Die Naturwissenschaft liefert tausend Beispiele dafür, daß die Zurückführung altbekannter Erscheinungen auf später entdeckte echte Erkenntnis ist; so wird das wohlbekannte Wasser als Verbindung von Wasserstoff und Sauerstoff erklärt, das altvertraute Licht als eine elektromagnetische Erscheinung. Doch wir kehren zu den Gründen gegen die Relativitätstheorie zurück.

Was H. A. Lorentz betrifft, so zeigt auch er eine gewisse Vorliebe für den substantiellen Äther und ein Mißfallen an der für die Theorie notwendigen Behauptung, daß nie eine Körpergeschwindigkeit die des Lichtes überschreiten kann. Er erblickt darin »eine hypothetische Beschränkung des für uns Zugänglichen, die nicht ohne einigen Rückhalt akzeptiert werden kann«[17]. Im übrigen meint er, daß der Physiker sich in die Frage nach der Bedeutung des Prinzips »nicht allzusehr zu vertiefen braucht.«[18] Es liegt ihm fern, seine Anschauung als die allein wahre hinzustellen, aber er gesteht von sich, er finde »wohl eine gewisse Befriedigung in den älteren Auffassungen« (d. h. der Äthertheorie), und er wendet sich zur Erkenntnistheorie mit den Worten: »man kann denn auch das Urteil ihr überlassen, im Vertrauen, daß sie die

[17] In den oben zitierten drei Vorlesungen, S. 23.
[18] Ebenda, S. 22.

besprochenen Fragen mit der benötigten Gründlichkeit betrachten wird«[19]. Auch von Laue meint[20], die Auseinandersetzung zwischen den beiden entgegenstehenden Anschauungen müsse philosophischen Methoden vorbehalten bleiben.

V.

So sehr nun das in den zitierten Aussprüchen bewiesene Vertrauen zur Erkenntnistheorie den Philosophen ehrt, und so verführerisch es für ihn sein mag, hier einen Richterspruch zu fällen, so wird er doch erst auf das sorgfältigste seine eigene Kompetenz prüfen müssen, ehe er sich an eine Entscheidung wagt. Und zwar nicht etwa bloß deshalb, weil in der Zukunft irgendein bedeutungsvolles Experiment die erkenntnistheoretischen Gründe belanglos machen und dem Ansehen der Philosophie schaden könnte, sondern aus viel allgemeineren Erwägungen heraus.

Entspricht es, könnte man fragen, der wahren Aufgabe der Philosophie, dort einzuspringen, wo die exakte Einzelwissenschaft erklärt: ich weiß im Prinzip kein Mittel mehr zur Entscheidung? Verfügt die Philosophie über spezifische Erkenntnismittel, deren Gebrauch einer Einzelwissenschaft auf ihrem Gebiete versagt bleibt?

Bejaht man diese Frage, so macht man damit die Philosophie zu einer Wissenschaft, die neben oder vielmehr *über* anderen Wissenschaften steht. Und die Geschichte lehrt, daß dieser Standpunkt nicht ohne Gefahren ist. Vielleicht ist es weiser, die Philosophie zu betrachten nicht als etwas von den Wissenschaften Verschiedenes, sondern als etwas in ihnen, an dem sie in verschiedenem Grade teilhaben. Jede Wissenschaft birgt wohl das Philosophische in sich als eigentliches Lebensprinzip, der Philosoph aber ist der Schatzgräber, der es ans Tageslicht bringt und läutert.

[19] Ebenda, S. 23.
[20] *Physikalische Zeitschrift* 13, S. 120, 1912.

Sieht man die Sachlage so an, so wird man es für bedenklich halten zu sagen, ein für die Einzelwissenschaft unlösbares Problem könne durch die Philosophie gelöst werden. Dann würde eine physikalische Frage, die für den Physiker unentscheidbar ist, es auch für den Philosophen sein. Das heißt nun aber nicht, daß er schweigend und achselzuckend dabei stehen müßte, sondern gerade diese Tatsache der Unentscheidbarkeit kann für ihn zum Gegenstand des Interesses werden und ihm bedeutungsvolle Erkenntnisse erschließen.

Es kann nichts schaden und wird vielleicht gute Früchte tragen, wenn wir uns wenigstens vorderhand auf diesen vorsichtigsten Standpunkt stellen und seine äußersten Konsequenzen entwickeln. Danach wird es dann immer noch Zeit sein zu versuchen, ob wir nicht darüber hinaus noch einige Schritte weiter und höher gelangen können.

Wo immer sich zwei Anschauungen gegenüberstehen, zwischen denen nicht entschieden werden kann, da liegt es nahe zu fragen, ob denn notwendig die eine wahr, die andere falsch sein muß. Der Widerspruch zwischen ihnen könnte ja vielleicht nur ein scheinbarer sein, nur unter gewissen Voraussetzungen bestehen, die nicht unaufhebbar sind. Von den beiden streitenden Auffassungen des Relativitätsprinzips sagt die eine: es gibt »wirklich« ein ausgezeichnetes Bezugssystem, es ist jedoch nicht nachweisbar, weil die Bewegung zugleich gewisse »wirkliche« kompensierende Veränderungen verursacht. Die andere aber sagt: Kein Bezugssystem ist »wirklich« ausgezeichnet, und jene Veränderungen sind nicht eine Folge »wirklicher« physikalischer Einflüsse, sondern durch die Eigentümlichkeit der Raum- und Zeitmessung bedingt. Beide widersprechen sich, wenn sie unter Wirklichkeit dasselbe verstehen. Tun sie das aber? Identifiziert nicht vielmehr Einstein das Wirkliche mit dem Erfahrbaren, während Lorentz glaubt, auch eine nicht erfahrbare Wirklichkeit annehmen zu dürfen? Berücksichtigt man dies, so darf man wohl in der Tat beide Aussagen nur als verschiedene Worte für ein und dieselben objektiven Verhältnisse auffassen und bleibt damit in Übereinstimmung mit einer Ansicht über das Verhältnis wissenschaftlicher Theorien zur objektiven Welt, zu der man auch auf anderen Wegen gedrängt wird.

Die Gesamtheit unserer naturwissenschaftlichen Sätze in Wort und Formel nämlich ist nichts als ein Zeichensystem, das den Tatsachen der Wirklichkeit *zugeordnet* ist; und das ist gleich sicher, mag man nun die Wirklichkeit für ein transzendentes Sein erklären oder nur für den Inbegriff und Zusammenhang des unmittelbar »Gegebenen«. Das Zeichensystem heißt aber »wahr«, wenn die Zuordnung vollständig *eindeutig* ist.[21] Gewisse Eigenschaften dieses Zeichensystems sind unserer Willkür überlassen, wir können sie so oder so wählen, ohne doch der Eindeutigkeit der Zuordnung zu schaden. Es ist also kein Widerspruch, sondern liegt vielmehr in der Natur der Sache, daß unter Umständen mehrere Theorien zugleich wahr sein können, indem sie eine zwar verschiedene, aber doch jede für sich völlig eindeutige Bezeichnung der Tatsachen leisten. Freilich wird eine davon das auf geschicktere, einfachere Weise tun als alle anderen, und man wird daher allein mit ihr arbeiten, ja man kann auch übereinkommen, sie als die allein »richtige« zu bezeichnen, aber ein logisch zwingender Grund dafür ist zunächst nicht ersichtlich.

Um der klaren Einsicht willen sei die Sachlage an einigen bekannteren Beispielen erläutert.

Ein oft angeführter, bei Relativitätserörterungen besonders naheliegender Fall ist der Gegensatz des Kopernikanischen und Ptolemäischen Weltsystems. Streng genommen kann keine Erfahrung uns das Kopernikanische als das einzig wahre *beweisen*, sondern was die Erfahrung wirklich beweist, ist nur, daß allein dieses System uns gestattet, die Gesetze der Mechanik in ganz einfacher Form als allgemeingültig anzunehmen, z. B. das Trägheitsgesetz. Die Beobachtung zeigt, daß das von Kopernikus benutzte Bezugssystem, welches im Mittelpunkt der Sonne (oder vielmehr im Schwerpunkt des Planetensystems) ruht, vor dem Ptolemäischen mit der Erde ruhenden *ausgezeichnet* ist, indem

---

[21] Vgl. meine Ausführungen über die Wahrheit. *Vierteljahrsschrift für wissenschaftliche Philosophie,* XXXIV (1910), S. 466 ff.

es zu unvergleichlich einfacheren Gesetzen führt. Aber natürlich kann keine Erfahrung uns *zwingen*, alle Bewegungen gerade auf ein bestimmtes Koordinatensystem zu beziehen. Erst die Kopernikanische Anschauung ermöglichte die Entdeckung einer Himmelsdynamik, die zum Ptolemäischen Weltbild gehörende Dynamik hätte sich durch ihre Kompliziertheit der Auffindung entzogen. Liegt hierin der einzige Grund dafür, daß wir alle niemals das Gefühl los werden können, das Kopernikanische System allein entspreche der »Wirklichkeit«?

Als zweites Beispiel können wir auf die Möglichkeit hinweisen, bei der physikalischen Weltbeschreibung verschiedene Geometrien zu benutzen, ohne der Eindeutigkeit Eintrag zu tun. H. Poincaré hat mit überzeugender Klarheit dargetan[22], daß uns keine Erfahrungen zwingen können (obwohl noch Gauss und Helmholtz der entgegengesetzten Meinung waren), der Darstellung der physikalischen Gesetzmäßigkeiten der Welt ein bestimmtes geometrisches System zugrunde zu legen, etwa das Euklidische; sondern man kann dazu auch ganz andere Systeme wählen, nur muß man dann zugleich auch andere Naturgesetze annehmen. Die Kompliziertheit der nichteuklidischen Räume läßt sich durch eine Kompliziertheit der physikalischen Hypothesen kompensieren, und so kann man zu einer Erklärung des einfachen Verhaltens gelangen, das die Naturkörper in der Erfahrung wirklich zeigen. Der Grund für die Möglichkeit dieser Willkür liegt in dem Umstand (den schon Kant hervorhob), daß niemals der Raum selbst, sondern immer nur das räumliche Verhalten der *Körper* Gegenstand der Erfahrung, Wahrnehmung und Messung werden kann: Wir messen gleichsam immer nur das Produkt zweier Faktoren, nämlich der räumlichen und der im engeren Sinne physischen Eigenschaften der Körper, und wir können den einen der beiden Faktoren beliebig annehmen, solange wir nur dafür sorgen, daß das Produkt mit der Erfahrung übereinstimmt, was sich dann durch passende Wahl des andern

---

[22] *Wissenschaft und Hypothese*, Teil II, Kap. 5: *Der Wert der Wissenschaft*, Kap. 3, § 1; *Science et méthode*, Buch 2, Kap. 1, Teil 1.

Faktors erreichen läßt. Mit der Zeit verhält es sich nicht anders; wir können ihr innerhalb gewisser Grenzen verschiedene Maßeigenschaften zuschreiben – wenn wir zugleich gewisse Hypothesen über das physikalische Verhalten der Körper einführen, vermögen wir den Erfahrungstatsachen völlig gerecht zu werden. Die Theorie muß es sich nun zur Aufgabe machen, *beide* Faktoren so zu wählen, daß die Naturgesetze auf den einfachsten Ausdruck gebracht werden. Sobald ihr dies gelingt, erscheint sie uns mit großer Überzeugungskraft als die »richtige«. Im Falle des Raumes lehren bekanntlich alle Erfahrungen, daß es bei weitem am bequemsten ist, die Euklidische Geometrie zugrunde zu legen; die Physik kann dann auf die allereinfachsten Annahmen gegründet werden (z.B. auf die, daß ein Körper während einer gleichförmigen Translation seine Figur unverändert beibehält). Wir bezeichnen mithin unsern Raum schlechthin als Euklidisch, obgleich streng genommen kein Zwang besteht, den Naturgesetzen das Euklidische Gewand anzulegen. Das geschieht, wie Poincaré es ausdrückt, auf Grund einer *Konvention,* und man hat seiner Ansicht deshalb den Namen Konventionalismus gegeben. 9 Man muß sich aber vor Augen halten, daß es sich dabei natürlich keineswegs um eine völlig freie Konvention handelt, sondern es liegen gute Gründe für sie vor; sie bietet sich eben sofort als die einfachste, bequemste dar, so daß jeder sie ganz von selbst wählt, eine Verabredung mit anderen Forschern, also eine Konvention im eigentlichen Sinne gar nicht nötig ist. Bekanntlich ist ja der Laie sogar schwer davon zu überzeugen, daß andere Festsetzungen überhaupt möglich oder zulässig sind.

Nun darf aber der Philosoph doch wohl die Frage nach der *Ursache* dieses eigentümlichen Verhaltens aufwerfen. Daß der Mensch etwa aus biologischen Gründen stets ohne weiteres die einfachste Hypothese den anderen vorzieht, erscheint ja durchaus plausibel; es muß aber doch einen Grund dafür geben, *daß* die Naturgesetze gerade unter Zugrundelegung einer ganz bestimmten Theorie und keiner anderen den einfachsten Ausdruck gestatten. Und es könnte doch sein, daß wir die bequemste Theorie nicht bloß wegen ihrer Bequemlichkeit, sondern auch aus jenem verborgenen Grunde für die richtigste halten müßten. Viele Forscher sagen nun[23], der Grund dafür, daß wir die Welt durch einfache Theorien bemeistern können, liegt einfach darin, daß sie *wirklich* einfach ist. Wir sind von dem Glauben an die Einfachheit der Natur beseelt, und der stützt sich auf die Erfahrung, daß die großen fruchtbaren Fortschritte der Wissenschaft fast immer zuletzt auf eine Vereinfachung unserer Anschauungen hinausliefen. So dürfen wir die einfachere Hypothese als die »der unbekannten Wirklichkeit näher kommende« ansehen.[24]

Niemand wird sich wohl dem Reiz dieser Auffassung ganz entziehen können; betrachtet man aber ihre Argumente streng auf ihre rein logische Struktur hin, so verlieren sie ihre Beweiskraft. Der Glaube an die Einfachheit der Naturgesetze läßt sich nicht auf Erfahrung gründen, denn man kann stets statt der einfachen Theorien sich komplizierte erdenken, die dasselbe leisten; sondern jener Glaube erweist sich stets als eine Voraussetzung, die wir an die Erfahrung heranbringen. Diese zeigt uns, daß wir mit der Voraussetzung auskommen, sie kann uns aber nicht zeigen, daß es die einzig richtige ist. Der logische Kern des Ganzen bleibt daher ein Appell an den Glauben, steht also völlig auf einer Stufe mit dem biologischen Argument.

So war es um die logische Klärung der großen Prinzipienfrage schlecht bestellt, aber in den beiden betrachteten Fällen brauchte man sich darüber nicht zu beunruhigen, weil kein ernstlicher Zweifel darüber bestand, welche Anschauung man zu wählen habe. Niemand leugnet, daß Kopernikus »recht« hatte, und daß unser Raum, wenigstens so weit unsere Erfahrung bis zu den fernsten Gestirnen reicht, als Euklidisch zu bezeichnen ist. In diesen Fällen sind es eben lauter wohlvertraute Vorstellungen,

---

[23] Diesen Standpunkt verteidigt z. B. fast mit Leidenschaftlichkeit Eduard Study: *Die realistische Weltansicht und die Lehre vom Raum*, Braunschweig 1914, der für die Existenz einer »natürlichen Geometrie« eintritt, die ein »in jeder Beziehung treues Abbild« (S. 59) des *realen* Raumes sei. Der Schärfe der Poincaréschen Gedanken wird er nicht völlig gerecht.

[24] A. a. O., S. 122.

die in den Bau der einfachsten Theorie eingehen. Anders ist es beim Relativitätsprinzip. Hier verlangt die einfachere Theorie ein Aufgeben tief eingewurzelter Anschauungen; die entgegenstehende Theorie will lieber die gewohnten Vorstellungen beibehalten, erkauft aber diesen Vorzug durch eine größere Kompliziertheit. Hier zeigt sich nun, daß die größere Einfachheit *allein* doch nicht ausreicht, alle Forscher für eine Theorie zu gewinnen – sonst würde ja niemand die Lorentzsche Auffassung der Einsteinschen vorziehen –, und damit wird eine Frage akut, über die man sonst ohne große Skrupel hinwegging, weil man ihrer Lösung für die Zwecke der Wissenschaft nicht bedurfte. So kann man wohl sagen, daß die Relativitätstheorie uns zwingt, aus einem kleinen dogmatischen Schlummer aufzuwachen. Und darin scheint mir ein nicht geringer Teil ihrer philosophischen Bedeutung zu liegen. Zur *Lösung* jener Frage freilich gibt sie uns im Prinzip nicht mehr Mittel an die Hand, als etwa das eben besprochene Raumproblem, aber sie führt uns doch alle in Betracht kommenden Momente besonders deutlich vor Augen.

Zunächst wiederholen wir: Die Auffassungen von Einstein und Lorentz können *beide* als *wahr* gelten, sofern sie beide eine eindeutige Bezeichnung aller Erfahrungstatsachen ermöglichen. Kommt eine von ihnen »der Wirklichkeit näher?« Wenn wir das Prinzip gelten lassen, daß die einfachste, hypothesenfreieste Theorie als »getreues Abbild« der Wirklichkeit anzusehen ist, dann muß die Frage zugunsten der Einsteinschen Relativitätstheorie beantwortet werden. Und damit können wir den wichtigen Satz aussprechen: In demselben Sinne, in welchem nach allen bisherigen Erfahrungen unser »wirklicher Raum« der Euklidische und in welchem das Kopernikanische Weltsystem das richtige ist, in demselben Sinne gelten auch nach allen bisherigen Erfahrungen die Einsteinschen Sätze (von der Relativität der Längen, der Gleichzeitigkeit usw.) von unserer wirklichen Welt.

Was nun jenes Prinzip der Einfachheit betrifft, so besteht ein Weg, seine Richtigkeit zu gewährleisten, einfach in einer passenden Definition des Wirklichkeitsbegriffes. Dergleichen ist sehr wohl möglich, weil dieser Begriff in der Wissenschaft meist ohne nähere Bestimmung vorausgesetzt wird. Man kann einfach festsetzen, daß unter den möglichen Annahmen eben die einfachsten als die »der Wirklichkeit entsprechenden« bezeichnet werden sollen. »Wirklichkeit« bedeutet dann eben nur ein Wort für jenen unbekannten Grund, der da »bewirkt«, daß bestimmte Theorien die einfachste Naturgesetzlichkeit ergeben. Natürlich kann man niemanden zwingen, diese Definition anzunehmen, aber es scheint mir doch, daß durch sie nur auf eine Formel gebracht wird, was in der Wissenschaft die Auffassung des Wirklichen tatsächlich in hohem Grade bestimmt.

Sieht man aber das Wirkliche als ein letztes an, das keinerlei einschränkende Definition duldet, so gibt es wohl nur noch *einen* Weg, das Prinzip der Einfachheit wenigstens in vielen Fällen logisch zu rechtfertigen. In sehr vielen Fällen beruht nämlich die größere Einfachheit einer Theorie darauf, daß sie weniger *willkürliche* Elemente enthält (wo freilich die »Einfachheit« in anderen Momenten besteht, versagt jede logische Begründung). Je mehr Hypothesen ich zur Erklärung eines Tatbestandes einführe, desto mehr sind ihre einzelnen Bestandteile in mein Belieben gestellt, denn je mehr Annahmen ich mache, auf desto mehr verschiedenen Wegen kann ich Übereinstimmung mit der Erfahrung erreichen. Nun ist aber klar: Je größer die Zahl der willkürlichen Elemente, welche eine Theorie enthält, umsomehr ist an ihr aus meinem Belieben, umsoweniger aus dem Zwang der Tatsachen entsprungen. Wir müssen aber natürlich sagen, daß eine Theorie nur insofern die Wirklichkeit darstellt, als sie eben durch die objektiven Tatbestände bestimmt wird. Was sie darüber hinaus noch enthält, ist nicht durch das Gebot der Tatsachen, sondern durch meine Willkür hinzugefügt, ihm *kann* etwas in der Wirklichkeit entsprechen, aber wir wissen es nicht, die Tatsachen schweigen darüber. Wir wollen aber natürlich an unsern Theorien nicht nur das Falsche, sondern auch das überflüssige Beiwerk, die eigene Zutat, möglichst ausschließen. Wir tun es, indem wir diejenigen mit einem Minimum willkürlicher Annahmen wählen, d. h. die *einfachsten.* Dann sind wir sicher, uns von der Wirklichkeit wenigstens nicht weiter zu entfernen, als durch die Schranken unseres Wissens überhaupt bedingt wird.

Man kann z. B. in irgendeiner kosmologischen Theorie annehmen, daß jenseits aller sichtbaren Fixsterne eine alles umschließende Kugel oder ein Neumannscher Körper Alpha sich befinde, man kann die Hypothese einführen, daß ein Elektron eine ganze Welt von Milchstraßen in seinem Innern berge, man kann annehmen, daß es einen Äther gebe, in dem ein ruhendes Koordinatensystem sich denken lasse: aber aller dieser Hypothesen bedürfen wir nicht, um mit der Erfahrung in Einklang zu bleiben, es sind subjektive Zutaten, denen keine Bedeutung für die Darstellung des Objektiven zukommt. Eine solche Zutat ist eben auch der Begriff der absoluten Bewegung, und wir müssen deshalb der Relativitätstheorie den Vorzug geben, und das Fallenlassen solcher subjektiven Bestandstücke wie der hergebrachten Voraussetzungen über Raum- und Zeitmessung spielt dabei gar keine Rolle.

Andrerseits darf es uns aber in philosophischen Augenblicken auch nicht verwehrt sein, uns darüber zu freuen, daß uns eigentlich nichts zwingt, nur ein Weltbild als das einzig richtige zu betrachten, sondern daß der Reichtum des Menschengeistes uns erlaubt, verschiedenen Zeichensystemen, einfachen und komplizierten, die gleiche Wahrheit zuzuschreiben, in der Einsicht, daß sie auf verschiedene Art, das eine in der knappsten Weise, das andere in reicher Ausmalung, doch schließlich einer und derselben Wirklichkeit eindeutig zugeordnet sind.

VI.

Nicht alle philosophischen Systeme sind mit dieser letzten weitherzigen Beurteilung der Sachlage einverstanden. Die meisten möchten von vornherein genau darüber verfügen, was als Wirklichkeit zu gelten habe und wie sie dargestellt werden müsse: Der logische Idealismus der Marburger Neukantischen Schule z. B. faßt die Wirklichkeit nicht auf als etwas der Wissenschaft fest Gegenüberstehendes, sondern behauptet, sie werde durch die

Wissenschaft, durch das Denken erst geschaffen, sei Produkt des Denkens, freilich niemals fertig produziert, sondern eine Grenze, der sich die Wissenschaft ins Unendliche asymptotisch annähert, der Gegenstand der Erkenntnis sei ihre unendliche Aufgabe. Hiermit ist die Ansicht unvereinbar, die unter Umständen verschiedenen Theorien den gleichen Wahrheitsgehalt zuschreiben will, denn, sonst würde ja nicht eine, sondern mehrere Welten des Seins durch das Denken logisch erzeugt, und das wird der logische Idealismus nicht zugeben dürfen. In der Tat sagt z. B. Cassirer von der These der logischen Gleichberechtigung äquivalenter Theorien[25]: »Der Mangel dieser Schlußweise aber liegt deutlich zutage: denn die Aufhebung des absoluten Maßstabes schließt in keiner Weise die Aufhebung des *Wertunterschiedes* der verschiedenen Theorien selbst ein.« Das ist vollkommen richtig, aber es ist noch nichts damit bewiesen, denn die Frage ist eben, mit welchem logischen Recht der Schritt vom Wertvollsten zum einzig Wahren vollzogen wird. Wir dürfen ihn natürlich vollziehen, aber das Postulat, daß wir es tun müßten, ist logisch weiter nichts als eine besondere Definition des Wahrheitsbegriffs; und über deren Zweckmäßigkeit läßt sich sehr streiten.

Aber, wie gesagt, der Neukantianer kann bei der von uns in manchen Fällen für möglich gehaltenen ἐποχή nicht stehen bleiben, sondern muß uns sagen, wie sich sein System bestimmten Theorien gegenüberstellt. Dieser Aufgabe hat sich für die Relativitätstheorie Natorp[26] unterzogen.

Indem wir uns nun anschicken, diese Stellungnahme zu prüfen, um dadurch indirekt einen Maßstab für den Wahrheitsgehalt des logischen Idealismus zu gewinnen, müssen wir leider zuerst bemerken, daß der Natorpschen Darstellung der Relativitätstheorie eine gewisse Unsicherheit anhaftet, auf die ich schon einmal andeutend hinwies[27] und die es zweifelhaft erscheinen

---

[25] E. Cassirer: *Substanzbegriff und Funktionsbegriff*, Berlin 1910, S. 426.

[26] P. Natorp: *Die logischen Grundlagen der exakten Wissenschaften*, Leipzig 1910, S. 392 ff.

[27] Vgl. meine Besprechung des zitierten Werkes, *Vierteljahrsschrift für wissenschaftliche Philosophie*, XXXV, S. 260.

läßt, ob der Autor sich mit jenem vollen Verständnis in sie ein-
gelebt hat, das wir eingangs als unerläßliche Voraussetzung jeder
philosophischen Verwertung fordern mußten. (Der Pflicht, dieses
Urteil zu begründen, will ich wenigstens durch Heraushebung
einer Stelle genügen: Natorp sagt S. 395: Einstein habe »*bewiesen,
daß die Lichtgeschwindigkeit für das bewegte System in der Tat
notwendig konstant bleibt, wenn sie es im ruhenden System
ist*«. Wir sahen oben, daß Einstein dies nicht beweist, sondern
als berechtigte Voraussetzung einführt – ein gewaltiger Unterschied! Ebenda fährt Natorp fort, offenbar in der Meinung, damit
den Grundgedanken des vorgeblichen Einsteinschen Beweises
wiederzugeben: »Die Lichtgeschwindigkeit beweist sich eben
durchweg als ein *letzter* Faktor, der in alle unsere empirischen
Zeit- und Raummessungen gleichermaßen als Bedingung eingeht. Es gibt gar keine Möglichkeit, sie selbst als nicht konstant
zu erweisen, solange es über sie hinaus kein Maß der zeitlichen
und räumlichen Bestimmung mehr für uns gibt.« Wir brauchen
demgegenüber nur an unsere obigen Angaben und Zitate über
das Prinzip der Konstanz der Lichtgeschwindigkeit zu erinnern,
S. 52, Fn. 11. Aus ihnen geht hervor, daß gerade die Erfahrung
sehr wohl über seine Gültigkeit entscheiden kann.)

Der Vertreter des logischen Idealismus behauptet nun, daß die
Gedanken der Relativitätstheorie ganz trefflich in sein System
hineinpassen. Am deutlichsten finden wir Natorps Stellungnahme vielleicht in dem Satz ausgedrückt, in dem er sagt[28], er
erkenne in dem Relativitätsprinzip »nur die konsequente Durchführung des bereits von Newton aufgestellten, von Kant fest-
gehaltenen und schärfer gefaßten Unterschieds der reinen, absoluten, mathematischen von der empirischen, physikalischen
Zeit- und Raumbestimmung, welche letztere durchaus nur relativ sein kann. Ohne Grund hat man jene Unterscheidung selbst
von den neuen Anschauungen aus anfechten zu müssen geglaubt;
sie wird im Gegenteil gerade durch sie dem Prinzip nach unwidersprechlich bestätigt [...]« Aus diesen Sätzen und aus den

---

[28] A. a. O., S. 399.

Erörterungen, deren Abschluß sie bilden, geht hervor, daß der Neukantianer den Begriff des absoluten Raumes und der absoluten Zeit doch glaubt beibehalten zu müssen; zwar natürlich nicht als Begriffe von etwas »Wirklichem« – Kant selbst hatte sie ja schon für »bloße Ideen« erklärt –, aber doch als reine Voraussetzungen, die allen empirischen Raum- und Zeitmessungen schon zugrunde liegen. Nur von den letzteren soll die Relativität gelten. Demgegenüber müssen wir aber unter allen Umständen daran festhalten, daß die Einsteinsche Theorie den Begriff der absoluten Zeit auch als Voraussetzung nicht zuläßt. Sie weiß nichts von einer solchen und von dem hier geltend gemachten Unterschied. Nach ihr liegt nur die Idee der relativen Zeiten der Messung zugrunde. Die schon angeführte Wahrheit, daß wir niemals streng genommen Zeiten (und Räume) selbst wahrnehmen und messen, gilt nicht etwa bloß von der »absoluten« Zeit, sondern allgemein, auch von der »empirischen, physikalischen« Zeit. Der ganze Unterschied ist hinfällig. Was wir Messung des Raumes nennen, ist stets ein Vergleichen von Körpern (Anlegen eines Maßstabes an Gegenstände), Messung der Zeit ist ein Vergleichen von Bewegungen oder anderen Vorgängen (eine Uhr ist nach Einstein ein »System, welches genau denselben Vorgang automatisch wiederholt«). Die Zugrundelegung einer Idee ist nötig, um aus der Vergleichung von Körpern und Vorgängen eine Messung von Raum und Zeit werden zu lassen, aber es braucht nicht die Idee einer absoluten Zeit, eines absoluten Raumes zu sein. Das Relativitätsprinzip lehrt uns vielmehr, daß wir, um überflüssige Hypothesen zu vermeiden, das Maß der Zeit vom Bewegungszustand des Bezugssystems abhängig wählen müssen. Die »physikalische«, die gemessene Zeit ist also nicht etwas, das man direkt messen könnte, und das sich dadurch von einer »bloßen Idee« unterschiede, sondern ist selbst immer eine bloße Idee, die der Messung zugrunde gelegt wird. Die in den Gleichungen der Relativitätstheorie auftretenden Größen t sind »reine, mathematische« Zeiten im vollsten Sinne der Worte, obgleich es keine »absoluten« Zeiten sind. Physikalische Zeit ist immer gemessene, und damit mathematische, eine Idee. Den Gegensatz zu ihr bildet nur die wahrhaft anschauliche, die psychologische Zeit. Von ihr gilt dergleichen nicht. Sie ist *wirklich* im Bewußtsein (eine »durée réelle«), sie ist nicht meßbar, sondern reine Qualität – ein Umstand, auf dem bekanntlich Bergson ein ganzes metaphysisches System zu errichten sich erkühnte.

Wer da glaubt, daß die absolute Zeit, der absolute Raum »doch als Idee notwendig ist: um alle relative Bestimmung von Bewegung und Ruhe auf sie zu reduzieren...«[29], der kann nicht die Einsteinsche Theorie annehmen, sondern muß (etwa mit Lorentz) die absolute Fassung vorziehen. Das gleiche muß tun, wer der Meinung ist, »daß die unabweisliche Forderung der Eindeutigkeit des Geschehens die Beziehung auf die einzige absolute Zeit und den einzigen absoluten Raum nicht sowohl fordert als einschließt«[30]. In Wahrheit gibt auch die Relativitätstheorie ohne absolute Zeit ein schlechthin eindeutiges Bild des Geschehens.[31]

Diese Erwägungen lehren uns, daß die Relativitätstheorie durchaus *nicht* als eine natürliche Konsequenz der Gedankengänge des logischen Idealismus betrachtet werden kann, daß sie sich vielmehr nicht einmal in den Bau dieses Systems einfügen läßt, ohne ihn beträchtlich zu erschüttern.

Wenn nun die Theorie sich mit dem Marburger Kantianismus nicht recht vertragen will, wie steht es mit ihrem Verhältnis zum echten, Königsberger Kant? Natorp behauptet[32]: »Gerade das, was, wie es scheint, für die Entdecker des Relativitätsprinzips selbst das am meisten Überraschende war: diese gänzliche Relativierung der Zeitbestimmung, ist somit nur die Bestätigung eines der fundamentalsten Sätze Kants, und für den, der dessen Thesen durchdacht hat, genau nur das, was man erwarten mußte. Der hier angezogene Satz von Kant ist der, daß die absolute Zeit kein Gegenstand der Wahrnehmung ist. Folgt aus dieser Einsicht,

---

[29] A.a.O., S. 337.
[30] Ebenda, wo eine ältere Arbeit von Petzoldt zitiert wird.
[31] Vgl. z.B. von Laue, *Das Relativitätsprinzip*, S. 37.
[32] A.a.O., S. 403.

die Kant selbstverständlich besaß, das Relativitätsprinzip? Keineswegs, denn wir sahen ja, daß Relativitäts- und Absoluttheorie in gleicher Weise mit ihr vereinbar sind. Dagegen steht die erstere zweifellos in unleugbarem Widerspruch mit der Kantschen Ansicht, daß eben doch *die eine* Zeit als notwendige Vorstellung immer zugrunde liegt. Die Kantsche Anschauungsform a priori ist – dies kann nicht genug betont werden – die *Newton*sche Zeit. Und so gewiß die Physik der Relativitätstheorie nicht die Newtonsche Physik ist, so gewiß kann sie nicht in der Kantschen Ansicht untergebracht, geschweige denn aus ihr abgeleitet werden. In der transzendentalen Erörterung des Begriffs der Zeit in der zweiten Auflage der Kritik der reinen Vernunft heißt es: »Also erklärt unser Zeitbegriff die Möglichkeit so vieler synthetischer Erkenntnis a priori, als die allgemeine Bewegungslehre, die nicht wenig fruchtbar ist, darlegt.« Kann man im Ernst glauben, Kant hätte auf seinem Standpunkt den Satz, daß zwei gleichgerichtete Geschwindigkeiten sich bei der Zusammensetzung einfach addieren, nicht für a priori notwendig angesehen? Damit wäre aber die Einsteinsche Kinematik schlechthin ausgeschlossen. Man lese alles, was Kant in der transzendentalen Ästhetik, in den drei Analogien und anderswo über die Zeit geäußert hat und frage sich: hätte ein Anhänger der Kantschen Lehre von »der« Zeit, in die wir alle Erscheinungen einordnen müssen, die Sätze der Relativitätstheorie für richtig halten oder sie gar voraussagen können? Hand aufs Herz! Er hätte niemals wesentlich hinauskommen können über solche Sätze wie etwa die 28, die Schopenhauer[33] einstmals zusammenbrachte.

Den tiefstgehenden Versuch, die Relativitätstheorie mit der echten Kantschen Lehre in Übereinstimmung zu bringen, hat Hönigswald unternommen.[34] Ausdrücklich lehnt er (hierin ganz anders verfahrend als Natorp) jeden Versuch ab, den Kantschen Kritizismus als eine vorausnehmende Bestätigung der Theorie

---

[33] *Die Welt als Wille und Vorstellung* II, 1. Buch, 4. Kapitel.
[34] Richard Hönigswald: *Zum Streit über die Grundlagen der Mathematik*, Heidelberg 1912, S. 84 ff.

anzusehen[35], aber er meint, daß beide aufs beste miteinander vereinbar seien. Er erkennt an[36], daß *physikalische* Zeit immer so viel bedeute wie gemessene oder meßbare, weist aber darauf hin, daß man natürlich trotzdem zwischen Zeit und Zeitmessung unterscheiden müsse, und nun glaubt er (wie Natorp), diese Unterscheidung führe zu der Ansicht: »Es gibt keinen Begriff einer Zeit- und Raumbestimmung ohne die Begriffe jener letzten Bezugssysteme der absoluten Zeit und des absoluten Raumes [...]«[37]. Wenn man von der Relativitätstheorie aus zu einer Verneinung dieses Satzes gelange, so setze man fälschlich Zeit und Zeitbestimmung einander gleich und begehe damit einen Fehler, dessen Aufdeckung sonst eigentlich gerade dieser Theorie zu danken sei.

Hierzu sei zunächst folgendes bemerkt. Man braucht jene beiden Begriffe durchaus nicht gleichzusetzen, man kann sie sicherlich sehr wohl auseinanderhalten, *ohne* doch jenem Satze zuzustimmen. Es ist nicht einzusehen, warum die Zeit, von der man die Zeitbestimmung unterscheidet, gerade die Newton-Kantsche sein muß. Wir hatten ja z.B. oben selbst an der Zeit das quantitativ Bestimmbare gesondert von dem rein Qualitativen; also demjenigen rein Anschaulichen, welches da macht, daß etwa eine Zeitstrecke nicht dasselbe ist wie eine Raumstrecke, obwohl doch beide eindimensionale Kontinua, also in der rein mathematischen Darstellung schlechthin auf keine Weise zu unterscheiden sind.[38] Dieses Qualitative ist aber natürlich nicht die Newton-Kantsche Zeit; man kann auf sie keine Bewegungslehre gründen.

Hönigswald meint aber offenbar gerade, wenn man von der Zeit dasjenige gleichsam wegnehme, dessen quantitative Bestimmung die Relativitätstheorie gebe, so bleibe ein allgemeiner Begriff der

---

[35] Ebenda, S. 95 f.

[36] Ebenda, S. 93.

[37] Ebenda, S. 92.

[38] Vgl. meine früher zitierte Besprechung der *Logischen Grundlagen* von Natorp, S. 257 f.

Zeit übrig, welcher gerade der Kantische sei. Dieser allgemeine Begriff könne auf verschiedene Weise spezialisiert werden, und eine dieser Differenzierungen werde in der Relativitätstheorie vollzogen. So »liegt ihre erkenntnistheoretische Bedeutung gerade in denjenigen Momenten, durch welche sie sich der Kantschen Lehre gegenüber *differenziert*«[39]. Ihr Zeitbegriff erscheint also als ein Spezialfall, der dem Kantschen untergeordnet werden kann. So kommt Hönigswald zu der abschließenden Bestimmung: Die verschiedenen Zeiten, die in der Relativitätstheorie auftreten, sind »*einer gemeinsamen* Bedingung unterworfen. *Und diese eben ist die ›Zeit‹ Newtons und Kants.* Verschiedene Beobachter auf verschiedenen Himmelskörpern haben verschiedene ›Ortszeiten‹; aber *eine* und *dieselbe* ›Zeit‹ ist es, die sie umschließt, und auf deren Hintergrund jene Ortszeiten als solche vermittelst der Relativitätstheorie erst bestimmbar werden«[40].

Wiederum können wir dies nicht als richtig anerkennen. Gewiß sind die Zeiten der Theorie einer gemeinsamen Bedingung unterworfen. Aber welches ist doch diese Bedingung? Nur eben die der Relativität! Sie sind ja alle völlig gleichberechtigt, jede umschließt, von ihrem System aus betrachtet, alle andern, und es gibt daher keine Bedingung »Zeit«, die ihnen, sie alle umschließend, gegenüberstände. Es ist völlig unmöglich, von den relativen Zeiten durch Aufsuchen irgendeiner Gemeinsamkeit zu einer absoluten zu gelangen. Wären die verschiedenen Zeiten der Relativitätstheorie anzusehen als Differenzierungen einer sie umfassenden allgemeinen Newtonschen Zeit, so müßte auch die Mechanik der Theorie irgendwie durch Spezialisierung aus der Newtonschen Mechanik hervorgehen können: in Wahrheit widersprechen sie sich. Höchstens kann man umgekehrt die letztere als einen Spezialfall der ersteren auffassen, weil jene für langsame Bewegungen immer näher in diese übergeht. Nach der Relativitätstheorie ist überhaupt keine Mechanik *möglich* ohne Relativierung der Zeit, weil diese mit dem Begriff der Bewegung

[39] A. a. O., S. 98.
[40] A. a. O., S. 99.

unlöslich zusammenhängt – wie könnte da eine den relativen Zeiten gemeinsame absolute Bedingung zum Grundbegriff einer Mechanik gemacht werden (denn dies ist ja die Rolle der Newtonschen Zeit)? Die Relativitätstheorie trifft, sofern sie richtig (und das setzen wir ja ein für alle Mal voraus), mit ihren Maßbestimmungen *alles*, was, überhaupt an den Zeiten physikalisch, meßbar ist; sucht man sonst noch etwas an ihnen, so findet man niemals eine Newtonsche Zeit, die eine Physik begründen kann, sondern immer nur jenes qualitative Moment; dieses allein ist es in der Tat, das einem eindimensionalen Kontinuum den Charakter der »Zeit« verleihen kann. Noch dies sei erwähnt: wäre »die« Kantsche Zeit eine gemeinsame Bedingung, die allen Einzelzeiten – und diese allein sind ja nach der Theorie erfahrbar – auferlegt ist, so würde man zu ihr von den Einzelzeiten aus auf dem Wege der *Abstraktion* gelangen, und das hat Kant ja bekanntlich ausdrücklich zurückgewiesen.

Zusammengefaßt: Der ganze Gedanke Hönigswalds ruht, wie auch aus den zitierten Sätzen hervorgeht, darauf, daß er sich die verschiedenen Relativzeiten von einem Standpunkt außerhalb ihrer betrachtet denkt, der an ihrer Relativität nicht teil hat, dessen Zeit die andern umschließt, und von dem aus sie einer gemeinsamen absoluten Bedingung unterworfen scheinen. Nach der Theorie ist aber gerade ein solcher Standpunkt *nicht möglich*. Und damit wird es auch unmöglich, die Theorie mit dem Kantschen Zeitbegriff in Einklang zu bringen.

Wir müssen also über das Verhältnis des historischen Kantschen Systems zu der neuen Theorie den Schluß ziehen: sie läßt sich aus ihm weder voraussagen, noch findet sie in ihm einen fertig bereiteten Platz vor, an dem sie sich lückenlos einfügen könnte. Der Kantsche Zeitbegriff erweist sich als zu eng, um die prinzipiellen Fortschritte der Naturwissenschaft in sich aufzunehmen. Die bedeutsamste philosophische Lehre, die wir aus der Relativitätstheorie ziehen müssen, bleibt doch die, daß der Newtonsche Zeitbegriff fortan nicht mehr als der einzig mögliche betrachtet werden kann, selbst dann nicht, wenn etwa einmal die Theorie aus empirischen Gründen wieder verlassen werden sollte.

Indem Kant in die reine Anschauungsform alle Eigenschaften der Newtonschen Zeit aufnahm, determinierte er sie in zu spezieller Weise. Wir deuteten schon an, Kant habe der reinen Anschauungsform manches zugeschrieben, was in Wahrheit auf Rechnung des vergleichenden Verstandes zu setzen sei (oben S. 57). Wir können das jetzt dahin präzisieren, daß als solche Zutat alles Quantitative, alles Mathematische, alle Maßeigenschaften der Zeit zu betrachten sind. Als subjektive, notwendige apriorische Form des Anschauens sind mithin nur die rein qualitativen Eigenschaften der Zeit und des Raumes zu betrachten, kurz das eigentlich zeitliche an der Zeit, das spezifisch räumliche am Raum. Damit wird die Kantsche Lehre in ihrem Kern nicht aufgehoben, wohl aber ergibt sich die Notwendigkeit, sie in wesentlichen Stücken zu modifizieren.

Wir leisten, glaube ich, der Philosophie einen besseren Dienst, wenn wir uns nicht scheuen, an den uns lieb gewordenen Lehren die durch den Fortschritt der Erkenntnis geforderten Modifikationen vorzunehmen, als wenn wir versuchen, sie unter allen Umständen mit den neuen Errungenschaften in Übereinstimmung zu bringen. Den historischen Sinn mag es mehr befriedigen, Prinzipien moderner Wissenschaft nach Kants System, und Kantsche Gedanken nach den Platonischen zu deuten: der philosophische Sinn wird sich mehr freuen über das Neue in der Erkenntnis und es fröhlich als neu anerkennen, wo es ihm begegnet.

VII.

Neben der Kantischen steht keine philosophische Richtung der Gegenwart in so engem Konnex mit den exakten Wissenschaften wie der Positivismus. Wir wollen jetzt unsere Absicht ausführen, die Ansprüche zu prüfen, die er auf die Relativitätstheorie erhebt. Er hat mit großem Triumph von ihrem Prinzip Besitz ergriffen und es für eine echt positivistische Errungenschaft erklärt. Am eifrigsten ist in dieser Beziehung J. Petzoldt tätig gewesen; er hat in mehreren Arbeiten »die Relativitätstheorie im erkenntnistheoretischen Zusammenhange des relativistischen Positivismus«[41] behandelt, am ausführlichsten wohl in eine Abhandlung in der Zeitschrift für positivistische Philosophie[42]; und er sucht vor allem nachzuweisen, daß die Ideen von Mach mit Notwendigkeit zu unserm Prinzip hinführen mußten. Die Grundbedingung: durchdringendes Verständnis der physikalischen Seite der Theorie, finden wir hier zweifellos erfüllt; nirgends begeht Petzoldt Irrtümer in ihrer logischen Auffassung (außer an einer Stelle[43] bei der Beurteilung eines bekannten Paradoxons der Theorie; doch ist dieses Versehen wohl zu entschuldigen, da auch andere ganz in die Theorie eingelebte Forscher[44] an diesem Punkte fehlgegriffen haben).

Von vornherein muß man in der Tat zugeben, daß schon vor der Aufstellung des Relativitätsprinzips keine Gedankenkreise so eng mit denen der Theorie verwandt waren wie diejenigen des Positivismus. Man wird wohl auch sogar sagen müssen, daß Einstein kaum zu seiner Theorie gelangt wäre, wenn er nicht schon selbst in jenen Gedankenkreisen sich bewegt hätte. Wir dürfen also gleich als feststehend annehmen, daß unser Prinzip in der positivistischen Erkenntnistheorie bequem Platz findet; – das überhebt uns aber nicht der Untersuchung der Einzelheiten dieses Zusammenstimmens, und da wird sich ergeben, daß man die Leistungsfähigkeit des Positivismus doch überschätzt, wenn man glaubt, er hätte so einfach aus sich selbst heraus das physikalische Relativitätsprinzip hervorgebracht und könne gar nichts mehr von ihm lernen.

Der Grundgedanke des Positivismus, nur das Wahrgenommene für wirklich zu erklären, die Welt allein aus unmittelbar gege-

---

[41] Titel eines Aufsatzes von Petzoldt; *Verhandlungen der Deutschen Physikalischen Gesellschaft* 14 (1912), S. 1060.

[42] Jahrgang 2 (1914), S. 1 ff.

[43] A. a. O., S. 50.

[44] Z. B. Normann Campbell: *Physikalische Zeitschrift* 13 (1912), S. 123. Die *richtige* Behandlung des Paradoxons findet man z. B. in den zitierten drei Vorlesungen von Lorentz, S. 31 f. u. Nachtrag 4.

benen »Elementen« aufzubauen, hat oft zu der Behauptung geführt: da nur relative Bewegungen wahrnehmbar sind, so sind auch nur sie allein wirklich, absolute Bewegungen existieren gar nicht und können daher auch keine physikalische Bedeutung, keine physikalische Wirkung haben. Ist dieses Postulat irgendwie äquivalent dem Satze, den wir bisher als Relativitätsprinzip bezeichnet haben? (Nur von diesem reden wir jetzt; das *erweiterte* Prinzip wird sogleich noch zu besprechen sein.) Die Antwort lautet natürlich: durchaus *nicht.* Denn während unser Prinzip sich allein auf gleichförmige Translationsbewegungen bezieht, redet jener Satz von Bewegungen schlechthin, begreift also Beschleunigungen in sich. In der Tat, rein kinematisch betrachtet, d.h. als bloße Ortsänderung ohne Rücksicht auf Massen und Kräfte, sind natürlich beschleunigte Bewegungen genau so relativ wie gleichförmige. Der Positivist muß jenen Satz entweder für jede beliebige Bewegung behaupten, oder er hat überhaupt kein Recht, ihn zu behaupten. Denn die Gründe für seine Behauptung liegen ja eben bei *jeder* Bewegung in gleicher Weise vor. Bestätigt also die Erfahrung den Satz bloß für gleichförmige Bewegung, so ist das überhaupt keine gültige Bestätigung, sondern nur eine zufällige. Ebensogut wie die Erfahrung uns das Bestehen absoluter Beschleunigungen lehrt (und das tut sie nach der Newtonschen Ansicht sowohl wie nach der bisher besprochenen Relativitätstheorie), hätte sie uns die Existenz absoluter gleichförmiger Bewegung zeigen können; und daß sich in Wahrheit nur die erstere, nicht auch die letztere physikalisch nachweisen läßt, das ist dann nur ein empirischer Satz, nicht, wie jene Meinung behauptet, ein notwendig gültiges Prinzip. Tatsächlich hätte uns die Erfahrung doch lehren können, daß es nur ein Koordinatensystem gibt, in bezug auf welches alle Gesetze der Physik die einfachste Form annehmen. (Dies absolute Bezugssystem könnte astronomisch-physikalisch etwa dadurch bestimmt werden, daß man seinen Bewegungszustand relativ zu unserm Planetensystem angibt.) Darin liegt nichts Undenkbares, und es ist eine reine Erfahrungstatsache, daß es eben nicht nur eins, sondern unendlich viele solcher Systeme gibt. Das Relativitätsprinzip ist also ein Resultat durchaus spezifischer Erfahrungen, nicht bloß eine Konsequenz jenes allgemeinen relativistischen Satzes.

Das führt uns dazu, diesen Satz überhaupt ein wenig näher zu prüfen. Zu seiner Klärung ist es zweckmäßig, das berühmte Beispiel einmal im einzelnen zu betrachten, durch welches Newton die Existenz absoluter Beschleunigungen nachweisen wollte. Er denkt sich einen rotierenden Körper (ein Glas Wasser) im Raume und meint nun, an den auftretenden Zentrifugalbeschleunigungen (dem Emporsteigen des Wassers an den Gefäßwänden) könnte die absolute Rotation erkannt werden. Der Versuch zeigt, daß die Fliehkräfte nicht abhängen von der Rotation des Körpers relativ zu seiner Umgebung (des Wassers relativ zum Glase), es handelt sich hier also um den Einfluß einer absoluten Drehbewegung, welcher, wie Newton schließt, auch dann bestände, wenn der Körper gar keine Umgebung hätte, wenn also außer ihm überhaupt keine andern im Universum existierten, in bezug auf welche die Bewegung rein kinematisch konstatiert werden könnte.

Mach bemerkt, und zwar mit Recht, daß dieser Schluß Newtons anfechtbar ist. Die Erfahrung lehre allerdings, daß die Ursache der Zentrifugalbeschleunigungen nicht in der Relativrotation des Körpers in bezug auf seine nähere Umgebung liegt, daraus folge aber nicht, daß sie in der Absolutrotation liegen müsse, sondern sie könne auch zu suchen sein in der Relativdrehung zu den gewaltigen, wenn auch entfernten Massen, die wir im Fixsternhimmel vor uns haben, oder zu einem allverbreiteten Medium, dem Äther. Die Erfahrung zeigt uns nicht, daß an einem Körper nicht auch dann Fliehkräfte auftreten, wenn der ganze Fixsternhimmel um ihn herumgedreht wird. Bis hierher muß man Mach zweifellos beistimmen. Aber dann fährt er fort[45]: »Der Versuch ist nicht ausführbar, der Gedanke überhaupt sinnlos, da *beide* Fälle sinnlich voneinander nicht zu unterscheiden sind. Ich halte demnach *beide* Fälle für *denselben* Fall und die Newtonsche Unterscheidung für eine Illusion.« Gegen diese Sätze ist auf jeden Fall Einspruch zu erheben. Erstens ist freilich die Drehung

---

[45] *Die Mechanik in ihrer Entwicklung*, 3. Aufl., Leipzig 1897, S. 233.

des Fixsternhimmels um einen der Beobachtung zugänglichen Körper ein unausführbarer Versuch, und es ist auf diese direkte Weise unmöglich, die Relativität der Rotation zu beweisen oder zu *widerlegen* – es ist aber wohl denkbar, daß aus der Annahme einer solchen Relativität Folgerungen abgeleitet werden könnten, die ihrerseits experimentell prüfbar sind, und wir werden bald sehen, daß dergleichen wirklich nicht ganz ausgeschlossen ist und von Einstein ernstlich in Betracht gezogen werden konnte. Zweitens aber ist der Satz, daß jene beiden Fälle sinnlich nicht voneinander unterscheidbar seien, eine petitio prinzipii, hervorgerufen durch Nichtbeachtung des Unterschiedes zwischen kinematischer und dynamischer Betrachtungsweise. Sind die Zentrifugalbeschleunigungen, durch deren Vorhandensein oder Fehlen die Fälle sich nach Newton unterscheiden müßten, etwa nicht sinnlich wahrnehmbar? Wir wollen es ganz einwandsfrei formulieren. Es wäre doch folgendes denkbar: Es könnten in einer Reihe von Fällen ein Körper und ein sehr großes System (etwa Milchstraßensystem) sich in relativer Rotation zueinander befinden, und es könnte in einigen dieser Fälle das Auftreten von Fliehkräften an dem Körper beobachtet werden, in andern nicht. Und die Verhältnisse könnten so liegen, daß man diesem verschiedenen Verhalten am einfachsten durch die Annahme der Existenz absoluter Drehungen gerecht würde, indem man sagt: in dem einen Fall dreht sich eben der Körper, in dem andern das umgebende System. Man würde dann die absolute Rotation, wie Newton das wollte, auf dynamischem Wege definiert haben. Auf kinematischem ist es natürlich nicht möglich.

Machs Gedankengang war wohl explizite der: Bewegung (und Beschleunigung) ist ein rein kinematischer Begriff – dies ist ja ein identischer, tautologischer Satz –, wo also kinematisch kein Unterschied zu machen ist, da ist eben die Bewegung dieselbe; wo aber die Bewegung dieselbe ist, können auch die Wirkungen der Bewegung, die Fliehkräfte, nicht verschieden sein. Aber hier ist etwas außer acht gelassen, nämlich der Unterschied zwischen dem bloßen Begriff der Bewegung, welcher eine Abstraktion ist, und der physikalischen Tatsache der Bewegung, welche ein realer Vorgang ist. In Wirklichkeit ist Bewegung immer Ortsveränderung eines physischen Gebildes; das Dynamische ist vom Kinematischen nicht wirklich, sondern nur in der Abstraktion zu trennen. Es ist mithin ganz ungerechtfertigt, die dynamischen Erscheinungen, also die Fliehkräfte, allgemeiner die Trägheitswiderstände, als die Wirkungen oder Folgen der Bewegung aufzufassen, sondern sie gehören ebenso unmittelbar zur physischen Bewegung wie die Ortsveränderung selber. Der Begriff der reinen Kinematik oder Phoronomie (Ortsveränderung mathematischer Punkte in der Zeit) ist eine Abstraktion, über deren Bedeutung sich a priori nichts sagen läßt; nur die Erfahrung kann darüber entscheiden. Es ist merkwürdig zu beobachten, wie manchmal gerade das Bestreben, immer nur bei den sinnlichen Erfahrungen zu bleiben, zu kühnen apriorischen Aufstellungen führt, weil man vergißt, daß Erfahrungen nur in der Abstraktion voneinander isoliert werden können. Denken wir uns frei im Raume vor unsern Augen zwei Körper, die relativ zueinander in ungleichförmiger, etwa ruckweiser Bewegung sich befinden, so können wir ihnen nicht an*sehen,* ob beide Beschleunigungen erfahren, oder nur einer von ihnen, und welcher von beiden: wohl aber könnten wir es ihnen nach Newton gleichsam an*fühlen:* wir könnten unsere Hand mit einem der Körper mitführen, dann würde sich jeder Ruck, jede Beschleunigung darin äußern, daß wir Trägheitswiderstände dabei zu überwinden haben; fehlen sie, so befindet sich der Körper in gleichförmiger Translation oder »Ruhe«. Die absolute Rotation eines Körpers würden wir nach der Newtonschen Anschauung gleichfalls durch den Muskelsinn feststellen können, indem wir mit seiner Hilfe finden würden, daß Zentripetalkräfte nötig sind, um dem Körper seine Gestalt zu bewahren, um seine Teile zusammenzuhalten. Es wäre vielleicht ganz im Sinne des Positivismus, die kinematische Betrachtungsweise auf die optischen, die dynamische dagegen auf die kinästhetischen Erfahrungen zurückzuführen. Dann hätte also Mach seinen Satz in der Form aussprechen können: »Wo optische Erfahrungen uns nichts lehren, dürfen auch die kinästhetischen uns nichts lehren.« In dieser Formulierung erkennt man leicht, daß dem Satz nicht die geringste Notwendigkeit innewohnt, sondern nur die Erfahrung kann über seine Richtigkeit entscheiden.

Dennoch übt der Satz von vornherein einen gewissen Reiz aus; der Beweis seiner Richtigkeit würde uns große intellektuelle Befriedigung gewähren. Denn wenn man sagen dürfte: nicht nur die geradlinige, unbeschleunigte Bewegung ist in der Natur relativ, sondern überhaupt *jede* Bewegung, so würde dies zweifellos eine außerordentliche prinzipielle Vereinfachung des Weltbildes bedeuten. So hat denn Einstein versucht, eine Erweiterung der Relativitätstheorie vorzunehmen und sie auch auf beschleunigte Bewegungen auszudehnen, und deshalb sagt er selbst, seine Ansicht stütze sich »in der Hauptsache auf erkenntnistheoretische Gründe«.

Wir sahen oben (S. 48), daß Beschleunigungen in der Newtonschen Mechanik unmöglich als nur relativ aufgefaßt werden konnten, und zwar liegt der Grund dafür darin, daß in ihr die Trägheit der Materie und ihre Schwere (also die Gravitation) ganz unäbhängig voneinander sind, gleichsam nur zufällig dieselben Massen zum Gegenstande haben. Man kann diese Voraussetzung fallen lassen, indem man mit Einstein[46] folgende interessante Betrachtung anstellt: Wenn ein in einem verhängten Eisenbahnwagen abgeschlossener Beobachter aus den Erschütterungen auf eine stoßweise Bewegung seines Wagens schließt, so ist dieser Schluß streng genommen nicht zwingend, denn die Erfahrungen des Beobachters könnten auch erklärt werden durch plötzliche Änderungen der Intensität der Schwerkraft. Die beste Verdeutlichung gibt Einstein durch die Fiktion des folgenden einfachen Falles: Ein Physiker in einem völlig abgeschlossenen Kasten, über dessen Orientierung im Weltraum er nichts weiß, beobachte, daß alle losgelassenen Gegenstände mit bestimmter Beschleunigung auf den Boden des Kastens fallen. Um dies zu erklären, kann er entweder annehmen, daß sein Kasten in einer beschleunigten Bewegung nach »oben« begriffen ist, oder daß er auf einem Himmelskörper ruht, dessen Anziehung eben jene

---

[46] Vgl. z. B. *Physikalische Zeitschrift* 14 (1913), S. 1249.

Beschleunigung bewirkt. Beide Auffassungen sind möglich, und wir kennen schlechterdings kein Mittel, daß dem Physiker eine Entscheidung zwischen ihnen gestatten würde. Indem nun Einstein annimmt, daß es ein solches Mittel überhaupt *nicht gibt* (Äquivalenzprinzip), hat er die Relativierung der Beschleunigung vollzogen, denn nun ist ja eben der Newtonsche Schluß von dem Auftreten gewisser Kräfte auf das Vorhandensein absoluter Beschleunigungen nicht mehr erlaubt. Zugleich ist damit eine Theorie der Gravitation aufgestellt, deren Folgerungen für verschiedene Gebiete der Physik von Einstein entwickelt worden sind.[47] Nach dieser Theorie wäre nun die Lichtgeschwindigkeit keine absolute Konstante mehr, sondern in bestimmter Weise von Gravitationsgrößen abhängig; die von uns bisher besprochene Relativitätstheorie wäre dann also nicht mehr mit voller Strenge richtig, sondern nur eine Annäherung, gültig für die weiten Bereiche, in denen jene Geschwindigkeit als unveränderlich betrachtet werden kann.

Leider läßt sich die ganze Theorie schwer an der Erfahrung prüfen, denn die Abweichungen, welche die Naturerscheinungen nach ihr gegenüber den sonst erwarteten zeigen müssen, sind so außerordentlich klein, daß sie sich der Beobachtung entziehen. Mit einer Ausnahme: die Theorie fordert, daß Lichtstrahlen durch den Einfluß großer Massen aus ihrer geradlinigen Bahn etwas abgelenkt werden – ein Resultat, dessen Richtigkeit man bei einer totalen Sonnenfinsternis prüfen könnte durch Beobachtung von Sternen, deren Licht auf dem Wege zu uns dicht an der Sonne vorbeilaufen muß. Die Beobachtungsgenauigkeit würde für den erwarteten Effekt gerade noch ausreichen. Die Finsternis am 21. August des vergangenen Jahres hätte vielleicht eine Entscheidung bringen können, aber die zu ihrer Beobachtung ausgerüsteten Expeditionen konnten meines Wissens ihre Aufgabe wegen des Krieges nicht erfüllen.[48]

---

[47] In elementarer Darstellung findet man einiges davon in den zitierten drei Vorlesungen von Lorentz.

[48] Gehrcke behauptet im letzten Satz seines *Kantstudien*-Artikels (S. 487) schlechtweg: »Der Erfahrung widerspricht die neue Theorie.«

Aber nehmen wir einmal an, die Wissenschaft hätte Einsteins erweiterte Theorie in vollem Maße bestätigt – würde das einen großen Triumph der Machschen Philosophie bedeuten, weil dieser die Relativität aller Bewegungen als notwendig behauptet hat? Müßten wir, wie Petzoldt das tut[49], überhaupt Mach als den eigentlichen Begründer der Relativitätstheorie preisen? Ich glaube wir dürfen das aus mehreren Gründen nicht.

Den ersten Grund, der für sich schon völlig entscheidend ist, haben wir soeben bereits dargelegt, indem wir zeigten, daß die Argumente gar nicht haltbar sind, die Mach zu seinem Satze führten. Erweist er sich dennoch als richtig, so liegt darin mehr eine zufällige Übereinstimmung als eine echte Verifikation. Bei Mach erscheint der Satz denknotwendig, bei Einstein wird er als eine Voraussetzung der Theorie zugrunde gelegt und schließlich doch der Erfahrung die Entscheidung darüber gelassen, wie weit er als gültig betrachtet werden darf.

Dies führt uns sogleich auf den zweiten Grund, der ebenfalls für sich allein schon entscheidend ist: es hat sich nämlich herausgestellt, daß auch Einsteins erweiterte Theorie den Gedanken der *schrankenlosen* Relativität der Beschleunigungen nicht durchzuführen vermag; nicht jedes beliebige Bezugssystem ist nach ihr gleichberechtigt, wie das Machsche Prinzip es unbedingt fordern muß, es zeigt sich vielmehr bald, daß unter den möglichen zueinander beschleunigten Bezugssystemen eine engere Auswahl zu treffen ist, um z.B. nicht gegen den Satz der Erhaltung der Energie zu verstoßen, den die moderne Physik auf keinen Fall aufgeben möchte. Ja, später hat Einstein bewiesen[50], daß es eine Lösung des Problems für *ganz* beliebig bewegte Koordinatensysteme überhaupt nicht geben *kann*. Damit wird es völlig unmöglich, in der Einsteinschen Theorie, wenn die Erfahrung sie bestätigen sollte, eine Verifikation des Machschen Postulats zu

Sollte er Gelegenheit gehabt haben, die erwähnte astronomische Beobachtung anzustellen?

[49] A.a.O., S. 3–8.
[50] *Physikalische Zeitschrift* 15 (1914), S. 178.

erblicken, denn dieses verlangt eben die Gleichberechtigung schlechthin *aller* Bezugssysteme, und seine Unhaltbarkeit ist dargetan, wenn auch nur die geringste Einschränkung dabei gemacht werden muß. Allerdings würde damit auch der erkenntnistheoretische Grund überhaupt fortfallen, der Einstein zur Erweiterung seiner Theorie veranlaßte.

Drittens endlich muß gesagt werden, daß Mach nur einen zwar kühnen, aber doch sehr naheliegenden[51] und, wie wir zeigten, nicht einwandfrei begründeten Gedanken ausgesprochen hat; aber erst Einstein hat aus diesem Gedanken herausgeholt, was daran zu verwerten war und darauf eine Theorie aufgebaut, die physikalisch in Betracht kommt und gerade durch die Originalität ihrer einzelnen Gedanken überrascht.

Zusammenfassend müssen wir also über die Stellung des Positivismus zur Relativitätstheorie folgendes sagen: Die allgemeinen Gedanken der positivistischen Erkenntnistheorie geben zweifellos einen günstigen Boden ab für das Relativitätsprinzip und die Konsequenzen für Raum und Zeit, die sich aus ihm ableiten. Sie nimmt die neuen Anschauungen ohne jede Schwierigkeit in sich auf. Nicht richtig aber ist, daß der Positivismus diese Anschauungen aus sich heraus als die einzig richtigen entwickelt und vorhergesagt habe – andere würden ebenso gut hineinpassen. Wo vielmehr *speziellere* Relativitätsbehauptungen aufgestellt wurden, wie Mach es z.B. tat, da sind sie durch den Fortschritt der physikalischen Wissenschaft eher widerlegt als bestätigt worden. Es muß auch bemerkt werden, daß die direkten Ausführungen Machs oder anderer Positivisten über den Zeitbegriff gerade die bedeutsamsten Schritte Einsteins in keiner Weise vorweggenommen haben; an die Relativierung der Gleichzeitigkeit z.B. hat niemand gedacht.

---

[51] Um zu zeigen, wie naheliegend der Gedanke ist, darf ich vielleicht erwähnen, daß ich ihn bereits als Primaner faßte und in Gesprächen hartnäckig die daraus fließende Behauptung verteidigte, als Ursache der Trägheit müsse eine Wechselwirkung der Massen angenommen werden, und ich war dann erfreut, aber gar nicht überrascht, dem Gedanken bald darauf wieder zu begegnen, als ich Machs Mechanik kennenlernte.

VIII.

Es gibt noch eine Konsequenz des Relativitätsprinzips von hoher philosophischer Bedeutung. Die betrifft den *Substanzbegriff.* Mit dem Relativitätsprinzip ist nämlich, wie wir schon bemerkten, die Annahme der Existenz eines Lichtäthers unvereinbar, solange man mit dem Worte überhaupt einen physikalischen Sinn verbindet. Die Ätherhypothese wurde einst aufgestellt, damit man einen Träger der Licht- (und der übrigen elektromagnetischen) Erscheinungen habe. Er war das Medium, in welchem sich das Licht mit der Geschwindigkeit $c = 300\,000$ km/sec. fortpflanzte. Nach den Voraussetzungen der Relativitätstheorie müßte dieser Äther in jedem berechtigten System ruhen – das ist natürlich ein Widerspruch. Denn ein in einem System K ruhender Körper ist in Bewegung in bezug auf alle Systeme, die sich gegen K bewegen, und kann in ihnen nicht auch noch ruhen. Solange kein Bezugssystem vorgeschrieben ist, kann einem physikalischen Körper jede beliebige Bewegung zugeschrieben werden, sobald aber ein solches einmal gegeben ist, hat er relativ zu diesem eine ganz bestimmte Geschwindigkeit, und nur eine: es kann keinen Äther geben, weil er in einem und demselben System beliebig viele Geschwindigkeiten zugleich haben müßte.

Dieser Schluß Einsteins ist völlig zwingend. Und wenn es dennoch eine Reihe von Physikern gibt, die den Äther nicht entbehren mögen, obwohl sie an die Relativitätstheorie glauben, so ist es in Wirklichkeit gar nicht der Begriff, an dem sie festhalten, sondern das bloße Wort, welches dann jede physikalische Bedeutung verloren hat. Man kann ja natürlich ein beliebiges berechtigtes Bezugssystem herausgreifen und festsetzen: in diesem soll der Äther ruhen – aber das wäre absolute Willkür; nach der Relativitätstheorie kann es niemals physikalische Gründe für eine solche Festsetzung geben. Es hat aber keinen Sinn, die Existenz eines physikalischen Körpers anzunehmen, über den man prinzipiell auf physikalischem Wege nichts aussagen kann. Den Zweck, zu welchem die Hypothese des Äthers überhaupt aufgestellt wurde, vermag er dann doch nicht mehr zu erfüllen:

er ist nicht mehr »Träger« der elektrischen Erscheinungen, diese verlaufen ja gerade unabhängig von seinem Bewegungszustand, er trägt sie nicht mit sich fort in seiner Bewegung.

Fragt man nun: wie ist die Fortpflanzung der Lichtwellen möglich, wenn es keinen Äther gibt? So lautet die Antwort natürlich: sie bedürfen keines Trägers. Die Größen, die man früher als Bestimmungsstücke des Ätherzustandes auffaßte, die elektrische und die magnetische Feldstärke, brauchen gar nicht »Eigenschaften« eines Mediums, einer beharrenden Substanz zu sein, sondern sie haben »selbständige« Existenz, obwohl sie in unaufhörlichem Wechsel, in stetem Entstehen und Vergehen begriffen sind.

Manche Forscher betrachten, um wenigstens in der Redeweise an die Substanzvorstellung anzuknüpfen, jene Zustandsgrößen als Eigenschaften oder Bestimmungsstücke der *Energie.* Planck redet z. B. von der Lichtgeschwindigkeit als einer Eigenschaft der elektromagnetischen Energie.[52] Das ist natürlich zulässig, solange man nicht die Energie wiederum substantiell auffaßt als *Träger* der Eigenschaften, als etwas von ihnen Verschiedenes, ihnen zugrunde Liegendes. G. Helm meinte[53] vom Energiebegriff, »daß er die Gefahr einer neuen Substanziierung ausschließt«. Wenn das auch nicht ganz zutreffend ist, wie das Beispiel Ostwalds lehrt, 17 so verführt doch in der Tat die Art, wie das Prinzip der Erhaltung der Energie in der mathematischen Physik immer zum Ausdruck kommt, kaum dazu, sie als eine metaphysische Substanz zu denken, sondern bringt auf den richtigen Weg, sie als den bloßen Ausdruck einer Gesetzmäßigkeit alles Geschehens zu fassen, das sich nämlich immer so abspielt, daß bestimmte *Beziehungen* zwischen den Größen unverändert dieselben bleiben.

Diese Revision des Substanzbegriffes nun, nach welcher die Annahme von Substanzen als hinter den Dingen verborgenen

---

[52] Max Planck: *Acht Vorlesungen über theoretische Physik,* Leipzig 1910, S. 117.
[53] Georg Helm: *Die Lehre von der Energie historisch-kritisch entwikkelt,* Leipzig 1887.

Trägern ihrer Eigenschaften verworfen wird, ist ein Gedanke, der in der Philosophie längst aufgetaucht war und dort schon eine lange Entwicklung durchgemacht hatte[54], durch den sie also der Wissenschaft tatsächlich vorausgeeilt war. Wir finden ihn bei Hume als einen seiner wichtigsten Gedanken, ebenso, doch in mehr metaphysischer Gestalt, schon bei Berkeley; bei beiden allerdings kamen als »Eigenschaften« nur die sinnlichen Qualitäten in Betracht. Dasselbe gilt von dem Wiederaufleben des Gedankens im modernen Positivismus. In viel reinerer Form erscheint er bei Kant. In seinem System ist dem Substanzbegriff alle metaphysische Bedeutung genommen und er wird zu einem Ausdruck der Gesetzlichkeit der synthetischen Einheit der Apperzeption. Ob ihm damit nicht als Ersatz für die verlorene metaphysische Bedeutung eine zu hohe erkenntnistheoretische von Kant vindiziert wird, braucht hier nicht untersucht zu werden. Uns genügt es zu sehen, daß diese wichtige Wahrheit hier längst ganz unzweideutig und klar formuliert war, und wir erleben nun, daß die Entwicklung der Forschung den Physiker durch das Relativitätsprinzip *zwingt*, diese Wahrheit anzunehmen, indem sie ihn einen Fall kennen lehrt, in welchem es aus physikalischen Gründen überhaupt *unmöglich* ist, eine beharrende Substanz, nämlich den »Äther«, als Tragendes und Zusammenhaltendes hinter den »Eigenschaften« vorauszusetzen.

Gewiß war die Einsicht in die wahre Bedeutung des Substanzbegriffs auch schon vorher von der Erkenntnistheorie aus in die Naturwissenschaft eingedrungen, aber sie konnte sich kaum die gebührende Geltung verschaffen. Die substantiellen Stoffe waren nun einmal das Reich der Physiker, und der von ihnen der Relativitätstheorie hier und da noch entgegengesetzte Widerstand hat, wie wir oben sahen (S. 59–62), seinen Grund nicht zum wenigsten in der Macht der Substanzvorstellung. Ihr zuliebe halten manche Forscher noch mit Zähigkeit am Äther fest, obgleich ihnen die physikalische Bedeutung des Wortes dabei unter den

---

[54] Vgl. die letzte der *Studien zur Philosophie der exakten Wissenschaften* von Bruno Bauch, Heidelberg 1911.

Händen zerrinnt. Das ist um so merkwürdiger, als in einer andern Wissenschaft, der Psychologie, die Substanzvorstellung seit langem alle ihre Kraft eingebüßt hat: kaum je wird wohl die Seele noch als substantieller Träger der Bewußtseinsinhalte angesehen, sondern allgemein als die Einheit jener Inhalte aufgefaßt; diese aber gelten durchaus als selbständige, wenn auch mannigfach untereinander verknüpfte Realitäten.

Doch jetzt wird der vom philosophischen Denken lange errungenen Erkenntnis durch die Kraft der experimentellen Erfahrung das Tor in die Naturwissenschaft weit geöffnet. Dort kann sie nun frei herrschen und manches Vorurteil besiegen, das den Gang der Forschung sonst wohl auf falsche Bahnen leitete, z. B. die Bahn des populären Materialismus, oder das hartnäckige Suchen nach einer rein mechanischen Erklärung der Natur, oder die metaphysische Wendung der Energielehre. Hat der Berkeley-Hume-Kantsche Gedanke aber einmal den Sieg erfochten, so wird er auch aus der exakten Naturwissenschaft nie wieder verschwinden können, selbst dann nicht, wenn etwa das Relativitätsprinzip, welches ihn in der Experimentalforschung zur Geltung brachte, durch künftige Erfahrungen einmal widerlegt werden sollte. Denn er bedarf keines Helfers, um sich durchzusetzen, sondern trägt seine überzeugende Kraft in sich selbst. Nachdem einmal erkannt ist, daß der Substanzbegriff nur eine besondere Form des Gesetzesbegriffs darstellt und sich auf diesen zurückführen läßt, kann diese große Wahrheit der Wissenschaft nicht wieder verloren gehen.

2.2 DIE BEDEUTUNG DER PHYSIKALISCHEN ERKENNTNISTHEORIE MACHS FÜR DAS GEISTESLEBEN DER GEGENWART[1]
(1917)

Philipp Frank

Es ist etwas Merkwürdiges um die Lehren Machs. Von den Philosophen werden sie oft als Werke eines in ihre Wissenschaft nur dilettantisch hineinredenden Physikers bespöttelt oder herablassend abgelehnt; von den Physikern werden sie häufig als Verirrungen vom richtigen Pfade der soliden realistischen Naturwissenschaft bedauert. Und doch kommen Philosophen und Physiker, ja auch Historiker und Soziologen und viele andere nicht los von Mach. Die einen bekämpfen ihn leidenschaftlich, die anderen verherrlichen ihn begeistert. Es geht etwas Faszinierendes von diesen so schlichten Lehren aus; trotz ihrer Schlichtheit etwas Reizendes und Aufreizendes. Es gibt wenige Denker, die so scheidend und trennend auf die Geister wirken, die den einen so begeistern, dem anderen so dem innersten Wesen nach widerwärtig sind. Was steckt in diesen Lehren, daß keiner, mag er welcher Gesinnung immer sein, sich der Aufgabe entziehen kann, zu ihnen irgendwie Stellung zu nehmen?

Darüber möchte ich in dem vorliegenden Aufsatz sprechen. Ich habe mir eine ganz bestimmte Ansicht darüber gebildet, welche Stellung Mach im Geistesleben unserer Zeit einnimmt, und diese Stellung, glaube ich, wird es erklären, warum der Kampf so leidenschaftlich um ihn tobt. Es handelt sich dabei nicht um die oft individuell und historisch bedingten Einzelheiten der Machschen Lehren, sondern um deren Kern, der eben den Brennpunkt der

---

[1] Ich setze in diesem Aufsatze voraus, daß der Leser mit den Machschen Anschauungen wenigstens oberflächlich bekannt ist. Ich kann das um so eher, als der in dieser Zeitschrift erschienene ausgezeichnete Nachruf auf Mach von Felix Auerbach eine solche Orientierung ermöglichte.

Kämpfe ausmacht. Ich will daher hier nicht über die allgemeine Stellung Machs zum psychophysischen Problem sprechen, nicht über seine physikalischen und psychologischen Einzelleistungen, sondern nur über seine Auffassung von den Aufgaben und möglichen Zielen der exakten Naturwissenschaft.

Gerade in den letzten Jahren macht sich immer stärker bei den schöpferisch tätigen Physikern und Mathematikern eine Reaktion gegen die Machschen Auffassungen bemerkbar. Wenn einer der hervorragendsten theoretischen Physiker unserer Zeit, Max Planck[2], und einer der ersten lebenden Geometer, E. Study[3], diese Ansichten als für ihre Wissenschaft teils irreführend, teils undurchführbar, teils geradezu schädlich bezeichnen, so muß das zu denken geben, und man kann nicht leichthin darüber hinweggehen.

Was einem Forscher von der ausgesprochen stark konstruktiven Begabung Plancks an den Ansichten Machs so durchaus mißfällt, ist vor allem ein Werturteil. Für den Forscher ist jede neue Theorie, die sich auch durch das Experiment stützen läßt, ein Stück neuentdeckte Realität; nach Mach aber ist die Physik nichts als eine Sammlung von Aussagen über die Verknüpfung von Sinnesempfindungen und die Theorien nichts als ökonomische Ausdruckweisen für die Zusammenfassung dieser Verknüpfungen.

»Das Ziel der Naturwissenschaft«, sagt Mach[4], »ist der Zusammenhang der Erscheinungen. Die Theorien aber sind wie dürre Blätter, welche abfallen, wenn sie den Organismus der Wissenschaft eine Zeitlang in Atem gehalten haben.« Dieser, wie man sie nennt, phänomenalistischen Auffassung war bekanntlich schon Goethe. In dem Nachlaß zu den Maximen und Reflexionen heißt es: »Hypothesen sind Gerüste, die man vor dem Gebäude auf-

<hr>

[2] M. Planck: *Die Einheit des physikalischen Weltbildes*, Leipzig 1909.
[3] Eduard Study: *Die realistische Weltansicht und die Lehre vom Raume*, Braunschweig 1914.
[4] E. Mach: *Die Geschichte und Wurzel des Satzes von der Erhaltung der Arbeit*, Prag 1872, Neudruck Leipzig 1909, S. 46.

führt, und die man abträgt, wenn das Gebäude fertig ist. Sie sind
dem Arbeiter unentbehrlich; nur muß er das Gerüste nicht für
das Gebäude ansehen.« Und noch drastischer: »Die Konstanz der
Phänomene ist allein bedeutend; was wir dabei denken, ist ganz
einerlei.«

Nun wird man sagen, Goethe war auch wirklich kein tüchtiger
Physiker, und man sieht an ihm, wie solche Grundsätze den For-
schergeist hemmen. So sagt Planck[5]: »Als die großen Meister der
exakten Naturforschung ihre Ideen in die Wissenschaft warfen,
als Nicolaus Copernicus die Erde aus dem Zentrum der Welt ent-
fernte, als Johannes Kepler die nach ihm benannten Gesetze formulierte, als Isaac Newton die allgemeine Gravitation entdeckte
[...] die Reihe wäre noch lange fortzusetzen – da waren ökonomische Gesichtspunkte sicher die allerletzten, welche diese Männer
in ihrem Kampfe gegen überlieferte Anschauungen und gegen
überragende Autoritäten stählten. Nein – es war ihr felsenfester,
sei es auf künstlerischer, sei es auf religiöser Basis ruhender
Glaube an die Realität ihres Weltbildes. Angesichts dieser doch
gewiß unanfechtbaren Tatsache läßt sich die Vermutung nicht
von der Hand weisen, daß, falls das Machsche Prinzip der Ökonomie wirklich einmal in den Mittelpunkt der Erkenntnistheorie gerückt werden sollte, die Gedankengänge solcher führenden
Geister gestört, der Flug ihrer Phantasie gelähmt und dadurch
vielleicht der Fortschritt der Wissenschaft in verhängnisvoller
Weise gehemmt werden würde.«

Daß diese Befürchtungen in dieser Allgemeinheit nicht begründet sind, kann man leicht sehen, wenn man sich die Ansichten eines der größten theoretischen Physiker des 19. Jahrhunderts, J. Cl. Maxwells[6], über das Wesen der physikalischen
Theorien ins Gedächtnis ruft. Man braucht nur die Einleitung
zu seiner Abhandlung über Faradays Kraftlinien aus dem Jahre
1855 zu lesen, um ihn völlig als Anhänger des phänomenalisti-

---

[5] l.c., S. 36.
[6] J. Cl. Maxwell: *Über Faradays Kraftlinien*, herausgegeben von L.
Boltzmann in *Ostwalds Klassikern der exakten Wissenschaften* Nr. 69.

schen Standpunktes zu finden, ohne daß man doch irgendwie von ihm behaupten könnte, daß dadurch der Flug seiner Phantasie gelähmt worden wäre. Ja im Gegenteil. Die Auffassung von dem relativen Unwert der Theorie gegenüber dem Phänomen verleiht dem Theoretisieren solcher Forscher etwas ganz besonders Freies und Phantasievolles.

Ich will übrigens zugeben, daß die phänomenalistische Lehre jenen entgegenkommt, die eine mehr registrierende als konstruktive Tätigkeit in der Physik verfolgen. Mancher, der imstande ist, bestimmte, wenn auch sehr spezielle Phänomene reinlich zu beschreiben, mag sich durch diese Lehre erhaben dünken über den phantasievollen schöpferischen Geist, dessen Gebäude ja doch nur Hirngespinste sind und »dürre Blätter«. Ich glaube aber nicht, daß bei so veranlagten Naturen die Machsche Philosophie die Phantasie gelähmt hat, sondern daß eine von Natur lahme Phantasie sich die Machschen Lehren zu einem verhüllenden Prunkgewande zurechtschneidert. Es mögen vielleicht solche Erfahrungen sein, die Planck veranlaßt haben, am Schlusse seines schon zitierten Vortrages den Verkündern der phänomenalistischen Lehren die biblischen Worte entgegenzuschleudern: »An ihren Früchten sollt ihr sie erkennen.«

Über dieses Kriterium von den Früchten werde ich noch eingehender zu sprechen haben und will zunächst nur ein an dasselbe biblische Gleichnis anknüpfendes Wort von P. Duhem[7] über den Wert und Unwert physikalischer Theorien anführen. Dieser im vorigen Jahre verstorbene bedeutendste Vertreter der Machschen Ideenrichtung in Frankreich sagt: »Nach der Frucht beurteilt man den Baum: der Baum der Wissenschaft wächst außerordentlich langsam; Jahrhunderte verlaufen, ehe man reife Früchte pflücken kann; heute ist es uns noch kaum möglich, den Kern jener Lehren herauszuschälen und abzuschätzen, die im XVII. Jahrhundert blühten. Derjenige, der säet, kann daher nicht beurteilen, was das Korn wert ist, er muß in die Fruchtbarkeit der

---

[7] Pierre Duhem: *Die Wandlungen der Mechanik*, deutsch von Philipp Frank und Emma Stiasny, Leipzig 1912, S. 3.

Saat Vertrauen setzen, damit er unermüdlich, ohne Ermattung der erwählten Furche folgen kann, wenn er seine Ideen den vier Winden des Himmels hinwirft.«

Diese Bemerkung des größten und genauesten Kenners der Geschichte der Physik antwortet vielleicht auch schon auf die von Planck[8] ausgesprochene Meinung, »daß schon unser gegenwärtiges Weltbild, obwohl es je nach der Individualität des Forschers noch in den verschiedensten Farben schillert, dennoch gewisse Züge enthält, welche durch keine Revolution, weder in der Natur noch im menschlichen Geiste, je mehr verwischt werden können.« Diese bleibenden Züge kommen nach *Mach* eben daher, daß alle möglichen Theorien denselben Zusammenhang zwischen den Phänomenen wiedergeben müssen; das verbürgt schon eine gewisse Konstanz. Die bekannten Verknüpfungen zwischen den Erscheinungen stellen ein Netz dar; die Theorie sucht durch die Knoten und Fäden dieses Netzes eine stetige Fläche zu legen. Die Fläche ist natürlich durch das Netz um so mehr bestimmt, je engmaschiger das Netz wird, so daß bei fortschreitender Erfahrung die Fläche immer kleineren Spielraum bekommt, ohne doch je durch das Netz eindeutig bestimmt zu werden.

Da die Machschen Grundsätze in der Physik zu nichts Gutem führen, ist es nach Planck und Study für die Physik ein Glück, daß sie von ihren Anhängern nie durchgeführt werden, wenn das auch für die Grundsätze selbst ein betrübendes Zeichen ist. So sagt Study[9] vom Positivismus, wie er die Machsche Lehre nennt: »Wir halten dieses Prinzip für eine vollkommene Utopie. Seine ganze Existenzmöglichkeit beruht darauf, daß es von seinen eigenen Bekennern auf jedem Schritt verleugnet wird. Noch nie ist überhaupt ein ernsthafter Versuch zu seiner Durchführung gemacht worden.« »Wir[10] haben es mit einer prinzipiellen Frage zu tun und müssen daher unterscheiden zwischen der Theorie des Positivismus und der Praxis der zu ihrem Glück durchweg

---

[8] l.c., S. 35
[9] l.c., S. 36.
[10] Study, l.c., S. 41.

inkonsequenten Positivisten.« Ähnlich sagt Planck[11]: »Wir gelangen dann zu einer mehr realistischen Ausdrucksweise, [...] die ja auch tatsächlich von den Physikern stets angewendet wird, wenn sie in der Sprache *ihrer* Wissenschaft reden.«

Und mit beißendem Spott sagt Study[12]: »In zahlreichen Fällen werden so die beim offiziellen Empfang schnöde verleugneten Hypothesen (warum nicht auch die Atomistik?) unter anderen Namen und durch eine eigens dazu angebrachte Hinterpforte doch noch in das Heiligtum der Wissenschaft eingelassen. Solcher Namen und entsprechender Motivierungen gibt es nicht wenige. Ziemlich mühelos hat der Verfasser ihrer ein volles Dutzend zusammengebracht: Vollständigste und einfachste Beschreibung (Kirchhoff) [...]. Subjektive Forschungsmittel, Forderung der Denkbarkeit der Tatsachen, Einschränkung der Möglichkeiten, Einschränkung der Erwartung, Ergebnis der analytischen Untersuchung, Ökonomie des Denkens, biologischer Vorteil (diese alle bei E. Mach).«

Ebenso spöttisch bemerkt Planck[13]: »Es würde mich gar nicht wundern, wenn ein Mitglied der Machschen Schule eines Tages mit der großen Entdeckung herauskäme, daß [...] die Realität der Atome gerade eine Forderung der wissenschaftlichen Ökonomie ist.«

Auch andere Autoren weisen auf den klaffenden Gegensatz hin, der bei den Verehrern Machs zwischen Theorie und Praxis besteht. Es wird eine eigene Theorie vom Wesen der physikalischen Theorien aufgestellt, und sobald die Physik wirklich beginnt, benimmt sich der Positivist meist wie jeder andere Physiker. Ein Anhänger Machs ist fähig zu proklamieren, die Physik habe sich nur mit der Verknüpfung der Sinnesempfindungen zu beschäftigen, und der Verkünder dieser Lehre redet als Physiker genau

---

[11] l.c., S. 37.

[12] l.c., S. 37.

[13] M. Planck: »Zur Machschen Theorie der physikalischen Erkenntnis«, in: *Vierteljahrsschrift für wissenschaftliche Philosophie* 34 (1911), S. 497.

so wie ein anderer von Materie und Energie, ja auch von Atomen und Elektronen.

Ich glaube nun, daß gerade dieser anscheinend so handgreifliche Widersinn zum Verständnis des bleibenden Kernes der Machschen Lehre führen kann. Hören wir noch einmal Study[14]: »Die ganze Situation erinnert auffallend an den Vorschlag Kroneckers, die Irrationalzahlen abzuschaffen und die Mathematik auf Aussagen über ganze Zahlen zu reduzieren; auch in diesem Fall ist es bei dem Programm geblieben, und aus demselben guten Grunde.« Die Analogie ist, wie ich glaube, sehr zutreffend. Nur möchte ich ihr eine andere Deutung geben als Study. Es ist selbstverständlich zwecklos, alle Sätze der Mathematik wirklich als Sätze über ganze Zahlen auszusprechen. Aber prinzipiell ist es doch ungemein aufklärend, wenn man weiß, daß alle Sätze über Irrationalzahlen und daher auch alle Sätze über Grenzwerte als Sätze über *ganze* Zahlen ausgesprochen werden *können*. Wenn diese Möglichkeit einmal konstatiert ist, kann sich die ganze Analysis ruhig wie gewöhnlich abwickeln. Aber es kann nicht mehr geschehen, daß, sobald etwa ein Satz über Differentialquotienten aufgestellt ist, jemand an ihm herumzudeuteln beginnt, indem er untersucht, ob denn dieser Satz mit dem »Wesen« des Differentials im Einklang ist und tiefsinnig-skeptische Betrachtungen über dieses »Wesen« anstellt. Man sagt ihm dann einfach: Ich könnte diesen Satz, wenn ich mir genug Zeit nehme, als Satz über ganze Zahlen aussprechen, und das Wesen dieses Satzes ist nicht mehr und nicht weniger geheimnisvoll als das der natürlichen Zahlen.

Ganz ähnlich steht es mit der physikalischen Erkenntnistheorie Machs. Es kommt nicht darauf an, wirklich alle physikalischen Sätze als Sätze über die Verknüpfung von Sinnesempfindungen auszusprechen; aber es ist wichtig festzustellen, daß nur solche Sätze einen realen Sinn haben, die im Prinzip als Sätze über den Zusammenhang unserer Sinnesempfindungen ausgesprochen werden *können*. Den Satz von der Erhaltung der Energie oder

---

[14] Study, l.c., S. 39.

den Satz von der Verteilung der Energie über alle Freiheitsgrade als Sätze über Verknüpfung von Sinnesempfindungen auszusprechen, ist ebenso umständlich, aber auch ebenso überflüssig, wie etwa den Satz, daß der Differentialquotient des Sinus der Kosinus ist, als Satz über ganze Zahlen auszudrücken, obwohl beides sicher im Prinzip möglich ist.

Für den inneren Betrieb der Physik ist es natürlich in den meisten Fällen ziemlich gleichgültig, ob man auf dem Machschen Standpunkt steht oder nicht. Ebenso wird man auch in Kroneckers Vorlesungen über Integralrechnung nichts finden, was von der Darstellung anderer Mathematiker wesentlich abweicht.

Worin besteht also dann der Wert der Machschen Lehren für die Physik?

Da ist nun meine Ansicht die, daß ihr Hauptwert gar nicht darin besteht, daß sie dem Physiker bei seinen physikalischen Arbeiten vorwärtshelfen, sondern daß sie ein Mittel bilden, das Gebäude der Physik gegen von außen kommende Angriffe zu verteidigen.

Wer unbefangen die Begriffe prüft, die heute die Grundlagen des Hypothesensystems der Physik bilden, wird kaum ernstlich behaupten können, daß das Atom, das Elektron oder gar das Wirkungsquantum wirklich befriedigende letzte Bausteine bilden. Jeder ein wenig zu logischer Gründlichkeit neigende Denker wird Unklarheiten in diesen Begriffen aufdecken können. In diese Unklarheiten kann nun die bohrende Skepsis eindringen und das ganze Lehrgebäude der Physik als Grundlage unseres naturwissenschaftlichen Weltbildes zu erschüttern suchen. Da setzt nun Mach ein und sagt: Alle diese Begriffe sind nur Hilfsbegriffe. Das Bleibende ist der Zusammenhang der Phänomene. Die Atome, Elektronen und Quanten sind nur Zwischenglieder, um ein zusammenhängendes Lehrgebäude herzustellen; sie ermöglichen es, das unermeßliche System der verknüpften Phänomene logisch aus wenigen abstrakten Sätzen herzuleiten. Aber diese abstrakten Sätze sind dann nichts als die Hilfsmittel zur ökonomischen Darstellung, nicht die erkenntnistheoretische

Grundlage. Die Realität der Physik wird also durch die Kritik an den Hilfsbegriffen niemals erschüttert. Die Arbeit Machs ist also nicht, wie es oft dargestellt wird, eine wesentlich destruktive; der Positivismus ist nicht, was ihn Study nennt, ein »Negativismus«, sondern im Gegenteil der Versuch, der Physik eine unangreifbare Position zu verschaffen. Das erkennt eigentlich auch Planck an, wenn er sagt[15]: »Ihm (dem Machschen Positivismus) gebührt in vollem Maße das Verdienst, angesichts der drohenden Skepsis den einzig legitimen Ausgangspunkt aller Naturforschung in den Sinnesempfindungen wiedergefunden zu haben.«

Daß Planck die Machsche Auffassung so scharf verurteilt, scheint mir daher zu kommen, daß er sie nur vom intern-physikalischen Standpunkt betrachtet.

Man muß allerdings sagen, daß auch von diesem Standpunkte aus gesehen die phänomenalistische Auffassung schon einiges geleistet hat und vielleicht noch einiges zu leisten imstande ist. In den Grenzgebieten der Physik, wo allgemeine Begriffe wie Zeit, Raum und Bewegung hineinspielen, ist es nicht mehr ganz gleichgültig, welche erkenntnistheoretische Stellung man einnimmt. Es ist ja heute allgemein bekannt, daß die Einsteinsche allgemeine Relativitäts- und Gravitationstheorie ganz unmittelbar aus der positivistischen Raum- und Bewegungslehre erwachsen ist, was Einstein[16] selbst in seinem Nachruf auf Mach eingehend dargelegt hat.

Im großen und ganzen aber will ich Planck und Study gerne zugeben, daß der Positivismus für die Erledigung von Einzelfragen der Physik selbst nicht viel leistet, woraus aber seine allgemeine Wertlosigkeit noch nicht folgt. Die »Früchte« der Machschen Lehre sind eben nicht rein physikalische. Wenn man bedenkt, wie in den letzten Jahren versucht worden ist, die Kritik an den physikalischen Grundbegriffen zu einer Bankerotterklärung der naturwissenschaftlichen Weltanschauung überhaupt auszunüt-

---

[15] *Einheit des physikal. Weltbildes*, S. 34.
[16] *Physikalische Zeitschrift* 17 (1916), S. 101 ff.

zen, so wird man das Bestreben Machs, die Physik unabhängig von jeder metaphysischen Ansicht zu machen, als wertvoll einschätzen müssen.

H. Poincaré[17] sagt: »Beim ersten Blick scheint es uns, daß die Theorien nur einen Tag dauern, und daß sich Ruinen auf Ruinen häufen [...]. Wenn man aber genauer zusieht, so erkennt man, daß das, was verfällt, solche Theorien sind, die beanspruchen, uns zu lehren, was die Dinge *sind*. Aber es gibt etwas in ihnen, was fortbesteht. Wenn eine von ihnen uns eine wahre *Beziehung* enthüllt hat, so ist diese *Beziehung* endgültig gewonnen, und man findet sie unter einer neuen Hülle in den anderen Theorien wieder, die in der Folge an ihrer Stelle herrschen werden.« Und in ganz entschiedener Weise betont der französische Philosoph Abel Rey[18] die Wichtigkeit der Rettung des physikalischen Ideengebäudes für das gesamte geistige Leben. Er sagt:

»Wenn diese Wissenschaften, welche in der Geschichte wesentlich emanzipatorisch gewirkt haben, in einer Krise untergehen, die ihnen nur die Bedeutung technisch nützlicher Sammlungen läßt, ihnen aber jeden Wert in Beziehung auf die Naturerkenntnis benimmt, so muß dies in der logischen Kunst einen völligen Umsturz bewirken. Die Emanzipation des Geistes, wie wir sie der Physik verdanken, ist ein höchst verderblicher Irrtum. Man muß einen anderen Weg einschlagen und einer subjektiven Intuition, einem mystischen Wirklichkeitssinn, kurz dem Mysterium alles zurückerstatten, was man ihm entrissen zu haben glaubte. Wenn es sich im Gegenteil zeigt, daß nichts dazu berechtigt, diese Krisis als notwendig und unheilbar anzusehen, dann bleibt die rationale und positive Methode die oberste Erzieherin des menschlichen Geistes.«

Hier ist sehr deutlich auseinandergesetzt, welche Gefahren eine Physik für die ganze Weltanschauung bedeuten würde, die

---

[17] Henri Poincaré: *Der Wert der Wissenschaft*, deutsch von E. und H. Weber, 2. Aufl., Leipzig 1910, S. 202.
[18] Abel Rey: *Die Theorie der Physik bei den modernen Physikern*, deutsch von Rudolf Eisler, Leipzig 1908, S. 18 f.

keine anderen erkenntnistheoretischen Fundamente hätte als jene der Kritik so ausgesetzten Hilfsbegriffe.

Wer noch daran zweifelt, daß Mach selbst den eigentlichen Wert seiner Theorien darin gesehen hat, daß sie es gestatten, eine möglichst widerspruchsfreie Verbindung zwischen der Physik einerseits und der Physiologie und Psychologie andererseits herzustellen, braucht nur die allgemeinen Abschnitte der »Analyse der Empfindungen« zu lesen. Hier wird immer wieder betont, daß man sich bemühen müsse, die Physik mit solchen Begriffen zu bearbeiten, die man nicht beim Übergang zu einem Nachbargebiet sofort wieder aufgeben muß.

Aus diesem Streben Machs, nur Begriffe zu verwenden, die auch außerhalb der Physik ihre Brauchbarkeit nicht verlieren, ist seine Stellung gegen die Atomistik zu verstehen, die ihm von vielen Physikern besonders übel genommen wird. Die Atomistik führt ja, auf physiologisch-psychologische Probleme angewendet, leicht in eine Sackgasse. Es tauchen Fragen auf wie: Wieso kann ein Gehirnatom denken? Wieso kann ein Atom Grün empfinden, da es doch eigentlich selbst wieder nur ein Miniaturbild eines makroskopischen, aus Empfindungen zusammengesetzten Körpers ist?

Ich will aber durchaus nicht leugnen, daß Mach sich dadurch auch verleiten ließ, die Anwendung der Atomistik in der Physik schärfer zu bekämpfen, als sich rechtfertigen läßt. Denn der Nutzen der Atomtheorien auf diesem beschränkten Gebiet ist wohl unbestreitbar. Seine Anhänger haben nun, wie das schon zu gehen pflegt, oft in dieser Schwäche des Meisters seine Hauptstärke gesehen und die Atome aus der Physik ganz verbannen wollen. Ich glaube, daß man den Kern der Machschen Lehre von dieser mehr historisch und individuell bedingten Abneigung gegen die Atomistik ganz loslösen kann. Die Atome sind eben Hilfsbegriffe wie andere, die in einem begrenzten Kreise mit Vorteil angewendet werden können. Als erkenntnistheoretische Grundlage eignen sie sich nicht. Hat man sich einmal diese Ansicht gebildet, so ist man in der Anwendung der Atome, wo sie zulässig ist, um so freier. Ich glaube, daß gegen den so herausgeschälten Kern auch Planck nicht mehr so viel einwenden würde. Es ist dann auch gar nicht mehr so sonderbar, wenn man die Atome, wenn auch nicht deren Realität, für eine Forderung der Ökonomie erklärt. Sie können das einfachste Mittel zur Darstellung der physikalischen Gesetze sein, ohne sich darum zur erkenntnistheoretischen Grundlegung zu eignen.

Im allgemeinen wird also der Phänomenalismus den Physiker in seinem Fach weder besonders fördern noch hindern. So hat Maxwell, der wohl rein positivistisch dachte, die grundlegenden Arbeiten über die Molekulartheorie der Gase geschrieben. Eine Gefahr wird die phänomenalistische Auffassung nur dort, wo die Forderung der Ökonomie nicht mit gleicher Intensität erfaßt wird. Das geschichtlich bemerkenswerteste Beispiel dafür ist wohl Goethes Farbenlehre. Man darf allerdings, wenn man eine so starke Individualität beurteilen will, nicht vergessen, daß, wie A. Stöhr[19] sehr richtig hervorhebt, die Forderung der Ökonomie je nach der Individualität etwas ganz anderes bedeutet. Für den einen bedeutet sie ein Minimum an Hypothesen, für den anderen etwa ein Minimum an Energiearten. Das erstere gilt für den extremen Phänomenalisten Goethe, das letztere für den reinen Mechanisten. Es ist vielleicht noch lehrreich, als Gegenstück hierzu an einen theoretischen Physiker zu erinnern, der als unmittelbarer Schüler Machs es versucht hat, wirklich ein Gebäude der Physik und Chemie zu errichten, in dem keinerlei hypothetische Korpuskeln, seien es Atome oder Elektronen, auftreten, und das doch alle bis heute bekannten Phänomene umfaßt. Man kann nicht leugnen, daß Gustav Jaumann in zahlreichen Arbeiten[20] mit starker konstruktiver Kraft diese Aufgabe unternommen hat. Ich glaube aber nicht, daß das Ergebnis wirklich im Geiste der Machschen Lehre ausgefallen ist. Es entspricht wohl der äußerlichen

[19] Adolf Stöhr: *Philosophie der unbelebten Materie*, Leipzig 1907, S. 16 ff.

[20] G. Jaumann: »Geschlossenes System physikalischer und chemischer Differentialgesetze«, *Sitzungsberichte der Wiener Akademie der Wissenschaften, math.-naturwiss. Klasse*, Abt. IIa (1911), und viele andere Arbeiten in denselben Berichten.

Forderung, daß alle Atomistik wegbleiben soll, aber der Forderung der Ökonomie entspricht es kaum. Es wird eine große Zahl von Konstanten verwendet, über welche die Theorie gar nichts aussagt. Das Jaumannsche System ermöglicht uns also nur in sehr eingeschränktem Maße, die Phänomene aus einer kleinen Zahl von Hypothesen auch dem numerischen Werte nach abzuleiten. Für die Unabhängigkeit der physikalischen Forschung von der erkenntnistheoretischen Grundlage kann man wohl auch noch anführen, daß der energischste Versuch zur Widerlegung der korpuskularen Theorie der Elektrizität, der von F. Ehrenhaft, keinerlei Zusammenhang mit philosophischen Lehrmeinungen irgendwelcher Art besitzt.

Ich glaube nun, meine Ansicht über die Bedeutung Machs einigermaßen klar gemacht zu haben. Um aber seine Stellung im Geistesleben unserer Zeit völlig zu übersehen, müssen wir einen noch mehr abseits gelegenen Standpunkt aufsuchen, um einen besseren Überblick zu gewinnen.

Wenn wir das bedeutendste Werk Machs, seine Mechanik, lesen, so werden wir finden, daß er uns in keinem Abschnitt einen so tiefen Einblick in seine innersten Gedanken und geistigen Neigungen tun läßt, wie in dem wundervollen Kapitel über »theologische, animistische und mystische Gesichtspunkte in der Mechanik«. Es weht ein Wind von erfrischender Kühle aus diesen Sätzen. Was sonst meist mit leidenschaftlichem Poltern, oft mit leiser Ankündigung einer kleinen Ketzerverbrennung für den Gegner, behandelt wird, sehen wir hier in echt wissenschaftlichem Geiste durchgesprochen. Und doch zittert durch das Ganze ein Unterton von verhaltener Erregung. Es tritt einem jener von der eigenen Nüchternheit trunkene Zustand entgegen, den man dem Zeitalter der Aufklärung nachgesagt hat. Und Mach erblickt auch wirklich in diesem Zeitalter seine geistige Heimat. In dem genannten Kapitel heißt es: »Erst in der Literatur des 18. Jahrhunderts scheint die Aufklärung einen breiteren Boden zu gewinnen. Humanistische, philosophische, historische und Naturwissenschaften berühren sich da und ermutigen sich gegenseitig zu freierem Denken. Jeder, der diesen Aufschwung

und diese Befreiung auch nur zum Teil durch die Literatur mit-
erlebt hat, wird lebenslänglich *ein elegisches Heimweh empfinden nach dem 18. Jahrhundert.«* [21]

Die persönlichen Bekannten Machs wissen auch, daß er ein
eifriger Bewunderer und Leser der Schriften Voltaires gewesen
ist, und von einem seiner ehemaligen Assistenten[21] wurde mir
mitgeteilt, daß Mach die Angriffe Lessings gegen Voltaire auf
das entschiedenste mißbilligt hat. Es ist ja auch bekannt, daß der
Mann, von dem Mach erzählt, daß er lange Zeit der einzige war,
mit dem er, ohne Anstoß zu erregen, von seinen physikalisch-
erkenntnistheoretischen Ansichten sprechen konnte, daß Josef
Popper ein ganzes Buch geschrieben hat, das der Verteidigung,
ja der Verherrlichung Voltaires gewidmet ist. [22]

Ich glaube nun, daß Mach bei dieser Vorliebe von einer sehr
richtigen Selbsteinschätzung geleitet war, und daß man die Rolle,
die Mach als Philosoph im geistigen Leben der Gegenwart spielt,
nur richtig verstehen kann, wenn man seine Lehren auffaßt als
die unserem Zeitalter angemessene Aufklärungsphilosophie.

Da diese Auffassung leicht Mißverständnissen ausgesetzt ist,
muß ich sie noch näher begründen und ausführen. Zunächst hat
das Wort Aufklärung eine so üble Nebenbedeutung bekommen,
daß vielleicht mancher in dieser Bezeichnung sogar eine Herab-
würdigung Machs sehen wird. Wir müssen uns daher etwas über
das Wesen der Aufklärung und die Gründe ihrer späteren Miß-
achtung klar zu werden suchen.

Die erste Periode der Aufklärung in der Neuzeit beginnt mit
dem Sturze des ptolemäischen Weltsystems. Copernicus sucht
noch sein System mit den Begriffen der aristotelisch-scholastischen Philosophie darzustellen. Wenn wir aber den Dialog Galileis über die beiden Weltsysteme aufschlagen, klingt uns ein
ganz anderer Ton entgegen. Es werden die Grundbegriffe der aristotelischen Physik hergenommen und zerfasert. Bei Aristoteles
und seiner Schule wurden Begriffe wie leicht und schwer, oben
und unten, natürliche und gewaltsame Bewegung, die nur für

[21] Prof. Dr. Georg Pick. [23]

einen ganz beschränkten Erfahrungsbereich brauchbar waren, zu Grundlagen der ganzen theoretischen Naturlehre gemacht. Galilei zeigt nun, daß es gerade dieser Gebrauch von Begriffen über ihren natürlichen Geltungsbereich hinaus ins Ungemessene ist, der die Aristoteliker an der Anerkennung der modernen Physik hindert. Ich will damit nicht die aristotelische Physik herabsetzen, die für ihre Zeit eine ganz hervorragende Leistung war; es liegt mir nur daran, zu zeigen, daß das Aufklärende in Galileis Schriften gerade darin bestand, daß er dem Mißbrauch der Hilfsbegriffe eine Grenze zog. Und dieser Protest gegen den Mißbrauch von bloßen Hilfsbegriffen zu allgemein philosophischen Beweisen ist es, den ich für ein wesentliches Kennzeichen der Aufklärung überhaupt halte. Jede Epoche der Physik hat ihre Hilfsbegriffe und jede folgende mißbraucht sie; und in jeder braucht es daher einer neuen Aufklärung, um diesem Mißbrauch entgegenzutreten. Wenn Newton und seine Zeitgenossen den Begriff des absoluten Raumes und der absoluten Zeit zu Grundlagen der Mechanik machten, so konnten sie ein großes Gebiet damit treffend und widerspruchsfrei darstellen. Daraus folgt aber noch lange nicht, daß diese Begriffe auch eine erkenntnistheoretisch befriedigende Grundlage der Mechanik bilden. Wenn Mach die Grundlagen der Newtonschen Mechanik kritisiert und den absoluten Raum daraus zu entfernen sucht, ist er der direkte Fortsetzer der Wirksamkeit Galileis. Denn im absoluten Raum lebt noch ein Rest der aristotelischen Physik. Und wenn Einstein an Mach anknüpft und nun wirklich in seiner allgemeinen Relativitätstheorie ein Gebäude der Mechanik errichtet, in dem Raum und Zeit eigentlich gar nicht mehr vorkommen, sondern nur die Koinzidenz von Phänomenen, so ist damit die von Mach verlangte Elimination der nur in beschränktem Bereiche wertvollen Hilfsbegriffe Raum und Zeit nun wirklich vollzogen. Wir können so in Einstein den Ersten sehen, der eine völlig vom Aristotelismus freie Physik begründet hat.

Einen Kampf gegen den Mißbrauch von Hilfsbegriffen sehe ich auch im eigentlichen Zeitalter der Aufklärung. Wenn man von der politischen und sozialen Seite absieht, so wendet sich rein theoretisch betrachtet die Kritik dagegen, daß die theologischen Begriffe, die zur Bearbeitung gewisser seelischer Erlebnisse der Menschen gebildet worden waren, das ganze Mittelalter hindurch und auch noch im Anfange der Neuzeit zu Grundlagen jeder Wissenschaft gemacht wurden. Diese Begriffe mögen das Hoffen und Glauben ringender Menschenseelen noch so treffend wiedergeben, so sind sie doch nur auf dieses Gebiet beschränkte Hilfsbegriffe und nicht geeignet, die erkenntnistheoretischen Fundamente der Naturerkenntnis zu sein. Mit großer Energie drang damals diese kritische Anschauung durch und heute stehen selbst die meisten Theologen schon auf dem Standpunkt, daß die Bibel kein naturwissenschaftliches Lehrbuch ist, ja viele protestantische Theologen lehren noch weitergehend ganz im Sinne der Aufklärung, daß alle theologischen Wahrheiten nur Sätze über innere Erlebnisse sind.

Aber auch die Naturlehre der Aufklärung bedurfte zu ihrem Aufbau der Hilfsbegriffe. So begannen die Begriffe Materie und Atom eine ausschlaggebende Rolle zu spielen. Und sofort wurden auch diese Hilfsbegriffe auf alles in der Welt angewendet; es entstand der sogenannte Materialismus. Man vergaß, daß auch die Materie nur ein Hilfsbegriff war und begann sie für das Wesen der Welt zu halten. Bald setzte auch die Kritik dagegen ein, und während sonst die Kritik gegenüber dem Mißbrauch der Hilfsbegriffe nur dem wissenschaftlichen Fortschritt diente, hatte sie hier noch eine Nebenwirkung. Da die Gedanken des Aufklärungszeitalters vielfach den herrschenden äußeren Gewalten nicht angenehm waren, wurde die Kritik an den Mißbräuchen der Aufklärung benützt, um die Aufklärung selbst zu diskreditieren. Weil die Aufklärer selbst Hilfsbegriffe mißbrauchten, sagte man ihnen nach, daß ihr Protest gegen die theologische Weltanschauung unberechtigt war. Das ist natürlich logisch ganz unhaltbar, denn in Wirklichkeit war eben ihre Kritik nur nicht weit genug gegangen. Wie es aber schon zu gehen pflegt, finden sich immer viele Denker, die so organisiert sind, daß ihr eigenes Denken doch schließlich zu dem von den äußeren Mächten verlangten Ergebnis gelangt. Man suchte die Aufklärung durch Skepsis zu widerlegen. Sehr treffend sagt Nietzsche[22] über die Teilnahme einiger Philosophen an diesem Werke:

»Der Philosoph gegen den Rivalen, z. B. die Wissenschaft: da wird er Skeptiker; da behält er sich eine Form der Erkenntnis vor, die er dem wissenschaftlichen Menschen abstreitet; da geht er mit dem Priester Hand in Hand, um nicht den Verdacht des Atheismus, Materialismus zu erregen; er betrachtet einen Angriff auf sich als einen Angriff auf die Moral, die Tugend, die Religion, die Ordnung, – er weiß seine Gegner als ›Verführer‹ und ›Unterminierer‹ in Verruf zu bringen; da geht er mit der Macht Hand in Hand.«

In Wirklichkeit wurde aber an der Aufklärung nur das widerlegt, was an ihr nicht Aufklärung war. Trotzdem hat durch das Gewicht der äußeren Umstände diese Herabsetzung der großen Leistungen des 18. Jahrhunderts großen Einfluß gewonnen. Es gibt vielleicht keinen unter uns, in dem nicht durch den Schulunterricht von Jugend auf ein Vorurteil gegen die Aufklärung steckt.

Ich gebe natürlich gerne zu, daß die großen Geister der Aufklärung, ein Voltaire, ein d'Alembert usw. von zahlreichen flachen Schriftstellern nachgeahmt wurden, die deren Kritik immer mehr verwässerten und bis zur unerträglichen Banalität breittraten, schließlich sogar nur mehr Mißbrauch mit den neuen Hilfsbegriffen trieben. Ich gebe auch gerne zu, daß diese Verflachung zum Wesen der Aufklärung gehört; wenn einmal der Mißbrauch der alten Hilfsbegriffe aufgedeckt ist, bleibt nicht mehr viel Originelles zu sagen übrig; die Versuchung zu öder Trivialität liegt sehr nahe, und die Zahl derer, die ihr zum Opfer fallen, ist groß. Alles das beweist natürlich gegen den Wert der Aufklärungsphilosophie selbst gar nichts.

Wenn man sich einmal von der üblichen Verketzerung freigemacht hat, wird man sagen: die Aufgabe unseres Zeitalters

---

[22] Friedrich Nietzsche: *Nachgelassene Werke*, Der Wille zur Macht, (Studien und Fragmente), Nr. 248 (aus Nietzsches *Werken*, Bd. XV, Leipzig 1901).

ist es nicht, die Aufklärung des 18. Jahrhunderts zu bekämpfen, sondern ihr Werk fortzusetzen. Seit dieser Zeit ist wieder so viel übertriebene Anwendung von in beschränktem Bereiche brauchbaren ganz neuen Hilfsbegriffen vorgefallen, daß es reichliche neue Arbeit gibt.

Und dieser Arbeit hat sich Mach gewidmet. Er bejaht die Aufklärung des 18. Jahrhunderts begeistert; das bedeutet aber nicht, daß er die Hilfsbegriffe des 18. Jahrhunderts wie der Materialismus zu vergöttern beginnt, sondern in ihm lebte der *Geist* jener großen Männer, es trieb ihn dazu, so wie jene die Hilfsbegriffe ihrer Zeit bekämpft hatten, selbst gegen die mißbrauchten Hilfsbegriffe seiner Zeit Protest zu erheben, wobei sich ergab, daß darunter gerade viele Lieblingsbegriffe der Aufklärung des 18. Jahrhunderts waren.

Das meine ich, wenn ich Mach den Vertreter der Aufklärungsphilosophie unseres Zeitalters nenne. Da seine Jugend noch in die Zeit des Materialismus fiel, ist es kein Wunder, daß so viele seiner Arbeiten der Bekämpfung der mechanistischen Physik und der Atomistik galten.

Wenn man diese Stellung Machs als Aufklärungsphilosoph festhält, wird man viele Züge seiner Lehre und viele ihrer Wirkungen leichter verstehen. Vor allem ihren stark suggestiven Einfluß, man möchte sagen ihre Virulenz, die trotz mancher geringschätziger Urteile von Fachphilosophen sich Beachtung erzwingt. Study[23] nennt den Machschen Positivismus »eine noch völlig ungesättigte Existenz, eine Art von beutehungrigem philosophischen Raubtier.« Wie bei den Philosophen der Aufklärung zeigt sich auch bei Mach, daß die Anhänger und Fortsetzer eine über das gewöhnliche Maß hinausgehende Tendenz zur Verflachung aufweisen. Auch auf Plancks Kriterium von den Früchten gibt uns diese Auffassung eine Antwort: die Früchte der Machschen Lehren sind nicht die Schriften seiner physikalischen und philosophischen Anhänger, sondern die durch ihn bewirkte Aufklärung der Geister, die ja auch Planck anerkennt.

---

[23] Study, l. c., S. 24.

Ich will mit alledem nicht etwa bestreiten, daß Mach auch noch in anderer Weise Bedeutung hat, aber seine Stellung im allgemeinen Geistesleben unserer Zeit scheint mir so am besten erfaßt werden zu können. In dieser Auffassung bestärkt mich auch noch die ganz auffallende Übereinstimmung seiner Ansichten mit denen eines Denkers, für den er kaum große Sympathie gehabt haben dürfte, mit Friedrich Nietzsche. Auf diese Übereinstimmung hat wohl zuerst Kleinpeter[24] hingewiesen und je mehr man sich besonders in die nachgelassenen Schriften Nietzsches vertieft, desto deutlicher tritt einem die Übereinstimmung gerade in den erkenntnistheoretischen Grundgedanken entgegen. Nun ist Nietzsche der andere große Aufklärungsphilosoph des ausgehenden 19. Jahrhunderts. Die Harmonie seiner erkenntnistheoretischen Anschauungen mit denen Machs, der doch einen ganz anderen Bildungsgang durchgemacht hat, ein ganz anderes Temperament und ganz andere ethische Ideale besaß, scheint mir ein gewisser Beleg dafür zu sein, daß solche Anschauungen sich den aufgeklärten Geistern jener Zeit aufgedrängt haben müssen.

Der große Sprachmeister Nietzsche hat nun diese Ideen außerordentlich kräftig und eindrucksvoll formuliert, so wenn er sagt[25]: »Ich sehe mit Erstaunen, daß die Wissenschaft sich heute resigniert, auf die scheinbare Welt angewiesen zu sein: eine wahre Welt – sie mag sein, wie sie will – jedenfalls haben wir kein Organ der Erkenntnis für sie. Hier dürfte man schon fragen: mit welchem Organ der Erkenntnis setzt man auch diesen Gegensatz nur an? [...]. Damit, daß eine Welt, die unseren Organen zugänglich ist, auch als abhängig von diesen Organen verstanden wird, damit, daß wir eine Welt als subjektiv bedingt verstehen, damit ist *nicht* ausgedrückt, daß eine objektive Welt überhaupt möglich ist. Wer wehrt uns zu denken, daß die Subjektivität real, essentiell ist? Das ›An sich‹ ist sogar eine widersinnige Konzeption: eine ›Beschaffenheit an sich‹ ist Unsinn: wir haben den Begriff

---

[24] Hans Kleinpeter: *Der Phänomenalismus*, Leipzig 1913.
[25] Nietzsche, l. c., Nr. 289.

›Sein‹, ›Ding‹ immer nur als Relationsbegriff [...]. Das Schlimme ist, daß mit dem alten Gegensatz ›scheinbar‹ und ›wahr‹ sich das korrelative Werturteil fortgepflanzt hat: ›geringer an Wert‹ und ›absolut wertvoll‹ [...].«

Und an einer anderen Stelle sagt Nietzsche[26]: »Daß die Dinge eine Beschaffenheit an sich haben, ganz abgesehen von der Interpretation und Subjektivität, ist eine ganz müßige Hypothese: es würde voraussetzen, daß das Interpretieren und Subjektsein nicht wesentlich sei, daß ein Ding aus allen Relationen losgelöst noch Ding sei.«

Am prägnantesten spricht Nietzsche[27] wohl die positivistische Weltauffassung in dem folgenden »zur Psychologie der Metaphysik« benannten Aphorismus aus, wo mit schneidender Schärfe die Anwendung sehr häufig mißbrauchter Begriffe bekämpft wird: »Diese Welt ist scheinbar: *folglich* gibt es eine wahre Welt; – diese Welt ist bedingt: *folglich* gibt es eine unbedingte Welt; – diese Welt ist widerspruchsvoll: *folglich* gibt es eine widerspruchslose Welt; – diese Welt ist werdend: *folglich* gibt es eine seiende Welt; – lauter falsche Schlüsse: (blindes Vertrauen in die Vernunft: wenn A ist, so muß auch sein Gegensatzbegriff B sein).«

Es ist nicht zu leugnen, daß in der Aufklärungsphilosophie ein tragischer Zug steckt. Sie zertrümmert die alten Begriffsgebäude, aber indem sie ein neues errichtet, legt sie schon den Grund zu einem neuen Mißbrauch. Denn es gibt keine Theorie ohne Hilfsbegriffe und jeder Hilfsbegriff wird notwendig mit der Zeit mißbraucht. Der Fortschritt der Wissenschaft spielt sich in ewigem Ringen ab; die schöpferischen Kräfte müssen mit Notwendigkeit auch verderbliche Keime schaffen und die Aufklärung zertrümmert in dem Bewußtsein, selbst zur Zertrümmerung bestimmt zu sein. Und doch ist es dieser rastlose Geist der Aufklärung, der die Wissenschaft vor Verknöcherung in einer neuen Scholastik schützt. Wenn die Physik eine Kirche werden soll, ruft Mach aus, so will ich lieber kein Physiker heißen. Und in paradoxer 24

---

[26] l.c., Nr. 291.
[27] l.c., Nr. 287.

Zuspitzung vertritt Nietzsche[28] die Sache der Aufklärung gegen die selbstzufriedenen Besitzer einer dauernden Wahrheit: »Die Behauptung, daß die *Wahrheit da sei,* und daß es ein Ende habe mit der Unwissenheit und dem Irrtum, ist eine der größten Verführungen, die es gibt. Gesetzt, sie wird geglaubt, so ist damit der Wille zur Prüfung, Forschung, Vorsicht, Versuchung lahmgelegt: er kann selbst als frevelhaft, nämlich als Zweifel an der Wahrheit gelten [...]. Die ›Wahrheit‹ ist folglich verhängnisvoller als der Irrtum und die Unwissenheit, weil sie die Kräfte unterbindet, mit denen an Aufklärung und Erkenntnis gearbeitet wird.«

Von diesen Kräften aber war um die Jahrhundertwende Mach eine der gewaltigsten.

---

[28] l.c., Nr. 252.

2.3 DIE VERIRRTEN DES CARTESIUS UND DAS AUXILIARMOTIV (ZUR PSYCHOLOGIE DES ENTSCHLUSSES) (1913)

Otto Neurath

Ich will meine Ausführungen an eine bemerkenswerte Stelle im *Methodus* des Cartesius anknüpfen. In diesem Werk erörtert der Verfasser neben den Regeln der *theoretischen Forschung* auch Regeln des *praktischen Handelns,* die in Darstellungen der Cartesianischen Ethik meist nur ungenügend gewürdigt werden. Cartesius stellt unter anderem folgenden Grundsatz auf: »Alles, was ich mir einmal vorgenommen, mit größter Beständigkeit und Zähigkeit durchzuführen und an Entschlüssen, die ich auf Grund recht ungenügender oder völlig mangelnder Einsicht gefaßt hatte, ebenso unbeirrt und energisch festzuhalten wie an solchen Entschlüssen, über deren Tragweite ich zu voller Klarheit gekommen war. Ich nahm mir die Wanderer zum Vorbild, die sich in einem Waldesdickicht verirrt haben und ohne Weg und Steg nicht wissen, nach welcher Seite sie sich wenden sollen. Sie dürfen nicht ziellos hin und her irren, ihr Glück bald in dieser, bald in jener Richtung versuchen und erst recht nicht an Ort und Stelle verharren; sie müssen vielmehr möglichst geradeaus in ein und derselben Richtung darauflos gehen. Wenn sie aber einmal eine Richtung eingeschlagen haben, dürfen sie sich von derselben nicht durch seichte Argumentationen abbringen lassen, auch dann nicht, wenn sie vielleicht anfangs überhaupt keinen Grund gehabt haben mögen, gerade diesen Weg vor anderen zu wählen. Und wenn das Festhalten dieses Entschlusses sie schon nicht ans ursprüngliche Ziel führt, so werden sie auf diese Weise doch jedenfalls an einen Ort gelangen, der ihnen erwünschter ist als die Mitte des Waldes. Ebenso ist es im Leben; wir müssen oft handeln, *ohne die Tragweite der einzelnen Möglichkeiten überblicken zu können.* Es ist daher am zweckmäßigsten, das zu tun, was uns als das beste *erscheint*, wenn wir schon nicht festzustellen vermögen, was in *Wirklichkeit* das beste ist. *Aber selbst dann, wenn wir zwei einander ausschließenden Möglichkeiten gegenüberstehen und nicht den allergeringsten Grund haben, die eine vor der anderen zu bevorzugen, müssen wir uns doch für irgendeine von den beiden entscheiden;* wenn wir uns aber einmal für eine entschieden haben, müssen wir, soweit unser Tun in Betracht kommt, so vorgehen, als ob kein Zweifel bestünde, sondern alles wahr und sicher sei, und zwar deswegen, weil der Gedanke, der unserem Entschluß zugrunde lag, wahr und sicher ist. Und dies genügte mir, um mich von allen jenen Ängsten und Gewissensbissen zu befreien, durch die schwächere Naturen im allgemeinen gequält werden.« Mit diesen Worten formuliert Cartesius seine *Resignation* auf dem Gebiet des praktischen Tuns. Er erkennt prinzipiell die Notwendigkeit an, daß wir mit unzureichender Einsicht handeln müssen. Wie gliedert sich nun dieser Gedankengang seiner Weltbetrachtung ein? In der zweiten Abteilung des *Methodus* stellt er seine bekannten vier Regeln für die theoretische Forschung auf: Man solle nur klar Erkanntes als wahr annehmen, alle Probleme in Einzelfragen zerlegen, die Probleme nach ihrer Kompliziertheit anordnen und bei allen Problemstellungen eine vollständige Übersicht anstreben.

Cartesius ist der Meinung, daß man auf dem Gebiete der Theorie durch sukzessives Aneinanderreihen von Sätzen, die man als *definitiv wahr* erkannt hat, zu einem vollständigen Weltbild gelangen könne. Er legt bei diesem Streben große Zuversicht an den Tag, die scharf von der oben festgestellten Resignation absticht. »Nichts ist so schwer, daß man nicht schließlich hingelangen, nichts so versteckt, daß man es nicht entdecken kann.« Aber wie soll nun derjenige handeln, welcher noch nicht die vollständige Einsicht erlangt hat? Cartesius formuliert zu diesem Zweck *provisorische Regeln* für das praktische Handeln, die so lange zu gelten hätten, als man nicht zur vollständigen Einsicht gelangt ist. Für diejenigen, welche der Meinung sind, daß man nie zur vollständigen Einsicht gelangen könne, werden diese provisorischen Regeln zu definitiven. Die Notwendigkeit, auch bei unvollständiger Einsicht handeln zu müssen, ergibt sich schon daraus, daß ja auch das »Nichthandeln« ein Handeln – das Ergebnis eines Entschlusses – ist. Darauf, daß der Ablauf des Geschehens von unserer Entschließung abhängt, kommt es aber eben an. Cartesius rechnet das theoretische Denken nicht unter die Handlungen. Diese Ansicht könnte man durch den Hinweis stützen, daß man das Denken gewissermaßen auf eine Zeitlang suspendieren kann, während dies beim Handeln im engeren Sinne nicht möglich sei, muß man doch, wie schon gesagt, auch das Nichthandeln als ein Handeln ansehen. Dagegen läßt sich freilich einwenden, daß es eine ganze Reihe von Beschäftigungen gibt, die sich ähnlich wie das Denken verhalten. Wir können ja auch den Bau eines Hauses zeitweilig unterbrechen und, solange es uns gut dünkt, schwanken, ob wir ihn fortsetzen sollen. Zwar kann so die zum Hausbau günstigste Zeit verstreichen und der angefangene Bau leiden – aber das gleiche gilt doch auch vom Denken. Man kann vom Denken nur behaupten, daß es zu jenen Tätigkeiten gehört, die vom Zeitpunkt, in dem man sie in Angriff nimmt, und von der Schnelligkeit der Ausführung verhältnismäßig unabhängig sind; jedenfalls handelt es sich hier nur um graduelle, nicht um prinzipielle Unterschiede zwischen Denken und Handeln. In den *Prinzipien* trennt Cartesius Denken und Handeln scharf voneinander. »Den vorläufigen Zweifel muß man auf die Beschäftigung mit der Wahrheit beschränken, denn im Leben würde oft die Gelegenheit zum Handeln vorübergehen, ehe wir uns der Zweifel entledigen könnten. Oft müssen wir uns nur Wahrscheinliches zum Ziel setzen und sind zuweilen genötigt, auch dann eine von zwei Möglichkeiten zu wählen, wenn keine die wahrscheinlichere ist.« In diesem Sinne werden die drei provisorischen Moralregeln formuliert; man solle sich den üblichen Gesetzen, Gebräuchen und Religionsanschauungen anpassen; auch bei unzureichender Einsicht energisch handeln und lieber sich als die Weltordnung ändern – eine im ganzen stoische Anschauungsweise.

Es war ein Grundirrtum des Cartesius, daß er nur auf praktischem Gebiet der provisorischen Regeln nicht entbehren zu können glaubte. Auch das Denken bedarf der provisorischen Regeln in mehr als einer Hinsicht. Schon die beschränkte Lebensdauer drängt uns vorwärts. Der Wunsch, in absehbarer Zeit das Weltbild abrunden zu können, macht provisorische Regeln zu einer Notwendigkeit. Aber auch prinzipielle Momente sprechen gegen die Cartesianische Ansicht. Wer eine Weltanschauung oder ein wissenschaftliches System schaffen will, *muß mit zweifelhaften Prämissen operieren.* Jeder Versuch, von einer tabula rasa ausgehend, ein Weltbild zu schaffen, indem an definitiv richtig erkannte Sätze weitere angereiht werden, ist notwendigerweise voll Erschleichungen. Die Erscheinungen, welchen wir begegnen, sind derart miteinander verbunden, daß sie nicht durch eine eindimensionale Kette von Sätzen beschrieben werden können. Die Richtigkeit jedes Satzes hängt mit der aller anderen zusammen. Einen einzelnen Satz über die Welt kann man überhaupt nicht formulieren, ohne gleichzeitig zahllose andere stillschweigend mit zu benutzen. Auch vermögen wir keine Aussage zu fällen, ohne unsere ganze vorhergegangene Begriffsbildung in Verwendung zu nehmen. Wir müssen einerseits die Verbindung jedes Satzes, der von der Welt handelt, mit allen anderen, die über sie ausgesagt werden, und andererseits die Verbindung jedes Gedankenganges mit unseren früheren Gedankengängen konstatieren. Wir können die bei uns vorgefundene Begriffswelt variieren, ihrer entledigen können wir uns nicht. Jeder Versuch, sie von Grund auf zu erneuern, ist schon selbst in seiner Anlage ein Kind der vorhandenen Begriffe.

Wie verhält es sich nun mit provisorischen Regeln auf dem Gebiet der Weltbetrachtung? Es zeigt sich, daß man, um vorwärts zu kommen, sehr oft in die Lage versetzt wird, sich für eine von mehreren gleichwahrscheinlichen Hypothesen entscheiden zu müssen. Daß man die Notwendigkeit provisorischer Regeln auf dem Gebiete des Denkens weniger deutlich einzusehen pflegt, hängt wohl damit zusammen, daß man gewissermaßen mehrere theoretische Leben gleichzeitig zu führen imstande ist. Schwerwiegende und kühne Denkversuche kann man oft ruhig wagen, und wenn sie übel ausgehen, andere in Angriff nehmen. Hingegen kann man nicht in derselben Weise z. B. eine mehrfache Berufsausbildung versuchen. Man kann verschiedene Lichttheorien immer vom gleichen Ausgangspunkt aus entwickeln, wie man etwa verschiedene Ausflüge unternehmen kann. Doch darf man nicht übersehen, daß es keineswegs gleichgültig ist, welche Gedankenketten man vor einer bestimmten Problemstellung einmal gehabt hat. Das Denken des Menschen während seines ganzen Lebens ist eine psychologische Einheit, und man kann nur in sehr bedingtem Sinne von Ideengängen an sich sprechen. Obzwar Cartesius doch immer wieder vom Denkvorgang redet, behandelt er ihn wie ein System logischer Beziehungen, das selbstverständlich als solches mit dem psychologischen Ablauf, dem es seinen Ursprung verdankt, nichts zu tun hat. Cartesius scheint die Möglichkeit im Auge zu haben, daß man jeden Gedankengang immer wieder von neuem beginnen kann. Was soll man aber tun, wenn man, um *eine* Hypothese zu Ende zu denken, schon ein ganzes Leben benötigt, also sich vor dem Abschluß der ganzen Untersuchung für einen Weg entscheiden muß, den man nicht wieder zurückgehen kann? Freilich sind auf dem Gebiete des Denkens diese Fälle nicht sehr häufig. Wenn man sich vorstellt, wie ein Ideengang abgelaufen wäre, wenn man andere Prämissen zugrunde gelegt hätte, dann hat man damit diese zweite Möglichkeit auch schon realisiert, während dies auf dem Gebiet des Handelns im engeren Sinne nicht der Fall ist, hier bedeutet das Ausmalen des »Wie es hätte werden können« noch lange nicht die Realisierung des Geschehens. Die wichtigsten Denkakte können willkürlich wiederholt werden, bei den wichtigen Handlungen des menschlichen Lebens ist dies meist nicht der Fall. Die Einmaligkeit des Geschehens gilt hier für charakteristisch. »Man kann nicht zweimal in den gleichen Fluß steigen.« So ruft denn auch Hebbels Marianne in ihrem Gebet: 30

> Du tatest, was du noch nie tatst, du wälztest
> Das Rad der Zeit zurück; es steht noch einmal,
> Wie es vorher stand; laß ihn anders denn
> Jetzt handeln.

Wir sahen, daß die Einmaligkeit und Mehrmaligkeit des Geschehens sowohl auf dem Gebiet des Denkens als auch dem des Handelns im engeren Sinne vorkommt. Daß überhaupt ein Zweifel eintreten kann, ergibt sich daraus, daß bekannte und unbekannte Prämissen vorliegen, aus denen die Conclusio keinesfalls eindeutig erschließbar ist. Es kann nun vorkommen, daß man sich für einen bestimmten Weg, sei es nur auf dem Gebiet des Denkens oder dem des Handelns im engeren Sinne, entscheiden muß. Cartesius hebt die Notwendigkeit hervor, den erforderlichen Entschluß rasch und ohne Lähmung des Willens fassen zu können. Während er aber vor allem die Art und Weise schildert, wie man einen Entschluß, den man auf Grund unzureichender Einsicht gefaßt hat, zur Durchführung bringen soll, will ich im folgenden im Anschluß an Cartesius die Frage behandeln, wie denn *empirisch ein solcher Entschluß zustande kommt*.

Wir sahen, daß in vielen Fällen der Handelnde durch Betrachtung verschiedener Handlungsmöglichkeiten zu keinem Resultat zu kommen vermag. Greift er dennoch eine heraus, um sie zu realisieren, und benutzt er dabei einen Grundsatz allgemeinerer Art, so wollen wir das so geschaffene Motiv, welches mit den in Frage stehenden konkreten Zielen nichts zu tun hat, als *Auxiliarmotiv* bezeichnen, weil es dem Schwankenden gewissermaßen zu Hilfe kommt.

In seiner reinsten Form erscheint das *Auxiliarmotiv* beim *Losen*. Wer durch Einsicht nicht mehr imstande ist, sich für eine von mehreren Handlungsweisen zu entscheiden, kann das Los zu Hilfe rufen oder, was dasselbe ist, in formloser Weise erklären, er tue eben »irgend etwas« oder warte ab, welcher Entschluß beim Hin- und Herschwanken siegen werde, indem er gewissermaßen der Ermüdung die Entscheidung überläßt, jedenfalls einer außerhalb der in Frage stehenden Motive gelegenen Instanz, die in eine Kategorie mit dem Papagei zu stellen ist, der die »Planeten« zieht.

31 Die hier geschilderte Gemütsverfassung findet sich in dieser Klarheit nur bei Menschen des modernen Gesellschaftstypus, die gewöhnt sind, einen großen Teil ihres Tuns von der individuel-

len Einsicht abhängig zu machen, indem sie in langen Gedankenketten Mittel und Zwecke genau abwägend überprüfen. Aber auch der *traditionelle* Mensch wird sich mitunter der Schwierigkeit der Wahl bewußt, insbesondere dann, wenn er Handlungen gegenübersteht, die durch die Tradition nicht ausreichend determiniert werden. Auch dann gerät er in eine peinliche Lage, wenn widersprechende Traditionen auf ihn einstürmen. Man kann sich Menschen aller Art in Situationen denken, in denen alles Überlegen nicht weiterhilft. Es besteht nicht der geringste Anlaß, daran zu zweifeln, daß ein großer Feldherr wie Napoleon häufig außerstande ist, durch Reflexion sich für ein bestimmtes Tun zu entscheiden. Nichtsdestoweniger ist die Methode des mehr oder weniger eingestandenen Knöpfeabzählens den meisten Zeitgenossen ein Gegenstand des Abscheus oder des Gelächters. Da aber diese Zeitgenossen doch auch nicht im Besitze der vollkommenen Einsicht sind, fragt es sich, welche *Surrogate des Knöpfeabzählens* sie in Anwendung bringen.

In vielen Fällen liegt ein *triebartiges Handeln* vor, doch kann dasselbe keineswegs alles leisten. Da es von Zweifeln befreit, wird es von vielen hochgeschätzt und seine Wirksamkeit oft übertrieben geschildert. Ja viele wünschen selbst dort ein instinktives Handeln, wo es sich um ganz reine Zweckmäßigkeitsprobleme dreht. Manche sind der Meinung, man könne zunächst reflektieren und dann erst, wenn die Reflexion versagt, sich an den Instinkt wenden; eine Anschauungsweise, welche Mißbrauch mit dem Instinkt treibt, da sie ihn gewissermaßen als Lückenbüßer bewußt einführt, während seine Bedeutung doch dort zum Ausdruck kommt, wo er von vornherein herrscht, wenn auch vielleicht die Reflexion ihn ersetzen könnte. Aber ein Instinkt in Reserve dürfte wohl psychologisch bedenklich sein. Gerade wenn man die Bedeutung des instinktiven Handelns hoch einschätzt, darf man den Instinkt nicht so mißbrauchen. Man muß sich doch darüber klar werden, daß bei komplizierten rationalen Zusammenhängen, wie sie die bewußt geschaffenen Institutionen der Gesellschaftsordnung und der modernen Technik bieten, der Instinkt versagen muß. Die Bedeutung des Instinkts liegt sicher zum Teil darin, daß er in jenen Perioden, in denen die kalte Berechnung eine geringe Rolle spielt, das Schwanken überhaupt nicht aufkommen ließ und in dieser Richtung Kraftverschwendung vermied. Es wäre übel mit der Welt bestellt, wenn man darauf hätte warten müssen, bis die Einsicht regiert und die Schäden, welche sie zum Beispiel durch das Erzeugen des Schwankens hervorruft, selbst wieder systematisch eliminiert.

> So übt Natur die Mutterpflicht
> Und sorgt, daß nie die Kette bricht,
> Und daß der Reif nie springet.
> Einstweilen bis den Bau der Welt
> Philosophie zusammenhält,
> Erhält sie das Getriebe
> Durch Hunger und durch Liebe.

32

Wo der Instinkt zurücktritt, treffen wir sehr häufig die unbewußte Tendenz an, jeden Ansatz zu lähmendem Schwanken auf irgendeine Weise zu eliminieren. Hierher gehört auch teilweise der Glaube an Orakel, Vorzeichen, Prophezeiungen und ähnliches. Ich möchte dies nicht so verstanden wissen, als ob etwa diejenigen, welche sich nach Vorzeichen richten, der Ansicht wären, dieses Vertrauen in Omina sei ihnen nützlich und daher zu bewahren. Die Sache verhält sich vielmehr so, daß die aus anderen Quellen stammende Anschauung vom Wert der Vorzeichen auf eine Gefühlsdisposition stößt, für welche die Elimination des Zweifels die Befreiung von einem Unlustgefühl bedeutet, weshalb unwillkürlich die betreffende Denkweise begierig absorbiert wird. Auf diese Weise möchte ich auch die bei großen Feldherrn, Politikern und anderen Tatmenschen so häufig beobachtete Neigung zum Aberglauben erklären. Wobei ausdrücklich hervorzuheben ist, daß solche Männer oft weit abergläubischer sind, als es dem Geist ihres Zeitalters entspricht, und daß die Formen ihres Aberglaubens zuweilen merkwürdig primitiv oder archaisch sind. Dies ist ein weiterer Beweis dafür, daß es sich bei diesem Aberglauben nicht etwa um Produkte später Reflexionsstufen handelt, wie man sie gelegentlich beim Spiritismus und anderen derartigen Bewegungen antrifft. Selbstverständlich sind aber Menschen des oben geschilderten Typus, wenn sie dazu Gelegenheit haben, auch einer nachträglichen Systematisierung und Begründung ihrer ursprünglichen abergläubischen Neigungen zugänglich. Behält man dies im Auge, so wird es auch verständlich, weshalb gerade in politisch bewegten Zeiten, wenn man über die weitere Entwicklung sehr im unklaren ist, der Spiritismus und verwandte Strömungen leichter Boden gewinnen. Doch wirken auch andere Umstände, die wir hier nicht näher besprechen können, dabei mit. So spielt zum Beispiel der Wunsch, die Zukunft zu kennen, eine große Rolle und, wie man oft sehen kann, gerade bei Individuen, deren schwächlicher Charakter ihnen nicht erlaubt, tatkräftig die Geschehnisse zu beinflussen. Dieser Typus neigt von vornherein mehr zu den komplizierteren Formen der Prophetie, und er schafft sich oft eine möglichst rationalisierte Konstruktion der Omina. Die ausgebreitete Beschäftigung mit solchen Dingen muß die Willensleere füllen helfen. Dieses Produkt der Willensschwäche kann aber auch, wie oben gezeigt wurde, von tatkräftigen Individuen zur Stärkung ihrer Entschlußfähigkeit verwendet werden.

Ebenso dienen andere Arten der Autorität dazu, das Schwanken zu beseitigen. So wenden sich z. B. viele mit Vorliebe in schwierigen Fällen an Beichtväter oder andere Berater, weil sie von störendem Zweifel befreit werden wollen. Wenn sie über ihr Verhalten diesen Autoritäten gegenüber nachdenken, kommt ihnen begreiflicherweise die triebhafte Basis desselben nicht zum Bewußtsein, und sie suchen nachträglich ihr Vorgehen mit der höheren Einsicht der Befragten zu motivieren – eine Erklärung, die ja auch zuweilen zutreffen dürfte. In den Fällen jedoch, wo bei Zweifel ein Klügerer um Rat angegangen wird, ist das Problem nur um eine Stufe verschoben, da es sich fragt, was denn dieser Klügere tun soll, wenn er eine Entscheidung bei aller Überlegung nicht zu fällen vermag. Die Tendenz, zu einer Entscheidung kommen zu wollen, steht auch sonst im Vordergrund, was man zum Beispiel aus der Tatsache entnehmen kann, daß bei Abstimmungen der Präsident die Entscheidung fällt, wenn keine Majorität erzielt wird. Ja das Majoritätsprinzip selbst dient wohl oft vorwiegend dem Zweck, den Streit zu eliminieren und irgendeine Entscheidung herbeizuführen, gleichgültig, ob sie nun die klügste ist. Es mag für viele ein Ergebnis der Sehnsucht nach Ruhe sein. Und es könnte ganz gut jemand das Majoritätsprinzip nur deshalb begrüßen, weil es die Handlungsfähigkeit erhöht, indem es häufig ein beliebtes Surrogat des unbeliebten Losens darstellt. Auch der Schiedsrichter spielt wohl zuweilen keine andere Rolle. Und wenn die Italiener des Mittelalters und der Renaissance, um ihre inneren Kämpfe zu beseitigen, oft grundsätzlich den Podestà aus einer fremden Stadt holten, war wohl auch die Tendenz nach Ruhe wirksam, und es mag gelegentlich den Bewohnern einer Stadt gar nicht mehr sonderlich darauf angekommen sein, ob der Unparteiische, den sie herbeiriefen, sich einer besonderen Einsicht erfreute.

Wir sahen, daß der Instinkt den Zweifel schon im Keime erstickt, der Glaube an Omina ihn rasch beseitigt, und daß manche Institutionen, die äußerlich ganz anderen Charakter tragen, zum Teil auch dahin wirken, bei mangelnder Einsicht irgendeinem Entschluß, irgendeiner Ordnung der Dinge zum Durchbruch zu verhelfen. Die gleiche Wirkung hat natürlich auch jene Beschränktheit, die überhaupt nur eine einzige Handlungsmöglichkeit vor sich sieht.

Heutzutage ist der Instinkt in den großen Kulturzentren stark zurückgedrängt, auch der Aberglaube spielt eine geringe Rolle. Die meisten Zeitgenossen pochen auf ihre Einsicht und wollen einzig und allein ihr in allen Dingen die Entscheidung überlassen. Sie gehen dabei von der Ansicht aus, daß man bei genügendem Nachdenken mindestens feststellen kann, welche Handlungsweise die größere Wahrscheinlichkeit, erfolgreich zu sein, für sich hat, wenn schon Gewißheit unmöglich sein sollte. Daß Fälle vorkommen, in denen man vor mehreren Handlungsmöglichkeiten ganz ratlos steht, wird negiert oder für so überaus unwahrscheinlich erklärt, daß darüber ein vernünftiger Mensch nicht weiter nachzudenken brauche. Die Menschen dieser Art sind meist der Ansicht, daß, wenn Schwierigkeiten auftauchen, schärferes Nachdenken zum Ziele führen müsse; sie übersehen dabei völlig, daß auch der schärfste Denker bei fehlenden Prämissen zu mehreren gleichwertigen Konklusionen gelangen kann. Wer an dem Glauben festhält, mit seiner Einsicht alles erledigen zu können, antizipiert eigentlich jene vollständige Weltkenntnis, die Cartesius als fernes Ziel der wissenschaftlichen Entwicklung hinstellt. Dieser *Pseudorationalismus* führt teils zur Selbsttäuschung, teils zur Heuchelei. Erziehung und Charakter unterstützen diese Irrtümer, von denen sich Cartesius, den man doch als Stammvater des Rationalismus zu behandeln pflegt, auf dem Gebiet des praktischen Handelns, wie wir oben sahen, freizuhalten wußte. Die Pseudorationalisten erweisen dem wahren Rationalismus einen üblen Dienst, wenn sie ausreichende Einsicht dort vortäuschen, wo gerade strenger Rationalismus sie schon aus logischen Gründen ausschließt. Gerade darin, die Grenzen der jeweiligen Einsicht scharf zu erkennen, sieht der Rationalismus seinen Haupttriumph. Ich möchte die so weitverbreitete Neigung zum Pseudorationalismus aus denselben unbewußten Bestrebungen ableiten wie die Neigung zum Aberglauben. Die Menschen wurden durch die vordringende Aufklärung immer mehr der früher üblichen Mittel beraubt, die geeignet waren, eine eindeutige Entscheidung zu ermöglichen. Daher warf man sich auf die Einsicht, um ihr mit aller Gewalt ein entsprechendes Surrogat abzupressen. Der Pseudorationalismus, der Glaube an Mächte, welche das Dasein regeln und die Zukunft verkünden, sowie das Vertrauen auf Vorzeichen haben in dieser Richtung eine gemeinsame Wurzel. Die Pseudorationalisten wollen immer auf Grund ihrer Einsicht handeln und sind daher jedem dankbar, der ihnen das Bewußtsein zu suggerieren vermag, sie hätten aus Einsicht gehandelt. Diese Gemütsdisposition erklärt zur Genüge den auffallenden Mangel an Kritik, der zum Beispiel Abgeordneten bei ihren Wahlreden entgegengebracht wird. Die Hörer sind gewissermaßen froh, wenn sie mit gutem Gewissen sich für irgendeine Sache entscheiden können; dieser Wunsch ist meist *primärer* Natur. Ist der Redner sich dieser Tatsache bewußt, so wird sein Tun zur Farce, besteht doch dann sein Ziel darin, *Rationalität zu suggerieren.* Man hat bereits damit begonnen, die suggestive Wirkung des Redners, insbesondere des Politikers, psychologisch zu analysieren. Die Argumente, mit denen der Redner operiert, können dabei mit der Hutform, welche er wählt, um die Sympathien seiner Parteigenossen zu erringen, auf eine Stufe gestellt werden. Es fragt sich nun, was geschehen wird, wenn die psychologische Bildung sich so verbreitet, daß die meisten Bürger den Suggestionsapparat durchschauen. Die Suggestion wird durch diese psychologische Aufklärung möglicherweise paralysiert, und die Menschen sind dann außerstande, sich Einsicht suggerieren zu lassen. Wenn sie nicht zum Aberglauben, zum Instinkt oder zur absoluten Beschränktheit zurückkehren, bleibt ihnen nichts anderes übrig, als dort, wo die Einsicht nicht weiter reicht, zum Auxiliarmotiv zu greifen; sei es, daß man sich mit Argumenten begnügt wie: »Irgend etwas muß geschehen, tun wir eben dies oder jenes, was uns gerade einfällt, nachdem wir das als falsch Erkannte bereits ausgeschaltet haben«, sei es, daß man, wenn jener Punkt erreicht ist, wo die Einsicht versagt, in aller Form lost oder sonst ein nicht in der Sache gelegenes Moment die Entscheidung treffen läßt.

Aber wehe dem Staatsmann, der sich öffentlich so verhielte. Wenn er in einem konkreten Fall zu der Einsicht käme, daß er zwischen zwei Alternativen keine Entscheidung zu treffen vermöge und daher das Los entscheiden lassen wollte, würde er sich dem Vorwurf der Frivolität oder des Zynismus aussetzen. Das Volksempfinden wäre aufs tiefste verletzt; es verlangt entweder Festhalten am Althergebrachten oder rational fundierte Änderungen. Dabei muß man sich vor Augen halten, daß der moderne Staatsmann noch weit mehr als der früherer Tage sich seiner unzulänglichen Einsicht bewußt wird. Die Staatsmänner der Vergangenheit umspannten oft das gesamte Wissen ihrer Zeit und waren nicht selten führende Nationalökonomen, während heute der Staatsmann auf Gebieten wirken muß, die andere zweifellos besser kennen als er selbst. Während beispielsweise Colbert und Turgot zu den bedeutendsten Nationalökonomen ihrer Zeit

gehörten, ist Bismarck als Nationalökonom einem Marx sicher
nicht gleichzustellen. Die politische Tätigkeit nimmt heute so
viel Kraft in Anspruch, daß ein großer Politiker schwer gleichzeitig ein großer Theoretiker sein kann. Diejenigen, welche die
Schicksale der Staaten leiten, pflegen nicht die größte Einsicht
zu besitzen, und die, welche größere Einsicht besitzen, haben mit
der Leitung meist nichts zu tun. Trotz alledem gilt das Knöpfeabzählen für frivol, und zwar für um so frivoler, je wichtiger die
in Frage stehende Angelegenheit ist. Selbst Menschen, die sonst
aller Pietät und Tradition bar sind, pflegen sich moralisch zu
entrüsten, wenn man ihnen vorschlägt, dort, wo Einsicht nicht
mehr weiterreicht, das Los entscheiden zu lassen. Das Verhalten
des Thomas Hobbes der Religion gegenüber findet daher selten
Zustimmung. Sein Gedanke, daß irgendeine Ordnung besser als
keine ist, empört jeden Pseudorationalisten, der die Entscheidung
durch ausreichendes Nachdenken zu erlangen hofft. Hobbes In-
toleranz ist eine rein äußerliche, Mittel zu einem anerkannten
politischen Zweck. Er fühlt sich eben außerstande zu entscheiden, welche der positiven Religionen vorzuziehen sei. Es will uns
scheinen, als ob dies Verhalten des Hobbes in vielen Angelegenheiten des Lebens für einen ehrlichen Rationalisten das einzig
Mögliche ist, ob freilich der Rationalismus überhaupt geeignet
ist, das öffentliche Leben zu regeln, ist eine andere Frage. Wo aber
einmal Tradition und Gemeinschaftsgefühl erschüttert sind, hat
man nur zwischen ihm, der unbedingt zum Losen führt, und dem
Pseudorationalismus die Wahl, der das Denken und Empfinden
verfälscht.

Es ist eine empirische Frage, wie sich das Auxiliarmotiv praktisch bewährt. Seine allgemeine Anerkennung kann zum Beispiel
dazu führen, daß man sich seiner bereits in einem Zeitpunkt bedient, in dem die Reflexion noch durchaus weiterführen könnte.
Es ist dies eine Gefahr, die aber auch sonst droht, wenn Surrogate
des Losens, zum Beispiel in Form von religiösen Maßnahmen,
auftreten. Schon der griechische Dichter mahnt:

Erst geh selber ans Werk, dann rufe die Götter zu Hilfe. 33

Wieweit das Auxiliarmotiv die volle Handlungsintensität zur Entfaltung kommen läßt, hängt von der psychologischen Verfassung des einzelnen ab. Ob das Auxiliarmotiv einmal allgemeine Anwendung finden wird, ist noch die Frage. Von aktueller Bedeutung ist es bereits heute für den Weisen, der sich der Unvollkommenheit seiner Einsicht bewußt ist, den Aberglauben verschmäht und dennoch kräftig handeln will. Nur das Auxiliarmotiv vermag seinen Willen zu stärken, ohne von ihm Aufopferung der Wahrhaftigkeit zu verlangen. Er braucht sein Gesichtsfeld nicht künstlich zu verengen, um wirken zu können. Wer schwankt, ob er das Auxiliarmotiv verwenden soll oder nicht, wer seine Anwendung perhorresziert, dem ist eben nicht zu helfen. Ebensowenig dem, der beim Knöpfeabzählen sich nicht entschließen kann, ob er mit »ja« oder »nein« beginnen soll. Aber das ist kein Einwand gegen das Auxiliarmotiv; ist es doch kein allgemein anerkanntes Prinzip, daß allen geholfen werden kann.

Das Auxiliarmotiv ist wohl geeignet, eine Art Vermittlung zwischen der Tradition und dem Rationalismus zu ermöglichen. Während früher Vorzeichen und Lose eine innere Bedeutung hatten, sind sie nun reine Mittel geworden. Aber der Vorgang ist derselbe geblieben. Der Vertreter des Auxiliarmotivs wird dem traditionellen Menschen, dem Menschen, der seinem Instinkt folgt, nic mit jenem Hochmut gegenübertreten, der viele Pseudorationalisten charakterisiert. Er wird möglicherweise sogar bedauern, daß die Periode des Gemeinschaftslebens, in welcher Tradition und Instinkt ausschlaggebend waren, aufgehört hat und kann eventuell das Auxiliarmotiv geradezu als Surrogat behandeln, das eben durch die Entwicklung des Rationalismus notwendig wurde. In diesem Sinne sind Instinkt, Tradition und Auxiliarmotiv gemeinsame Gegner des Pseudorationalismus. Die Anwendung des Auxiliarmotivs setzt bereits eine hohe Organisationsstufe voraus, da nur bei einigermaßen gemeinsamem Vorgehen aller der Zusammenbruch der menschlichen Gesellschaft verhindert wird. Die traditionelle Gleichartigkeit des Verhaltens muß durch bewußtes Kooperieren ersetzt werden, wobei die Bereitwilligkeit einer menschlichen Gruppe, bewußt zu kooperieren, eigentlich selbst wieder aus dem Charakter der Individuen abzuleiten ist.

Greifen wir nun wieder auf das Gleichnis des Cartesius zurück. Für die im Walde verirrten Wanderer, welche gar keinen Anhaltspunkt für die einzuschlagende Richtung haben, ist es das Wichtigste, energisch darauf loszugehen. Den einen treibt der Instinkt in irgendeine Richtung, den zweiten ein Omen, der dritte wird sorgfältig alle Eventualitäten in Betracht ziehen, alle Gründe und Gegengründe abwägen und auf Grund unzulänglicher Voraussetzungen, deren Mangelhaftigkeit ihm nicht zum Bewußtsein kommt, schließlich stolz erhobenen Hauptes eine bestimmte Richtung einschlagen, die er als die richtige ansieht. Der vierte schließlich wird nachdenken, so gut er es vermag, aber nicht davor zurückscheuen, sich zuzugestehen, daß seine Einsicht zu schwach ist, und ruhig das Los entscheiden lassen. Die Chancen aller vier Wanderer, aus dem Walde zu kommen, seien gleich groß; und dennoch wird es Menschen geben, welche das Verhalten der vier sehr verschieden beurteilen. Dem Wahrheitsforscher, der die Einsicht am höchsten schätzt, wird das Verhalten des letzten Wanderers am sympathischsten sein, das des pseudorationalistischen dritten Wanderers wird ihn am meisten abstoßen.

Wir können vielleicht in diesen vier Verhaltungsarten vier Entwicklungsstufen der Menschheit erblicken, ohne gerade behaupten zu wollen, daß jede von ihnen vollständig realisiert wurde. Es wird aber manches klarer, wenn wir uns das Wesen der vier Zeitalter, des Instinkts, der Autorität, des Pseudorationalismus und des Auxiliarmotivs klarzumachen suchen. Wir leben heute noch in der Periode des Pseudorationalismus, doch können wir bereits deutliche Zeichen des Verfalls konstatieren. Viele glauben mit einem neuen Aufschwung der Religion rechnen zu können, während andere eine Rückkehr des mehr instinktiven Lebens erwarten. Es gibt aber auch solche, welche den Zusammenbruch unserer Kultur für unausbleiblich halten. Wenn ich nun den Versuch mache, dem Auxiliarmotiv, als der Krönung des Rationalismus, eine Zukunft zuzuweisen, so geschieht dies auf Grund folgender Erwägung. Wir können Utopien in verschiedener Weise konstruieren, sei es, daß wir die entwickeltsten Formen uns noch weiter entwickelt denken, sei es, daß wir nach Keimen zukünftiger Formen suchen. Man könnte zum Beispiel die Vorstellung ausbauen, daß wir uns einer Zeit nähern, in der alles staatliche Geschehen systematisch vorausberechnet wird. Es würde zu weit führen, hier zu zeigen, daß der baldige Eintritt dieses Zustandes überaus unwahrscheinlich ist. Wir können aber auch nach Bewegungen ausspähen, die noch nicht zur vollen Entfaltung gelangten, obgleich sie vorhanden sind, wie ja auch der Rationalismus bereits im Mittelalter seine Vertreter hatte, wenn man ihm auch keine Zukunft prophezeite. Da es sehr schwer ist, sich irgendeine neue Geistesrichtung überhaupt vorzustellen, ist es jedenfalls von Vorteil, sich ernsthafter mit der Möglichkeit zu beschäftigen, daß eventuell das Auxiliarmotiv einmal das private und öffentliche Leben stark beeinflussen wird.

Cartesius lebte in einer Zeit der Umwandlung. Damals begann man Instinkt und Tradition auf der ganzen Linie zu bekämpfen, ohne sich über die Funktion dieser Kräfte recht im klaren zu sein. Cartesius selbst hat auf moralischem Gebiet, wie wir sahen, einerseits bewußt die Tradition anerkannt, andererseits das Auxiliarmotiv gebilligt. Dabei vermag ihm ein konsequenter Rationalist zu folgen. Soweit dem Rationalismus überhaupt auf moralischem Gebiet eine Zukunft blüht, ist die bewußte Feststellung seiner Grenzen und die Einführung des Auxiliarmotivs unbedingte Voraussetzung. Aber wie die Zukunft auch aussehen mag, es lohnt sich wohl, die Frage zu erörtern, wie *Rationalismus und mangelnde Einsicht* mit Hilfe des *Auxiliarmotivs* vereinigt werden können.

III. ALLGEMEINE ERKENNTNISLEHRE UND WISSENSCHAFTSTHEORIE

3.1 WAS BEDEUTEN DIE GEGENWÄRTIGEN PHYSIKALISCHEN THEORIEN FÜR DIE ALLGEMEINE ERKENNTNISLEHRE?[1] (1929)

Philipp Frank

Es dürfte viele Physiker und Philosophen geben, die auf die im Titel gestellte Frage mit dem einfachen Wörtchen »nichts« antworten. Aus welchen Gründen viele Philosophen diese im eigentlichen Sinne des Wortes »nichtssagende« Antwort geben, will und kann ich hier nicht untersuchen. Woher kommt es aber, und von dieser Frage wollen wir hier ausgehen, daß so viele Physiker behaupten, die größten Umwälzungen in den Theorien der Physik seien nicht imstande, die Grundlehren der allgemeinen Erkenntnistheorie umzugestalten? Zum Beispiel findet man in den physikalischen Arbeiten über Relativitätstheorie oft mit einer gewissen Leidenschaftlichkeit den Satz verfochten, die relativistische Umgestaltung der Raum- und Zeitmessung habe keinerlei »philosophische« Konsequenzen.

Wer sich einigermaßen mit der historischen Entwicklung der Physik beschäftigt hat, dem wird sofort eine ähnliche Erscheinung auffallen, die in der Epoche auftrat, als die großen Umwälzungen in den physikalischen Theorien sich abspielten, die von der antik-mittelalterlichen, scholastischen Naturauffassung zur modernen führten und die sich vor allem an die Namen Kopernikus, Galilei, Kepler knüpfen. Man liest, daß die Anhänger der damals revolutionären heliozentrischen Auffassung sich eifrig bemühten, nachzuweisen, daß durch die Kopernikanische Umwälzung nur etwas mathematisch-physikalisch Neues entstanden sei, daß aber sich in der allgemeinen, »philosophischen« Auffassung der Welt ganz und gar nichts geändert habe. Man wird sich

[1] Vortrag, gehalten in der Eröffnungssitzung des deutschen Physiker- und Mathematikertages in Prag am 16. September 1929.

darüber nicht wundern, wenn man bedenkt, daß in dem berühmten Prozeß gegen Galilei bei dem Zwang, der auf ihn ausgeübt wurde, seiner Lehre abzuschwören, es sich keineswegs darum handelte, wie man in oberflächlichen Darstellungen oft liest und wie es in dem berühmten »und sie bewegt sich doch« verewigt ist, zu beschwören, daß er an die Bewegung der Erde nicht mehr glaube; sondern was die Inquisition von Galilei wollte, war nur, daß er bekennen sollte, die Lehre von der Bewegung der Erde sei nur im Sinne einer mathematischen Fiktion richtig, als »philosophische« Lehre aber falsch. Man kann in dem Standpunkt der Inquisition auch etwas finden, was der modernen relativistischen Auffassung entspricht, nach der man nicht sagen kann, daß »in Wirklichkeit« die Erde sich bewegt und die Sonne stillsteht, sondern nur, daß die Beschreibung der Erscheinungen in einem Koordinatensystem, in dem das der Fall ist, einfacher ausfällt. Von Galilei wurde aber mehr verlangt; er sollte zugeben, daß die heliozentrische Auffassung eine mathematische Fiktion ist, die geozentrische aber eine »philosophische« Wahrheit. Man sieht leicht, daß auch dieser Standpunkt der mittelalterlichen Mächte sein Analogon in unserer Zeit findet, daß auch heute oft deshalb eine fiktionalistische Auffassung vertreten wird, um durch Kontrastwirkung die »ewig feststehenden«, »philosophisch einsehbaren« Wahrheiten stärker hervortreten zu lassen. Sehr oft wird von Philosophen und manchmal auch von Physikern behauptet, daß z.B. die nichteuklidische Geometrie oder die Einsteinsche Zeitmessung mathematische Fiktionen seien, während die Euklidische Geometrie und die absolute Zeit in der Natur der Dinge begründete Wahrheiten sein sollen.

Noch öfter finden wir aber, daß die Physiker sich weigern, über Fragen wie Zeit, Raum, Kausalität u.ä. eine Entscheidung zu treffen, daß sie vielmehr diese dem kompetenten Fachmann, dem Philosophen oder Erkenntnistheoretiker zuschieben. Da ja heute niemand dieselbe Angst wie Galilei zu haben braucht, so muß diesem Verzicht eine Überzeugung zugrunde liegen, die sich ungefähr so formulieren läßt: Es gibt Fragen, die so tief sind, daß sie von der exakten Wissenschaft nicht gelöst werden können. Dabei glauben einige, daß es eine besondere Methode, die »philosophische«, gibt, mit deren Hilfe solche Fragen wie die nach dem Wesen von Zeit, Raum und Kausalität gelöst werden können, während andere diese Fragen für ewig unlösbar, als »ewige Rätsel« erklären.

Dieser für die exakten Wissenschaften resignierte Standpunkt hat seine klassische Prägung in der berühmten Rede von E. du Bois-Reymond erhalten, die aus dem Jahre 1872 stammt und den Titel »Über die Grenzen des Naturerkennens« führt. Diese Rede, die in dem Worte »Ignorabimus, wir werden niemals wissen«, gipfelt, ist unzählige Male zitiert worden, von den Verkleinerern der naturwissenschaftlichen Weltauffassung mit Triumph, von den Anhängern mit wehmütiger Zustimmung; ihr wesentlicher Inhalt gilt bei den meisten Philosophen und Naturforschern als unumstößliche Wahrheit, sie hat in der Geschichte der naturwissenschaftlichen Weltauffassung die Rolle eines Ganges der Naturforscher nach Canossa gespielt. Wenn wir uns überlegen, durch welche Argumente du Bois-Reymond zu seinem Ignorabimus gelangte, so müssen wir bei dem heutigen Stande der Erkenntnislehre der exakten Wissenschaften zu der Überzeugung kommen, daß es Zeit ist, die ganze Frage noch einmal aufzurollen und einmal wieder nachzusehen, ob der verzweifelte Standpunkt gegenüber der naturwissenschaftlichen Erkenntnis wirklich unausweichlich ist.

Du Bois geht von dem Satze aus: »Naturerkennen ist Zurückführen der Veränderungen in der Körperwelt auf Bewegungen von Atomen, die durch von der Zeit unabhängige Zentralkräfte bewirkt werden [...]. Es ist psychologische Erfahrungstatsache, daß, wo solche Auflösung gelingt, unser Kausalitätsbedürfnis sich *vorläufig* befriedigt fühlt.«

Es bleibt aber noch die Frage übrig, wie Materie imstande ist, die Zentralkräfte auszuüben. Diese Frage läßt sich natürlich nicht wieder durch Zurückführung auf Zentralkräfte lösen. Dann heißt es wörtlich: »Niemand, der tiefer nachgedacht hat, verkennt die transzendente Natur des Hindernisses, das hier sich uns entgegenstellt [...]. Nie werden wir besser als heute wissen, was hier, wo Materie ist, im Raume spukt. Denn sogar der Laplacesche Geist könnte in diesem Punkte nicht klüger sein als wir [...]. Unser Naturerkennen ist also eingeschlossen zwischen den beiden Grenzen, welche einerseits die Unfähigkeit, Materie und Kraft, andererseits das Unvermögen, geistige Vorgänge aus materiellen Bedingungen zu begreifen, ihm ewig stecken.« Wenn wir von dem Problem des Zusammenhanges von Geistigem und Materiellem absehen, das uns hier nicht beschäftigt, sieht du Bois also die Grenzen des Naturerkennens vor allem in der Unmöglichkeit, das Wesen von Materie und Kraft zu begreifen. Er fährt dann fort:

»Innerhalb dieser Grenzen ist der Naturforscher Herr und Meister, zergliedert er und baut auf; [...] über diese Grenzen hinaus kann er nicht und wird er niemals können. Gegenüber den Rätseln der Körperwelt [...] ignoramus [...] gegenüber dem Rätsel aber, was Materie und Kraft seien, und wie sie zu denken vermögen, muß er ein für allemal zu dem viel schwerer abzugebenden Wahrspruch sich entschließen: ignorabimus« – wir werden niemals wissen.

Was bedeutet es aber, wenn man sagt: eine Frage ist unlösbar? Stellen wir uns z. B. vor, jemand würde behaupten, das Problem einer ständigen Flugverbindung mit dem Planeten Neptun sei unlösbar, oder das der Herstellung eines lebendigen Organismus aus lebloser Materie sei unlösbar. Trotzdem wird auch derjenige, der eine solche Behauptung aufstellt, ganz genau angeben können, welche konkreten Erlebnisse wir hätten, wenn das Problem gelöst wäre. Man kann sich aber in keiner Weise, auch nicht einmal ungefähr vorstellen, was man erleben müßte, um sagen zu können, die Frage nach dem Wesen der Materie oder der Kraft sei gelöst oder gar, »man wisse«, wie du Bois verlangt, »was eigentlich dort, wo Materie ist, im Raume spukt«. Wenn z. B. Heinrich Hertz, wie man oft sagt, das Wesen des Lichtes aufgeklärt hat, so ist das keineswegs in dem von du Bois gemeinten Sinne gelungen. Nach Hertz sind einfach den Licht- und elektromagnetischen Erscheinungen dieselben Gleichungen, nur mit anderen Werten der Wellenlänge zugeordnet, das Wesen des Lichtes ist damit ebensowenig klar wie früher, da auch das Wesen der Elektrizität in diesem Sinne ein ewig unlösbares Rätsel ist.

Wenn man den Unterschied dieser beiden Arten von ungelösten und vielleicht unlösbaren Problemen ins Auge faßt, den du Bois durch die Worte »ignoramus« und »ignorabimus« zu kennzeichnen sucht, so muß bei jedem, der gewohnt ist, sich mit der wirklichen Lösung von Problemen zu beschäftigen, ein gewisses Mißbehagen sich einstellen, wenn er sich den Problemen der zweiten Art zuwendet. Denn er ist doch gewohnt, bei der Lösung so vorzugehen, daß er sich zuerst das Erlebnis, das der fertigen Lösung entspricht, irgendwie vorzustellen sucht und so lange arbeitet, bis er es zustande bringt, das gesuchte Erlebnis wirklich zu haben. Wenn man aber gar nicht angeben kann, worin dieses Erlebnis überhaupt bestehen soll, ist da überhaupt eine Problemstellung vorhanden?

Wir sehen nun in der Tat sehr oft, daß der Physiker in seiner Eigenschaft als Physiker derartige Problemstellungen ablehnt, aber mit einem anderen Winkel seiner Seele doch zugibt, daß solche Probleme mit anderen, nicht physikalischen, sondern, wie man sagt »philosophischen« Methoden in Angriff genommen werden können. Wenn wir den Grund untersuchen, warum Physiker, die als solche den größten Wert auf exakte Fragestellungen legen, doch die Möglichkeit ganz andersartiger trotz ihres Mißbehagens zugeben, so glaube ich, daß man davon ausgehen muß, daß gar mancher Physiker, wenn er nicht gerade als Fachmann arbeitet, noch einer Weltauffassung zugeneigt ist, die durch eine Jahrhunderte dauernde Überlieferung in dem Unterricht jeder Stufe sich festgewurzelt hat, und die wir einfach die Weltauffassung der »Schulphilosophie« nennen wollen.

Wir wollen die Frage hier nicht untersuchen, warum so viele Physiker an jener Schulphilosophie festhalten, obwohl gerade kritisch denkende Physiker am meisten zu ihrer Erschütterung beigetragen haben (denn die Gründe dieses Festhaltens sind nur psychologisch und vielleicht soziologisch zu verstehen); sondern wir wollen uns sofort fragen, worin denn der Standpunkt der Schulphilosophie besteht, und wieso er so viele Naturforscher dazu gebracht hat, dem resignierten ignorabimus ohne Widerstand zuzustimmen.

Man sagt, daß die philosophischen Schulen in ihren Ansichten so weit voneinander abweichen, daß sich eine einheitliche Weltauffassung bei ihnen nicht erkennen läßt. Trotz dieser Meinungsverschiedenheiten im einzelnen glaube ich aber, daß sich deutlich ein gemeinsamer durch Jahrhunderte überlieferter und fest gewordener Kern von Lehren abhebt, und daß ihm gegenüber sich erst schüchtern, dann immer klarer, aber auch heute noch recht zaghaft eine neue Weltauffassung entwickelt, die an den Fortschritten der exakten Wissenschaften selbst allmählich erstarkt. Wir wollen, um irgendwelche Namen einzuführen, wie jene traditionelle Lehre als die »Schulphilosophie«, die neue, um kurz anzudeuten, daß sie eine andere Erkenntnis als die wissenschaftliche nicht anerkennt, als »wissenschaftliche Weltauffassung« bezeichnen.

Die Schulphilosophie, mag sie sich nun Realismus oder Idealismus nennen, ist charakterisiert durch eine bestimmte Auffassung von dem, was man Wahrheit nennt, also auch durch eine bestimmte Auffassung über das, was man als Problemstellung ansehen kann. Man kann den Grundgedanken jener Lehre der Schulphilosophie nicht besser darstellen, als es Henri Bergson in einigen Sätzen getan hat, die in seiner Einleitung zur französischen Übersetzung des Buches »Der Pragmatismus« des amerikanischen Psychologen William James stehen:

»Für die alten Philosophen gab es, erhaben über Raum und Zeit, eine Welt, in der seit Ewigkeit alle möglichen Wahrheiten ihren Sitz hatten; die Urteile der Menschen waren nach ihnen um so wahrer, ein je getreueres Abbild (Kopie) jener ewigen Wahrheiten sie waren. Die modernen Philosophen haben wohl die Wahrheit vom Himmel auf die Erde herabgeholt, aber sie sehen in ihr immer noch etwas, was vor unseren Urteilen existiert. […] Ein Satz wie ›die Wärme dehnt den Körper aus‹ wäre nach ihnen ein Gesetz, das die Tatsachen beherrscht, das, wenn nicht über ihnen, doch in ihrer Mitte thront, ein Gesetz, das wirklich in unserer Erfahrung enthalten ist; uns bleibt nur übrig, es aus ihr herauszuziehen. Selbst eine Philosophie wie die Kants, die annimmt, daß jede wissenschaftliche Wahrheit dies nur in bezug auf den menschlichen Geist ist, betrachtet die wahren Sätze als von vorhinein durch die menschliche Erfahrung gegeben; wenn einmal diese Erfahrung im allgemeinen durch das menschliche Denken organisiert ist, besteht die ganze Arbeit der Wissenschaft darin, die hemmende Hülle der Tatsachen zu durchbrechen, in deren Inneren die Wahrheit haust wie die Nuß in ihrer Schale.«

Man sieht leicht, daß diese Auffassung der Wahrheit jede Art von Fragen erlaubt und überhaupt nur schwer dazu kommt, zwischen sinnvollen und sinnlosen Problemstellungen unterscheiden zu können. Denn auf jede Frage kann ja die Antwort hinter der Hülle der Tatsachen stecken, wenn man nur energisch genug bohrt. Es könnte dann im Prinzip auch möglich sein, solche Fragen zu beantworten wie die nach dem Wesen von Materie und Kraft. Wenn aber die Schale der Nuß so hart ist, daß sie nie durchbohrt werden kann, so daß die Antwort nicht herausgeholt werden kann, nennt man die Frage eine »ewig unlösbare« und spricht resigniert »ignorabimus«. Wenn man diese Auffassung hat, kann man auch Fragen stellen wie jene für die Schulphilosophie am meisten charakteristische, ob die Außenwelt überhaupt wirklich existiert und ob wir sie in ihren wahren Eigenschaften erkennen können. Darauf antwortet bekanntlich der Realist mit Ja, der Idealist mit Nein; keiner kann irgendein konkretes Erlebnis als entscheidend für seine Antwort anführen; aber beide stimmen darin überein, daß eine solche Frage ein sinnvolles Problem ist.

Es ist kein Zweifel, daß dieser Standpunkt der Schulphilosophie der Aufnahme und dem Verständnis der gegenwärtigen physikalischen Theorien große Schwierigkeiten bereitet. Man kann z. B. von diesem Standpunkt aus bei jedem Körper die Frage stellen, welches seine »wirkliche« Länge ist, und wenn die Relativitätstheorie einem Körper in bezug auf verschiedene Bezugssysteme verschiedene Längen zuschreibt, wird der Anhänger der Schulphilosophie das so auffassen, daß diese Verschiedenheit auf »Störungen« der Meßinstrumente beruht, welche die »richtige« Messung praktisch unmöglich machen, was aber nicht hindert, daß *eine* Länge die »wirkliche« zum Unterschied von den nur

»scheinbaren« gemessenen Längen ist. Aus der Schar der gleichförmig geradlinig gegeneinander bewegten Bezugssysteme kann nach dieser Auffassung nur *eines* in Wirklichkeit ruhen. Da nach der Relativitätstheorie, und so weit läßt sie sich experimentell sicher nicht widerlegen, durch keinen Versuch je festgestellt werden kann, welches dieses wirklich ruhende System ist, muß für den Anhänger der Schulphilosophie diese »wirkliche Ruhe« eine Tatsache sein, die sich in keinem Erlebnis, das der Mensch konkret haben kann, verrät.

Wenn man es als selbstverständlich ansieht, daß ein Elektron in jedem Zeitpunkt eine bestimmte Lage und Geschwindigkeit haben muß, deren Messung nur vielleicht unmöglich ist, so erschwert man sich das Verständnis wichtiger Grundbegriffe der Quantenmechanik und ist genötigt, die quantenmechanischen Rechnungen, die man ja doch verwendet, so zu deuten, daß diese bestimmten Lagen und Geschwindigkeiten des Elektrons die Zukunft desselben nicht determinieren. Da aber andererseits durch die Lehren der Schulphilosophie auf dem Gebiete des mechanischen Geschehens der strenge Determinismus gefordert wird, ist man genötigt, für die Bewegung des Elektrons irgendwelche mystische, vitale, dem organischen Leben ähnliche Ursachen anzunehmen. Diese Konsequenz wird auch manchem angenehm und sympatisch sein; ich glaube aber nicht, daß sie für die physikalische Forschung nützlich ist. Sie folgt, wie gesagt, aber gar nicht, wie viele glauben, aus den Theorien der modernen Physik, sondern nur aus dem Wunsche, diese neuen Theorien mit der Weltauffassung der Schulphilosophie in Einklang zu bringen.

Man wird vielleicht dagegen einwenden, daß die meisten Physiker sich bei ihren Forschungen um Philosophie überhaupt gar nicht kümmern und daß ihnen daher die Schulphilosophie in keiner Weise beim Verständnis der Relativitäts- oder Quantentheorie hinderlich sein kann. Sie betrachten diese Theorie, wie man sagt, »rein physikalisch« und wissen überhaupt gar nichts von der philosophischen Weltauffassung. Wenn man aber nun wirklich zusieht, wie sich die Physiker zu den modernen Theorien verhalten, wird man finden, daß sie, je weniger sie über philosophische Fragen nachzudenken pflegen, desto mehr in ihrem Denken von den Traditionen der Schulphilosophie erfüllt sind. Die Erfahrung hat auch gezeigt, daß die Physiker, die geneigt waren, z.B. die Relativitätstheorie für sinnlos zu erklären, oft im Namen der »rein empirischen spekulationsfreien« Naturwissenschaft auftraten, daß aber ihre Argumente zum größten Teil gar nicht der Empirie, sondern gerade der Schulphilosophie entnommen waren. Man braucht ja nicht zu denken, daß man irgendwelche philosophischen Studien gemacht zu haben braucht, um diese Weltauffassung kennenzulernen. In allem Wissen, das uns von der Volksschule an eingeflößt wird, in allen Metaphern unserer Sprache ist sie implizit enthalten; ihre Anwesenheit wird gar nicht bemerkt, da sie durch eine Jahrhunderte andauernde Tradition zur Gewohnheit geworden ist; der »reine Empiriker« verwendet sie unter dem harmlosen Namen »gesunder Menschenverstand«. Daher ist es auch kein Wunder, daß gerade der spekulationsfeindliche Physiker leicht geneigt ist, dem »ignorabimus« von du Bois-Reymond mit seiner Preisgabe der naturwissenschaftlichen Weltauffassung leicht zuzustimmen.

Die Bewegung gegen die Weltauffassung der Schulphilosophie geht aber nun gerade von Physikern aus, die unter dem Beschränken auf die reine Empirie nicht verstehen, solange man am Experimentiertisch sitzt, rein empirisch zu forschen und für die Deutung der gefundenen Ergebnisse den »gesunden Menschenverstand«, d.h. die traditionelle Philosophie, sprechen zu lassen, sondern die versuchen, im ganzen Bereich ihrer Weltauffassung nur konkret Erlebtes als Element zuzulassen, wie es jeder Physiker am Experimentiertisch tut.

Diese kritisch denkenden Physiker mußten sich fragen: wie sind eigentlich diejenigen Probleme beschaffen, bei deren Lösung man weiterkommt, zum Unterschied von denen, bei deren Bearbeitung die Forscher sich seit Jahrhunderten, um es bildlich auszudrücken, um ihre eigene Achse drehen?

Man hat z.B. früher die Identität von Licht und Elektrizität nicht gekannt und kennt sie jetzt. Was bedeutet das? Man kann durch elektrische Maschinen (z.B. Sendeapparate) und durch

Lichterzeugung Erscheinungen hervorbringen, die denselben formalen Gesetzen, den Wellengesetzen, genügen, wobei nur eine Größe, die Wellenlänge, verschiedene Werte besitzt. Es läßt sich diese Erkenntnis der Identität von Licht und Elektrizität als eine ganz bestimmte Aussage über konkrete Erlebnisse ausdrükken. Man muß keineswegs sie so aussprechen, daß damit über das »Wesen« von Licht oder Elektrizität etwas gesagt ist. Man kann den optischen und elektromagnetischen Erlebnissen bestimmte Zeichen zuordnen, die Feldgrößen, zwischen denen formale Beziehungen, die Feldgleichungen, bestehen. Dann kann man aus gegebenen Zeichenkombinationen mit Hilfe der Gleichungen auf mathematischem Wege neue Kombinationen herleiten, die man mit Hilfe des Zuordnungsgesetzes wieder in Erlebnisse übersetzen kann. Man kann also mit Hilfe der Theorie, die aus Zuordnungsgesetz und Feldgleichungen besteht, aus gegebenen Erlebnissen auf künftige oder vergangene Erlebnisse schließen und dadurch sich in der praktischen Beherrschung der Erlebnisse zurechtfinden. Identität von Licht und Elektrizität bedeutet dann eine Identität von mathematischen Beziehungen zwischen Zeichen. Eine Problemlösung bedeutet also theoretisch gesehen die Zuordnung von Zeichen zu den Erlebnissen, zwischen denen Beziehungen bestehen, die man angeben kann, und mehr praktisch gesehen die Möglichkeit, sich mit Hilfe dieses Systems in der Beherrschung seiner Erlebnisse zurechtzufinden.

Dasselbe gilt für mathematische Probleme. Wenn z. B. die Aufgabe gelöst werden soll, eine Lösung der Laplaceschen Gleichung zu finden, die auf einer gegebenen Fläche gegebene Werte annimmt, so handelt es sich darum, aus Zeichen, die bekannten Verknüpfungsgesetzen genügen, durch Kombination dieser Verknüpfungen, solche Zeichenkomplexe herzustellen, die bestimmte konkret angebbare Eigenschaften besitzen. Diese Eigenschaften bestehen wieder darin, daß durch bestimmte Kombination von Zeichen nach den Verknüpfungsgesetzen sich bestimmte Zeichenkomplexe als Resultat ergeben sollen.

Wir sehen: bei keiner Art von solchen Problemen handelt es sich darum, eine »Übereinstimmung zwischen Gedanken und

Objekt«, wie die Schulphilosophie sagt, hervorzubringen, sondern immer nur um die *Erfindung eines Verfahrens*, das geeignet ist, mit Hilfe eines geschickt gewählten Zeichensystems Ordnung in unsere Erlebnisse zu bringen und dadurch uns ihre praktische Beherrschung zu erleichtern. Die Wahrheit kann nicht außerhalb unserer Erlebnisse gesucht werden; die Forschung hat nicht das Suchen einer in einer »Nußschale steckenden Wirklichkeit« zum Ziele; sondern das Gebäude der Wissenschaft muß aus den Erlebnissen selbst und nur aus ihnen aufgebaut werden.

Ehe ich näher darauf eingehe, wie sehr die heutigen physikalischen Theorien eine solche Auffassung der Wissenschaft verlangen, möchte ich an der Hand einiger historischen Bemerkungen auseinandersetzen, wie das Gebäude der Schulphilosophie allmählich unterwühlt wurde, und welche neuen Auffassungen an ihre Stelle getreten sind. Da diese Entwicklung sich erst in ihren Anfängen befindet, wird eine mehr aphoristische Darstellung eher möglich sein als eine wirklich systematische.

Gerade hier in Prag hat derjenige Physiker gelebt und geschrieben, der wohl am entschiedensten den Kampf gegen die Auffassungen in der Physik geführt hat, die dem Wirklichkeitsbegriff der Schulphilosophie entsprechen. Ernst Mach lehrte in Prag vom Jahre 1867–1895, also von seinem 29. bis zu seinem 57. Lebensjahr. Er war Professor der Experimentalphysik, zuerst an der damals noch doppelsprachigen Prager Universität, nach der Teilung an der deutschen Universität. Hier schrieb er seine für die Erkenntnislehre der Physik wichtigsten Schriften: »Die Geschichte und Wurzel des Satzes von der Erhaltung der Arbeit« 1871 und die »Mechanik in ihrer Entwickelung« 1883.

Seine Grundanschauung war die, daß alle Sätze der Physik Sätze über den Zusammenhang von Sinnesempfindungen sind, also Sätze, die über konkrete Erlebnisse etwas aussagen. Alle Begriffe, wie Atom, Energie, Kraft, Materie, sind nach Mach nur Hilfsbegriffe, die es erlauben, die Aussagen über Sinnesempfindungen in einfacherer und übersichtlicherer Form auszusprechen, als wenn man sie direkt als Aussagen über die Empfindungen formulieren würde. Damit verlieren alle Fragen nach dem Wesen von Kraft, Materie u. ä. ihren Sinn. Denn man kann diese Begriffe aus allen physikalischen Aussagen eliminieren und nur Aussagen über konkrete Erlebnisse stehen lassen. Das »ignorabimus« gegenüber der Frage nach dem Wesen der Materie und der Kraft hat nach dieser Auffassung nicht mehr Berechtigung, als wenn ein Mathematiker sagen würde: »Die Wissenschaft kann wohl alle Lehrsätze über komplexe Zahlen aufstellen, aber das Wesen der komplexen Zahl wird sie nie ergründen; gegenüber diesem Problem müssen wir bescheiden ein ewiges ignorabimus bekennen.« Dazu wird jeder Mathematiker einfach bemerken, daß die komplexen Zahlen nur eingeführt sind, um Aussagen über reelle Zahlen übersichtlicher zusammenfassen zu können, daß man aber grundsätzlich jeden Satz aus der Theorie der Funktionen einer komplexen Veränderlichen auch als Satz über reelle Zahlen aussprechen kann. Die Auffassungen Machs sind zum großen Teil nur programmatisch gehalten. Weder er selbst noch seine unmittelbaren Schüler haben seinen Standpunkt systematisch weitergeführt und der Weltauffassung der Schulphilosophie eine ebenso geschlossene wissenschaftliche Auffassung entgegengestellt. Vielmehr ist die Machsche Lehre durch viele Darstellungen eher ins Unbestimmte verwaschen, als zu einer konsequenten wissenschaftlichen Weltauffassung ausgebaut worden, ja man hat sie sogar wieder im Sinne der Schulphilosophie bald mehr realistisch, bald mehr idealistisch gedeutet, so daß sie vielen, wie z. B. der großen antimachistischen Literatur in Rußland, an deren Spitze Lenin selbst steht, nicht als Beginn einer neuen wissenschaftlichen Weltauffassung, sondern als letzte Modegestalt der Schulphilosophie erschien.

Ähnliche Auffassungen wie Mach hat teilweise unabhängig von ihm in Frankreich der Physiker Pierre Duhem vertreten, dessen Ausführungen wohl Mach, was weiten Blick betrifft, nicht erreichen, an logischer Schärfe aber oft übertreffen. 37

Von einer ganz anderen Seite tritt gegen die Schulphilosophie eine Richtung auf, die man oft mit dem Namen Konventionalismus bezeichnet. Ihr bedeutendster Vertreter ist der französische Mathematiker, Physiker und Astronom Henri Poincaré. Er hat 38 darauf aufmerksam gemacht, daß in physikalischen Aussagen oft Begriffe enthalten sind, die erst durch diese Sätze definiert werden, so daß diese Sätze niemals an der Erfahrung geprüft werden können, da sie verkleidete Definitionen, »Konventionen«, sind. So wird nach Poincaré der Begriff der Energie erst durch den Energiesatz definiert. Die Bedeutung des Konventionalismus für die Erkenntnis dessen, was die Sätze der Physik aussagen, ist meiner Ansicht nach sehr groß, und zur Erschütterung der Schulphilosophie hat unter den Physikern vielleicht niemand so viel beigetragen als Poincaré. In Deutschland ist der Hauptvertreter dieser Richtung Hugo Dingler, der sich aber nach dem Prinzip »Gegensätze berühren einander« durch extremes Anwenden des Konventionalismus wieder der Schulphilosophie genähert hat, indem er gewisse Konventionen als die einfachsten und daher einzig berechtigten nachweisen wollte.

Einen direkten Angriff gegen den Wahrheitsbegriff der Schulphilosophie richtete der amerikanische Psychologe William James in seinem Buche »Der Pragmatismus«, durch das die besonders in Amerika sehr verbreitete pragmatistische Gedankenrichtung eingeleitet wurde. Nach James besteht die Wahrheit eines Systems von Sätzen, z. B. einer physikalischen Theorie, nicht darin, eine getreue Kopie der Wirklichkeit zu sein, sondern darin, daß sie uns gestattet, uns mit Hilfe dieser Sätze im Leben, in unseren Erlebnissen zurechtzufinden, auf sie unseren Wünschen gemäß einwirken zu können. Nach dieser Anschauung, die mit der von Mach im wesentlichen übereinstimmt, aber noch schroffer den Wahrheitsbegriff der Schulphilosophie ablehnt, ist jede Lösung eines Problems die Konstruktion eines Verfahrens, das uns bei der Ordnung und Beherrschung unserer Erlebnisse nützen kann. Wenn wir z. B. alle Mittel und Regeln des Maschinenbaues kennen, wenn wir wissen, welche Bewegungen unter gegebenen Umständen auftreten, so ist klar, daß es uns nicht das mindeste weiterhelfen würde, wenn wir außerdem noch das Wesen der Materie und der Kraft kennen würden. Wenn wir die Lösung eines Problems im Sinne von James auffassen, so können wir solche Fragen überhaupt nicht als wissenschaftliche Problemstellung ansehen.

Nicht ganz mit den Worten von James, aber sehr scharf und treffend kennzeichnet Henri Bergson in seiner Einleitung zur französischen Übersetzung des »Pragmatismus« von W. James, aus der wir auch die Kennzeichnung der Schulphilosophie entnommen hatten, nun im Gegensatz dazu die Auffassung des Pragmatismus von der Wahrheit und der Wissenschaft.

»Die anderen Auffassungen (die der Schulphilosophie) machen aus der Wahrheit etwas, das schon früher vorhanden war als der wohlbestimmte Akt des Menschen, der sie zum erstenmal formuliert hat. Wir sagen: er war der erste, der sie gesehen hat, aber sie hat schon auf ihn gewartet, wie Amerika auf Christoph Kolumbus gewartet hat. Etwas hat sie bisher vor allen Blicken verborgen, sie sozusagen verdeckt: er hat sie entdeckt. – Ganz anders ist die Auffassung von William James. Er leugnet nicht, daß die Wirklichkeit, wenigstens zum großen Teil, unabhängig davon ist, was wir von ihr sagen oder denken; aber die Wahrheit, die sich nur an das knüpfen kann, was wir über die Wirklichkeit aussagen, scheint ihm erst durch unsere Aussage geschaffen. Wir erfinden die Wahrheit, um uns die Wirklichkeit nutzbar zu machen, wie wir mechanische Vorrichtungen schaffen, um uns die Naturkräfte nutzbar zu machen. Man könnte, wie mir scheint, das Wesentliche an der pragmatistischen Auffassung der Wahrheit in eine Formel folgender Art zusammenfassen: Während für die anderen Auffassungen eine neue Wahrheit eine Entdeckung ist, ist sie für den Pragmatismus eine Erfindung.« 40

Man hat oft eingewendet, daß der Pragmatismus nur die praktische, nicht aber die theoretische Bedeutung der Wissenschaft richtig kennzeichnet. Diesen Einwendungen gegenüber hat schon James selbst erwidert: »Nach dem Interesse, das für einen Menschen besteht, frei zu atmen, ist sein allergrößtes Interesse dasjenige, das zum Unterschied von den meisten Interessen rein körperlicher Art keine Schwankung und keinen Verfall kennt, das Interesse, das er hat, sich nicht zu widersprechen, zu fühlen, daß das, was er in diesem Augenblick denkt, in Übereinstimmung ist mit dem, was er bei anderen Gelegenheiten denkt.« Wie wir aber bald sehen werden, ist Widerspruchslosigkeit oder Eindeutigkeit die wesentlichste Eigenschaft jeder Erkenntnis, so daß irgendein Gegensatz zwischen praktischer und theoretischer Auffassung der Wahrheit nichts mit der pragmatistischen Wahrheitslehre zu tun hat.

Der Physiker hat bei seiner eignen wissenschaftlichen Tätigkeit nie einen anderen Wahrheitsbegriff angewendet als den pragmatistischen. Die »Übereinstimmung der Gedanken mit ihrem Objekt«, wie die Schulphilosophie verlangt, ist ja durch kein konkretes Experiment festzustellen. Denn der Erfahrung sind immer wieder nur Erlebnisse, aber niemals ein Objekt gegeben, so daß mit ihm nichts verglichen werden kann. Der Physiker vergleicht in Wirklichkeit immer nur Erlebnisse mit anderen Erlebnissen. Er prüft die Wahrheit einer Theorie durch das, was man gewohnt ist, »Übereinstimmungen« zu nennen.

So ergibt sich z. B. für das Plancksche Wirkungsquantum h auf verschiedenen Wegen immer derselbe numerische Wert. Das heißt eigentlich folgendes: Die Größe h läßt sich auf ganz verschiedene Arten aus Erlebnissen konstruieren, so aus den Erlebnissen der Strahlung des schwarzen Körpers und aus denen der Balmerserie des Wasserstoffspektrums u. a. Die Theorie, in der h eine Rolle spielt, behauptet nun, daß sich aus allen diesen verschiedenen Erlebnisgruppen, die qualitativ so verschieden sind, doch derselbe numerische Wert von h ergibt. Es handelt sich also nur um das Vergleichen von Erlebnissen miteinander. Dieses vom Physiker bei seiner Arbeit immer geübte Verfahren ist von Mach und James zu einer allgemeinen Auffassung von den Kriterien der Wahrheit gemacht worden.

Bei alledem muß man aber zugeben, daß diese Auffassungen für den mathematischen Physiker etwas Unbestimmtes an sich haben, daß er immer den Eindruck hat, daß etwas an Präzision fehlt; und insbesondere die pragmatistische Wahrheitstheorie kann er schwer ganz ernst nehmen. Das rührt zum Teil daher, daß James und bis zu einem gewissen Grade auch Mach die Rolle der formalen Logik für den Aufbau des Systems der menschlichen Erkenntnis nicht sehr hoch eingeschätzt, ja aus einer gewissen Opposition gegen den Mißbrauch der Logik durch die

Schulphilosophie geradezu das »Fließende« in der Erkenntnis gegenüber dem »starr Logischen« betont haben oder, wie man auch sagen kann, gegenüber der mathematisch-logischen Betrachtungsweise, die ihnen immer nach Schulphilosophie roch, eine evolutionistisch-biologische vertreten haben. Dadurch sind die Mathematiker und mathematisch denkenden Physiker oft in einen gewissen Gegensatz zu den Lehren von Mach und James gedrängt worden und viele haben sich sogar, von dem logischen Gewande der Schulphilosophie verleitet, dieser gegenüber freundlicher verhalten als gegenüber den modernen Strömungen.

Es war daher sehr wichtig, daß noch von einer ganz anderen Seite aus Kritik an der Schulphilosophie geübt wurde, und zwar wurde diejenige Stelle angegriffen, die am unangreifbarsten schien, nämlich die Logik der Schulphilosophie. Die von den Philosophen angewendete Logik war bis in das neunzehnte Jahrhundert hinein nicht sehr verschieden von der Lehre, die schon Aristoteles aufgestellt hatte. Nun hatte sich aber im Anschluß an die Forschungen über die Grundlagen der Mathematik eine frische Strömung in der Logik bemerkbar gemacht, die das alte Schema des Aristoteles erschütterte. Diese Richtung ist in Deutschland vor allem durch die Namen Schröder, Frege und Hilbert vertreten. Durch Anwendung einer der mathematischen nachgebildeten Symbolik gab sie der Logik eine Bewegungsfreiheit und Schmiegsamkeit, die sie früher nicht besessen hatte, und die es ermöglichte, weit verwickeltere Gedankengebäude zu ordnen, als dies nach der Schullogik gelingen konnte.

Es zeigt sich nämlich, und dies ist vor allem das Verdienst des englischen Mathematikers und Logikers Bertrand Russell und seiner Schüler, besonders des Österreichers Wittgenstein, daß die Logik der Schulphilosophie durch die Enge ihres Schemas im vorhinein es unmöglich machte, gewisse Gedanken auszudrücken und daß zum großen Teil die von der Schulphilosophie als sicher angesehenen Sätze nur dadurch so sicher waren, daß sich das Gegenteil nicht in das Schema der Aristotelischen Logik fügte.

So hat Russell darauf hingewiesen, daß es einer der verhängnisvollsten Irrtümer der Schullogik war, anzunehmen, daß jedes

Urteil darin bestehe, einem Subjekt irgendeine Eigenschaft als Prädikat zuzusprechen. Wenn man z. B. sagt, daß ein Körper *A* in bezug auf einen anderen Körper *B* sich bewegt, so wird der Anhänger der Schullogik fordern, daß einem oder dem anderen Körper an sich das Prädikat der Bewegung zukommt. Russell hat nun gezeigt, daß sehr viele Urteile darin bestehen, eine Relation, eine Beziehung zwischen zwei Dingen auszusagen und sich nicht auf die Aussage einer Eigenschaft eines einzigen Dinges zurückführen lassen, was vielmehr nur ein ganz spezieller Fall ist. Dadurch erscheinen dem Anhänger der Schullogik z. B. Aussagen wie die folgende im vorhinein als sinnlos: wenn zwei Körper sich relativ zueinander bewegen, so hat es keinen Sinn zu fragen, welcher sich nun »wirklich« bewegt, d. h. welchem das Prädikat »in Bewegung befindlich« zukommt.

Russell sagt über die Schulphilosophie, die mehr oder weniger bewußt jene alte Logik übernommen hat, sehr zutreffend: »Die unbewußte Überzeugung, daß alle Urteilsätze die Subjektprädikatform haben müßten, mit anderen Worten, daß jede Tatsache darin bestünde, daß ein Ding eine Eigenschaft haben müsse, – diese Überzeugung hat die meisten Philosophen unfähig gemacht, der Welt der Wissenschaft und des täglichen Lebens irgendwie gerecht zu werden [...] die meisten von ihnen strebten aber weniger nach wahrem Verständnis dieser Welt, als vielmehr danach, ihre Unwirklichkeit nachzuweisen im Interesse einer übersinnlichen,
41 wahrhaft wirklichen Welt.«

Während mit Hilfe der alten Logik die Schulphilosophie mühelos die Unsinnigkeit des pragmatistischen Wahrheitsbegriffes und auch der relativistischen Auffassung in der Physik deduzieren konnte, war die neue Logik Russells und seiner Schule geeignet, die rein empiristischen und daher teilweise noch unscharfen Auffassungen von Mach und James zu einem wirklichen System der wissenschaftlichen Weltauffassung ausbauen zu helfen, das auch in formallogischer Beziehung der Schulphilosophie überlegen war.

Diejenigen mathematisch-physikalisch orientierten Philosophen, die sich zunächst an Russell anschlossen und anfangs für

Mach wenig und für James fast nichts übrig hatten, verwarfen
doch ebenso wie diese den Wahrheitsbegriff der Schulphilosophie.
Sie suchten aber im Gegensatz zum Pragmatismus das System
der Wissenschaft nicht nur in der allgemeinen und etwas unbestimmten Weise dadurch zu charakterisieren, daß sie sagten,
dieses System sei ein Instrument, das erfunden und konstruiert
wird, um sich in den Erlebnissen zurechtfinden zu können, sondern sie untersuchten die Struktur, den Bau dieses Instrumentes.
Die Untersuchung geschah durch eine Analyse der Methode, mit
Hilfe deren die Physik die Erlebnisse durch ein mathematisches
Formelsystem ordnete. An dieser fortgeschrittensten Naturwissenschaft orientierten sich die Forderungen, die an wissenschaftliche Erkenntnis überhaupt gestellt wurden.

Was sind nun also die Elemente, aus denen sich das Instrument,
das wir Wissenschaft oder Erkenntnis nennen, zusammensetzt?
Hier setzt nun der Einfluß der mathematisch-logischen Richtung
ein. Die neue Erkenntnislehre sagt: das System der Wissenschaft
besteht aus Zeichen.

Am deutlichsten hat wohl Moritz Schlick in seiner »Allgemeinen Erkenntnislehre« (2. Aufl. 1925) diese Auffassung formuliert. Ebenso wie James geht Schlick von einer entschiedenen 42
Ablehnung des Wahrheitsbegriffes der Schulphilosophie aus.

»Der Wahrheitsbegriff wurde früher fast immer definiert als
eine Übereinstimmung des Denkens mit seinen Objekten ...«
Schlick zeigt dann, daß hierbei das Wort »Übereinstimmung«
nicht, wie es seinem gewöhnlichen Sprachgebrauch entspricht,
etwas wie Gleichheit oder Ähnlichkeit bedeuten könne, da ja zwischen einem Urteil und dem durch ihn beurteilten Sachverhalt
keinerlei Ähnlichkeit bestehen kann.

»So zerschmilzt«, fährt Schlick fort, »der Begriff der Übereinstimmung vor den Strahlen der Analyse, insofern er Gleichheit
oder Ähnlichkeit bedeuten soll, und was von ihm übrig bleibt, ist
allein die eindeutige Zuordnung. In ihr besteht das Verhältnis der
wahren Urteile zur Wirklichkeit und alle jene naiven Theorien,
nach denen unsere Urteile und Begriffe die Wirklichkeit irgendwie abbilden könnten, sind gründlich zerstört. Es bleibt dem Wort

Übereinstimmung hier kein anderer Sinn als der der eindeutigen Zuordnung. Man muß sich durchaus des Gedankens entschlagen, als könne ein Urteil im Verhältnis zu einem Tatbestand mehr sein als ein Zeichen, als könne es inniger mit ihm zusammenhängen, denn durch bloße Zuordnung, als sei es imstande, ihn irgendwie adäquat zu beschreiben oder auszudrücken oder abzubilden. Nichts dergleichen ist der Fall. Das Urteil bildet das Wesen des Beurteilten so wenig ab wie die Note den Ton, oder wie der Namen eines Menschen seine Persönlichkeit.«

»Hätte man immer gewußt und sich vor Augen gehalten, daß Erkenntnis durch ein bloßes Zuordnen von Zeichen zu Gegenständen entsteht, so wäre man niemals darauf verfallen, zu fragen, ob ein Erkennen der Dinge möglich sei, so wie sie an sich selbst sind. Zu diesem Problem konnte nur die Meinung führen, Erkennen sei eine Art anschaulichen Vorstellens, welches die Dinge im Bewußtsein abbilde; denn nur unter dieser Voraussetzung konnte man fragen, ob die Bilder wohl dieselbe Beschaffenheit aufwiesen wie die Dinge selbst.«

Man überzeugt sich gerade bei der physikalischen Erkenntnis sehr leicht, daß sie in der eindeutigen Zuordnung eines Zeichensystems zu den Erlebnissen besteht. So sind z.B. den elektromagnetischen Erscheinungen als Zeichen die Feldstärken, Ladungsdichten und Materialkonstanten zugeordnet. Zwischen diesen Zeichen bestehen formal-mathematische Beziehungen, die Feldgleichungen.[2]

Wenn wir z.B. von einer bestimmten, auf einer Kugelfläche gemessenen elektrischen Ladungsverteilung ausgehen, so ist diesem Erlebnis als Zeichen eine bestimmte mathematische Funktion, Ladung als Funktion des Ortes, zugeordnet. Betrachten wir die Kugel nach langer Zeit, so messen wir, wenn sie sich selbst überlassen war, überall dieselbe Ladungsdichte; diesem Erlebnis

---

[2] Zeichen, die vermöge dieser Beziehungen oder der allgemeinen logischen und mathematischen Gesetze einander äquivalent sind, können dabei denselben Erlebnissen zugeordnet sein, ohne die Eindeutigkeit im geforderten Sinn zu verletzen.

ist als Zeichen eine konstante Zahl für die Dichte zugeordnet. Wenn nun die Feldgleichungen so beschaffen wären, daß sich aus ihnen für die Ladungsdichte nach langer Zeit durch Ausrechnung eine andere Funktion ergeben würde, als die konstante, so hätten wir ein Zeichensystem vor uns, das dem elektrischen Endzustand der Kugel verschiedene Zeichen zuordnen würde, die einander nicht äquivalent sind. Wegen dieser Vieldeutigkeit würden wir sagen: Unser Zeichensystem, das aus dem Zuordnungsgesetz zwischen Erlebnis und Zeichen einerseits (das ist hier die Meßvorschrift für elektrische Ladungen) und den Verknüpfungen der Zeichen andererseits (das sind hier die Feldgleichungen) besteht, gibt keine wahre Erkenntnis der elektrischen Erscheinungen.

Jede Verifikation einer physikalischen Theorie besteht ja in der Prüfung, ob die durch die Theorie vermittelte Zeichenzuordnung zu den Erlebnissen eindeutig ist. Wenn z. B. in den Gleichungen die Plancksche Konstante h vorkommt, so wird durch sie ein bestimmtes Erlebnis bezeichnet, das wir uns konkret herstellen können, indem wir aus den Gleichungen h durch sog. »beobachtbare« Größen ausdrücken, d. h. solche Zeichen, denen durch ein Zuordnungsgesetz konkrete Erlebnisse zugeordnet sind. Dadurch ist dann mittelbar auch der Größe h ein Erlebnis zugeordnet. Man kann nun bekanntlich h durch Größen ausdrücken, die mit der Beobachtung der schwarzen Strahlung zusammenhängen und durch Größen, die sich aus der Beobachtung der Balmerserie des Wasserstoffspektrums ergeben. Es werden also durch h scheinbar zwei Erlebnisse bezeichnet, die in der Berechnung seines Wertes aus zwei verschiedenen Erscheinungsgebieten bestehen. Wenn sich aus beiden ein verschiedener Wert von h ergäbe, so würde ich mit demselben Zeichen h zwei ganz verschiedene Erlebnisse bezeichnen; ich hätte in dem Gleichungssystem, in dem h vorkommt, in Verbindung mit den Zuordnungsgesetzen (Meßvorschriften) ein Zeichensystem vor mir, das die Erlebnisse nicht eindeutig bezeichnet, das also keine wahre Erkenntnis darstellt. Daraus, daß sich beidemal derselbe Wert von h ergibt, erkenne ich die Eindeutigkeit des Zeichensystems, die »Wahrheit« der Theorie.

Dieses Vergleichen der Werte einer auf verschiedenen Wegen aus den Beobachtungen berechneten Größe ist der einzige Weg, auf dem der Physiker in seiner wirklichen Arbeit die »Wahrheit« einer Theorie kontrollieren kann. Das sog. direkte Vergleichen von »beobachteten« und »berechneten« Werten, wie es oft in physikalischen Arbeiten genannt ist, ist, wenn man genau zusieht, auch nichts anderes als die Kontrolle der Eindeutigkeit eines Zeichensystems. Wenn ich z. B. eine Stromstärke einerseits aus der Elektronentheorie der Metalle berechne, andererseits am Galvanometer »beobachtete«, so ist diese angebliche Beobachtung auch nur eine Berechnung aus einer anderen Theorie, nämlich der des Galvanometers; denn in Wirklichkeit beobachte ich nur Deckungen von Fäden und Teilstrichen, und selbst diese Konstatierungen würden sich bei einer genaueren Analyse als Ergebnisse einer Theorie der festen Körper ergeben. Was ich also gewöhnlich Vergleich von beobachteten und berechneten Werten nenne, ist z. B. in unserem Falle der Vergleich der Werte der Stromstärken, die aus zwei verschiedenen Theorien sich für dasselbe konkrete Erlebnis ergeben.[3]

Die Schulphilosophie hat eine derartige Übereinstimmung, die, wie wir uns überzeugt haben, das einzige Kriterium der Wahrheit für den Physiker ist, so gedeutet: wenn für eine Größe, z. B. h, sich auf verschiedenen Wegen derselbe numerische Wert ergibt, so hat diese Größe eine reale Existenz. Wenn unter diesem Ausdruck nur das verstanden wird, was wirklich konstatiert wurde, daß sich nämlich die in den Gleichungen vorkommende Größe h in eindeutiger Weise aus den Erscheinungen verschiedener Art berechnen läßt, so kann man nichts dagegen einwenden. Dann darf man aber nicht sagen, daß aus der Übereinstimmung der Messungsergebnisse auf die reale Existenz *geschlossen*

---

[3] Im Grenzfall, wo der eine Wert »möglichst direkt beobachtet wird«, z. B. wenn es sich nur um die Stellung eines Zeigers auf einer Skala handelt, wird er immer noch aus der Theorie der starren Körper und Lichtstrahlen berechnet, weil man unmittelbar nur tanzende Farbenflecken beobachtet und keine Zeigerstellungen.

wird; denn dann ist diese Existenz mit der Übereinstimmung identisch.

Und so ist jeder Schluß aus der physikalischen Erfahrung auf die reale Existenz des Wirkungsquantums, des elektrischen Elementarquantums u.ä. kein wissenschaftlicher Schluß, der seine Rechtfertigung nur in der metaphysischen Realitätsvorstellung der Schulphilosophie findet, nach der die wahren Sätze vor aller Erfahrung existieren und von der Forschung entdeckt werden müssen, wie Columbus Amerika entdeckt hat.

Ich glaube, daß sich der Mathematiker den Gegensatz zwischen der Schulphilosophie, die metaphysische Realitäten anerkennt, und der wissenschaftlichen Weltauffassung, die nur Konstruktionen aus konkreten Erlebnissen anwendet, folgendermaßen sehr gut klarmachen kann:

Wenn ich eine konvergente Folge von rationalen Zahlen habe, deren Grenzwert eine irrationale Zahl ist, so kann ich die Konvergenz feststellen, ohne von dem Begriff der irrationalen Zahl Gebrauch zu machen. Ich brauche nämlich nur festzustellen, ob die Differenz je zweier rationaler Glieder der Folge oberhalb eines gewissen Index dadurch, daß ich diesen Index genügend groß wähle, beliebig klein gemacht werden kann. Ich habe also, wenn ich nur den Begriff der rationalen Zahl definiert habe, eine Folge rationaler Zahlen vor mir, welche die Eigenschaft der Konvergenz besitzt, aber keinen Grenzwert im Gebiet der rationalen Zahlen. Es gibt, wie jedem Mathematiker klar ist, keinerlei Schluß, mit Hilfe dessen man dann beweisen könnte, daß ein Grenzwert dieser konvergenten Folge existiert. Sondern nur die konvergente Folge selbst ist das konkret aufweisbare Objekt. Man kann aber nun eine solche Folge als Irrationalzahl *definieren*. Das bedeutet, daß man in allen Sätzen, wo von Irrationalzahlen die Rede ist, statt dieser die betrachteten Folgen rationaler Zahlen setzen kann. Es ist nicht notwendig, und logisch auch nicht zu rechtfertigen, von einer realen Existenz irrationaler Zahlen, unabhängig von den rationalen, zu sprechen.

Wenn wir das als Gleichnis auffassen, so entsprechen den rationalen Zahlen die konkreten Erlebnisse, den irrationalen Zahlen die sog. real existierenden Wahrheiten. Eine Gruppe von Erlebnissen mit einem ihnen zugeordneten Zeichensystem, in der sich überall solche Übereinstimmungen feststellen lassen, wie wir sie z. B. bei der Konstanten h festgestellt haben, entspricht einer konvergenten Folge rationaler Zahlen, die Eindeutigkeit des Zeichensystems läßt sich innerhalb der Erlebnisgruppe selbst feststellen, ohne auf eine außerhalb gelegene objektive Realität Bezug nehmen zu müssen, so wie die Konvergenz einer Folge von Zahlen, ohne den Grenzwert selbst heranziehen zu müssen.

Und ebenso, wie durch die konvergente Folge rationaler Zahlen der Begriff der Irrationalzahl erst definiert wird, so wird der Begriff der wahren Existenz, z. B. des Wirkungsquantums h, erst durch die Übereinstimmungen in der ganzen Erlebnisgruppe, in der h vorkommt, definiert.

So wie das Wort Irrationalzahl nur eine Abkürzung für eine konvergente Folge rationaler Zahlen ist, so der Begriff eines real existierenden Wirkungsquantums nur eine Abkürzung für die ganze Gruppe von Erlebnissen mit dem dazugehörigen Zeichensystem.

Es ist vollkommen falsch, wie es oft geschieht, davon zu sprechen, daß sich die Übereinstimmungen von h am ungezwungensten durch die *Hypothese der realen Existenz* eines Wirkungsquantums erklären. In einer Hypothese kann nur eine Vermutung über mögliche konkrete Erlebnisse ausgesprochen werden, aber nicht über etwas, wovon wir das Wort, aber keine konkrete Vorstellung haben. Das wäre genau so, als wollte ein Mathematiker sagen: die Existenz konvergenter Folgen von rationalen Zahlen ohne Grenzwert läßt sich am ungezwungensten durch die Hypothese erklären, daß es irrationale Zahlen gibt. In Wirklichkeit würde durch eine solche Behauptung den konvergenten Folgen ohne Grenzwert nur ein neuer Namen gegeben werden, ebenso wie durch die Behauptung der Existenz eines Wirkungsquantums keine neue Tatsache außerhalb der Übereinstimmungen behauptet wird, also auch *keine Hypothese vorhanden ist.*

Ich habe schon darüber gesprochen, daß die Entwicklung der wissenschaftlichen Weltauffassung gegenüber der Schulphilosophie dadurch etwas gehemmt war, daß die mathematisch-logische Richtung in einem gewissen Gegensatz zu der biologisch-pragmatistischen stand, die an Präzision viel zu wünschen übrig ließ, so daß selbst die Schulphilosophie hier manches voraus zu haben schien. So zeigt z. B. Russell in seiner Schrift: »Unser Wissen von der Außenwelt« in vielen Punkten mehr Zustimmung zu den Auffassungen der Schulphilosophie als zu denen eines Ernst Mach. Aber schon in der deutschen Übersetzung dieser Schrift bemerkt Russell in einer Fußnote, daß er in einem der wichtigsten Punkte jetzt bereits mit Mach übereinstimmt. Und es scheint mir, daß auch bei anderen Vertretern der Russellschen Richtung immer mehr die Überzeugung siegt, daß eine konsequente Weiterbildung der wissenschaftlichen Weltauffassung nicht dadurch erzielt werden kann, daß die Auffassungen Machs zugunsten der Schulphilosophie wegen deren scheinbar strengerer Logik bekämpft werden, sondern im Gegenteil dadurch, daß mit Hilfe der Mittel der modernen Logik die Lehren Machs zu einem in allen Teilen logisch einwandfreien System ausgebaut werden.

Obwohl die Logik nach der modernen Auffassung nichts anderes leisten kann als tautologische Umformungen von Sätzen, ist sie für den Ausbau einer streng wissenschaftlichen Weltauffassung gerade dadurch unentbehrlich, da ein großer Teil der Vorurteile der Schulphilosophie daraus entstand, daß bloße Tautologien für Erkenntnisse gehalten wurden. Der freie Überblick über alle möglichen tautologischen Umformungen gibt daher erst die Möglichkeit, auf Grund der Anschauungen Machs ein wissenschaftliches Gebäude zu errichten, das auch durch seine logische Präzision der Schulphilosophie überlegen ist.

Den entschiedensten Versuch in dieser Richtung hat Rudolf Carnap unternommen. In seinem 1928 erschienenen Buche, »Der logische Aufbau der Welt«, versucht er, aus den konkreten Erlebnissen das ganze System der Wissenschaft aufzubauen. Er sucht zu zeigen, daß sich alle Sätze, in denen von physischen oder psychischen Gegenständen die Rede ist, durch Aussagen über konkrete Erlebnisse ersetzen lassen. Die Regel, nach denen Aussagen über Begriffe durch Aussagen über konkrete Erlebnisse ersetzt werden müssen, nennt Carnap die Konstitution dieser Begriffe. In einer wissenschaftlichen Aussage dürften nur solche Begriffe vorkommen, deren Konstitution bekannt ist. Die Grundlage jeder Wissenschaft ist das Konstitutionssystem der Begriffe. Den stufenweisen Aufbau dieses Systems mit Hilfe der modernen Russellschen Logik nennt Carnap eben den logischen Aufbau der Welt.

Ein wissenschaftliches Problem kann nach dieser Auffassung nur darin bestehen, zu fragen, ob eine bestimmte wissenschaftliche Aussage wahr oder falsch ist. Da jede solche Aussage aber, wenn die Konstitution der in ihr vorkommenden Begriffe bekannt ist, sich auf eine Aussage über konkrete Erlebnisse zurückführen läßt, so besteht jedes Problem, das man wissenschaftlich nennen kann, in der Frage ob zwischen bestimmten konkreten Erlebnissen eine bestimmte Beziehung besteht oder nicht. Dabei zeigt Carnap noch, daß sich alle Beziehungen im letzten Grunde auf die der Erinnerung an eine Ähnlichkeit zwischen konkreten Erlebnissen zurückführen lassen. Da man aber wohl annehmen kann, daß jede solche Ähnlichkeit grundsätzlich feststellbar ist, so ist jedes Problem, das überhaupt wissenschaftlich formulierbar ist, auch grundsätzlich lösbar.

Wir sehen, die konsequente Durchführung einer rein wissenschaftlichen Weltauffassung, wie sie Carnap versucht, führt uns ebenso weit weg von dem resignierten »Ignorabimus«, als der logisch etwas weniger durchdachte, aber in seinen Tendenzen auf dasselbe zielende Pragmatismus eines James. Carnap formuliert das so:

»Die Wissenschaft, das System begrifflicher Erkenntnis, hat keine Grenzen [...] es gibt keine Frage, deren Beantwortung für die Wissenschaft grundsätzlich unmöglich wäre [...] die Wissenschaft hat keine Randpunkte [...] jede aus wissenschaftlichen Begriffen gebildete Aussage ist grundsätzlich als wahr oder falsch

43 feststellbar.«

Das soll natürlich nicht heißen, daß es keine anderen Gebiete des Lebens gibt als die Wissenschaft. Aber diese Gebiete, wie z. B. die Lyrik, sind von der Wissenschaft getrennt; durch diese selbst können keine Probleme aufgeworfen werden, die mit ihren Mitteln unlösbar sind.

Und Wittgenstein sagt sehr präzise: »Zu einer Antwort, die man nicht aussprechen kann, kann man auch die Frage nicht aussprechen.«[44]

So können im Sinne von Carnap und Wittgenstein Fragen, wie die Schulphilosophie sie liebte, ob die Außenwelt wirklich existiert, nicht nur nicht beantwortet, sondern nicht einmal ausgesprochen werden, weil weder die positive Behauptung, die fälschlich sog. realistische »Hypothese«, noch die negative idealistische sich in konstituierten Begriffen ausdrücken lassen, oder anders gesagt, weder diese noch jene Behauptung läßt sich als eine konstatierbare Beziehung zwischen konkreten Erlebnissen ausdrücken. Man sieht hier die enge Beziehung zwischen dem Wahrheitsbegriff der modern-logischen Richtung und dem des Pragmatismus.

Eine ähnliche Tendenz, wie die Arbeiten von Schlick und Carnap, verfolgen auch die von Hans Reichenbach, der aber z.B. in seinem Artikel im Handbuch der Physik[4] in manchen Punkten, so in der Anerkennung des realistischen Standpunktes, von Carnap abweicht.

Nach diesem Überblick über die Strömungen, die gegenüber der Schulphilosophie durch enge Anlehnung an die tatsächliche Praxis der mathematisch-physikalischen Forschung eine rein wissenschaftliche Weltauffassung aufzubauen suchen, kehren wir wieder zu unserem Ausgangspunkte zurück, der Frage, warum die Physiker sich oft weigern, über Fragen wie Raum, Zeit und Kausalität ein Urteil abzugeben und sie zur Bearbeitung den Philosophen überlassen.

Diese Weigerung, so können wir jetzt sagen, rührt daher, daß diese Physiker bewußt oder unbewußt den Lehren der Schulphilosophie anhängen, nach denen derartige Probleme nach Methoden gelöst werden müssen, die von denen, die der Physiker anwendet,

---

[4] »Ziele und Wege der physikalischen Erkenntnis«, *Handbuch der Physik*, herausgegeben von Geiger und Scheel, Band IV, Berlin 1929.

grundverschieden sind. Wenn ein Naturforscher einmal derartige Gedanken konsequent weiter verfolgt, muß er, wie du Bois-Reymond, rettungslos in der Sackgasse des »ignorabimus« enden.

Wenn wir uns aber auf den Boden der rein wissenschaftlichen Weltauffassung stellen, so wissen wir, daß die Lösung eines wissenschaftlichen Problems nur darin bestehen kann, neue Beziehungen zwischen konkreten Erlebnissen aufzufinden, oder wenn wir es anders ausdrücken: in der eindeutigen Bezeichnung der Erlebnisse durch ein Zeichensystem Fortschritte zu machen.

Entweder kann man für neue Erlebnisse ihre Stelle im bereits vorhandenen Zeichensystem suchen, das nennen wir *rein experimentelle Forschung*. Daß es noch reinere Experimentalforschung geben soll, die überhaupt kein Zeichensystem benützt, halte ich für eine Illusion. Man kann wohl, wie Schlick mit Recht hervorhebt, ohne ein Zeichensystem anzuwenden, Erscheinungen erleben, man kann sie kennenlernen; damit ist aber keine wissenschaftliche Erkenntnis gewonnen. Denn im besten Falle könnte man dann feststellen, daß man z. B. heute um die Mittagsstunde einige Farbenflecke in gewissen Kombinationen gesehen habe, obwohl eine genauere Analyse wohl auch in einer solchen Äußerung bereits ein Zuordnen von Zeichen zu den Erlebnissen zeigen würde.

45   Die Arbeit des *theoretischen Physikers* wieder besteht zu einem Teil im Ausbau des Zeichensystems, d. h. in der Untersuchung der Konsequenzen, die sich aus den zum Zeichensystem gehörenden Grundrelationen ergeben; das ist eine im wesentlichen mathematische Aufgabe, z. B. die Integration der Feldgleichungen, der Grundrelationen zwischen den Feldgrößen. Zum anderen besteht die Arbeit der theoretischen Physik in Zubauten zum Zeichensystem, wobei natürlich bei jeder Einführung neuer Zeichen auch neue Zuordnungsgesetze derselben zu den Erlebnissen eingeführt werden müssen.

Wenn man z. B. bei der Untersuchung der Festigkeit eines Materials eine neue Hypothese über das Kristallgitter desselben machen muß, so bedeutete das eine Änderung des Zeichensystems, nämlich der geometrischen Figur, durch welche man das betreffende Material kennzeichnet. Jeder wird eine derartige Arbeit als eine konkret physikalische anerkennen. Von solchen Änderungen des Zeichensystems geht aber eine stetige Reihe zu solchen, die der Physiker oft schon als »spekulativ« oder »philosophisch« empfindet, wie z.B. die Einführung der Einsteinschen Zeitskala. Es handelt sich hier aber auch um nichts anderes als um Aufstellung eines neuen Zuordnungsgesetzes zwischen den Zeichen t und t' in unseren Gleichungen und unseren Erlebnissen, sowie um eine neue Beziehung zwischen den Zeichen t und t' im Zeichensystem. Man kann aber keinerlei Kriterium dafür angeben, warum die eine Abänderung eine konkret physikalische Erkenntnis bedeutet und die andere eine philosophische. Es gibt für den Physiker keine derartigen Grenzen. Ob ich es mit Festigkeitsmessungen oder mit Raum- und Zeitmessungen zu tun habe, immer handelt es sich nur um die Zuordnung eines eindeutigen Zeichensystems zu unseren Erlebnissen. *Nirgends ist ein Punkt, wo der Physiker sagen muß: hier endet meine Aufgabe und von hier an hat der Philosoph zu tun.*

Das ist nur für den Fall, der auf dem Boden der Schulphilosophie steht: denn er kann z.B. fragen: wenn ich alle Probleme der Zuordnung von Zeitzeichen zu den Erlebnissen erledigt habe, welches ist unter den Zeitskalen, welche die Relativitätstheorie zuläßt, nun die wahre, reale Zeit? Und das kann der Physiker nicht beantworten, darüber muß der Philosoph urteilen.

Woher kommt es aber, daß die klassische Physik in so gutem Einvernehmen mit der Schulphilosophie lebte, und die moderne Physik mit ihrer Relativitätstheorie und Quantenmechanik sofort in Konflikt mit ihr geriet, ein Konflikt, den die Physiker, welche den Bruch mit der Schulphilosophie scheuten, nur durch eine Art Lehre von der doppelten Wahrheit lösen konnten? Sie sagten nämlich: wir Physiker reden nur von den *Zeitmessungen*, für den Physiker gilt die Relativitätstheorie; der Philosoph redet von der *wirklichen* Zeit, für ihn gilt vielleicht etwas anderes. Wenn diese Lehre von der doppelten Wahrheit, wie es bei vielen der Fall war, etwas ironisch gemeint war, so war es eine Ironie der Verlegenheit. Es kommt aber sogar vor, daß sie ernst gemeint ist.

Der Grund dafür, daß dieser Konflikt zur Zeit der klassischen Physik nicht eintrat, ist ganz einfach der, daß z.B. der Zeitbegriff der Schulphilosophie ganz ebenso empirischen physikalischen Ursprungs ist, wie der der Relativitätstheorie, nur daß er eben dem älteren Zustande der Physik, den wir heute den klassischen nennen, entsprach. Das Zeichensystem, mit Hilfe dessen die Newtonsche Mechanik und die Euklidische Geometrie die Raum- und Zeiterlebnisse abbildeten, wurde von der Schulphilosophie als wirklicher Raum, als wirkliche Zeit erklärt und zu einer ewigen Wahrheit proklamiert.

Wenn wir aber im Sinne der wissenschaftlichen Weltauffassung jedes Problem als eines der eindeutigen Bezeichnung der Erlebnisse auffassen, so ist bei der Bezeichnung der Raum- und Zeiterlebnisse genau so eine Veränderung möglich, wie in der übrigen Physik. Wie es einen Fortschritt in der Festigkeitslehre gibt, so gibt es auch einen Fortschritt in der Raum- und Zeitlehre, der mit dem Fortschritt unserer Erfahrung einhergeht.

Man kann nicht gewisse Teile des Zeichensystems für alle Zeiten als unabänderlich erklären. Wohl kann man in gewissem Sinne die alte Kantische Terminologie beibehalten und Raum und Zeit als Rahmen der physikalischen Erscheinungen erklären; dann muß man aber, wie Reichenbach mit Recht sagt, bedenken, daß auch dieser Rahmen der fortschreitenden Erfahrung immer mehr angepaßt werden muß.

So wie mit dem Aufkommen der Physik von Galilei und Newton die Philosophie des Aristoteles zusammengebrochen ist, die versuchte, die ewige Wahrheit der antiken Physik zu beweisen, so kann zugleich mit der Relativitätstheorie und Quantenmechanik nicht eine Philosophie bestehen, die eine Versteinerungsform der früheren physikalischen Theorien in sich schließt.

Sowie die Anschauungen der Schulphilosophie über Raum und Zeit das Verständnis der Relativitätstheorie erschweren, so ihre Auffassung der Kausalität das Verständnis der neuen Quantenmechanik. Ich will über das Kausalproblem hier nicht ausführlicher sprechen, sondern nur auf einen Punkt aufmerksam machen.

Die klassische Physik verstand unter dem Kausalgesetz die Berechenbarkeit der zukünftigen Zustände aus einem Anfangszustand. Ist der Zustand der Welt oder eines abgeschlossenen Systems in einem Zeitpunkt genau bekannt, so auch für alle zukünftigen Zeitpunkte. Man sah es als zweifellos an, daß man mit Hilfe von angebbaren Meßmethoden die Werte der Zustandsgrößen, wenn auch nicht genau, so doch annähernd bestimmen könne. Dabei nahm man an, daß es bei steigernder Verfeinerung der Meßmethoden gelingen werde, die Genauigkeit beliebig zu steigern, so daß grundsätzlich den Zustandsgrößen, wie Längen, Feldstärken usw. genaue Zahlenwerte zuzuschreiben sind.

Daß man davon so unerschütterlich überzeugt war, liegt an der Vorstellung der Schulphilosophie, daß genaue Werte der Längen, Feldstärken usw. vorhanden sein müssen, wenn sie auch dem messenden Menschen noch nicht genau bekannt sein werden. Sie stecken eben in jeder Nußschale, von der Bergson spricht, die man durchbrechen muß, um zu den wahren Werten zu gelangen.

Daß man z.B. die genaue Länge eines Stabes nicht messen kann, ist ja natürlich. Wenn ich aber sinnvoll behaupten will, daß man durch Verfeinerung der Meßmethoden allmählich diesem genauen Werte der Länge immer näher und näher zu kommen wird, ist es erst notwendig, zu fragen, ob man überhaupt definieren kann, was man unter der genauen [Länge] versteht. Denn hier wird oft ein Zirkel begangen. Man definiert als genauen Wert den Grenzwert, dem sich die gemessenen bei Verfeinerung der Methoden nähern. Dabei ist aber vorausgesetzt, daß ein solcher Grenzwert existiert. Das läßt sich aber, wenn überhaupt, immer nur bis auf Fehler von einer bestimmten Größenordnung empirisch zeigen. Damit ist aber für die Frage der Existenz eines genauen Wertes nichts getan.

Nach der atomistischen Theorie ist die Länge eines Stabes nichts anderes als die Entfernung zwischen zwei Atomen. Da aber ein Atom wieder ein System von Elektronen ist, läßt sich jede solche Entfernung auf den Abstand je zweier Elektronen zurückführen. Jede Messung besteht in dem Vergleich des gemessenen Körpers mit einem Maßstab. Dieser ist aber selbst ein

System von Elektronen. Jede Längenmessung führt also schließlich auf die Konstatierung einer Koinzidenz zwischen Elektronen. Dabei ist natürlich keine Koinzidenz im wörtlichen Sinne gemeint, sondern etwa die Erscheinung, daß ein Elektron das andere beim Anvisieren aus einer bestimmten Richtung verdeckt. Das heißt aber: die Längenmessung ist auf die Beobachtung des von den beiden Elektronen gebeugten oder zerstreuten Lichtes zurückgeführt. Nun ist es klar, daß dabei Längenunterschiede, die klein gegen die Wellenlänge des betreffenden Lichtes sind, keine Rolle spielen können. Solche Unterschiede können also bei keinem derartigen Experiment in Erscheinung treten, sie lassen sich nicht als ein denkbares Erlebnis auffassen. Die Möglichkeit, bei Verfeinerung der Meßtechnik die Längenmessung beliebig verfeinern zu können, kann also nur darauf beruhen, daß man hofft, Strahlung beliebig kleiner Wellenlänge herstellen zu können. Die Herstellung einer solchen Strahlung, die also beliebig große Frequenz haben müßte, ist aber nach den Erfahrungen, die zur Aufstellung der Quantenhypothese geführt haben, nicht sehr wahrscheinlich. Denn es müßte dann Lichtquanten von beliebig großer Energie und beliebig großer Stoßkraft geben. Übrigens macht auch ein anderer Umstand, auf den zuerst Heisenberg aufmerksam gemacht hat, eine genaue Längenmessung unmöglich, selbst in solchen Größenordnungen der Fehler, die noch herstellbaren Wellenlängen entsprechen. Wenn man nämlich zu sehr großen Frequenzen übergeht, wo also die Stoßkraft des Lichtquantums schon sehr groß wird, ist es nicht möglich, die relative Geschwindigkeit, also in unserem Falle insbesondere die relative Ruhe zweier Elektronen zu konstatieren, da sie durch den ihnen von den Lichtquanten erteilten Impuls in unkontrollierbarer Weise aus ihrem Bewegungszustand gebracht werden, eine Erscheinung, die als Comptoneffekt bekannt ist.

Ebensowenig wie es eine Meßmethode gibt, um die Länge eines Stabes mit beliebiger Genauigkeit festzustellen, gibt es eine Methode, um etwa die Stärke eines elektrischen Feldes mit beliebiger Genauigkeit zu messen. Denn jede solche Messung beruht auf der Beobachtung der auf einen Probekörper im Felde ausgeübten Kraft. Die Ladung und Größe dieses Körpers wird dabei als so klein angenommen, daß sie das Feld nicht stört. Diese Annahme widerspricht aber der atomistischen Hypothese, die beliebig kleine und beliebig schwach geladene Probekörper nicht kennt. Daher ist auch die Annahme, eine Feldstärke sei prinzipiell beliebig genau meßbar, nicht berechtigt.

Der Physiker, der von den Auffassungen der Schulphilosophie ausgeht, muß dazu sagen, daß es wohl ganz streng bestimmte Werte der Längen und Feldstärken gibt, daß die Natur aber so beschaffen ist, daß sie uns an der Feststellung derselben durch besonders dazu geeignete Naturgesetze hindert. Das entspricht ganz jener Auffassung der Relativitätstheorie, daß wohl von jedem Bezugssystem feststeht, mit welcher absoluten Geschwindigkeit es sich bewegt, daß aber die Naturgesetze so hinterlistig gebaut sind, daß sie die Beobachtung dieser Geschwindigkeit verhindern. So, wie hier der Physiker, der diese der Schulphilosophie entsprechende Auffassung der Relativitätstheorie vertreten will, die Existenz von Realitäten annehmen muß, denen keinerlei konkretes Erlebnis entspricht, so muß auch derjenige, der die Existenz genauer Längen von Körpern annimmt, unter dem Wort Existenz etwas verstehen, das mit dem empirischen Sinn dieses Wortes, das etwas Erlebtes oder wenigstens Erlebbares bedeutet, nichts mehr zu tun hat.

Auf dem Boden dieser Auffassung wird dann das Problem gestellt: ist das Kausalgesetz in der Natur gültig oder nicht? Das heißt, sind durch die Anfangslagen und Anfangsgeschwindigkeiten der Elektronen diese Zustandsgrößen für alle künftigen Zeiten eindeutig bestimmt? Wenn ich Gleichungen aufstelle, in denen das der Fall ist, so ist damit über wirkliche Erlebnisse noch gar nichts ausgesagt. Denn wir wissen ja, daß wir den Erlebnissen auch durch fortgesetzte Annäherung keine Lagen und Geschwindigkeiten von Elektronen eindeutig zuordnen können. Daß für unsere Erlebnisse über Lage und Geschwindigkeit von Elektronen das Kausalgesetz nicht gilt, ist durch die Versuche über die Beugung von Elektronen, wie man sie gewöhnlich auffaßt, wahrscheinlich gemacht worden. Wenn nämlich Elektronen auf ein Gitter auffallen, so läßt sich die Richtung, in welcher ein einzelnes abgebeugt wird, nicht aus seiner Anfangslage und Anfangsgeschwindigkeit voraussagen.

Man behauptet manchmal, daß hieraus folgt, daß die Elektronen in der Wahl ihrer Richtung dem absoluten Zufall folgen, oder daß gar, wie es in populären Darstellungen gelegentlich heißt, ein irrationales Element eine Rolle spielt, eine Art »Verpersönlichung des Elektrons«. Das folgt aber nur, wenn man von der Vorstellung der Schulphilosophie ausgeht, daß jedes Elektron eine bestimmte Lage und Geschwindigkeit hat, welche aber dann die Zukunft nicht bestimmt.

Vom Standpunkt einer rein wissenschaftlichen Auffassung wird man aber sagen: aus den Einzelerlebnissen über Lage und Geschwindigkeit von Elektronen läßt sich die Zukunft derselben nicht eindeutig vorhersagen. Statt dessen zeigt sich, daß die Häufigkeit, mit der ein Elektron nach einer bestimmten Richtung abgebeugt wird, durch das Erlebnis der anfänglichen Versuchsordnung sich vorhersagen läßt. Für diese Häufigkeiten (die Quadrate des absoluten Betrages der Wellenfunktion) stellt Schrödinger in seiner Wellenmechanik streng kausale Gesetze auf. Den in diesen Gesetzen vorkommenden Zustandsgrößen, den Häufigkeiten, lassen sich also bestimmte Erlebnisse zuordnen. Man nennt diese Theorie eine statistische. Das statistische Element besteht hier in der Zuordnung der Erlebnisse zu den Zeichen. Es sind nämlich den Zeichen, dem Quadrate des absoluten Betrages der Wellenfunktion, keine Erlebnisse zugeordnet, sondern Zahlen, die durch Mittelwertbildung aus einer Menge von Einzelerlebnissen gewonnen werden.

Die Aufgabe der Physik besteht nun darin, solche Zeichen zu finden, zwischen denen streng geltende Beziehungen bestehen und die sich den Erlebnissen eindeutig zuordnen lassen. Diese Zuordnung zwischen Erlebnissen und Zeichen ist mehr oder weniger ins einzelne gehend. Wenn sie sich sehr detailliert an die Erlebnisse anschmiegen läßt, sprechen wir von kausaler Gesetzmäßigkeit, bei mehr pauschaler Zuordnung von statistischer. Ich glaube aber nicht, daß man hier bei genauer Analyse einen strengen Unterschied wird feststellen können. Wir wissen heute, daß man mit Hilfe von Lagen und Geschwindigkeiten keine kausalen Gesetze für die einzelnen Elektronen aufstellen kann. Daraus folgt aber nicht, daß man vielleicht einmal Zustandsgrößen finden wird, mit Hilfe deren man das Verhalten dieser Teilchen, mehr ins einzelne gehend, wird verfolgen können als mit Hilfe der Wellenfunktion, der Häufigkeiten. Wenn wir durch eine sog. Einzelbeobachtung eine Zahl feststellen, so wird dabei doch auch nur ein Mittelwert beobachtet, da niemals »Punkterlebnisse« aufgezeichnet werden. Die Zuordnung der Zeichen zu den Erlebnissen enthält also, streng genommen, immer ein statistisches oder, wenn wir so sagen wollen, kollektives Element. Es kann immer nur von einer mehr oder weniger ins einzelne gehenden Zuordnung die Rede sein.

Die Frage kann also nie sein, wie der von der Schulphilosophie beeinflußte Physiker oft sie zu stellen müssen glaubt: »herrscht in der Natur strenge Kausalität?« sondern: »wie ist die Zuordnung der Erlebnisse zu den Zustandsgrößen, zwischen denen strenge Gesetze bestehen, beschaffen?«

Wir sehen hier wie bei der Auffassung der Relativitätstheorie, daß der Physiker, wenn er bewußt oder unbewußt den Standpunkt der Schulphilosophie festhält, verhindert wird, die gegenwärtigen physikalischen Theorien als Aussagen über wirkliche physikalische Erfahrungen anzusehen, und leicht dahin gebracht wird, in ihnen ein geheimnisvolles, destruktives, zu philosophischen Schwierigkeiten Anlaß gebendes Element, ja sogar einen Widerspruch gegen den gesunden Menschenverstand zu finden.

Wenn man den Charakter der Erkenntnislehre der klassischen Physik und ihre Verknüpftheit mit der Schulphilosophie näher untersucht, so findet man folgendes:

Die allgemeine Ansicht war die, daß in dem großen Zeichensystem, aus dem die physikalischen Theorien bestehen, ein Rahmen feststeht, der mit fortschreitender Erfahrung nur allmählich ausgefüllt werden muß. Es schien festzustehen, daß alle Erscheinungen auf Bewegungen materieller Punkte oder auf Schwingungen eines Mediums zurückgeführt werden können, daß diese materiellen Punkte in jedem Zeitpunkte bestimmte Lagen und Geschwindigkeiten besitzen, durch welche die zukünftigen Zustände eindeutig bestimmt sind, daß es einheitliche Zeitvariable gibt, mit Hilfe deren sich alle Erscheinungen am einfachsten darstellen lassen u. ä. In der Ausfüllung dieses Rahmens glaubte man, noch vieles ändern zu müssen, aber in seinen Grundstäben nichts.

Durch die Relativitätstheorie und Quantenmechanik ist diese Überzeugung erschüttert worden, wir wissen, daß auch in denjenigen Teilen des Zeichensystems, die den Rahmen bilden, vieles geändert werden mußte und noch vieles geändert wird werden müssen. Wir sind überhaupt nicht mehr davon überzeugt, wie man es früher war, daß die Rahmenpartien des Zeichensystems sich bereits einer definitiven Gestalt nähern. Das bedeutet aber nicht das Einnehmen eines irgendwie skeptischen Standpunktes, sondern nur die Ablehnung eines Unterschiedes zwischen den verschiedenen Stellen des Zeichensystems.

So wie jeder Physiker davon überzeugt ist, daß man mit fortschreitender Erfahrung, mit fortschreitender Verfeinerung der Meßtechnik immer feinere Strukturen annehmen, immer neue Zustandsgrößen wird einführen müssen, so muß er auch davon überzeugt sein, daß nicht ein für alle Ewigkeiten fester Rahmen existiert, der durch die Dreizahl: Raum, Zeit, Kausalität, gekennzeichnet ist, und an dem keine Erfahrung etwas soll ändern können, sondern daß vielmehr für diese allgemeinsten Zuordnungsgesetze genau dasselbe gilt wie für die spezielleren, deren Abhängigkeit vom Fortschritt der Erfahrung niemand bezweifelt.

Die klassische Physik konnte die Meinung aufkommen lassen, daß dieser Rahmen im wesentlichen fertiggestellt sei. Daher konnte er von der Schulphilosophie als ewige Wahrheit proklamiert werden.

Unsere moderne theoretische Physik, die den Fortschritt an allen Stellen des Zeichensystems zuläßt, ist nur vom Standpunkte der Schulphilosophie aus gesehen eine skeptische. Vom Standpunkt der rein wissenschaftlichen Auffassung, die nur in den Erlebnissen etwas Feststehendes sieht, in dem Zeichensystem, das dazu konstruiert wird, aber nur ein Hilfsmittel, ein Instrument, liegt darin nichts Skeptisches, ebensowenig, wie jemand etwas Skeptisches darin sieht, wenn man behauptet, die endgültige Maschine zur Fortbewegung im Raume müsse dem gegenwärtigen Flugzeug nicht ähnlich sehen, auch nicht in seinen wesentlichsten Teilen, sie müsse mit ihm nur das eine gemeinsam haben, daß man mit ihrer Hilfe fliegen könne.

Und nun kehren wir zu der anfangs gestellten Frage zurück: was bedeuten die gegenwärtigen physikalischen Theorien für die allgemeine Erkenntnislehre?

Vom Standpunkt der Schulphilosophie aus gesehen, bedeuten sie eine Zersetzung des rationalen Denkens, sind also nur Vorschriften zur Darstellung der Versuchsergebnisse, aber keine Erkenntnis der Wirklichkeit, die anderen Methoden vorbehalten bleibt. Für den aber der diese nichtwissenschaftlichen Methoden nicht anerkennt, sind die *gegenwärtigen physikalischen Theorien eine Bestärkung in der Überzeugung, daß auch in Fragen, wie denen nach Raum, Zeit und Kausalität ein wissenschaftlicher Fortschritt existiert, der mit dem Fortschritt unserer Erfahrungen Hand in Hand geht*, daß es also nicht notwendig ist, neben dem grünenden und wachsenden Baum der Wissenschaft ein graues Gebiet anzunehmen, in dem die ewig unlösbaren Probleme ihren Sitz haben, bei deren Beantwortung man sich seit Jahrhunderten nur um seine eigene Achse dreht, daß es *also keine Grenzen gibt, wo die Physik in die Philosophie übergeht*, wenn man nur die Aufgabe der Physik im Sinne von Ernst Mach, etwa mit den Worten von Carnap, als die Aufgabe formuliert: »Die Wahrnehmungen systematisch zu ordnen und aus vorliegenden Wahrnehmungen Schlüsse auf zu erwartende Wahrnehmungen zu ziehen.« 46

3.2 ERLEBEN, ERKENNEN, METAPHYSIK
(1926)

Moritz Schlick

Gorgias, der große Nihilist, hat behauptet, daß wir, selbst wenn es Erkenntnis gäbe, sie doch nicht mitteilen könnten. Er hat unrecht. Denn es liegt im Wesen der Erkenntnis, daß sie mitteilbar sein muß. Mitteilbar ist, was auf irgendeine Weise formuliert, das heißt, durch irgendwelche Symbole ausgedrückt werden kann, seien es Worte der Sprache oder sonstige Zeichen. Jede Erkenntnis besteht nun aber darin, daß ein Gegenstand, nämlich der zu erkennende, zurückgeführt wird auf andere Gegenstände, nämlich auf diejenigen, durch welche er erkannt wird; und dies findet darin seinen Ausdruck, daß der erkannte Gegenstand mit Hilfe derselben Begriffe bezeichnet wird, welche schon jenen anderen Gegenständen zugeordnet waren. Es ist also für das Wesen der Erkenntnis gerade diese symbolische Beziehung des Bezeichnens, der Zuordnung, charakteristisch, welche zugleich immer schon Ausdruck, symbolische Darstellung, ist. Erkenntnis ist also das Mitteilbare κατ' ἐξοχήν [par excellence], jede Erkenntnis ist mitteilbar, und alles Mitteilbare ist Erkenntnis.

Was ist *nicht* mitteilbar? Wenn ich eine rote Fläche anschaue, so kann ich niemandem sagen, wie das Erlebnis des Rot beschaffen ist. Der Blindgeborene kann durch keine Beschreibung eine Vorstellung von dem Inhalt eines Farbenerlebnisses bekommen. Wer nie Lust gefühlt hätte, würde durch keine Erkenntnis davon unterrichtet werden können, was man erlebt, wenn man Lust erlebt. Und wer es einmal erlebt und dann vergessen hätte und nie wieder zu fühlen imstande wäre, dem könnten es auch etwaige eigene Aufzeichnungen niemals sagen. Und das gleiche gilt, wie jeder sofort zugibt, von allen Qualitäten, die als Inhalte des Bewußtseinsstromes auftreten. Sie werden nur durch unmittelbares

Erleben bekannt. Wir kennen sie schlechthin, und der Inhalt des *Kennens* kann durch keine *Erkenntnis* vermittelt werden; er ist nicht ausdrückbar, nicht mitteilbar. Der Gegensatz von Kennen und Erkennen, auf den ich mit so großem Nachdruck hinzuweisen pflege, deckt sich mit dem Gegensatz des Nichtmitteilbaren und des Mitteilbaren.

Es wird allgemein zugestanden, daß die Frage, ob ein Rot, das ich erlebe, und ein Rot, das ein anderer erlebt (z. B. wenn wir gleichzeitig denselben roten Gegenstand betrachten), daß diese Frage schlechthin unbeantwortbar ist. Es gibt keine Methode, es ist keine denkbar, mit Hilfe deren die beiden Rot verglichen und die Frage entschieden werden könnte. Die Frage hat also keinen angebbaren Sinn, ich kann nicht erklären, was ich eigentlich meine, wenn ich behaupte, daß zwei verschiedene Individuen qualitativ gleiche Erlebnisse haben. Es fragt sich, ob man solche Fragen, die prinzipiell keine Antwort zulassen, selbst als sinnlos bezeichnen soll, oder ob man sagen soll: sie haben einen Sinn, wir vermögen nur nicht, ihn anzugeben. Wie man sich auch entscheiden möge, auf jeden Fall wäre es zwecklos, solche Fragen in der Wissenschaft oder in der Philosophie aufzuwerfen, denn es ist ja zwecklos zu fragen, wo man weiß, daß man keine Antwort erhalten kann.

Zu diesen Fragen gehört auch die, ob im angegebenen Beispiel der Mitmensch *überhaupt* ein Farbenerlebnis, ja überhaupt *irgendein* Erlebnis, ein Bewußtsein hat; mit anderen Worten, die Frage nach der Existenz des fremden Ich. Es gehört ferner dazu das Problem der »Existenz« einer Außenwelt überhaupt. Was Existenz, was Wirklichkeit eigentlich sei, läßt sich nicht begrifflich formulieren, nicht durch Worte ausdrücken. Natürlich lassen sich Kriterien angeben, durch die man in Wissenschaft und Leben das »wirklich Existierende« vom bloßen »Schein« unterscheidet – aber in der Frage nach der Realität der Außenwelt ist bekanntlich mehr gemeint. Was jedoch dieses Mehr eigentlich sei, was man meint, wenn man der Außenwelt Existenz zuschreibt, ist auf jeden Fall gänzlich unaussprechbar. Wir haben nichts dagegen, daß man einer solchen Frage einen Sinn beimesse, mit allem Nachdruck müssen wir aber behaupten, daß dieser Sinn nicht angegeben werden kann.

Wir finden dennoch, daß sich die Philosophen mit Problemen dieser Art unablässig beschäftigen, und unsere Behauptung ist, daß der Inbegriff solcher Fragen sich völlig mit dem deckt, was man von altersher unter Metaphysik zu verstehen pflegte. Diese Fragen kommen aber dadurch zustande, daß das, was nur Inhalt eines Kennens sein kann, fälschlich für den möglichen Inhalt einer Erkenntnis gehalten wird, das heißt, dadurch, daß versucht wird, das prinzipiell nicht Mitteilbare mitzuteilen, das nicht Ausdrückbare auszudrücken.

Was aber läßt sich denn nun ausdrücken, wenn der eigentliche Inhalt des Erlebens jenseits aller Beschreibung ist? Was bleibt übrig, wenn alle erlebten Qualitäten, Farben, Töne, Gefühle, kurz alle inhaltlichen Bestimmungen des Bewußtseinsstromes als schlechthin subjektiv und unbeschreibbar für eine Mitteilung nicht in Frage kommen? Man möchte zunächst glauben, daß überhaupt nichts übrig bleibt, da wir doch wohl unsere Erlebnisse und Gedanken von allem Inhalt nicht ganz und gar befreien können. Oder sind etwa die *Beziehungen* zwischen den Bewußtseinsinhalten etwas, das der subjektiven Sphäre entrückt ist und daher mitgeteilt werden kann?

Ich weiß zwar nicht, ob jemand, der einen roten Gegenstand betrachtet, dabei das gleiche erlebt wie ich, aber ich stelle fest, daß er diesen Gegenstand auch stets als rot bezeichnet (wenn er nicht farbenblind ist). Wir können hieraus schließen, daß wir zwar nicht wissen, ob das Wort »rot« für ihn denselben Sinn hat wie für mich, daß aber für ihn jedenfalls sich mit dem Worte »rot« immer der gleiche Sinn verbindet. Wir könnten also versucht sein zu sagen, daß jedenfalls die Beziehung der Gleichheit zwischen zwei Erlebnissen von ihm ebenso erlebt würde wie von mir. Aber dies wäre nicht richtig formuliert, denn wiederum braucht das Gleichheitserlebnis qualitativ, inhaltlich, beim anderen nicht dasselbe zu sein wie bei mir. Das Beziehungserlebnis, das er hat, wenn er etwa zwei gleiche Gegenstände sieht, könnte von meinem Beziehungserlebnis unter gleichen Umständen verschieden sein – immer vorausgesetzt, daß es einen Sinn hätte, hier von Gleichheit oder Verschiedenheit überhaupt zu reden. Erlebnisse von Beziehungen nämlich enthalten – wie alle Erlebnisse – auch immer qualitative Momente, sie sind inhaltlich verschieden. Wodurch z. B. sich das Erlebnis eines räumlichen Nebeneinander von demjenigen eines zeitlichen Nacheinander unterscheidet, läßt sich nicht auf Begriffe bringen, sondern es muß in letzter Linie erlebt werden. Die anschaulich räumlichen und die anschaulich zeitlichen Beziehungen haben qualitativ verschiedene Inhalte, und dasselbe gilt von allen unmittelbar erlebten Beziehungen. Wenn also weder die Inhalte des Bewußtseins noch die Beziehungen zwischen ihnen ausdrückbar sind, was bleibt dann als mitteilbar übrig?

Daß merkwürdigerweise tatsächlich noch etwas übrig bleibt, zeigt uns die logische Lehre von der »impliziten Definition«. Denn das Wesen dieser Art von Definition besteht darin, daß sie Begriffe festlegt, ohne im geringsten auf etwas Inhaltliches hinzuweisen, ohne auf irgendwelche qualitativen Merkmale zurückgreifen zu müssen. Diese Lehre, welche hier nicht näher dargestellt werden kann[1], bestimmt die Begriffe dadurch, daß sie rein *formale*, jeglichen Inhaltes entkleidete Beziehungen zwischen ihnen aufstellt. Das Wesen der implizit definierten Begriffe besteht darin, diesen rein formalen Beziehungen zu genügen. (Z. B. die Beziehung »zwischen«, die in der impliziten Definition der Grundbegriffe der abstrakten Geometrie auftritt, enthält in keiner Weise irgend etwas von dem anschaulichen Sinn, den wir mit diesem Worte verbinden, sondern bedeutet nur eine Beziehung überhaupt, ohne über ihr »Wesen«, über ihre »Natur« irgend etwas vorauszusetzen; es wird nur erfordert, daß das Wort immer *eine und dieselbe* Beziehung bezeichne.) Die implizite Definition stellt aber die *einzige* Möglichkeit dar, zu gänzlich inhaltleeren Begriffen zu gelangen (denn sowie ich die Begriffe nicht, wie die implizite Definition es tut, durch ihre gegenseitigen Relationen definieren wollte, könnte ich sie nur durch Zuordnung zu etwas

---

[1] Vgl. meine *Allgemeine Erkenntnislehre*, 2. Aufl. 1925, § 7.

Wirklichem festlegen, und dadurch wäre ihnen ein Sachinhalt beigelegt), folglich können wir aus ihr die Lösung unseres Problems entnehmen und dürfen sagen: da nichts Inhaltliches aus der ungeheuren Mannigfaltigkeit unserer Erlebnisse zum Gegenstand einer Aussage gemacht werden kann, so läßt sich mit irgendwelchen Aussagen kein anderer Sinn verbinden als der, daß sie rein formale Beziehungen ausdrücken. Und was dabei unter einer »formalen Beziehung« oder »Eigenschaft« zu verstehen ist, muß der Lehre von der impliziten Definition entnommen werden.

Diese Bestimmung ist schlechthin fundamental und von unabsehbarer Tragweite für die ganze Philosophie. Ihre Richtigkeit muß jeder zugeben, der sich von der unbezweifelbaren Tatsache überzeugt, daß alles Qualitative und Inhaltliche an unseren Erlebnissen ewig privatim bleiben muß und auf keine Weise mehreren Individuen gemeinsam bekannt zu werden vermag. Es ist, so paradox es klingen mag, buchstäblich wahr, daß alle unsere Aussagen, von den gewöhnlichsten des täglichen Lebens bis zu den kompliziertesten der Wissenschaft, immer nur formale Beziehungen der Welt wiedergeben und daß schlechthin nichts von der Qualität der Erlebnisse in sie eingeht. Man hat oft von der Physik gesagt, meist mit der Absicht eines Vorwurfes, daß sie die qualitative Seite der Welt gänzlich unberücksichtigt lasse und an deren Stelle ein Gebäude von leeren abstrakten Formeln und Begriffen gebe. Jetzt sehen wir, daß die Aussagen der theoretischen Physik sich in dieser Hinsicht nicht im geringsten von allen anderen Aussagen des täglichen Lebens und auch denen der Geisteswissenschaften unterscheiden. Nur scheinbar geht in die letzteren etwas von der qualitativen Buntheit des Universums ein, weil in ihren Sätzen viele Worte vorkommen, welche unmittelbar Erlebtes bezeichnen. Dem Physiker scheint es versagt zu sein, mit dem Dichter von einer grünen Wiese und einem blauen Himmel zu sprechen oder mit dem Historiker von der Begeisterung eines Helden der Geschichte oder der Verzückung eines Religionsstifters. Es ist richtig, daß er diese Worte nicht verwendet, aber es ist nicht richtig, daß er mit Hilfe *seines* Begriffssystems prinzipiell nicht imstande wäre, auch alles das auszudrücken, was den mitteilbaren Sinn der Äußerungen des Historikers und des Dichters bildet. Denn der Sinn jener vom Dichter oder Psychologen gebrauchten Worte kann unter allen Umständen nur durch Zurückgehen auf die formalen Beziehungen zwischen den Gegenständen angegeben und erklärt werden. Das Wort »grün« ist nicht reicher (im Gegenteil, sogar ärmer) als der Begriff der Frequenz der Lichtschwingungen, welchen der Physiker an seine Stelle setzt. Das Wort »grün« drückt ja nicht wirklich aus, was man beim Anschauen einer grünen Wiese erlebt, das Wort ist dem Grünerlebnis nicht inhaltlich verwandt, sondern es drückt nur eine formale Beziehung aus, durch die alle Gegenstände, die wir grün nennen, miteinander verbunden sind.[2] Die Geisteswissenschaften und die Dichtung unterscheiden sich nicht dadurch von der exakten Erkenntnis, daß sie etwas *ausdrücken* könnten, was dieser versagt ist (sie können im Gegenteil nur weniger aussagen), sondern dadurch, daß sie nicht nur ausdrücken, sondern zugleich *etwas anderes* erreichen wollen. Sie wollen nämlich in letzter Linie *Erlebnisse* anregen und hervorrufen, das Reich des Erlebens in bestimmten Richtungen bereichern; die Erkenntnis ist für die Geisteswissenschaften (obwohl sie dies manchmal ungern zugeben) nur Mittel zum Ziel; die Dichtung erreicht das Ziel sogar ohne jenes Mittel durch direkte Erregungen. Nicht mit Unrecht stellt man daher manchmal dem Erkennen der exakten Wissenschaften das »Verstehen« der Geisteswissenschaften gegenüber, welch letzteres eine Art von Erleben ist, das sich an gewisse Erkenntnisse anschließt. Der Historiker hat einen ge-

---

[2] Man vergl. die scharfsinnigen und unwiderleglichen Ausführungen von R. Carnap in seinem demnächst erscheinenden Werk »Der logische Aufbau der Welt«, in dem er dartut, daß alle wissenschaftlichen Urteile sich auf reine Strukturaussagen – dieser Begriff entspricht unseren »Formalen Beziehungen« – beschränken müssen. Wir fügen hinzu, daß dies von allen sinnvollen Urteilen überhaupt gilt, denn die Argumente bleiben für alle, auch die nichtwissenschaftlichen Aussagen gültig. Vgl. ferner Ludwig Wittgenstein: *Tractatus logico-philosophicus,* deutsch und englisch, London 1922.

schichtlichen Vorgang »verstanden«, wenn er sich die Erlebnisse verschafft (nacherlebt) hat, von denen er glaubt, daß sie auch in den an jenem Vorgange beteiligten Personen stattgefunden haben. Über das Wertverhältnis mag man denken, wie man will – mir persönlich versteht es sich von selbst, daß Bereicherung des Erlebens immer die höhere Aufgabe, ja die höchste überhaupt bildet – nur hüte man sich vor der Verwechslung dieser so scharf getrennten Sphären: tiefes Erleben ist nicht deshalb wertvoller, weil es eine höhere Art der Erkenntnis bedeutete, sondern es hat mit Erkenntnis überhaupt nichts zu tun; und wenn Welterkenntnis nicht mit Welterlebnis identisch ist, so nicht deshalb, weil die Erkenntnis ihre Aufgabe nur schlecht erfüllte, sondern weil dem Erkennen seinem Wesen und seiner Definition nach von vornherein seine spezifische Aufgabe zufällt, die in ganz anderer Richtung liegt als das Erleben.

Erlebnis ist Inhalt, das Erkennen geht seiner Natur nach auf die reine Form. Unbewußte Einmengung des *Wertens* in reine Wesensfragen verführt immer wieder dazu, beides zu vermischen. So lesen wir bei H. Weyl[3]: »Wer freilich in logischen Dingen nur formalisieren, nicht sehen will – und das Formalisieren ist ja die Mathematikerkrankheit –, wird weder bei Husserl noch bei Fichte auf seine Rechnung kommen.« Aber uns ist klar: wenn das Formalisieren eine Krankheit ist, so kann niemand gesund sein, der überhaupt irgendeine Erkenntnis um ihrer selbst willen gewinnen will. Die rein formale Aufgabe und Funktion der Erkenntnis wird vielleicht am besten ausgedrückt, indem man sagt: alles Erkennen ist stets ein Ordnen und Berechnen, niemals ein Schauen und Erleben der Dinge.

---

[3] Hermann Weyl: »Der circulus vitiosus in der heutigen Begründung der Analysis,« *Jahresberichte der deutschen Mathematiker-Vereinigung* 28 (1919), S. 85–92. Aus der neuesten Publikation Weyls jedoch (ich füge dies bei der zweiten Korrektur hinzu), seiner vortrefflichen »Philosophie der Mathematik und Naturwissenschaft« in dem *Handbuch der Philosophie*, München und Berlin 1926, geht hervor, daß er mit den Voraussetzungen unserer obigen Ausführungen im Grunde völlig übereinstimmt, a.a.O., S. 22. Zeile 9–30.

Alle Erkenntnis ist also ihrem Wesen nach Erkenntnis von Formen, Beziehungen, und nichts anderes. Nur formale Beziehungen in dem definierten Sinn sind der Erkenntnis, dem Urteil im rein logischen Sinne des Wortes zugänglich. Dadurch aber, daß alles Inhaltliche, nur dem Subjekt Angehörige, nicht mehr darin vorkommt, haben Erkenntnis und Urteil zugleich den einzigartigen Vorteil gewonnen, daß nunmehr ihre *Geltung* auch nicht mehr auf das Subjektive beschränkt ist.

Zwar könnte man argumentieren: die Relationen, die ein Urteilender auszudrücken vermöge, seien zunächst doch eben Beziehungen zwischen seinen Erlebnissen, darüber komme er nicht hinweg, und man müsse also bei der Ansicht stehen bleiben, die in der Kantschen Formulierung lautet: Erkenntnis ist nur von Erscheinungen – das heißt nur von Immanentem – möglich. Aber in Wahrheit steht es damit so: entweder man stellt sich auf den Standpunkt des Instantan-Solipsismus, für den nur das jeweils im Augenblick von mir Erlebte »wirklich« ist, oder man macht auch Aussagen über andere Gegenstände als unmittelbare Erlebnisse. Wir nennen die nicht erlebten Gegenstände »transzendent«, unbekümmert darum, ob man sie (mit dem strengen Positivismus) als logische Konstruktionen auffaßt oder (mit dem Realismus) ihnen »selbständige Realität« zuschreibt. Der Unterschied zwischen beiden Standpunkten betrifft ja nach dem früher Gesagten nur Unaussprechbares, kann also selbst nicht formuliert werden. Es ist gleichgültig, ob sich der Sinn der Behauptung, daß diese transzendenten Gegenstände wirklich seien, angeben läßt oder nicht, auf jeden Fall werden sie zu den Erlebnissen in bestimmten Relationen stehend gedacht. Das gilt auch von Kants Ding an sich. Denn in dem Terminus »Erscheinung« liegt schon eine bestimmte Beziehung auf etwas, das da erscheint. Wollte man diese Beziehung nicht als eine feste anerkennen, so würde das Vorhandensein der Erscheinung gar nicht an ein bestimmtes Ding gebunden sein, sie wäre also gar nicht seine Erscheinung, sondern etwas Selbständiges, die Rede von der »Erscheinung« wäre überhaupt sinnlos. Diese bloß formale Beziehung der Zuordnung der gegebenen Erlebnisse zu nicht gegebenen (transzendenten) Gegenständen, die stets angenommen werden muß, um von den letzteren Gegenständen überhaupt reden zu können, genügt aber, um auch sie restlos erkennbar zu machen. Denn wenn irgendwelche Gegenstände der Welt der Erlebnisse eindeutig zugeordnet sind, so ist jede Aussage über die letzteren, da sie ja nur die formalen Beziehungen trifft, zugleich eine Aussage über die ersteren. Die formalen Relationen der »transzendenten« Gegenstände nämlich sind durch jene Zuordnungen ja vollkommen mitbestimmt. Die »Dinge an sich« sind also in genau demselben Sinne und Maße erkennbar wie die »Erscheinungen«, diese sind der Wissenschaft nicht um ein Haar besser zugänglich als jene. Freilich sind nur die immanenten Gegenstände kennbar (= erlebbar), die transzendenten nicht – aber dieser Unterschied ist für die Erkenntnis weder interessant noch faßbar. Kant kam zu seiner Lehre der Unerkennbarkeit der Dinge durch eine Verwechslung

47 von Kennen und Erkennen.[4]... Klar findet man die hier gewonnene Einsicht formuliert bei B. Russell[5]: »Jeder Satz, der einen mitteilbaren Sinn hat, muß von beiden Welten gelten oder von keiner: der einzige Unterschied muß in jenem Wesen des Individuellen liegen, das nicht durch Worte wiedergegeben werden kann und der Beschreibung spottet, und das eben aus diesem

48 Grunde für die Wissenschaft irrelevant ist.«

Nach dem Vorhergehenden ist kein Zweifel, daß echte Erkenntnis der transzendenten Welt sehr wohl möglich ist und von jedem zugegeben werden muß, der nicht überhaupt auf dem Standpunkt des Instantan-Solipsismus steht und es daher überhaupt ablehnt, von transzendenten Dingen zu sprechen. (Wir erinnern noch einmal daran, daß es gleichgültig ist, ob man unter diesen Dingen bloße logische Konstruktionen oder selbständige Wirklichkeiten versteht, denn zwischen beiden Auffassungen ist kein *angebbarer* Unterschied.) Definiert man also, wie es gewöhnlich geschieht, die Metaphysik als die Wissenschaft vom Transzen-

---

[4] Vgl. auch meine *Allgemeine Erkenntnislehre,* § 27 der 2. Auflage.
[5] B. Russell: *Introduction to Mathematical Philosophy,* London 1919, S. 61.

denten, so ist sie nicht bloß möglich, sondern die allerleichteste Sache von der Welt. Dann wäre jede Wissenschaft Metaphysik und jedes Kind machte fortwährend metaphysische Aussagen. Denn alle Sätze, die wir überhaupt aussprechen, haben ja einen über das unmittelbar Gegebene, Erlebte hinausgehenden Sinn, also nach unserer Terminologie eine transzendente Bedeutung.

Dies zeigt uns, daß die Definition der Metaphysik als Wissenschaft vom Transzendenten unmöglich zweckmäßig sein kann, daß sie nicht die Bedeutung trifft, die dem Worte in der Philosophie eigentlich immer zugrunde gelegen hat. Zweifellos nämlich war die Absicht, mit dem Worte eine ganz *besondere* Wissenschaft zu bezeichnen, die von den übrigen prinzipiell verschieden ist. In der Tat glaubte man, daß die *Erkenntnis des Transzendenten* so etwas Besonderes, den Erkenntnissen der Einzelwissenschaften und des täglichen Lebens Verschlossenes sei. Aber wer Klarheit darüber gewonnen hat, daß dies in keiner Weise zutrifft, wird das Besondere, das die Metaphysik stets gewollt hat, an einem anderen Punkte suchen müssen. Er ist auch wirklich leicht zu finden, denn im Grunde haben uns viele metaphysische Philosophen selbst den deutlichsten Aufschluß darüber gegeben.

Bevor wir uns aber ihnen zuwenden, sei kurz die Meinung einer Klasse von Denkern beleuchtet, welche durch einen bedeutsamen Irrtum die Frage in Unordnung gebracht haben. Es sind die Vertreter der sogenannten »induktiven Metaphysik«. 49 Auch sie verstehen unter Metaphysik einfach die Erkenntnis der transzendenten Welt, sie glauben ferner, daß sie prinzipiell mit Hilfe derselben Methoden möglich sei wie die Wissenschaft von der empirischen Welt – dennoch aber sind sie der Meinung, die Metaphysik ließe sich als eine eigentümliche Wissenschaft von den übrigen abgrenzen. Diese Meinung können sie nur dadurch halten, daß sie die Scheidungslinie zwischen der transzendenten Welt und der diesseitigen anders ziehen, als wir es im Vorstehenden getan haben. Während wir nämlich diesseits der Grenze nur das unmittelbar Erlebte, schlechthin Gegebene, Bekannte ansetzen und alles andere zum Transzendenten rechneten, nehmen die Vertreter der induktiven Metaphysik eine alte Ansicht unkritisch auf, die alle jene Gegenstände, über welche Einzel-wissenschaft und Alltag gültige Aussagen machen, durchaus nicht dem Transzendenten beizählt, sondern zusammen mit dem Gegebenen einer erweiterten »empirischen Welt« zurech-net. Und das Reich des Transzendenten läßt sie erst später be-ginnen. Wo freilich, darüber sucht man vergebens deutliche Angaben. Man findet meist nur den allgemeinen Gedanken aus-gesprochen, daß »hinter« der den Wissenschaften zugänglichen Welt eine andere liege, deren Gegenstände uns nicht bloß nicht unmittelbar bekannt, gegeben sind – denn dies gilt von vielen Dingen der »empirischen« Welt auch –, sondern die gegen den Zutritt der Erkenntnis noch auf eine besondere geheimnisvolle Weise abgeschlossen seien (dies bedeutet eben jenes »hinter«). Hier wird also das Transzendente oder das »Ding an sich« nur ganz verschwommen und negativ definiert als dasjenige, was der einzelwissenschaftlichen Forschung prinzipiell nicht zugänglich sei. Dies ist freilich trotz dem hinzugefügten Wörtchen »prinzi-piell« eine schwankende Bestimmung: für Kant war etwa die Frage nach der Endlichkeit der Welt metaphysischer Natur, wäh-rend sie heute vor das Forum der Astronomie und Physik gehört. Während aber die ältere Ansicht jene Sperrmauern für schlecht-hin unübersteigbar hielt, wollen die Verkünder der induktiven Metaphysik sie zwar bestehen lassen, aber doch den Weg und Blick auf die andere Seite öffnen. Die Methode der Induktion, welche ja überhaupt den Übergang vom Gewußten auf das nicht Gewußte ermögliche, trage uns auch über jene chinesische Mauer hinüber, sie gestatte uns, aus dem Erfahrbaren auf das prinzipiell nicht Erfahrbare zu schließen.

Nun ist aber die Induktion das Verfahren, vermöge dessen wir allgemeine Sätze aus besonderen ableiten, indem wir das in *einigen* Fällen einer Gattung Beobachtete auf *alle* Fälle dieser Gattung übertragen. Die durch Induktion errungene Erkenntnis-erweiterung erstreckt sich also ihrer Natur nach immer nur auf Instanzen der gleichen Art, sie füllt die Lücken aus, die die Erfah-rung auf einem bestimmten Gebiet gelassen hat und gibt dadurch eine zusammenfassende, vollständige Überschau des ganzen Gebietes. Daraus folgt, daß sie niemals ein gänzlich neues Gebiet erschließen kann; die allgemeine Erkenntnis, welche sie gibt, kann nicht von grundsätzlich anderer Art sein, als die durch Einzelbeobachtung gewonnene; gibt es für die letztere irgendwo eine prinzipielle (nicht zufällige) Grenze, so ist die Induktion sicherlich nicht imstande, sie zu überschreiten. Jede nähere Betrachtung der in den Wissenschaften tatsächlich induktiv gefundenen Wahrheiten bestätigt dies auf der Stelle. Die Induktionen werden unzuverlässig und laufen Gefahr, ganz falsch zu werden, wenn sie sich zu weit von den Einzelinstanzen entfernen, ohne doch deren eigentliches Gebiet zu verlassen; sie werden aber schlechthin unmöglich und sinnlos, wenn sie in eine ganz neue Sphäre hinüberspringen wollen. Mit anderen Worten: Jede induktive Erkenntniserweiterung, die von den Wissenschaften ausgeht, bleibt auch notwendig *innerhalb* der Wissenschaften, führt niemals zu etwas gänzlich Neuem und Andersartigem, also niemals zu einer Metaphysik. Wird die Induktion über ihre erlaubten Grenzen hinaus erweitert, so führt eine solche Extrapolation immer nur zu allgemeinen Sätzen, die ihrer Natur nach wissenschaftlichen Charakter tragen. Sie können höchstens falsch sein, aber sie können nicht metaphysisch sein, das heißt einem prinzipiell jenseits aller Wissenschaft liegenden Gebiet angehören. Wir sehen also: induktive Erkenntnis eines »Transzendenten« in dem hier kritisierten Sinne des Wortes ist unmöglich, und ein Philosoph der induktiven Metaphysik könnte die Behauptung ihrer Möglichkeit nur aufrechterhalten, wenn er die Bedeutung der Worte ändern wollte und unter Transzendenz nicht die Überschreitung der Grenzen verstände, die der Wissenschaft durch ihre Natur selbst gezogen sind, sondern schon die Überschreitung der Grenzen, in welche sie jeweils durch den zufälligen Stand der Forschung eingeschlossen ist. Dann aber würde das Wort Metaphysik als Wissenschaft vom Transzendenten keine gegen die Einzelwissenschaften grundsätzlich abgegrenzte oder je von ihnen scharf zu trennende Disziplin bedeuten, sondern Metaphysik würde nur den Inbegriff der allgemeinsten Hypothesen darstellen, welche zwar auf Grund der Erfahrungserlebnisse aufgestellt werden, über deren Richtigkeit sich aber die Wissenschaft zur Zeit der Aussage enthalten muß.

Möchte aber jemand im Ernst die Metaphysik so definieren, daß diese Sphäre des Ungewissen, dies Reich der unsicheren Hypothesen ihre wahre Domäne wird? Dann würde die Metaphysik nichts anderes sein als ein Charlatan, der sich anmaßt, uns die Früchte der Wahrheit von solchen Zweigen darzubieten, die der Arm der Wissenschaft gegenwärtig noch nicht erreicht. Der Wissenschaft würden aber bei ihrem Wachstum immer höhere Zweige zugänglich, und dann müßte sich oft genug herausstellen, daß die von der Metaphysik dargereichten Früchte gar nicht die echten waren, daß sie uns durch unreife Früchte fremder Herkunft getäuscht hat. Sie würde ein gar klägliches Schauspiel darbieten. Möglich wäre es natürlich, die Metaphysik in dieser Weise als Inbegriff der allgemeinsten Sätze, als Gesamtheit der unsichersten Hypothesen aufzufassen – aber es kann ja gar kein Zweifel sein, daß kein Anhänger der Metaphysik ihr jemals eine so lächerliche Rolle zuweisen wollte. Es ergibt sich mithin, daß die Lehre von der induktiven Metaphysik notwendig zu einem Metaphysikbegriff gelangt, der sie zu einem Zerrbild macht und dem wahren Sinne, den man mit diesem Worte stets verbunden hat, nicht gerecht wird.

Welches ist dieser wahre Sinn? Nur aus der Geschichte der Philosophie kann er abgelesen werden, und sie zeigt uns, wie ich glaube, mit größter Deutlichkeit, daß der Name Metaphysik nicht einfach für die Erkenntnis des Transzendenten schlechtweg gebraucht wurde, sondern nur für die sogenannte »intuitive Erkenntnis« des Transzendenten. Was darunter zu verstehen sei, haben uns neuere Metaphysiker, in erster Linie Schopenhauer und Bergson, mit schärfster Eindringlichkeit gesagt, aber ein historischer Überblick lehrt, daß auch frühere Denker, ohne es ausdrücklich zu formulieren, doch genau denselben Begriff der metaphysischen Erkenntnis gehabt haben. Wenn Schopenhauer sagt, daß alle Einzelwissenschaften die Dinge gleichsam nur von außen betrachten und beschreiben wie jemand, der um ein Gebäude herumgeht und seine Fassaden von allen Seiten skizziert,

während die Metaphysik in das Gebäude selbst einträte, um es
von innen zu betrachten; wenn Bergson den Satz aufstellt, daß
die Wissenschaften die Objekte nur durch Symbole räumlicher
Art nachzeichnen, während Philosophieren (das heißt Metaphysik treiben) darin bestehe, sich durch einen Akt der Intuition
in das Objekt selbst zu versetzen; wenn Lotze ausruft: »Wir
wollen den Weltlauf nicht nur berechnen, sondern auch verstehen«; wenn Taylor formuliert: »Science describes, philosophy
explains«: so soll in allen diesen Aussagen für die Metaphysik
eine besondere Erkenntnisart in Anspruch genommen werden,
die sich radikal unterscheidet von jener der Wissenschaften und
des Alltages, die wir oben in den ersten Zeilen dieses Aufsatzes
zu kennzeichnen suchten. Diese besondere Erkenntnisart der
Metaphysik ist die Intuition. Diese Intuition ist nicht etwa jene
ahnende Vorwegnahme eines Erkenntnisresultates, die bei allen
großen Entdeckungen der gedanklichen Ableitung vorherzuge-
hen pflegt, nicht jenes Erraten verborgener Zusammenhänge,
das nur dem genialen Forscher gelingt und mit Recht »intuitive
Erkenntnis« im empirischen Sinne heißen darf, sondern sie ist
nichts anderes als das schlichte Vorhandensein eines Bewußtseinsinhaltes, ein bloßes Gegenwärtigsein, das vor aller geistigen
Verarbeitung, vor aller Erkenntnis liegt, kurz sie ist einfach das,
was wir oben *Erleben* nannten. Diese metaphysische Intuition
soll dort vorliegen, wo das Bewußtsein mit dem zu erkennenden
Gegenstand eins wird, sich mit ihm identifiziert, verschmilzt oder,
wie der bildliche Ausdruck lautet, in sein Inneres eindringt. Wir
sehen also: der Metaphysiker will die Dinge gar nicht erkennen, sondern er will sie *erleben*. Daß er dies Erleben mit dem
Worte Erkennen bezeichnet, steht ihm schließlich frei, aber das
bedeutet natürlich eine Äquivokation. Dieser Äquivokation fällt
er auch zum Opfer, indem er glaubt, daß beide irgend etwas gemein hätten, z.B. ein gemeinsames Ziel. Daß dies nicht der Fall
ist, habe ich oben angedeutet, und an anderem Orte[6] ausführlich
dargetan.

6 Vgl. meine *Allgemeine Erkenntnislehre*, 2. Aufl. 1925, § 12.

Nun heißt etwas erleben, es als Bewußtseinsinhalt haben. Der Metaphysiker will also die Gegenstände dadurch erkennen, daß er sie zu Inhalten seines Bewußtseins macht. Aus diesem Grunde ist die am meisten typische und verbreitete Art der Metaphysik der *Idealismus* in seinen verschiedenen Formen, welcher behauptet, die transzendente Wirklichkeit sei irgendwie von der Art der Idee, der Vorstellung, als des typischen Bewußtseinsinhaltes. So erkennen wir bei Platon das Transzendente, indem wir die Idee schauen, das heißt teilweise in unser Bewußtsein aufnehmen; so stellt sich der Voluntarismus (etwa Schopenhauers) vor, daß das Erlebnis, welches wir haben würden, wenn ein transzendentes Ding in unsere Seele einträte, stets ein Willenserlebnis sein müsse; in derselben Weise ist auch Bergsons élan vital aufzufassen; so ist auch Spinozas metaphysische Substanz dasjenige, »quod per se concipitur« usw. Aber auch der Materialismus, dessen Grundgedanke auf den ersten Blick in der entgegengesetzten Richtung zu liegen scheint, geht in Wahrheit denselben Weg. Denn bei näherer Betrachtung zeigt sich, daß die Materie, welche er zur metaphysischen Substanz erhebt, von ihm durchaus sinnlich vorstellbar gedacht wird; ihm ist der Inhalt des Begriffs Materie ein Letztes, unmittelbar Gegebenes. Seiner Anschauung liegt der dunkle Glaube zugrunde, daß er durch das Erlebnis, das er beim Anschauen oder Betasten eines Körpers hat, des »wahren Wesens« der Substanz direkt inne werde. – Genug der Beispiele. Sie alle zeigen, daß das Streben der Metaphysik in der Tat immer auf Intuition des Transzendenten gerichtet ist.

Und wie steht es mit der Erfüllbarkeit dieses Strebens, mit der Möglichkeit dieser metaphysischen »Erkenntnis«? Nun, da Intuition Erlebnis ist, und da der Inhalt eines Erlebnisses eben ein Bewußtseinsinhalt, also definitionsgemäß etwas *Immanentes* ist, so folgt, daß »intuitive Erkenntnis des Transzendenten« ein Nonsens, eine widerspruchsvolle Wortverbindung ist. Intuition ist ihrem Wesen nach auf das Immanente beschränkt (und sie ist keine *Erkenntnis* des Immanenten). Die transzendente Wirklichkeit kann nicht erlebt werden, sie ist nur insofern und solange transzendent, als sie nicht erlebt wird; dies ist ja ihre Definition.

Wer etwa mit dem Voluntarismus behauptet, die metaphysische Natur des transzendenten Seins sei der Wille, der sagt in Wahrheit: wäre das nicht Erlebte erlebt, so wäre es Wille – und spricht damit gleichfalls Nonsens, denn die Hypothesis enthält einen Selbstwiderspruch. Wer ferner z. B. sagt, wie der Spiritualismus oder Psychomonismus es tut, metaphysisch sei das Transzendente psychischer Natur, der sagt in Wahrheit: wenn das Transzendente nicht transzendent, sondern immanent wäre, so wäre es Bewußtseinsinhalt – und das ist teils eine Contradictio, teils eine Tautologie. (Soll aber mit der spiritualistischen Behauptung gemeint sein, daß es eben gar kein transzendentes Sein gäbe, daß alles Wirkliche immanent sei, daß nur Bewußtseine und ihre Inhalte existieren (Berkeley) – so gehört diese Behauptung – gesetzt sie hätte einen Sinn – zu denjenigen oben erwähnten, deren Sinn jedenfalls nicht angebbar, aussprechbar ist, jedes Wort darüber wäre leerer Schall.)

Und hierzu gesellt sich der zweite Widerspruch. Gesetzt nämlich, das Unmögliche sei möglich geworden, der Metaphysiker habe das Unschaubare geschaut; so glaubt er dieses sein Erlebnis nun in Worten und Begriffen darstellen zu können (denn wozu schriebe er sonst seine Bücher?) – und wir wissen schon, daß dies heißt: er wünscht das prinzipiell Unausdrückbare auszudrücken. Nach dem früher Gesagten müßte bei dieser Übersetzung in Worte und Symbole gerade das wieder verloren gehen, was das Spezifische am Erlebnis war, nur die formalen Relationen würden übrig bleiben und allein aus den Symbolen wieder ablesbar sein; diese aber hätte er auch ohne jenes Erlebnis, ohne Intuition, genausogut gewinnen können, denn wir hatten ja eingesehen, daß die formalen Beziehungen des Transzendenten durch die gewöhnliche diskursive Erkenntnis der empirischen Wissenschaften bereits restlos erreichbar sind. Durch die Methoden der Einzelwissenschaften wird prinzipiell alle Erkenntnis vom Seienden gewonnen; jede andere »Ontologie« ist leeres Geschwätz. Der Philosoph mag noch so viele Worte für das Erlebnis suchen: er kann mit ihnen nur die formalen Eigenschaften desselben treffen, der Inhalt entschlüpft ihm stets. Selbst wenn es also eine »intuitive Erkenntnis« in seinem Sinne gäbe, bliebe dem Metaphysiker nichts als – Schweigen.

Wir können leicht verstehen, warum wir uns nicht des Gefühles erwehren können, es sei doch nicht schlechthin sinnlos, eine solche Aussage zu machen wie etwa die des Voluntarismus »alles Wirkliche ist Wille«. Sie ist sinnlos als *metaphysische* Aussage, das heißt, wenn wir mit dem Worte Wille das unmittelbare Erlebnis des Wollens selbst seinem Inhalt nach bezeichnen. Aber dies ist nicht seine einzige Bedeutung, es können auch die formalen Eigenschaften des Willensvorganges damit gemeint sein, und dann bekommt jener Satz sofort einen *empirischen* Sinn; durch diskursive Erkenntnis kann prinzipiell seine Richtigkeit bestätigt oder widerlegt werden. Hätte man nämlich festgestellt, daß die in jedem Willenserlebnis auftretenden Sukzessionen und Koexistenzen seiner psychologischen Komponenten einer bestimmten Strukturformel gehorchen, so würde der Inhalt des wissenschaftlichen Begriffes »Wille« nunmehr eben diese bestimmte formale Struktur sein, und die voluntaristische Behauptung »alles ist Wille« würde besagen: alles Geschehen in der Welt ist von der Art, daß es durch eben jene Strukturformel beschrieben werden kann (ein physikalisches Analogon: die Behauptung »alle Materie ist elektrischer Natur« bedeutete »alles materielle Geschehen läßt sich durch die Grundgleichungen der Elektrizitätslehre beschreiben«). Man sieht, dies ist jetzt keine metaphysische Behauptung mehr, sondern ein Satz der Wissenschaft, der auf empirischem Wege geprüft werden könnte. In ähnlicher Weise kann man andere metaphysische Sätze in empirisch-wissenschaftliche umwandeln, indem man ihren Worten die entsprechenden formalen Bedeutungen gibt – wobei sich dann allerdings fast in allen Fällen herausstellt, daß man keinen Grund dafür findet, diese Sätze zu behaupten. Sobald wir die Sätze aber *metaphysisch* verstehen, also unmittelbare Erlebnisinhalte als Bedeutung der Worte festsetzen, und darauf diese Worte doch auf Transzendentes anwenden, dann werden jene Sätze nicht bloß falsch, sondern durch den zwiefachen Widerspruch in ihnen von Grund aus unsinnig.

Metaphysik ist also unmöglich, weil sie Widersprechendes verlangt. Strebte der Metaphysiker nur nach Erleben, so wäre sein Verlangen erfüllbar, nämlich durch Dichtung und Kunst und durch das Leben selber, welche durch ihre Erregungen den Reichtum der Bewußtseinsinhalte, des Immanenten vermehren. Indem er aber durchaus das *Transzendente* erleben will, verwechselt er Leben und Erkennen und jagt, durch doppelten Widerspruch benebelt, leeren Schatten nach. Nur ein Tröstliches ist dabei: daß nämlich auch die metaphysischen Systeme selbst Mittel zur Bereicherung des Innenlebens sein können, auch sie regen ja Erlebnisse an und vermehren dadurch die Mannigfaltigkeit des Immanenten, des Gegebenen. Sie vermögen gewisse Befriedigungen zu gewähren, weil sie wirklich etwas von dem geben können, was der Metaphysiker sucht, nämlich Erleben. Freilich ist es nicht, wie er glaubt, ein Erlebnis des Transzendenten. Wir sehen, in welchem präzisen Sinne die oft geäußerte Meinung richtig ist, daß metaphysische Philosopheme Begriffs-*Dichtungen* seien: sie spielen im Kulturganzen in der Tat eine ähnliche Rolle wie die Dichtung, sie dienen der Bereicherung des Lebens, nicht der Erkenntnis. Sie sind als Kunstwerke, nicht als Wahrheiten zu werten. Die Systeme der Metaphysiker enthalten manchmal Wissenschaft, manchmal Poesie, aber sie enthalten niemals Metaphysik.

3.3 POSITIVISMUS UND REALISMUS
(1932)

Moritz Schlick

I. Vorläufige Fragen

Jede philosophische Richtung ist definiert durch die Prinzipien, die von ihr als fundamental betrachtet werden und zu denen sie in ihren Argumenten immer wieder zurückkehrt. Im Laufe der historischen Entwicklung pflegen aber die Prinzipien nicht unverändert zu bleiben, sei es, daß sie neue Formulierungen erhalten, erweitert oder eingeschränkt werden, sei es, daß sogar ihr Sinn allmählich beträchtliche Abwandlungen erleidet. Irgendeinmal erhebt sich dann die Frage, ob man überhaupt noch von der Entwicklung der einen Richtung sprechen und ihren alten Namen beibehalten solle oder ob nicht vielmehr eine neue Richtung entstanden sei.

Wenn neben der fortentwickelten Ansicht noch eine »orthodoxe« Richtung weiter besteht, welche an den ersten Grundsätzen in ihrer ursprünglichen Form und Bedeutung festhält, so wird früher oder später von selbst irgendeine terminologische Unterscheidung des Alten vom Neuen eintreten. Wo das aber nicht deutlich der Fall ist, wo vielmehr bei den verschiedenen Anhängern einer »Richtung« die verschiedensten, vielleicht einander widersprechenden Formulierungen und Deutungen der Prinzipien durcheinandergehen, da entsteht ein Wirrwarr, der zur Folge hat, daß Anhänger und Gegner der Ansicht aneinander vorbeireden; jeder sucht sich von den Sätzen aus, was er zur Verteidigung der eigenen Meinung gerade gebrauchen kann, und alles endet in heillosen Mißverständnissen und Unklarheiten. Sie verschwinden erst dann, wenn man die verschiedenen Grundsätze voneinander trennt und einzeln für sich auf Sinn und Wahrheit prüft, wobei man am besten zunächst ganz davon absieht, in welchen Zusammenhängen sie historisch aufgetreten sind und mit welchem Namen sie genannt werden.

Ich möchte diese Erwägungen anwenden auf die unter dem Namen »Positivismus« zusammengefaßten Denkweisen. Sie haben seit der Zeit, als Auguste Comte den Terminus erfand, bis in die Gegenwart eine Entwicklung durchgemacht, die ein gutes Beispiel für das eben Gesagte abgibt. Aber ich tue dies nicht in historischer Absicht, etwa um einen strengen Begriff des Positivismus in seiner geschichtlichen Erscheinungsform festzulegen, sondern vielmehr, um zu einer fachlichen Schlichtung des Streites beizutragen, der in der Gegenwart um gewisse Prinzipien geführt wird, die als positivistische Grundsätze gelten. Eine solche Schlichtung liegt mir um so mehr am Herzen, als ich einige jener Prinzipien selbst vertrete. Es kommt mit hier allein darauf an, den Sinn dieser Grundsätze so klar wie möglich zu machen; ob man sie nach dieser Klärung noch dem »Positivismus« zurechnen will oder nicht, ist eine Frage von gänzlich untergeordneter Bedeutung.

Will man jede Ansicht als positivistische bezeichnen, welche die Möglichkeit der Metaphysik leugnet, so läßt sich hiergegen als gegen eine bloße Definition nichts sagen, und ich müßte mich in *diesem* Sinne als strenger Positivist erklären. Aber dies gilt natürlich nur unter der Voraussetzung einer bestimmten Definition der »Metaphysik«. Welches die Definition der Metaphysik ist, die dabei zugrunde gelegt werden muß, braucht uns im Augenblick nicht zu interessieren; sie stimmt aber kaum überein mit den in der philosophischen Literatur meist üblichen Formulierungen; und nähere Bestimmungen des Positivismus, die an solche Formulierungen anknüpfen, führen alsbald in Unklarheiten und Schwierigkeiten.

Formuliert man nämlich etwa, wie das von altersher meist geschieht, Metaphysik sei die Lehre vom »wahren Sein«, von der »Wirklichkeit an sich«, vom »transzendenten Sein«, so setzt diese Rede vom echten, wirklichen Sein offenbar voraus, daß ihm ein unechtes, minderes, scheinbares Sein gegenüberstehe, wie es ja auch seit den Eleaten und Platon von allen Metaphysikern angenommen wird. Dieses scheinbare Sein sei das Reich der »Erscheinungen«; und während die wahre transzendente Wirklichkeit nur den Anstrengungen des Metaphysikers mit Mühe erreichbar sei, hätten es die Einzelwissenschaften ausschließlich mit den Erscheinungen zu tun, und diese seien ihrer Erkenntnis auch vollkommen zugänglich. Der Gegensatz in der Erkennbarkeit beider »Seinsarten« wird dann darauf zurückgeführt, daß die Erscheinungen uns unmittelbar bekannt, »gegeben« seien, während die metaphysische Wirklichkeit aus ihnen erst auf Umwegen geschlossen werden müßte. Damit scheint man bei einem fundamentalen Begriff der Positivisten angelangt zu sein, denn auch sie sprechen immer vom »Gegebenen«, und sie formulieren ihr Grundprinzip meistens in dem Satze, daß der Philosoph wie der Naturforscher durchaus im Gegebenen verharren müsse, daß ein Hinausschreiten darüber, wie der Metaphysiker es versuche, unmöglich oder unsinnig sei.

Es liegt daher nahe, das Gegebene des Positivismus einfach für identisch mit den Erscheinungen der Metaphysik zu halten und zu glauben, Positivismus sei im Grunde eine Metaphysik, aus der man das Transzendente weggelassen oder ausgestrichen habe; und eine derartige Meinung mag oft genug die Argumente der Positivisten ebenso gut wie die ihrer Gegner inspiriert haben. Aber damit befindet man sich schon auf dem Wege zu gefährlichen Irrtümern.

Schon der Terminus »das Gegebene« ist ein Anlaß zu bösen Mißverständnissen. »Geben« bedeutet ja für gewöhnlich eine dreigliedrige Relation: es setzt erstens jemanden voraus, der gibt, zweitens jemanden, dem gegeben wird, und drittens etwas, das gegeben wird. Für den Metaphysiker ist dies auch ganz in Ordnung, denn das Gebende ist die transzendente Wirklichkeit, das Empfangende ist das erkennende Bewußtsein, und dieses macht sich das, was ihm gegeben wird, als seinen »Inhalt« zu eigen. Der Positivist aber will mit solchen Gedanken von vornherein nichts zu tun haben; das Gegebene soll für ihn nur ein Wort für das Allereinfachste, nicht mehr Fragwürdige sein. Welches Wort man auch wählen möge – jedes wird zu Mißdeutungen Anlaß geben können; spricht man von »Erlebnissen«, so scheint man die Unterscheidung des Erlebenden vom Erlebten vorauszusetzen; bei Verwendung des Wortes »Bewußtseinsinhalt« scheint man sich mit einer ähnlichen Unterscheidung und zudem mit dem komplizierten, jedenfalls erst vom philosophischen Denken erfundenen Begriff des »Bewußtseins« zu belasten.

Doch selbst von Schwierigkeiten dieser Art abgesehen, ist es möglicherweise immer noch nicht klar, was mit dem Gegebenen eigentlich gemeint ist. Gehören dazu nur solche »Qualitäten« wie »blau«, »warm«, »Schmerz«, oder z.B. auch Beziehungen zwischen ihnen, oder ihre Ordnung? Ist die Ähnlichkeit zweier Qualitäten in demselben Sinne »gegeben« wie diese selbst? Und wenn Gegebenes irgendwie verarbeitet oder interpretiert oder beurteilt wird, ist diese Verarbeitung oder Beurteilung nicht auch in irgendeinem Sinne wieder etwas Gegebenes?

Aber nicht Dunkelheiten dieser Art sind es, die den Anlaß zu den gegenwärtigen Streitfragen geben, sondern der Erisapfel wird erst unter die Parteien geworfen mit der Frage der »Realität«.

Wenn die Ablehnung der Metaphysik durch den Positivismus soviel bedeutet wie Leugnung der transzendenten Wirklichkeit, so scheint es die natürlichste Schlußfolgerung der Welt zu sein, daß er dann eben nur dem nicht-transzendenten Sein Realität zuspreche. Der Hauptgrundsatz des Positivisten scheint dann zu lauten: »Nur das Gegebene ist wirklich.« Wer an Wortspielen Gefallen findet, könnte diesem Satze unter Benutzung einer Eigentümlichkeit der deutschen Sprache sogar den Schein des Tautologisch-Selbstverständlichen verleihen, indem er ihn formuliert: »Es gibt nur das Gegebene.«

Was sollen wir von diesem Satze halten?

Manche Positivisten mögen ihn ausgesprochen und vertreten haben (zumal vielleicht solche, welche etwa die physikalischen Gegenstände als »bloße logische Konstruktionen« oder als »bloße Hilfsbegriffe« hinstellten), andern ist er von den Gegnern untergeschoben worden – wir aber müssen sagen: wer immer diesen Satz ausspricht, sucht damit eine Behauptung aufzustellen, die in demselben Sinne und Maße metaphysisch ist wie die scheinbar entgegengesetzte: »Es gibt eine transzendente Wirklichkeit.«

Das Problem, um welches es sich hier dreht, ist offenbar die sogenannte Frage nach der Realität der Außenwelt, und es scheint da zwei Parteien zu geben: die des »Realismus«, welche an die Realität der Außenwelt glaubt, und die des »Positivismus«, welche nicht daran glaubt. Ich bin überzeugt, daß es in Wahrheit ganz unsinnig ist, zwei Ansichten in dieser Weise einander gegenüberzustellen, weil beide Parteien (wie bei jedem metaphysischen Satze) im Grunde gar nicht wissen, was sie sagen wollen. Aber bevor ich dies erkläre, möchte ich zeigen, wie die nächstliegenden Interpretationen des Satzes »nur das Gegebene ist wirklich« in der Tat sofort zu bekannten metaphysischen Ansichten führen.

Als Frage nach der Existenz der »Außen«welt kann das Problem nur dadurch erscheinen, daß irgendwie zwischen innen und außen unterschieden wird, und dies geschieht dadurch und insofern, als das Gegebene betrachtet wird als Bewußtseins»inhalt«, als gehörig zu einem Subjekt (oder auch mehreren), *dem* es gegeben ist. Damit wäre den unmittelbaren Daten Bewußtseinscharakter zugesprochen, der Charakter von Vorstellungen oder Ideen; und jener Satz würde dann besagen, daß *allem* Wirklichen dieser Charakter zukäme: kein Sein außerhalb des Bewußtseins. Dies ist aber nichts anderes als der Grundsatz des metaphysischen *Idealismus*. Glaubt der Philosoph nur von dem ihm selbst Gegebenen sprechen zu dürfen, so haben wir eine solipsistische Metaphysik vor uns; glaubt er aber annehmen zu dürfen, daß das Gegebene auf viele Subjekte verteilt sei, so ist das ein Idealismus Berkeleyscher Ausprägung.

Bei dieser Interpretation wäre also der Positivismus einfach mit der älteren idealistischen Metaphysik identisch. Da aber seine Gründer sicherlich etwas ganz anderes wollten als eine Erneuerung jenes Idealismus, so ist sie abzulehnen als mit der antimetaphysischen Absicht des Positivismus unvereinbar. Idealismus und Positivismus vertragen sich nicht miteinander. Dem Nachweis des unversöhnlichen Gegensatzes, der auf allen Gebieten zwischen beiden besteht, hat der Positivist Ernst Laas ein mehrbändiges Werk gewidmet; und wenn sein Schüler Hans Vaihinger seiner »Philosophie des Als Ob« den Untertitel eines »idealistischen Positivismus« gab, so ist das nur einer von den Widersprüchen, an denen dieses Werk krankt. Ernst Mach hat 50 besonders betont, daß sein eigener Positivismus sich in der Richtung von der Berkeleyschen Metaphysik fortentwickelt habe; er 51 und Avenarius legten großes Gewicht darauf, das Gegebene nicht als Bewußtseinsinhalt aufzufassen und haben sich bemüht, diesen Begriff überhaupt aus ihrer Philosophie fernzuhalten.

Angesichts der Unsicherheit im Lager der Positivisten selbst ist es nicht verwunderlich, wenn der »Realist« die besprochenen Unterschiede nicht beachtet und seine Argumente gegen die These richtet: »Es gibt nur Bewußtseinsinhalte« oder »Es gibt nur eine Innenwelt«. Dieser Satz aber gehört der idealistischen Metaphysik an, er hat keine Stelle in einem antimetaphysischen Positivismus, und ein solcher wird durch jene Gegenargumente nicht getroffen.

Allerdings kann der »Realist« der Meinung sein, daß es schlechterdings unvermeidlich sei, das Gegebene als Bewußtseinsinhalt aufzufassen, als subjektiv, als psychisch – oder wie die Ausdrücke 52 lauten mögen; und er würde die Versuche von Avenarius und Mach, das Gegebene als neutral zu erklären und den Unterschied von Innen und Außen aufzuheben, für mißglückt halten und glauben, daß eine metaphysikfreie Ansicht eben nicht möglich sei. Aber diesem Gedankengange begegnet man seltener. Und wie es damit auch stehen möge – auf jeden Fall handelt es sich um einen Streit um des Kaisers Bart, denn das »Problem der Realität der Außenwelt« ist eine sinnlose Scheinfrage. Dies gilt es nun deutlich zu machen.

II. Über den Sinn von Aussagen

Es ist das eigentliche Geschäft der Philosophie, den *Sinn* von Behauptungen und Fragen zu suchen und klarzumachen. Der chaotische Zustand, in dem die Philosophie sich während des größten

Teils ihrer Geschichte befunden hat, ist auf den unglücklichen Umstand zurückzuführen, daß sie erstens gewisse Formulierungen gar zu naiv als echte Probleme hinnahm, ohne vorher sorgsam zu prüfen, ob ihnen auch wirklich ein guter Sinn zukomme; und zweitens, daß sie glaubte, es ließen sich die Antworten auf irgendwelche Fragen durch besondere philosophische Methoden finden, die von denen der Einzelwissenschaften verschieden seien. Durch philosophische Analyse können wir nicht von irgend etwas entscheiden, ob es real sei, sondern nur herausfinden, was es *bedeutet*, wenn wir behaupten, daß es real sei; und ob dies dann der Fall ist oder nicht, kann nur durch die gewöhnlichen Methoden des täglichen Lebens und der Wissenschaft, daß heißt, durch *Erfahrung*, entschieden werden. Hier ist also die Aufgabe, uns klarzumachen, ob sich mit der Frage nach der Realität der »Außenwelt« ein Sinn verbinden läßt.

Wann sind wir überhaupt gewiß, daß uns der Sinn einer Frage deutlich ist? Offenbar dann und nur dann, wenn wir imstande sind, ganz genau die Umstände anzugeben, unter denen sie mit Ja zu beantworten wäre – bzw. die Umstände, unter denen sie mit Nein zu beantworten wäre. Durch diese Angaben, und nur durch sie, wird der Sinn der Frage definiert.

Es ist der erste Schritt jeglichen Philosophierens und das Fundament jeder Reflexion, einzusehen, daß es schlechterdings unmöglich ist, den Sinn irgendeiner Behauptung anders anzugeben als dadurch, daß man den Tatbestand beschreibt, der vorliegen muß, wenn die Behauptung wahr sein soll. Liegt er nicht vor, so ist sie dann falsch. Der Sinn eines Satzes liegt ja offenbar allein darin, daß er einen bestimmten Tatbestand ausdrückt. Diesen Tatbestand muß man eben aufweisen, um den Sinn des Satzes anzugeben. Man kann zwar sagen, daß der Satz diesen Tatbestand ja schon selbst angebe; freilich, aber nur für denjenigen, der ihn *versteht*. Wann aber verstehe ich einen Satz? Wenn ich die Bedeutung der Worte kenne, die in ihm vorkommen? Diese kann durch Definitionen erläutert werden. Aber in den Definitionen kommen neue Worte vor, deren Bedeutung ich auch wieder kennen muß. Das Definieren kann nicht ins Unendliche weitergehen,

wir kommen also schließlich zu Worten, deren Bedeutung nicht
wieder durch einen Satz beschrieben werden kann; sie muß unmittelbar aufgewiesen werden, die Bedeutung des Wortes muß
in letzter Linie *gezeigt*, sie muß *gegeben* werden. Es geschieht
durch einen Akt des Hinweisens, des Zeigens, und das Gezeigte
muß gegeben sein, denn sonst kann ich nicht darauf hingewiesen werden.

Hiernach müssen wir, um den Sinn eines Satzes zu finden,
ihn durch Einführung sukzessiver Definitionen umformen, bis
schließlich nur noch solche Worte in ihm vorkommen, die nicht
mehr definiert, sondern deren Bedeutungen nur noch direkt
aufgezeigt werden können. Das Kriterium für die Wahrheit oder
Falschheit des Satzes liegt dann darin, daß unter bestimmten (in
den Definitionen angegebenen) Bedingungen gewisse Gegebenheiten vorliegen oder nicht vorliegen. Ist dies festgestellt, so ist
alles festgestellt, wovon in dem Satze die Rede war, und damit
weiß ich eben seinen Sinn. Vermag ich einen Satz prinzipiell *nicht*
zu verifizieren, d. h. weiß ich absolut nicht, wie ich es anstellen
soll, was ich tun müßte, um seine Wahrheit oder Falschheit zu
ermitteln, dann weiß ich offenbar gar nicht, was der Satz eigentlich behauptet; ich war dann nämlich nicht imstande, den Satz
zu interpretieren, indem ich von seinem Wortlaut mit Hilfe der
Definitionen zu möglichen Gegebenheiten fortschreite, denn sowie ich dazu imstande bin, kann ich eben dadurch auch den Weg
zur Verifikation im Prinzip angeben (wenn auch aus praktischen
Gründen nicht wirklich beschreiten). Die Angabe der Umstände,
unter denen ein Satz wahr ist, ist *dasselbe* wie die Angabe seines
Sinnes, und nichts anderes.

Und diese »Umstände«, das haben wir nun gesehen, müssen
in letzter Linie im Gegebenen zu finden sein. Verschiedene Umstände bedeuten Verschiedenheiten im Gegebenen. Der *Sinn*
jedes Satzes wird in letzter Linie ganz allein durch Gegebenes
bestimmt und schlechterdings durch nichts anderes.

Ich weiß nicht, ob man diese Einsicht als positivistisch bezeichnen sollte; allerdings möchte ich glauben, daß sie im Hinter-
grunde aller Bemühungen stand, die unter diesem Namen in der

Geschichte der Philosophie erscheinen, mag sie nun jemals klar formuliert worden sein oder nicht. Man darf wohl annehmen, daß sie den richtigen Kern und die treibende Kraft mancher ganz verkehrten Formulierung bildet, die wir bei den Positivisten finden.

Wer einmal die Einsicht gewonnen hat, daß der Sinn jeder Aussage nur durch das Gegebene bestimmt werden kann, begreift gar nicht mehr die *Möglichkeit einer andern* Meinung, denn er sieht, daß er nur die Bedingungen eingesehen hat, unter denen Meinungen überhaupt formulierbar sind. Es wäre daher auch ganz abwegig, in dem Gesagten irgendwie eine »Theorie des Sinnes« zu erblicken (in angelsächsischen Ländern nennt man die vorgetragene Einsicht, daß der Sinn einer Aussage einzig und allein durch ihre Verifikation am Gegebenen bestimmt ist, häufig »experimental theory of meaning«); was aller Theorienbildung vorhergeht, kann nicht selbst eine Theorie sein.

Der Inhalt unserer Einsicht ist ja in der Tat völlig trivial (und eben nur deshalb kann er so einsichtig sein); er besagt: eine Aussage hat nur dann einen angebbaren Sinn, wenn es irgendeinen prüfbaren Unterschied macht, ob sie wahr oder falsch ist. Ein Satz, für den die Welt genau so aussieht wenn er wahr ist als wenn er falsch ist, sagt eben überhaupt nichts über die Welt, er ist leer, er teilt nichts mit, ich vermag keinen Sinn für ihn anzugeben. Ein *prüfbarer* Unterschied liegt aber nur vor, wenn es ein Unterschied im Gegebenen ist, denn prüfbar heißt gewiß nichts anderes als »im Gegebenen aufweisbar«.

Es versteht sich von selbst, daß das Wort Prüfbarkeit nur *prinzipiell* gemeint ist, denn der Sinn eines Satzes hängt natürlich nicht davon ab, ob die Umstände, unter denen wir uns zu einer gegebenen Zeit gerade befinden, die tatsächliche Verifikation zulassen oder hindern. Die Aussage »auf der Rückseite des Mondes gibt es 3000 m hohe Berge« ist ohne jeden Zweifel absolut sinnvoll, obgleich uns die technischen Mittel zu ihrer Verifikation fehlen. Und sie bliebe genau so sinnvoll, wenn wir etwa aus irgendwelchen wissenschaftlichen Gründen sicher wüßten, daß nie ein Mensch zur Rückseite des Mondes gelangen wird. Die

Verifikation bleibt immer *denkbar*, wir vermögen immer anzugeben, was für Gegebenheiten wir erleben müßten, um die Entscheidung zu vollziehen; sie ist *logisch* möglich, wie immer es um ihre tatsächliche Ausführbarkeit bestellt sein mag. Hierauf allein kommt es an.

Wenn aber jemand die Behauptung aufstellte, im Innern jedes Elektrons befinde sich ein Kern, der stets vorhanden sei, der jedoch absolut keine Wirkungen nach außen entfalte, so daß sein Dasein in der Natur sich auf überhaupt keine Weise bemerkbar mache, – so wäre dies eine sinnlose Behauptung. Denn wir müßten den Hypothesenschmied sogleich fragen: was *meinst* du denn eigentlich mit dem Vorhandensein jenes »Kernes«? Und er könnte nur antworten: ich meine, daß da im Elektron irgend etwas existiert. – Wir würden weiter fragen: Was soll das bedeuten? Wie, wenn dies etwa nun nicht existierte? Und er muß antworten: Dann wäre im übrigen alles genau so wie vorher. Denn nach seiner Behauptung gehen von jenem Etwas gar keine Wirkungen aus, und alles Beobachtbare bliebe schlechterdings unverändert, das Reich des Gegebenen würde nicht tangiert. Wir würden urteilen, daß es ihm nicht gelungen sei, uns den Sinn seiner Hypothese mitzuteilen, und daß sie daher sinnleer sei. In diesem Falle ist in der Tat die Unmöglichkeit der Verifikation nicht eine tatsächliche, sondern eine *logische,* denn durch die Behauptung der völligen Wirkungslosigkeit jenes Kernes wird die Entscheidbarkeit durch Unterschiede im Gegebenen *prinzipiell* ausgeschlossen.

Man kann auch nicht glauben, die Unterscheidung zwischen prinzipieller Unmöglichkeit der Verifikation und bloß tatsächlich-empirischer Unmöglichkeit sei nicht scharf und daher manchmal schwierig; denn die »prinzipielle« Unmöglichkeit ist eben die logische, die sich nicht graduell, sondern wesentlich von der empirischen unterscheidet. Was nur empirisch unmöglich ist, bleibt dennoch *denkbar;* was aber logisch unmöglich ist, ist widersprechend und kann daher überhaupt nicht gedacht werden. Tatsächlich finden wir auch, daß in der Praxis des wissenschaftlichen Denkens mit sicherem Instinkte dieser Unterschied immer sehr deutlich gefühlt wird. Die Physiker wären die ersten, die in unserm Beispiel die Behauptung vom ewig verborgenen Kern des Elektrons mit der Kritik abtun würden, das sei überhaupt keine Hypothese, sondern leeres Spiel mit Worten. Und zu allen Zeiten haben sich die erfolgreichen Erforscher der Wirklichkeit in der Frage des Sinnes ihrer Aussagen auf den hier erläuterten Standpunkt gestellt, indem sie danach handelten, wenn auch meist unbewußt.

Unser Standpunkt stellt also für die Wissenschaft nicht etwas Fremdes und Besonderes dar, sondern war in gewissem Sinne immer etwas Selbstverständliches. Es konnte auch gar nicht anders sein, weil nur von diesem Standpunkt aus die Wahrheit einer Aussage überprüfbar ist; da alle Tätigkeit der Wissenschaft in der Prüfung der Wahrheit von Aussagen besteht, so erkennt sie durch ihr Handeln fortwährend die Richtigkeit unserer Einsicht an.

Wenn noch eine ausdrückliche Bestätigung nötig wäre, so ist diese mit größter Deutlichkeit an kritischen Punkten in der Entwicklung der Wissenschaft zu finden, wo die Forschung gezwungen wird, sich die selbstverständlichen Voraussetzungen zum Bewußtsein zu bringen. Dieser Fall tritt dort ein, wo prinzipielle Schwierigkeiten vermuten lassen, daß an diesen Voraussetzungen etwas nicht in Ordnung sein möchte. Das berühmteste Beispiel dieser Art, das ewig denkwürdig bleiben wird, ist Einsteins Analyse des Zeitbegriffs, die in gar nichts anderem besteht als in der Angabe des *Sinnes* unserer Aussagen über Gleichzeitigkeit von räumlich getrennten Ereignissen. Einstein sagte den Physikern (und den Philosophen): ihr müßt zuerst angeben, was ihr mit Gleichzeitigkeit *meint*, und das könnt ihr nur dadurch angeben, daß ihr zeigt, wie die Aussage »zwei Ereignisse sind gleichzeitig« verifiziert wird. Damit habt ihr dann aber auch den Sinn *restlos* und zur Gänze festgelegt. Was für den Gleichzeitigkeitsbegriff recht ist, ist für jeden anderen Begriff billig; jede Aussage hat nur Sinn, sofern sie sich verifizieren läßt, sie *besagt* nur das, was verifiziert wird und schlechterdings *nichts* darüber hinaus. Behauptete jemand, daß sie doch mehr enthalte, so muß er sagen können, was denn dieses Mehr sei, und dazu muß er wiederum sagen, was denn in der Welt anders sein würde, wenn er nicht recht hätte; er kann aber nichts dergleichen angeben, denn alle beobachtbaren Unterschiede sind nach der Voraussetzung bereits bei der Verifikation benutzt worden.

In dem Beispiel von der Gleichzeitigkeit wird die Sinnanalyse, wie das für den Physiker recht und billig ist, nur so weit geführt, daß die Entscheidung über die Wahrheit oder Falschheit einer Zeitaussage in dem Auftreten oder Nichtauftreten eines bestimmten physikalischen Ereignisses liegt (z.B. Zusammenfallen einer Zeigerspitze mit einem Skalenpunkt); aber es ist klar, daß man noch weiter fragen kann: was *heißt* es denn, zu behaupten, daß der Zeiger auf einen bestimmten Skalenpunkt weise? Und die Antwort darauf kann durchaus nichts anderes sein, als der Hinweis auf das Eintreten gewisser Gegebenheiten oder, wie man zu sagen pflegt, gewisser »Sinnesempfindungen«. Dies wird auch allgemein zugegeben, besonders auch von Physikern. »Denn darin wird der Positivismus immer recht behalten, daß es keine andere Erkenntnisquelle gibt als die Sinnesempfindungen«, sagt Planck (*Positivismus und reale Außenwelt*, Leipzig 1931, S. 14), und dieser Satz bedeutet offenbar, daß die Wahrheit oder Falschheit einer physikalischen Aussage ganz allein von dem Auftreten gewisser Sinnesempfindungen (die eine besondere Klasse des Gegebenen sind) abhängt.

55

Nun werden aber immer noch viele geneigt sein zu sagen: Es sei nur zuzugeben, daß die Wahrheit einer physikalischen Aussage absolut nicht anders geprüft werden könne als durch das Auftreten bestimmter Sinnesempfindungen, dies sei aber etwas anderes als die Behauptung, daß auch der *Sinn* der Aussage dadurch erschöpfend angegeben sei. Dies letzte müsse geleugnet werden, ein Satz könne *mehr* enthalten als sich verifizieren lasse; daß der Zeiger an einem bestimmten Punkt der Skala stehe, bedeute *mehr* als das Vorhandensein gewisser Empfindungen. (Nämlich das »Vorhandensein eines bestimmten Tatbestandes in der Außenwelt«.)

Zu dieser Bestreitung der Identität von Sinn und Verifikation ist folgendes zu sagen:

1. Diese Bestreitung findet sich bei Physikern nur dort, wo sie den eigentlichen Bereich physikalischer Sätze verlassen und zu philosophieren beginnen. (In der Physik kommen offenbar nur Aussagen über die Beschaffenheit oder das Verhalten von Dingen oder Vorgängen vor; eine ausdrückliche Behauptung ihrer »Realität« ist unnötig, da sie stets vorausgesetzt wird.) In seinem eigenen Gebiete erkennt der Physiker die Richtigkeit unseres Standpunktes durchaus an. Wir erwähnten das schon früher und haben es dann an dem Beispiel des Gleichzeitigkeitsbegriffs erläutert. Es gibt ja manche Philosophen, welche sagen: feststellen läßt sich allerdings nur die relative Gleichzeitigkeit, aber daraus folgt nicht, daß es dergleichen nicht gebe, und wir glauben nach wie vor daran! Die Falschheit dieser Behauptung läßt sich auf keine Weise dartun; die überwiegende Mehrzahl der Physiker ist aber mit Recht der Meinung, daß sie sinnlos sei. Es muß aber scharf betont werden, daß wir es in beiden Fällen mit genau der gleichen Sachlage zu tun haben. Es macht prinzipiell durchaus keinen Unterschied, ob ich frage: meint der Satz »zwei Ereignisse sind gleichzeitig« mehr als sich verifizieren läßt? Oder ob ich frage: bedeutet der Satz »der Zeiger weist auf den fünften Skalenstrich« mehr als sich verifizieren läßt? Der Physiker, welcher beide Fälle verschieden behandelt, macht sich einer Inkonsequenz schuldig. Er wird sich rechtfertigen, indem er meint, im zweiten Falle, wo es sich um die »Realität der Außenwelt« handele, stehe doch philosophisch viel mehr auf dem Spiele. Dies Argument ist zu vage, als daß wir ihm Gewicht beimessen könnten, aber wir werden doch alsbald prüfen, ob irgend etwas dahinter steckt.

2. Es ist vollkommen richtig, daß jede Aussage über einen physikalischen Gegenstand oder ein Ereignis *mehr* meint als etwa durch den einmaligen Eintritt eines Erlebnisses verifiziert wird. Es ist vielmehr vorausgesetzt, daß dies Erlebnis unter ganz bestimmten Bedingungen eintrat, deren Erfülltsein natürlich wiederum nur durch irgend etwas Gegebenes geprüft werden kann; und es ist ferner vorausgesetzt, daß immer auch noch andere, weitere Verifikationen möglich sind (Nachprüfungen, Be-

stätigungen), die sich ihrerseits natürlich auf irgendwelche Vorkommnisse im Gegebenen reduzieren. Auf diese Weise kann und muß man von Sinnestäuschungen und Irrtümern Rechenschaft geben, und es ist leicht zu sehen, wie die Fälle einzuordnen sind, in denen wir sagen würden, der Beobachter habe nur geträumt, daß der Zeiger auf einen bestimmten Strich weise, oder er habe nicht sorgfältig beobachtet usw. Die Behauptungen Blondlots über die N-Strahlen, die er entdeckt zu haben glaubte, wollten allerdings mehr sagen, als daß er unter gewissen Umständen gewisse Gesichtsempfindungen erlebt habe, und deswegen konnten sie auch widerlegt werden[1]. Streng genommen wird der Sinn eines Satzes über physikalische Gegenstände nur durch die Angabe unbestimmt vieler möglicher Verifikationen erschöpft, und die Folge davon ist, daß ein solcher Satz letzten Endes niemals als absolut wahr erwiesen werden kann. Es ist ja allgemein anerkannt, daß auch die sichersten Sätze der Wissenschaft immer nur als Hypothesen anzusehen sind, die für Präzisierung und Verbesserung offen bleiben. Das hat gewisse Konsequenzen für die logische Natur solcher Sätze, aber diese interessieren uns hier nicht.

Noch einmal: der Sinn einer physikalischen Aussage wird niemals durch eine vereinzelte Verifikation bestimmt, sondern man muß sie sich von der Form denken: Sind die Umstände x gegeben, so treten die Gegebenheiten y auf, wo für x unbestimmt viele Umstände eingesetzt werden können und der Satz jedesmal richtig bleibt (dies gilt auch, wenn die Aussage von einem einmaligen Vorkommnis – einem historischen Ereignis – handelt, denn ein solches hat immer zahllose Konsequenzen, deren Eintritt verifizierbar ist). So liegt der Sinn jeder physikalischen Aussage schließlich immer in einer endlosen Verkettung von Gegebenheiten; das einzelne Gegebene als solches ist dabei uninteressant. Sollte daher ein Positivist jemals gesagt haben, daß die einzelnen Gegenstände der Wissenschaft überhaupt die gegebenen Erlebnisse selbst seien, so hat er gewiß vollkommen unrecht; was jeder

---

[1] Vgl. Planck: *Positivismus und reale Außenwelt*, S. 11.

Forscher einzig und allein sucht, sind vielmehr die Regeln, die den Zusammenhang der Erlebnisse beherrschen und nach denen sie sich voraussagen lassen. Daß die einzige Verifikation der Naturgesetze darin liegt, daß sie richtige Voraussagen dieser Art liefern, wird von niemand bestritten. Der oft gehörte Einwand, daß das unmittelbar Gegebene, das doch höchstens Gegenstand der Psychologie sein könne, nun fälschlich zum Gegenstand der Physik gemacht werden solle, wird dadurch entkräftet.

3. Als wichtigstes aber ist zu sagen: Wenn jemand der Meinung ist, daß der Sinn eines Satzes sich doch nicht erschöpfe in dem, was sich im Gegebenen verifizieren läßt, sondern weit darüber hinaus reiche, so muß er doch zugeben, daß dieses Mehr des Sinnes sich schlechterdings nicht beschreiben, auf keine Weise angeben, durch keine Sprache ausdrücken ließe. Denn er versuche nur, es anzugeben! Sowie es ihm gelingt, etwas von dem Sinn *mitzuteilen*, wird er finden, daß die Mitteilung eben darin besteht, daß er irgendwelche Umstände aufgewiesen hat, die zur Verifikation im Gegebenen dienen können, und damit findet er unsere Auffassung bestätigt. Oder aber er glaubt zwar, einen Sinn angegeben zu haben, aber nähere Prüfung ergibt, daß seine Worte nur bedeuten, daß da noch »etwas« sei, über dessen Wesen schlechterdings nichts gesagt ist. Dann hat er in Wahrheit nichts mitgeteilt, seine Behauptung ist sinnleer, denn man kann nicht die Existenz von etwas behaupten, ohne zu sagen, *wovon* man denn die Existenz behauptet. An unserem Beispiel von dem prinzipiell nicht nachweisbaren »Kern des Elektrons« kann man sich dies klarmachen; wir wollen aber der Deutlichkeit halber noch ein anderes Beispiel sehr prinzipieller Natur analysieren.

Ich betrachte zwei Stückchen grünes Papier und stelle fest, daß sie die gleiche Farbe haben. Der Satz, welcher die Gleichfarbigkeit behauptet, wird u. a. verifiziert dadurch, daß ich zur gleichen Zeit zweimal die gleiche Farbe erlebe. Die Aussage: »jetzt sind zwei Flecke gleicher Farbe vorhanden« kann nicht mehr auf andere zurückgeführt werden; sie ist dadurch verifiziert, daß sie Gegebenes beschreibt. Sie hat einen guten Sinn: vermöge der Bedeutung der in der Aussage vorkommenden Worte ist dieser Sinn eben das

Bestehen jener Farbengleichheit; vermöge des Sprachgebrauchs drückt der Satz eben gerade jenes Erlebnis aus. – Jetzt zeige ich eines der beiden Stückchen Papier einem zweiten Beobachter und stelle die Frage: sieht er das Grün ebenso wie ich? Ist sein Farberlebnis *gleich* meinem Farberlebnis? Dieser Fall ist von dem soeben betrachteten *prinzipiell* verschieden. Während dort die Aussage durch das Auftreten eines Erlebnisses der Gleichheit verifizierbar war, zeigt eine kurze Überlegung, daß hier eine derartige Verifikation schlechterdings unmöglich ist. Der zweite Beobachter nennt natürlich (wenn er nicht farbenblind ist) das Papier auch *grün*; und wenn ich ihm dies Grün nun näher beschreibe, indem ich etwa sage: es ist mehr gelblich als diese Tapete, mehr bläulich als dieses Billardtuch, dunkler als diese Pflanze, usw., so wird er es jedesmal auch so finden, d.h. er wird meinen Aussagen beistimmen. Aber wenn auch seine sämtlichen Urteile über Farben mit den meinigen restlos übereinstimmten, so kann ich offenbar doch daraus niemals schließen, daß er »dieselbe Qualität« erlebt. Es könnte sein, daß er beim Anschauen des grünen Papiers ein Farberlebnis hat, das ich »rot« nennen würde; daß er umgekehrt in den Fällen, wo ich Rot sehe, Grün erlebt, es aber natürlich »Rot« nennt, und so fort. Ja, es könnte sogar sein, daß meinen Farbempfindungen bei ihm Tonerlebnisse entsprechen oder noch irgendwelche andern Gegebenheiten; dennoch würde es prinzipiell unmöglich sein, diese Unterschiede zwischen seinem und meinem Erleben jemals zu entdecken. Wir würden uns restlos verständigen und niemals anderer Meinung über unsere Umgebung sein können, falls nur (und dies ist schlechterdings die einzige Voraussetzung, die gemacht werden muß) die innere *Ordnung* seiner Erlebnisse mit derjenigen der meinen übereinstimmt. Auf ihre »Qualität« kommt es überhaupt nicht an, es ist nur erforderlich, daß sie sich auf dieselbe Weise in ein *System* bringen lassen.

Dies ist alles wohl unbestritten, und Philosophen haben öfters auf diesen Tatbestand hingewiesen. Sie haben aber meist hinzugefügt, daß solche subjektiven Verschiedenheiten zwar theoretisch möglich und daß diese Möglichkeit prinzipiell sehr interessant sei, daß es aber doch »höchst wahrscheinlich« sei, daß der Beobachter und ich tatsächlich das *gleiche* Grün erleben. Wir aber müssen sagen: die Behauptung, daß verschiedene Individuen die *gleiche* Empfindung erleben, hat als einzigen verifizierbaren Sinn, daß alle ihre Aussagen (und selbstverständlich auch ihr ganzes übriges Verhalten) gewisse Übereinstimmungen zeigen; folglich *heißt* die Behauptung auch weiter gar nichts als dies. Es ist nur eine andere Ausdrucksweise, wenn wir sagen, daß es sich um die Gleichheit zweier Ordnungssysteme handelt. Der Satz, daß zwei Erlebnisse verschiedener Subjekte nicht nur die gleiche Stelle in der Ordnung eines Systems einnehmen, sondern *außerdem noch* qualitativ einander gleich seien, hat für uns keinen Sinn. Wohlgemerkt: er ist nicht etwa falsch, sondern sinnlos: wir wissen durchaus nicht, was er bedeuten soll.

Erfahrungsgemäß ist es für die meisten Menschen sehr schwer, hier zuzustimmen. Man muß sich klarmachen, daß wir es hier wirklich mit einer *logischen* Unmöglichkeit der Verifikation zu tun haben. Von der Gleichheit zweier Gegebenheiten in *demselben* Bewußtsein zu sprechen, hat einen guten Sinn, sie ist durch ein unmittelbares Erlebnis verifizierbar. Wollen wir aber von der Gleichheit zweier Gegebenheiten in *verschiedenen* Bewußtseinen reden, so ist das ein neuer Begriff, er muß neu definiert werden, denn Sätze, in denen er vorkommt, sind nicht mehr auf die alte Weise verifizierbar. Die neue Definition ist eben die Gleichheit aller Reaktionen beider Individuen; eine andere ist nicht erfindlich. Die meisten glauben freilich, daß es hier keiner Definition bedürfe; man wisse ohnehin, was »gleich« bedeute, und die Bedeutung sei in beiden Fällen dieselbe. Aber um dies als Irrtum zu erkennen, brauchen wir nur an den Begriff der Gleichzeitigkeit zu erinnern, wo die Dinge ganz genau ebenso liegen. Dem Begriff »Gleichzeitigkeit am selben Orte« entspricht hier der Begriff »Gleichheit von Erlebnissen desselben Individuums«; und der »Gleichzeitigkeit an verschiedenen Orten« entspricht hier die »Gleichheit von Erlebnissen verschiedener Individuen«. Das Zweite ist jedesmal gegenüber dem Ersten etwas Neues und muß besonders definiert werden. Für die Gleichheit zweier Grün in verschiedenen Bewußtseinen läßt sich ebenso wenig eine direkt erlebbare Qualität aufweisen wie für die Gleichzeitigkeit an verschiedenen Orten; beide müssen durch ein System von Relationen bestimmt werden.

Manche Philosophen haben die Schwierigkeit, die ihnen hier vorzuliegen schien, durch allerlei Spekulationen und Gedankenexperimente zu überwinden versucht, indem sie etwa von einem alle Individuen umfassenden allgemeinen Bewußtsein sprachen (Gott) oder sich dachten, daß vielleicht durch eine künstliche Verbindung der Nervensysteme zweier Menschen die Empfindungen des einen dem anderen zugänglich gemacht werden und verglichen werden könnten – aber das nützt natürlich alles nichts, denn selbst auf diese phantastische Weise würden doch schließlich nur Inhalte eines und desselben Bewußtseins direkt verglichen; die Frage ist aber gerade nach der Möglichkeit eines Vergleichs von Qualitäten, sofern sie verschiedenen und *nicht* denselben Bewußtseinen angehören.

Es muß also zugegeben werden, daß ein Satz über die Gleichheit der Erlebnisse zweier verschiedener Personen keinen anderen *angebbaren* Sinn besitzt als den einer gewissen Übereinstimmung ihrer Reaktionen. Es steht nun jedem frei zu glauben, daß einem solchen Satze außerdem noch ein anderer, direkterer Sinn zukomme; sicher ist, daß dieser Sinn nicht verifizierbar ist, und das er auf gar keine Weise angeben oder aufweisen kann, welches dieser Sinn sein soll. Daraus folgt aber, daß ein derartiger Sinn schlechterdings in gar keiner Weise zum Gegenstande einer Diskussion gemacht werden könnte, man könnte absolut nicht über ihn sprechen, er kann auf keine Weise in irgendeine Sprache eingehen, mit der wir uns verständigen.

Und was an diesem Beispiel hoffentlich klar wurde, gilt ganz allgemein. An einem Satz kann nur verstanden werden, was er mitteilt; mitteilbar aber ist ein Sinn nur, wenn er verifizierbar ist. Da Sätze nichts anderes sind als Vehikel der Mitteilung, so kann man zu ihrem Sinn nur rechnen, was mitgeteilt werden kann. Aus diesem Grunde würde ich darauf bestehen, daß »Sinn« immer nur »angebbarer Sinn« heißen kann.

Aber selbst wenn jemand daran festhielte, daß es einen nicht verifizierbaren Sinn gäbe, so würde dies in Wahrheit gar nichts ausmachen; denn in allem was er sagt und fragt, und in allem was wir ihn fragen und ihm antworten, kann *solch ein* Sinn niemals irgendwie zum Vorschein kommen. Mit andern Worten: wenn es so etwas geben sollte, so würden doch alle unsere Äußerungen und Argumente und Verhaltungsweisen davon ganz unberührt bleiben, handle es sich nun um das tägliche Leben, um ethische oder ästhetische Einstellung, um irgendeine Wissenschaft oder um Philosophie. Es würde alles genau so sein, als ob es einen un-verifizierbaren Sinn nicht gäbe; denn sowie irgend etwas anders wäre, wäre er ja eben durch dies Anderssein verifizierbar.

Das ist eine ernste Situation, und man muß durchaus fordern, daß sie ernst genommen werde. Vor allem muß man sich davor hüten, die vorliegende logische Unmöglichkeit mit einem empi-rischen Unvermögen zu verwechseln, gleich als ob irgendwelche technischen Schwierigkeiten und die menschliche Unvollkom-menheit daran schuld wären, daß nur das Verifizierbare ausge-drückt werden kann, und als ob es doch irgendein Hintertürchen gebe, durch das ein nicht angebbarer Sinn an das Tageslicht schlüpfen und sich in unserm Sprechen und Verhalten bemerkbar machen könnte! Nein! Die Nichtmitteilbarkeit ist eine absolute; wer an einen nicht verifizierbaren Sinn glaubt (richtiger muß es heißen: sich einbildet, daran zu glauben), muß doch zugeste-hen, daß ihm in bezug darauf nur *eine* Haltung bleibt: völliges Schweigen. Es nützte ihm und uns nichts, wenn er noch so oft beteuerte: »es gibt doch einen nicht verifizierbaren Sinn!«, denn dieser Satz selbst ist sinnleer, er sagt nichts aus.

III. Was heißt »Realität«? Was heißt »Außenwelt«?

Wir sind nun vorbereitet, die Anwendung des Vorgetragenen auf das sogenannte Problem der Realität der Außenwelt zu machen.

Wir fragen: welchen Sinn hat es, wenn der »Realist« sagt »es gibt eine Außenwelt«? Oder auch: welchen Sinn hat die Behauptung (die der Realist dem Positivisten zuschreibt) »es gibt keine Außenwelt«?

Um die Frage zu beantworten ist es natürlich nötig, die Bedeutung der Worte »es gibt« und »Außenwelt« klarzustellen. Wir beginnen mit dem ersten. »Es gibt x« heißt soviel wie »x ist real« oder »x ist wirklich«. Was also bedeutet es, wenn wir einem Gegenstande Wirklichkeit (oder Realität) zuschreiben? Es ist eine ältere, höchst wichtige Einsicht der Logik oder Philosophie, daß der Satz »x ist wirklich« von völlig anderer Art ist als ein Satz, der dem x irgendeine *Eigenschaft* zuschreibt (z. B. »x ist hart«). Mit andern Worten: Wirklichkeit, Realität, Existenz ist keine Eigenschaft. Die Aussage »der Dollar in meiner Tasche ist rund« hat eine gänzlich andere logische Form als die Aussage »der Dollar in meiner Tasche ist wirklich«. In der modernen Logik wird dieser Unterschied durch ganz verschiedene symbolische Schreibweise zum Ausdruck gebracht, er ist aber bereits sehr scharf hervorgehoben worden von Kant, der bekanntlich in seiner Kritik des sog. ontologischen Gottesbeweises den Fehler dieses Beweises richtig darin fand, daß dort Existenz wie eine Eigenschaft behandelt wurde.

Von der Wirklichkeit oder Existenz haben wir im täglichen Leben sehr häufig zu reden, und eben deshalb kann es nicht schwer sein, den Sinn dieser Rede zu finden. In einem Rechtsstreit muß oft festgestellt werden, ob irgendeine Urkunde wirklich vorhanden ist oder ob dies nur von einer Partei zu Unrecht behauptet wird; und es ist auch nicht ganz unwichtig für mich, ob der Dollar in meiner Tasche nur eingebildet oder tatsächlich real ist. Nun weiß jedermann, auf welche Weise eine derartige Wirklichkeitsbehauptung verifiziert wird, und es kann auch nicht der geringste Zweifel darüber herrschen: Die Realität des Dollars wird dadurch und nur dadurch bewiesen, daß ich durch geeignete Manipulationen mir gewisse Tast- oder Gesichtsempfindungen verschaffe, bei deren Vorliegen ich zu sagen gewohnt bin: dies ist ein Dollar. Dasselbe gilt von der Urkunde, nur würden wir uns da unter Umständen mit gewissen Aussagen anderer begnügen, welche behaupten, die Urkunde gesehen, d. h. Wahrnehmungen ganz bestimmter Art gehabt zu haben. Und die »Aussagen der andern« bestehen wiederum in gewissen akustischen oder, wenn es schriftliche Äußerungen waren, optischen Wahrnehmungen. Es bedarf keiner besonderen Auseinandersetzung darüber, daß das Auftreten gewisser Sinneswahrnehmungen unter den Gegebenheiten *immer* das einzige Kriterium von Sätzen über die Wirklichkeit eines »physischen« Gegenstandes oder Ereignisses bildet, im täglichen Leben sowohl wie auch in den subtilsten Aussagen der Wissenschaft. Daß es in Afrika Okapis gibt, kann nur dadurch festgestellt werden, daß man solche Tiere beobachtet. Es ist aber nicht nötig, daß der Gegenstand oder das Ereignis »selbst« wahrgenommen werden müßten. Wir können uns z. B. denken, daß die Existenz eines transneptunischen Planeten durch die Beobachtung von Störungen mit ebenso großer Sicherheit erschlossen werden könnte wie durch direkte Wahrnehmung eines Lichtpünktchens im Fernrohr. Die Wirklichkeit der Atome liefert ein anderes Beispiel. Ebenso die Rückseite des Mondes.

Von großer Wichtigkeit ist es festzustellen, daß das Auftreten eines bestimmten einzelnen Ereignisses bei der Verifikation einer Wirklichkeitsaussage oft nicht als solche anerkannt wird, sondern daß es durchaus auf Regelmäßigkeiten, auf gesetzmäßige Zusammenhänge ankommt; auf diese Weise werden echte Verifikationen von Illusionen und Halluzinationen unterschieden. Wenn wir von irgendeinem Ereignis oder Objekt – das durch eine Beschreibung gekennzeichnet sein muß – aussagen, daß es *wirklich* sei, so heißt dies also, daß ein ganz bestimmter Zusammenhang zwischen Wahrnehmungen oder anderen Erlebnissen besteht, daß unter gewissen Umständen gewisse Gegebenheiten sich zeigen. Hierdurch allein wird es verifiziert, folglich hat es auch nur diesen angebbaren Sinn.

Auch dies ist im Grunde bereits von *Kant* formuliert worden, den niemand des »Positivismus« anklagen wird. Realität ist für ihn eine Kategorie, und wenn wir sie irgendwo anwenden und von einem Gegenstand behaupten, daß er wirklich sei, so ist nach Kant damit nur gesagt, daß er einem gesetzmäßigen Wahrnehmungszusammenhang angehöre.

Man sieht, daß es sich für uns (wie für Kant; und dasselbe
muß für jeden Philosophen zutreffen, der sich seiner Aufgabe
bewußt ist) nur darum handelt, zu sagen, was es bedeutet, wenn
wir im Leben oder in der Wissenschaft einem Dinge reale Existenz zuschreiben; es handelt sich durchaus nicht darum, die Behauptungen des Alltags und der Forschung zu korrigieren. Ich
muß gestehen, daß ich jedes philosophische System der Torheit
zeihen und a limine ablehnen würde, welches die Behauptung in-
volvierte, daß Wolken und Sterne, Berge und Ozean in Wahrheit
nicht wirklich wären, daß die »physische Welt« nicht existierte,
und daß der Stuhl an der Wand jedesmal zu sein aufhört, wenn
ich ihm den Rücken wende. Ich traue eine derartige Behauptung
auch keinem Denker ernstlich zu. Es wäre z. B. zweifellos eine
ganz verkehrte Auslegung der Philosophie *Berkeleys*, wenn man
sein System so verstehen wollte. Auch er hat die Wirklichkeit der
Körperwelt gar nicht geleugnet, sondern nur zu erklären versucht, was wir meinen, wenn wir ihr Wirklichkeit zuschreiben.
Wer da sagt, daß nicht wahrgenommene Dinge Vorstellungen
im Geiste Gottes seien, verneint doch nicht ihr Dasein, sondern
will es vielmehr zu verstehen suchen. Selbst John Stuart Mill
hat die Realität der physischen Körper nicht leugnen, sondern
erläutern wollen, als er sie für »permanente Möglichkeiten von
Empfindungen« erklärte, wenn auch seine Ausdrucksweise meiner Meinung nach sehr unzweckmäßig gewählt war.   57

Wenn man also unter »Positivismus« eine Ansicht versteht,
welche den Körpern die Wirklichkeit abspricht, so müßte ich den
Positivismus einfach für absurd erklären; ich glaube aber nicht,
daß eine solche Deutung positivistischer Ansichten, wenigstens
was ihre verständigen Vertreter betrifft, historisch gerecht wäre.
Aber wie es damit auch stehen möge: uns kommt es nur auf die
Sache selbst an. Und in bezug auf diese haben wir festgestellt:
Unser Prinzip, daß die Frage nach dem Sinn eines Satzes identisch ist mit der Frage nach seiner Verifikation, führt zu der Einsicht, daß die Behauptung der Wirklichkeit eines Dinges eine
Aussage über gesetzmäßige Zusammenhänge von Erlebnissen
ist, *nicht aber*, daß jene Behauptung falsch wäre. (Es wird also

nicht den körperlichen Dingen zugunsten der Empfindungen die Realität abgesprochen.)

Die Gegner der vorgetragenen Auffassung geben sich aber mit dieser Feststellung keineswegs zufrieden. Sie würden, soviel ich sehen kann, folgendes antworten: »Du erkennst zwar die Wirklichkeit der physischen Welt durchaus an, aber, wie mir scheint, bloß in Worten. Du *nennst* einfach real, was wir als bloße begriffliche Konstruktionen bezeichnen würden. Wenn *wir* das Wort Realität gebrauchen, so meinen wir damit etwas ganz anderes als du. Deine Definition des Wirklichen führt es auf Erlebnisse zurück; wir meinen aber etwas von allen Erlebnissen ganz Unabhängiges. Wir meinen etwas, das dieselbe Selbständigkeit besitzt, die du offenbar nur den Gegebenheiten zugestehst, indem du auf sie als das nicht weiter Reduzierbare alles übrige zurückführst.«

Obwohl es zur Erwiderung genügen würde, die Gegner noch einmal zur Besinnung darüber aufzufordern, wie Wirklichkeitsaussagen verifiziert werden und wie Verifikation mit *Sinn* zusammenhängt, so sehe ich doch die Notwendigkeit ein, auf die psychologische Einstellung Rücksicht zu nehmen, aus der das Argument entspringt, und bitte daher um Aufmerksamkeit für den folgenden Gedankengang, durch den vielleicht auch eine Modifikation jener Einstellung herbeigeführt werden kann.

Wir fragen zuerst, ob auf unserm Standpunkt einem »Bewußtseinsinhalt« eine Realität zugebilligt wird, die einem physischen Objekt versagt wird. Wir fragen also: hat die Behauptung der Wirklichkeit eines Gefühls oder einer Empfindung einen anderen Sinn als die Behauptung der Wirklichkeit eines körperlichen Gegenstandes? Dies kann für uns nur bedeuten: liegen beide Male verschiedene Arten von Verifikation vor? Die Antwort lautet: Nein!

Um dies klarzumachen, ist es notwendig, auf die logische Form von Realitätsaussagen ein wenig einzugehen. Die allgemeine logische Einsicht, daß eine Existenzaussage von einem Datum nur möglich ist, wenn es durch eine Beschreibung gekennzeichnet, nicht aber, wenn es durch einen unmittelbaren Hinweis gegeben ist, gilt natürlich auch für »Bewußtseindaten«. In der Sprache der symbolischen Logik drückt sich dies dadurch aus, daß eine Existenzbehauptung einen »Operator« enthalten muß. In B. Russells Schreibweise z. B. hat eine Wirklichkeitsaussage die Form $(\exists x)\, fx$, in Worten: »es gibt ein x, das die Eigenschaft f hat«. Die Wortverbindung »es gibt a«, wo »a« der individuelle Name eines direkt aufgewiesenen Gegenstandes sein soll, also nur soviel bedeutet wie »dies da«, diese Wortverbindung ist sinnleer, und in der Russellschen Symbolik kann sie gar nicht hingeschrieben werden. Man muß sich zu der Einsicht durchringen, daß der Satz des Descartes »Ich bin« – oder, besser ausgedrückt, »die Bewußtseinsinhalte existieren« – schlechterdings sinnleer ist; er drückt nichts aus, enthält keine Erkenntnis. Das rührt daher, daß »Bewußtseinsinhalte« in diesem Zusammenhange als bloßer *Name* für das Gegebene auftritt, es wird kein Charakteristikum angegeben, dessen Vorhandensein geprüft werden könnte. Ein Satz hat nur dann Sinn, er ist nur dann verifizierbar, wenn ich angeben kann, unter welchen Umständen er wahr und unter welchen Umständen er falsch wäre. Wie soll ich aber die Umstände beschreiben, unter denen der Satz »meine Bewußtseinsinhalte existieren« falsch wäre? Jeder Versuch würde zu lächerlichen Sinnlosigkeiten führen, etwa zu solchen Sätzen wie »es ist der Fall, daß nichts der Fall ist« oder dergleichen. Ich kann also selbstverständlich nicht die Umstände beschreiben, die den Satz wahr machen (man versuche es nur!). Es ist ja auch gar kein Zweifel, daß Descartes mit seinem Satz wirklich keine Erkenntnis gewonnen hatte, sondern daß er so klug war »wie zuvor«.

Nein, die Frage nach der Wirklichkeit eines Erlebnisses hat nur dort Sinn, wo die Wirklichkeit auch mit Sinn *bezweifelt* werden kann. Ich kann z. B. fragen: ist es wirklich wahr, daß ich beim Hören jener Nachricht Freude empfand? Dies kann genau so verifiziert oder falsifiziert werden wie etwa die Frage: ist es wahr, daß der Sirius einen Begleiter hat (daß dieser Begleiter wirklich ist)? Daß ich bei einer bestimmten Gelegenheit Freude erlebte, kann z. B. dadurch verifiziert werden, daß Aussagen anderer über mein damaliges Verhalten geprüft werden, daß ich einen damals von mir geschriebenen Brief finde, oder auch einfach dadurch, daß eine genaue Erinnerung an die erlebte Gemütsbewegung mir zurückkehrt. Hier ist also nicht der geringste prinzipielle Unterschied: immer bedeutet Wirklichsein in einem bestimmten Zusammenhang mit Gegebenem stehen. Und das ist nicht etwa anders für ein gerade jetzt gegenwärtiges Erlebnis. Ich kann z.B. durchaus sinnvoll fragen (etwa im Verlauf eines physiologischen Experimentes): empfinde ich jetzt eben einen Schmerz oder nicht? (Man beachte, daß »Schmerz« hier nicht als individueller Name für ein Dies da fungiert, sondern ein Begriffswort für eine beschreibbare Klasse von Erlebnissen darstellt.) Auch hier wird die Frage beantwortet durch die Feststellung, daß im Zusammenhang mit gewissen Umständen (Versuchsbedingungen, Konzentration der Aufmerksamkeit usw.) ein Erlebnis mit gewissen beschreibbaren Eigenschaften auftritt. Solche beschreibbaren Eigenschaften wären z.B.: Ähnlichkeit mit einem unter bestimmten andern Umständen vorgekommenen Erlebnis; Tendenz, gewisse Reaktionen hervorzurufen; usw.

Wie wir uns auch drehen und wenden mögen: es ist unmöglich, eine Wirklichkeitsaussage anders zu deuten denn als Einordnung in einen Wahrnehmungszusammenhang. Es ist durchaus Realität *derselben Art*, die man den Bewußtseinsdaten und etwa den physischen Ereignissen zuschreiben muß. In der Geschichte der Philosophie hat kaum etwas größere Verwirrung gestiftet als der Versuch, das eine von beiden als das echte »Sein« auszuzeichnen. Wo immer das Wort »wirklich« sinnvoll gebraucht wird, bedeutet es ein und dasselbe.

Der Gegner wird vielleicht durch das Gesagte seinen Standpunkt immer noch nicht erschüttert fühlen, sondern den Eindruck haben, daß die vorstehenden Argumente einen Ausgangspunkt voraussetzen, auf den er sich von vornherein nicht zu stellen vermag. Er muß zugeben, daß die Entscheidung über Realität oder Unwirklichkeit irgendeiner Sache in der Erfahrung in jedem Falle auf dem geschilderten Wege geschieht, aber er behauptet, daß man auf diesem Wege nur zu dem gelange, was Kant die *empirische* Realität genannt hat. Sie bezeichne den

Bereich, den die Beobachtungen des täglichen Lebens und der
Wissenschaft beherrschen, aber jenseits dieser Grenze liege noch
etwas, die *transzendente* Realität, welche durch strenge Logik
nicht erschlossen werden kann, also kein Postulat des Verstandes
sei, wohl aber ein Postulat der gesunden *Vernunft*. Sie sei erst die
eigentliche *Außenwelt,* nur von ihr sei in dem philosophischen
Problem der Existenz der Außenwelt die Rede. Damit verläßt die
Diskussion die Frage nach der Bedeutung des Wortes Wirklichkeit und wendet sich der Frage nach der Bedeutung des Wortes
»Außenwelt« zu.

* * *

Das Wort Außenwelt wird offenbar in zwei verschiedenen Weisen gebraucht: erstens in der Sprechweise des täglichen Lebens,
und zweitens als terminus technicus in der Philosophie.

Wo es im täglichen Leben vorkommt, hat es, wie die meisten
im praktischen Verkehr verwendeten Ausdrücke, einen verständigen angebbaren Sinn. Im Gegensatz zur »Innenwelt«, welche
Erinnerungen, Gedanken, Träume, Wünsche, Gefühle umfaßt, ist
dort mit »Außenwelt« nichts anderes gemeint als die Welt der
Berge und Bäume, Häuser, Tiere und Menschen. Was es bedeutet, wenn wir die Existenz eines bestimmten Gegenstandes dieser
Welt behaupten, weiß jedes Kind; und wir mußten darauf hinweisen daß es wirklich absolut nicht *mehr* bedeutet als das Kind
weiß. Wir wissen alle, wie der Satz etwa: »in dem Park vor der
Stadt gibt es ein Schloß« zu verifizieren ist. Wir führen gewisse
Handlungen aus, und wenn dabei bestimmte genau angebbare
Tatbestände eintreten, so sagen wir: »ja, es ist wirklich ein Schloß
da«, andernfalls sagen wir: »jener Satz war ein Irrtum oder eine
Lüge«. Und fragt uns nun jemand: »War das Schloß aber auch
schon in der Nacht da, als niemand es sah?« so antworten wir:
»zweifellos! denn es wäre unmöglich gewesen, es von heute früh
bis jetzt zu erbauen; außerdem zeigt der Zustand des Gebäudes,
daß es nicht nur bereits gestern an seiner Stelle stand, sondern
bereits vor hundert Jahren, also bevor wir geboren waren«. Wir
sind also im Besitze ganz bestimmter empirischer Kriterien dafür,

ob Häuser und Bäume auch da waren, als wir sie nicht sahen, und ob sie schon vor unserer Geburt existierten und nach unserem Tode existieren werden. Daß heißt: die Behauptung, daß jene Dinge »unabhängig von uns existieren«, hat einen ganz klaren, prüfbaren Sinn und ist selbstverständlich zu bejahen. Wir können jene Dinge sehr wohl auf angebbare Weise von solchen unterscheiden, die nur »subjektiv«, »in Abhängigkeit von uns« vorhanden sind. Sehe ich z.B. infolge eines Augenfehlers einen dunklen Fleck, wenn ich die gegenüberliegende Wand anblicke, so sage ich von ihm, er ist nur dort, wenn ich hinschaue, von der Wand aber sage ich, sie ist auch dort, wenn ich nicht hinschaue. Die Verifikation dieses Unterschiedes ist ja sehr leicht, und beide Behauptungen sagen genau das, was in diesen Verifikationen enthalten ist, und nicht mehr.

Wird also das Wort Außenwelt in der Bedeutung des täglichen Lebens genommen, so hat die Frage nach ihrer Existenz einfach den Sinn: Gibt es außer Erinnerungen, Wünschen, Vorstellungen auch noch Sterne, Wolken, Pflanzen, Tiere und meinen eigenen Leib? Wir haben soeben wieder festgestellt, daß es schlechthin absurd wäre, diese Frage zu verneinen. Selbstverständlich gibt es unabhängig von uns existierende Häuser und Wolken und Tiere, und ich habe schon oben gesagt, daß ein Denker, der die Existenz der Außenwelt in diesem Sinne leugnete, keinen Anspruch auf unsere Nachsicht hätte. Statt uns zu sagen, was wir meinen, wenn wir von Bergen und Pflanzen sprechen, will er uns einreden, es gäbe dergleichen überhaupt nicht!

Nun aber die Wissenschaft! Meint sie im Gegensatz zum Alltag etwas anderes als Dinge von der Art der Häuser und Bäume, wenn sie von der Außenwelt spricht? Mir scheint, daß dies ganz und gar nicht der Fall ist. Denn Atome und elektrische Felder, oder wovon der Physiker sonst reden mag, sind ja gerade das, woraus Häuser und Bäume nach seiner Lehre bestehen; das eine muß also in demselben Sinne wirklich sein wie das andere. Die Objektivität der Berge und Wolken ist ganz genau dieselbe wie die der Protonen und Energien, die letzteren stehen in keinem größeren Gegensatz zur »Subjektivität« etwa der Gefühle oder

der Halluzinationen wie die ersteren. In der Tat überzeugten wir uns längst, daß das Vorhandensein auch der subtilsten vom Naturforscher angenommenen »unsichtbaren« Dinge prinzipiell auf genau dieselbe Weise verifiziert wird wie die Wirklichkeit eines Baumes oder eines Sternes.

Es ist zur Schilderung des Realismus-Streites von höchster Wichtigkeit, den Physiker darauf aufmerksam zu machen, daß seine Außenwelt nichts anderes ist als die *Natur*, die uns auch im täglichen Leben umgibt, nicht aber die »transzendente Welt« der Metaphysiker. Der Unterschied zwischen beiden ist wieder in der Philosophie *Kants* ganz besonders deutlich. Die Natur und alles, wovon der Physiker reden kann und muß, gehört nach Kant zur empirischen Realität, und was damit gemeint ist, wird (wie schon oben erwähnt) von ihm genau so erläutert, wie wir es auch tun mußten. Atome haben in Kants System keine transzendente Wirklichkeit, sie sind nicht »Dinge an sich«. Auf die Kantsche Philosophie kann sich also der Physiker nicht berufen, seine Argumente führen nur zu der empirischen Außenwelt, die wir alle anerkennen, nicht zu einer transzendenten; seine Elektronen sind keine metaphysischen Dinge.

* * *

Dennoch sprechen manche Naturforscher von der Notwendigkeit, die Existenz einer Außenwelt als eine *metaphysische* Hypothese annehmen zu müssen. Sie tun das zwar nie innerhalb ihrer eigenen Wissenschaft (obgleich alle notwendigen Hypothesen einer Wissenschaft *innerhalb* ihrer auftreten sollten), sondern nur, wo sie diesen Bereich verlassen und zu philosophieren beginnen. In der Tat ist ja die transzendente Außenwelt etwas, wovon ausschließlich in der Philosophie, nie in einer Wissenschaft oder im Alltag die Rede ist. Es ist eben ein terminus technicus, nach dessen Bedeutung wir nun fragen müssen.

Wodurch unterscheidet sich die transzendente oder metaphysische Außenwelt von der empirischen? In den philosophischen Systemen wird sie als irgendwie hinter der empirischen Welt bestehend gedacht, wobei mit dem Worte »hinter« auch angedeutet sein soll, daß sie nicht in demselben Sinne *erkennbar* sei wie die empirische, daß sie sich jenseits einer Grenze befinde, die das Zugängliche von dem Unzugänglichen trennt.

Diese Unterscheidung hat ihren Grund ursprünglich in der früher von den meisten Philosophen geteilten Meinung, es sei zur Erkenntnis eines Gegenstandes notwendig, daß er unmittelbar gegeben, direkt erlebt werde; Erkenntnis sei eine Art von Anschauung und erst dann vollkommen, wenn das Erkannte dem Erkennenden direkt gegenwärtig sei wie eine Empfindung oder ein Gefühl. Was also nicht unmittelbar erlebt, angeschaut werden kann, das bleibt nach dieser Meinung unerkennbar, unfaßbar, transzendent, es gehört dem Reich der Dinge an sich an. – Hier liegt, wie ich anderswo an vielen Stellen auszuführen hatte, einfach eine Verwechslung des Erkennens mit dem bloßen Kennen oder Erleben vor. Von modernen Naturforschern wird aber eine solche Verwechslung gewiß nicht begangen; ich glaube nicht, daß irgendein Physiker der Ansicht ist, die Erkenntnis des Elektrons bestehe darin, daß es durch einen Akt der Intuition leibhaftig in das Bewußtsein des Forschers eintrete; sondern er wird vielmehr die Meinung vertreten, daß es zur vollständigen Erkenntnis nur nötig ist, die Gesetzmäßigkeit des Verhaltens eines Elektrons so erschöpfend anzugeben, daß alle Formeln, in denen seine Eigenschaften irgendwie vorkommen, durch die Erfahrung restlos bestätigt werden. Mit andern Worten: das Elektron, und ebenso alle physikalischen Realitäten, sind *nicht* unerkennbare Dinge an sich, sie gehören nicht einer transzendenten, metaphysischen Wirklichkeit an, wenn diese dadurch charakterisiert ist, daß sie das Unerkennbare umfaßt.

Wir kommen also wieder zu dem Resultat zurück, daß alle Hypothesen des Physikers sich nur auf die *empirische* Realität beziehen können, wenn wir darunter die erkennbare verstehen. In der Tat, es wäre ein Selbstwiderspruch, wenn man etwas Unerkennbares hypothetisch annehmen wollte. Denn zur Aufstellung einer Hypothese müssen immer bestimmte *Gründe* vorliegen, die Hypothese soll ja einen bestimmten Zweck erfüllen. Das in der Hypothese Angenommene muß also die Eigenschaft haben, diesen Zweck zu erfüllen, und gerade so beschaffen sein, daß es durch jene Gründe gerechtfertigt wird. Gerade damit aber werden bestimmte Aussagen von ihm gemacht, und diese enthalten seine *Erkenntnis.* Und zwar enthalten sie seine *vollständige* Erkenntnis, denn es kann ja *nur* das hypothetisch angenommen werden, wozu Gründe in der Erfahrung vorliegen.

Oder will der naturforschende »Realist« die Rede von nicht unmittelbar erlebten Gegenständen aus einem andern Grunde als metaphysische Hypothese kennzeichnen als dem nicht vorliegenden ihrer Unerkennbarkeit? Hierauf wird er vielleicht mit Ja antworten. In der Tat läßt sich aus zahlreichen Äußerungen in der Literatur ablesen, daß der Physiker mit seiner Behauptung der transzendenten Welt durchaus nicht die Behauptung ihrer Unerkennbarkeit verbindet; im Gegenteil, er ist (mit vollem Recht) der Meinung, daß die Natur der extramentalen Dinge sich in seinen Gleichungen ganz richtig wiederspiegelt. Die Außenwelt des physikalischen Realisten ist also nicht die der traditionellen Metaphysik. Er verwendet den terminus technicus des Philosophen, aber was er damit bezeichnet, schien uns doch nur die Außenwelt des Alltags zu sein, an deren Existenz niemand, auch der »Positivist« nicht, zweifelt.

Welches ist also jener andere Grund, der den »Realisten« veranlaßt, seine Außenwelt als eine metaphysische Annahme anzusehen? Warum will er sie von der empirischen Außenwelt unterscheiden, die wir beschrieben haben? Die Antwort auf diese Frage führt uns wieder an einen früheren Punkt unserer Betrachtung zurück. Der »realistische« Physiker ist nämlich mit unserer Beschreibung der Außenwelt ganz zufrieden, außer in einem Punkt: er glaubt, daß wir ihr nicht genug *Realität* verliehen haben. Nicht durch ihre Unerkennbarkeit oder sonst irgendwelche Merkmale glaubt er seine »Außenwelt« von der empirischen unterschieden, sondern ganz allein dadurch, daß ihr eine andere, höhere Wirklichkeit zukomme. Das findet seinen Ausdruck oft schon in der Terminologie; das Wort »real« wird oft für jene Außenwelt aufgespart, im Gegensatz zu dem bloß »idealen«, »subjektiven« Bewußtseinsinhalt, und im Gegensatz zu bloßen »logischen Konstruktionen«, in welche die Realität aufzulösen man dem »Positivismus« zum Vorwurf macht.

Nun fühlt aber auch der physikalische Realist dunkel, daß, wie wir wissen, Realität keine »Eigenschaft« ist; er kann also von unserer empirischen zu seiner transzendenten Außenwelt nicht wohl dadurch übergehen, daß er ihr außer den Merkmalen, die auch wir allen physikalischen Gegenständen zubilligen, obendrein noch das Merkmal »Realität« zuschreibt; dennoch drückt er sich so aus, und dieser illegitime Sprung, durch den er das Reich des Sinnvollen verläßt, wäre in der Tat »metaphysisch«, und wird von ihm auch so empfunden.

Nun überschauen wir die Lage ganz klar und können sie auf Grund der vorausgegangenen Betrachtungen beurteilen. Unser Prinzip, daß die Wahrheit und Falschheit aller Aussagen, auch derjenigen über die Wirklichkeit eines physischen Gegenstandes, allein im »Gegebenen« geprüft werden kann und daß *daher* der Sinn aller Aussagen auch nur mit Hilfe des Gegebenen formuliert und verstanden werden kann – dieses Prinzip wird fälschlich so aufgefaßt, als behauptete es oder setzte voraus, daß nur das Gegebene wirklich sei. Deshalb fühlt sich der »Realist« gedrängt, dem Prinzip zu widersprechen und die Gegenbehauptung aufzustellen, der Sinn einer Wirklichkeitsaussage erschöpfe sich keineswegs in lauter Aussagen von der Form »Unter diesen bestimmten Umständen wird jenes bestimmte Erlebnis eintreten« (wobei diese Aussagen übrigens nach unserer Meinung eine unendliche Menge bilden), sondern der Sinn liege *darüber hinaus* noch in etwas anderem, das etwa als »selbständige Existenz«, als »transzendentes Sein« oder ähnlich zu bezeichnen sei, und vom dem unser Prinzip keine Rechenschaft gebe.

Hierauf fragen wir: Ja, *wie* wird denn von ihm Rechenschaft gegeben? Was *bedeuten* denn diese Worte »selbständige Existenz« und »transzendentes Sein«? Mit anderen Worten: welchen prüfbaren Unterschied macht es in der Welt, ob einem Gegenstande transzendentes Sein zukommt oder nicht?

Zwei Antworten werden hier gegeben. Die erste lautet: Es macht einen ganz ungeheuren Unterschied. Denn ein Forscher, der an eine »reale Außenwelt« glaubt, wird ganz anders fühlen und arbeiten als einer, der nur »Empfindungen zu beschreiben« meint. Der erste wird den gestirnten Himmel, dessen Anblick ihm die unfaßliche Erhabenheit und Größe der Welt und seine eigene menschliche Kleinheit zum Bewußtsein bringt, mit ganz anderen Gefühlen der Innigkeit und Ehrfurcht betrachten als der zweite, dem fernste Milchstraßensysteme nur »Komplexe seiner eigenen Sinnesempfindungen« sind. Der erste wird mit einer Begeisterung seiner Aufgabe sich widmen und bei der Erkenntnis der objektiven Welt eine Befriedigung fühlen, die dem zweiten versagt bleiben, weil er nur mit seinen eigenen Konstruktionen zu tun zu haben glaubt.

Zu dieser ersten Antwort ist zu sagen: Sollte irgendwo in dem Verhalten zweier Denker ein Unterschied vorliegen, wie er hier beschrieben wurde – und es würde sich ja in der Tat um einen beobachtbaren Tatbestand handeln –, und bestehen wir darauf, diesen Unterschied so auszudrücken, daß wir sagen, der eine glaube an eine reale Außenwelt, der andere nicht – nun, so besteht eben auch der *Sinn* unserer Feststellung ganz allein in dem, was wir in dem Verhalten der beiden beobachten. Das heißt: die Worte »absolute Realität« oder »transzendentes Sein«, oder was wir sonst für welche gebrauchen mögen, *bedeuten* jetzt schlechterdings nichts anderes als gewisse Gefühlszustände, die in den beiden auftreten, wenn sie die Welt betrachten oder Wirklichkeitsaussagen machen oder philosophieren. Es steht in der Tat so, daß die Verwendung der Worte »selbständige Existenz«, »transzendente Realität« usw. einzig und allein der Ausdruck eines Gefühls, einer psychologischen Einstellung des Sprechenden ist (was übrigens letzten Endes für alle metaphysischen Sätze zutreffen dürfte). Wenn jemand versichert, daß es eine reale Außenwelt gebe im überempirischen Sinne des Wortes, so glaubt er zwar dadurch eine Wahrheit über die Welt mitgeteilt zu haben, in Wahrheit sind aber seine Worte der Ausdruck eines ganz anderen Tatbestandes, nämlich einfach des Vorhandenseins gewisser Gefühle, die ihn zu bestimmten Reaktionen sprachlicher und anderer Natur veranlassen.

Wenn das Selbstverständliche noch besonders hervorgehoben werden muß, so möchte ich hervorheben – dann aber mit dem größten Nachdruck und dem Hinweis auf den *Ernst* des Gesagten – daß der Nichtmetaphysiker sich vom Metaphysiker nicht etwa dadurch unterscheidet, daß ihm jene Gefühle fehlten, denen der andere durch die Sätze einer »realistischen« Philosophie Ausdruck gibt, sondern nur dadurch, daß er eben erkannt hat, daß diese Sätze gar nicht den Sinn haben, den sie zu haben scheinen und daher zu vermeiden sind. Er wird denselben Gefühlen auf *andere* Weise Ausdruck verleihen. Mit andern Worten: jene in der ersten Antwort des »Realisten« vollzogene Gegenüberstellung der beiden Denkertypen war irreführend und ungerecht. Wenn einer so unglücklich ist, die Erhabenheit des Sternenhimmels nicht zu empfinden, so ist daran etwas anderes schuld als eine logische Analyse der Begriffe von Wirklichkeit und Außenwelt. Anzunehmen, der Gegner der Metaphysik vermöge etwa die Größe des Kopernikus nicht gerecht zu erfassen, weil ja in gewissem Sinne die Ptolemäische Auffassung den empirischen Tatbestand ebensogut wiedergebe wie die kopernikanische, scheint mir ebenso seltsam, wie zu glauben, der »Positivist« könne kein guter Familienvater sein, weil ja nach seiner Lehre seine Kinder nur Komplexe seiner eigenen Sinnesempfindungen seien und es daher sinnlos sei, für ihr Wohlergehen nach seinem Tode vorzusorgen. Nein, die Welt des Nichtmetaphysikers ist dieselbe Welt wie die aller übrigen Menschen; es fehlt in ihr nichts was nötig ist, um alle Aussagen der Wissenschaft und alle Handlungen des Lebens sinnvoll zu machen. Er lehnt es nur ab, seiner Weltbeschreibung noch sinnlose Aussagen hinzuzufügen.

Wir kommen zu der *zweiten* Antwort, die auf die Frage nach dem Sinn der Behauptung einer transzendenten Realität gegeben werden kann. Sie besteht einfach darin, daß man zugibt, es mache für die Erfahrung schlechterdings keinen Unterschied, ob man hinter der empirischen Welt noch etwas weiteres als existierend annehme oder nicht, der metaphysische Realismus sei also tatsächlich nicht prüfbar, nicht verifizierbar. Man könne also zwar nicht weiter angeben, was mit jener Behauptung gemeint sei;

dennoch *sei* etwas damit gemeint, und der Sinn lasse sich auch ohne Verifikation verstehen.

Das ist nichts anderes, als die im vorherigen Abschnitt kritisierte Meinung, daß der Sinn eines Satzes mit seiner Verifikation nichts zu tun habe, und es bleibt uns nur übrig, unsere frühere allgemeine Kritik für diesen besonderen Fall noch einmal zu wiederholen. Wir müssen also sagen: nun gut! Du bezeichnest hier mit Existenz oder Realität etwas, das schlechterdings unausdrückbar ist und auf gar keine Weise erklärt oder angegeben werden kann. Du glaubst trotzdem, daß jene Worte einen Sinn haben. Darüber wollen wir nicht mit dir streiten. Soviel aber ist sicher: nach dem soeben gemachten Zugeständnis kann dieser Sinn auf gar keine Weise offenbar werden, durch keine mündliche oder schriftliche Mitteilung, durch keine Geste, keine Handlung kann er ausgedrückt werden. Denn sowie dies möglich wäre, so läge ja ein prüfbarer empirischer Tatbestand vor, es wäre etwas in der Welt *anders*, wenn der Satz »es gibt eine transzendentale Welt« wahr wäre, als wenn er falsch wäre. Dies Anderssein würde dann den Sinn der Worte »reale Außenwelt« bedeuten, es wäre also ein empirischer Sinn, d.h., diese reale Außenwelt wäre doch wieder nur die empirische, die auch wir, wie alle Menschen, anerkennen. Von einer andern Welt auch nur zu sprechen, ist logisch unmöglich. Es kann keine Diskussion über sie geben, denn in keinem möglichen Satz kann eine nicht verifizierbare Existenz als Sinn eingehen. Wer dennoch daran glaubt – zu glauben glaubt –, kann es nur schweigend tun. Argumente gibt es nur für etwas, das sich sagen läßt.

✳ ✳ ✳

Die Ergebnisse unserer Betrachtung lassen sich wie folgt zusammenfassen.

1) Als berechtigter, unangreifbarer Kern der »positivistischen« Richtungen erscheint mir das Prinzip, daß der Sinn jedes Satzes restlos in seiner Verifikation im Gegebenen beschlossen liegt.

   Es ist innerhalb jener Richtungen aber selten deutlich zutage getreten, und oft mit so vielen unhaltbaren Sätzen vermischt worden, daß eine logische Reinigung notwendig ist. Will man das Resultat dieser Reinigung »Positivismus« nennen, was aus historischen Gründen gerechtfertigt wäre, so müßte vielleicht ein differenzierendes Adjektiv hinzugefügt werden (es wird manchmal der Terminus[2] »logischer oder auch logizistischer Positivismus« gebraucht); andernfalls schiene mir die Bezeichnung »konsequenter Empirismus« geeignet.

2) Jenes Prinzip bedeutet nicht, und es folgt auch nicht aus ihm, daß allein das Gegebene wirklich sei; eine solche Behauptung wäre vielmehr unsinnig.

3) Der konsequente Empirismus leugnet daher auch *nicht* die Existenz einer Außenwelt, er weist nur auf den empirischen Sinn dieser Existenzbehauptung hin.

4) Er ist nicht eine »Als-Ob-Lehre«. Er sagt nicht etwa: alles verhält sich so, als ob es physische unabhängige Körper gäbe, sondern auch für ihn ist alles wirklich, was der nicht philosophierende Naturforscher für real erklärt. Den Gegenstand der Physik bilden *nicht* Empfindungen, sondern Gesetze. Die von einigen Positivisten gebrauchte Formulierung, Körper »seien nur Komplexe von Empfindungen« ist daher abzulehnen. Richtig ist nur, daß Sätze über Körper in sinngleiche Sätze über die Gesetzmäßigkeit des Auftretens von Empfindungen transformierbar sind.[3]

---

[2] Vgl. Artikel von Blumberg und Feigl: »Logical Positivism«, *Journal of Philosophy* XXVIII (1931), S. 281, New York, von E. Kaila: *Der logistische Neupositivismus. Eine kritische Studie* in der Annales Universitatis Aboensis, Ser. B, Tom. XIII, Turku 1930, von A. Petzäll: *Logizistischer Positivismus* in den Schriften der Universität Göteborg.

[3] Vgl. hierzu wie zum Inhalt des ganzen Aufsatzes die Arbeit von H. Cornelius [»Zur Kritik der wissenschaftlichen Grundbegriffe«] in *Erkenntnis* 2 (1931), S. 191. Die Formulierungen dort sind allerdings nicht einwandfrei. Vgl. ferner die vortrefflichen Ausführungen von Ph. Frank im Kapitel X seines Buches *Das Kausalgesetz und seine Grenzen*, Wien 1931, Springer. Ferner R. Carnap, *Scheinprobleme der Philosophie*, F. Meiner, Leipzig.

5) Logischer Positivismus und Realismus sind daher keine Gegensätze; wer unser Grundprinzip anerkennt, muß sogar empirischer Realist sein.

6) Ein Gegensatz besteht nur zwischen dem konsequenten Empiristen und dem Metaphysiker, und zwar gegen den realistischen kein größerer als gegen die idealistischen (der erstere wurde in unsern Ausführungen als »Realist« in Anführungsstrichen bezeichnet).

7) Die Leugnung der Existenz einer transzendenten Außenwelt wäre genau so gut ein metaphysischer Satz wie ihre Behauptung; der konsequente Empirist verneint daher nicht etwa das Transzendente, sondern erklärt seine Verneinung wie seine Bejahung gleichermaßen für sinnleer.

Diese letzte Unterscheidung ist von höchster Wichtigkeit. Ich bin überzeugt, daß die Hauptwiderstände gegen unsere Auffassung daher rühren, daß der Unterschied zwischen der Falschheit und der Sinnlosigkeit eines Satzes nicht beachtet wird. Der Satz: »Das Reden von einer metaphysischen Außenwelt ist sinnleer« sagt *nicht:* »Es gibt keine metaphysische Außenwelt«, sondern etwas toto coelo anderes. Der Empirist sagt dem Metaphysiker nicht: »Deine Worte behaupten etwas Falsches«, sondern »Deine Worte behaupten überhaupt nichts!« Er widerspricht ihm nicht, sondern er sagt: »Ich verstehe dich nicht«.

3.4 LOGIK, MATHEMATIK UND NATURERKENNEN[1]
(1933)

Hans Hahn

I. Denken und Wirklichkeit

Schon ein flüchtiger Blick auf die Sätze der Physik zeigt, daß sie offenbar von sehr verschiedener Natur sind. Da haben wir Sätze wie: »Wenn man eine gespannte Saite zupft, so hört man einen Ton«; »Läßt man einen Sonnenstrahl durch ein Glasprisma gehen, so sieht man auf einem dahinter stehenden Schirme ein farbiges, von dunklen Linien unterbrochenes Band«, die jederzeit unmittelbar durch Beobachtung kontrolliert werden können; wir haben aber auch Sätze wie: »In der Sonne gibt es Wasserstoff«; »Der Begleiter des Sirius hat etwa die Dichte 60 000«; »Ein Wasserstoffatom besteht aus einem positiv geladenen Kern, der von einem negativ geladenen Elektron umkreist wird«, die keineswegs durch unmittelbare Beobachtung kontrolliert werden können, die nur auf Grund theoretischer Erwägungen und auch nur mit Hilfe theoretischer Erwägungen kontrolliert werden. Und damit stehen wir vor der brennenden Frage: welches ist die gegenseitige Stellung von *Beobachtung* und *Theorie* in der Physik – und nicht nur in der Physik, sondern in der Wissenschaft überhaupt, denn es gibt nur *eine* Wissenschaft, und wo immer Wissenschaft getrieben wird, wird sie im letzten Grunde nach denselben Methoden getrieben; nur daß wir bei der Physik als der vorgeschrittensten, der saubersten, der wissenschaftlichsten Wissenschaft

---

[1] Diese Arbeit gibt zwei Vorträge wieder, die im Frühjahr 1932 in einem Vortragszyklus zugunsten der Errichtung eines Grabdenkmals für Ludwig Boltzmann und im Herbst 1932 im *Verein Ernst Mach* in Wien gehalten wurden.

alles am klarsten sehen.[2] Und bei der Physik sehen wir denn auch das Zusammenwirken von Beobachtung und Theorie am augenfälligsten vor uns, sogar behördlich anerkannt durch Systemisierung von eigenen Professuren für Experimentalphysik und für theoretische Physik.

Die übliche Auffassung ist nun wohl, ganz schematisch gesprochen, die: wir haben eben zwei Erkenntnisquellen, durch die wir »die Welt«, »die Realität«, in die wir »hineingestellt« sind, der wir »gegenübergestellt« sind, erfassen: die *Erfahrung*, die *Beobachtung* einerseits, das *Denken* andererseits; je nachdem man z. B. in der Physik gerade von der einen oder der anderen dieser beiden Erkenntnisquellen Gebrauch macht, treibt man Experimentalphysik oder theoretische Physik.

Seit altersher wogt nun in der Philosophie der Streit um diese beiden Erkenntnisquellen: Welche Teile unseres Wissens entstammen der Beobachtung, sind »a posteriori«, und welche entstammen dem Denken, sind »a priori«? Ist eine dieser beiden Erkenntnisquellen der anderen überlegen, und wenn ja, welche?

---

[2] Diese These von der »Einheitswissenschaft« steht in Gegensatz zur Auffassung, die Wissenschaften zerfielen in Naturwissenschaften und Geisteswissenschaften, die sich prinzipiell gänzlich verschiedener Methoden bedienen. Gibt man dieser These die Form, jeder sinnvolle Satz über Tatsachen lasse sich in der Sprache der Physik ausdrücken, so wird sie als »Physikalismus« bezeichnet. Näheres hierüber:
Otto Neurath: »Physikalismus«, *Scientia* 50 (1931), S. 297–303.
Otto Neurath: »Physikalism: The Philosophy of the Viennese Circle«, *The Monist* 41 (1931), S. 618–623.
Otto Neurath: »Einheitswissenschaft und Psychologie«, *Einheitswissenschaft*, Heft I, Wien 1933.
Rudolf Carnap: »Die physikalische Sprache als Universalsprache der Wissenschaft«, *Erkenntnis* 2 (1931/2), S. 433–465; in diesem Band, S. 315–353.
Entsprechend der Tendenz der Sammlung »Einheitswissenschaft«, der ersten *Orientierung* des Lesers zu dienen, weicht die vorliegende Schrift möglichst wenig von der üblichen »inhaltlichen« Sprechweise ab, will dadurch aber keineswegs einen Gegensatz zu Carnaps Lehre von den Vorteilen einer »formalen« Sprechweise betonen [vgl. S. 318–320 im zitierten Aufsatz].

Schon in den Anfängen der Philosophie sehen wir Zweifel an der Zuverlässigkeit der *Beobachtung* auftreten (ja vielleicht sind diese Zweifel sogar die Quelle aller Philosophie). Daß solche Zweifel entstehen konnten, ist recht naheliegend: man glaubte sich in manchen Fällen durch die Sinneswahrnehmung getäuscht. Bei Morgen- oder Abendbeleuchtung sehen wir den Schnee auf fernen Bergen rot, aber »in Wirklichkeit« ist er doch weiß! Einen in Wasser gesteckten Stab sehen wir gebrochen, aber »in Wirklichkeit« ist er doch gerade! Entfernt sich ein Mensch von mir, so sehe ich ihn immer kleiner und kleiner, aber »in Wirklichkeit« bleibt er doch gleich groß!

Obwohl nun alle die Phänomene, von denen ich eben sprach, längst in physikalische Theorien eingeordnet sind, und es keinem Menschen mehr einfällt, in ihnen eine Täuschung durch die Beobachtung zu erblicken, so wirken die Konsequenzen, die aus dieser primitiven, längst abgetanen Auffassung flossen, auch heute noch mächtig nach. Man sagt sich: wenn die Beobachtung manchmal täuscht, so täuscht sie vielleicht immer! Vielleicht ist alles, was uns die Sinne liefern, bloßer Schein, Lug und Trug! Jeder Mensch kennt das Phänomen des Traumes, und jeder Mensch weiß, wie schwer es eigentlich ist, zu entscheiden, ob wir etwas »wirklich erlebt« oder »nur geträumt« haben; vielleicht ist alles, was wir beobachten, nur ein Traum? Jedermann weiß, daß Halluzinationen vorkommen, und daß sie so lebhaft sein können, daß der Betroffene nicht davon abzubringen ist, das Halluzinierte für »wirklich« zu halten; vielleicht ist alles, was wir beobachten, nur Halluzination? Blicken wir durch geeignet geschliffene Linsen, so sehen wir alles verzerrt; wer weiß, ob wir nicht, ohne es zu wissen, immerzu die Welt gewissermaßen durch verzerrende Gläser anblicken, und deshalb alles verzerrt sehen, anders als es wirklich ist? Das ist eines der Grundmotive der Philosophie Kants.[3]

---

[3] Kant: *Kritik der reinen Vernunft*, Herausgeber Th. Valentiner, 12. Auflage, Leipzig, Meiner, Phil. Bibl. Bd. 37, S. 95 [= A 42 f./B 59 f.]. (Allgem. Anmerkungen zur transzendentalen Ästhetik)
»Wir haben also sagen wollen: daß alle unsere Anschauung nichts als die Vorstellung von Erscheinung sei; daß die Dinge, die wir anschauen,

Doch kehren wir zurück zu den alten Zeiten! Man glaubte sich, wie gesagt, in vielen Fällen durch die Beobachtung getäuscht; nie aber war mit dem Denken so etwas passiert: es gab *Sinnestäuschungen* in Hülle und Fülle, aber es gab keine *Denktäuschungen!* Und so mag, als das Vertrauen in die Beobachtung erschüttert war, die Meinung aufgekommen sein, im *Denken* hätten wir ein der Beobachtung unbedingt übergeordnetes, ja das einzig

nicht das an sich selbst sind, wofür wir sie anschauen, noch ihre Verhältnisse so an sich selbst beschaffen sind, als sie uns erscheinen; und daß, wenn wir unser Subjekt oder auch nur die subjektive Beschaffenheit der Sinne überhaupt aufheben, alle die Beschaffenheit, alle Verhältnisse der Objekte in Raum und Zeit, ja selbst Raum und Zeit verschwinden würden, und als Erscheinungen nicht an sich selbst, sondern nur in uns existieren können. Was es für eine Bewandtnis mit den Gegenständen an sich und abgesondert von all dieser Rezeptivität unserer Sinnlichkeit haben möge, bleibt uns gänzlich unbekannt [...]. Wenn wir diese unsere Anschauung auch zum höchsten Grade der Deutlichkeit bringen könnten, so würden wir dadurch der Beschaffenheit der Gegenstände an sich selbst nicht näher kommen. Denn wir würden auf alle Fälle doch nur unsere Art der Anschauung, d.i. unsere Sinnlichkeit vollständig erkennen und diese immer nur unter den dem Subjekt ursprünglich anhängenden Bedingungen von Raum und Zeit: was die Gegenstände an sich selbst sein mögen, würde uns durch die aufgeklärteste Erkenntnis der Erscheinung derselben, die uns allein gegeben ist, doch niemals bekannt werden.«

Kant, aus »Anhang«: »Von der Amphibolie der Reflexionsbegriffe [...]«, *Kritik der reinen Vernunft*, Herausgeber Th. Valentiner, 12. Auflage, Leipzig, Meiner, Phil. Bibl. Bd. 37, S. 296 ff. [und zwar in der Anmerkung A 276 f./B 332 f.]

»Was die Dinge an sich sein mögen, weiß ich nicht und brauche es nicht zu wissen, weil mir doch niemals ein Ding anders als in der Erscheinung vorkommen kann.«

Oder Kant, »Prolegomena« zitiert nach Ausgabe 1749, § 36: »Wie ist Natur in materieller Bedeutung, nämlich der Anschauung nach, als der Inbegriff der Erscheinung, wie ist Raum und Zeit und das, was beide erfüllt, der Gegenstand der Empfindung, überhaupt möglich? Die Antwort ist: vermittels der Beschaffenheit unserer Sinnlichkeit, nach welcher sie auf die ihr eigentümliche Art, von Gegenständen, die ihr an sich selbst unbekannt, und von jenen Erscheinungen ganz unterschieden sind, gerührt wird.« [A 110; dort »materiell« gesperrt] zuverlässige Erkenntnismittel: die Beobachtung liefert bloßen Schein, das Denken erfaßt das wahre Sein.

Diese, sagen wir kurz, »rationalistische« Lehre: das Denken sei die der Beobachtung überlegene, ja die einzig zuverlässige Erkenntnisquelle[4], blieb seit der Hochblüte der griechischen Philosophie bis in die Neuzeit vorherrschend. Ich kann nicht einmal andeuten, welche absonderlichen Früchte am Baume dieser Er-

[4] René Descartes: *Betrachtungen über die Grundlagen der Philosophie*, Reclam-Ausg. [Leipzig 1926], S. 26: »Alles nämlich, was ich bis heute für das Allerwahrste hingenommen habe, empfing ich unmittelbar oder mittelbar von den *Sinnen;* diese aber habe ich bisweilen auf Täuschungen ertappt, und es ist eine Klugheitsregel, niemals denen volles Vertrauen zu schenken, die uns auch nur ein einziges Mal getäuscht haben.« S. 44: »So erfasse ich also das, was ich mit den Augen zu sehen meinte, in Wahrheit nur durch das Urteilsvermögen, welches meinem Geiste innewohnt.« S. 46: »Ich weiß jetzt, daß die Körper nicht eigentlich von den Sinnen oder von dem Vorstellungsvermögen, sondern von dem Verstande erfaßt werden, und zwar nicht, weil wir sie berühren und sehen, sondern lediglich, weil wir sie *denken.* [...]«
Leibniz: *Nouveaux Essais* IV, Kap. IV, § 5.
»Übrigens ruht die Grundlage unserer Sicherheit in betreff der universellen und ewigen Wahrheiten in den Ideen selbst, unabhängig von den Sinnen, wie denn auch die reinen und intelligiblen Ideen in keiner Weise von den Sinnen abhängen, z. B. die des Seins, des Einen, des Selben etc. Aber die Ideen der Sinnenqualitäten, wie der Farbe, des Geruchs etc. (die in der Tat nur Phantome sind) kommen von den Sinnen, d. h. aus unseren verworrenen Wahrnehmungen.«
Leibniz: *Nouveaux Essais* IV, Kap. XVII, § 3.
»Die Fähigkeit, die diese Verkettungen der Wahrheit erfaßt, oder die Fähigkeit, zu denken, wird Vernunft genannt [...]. Diese Fähigkeit nun wurde hienieden einzig und allein dem Menschen zuteil, nicht aber den übrigen Geschöpfen; denn ich habe schon oben gezeigt, daß der Schatten von Vernunft, der sich bei den Tieren zeigt, lediglich das Erwarten eines ähnlichen Ereignisses in einem Falle ist, der einem vergangenen Falle ähnlich ist, ohne daß sie wissen, ob derselbe Grund vorlag. Und die Menschen selbst handeln nicht anders in den Fällen, wo sie nur empirisch sind. Aber sie erheben sich über die Tiere, insoferne sie die Verkettungen der Wahrheiten sehen; die Verkettungen, sage ich, die selbst wieder ewige und universelle Wahrheiten darstellen.«

kenntnis reiften; jedenfalls aber: diese Früchte erwiesen sich als außerordentlich wenig nahrhaft; und so kam langsam, von England ausgehend, gestützt auf die mächtigen Erfolge der neuzeitlichen Naturwissenschaft, die »empirische« Gegenströmung hoch, welche lehrt, die Beobachtung sei die dem Denken überlegene, ja die einzige Erkenntnisquelle[5]: »nihil est in intellectu, quod non prius fuerit in sensu«, zu deutsch: »Nichts ist im Verstande, was nicht vorher in den Sinnen gewesen wäre.«

Aber diese empiristische Auffassung sieht sich bald einer scheinbar unüberwindlichen Schwierigkeit gegenüber: Wie soll sie von der Gültigkeit der logischen und mathematischen Sätze in der Wirklichkeit Rechenschaft geben? Die Beobachtung lehrt mich nur ein Einmaliges, sie greift nicht über das Beobachtete hinaus; es gibt kein Band, das von einer beobachteten Tatsache zu einer anderen führte, das künftige Beobachtungen zwänge, ebenso auszufallen wie schon gemachte – die Gesetze der Logik und Mathematik aber beanspruchen *absolut allgemeine* Gültigkeit: Daß die Türe meines Zimmers jetzt geschlossen ist, weiß ich durch Beobachtung, bei meiner nächsten Beobachtung wird sie vielleicht offen sein; daß erwärmte Körper sich ausdehnen, weiß ich durch Beobachtung, schon die nächste Beobachtung kann er-

---

[5] John Locke: *Versuch über den menschlichen Verstand*, I. Bd., Leipzig, Meiner 1913. II. Buch, S. 101.
»Wir wollen also annehmen, der Geist sei, wie man sagt, ein unbeschriebenes Blatt ohne alle Eindrücke, frei von allen Ideen; wie werden ihm diese dann zugeführt? Wie gelangt er zu dem gewaltigen Vorrat von Ideen, womit ihn die geschäftige Phantasie des Menschen, die keine Schranken kennt, in nahezu unendlicher Mannigfaltigkeit beschrieben hat? Von wo hat er das gesamte *Material* für sein Denken und Erkennen? Ich antworte darauf mit einem einzigen Wort: aus der *Erfahrung*. Sie liegt unserem gesamten Wissen zu Grunde; aus ihr leitet es sich letzten Endes her. Unsere Beobachtung, die entweder auf äußere, sinnliche Objekte gerichtet ist, oder auf innere Bewußtseinsvorgänge, die wir wahrnehmen, und über die wir reflektieren, liefert unserem Verstand das gesamte *Material* des Denkens. Dies sind die beiden Quellen der Erkenntnis, aus denen alle Ideen entspringen, die wir haben oder naturgemäß haben können.«

geben, daß ein erwärmter Körper sich nicht ausdehnt; daß aber zweimal zwei vier ist, gilt nicht nur in dem Falle, in dem ich es eben nachzähle, ich weiß bestimmt, daß es immer und überall gilt. Was ich durch Beobachtung weiß, könnte auch anders sein: Die Türe meines Zimmers könnte jetzt auch offen sein, ich kann mir das auch ohne weiteres vorstellen, ich kann mir auch ohne weiteres vorstellen, daß ein Körper sich bei Erwärmung nicht ausdehnt; es könnte aber nicht zweimal zwei gelegentlich auch fünf sein, ich kann mir keinerlei Vorstellung bilden, wie es zugehen müßte, daß zweimal zwei gleich fünf wäre.

Also: weil die Sätze der Logik und Mathematik absolut allgemein gelten, weil sie apodiktisch sicher sind, weil es so sein muß, wie sie sagen, und nicht anders sein kann, können diese Sätze nicht aus der Erfahrung stammen. Bei der ungeheuren Rolle, die Logik und Mathematik im Systeme unserer Erkenntnis spielen, scheint damit der Empirismus endgültig widerlegt. Wohl haben trotz alledem ältere Empiristen den Versuch gemacht, Logik und Mathematik auf die Erfahrung zu gründen[6]: Sie lehrten, auch alles logische und mathematische Wissen stamme aus der Er-

---

[6] J. St. Mill: *System der deduktiven und induktiven Logik.* 4. Auflage 1877, Vieweg, Braunschweig. S. 318.

»Nichtsdestoweniger wird bei näherer Betrachtung erhellen, [...] daß in einem jeden Schritt einer arithmetischen oder algebraischen Berechnung eine wirkliche Induktion, eine wirkliche Folgerung von Tatsachen aus Tatsachen enthalten ist; daß dies einfach nur durch die umfassende Natur der Induktion und die daraus folgende äußerste Allgemeinheit der Sprache verdeckt wird [...]. Die wissenschaftliche Sprache macht also keine Ausnahme von dem Schluß, zu dem wir früher gelangten, daß sogar die Prozesse der deduktiven Wissenschaften ganz induktiv, und daß ihre ersten Prinzipien Generalisationen aus der Erfahrung sind.« Kennzeichnend für Mills Anschauungen sind auch die Kapitelüberschriften: »Alle deduktiven Wissenschaften sind induktiv.« [Kap. 6, Abschn. 1] »Die Sätze der Arithmetik sind nicht bloße wörtliche Urteile, sondern Generalisationen aus der Erfahrung.« [Kap. 6, Abschn. 2]

J. St. Mill: *Logik* I. S. 294.

»Drei Steine in zwei getrennten Teilen und drei Steine in einem einzigen Haufen vereinigt, machen auf unsere Sinne nicht denselben Ein-

fahrung, nur handle es sich dabei um so uralte Erfahrung, um so unzähligemale wiederholte Beobachtungen, daß wir nun glaubten, es müsse so sein und könne nicht anders sein; nach dieser Auffassung wäre es also durchaus denkbar, daß, so wie eine Beobachtung ergeben könnte, daß ein erwärmter Körper sich nicht ausdehnt, gelegentlich auch zweimal zwei fünf sein könnte, nur daß uns dies bisher entgangen ist, weil es so ungeheuer selten vorkommt; und Abergläubische könnten vielleicht glauben, wenn es schon Glück bringt, ein vierblättriges Kleeblatt zu finden, was doch nicht einmal gar so selten vorkommt – wie glückverheißend müßte es erst sein, wenn man auf einen Fall stößt, in dem zweimal zwei gleich fünf ist! Man kann wohl sagen, daß bei näherem Zusehen diese Versuche, Logik und Mathematik aus der Erfahrung herzuleiten, von Grund auf unbefriedigend sind, und es dürfte heute kaum irgendwer diese Meinung ernstlich verfechten.

Waren so Rationalismus und Empirismus gleichermaßen gescheitert – der Rationalismus, weil seinen Früchten jeder Nährwert mangelte, der Empirismus, weil er sich mit Logik und Mathematik nicht zurecht finden konnte – so gewannen *dualistische* Auffassungen die Oberhand, die lehrten: Denken und Beobachtung sind zwei gleichberechtigte Erkenntnisquellen, die beide für uns zum Erfassen der Welt unentbehrlich sind und jede ihre eigene Rolle im Systeme unserer Erkenntnis spielen. Das *Denken* erfaßt die allgemeinsten Gesetze alles Seins, wie sie etwa in Logik und Mathematik niedergelegt sind; die *Beobachtung* füllt diesen Rahmen im einzelnen aus. Über die Grenzen, die den beiden Erkenntnisquellen gezogen sind, gehen die Meinungen auseinander.

druck, und die Behauptung, daß dieselben Steine vermöge einer bloßen Änderung ihrer Anordnung und ihres Ortes bald den einen, bald den anderen Eindruck erzeugen können, ist nicht ein identischer Satz. Es ist eine Wahrheit, die durch lange und konstante Erfahrung erworben wurde, eine induktive Wahrheit, und auf solchen Wahrheiten beruht die Wissenschaft von den Zahlen. Die grundlegenden Wahrheiten dieser Wissenschaft beruhen alle auf dem Zeugnis der Sinne.«

So wird z. B. gestritten über die Frage, ob die Geometrie a priori oder a posteriori sei, ob sie auf reinem Denken oder auf Erfahrung beruhe. Und bei einzelnen besonders grundlegenden physikalischen Gesetzen finden wir denselben Streit, z. B. beim Trägheitsgesetze, den Gesetzen von der Erhaltung der Masse und der Energie, beim Gesetze von der Massenanziehung: Alle diese Gesetze wurden schon von einzelnen Philosophen als a priori, als Denknotwendigkeit reklamiert[7] – aber immer erst, nachdem sie von der Physik als empirische Gesetze aufgestellt worden waren und sich gut bewährt hatten. Das mußte skeptisch stimmen, und tatsächlich ist unter Physikern wohl die Tendenz vorherrschend, den durch das Denken erfaßten Rahmen möglichst weit, möglichst allgemein anzunehmen, und für alles einigermaßen Konkretere die Erfahrung als Erkenntnisquelle anzuerkennen.

Die übliche Auffassung kann man dann etwa so schildern: Aus der Erfahrung entnehmen wir gewisse Tatsachen, die wir als »Naturgesetze« formulieren; da wir aber durch das Denken die allgemeinsten in der Realität herrschenden gesetzmäßigen Zusammenhänge (logischer und mathematischer Natur) erfassen, so beherrschen wir auf Grund der der Beobachtung entnommenen Tatsachen die Natur in viel weiterem Umfange, als sie beobachtet wurde: wir wissen nämlich, daß sich auch alles realisiert finden muß, das aus Beobachtetem durch Anwendung von Logik und Mathematik gefolgert werden kann. Der Experimentalphysiker verschafft uns nach dieser Auffassung durch direkte Beobachtung Kenntnis von Naturgesetzen; der theoretische Physiker erweitert dann durch das Denken diese Kenntnisse in ungeheurem

---

[7] Vgl. z. B. Kant, *Kritik der reinen Vernunft*, Einleitung V, 2. S. 62 [= B 17].

»*Naturwissenschaft* (Phisica) *enthält synthetische Urteile a priori als Prinzipien in sich.* Ich will nur ein paar Sätze zum Beispiel anführen, als den Satz: daß in allen Veränderungen der körperlichen Welt die Quantität der Materie unverändert bleibe, oder daß in aller Mitteilung der Bewegung Wirkung und Gegenwirkung jederzeit einander gleich sein müssen. An beiden ist nicht allein die Notwendigkeit, mithin ihr Ursprung a priori, sondern auch daß sie synthetische Sätze sind, klar.«

Maßstabe, so daß wir in der Lage sind, auch Aussagen zu machen über Vorgänge, die sich weit von uns in Raum und Zeit entfernt abspielen, und über Vorgänge, die sich durch ihre Größe oder ihre Kleinheit jeder direkten Beobachtung entziehen, die aber an das direkt Beobachtete gekettet sind durch die allgemeinsten, im Denken erfaßten Gesetze alles Seins, die Gesetze der Logik und der Mathematik. Eine mächtige Stütze scheint diese Auffassung zu finden durch die zahlreichen auf theoretischem Wege gemachten Entdeckungen, wie – um nur einige der berühmtesten zu nennen – die Errechnung des Planeten Neptun durch Leverrier, die Errechnung elektrischer Wellen durch Maxwell, die Errechnung der Ablenkung der Lichtstrahlen im Gravitationsfeld der Sonne durch Einstein und die Errechnung der Rotverschiebung im Spektrum der Sonne ebenfalls durch Einstein.

Trotzdem aber vertreten wir die Meinung, daß diese Auffassung gänzlich unhaltbar ist. Denn bei näherer Besinnung zeigt sich, daß die Rolle des Denkens eine ungleich bescheidenere ist, als sie ihm bei dieser Auffassung zugeschrieben wird. Die Auffassung, wir hätten im Denken ein Mittel zur Hand, mehr über die Welt zu wissen, als beobachtet wurde, etwas zu wissen, was immer und überall in der Welt unbedingte Geltung haben muß, ein Mittel, allgemeine Gesetze alles Seins zu erfassen, scheint uns durchaus mysteriös. Wie soll es zugehen, daß wir von irgend einer Beobachtung im vorhinein sagen könnten, wie sie ausfallen muß, bevor wir sie noch angestellt haben? Woher sollte unser Denken eine Exekutivgewalt nehmen, durch die es eine Beobachtung zwänge, so und nicht anders auszugehen? Warum sollte das, was für unser Denken zwingend ist, auch für den Ablauf der Welt zwingend sein? Es bliebe nur übrig, an eine wundersame prästabilierte Harmonie zwischen dem Ablauf unseres Denkens und dem Ablauf der Welt zu glauben, eine Vorstellung, die reichlich mystisch und in letzter Linie theologisierend ist. 62

Aus dieser Situation zeigt sich kein anderer Ausweg als Rückkehr zu einem rein *empiristischen* Standpunkt, Rückkehr zur Auffassung, daß die einzige Quelle eines Wissens über Tatsachen die Beobachtung ist: Es gibt kein Wissen a priori über Tatsächliches, *es gibt kein »materiales« a priori.*[8] Nur werden wir den Fehler früherer Empiristen vermeiden müssen, in den Sätzen der Logik und Mathematik lediglich Erfahrungstatsachen sehen zu wollen; wir müssen uns nach einer anderen Auffassung von Logik und Mathematik umsehen.

II. Logik und Wirklichkeit

Beginnen wir mit der Logik! Die alte Auffassung der Logik wäre etwa die: die Logik ist die Lehre von den allgemeinsten Eigenschaften der Gegenstände, die Lehre von den allen Gegenständen gemeinsamen Eigenschaften; so wie die Ornithologie die Lehre von den Vögeln, die Zoologie die Lehre von allen Tieren, die Biologie schon die Lehre von allen Lebewesen, so ist die Logik die Lehre von *allen* Gegenständen, die Lehre von den Gegenständen überhaupt. Wäre dem so, so bliebe es ganz unverständlich, woher die Logik ihre Sicherheit nimmt, denn wir kennen doch nicht alle Gegenstände, wir haben nicht alle Gegenstände beobachtet, können also nicht wissen, wie sich alle Gegenstände verhalten.

Unsere Auffassung hingegen besagt: die Logik handelt keineswegs von sämtlichen Gegenständen, sie handelt überhaupt nicht von irgendwelchen Gegenständen, sondern *sie handelt nur von der Art, wie wir über die Gegenstände sprechen;* die Logik entsteht erst durch die Sprache. Und gerade daraus, daß ein Satz der Logik überhaupt nichts über irgendwelche Gegenstände aussagt, fließt seine Sicherheit oder Allgemeingültigkeit oder, besser gesagt, seine Unwiderleglichkeit.

Ein Beispiel möge uns das näher bringen. Ich spreche von einer wohlbekannten Pflanze: ich beschreibe sie, wie es in den botanischen Bestimmungsbüchern geschieht, durch Anzahl, Farbe und Form ihrer Blütenblätter, ihrer Kelchblätter, ihrer Staubgefäße,

---

[8] Vgl. M. Schlick »Gibt es ein materiales Apriori?«, *Wissenschaftlicher Jahresbericht der philosophischen Gesellschaft an der Universität Wien 1931/32,* Wien 1932, S. 55.

Gestalt ihrer Blätter, ihres Stengels, ihrer Wurzeln etc., und treffe die Festsetzung: jede solche Pflanze wollen wir »Schneerose« nennen, wir wollen sie aber außerdem auch »Helleborus niger« nennen. Dann kann ich mit absoluter Sicherheit und Allgemeingültigkeit den Satz aussprechen: »Jede Schneerose ist ein Helleborus niger«; er trifft ganz bestimmt zu, immer und überall, er ist durch keinerlei Beobachtung widerlegbar; aber er sagt gar nichts über Tatsachen aus; ich erfahre nichts aus ihm über die Pflanze, von der die Rede ist, nicht in welcher Jahreszeit sie blüht, nicht wo ich sie finden kann, nicht ob sie häufig oder selten ist, er sagt mir gar nichts über die Pflanze, aber gerade deshalb, weil er gar nichts über Tatsächliches aussagt, kann er durch keine Beobachtung widerlegt werden, gerade daraus zieht er seine Sicherheit und Allgemeingültigkeit. Dieser Satz drückt lediglich eine Verabredung aus, wie wir über die fragliche Pflanze sprechen wollen.

Ähnlich nun steht es mit den Sätzen der Logik. Wir wollen uns das zunächst an den beiden berühmtesten Sätzen der Logik überlegen: dem Satze vom Widerspruch und dem Satze vom ausgeschlossenen Dritten. Sprechen wir etwa von Gegenständen, denen Farbe zukommt. Wir lernen, ich möchte sagen: durch Dressur, gewissen dieser Gegenstände die Bezeichnung »rot« beizulegen, und treffen die Vereinbarung, jedem andern dieser Gegenstände die Bezeichnung »nicht rot« beizulegen. Auf Grund dieser Vereinbarung können wir nun mit absoluter Sicherheit den Satz aussprechen: Keinem Gegenstand wird sowohl die Bezeichnung »rot« als auch die Bezeichnung »nicht rot« beigelegt, was man gewöhnlich kurz so ausspricht: Kein Gegenstand ist sowohl rot als nicht rot. Das ist der Satz vom Widerspruch. Und da wir die Vereinbarung getroffen haben, gewissen Gegenständen die Bezeichnung »rot« und *jedem* andern die Bezeichnung »nicht rot« beizulegen, können wir ebenso mit absoluter Sicherheit den Satz aussprechen: jedem Gegenstande wird entweder die Bezeichnung »rot« oder die Bezeichnung »nicht rot« beigelegt, gewöhnlich kurz so ausgesprochen: jeder Gegenstand ist entweder rot oder nicht rot. Das ist der Satz vom ausgeschlossenen Dritten. Diese beiden Sätze, der Satz vom Widerspruch und vom ausgeschlossenen Dritten, sagen gar nichts über irgendwelche Gegenstände aus; von keinem einzigen erfahre ich durch diese Sätze, ob er rot ist, ob er nicht rot ist, welche Farbe er hat, noch auch sonst irgend etwas: diese Sätze legen lediglich etwas über die Art und Weise fest, wie wir den Gegenständen die Bezeichnung »rot« und »nicht rot« beilegen wollen, d. h. sie setzen etwas darüber fest, *wie wir über die Gegenstände sprechen wollen.* Und gerade aus dem Umstande, daß sie gar nichts über Gegenstände aussagen, fließt ihre Allgemeingültigkeit und Sicherheit, fließt ihre Unwiderleglichkeit.

So wie mit diesen beiden Sätzen, steht es nun auch mit den andern Sätzen der Logik: wir werden alsbald darauf zurückkommen. Vorher wollen wir noch eine andere Betrachtung einschalten.

Wir haben vorhin festgestellt, daß es kein materiales a priori, d. h. kein Wissen a priori über Tatsächliches geben kann; denn wir können von keiner Beobachtung, bevor sie angestellt wurde, wissen, wie sie ausgehen muß. Wir haben uns überlegt, daß in den Sätzen vom Widerspruch und vom ausgeschlossenen Dritten kein materiales a priori vorkommt, denn sie sagen nichts über Tatsachen aus. Manche Leute aber, die vielleicht zugeben würden, daß es sich mit den Sätzen der Logik so verhalten mag, wie wir es sagen, beharren darauf, daß es doch anderswo ein materiales a priori gebe, z. B. im Satze: »kein Gegenstand ist sowohl rot als blau« (natürlich ist gemeint: zur selben Zeit und an derselben Stelle); hier handle es sich um ein wirkliches Wissen a priori über das Verhalten von Gegenständen; noch bevor man eine Beobachtung angestellt habe, könne man mit absoluter Sicherheit sagen, daß bei ihr sich nicht herausstellen kann, ein Gegenstand sei sowohl rot als blau; und es wird behauptet, daß man dieses Wissen a priori durch »Wesensschau« erhalte, durch Erfassen des Wesens der Farben.[9] Will man unsere These, daß es keinerlei

---

9 Leibniz: *Nouveaux Essais* IV, Kap. I, § 3.
»Denn der Verstand bemerkt unmittelbar, daß eine Idee nicht die andere ist, daß das Weiße nicht das Schwarze ist.«

materiales a priori gibt, aufrecht erhalten, so muß man irgendwie
zu einem Satze wie: »Kein Gegenstand ist sowohl rot als blau«
Stellung nehmen, und ich will das mit einigen andeutenden
Worten versuchen, die freilich keineswegs dieses nicht leichte
Problem erschöpfen können. Es ist gewiß richtig, daß noch bevor
wir eine Beobachtung angestellt haben, wir mit völliger Sicherheit sagen können: sie wird nicht ergeben, daß ein Gegenstand
sowohl rot als blau ist – so wie wir mit völliger Sicherheit sagen
können, daß keine Beobachtung ergeben wird, ein Gegenstand
sei sowohl rot als nicht rot, oder eine Schneerose sei kein Helleborus niger; aber ebenso wenig wie im zweiten und dritten Falle
handelt es sich auch im ersten um ein materiales a priori; ebenso
wie die Sätze: »Jede Schneerose ist ein Helleborus niger«, »kein
Gegenstand ist sowohl rot als nicht rot«, sagt auch der Satz »kein
Gegenstand ist sowohl rot als blau« gar nichts über das Verhalten
von Gegenständen aus; auch er handelt nur davon, wie wir über
die Gegenstände sprechen wollen, wie wir ihnen Bezeichnungen
beilegen wollen. Wie wir früher sagten: gewisse Gegenstände
nennen wir »rot«, jeden anderen Gegenstand nennen wir »nicht
rot«, woraus die Sätze vom Widerspruch und vom ausgeschlossenen Dritten flossen, so sagen wir jetzt: gewisse Gegenstände nennen wir »rot«, gewisse *andere* Gegenstände nennen wir »blau«,
wieder gewisse *andere* Gegenstände nennen wir »grün« etc.
Wenn wir aber in dieser Art die Farbbezeichnungen den Gegen-

Leibniz: *Nouveaux Essais* IV, Kap. II, § 1.

 »Die Erkenntnis ist also intuitiv, wenn der Verstand die Übereinstimmung zweier Ideen unmittelbar durch sie selbst, ohne daß eine andere
dazukäme, bemerkt. In diesem Falle hat der Verstand keinerlei Mühe,
die Wahrheit zu beweisen oder zu prüfen. So, wie das Auge das Licht
sieht, sieht der Verstand, daß das Weiße nicht das Schwarze ist, daß ein
Kreis nicht ein Dreieck ist, daß drei zwei und eins ist. Diese Erkenntnis
ist die klarste, die sicherste, deren die menschliche Schwäche fähig ist;
sie wirkt in unwiderstehlicher Weise und gestattet dem Verstande kein
Bedenken. Es ist die Erkenntnis, daß die Idee so in unserem Verstande
ist, wie wir sie erfassen. Wer eine größere Sicherheit verlangt, weiß nicht,
was er verlangt.«

ständen zuweisen, so können wir mit Sicherheit von vornherein sagen: keinem Gegenstand wird dabei sowohl die Bezeichnung »rot« als auch die Bezeichnung »blau« zugewiesen, oder, kürzer ausgedrückt: kein Gegenstand ist sowohl rot als blau; und zwar können wir es deshalb mit Sicherheit sagen, weil wir die Zuweisung der Farbbezeichnungen an die Gegenstände eben so eingerichtet haben.[10]

Wie wir sehen, gibt es zwei ganz verschiedene Arten von Sätzen: solche, die wirklich etwas über Gegenstände aussagen, und solche, die nichts über Gegenstände aussagen, sondern nur Regeln festlegen, wie wir über die Gegenstände sprechen wollen. Frage ich: »Welche Farbe hat das neue Kleid von Fräulein Erna?« und erhalte ich die Antwort: »Das neue Kleid von Fräulein Erna ist nicht (in seiner Gänze) sowohl rot als blau«, so wurde mir gar nichts über dieses Kleid mitgeteilt, ich weiß nachher genau so viel wie vorher; erhalte ich aber die Antwort: »Das neue Kleid von Fräulein Erna ist rot«, so wurde mir wirklich etwas über dieses Kleid mitgeteilt.

Wir wollen uns diesen Unterschied noch an einem Beispiel klar machen. Ein Satz, der wirklich etwas über die Gegenstände aussagt, von denen er spricht, ist der folgende: »Wenn du dieses Stück Eisen auf 800° erwärmst, wird es rot, wenn du es auf 1300° erwärmst, wird es weiß werden.« Worauf beruht der Un-

---

[10] Daß es sich bei Sätzen wie »kein Gegenstand ist sowohl rot als blau« um Festsetzungen handelt, in welcher Weise die Farbwörter »rot«, »blau« etc. verwendet werden sollen, kann man sich daran klar machen, daß an sich auch eine andere Art ihrer Verwendung durchaus denkbar wäre und gelegentlich auch vorkommt: Vielleicht wird mancher von einem gelbgrün gefärbten Gegenstande sagen, er sei sowohl gelb als grün. Bei Tönen ist (aus naheliegenden Gründen) sogar eine solche Sprechweise die allgemein übliche: Wenn man einen c-dur-Dreiklang hört, so sagt man, man höre sowohl den Ton c, als den Ton e, als den Ton g. An sich wäre es durchaus denkbar, daß man für jeden Akkord eine eigene Bezeichnung hätte und analog der Festsetzung »kein Gegenstand ist sowohl rot als blau« die Festsetzung träfe: »Die Töne c und e können niemals gleichzeitig gehört werden«. – L. Wittgenstein hat das so formuliert: Ein Satz wie »Kein Gegenstand ist sowohl rot als blau« gehört zur »Syntax« der Farbwörter.

terschied dieses Satzes von den eben angeführten Sätzen, die nichts Tatsächliches aussagen? Die Zuweisung der Temperaturbezeichnungen an die Gegenstände geschieht *unabhängig* von der Zuweisung der Farbbezeichnungen, die Farbbezeichnungen »rot« und »nicht rot«, oder »rot« und »blau« hingegen werden *in Abhängigkeit von einander* den Gegenständen zugewiesen; die Sätze: »Das neue Kleid von Fräulein Erna ist entweder rot oder nicht rot«, »Das neue Kleid von Fräulein Erna ist nicht sowohl rot als blau« drücken lediglich diese Abhängigkeit aus, sagen darum nichts über dieses Kleid aus, und sind deshalb absolut sicher und unwiderlegbar; der obige Satz über das Stück Eisen hingegen bringt von einander unabhängig gegebene Bezeichnungen in Beziehung, sagt deshalb wirklich etwas über dieses Stück Eisen aus und ist eben deshalb nicht sicher und ist durch die Beobachtung widerlegbar.

Der Unterschied zwischen diesen beiden Arten von Sätzen wird vielleicht besonders klar durch folgende Überlegung. Sagt mir jemand: »Ich habe dieses Stück Eisen auf 800° erhitzt und es ist dabei nicht rot geworden«, so werde ich das nachprüfen; dabei wird sich vielleicht herausstellen, daß er gelogen hat, vielleicht wird sich herausstellen, daß er das Opfer einer Täuschung geworden ist, vielleicht wird sich aber auch herausstellen, daß – entgegen meiner bisherigen Ansichten – auch Fälle vorkommen, in denen ein Stück Eisen bei Erwärmung auf 800° nicht rotglühend wird, und dann werde ich eben meine Meinung über das Verhalten von Eisen bei Erhitzung abändern. Wenn mir aber jemand sagt: »Ich habe dieses Stück Eisen auf 800° erwärmt und dabei ist es sowohl rot als nicht rot geworden« oder: »dabei ist es sowohl rot als weiß geworden«, dann werde ich bestimmt gar nichts nachprüfen, ich werde auch nicht sagen: »der Mann hat gelogen« oder »der Mann ist Opfer einer Täuschung geworden« und ich werde ganz bestimmt meine Ansichten über das Verhalten von Eisen bei Erhitzung nicht ändern; sondern – man kann dies am besten durch ein jedem Kartenspieler geläufiges Wort ausdrücken – der Mann hat *Renonce gemacht:* er hat sich vergangen gegen die Regeln, nach denen wir sprechen wollen, und ich werde mich weigern, weiter mit ihm zu sprechen. Es ist ganz so, wie wenn jemand beim Tarockspielen versuchen wollte, mir den Skieß mit dem Mond zu stechen; auch da werde ich gar nichts nachprüfen, ich werde meine Ansichten über das Verhalten von Gegenständen nicht abändern, sondern ich werde mich weigern, mit ihm weiter Tarock zu spielen.

Fassen wir zusammen: Wir müssen unterscheiden zwischen zwei Arten von Sätzen: solchen, die etwas Tatsächliches aussagen, und solchen, die lediglich eine Abhängigkeit in der Zuweisung der Bezeichnungen an die Gegenstände ausdrücken; die Sätze dieser zweiten Art wollen wir *tautologisch* nennen[11]; sie sagen nichts über Gegenstände aus und sind eben deshalb sicher, allgemein gültig, durch Beobachtung unwiderlegbar; die Sätze der ersten Art hingegen sind nicht sicher, können durch Beobachtung widerlegt werden. Die logischen Sätze vom Widerspruch und vom ausgeschlossenen Dritten sind tautologisch, ebenso z. B. der Satz: »Kein Gegenstand ist sowohl rot als blau.«

Und nun behaupten wir, daß auch alle anderen Sätze der Logik tautologisch sind. Kommen wir also, um das wenigstens an einem Beispiel klarzumachen, noch einmal auf die Logik zurück! Wir sagten: gewissen Gegenständen wird die Bezeichnung »rot« beigelegt und es wird die Verabredung getroffen, jedem andern Gegenstand die Bezeichnung »nicht rot« beizulegen; diese Verabredung über den Gebrauch der Negation wird ausgedrückt durch die Sätze vom Widerspruch und vom ausgeschlossenen Dritten.

---

[11] Gewöhnlich wird nach dem Vorgange von Wittgenstein das Wort »tautologisch« im engeren Sinn verwendet; er nennt »tautologisch« einen Satz, der durch seine bloße Form wahr ist. Vgl. hiezu Wittgenstein, *Tractatus Logico-Philosophicus*, Paul Kegan, London 1922, S. 98: »4.464: Die Wahrheit der Tautologie ist gewiß, des Satzes möglich, der Kontradiktion unmöglich«, und S. 156: »6.12: Daß die Sätze der Logik Tautologien sind, das zeigt die formalen – logischen – Eigenschaften der Sprache, der Welt.« Wittgenstein war es, der als erster klar die Bedeutung des Begriffes auseinandersetzte und dadurch entscheidend in die Entwicklung der hier vorgetragenen Gedankengänge eingriff.

Nun wird (um weiter an Gegenständen zu exemplifizieren, denen Farbe zukommt) noch die Verabredung getroffen, jedem Gegenstand, dem die Bezeichnung »rot« beigelegt wird, auch die Bezeichnungen »rot oder blau«, »blau oder rot«, »rot oder gelb«, »gelb oder rot« etc. beizulegen, jedem Gegenstand, dem die Bezeichnung »blau« beigelegt wird, auch die Bezeichnungen »blau« etc. beizulegen usf. Auf Grund dieser Verabredung können wir dann mit voller Sicherheit z. B. den Satz aussprechen: »Jeder rote Gegenstand ist rot oder blau«; das ist wieder ein tautologischer Satz; er handelt nicht von den Gegenständen, über die wir sprechen, sondern nur von der Art, wie wir über diese Gegenstände sprechen.

Vergegenwärtigen wir uns nochmals die Art, wie den Gegenständen die Bezeichnungen »rot«, »nicht rot«, »blau«, »rot oder blau« etc. beigelegt werden, so können wir auch völlig sicher und unwiderleglich sagen: Jedem Gegenstand, dem die beiden Bezeichnungen »rot oder blau« und »nicht rot« beigelegt werden, wird auch die Bezeichnung »blau« beigelegt – gewöhnlich kurz so ausgesprochen: Ist ein Gegenstand rot oder blau und nicht rot, so ist er blau. Auch das ist ein tautologischer Satz; er enthält keinerlei Feststellung über das Verhalten der Gegenstände, er drückt nur aus, in welchem Sinne wir die logischen Worte »nicht« und »oder« verwenden.

Damit nun sind wir bei etwas ganz Grundlegendem angelangt: Die Verabredung über die Verwendung der Worte »nicht« und »oder« ist derart, daß, wenn ich die beiden Sätze ausspreche: »Der Gegenstand A ist rot oder blau« und »Der Gegenstand A ist nicht rot«, ich dadurch schon mitgesagt habe: »Der Gegenstand A ist blau.« Das ist das Wesen des sogenannten *logischen Schließens.* Es beruht also keineswegs darauf, daß zwischen Sachverhalten ein realer Zusammenhang besteht, den wir durch das Denken erfassen, es hat vielmehr mit dem Verhalten der Gegenstände überhaupt nichts zu tun, sondern fließt aus der Art, wie wir über die Gegenstände sprechen. Wer das logische Schließen nicht anerkennen wollte, hat nicht etwa eine andere Meinung über das Verhalten der Gegenstände als ich, sondern er weigert sich, über die Gegenstände nach denselben Regeln zu sprechen, wie ich; ich kann ihn nicht überzeugen, sondern ich muß mich weigern, mit ihm weiter zu sprechen, so wie ich mich weigern werde, weiter mit einem Partner Tarock zu spielen, der darauf beharrt, meinen Skieß mit dem Mond zu stechen.

Was das logische Schließen leistet, ist also dies: es macht uns bewußt, was alles wir – auf Grund der Verabredungen über den Gebrauch der Sprache – durch Behauptung eines Systemes von Sätzen (zwar nicht ausdrücklich, aber doch implizit und vielleicht unbewußt) mitbehauptet haben; so wie in unserem obigen Beispiel durch Behauptung der beiden Sätze: »Der Gegenstand *A* ist rot oder blau« und »Der Gegenstand *A* ist nicht rot« implizit mitbehauptet wird: »Der Gegenstand *A* ist blau.«

Mit dieser Formulierung streifen wird auch schon die Antwort auf eine Frage, die sich wohl naturgemäß jedem Leser, der unseren Überlegungen folgte, aufgedrängt haben dürfte: Wenn es wirklich zutrifft, daß die Sätze der Logik tautologisch sind, daß sie nichts über die Gegenstände aussagen, wozu dient dann überhaupt die Logik?

Die logischen Sätze, an denen wir exemplifizierten, flossen aus den Verabredungen über den Gebrauch des Wortes »nicht« und »oder« (und man kann zeigen, daß das gleiche von allen Sätzen der sogenannten Aussagenlogik gilt). Überlegen wir also zunächst, wozu man die Worte »nicht« und »oder« in die Sprache einführt. Das geschieht wohl deshalb, weil wir nicht allwissend sind. Fragt man mich nach der Farbe des Kleides, das Fräulein Erna gestern trug, so werde ich mich vielleicht an seine Farbe nicht erinnern können; ich kann nicht sagen, ob es rot oder blau oder grün war; aber vielleicht werde ich wenigstens sagen können: »gelb war es nicht«; wäre ich allwissend, so wüßte ich seine Farbe, ich hätte dann nicht nötig, zu sagen: »gelb war es nicht«, sondern könnte etwa sagen: »es war rot«. Oder: meine Tochter schrieb mir, sie habe einen Dackel geschenkt bekommen; da ich ihn noch nicht gesehen habe, kenne ich seine Farbe nicht; ich kann nicht sagen »er ist schwarz« und ich kann nicht sagen »er ist braun«; wohl aber kann ich sagen: »er ist schwarz oder braun«;

wäre ich allwissend, so hätte ich dieses »oder« nicht nötig und könnte ohne weiteres sagen: »er ist braun«.

Und so haben auch die logischen Sätze, obwohl sie rein tautologisch sind, so hat auch das logische Schließen, obwohl es nichts anderes ist als tautologisches Umformen, für uns Bedeutung deshalb, weil wir nicht allwissend sind. Unsere Sprache ist so gemacht, daß wir bei der Behauptung gewisser Sätze andre Sätze implizit mitbehaupten – aber wir sehen nicht sofort, was alles wir so implizit mitbehauptet haben, erst das logische Schließen macht uns das bewußt. Ich behaupte z.B. die Sätze: »Die Blume, die Herr Maier im Knopfloch trägt, ist entweder eine Rose oder eine Nelke.« »Wenn Herr Maier eine Nelke im Knopfloch trägt, so ist sie weiß.« »Die Blume, die Herr Maier im Knopfloch trägt, ist nicht weiß.« Vielleicht bin ich mir gar nicht bewußt, daß ich dabei auch implizit behauptet habe: »Die Blume, die Herr Maier im Knopfloch trägt, ist eine Rose«; das logische Schließen aber bringt es mir zum Bewußtsein. Freilich weiß ich deswegen noch nicht, ob die Blume, die Herr Maier im Knopfloch trägt, wirklich eine Rose ist; bemerke ich, daß sie keine Rose ist, so darf ich nicht auf meinen früheren Behauptungen beharren – sonst vergehe ich mich gegen die Regeln des Sprechens, ich mache Renonce.

III. Mathematik und Wirklichkeit

Wenn ich hoffen darf, die Stellung der Logik nun einigermaßen klar gemacht zu haben, so kann ich mich nun über die Stellung der *Mathematik* ganz kurz fassen. Die Sätze der Mathematik sind von ganz derselben Art wie die Sätze der Logik: sie sind tautologisch, sie sagen gar nichts über die Gegenstände aus, von denen wir sprechen wollen, sondern sie handeln nur von der Art, wie wir über die Gegenstände sprechen wollen. Daß wir apodiktisch und allgemeingültig den Satz aussprechen können: $2+3=5$, daß wir schon vor Anstellen einer Beobachtung mit völliger Sicherheit sagen können, daß sich bei ihr nicht herausstellen wird, daß etwa $2+3=7$ ist, rührt daher, daß wir mit $2+3$ dasselbe meinen wie mit 5 – ähnlich wie wir mit »Helleborus niger« dasselbe meinen wie mit »Schneerose«, und sich deshalb bei keiner noch so subtilen botanischen Untersuchung herausstellen kann, daß ein Exemplar der Schneerose kein Helleborus niger wäre. Daß wir aber mit 2 + 3 dasselbe meinen wie mit 5, das bringen wir uns zum Bewußtsein, indem wir darauf zurückgehen, was wir mit 2, mit 3, mit 5, mit + meinen, und solange tautologisch umformen, bis wir eben sehen, daß wir mit 2 + 3 dasselbe meinen wie mit 5. Dieses sukzessive tautologische Umformen ist das, was man »Rechnen« nennt; das Addieren, das Multiplizieren, das man in der Schule lernt, sind Anweisungen zu solchen tautologischen Umformungen; jeder mathematische Beweis ist eine Aufeinanderfolge solcher tautologischer Umformungen. Der Nutzen beruht wieder darauf, daß wir z.B. keineswegs sofort sehen, daß wir mit 24×31 dasselbe meinen wie mit 744; rechnen wir aber das Produkt 24×31 aus, so formen wir es schrittweise um, so daß wir bei jeder einzelnen Umformung uns darüber klar sind, daß wir auf Grund der Verabredungen über die Verwendung der auftretenden Zeichen (hier Zahlzeichen und die Zeichen + und $\times$) nach der Umformung noch dasselbe meinen wie vor der Umformung, bis uns am Schluß bewußt geworden ist, daß wir mit 744 dasselbe meinen wie mit 24×31.

Freilich ist der Nachweis des tautologischen Charakters der Mathematik noch nicht in allen Punkten erbracht; es handelt sich da um ein mühevolles und schwieriges Problem; doch zweifeln wir nicht daran, daß die Meinung vom tautologischen Charakter[12] der Mathematik ihrem Wesen nach zutreffend ist.

[12] Ein vollständiges System des Logikkalküls und des logischen Aufbaus der Mathematik:

A.N. Whitehead – B. Russell: *Principia Mathematica*, Cambridge, 2. Aufl. 1925.

Die leitenden Grundgedanken dieses Werkes findet man dargelegt in:

B. Russell: *Einführung in die mathematische Philosophie*, München, Drei Maskenverlag 1923.

R. Carnap: *Abriß der Logistik*, Schriften zur wissenschaftlichen Weltauffassung, Bd. 2, Wien, J. Springer 1929.

Man hat sich lange dagegen gesträubt, in den Sätzen der Mathematik nichts als Tautologien zu sehen; Kant hat den tautologischen Charakter der Mathematik aufs lebhafteste bestritten[13], und der große Mathematiker Henri Poincaré, dem wir auch soviel an philosophischer Kritik verdanken, hat geradezu argumentiert:

[13] Kant. *Kritik der reinen Vernunft.* Einleitung V.I. (Oben zitierte Ausgabe) [A 10 f./B 14 f.].

»*Mathematische Urteile sind insgesamt synthetisch.* Dieser Satz scheint den Bemerkungen der Zergliederer der menschlichen Vernunft bisher entgangen, ja allen ihren Vermutungen gerade entgegengesetzt zu sein, ob er gleich unwidersprechlich gewiß und in der Folge sehr wichtig ist. Denn weil man fand, daß die Schlüsse der Mathematiker alle nach dem Satze des Widerspruchs fortgehen (welches die Natur einer jeden apodiktischen Gewißheit erfordert), so überredete man sich, daß auch die Grundsätze aus dem Satze des Widerspruchs anerkannt würden; worin sie sich irrten; denn ein jeder synthetischer Satz kann allerdings nach dem Satze des Widerspruchs eingesehen werden, aber nur so, daß ein anderer synthetischer Satz vorausgesetzt wird, aus dem es gefolgert werden kann, niemals aber an sich selbst [...]. Man sollte anfänglich zwar denken: daß der Satz $7 + 5 = 12$ ein bloß analytischer Satz sei, der aus dem Begriffe einer Summe von Sieben und Fünf nach dem Satz des Widerspruchs erfolge. Allein, wenn man es näher betrachtet, so findet man, daß der Begriff der Summe von 7 und 5 nichts weiter enthalte, als die Vereinigung beider Zahlen in eine einzige, wodurch ganz und gar nicht gedacht wird, welche diese einzige Zahl sei, die beide zusammengefaßt. Der Begriff von Zwölf ist keineswegs dadurch schon gedacht, daß ich mir jene Vereinigung von Sieben und Fünf denke, und ich mag meinen Begriff von einer solchen möglichen Summe noch so lang zergliedern, so werde ich doch darin die Zwölf nicht antreffen. Man muß über diese Begriffe hinausgehen, indem man die Anschauung zu Hilfe nimmt, die einem von beiden korrespondiert, etwa seine fünf Finger, oder (wie Segner in seiner Arithmetik) fünf Punkte, und so nach und nach die Einheiten der in der Anschauung gegebenen Fünf zu dem Begriffe der Sieben hinzutun [...]. Der arithmetische Satz ist also jederzeit synthetisch; welches man desto deutlicher inne wird, wenn man etwas größere Zahlen nimmt, da es dann klar einleuchtet, daß, wir möchten unsere Begriffe drehen und wenden, wie wir wollen, ohne die Anschauung zu Hilfe zu nehmen, vermittelst der bloßen Zergliederung unserer Begriffe die Summe niemals finden könnten.«

da die Mathematik unmöglich eine ungeheure Tautologie sein kann, so muß in ihr irgendein apriorisches Prinzip stecken.[14] Und in der Tat, es scheint auf den ersten Blick kaum glaublich, daß die ganze Mathematik mit ihren so schwer erkämpften Sätzen, mit ihren oft so überraschenden Resultaten, sich sollte in Tautologien auflösen lassen. Aber diese Argumentation übersieht nur eine Kleinigkeit: sie übersieht den Umstand, daß wir nicht allwissend sind. Ein allwissendes Wesen freilich wüßte unmittelbar, was alles bei Behauptung einiger Sätze mitbehauptet ist, es wüßte unmittelbar, daß auf Grund der Verabredungen über den Gebrauch der Zahlzeichen und des Zeichens × mit 24×31 und 744 dasselbe gemeint ist: ein allwissendes Wesen braucht keine Logik und keine Mathematik. Wir aber müssen uns dies erst durch sukzessive tautologische Umformung bewußt machen, und so kann es für uns sehr überraschend sein, daß wir durch Behaupten einiger Sätze einen von diesen anscheinend gänzlich verschiedenen Satz mitbehauptet haben, oder daß wir mit zwei äußerlich ganz verschiedenen Symbolkomplexen tatsächlich dasselbe meinen.

IV. Theorie und Erfahrung

Und nun mache man sich klar, wie himmelweit unsere Auffassung entfernt ist von der alten – vielleicht darf man sagen: platonisierenden – Auffassung: Die Welt sei konstruiert nach den Gesetzen der Logik und der Mathematik (»immerzu treibt Gott

---

[14] H. Poincaré: *Wissenschaft und Hypothese*, Leipzig 1904, I. Kapitel I, S. 1.

»Wenn im Gegenteil alle Behauptungen, welche die Mathematik aufstellt, sich auseinander durch die formale Logik ableiten lassen, wieso besteht die Mathematik dann nicht in einer ungeheuren Tautologie? Der logische Schluß kann uns nicht wesentlich Neues lehren, und wenn alles vom Prinzipe der Identität ausgehen soll, so müßte sich auch alles darauf zurückführen lassen. Wird man aber zugeben, daß alle die Lehrsätze, welche so viele Bände füllen, nichts anderes leisten, als auf Umwegen zu sagen, daß *A* gleich *A* ist!«

Mathematik«) und in unserem Denken, einem schwachen Abglanz von Gottes Allwissenheit, sei uns ein Mittel geschenkt, diese ewigen Gesetze der Welt zu erfassen. Nein! Keinerlei Realität kann unser Denken erfassen, von keiner Tatsache der Welt kann uns das Denken Kunde bringen, es bezieht sich nur auf die Art, wie wir über die Welt sprechen, es kann nur Gesagtes tautologisch umformen. Es besteht keine Möglichkeit, durch das Denken hinter die durch die Beobachtung erfaßte Welt der Sinne zu einer »Welt des wahren Seins« vorzustoßen: jede Metaphysik ist unmöglich! Unmöglich, nicht weil die Aufgabe für unser menschliches Denken zu schwer wäre, sondern weil sie sinnlos ist, weil jeder Versuch, Metaphysik zu treiben, ein Versuch ist, in einer Weise zu sprechen, die den Vereinbarungen, wie wir sprechen wollen, zuwiderläuft, vergleichbar dem Versuche, mit dem Mond den Skieß zu stechen.

Kehren wir nun zurück zum Problem, von dem wir ausgingen: welches ist die gegenseitige Stellung von Beobachtung und Theorie in der Physik? Wir sagten, die übliche Auffassung sei etwa die: der Erfahrung entnehmen wir die Gültigkeit gewisser Naturgesetze, und da wir durch unser Denken die allgemeinsten Gesetze alles Seins erfassen, so wissen wir, daß auch alles, was aus diesen Naturgesetzen durch logisches oder mathematisches Denken folgt, sich realisiert finden muß. Wir sehen nun, daß diese Auffassung unhaltbar ist; denn unser Denken erfaßt keinerlei Gesetze des Seins. Nie und nirgends kann uns also das Denken ein Wissen über Tatsachen liefern, das über das Beobachtete hinausgeht. Wie aber sollen wir uns dann zu den auf theoretischem Wege gemachten Entdeckungen stellen, in denen – wie wir sagten – die übliche Auffassung scheinbar eine so starke Stütze findet? Überlegen wir uns z.B., um was es sich bei der Errechnung des Planeten Neptun durch Leverrier drehte!

Newton hat bemerkt, daß die bekannten Bewegungsvorgänge, himmlische wie irdische, sich sehr gut einheitlich beschreiben lassen durch die Annahme, daß zwischen je zwei Massenpunkten eine Anziehungskraft wirkt, die proportional ist ihren Massen, umgekehrt proportional dem Quadrat ihrer Entfernung. Und weil durch diese Annahme sich die bekannten Bewegungsvorgänge sehr gut beschreiben ließen, so *machte* er diese Annahme, d.h. er sprach versuchsweise, als Hypothese, das Gravitationsgesetz aus: »Zwischen je zwei Massenpunkten wirkt eine Anziehungskraft, die proportional ist ihren Massen, umgekehrt proportional dem Quadrat ihrer Entfernung.« Als *Behauptung* konnte er dies Gesetz nicht aussprechen, sondern nur als Hypothese, denn niemand kann behaupten, daß sich je zwei Massenpunkte wirklich so verhalten, denn niemand kann alle Massenpunkte beobachten. Indem man aber das Gravitationsgesetz ausspricht, hat man implizit viele andere Sätze mit ausgesprochen, nämlich alle Sätze, die aus dem Gravitationsgesetz (zusammen mit unmittelbar der Beobachtung entnommenen Daten) durch Rechnen und durch logisches Schließen folgen; die theoretischen Physiker und Astronomen haben die Aufgabe, uns bewußt zu machen, was alles wir implizit mitsagen, wenn wir das Gravitationsgesetz aussprechen. Und Leverriers Rechnungen brachten zum Bewußtsein, daß durch Aussprechen des Gravitationsgesetzes mitgesagt ist, daß zu einer bestimmten Zeit an einer bestimmten Stelle des Himmels ein bis dahin unbekannter Planet zu sehen sein mußte. Man hat hingeschaut und hat tatsächlich diesen neuen Planeten gesehen – die Hypothese des Gravitationsgesetzes hatte sich bewährt. Aber nicht die Rechnung Leverriers hat ergeben, daß dieser Planet vorhanden ist, sondern das Hinschauen, die Beobachtung hat dies ergeben. Diese Beobachtung hätte ebensowohl anders ausgehen können, es hätte ebensogut geschehen können, daß an der betreffenden Stelle des Himmels nichts zu sehen war – dann hätte sich eben in diesem Falle das Gravitationsgesetz nicht bewährt und man hätte zu zweifeln begonnen, ob das Gravitationsgesetz wirklich eine geeignete Hypothese zur Beschreibung der beobachtbaren Bewegungsvorgänge sei. Und so ist es ja tatsächlich später gekommen: Indem man das Gravitationsgesetz ausspricht, ist implizit mitgesagt, daß zu einer bestimmten Zeit der Planet Merkur an einer bestimmten Stelle des Himmels zu sehen sein muß – ob er dann wirklich dort zu sehen war, konnte nur die Beobachtung lehren; die Beobachtungen aber ergaben, daß er *nicht* genau an der betreffenden Stelle des Himmels zu sehen war. Und was geschah? Man sagte sich: Da wir bei Aussprechen des Gravitationsgesetzes implizit Sätze aussprechen, die nicht zutreffen, so können wir die Hypothese des Gravitationsgesetzes nicht aufrecht erhalten. Newtons Gravitationstheorie wurde durch die Einsteins ersetzt.

Es ist also nicht so, daß wir durch die Erfahrung wissen, daß gewisse Naturgesetze gelten, und – weil wir durch unser Denken die allgemeinsten Gesetze alles Seins erfassen – deshalb auch wissen, daß alles realisiert sein muß, was durch Denken aus diesen Naturgesetzen gefolgert werden kann. Vielmehr ist es so: wir wissen von keinem einzigen Naturgesetze, daß es gilt; die Naturgesetze sind *Hypothesen*, die wir versuchsweise aussprechen; durch Aussprechen solcher Naturgesetze werden aber implizit viele andere Sätze mitausgesprochen (und Aufgabe des Denkens ist es, uns bewußt zu machen, welche Sätze implizit mitausgesprochen wurden); insolange nun diese implizit mitausgesprochenen Sätze (soferne sie von unmittelbar Beobachtbarem handeln) durch die Beobachtung bestätigt werden, bewähren sich diese Naturgesetze und wir halten an ihnen fest; wenn aber diese implizit mitausgesprochenen Sätze durch die Beobachtung nicht bestätigt werden, bewähren sich die Naturgesetze nicht und werden durch andere ersetzt.

V. Wissenschaft und Metaphysik

Ich habe versucht, es klar zu machen, wie sich Logik und Mathematik in eine rein empiristische Philosophie einfügen, und ich glaube, daß erst durch diese, von der Auffassung früherer Empiristen fundamental abweichende Auffassung von Logik und Mathematik konsequenter Empirismus überhaupt möglich geworden ist. Damit ist aber noch keineswegs alles gesagt, was über die Beziehungen von Beobachtung und Theorie zu sagen ist, und so will ich mich nun einem Problem zuwenden, bei dessen Behandlung wir wieder stark von manchen früheren Empiristen abweichen.

Wir haben festgestellt, daß nur die Beobachtung uns ein Wissen über Tatsachen liefern kann; die Theorie ist dazu völlig außerstande. Manche Empiristen zogen daraus die Folgerung, es seien in den von Tatsachen handelnden Wissenschaften nur solche Sätze legitim, die (wenigstens prinzipiell) durch Beobachtung bestätigt oder widerlegt werden können, die also nur von (wenigstens prinzipiell) Beobachtbarem handeln; in einem legitimen Satze dürften also nur Terme auftreten, die aus Beobachtbarem zusammensetzbar, konstituierbar sind. Insbesondere E. Mach[15] hat mit großer Schärfe diese Forderung vertreten und er hat nachdrücklichst darauf hingewiesen, daß die übliche Physik diese Forderung durchaus nicht erfüllt; insbesondere seien alle Sätze, die von Molekeln, Atomen (und wir können heute hinzufügen: Elektronen, Protonen, Quanten) handeln, nicht legitim, weil alle diese Terme prinzipiell unkonstituierbar (nicht aus Beobachtbarem zusammensetzbar) seien; alle solchen Sätze seien daher metaphysisch und hätten kein Bürgerrecht in der Wissenschaft. L. Boltzmann hat gegen diese Ansicht Machs aufs lebhafteste polemisiert[16], und ich glaube, wir müssen uns in diesem Streite auf die Seite Boltzmanns stellen.

67

---

[15] Ernst Mach: *Die Mechanik in ihrer Entwicklung*, Leipzig ^{8}1921, S. 466.

»Nicht jede bestehende wissenschaftliche Theorie ergibt sich so natürlich und ungekünstelt. Wenn z.B. chemische, elektrische, optische Erscheinungen durch Atome erklärt werden, so hat sich die Hilfsvorstellung der Atome nicht nach dem Prinzip der Kontinuität ergeben, sie ist vielmehr für diesen Zweck eigens erfunden worden. Atome können wir nirgends wahrnehmen, sie sind wie alle Substanzen Gedankendinge. Ja, den Atomen werden zum Teil Eigenschaften zugeschrieben, welche allen bisher beobachteten widersprechen. Mögen die Atomtheorien immer geeignet sein, eine Reihe von Tatsachen darzustellen, die Naturforscher, welche Newtons Regeln des Philosophierens sich zu Herzen genommen haben, werden diese Theorien nur als provisorische Hilfsmittel gelten lassen und einen Ersatz durch eine natürliche Anschauung anstreben.«

[16] Ludwig Boltzmann: *Populäre Schriften*, Leipzig ^{2}1911, S. 142.

»Endlich wäre es nicht ein Schaden für die Wissenschaft, wenn man

In der Tat, die ganze Wissenschaft ist voll von Sätzen, die prinzipiell nicht durch Beobachtung bestätigt werden können, weil sie unkonstituierbare Terme enthalten; nicht nur die Sätze über Molekeln, Atome, Elektronen etc. sind von dieser Art. In der theoretischen Physik wird (vermöge der Einführung von Koordinaten) die Stelle jedes Ereignisses in Raum und Zeit festgelegt gedacht durch Angabe von Zahlen; eine solche Festlegung aber geht prinzipiell über jede Beobachtungsmöglichkeit hinaus; wie sollte eine Beobachtung darüber entscheiden können, ob das Verhältnis zweier Längen exakt durch die Zahl ⅓ angegeben wird, oder durch einen Dezimalbruch, der mit einer sehr großen Zahl von Stellen 3 beginnt und dann irgendwie anders weitergeht? Die Physik behauptet, daß sich im leeren Raume elektromagnetische Vorgänge abspielen; wie aber sollte das je durch Beobachtung festgestellt werden können? Dazu müßte man doch irgendwelche Apparate an die Stelle bringen, wo man das feststellen will, dann aber ist dort nicht mehr leerer Raum, denn dann sind ja diese Apparate dort! Vor vielen Jahren, auf einem mit einem Freunde unternommenen Spaziergange im Walde, machten wir, indem wir dem Treiben in einem Ameisenhaufen zusahen, die scherzhafte Bemerkung, die Zoologie könne doch gar nicht davon spre-

nicht noch heute die gegenwärtigen Anschauungen der Atomistik mit gleichem Eifer pflegte, wie die der Phänomenologie? Die Beantwortung dieser Fragen in dem der Atomistik günstigem Sinne bezeichne ich schon hier als das Resultat der folgenden Betrachtungen: Die Differentialgleichungen der mathematisch-physikalischen Phänomenologie sind offenbar nichts als Regeln für die Bildung und Verbindung von Zahlen und geometrischen Begriffen, diese aber sind wieder nichts anderes als Gedankenbilder, aus denen die Erscheinungen vorhergesagt werden können. Genau dasselbe gilt auch von den Vorstellungen der Atomistik, so daß ich in dieser Beziehung nicht den mindesten Unterschied zu erkennen vermag. Überhaupt scheint mir von einem umfassenden Tatsachengebiete niemals eine direkte Beschreibung, stets nur ein Gedankenbild möglich. Man darf daher nicht mit Ostwald sagen, Du sollst Dir kein Bild machen, sondern nur, Du sollst in dasselbe Bild möglichst wenig Willkürliches aufnehmen.«

chen, wie sich Ameisen verhalten, sie könne nur davon sprechen, wie sich Ameisen verhalten, wenn Menschen ihnen zusehen; das war ein Scherz, aber es liegt viel Ernst in diesem Scherze: jeder Vorgang wird irgendwie dadurch gestört, daß man ihn beobachtet; die Physik aber spricht vom ungestörten Vorgange – daß das nicht eine zu vernachlässigende Spitzfindigkeit, sondern von prinzipieller Bedeutung ist, wird durch die neueste Entwicklung in der Physik in klares Licht gerückt.

Aber wir brauchen gar nicht so weit zu gehen, um Beispiele von physikalischen Sätzen zu finden, die prinzipiell nicht durch Beobachtung bestätigt werden können, weil sie einen unkonstituierbaren Term enthalten. Das Wort »alle«, das doch irgendwie in jedem Naturgesetze auftritt, ist – abgesehen von dem Falle, wo ich die Individuen aufzähle, die unter »alle« gemeint sind, in welchem Falle das Wort »alle« nur eine an sich überflüssige Abkürzung darstellt – ein solcher unkonstituierbarer Term, dem nichts Beobachtbares entspricht. Wie sollte jemals durch Beobachtung festgestellt werden, daß wirklich *alle* Körper sich durch Erwärmung ausdehnen? Wie sollte durch Beobachtung auch nur festgestellt werden, daß *alle* Amseln schwarz sind? Denn wären durch Zufall selbst alle Amseln der Welt auf ihre Farbe beobachtet worden, so könnten wir doch nicht behaupten, alle Amseln seien schwarz, weil wir nie wissen könnten, daß die beobachteten Amseln alle Amseln sind. Der Term »alle« ist also unkonstituierbar, jedes Naturgesetz somit – wie wir ja übrigens schon weiter oben festgestellt haben – ein prinzipiell nicht durch Beobachtung bestätigbarer Satz.

Wir sehen also, daß die Forderung Machs, es müßten alle Sätze aus der Wissenschaft entfernt werden, in denen unkonstituierbare Terme vorkommen, undurchführbar ist: es würden nicht nur, wie Mach das wollte, die Sätze über Moleküle, Atome etc. verschwinden, sondern die ganze Wissenschaft würde zusammenstürzen.

Wenn wir aber zugeben müssen, daß auch solche Sätze Bürgerrecht in der Wissenschaft genießen, die unkonstituierbare Terme enthalten, die prinzipiell nicht durch Beobachtung bestätigt werden können, ist damit nicht wieder der Metaphysik Tür und Tor geöffnet? Wir müssen uns also die Frage vorlegen: was ist der Sinn der legitimen wissenschaftlichen Sätze, die unkonstituierbare Terme enthalten? Wodurch unterscheiden sie sich von den illegitimen, metaphysischen Sätzen?

Jedesmal, wenn man unkonstituierbare Terme in die Wissenschaft einführt, muß man ihnen eine Gebrauchsanweisung mitgeben, man muß Regeln angeben, wie mit ihnen zu operieren ist, wie Sätze, in denen sie vorkommen, in andere Sätze transformiert werden sollen. Und diese Regeln müssen derart sein, daß wir schließlich auf Sätze kommen, in denen kein unkonstituierbarer Term mehr vorkommt, die durch Beobachtung unmittelbar bestätigt oder widerlegt werden können.[17] Mit den Operationsregeln für den Term »alle« beschäftigt sich ein eigenes Kapitel der Logik. Die wichtigste dieser Regeln lautet: »Was für alle gelten soll, soll auch für jedes einzelne gelten.« Sage ich also »Alle Amseln sind schwarz« und »Der Vogel, der auf diesem Baume sitzt, ist eine Amsel«, so habe ich – zufolge der Operationsregeln für das Wort »alle« – mitgesagt: »Der Vogel, der auf diesem Baume sitzt, ist schwarz«, und damit bin ich auf einen Satz gekommen, der unmittelbar durch Beobachtung bestätigt oder widerlegt werden kann; wird er durch die Beobachtung bestätigt, so kann ich bei den zuerst ausgesprochenen beiden Sätzen verbleiben; wird er durch die Beobachtung widerlegt, so kann ich nicht – ohne Renonce zu machen – auf den beiden ersten Sätzen beharren; wird dann etwa auch noch der Satz »Der Vogel, der auf diesem Baume sitzt, ist eine Amsel« durch Beobachtung bestätigt, so muß ich den Satz »Alle Amseln sind schwarz« fallen lassen.

Die Einführung unkonstituierbarer Terme ist also an sich noch nicht Metaphysik; sie ist für die Wissenschaft unentbehrlich, und sie ist durchaus legitim, wenn diesen Termen Gebrauchsanweisungen mitgegeben werden, auf Grund derer aus Sätzen, in de-

---

[17] Bei dieser unmittelbaren Bestätigung, beziehungsweise Widerlegung spielen diejenigen Sätze eine wichtige Rolle, die Carnap und Neurath als Protokollsätze bezeichnet haben und auf die alle Systemsätze der Realwissenschaft zurückführbar sind.

nen diese Terme vorkommen, Sätze gewonnen werden können, in denen sie nicht mehr vorkommen, und die durch Beobachtung kontrollierbar sind. Fehlt eine solche Gebrauchsanweisung, oder reicht sie nicht aus zur Wegschaffung der unkonstituierbaren Terme, dann freilich treibt man Metaphysik. Die legitimen Sätze der Wissenschaft mit unkonstituierbaren Termen sind wohlgedecktem Papiergeld vergleichbar, das bei der Nationalbank jederzeit in Gold umgewechselt werden kann – die metaphysischen Sätze gleichen ungedecktem Papiergeld, für das niemand Gold oder Waren gibt.

Obwohl nun die Terme »Molekel«, »Atom«, »Elektron« etc. unkonstituierbar sind, so ist ihre Verwendung in der Physik doch durchaus legitim: Die kinetische Gastheorie z.B. geht aus von Sätzen über das Verhalten von Molekeln und gewinnt aus ihnen durch geeignete Umformungen und Interpretationsregeln Aussagen über das Verhalten konkreter Gase, in denen der Term »Molekel« nicht mehr vorkommt, und die durch Beobachtung kontrollierbar sind. Die Elektronentheorie geht aus von Sätzen über das Verhalten von Elektronen und Protonen und gewinnt daraus in ähnlicher Weise Aussagen über das Aussehen von Spektren, in denen die Terme »Elektron« und »Proton« nicht mehr vorkommen, und die durch Beobachtung kontrollierbar sind.

Wenn wir so, entgegen der Meinung von Mach, feststellen, daß die Verwendung von »Atomen« etc. in der Physik durchaus legitim und nicht metaphysisch ist, so gilt dies keineswegs von gewissen »philosophischen« Erörterungen über Atome. Da findet man die Argumentation: qualitative Änderungen einer Substanz seien für uns unverstehbar, verstehen können wir nur Lageänderungen an sich unveränderlicher Substanzen; da die sinnlich wahrnehmbaren Körper qualitative Änderungen zeigen (aus Eis wird Wasser, aus Wasser wird Dampf), so müssen wir annehmen, die sinnlich wahrnehmbaren Körper bestehen aus sinnlich nicht wahrnehmbaren, völlig unveränderlichen Atomen, und was wir als qualitative Änderungen der Körper wahrnehmen, seien in Wirklichkeit nur Lageänderungen der Atome. Diese Argumentation scheint uns ganz sinnleer. Wir können überhaupt keine

Tatsache verstehen, weder die Veränderung noch das Beharren einer Qualität, weder Bewegung noch Ruhe eines Körpers. Verstehen können wir eine tautologische Umformung, aber nie etwas Beobachtbares: »verstehen« bezieht sich auf das Denken, sowie »sehen« auf Farben, »hören« auf Töne: da wir aber die Tatsachen nicht durch Denken, sondern immer nur durch Beobachtung erfassen, können wir keine Tatsache verstehen, so wie wir keine Farbe hören, keinen Ton sehen können; und das rührt nicht daher, daß unsere Ohren, unsere Augen zu schlecht sind – auch mit den feinsten Ohren könnten wir keine Farben hören, auch mit den schärfsten Augen können wir nicht Töne sehen; und ebenso können wir nicht Tatsachen verstehen – nicht weil unser Denken dazu zu schwach wäre, sondern weil Denken und Tatsachen nichts miteinander zu tun haben.

Die eben von uns als sinnleer erkannte Argumentation wird verwendet zur Begründung der These, die Welt, die uns unsere Sinne zeigen, sei bloßer *Schein*, wahres *Sein*, wahre *Realität* komme nur den Atomen und ihren Lageänderungen zu. Dies ist ein Musterbeispiel eines metaphysischen und darum sinnleeren Satzes. Er enthält die unkonstituierbaren Terme »Schein« und »Sein (Realität)«, ohne daß irgend eine Gebrauchsanweisung für diese Terme gegeben wird, auf Grund derer wir von der angeführten These zu Sätzen gelangen könnten, die durch die Beobachtung überprüfbar wären. Ich will damit nicht sagen, daß es nicht auch eine legitime Verwendung der Terme »Schein«, »Realität« gibt; es hat seinen guten Sinn, wenn ich die gesehene Knickung eines in Wasser getauchten Stockes für bloßen Schein erkläre: es ist damit etwa gemeint, daß der Tastsinn diese Knickung nicht aufzeigt: es hat seinen guten Sinn, wenn ich eine von mir halluzinierte Gestalt für bloßen Schein erkläre: Es ist damit gemeint, daß andere Leute, die sie meiner Meinung nach normalerweise unbedingt hätten sehen müssen, versichern, sie haben sie nicht gesehen. Und immer, wenn das Wort »Schein« in legitimer Weise verwendet wird, wenn in legitimer Weise gewisse Wahrnehmungen als »scheinbar«, als »irreal« bezeichnet werden, geschieht es vermöge eines Vergleiches dieser Wahrnehmungen mit anderen

Wahrnehmungen. Metaphysik, illegitim, sinnleer aber ist es, *alle* Wahrnehmungen für bloßen Schein zu erklären – denn woran gemessen sollen sie bloßer Schein sein? Das Denken – wie dies die rationalistische Philosophie wollte – kann diesen Maßstab nicht abgeben; denn das Denken hat mit der Wahrnehmung nichts zu tun und kann deshalb über sie auch nichts ausmachen.

VI. *Wahrheitsproblem und Einheitswissenschaft*

Ich möchte diese Ausführungen nicht schließen, ohne ein großes Problem wenigstens gestreift zu haben: das *Wahrheitsproblem*. Die alte, metaphysische Auffassung ist da etwa die: es gibt eine Realität, eine Welt wahren Seins, und eine Aussage ist wahr, wenn sie übereinstimmt mit dem, was in dieser Realität wirklich statt hat; die Aussage des Gravitationsgesetzes z.B. ist wahr, wenn sich in der Realität je zwei Körper wirklich so anziehen, wie dieses Gesetz es behauptet; leider ist uns aber diese Realität nicht ohne weiteres zugänglich, so daß wir nicht recht in die Lage kommen, festzustellen, daß ein Satz wahr ist; aber das ist unser menschliches Pech, am Wesen der Sache wird dadurch nichts geändert.

Entgegen dieser metaphysischen Auffassung, Wahrheit bestehe in der – doch nicht feststellbaren – Übereinstimmung mit der Realität, bekennen wir uns zur *pragmatistischen* Auffassung: Wahrheit eines Satzes besteht in seiner *Bewährung*.[18] Freilich wird dadurch die Wahrheit ihres absoluten, ewigen Charakters

71   [18] In den Hauptwerken des Pragmatismus:
John Dewey: *Studies in Logical Theory*, Chicago 1903, S. 106 ff.
»Das was als hinreichend gesichert als Grundlage ferneren Handelns gelten kann, wird als wirklich und wahr betrachtet.«
William James: *Der Pragmatismus*, Leipzig 1908, S 51. (im englischen Original, New York 1907, S. 80.)
»(Als wahr gilt) was uns am besten führt, was für jeden Teil des Lebens am besten paßt, was sich mit der Gesamtheit der Erfahrungen am besten vereinigen läßt.«

entkleidet, sie wird relativiert, sie wird vermenschlicht, aber der Wahrheitsbegriff wird *anwendbar!* Und welchem Zwecke könnte ein Wahrheitsbegriff dienen, der nicht anwendbar ist?

Worin besteht nun die Bewährung eines Satzes? H. Poincaré hat gesagt – und er hat darin gewiß recht – das Wesen der Naturwissenschaft bestehe darin, daß sie Voraussagen macht, und zwar Voraussagen über unmittelbar Beobachtbares. Indem ich das Gravitationsgesetz ausspreche, mache ich implizit die Voraussage: der Stein, den ich jetzt schleudere, wird sich so und so bewegen, die Planeten werden morgen um neun Uhr abends – falls der Himmel nicht bewölkt ist – an den und jenen Stellen des Himmels zu sehen sein.

Insolange nun die Voraussagen, die aus einem Satze der Naturwissenschaft fließen, zutreffen, oder wenigstens in der überwiegenden Mehrzahl der Fälle zutreffen, bewährt sich dieser Satz, er wird als wahr bezeichnet und es wird an ihm festgehalten (wie dies beim Gravitationsgesetze bis vor kurzem der Fall war); mehren sich aber die Fälle, in denen diese Voraussagen nicht zutreffen, so bewährt sich der Satz nicht, er wird als falsch bezeichnet und fallen gelassen (wie dies mit dem Gravitationsgesetz [in] neuerer Zeit geschah). Man wende hingegen nicht ein, dieser pragmatistische Wahrheitsbegriff sei nicht der wahre Wahrheitsbegriff; das Gravitationsgesetz sei eben immer falsch gewesen, und die Physiker hätten sich nur getäuscht, als sie es wegen seiner Bewährung lange Zeit für wahr hielten. Wer so argumentiert, verwendet den Term »wahr« in illegitimer, metaphysischer Weise, er ist nicht imstande zu sagen, unter welchen wirklich kontrollierbaren Umständen er bereit wäre zu behaupten, »Das Gravitationsgesetz ist wahr«.

Poincaré war der Meinung, gerade dadurch, daß sie Voraussagen mache, unterscheide sich die Naturwissenschaft von der Geschichtswissenschaft; wenn der Historiker sage: »Hier hat Johann ohne Land geweilt; das ist eine Tatsache, dafür gebe ich alle Hypothesen der Welt hin«, so antworte der Naturwissenschaftler: »Hier hat Johann ohne Land geweilt? Das ist mir ganz egal, er wird nie wieder hier weilen.« So sehr Poincaré darin recht hat, daß das Wesen der Naturwissenschaft im Voraussagen besteht, so wenig hat er – glaube ich – darin recht, daß sie sich dadurch fundamental von der Geschichtswissenschaft unterscheidet. Auch die Aussage: »Hier hat Johann ohne Land geweilt« ist in letzter Linie eine Voraussage, genauer gesagt: eine Anweisung, Voraussagen zu machen, die sich bewähren kann oder nicht, ganz wie ein Satz der Naturwissenschaft; es dreht sich um Voraussagen etwa der Art: bei erneuter, genauerer Durchforschung der vorhandenen Quellen, bei Auffindung neuer Quellen, bei besserer Kenntnis der Gesetzmäßigkeiten im Ablauf historischer Ereignisse, werden die Menschen, die sich damit beschäftigen, immer wieder sagen: Hier hat Johann ohne Land geweilt. Tatsächlich ist die Bestätigung solcher Voraussagen durch die Beobachtung, ist diese Bewährung das einzige Kriterium für die Wahrheit eines historischen Satzes und daher auch der Sinn dieser Wahrheit. Denn ebensowenig wie bei einem naturwissenschaftlichen Satze kann bei einem historischen Satze das Kriterium der Wahrheit Übereinstimmung mit der Realität sein. Es ist doch nicht so, daß sich die historischen Tatsachen irgendwo – in der Welt der Ideen, im Reiche der Mütter – aufbewahrt finden, wie in einem Museum, und man braucht dort nur nachzuschauen, um festzustellen, ob ein historischer Satz wahr oder falsch ist, nur daß uns armen Menschen leider der Zutritt zu diesem Museum verwehrt ist! Es gibt also keinen prinzipiellen Unterschied zwischen historischer und naturwissenschaftlicher Wahrheit, es gibt ebenso wenig eine absolute historische wie eine absolute naturwissenschaftliche Wahrheit, Kriterium für die eine wie für die andere ist die Bewährung; ein historischer Satz handelt ebenso viel oder ebenso wenig von Tatsachen wie ein naturwissenschaftlicher, er ist ebenso sehr oder ebenso wenig Hypothese wie ein naturwissenschaftlicher. Und ebenso wie jedes Naturgesetz enthält auch jeder historische Satz einen unkonstituierbaren Term: nämlich die grammatikalische Form der Vergangenheit.

Auch darin kann man nicht eine prinzipielle Trennungslinie zwischen historischen und physikalischen Wissenschaften finden wollen, daß die historischen Wissenschaften von menschlichem Verhalten handeln, während menschliches Verhalten in die Physik nicht eingehe. Ganz abgesehen davon, daß der Physiker vergangenen Beobachtungen, den eigenen wie denen anderer, ganz genau so gegenübertritt, wie der Historiker seinen Quellen – auch die Voraussagen, an denen sich ein physikalischer Satz zu bewähren hat, beziehen sich größtenteils auf menschliches Verhalten. Diese Voraussagen haben nicht nur die Form: »wenn du ins Spektroskop schaust, wirst du eine gelbe Linie sehen« und es ist nicht so, daß, wenn ich hineinschaue und die gelbe Linie nicht sehe, schon die Nichtbewährung des physikalischen Satzes, aus dem die Vorhersage floß, festgestellt würde – auch ein Blinder kann schließlich Physik treiben und es wird ihm nicht einfallen, alle physikalischen Sätze zu leugnen, aus denen Voraussagen über Farbwahrnehmungen fließen. Zu den Voraussagen, an denen ein physikalischer Satz sich zu bewähren hat, gehören eben auch solche wie: »Wenn du einen andern Menschen veranlaßt, in das Spektroskop zu schauen, so wirst du hören, daß er sagt: ich sehe eine gelbe Linie« und viele ähnliche.

Wo also sollte man eine prinzipielle Trennungslinie zwischen Physik, Geschichte, Soziologie, Psychologie ziehen? Alle diese Disziplinen sind völlig miteinander verflochten, sie alle werden prinzipiell nach derselben Methode betrieben, in ihnen allen ist Kriterium der Wahrheit die Bewährung – es gibt, wie wir schon eingangs sagten, nur eine Wissenschaft: die *Einheitswissenschaft*.

Damit bin ich am Ende meiner Ausführungen. Ich weiß wohl, daß das, was ich vorbrachte, vielfach bestritten wird; denn wir stehen mit unseren Ansichten in einem schweren Zweifrontenkampf: gegen den sogenannten gesunden Menschenverstand einerseits, dem unsere Ansichten paradox erscheinen, weil sie ungewohnt sind (aber der »gesunde« Menschenverstand würde besser der träge Menschenverstand heißen, denn er ist nichts anderes als der Niederschlag alter, bequem und deshalb lieb gewordener Denkgewohnheiten und wehrt sich gegen alles Ungewohnte), und gegen den angeblichen Tiefsinn der Metaphysik, der in Wirklichkeit Un-Sinn ist. Aber wenn auch die Überzahl der

Gegner groß ist und sie ihre Stellungen durch Jahrtausende ausgebaut haben, so wissen wir doch, daß unsere Gedanken siegreich vordringen, und unser Leitstern im Kampfe bleiben die Worte, die Boltzmann seiner Mechanik voranstellte:

Bring vor, was wahr ist;
schreib so, daß es klar ist
und verficht's, bis es mit dir gar ist!

3.5 VON DER ERKENNTNISTHEORIE ZUR WISSENSCHAFTSLOGIK
(1936)

Rudolf Carnap

Durch die Diskussionen des gegenwärtigen Kongresses bekommen wir einen lebhaften Eindruck davon, daß die wissenschaftliche Philosophie kein fertiges System ist, sondern sich in Entwicklung befindet. Ich möchte hier versuchen, einige charakteristische Züge der gegenwärtigen Entwicklungsphase aufzuweisen.

Die bisherigen Hauptphasen der Entwicklung der wissenschaftlichen Philosophie kann man vielleicht so charakterisieren: Zuerst handelte es sich um die Überwindung der Metaphysik, um den Übergang von der spekulativen Philosophie zur Erkenntnistheorie. Der zweite Schritt bestand in der Überwindung des synthetischen Apriori; er führte zu einer empiristischen Erkenntnistheorie. Diese Aufgabe ist in neuerer Zeit besonders durch die empiristischen und positivistischen Gruppen in den verschiedenen Ländern, einschließlich des amerikanischen Pragmatismus, gelöst worden. Die Aufgabe unserer gegenwärtigen Arbeit scheint mir nun in dem Übergang von der Erkenntnistheorie zur Wissenschaftslogik zu bestehen. Hierbei wird die Erkenntnistheorie nicht etwa, wie vorher Metaphysik und Apriorismus, gänzlich verworfen, sondern gereinigt und in ihre Bestandteile aufgelöst.

Wie mir scheint, ist die *Erkenntnistheorie* in ihrer bisherigen Gestalt eine *unklare Mischung aus psychologischen und logischen Bestandteilen.* Das gilt auch von den Arbeiten unseres Kreises, meine eigenen früheren Arbeiten nicht ausgenommen. Daraus ergeben sich viele Unklarheiten und Mißverständnisse. So rief z. B. vor kurzem ein Aufsatz in der »Erkenntnis« vielerlei Bedenken und Einwände und lebhafte Diskussionen durch seine vermeintlich logischen Thesen hervor, bis schließlich der Autor

erklärte, seine Ausführungen seien nicht als logische, sondern als
73   psychologische Analyse gemeint. Daraus sehen wir, wie wichtig
es ist, bei jeder sog. erkenntnistheoretischen Erörterung deutlich zum Ausdruck zu bringen, ob logische oder psychologische
Fragen gemeint sind.

Wenn wir die synthetischen, empirischen Sätze zur Realwissenschaft rechnen, so gehören die psychologischen Fragen der
Erkenntnistheorie nicht in die Philosophie, sondern in die Realwissenschaft. Sie sind dort nach den empirischen, z.B. statistisch-
experimentellen Methoden der Psychologie zu behandeln, während ihre Behandlung im Rahmen philosophischer Erörterungen
häufig die Gefahr des Dilettantismus mit sich bringt. Als eigentliche Aufgabe der philosophischen Arbeit bleibt dann die logische Analyse der Erkenntnis, d.h. der wissenschaftlichen Sätze,
Theorien und Methoden übrig, also die *Wissenschaftslogik*. Man
kann natürlich auch die Bezeichnung »Erkenntnistheorie« weiter
verwenden, nur müssen die früheren zweideutigen Fragestellungen vermieden werden.

Die Durchführung von logischen Untersuchungen hat nun
immer deutlicher gezeigt, daß die logischen Eigenschaften und
Beziehungen (z.B. die Eigenschaft eines Satzes, analytisch, kon-
tradiktorisch oder synthetisch zu sein, oder die Folgebeziehung
zwischen Sätzen) nur von der Struktur der Sätze und der übrigen Sprachausdrücke abhängt, d.h. von der Reihenfolge und Art
der in den Ausdrücken vorkommenden Zeichen, kurz: von ihren
syntaktischen Eigenschaften. Daher bezeichnen wir die Theorie
74   der logischen Analyse auch als *logische Syntax*.
Wenn ich sage, daß die Wissenschaftslogik an die Stelle der Erkenntnistheorie tritt, so soll damit nicht ein neues Verfahren vorgeschlagen werden. Mir scheint vielmehr, daß auch in unserem
bisherigen Arbeiten, die nicht-psychologischen Fragen solche
Fragen der logischen Syntax waren. (Es muß allerdings bemerkt
werden, daß die Trennung der psychologischen und der logischen
Fragen bei den früheren Arbeiten nicht immer in einfacher Weise
möglich ist.) Wir wollen uns also jetzt nur etwas bewußt machen,
was wir immer schon getan haben. Wie kommt es nun, daß wir

den Charakter unsrer eigenen Fragen früher nicht klar erkannt haben? Wie mir scheint, liegt das an der allgemein üblichen Art der Formulierung (der sog. inhaltlichen oder materialen Redeweise). Die Fragen und Antworten pflegt man nämlich meist so zu formulieren, als bezögen sie sich auf gewisse Objekte oder Fakten (z.B. Farbwahrnehmungen, Atome, die ganze Natur), während sie sich in Wirklichkeit auf gewisse Sprachausdrücke beziehen, nämlich auf diejenigen Ausdrücke, durch die jene Objekte oder Fakten bezeichnet werden. Gelegentlich mögen sie sich auch wirklich auf Fakten bezogen haben; aber dann lag keine erkenntnistheoretische, keine philosophische Frage vor, sondern eine solche der Realwissenschaft.

Es sind besonders *zwei Arten von Fakten*, auf die sich die Untersuchungen der modernen wissenschaftlichen Philosophie vermeintlich, nicht wirklich, beziehen: die phänomenalen und die physikalischen Fakten. Die Erkenntnistheorie im engern Sinn schien sich mit den »Phänomenen«, dem »unmittelbar Gegebenen«, den »Erlebnissen«, den »bloßen Bewußtseinsinhalten« zu befassen, also mit Fakten wie z.B. »Hier jetzt Schmerz« oder »Ich sehe einen roten Fleck«. Aber in Wirklichkeit wäre die Untersuchung solcher Fakten Sache der Psychologie. Deren empirische Methode müßte hier angewendet werden: die Abhängigkeit der Vorgänge von verschiedenen Faktoren müßte festgestellt werden, die Ergebnisse müßten statistisch verarbeitet und in allgemeinen Gesetzen formuliert werden, usw. Die physikalischen Fakten bildeten scheinbar den Gegenstand der sog. Naturphilosophie. Hier, so glaubte man, handle es sich um die Analyse von Raum und Zeit, Kausalität, Determinismus usw. Aber wenn es sich tatsächlich um die Analyse der Naturvorgänge gehandelt hätte, so wären die Fragen naturwissenschaftliche und nicht philosophische gewesen.

Der Erkenntnistheoretiker wird nun vielleicht einwenden: »Wir analysieren gewiß auch die Fakten, die der Psychologe und der Physiker untersuchen. Aber wir tun das von einem andern Gesichtspunkt aus. Uns interessieren an den Fakten nicht ihre zufälligen, empirischen Züge, die der Fachwissenschaftler feststellt, sondern ihre wesentlichen, notwendigen Züge.« Das ist eine etwas gefährliche Formulierung. Aber wir wollen zugunsten der Erkenntnistheoretiker annehmen, daß sie frei von Metaphysik sind und unter »notwendigen Zügen« nicht etwas Metaphysisch-Ontologisches, sondern etwas Wissenschaftliches verstehen. Dann kann die genannte Formulierung nur so verstanden werden – und bei dieser Deutung hat sie Recht –, daß nicht die empirische, sondern die logische Analyse als Aufgabe der Erkenntnistheorie gemeint ist. Dann aber können nicht die Fakten selbst den Gegenstand der Untersuchung bilden, sondern die Sätze, in denen diese Fakten beschrieben werden.

Wir tun somit gut daran, die erkenntnistheoretischen Fragen und Sätze so umzuformulieren, daß der Schein vermieden wird, als bezögen sie sich auf die Fakten, und daß vielmehr deutlich wird, daß sie sich auf die Sprache beziehen. Wir nennen diese Umformulierung eine Übersetzung aus der inhaltlichen (oder materialen; eigentlich sollten wir sagen: pseudo-materialen) Redeweise in die formale Redeweise. Wir werden also nicht mehr fragen: »Gibt es Phänomene als ursprünglichste Fakten, auf die alle andern Fakten zurückführbar sind?«; hierbei wäre gänzlich unverständlich, was es heißen soll, ein Faktum sei auf andere Fakten zurückführbar. Statt dessen werden wir die Frage so formulieren: »Gibt es letzte Sätze, auf die alle synthetischen Sätze zurückführbar sind?«; was Zurückführbarkeit von Sätzen ist, läßt sich im Rahmen der logischen Syntax genau definieren.[1] Und weiter ersetzen wir die Frage »Welche Form haben die ursprünglichen Phänomene?« durch die Frage: »Welche Form (logisch-syntaktische Struktur) haben die letzten Sätze?« Vielleicht werden Sie nun sagen: »Die Übersetzung mag zulässig sein; aber schließlich kommt es doch auf dasselbe heraus, ob wir nach der Struktur der Phänomene oder nach der der Sätze fragen, denn wenn die Sätze die Phänomene beschreiben, so haben sie die-

---

[1] Über den Begriff der Zurückführbarkeit vgl. den andern Kongreßvortrag »Über die Einheitssprache der Wissenschaft. Logische Bemerkungen zur Enzyklopädie«, in diesem Band, S. 362–374.

selbe Struktur wie diese.« Aber in Wirklichkeit ist es nicht gleichgültig, wie wir die Frage formulieren. Denn die Formulierung in
formaler Redeweise spricht von Sätzen und macht uns dadurch
aufmerksam auf den Umstand, daß die Frage noch unvollständig
ist, daß nämlich noch eine Angabe darüber erforderlich ist, auf
welche Sprache sich die Frage beziehen soll. Dadurch wird uns
dann klar, daß es letzten Endes eine Frage der Konvention ist,
welche Struktur wir den elementaren Sätzen unsrer Sprache geben. (Damit ist keineswegs gesagt, daß es gleichgültig sei, welche
Struktur wir wählen. Denn die verschiedenen möglichen Konventionen in bezug auf die Form der Sprache können sich ja in
praktischer Durchführbarkeit und Fruchtbarkeit sehr erheblich
unterscheiden.) Im Unterschied hierzu kann uns die inhaltliche
Formulierung, bei der von »der Form der Phänomene« die Rede
ist, leicht zu dem gefährlichen Irrtum verleiten, als gäbe es so
etwas wie eine absolute, von der Sprachform unabhängige, fertig
gegebene Struktur der Phänomene, die man nur einfach anzu-
schauen und hinzunehmen brauche. In Wirklichkeit dagegen ist
die Struktur, die wir in der Beschreibung irgendeines Objekts
diesem zuschreiben, nicht nur von dem Objekt abhängig, sondern ganz wesentlich auch von der Form der Sprache, die wir für
die Beschreibung verwenden.

Mit den naturphilosophischen Fragen verhält es sich ebenso.
Die üblichen Formulierungen, z. B.: »Welche Struktur besitzt der
Raum?« »... die Zeit?«, »... die Kausalität?«, verführen leicht zum
Absolutismus. Wir ersetzen sie durch die Formulierungen: »Wel-
che logisch-syntaktische Struktur hat das System der Raumbe-
zeichnungen?«, »... das System der Zeitbezeichnungen?«, »... das
System der Naturgesetze?«. Diese Fragen können sich dann ent-
weder auf eine vorgegebene Sprache beziehen, z. B. auf die der
klassischen Physik, oder auf eine neu aufzustellende Sprache.
Im letzteren Fall handelt es sich nicht um die Feststellung einer
Tatsache, sondern um die Erwägung eines Beschlusses. Bei diesen
Formulierungen ist die absolutistische Gefahr ausgeschaltet, die
stets besteht, wenn ohne Bezugnahme auf eine Sprache gefragt
wird, wie die Natur an sich sei.

Wir finden also zwei Arten von Objekten wissenschaftlicher Untersuchungen: auf der einen Seite die Dinge, Vorgänge, Fakten usw., auf der andern die sprachlichen Formen. Die Untersuchung der Fakten ist die Aufgabe der realwissenschaftlichen, empirischen Forschung, die der Sprachformen ist die Aufgabe der logischen, syntaktischen Analyse. Wir finden *keinen dritten Gegenstandsbereich* neben dem empirischen und dem logischen.[2] Wenn die Phänomenologen und einige aprioristische Philosophen einen dritten Bereich zu untersuchen glauben, so unterliegen sie nach unsrer Ansicht einer Selbsttäuschung infolge der irreführenden Redeweise, die sie anwenden.

Daß die Untersuchungen der wissenschaftlichen Philosophie im Grunde die Sprache betreffen, klingt vielleicht zunächst nicht einleuchtend. Aber sehen Sie sich einmal die Vorträge dieses Kongresses unter diesem Gesichtspunkt an. Wenn Sie einen Vortrag über Wahrscheinlichkeitstheorie hören, so werden Sie bemerken, daß dort nicht gefragt wird, ob es in der Natur so etwas wie Wahrscheinlichkeit gibt, sondern, ob und wie es möglich ist, die Formen und Regeln der wissenschaftlichen Sprache so einzurichten, daß Wahrscheinlichkeitsansätze formuliert werden können; in einem Vortrag über den Realismus werden die Sätze, die zur Formulierung des Realismus dienen, einer logischen Analyse unterworfen, um festzustellen, welche Bestandteile von ihnen empirisch sind, d.h. auf Beobachtungssätze zurückführbar sind, und welche nicht; in einem Vortrag über psychologische Typen werden Sie nichts darüber erfahren, welche Typen unter den Menschen vorkommen, sondern welche logisch-syntaktische Form man den Typusbegriffen in Psychologie und Soziologie zweckmäßigerweise zu geben hat. Die Reihe der Beispiele könnte man beliebig fortsetzen. Daß ein Vortrag, der ein Axiomensystem der Biologie darstellt, oder solche, die Semantik (Theorie von der Bedeutung der Symbole) und Semiotik (allgemeine

---

[2] Die *Semantik*, von der die Vorträge von *Tarski* (Heft 3) und Frau *Lutman* (Heft 3) handeln, behandelt Beziehungen zwischen Objekten und Sprachausdrücken; in ihr finden wir also auch keinen dritten Bereich.

Theorie von den Funktionen der Symbole) behandeln, sich auf Symbole und Symbolsysteme, kurz: auf Sprachen beziehen, bedarf keines Hinweises mehr. So können wir tatsächlich überall bei den gegenwärtigen Arbeiten auf dem Gebiet der wissenschaftlichen Philosophie den Übergang von der Erkenntnistheorie zur Wissenschaftslogik beobachten. Es handelt sich nur noch darum, daß wir uns diesen Übergang, der sich schon vollzieht, bewußt machen, um ihn klar und methodisch durchzuführen.

LITERATUR

Ausführlichere Darstellungen der hier vorgetragenen Auffassung finden sich in folgenden Veröffentlichungen:

Die logische Syntax der Sprache. (Schr. z. wiss. Weltauff., Bd. 8). Springer Wien 1934. (English translation: *Logical Syntax of Language*, Kegan Paul, London 1936.)

Die Aufgabe der Wissenschaftslogik. (Einheitswiss., Heft 3). Gerold, Wien 1934. (Traduction française: *Le Problème de la Logique de la Science.* Actualités Scientifiques, vol. 291, Hermann, Paris 1935.)

Philosophy and Logical Syntax, (Psyche Miniatures), Kegan Paul, London 1935.

IV. ZU DEN PROGRAMMEN DES PHYSIKALISMUS UND DER EINHEITSWISSENSCHAFT

4.1 SOZIOLOGIE IM PHYSIKALISMUS
(1931)

Otto Neurath

I. Metaphysikfreier Physikalismus

Der sogenannte »Wiener Kreis der wissenschaftlichen Weltauffassung« sucht im Anschluß an Mach, Poincaré, Frege, Russell, Wittgenstein und andere eine metaphysikfreie Atmosphäre zu schaffen, um wissenschaftliche Arbeiten auf allen Gebieten durch logische Analyse zu fördern.[1] Weniger mißverständlich wäre es, von einem »Wiener Kreis des *Physikalismus*« zu sprechen, weil »Welt« ein Terminus ist, der in der wissenschaftlichen Sprache fehlt und Welt*auffassung* oft mit Welt*anschauung* verwechselt wird. *Alle* Vertreter dieses Kreises sind sich darüber einig, daß es *neben* den Wissenschaften keine »Philosophie« als Disziplin

---

[1] Vgl. die Zeitschrift *Erkenntnis,* in der Vertreter des Wiener Kreises dauernd mitarbeiten. Sie ist auch ein Organ des Vereins »Ernst Mach«, der vor allem die Anschauungen des Wiener Kreises einer breiteren Öffentlichkeit vermittelt.

»Veröffentlichungen des Vereins Ernst Mach«. Heft I: *Wissenschaftliche Weltauffassung; Der Wiener Kreis.* Einführende Darstellung mit ausführlicher Bibliographie. Von Rudolf Carnap, Hans Hahn, Otto Neurath. Heft II: Hans Hahn: *Überflüssige Wesenheiten (Occams Rasiermesser).* Beides Verlag Artur Wolf, Wien.

Genauerer Orientierung dienen: »Schriften zur wissenschaftlichen Weltauffassung«, herausgegeben von Philipp Frank (Prag) und Moritz Schlick (Wien), Verlag Julius Springer, Wien. I. Friedrich Waismann: *Logik, Sprache, Philosophie.* (In Vorbereitung.) – II. Rudolf Carnap: *Logistik.* – III. Richard von Mises: *Wahrscheinlichkeit, Statistik, Wahrheit.* – IV. Moritz Schlick: *Fragen der Ethik.* – V. Otto Neurath: *Empirische Soziologie.* – VI. Philipp Frank: *Das Kausalgesetz und seine Grenzen.* Alles Verlag Julius Springer, Wien.

mit *besonderen Sätzen* gibt; alle sinnvollen Aussagen sind in den *Wissenschaften* enthalten.

Die Wissenschaften werden, wenn man sie als *Einheitswissenschaft* zusammenfaßt, genau so betrieben, wie vorher in ihrer Spaltung. Ihr einheitlicher logischer Charakter wurde bisher nicht immer ausreichend betont. Die Einheitswissenschaft ist in derselben Weise Ergebnis umfassender *Kollektivarbeit* wie bisher das Gebäude der Chemie, der Geologie, der Biologie oder auch der Mathematik und Logik.

Die Einheitswissenschaft wird so betrieben werden wie bisher die Einzelwissenschaften, es wird daher in ihr der »Denker ohne Schule« nicht bedeutsamer sein als in den bisherigen Einzelwissenschaften. Der einzelne kann durch isolierte Einfälle hier ebensoviel oder ebensowenig als bisher in einer Wissenschaft erreichen. Jede Neuerung, die vorgeschlagen wird, muß so formuliert sein, daß man ihre allgemeine Anerkennung erwarten kann. Durch Zusammenarbeit vieler tritt ihre Tragweite erst voll zutage. Ist sie falsch oder sinnleer – das heißt Metaphysik –, dann fällt sie selbstverständlich aus dem Bereich einheitswissenschaftlicher Arbeit heraus. Die Einheitswissenschaft, neben der es keine »Philosophie«, keine »Metaphysik« gibt, ist nicht das Werk einzelner, sondern einer Generation.

Manche Vertreter des »Wiener Kreises«, die wie alle anderen Vertreter dieser Gruppe ausdrücklich erklären, daß man nicht von besonderen »philosophischen Wahrheiten« sprechen könne, verwenden doch noch fallweise das Wort »Philosophie«. Sie wollen damit das »Philosophieren« bezeichnen, die »Tätigkeit der Begriffsklärung«. Diese aus vielerlei Gründen verständliche Konzession an den überlieferten Sprachgebrauch gibt leicht zu Mißverständnissen Anlaß. In der vorliegenden Darlegung wird der Terminus nicht verwendet. Es wird nicht eine neue Weltanschauung einer alten gegenübergestellt, auch nicht alte Weltanschauung durch Begriffsklärung ersetzt, sondern all den Weltanschauungen tritt nun die »Wissenschaft *ohne Weltanschauung*« gegenüber. Die überkommenen Gebäude der Metaphysik und andere Gebilde verwandter Art bestehen für den

»Wiener Kreis«, soweit nicht »zufällig« wissenschaftliche Sätze sich in ihnen finden, aus sinnleeren Sätzen. Gegen die Verwendung des Ausdrucks »Philosophieren« liegt aber nicht nur ein terminologisches Bedenken vor; man kann nicht die »Begriffsklärung« von dem »wissenschaftlichen Betrieb« absondern, zu dem sie gehört. Sie ist mit ihm untrennbar verflochten.

Die Arbeiten an der *Einheitswissenschaft* hängen eng miteinander zusammen, ob man etwa die Konsequenzen neuer astronomischer Beobachtungsaussagen überdenkt oder ob man untersucht, welche chemischen Gesetze auf bestimmte Verdauungsvorgänge angewendet werden können, oder ob man die Begriffe verschiedener Wissenschaftszweige daraufhin überprüft, in welchem Ausmaß man sie bereits, wie es die Einheitswissenschaft verlangt, miteinander verbinden kann. In der Einheitswissenschaft muß man nämlich jedes Gesetz unter Umständen mit jedem anderen verbinden können, um zu neuen Formulierungen zu gelangen.

Man kann zwar verschiedene Arten von Gesetzen gegeneinander abgrenzen, zum Beispiel: chemische, biologische, soziologische, man kann aber *nicht von der Voraussage eines konkreten Einzelvorgangs sagen, daß sie nur von einer bestimmten Art von Gesetzen abhänge.* Ob z.B. die Verbrennung eines Waldes an einer bestimmten Stelle der Erde in bestimmter Weise erfolgen werde, hängt ebenso vom Wetter wie davon ab, ob die Menschen Eingriffe vornehmen werden oder nicht. Diese Eingriffe kann man aber nur voraussagen, wenn man Gesetze menschlichen Verhaltens kennt. *Das heißt, man muß unter Umständen alle Arten von Gesetzen miteinander verbinden können.* Alle, ob es nun chemische, klimatologische, soziologische Gesetze sind, müssen daher als *Teile eines Systems, nämlich der »Einheitswissenschaft«,* aufgefaßt werden.

Zum Aufbau der Einheitswissenschaft – Kurt Lewin hat darauf hingewiesen, daß der Ausdruck, wenn auch in etwas anderer Weise, von Franz Oppenheimer verwendet wurde – bedarf man der *Einheitssprache* mit ihrer *Einheitssyntax.* Aus den Unvollkommenheiten der Syntax in der Vorbereitungszeit kann man

die jeweilige Haltung einzelner Richtungen und Zeitalter erkennen.

Wittgenstein und andere Vertreter wissenschaftlicher Weltauffassung, die sich große Verdienste um die Zurückdrängung
der Metaphysik, um die Ausschaltung sinnleerer Sätze erworben haben, sind der Anschauung, daß jeder einzelne, um zur
Wissenschaft zu gelangen, zunächst sinnleerer Wortfolgen zur
»Erläuterung« bedürfe (Wittgenstein, *Tractatus*, 6.54): »Meine
Sätze *erläutern* dadurch, daß sie der, welcher mich versteht, am
Ende als unsinnig erkennt, wenn er durch sie – auf ihnen – über
sie hinausgestiegen ist. (Er muß sozusagen die Leiter wegwerfen,
nachdem er auf ihr hinaufgestiegen ist.)« Dieser Satz scheint anzudeuten, daß man sozusagen immer wieder eine Art Reinigung
von sinnleeren, das heißt metaphysischen Sätzen, durchmachen
müsse, daß man sozusagen immer wieder diese Leiter benützen
und wegwerfen müsse. Nur mit Hilfe von Erläuterungen, die aus
später als sinnleer zu erkennenden Wortfolgen bestehen, könne
man zur Einheitssprache gelangen. Diese wohl als metaphysisch
anzusprechenden Erläuterungen treten aber bei Wittgenstein
nicht isoliert auf; wir finden dort weitere Wendungen, die weniger Leitersprossen als Teilen einer im stillen formulierten
metaphysischen Nebenlehre gleichen. Der Schluß des »Tractatus« – »Wovon man nicht sprechen kann, darüber muß man
schweigen« – ist mindestens sprachlich irreführend; es klingt so,
als ob es »ein Etwas« gäbe, von dem man nicht sprechen könne.
Wir würden sagen: falls man sich wirklich ganz metaphysischer
Stimmung enthalten will, so »schweige man«, aber nicht »über
etwas«.

Wir brauchen keine metaphysische Erläuterungsleiter. In diesem Punkt kann man Wittgenstein nicht folgen, dessen große
Bedeutung für die Logik dadurch nicht geringer eingeschätzt
wird. Wir verdanken ihm u. a. die Gegenüberstellung der »Tautologien« und der »Aussagen über Vorgänge«. Logik und Mathematik zeigen uns, welche sprachlichen Umformungen *ohne Sinn-
mehrung* möglich sind, gleichgültig, wie wir diesen Tatbestand
formulieren mögen.

Logik und Mathematik bedürfen zu ihrer Ausgestaltung keiner weiteren Beobachtungsaussagen. Logische und mathematische Irrtümer können innerhalb ihres eigenen Bereichs beseitigt werden. Dem widerspricht nicht, daß Erfahrungsaussagen zur Berichtigung *Anlaß* geben können. Nehmen wir an, ein Kapitän fährt mit seinem Schiff auf ein Riff auf. Alle Berechnungsregeln sind richtig angewendet, das Riff befindet sich auf den geographischen Karten. Man könnte auf diese Weise einen Fehler in den Logarithmentafeln entdecken, der schuld am Unglück ist, aber auch ohne solche Erfahrungen gefunden werden kann.

In den »Erläuterungen« Wittgensteins, die gelegentlich als »mythologische Vorbemerkungen« gekennzeichnet worden sind, scheint der Versuch gemacht zu werden, gewissermaßen in einem vorsprachlichen Stadium über einen vorsprachlichen Zustand Untersuchungen anzustellen. Diese Versuche muß man also nicht nur als sinnleer ablehnen, sie sind auch als Vorbereitung der Einheitswissenschaft nicht notwendig. Man kann zwar mit einem Teil der Sprache über den anderen sprechen, man kann sich aber nicht über die Sprache als Ganzes sozusagen von einem »noch-nicht-sprachlichen« Standpunkt aus äußern, wie es Wittgenstein und einzelne Vertreter des »Wiener Kreises« versuchen. Ein Teil dieser Bemühungen läßt sich umgeformt wohl innerhalb des Wissenschaftsbetriebs unterbringen, ein Teil müßte wegfallen.

Man kann auch nicht die Sprache als Ganzes mit den »Erlebnissen« oder mit der »Welt« oder mit einem »Gegebenen« konfrontieren. Jede Aussage von der Art wie: »Die Möglichkeit der Wissenschaft beruht auf einer Ordnung der Welt«, ist daher sinnleer. Derlei Sätze sind auch nicht dadurch zu retten, daß man sie zu den »Erläuterungen« rechnet, für die gewissermaßen ein weniger strenger Standpunkt zur Anwendung kommt. Solcher Versuch unterscheidet sich wenig von Metaphysik im landläufigen Sinne. Die Möglichkeit der Wissenschaft zeigt sich an ihr selbst. Wir vergrößern ihren Bereich, indem wir die *Aussagenmasse* vermehren, neue Aussagen und überkommene Aussagen miteinander vergleichen und so ein widerspruchsloses System der Einheitswissenschaft schaffen, das für erfolgreiche *Voraussagen* verwendbar ist. Wir können nicht als Aussagende gewissermaßen eine Position außerhalb des Aussagens einnehmen und nun gleichzeitig Ankläger, Angeklagter und Richter sein.

Dieser Standpunkt, daß die Wissenschaft im Bereich der Aussagen verbleibt, Aussagen Ausgangspunkt und Ende der Wissenschaft sind, wird manchmal gerade von metaphysischer Seite zugestanden, freilich mit dem Zusatz, daß es eben neben der Wissenschaft noch einen Bereich gebe, der gewissermaßen uneigentliche Aussagen enthalte. Im Gegensatz zu der so häufigen Verzahnung von Wissenschaft und Metaphysik wird diese Trennung von Wissenschaft und Metaphysik – freilich ohne Elimination der Metaphysik – von [Robert] Reininger (*Metaphysik der Wirklichkeit*, Wien 1931) durchgeführt, der auch dem Behaviorismus gegenüber, soweit die Wissenschaft überhaupt in Frage kommt, einen dem »Wiener Kreis« verwandten Standpunkt einnimmt.

Die Einheitswissenschaft formuliert Aussagen, ändert sie ab, macht Voraussagen; sie kann aber ihren kommenden Zustand nicht selbst antizipieren. Neben dem gegenwärtigen Aussagensystem gibt es nicht noch ein »*wahres*« *Aussagensystem*. Von derlei auch als Grenzbegriff zu sprechen, hat keinen Sinn. *Wir können nur feststellen, daß wir heute mit dem räumlich-zeitlichen System operieren, das dem der Physik entspricht,* und so zu erfolgreichen Voraussagen gelangen. Dies Aussagensystem ist das Aussagensystem der Einheitswissenschaft – das ist der Standpunkt, den man als *Physikalismus* bezeichnen kann (vgl. Otto Neurath, *Empirische Soziologie*, Wien 1931, S. 2). Sollte sich dieser Terminus einbürgern, dann würde es sich empfehlen, von »physikalistisch« zu sprechen, wenn man im Sinne der gegenwärtigen Physik irgendeine räumlich-zeitliche Beschreibung, z.B. eine behavioristische, vornimmt. Der Terminus »physikalisch« würde dann für »physikalische Aussagen im engeren Sinne«, etwa für die der Mechanik, Elektrodynamik usw., reserviert bleiben.

Die einer bestimmten geschichtlichen Periode eigentümliche Einheitswissenschaft als Physikalismus geht fern von allen sinnleeren Sätzen von Aussage zu Aussage, die in einem widerspruchslosen System als Werkzeug erfolgreichen Voraussagens, also des Lebens, zusammengefaßt werden.

II. Einheitssprache des Physikalismus

Die Einheitswissenschaft umfaßt alle wissenschaftlichen *Gesetze;* diese können ausnahmslos miteinander verbunden werden. Gesetze sind nicht Aussagen, sondern nur Anweisungen darüber, wie man von Beobachtungsaussagen zu *Voraussagen* gelangt (Schlick).

77 Die Einheitswissenschaft drückt alles in der Einheitssprache aus, die Blinden und Sehenden, Tauben und Hörenden gemeinsam ist, sie ist »intersensual« und »intersubjektiv«. Sie verknüpft Aussagen des Monologisierenden von heute mit seinen Aussagen von gestern; seine Aussagen, die er macht, wenn er die Ohren schließt, mit denen, welche er macht, wenn er sie öffnet. In der Sprache ist nur *Ordnung* wesentlich, also das, was schon ein Morsestreifen darstellt. Die »intersubjektive«, die »intersensuale« Sprache überhaupt beruht auf der *Ordnung* (»neben«, »zwischen« usw.), das heißt auf dem, was sich in den Zeichenfolgen der Logik und Mathematik ausdrücken läßt. In dieser Sprache werden alle Voraussagen formuliert.

Diese Einheitssprache der Einheitswissenschaft, die im großen und ganzen durch Abänderungen aus der Sprache des Alltags ableitbar ist, ist die Sprache der Physik. Dabei ist es für die *Einheitlichkeit* der physikalistischen Sprache gleichgültig, welcher Sprache sich die Physik einer bestimmten Zeit gerade bedient, ob sie ein vierdimensionales Kontinuum in ihren feineren Formulierungen ausdrücklich verwendet, ob sie eine raum-zeitliche Ordnung kennt, derart, daß der Ort aller Vorgänge immer *genau* bestimmt ist, oder ob als Grundelemente Koppelungen von Orts- und Geschwindigkeitsstreuungen *mit prinzipiell begrenzter Genauigkeit* auftreten; wesentlich ist, daß die Begriffe der Einheitswissenschaft dort, wo auf die letzten Feinheiten zurückgegriffen wird, ebenso wie dort, wo die Beschreibung im Rohen bleibt, das jeweilige Schicksal der physikalischen Grundbegriffe haben. Gerade darin drückt sich der Standpunkt des Physikalismus aus. Immer aber sind alle Voraussagen, an deren Bewährung wir die Wissenschaft messen, auf Beobachtungsaussagen rückführbar, auf Aussagen, in denen wahrnehmende Personen und Reiz ausübende Dinge auftreten.

Zu sagen, daß die komplizierten oder weniger komplizierten Relationen, die sich so ergeben, weniger anschaulich seien, wenn sie im Sinne moderner Physik prinzipiell größter Genauigkeit entbehren müssen, als wenn sie hypothetische Elektronenbahnen einführen, geht wohl nur auf gewisse Gewohnheiten zurück (vgl. dazu Philipp Frank, »Der Charakter der heutigen physikalischen Theorien«, in: *Scientia* 49 [März 1931], S. 183–196).

Die Einheitssprache des Physikalismus tritt uns überall entgegen, wo wir eine wissenschaftliche Voraussage auf Grund von Gesetzen machen. Wenn jemand sagt, er werde gleichzeitig, wenn er eine bestimmte Farbe sieht, einen bestimmten Ton hören oder umgekehrt, oder wenn er von der »roten Stelle« neben der »blauen Stelle« spricht, die unter bestimmten Umständen auftreten wird, so bewegt er sich bereits innerhalb des Physikalismus. Er als Wahrnehmender ist ein physikalisches Gebilde, die Wahrnehmung muß er lokalisieren, z. B. im Zentralnervensystem, und alles, was er über Flecke aussagt, als Aussagen über diese Vorgänge im Zentralnervensystem oder an einem anderen Ort formulieren. Nur so kann er Voraussagen machen und sich mit anderen und mit sich selbst in einem anderen Zeitpunkt verständigen. Jede Zeitbestimmung ist bereits physikalische Formulierung.

Die Wissenschaft bemüht sich, die Sätze des Alltags umzuformen. Sie sind uns als »Ballungen« gegeben, die aus physikalistischen und vorphysikalistischen Bestandteilen bestehen. Wir ersetzen sie durch »Vereinheitlichungen« der physikalistischen Sprache. Wenn man z. B. sagt: »Die kreischende Säge zerschneidet den blauen Holzwürfel«, dann ist »Würfel« offenbar ein »intersensualer« und »intersubjektiver« Begriff, der für den Blinden,

den Tauben gleich verwendbar ist. Wenn ein Mensch Monologe spricht und Voraussagen macht, die er selbst kontrolliert, kann er das, was er als Sehender vom Würfel sagte, mit dem vergleichen, was er im Dunkeln als Tastender mitteilt.

Beim Wort »blau« dagegen ist zunächst zweifelhaft, wie es in die Einheitssprache einzugliedern ist. Man kann es im Sinne der Schwingungszahl von elektromagnetischen Wellen verwenden. Man kann es aber auch im Sinne einer »Feldaussage« verwenden und damit meinen: Wenn ein (in bestimmter Weise definierter) sehender Mensch als Probekörper in den Bereich dieses Würfels kommt, dann verhält er sich in bestimmter physikalistisch beschreibbarer Weise, er sagt z. B.: ich sehe »blau«. Während, wie wir sahen, bei »blau« zweifelhaft sein mag, wie es von Menschen in der Umgangsprache gemeint ist, dürfte »kreischend« vorwiegend als »Feldaussage« gemeint sein, das heißt, es wird der Hörende immer mitbetrachtet, obgleich genauere Überlegung zeigt, daß »Würfel«, »blau«, »kreischend« einer Art sind.

Versuchen wir den obigen Satz gemäß unserer Analyse im Sinne des Physikalismus genauer auseinanderzulegen und ihn anders wiederzugeben, um ihn für Voraussagen verwertbar zu machen:

»Hier ist ein blauer Würfel.« (Diese Formulierung kann ebenso wie die folgenden durch eine physikalische Formel wiedergegeben werden, wobei auch der Ort durch Koordinaten bestimmt wird.)

»Hier ist eine kreischende Säge.« (Das Kreischen würde zunächst nur als Schwingung der Säge und der Luft in die Formulierung eingehen, was in physikalischen Formeln ausgedrückt werden könnte.)

»Hier ist ein wahrnehmender Mensch.« (Eventuell könnte man eine »Feldaussage« beifügen, die andeutet, daß unter bestimmten Bedingungen der wahrnehmende Mensch zum physikalischen Blau, zum physikalischen Kreischen in Beziehung tritt.)

Dieses Wahrnehmen gliedert sich etwa in:

»Hier gehen Nervenveränderungen vor sich.«

»Hier gehen Gehirnveränderungen im Wahrnehmungs-, eventuell auch im Sprachbereich vor sich.« (Es ist dabei für unsere

Betrachtung gleichgültig, ob man diese Bereiche lokalisierend abgrenzen kann oder strukturell beschreiben müßte. Auch bleibe unerörtert, ob Veränderungen im Sprechbereich – das »Sprechdenken« der Behavioristen – mit Kehlkopfveränderungen oder Kehlkopfinnervationsveränderungen verbunden ist.)

Vielleicht muß man, um den physikalistischen Sinn dieses einfachen Satzes zu erschöpfen, noch etwas hinzufügen, z. B. Uhrenangaben, Ortskoordinaten; aber wesentlich ist jedenfalls, daß es sich um Aussagen mit physikalischen Begriffen handelt.

Es wäre ein Irrtum, zu glauben, daß deshalb, weil man zur *Berechnung* gewisser Korrelationen, physikalische Formeln sehr komplizierter Art benötigt, über die man zum Teil noch gar nicht verfügt, auch der physikalistische Ausdruck des Alltags kompliziert sein müsse. Die physikalistische Alltagssprache geht aus der bisherigen Alltagssprache hervor, aus der nur gewisse Teile wegfallen, manches anders verknüpft wird, abgesehen von gewissen Ergänzungen. Daß ein Mensch wahrnimmt, wird mit der Wahrnehmungsaussage und der Gegenstandsfestlegung enger als bisher von vornherein verbunden sein. Die Ablösung gewisser Gruppen von Aussagen, etwa der Wahrnehmungsaussagen, wird auf andere Weise als bisher erfolgen.

Die physikalistische Alltagssprache ist für Kinder erlernbar. Sie können zur strengen symbolischen Sprache der Wissenschaften vordringen, Voraussagen aller Art erfolgreich machen lernen, ohne je auf »Erläuterungen« zurückgreifen zu müssen, die als sinnleere Einleitung fungieren sollen. Es geht um eine saubere Sprechweise, die alles so formuliert, daß z. B. der so viel Verwirrung stiftende Ausdruck »Sinnestäuschung« ausfällt. Wenn aber auch einmal die physikalistische Sprache als allgemeine Verkehrssprache gelernt werden kann, so müssen wir gegenwärtig freilich noch die »Ballungen« unserer Sprache von metaphysischen Anhängseln befreien und alles, was in ihnen sonst noch vorhanden ist, physikalistisch definieren. Manches mag dann als zusammenhangloser Haufen vor uns liegen, wenn das metaphysische Band fehlt. Dann wird die Weiterverwendung solchen Restbestandes nicht eben fruchtbar und ein Neubau unerläßlich sein.

Oft können wir vorhandene »Ballungen« umdeutend weiterverwenden. Doch muß man darin vorsichtig sein, weil häufig anpassungsbereite, aber bequeme Menschen sich damit trösten, daß man ja so vieles »grundsätzlich« umdeuten könne. Es ist mehr als fraglich, ob es z.B. zweckmäßig ist, Worte, wie »Trieb«, »Motiv«, »Gedächtnis«, »Welt« usw. weiterzuverwenden und für sie eine ganz ungewöhnliche Deutung anzunehmen, die man leicht vergißt, wenn man diese Worte um des lieben Friedens willen weitergebraucht. In vielen Fällen ist sicherlich eine Neubildung der Sprache überflüssig, ja gefährlich, man muß sich hüten, solange man sich nur »ungefähr« ausdrückt, gleichzeitig allzu subtil sein zu wollen.

Da die hier vorgetragenen Anschauungen vor allem den Carnapschen Ausführungen nahestehen, sei hervorgehoben, daß die besondere »phänomenale Sprache« wegfällt, aus der Carnap die physikalische abzuleiten sucht. Die Ausschaltung der »phänomenalen Sprache«, die für »Voraussagen«, d.h. für das wesentlich Wissenschaftliche nicht einmal in der bisherigen Form verwendbar scheint, wird wohl manche Abänderung des Konstitutionssystems nötig machen. Es fällt auf diese Weise wohl auch der »methodische Solipsismus« (Carnap, Driesch), der als ein abgeschwächter Restbestand idealistischer Metaphysik aufzufassen sein dürfte, von der abzurücken gerade Carnap sich immer bemüht. Man kann diese These des »methodischen Solipsismus« nicht wissenschaftlich formulieren – das würde vermutlich auch Carnap zugeben –, man kann aber mit ihr nicht einmal mehr eine bestimmte Haltung andeuten, die einer anderen Haltung gegenübertritt, weil nur der *eine* Physikalismus da ist. In ihm ist alles wissenschaftlich Formulierbare enthalten.

Das »Ich«, die »denkende Persönlichkeit«, kann man ebensowenig wie etwas anderes dem »Erlebten«, oder dem »Erleben«, oder dem »Denken« gegenüberstellen. Die Aussagen des Physikalismus beruhen auf Aussagen, die mit dem Sehen, dem Hören, dem Tasten und anderen »Sinnesempfindungen« (als physikalischen Vorgängen), aber auch mit den »Organempfindungen« verbunden sind, die wir meist nur grob abheben. Wir können

zwar die Augen schließen, aber nicht die Muskelinnervations-
vorgänge, die Verdauung, den Blutkreislauf abschalten. Was
man als »Ich« abzusondern sich bemüht, sind in der Sprache des
Physikalismus mit diese Vorgänge, über die wir nicht durch die
üblichen »äußeren« Sinne unterrichtet werden. Alle »Persön-
lichkeitskoeffizienten«, die ein Individuum von einem anderen
trennen, sind physikalistischer Art!

Wenn man auch nicht das »Ich« der »Welt« gegenüberstellen
kann, nicht dem »Denken«, so kann man doch innerhalb des
Physikalismus neben den Aussagen über den »physikalistisch
beschriebenen Würfel« Aussagen über die »physikalistisch beschriebene Person« unterscheiden und kann nun »Beobachtungsaussagen« unter gewissen Bedingungen abheben und damit
einen Ersatz für die »phänomenale Sprache« schaffen; aber sorgfältige Untersuchungen werden wohl zeigen, daß die Masse der
*Beobachtungsaussagen in der Masse der physikalischen Aussa-
gen enthalten ist.*

Man wird sicherlich die (als physikalische Gebilde auftretenden) Protokollaussagen eines Astronomen, eines Chronisten von
den Aussagen unterscheiden, die innerhalb eines physikalischen
Systems ihre genau bestimmte Stelle haben, wenn es auch auf
der Hand liegt, daß dabei fließende Übergänge vorliegen. Es tritt
aber nicht eine besondere »phänomenale Sprache« der »physikalistischen« gegenüber. *Von Anfang an kann jede unserer Aussagen eine physikalistische sein – darin unterscheidet sich das
hier Gesagte von allen Ausführungen des »Wiener Kreises«,* der
im übrigen die Bedeutung der *Voraussagen* und ihrer Bewährung
immer wieder betont. Die Einheitssprache ist die Sprache der
Voraussagen, die im Mittelpunkt des Physikalismus stehen.

In gewissem Sinne geht die hier vertretene Auffassung von
einem gegebenen Zustand der Alltagssprache aus, die im wesentlichen physikalistisch beginnt und gemeinhin erst allmählich
metaphysisch durchsetzt wird. Darin liegt ein Berührungspunkt
mit dem »natürlichen Weltbegriff« bei Avenarius. Die Sprache 79
des Physikalismus ist sozusagen nichts Neues; sie ist die Sprache,
die gewissen »naiven« Kindern und Völkern vertraut ist.

Die Wissenschaft als ein System von Aussagen steht jeweils zur Diskussion. *Aussagen werden mit Aussagen* verglichen, nicht mit »Erlebnissen«, nicht mit einer »Welt«, noch mit sonst etwas. Alle diese sinnleeren *Verdoppelungen* gehören einer mehr oder minder verfeinerten Metaphysik an und sind deshalb abzulehnen. Jede neue Aussage wird mit der Gesamtheit der vorhandenen, bereits miteinander in Einklang gebrachten Aussagen konfrontiert. *Richtig heißt eine Aussage dann, wenn man sie eingliedern kann.* Was man nicht eingliedern kann, wird als unrichtig abgelehnt. Statt die neue Aussage abzulehnen, kann man auch, wozu man sich im allgemeinen schwer entschließt, das ganze bisherige Aussagensystem abändern, bis sich die neue Aussage eingliedern läßt. *Innerhalb* der Einheitswissenschaft gibt es bedeutsame Aufgaben der Umformung. Die hier aufgestellte Definition von »richtig« und »unrichtig« entfernt sich von der im »Wiener Kreis« üblichen, die auf »Bedeutung« und »Verifikation« rekurriert. In der hier gegebenen Darstellung bleibt man immer im Bereich des Sprechdenkens. Es werden Aussagensysteme umgeformt. Es können aber generalisierende Aussagen, ebenso Aussagen durch die bestimmten Relationen herausgearbeitet werden, mit der Gesamtheit der Protokollaussagen verglichen werden.

Im Rahmen der Einheitswissenschaft gibt es dann allerlei Klassifikationen der Aussagen. So wird z. B. entschieden, ob es sich um »Wirklichkeitsaussagen«, um »Halluzinationsaussagen«, um »Unwahrheiten« handelt, je nachdem, ob man die Aussagen mehr oder minder dazu verwenden kann, um Rückschlüsse auf physikalische Vorgänge über die Mundbewegungen hinaus zu ziehen. Eine »Unwahrheit« liegt vor, wenn zwar auf eine bestimmte Erregung des Sprechzentrums geschlossen werden kann, nicht aber auf entsprechende Vorgänge in den Wahrnehmungszentren; diese sind dagegen für die Halluzination wesentlich. Kann man außer auf Erregung in den Wahrnehmungszentren auch auf Vorgänge außerhalb des Körpers in näher anzugebender Weise schließen, dann liegt eine »Wirklichkeitsaussage« vor; in diesem Falle können wir z. B. die Aussage »in diesem Zimmer sitzt eine

Katze«, die jemand ausspricht, als physikalistische Aussage weiterverwenden. Stets wird eine Aussage mit einer anderen oder mit dem System der Aussagen verglichen, nicht aber mit einer »Wirklichkeit«. Solches Beginnen wäre Metaphysik, wäre sinnleer. Es wird aber nicht »die« Wirklichkeit durch »das« System des Physikalismus ersetzt, sondern durch Gruppen solcher Systeme, von denen die Praxis eins verwendet.

Es wird aus all dem klar, daß es innerhalb eines folgerichtigen Physikalismus keine »Erkenntnistheorie« geben kann, mindestens nicht in der überlieferten Form. Sie könnte nur aus Abwehrbewegungen gegen die Metaphysik bestehen, also aus der Entlarvung sinnleerer Wendungen. Manche Probleme der Erkenntnistheorie werden sich vielleicht so in empirische Fragen umformen lassen, daß sie in der Einheitswissenschaft unterkommen.

Dies kann hier ebensowenig weiter auseinandergesetzt werden wie die Frage, auf welche Weise man alle »Aussagen« als physikalistische Gebilde dem Physikalismus einordnen kann. »Zwei Aussagen sind äquivalent«, könnte physikalistisch etwa so ausgedrückt werden. Man läßt auf einen Menschen ein System von Befehlen wirken, das mit allerlei Aussagen verbunden ist. Z.B.: »Wenn *A* sich so und so verhält, tu das und jenes.« Man kann nun gewisse Bedingungen festsetzen und dann beobachten, daß die *Hinzufügung einer bestimmten Aussage* dieselbe Änderung der Reaktionen erzeugt, wie die einer anderen Aussage. Man wird dann sagen, die erstere Aussage sei mit der zweiten *äquivalent*. Durch Hinzufügung von Tautologien bleibt der Reiz des Befehlssystems *unverändert*.

All das könnte mit Hilfe einer »Denkmaschine«, wie sie Jevons 80 vorgeschlagen hat, experimentell ausgebaut werden. Man könnte durch die Konstruktion der Maschine die Syntax zum Ausdruck bringen und durch ihre Anwendung logische Fehler automatisch vermeiden. Die Maschine kann den Satz: »Zweimal rot ist hart« gar nicht schreiben.

Die hier gemachten Ausführungen verbinden sich am besten mit einer *behavioristischen* Grundeinstellung. Man spricht dann nicht vom »Denken«, sondern gleich vom »Sprechdenken«, das heißt von *Aussagen als physikalischen Vorgängen.* Ob eine Wahrnehmungsaussage über Vergangenes (z. B.: »ich habe vorhin eine Melodie gehört«) auf ein vergangenes Sprechdenken zurückgeht oder ob ältere Reize erst jetzt eine Reaktion im »Sprechdenken« hervorrufen, ist dabei grundsätzlich ohne Belang. Allzuoft wird die Diskussion so geführt, als ob durch Widerlegung irgendwelcher Einzelbehauptungen, die von Behavioristen aufgestellt worden sind, der Grundsatz irgendwie angetastet wäre, daß nur *physikalistische Aussagen* einen Sinn haben, d.h. Teil der Einheitswissenschaft werden können.

Mit den Aussagen beginnen wir, mit den Aussagen beschließen wir alles. Es gibt keine »Erläuterungen«, die nicht physikalistische Aussagen wären. Wenn jemand die »Erläuterungen« als Zurufe auffassen wollte, dann unterliegen sie, wie Pfiffe oder Streicheln, überhaupt keiner logischen Analyse. Es ist die physikalistische Sprache, *die Einheitssprache,* das Um und Auf aller Wissenschaft: keine »phänomenale Sprache« neben der »physikalischen Sprache«; kein »methodischer Solipsismus« neben einem anderen möglichen Standpunkt; keine »Philosophie«; keine »Erkenntnistheorie«; keine »neue Weltanschauung« neben anderen Weltanschauungen; *nur Einheitswissenschaft* mit ihren Gesetzen und Voraussagen.

III. *Soziologie keine Geisteswissenschaft*

Die Einheitswissenschaft macht ebenso Voraussagen über das Verhalten von Maschinen, wie über das von Tieren; über das von Steinen, wie über das von Pflanzen. Manchmal macht sie komplexe Aussagen, die wir heute schon zerlegen könnten, manchmal solche, deren Zerlegung uns noch nicht gelingt. Es gibt »Gesetze« des Verhaltens von Tieren, von Maschinen. Die »Gesetze« der Maschinen kann man auf physikalische Gesetze zurückführen. Aber auch auf diesem Gebiet genügt oft ein Gesetz über Klumpen und Stäbe, ohne daß man auf ein Gesetz über Atome oder andere Elemente zurückgehen müßte, wie ja auch die Gesetze des tierischen Körpers vielfach formuliert werden, ohne daß man auf die Gesetze der Mikro-Struktur zurückgreifen müßte. Oft freilich, wo man sich von der Erforschung der Makrogesetze viel erhoffte, genügen sie nicht: gewisse Unregelmäßigkeiten bleiben unberechenbar.

Es werden immer *Korrelationen* zwischen Größen gesucht, die in der physikalistischen Beschreibung von Vorgängen auftreten. Es macht grundsätzlich keinen Unterschied aus, ob es sich dabei um *statistische* oder *nichtstatistische* Beschreibungen handelt. Ob man nun das statistische Verhalten von Atomen oder von Pflanzen oder von Tieren untersucht, die Methoden der Korrelationsfeststellung sind immer dieselben. Wie wir oben sahen, müssen ja alle Gesetze der Einheitswissenschaft miteinander verknüpfbar sein, sollen sie der Aufgabe genügen, möglichst oft einzelne Vorgänge oder bestimmte Gruppen von Vorgängen *voraussagen* zu können.

Damit fällt von vornherein jede grundsätzliche Zerlegung der Einheitswissenschaft weg, etwa in »Naturwissenschaften« und »Geisteswissenschaften«, die man wohl auch »Kulturwissenschaften« oder anders benennt. Die Thesen, durch die man die Teilung begründen will, sind verschieden, immer aber metaphysischer Art, das heißt sinnleer. Es hat keinen Sinn, von verschiedenen »Wesenheiten« zu sprechen, die »hinter« den Vorgängen ruhen. Was sich nicht in den Beziehungen der Elemente ausdrücken läßt, läßt sich überhaupt nicht ausdrücken. Daher ist es sinnleer, *über die Korrelationen hinaus vom »Wesen der Dinge« zu sprechen.* Man wird nicht mehr von »verschiedener Kausalität« reden, wenn man sich darüber klar ist, was Einheitssprache der Wissenschaft eigentlich bedeutet. Man kann nur die Ordnung des einen Gebietes mit seinen Gesetzen mit der Ordnung des anderen vergleichen und etwa feststellen, daß die Gesetze eines Gebietes komplizierter sind als die eines anderen, daß bestimmte Anordnungen in einem Gebiet fehlen, die im anderen vorkommen, daß z. B. bestimmte mathematische Formeln in einem Fall benötigt werden, im anderen aber nicht.

Kann man »Naturwissenschaften« nicht von »Geisteswissenschaften« abgrenzen, so vermag man erst recht nicht eine »Naturphilosophie« von einer »geisteswissenschaftlichen Philosophie« abzugrenzen. Auch wenn man ganz davon absieht, daß der Terminus »Naturphilosophie« aus den eingangs angeführten Gründen unzweckmäßig ist, weil er von »Philosophie« spricht, kann man unter Naturphilosophie doch nur eine Art Einführung in die gesamte Arbeit der Einheitswissenschaft verstehen, denn wie sollte man eine »Natur« von einer »Nichtnatur« abgrenzen?

Man kann nicht einmal praktische Bedürfnisse des Alltags oder des Wissenschaftsbetriebs zur Rechtfertigung dieser Trennung anführen. Sollte die Lehre vom menschlichen Verhalten ernsthaft der vom Verhalten aller anderen Gebilde gegenübergestellt werden? Sollte man wirklich die Lehre von den menschlichen Gesellschaften in die eine Disziplin, die Lehre von den tierischen Gesellschaften in die andere schieben wollen? Sollte die »Viehzucht«, die »Sklaverei«, der »Krieg« der Ameisen in den Naturwissenschaften abgehandelt werden, die »Viehzucht«, die »Sklaverei«, der »Krieg« der Menschen in den Geisteswissenschaften? Oder die Trennung ist nicht stärker als die zwischen »naturwissenschaftlichen Gebieten« im alten Sinn.

Oder hat vielleicht der Sprachgebrauch etwas für sich, daß man eben schlechthin von »Geisteswissenschaften« jedesmal spricht, wenn man »Sozialwissenschaften« meint? Dann müßte aber wieder folgerichtig die Lehre von den tierischen Gesellschaften mit der Lehre von den menschlichen Gesellschaften zu den Sozialwissenschaften, also zu den »Geisteswissenschaften« gezählt werden, eine Konsequenz, vor der wohl die meisten zurückschrecken werden. Begreiflich, denn wo bliebe der Schnitt, der hinter all dem steckt, der Schnitt, der auf der Aufrechterhaltung der immerhin einige Jahrhunderte alten theologischen Gewohnheit beruht, alles, was es gibt, in mehreren, mindestens in zwei Gebieten, z.B. einem »edlen« und einem »nicht-edlen«, unterzubringen. Der Dualismus »Naturwissenschaften« – »Geisteswissenschaften«, der Dualismus »Naturphilosophie« – »Kulturphilosophie« ist letzten Endes *Restbestand der Theologie.*

Die älteren Sprachen sind im ganzen physikalistischer als die neueren. Zwar sind sie voll magischer Elemente, aber sie behandeln zunächst »Leib« und »Seele« wie zwei Körperarten: die Seele ist ein Schattenleiblein, das dem Sterbenden aus dem Munde fliegt. Erst die Theologie stellt einander nicht mehr gegenüber: »Körper : Seele« und »Körper : Leib«, sondern »Nichtkörper : Seele« und »Körper : Leib«, sowie »Nichtkörper : Gott« und »Körper : Welt« … mit allerlei Unter- und Obergruppen des Irdischen und Überirdischen. Der Gegensatz von »Irdisch« und »Überirdisch« kann nur durch sinnleere Wendungen bestimmt werden. Diese Wendungen treten, weil sinnleer, mit den Aussagen der Einheitswissenschaft nicht in Widerspruch; sie stimmen mit ihnen auch nicht überein; wohl aber richten sie viel Verwirrung an. Die Behauptung, daß diese Wendungen ebenso sinnvoll seien wie die der Wissenschaft, setzt den offenen Konflikt (vgl. Hahn, *Überflüssige Wesenheiten (Occams Rasiermesser)*, Wien 1930).

Wie sehr die Gewohnheit des theologischen Dualismus bei der Schaffung solcher Trennungen mitspielt, kann man vielleicht daraus entnehmen, daß, wenn man die eine dualistische Trennung eben aufgegeben hat, eine andere sich leicht durchsetzt. Die Gegenüberstellung von »Sein« und »Sollen«, die wir besonders bei Rechtsphilosophen antreffen, zählt hierher. Sie geht zum Teil wohl auf die alte theologische Gegenüberstellung von »Ideal« und »Wirklichkeit« zurück. Die Möglichkeit zur *Substantivbildung* in unserer Sprache erleichtert all diese sinnleeren Unternehmungen. Man kann, ohne mit der Syntax in Widerspruch zu kommen, ruhig sagen »das Sollen«, wie man »das Schwert« sagen kann. Und nun macht man von diesem »Sollen« Aussagen, wie sonst von einem »Schwert« oder mindestens vom »Sein«.

Die »Geisteswissenschaften«, die Welt des »Seelischen«, die Welt des »kategorischen Imperativs«, das Gebiet der »Einfühlung«, das Gebiet des »Verstehens«, das sind mehr oder minder ineinander übergehende Gebiete von Redewendungen, die häufig einander vertreten können. Manche Autoren ziehen die eine, manche die andere Gruppe sinnleerer Wendungen vor, manche mischen und häufen die sinnleeren Wendungen. Während sie bei vielen nur als Randdekoration der Wissenschaft auftreten, beeinflussen sie bei anderen das gesamte Aussagengebiet. Auch wenn man die Thesen, auf denen die »geisteswissenschaftliche« Auffassung beruht, in ihrer praktischen Auswirkung nicht überschätzt, die durch sie bedingte Verwirrung der empirischen Forschung nicht übermäßig veranschlagt, *so muß, wenn man Klarheit erstrebt, bei einer systematischen Begründung des Physikalismus und der Soziologie doch in dieser Hinsicht reiner Tisch gemacht werden.* Zu solchen Abgrenzungen entschlossen Stellung zu nehmen, ist eine Aufgabe der Einheitswissenschafter; man kann das nicht der Willkür der Einzelwissenschafter überlassen.

Wenn in diesen Fragen selbst grundsätzlich antimetaphysisch eingestellte Denker unsicher sind, so hängt das zum Teil damit zusammen, daß über Gegenstand und Fragestellung der »Psychologie« keine ausreichende Klarheit herrscht. Die Abtrennung der »geisteswissenschaftlichen« Disziplinen von anderen begegnet sich in vielem mit der des »Seelischen« von anderen Gegenständen. Diese Abtrennung wird erst durch den *Behaviorismus* grundsätzlich überwunden, wobei wir dies Wort hier stets im weitesten Sinne vertreten. Er nimmt nur physikalistische Aussagen über menschliches Verhalten in sein System auf. Wenn der Soziologe über Menschengruppen Voraussagen macht, wie der Behaviorist über Einzelmenschen oder Einzeltiere, dann treibt er, um einen angemessenen Terminus zu verwenden: *Sozialbehaviorismus.*

Das heißt: *Soziologie ist nicht eine »Geisteswissenschaft«* oder
82 *»Geistwissenschaft«* (Sombart), die in irgendeinem grundsätzlichen Gegensatz zu irgendwelchen anderen Wissenschaften, den Naturwissenschaften, steht, sondern sie *ist als Sozialbehaviorismus ein Teil der Einheitswissenschaft.*

IV. Soziologie als Sozialbehaviorismus

Man kann über das Malen der Menschen, über ihr Häuserbauen, ihre Kulte, ihren Ackerbau, ihre Dichtungen in gleicher Weise sprechen. Und doch wird immer wieder behauptet, es sei etwas grundsätzlich anderes, ob man den anderen Menschen »verstehe« oder »nur« von außen her beobachte und Gesetzmäßigkeiten feststelle. Die Sphäre des »Verstehens«, des »Einfühlens« in fremde Persönlichkeiten, berührt sich mit der traditionellen Sphäre des Geisteswissenschaftlichen. Wir finden hier ein Wiederaufleben der schon auf früherer Stufe überwundenen grundsätzlichen Trennung in »innere« und »äußere« Wahrnehmung (Erfahrung, Sinn usw.), die von gleichem empirischem Charakter sind.

Die philosophische, insbesondere die geschichtsphilosophische Literatur betont oft, ohne »Einfühlung«, »Verstehen« könne man nicht Geschichte betreiben, sei es unmöglich, irgendwie zusammenfassend menschliche Handlungen zu gruppieren und zu beschreiben.

Wie kann man im Groben diese Schwierigkeiten vom Standpunkt des Physikalismus aus zu beseitigen suchen? Man muß von vornherein annehmen, daß die beharrlichen Beteuerungen vieler Soziologen und Geschichtsphilosophen, es sei unumgänglich, an das »Verstehen« zu appellieren, auch sehr beachtenswerte wissenschaftliche Erfahrungen zu schützen suchen. Es dürfte, wie so oft, ein nicht leicht entwirrbares Gemenge *dualistischer Gewohnheiten theologischen Ursprungs* und realwissenschaftlicher Praxis vorliegen. Für den, der mit dem *Monismus der Einheitswissenschaft* vertraut ist, wird sich zeigen, daß dabei auch gewisse durchaus physikalistisch formulierbare Aussagen irrtümlich unphysikalistisch vorgebracht wurden.

Sätze wie: »ich sehe in diesem Zimmer einen blauen Tisch« und »ich fühle Zorn« liegen nicht weit auseinander. Das »ich« ersetzt man zweckmäßig durch den Personennamen, da alle Aussagen gleichwertig sind, eine »Ich«aussage daher auch von einem andern muß gemacht werden können. Dann stehen nebeneinander: »In diesem Zimmer ist ein blauer Tisch« und »In diesem Menschen ist Zorn«. Die Erörterungen über »primäre« und »sekundäre« Qualitäten enden damit, daß letzten Endes alle Qualitätsaussagen einer Art sind, von denen man nur die Tautologien abheben kann. Alle Qualitätsaussagen werden zu physikalistischen Aussagen. Neben diese treten eben die Tautologien, als Aussageverknüpfung bestimmter Form. Die Sätze der Geometrie lassen sich als Tautologien, aber auch als physikalische Aussagen deuten. Damit entfallen viele Schwierigkeiten.

Was ist dem Satz: »In diesem Menschen ist Zorn« unter anderem eigentümlich? Daß man ihn schlecht zerlegen kann. Es ist so, als ob jemand uns zwar mitteilen könnte: »Hier ist ein schweres Gewitter«, aber nicht imstande wäre anzugeben, wie es sich aus Blitzen, Donner, Regen usw. zusammensetzt, nicht angeben könnte, ob er mit Hilfe des Auges, der Ohren, der Nase zu seinen Feststellungen gekommen ist.

Wenn man vom Zorn erzählt, verwendet man die »Organempfindungen«. Die Veränderungen des Darmtraktes, der inneren Sekretion, des Blutdrucks, der Muskelkontraktion sind grundsätzlich den Veränderungen des Auges, des Ohres, der Nase gleichzusetzen. Wenn wir den Behaviorismus systematisch ausbauen, geht die Aussage eines Menschen: »Ich bin zornig«, *nicht nur als Reaktion* des so Redenden in den Physikalismus ein, sondern auch als Formulierung der »Organempfindungen«. So wie man aus den Formulierungen der »Farbenempfindungen« physikalistische Aussagen über Netzhautveränderungen und »andere« Vorgänge machen kann, kann man aus den Formulierungen über den Zorn, das heißt über »Organempfindungen«, physikalistische Aussagen über »Darmveränderungen«, »Blutdruckveränderungen« usw. ableiten, die oft nur auf dem Wege über solche Aussagen dem andern Menschen bekannt werden. Dies sei als Ergänzung den Ausführungen Carnaps über diesen Gegenstand hinzugefügt, wo diese Auswertung der Aussagen über »Organempfindungen« (der älteren Sprechweise) nicht berücksichtigt wurde.

83 Wenn jemand sagt, daß er diese Erfahrungen über »Organempfindungen« benötige, um sich in einen anderen Menschen

einzufühlen, so ist dagegen nichts einzuwenden. Das heißt, daß man physikalistische Aussagen über den eigenen Leib verwendet, um physikalistische über einen fremden zu machen, liegt durchaus in der Linie unserer wissenschaftlichen Arbeit, die durchweg derart »extrapoliert«. Der Entschluß zur Induktion führt uns immer wieder zu solchen Ausweitungen. Wenn man über die Rückseite des Mondes auf Grund der Erfahrungen Aussagen macht, die man an der Vorderseite gemacht hat, liegt die Sache nicht anders. Das heißt: von »Einfühlung« könnten wir in der physikalistischen Sprache sprechen, wenn wir nichts anderes damit meinen, als daß wir Rückschlüsse auf physikalische Vorgänge in anderen Menschen mit Hilfe der Konstruktionen ziehen, die wir über unsere Organveränderungen gemacht haben. Es handelt sich eben um eine physikalistische Induktion, wie in so vielen anderen Fällen, aber wie sonst um Feststellung bestimmter Korrelationen, wobei freilich die sprachliche Klarheit bezüglich vieler Vorgänge noch sehr viel zu wünschen übrigläßt. Wenn jemand sagen würde, daß die Geisteswissenschaften vor allem solche Wissenschaften sind, in denen Korrelationen zwischen Vorgängen aufgestellt werden, die sehr unzulänglich beschrieben sind, für die man nur Komplexnamen habe, so käme man dem tatsächlichen Sachverhalt recht nahe.

Wenn wir den Begriff des »Verstehens«, der »Einfühlung« genauer analysieren, erweist sich alles daran, was physikalistisch verwendbar ist, als eine Aussage über Ordnung, durchaus wie in allen Wissenschaften. Der angebliche Unterschied zwischen »Naturwissenschaften« und »Geisteswissenschaften«, daß es sich einmal »nur« um Ordnung, das andere Mal *auch* um Verstehen handle, ist nicht vorhanden.

Wenn wir alles, was wir an nichtmetaphysischen Formulierungen antreffen, systematisch formulieren, gelangen wir durchweg zu physikalistischen Aussagen. Es gibt keinen Sonderbereich des »Seelischen« mehr. Gleichgültig ist für den hier vertretenen Standpunkt, ob bestimmte Einzelthesen Watsons, Pawlows oder anderer aufrechterhalten werden oder nicht. Wesentlich ist, daß nur *physikalistisch formulierte Korrelationen zur Beschreibung lebendiger Wesen in Frage kommen, gleichgültig, was nun an diesen Wesen beobachtet wird.*

Irreführend wäre es, dies so auszudrücken, daß nun nicht mehr der Unterschied »Seelisch« und »Körperlich« bestünde, daß ein »Neutrales« an ihre Stelle getreten sei. Es ist überhaupt nicht von einem »Etwas« die Rede, sondern von Korrelationen physikalistischer Art. Und nur ungenügende Analyse kann dazu führen, etwa zu sagen, man könne heute noch nicht übersehen, ob wirklich das ganze Gebiet des »Seelischen« physikalistisch ausgedrückt werden könne, es wäre immerhin möglich, daß hier oder dort eine andere Art der Formulierung in Frage komme, d.h. Begriffe, die nicht physikalistisch definierbar seien. Es ist das der letzte Rest vom Glauben an eine »Seele« als eine besondere Wesenheit. Wenn die Menschen eine gehende Uhr beobachtet haben und nun sehen, wie sie stehenbleibt, können sie in der substantivierenden Sprache ohne Schwierigkeit das Problem aufwerfen, wo denn nun der »Gang« geblieben sei. Und wenn man ihnen erklärt, daß durch Analyse der Zusammenhänge zwischen den Teilen der Uhr und der Umgebung alles ausfindig zu machen ist, was man wissen kann, wird vielleicht doch ein Ungläubiger meinen, er sehe zwar ein, daß das mit dem »Gang« Metaphysik sei; ob aber wirklich mit dem Physikalismus bei gewissen komplizierteren Problemen der Uhrbewegung das Auslangen gefunden werden könne, sei ihm noch zweifelhaft.

Ohne nun sagen zu wollen, jeder Soziologe müsse behavioristisch geschult sein, kann man doch immerhin die Forderung aufstellen, daß jeder Soziologe, wenn er sich von Fehlern frei halten will, darauf achten soll, menschliches Verhalten immer ganz schlicht physikalistisch zu beschreiben. Er möge also nicht vom »Geist eines Zeitalters« sprechen, wenn nicht ganz klar ist, daß er damit bestimmte Wortverbindungen, Kulte, Bauformen, Töne, Bilderarten usw. meint. Daß er das Verhalten der Menschen anderer Zeitalter durch Variation des ihm bekannten eigenen Verhaltens vorauszusagen unternimmt, ist durchaus legitim, wenn auch vielleicht zuweilen irreführend. Der »Einfühlung« darf aber nicht irgendeine sonderbare Zauberkraft über die gewöhnliche Induktion hinaus zugemutet werden.

Bei Induktionen auf diesem oder auf einem anderen Gebiet handelt es sich immer um einen *Entschluß*. Dieser mag für bestimmte Menschengruppen oder ganze Zeitalter kennzeichnend sein, ist aber nicht selbst logisch ableitbar. Die Induktion führt jedoch innerhalb des physikalistischen Gebietes immer zu sinnvollen Aussagen. Sie darf deshalb nicht verwechselt werden mit der *Zwischenschaltung metaphysischer Konstruktionen*. Manche geben zu, daß sie metaphysische Konstruktionen durchführen, also sinnleere Wortverbindungen einfügen, wollen aber die Schädlichkeit solchen Beginnens nicht recht einsehen. Man muß die Ausschaltung solcher Konstruktionen auf dem Gebiete der Soziologie und Psychologie, ebenso wie auf anderen Gebieten, nicht nur deshalb betreiben, um Überflüssiges loszuwerden, um sinnleere Wortverbindungen, die manchen Menschen vielleicht wohltun, zu vermeiden. *Wissenschaftlich fruchtbar* wird die Ausschaltung des Metaphysischen dadurch, *daß der Anlaß zu gewissen falschen Korrelationen im empirischen Bereich vermieden wird*. Wir werden am Beispiel der Soziologie sehen, daß man meist die Bedeutung gewisser physikalistisch formulierbarer Elemente im geschichtlichen Verlauf überschätzt, wenn man sie mit gewissen metaphysischen Wesenheiten verbunden glaubt. Man erwartet ja auch vom Priester des transzendenten Gottes vielfach gewisse empirisch kontrollierbare Mehrleistungen, die aus den empirischen Erfahrungen nicht ableitbar wären.

Manche führen zugunsten der metaphysischen Konstruktionen an, daß mit ihrer Hilfe bessere Voraussagen gemacht werden können. Man geht von physikalistisch formulierten Beobachtungsaussagen aus, begibt sich dann ins Gebiet metaphysischer Wortfolgen, um schließlich auf Grund bestimmter Regeln, die im metaphysischen Bereich auf sinnleere Wortfolgen angewendet werden, zu Voraussagen zu kommen, die mit einem System von Protokollaussagen übereinstimmen. *Wenn* man auf diese Weise tatsächlich zu Ergebnissen kommt, so ist die Metaphysik in diesem Fall nicht wesentlich für Voraussagen, vielleicht ein stimulierender Reiz, wie irgendein Narkotikum. Denn wenn man auf diesem Umweg die Voraussagen machen kann, »dann kann man sie auch *unmittelbar aus den erwähnten Daten* ableiten. Das ist *rein logisch klar:* folgt Y aus X und Z aus Y, dann folgt unmittelbar Z aus X« (Otto Neurath: *Empirische Soziologie,* Wien 1931, S. 57). Wenn Kepler zur Ableitung der Planetenbahnen sich der theologischen Vorstellungswelt bediente, so geht diese theologische Vorstellungswelt dennoch nicht in die wissenschaftlichen Aussagen ein. Ähnlich verhält es sich wohl auch mit gewissen metaphysischen Bestandteilen der so fruchtbaren Psychoanalyse und Individualpsychologie, deren behavioristische Umformung *sicherlich keine leichte Aufgabe sein wird.*

Wenn man so die metaphysischen Abweichungen von der Hauptlinie des Behaviorismus gekennzeichnet hat, hat man freie Bahn für die *metaphysikfreie Soziologie* geschaffen. Wie man das Verhalten der Tiere neben dem Verhalten der Maschinen, der Sterne, der Steine behandeln kann, kann man auch das Verhalten der tierischen Gruppen behandeln. Man kann dabei grundsätzlich sowohl Veränderungen der Einzelwesen durch »äußere« Reize in Rechnung stellen, als auch Veränderungen, die auf »autonome innere Veränderungen« der Lebewesen (z. B. rhythmischer Ablauf eines Prozesses) zurückgehen, so wie man etwa den durch nichts beeinflußbaren Zerfall des Radiums neben der Zersetzung einer chemischen Verbindung durch Sauerstoffzufuhr untersuchen kann. Ob Analogien zum Radiumzerfall innerhalb des menschlichen Körpers eine Rolle spielen, bleibe ganz dahingestellt.

Die Soziologie untersucht nicht rein statistische Veränderungen tierischer, vor allem menschlicher Gruppen; sie kümmert sich um die *Reizverknüpfungen,* die zwischen den einzelnen Individuen stattfinden. Sie kann manchmal, ohne diese Verknüpfungen im einzelnen zu analysieren, das Gesamtverhalten reizverbundener Gruppen unter bestimmten Bedingungen feststellen und mit Hilfe der so gewonnenen Gesetze Voraussagen machen. Wie treibt man »Sozialbehaviorismus« frei von Metaphysik? *So wie jede andere Realwissenschaft.* Natürlich ergeben sich bestimmte

Korrelationen, die wir bei Individuen, bei Sternen oder Maschinen nicht antreffen. Der Sozialbehaviorismus gelangt zu Gesetzen einer bestimmten ihm eigentümlichen Art.

Physikalistische Soziologie betreiben, heißt nicht etwa Gesetze der Physik auf Lebewesen und ihre Gruppen übertragen, wie es manche für möglich gehalten haben. Es können umfassende soziologische Gesetze, ebenso Gesetze für bestimmte engere soziale Gebiete aufgefunden werden, ohne daß man imstande sein müßte, auf die Mikrostruktur zurückzugreifen und so diese soziologischen Gesetze aus physikalischen aufzubauen. *Was an soziologischen Gesetzen ohne Zuhilfenahme physikalischer Gesetze im engeren Sinne aufgefunden wird, erfährt durch die Hinzufügung einer später aufgefundenen physikalischen Substruktur nicht notwendig eine Änderung.* Der Soziologe ist durchaus ungehemmt im Suchen nach Gesetzen, er muß nur immer in seinen Voraussagen von Gebilden sprechen, die räumlich-zeitlich gegeben sind.

V. Soziologische Korrelationen

Man kann in der Soziologie, ebensowenig wie in anderen Realwissenschaften, von vornherein auf Grund theoretischer Erwägungen angeben, welche Korrelationen man mit Aussicht auf Erfolg verwenden kann. Wohl aber läßt sich zeigen, daß gewisse traditionelle Bemühungen regelmäßig erfolglos bleiben, während andere erfolgreiche Methoden, Korrelationen aufzufinden, nicht ausreichend gepflegt werden.

Welcher Art sind nun soziologische Korrelationen? Wie gelangt man mit einiger Sicherheit zu soziologischen Voraussagen? Um das Verhalten einer Gruppe in bestimmter Hinsicht voraussagen zu können, muß man oft das gesamte Leben der Gruppe kennen. Die einzelnen aus der Gesamtheit der Vorgänge abhebbaren Verhaltungsweisen, der Bau von Maschinen, die Errichtung von Tempeln, die Formen der Ehe sind in ihrer Veränderung nicht »autonom« berechenbar, man muß sie als Teile des jewei-

ligen Komplexes betrachten, den man gerade untersucht. Um zu
wissen, wie sich der Tempelbau ändern wird, muß man die Produktionsweise, die Gesellschaftsordnung, die religiösen Verhaltungsweisen des Ausgangszeitpunktes kennen, man muß wissen,
welchen Wandlungen *all dies zusammen* unterworfen ist.

Bei solchen Voraussagen erweisen sich nicht alle Vorgänge
als gleich spröde. Man kann aus der Produktionsweise eines
Zeitalters, wenn man gewisse Bedingungen kennt, die nächsten
Perioden der Produktionsweise und Gesellschaftsordnung oft im
Groben ableiten, um dann mit Hilfe solcher Voraussagen auch
fernere Voraussagen über religiöses Verhalten und ähnliches
mehr mit einigem Erfolg versuchen zu können. Das Umgekehrte
gelingt dagegen, wie die Erfahrung zeigt, nicht, nämlich zunächst
die Voraussage der religiösen Verhaltungsweise allein, und daraus Ableitung der Voraussage über die Produktionsweise.

Aber, ob wir nun die Produktionsweise, ob wir das religiöse
Verhalten, ob wir die Baugestaltung, die Musik ins Auge fassen,
immer handelt es sich um Vorgänge, die innerhalb des Physikalismus beschrieben werden können.

Viele gesellschaftliche Einrichtungen eines Zeitalters lassen
sich nur dann gut ableiten, wenn man ihre Vergangenheit weit
zurück kennt, während andere, beseitigt gedacht, sozusagen jederzeit erfunden würden. Kanonen lösen durch ihr Vorhandensein als Reiz in gewissem Sinne die Reaktion Panzertürme aus,
während die Fräcke unserer Zeit nicht Reaktionen auf das Tan-
zen sind und schwerlich neu erfunden würden. Hingegen ist's
uns verständlich, daß ehedem ein langschoßig bekleideter Mann
durch Hinaufklappen der Schöße beim Reiten zum Erfinder des
Urfracks wurde. Die Kohärenz der Einrichtungen ist in diesen
beiden Fällen eine verschiedene.

Ebenso wie man über die Art der Kohärenz unterrichtet sein
muß, um Voraussagen machen zu können, muß man auch wissen, ob eine bestimmte Einrichtung leicht oder schwer aus einem
sozialen Gebilde herausgelöst werden kann, ob sie im Falle des
Verlustes wieder ersetzt wird. Der Staat z. B. ist ein recht stabiles Gebilde, dessen Verhalten von dem Wechsel der Personen in

erheblichem Maße unabhängig ist; sterben selbst viele Richter und Soldaten, treten neue an ihre Stelle. Dagegen ersetzt eine Maschine im allgemeinen nicht Räder, die man ihr wegnimmt.

Es ist eine durchaus physikalistische Frage, wie sehr das Vorhandensein besonders gearteter Einzelpersonen, die vom Durchschnitt abweichen, den Bestand einer Staatsstruktur sichern. Dabei ist noch die Frage gesondert zu behandeln, wie weit solche bedeutsame Einzelpersonen immer wieder ersetzbar sind. Die Bienenkönigin nimmt eine Sonderstellung im Korb ein; aber wenn eine Königin verlorengeht, ist die Möglichkeit gegeben, eine neue Königin entstehen zu lassen. Es gibt sozusagen immer latente Königinnen. Wie ist dies beim Menschen?

Es ist eine ganz konkrete soziologische Frage, in welchem Umfang man Voraussagen über soziale Gebilde machen kann, ohne sich um das Schicksal gewisser besonders hervorgehobener Einzelpersonen zu kümmern. Man wird z. B. mit guten Gründen behaupten können, daß die Schaffung des bürgerlichen Europa, sobald einmal die moderne kapitalistische Wandlung durch das Maschinensystem seine besondere Färbung erhalten hatte, Ende des 18. Jahrhunderts prophezeibar war, während man z. B. den Zug Napoleons nach Rußland und den Brand Moskaus kaum voraussagen konnte. Aber es hätte vielleicht einen guten Sinn, zu sagen: wenn Napoleon gegen Rußland gesiegt hätte, wäre die Umgestaltung der Gesellschaftsordnung in ähnlicher Weise erfolgt, wie es auch so geschah. Ein siegreicher Napoleon hätte so, wie er die katholische Kirche wiedereinsetzte, in gewissem Umfang wohl selbst wieder alten Feudalismus in Mitteleuropa eine Zeitlang begünstigen müssen.

Ob man in diesem oder jenem Umfang voraussagen kann, mit oder ohne Voraussagen über Individuen, berührt das Wesen des Sozialbehaviorismus in keiner Weise. Die Wege eines Blattes im Winde kann man auch nicht voraussagen, und doch sind die Kinematik, die Klimatologie, die Meteorologie ganz gut ausgebaute Realwissenschaften. Es gehört nicht zum Wesen einer ausgebildeten Realwissenschaft, beliebige Einzelvorgänge voraussagen zu können. Daß uns oft das Schicksal eines einzelnen

Blattes, etwa eines verwehten Tausendmarkscheins, besonders interessiert, geht die wissenschaftliche Forschung wenig an. Ob man durch Chronik der »zufälligen« Blattbahnen im Winde allmählich zu einer Lehre von den Blattbahnen gelangen könne, bleibe dahingestellt. Ein großer Teil all der Betrachtungen, die an Rickert und verwandte Denker anknüpfen, liefern auch dort, wo sie physikalistisch gedeutet werden können, keine wissenschaftlichen Gesetze.

Die Soziologie, wie jede Realwissenschaft, spürt Korrelationen auf, die für *Voraussagen* verwendbar sind. Sie sucht ihre Grundgebilde möglichst eindeutig und klar festzulegen. So könnte man z.B. den Versuch machen, Gruppen durch »commercium« und »conubium« zu definieren. Man stellt fest, wer miteinander verkehrt, wer wen heiratet. Es dürften sich deutlich abhebbare Häufungsstellen ergeben mit schwachbesetzten Rändern. Und nun könnte man untersuchen, unter welchen Umständen solche Häufungen sich verändern, wohl gar verschwinden. Die Korrelation solcher Häufungsstellen mit dem jeweiligen Produktionsprozeß ausfindig zu machen, ist offenbar eine legitime soziologische Aufgabe, die für die Lehre von den »Klassen« Bedeutung haben könnte.

Man kann z.B. untersuchen, unter welchen Bedingungen Mutterrecht, Ahnenverehrung, Ackerbau und anderes auftreten, wann es zur Gründung von Städten kommt, welche Korrelationen zwischen systematischer Theologie und dem sonstigen Leben der Menschen besteht. Man kann auch danach fragen, wie die Rechtsprechung durch soziale Bedingungen bestimmt wird, wobei es fraglich ist, ob solche Abgrenzung ausreichende Gesetzmäßigkeiten ergibt. Es könnte z.B. sein, daß gewisse außerhalb des Rechts erfolgenden Vorgänge zu denen der Rechtsprechung hinzugefügt werden müssen, wenn gesetzmäßige Zusammenhänge gefunden werden sollen.

Was eine Gruppe als Recht anerkennt, mag eine andere als außerhalb der Rechtsordnung stehend ansehen. Man kann daher nur Korrelationen zwischen den Aussagen der Menschen über das »Recht« herstellen, oder zwischen ihrem Verhalten und ihren

Aussagen. Aber es ist nicht ohne besondere Vorbereitung möglich, »Rechtsvorgänge« als solche anderen gegenüberzustellen.

Es fragt sich, ob man einfache soziologische Korrelationen zwischen dem erlaubten Zinsnehmen einerseits, dem Lebensstandard einer Zeit andererseits feststellen kann, ob nicht einfachere Relationen zustande kommen, wenn man das »erlaubte Zinsnehmen« und den »verbotenen Wucher« zusammenfaßt. So könnte man Verhaltungsweisen, über die im »Recht« über die in der »Ethik« abgeurteilt wird, soziologisch eingliedern, und auch die Urteile mit einbeziehen. Das sind durchaus soziologische Teildisziplinen, aber das ist eben nicht die »Ethik«, die »Rechtslehre«, die man gemeinhin betreibt. Diese Disziplinen bringen wohl keine oder wenig soziologische Korrelationen. Sie enthalten vorwiegend Metaphysik, oder sind, wenn metaphysikfrei, in ihrer Fragestellung und Aussagengruppierung nur als theologische Restbestände erklärbar. Zum Teil bringen sie rein logische Deduktionen, die Ableitung bestimmter Befehle aus anderen oder bestimmter Konsequenzen aus bestimmten gesetzlichen Voraussetzungen. Das aber liegt außerhalb des Gebietes geordneter Korrelationen.

VI. Ethik und Rechtslehre
als metaphysischer Restbestand

Ursprünglich ist die »Ethik« jene Disziplin, welche die Gesamtheit göttlicher Befehle festzustellen sucht, um durch logische Kombination von Geboten und Verboten allgemeinerer Art herauszubekommen, ob eine bestimmte Einzelhandlung geboten, erlaubt oder verboten ist. Die »Kasuistik« der katholischen Moraltheologen hat diese Art von Deduktionen weitgehend ausgebaut. Daß die Unbestimmtheit der göttlichen Befehle, daß die Unbestimmtheit ihrer Deutung keine rechte Wissenschaftlichkeit aufkommen ließen, liegt auf der Hand. Der große Aufwand an logischen Schlüssen war sozusagen an ein untaugliches Objekt verschwendet, wenn auch historisch dadurch die kommende logisierende Periode der Wissenschaft vorbereitet wurde. Wenn man den befehlenden Gott physikalistisch definiert, ebenso die Folgen im Himmel und in der Hölle, die ja von manchen Theologen in den Mittelpunkt der Erde verlegt wurde, dann hat man es mit einer zwar unmetaphysischen, aber sehr *unkritischen* physikalistischen Disziplin zu tun.

Wie aber soll man eine Disziplin »Ethik« abgrenzen, wenn der Gott wegfällt? Kann man sinnvoll zu einem »Befehl an sich« übergehen, zum »kategorischen Imperativ«? Ebensogut könnte man einen »Nachbar an sich ohne Nachbar« einführen, einen »Sohn an sich, der nie Vater und Mutter gehabt«.

Wie soll man bestimmte Befehle oder Verhaltungsweisen abgrenzen, um eine »neue Ethik im Rahmen des Physikalismus« zu ermöglichen? Es scheint unmöglich zu sein. Menschen können gemeinsam Beschlüsse fassen, sich irgendwie verhalten, und man kann die Folgen solchen Tuns untersuchen. Aber welche Verhaltungsweisen, welche Weisungen sollte man als »ethische« abheben, um dann Korrelationen aufzustellen?

Die Beibehaltung eines alten Namens beruht auf der Meinung, daß etwas Beharrendes aufzufinden ist, das der alten theologischen oder metaphysischen und der neuen empiristischen Disziplin gemeinsam ist. Wenn man alle metaphysischen Elemente aus der Ethik beseitigt hat, sowie alle theologischen Physikalismen, dann bleiben eben nur entweder Aussagen über bestimmte Verhaltungsweisen der Menschen oder ihre Befehle an andere Menschen übrig.

Man könnte aber auch an eine Disziplin denken, die innerhalb der Einheitswissenschaft in durchaus behavioristischer Weise untersucht, welche Reaktionen durch eine bestimmte Lebensordnung als Reiz ausgelöst werden, ob die Menschen durch bestimmte Lebensordnungen glücklicher oder weniger glücklich werden. Es läßt sich eine durchaus empirische »Felicitologie« auf behavioristischer Grundlage ausdenken, die an die Stelle überlieferter Ethik treten könnte.

Aber meist sucht man in einer metaphysikfreien Ethik irgendwie die »Motivationen« der Menschen zu analysieren, als ob das geeignete Unterlagen für gesetzmäßige Zusammenhänge wären.

Was die Menschen über die »Gründe« ihres Handelns aussagen, hängt aber wesentlich mehr von Zufälligkeiten ab als ihr durchschnittliches sonstiges Verhalten. Wenn man weiß, welche sozialen Gesamtbedingungen zu einer Zeit bestehen, kann man das Verhalten ganzer Gruppen weit eher voraussagen, als die Argumente, welche die einzelnen nun für ihr Tun vorbringen werden. Die gleichen Handlungsweisen werden auf sehr verschiedene Weise gestützt werden, und überdies werden die wenigsten die Korrelation zwischen der sozialen Situation und dem Durchschnittshandeln bemerken.

Diese meist metaphysisch formulierten »Motivationsgefechte« vermeidet eine empirische Soziologie, die auf fruchtbare Arbeit aus ist, wie die heute erfolgreichste Soziologie: der *Marxismus*. Er bemüht sich, Korrelationen zwischen sozialer Lage und dem Verhalten ganzer Klassen festzustellen, um dann die oft wechselnden Wortfolgen abzuleiten, welche verwendet werden, um das so bedingte gesetzmäßig ableitbare Tun zu »motivieren«. Da der Marxismus das, was die Menschen über sich aussagen, ihre »Bewußtseinsvorgänge«, ihre »Ideologie«, zur Beschreibung gesetzmäßiger Zusammenhänge möglichst wenig verwendet, ist er den Arten von »Psychologie« verwandt, die das »Unbewußte« in irgendeiner Form wichtig nehmen. So kommt es, daß *Psychoanalyse* und *Individualpsychologie* dadurch, daß sie die heute schon recht überalterte Motivationspsychologie des Bewußtseins auflockern und auflösen, der modernen empirischen Soziologie vorarbeiten, die darauf aus ist, im Sinne der Einheitswissenschaft Korrelationen zwischen Tun und Bedingungen des Tuns ausfindig zu machen.

Und wenn auch in der jetzt gegebenen Form der Psychoanalyse und der Individualpsychologie sehr viel metaphysische Wendungen enthalten sind, so sind sie dennoch durch die Betonung des Zusammenhangs zwischen Verhalten und unbewußter Vorbedingung Vorläufer behavioristischer Denkweise und soziologischer Fragestellung.

Es hat also einen guten Sinn, zu fragen, ob eine bestimmte Lebensordnung mehr oder minder Glück verbreitet, als eine andere,

da ja »Glück« durchaus behavioristisch beschreibbar ist; es hat
einen guten Sinn, zu fragen, wovon die Forderungen abhängen,
die Menschenmassen einander zurufen, welche neuen Forderungen aufgestellt werden, welche Verhaltungsweisen dabei auftreten werden – wobei Forderungen und Verhaltungsweisen oft
wesentlich differieren. Das sind alles legitime soziologische
Fragestellungen. Ob es sich empfiehlt, sie als »ethische« zu bezeichnen, bleibe dahingestellt.

Ähnlich steht es mit der »Rechtslehre«, wenn sie etwas anderes
sein will als Soziologie bestimmter gesellschaftlicher Erscheinungen. Setzt sie sich aber die Aufgabe, festzustellen, ob ein System
von Forderungen logisch harmoniert, ob bestimmte Konsequenzen der Gesetzbücher mit bestimmten Beobachtungsaussagen
des Rechtslebens in Einklang gebracht werden können, so haben
wir es mit rein logischen Untersuchungen zu tun. Wenn man
feststellt, ob Anweisungen eines Chemikers logisch verträglich
sind, so treiben wir noch nicht Chemie. Um aber Chemie treiben zu können, müssen wir Korrelationen zwischen bestimmten
chemischen Vorgängen und bestimmten Temperaturen feststellen und ähnliches mehr. Daß trotz wesentlich metaphysischer
Ausgangsformulierungen Vertreter rechtsphilosophischer Richtungen logisch und realwissenschaftlich Bedeutsames bringen
können, kann uns nicht davon abhalten, metaphysische Formulierungen abzuwehren, z. B.: »So wie das *Denken* mathematischer oder logischer Gesetze ein psychischer Akt, darum aber der
Gegenstand der Mathematik oder Logik – das *Gedachte* – kein
Psychisches, keine mathematische oder logische ›Seele‹, sondern
ein spezifischer *geistiger Sachgehalt* ist, weil die Mathematik
und Logik von dem psychologischen Faktum des Denkens solchen Inhaltes abstrahiert: So ist der Staat, als Gegenstand einer
spezifischen, von der Psychologie verschiedenen Betrachtung, ein
spezifischer geistiger Gehalt, nicht aber das Faktum des Denkens
und Wollens solchen Inhaltes, ist er eine ideelle Ordnung, ein
spezifisches Normensystem, nicht aber das Denken und Wollen
dieser Normen. Nicht im Reiche der *Natur* – der physisch-psy-
chischen Beziehungen –, sondern im Reiche des *Geistes* steht

der Staat. Der Staat als verpflichtende Autorität ist ein Wert oder – sofern der satzgemäße Ausdruck des Wertes eingesetzt wird – eine *Norm*, bzw. ein System von Normen, und als solches wesensverschieden von der wertindifferenten, spezifisch realen Tatsache des Vorstellens oder Wollens der Norm.« (Hans Kelsen: *Allgemeine Staatslehre*, Verlag Julius Springer, Berlin 1925, S. 14 u. f.) Diese Art von Formulierungen verbindet sich mit ähnlichen über »Ethik« und verwandte Disziplinen, ohne daß der Versuch gemacht würde, zu untersuchen, wie der Terminus »objektive Ziele« in einer Einheitswissenschaft seinen Platz finden soll, ohne daß angegeben würde, durch welche Beobachtungsaussagen etwa »objektive Ziele« als solche zu bestimmen wären: »Fragt die ›Allgemeine Staatslehre‹, *was* der Staat und *wie* er ist, d. h. welches seine möglichen Grundformen und Hauptinhalte sind, so fragt die Politik, *ob* der Staat überhaupt sein soll, und wenn: welches die beste unter seinen Möglichkeiten sei. Durch diese Fragestellung erweist sie sich als ein Bestandteil der Ethik, als Erkenntnis der *Moral*, die dem menschlichen Verhalten objektive Ziele, d. h. irgendwelche Inhalte als gesollte setzt. Insofern Politik aber unter dem Gesichtspunkt der *Realisierung* der irgendwie gesetzten und sohin vorausgesetzten objektiven Ziele die hierzu geeigneten Mittel sucht, das heißt: diejenigen Inhalte feststellt, die erfahrungsgemäß als Ursachen jene Wirkungen herbeiführen, die inhaltlich den vorausgesetzten Zielen entsprechen, ist sie nicht Ethik, nicht auf *normative* Gesetzlichkeit gerichtet, sondern *Technik*, wenn man es so nennen will: soziale Technik und als solche auf die *Kausalgesetzlichkeit* des Zusammenhangs von Mittel und Zweck gerichtet« (Kelsen, a. a. O., S. 27).

Im Rahmen einer *empirischen Soziologie*, das heißt im Rahmen eines *Sozialbehaviorismus*, kann man die meisten dieser Ausführungen nicht einmal nach tiefgreifenden Umformungen verwenden. Welche Korrelation soll denn ausgesagt sein? Und wenn es sich wieder darum handelt, zu zeigen, daß gewisse Weisungen, Gesetzesbestimmungen, miteinander kombiniert, anderen Bestimmungen logisch äquivalent sind, was man nicht auf den ersten Blick bemerken muß, so bedarf man zu solchen für das praktische Leben sicherlich wichtigen Feststellungen keiner besonderen metaphysischen Erörterungen.

Daß diese Tautologien der Rechtsordnung weniger im Vordergrund stehen werden, wenn eine einheitswissenschaftliche Grundstimmung herrscht, ist klar. Es interessiert dann mehr, welche Wirkungen bestimmte Maßnahmen haben, und weniger, ob die in Gesetzbüchern formulierten Anordnungen unter sich logisch konsequent zusammenhängen. Es ist doch auch keine besondere Disziplin nötig, welche die logische Vereinbarkeit der Weisungen einer Spitalleitung überprüft. Man will wissen, wie das Zusammenwirken bestimmter Maßnahmen auf den Gesundheitszustand einwirkt, um danach das Tun einzurichten.

VII. Empirische Soziologie des Marxismus

Die Einheitssprache des Physikalismus sichert von vornherein den wissenschaftlichen Betrieb. Aussage fügt sich an Aussage, Gesetz an Gesetz. Wie innerhalb solcher Einheitswissenschaft die Soziologie, nicht anders wie die Biologie, wie die Chemie, wie die Technologie, wie die Astronomie unterkommt, wurde gezeigt. Die fundamentale Abtrennung besonderer »Geisteswissenschaften« von den »Naturwissenschaften« erwies sich als theoretisch sinnleer, aber auch eine bloß praktische Absonderung, die stärker wäre als eine der vielen anderen, als unzweckmäßig und durch nichts geboten.

Anschließend daran wurde im Groben der Begriff der soziologischen Korrelation angedeutet, wie er im Rahmen eines ausgebildeten Sozialbehavorismus Verwendung finden kann. Wir sahen, daß durch diese Fassung Disziplinen, wie »Ethik«, »Rechtslehre« ihren traditionellen Boden verlieren. Ohne Metaphysik, ohne Abgrenzungen, die nur aus metaphysischen Gewohnheiten erklärbar sind, können diese Disziplinen sich nicht selbständig halten. *Was an ihnen Realwissenschaft ist, geht in das Gebäude der Soziologie ein.*

In diesem Bereich sammelt sich allmählich alles an, was Nationalökonomie, Ethnologie, Geschichte und andere Disziplinen an Protokollaussagen und Gesetzen Brauchbares liefern. Bald spielt die Tatsache, daß die Menschen ihre Reaktionsweise ändern, in den soziologischen Betrachtungen eine große Rolle, bald wieder geht man davon aus, daß die Menschen in ihrem Reaktionsverhalten sich nicht ändern, wohl aber in geänderte Beziehungen zueinander kommen. Die Nationalökonomie z. B. rechnet im allgemeinen mit konstanten Menschen und untersucht nun, was die gegebene Wirtschaftsordnung, der Marktmechanismus z. B. für Folgen hat. Sie bemüht sich festzustellen, wie Krisen, Arbeitslosigkeit entstehen, wie Reingewinne zustande kommen usw.

Wenn man aber beachtet, daß die gegebene Wirtschaftsordnung von den Menschen geändert wird, dann braucht man soziologische Gesetze, die diese Änderung beschreiben. Die Wirtschaftsordnung und ihr Verhalten zu untersuchen, genügt dann nicht, man muß die Gesetze, welche die Änderung der Wirtschaftsordnung selbst bestimmen, auch untersuchen. Wie bestimmte Änderungen der Produktionsweise die Reize so ändern, daß die Menschen, oft durch Revolutionen, die überkommenen Gewohnheiten abändern, das erforschen Soziologen verschiedenster Richtung. Von den vorhandenen soziologischen Lehren, ist es die des *Marxismus*, welche am meisten empirische Soziologie enthält. Die wichtigsten Thesen dieser Richtung, die für *Voraussagen* verwendet werden, sind entweder schon ziemlich physikalistisch formuliert, soweit das mit der überkommenen Sprache möglich war, oder sie können ohne wesentliche Verluste physikalistisch formuliert werden.

Wir können am Beispiel des Marxismus sehen, wie man soziologische Korrelationen untersucht und gesetzmäßige Beziehungen feststellt. Wenn man festzustellen trachtet, welche Korrelation zwischen der Produktionsweise aufeinanderfolgender Zeiten und den gleichzeitigen Kulten, Büchern, Reden usw. bestehen, dann untersucht man die *Korrelation zwischen physikalistischen Gebilden*. Der Marxismus stellt über die These des Physikalismus (Materialismus) hinaus noch besondere Thesen auf. Wenn er *die eine* Gruppe von Gebilden als »Unterbau« *einer anderen* Gruppe von Gebilden als »Überbau« gegenüberstellt (»historischer Materialismus« als physikalistische Speziallehre), dann bewegt er sich dauernd im Rahmen des Sozialbehaviorismus. Es handelt sich nicht um Gegenüberstellung von »Materiellem« und »Geistigem«, d.h. von »Wesenheiten« mit »verschiedener Kausalität«.

Mit der Auffindung solcher Korrelationen dürften sich die nächsten Jahrzehnte in steigendem Maße beschäftigen. Wie sehr durch metaphysische Formulierungen konkrete Forschung erschwert wird, zeigt deutlich Max Webers gewaltiger Versuch, die Entstehung des Kapitalismus aus dem Calvinismus nachzuweisen. Für einen Vertreter des Sozialbehaviorismus erscheint es von vornherein naheliegend, daß bestimmte Wortfolgen, daß die Formulierung bestimmter göttlicher Befehle als abhängig von bestimmten Produktionsweisen, Machtsituationen erkannt werden. Daß aber Wortfolgen einzelner Theologen, daß die immer recht unbestimmt gehaltenen Befehle der Gottheit, welche von Theologen übermittelt werden, die Lebenshaltung breiter Massen bestimmen sollten, welche mit Handel, Gewerbe und anderem beschäftigt sind, klingt nicht sehr plausibel. Dennoch vertrat Max Weber diese Anschauung. Er suchte zu zeigen, daß aus dem »Geist des Calvinismus« der »Geist des Kapitalismus« und damit die kapitalistische Ordnung geboren wurde.

Ein katholischer Theologe, Kraus, wies darauf hin, daß eine solche Überschätzung des Einflusses theologischer Formulierungen bei Weber wohl nur dadurch zu erklären sei, daß er dem Geist eine Art »magischer« Wirkung zuschrieb. Bei Weber und anderen wird der »Geist« mit Worten und Formulierungen sehr eng verbunden gedacht, und so begreifen wir, wie Weber zugespitzte theologische Formulierungen einzelner Calvinisten mühsam aufsuchte, um daraus zugespitzte Formulierungen kapitalistischer Art abzuleiten. Aus dem »Rationalismus« des einen Gebietes soll der des anderen herrühren. Es würde auch im Rahmen des Physikalismus formal möglich sein, solche gewaltige Macht theologischer Reden und Schriften anzunehmen; *aber die*

Erfahrung zeigt uns anderes. Der erwähnte katholische Theologe weist wie die Marxisten darauf hin, daß das Verhalten der Menschen wenig durch theologische Spitzfindigkeiten bedingt sei, die doch dem durchschnittlichen Kaufmann oder Gewerbetreibenden kaum bekannt seien. Es sei doch viel plausibler, anzunehmen, daß z.B. in England Kaufleute, welche die königlichen Monopole bekämpften, daß Wucherer, die Zins gegen den Befehl der anglikanischen Kirche nehmen wollten, eine Lehre und ihre Vertreter gerne unterstützten, die sich gegen die Kirche und die mit der Kirche verbundene Krone wandten. *Erst waren diese Menschen in erheblichem Ausmaß in ihrem Verhalten kapitalistisch eingestellt, dann wurden sie Calvinisten.* Man muß nach allen Erfahrungen, die man mit theologischen Lehren sonst gemacht hat, erwarten, daß die Lehren nunmehr umgeändert und der Produktions- und Geschäftsweise angepaßt wurden. Und nun zeigt Kraus im Gegensatz zu Weber, daß die theologischen Formulierungen, welche mit dem Kapitalismus »kohärent« sind, erst später auftreten, während der ursprüngliche Calvinismus mehr den Lehren des antikapitalistischen Mittelalters verwandt war. Webers *metaphysischer Ausgangspunkt hemmte seine wissenschaftliche Arbeit, bestimmte ungünstig die Auswahl der Beobachtungsaussagen.* Ohne geeignete Auswahl gibt es aber keine fruchtbare wissenschaftliche Arbeit.

Analysieren wir einmal ein konkretes Beispiel etwas genauer. *Womit hängt der Untergang der Sklaverei im Altertum zusammen?*

Viele neigten der Anschauung zu, daß die christliche Lehre, daß die christliche Lebensordnung das Aufhören der Sklaverei bewirkt hätten, nachdem schon durch die stoischen Philosophen der Auffassung von der Sklaverei als ewiger Einrichtung Abbruch getan worden sei.

Wenn man solche Behauptung als Korrelation ausdrückt, liegt es nahe, zunächst nachzusehen, ob Christentum und Sklaverei zusammen auftreten oder nicht. Da sieht man denn, daß die schwersten Formen der Sklaverei zu Beginn der Neuzeit auftreten, zu einer Zeit, da überall christliche Staaten ihre Macht entfalten, die christlichen Kirchen vor allem in den Kolonien stark sind. Katholische Theologen haben aus Menschenfreundlichkeit durchzusetzen vermocht, daß zur Schonung der zugrunde gehenden indianischen Sklaven die haltbareren Negersklaven schiffsladungenweise nach Amerika gebracht wurden.

Man müßte eigentlich zuvor genauer definieren, was man unter »christlich« verstehen will, was unter »Sklaverei«. Wenn man die Korrelation zwischen ihnen schärfer zu formulieren versucht, muß man angeben: die Aussagen von Menschen bestimmter Art, ihr kultisches Verhalten usw. treten niemals zugleich mit massenweisem Halten von Sklaven auf. Dabei müßte eine bestimmte Art der Verwendung definiert werden, weil ja »juristisch« jemand eine »Sklave«, »soziologisch« aber ein »Herr« sein kann. Es müssen aber soziologische Begriffe mit soziologischen verbunden werden.

»Christliche Lehre« ist ein ungemein unbestimmter Begriff. Viele Theologen glaubten aus der Bibel nachweisen zu können, daß Gott die Neger zu Sklaven erklärt habe. Als nämlich Cham den betrunkenen Vater Noah unehrerbietig behandelte, fluchte ihm Noah und erklärte, er mit seinen Nachkommen solle den Brüdern Sem und Japhet und deren Nachkommen Untertan sein. Andere Theologen wieder suchten in christlichen Lehren Argumente gegen die Sklaverei aufzufinden.

Der Soziologe kommt offenbar viel weiter, wenn er ein bestimmtes System von Menschen, Kulthandlungen, Lehren usw. abgrenzt und nun zusieht, ob es mit gewissen Verhaltungsweisen der Gesellschaft zusammen auftritt oder nicht. Das ist freilich ein sehr grobes Verfahren. Man muß dahin zu gelangen trachten, nicht nur solche einfache Korrelationen aufzufinden, sondern auch kompliziertere Gesetze müssen miteinander kombiniert werden, um bestimmte Voraussagen ableiten zu können.

Manche soziologischen »Gesetze« gelten nur für bestimmte Perioden, so wie es Gesetze der Ameisen, der Löwen gibt, neben allgemeineren biologischen Gesetzen. Das heißt, wir vermögen noch nicht präzise anzugeben, wovon bestimmte Korrelationen abhängen: »Historische Periode« = Nichtanalysierter Bedingungskomplex. Viel Verwirrung wurde dadurch gestiftet, daß manche analysierenden Soziologen meinten, die soziologischen Gesetze, die sie gefunden hatten, müßten von der Art der chemischen sein, also unter allen erdenklichen irdischen Bedingungen gelten. Es handelt sich aber in der Soziologie meist um Korrelationen, die für *bestimmte Zeiträume* gelten. Marx wies mit Recht darauf hin, daß es sinnlos sei, von einem allgemeinen Bevölkerungsgesetz zu sprechen, wie dies Malthus tat. Wohl aber könne man von jedem soziologischen Zeitalter angeben, welches Bevölkerungsgesetz in ihm gelte.

Wenn man zur Klärung der Frage: Wie kommt es zum Untergang der Sklaverei? die Kämpfe der Nord- und Südstaaten Nordamerikas um die Sklavenbefreiung analysiert, sieht man den Kampf zwischen Industrie- und Plantagenstaaten vor sich. Die Plantagenstaaten werden durch die Befreiung wesentlich geschädigt. Sollte nicht Sklavenbefreiung und Produktionsprozeß zusammenhängen? Wie macht man so etwas plausibel?

Man untersucht, unter welchen Bedingungen die Sklaverei den Sklavenbesitzern Vorteile bringt, unter welchen dagegen nicht. Wenn man die Herren, welche Sklaven freilassen, befragt, warum sie das tun, werden nur wenige sagen, sie seien Gegner der Sklaverei, weil sie nicht genug Vorteile bringe. Viele werden uns ohne Heuchelei berichten, daß die Lektüre eines Philosophen zugunsten der Sklaven sie tief beeindruckt habe, andere werden ausführlich den Kampf ihrer Motive beschreiben, werden vielleicht darlegen, wie Sklaverei eigentlich das Vorteilhaftere wäre, wie aber der Wunsch, Opfer zu bringen, auf Eigentum zu verzichten, nach langem Kampf der Motive sie zu dem schweren Schritt der Sklavenfreilassung geführt habe. Wer gewohnt ist, im Sinne des Sozialbehavorismus zu verfahren, wird den sehr komplizierten »Reiz« der Lebensordnung mit Sklavenhaltung vor allem ins Auge fassen und dann die »Reaktion« Beibehaltung oder Freilassung der Sklaven untersuchen, um darüber nachzudenken, wie weit die theologischen Lehren über Sklavenfreilassung als »Reiz«, wie weit sie als »Reaktion« in Rechnung gestellt werden können.

Zeigt es sich, daß verhältnismäßig einfache Korrelationen zwischen den Wirkungen der Sklaverei auf die Lebenshaltung der

Herren und dem Verhalten der Herren zur Sklavenfreilassung aufgestellt werden können, dagegen keine *einfachen Korrelationen* zwischen den jeweiligen Lehren und dem Verhalten der Sklavenbesitzer, dann wird man ersterer Untersuchungsweise den Vorzug geben.

Man wird also die Kohärenz zwischen Jagd und Sklaverei, Akkerbau und Sklaverei, Manufaktur und Sklaverei unter verschiedenen Bedingungen untersuchen. Man wird z. B. finden, daß bei Vorhandensein genügend vieler freier Arbeiter, welche, um nicht zu verhungern, mit aller Macht ein Unterkommen suchen, der Besitz von Sklaven im allgemeinen keinen Vorteil bietet. Columella, ein römischer Agrarschriftsteller der späteren Zeit, sagt z. B. ohne Umschweife, es sei für den, der Fiebersümpfe in der Campagna trockenlegt, von Nachteil, Sklaven zu verwenden: Krankheit des Sklaven bedeute Zinsenverlust, Tod Kapitalverlust, dagegen könne man freie Arbeiter auf dem Markte jederzeit bekommen, ihre Krankheit, ihr Tod falle dem Arbeitgeber nicht zur Last.

Wenn starke Konjunkturschwankungen auftreten, ist es für den Unternehmer erwünscht, freie Arbeiter abbauen zu können; Sklaven muß man wie Pferde weiterfüttern. Wenn man daher bei Strabo liest, daß bereits im Altertum Papyrusstauden in Ägypten umgehauen wurden, um den Monopolpreis zu halten, dann wird man begreifen, daß die allgemeine Verwendung freier Arbeiter nicht mehr ferne sein konnte.

Welche Bedingungen wieder das Auftreten der wechselnden Konjunktur (frühkapitalistischer Wirtschaftseinrichtungen) bewirken, kann ebenfalls untersucht werden. Korrelation fügt sich an Korrelation. Wir sehen, »freie Arbeit« und »Vernichtung produzierter Waren« scheinen unter gewissen Bedingungen kohärent zu sein, ebenso »Plantagensklaverei« und »konstanter Absatz«. Man kann den Sezessionskrieg als Kampf des industriellen Nordens, der an Sklaverei nicht interessiert war, gegen den Baumwolle bauenden agrarischen Süden ansehen und damit recht viel voraussagen.

Deshalb haben die religiösen und ethischen Gegner der Sklaverei nicht gelogen, wenn sie sagten, daß sie an der Befreiung der Sklaven unmittelbare Freude empfänden, nicht aber an der

Erhöhung der Industriegewinne in den Nordstaaten. Daß solche Freude an Sklavenbefreiung in dieser Zeit sich entfalten und so reiche Befriedigung finden konnte, wird der empirische Soziologe aus der wirtschaftlichen Gesamtsituation in großen Umrissen abzuleiten vermögen.

Sowie man eine Landwirtschaftslehre ausarbeitet, haben manche, darunter Theologen, auch eine durchaus empirische Lehre von der »Eingeborenennutzung« ausgearbeitet, die zu allerlei Korrelationen führt (vgl. Otto Neurath: »Probleme der Kriegswirtschaftslehre«, in: *Zeitschrift für die gesamten Staatswissenschaften* 69 [1913], S. 438–501, auf S. 474, mit Literaturangaben). 88 Und durch Kombination mit anderen gesetzmäßigen Zusammenhängen kann man über das Schicksal der Sklaverei in einzelnen Ländern und Gebieten allerlei voraussagen.

Wenn im späten Rom Getreide an die Freien, nicht aber an die Sklaven verteilt wurde, ist dies ein weiterer Anreiz für die Sklavenbesitzer, Sklaven freizulassen, um sie dann als Freigelassene unter geringerem Kostenaufwand wieder zu beschäftigen und als Klientel bei Wahlen zu verwenden. Auf welche Weise das untergehende Rom durch Rückbildung schon frühkapitalistischer Einrichtungen zum Kolonat, zur Hörigkeit gelangt, läßt sich ebenfalls verständlich machen. Um mit Sklavenarbeit einen Produktionsprozeß aufzubauen, mußte man über große Geldmittel verfügen, da sowohl die Arbeitskräfte als die Werkzeuge gekauft werden mußten. Bei freier Arbeit genügte die Anschaffung der Werkzeuge. Das Kolonat erforderte gar keine Investition des Besitzers, der sich Abgaben aller Art sicherte. Die »freien« Arbeiter sind durch die Gesamtordnung zur Arbeit gezwungen – auf Faulheit steht die Todesstrafe –, während die Sklaven von jedem einzelnen Herrn diszipliniert werden mußten. Er mußte ihre Gesundheit und ihr Leben schonen, wie er ein Pferd oder ein Rind schont, selbst wenn es ungebärdig ist.

Wir sehen, wie durch solche Analysen Korrelationen zwischen allgemeinen sozialen Bedingungen und bestimmten Verhaltungsweisen menschlicher Teilgruppen hergestellt werden. Die »Aussagen« der Gruppen sind für diese Korrelationen nicht wesentlich; sie können oft mit Hilfe weiterer Korrelationen hinzugefügt werden. Diese Art, empirische Soziologie zu treiben, findet sich vor allem im *Marxismus* (vgl. z. B. Ettore Ciccotti: *Der Untergang der Sklaverei im Altertum*. Deutsch von Oda Olberg, Verlag Vorwärts, Berlin 1910).

Ein System der empirischen Soziologie im Sinne des Sozialbehaviorismus, wie er vor allem in USA und USSR sich entwickelt, müßte vor allem die typischen »Reaktionen« ganzer Gruppen auf »Reize« untersuchen. Aber bedeutsame geschichtliche Bewegungen werden auch oft ohne solche Analyse berechnet oder abgeschätzt. Und nun könnte man zeigen, wie durch Ausbau bestimmter Einrichtungen, durch Anwachsen einer bestimmten Größe ein Umschwung vorbereitet wird, der die weitere Wandlung in ganz anderer Richtung vor sich gehen läßt. Die primitive »Fortschrittslehre«, daß irgendeine Größe dauernd anwachse, läßt sich nicht durchhalten. Man muß das gesamte System der soziologischen Größen in seiner Verflochtenheit betrachten und nun zusehen, welche Wandlungen voraussagbar sind. Man kann nicht daraus, daß bisher die Großstädte anwuchsen, schließen, daß das ungefähr so weitergehen werde. Gerade sprunghaftes Anwachsen kann Reize auslösen, die zu plötzlichem Stillstand des Wachstums führen und etwa Neubildung vieler kleiner Zentren auslösen. Die Zunahme kapitalistischer Großbetriebe, das Anwachsen proletarischer, in den Betrieben abhängiger Massen kann dazu führen, daß der ganze kapitalistische Mechanismus im Zusammenhang mit Wirtschaftskrisen dem Ende entgegengeht.

VIII. *Möglichkeiten der Voraussagen*

Man kann sich darüber Rechenschaft ablegen, in welchem Umfang man wohl im Rahmen des Sozialbehaviorismus erfolgreich Voraussagen machen kann. Es zeigt sich, daß die verschiedenen *»Voraussagen«, d. h. die wissenschaftlichen Lehren soziologische Vorgänge sind und von der Gesellschafts- und Wirtschaftsordnung wesentlich abhängen. Daß z. B. bestimmte Voraussagen un-*

ter bestimmten Bedingungen entweder gar nicht auftreten oder nicht ausgebaut werden können, wird uns erst nachträglich klar. Selbst wenn ein einzelner die Richtung der weiteren erfolgreichen Forschung zu ahnen glaubt, kann er durch Teilnahmslosigkeit, ja, durch den Widerstand der übrigen Menschen verhindert sein, die gerade für soziologische Forschung erforderlichen Mitstrebenden zu finden.

Ansätze zu gesellschaftlichen Wandlungen sind schwer zu bemerken. Um Voraussagen über neuartige Vorgänge machen zu können, müssen meist schon neue Erfahrungen von einigem Umfang vorliegen. Die Wandlungen des geschichtlichen Ablaufs geben dem Gelehrten oft erst die nötigen Unterlagen für weitere Untersuchungen. Da aber soziologische Untersuchungen auch als Reize und Hilfsmittel der Lebensgestaltung eine gewisse Rolle spielen, ist die Ausgestaltung der Soziologie sehr eng mit den sozialen Kämpfen verbunden. Nur geschlossene soziologische Schulen, die sozialer Stütze bedürfen, können durch gemeinsame Arbeit die Materialmassen bewältigen, die zu strengerer Formulierung von Korrelationen bearbeitet werden müssen. Das setzt wieder voraus, daß die Mächte, welche solche Arbeiten finanzieren, dem Sozialbehaviorismus gewogen sind.

Das ist im allgemeinen heute nicht der Fall. Ja, gegen den Sozialbehaviorismus wie gegen den Individualbehaviorismus besteht in den herrschenden Schichten eine Abneigung, die weit über die wissenschaftlichen Bedenken hinausgeht, die aus der Unvollkommenheit dieser Lehre verständlich wären. Soziologisch erklärt sich der Widerstand der herrschenden Kreise, die in den Universitäten der kapitalistischen Länder meist eine Stütze finden, vor allem daraus, daß die empirische Soziologie durch ihre metaphysikfreie Haltung die Sinnleerheit der Redewendungen vom »kategorischen Imperativ«, von »göttlichem Befehl«, »sittlicher Idee«, »überpersönlichem Staat« usw. enthüllt, und damit wichtige Lehren schwächt, die zur Stütze der herrschenden Ordnung verwendet werden. Die Vertreter der »Einheitswissenschaft« vertreten nicht *eine* Weltanschauung neben anderen Weltanschauungen, so daß die Frage der Toleranz aufgeworfen werden könnte. Sie erklären die transzendente Theologie, die Metaphysik nicht für falsch, sondern für sinnleer. Ohne zu bestreiten, daß mit sinnleeren Lehren starke Erregungen, beglückende und bedrückende Zustände verbunden sein können, können die Vertreter der »Einheitswissenschaft« praktisch »Sieben eine heilige Zahl sein lassen«, indem sie die Vertreter dieser Lehre nicht belästigen, aber sie können nicht erklären, daß diese Behauptung irgendeinen, wenn auch noch so »geheimen« Sinn haben, d.h. wissenschaftliche Aussagen bestätigen oder widerlegen könne. Wenn man mit solcher Begründung des reinen Wissenschaftlers auch Metaphysik und Theologie ungestört läßt, erschüttert man doch zweifellos die Ehrfurcht vor ihnen, die von vielen gefordert wird.

An die Stelle aller metaphysischen Wesenheiten, deren Befehle man zu befolgen suchte, deren »heilige« Kraft man verehrte, tritt im Rahmen rein wissenschaftlicher Formulierungen als empirischer Ersatz das tatsächliche Verhalten der Gruppen, *deren Befehle als empirische Gebilde auf den einzelnen Menschen einwirken.* Daß Menschengruppen einzelne Menschen in bestimmter Handlungsweise bestärken oder in einer anderen hemmen, ist eine Aussage, die im Rahmen des Sozialbehaviorismus durchaus sinnvoll ist.

Der Sozialbehaviorist gibt auch Befehle, bittet, tadelt, *aber er meint nicht, daß diese Äußerungen, mit Aussagen verbunden, ein System geben können.* Man kann Worte wie Pfiffe, wie Streicheln, Peitschenhiebe verwenden; bei dieser Verwendung können sie aber weder in Widerspruch zu Aussagen treten, noch mit ihnen in Übereinstimmung gebracht werden. Aus einem System von Aussagen *kann nie ein Befehl abgeleitet werden!* Das bedeutet keine »Beschränkung« unseres wissenschaftlichen Betriebs, sondern ist nichts anderes als ein Ergebnis logischer Analyse. Daß man Befehle und Voraussagen so häufig mengt, hängt wohl damit zusammen, daß beide es mit der »Zukunft« zu tun haben. Ein Befehl ist ein Vorgang, von dem man annimmt, daß er bestimmte Veränderungen in der Zukunft hervorruft; die Voraussage ist eine Aussage, von der man annimmt, daß sie mit einer zukünftigen Aussage in Übereinstimmung stehen werde.

Die Vertreter der »Einheitswissenschaft« bemühen sich, in der »Einheitssprache des Physikalismus« mit Hilfe der Gesetze Voraussagen zu machen. Auf dem Gebiete der empirischen Soziologie geschieht dies durch Ausbau des »Sozialbehaviorismus«. Um zu brauchbareren Voraussagen zu kommen, kann man zunächst mit den Mitteln der Logik die *sinnleeren Wortfolgen* beseitigen. Aber das genügt nicht. Es folgt die Beseitigung aller falschen Formulierungen. Die Vertreter moderner Wissenschaft müssen sich auch nach Beseitigung der metaphysischen Formulierungen noch mit falschen Lehren, z. B. auch mit astrologischen, magischen und ähnlichen auseinandersetzen. Um jemanden von solchen Lehren zu befreien, genügt nicht, wie bei der Elimination des Sinnleeren, die gemeinsame Anerkennung der Logik, man muß, wenn man die eigene Lehre durchsetzen will, durch erzieherische Mittel eine Basis schaffen, von der aus die Unzulänglichkeit dieser *»auch-physikalistischen«, aber unkritischen Lehren* erkannt wird.

Die Fruchtbarkeit des Sozialbehaviorismus wird durch Feststellung neuer Korrelationen bewiesen, durch die mit ihrer Hilfe gemachten guten Voraussagen. Eine im Sinne des Physikalismus und seiner Einheitssprache erzogene Jugend wird viele Hemmungen der Forschung sich ersparen, denen wir jetzt noch ausgesetzt sind. Die erfolgreiche Sprache kann nicht ein einzelner schaffen und verwenden, sie ist das Werk einer Generation. So wird auch Soziologie als Sozialbehaviorismus nur dann in großem Umfang richtige Voraussagen machen können, wenn eine Generation des Physikalismus auf allen Gebieten sich betätigt. Trotzdem wir heute ein Anwachsen der Metaphysik beobachten können, spricht vieles dafür, daß auch die metaphysikfreien Lehren sich ausbreiten und immer mehr Raum gewinnen als neuer »Überbau« des sich wandelnden wirtschaftlichen »Unterbaus« unserer Zeit.[2]

---

[2] Vgl. Otto Neurath: »Physicalism. The Philosophy of the Viennese Circle«, in: *The Monist* 41 (Okt. 1931), S. 618–623.

4.2 DIE PHYSIKALISCHE SPRACHE ALS UNIVERSALSPRACHE DER WISSENSCHAFT (1932)

Rudolf Carnap

1. Die Zerspaltung der Wissenschaft

Die Wissenschaft in ihrer herkömmlichen Gestalt bildet keine Einheit. Sie zerfällt in Philosophie und Fachwissenschaften; die Fachwissenschaften zerfallen in Formalwissenschaften (Logik und Mathematik) und Realwissenschaften; die Realwissenschaften pflegt man zu zerlegen in Naturwissenschaften, Geisteswissenschaften und Psychologie. Diese verschiedenen Wissenschaftsarten trennt man nicht nur aus praktischen Gründen der Arbeitsteilung. Die allgemein verbreitete Ansicht geht vielmehr dahin, daß sie sich grundsätzlich in Hinsicht ihrer Objekte, ihrer Erkenntnisquellen, ihrer Methoden unterscheiden. Demgegenüber soll hier die Auffassung vertreten werden, daß *die Wissenschaft eine Einheit* bildet: alle Sätze sind in einer Sprache ausdrückbar, alle Sachverhalte sind von einer Art, nach einer Methode erkennbar.

Über die Philosophie und die Formalwissenschaften soll nur kurz gesprochen werden. Die hier vertretene Auffassung in diesem Punkt ist schon mehrfach von anderen dargestellt worden. Dagegen wollen wir auf die Frage der Einheit der Realwissenschaften näher eingehen.

Die Einsichten in den Charakter der Philosophie, der Logik und der Mathematik verdanken wir der Entwicklung der neuen Logik, insbesondere der logischen Analyse der Sprache. Diese Analyse ist schließlich zu dem Ergebnis gekommen, daß es nicht neben oder über den Fachwissenschaften eine Philosophie als eigenes System philosophischer Sätze geben kann. Vielmehr besteht die Tätigkeit der Philosophie in der Klärung der Begriffe und Sätze der Wissenschaft. Damit verschwindet die Spaltung des Erkenntnisgebietes in Philosophie und Fachwissenschaft. Alle Sätze sind Sätze der einen Wissenschaft. Die wissenschaftliche Arbeit betrifft entweder den empirischen *Inhalt* der Sätze: man beobachtet, experimentiert, sammelt und bearbeitet das Erfahrungsmaterial. Oder es geht um Klarstellung der *Form* der Wissenschaftssätze, sei es ohne Rücksicht auf den Inhalt (formale Logik), sei es im Hinblick auf die logischen Beziehungen bestimmter Begriffe (Konstitutionstheorie, Erkenntnistheorie als angewandte Logik).

Die Sätze der *Logik und Mathematik* sind Tautologien, analytische Sätze, Sätze, die allein auf Grund ihrer Form gültig sind. Sie haben keinen Aussagegehalt, d.h. sie besagen nichts über das Bestehen oder Nichtbestehen irgendeines Sachverhaltes. Wenn man zu dem Satz »(Das Ding) *a* ist schwarz« hinzufügt »oder *a* ist blau«, so besagt der Gesamtsatz zwar weniger als der erste Satz, aber immerhin noch etwas. Fügt man dagegen zu dem ersten hinzu »oder *a* ist nicht schwarz«, so besagt der Gesamtsatz überhaupt nichts mehr. Er ist eine Tautologie, d.h. er trifft unter allen Umständen zu. Daher kann aus seiner Mitteilung nicht entnommen werden, welche Beschaffenheit das Ding hat. Trotz ihres tautologischen, gehaltleeren Charakters haben die logischen und mathematischen Sätze eine erhebliche wissenschaftliche Bedeutung, da sie zur Umformung der gehaltvollen Sätze verhelfen. Für unsere gegenwärtige These ist wichtig, daß Logik und Mathematik nicht Wissenschaften mit einem eigenen Objektbereich sind. Bei der genannten Auffassung, die hier nur andeutend wiedergegeben wird, fällt die Annahme solcher »formaler« oder »idealer« Gegenstände, die den »realen« Gegenständen der empirischen Wissenschaften gegenüberstehen sollen, fort.

Die gehaltvollen Sätze, also die Sätze, die (in üblicher Sprechweise) einen Sachverhalt zum Ausdruck bringen, gehören zum Bereich der *Realwissenschaft.* Unsere *Hauptfrage* ist nun, ob diese Sätze – oder in üblicher Redeweise: die durch sie ausgedrückten Sachverhalte – in verschiedene Arten zerfallen, die nicht aufeinander zurückführbar sind. Nach der traditionellen Auffassung ist dies der Fall; und zwar pflegt man hauptsächlich die Gebiete der Naturwissenschaften, der Geisteswissenschaften und der Psychologie als Gebiete verschiedener Objektarten zu unterscheiden.

Die *Naturwissenschaften* beschreiben auf Grund von Beobachtungen und Experimenten die raum-zeitlichen Vorgänge des Systems, das wir die »Natur« nennen. In Anknüpfung an die beschreibenden Einzelsätze werden dann allgemeine Formeln, die sog. »Naturgesetze« aufgestellt (»Induktion«). Diese geben die Möglichkeit, neue Einzelsätze, z. B. Voraussagen, abzuleiten (»Deduktion«).

Die sog. *Geistes- oder Kulturwissenschaften* verwenden auch die Methode der Beobachtung körperlicher Vorgänge. Die übliche Auffassung besagt aber nun, daß auf diesem Gebiet die Beobachtung nur ein untergeordneter Erkenntnisweg sei; die eigentliche Methode sei das »Verstehen«, ein Sicheinfühlen, Sichhineinversetzen in geschichtliche Werke und Ereignisse, um ihr »Wesen«, ihren »Sinngehalt« zu erfassen. Ferner handle es sich – sei es in den Geisteswissenschaften allgemein, sei es in besondern »normativen Disziplinen«, z. B. der Ethik – um die Erfassung von »Werten«, die Aufstellung von »Normen«. Nach üblicher Auffassung sind daher die Objekte der Geisteswissenschaften, seien es nun Sinngebilde oder Normensysteme, von grundsätzlich anderer Art als die der Naturwissenschaften und daher mit naturwissenschaftlicher Methode nicht erfaßbar.

Über die *Psychologie* gehen die herrschenden Auffassungen auseinander. Man stellt Experimente an, nimmt häufig auch quantitative Begriffsbildungen, also Messungen vor. Daher rechnen manche Psychologen ihr Gebiet zu den Naturwissenschaften; aber auch sie betonen den Unterschied der Objektarten: die Psychologie habe es mit dem »Psychischen«, mit Bewußtseinsabläufen, vielleicht auch mit Unbewußtem zu tun, die übrigen Naturwissenschaften dagegen mit dem »Physischen«. Andere Psychologen betonen stärker die Verwandtschaft ihrer Wissenschaft mit den Geisteswissenschaften; auch in der Psychologie werde die Erkenntnis durch Verstehen und Einfühlung gewonnen; der Unterschied bestehe aber darin, daß es sich hier nicht um Werke und Institutionen, sondern um die Erlebnisabläufe und ihre Gesetzmäßigkeiten handle. In bezug auf die Frage, die wir hier behandeln wollen, stimmen die verschiedenen Auffassungen überein: die Psychologie sei eine Wissenschaft mit eigenem, von den anderen Objektarten grundsätzlich getrenntem Objektbereich.

Wir brauchen hier nicht ausführlicher auf die vielen verschiedenen Auffassungen in bezug auf die verschiedenen Wissenschaften einzugehen. Es genügt, daß wir uns daran erinnern, daß man von grundsätzlich verschiedenen Gegenstandsarten spricht; gleichviel, ob man gerade die genannten Gegenstandsarten annimmt (z.B. ideale und reale Gegenstände; physische, psychische, geisteswissenschaftliche Gegenstände; Werte) oder andere. Allen diesen überlieferten Auffassungen tritt unsere *These von der Einheitswissenschaft* gegenüber.

2. Sprachen

Wenn wir die These von der Einheitswissenschaft so formuliert haben, daß es nur eine Art von Objekten, nur eine Art von Sachverhalten gebe, so haben wir uns damit der üblichen Sprechweise angepaßt, die von »Objekten« und »Sachverhalten« spricht. Die korrekte Formulierung redet von Wörtern anstatt von »Objekten« und von Sätzen anstatt von »Sachverhalten«. Denn eine philosophische, d.h. logische Untersuchung ist Analyse der Sprache. Da die Terminologie der Sprachanalyse ungewohnt ist, wollen wir des leichteren Verständnisses wegen neben der korrekten Redeweise (wir wollen sie die »formale« nennen), die nur von sprachlichen Formen redet, auch die übliche Sprechweise (wir wollen sie die »inhaltliche« nennen) anwenden, die von »Objekten« und »Sachverhalten«, vom »Sinn« oder »Inhalt« der Sätze und der »Bedeutung« der Wörter spricht.[1]

---

[1] Die Durchführung einer streng formalen Theorie der sprachlichen Formen (»Metalogik«) soll an anderer Stelle gegeben werden. Dort wird   90

Um eine bestimmte *Sprache* zu charakterisieren, muß man ihr *Vokabular* und ihre *Syntax* angeben, d.h. die Wörter, die in ihr vorkommen, und die Regeln, nach denen aus diesen Wörtern Sätze gebildet werden können und nach denen solche Sätze in andere Sätze derselben Sprache oder einer anderen Sprache umgeformt werden dürfen (sog. Schlußregeln und Übersetzungsregeln). Muß man nicht außerdem noch, damit der »Sinn« der Sätze der Sprache bestimmt ist, die »Bedeutung« der Wörter angeben? Nein; was mit dieser inhaltlichen Formulierung gemeint ist, ist schon in den genannten formalen Angaben mit enthalten. Denn die Angabe der »Bedeutung« eines Wortes geschieht entweder durch Übersetzung oder durch Definition. Eine Übersetzung ist eine Regel zur Umformung in eine andere Sprache (z.B. »cheval«: »Pferd«). Eine Definition ist eine Regel zur Umformung innerhalb derselben Sprache; das gilt sowohl für die sog. Nominaldefinitionen (z.B. »Elefant«: »Tier mit den und den Merkmalen«), als auch – was gewöhnlich nicht beachtet wird – für die sog. Definitionen durch Aufweisung (z.B. »Elefant«: »Tier von der Art des Tieres an der und der Raum-Zeit-Stelle«).

91 Anstatt einer derartigen Charakterisierung einer Sprache in formaler Redeweise kann man auch – zwar nicht ganz korrekt, aber anschaulicher – eine Charakterisierung in inhaltlicher Redeweise geben, indem man sagt: die Sätze dieser Sprache beschreiben das und das. Eine solche inhaltliche Formulierung darf man sich erlauben, wenn man sich klar darüber ist, daß sie nur eine bildhafte Umschreibung jener formalen Redeweise ist. Beachtet man das nicht, so besteht die Gefahr, daß man sich durch die inhaltliche Redeweise zu Scheinfragen verleiten läßt, etwa über Wesen oder Realität der in der betr. Charakterisierung genannten

auch die hier nur angedeutete »These der Metalogik« ausführlich erläutert und begründet, daß die sinnvollen philosophischen Sätze metalogische Sätze sind, d.h. von den Formen der Sprache sprechen. (Die sog. Sätze der Metaphysik dagegen können nur Objekt eines metalogischen Satzes sein, z.B. eines Satzes, der ihre syntaktische Unzulässigkeit [d.h. Sinnlosigkeit] besagt.)

Objekte. Fast alle Philosophen, auch viele Positivisten, sind auf diesen Abweg geraten.

Nehmen wir als *Beispiel* die Sprache der Arithmetik. Die Charakterisierung dieser Sprache in formaler Redeweise würde etwa lauten: die arithmetischen Sätze sind aus Zeichen der und der Art in der und der Weise zusammengesetzt; es gelten die und die Umformungsregeln. Statt dessen mag man auch in inhaltlicher Redeweise sagen: die arithmetischen Sätze geben gewisse Eigenschaften von Zahlen und gewisse Beziehungen zwischen Zahlen an. Eine derartige Formulierung ist, wenn auch ungenau, so doch verständlich und zulässig, wenn man sie vorsichtig handhabt. Man darf sich durch diese Formulierung nicht zu der Scheinfrage verleiten lassen, was diese »Zahlen« denn nun für Gegenstände seien, ob sie real oder ideal, extramental oder intramental seien od. dgl. Bei Anwendung der formalen Redeweise, die überhaupt nicht von »Zahlen«, sondern nur von »Zahlzeichen« spricht, verschwindet diese Scheinfrage.

Wir werden im folgenden zum leichteren Verständnis zuweilen die Formulierung in den beiden Redeweisen einander gegenüberstellen, und zwar *links* die *formale* Redeweise, die strenggenommen die einzige korrekte ist, *rechts* die üblichere *inhaltliche* Redeweise.

Im Bereich der Wissenschaft können wir *verschiedene »Sprachen«* unterscheiden. Betrachten wir als Beispiel die Sprache der Nationalökonomie. Sie ist etwa dadurch zu charakterisieren,

daß ihre Sätze mit Hilfe der Ausdrücke »Angebot«, »Nachfrage«, »Lohn«, »Preis«, … in der und der Form gebildet sind.	daß ihre Sätze die wirtschaftlichen Vorgänge wie Angebot, Nachfrage, … beschreiben.

Wir nennen eine Sprache eine *universale,*

wenn jeder Satz in sie übersetzt werden kann;	wenn sie jeden beliebigen Sachverhalt beschreiben kann;

andernfalls eine *Teilsprache.* Die Sprache der Nationalökonomie ist eine Teilsprache,

<table>
<tr><td>

da z. B. ein physikalischer Satz
über die Vektoren des elektro-
magnetischen Feldes nicht in sie
übersetzt werden kann.

</td><td>

da man in ihr z. B. den Zustand
des elektromagnetischen Feldes
innerhalb eines Gebietes nicht
beschreiben kann.

</td></tr>
</table>

3. Die Protokollsprache

Die Wissenschaft ist ein System von Sätzen, das an Hand der Erfahrung aufgestellt wird. Die empirische Nachprüfung bezieht sich aber nicht auf den einzelnen Satz, sondern auf das System der Sätze oder auf ein Teilsystem. Die Nachprüfung geschieht an Hand der »Protokollsätze«. Hierunter sind die Sätze verstanden, die das ursprüngliche Protokoll etwa eines Physikers oder Psychologen enthält. Wir stellen uns hierbei das Verfahren so schematisiert vor, als würden alle unsere Erlebnisse, Wahrnehmungen, aber auch Gefühle, Gedanken usw. sowohl in der Wissenschaft als auch im gewöhnlichen Leben zunächst schriftlich protokolliert, so daß die weitere Verarbeitung immer an ein Protokoll als Ausgangspunkt anknüpft. Mit dem »ursprünglichen« Protokoll ist dasjenige gemeint, das wir erhalten würden, wenn wir Protokollaufnahme und Verarbeitung der Protokollsätze im wissenschaftlichen Verfahren scharf voneinander trennen würden, also in das Protokoll keine indirekt gewonnenen Sätze aufnehmen würden. Das wirkliche Laboratoriumsprotokoll eines Physikers kann etwa folgende Form haben: »Aufstellung der Apparate: …; Schaltungsschema: …; Zeigerstellung der verschiedenen Instrumente zu den verschiedenen Zeitpunkten …; bei 500 Volt tritt Funkenentladung ein.« Dies ist kein ursprüngliches Protokoll, da es Sätze enthält,

<table>
<tr><td>

zu deren Gewinnung andere
Protokollsätze mitverwendet
sind.

</td><td>

die einen nicht unmittelbar
beobachtbaren Sachverhalt
beschreiben.

</td></tr>
</table>

Ein ursprüngliches Protokoll würde vielleicht so lauten: »Versuchsanordnung: an den und den Stellen sind Körper von der und der Beschaffenheit (z. B. ›Kupferdraht‹; vielleicht dürfte statt dessen nur gesagt werden: ›ein dünner, langer, brauner Körper‹, während die Bestimmung ›Kupfer‹ durch Verarbeitung früherer Protokolle, in denen derselbe Körper auftritt, gewonnen wird); jetzt hier Zeiger auf 5, zugleich dort Funke und Knall, dann Ozongeruch.« Ein ursprüngliches Protokoll würde sehr umständlich sein. Daher ist es für die Praxis zweckmäßig, daß die Formulierung des Protokolls schon abgeleitete Bestimmungen verwendet. Gilt dies für das Protokoll des Physikers, so noch weit mehr für das des Biologen, des Psychologen, des Ethnologen. Sobald wir aber die Frage nach der Berechtigung irgendeines Satzes der Wissenschaft stellen, d.h. nach seiner Herkunft aus Protokollsätzen, so müssen wir auf das »ursprüngliche« Protokoll zurückgehen.

Unter »Protokollsätzen« wollen wir jetzt immer die Sätze ursprünglicher Protokolle verstehen. Die Sprache, der diese Sätze angehören, wollen wir die »Protokollsprache« nennen. (Sie wird auch als »Erlebnissprache« oder »phänomenale Sprache« bezeichnet; weniger bedenklich ist die neutrale Bezeichnung »erste Sprache«.) Die Frage nach der genaueren Charakterisierung dieser Sprache (also nach genauer Angabe ihrer Wörter, Satzformen und Regeln) läßt sich bei dem gegenwärtigen Stand der Forschung noch nicht beantworten. Für unsere weiteren Überlegungen ist das auch nicht erforderlich; wir werden trotzdem später den Charakter der Protokollsprache klären können. Wir wollen aber wenigstens einige der Auffassungen über die Form der Protokollsätze andeuten, die gegenwärtig von verschiedenen Richtungen vertreten werden. Obwohl wir selbst hierbei nicht Stellung nehmen, wird durch diese Andeutung doch klarer werden, was wir unter »Protokollsprache« verstehen.

Die einfachsten Sätze der *Protokollsprache* sind die Protokollsätze, d.h. die Sätze, die selbst nicht einer Bewährung bedürfen, sondern als Grundlage für alle übrigen Sätze der Wissenschaft dienen.

Die einfachsten Sätze der *Protokollsprache* beziehen sich auf das Gegebene; sie beschreiben die unmittelbaren Erlebnisinhalte oder Phänomene, also die einfachsten erkennbaren Sachverhalte.

Frage: Welche Arten von Wörtern treten in den Protokollsätzen auf?

Erste Antwort: Die Protokollsätze sind etwa von der Art »jetzt Freude«, »jetzt hier Blau, dort Rot«.

Zweite Antwort: Wörter von der Art »Blau« kommen nicht in den Protokollsätzen, sondern erst in abgeleiteten Sätzen vor (sie sind Wörter höherer Konstitutionsstufe). Die Protokollsätze haben dagegen etwa folgende Form:

a)»jetzt roter Kreis«,

oder b) ...

oder c) ...

Dritte Antwort: Die Protokollsätze haben etwa die Form: »Auf dem Tisch liegt ein roter Würfel.«

Frage: Welche Gegenstände sind Elemente des Gegebenen, unmittelbare Erlebnisinhalte?

Erste Antwort: Elemente des Gegebenen sind die einfachsten Sinnesempfindungen und Gefühle.

Zweite Antwort: Die Einzelempfindungen sind nicht unmittelbar gegeben, sondern Ergebnis einer abstraktiven Zerlegung. Gegeben sind vielmehr umfassendere Gebilde,

etwa a) Teilgestalten der einzelnen Sinnesgebiete, z. B. eine Sehgestalt,

oder b) die ganzen Sinnesfelder, z. B. das Sehfeld als Einheit,

oder c) das Gesamterlebnis eines Augenblicks als Einheit, noch unzerlegt in Sinnesgebiete.

Dritte Antwort: Elemente des Gegebenen sind die Dinge; ein dreidimensionaler Körper wird als solcher unmittelbar wahrgenommen, nicht etwa nur nacheinander verschiedene zweidimensionale Projektionen.

Dies sind drei Beispiele für gegenwärtig vertretene Auffassungen (die dabei wohl durchweg in der inhaltlichen Redeweise formuliert zu werden pflegen). Die erste kann man als atomistischen Positivismus bezeichnen; es ist etwa die Auffassung von Mach. Sie erscheint uns heute meist nicht mehr einleuchtend; die Einwände, die die neueren Psychologen, besonders die Gestaltpsychologen, gegen sie erhoben haben, enthalten zumindest manches Berechtigte. Daher wird man heute eher zu einer der Auffassungen der zweiten Art neigen. Die dritte Auffassung wird heute nicht häufig vertreten; sie hat jedoch verschiedene Gründe für sich und verdient eine nähere Untersuchung, auf die wir aber hier verzichten müssen.

Die Sätze des wissenschaftlichen Systems (Sätze der »Systemsprache«) werden nicht im eigentlichen Sinn aus den Protokollsätzen abgeleitet. Ihr Verhältnis zu diesen ist verwickelter. Wir haben zunächst bei den Systemsätzen, z.B. den physikalischen Sätzen, zu unterscheiden zwischen »singulären« Sätzen (die sich auf eine bestimmte Raum-Zeit-Stelle beziehen, z.B.: »An der und der Raum-Zeit-Stelle beträgt die Temperatur so und so viel«) und den sog. »Naturgesetzen«, d.h. generellen Sätzen, aus denen singuläre Sätze oder Verknüpfungen von solchen abgeleitet werden können (z.B. »Eisen hat [überall und stets] die Dichte 7,4«). Ein Naturgesetz hat in bezug auf die singulären Sätze den Charakter einer *Hypothese;* d.h. es kann aus keiner (endlichen) Menge singulärer Sätze streng abgeleitet werden, sondern kann sich an solchen nur (günstigenfalls) immer mehr bewähren. Ein singulärer Systemsatz hat wieder (im allg.) den Charakter einer Hypothese in bezug auf die anderen singulären Sätze; und denselben Charakter (im allg.) auch in bezug auf die Protokollsätze: er kann (im allg.) aus noch so vielen Protokollsätzen niemals streng abgeleitet werden, sondern kann sich an ihnen nur (günstigenfalls) immer mehr bewähren. Es besteht nämlich die umgekehrte Ableitungsmöglichkeit: aus hinreichend umfassenden Mengen singulärer Sätze lassen sich nach den Ableitungsregeln der Systemsprache unter Mitverwendung der Naturgesetze Protokollsätze ableiten. Die Nachprüfung geschieht nun, indem man derartige Ableitungen vornimmt und feststellt, ob die abgeleiteten Protokollsätze im Protokoll vorkommen. Die Sätze des wissenschaftlichen Systems werden hierdurch nicht im strengen Sinn »verifiziert«. Die Aufstellung des Systems der Wissenschaft enthält somit stets ein konventionelles Moment, d.h. die Form des Systems ist niemals vollständig durch die Erfahrung festgelegt, sondern stets auch durch Festsetzungen mitbestimmt.

Ein Subjekt *S* möge auf Grund seines Protokolls derartige Nachprüfungen vornehmen. Wir wollen erst später die Frage behandeln, ob etwa jedes Subjekt seine eigene Protokollsprache habe; hier wollen wir die Protokollsprache des *S* als »die« Protokollsprache bezeichnen.

Ist durch das System der Umformungsregeln bestimmt, daß aus dem Satz *p* ein Satz der Protokollsprache unter den und den Bedingungen ableitbar ist, so hat *S* grundsätzlich die Möglichkeit zur Nachprüfung von *p*; ob auch tatsächlich, hängt von der Empirie ab. Besteht zwischen irgendeinem Satz *p* und den Sätzen der Protokollsprache kein derartiger Ableitungszusammenhang, so ist *p* für *S* nicht nachprüfbar und daher kein sinnvoller, d.h. formal zulässiger Satz. In diesem Fall kann *S* den Satz *p* nicht verstehen; denn einen Satz *p* »verstehen« heißt: die Folgen von *p* kennen, d.h. die Sätze der Protokollsprache, die aus *p* ableitbar sind.

Besteht ein derartiger Ableitungszusammenhang zwischen einem Satz *p* und jeder der Protokollsprachen mehrerer Subjekte,

Ist der durch einen Satz *p* beschriebene Sachverhalt zurückführbar auf Sachverhalte des Gegebenen, auf unmittelbare Erlebnisinhalte des *S*, so hat *S* grundsätzlich die Möglichkeit zur Nachprüfung von *p*. Dann kennt *S* den »Sinn« von *p*, denn der Sinn besteht in der Methode der Nachprüfung, in der Zurückführung auf das Gegebene. Steht irgendein Satz *p* nicht in Ableitungszusammenhang mit Sätzen über das Gegebene, so ist *p* für *S* nicht verstehbar, sinnlos. Denn einen Satz »verstehen«, heißt: wissen, welche möglichen Sachverhalte des Gegebenen (mögliche unmittelbare Erlebnisinhalte) bestehen, wenn *p* wahr ist.

Ist der durch einen Satz *p* beschriebene Sachverhalt für mehrere Subjekte in der beschriebenen Weise nachprüfbar,

so ist *p* für jedes dieser Subjekte sinnvoll. In diesem Fall nennen wir *p* (für die betr. Subjekte) »intersubjektiv sinnvoll« oder kurz »intersubjektiv«. Unter einer »intersubjektiven Sprache« (für bestimmte Subjekte) verstehen wir eine solche, deren Sätze (für die betr. Subjekte) intersubjektiv sind. Ein (für bestimmte Subjekte) intersubjektiver Satz *p* ist dann »intersubjektiv gültig«, wenn *p* für jedes dieser Subjekte gültig ist, d.h. sich bei jedem (in hinreichendem Grade) bewährt.

Wir werden im folgenden überlegen, daß die physikalische Sprache intersubjektiv ist, und weiter, daß sie als universale Systemsprache dienen kann. Schließlich werden wir versuchen, zu zeigen, daß auch die Protokollsprachen als Teilsprachen der physikalischen Sprache gedeutet werden können.

4. Die physikalische Sprache als intersubjektive Sprache

Die physikalische Sprache ist dadurch charakterisiert, daß ein Satz einfachster Form (z. B. »An dem und dem Raum-Zeit-Punkt beträgt die Temperatur so und so viel«)

einer bestimmten Wertreihe der Koordinaten (drei Raum-, eine Zeitkoordinate) einen bestimmten Wert (oder ein Wertintervall) einer bestimmten Zustandsgröße zuschreibt.

die Beschaffenheit einer bestimmten Raum-Zeit-Stelle zu einer Zeit quantitativ angibt.

An Stelle der quantitativen Bestimmung kann auch eine *qualitative* treten, wie es ja im Alltagsleben und auch noch in der Wissenschaft aus Gründen der Kürze und Anschaulichkeit häufig üblich ist. Wir können qualitative Bestimmungen dann mit zur physikalischen Sprache rechnen, wenn

Regeln für ihre Übersetzung in quantitative Bestimmungen aufgestellt sind, derart, daß z. B. der Satz »Hier ist es ziemlich kühl« übersetzt werden kann in den Satz »Hier besteht eine Temperatur zwischen 5° und 10° C«.

sie als Bestimmungen physikalischer Zustände oder Vorgänge gedeutet werden, so daß z. B. die Sätze »Hier ist es ziemlich kühl« und »Hier besteht eine Temperatur zwischen 5° und 10° C« als Sätze gleichen Sinnes genommen werden.

Die genannte Charakterisierung der physikalischen Sprache entspricht der traditionellen Form der Physik. (Der Einfachheit halber sehen wir hier von den Wahrscheinlichkeitskoeffizienten, die in physikalischen Sätzen vorkommen, ab.) Wir wollen jedoch den

Terminus »physikalische Sprache« so weit verstehen, daß er sich nicht nur auf die speziellen Sprachformen der Gegenwart bezieht, sondern auf diejenige Sprachform, die die Physik in irgendeinem Entwicklungsstadium jeweils anwenden wird. Vielleicht werden es später nicht mehr gerade vier Koordinaten sein, durch die man das physikalische Stellenschema bezeichnet; vielleicht wird man die Koordinaten nicht mehr einfach als räumliche und zeitliche Größen deuten können. Das wollen wir gänzlich dahingestellt sein lassen. Jedenfalls wird die Sprache der Physik jeweils so beschaffen sein,

daß sich jeder Protokollsatz, der nur Wörter derjenigen Art enthält, die wir etwa (ganz roh) als Sinnes- oder Wahrnehmungs- oder Ding-Sphäre bezeichnen können, in sie übersetzen läßt.

daß sich jeder Wahrnehmungsbefund des Alltags, also alles, was wir z. B. an Licht und Körpern (im vorwissenschaftlichen Sinn) feststellen, in ihr ausdrücken läßt.

Diese Beschaffenheit genügt für unsere weiteren Überlegungen; die genauere Form möglicher physikalischer Sprachen in der weiteren Entwicklung der Physik brauchen wir hier nicht zu bestimmen. Der Anschaulichkeit halber wollen wir im folgenden immer an der raum-zeitlichen Sprachform exemplifizieren. Über die soeben genannte Beschaffenheit der physikalischen Sprache hinausgehend, wird dann unsere These behaupten, daß die physikalische Sprache eine universale Sprache ist, d. h.

daß sich jeder Satz in sie übersetzen läßt.

daß sich jeder Sachverhalt in ihr ausdrücken läßt.

Zu der beschriebenen einfachsten Form, nämlich der der *singulären Sätze*, treten nun die verschiedenen zusammengesetzten Satzformen. Die wichtigste ist die *generelle Implikation*, der allgemeine Bedingungssatz: »Gilt an irgendeiner Raum-Zeit-Stelle P die Bestimmung a, so gilt stets an derjenigen Stelle P', die in der und der raum-zeitlichen Lage-Beziehung zu P steht, mit der und der Wahrscheinlichkeit eine Bestimmung $a' = f(a)$, die sich durch die Funktion f als gesetzmäßig abhängig von a ergibt.« Dies ist die allgemeine Form des *Naturgesetzes* im weitesten Sinn dieses Wortes. Häufig fallen P und P' zusammen. Beispiel mit qualitativen Bestimmungen: »Blut ist rot«; a: die qualitativen Kennzeichen des Blutes, zu denen die Farbe nicht gehören möge; $P=P'$; a': die Farbe rot. Beispiel mit quantitativen Bestimmungen: die zweite Maxwellsche Grundgleichung »rot $\mathfrak{E} = -\frac{\mu}{c}\frac{\partial \mathfrak{H}}{\partial t}$«; a: die durch »rot $\mathfrak{E}$« bezeichnete Bestimmung der räumlichen Verteilung des elektrischen Feldes in der Umgebung von P; $P'=P$; a: die Änderungsgeschwindigkeit $\frac{\partial \mathfrak{H}}{\partial t}$ des magnetischen Feldes in P. Auf der Aufstellung der Naturgesetze beruht die Möglichkeit, die Wissenschaft praktisch anzuwenden, nämlich Voraussagen über künftige Vorgänge zu machen.

Die physikalischen Begriffe sind quantitative Begriffe, zahlenmäßige Bestimmungen. Für die Möglichkeit der Aufstellung genauer Naturgesetze, durch die eine Vorausberechnung möglich wird, ist das von ausschlaggebender Bedeutung. Für unsere Überlegungen hier ist eine andere Eigentümlichkeit der physikalischen Begriffe wichtig: sie sind abstrakt, qualitätsfrei. Damit ist folgendes gemeint. Die Regeln für die Übersetzung aus der physikalischen Sprache in die Protokollsprache sind derart, daß irgendeinem Wort der physikalischen Sprache niemals nur Worte der Protokollsprache aus einem bestimmten Sinnesgebiet (z. B. nur Farbbestimmungen, nur Tonbestimmungen od. dgl.) zugeordnet sind. Aus den physikalischen Bestimmungen lassen sich daher Protokollbestimmungen jedes beliebigen Sinnesgebietes ableiten; die physikalischen Bestimmungen gelten »intersensual« in einem Sinn, der sogleich genauer erläutert werden soll. Ferner gelten sie auch »intersubjektiv«, übereinstimmend für die verschiedenen Subjekte; das soll später erläutert werden.

Die Bestimmung: »Ton von der und der Höhe, Klangfarbe und Lautstärke« der Protokollsprache oder der qualitativen Sprache (die wir für diese Überlegung nicht zu unterscheiden brauchen) ist zugeordnet der Bestimmung der physikalischen Sprache: »Materielle Schwingung von der und der Grundfrequenz, den und den Oberfrequenzen mit den und den Amplituden.«

Aber ein physikalischer Satz, der diese Bestimmung enthält, ist nicht nur Sätzen zugeordnet, die jene Bestimmung aus dem Hörgebiet enthalten, sondern unter bestimmten Bedingungen auch Sätzen, die Bestimmungen anderer Sinnesgebiete enthalten.

Aber das Vorliegen einer derartigen Schwingung kann nicht nur durch das Hören eines solchen Tones festgestellt werden, sondern mit Hilfe geeigneter Instrumente auch durch Seh- oder Tastwahrnehmungen.

Es gibt keine physikalische Zustandsgröße, die ausschließlich qualitativen Bestimmungen eines bestimmten Sinnesgebietes zugeordnet wäre. Das ist von grundsätzlicher Bedeutung. Man kann nun für jede qualitative Bestimmung irgendeines Sinnesgebietes die zugeordnete Klasse physikalischer Bestimmungen mit Hilfe der qualitativen Bestimmungen aus anderen Sinnesgebieten feststellen. Bei qualitativen Bestimmungen aus dem Hörgebiet hat die physikalische Übersetzung, wie das Beispiel gezeigt hat, eine besonders einfache Form. Komplizierter wird sie für Farbbestimmungen, z. B. »Grün von der und der Art« (etwa bezeichnet durch die Nummer im Ostwaldschen Farbenatlas). Hier ist nicht nur eine physikalische Bestimmung zugeordnet, sondern eine Klasse von solchen; und zwar besteht jede Bestimmung aus einer bestimmten Kombination von Frequenzen elektromagnetischer Schwingungen. (Für ein bestimmtes »Grün« gehören z. B. zu dieser Klasse die Kombinationen einer bestimmten Frequenz aus dem grünen Teil des Spektrums mit starker Intensität und einer Rot-Frequenz mit schwacher Intensität; ferner aber auch die Kombination einer Blau- und einer Gelb-Frequenz mittlerer Intensität; usw.).

Wichtig ist nun, daß die zugeordnete Klasse physikalischer Bestimmungen experimentell festgestellt werden kann, weil diesen physikalischen Bestimmungen auch qualitative Bestimmungen anderer Sinnesgebiete zugeordnet sind. So kann z. B. jene Klasse von Kombinationen von Frequenzen festgestellt werden, weil die Frequenzen auch in anderer Weise als durch die betreffende Farbe erkennbar sind, nämlich z. B. durch den Ort des Auftreffens im Spektroskop. Dabei werden die Farben des Spektralbildes nicht benutzt; es kann durch eine photographische Aufnahme ersetzt werden. Daher kann auch ein vollständig Farbenblinder die Frequenz der an einer bestimmten Raum-Zeit-Stelle befindlichen Schwingungen feststellen. Hierbei sind wir noch innerhalb des Sehgebietes geblieben. Wir können nun aber auch zu anderen Sinnesgebieten übergehen. Wir bauen etwa in das Spektroskop einen elektrischen Apparat ein, mit dem man das Spektrum durchsuchen kann, und der, wenn er von Strahlung hinreichender Intensität getroffen wird, entweder ein abtastbares Zeigerinstrument oder ein abhörbares Mikrophon in Tätigkeit setzt. So könnte also auch ein vollständig Blinder die Frequenz einer elektromagnetischen Schwingung feststellen.

Aus diesen Überlegungen geht hervor, daß grundsätzlich die Möglichkeit zu Feststellungen der folgenden beiden Arten besteht.

1. *Eigene Feststellung.* S kann feststellen,

welche physikalische Bestimmung bzw. welche Klasse von solchen) einer bestimmten qualitativen Bestimmung der Protokollsprache (z. B. »Grün von der und der Art«) zugeordnet ist.

unter welchen physikalischen Bedingungen er eine bestimmte Qualität (z. B. ein bestimmtes Grün) erlebt.

Die grundsätzliche Möglichkeit der Feststellungen dieser Art beruht auf dem glücklichen Umstand, der durchaus nicht logisch notwendig ist, sondern empirisch vorliegt, daß

das Protokoll

der Inhalt der Erfahrung

eine gewisse Ordnungsbeschaffenheit hat. Diese zeigt sich darin, daß es gelingt, eine physikalische Sprache aufzubauen, derart, daß die qualitativen Bestimmungen (wie sie in der Protokollsprache verwendet werden) von der Wertverteilung der physikalischen Zustandsgrößen funktional eindeutig abhängen. Daraus ergibt sich, auf unser Beispiel angewendet: man kann die Skalen von Tastspektroskop, Hörspektroskop und Photospektroskop so aufeinander abstimmen, daß diese Apparate in jedem Einzelfall dasselbe Ergebnis liefern. Dieselben physikalischen Bestimmungen gelten für die qualitativen Bestimmungen jedes Sinnesgebietes; wir sagen kurz: *die physikalischen Bestimmungen gelten intersensual.*

2. *Fremde Feststellung.* Ein Subjekt S_1 (z. B. ein Psychologe) kann bei einem anderen Subjekt S_i (Versuchsperson) feststellen,

welche physikalische Bestimmung bzw. welche Klasse von solchen) einer bestimmten qualitativen Bestimmung der Protokollsprache des S_i (z. B. »Grün von der und der Art«) zugeordnet ist.

unter welchen physikalischen Bedingungen S_i eine bestimmte Qualität (z. B. ein bestimmtes Grün) erlebt.

Das Verfahren besteht darin, daß S_1 die physikalischen Bedingungen (etwa die Kombinationen verschiedener Schwingungsfrequenzen) variiert und feststellt, unter welchen Bedingungen S_i mit einem Protokollsatz reagiert, der die betreffende qualitative Bestimmung enthält. Die Möglichkeit dieser Feststellung ist unabhängig davon,

ob auch in der Protokollsprache des S_1 entsprechende qualitative Bestimmungen (Farbbezeichnungen) vorkommen,

ob auch S_1 entsprechende Qualitäten (Farben) erleben kann,

oder ob S_1 etwa vollständig farbenblind oder vollständig blind ist. Denn S_1 erhält, ebenso wie in dem vorher betrachteten Fall der eigenen Untersuchung, auch hier das gleiche Ergebnis, ob er ein Hörspektroskop, ein Tastspektroskop oder ein Photospektroskop benutzt.

Die Feststellung der Klasse derjenigen physikalischen Bestimmungen, die einer bestimmten qualitativen Bestimmung zugeordnet sind, wollen wir als »Physikalisierung« dieser qualitativen Bestimmung bezeichnen. Das Ergebnis unserer Überlegung kann dann so formuliert werden: sowohl eine eigene als auch eine fremde qualitative Bestimmung kann physikalisiert werden.

3. *Fremde Feststellung durch verschiedene Subjekte.* Wird die beschriebene Untersuchung einer Versuchsperson S_i nicht nur von S_1, sondern von mehreren Subjekten S_1, S_2, ... vorgenommen, so kommen diese zu übereinstimmendem Ergebnis. Das ist durch folgenden Umstand bedingt.

Die Feststellung des Wertes einer physikalischen Größe für einen konkreten Fall ist nicht nur von dem benutzten Sinnesgebiet, sondern auch von dem untersuchenden Subjekt unabhängig. Auch hier liegt wieder ein glücklicher Umstand vor, der nicht logisch notwendig ist, nämlich eine gewisse Ordnungsbeschaffenheit

der Protokolle   der Erfahrungsinhalte
                                                        (Erlebnisreihen)

der verschiedenen Subjekte im Vergleich miteinander. Wenn zwei Subjekte verschiedener Meinung sind in bezug auf die Länge eines Stabes, die Temperatur eines Körpers, die Frequenz einer Schwingung, so wird ein solcher Meinungsunterschied in der Physik niemals als unbehebbare subjektive Differenz hingenommen; man wird vielmehr stets versuchen, durch ein gemeinsames Experiment zu einer Einigung zu kommen. Die Physiker sind der Ansicht, daß eine Übereinstimmung mit jeder verlangten Genauigkeit, die in der individuellen Feststellung erreichbar ist, grundsätzlich möglich ist; und daß, wo die Übereinstimmung praktisch nicht erreicht wird, nur technische Schwierigkeiten (Unvollkommenheit der technischen Hilfsmittel, Mangel an Zeit u. dgl.) im Wege stehen. Diese Ansicht hat sich bisher in allen Fällen, die man mit hinreichender Gründlichkeit überprüfen konnte, bestätigt. *Die physikalischen Bestimmungen gelten intersubjektiv.*

Wir haben hier bei (1) und bei (3) von einem »glücklichen Umstand« gesprochen; die Möglichkeit (2) ist durch diese beiden Umstände schon mitbedingt. Es ist aber zu beachten, daß diese Umstände zwar empirisch sind, aber nicht den Charakter eines einzelnen empirischen Sachverhalts und auch nicht den eines bestimmten Naturgesetzes haben, sondern einen weit allgemeineren Charakter. Es handelt sich hier um einen ganz allgemeinen ordnungshaften Zug der Erfahrung, auf dem die Möglichkeit einer intersensualen Physik beruht (Umstand 1), bzw. die Möglichkeit einer intersubjektiven Physik (Umstand 3).

Es ergibt sich nun die Frage, ob es noch eine andere Sprache gibt, die intersubjektiv ist und daher als Sprache der Wissenschaft in Betracht kommt. Man mag vielleicht an die qualitative Sprache denken, wie sie etwa als Protokollsprache verwendet wird. Wir haben vorher von der Möglichkeit der physikalischen Deutung dieser Sprache gesprochen, wodurch sie zu einer Teilsprache der physikalischen Sprache wird. Aber nach üblicher philosophischer Ansicht kann (oder muß sogar) diese Sprache in einer anderen, nicht-physikalischen Weise gedeutet werden. Wir werden später sehen, daß Bedenken gegen die Zulässigkeit dieser nicht-physikalischen Deutung bestehen, daß aber jedenfalls die qualitative Sprache, wenn sie so gedeutet wird, nicht intersubjektiv ist.

Alle sonst noch in der Wissenschaft (z. B. in Biologie, Psychologie, in den Sozialwissenschaften) verwendeten Sprachen lassen sich, wie wir nachher sehen werden, auf die physikalische Sprache zurückführen. *Außer der physikalischen Sprache* (und ihren Teilsprachen) *ist keine intersubjektive Sprache bekannt.* Die Unmöglichkeit einer Sprache, die nicht Teilsprache der physikalischen und doch intersubjektiv gültig wäre, können wir zwar nicht beweisen; es liegen aber bisher auch nicht die kleinsten Ansätze zu einer solchen vor. Es ist auch nicht einmal eine einzelne Bestimmung irgendwelcher Art bekannt, deren Feststellung in den einzelnen konkreten Fällen intersubjektiv gelten würde, für die aber die Physikalisierung und damit die Übersetzung in die physikalische Sprache nicht möglich wäre.

Von der Wissenschaft verlangt man mit Recht, daß sie nicht nur subjektive Bedeutung hat, sondern für die verschiedenen Subjekte, die an ihr teilhaben, sinnvoll und gültig ist. *Die Wissenschaft ist das System der intersubjektiv gültigen Sätze.* Besteht unsere Auffassung zu Recht, daß die physikalische Sprache die einzige intersubjektive Sprache ist, so folgt daraus, daß *die physikalische Sprache die Sprache der Wissenschaft ist.*

5. *Die physikalische Sprache als universale Sprache*

Um die Sprache der Gesamtwissenschaft sein zu können, muß die physikalische Sprache nicht nur eine intersubjektive, sondern auch eine universale Sprache sein. Wir wollen jetzt überlegen, ob dies zutrifft, ob also die physikalische Sprache so beschaffen ist,

daß jeder Satz (gleichgültig ob wahr oder falsch) sich in sie übersetzen läßt.	daß jeder mögliche Sachverhalt (jeder denkbare, mag er nun bestehen oder nicht) sich in ihr ausdrücken läßt.

Betrachten wir zunächst das Gebiet der *anorganischen Naturwissenschaften*, der Chemie, Geologie, Astronomie usw. Bei diesen Gebieten wird man wohl keinen Zweifel an der Anwendbarkeit der physikalischen Sprache haben. Man verwendet zwar vielfach eine andere Terminologie als in der Physik. Aber es ist klar, daß jede hier vorkommende Bestimmung auf physikalische Bestimmungen zurückführbar ist. Denn die Definition irgendeiner Bestimmung dieser Gebiete geht entweder auf physikalische Bestimmungen zurück oder auf qualitative (z.B. zur Angabe von Beobachtungsbefunden); im letzteren Fall aber wird man hier keine Bedenken gegen die physikalische Deutung der qualitativen Bestimmungen haben.

Die ersten Zweifel werden sich bei der *Biologie* erheben. Das Vitalismusproblem ist ja gegenwärtig noch heftig umstritten. Es besteht (wenn wir den sinnvollen Kern herausschälen und die meist damit verknüpften metaphysischen Scheinfragen abstreifen) in der Frage, ob zur Erklärung der Vorgänge an Organismen diejenigen Naturgesetze hinreichend sind, die schon für die Erklärung der Vorgänge im Gebiet des Anorganischen erforderlich sind; im Fall der Verneinung wäre also die Aufstellung von spezifisch biologischen, auf die anderen nicht zurückführbaren Gesetzen notwendig. Die Vitalisten geben eine verneinende Antwort. In unserem Kreise ist man der Ansicht, daß die gegenwärtig vorliegenden Ergebnisse der biologischen Forschung bei weitem noch nicht ausreichen, um die Frage zu entscheiden. Wir erwarten also die Entscheidung erst von der weiteren Entwicklung der empirischen Forschung. (Inzwischen neigt unsere Vermutung mehr zu einer bejahenden Antwort.) Wichtig ist nun, daß die These von der Universalität der physikalischen Sprache vollständig unabhängig ist von der Vitalismusfrage. Bei dieser These handelt es sich nicht um die Zurückführbarkeit der biologischen *Gesetze* auf die physikalischen, sondern um die Zurückführbarkeit der biologischen *Begriffe* (d.h. Bestimmungen, Wörter) auf die physikalischen. Und diese Zurückführbarkeit kann, im Unterschied zu der ersteren, leicht erwiesen werden. Vielleicht wird sie auch von niemandem mehr bezweifelt, sobald die Verwechslung der beiden Fragen einmal ausgeschaltet ist. Die biologischen Bestimmungen betreffen Arten von Organismen und von Organen, Vorgänge an Gesamtorganismen oder an Teilen von solchen, usw.; (Begriffe wie »Wille«, »Vorstellung«, »Empfindung« u. dgl. wollen wir der Psychologie zuweisen und hier von ihnen absehen). Solche Bestimmungen nun sind wissenschaftlich stets definiert durch gewisse wahrnehmbare Kennzeichen, also physikalisierbare qualitative Bestimmungen; z. B. mag etwa »Befruchtung« definiert werden als Vereinigung von Spermatozoon und Ei; »Spermatozoon« und »Ei« werden definiert als Zellen von der und der Herkunft und der und der wahrnehmbaren Beschaffenheit; »Vereinigung« wird definiert als Vorgang einer der- und derartigen räumlichen Umgruppierung der Teile; usf. In gleicher Weise kann durch physikalische Bestimmungen angegeben werden, was unter »Stoffwechsel«, »Zellteilung«, »Wachstum«, »Regulation«, »Fortpflanzung« usw. zu verstehen ist. Das gilt allgemein für alle biologischen Bestimmungen, da für jede solche Bestimmung durch ihre Definition empirische, wahrnehmbare Kriterien festgelegt sind. (Es trifft allerdings nicht zu für gewisse Wörter wie »Dominante«, »Entelechie« und ähnliche; aber diese Wörter gehören nicht zur Biologie, sondern zur vitalistischen Naturphilosophie. Sie können nicht in einem sinnvollen Satz vorkommen. Es läßt sich zeigen, daß es Scheinbegriffe sind, da für sie keine formal einwandfreien Definitionen gegeben werden[2].) Aus diesen Überlegungen folgt, daß jeder Satz der Biologie in die physikalische Sprache übersetzt werden kann. Zunächst gilt dies für die singulären Sätze über einzelne Vorgänge. Das gleiche gilt dann aber auch für die biologischen Naturgesetze. Denn ein Naturgesetz ist nichts anderes als eine generelle Formel, mit deren Hilfe singuläre Sätze aus singulären Sätzen abgeleitet werden können. Daher können in den Naturgesetzen irgendeines Gebietes keine Bestimmungen vorkommen, die nicht auch in singulären Sätzen dieses Gebietes vorkommen. Die Frage des Vitalismus, in welcher Beziehung die biologischen Gesetze, – die nach dem Vorangegangenen unter allen Umständen in die physikalische Sprache übersetzbar sind und daher auch zum allgemeinen Typus der physikalischen Gesetze gehören, – zu den im anorganischen Gebiet geltenden physikalischen Gesetzen stehen, kommt hierfür gar nicht in Betracht.

Die Anwendung unserer These auf das Gebiet der *Psychologie* stößt meist auf heftigen Widerspruch. Die These besagt hier, daß alle Sätze der Psychologie

sich in die physikalische Sprache übersetzen lassen, und zwar sowohl die singulären als auch die generellen (»psychologische Gesetze«); oder, was dasselbe bedeutet, daß die Definition jeder psychologischen Bestimmung auf physikalische Bestimmungen zurückführt. von physischen Vorgängen sprechen (nämlich von den physischen Vorgängen am Körper und besonders am Zentralnervensystem des betr. Subjektes); sei es von bestimmten einzelnen Vorgängen, sei es generell von Vorgängen bestimmter Art eines bestimmten einzelnen Subjektes oder allgemein irgendwelcher Subjekte; m.a.W. jeder psychologische Begriff bedeutet eine bestimmte physikalische Beschaffenheit derartiger Körpervorgänge.

2 Vgl. Carnap: »Überwindung der Metaphysik durch logische Analyse der Sprache«, in: *Erkenntnis 2* (1932), S. 219.

Diese These ist teilweise schon an anderer Stelle begründet worden[3], nämlich soweit sie das sog. Fremdpsychische betrifft, d.h. einen Satz des S_1 über einen sog. psychischen Vorgang an S_2; sie wird ferner in ihrem ganzen Umfang in einem demnächst hier folgenden Aufsatz besprochen, wobei auch die meist erhobenen Einwände erörtert werden. Deshalb wollen wir hier nicht näher auf diese Frage eingehen.

Besteht unsere These von der Übersetzbarkeit der psychologischen Sätze in die physikalische Sprache zu Recht, so ist das Entsprechende für die Sätze der (empirischen) *Soziologie* leicht einzusehen. Wir meinen hier dies Wort im weitesten Sinn; alle geschichtlichen, kulturellen, wirtschaftlichen Vorgänge gehören hierher. Aber es sind nur die echt-wissenschaftlichen, logisch einwandfreien Sätze dieses Gebietes gemeint. In den sog. »Geisteswissenschaften« oder »Kulturwissenschaften«, wie sie gegenwärtig vorliegen, findet man bei logischer Analyse noch häufig Scheinbegriffe, nämlich solche, die keine korrekte Definition haben, für die also keine empirischen Kriterien festgesetzt sind;

solche Wörter stehen nicht in Ableitungszusammenhang mit denen der Protokollsprache, sie sind daher formal unzulässig.

solche (Schein-)Begriffe sind daher nicht auf das Gegebene zurückführbar, also bedeutungslos.

(Beispiele: »objektiver Geist«, »Sinn der Geschichte«, usw.) Unter »(empirischer) Soziologie« ist die Wissenschaft dieses Gebietes in einer Form gemeint, in der sie von allen derartigen metaphysischen Beimengungen befreit ist. Es ist dann klar, daß die Soziologie von nichts anderem handelt als von Zuständen, Vorgängen, Verhaltungsweisen von Gruppen oder Einzelsubjekten (Menschen oder anderen Tieren), gegenseitigen Reaktionen und Reaktionen auf Umgebungsvorgänge.

---

[3] Carnap: *Der logische Aufbau der Welt*, Berlin 1928 (jetzt F. Meiner, Leipzig). Carnap: *Scheinprobleme in der Philosophie. Das Fremdpsychische und der Realismusstreit*, ebendort.

In diesen Sätzen mögen physikalische oder auch psychologische Bestimmungen verwendet werden. Falls nun die vorgenannte These gilt, daß die psychologischen Bestimmungen in physikalische übersetzbar sind, so sind somit auch alle soziologischen Bestimmungen und Sätze in physikalische übersetzbar.

Diese Vorgänge mögen dabei teils sog. physische, teils sog. psychische Vorgänge sein. Falls nun die vorgenannte These gilt, daß die psychologischen Begriffe und Sätze auf physikalische zurückführbar sind, so handelt es sich durchweg um physische Vorgänge.

Diese These ist von Neurath[4] in ihren Grundlagen und in ihren Konsequenzen für Fragestellung und Methode der Soziologie ausführlich behandelt worden; dort werden auch viele Beispiele für die Formulierbarkeit in physikalischer Sprache und für die Ausschaltung von Scheinbegriffen angeführt. Wir wollen deshalb hier auf nähere Ausführungen verzichten.

---

[4] Neurath: »Soziologie im Physikalismus« (1932), in diesem Band S. 269–314. – Neurath: *Empirische Soziologie. Der wissenschaftliche Gehalt der Geschichte und Nationalökonomie.* Schriften z. wiss. Weltauff., Bd. 5, Wien 1931. – Neurath hat als erster in den Diskussionen des Wiener Kreises und dann in dem genannten Aufsatz mit Entschiedenheit gefordert, man solle nicht mehr von »Erlebnisinhalten« und vom Vergleich zwischen Satz und »Wirklichkeit«, sondern nur von den Sätzen sprechen; ferner hat er die These des Physikalismus in der radikalsten Form aufgestellt. Seinen Hinweisen verdanke ich manche wertvolle Anregung. Indem ich jetzt die Unterscheidung von »formaler« und »inhaltlicher« Redeweise einführe, die Scheinfragen aufweise, zu denen die inhaltliche Redeweise führt, die strenge Durchführbarkeit der formalen Redeweise durch den Aufbau der (hier nur angedeuteten) Metalogik zeige und die Universalität der physikalischen Sprache nachweise, bin ich zu den Ergebnissen gelangt, die den Neurathschen Standpunkt völlig rechtfertigen. Ferner ist durch den Nachweis, daß auch die Protokollsprache in die physikalische Sprache eingeordnet werden kann (§ 6), unser früherer Meinungsunterschied in diesem Punkt (»phänomenale Sprache«), den Neurath in seinem Aufsatz noch erwähnt, nunmehr beseitigt. Neuraths Hinweise, die vielfach auf Widerspruch stießen, haben sich somit in allen wesentlichen Punkten als fruchtbar bewährt.

Hiermit haben wir die verschiedenen Gebiete der Wissenschaft durchmustert. Vom Standpunkt der traditionellen Philosophie aus wäre noch die *Metaphysik* zu prüfen. Aber die logische Analyse kommt zu dem Ergebnis (vgl. S. 336, Anm. 2), daß die sog. metaphysischen Sätze Scheinsätze sind,

da sie in keinem Ableitungsverhältnis (weder einem positiven noch einem negativen) zu den Sätzen der Protokollsprache stehen. Sie enthalten entweder Wörter, die nicht auf Wörter der Protokollsprache zurückführbar sind, oder sind aus zurückführbaren Wörtern syntaxwidrig zusammengesetzt.

da sie überhaupt keine Sachverhalte beschreiben, weder bestehende noch nicht-bestehende. Das liegt daran, daß sie entweder (Schein-) Begriffe enthalten, die nicht auf das Gegebene zurückführbar sind und daher nichts bezeichnen, oder aus bedeutungsvollen Begriffen sinnwidrig zusammengesetzt sind.

Unsere Überlegungen in bezug auf die verschiedenen Gebiete der Wissenschaft führen somit zu dem Ergebnis,

daß jeder wissenschaftliche Satz in die physikalische Sprache übersetzbar ist.

daß jeder Sachverhalt der Wissenschaft in physikalischer Sprache ausgedrückt werden kann.

Es muß nun noch untersucht werden, ob auch die Sätze der Protokollsprache in die physikalische Sprache übersetzbar sind.

6. Die Protokollsprache als Teilsprache der physikalischen

Wie steht es mit der These der Universalität der physikalischen Sprache, wenn wir die Sätze der Protokollsprache betrachten? Die These würde hier besagen, daß

auch die Sätze der Protokollsprache, z.B. die (ursprünglichen) Protokollsätze, in die physikalische Sprache übersetzbar sind.

auch die Sachverhalte des Gegebenen, die unmittelbaren Erlebnisinhalte, physikalische Sachverhalte, also raum-zeitliche Vorgänge, sind.

Diese These wird sicherlich auf Widerspruch stoßen; man wird einwenden:

> »Der Regen mag ein physikalischer Vorgang sein; aber doch nicht meine soeben erlebte Erinnerungsvorstellung eines Regens; und ebenso auch nicht mein Wahrnehmungserlebnis eines gegenwärtigen Regens; und erst recht nicht meine jetzt erlebte Freude.«

Dieser Einwand entspricht der üblichen Auffassung, die auch von den Erkenntnistheoretikern der meisten Richtungen vertreten wird. Wenn wir diesen Einwand näher betrachten, so fällt uns zunächst auf, daß er sich nur gegen die (rechts stehende) inhaltliche Formulierung unserer These richtet. Wir haben nun früher gesehen, daß die inhaltliche Redeweise eine bloße Umschreibung der korrekten formalen Redeweise ist, und daß sie leicht zu Scheinproblemen führt. Daher werden wir den Einwand, der sich nur rechts (d.h. inhaltlich) formulieren läßt, kritisch betrachten. Wir wollen aber zunächst einmal diese Kritik beiseite lassen und *uns (fiktiv) auf den Standpunkt unseres Gegners stellen*: wir werden erstens unbedenklich die inhaltliche Redeweise verwenden und zweitens die Annahme machen, der Einwand und seine vorhin inhaltlich formulierte Begründung habe recht. Wir werden dann sehen, daß wir in unlösbare Schwierigkeiten und Widersprüche geraten; dadurch ist dann die Annahme widerlegt.

p_1 sei ein singulärer Satz der Protokollsprache des Subjektes S_1, also ein Satz über einen Erlebnisinhalt des S_1, z.B. »Ich (d.h. S_1) bin durstig« oder kurz »Jetzt Durst«. Kann nun derselbe Sachverhalt auch in der Protokollsprache eines anderen Subjektes S_2 ausgedrückt werden? Die Sätze dieser Sprache sprechen von den Erlebnisinhalten des S_2. Ein Erlebnisinhalt ist nun stets Erlebnisinhalt eines bestimmten Subjektes und kann nicht zugleich Erlebnisinhalt eines anderen Subjektes sein. Auch wenn zufällig S_1 und S_2 zugleich durstig wären, so hätten doch die beiden gleichlautenden Protokollsätze des S_1 und des S_2 »Jetzt Durst« verschiedenen Sinn. Denn sie bezögen sich auf verschiedene Sachverhalte; der eine auf den Durst des S_1, der andere auf den Durst des S_2. Den Durst des S_1 kann kein Satz der Protokollsprache des S_2 aussagen. Denn alle Sätze dieser Art sagen nur das dem S_2 unmittelbar Gegebene aus; der Durst des S_1 aber ist nur dem S_1 und nicht dem S_2 unmittelbar gegeben. Man sagt zwar, daß S_2 den Durst des S_1 erkennen und daher auch aussagen könne. Aber was S_2 erkennen kann, ist, genau genommen, doch nur ein physikalischer Zustand des Körpers des S_1, womit S_2 Vorstellungen von eigenem Durst verknüpft. Wenn S_2 den Satz sagt »S_1 ist durstig«, so ist für S_2 von dem Inhalt dieses Satzes nur nachprüfbar, daß S_1 den und den Körperzustand hat; ein Satz aber besagt nicht mehr, als was an ihm nachprüfbar ist. Verstehen wir unter »Durst des S_1« nicht diesen physikalischen Zustand seines Körpers, sondern seine Durstempfindung, also etwas Nicht-Physikalisches, so ist der Durst des S_1 für S_2 grundsätzlich nicht erkennbar; ein Satz über den Durst des S_1 ist dann für S_2 grundsätzlich nicht nachprüfbar, daher für ihn grundsätzlich nicht verstehbar, ohne Sinn.

Allgemein: jeder Satz der Protokollsprache irgendeines Subjektes hat nur für dieses Subjekt selbst Sinn, ist aber für jedes andere Subjekt grundsätzlich nicht verstehbar, sinnlos. Daher hat jedes Subjekt seine eigene Protokollsprache. Auch wenn verschiedene Protokollsprachen gleichlautende Wörter und Sätze aufweisen, ist doch der Sinn verschieden, ja grundsätzlich unvergleichbar. *Jede Protokollsprache kann daher nur monologisch verwendet werden; es gibt keine intersubjektive Protokollsprache. Zu diesem Ergebnis führt die konsequente Verfolgung der (von uns abgelehnten) üblichen Auffassung.*

Aber wir kommen zu noch merkwürdigeren Ergebnissen, wenn wir – auf Grund der gemachten Annahme – weiter die (von uns als bedenklich angesehene) inhaltliche Redeweise verwenden. Soeben haben wir das Verhältnis zwischen den Erlebnisinhalten verschiedener Subjekte betrachtet und mußten zu dem Ergebnis kommen, daß sie völlig getrennten Sphären angehören, zwischen denen es keine Verbindung gibt. Jetzt wollen wir die Beziehung zwischen etwa meinen Erlebnisinhalten, die von den Protokollsätzen meines Protokolls beschrieben werden, und den physikalischen Sachverhalten betrachten, wie sie von singulären Sätzen der physikalischen Sprache beschrieben werden (z.B. »Hier ist jetzt die Temperatur 20° C«). Hier haben wir auf der einen Seite Erlebnisinhalte, Empfindungen, Gefühle u.dgl., auf der anderen Seite Konstellationen von Elektronen, Protonen, elektromagnetischem Feld u.dgl.; also auch hier völlig getrennte Sphären. Nun soll aber doch ein Ableitungszusammenhang zwischen den Protokollsätzen und den singulären physikalischen Sätzen bestehen; denn wenn aus den physikalischen Sätzen nichts über die Sätze des Protokolls zu entnehmen wäre, so gäbe es keine Verbindung zwischen Wissenschaft und Erleben; die physikalischen Sätze würden dann grundsätzlich ohne Zusammenhang mit der Erfahrung sein und völlig in der Luft schweben. Besteht aber eine Verbindung zwischen physikalischer Sprache und Protokollsprache, so auch zwischen den beiderseitigen Sachverhalten. Denn ein Satz ist dann und nur dann aus einem anderen ableitbar, wenn der von ihm beschriebene Sachverhalt ein Teilsachverhalt des von dem anderen beschriebenen Sachverhaltes ist. Unsere (fiktive) Annahme, daß Protokollsprache und physikalische Sprache von ganz verschiedenen Sachverhalten sprechen, ist also nicht vereinbar damit, daß eine physikalische Beschreibung empirisch nachprüfbar ist.

Vielleicht wird man nun, um die empirische Fundierung der physikalischen Beschreibung zu retten, die Annahme machen, daß zwar nicht die Protokollsprache von physikalischen Vorgängen spricht, wohl aber die physikalische Sprache von Erlebnisinhalten und bestimmten abstrakten Komplexen von solchen. Aber dann gerät man in Schwierigkeiten, sobald man die Beziehung zwischen den Protokollsprachen zweier verschiedener Subjekte und der physikalischen Sprache betrachtet. Die Protokollsprache des S_1 spricht von den Erlebnisinhalten des S_1, die des S_2 von denen des S_2; wovon aber soll nun die intersubjektive physikalische Sprache sprechen? Sie müßte sowohl von den Erlebnisinhalten des S_1 wie von denen des S_2 sprechen; aber das ist nicht möglich, da die Sphären der Erlebnisinhalte zweier Subjekte nicht übereinandergreifen. Auf diesem Weg findet sich auch keine widerspruchsfreie Lösung.

Wir sehen, daß die Verwendung der inhaltlichen Redeweise uns zu Fragen führt, bei deren Behandlung wir in Widersprüche und unlösbare Schwierigkeiten geraten. Die Widersprüche verschwinden aber, sobald wir uns auf die korrekte formale Redeweise beschränken. Die Fragen, von was für Sachverhalten und Objekten die verschiedenen Sprachen sprechen, enthüllen sich als Scheinfragen; sie haben uns zu der weiteren unlösbaren Scheinfrage geführt, wie die Ableitungsbeziehung zwischen physikalischer Sprache und Protokollsprache damit vereinbar ist, daß die erstere von physikalischen Sachverhalten, die zweite von Erlebnisinhalten spricht. *Durch die Anwendung der formalen Redeweise werden diese Scheinfragen automatisch ausgeschaltet.* Wenn wir nicht mehr von »Erlebnisinhalten«, »Farbempfindungen« u. dgl. sprechen, sondern statt dessen von »Protokollsatz«, »Protokollsatz mit Farbwort« usw., so gibt es keinen Widerspruch mehr bei der Aufstellung des Ableitungszusammenhanges zwischen Protokollsprache und physikalischer Sprache. Darf man nun jene Ausdrücke der inhaltlichen Redeweise überhaupt nicht mehr verwenden? Ihre Verwendung ist nicht an sich schon ein Fehler oder sinnlos; wir sehen aber, daß die Gefahren dabei noch größer sind, als wir früher bemerkt haben. Wenn man also ganz vorsichtig sein will, vermeide man die inhaltliche Redeweise ganz, obwohl sie die übliche Terminologie der gesamten Philosophie einschließlich unseres eigenen Kreises ist. Will man diese Redeweise aber doch verwenden, so muß man genau achtgeben, daß man nur Sätze ausspricht, die auch in formaler Redeweise formuliert werden können. Denn dies ist das Kriterium, das in der Philosophie Sätze von Scheinsätzen scheidet. (Während die Gefahr der Entstehung von Scheinfragen bei Anwendung der inhaltlichen Redeweise stets vorliegt, können die Widersprüche dadurch vermieden werden, daß man die inhaltliche Redeweise monistisch verwendet, indem man entweder – im Sinne des Solipsismus – nur von »Erlebnisinhalten« spricht oder – im Sinne des Materialismus – nur von »physikalischen Sachverhalten«. Spricht man aber dualistisch – wie in der Philosophie fast allgemein üblich – von »Erlebnisinhalten« und auch von »physikalischen Sachverhalten« (von »Körper« und »Geist«, von »Leib« und »Seele«, von »Psychischem« und »Physischem«, von »Bewußtseinsakten« und »intentionalen Gegenständen«), so sind Widersprüche unvermeidlich.)

Schalten wir durch Anwendung der formalen Redeweise alle Widersprüche und Scheinfragen aus, so bleibt noch die Frage bestehen, wie der Ableitungszusammenhang zwischen physikalischer Sprache und Protokollsprache beschaffen ist. Wir haben früher überlegt, daß, wenn eine hinreichende Menge physikalischer Sätze gegeben ist, ein Satz der Protokollsprache abgeleitet werden kann. Eine genauere Überlegung zeigt nun, daß diese Ableitung dann die einfachste Form hat, wenn die physikalischen Sätze den Körperzustand des betreffenden Subjektes beschreiben; alle anderen Fälle der Ableitung sind verwickelter und gehen auf diesen Fall zurück. (Bei der Beschreibung des Körperzustandes kommt es vor allem auf den Zustand des Zentralnervensystems und hier wieder in erster Linie auf den der Großhirnrinde an; auf weitere Einzelheiten brauchen wir für unsere Überlegungen nicht einzugehen.) So ist z. B. aus einer bestimmten Beschreibung des Zustandes des Körpers des S der Protokollsatz p: »(S sieht) jetzt Rot« ableitbar.

Man mag nun vielleicht das Bedenken haben, daß eine derartige Ableitung utopistisch sei und erst wirklich ausgeführt werden könne, wenn uns die Physiologie des Zentralnervensystems genau bekannt wäre. Aber das ist nicht der Fall; die Ableitung ist gegenwärtig schon durchführbar und wird im täglichen Leben bei der Verständigung der Menschen untereinander immer durchgeführt. Allerdings ist das, was wir dabei über den Körperzustand des anderen Menschen wissen, gegenwärtig noch nicht formulierbar als Wertverteilung der in der Physik vorkommenden Zustandsgrößen; wohl aber formulierbar in anderen Ausdrücken der physikalischen Sprache, die gerade das treffen, was wir brauchen. Bezeichnen wir etwa denjenigen Körperzustand als »rotsehend«, der dadurch gekennzeichnet ist, daß auf die und die (physikalischen) Reize die und die (physikalischen) Reaktionen auftreten (z.B. Reiz: Wortklang »Was siehst du jetzt«, Reaktion: Sprechbewegung »Rot«; Reiz: Wortklang »Zeige auf dieser Farbtafel die soeben gesehene Farbe«, Reaktion: der Finger bewegt sich auf das und das Tafelfeld; usw. Hier müßten alle diejenigen Reaktionen aufgezählt werden, die wir gewöhnlich als Kennzeichen dafür ansehen, daß jemand »jetzt Rot sieht«.) Dann wissen wir zwar nicht die Werteverteilung der physikalischen Zustandsgrößen, die bei einem solchen Körperzustand vorliegen; wohl aber kennen wir viele physikalische Vorgänge, die häufig als Ursache (z.B. das Bringen einer Mohnblume vor das Auge des betr. Subjektes) oder als Wirkung (z.B. die und die Sprechbewegung; unter den und den Umständen Bremsbewegungen) eines solchen Körperzustandes vorkommen. Daher können wir erstens einen derartigen Körperzustand feststellen; zweitens können wir aus ihm Voraussagen über weiter zu erwartende Körpervorgänge gewinnen. P sei der physikalische Satz: »Der Körper S ist jetzt rotsehend«; von einem singulären physikalischen Satz unterscheidet sich P erstens dadurch, daß P nicht einen einzelnen Raum-Zeit-Punkt, sondern ein ausgedehntes Raum-Zeit-Gebiet beschreibt; zweitens dadurch, daß P nicht einer bestimmten Werteverteilung derjenigen physikalischen Zustandsgrößen, die in den Naturgesetzen auftreten, entspricht, sondern einer umfangreichen Klasse solcher Verteilungen (die uns aber gegenwärtig unbekannt sind). Während aus einem (im strengen Sinn) singulären physikalischen Satz weder ein Satz der Protokollsprache abgeleitet werden kann, noch dieser aus jenem, kann aus P der Protokollsatz p »(S sieht) jetzt Rot« abgeleitet werden, und umgekehrt aus p auch P; m.a.W.: p ist in P übersetzbar, p und P sind gehaltgleich. (Der metalogische Terminus »gehaltgleich« ist definiert als »gegenseitig ableitbar«.)

Jeder Satz der Protokollsprache des S ist somit übersetzbar in einen physikalischen Satz, und zwar in einen solchen, der den

Körperzustand des S beschreibt. M.a.W.: zwischen der Protokollsprache des S und einer ganz speziellen Teilsprache der physikalischen Sprache besteht eine Zuordnung von der Art, daß, sobald irgendein Satz jener Sprache im Protokoll des S vorliegt, dann der zugeordnete physikalische Satz intersubjektiv gültig ist, und umgekehrt. Zwei derart isomorphe Sprachen unterscheiden sich nur durch den Wortlaut der Sätze. Durch die Feststellung der Isomorphie ist *die Protokollsprache zu einer Teilsprache der physikalischen Sprache* geworden. Die frühere (damals inhaltlich formulierte) Überlegung, daß die Protokollsprachen der verschiedenen Subjekte zueinander fremd sind, trifft also in einem bestimmten Sinn zu: es sind jeweils Teilausschnitte der physikalischen Sprache, die nicht übereinandergreifen. Durch das System der innerhalb der physikalischen Sprache bestehenden Ableitungsregeln, einschließlich des Systems der Naturgesetze, sind nun die zwischen den verschiedenen Protokollsprachen trotzdem bestehenden Abhängigkeiten erklärt, die bei der früheren Überlegung unverständlich bleiben mußten.

Wenn wir das Ergebnis, daß P und p gehaltgleich sind, wieder wie früher in den beiden Redeweisen formulieren:

»aus P ist p ableitbar und umgekehrt«,

»P und p beschreiben denselben Sachverhalt«,

so wird die inhaltliche Formulierung wieder auf die alten Bedenken stoßen. Durch unsere früheren Überlegungen sind wir gegen diese Formulierung schon kritisch eingestellt. Doch wollen wir hier noch einmal auf die inhaltlich formulierten Einwände näher eingehen, da es sich um einen entscheidenden Punkt in der Begründung unserer These handelt. Nehmen wir an, S_2 schreibt auf Grund physikalischer Feststellungen einen Bericht über die gestrigen Vorgänge am Körper des S_1. Dann wird S_1 etwa (im Sinne der von uns abgelehnten inhaltlichen Auffassung) diesen Bericht nicht als vollständigen Bericht über seinen gestrigen Lebensabschnitt anerkennen; er wird sagen, daß der Bericht zwar seine Bewegungen, Mienen und Gesten, Vorgänge am Nervensystem und an andern Organen usw. beschreibt, daß aber seine

Erlebnisse, Wahrnehmungen, Gedanken, Erinnerungsvorstellungen usw. in dem Bericht fehlen. Er wird hinzufügen, daß diese Erlebnisse in dem Bericht des S_2 fehlen müssen, weil ja S_2 sie nicht (oder wenigstens nicht physikalisch) feststellen könne. Nun wollen wir annehmen, daß S_2 in die physikalische Sprache durch Definitionen Termini von der Art des Beispiels »rotsehend« (S. 345) einführt; er kann dann einen Teil seines Berichtes mit Hilfe dieser Ausdrücke so formulieren, daß er gleichlautend wird mit dem Protokoll des S_1. Trotzdem wird S_1 auch diesen Bericht nicht anerkennen; er wird einwenden, daß S_2 hier zwar Ausdrücke wie »Freude«, »Rot«, »Erinnerung« u. dgl. verwendet, aber damit etwas anderes *meine* als S_1 mit den gleichlautenden Ausdrücken seines Protokolls; die *Bedeutung* dieser Ausdrücke sei verschieden: bei S_2 bedeuten sie eine physikalische Beschaffenheit des Körpers, bei S_1 etwas Erlebtes. Dies ist ein typischer Einwand, dessen Form allen, die sich mit der logischen Analyse der Sätze und Ausdrücke der Wissenschaft befassen, geläufig ist. Stellen wir fest, daß irgendeine wissenschaftliche Bestimmung durch ihre Definition zurückgeht auf den und den Komplex anderer Bestimmungen und daher auch dasselbe bedeutet wie dieser, so wendet man uns immer wieder ein: »Aber wir *meinen* damit doch etwas anderes«; zeigen wir, daß zwei bestimmte Sätze auseinander ableitbar sind und daher denselben Gehalt haben, (in inhaltlicher Formulierung:) »dasselbe besagen«, so bekommen wir immer wieder zu hören: »Aber wir *meinen* mit dem ersten doch etwas anderes als mit dem zweiten.« Wir wissen, daß dieser Einwand auf der Verwechslung zwischen (logischem) Gehalt und Vorstellungsgehalt beruht (vgl. Carnap, *Scheinprobleme*). So ist es auch hier: S_1 verknüpft mit den Sätzen P und p verschiedene Vorstellungen, weil P durch seine sprachliche Formulierung im Zusammenhang der übrigen physikalischen Sätze gesehen wird, p aber im Zusammenhang des Protokolls. Diese Verschiedenheit des Vorstellungsgehaltes aber besagt nichts gegen die These der Gehaltgleichheit. Denn der Gehalt eines Satzes besteht in der Möglichkeit, andere Sätze aus ihm abzuleiten; sind aus zwei Sätzen dieselben anderen ableitbar, so haben die beiden Sätze denselben Gehalt, unabhängig davon, was für Vorstellungen wir mit ihnen zu verknüpfen pflegen.

Wir müssen jetzt noch die Frage klären, in welcher Beziehung ein Protokollsatz p über Dinge zu dem entsprechenden physikalischen Satz P_1 über diese Dinge steht. Nehmen wir z.B. für p: »Hier liegt eine rote Kugel auf dem Tisch«, für P_1: »auf dem Tisch liegt eine rote (d.h. physikalisch so und so beschaffene) Kugel«. p ist nicht etwa gehaltgleich mit P_1; denn es kann eine Kugel halluziniert werden, während keine auf dem Tisch liegt, oder eine Kugel auf dem Tisch liegen und nicht gesehen werden. Wohl aber ist p gehaltgleich mit einem anderen physikalischen Satz P_2: »Der Körper des S hat jetzt den physikalischen Zustand Z«; dabei ist der Zustand Z gekennzeichnet durch verschiedene Bestimmungen, unter anderem z.B.: 1) auf den Reiz »Was siehst du?« erfolgt als Reaktion die Sprechbewegung »Eine rote Kugel auf dem Tisch«; 2) wird eine rote Kugel auf den Tisch gelegt und S in geeignete Situation gebracht, so tritt Z ein. Aus P_2 kann unter geeigneten Umständen P_1 erschlossen werden; dabei werden die Definition von Z und geeignete Naturgesetze verwendet. Es ist dies ein Schluß von der Wirkung auf eine häufige Ursache, wie er in Physik und Alltagsleben üblich ist. Da nun P_2 aus p abgeleitet werden kann (gehaltgleiche Umformung), so kann indirekt P_1 aus p erschlossen werden. Die übliche Deutung eines Protokollsatzes auf einen gewissen Zustand der Umgebung des Subjektes ist also eine indirekte Deutung, zusammengesetzt aus der eigentlichen Deutung (auf den Körperzustand) und einem Kausalschluß.

Das *Ergebnis* unserer Überlegungen ist: nicht nur die Sprachen der verschiedenen Wissenschaftszweige, sondern auch die Protokollsprachen der verschiedenen Subjekte sind nur Teilsprachen der physikalischen Sprache; *alle Sätze, sowohl die der Protokolle wie die des wissenschaftlichen Systems, das in Gestalt eines Hypothesensystems in Anknüpfung an die Protokolle aufgebaut wird, sind in die physikalische Sprache übersetzbar; diese ist eine Universalsprache und, da keine andere solche bekannt ist, die Sprache der Wissenschaft.*

7. *Die Einheitswissenschaft in physikalischer Sprache*

Unsere Auffassung, daß die Protokolle die Basis für den gesamten Aufbau der Wissenschaft bilden, könnte man als »methodischen Positivismus« bezeichnen; und genauer (mit einem Ausdruck von Driesch) als »methodischen Solipsismus«, insofern als jedes Subjekt nur sein eigenes Protokoll als Basis nehmen kann. (S_1 kann zwar auch das Protokoll des S_2 verwerten; und diese Verwertung wird durch die Einordnung beider Protokollsprachen in die physikalische Sprache besonders einfach. Aber sie geschieht doch indirekt: S_1 muß in seinem Protokoll beschreiben, daß er ein Schriftstück von der und der Gestalt sieht.) In analoger Weise mag man die These von der Universalität der physikalischen Sprache als »methodischen Materialismus« bezeichnen. Durch den Zusatz »methodisch« soll zum Ausdruck gebracht werden, daß es sich hierbei um Thesen handelt, die nur von der logischen Möglichkeit gewisser sprachlicher Umformungen und Ableitungen reden, und nicht etwa von der »Realität« oder »Nichtrealität« (»Existenz«, »Nichtexistenz«) des »Gegebenen«, des »Psychischen«, des »Physischen«. Derartige Scheinsätze kommen in den historisch vorliegenden Formulierungen des Positivismus und des Materialismus gelegentlich vor. Sobald man sie als metaphysische Beimengungen erkennt, wird man sie ausschalten; das ist gerade auch im Sinn der Urheber jener Richtungen, die ja Gegner aller Metaphysik waren. Jene Beimengungen lassen sich nur in inhaltlicher Redeweise formulieren; durch ihre Ausschaltung erhält man den methodischen Positivismus und den methodischen Materialismus in dem vorhin angegebenen Sinn. Die so gereinigten Auffassungen sind, wie wir gesehen haben, durchaus vereinbar, während man Positivismus und Materialismus in ihrer historischen Gestalt häufig als Gegensätze aufgefaßt hat.[5]

Man hat unsere Auffassung häufig »positivistisch« genannt; wenn man will, mag man sie nun zugleich auch »materialistisch«

---

[5] Vgl. Carnap, a.a.O. *(Aufbau)*, S. 245 ff. Frank: *Das Kausalgesetz und seine Grenzen.* Schr. z. wiss. Weltauff., Bd. 6, Wien 1932, S. 270 ff.

nennen. Gegen eine solche Bezeichnung ist nichts einzuwenden, sofern man den Unterschied zwischen dem früheren Materialismus und dem methodischen Materialismus, als seiner logisch gereinigten Form, nicht außer acht läßt. Doch möchten wir der Deutlichkeit wegen die Bezeichnung »Physikalismus«[6] vorziehen als Namen für unsere Auffassung, daß die physikalische Sprache eine Universalsprache ist und daher als Grundsprache der Wissenschaft dienen kann.

Die physikalistische These darf man nicht dahin mißverstehen, als solle in jedem Wissenschaftsgebiet die Terminologie verwendet werden, die man in der Physik zu verwenden pflegt. Daß jedes Gebiet eine den besondern Verhältnissen angepaßte Sonderterminologie entwickelt, ist durchaus zweckmäßig. Unsere These behauptet nur, daß alle diese Terminologien, sobald sie formal einwandfrei in Form von Definitionssystemen aufgebaut sind, auf physikalische Bestimmungen zurückgehen. Der Deutlichkeit wegen mag man anstatt oder neben der Bezeichnung »physikalische Sprache« die Bezeichnung »physikalistische Sprache« verwenden, wenn man die Universalsprache meint, die außer der physikalischen Terminologie (im engeren Sinne) auch alle jene Sonderterminologien (z. B. eine biologische, eine psychologische, eine soziologische) enthält, wobei diese aber durch ihre Definitionen auf die Basis physikalischer Bestimmungen zurückgeführt sein müssen.

Haben wir in der Wissenschaft eine einheitliche Sprache, so verschwindet die Zerspaltung; die Wissenschaft selbst wird einheitlich. So ergibt sich aus der These des Physikalismus die *These der »Einheitswissenschaft«*. Nicht nur die physikalistische, sondern jede universale Sprache würde eine Vereinheitlichung der Wissenschaft bewirken. Außer der physikalistischen ist aber bisher keine derartige Sprache bekannt. Allerdings kann die Möglichkeit, eine solche aufzustellen, nicht ausgeschlossen werden. Die Aufstellung bestände in der Festsetzung des Vokabulars, der Syntax und der Regeln für die Umformungen innerhalb der

---

[6] Neurath, a. a. O.

Sprache und für die Ableitung von Sätzen der Protokollsprache aus dieser Systemsprache. Und zwar müßte (nach unserer früheren Überlegung) jeder Satz P dieser Sprache, um überhaupt einen Sinn zu haben, die Ableitungen von Sätzen der Protokollsprache nach den festzusetzenden Regeln gestatten. Dann aber wäre es auf Grund der zwischen der physikalischen Sprache und der Protokollsprache bestehenden Ableitungsbeziehung stets möglich, einen Satz P' der physikalischen Sprache so zu konstruieren, daß aus ihm alle und nur die Sätze der Protokollsprache ableitbar sind, die aus P ableitbar sind. Die beiden Sätze P und P' der beiden verschiedenen Systemsprachen ständen dann so zueinander, daß in jedem Fall, in dem P sich bewährt, auch P' sich bewährt, und umgekehrt. Daher könnte P in P' übersetzt werden und umgekehrt. Allgemein:

jeder Satz der neuen Sprache könnte umkehrbar in einen Satz der physikalischen Sprache übersetzt werden.	jeder Satz der neuen Sprache könnte gedeutet werden als sinngleich mit einem Satz der physikalischen Sprache; also spräche auch jeder Satz der neuen Sprache von physikalischen Sachverhalten, von raum-zeitlichen Vorgängen.

Jede mögliche andere Systemsprache ist also übersetzbar in die physikalische Sprache, kann gedeutet werden als Teilsprache der physikalischen Sprache in verändertem Gewand.

Dadurch, daß die physikalische Sprache zur Grundsprache der Wissenschaft wird, *wird die gesamte Wissenschaft zu Physik.* Das ist nicht so zu verstehen, als ob schon sicher sei, daß das heutige System der physikalischen Gesetze zur Erklärung aller Vorgänge ausreiche. Sondern:

1. Jeder Satz der Wissenschaft kann grundsätzlich gedeutet werden als physikalischer Satz; d. h. er kann in die Form gebracht werden, daß er einer Menge von Werten der physikalischen Stellenkoordinaten einen Wert	1. Jeder Sachverhalt der Wissenschaft kann gedeutet werden als physikalischer Sachverhalt, d. h. als quantitativ bestimmbare Beschaffenheit einer Raum-Zeit-Stelle (oder als Komplex solcher Beschaffenheiten).

(oder ein Intervall oder eine Wahrscheinlichkeitsverteilung von Werten) einer Zustandsgröße zuordnet, oder in eine aus derartigen singulären Sätzen zusammengesetzte Form.

2. Eine Erklärung, d.h. Deduktion eines derartigen Satzes besteht in der Ableitung aus einem Gesetz von der Form physikalischer Gesetze, d.h. einer generellen Formel zur Ableitung singulärer Sätze der genannten Form.

2. Jede wissenschaftliche Erklärung eines Sachverhalts geschieht durch ein Gesetz, d.h. durch eine Formel, die ausdrückt, daß, wenn in einem Raum-Zeit-Gebiet ein Zustand oder Vorgang von der und der Art besteht, dann an einer zu diesem Gebiet so und so gelegenen Raum-Zeit-Stelle das und das geschieht.

Gerade für die *Erklärung* der Sätze (bzw. Sachverhalte) durch Gesetze ist eine Einheitssprache wesentlich. Im Gesamtsystem der Physik ist es grundsätzlich stets möglich,

für einen singulären Satz eine Erklärung zu finden, d.h. ein Gesetz, mit dessen Hilfe dieser Satz (oder ein entsprechender Wahrscheinlichkeitssatz) aus anderen protokoll-fundierten Sätzzen abgeleitet werden kann.

für einen einzelnen Sachverhalt eine Erklärung zu finden, d.h. ein Gesetz, nach dem dieser Sachverhalt durch andere, erkannte Sachverhalte (mit Wahrscheinlichkeit) bedingt ist.

Dabei ist es für unsere Überlegung nicht von Belang, ob diese Gesetze eindeutig determinieren, wie die klassische Physik es annahm (Determinismus), oder nur die Wahrscheinlichkeit gewisser Werteverteilungen der Zustandsgrößen bestimmen, wie die gegenwärtige Physik es annimmt (statistische Gesetze der Quantenmechanik).

Im Gegensatz hierzu gibt es für jede Teilsprache Fälle, die in ihr ausgedrückt, aber grundsätzlich in ihr nicht erklärt werden können. In der psychologischen Sprache kann z.B.

zu einem Satz von der Art »Herr *A* sieht jetzt einen roten Kreis« kein erklärendes Gesetz formuliert werden; denn die Erklärung muß diesen Satz ableiten aus den Sätzen »Vor Herrn *A* liegt eine rote Kugel«, »Herr *A* hat offene Augen«, usw.

ein psychologischer Vorgang von der Art einer Wahrnehmung zwar beschrieben, aber nicht erklärt werden; denn ein solcher Vorgang ist ja nicht durch andere psychische Vorgänge, sondern durch einen physikalisch physiologischen Vorgang bedingt.

Was die Erklärung für einen bekannten

Satz,

Vorgang,

ist die *Voraussage* für einen unbekannten: nämlich ebenfalls Ableitung mit Hilfe eines Gesetzes. Daher sind für Voraussagen die Teilsprachen nicht genügend, eine Einheitssprache ist erforderlich. Träfe unsere These, daß es eine Einheitssprache gibt, nicht zu, so wäre die praktische Anwendung der Wissenschaft auf den meisten Gebieten lahmgelegt. Dadurch, daß wir in der physikalischen Sprache die Grundlage für die Einheitswissenschaft haben, gewinnen wir überhaupt erst eine durchgängig anwendbare Wissenschaft.

Die These von der *Einheitswissenschaft* besagt nichts gegen die praktische Einteilung der verschiedenen Gebiete zum Zweck der Arbeitsteilung. Sie wendet sich nur gegen die übliche Auffassung, nach der zwischen den verschiedenen Gebieten zwar mannigfaltige Beziehungen bestehen, die Gebiete selbst aber nach Objekten und Erkenntnismethoden grundsätzlich verschieden sein sollen. Nach unserer Auffassung beruht die Verschiedenheit der Gebiete nur auf der Anwendung verschiedener Definitionen, also verschiedener Sprechformen, verschiedenartiger Zusammenfassungen, während

die Sätze und Wörter

die Sachverhalte und Objekte

der *verschiedenen Wissenschaftsgebiete von grundsätzlich gleicher Art* sind; denn *alle Gebiete sind Teile der Einheitswissenschaft, der Physik.*

4.3 EINHEIT DER WISSENSCHAFT
ALS AUFGABE
(1935)

Otto Neurath

Am besten diskutieren miteinander, die im ganzen *einer* Meinung sind. Drum suchen wir Vertreter des »Scientismus« – gern akzeptiere ich diesen Namen – durch planmäßige Aussprachen alte Unklarheiten unseres »logisierenden Empirismus« zu überwinden, neue aufzufinden, um mit neuer Aufhellung zu beginnen. Als *wissenschaftliche Menschen* sind wir bereit, alle unsere Thesen durch Beobachtungsaussagen zu kontrollieren, aber fern von jedem Absolutismus auch die Grundsätze dieser Kontrolle abzuändern, wenn uns dies nötig scheint. Daß wir gemeinsam vorzugehen trachten, setzt aber *Einheitlichkeit* voraus; ist diese Einheitlichkeit logische Konsequenz unseres Programms? Ich betone immer wieder, daß sie es nicht ist und möchte sie als *historisches Faktum* in soziologischem Sinne betrachten.

Ich würde meinen, daß sogar dann, wenn die von mir selbst bevorzugte Formulierung unseres Programms allgemein sich durchgesetzt hätte – mehr kann ich doch wohl nicht voraussetzen – *Multiplizität* der Wissenschaft möglich wäre, so daß die für kollektive Arbeit und Verständigung nötige Einheitlichkeit selbst dann nur *historisch* erreicht werden könnte, durch besondere Entschlüsse oder durch das Leben auf gemeinsamer sozialer und technischer Basis. Nach Abschaltung der traditionellen Metaphysik, in ständigem Kampf mit metaphysischen Neigungen könnte uns als positive Arbeit die Schaffung einer *enzyklopädischen* Zusammenfassung der Wissenschaften auf einheitlicher logischer Grundlage beschäftigen. Wir würden die »Querverbindungen« von Wissenschaft zu Wissenschaft ausbauen und so ein Gebäude schaffen, das keine »Philosophie«, keine »Erkenntnistheorie« mit besonderen Sätzen kennt, da, was von diesen beiden verwendbar ist, sich entweder in der »Wissenschaftslogik« oder in der »Behavioristik« fände: *Programm der Einheitswissenschaft.* Wir könnten dabei auf die Frage, wie wir zu dem oder jenem Satz kommen, erwidern: »Sieh dir doch die ›Ornamente‹ an, die wir aus den Zeichen bilden« oder »Sieh dir das Experiment an, daß wir eben machen«: *Programm des Empirismus.* Jedesmal formulieren wir Beobachtungssätze (wenn besonders sorgfältig aufgebaut, »Protokollsätze« genannt) und vergleichen deren logischen Gehalt mit dem anderer Sätze. Dabei können wir eine einheitliche Sprache verwenden, die jener der Physik entspricht, zumal wir auch die Protokollsätze in dieser Einheitssprache formulieren können. Den Terminus »Ich« können wir durch den Personennamen, die Termini »Hier« und »Jetzt« durch Ort- und Zeitangaben ersetzen. »Menschen«, »Meterstäbe«, »Uhren«, »Wasser«, »Tiere«, »Sterne«, das sind die Termini, die wir mit Termini wie: »sind im Bewegungszustand«, »Beobachtungszustand« usw. verknüpfen. Sätze wie »Der Photoapparat nimmt auf« oder »Karl beobachtet« sind von gleicher Art: *Programm des Physikalismus.*

Man mag all diese Programme so systematisch wie nur möglich erfüllen und den logischen Aufbau möglichst sorgfältig durchzuführen trachten, wir gelangen *nicht* zu »*einem*« System der Wissenschaft, das gewissermaßen an die Stelle der »wirklichen Welt« treten könnte, alles bleibt mehrdeutig und in vielem unbestimmt. *»Das« System ist die große wissenschaftliche Lüge.* Nicht einmal als antizipiertes Ziel ist es ein brauchbarer Leitgedanke, da wir damit in die Nähe des Laplaceschen Geistes kommen, von dem man sich denkt, daß er in Kenntnis aller Gleichungen der Realwissenschaften ständig richtige Prognosen macht. Eine Annahme, durch die keine Prognose gefördert wird, eine Annahme, die in keiner Weise kontrolliert werden kann. Metaphysische Formulierungen, unbrauchbar, um unsere Wissenschaft zu fördern (»isolierte« Gedankengänge in der toleranten Terminologie Reachs). Es ist die *Vielfältigkeit* und *Unbestimmtheit* wesentlich. Aus den uns zur Verfügung stehenden Daten kann man auf mehr als eine Weise Prognosen ableiten, die mit der Wissenschaft in Einklang stehen, und man kann die Multiplizität des Prognostizierens durch keine Methode ausschalten, mag man, so ausgiebig man will, systematisch vorgehen. Man kann sich sozusagen nicht auf eine »Maschine« einigen, die eindeutig »Induktionen« im weiteren Sinne produziert. Der Fortschritt der Wissenschaft besteht gewissermaßen darin, daß man ständig die Maschine ändert und auf Grund neuer Entschlüsse vorstößt. Und doch ergibt sich tatsächlich weitgehende Einheit, die *nicht* logisch abgeleitet werden kann.

Nur einiges sei angedeutet. Unsere Prognosen gehen davon aus, daß, wenn uns die Daten A und die Daten B gegeben sind, man C prognostizieren kann, daß aber auch, wenn in einem andern Fall die Daten A gegeben sind, und wenn statt der Daten B für denselben Bereich die Daten B_1 gelten, dennoch in gleicher Weise C prognostiziert werden kann. Man sagt zum Beispiel, die Sonne stehe da und da, folglich werde sie nach einiger Zeit an einer bestimmten Stelle stehen, so wie das früher der Fall war, auch wenn früher der Beobachtungssatz hinzukam: die Luft schimmert bläulich, und diesmal: die Luft schimmert grau. Daß aus nur teilweise Gleichem wieder teilweise Gleiches prognostiziert werden kann, ermöglicht gerade unsere Wissenschaft. Alles ist einfacher, als man sich es denken könnte, freilich auch komplizierter. Aber schon die Ausgangssätze erfolgreicher Wissenschaft liegen nicht fest, da man von vornherein mit verschiedenen Einheitssprachen beginnen könnte, die nicht ohne weiteres ineinander übersetzt werden können. Und wenn sogar die Einheitssprache ungefähr festläge – eigentlich gehören die Sätze von gestern und heute, die am Anfang und am Schluß eines Buches stehen, oft schon ein wenig verschiedenen Sprachen an –, so könnten wir dennoch, um gut zu prognostizieren, von verschiedenen Beobachtungssätzen ausgehen, die wir aus der Fülle der zur Verfügung stehenden und ständig vermehrbaren auswählen. Was der eine als unwesentlich vernachlässigt – um dann dementsprechend die Begriffe zu formen –, mag dem anderen als wesentlich für die Prognosen erscheinen. So hat es Goethe z.B. sehr kritisiert, daß Newton gewisse unscharfe Ränder der Spektren als unwesentlich wegließ, während er selbst gerade an dieser Stelle einhakte.

Und so geht es in *jeder* »*Schicht*« der wissenschaftlichen Arbeit, nicht nur im engeren Bereich der Hypothesensysteme, worauf Poincaré und Duhem so intensiv hingewiesen haben. Aber diese Ansätze zur Multiplizität werden durch das Leben eingeengt. Reicht doch ein ganzes Menschenleben kaum aus, sich in eine einzige Anschauungsweise zu versenken und sie in ihren Konsequenzen wirklich zu überdenken. Und wie bald fühlt man die Schwächung, die von der Isolierung ausgeht. So läßt man die einsame, wenn auch vielleicht an sich aussichtsreiche Überlegung eines Außenseiters im Stich, um an einer Denkweise mitzuarbeiten, die mehr Förderung erfährt, wodurch die Chancen, wissenschaftlich mehr leisten zu können, größer werden. Dies und anderes führt dazu, daß nicht einmal allzu viele Möglichkeiten gleichzeitig von mehreren Gruppen behandelt werden, meist findet durch Anpassung und Selektion eine Art Angleichung ganzer Generationen statt – wenn man ganz absieht von den Fällen, in denen bestimmte Gedankengänge verfemt sind, verfolgt und unterdrückt werden.

Diese Einsicht, daß eine logisch vertretbare Multiplizität durch das Leben reduziert wird, hat nicht viel Widerhall zu erhoffen, weil sie der üblichen Auffassung vom Zusammenhang zwischen Leistung und »Erfolg« widerspricht. Die Vertreter einer siegreichen Lehre meinen allzu gern, daß ihr Sieg durch genauere logische Nachprüfung gewissermaßen gerechtfertigt würde. So sehen viele auch den Ablauf der Wissenschaftsgeschichte. Da ⁹⁵ kämpft Ormuzd mit Ahriman, die Undulationslehre mit der Korpuskularlehre, und wer nicht in diese Dichotomie paßt, muß ⁹⁶ wohl gar als matter Eklektiker dahindämmern.

Wir würden von vornherein, wenn wir die Entwicklung historisch betrachten, gewisse theoretische Hilfsmittel in den Vordergrund schieben und die Korrelationen zwischen gewissen Prognosen wichtig nehmen, nicht aber die mehr oder minder phantastischen »Bilder« einzelner Hypothesensysteme, welche die Multiplizität unnötig vergrößern. Wie ungeheuer viel haben gerade die Vertreter der Korpuskularlehre für die kompliziertesten Teile der optischen Theorie, für die Lehre von der Polarisation geleistet, ein Malus, ein Brewster. Und erst jetzt, wo sozusagen eine kombinierte Theorie gesiegt hat, wird man einem Manne wie Biot mehr als früher gerecht werden können, bei dem wir statistische Betrachtungen im Rahmen der Korpuskularlehre antreffen.

Vielerlei Möglichkeiten bieten sich dar, noch mehr ahnt man nur ungefähr und nur weniges davon gestaltet man in der Wissenschaft. Diese Einengung durchs Leben entspricht dem Verhalten des tätigen Mannes, der zwischen mehreren Möglichkeiten eine wählt – was man planen nennt. Aber solche Eindeutigkeit des Entschlusses und der Tat ist *nicht* logisches Ergebnis aus irgendwelchen Prämissen, die zu *einer* einzigen Prognose über den Erfolg der Tat führen, sondern ein Ergebnis des Lebens im ganzen genommen oder unter Umständen des Losens. Diese Auffassung 97 von der Multiplizität des wissenschaftlichen Theoretisierens und Prognostizierens, aufgebaut auf der Multiplizität möglicher Protokollsätze, muß besonders gegen die Anschauungsweise vertreten werden, die ich als »Pseudorationalismus« kennzeichnen möchte. Der Pseudorationalist diskreditiert den logisierenden Empirismus, wenn er die Eindeutigkeit der Tat in Verbindung bringen will mit einer Eindeutigkeit der Ableitung aus Erfahrungsdaten, wobei er auf »die« wirkliche Welt verweist, auf dies eindeutige Etwas, das viele wenigstens als Grenzvorstellung zu verwenden vorschlagen. Der Pseudorationalist ist es, der gern von der »Einfachheit« irgendwelcher Ausgangselemente – seien es Sätze oder Begriffe – spricht, von der »Genauigkeit«, von der »Gewißheit«, die irgendwelchen Sätzen zukomme. Und wenn auch wir »Scientisten« bemüht sind, möglichst systematisch danach zu streben, daß wir möglichst genaue, möglichst dauernd verwendbare, möglichst einfache Sätze erringen, so wissen wir doch, daß grundsätzlich »alles fließt« und daß die Multiplizität und die Unbestimmtheit in aller Wissenschaft lebt, daß es keine tabula rasa für uns gibt, von der ausgehend wir auf sicherem Boden Schichte auf Schichte häufen können. *Immer steht die ganze Wissenschaft grundsätzlich zur Debatte.* Und wenn wir als Empiristen auf die Beobachtungssätze zurückgreifen, in denen es heißt »Karl sieht das Quecksilber beim Teilstrich 30«, repräsentieren die Termini »Karl«, »Sehen« usw. bereits die ganze Wissenschaft. Von solchen »reichen« Sätzen aber gehen wir Empiristen aus und leiten mühsam einfachere Sätze ab.

Und wenn wir gegen die Pseudorationalisten all dies hervorheben, so müssen wir auch betonen, daß selbst ein Terminus der Chemie, wie »H_2O« nicht ohne weiteres dem Terminus »Wasser« gleichgesetzt werden kann, der z.B. in einem Satz auftritt, wo es heißt »im Laboratorium haben wir destilliertes Wasser«. Die *Unbestimmtheit* aller Termini, die bald größer, bald kleiner ist, gehört mit zum Wesen der Sprache. Auf ihr beruht ein Teil der Leistungsfähigkeit der Sprache. Ebenso dürfen wir nicht vergessen, daß wir ständig mit Terminis arbeiten, von denen wir wissen, daß sie gewisse Prognosen gut liefern, aber andererseits zu noch nicht behobenen Widersprüchen an anderen Stellen führen. Auch müssen wir uns daran gewöhnen, mit Terminis zu arbeiten, von denen wir nicht genau wissen, ob sie »verwendbare« oder »nicht verwendbare« – etwa metaphysisch – sind. Nur gewisse grobe Irrtümer und gewissen groben Unfug kann man durch scharfe Kritik zu beseitigen hoffen, vieles bleibt zunächst unbestimmt, *ohne daß man darauf verzichten könnte.* Man hat *nie* einen völlig freien Rücken und das Arbeiten mit »verdächtigen« Sätzen will gelernt sein.

Wenn man nach all diesen Darlegungen über Multiplizität und Unbestimmtheit dennoch unentwegt an die Arbeit schreitet, die man für eine gemeinsame hält, so kann man das nur, weil man weiß, wie sehr die historische Situation die Mannigfaltigkeit via facti einschränkt. Welche jahrhundertealte Überlieferung liegt in der Sprache, im sonstigen Verhalten vor, wie ausgebildet ist die Terminologie, welche – mit Recht oder Unrecht – die Sinnesgebiete sondert. Wie viele Generationen haben immer wieder »Dressur« an den Kindern ausgeübt, die diese weitergaben. Das sind behavioristische Probleme, die von uns nahestehender Seite 98 untersucht zu werden verdienen (vgl. Arne Naess) im Anschluß an die reiche Literatur, die von anderer Seite her diesen Problemen an den Leib rückt. Vereinheitlichung des Argumentierens und Vereinheitlichung der Wissenschaft ist verwandt der Vereinheitlichung unserer Technik der Produktion, des Verkehrs, des Krieges, mit der sie wohl auch sonst verbunden ist. Mechanik, Chemie, Optik sind mit Maschinentechnik verbunden, die heute weit internationaler ist als die Gesellschaftstechnik. Deshalb sind ja auch die Sozialwissenschaften weniger einheitlich ausgebildet, zumal bei sozialen Maßnahmen theologische und metaphysische Formulierungen aus gewissen Gründen eine erhebliche Rolle spielen und auch unkritisch verwendete, an sich wissenschaftliche Formulierungen.

Wer daher *Einheit der Wissenschaft* als mögliche Aufgabe diskutiert, geht von der Vermutung aus, daß die Gemeinschaftsarbeit zunimmt, daß innerhalb der Menschheit das wissenschaftliche Denken auf allen Gebieten sich immer mehr durchsetzen werde. Auch wer das nicht näher begründen kann, sondern es bloß erhofft, muß einsehen, daß es sich um eine *historische Angelegenheit* handelt. Es wächst zwar vielleicht der Schatz der weiter verwendbaren Prognosen, die Fähigkeit, neue auszuarbeiten, deshalb muß aber nicht die Entwicklung der Hypothesen und wissenschaftlichen Systeme kontinuierlich vor sich gehen, ja es können schärfste Wendungen eintreten: und dennoch: Ausbau der *Enzyklopädie auf der logischen Grundlage der Einheitswissenschaft*, Ausbau der *neuen Enzyklopädie des Scientismus*.

Hier hat der antimetaphysische Empirismus eine große Aufgabe vor sich, die ihn vor allem auch veranlaßt, das logische Instrument gerade so zu schärfen, daß es der Wissenschaft unmittelbar dienen kann. Es gilt die Abwehr traditioneller Metaphysik, insbesondere traditioneller Teleologie, traditionellen Anthropomorphismus in neuer Gestalt, um eine Einheit der Wissenschaft zu schaffen, welche Geologie ebenso wie Ethnologie; Astronomie ebenso wie Soziologie; Mechanik ebenso wie Biologie und Behavioristik umfaßt. Und wenn wir uns nun bald beim »Ersten Internationalen Kongreß für Einheit der Wissenschaft« zusammenfinden werden, dann auch, um neben der These des Scientismus unseren Entschluß zu betonen, daß wir gemeinsam an der logischen Ausgestaltung der Wissenschaft arbeiten wollen. Und so können uns die Pariser Freunde, die uns vorgeschlagen haben, nach Paris zu kommen, in Anlehnung an alte Tradition mit dem Ruf begrüßen:

Unité et Fraternité.

LITERATURHINWEISE

Otto Neurath: »Die Verirrten des Cartesius und das Auxiliar-motiv,« in: *Jahrbuch der Philosophischen Gesellschaft an der Universität Wien 1913*, S. 45–59; in diesem Band, S. 114–129.
– »Prinzipielles zur Geschichte der Optik,« in: *Archiv für die Geschichte der Naturwissenschaften und der Technik* 5 (1915), S. 371–389.
– »Zur Klassifikation von Hypothesensystemen,« in: *Jahrbuch der Philosophischen Gesellschaft an der Universität Wien 1916*, S. 39–63.
– *Antispengler*, Callwey, München 1921. Abschnitt: »Weltbe-schreibung«, S. 73 ff.
– »Sozialbehaviorismus«, *Soziologus* 3 (September 1932), S. 281–288.
– *Einheitswissenschaft und Psychologie*, Gerold & Co., Wien 1933.
Gustav Ichheiser: *Kritik des Erfolges*, C. L. Hirschfeld, Leipzig 1930.

Vgl. außer Philipp Frank und Rudolf Carnap auch gewisse Publikationen der Lemberg-Warschauer Schule und der holländischen Gruppe um Brouwer und Mannoury.

4.4 ÜBER DIE EINHEITSSPRACHE DER WISSENSCHAFT. LOGISCHE BEMERKUNGEN ZUM PROJEKT EINER ENZYKLOPÄDIE (1936)

Rudolf Carnap

1. Die Forderung einheitlicher Begriffe

Manche Philosophen – und darunter auch solche, die uns durch ihre empiristische Auffassung nahe stehen – sind der Ansicht, daß die Begriffe der verschiedenen Wissenschaftszweige völlig voneinander getrennt seien. Die entgegenstehende Ansicht unseres Kreises, daß alle Begriffe der Wissenschaft ein einheitliches zusammenhängendes Gefüge bilden, sei – so meinen diese Philosophen – zum Teil dadurch zu erklären, daß häufig dasselbe Wort in den verschiedenen Wissenschaftsgebieten verwendet wird, wobei es aber ganz verschiedene Bedeutungen habe. So bezeichne z.B. das Wort »Kuh« in den verschiedenen Disziplinen – etwa in Physik, Anatomie, Physiologie, Psychologie, Nationalökonomie – völlig verschiedene Begriffe, die in keiner Weise durch einen einheitlichen Begriff ersetzt werden könnten. Für den Physiker bezeichne das Wort »Kuh« eine bestimmte Konstellation von Elektronen; für den Biologen aber ein lebendiges Ganzes, von dem der Physiker nichts wisse; und wenn der Nationalökonom etwa feststellt, daß die Kuh heute an dem und dem Ort den und den Preis hat, so habe diese Aussage weder für den physikalischen noch für den biologischen Kuhbegriff überhaupt einen Sinn. Im Gegensatz zu dieser Ansicht meinen die Vertreter des Gedankens der Einheitswissenschaft, daß man sehr wohl einheitliche Begriffe für die verschiedenen Wissenschaftszweige aufstellen könne. Besonders Neurath hat nachdrücklich auf den Umstand hingewiesen, daß die meisten Prognosen, die wir schon im täglichen Leben machen, ohne Verwendung eines zusammenhängenden Begriffssystems gar nicht aufgestellt werden könnten, da man zu ihrer Ableitung allgemeine Sätze aus mehreren verschiedenen Wissenschaftsgebieten verwenden und miteinander verknüpfen muß. Die geplante Enzyklopädie soll nun, wie Neurath hervorgehoben hat, in ihrer Methode gerade dadurch gekennzeichnet sein, daß sie eine einheitliche Sprache für die verschiedenen Wissenschaftszweige verwendet. Da werden also nicht verschiedene Begriffe »Kuh$_{phys}$«, »Kuh$_{biol}$«, »Kuh$_{oec}$« usw. auftreten, sondern nur ein einziger Terminus »Kuh« mit einer einheitlichen Bedeutung. Da wird eine einzige Definition aufgestellt etwa von der Form:

Kuh = $_{Df}$ ein Ding mit den und den kennzeichnenden Eigenschaften,

wobei die kennzeichnenden Eigenschaften in diesem Fall durch biologische Termini anzugeben sind. Und von einem solchen Ding, genannt »Kuh«, gelten dann die einschlägigen Gesetze sowohl der Physik als auch der Chemie, der Biologie, der Soziologie usw. »Eine Kuh hat hier jetzt den und den Preis« bedeutet so viel wie: »Die Menschen hier sind jetzt geneigt, ein Ding von der gekennzeichneten Art im Austausch gegen so und so viel Geld herzugeben bzw. anzunehmen.« Dieses Verfahren stellt keineswegs eine künstliche Vereinheitlichung von im Grunde verschiedenen Begriffen dar. Im Gegenteil, die Vielfalt der Kuhbegriffe jener Philosophen ist eine künstliche Neuaufstellung, die der gewöhnlichen Praxis gar nicht entspricht. In der praktisch verwendeten Sprache sowohl des Alltagslebens als der Wissenschaft gibt es nur einen einzigen Terminus »Kuh« mit einheitlicher Bedeutung. Ein Mann, der auf den Markt geht und sich eine Kuh kauft, weil ihm der biologische Satz »Kühe produzieren Milch« bekannt ist, erwartet, daß die gekaufte Kuh ihm Milch gibt. Tut sie das nicht, so wird er nicht viel Verständnis haben für die Aufklärung jenes Philosophen, der ihm etwa sagt: »Milch wird von biologischen Kühen produziert, was du aber für Geld gekauft hast, ist eine ökonomische Kuh.«

Die Spaltung der Wissenschaft in logisch gesonderte Begriffsgruppen entspringt nicht der Praxis, sondern gewissen Restbestandteilen traditioneller Philosophie, die auch bei nicht-metaphysischen, empiristischen Forschern noch zuweilen vorhanden sind. Wenn wir in der Enzyklopädie eine einheitliche Sprache anwenden, so bedeutet das nichts anderes als die konsequente und methodisch geregelte Durchführung der Einheitlichkeit, wie sie der Alltagssprache schon zugrunde liegt.

2. *Die Reduktion von Begriffen*

Auf die speziellen Probleme, die mit der Aufgabe der Durchführung eines einheitlichen Begriffssystems für alle Wissenschaftszweige verknüpft sind, wollen wir hier nicht weiter eingehen, sondern uns einer logischen Frage zuwenden, die sich auf die allgemeine Methode der Einführung von Begriffen, gleichviel auf welchem Gebiet, bezieht. Bei methodisch strengem Vorgehen pflegt man die auf einem bestimmten Gebiet verwendeten Begriffszeichen (z.B. Wörter) einzuteilen in Grundzeichen und in solche, die in Anknüpfung an die Grundzeichen eingeführt werden. Als Methode für die Einführung eines neuen Zeichens auf Grund gegebener Zeichen hat man bisher ausschließlich die Methode der *Definition* verwendet. Ist ein Zeichen auf Grund gewisser anderer definiert, so kann es (im allgemeinen; die Ausnahmefälle wollen wir hier der Einfachheit halber beiseite lassen) überall, wo es vorkommt, eliminiert werden, d.h. jeder Satz, der dieses Zeichen enthält, kann übersetzt werden in einen Satz, der nicht mehr dieses Zeichen, sondern nur noch die vorher schon vorhandenen Zeichen enthält. Das gilt sowohl für die sog. expliziten Definitionen, als auch für die nicht-expliziten, die sog. Gebrauchsdefinitionen. Beispiel einer expliziten Definition:

Schimmel = $_{\text{Df}}$ weißes Pferd.

Oder in Symbolen:

Schimmel $(x) \equiv [\text{Weiß}\ (x) . \text{Pferd}\ (x)]$, (in Worten: x ist dann und nur dann ein Schimmel, wenn x weiß ist und x ein Pferd ist). Auf Grund dieser Definition kann das Wort »Schimmel« überall eliminiert, nämlich durch den Ausdruck »weißes Pferd« ersetzt werden. (In der symbolischen Sprache: ein Satz von der Form »Schimmel [...]« kann stets übersetzt werden in den entsprechenden Satz von der Form »Weiß [...]. Pferd [...]«).

Beispiel einer Gebrauchsdefinition für den Existenzausdruck »es gibt«:

(Es gibt etwas mit der Eigenschaft F) = $_{Df}$ (nicht alles hat die Eigenschaft non-F),

in Symbolen:

$$(\exists\, x)\,[F\,(x)] \equiv\, \sim (x)\,[\sim F\,(x)]$$

Auch hier kann der definierte Ausdruck (im allgemeinen) stets eliminiert werden, indem man einen Satz von der Form »$(\exists\, x)$ $(..x..)$« übersetzt in den entsprechenden Satz von der Form »$\sim (x)$ $(\sim..x..)$«.

Man kann sich jedoch nicht auf das Verfahren der Definition als einziges Verfahren zur Einführung neuer Zeichen beschränken. Wir werden nachher ein anderes Verfahren kennenlernen, das wir Reduktion nennen wollen. In der Praxis der Wissenschaft werden die Begriffserklärungen gewöhnlich nicht in logisch strenger Form gegeben. Man hat nun bisher angenommen, daß man eine solche Erklärung, falls sie überhaupt einwandfrei ist und sich in strenge Form bringen läßt, stets in die Form einer Definition bringen könnte. Das ist jedoch in Wirklichkeit nicht immer der Fall, wie man leicht an einem einfachen Beispiel erkennen kann. Der Begriff »x ist (in Wasser) *löslich*« kann gewiß eingeführt und in seiner Bedeutung genau festgelegt werden, wenn unter den schon vorhandenen Begriffen (außer den erforderlichen logischen Begriffen, die wir als vorgegeben voraussetzen wollen) die beiden folgenden Begriffe vorkommen: 1) »(das Ding) x liegt zur Zeit t im Wasser«, und 2) »x löst sich zur Zeit t auf«. Aber die Einführung jenes Begriffes auf

Grund dieser beiden Begriffe ist nicht in Form einer Definition möglich. Man ist vielleicht auf den ersten Blick geneigt, eine Definition in der folgenden Form aufzustellen: »x heißt dann und nur dann löslich, wenn x, sobald es in Wasser gebracht wird, sich auflöst«. Wir wollen, um das Beispiel exakter untersuchen zu können, Symbole verwenden, und zwar für »x ist löslich«: »$Ll(x)$«, und für die beiden vorgegebenen Begriffe: »$W(x,t)$« und »$L(x,t)$«. Dann würde die vermeintliche Definition die Form haben:

$$Ll(x) \equiv (t)\,[W(x,t) \supset L(x,t)] \qquad (1)$$

(in Worten: x ist dann und nur dann löslich, wenn Folgendes gilt: für jedes t, wenn x zur Zeit t im Wasser liegt, so löst x zur Zeit t sich auf). Es läßt sich aber leicht zeigen, daß diese Definition unrichtig ist, d.h. daß sie das Gemeinte nicht trifft. a sei ein bestimmtes Streichholz, das ich soeben verbrannt habe und das niemals im Wasser gewesen ist. Wäre jene Definition richtig, so würden wir durch Einsetzung erhalten:

$$Ll(a) \equiv (t)\,[W(a,t) \supset L(a,t)]. \qquad (2)$$

Nun ist, weil a nie im Wasser war, für beliebiges t »$W(a,t)$« falsch, also für beliebiges t »$W(a,t) \supset L(a,t)$« wahr, also »$(t)\,[\ldots]$« wahr. Daher müßte auch »$Ll(a)$« wahr sein. Dieser Satz ist aber bei der gemeinten Bedeutung von »Ll« falsch, da das Streichholz nicht wasserlöslich ist.

Der richtige Zusammenhang zwischen den drei Begriffen ist vielmehr durch folgenden Satz auszudrücken:

$$(t)\,[W(x,t) \supset (Ll(x) \equiv L(x,t))], \qquad (3)$$

(in Worten: für beliebiges t – wenn ein Ding x zur Zeit t im Wasser liegt, so gilt: dann und nur dann, wenn x wasserlöslich ist, löst x sich zur Zeit t auf). Durch die Aufstellung dieses Satzes, den wir Reduktionssatz für »Ll« auf Grund von »W« und »L« nennen, kann »Ll« auf Grund von »W« und »L« als neues Zeichen eingeführt werden. Wir sagen auch: durch die Aufstellung dieses Satzes wird »Ll« auf »W« und »L« reduziert (zurückgeführt).

Durch diese Reduktion ist tatsächlich die Bedeutung des neuen Begriffes bestimmt; denn wir wissen, was wir zu tun haben, um im einzelnen Fall empirisch festzustellen, ob der neue Begriff einem gegebenen Ding *b* zukommt oder nicht. Wir legen nämlich *b* in Wasser; löst es sich auf, so hat es die fragliche Eigenschaft, löst es sich nicht auf, so hat es sie nicht.

Der richtige Reduktionssatz (3) ist dem vermeintlichen, aber in Wirklichkeit nicht gültigen Definitionssatz (1) sehr ähnlich. Der Unterschied besteht im Wesentlichen nur darin, daß der Teilsatz »W (x,t)«, der die experimentellen Versuchsbedingungen beschreibt, in (3) nicht als Bedingungssatz innerhalb des rechten Äquivalenzgliedes auftritt, sondern als Bedingungssatz vor der ganzen Äquivalenz. Nun wird man vielleicht sagen: die Hauptsache ist, daß jedenfalls der eine Begriff auf Grund der beiden andern eingeführt werden kann; die Frage, ob der einführende Satz dabei die Form (1) oder die Form (3) haben muß, ist eine weniger wichtige Spezialfrage; das mögen die Logistiker diskutieren, die werden schon die richtige und exakte Form herausbekommen. Aber in Wirklichkeit hat diese Frage eine grundlegende Bedeutung. Ist nämlich ein Zeichen durch Definition eingeführt, so kann es, wie wir gesehen haben, im allgemeinen stets eliminiert werden. Dagegen *kann ein durch Reduktion eingeführtes Zeichen im allgemeinen nicht eliminiert werden; die Sätze,* in denen es vorkommt, *sind im allgemeinen nicht rückübersetzbar* in Sätze, in denen nur die vorgegebenen Zeichen vorkommen. Darin liegt ein fundamentaler Unterschied zwischen den beiden Einführungsmethoden, ein Unterschied, der auch für gewisse sehr allgemeine wissenschaftslogische Fragen bedeutsam ist, wie wir nachher sehen werden. Daß ein durch einen Reduktionssatz eingeführtes neues Zeichen im allgemeinen nicht eliminierbar ist, liegt daran, daß das neue Zeichen in dem Reduktionssatz (z. B. »Ll« in (3)) nicht auf der einen Seite einer Äquivalenz für sich (oder im Zusammenhang einer einfachen Satzfunktion) steht, wie bei der Definition, sondern im Innern eines Satzgefüges, von dessen andern Gliedern es nicht so leicht losgelöst werden kann.

3. Folgerungen für Positivismus und Physikalismus

Eine nähere Untersuchung würde zeigen, daß in vielen Fällen, so wie in dem angeführten Beispiel, ein bestimmter Begriff auf Grund bestimmter vorgegebener Begriffe nicht definierbar, sondern nur auf sie reduzierbar ist. Die Unterscheidung zwischen Definierbarkeit und Reduzierbarkeit ist wichtig für die Frage nach der richtigen Formulierung gewisser wissenschaftslogischer Thesen, die in unserm Kreis diskutiert und vertreten werden, nämlich der These des *Positivismus* – von dem wir hier nur den rein wissenschaftslogischen Kern meinen, losgelöst von den früheren metaphysischen Beimengungen – und der These des *Physikalismus*. Diese Thesen weisen, obwohl sie ganz verschiedenen Inhalt haben, eine vollkommene formale Analogie auf, indem ein bestimmter Charakter – und zwar in beiden Thesen derselbe – je einer bestimmten Sprache zugeschrieben wird. In der positivistischen These handelt es sich dabei um die Sprache, die alle und nur die Bezeichnungen enthält, die zur Beschreibung einfacher Sinnesdaten (wir sagten früher auch oft: »des Gegebenen«, »der Erlebnisse« oder dgl.) erforderlich sind; wir wollen sie kurz die Sprache der Sinnesdaten nennen. Bei der These des Physikalismus handelt es sich um die physikalische Sprache; darunter wollen wir die Sprache der Physik verstehen, also die Sprache, die alle und nur die Bezeichnungen enthält, die zur Beschreibung einfacher Vorgänge der (unbelebten) Natur dienen. (Eine nähere Untersuchung würde zeigen, daß es dabei nicht darauf ankommt, ob man die physikalische Sprache auf die schon im Alltagsleben verwendeten Ausdrücke beschränkt oder ob man die in der wissenschaftlichen Physik verwendeten Ausdrücke mit hinzunimmt, da nämlich diese Ausdrücke auf jene reduziert werden können.) Wegen der genannten Analogie können wir die Erörterung über die beiden Thesen auf einmal durchführen, indem wir nur die für die beiden Fälle ungleichen Textteile auf zwei Rubriken verteilen, links für den Positivismus, rechts für den Physikalismus.

In früheren Veröffentlichungen unseres Kreises ist die These des

Positivismus   *Physikalismus*

(wenn wir uns nachträglich eine gewisse Schematisierung erlauben) in zwei verschiedenen Fassungen aufgetreten. Erste Formulierung: »Jeder Begriff der Wissenschaft ist definierbar auf Grund von Begriffen

der Sprache der Sinnesdaten«.   der physikalischen Sprache«.

Zweite Formulierung: »Jeder Begriff der Wissenschaft ist zurückführbar auf Begriffe

der Sprache der Sinnesdaten«.   der physikalischen Sprache«.

Wir sahen früher keinen wesentlichen Unterschied zwischen diesen beiden Formulierungen. Jetzt müssen wir aber – wie es häufig bei wissenschaftlichen Fortschritten der Fall ist – von zwei Wendungen, die zunächst unterschiedslos gebraucht worden sind, die eine als unkorrekt verwerfen, während wir die andere aufrecht erhalten können. Wir sehen heute, daß die beiden genannten Formulierungen

des Positivismus   des Physikalismus

keineswegs gleichbedeutend sind. Vielmehr ist die erste Formulierung falsch, während die zweite bei geeigneter Deutung aufrecht erhalten werden kann, nämlich dann, wenn wir den Ausdruck »zurückführbar« im Sinn des (früher nicht bekannten) Begriffes der Reduzierbarkeit verstehen. Aus der unrichtigen ersten Formulierung zogen wir früher eine Folgerung, die uns auch häufig als Formulierung der These

des Positivismus   des Physikalismus

diente, nämlich: »Jeder Satz der Wissenschaft ist übersetzbar in

die Sprache der Sinnesdaten«.   die physikalische Sprache«.

Auch diese Formulierung ist falsch. So ist es z.B., wie wir heute feststellen, nicht möglich, einen konkreten Satz, geschweige denn ein allgemeines Gesetz

der physikalischen Sprache (z.B. »Hier liegt ein Stein«, »Jeder feste Körper dehnt sich bei Erwärmung aus«)

der psychologischen Sprache (z.B. »Ich bin jetzt müde«, »Bei Ermüdung verlaufen die Denkvorgänge langsamer«)

in einen einzelnen Satz

der Sprache der Sinnesdaten

der physikalischen Sprache

zu übersetzen. Auf Grund der (richtigen Formulierung der) These des

Positivismus

Physikalismus

besteht zwar ein bestimmter logischer Zusammenhang zwischen den genannten Sätzen und der genannten Sprache; aber dieser Zusammenhang ist komplizierter als wir früher glaubten.

So weit die Analogie zwischen den beiden Thesen. Zum Positivismus sei noch bemerkt, daß bei der aufrecht erhaltenen zweiten Formulierung der für den Empirismus bedeutsame Kern des positivistischen Gedankens erhalten bleibt: infolge der Reduzierbarkeit aller Begriffe auf solche der Sinnesdaten kann die Nachprüfung irgend eines Satzes der Wissenschaft zurückgeführt werden auf (im allgemeinen viele verschiedene) Nachprüfungen von Sätzen über das Vorliegen bestimmter Sinnesdaten unter bestimmten Umständen.

Für den Physikalismus erweist sich auf Grund dieser Überlegungen noch eine andere Formulierung als geeignet, die auch früher schon (von Neurath und mir) verwendet worden ist, aber jetzt erst eine einwandfreie Deutung erhält. Verstehen wir nämlich unter einer (nicht: »der«) *physikalistischen Sprache* eine Erweiterung der physikalischen Sprache durch reduktive Einführung beliebiger neuer Zeichen, so können wir folgende These formulieren: »Jeder Satz der Wissenschaft ist übersetzbar in eine physikalistische Sprache«; »als Universalsprache der Wissenschaft kann eine physikalistische Sprache genommen werden.«

4. Das Begriffssystem der Enzyklopädie

Für die geplante Enzyklopädie ist die Forderung aufgestellt worden, daß ein einheitliches Begriffssystem aufgestellt und in den verschiedenen Wissenschaftszweigen verwendet werden soll. Für die Aufstellung eines derartigen Systems ist die Methode der Reduktion unentbehrlich.

Wir können uns zunächst klar machen, daß schon innerhalb der Physik bei verhältnismäßig einfachen Begriffen die Reduktion angewendet werden muß, wenn wir nicht jeden neu eingeführten Begriff zu den Grundbegriffen rechnen und damit deren Zahl unbeschränkt vermehren wollen. So kann z. B., wenn etwa die Begriffe der Raum- und Zeitbestimmungen und der Masse vorgegeben sind, schon ein so einfacher Begriff wie der des Gravitationsfeldes nicht durch Definition, sondern nur durch Reduktion eingeführt werden. Sobald wir uns aber einmal dazu entschlossen haben, neben Definitionen auch Reduktionen zu verwenden, brauchen wir nicht mehr eine unbeschränkte Anzahl von Grundbegriffen, sondern nur außerordentlich wenige als Basis für das ganze Begriffsgebäude der Physik zu nehmen. Dabei haben wir in der Auswahl der Basis große Freiheit. Die nähere Untersuchung zeigt, daß es manche makroskopische, durch einfache Beobachtungen feststellbare Begriffe gibt (z. B. »An der Raum-Zeit-Stelle x befindet sich ein fester Körper« oder »Die Raum-Zeit-Stelle x ist schwarz« und viele ähnliche) von denen jeder einzelne – neben den Raum-Zeit-Koordinaten – eine hinreichende Basis für das ganze Begriffssystem der Physik bildet. Dieses Ergebnis zeigt die große Reichweite des Verfahrens der Reduktion. Wenn wir nun die Begriffe der Physik als vorgegeben betrachten – gleichgültig, ob auf Grund einer sehr beschränkten Basis der angedeuteten Art oder einer reicheren Basis – so können wir die Begriffe der andern Wissenschaftszweige stufenweise einführen, nämlich die der Chemie, der Biologie, der Bewußtseinspsychologie, der Psychologie des Unbewußten, der Sozialwissenschaften. Gegenwärtig ist bei jedem dieser Stufenschritte das Verfahren der Reduktion unentbehrlich. Es ist aber keineswegs sicher, daß das bei der zukünftigen Entwicklung der Wissenschaft immer der Fall sein wird. Bei der Einführung der Begriffe der Chemie auf Grund der physikalischen Begriffe können wir heute schon in einem großen Umfang die Reduktion entbehren und uns mit Definitionen begnügen, nämlich insoweit die chemischen Begriffe schon in der Atomphysik eine Deutung gefunden haben. Vielleicht wird das in einer nicht allzu fernen Zukunft für alle Begriffe der Chemie gelten. Im Unterschied dazu ist für die Einführung der biologischen Begriffe auf Grund der physikalischen und chemischen die Reduktion in sehr weitem Maß erforderlich. Ein Stadium, bei dem hier das Verfahren der Definition ausreicht, ist wohl kaum in naher Zukunft zu erwarten: es ist jedoch keineswegs ausgeschlossen, daß es einmal eintritt. Ähnlich verhält es sich mit den Begriffen der Psychologie, und zwar zunächst der sog. Bewußtseinspsychologie, also z.B. mit den Bezeichnungen für die verschiedenen Arten von Sinnesempfindungen, Gefühlen, Denkakten und dgl. Für diese Begriffe ist die Reduktion unentbehrlich, solange die Psychologie noch nicht in die Physiologie des Nervensystems aufgegangen ist, was ja ebenfalls in absehbarer Zukunft nicht zu erwarten ist. Für die Begriffe der sog. Psychologie des Unbewußten, also z.B. für die Bezeichnungen für Vorstellungsdispositionen, Triebe, Komplexe (im Sinn Freuds), verdrängte Vorstellungen und Ähnliches ist es nun einerseits bedeutsam, daß es nicht möglich ist, sie auf Grund der psychologischen Begriffe der vorher genannten Art zu definieren, sondern daß für ihre Einführung die Reduktion erforderlich ist; andrerseits ist wichtig, daß hier die Reduktion tatsächlich ausreicht. Setzen wir voraus, daß die psychologischen Begriffe erster Art empiristisch einwandfrei sind, so ist durch die Möglichkeit der reduktiven Einführung von psychologischen Begriffen der zweiten Art derselbe Charakter für diese Begriffe nachgewiesen. (Damit ist nicht gesagt, daß jeder von den Psychologen verwendete Begriff der zweiten Art einwandfrei ist; das gilt nur für solche, für die ein Nachprüfungsverfahren angegeben wird.) Zum Schluß kommen die Begriffe der Sozialwissenschaften, einschließlich der Wirtschaftswissenschaft. Auch für manche

Begriffe dieses Gebietes, wie z.B. »Eigentum«, »Preis« und dgl., ist Reduktion erforderlich (wenigstens dann, wenn die Begriffe der Psychologie des Unbewußten nicht vorausgesetzt werden), jedenfalls aber hinreichend.

Das folgende Schema soll die Zurückführbarkeitsbeziehungen zwischen den Hauptzweigen der Wissenschaft darstellen. Dabei müssen wir unterscheiden zwischen den Beziehungen zwischen den *Begriffen*, die in den betreffenden Gebieten vorkommen, den Beziehungen zwischen den *Sätzen*, die sich in den betr. Gebieten formulieren lassen (unabhängig davon, ob sie wahr oder falsch sind), und den Beziehungen zwischen den gültigen *Gesetzen* der betr. Gebiete, also den allgemeinen Sätzen, durch die man die Fakten des betr. Gebietes erklärt, d.h. durch die man die gültigen Einzelsätze verknüpft.

Zurückführbarkeit von… auf…	1) Reduzierbarkeit der *Begriffe*	2) Definierbarkeit der Begriffe = Uebersetzbarkeit der *Sätze*		3) Ableitbarkeit der *Gesetze*	
		jetzt	zukünftig	jetzt	zukünftig
Chemie - Physik ..	ja	zum grossen Teil	vielleicht bald	zum grossen Teil	vielleicht bald
Biologie - Physik (+Chemie) ……	ja	nein	vielleicht in ferner Zukunft	nein	vielleicht in ferner Zukunft
Psychologie - Biologie (+ Physik) ..	ja	nein	vielleicht in ferner Zukunft	nein	vielleicht in ferner Zukunft
Sozialwissenschaft - Psychologie (+ Biologie+Physik)	ja	zum grossen Teil	vielleicht bald	zum Teil	vielleicht bald

Angesichts dieser Zusammenhänge, die hier nur angedeutet werden können, wird klar, daß die Aufgabe der Aufstellung eines einheitlichen Begriffssystems für die gesamte Wissenschaft keineswegs utopisch ist. Ein derartiges System kann auch bei Beschränkung auf physikalische Basisbegriffe schon im gegenwärtigen Stadium der Wissenschaft durchgeführt werden, wenn man dabei die erforderlichen logischen Hilfsmittel anwendet. Diese

Tatsache ist von praktischer Bedeutung für die Durchführung der geplanten Enzyklopädie.

Die Aufgabe der Aufstellung einer einheitlichen Sprache der Wissenschaft kann nur in enger Zusammenarbeit zwischen Fachwissenschaftlern und Logikern gelöst werden. Wir hoffen, Wissenschaftler zu finden, die zu solcher Zusammenarbeit bereit sind.

Über das Verfahren der Reduktion und seine Bedeutung für das Problem der empirischen Nachprüfbarkeit vgl. »Testability and Meaning«, erscheint 1936. 100

4.5 DIE ENZYKLOPÄDIE ALS »MODELL«
(1936)

Otto Neurath

Das Bestreben, ein System von absoluter Geltung erstellen zu wollen, ist eine Gefahr, die auch den logischen Empirismus bedroht. Daraus, daß man in manchen Einzelwissenschaften eine Theorie als ein System von Sätzen darstellen kann, folgt nicht, daß man berechtigt wäre, die Gesamtheit der Sätze, mit denen man zu tun haben könnte, auch nur annäherungsweise als Beginn eines endgültigen und vollständigen Systems aufzufassen. Ich schlage vor, den Terminus »das System der Wissenschaft« nicht mehr zu verwenden, ebensowenig wie ähnliche Ausdrücke, und auch alle Ausdrücke, die als Stützen des »Absolutismus des Systems« dienen, zu vermeiden.[1] Wir sollten niemals davon sprechen, daß bestimmte Formulierungen »unerschütterlich«, »endgültig vor Widerlegung gefeit« oder »absolut wahr« sind, und auch nicht mehr davon, daß sie sich mehr und mehr an einen solchen Zustand »annähern«, als ob dieser etwas Bestimmtes oder Bestimmbares wäre. Der Zweck der folgenden Seiten ist, zu zeigen, daß wir stets von unserer Alltagssprache ausgehen können, das heißt von gebräuchlichen Ausdrücken von mittlerer Allgemeinheit, und bei diesem Ausgangspunkt mit unserer wissenschaftlichen Arbeit einsetzen können. Alle Anstrengungen, die unternommen werden, um mehr Gewißheit zu erreichen, stoßen auf jene wohlbekannten Schwierigkeiten, die immer dann auftauchen,

---

[1] Es wäre lohnend, die Ideen von Neurath über das »System« mit den von Hugo Dingler in seinem Artikel »La Science de la méthode et le problème du système des sciences, in: *Revue de Synthese*, T. 8, No 1, April 1934, S. 5, entwickelten zu vergleichen (Anmerkung der Redaktion der *Revue de Synthèse*).

wenn man Ausdrücke wie »die wirkliche Welt« oder »das unmittelbar Gegebene« als Diskussionsbasis verwenden möchte.

Wir bleiben unserem Programm der »Entwicklung der allgemeinen empiristischen Einstellung« treu, indem wir uns bei all unseren Betrachtungen über die Wissenschaft stets auf die innerhalb einer bestimmten Menschengruppe zu einer bestimmten Zeit, etwa bei den Gelehrten der fraglichen Epoche, gebräuchlichen Aussagen beziehen. Zunächst aber sehen wir uns einer großen Menge von sehr ungenauen Aussagen gegenüber, zwischen denen auch wenig Zusammenhang besteht; wir sehen, daß es noch nicht gelungen ist, Systematisierungen von einer gewissen Breite zu erstellen, abgesehen von Einzelfällen, besonders in der Physik. (Das sind jene deduktiven Gebäude, die in sich geschlossen sind und die verkörpern, was man im allgemeinen ein *System* nennt.) Wollen wir der Gesamtheit der gebräuchlichen Aussagen einen Ausschnitt entnehmen, der den Charakter dieses Aggregats gut zum Ausdruck bringt, dann werden wir zur *Enzyklopädie als »Modell«* gelangen. Es ist unvermeidlich, daß diese präzise Aussagen und andere, die weniger präzis sind, enthält, sowie Gruppen von Aussagen, von denen die einen mehr, die anderen weniger kohärent sind.

Für den Vertreter der empiristischen Einstellung ist es absurd, von einem einzigen und totalen System der Wissenschaft zu sprechen. Er ist zu einer Auffassung von seiner Arbeit verpflichtet, nach der sie *innerhalb eines stets veränderlichen Rahmens, jenes einer Enzyklopädie,* auf die Präzisierung und Systematisierung hinsteuert. Was wir »Enzyklopädie« nennen, scheint uns nichts anderes zu sein als eine provisorische Ansammlung von Wissen; nicht etwas, das noch unvollständig ist, sondern die Gesamtheit des wissenschaftlichen Materials, das uns derzeit zur Verfügung steht. Die Zukunft wird neue Enzyklopädien hervorbringen, die vielleicht zu der unseren in Widerspruch stehen werden, aber wir sehen keinen Sinn darin, von der »abgeschlossenen Enzyklopädie« zu sprechen, die als »Standard« dienen könnte, um den Grad der Vollkommenheit der historisch gegebenen Enzyklopädien zu bewerten. Eine einzige und besonders ausgezeichnete Enzyklopädie ist keineswegs das Modell der Wissenschaft. Vielmehr haben wir es mit Enzyklopädien zu tun, von denen jede ein Modell der Wissenschaft ist und von denen wir eine in einer bestimmten Epoche anwenden. Die Wissenschaft schreitet von Enzyklopädie zu Enzyklopädie voran. Es ist diese Auffassung, die wir den *Enzyklopädismus* nennen.

Gewißheit

Wenn wir chemische, biologische oder soziologische Theorien erörtern, dann behandeln wir gewöhnlich ihre logisch-mathematischen Hilfsinstrumente als vorgegeben; letztere werden selbst nicht zur Diskussion gestellt. Dort ist das nur eine Form der Arbeitstechnik, und es soll nicht bedeuten, daß wir diese mathematischen Instrumente als endgültig gesichert auffassen. Wir können nicht einmal generell behaupten, daß wir die logisch-mathematischen Herleitungen in höherem Maß für gewiß halten als die Aussagen der Chemie, der Biologie oder der Soziologie. Wenn wir von einer Aussage sagen, daß sie in höherem Maß gewiß ist als eine andere, dann behaupten wir etwas über unser »Verhalten« in bezug auf sie; zum Beispiel: daß wir nicht daran denken würden, viel Zeit oder Anstrengung darauf zu verwenden, sie zu überprüfen; daß wir außerdem nicht erwarten, daß die Wissenschaftsentwicklung sie in der näheren Zukunft modifizieren würde – wir machen es uns, in anderen Worten, nicht zur Aufgabe, das zu tun, was dann notwendig wäre.

Wenn wir in den Einzelwissenschaften von logisch-mathematischen Deduktionen als Hilfsmittel Gebrauch machen, dann können wir nie wissen, ob wir nicht schon morgen – vielleicht sogar auf der Grundlage der Prinzipien, die wir heute anwenden – diese Hilfsmittel wesentlich verändern werden. Poincaré hat einmal bestimmte logisch-mathematische Thesen von Russell für unzulänglich erklärt, da eine Ähnlichkeit zwischen ihnen und dem Verhalten eines Schäfers bestand, der seine Herde gegen die Wölfe dadurch schützen wollte, daß er sie mit einem dichten Zaun umgab, ohne jedoch absolut sicher zu sein, daß er nicht

den Wolf im Pferch mit eingeschlossen hatte. Auf das hat Karl
Menger erwidert, daß der Mathematiker ohne Zweifel niemals
absolut gegen die Gefahr des Widerspruchs abgesichert ist und
daß er niemals wissen kann, ob er nicht den Wolf mit der Herde
aus Poincarés Parabel eingeschlossen hat, aber er hat hinzugefügt,
daß, wenn Poincaré den Mathematikern daraus einen Vorwurf
machen möchte, das nur daran liegt, daß er *von der Mathematik
eine Gewißheit verlangt, die nicht nur dem Ausmaß nach höher
ist, sondern auch von einer höherstehenden Art als jene, die
die anderen menschlichen Aktivitäten erreichen können.* Man
könnte auch der Vollständigkeit halber noch hinzufügen, daß
eine genauere Untersuchung vielleicht Lücken in der Umzäu-
nung des Schafspferches aufzeigen würde. Solche Gruppen von
Sätzen, die wir heute aufgrund bestimmter Erwägungen für widerspruchsfrei erklärt haben, können sich morgen sehr wohl zu
den Gruppen von widersprüchlichen Sätzen gesellen, und umgekehrt können bestimmte von uns heute beklagte Widersprüche
sich im Gefolge vertiefter Untersuchungen auflösen. Die »Ungenauigkeit« der Termini, vor der wir uns auch in den Einzelwissenschaften hüten müssen, steht hier nicht zur Diskussion.
Sie stellt eine zweite Quelle der Unbestimmtheit dar. Unsere
Terminologie ist, offen gestanden, für solche Erwägungen kaum
geeignet. Und selbst wenn wir im Prinzip dem Anspruch des
Relativismus Rechnung tragen, schleppen wir dennoch häufig
die herkömmliche absolutistische Terminologie mit uns mit, die
zum Beispiel der »wirklichen Welt« die »ideale Gesamtheit der
Sätze« und andere analoge Dinge entsprechen läßt.

Wenn wir im Rahmen unserer Enzyklopädie wissenschaftliche Theorien entwickeln, sind wir in der Lage anzugeben, durch
welche Beobachtungssätze bestimmte von ihnen ermöglichte
Vorhersagen »bewährt« werden, durch welche anderen sie im
Gegensatz dazu »erschüttert« werden. Durch die Wahl der Termini »Bewährung« und »Erschütterung« vermeiden wir von
vornherein den logischen Absolutismus, der sich hinter Redewendungen wie »Verifikation« oder »Falsifikation« (Feststellung
eines Fehlers) verbirgt. Man sehe hiezu Karl Popper. Denn ab-

gesehen vom »Absolutismus der Gewißheit« implizieren diese
103 Formulierungen auch einen »Absolutismus der Genauigkeit«.

Es gibt in den Einzelwissenschaften Formulierungen, die nicht
nur sehr gut die von uns erörterte Ungewißheit der logisch-mathematischen Entwicklungen aufzeigen, sondern die darüber hinaus von der *spezifischen Ungenauigkeit, die der Alltagssprache
eignet,* beeinträchtigt sind. Bestimmte neue Tatsachenaussagen
verändern die Bedeutung und den Gebrauch der herkömmlichen
Aussagen, mit denen sie verknüpft sind. Ausdrücke wie »der Niagarafall«, »der gestrige Kurs einer bestimmten Anleihe« oder
»der Dynamo in unserem Laboratorium« sind offensichtlich
hinreichend präzise, um in Aussagen wie »Zu diesem Zeitpunkt,
unter diesen und jenen Bedingungen, ist der Niagarafall gefroren,
ist der Kurs der Anleihe gefallen, hat sich der Dynamo beschleu-
nigt« vorzukommen; mit Hilfe solcher Ausdrücke kontrollieren
wir die aus bestimmten wissenschaftlichen Theorien abgeleiteten
Vorhersagen.

Die Theorien, mit ihren wissenschaftlichen Symbolen, müssen uns letztlich zu Sätzen führen, die man mittels Sätzen der
gewöhnlichen Sprache kontrollieren kann, zum Beispiel die folgenden Formeln: »Zeigt das Thermometer eine Temperatur von
soundsoviel Grad, dann gefrieren auch die großen Wasserfälle«,
»Wenn der Zinsfuß steigt, dann sinken die Wertpapierkurse«
usw. … Wir nennen diese Ausdrücke und Formeln der gewöhnlichen Sprache »Ballungen«, um sie von wissenschaftlichen Formeln zu unterscheiden. Vielleicht sollte man eine Reihe von
Zwischenstufen annehmen, die von den »Ballungen« zu den
»Formeln« geht. Was wir von einer »Ballung« verlangen, ist, daß
wir sie in Verbindung mit einer Theorie auf die eine oder andere
Art einer »Formel« entsprechen lassen können. Häufig haben
die »Ballung« und die »Formel« denselben Namen. Die Formeln
von gestern sind oft die Ballungen von heute. Hier verhält es sich
ebenso wie beim »Wasserstoffsuperoxyd«, das aus den Laboratorien der Chemie in die Frisiersalons übergewechselt ist.

Duhem hat ohne Zweifel etwas derartiges im Sinn, wenn er
von konkreten Fakten spricht (anstelle von Formeln der gewöhn-

lichen Sprache, oder von »Ballungen«, wie wir es nennen), um sie den abstrakten Symbolen der Wissenschaft gegenüberzustellen, eine Sprechweise, die unserer Ansicht nach nicht sehr adäquat ist.

Es ist ein hervorstechender Zug des Enzyklopädisten, daß er sich den Unterschied zwischen den »Ballungen« und den »wissenschaftlichen Formeln«, zwischen denen komplexe wechselseitige Verknüpfungen bestehen, stets vor Augen hält, ohne der Versuchung zu erliegen, als Modell der Masse der Sätze ein geschlossenes Formelsystem zu verwenden oder zumindest ein solches zu entwerfen.

Einheitswissenschaft

Und dennoch ist das Bemühen, »das Wissenschaftssystem« zu entwerfen, kein fruchtloses Unterfangen, nicht einmal im Rahmen des Enzyklopädismus. In jeder Einzeldisziplin streben wir nach Präzisierung und Systematisierung: Nehmen wir an, wir könnten aus einer bestimmten Theorie eine Gruppe von gesicherten Vorhersagen ableiten, und aus einer anderen Theorie eine andere Gruppe von gesicherten Vorhersagen; nun, dann würden wir es als einen wissenschaftlichen Fortschritt betrachten, gelänge es uns, eine dritte Theorie aufzustellen, aus der man beide Gruppen von Vorhersagen ableiten könnte. Die Wissenschaftsgeschichte lehrt uns, daß es nicht selten vorkommt, daß solche Bemühungen durch die spekulative Intuition gewaltig angeregt wurden. Es fehlt nicht an erstrangigen Metaphysikern, die großartige Synthesen versucht haben, deren kühne Anstöße noch lange weitergewirkt haben. Die Erfahrung zeigt, daß die Anstrengungen, die unternommen wurden, die Zerstückelung und Zersplitterung der verschiedenen Disziplinen zu verringern, nur dann eine Erfolgschance haben, wenn die Vertreter dieser Einzelwissenschaften gemeinsam an einer solchen Synthese arbeiten. Denn nur so vermeidet man sowohl die trostlose Kompilation, die Wissenschaft an Wissenschaft reiht, in der zufälligen Form, die ihnen die Geschichte verliehen hat, als auch jene vagen Allgemeinplätze, denen stets eine solide empirische Basis fehlt. Das angestrebte Ziel ist das folgende: »Die Einzelwissenschaften sollen in der Enzyklopädie durch direktes Aufzeigen konkreter Zusammenhänge aneinandergefügt werden und nicht indirekt dadurch, daß alle auf ein gemeinsames verschwommenes Begriffssystem bezogen werden.« (Philipp Frank: »Diskussionsbemerkung zur Enzyklopädie«, *Actes du Congrès international de Philosophie scientifique*, Bd. II: *Unité de la Science*, Paris 1936, S. 76.)

Das so konzipierte Programm der Einheitswissenschaft zielt nicht darauf ab, mittels einiger Adaptionen die herkömmlichen Wissenschaften in einem einzigen Gebäude zu erfassen, noch darauf, die allgemeinsten Sätze zu suchen, aus denen man die Einzelwissenschaften ableiten könnte. Wir betrachten vielmehr die Aussagen und Aussagengruppen, die wir definiert haben, als Rohmaterial, und unsere Bemühungen gehen dahin, sie miteinander so weitgehend wie möglich in Beziehung zu setzen. Es kommt häufig genug vor, daß man ein und dieselbe Frage in zwei verschiedenen Disziplinen auf zwei verschiedene Arten behandelt, weil sich die Disziplinen getrennt entwickelt haben, statt zu versuchen, eine Einheit der Darstellung zu entwickeln. Dieser Versuch setzt jedoch voraus, daß man sich über die Verwendung der verschiedenen verbalen Elemente vollkommen im klaren ist, nicht nur über die Bedeutung der wissenschaftlichen Formeln, sondern auch über jene der gewöhnlichen Sprache, von der wir uns nicht gänzlich lösen können. Das heißt, daß man sich gleichzeitig der *Logischen Syntax der Sprache* (das ist der Titel eines Werks von R. Carnap) und der *behavioristischen Erforschung der Tätigkeit des Wissenschaftlers* widmen muß. Die bereits unter verschiedenen Blickwinkeln untersuchte Verknüpfung, die die wissenschaftlichen Formeln mit den Formulierungen der gewöhnlichen Sprache verbindet, kann man im Rahmen des Modells »Enzyklopädie« wohl besser erörtern, als in jenem des Modells »System«, denn innerhalb des letzteren können die Alltagssätze (die »Ballungen«) nicht wirklich untergebracht werden. Die Enzyklopädie der Einheitswissenschaft wird also nicht danach streben, der Systembildung, so wichtig sie auch sein mag, eine bevorzugtere Stellung einzuräumen, als sie bereits in den verschiedenen Wissensbereichen einnimmt.

Stabilität

Im Rahmen der Enzyklopädie treffen wir Sätze an, die ein großes Ausmaß an Stabilität im Verlauf der Geschichte unter Beweis stellen, eine Beständigkeit, mit der wir auch für die Zukunft rechnen. Diese Sätze sind nun gerade jene so wenig präzisen Sätze der gewöhnlichen Sprache (die zum Teil von der Wissenschaft inspiriert worden sind). Zum Beispiel eine Stelle aus einer Chronik: »In diesem und jenem Jahr vor Christi Geburt ist ein Schiff die Wasser des Tiber stromaufwärts in Richtung Rom gefahren.« Die Termini dieses Satzes können heutzutage beinahe genausogut verwendet werden wie vor Jahrhunderten, obwohl die wissenschaftliche Entsprechung des Alltagsausdrucks »Wasser« heute ganz anders definiert wird, als vor einigen Jahrhunderten, und sogar anders als bis vor kurzem, da der Unterschied zwischen »schwerem« und »leichtem« Wasser nicht bekannt war. Die Termini der Wissenschaft haben sich wohl mehr an neue Theorien anzupassen als die »Ballungen«. Ostwald hatte nicht unrecht, wenn er sagte, daß es der Wissenschaft sehr zum Schaden gereicht, daß dieselben Wörter für die sehr unbestimmten Begriffe des Alltagslebens und für die wohldefinierten Begriffe der Wissenschaft verwendet werden. Die Termini der gewöhnlichen Sprache, wie »Wasser«, »Baum«, »Höhle« usw., sind ganz deutlich stabiler als die Termini der magischen, theologischen, metaphysischen, ja sogar der wissenschaftlichen Theorien, wie »Tabu«, »Nirwana«, »Ding an sich«, »kalorisch«.

Diese Beständigkeit erklärt, wie es kommt, daß Leute aus verschiedenen Epochen und verschiedenen ethnischen Gruppen sich derart gut über eine Unmenge von Angelegenheiten des Alltags verständigen können. Die Geschichten vom Bernstein, den man reibt, und von den kleinen tanzenden Holunderbeeren sind stabiler als die Betrachtungen über die Beschaffenheit des Äthers.

Und es sind genau die am wenigsten systematisierten Sätze, wie die Wendungen in einer Chronik, die mit besonderer Leichtigkeit von einer Ausgabe der Enzyklopädie in die nächste übernommen werden können, wenn sich auch in der Zwischenzeit der deduktive Apparat der Theorie und die verfügbaren wissenschaftlichen Termini gewaltig geändert haben mögen.

Diese Komplexe von so stabilen Sätzen sind allein kaum geeignet, neue Vorhersagen zu liefern. Ohne Zweifel werden die Formulierungen der Alltagssprache durch die herrschenden Doktrinen ständig ein wenig modifiziert: Magische, theologische, metaphysische und wissenschaftliche Doktrinen sowie bestimmte Gruppen von »Ballungen« werden im Lauf der Zeit ausgeschieden. Aber was bestehen bleibt, ist noch immer sehr beachtlich, wie die Lektüre der alten Epen, von Inschriften usw. auf den ersten Blick zeigt.

Unser ganzes Leben besteht aus zwei gegenläufigen Bewegungen: Einerseits sind wir bestrebt, stets neue Konzeptionen zu erwerben und jene, die uns die Tradition belassen hat, zu modifizieren; aber andererseits sind wir genötigt, die herkömmlichen Aussagen als Ausgangspunkt zu nehmen. Wir können nie reinen Tisch machen, um auf diesem Tisch, wenn ich es so ausdrücken kann, ein neues Leben zu beginnen.

Diese historisch gegebene Stabilität, von der ich gesprochen habe, verleitet sehr viele Leute zu metaphysischen Spekulationen über »über-empirische Axiome«, die »vor aller Erfahrung« gegeben seien, und ähnliche Dinge. Helmholtz, der derartige Spekulationen zurückwies, neigte dennoch dem erwähnten Standpunkt zu, wenn er – zweifellos ein wenig leichtfertig – sagte: »Es empfiehlt sich, in der Prüfung der Beweisgründe gegen Sätze von alter Autorität um so strenger zu sein, je länger dieselben sich bisher in der Erfahrung vieler Generationen als tatsächlich richtig erwiesen haben« (*Die Tatsachen in der Wahrnehmung,* Berlin 1879, S. 59).

Die Alltagssprache (oder genauer, die Alltagssprachen) umfaßt gewissermaßen die ganze uns bekannte menschliche Natur. Die Idee, von gewöhnlichen Aussagen über das Feld der Beobachtungen auszugehen, ist in gewissem Sinne die Durchführung des von Avenarius formulierten Programms: den »natürlichen Weltbegriff« als Ausgangspunkt zu wählen, das heißt, »den allgemeinen Weltbegriff der zur Aussage befähigten Menschen« (*Der menschliche Weltbegriff*, Leipzig 1891, S. 4 und 5). Nach ihm wird diese Weltauffassung einerseits von »Psychosen«, andererseits von »Philosophien« verändert. Hier haben wir eine empiristische, ja sogar eine »behavioristische« Position. Derzeit stehen wir vor dem Problem, wie man sie mit der logischen Analyse verbinden kann (vgl. Arne Naess, *Erkenntnis und wissenschaftliches Verhalten*, Oslo 1936). Die Untersuchung dieses Problems, das beim Ersten Internationalen Kongreß für Einheit der Wissenschaft abermals erörtert wurde (*Congrès international de philosophie scientifique*, Paris 1935) erscheint umso dringender, als die Analyse der »formalisierten« Sprachen sehr rasche Fortschritte macht (vgl. die Arbeiten von Carnap, Tarski und anderen).

105

Die Masse der relativ stabilen Alltagsaussagen, *zu denen auch alle Beobachtungsaussagen der Laboratorien gehören*, also alles, was man gewöhnlich die »experimentellen Daten« nennt, bilden den Ausgangspunkt der wissenschaftlichen Theorien, die mit ihrer Hilfe zu Vorhersagen gelangen, die wiederum durch diese Alltagsaussagen überprüft werden. Gerade die Tatsache, daß die relativ große Stabilität der Alltagssätze nicht mit einer Genauigkeit einhergeht, die jener der wissenschaftlichen Formeln gleichkommt, ist ohne Zweifel ein Ansporn, Forschungen fortzusetzen, wie jene, die von Mach, Poincaré, Duhem, Abel Rey und Russell zu einer Zeit, als man noch nicht über die gegenwärtigen Hilfsmittel der logisch-wissenschaftlichen Analyse verfügte, initiiert worden waren.

Protokollsätze

Die Tatsachenaussagen, mit deren Hilfe wir die Vorhersagen überprüfen, werden in der Alltagssprache formuliert. *Wir erhöhen die Stabilität unserer Kontrollaussagen, wenn wir uns letzt-*

lich auf »Beobachtungssätze« stützen. Angenommen, wir sagen: »Das Thermometer zeigte einige Grade unter Null an«; auf die Frage »Woher wißt ihr das?« können wir antworten: »Wir haben es gesehen.« Wir können diese Beobachtungsaussagen derart formulieren, daß sie gänzlich mit der Grammatik der anderen Tatsachenaussagen übereinstimmen. Wir brauchen keine besondere »phänomenale« Sprache, sondern wir finden – wie an anderer Stelle gezeigt wurde – in der »physikalischen« Sprache alles, was wir benötigen.[2] Der Wortlaut eines dieser Beobachtungssätze oder »Protokollsätze« könnte etwa folgender sein: »Karls Protokoll um 9 Uhr 14, an einem bestimmten Ort (zum Beispiel in seinem Arbeitszimmer): Karls Formulierung um 9 Uhr 13 war: Um 9 Uhr 12 Minuten 59 Sekunden war im Zimmer ein Tisch, der von Karl gesehen wurde.« Dieser komplizierte Ausdruck kann unter Umständen vereinfacht werden. Worauf es ankommt ist, daß in ihm keine anderen als physikalische Termini vorkommen, und vor allem das »Verhalten« von Karl.

Wenn man diesen Protokollsatz der Enzyklopädie eingliedert, und darüber hinaus den folgenden Satz: »Karls Formulierung war: Im Zimmer war ein von Karl gesehener Tisch«, sowie diesen: »Im Zimmer war ein von Karl gesehener Tisch«, und wenn letzterer impliziert »Im Zimmer war ein Tisch«, dann nennen wir diesen Protokollsatz einen »Wirklichkeitssatz«. Wenn jedoch im Gegensatz dazu der Protokollsatz gültig war, ebenso wie jener, der die Formulierung enthält, nicht jedoch der Satz »Im Zimmer war ein Tisch«, dann könnte man von einem »Halluzinationssatz« oder von einem »Traumsatz« usw. sprechen. Wenn man sich damit begnügt, die Protokollsätze in der obigen Form zu formulieren, dann erhält man Sätze von einer besonders hohen Stabilität: Weil man dann zum Beispiel die Sätze einschließt, die aus einer Kultur herrühren, in der zwischen Traumsätzen und Wirklichkeitssätzen noch nicht unterschieden wird.

106

---

[2] Zum Physikalismus siehe die Bibliographie am Ende dieses Artikels sowie die Artikel von M. Schlick, C. G. Hempel und R. Carnap, in: *Revue de Synthèse*, Tome 10, No. 1, April 1935.

107

Derart kann man auch heute noch den folgenden Satz aufrechterhalten: »Die Menschen des 16. Jahrhunderts sahen feurige Schwerter am Himmel«; während man den Satz »Im 16. Jahrhundert gab es feurige Schwerter am Himmel« zurückweisen würde. Wenn man sich aber auf diese Sätze von besonders hoher Stabilität beschränken müßte, dann fiele die Enzyklopädie sehr ärmlich aus, was sie auch wäre, ließe man die wissenschaftlichen Theorien und Hypothesen, deren Stabilität für gewöhnlich geringer ist, beiseite. Ausfindig zu machen, welche Elemente der Enzyklopädie besonders stabil sind, ist für das wissenschaftliche Denken von großer Bedeutung. Es folgt daraus nicht, daß man jene Elemente der Wissenschaft, die weniger stabil sind, in Mißkredit bringen sollte. Auguste Comte ist in seiner *Philosophie positive* mit seiner extremen Abneigung gegen Hypothesen viel zu weit gegangen. Übrigens war er nicht vollkommen konsequent, da er die Atomtheorie zuließ. Wir finden eine ähnliche Einstellung bei Mach, der allen zeitgenössischen Atomtheorien mit Skepsis gegenüberstand, selbst Einsteins Relativitätstheorie, zu deren Grundlegung er doch beigetragen hatte. Vielleicht rührt die übertriebene Vorsicht von Comte und Mach daher, daß man zu ihrer Zeit noch nicht über logische Instrumente verfügte, die es ermöglichten, sich in der furchtbaren Konfusion von mehr und weniger stabilen Sätzen, von mehr oder weniger unbestimmten Formeln zurechtzufinden. Was uns betrifft, können wir mit größerem Selbstvertrauen neue wissenschaftliche Wege beschreiten, wenn wir uns nur darüber klargeworden sind, wie man mit Formulierungen verfahren muß, die offensichtlich ungenau, mehrdeutig und unbestimmt sind. Dann können wir in den Theorien auch wissenschaftliche Ausdrücke verwenden, die in den Alltagssätzen nicht vorkommen, aber mittels derer man Sätze formulieren kann, die mit überprüfbaren Vorhersagen koordiniert werden können.

Die Protokollsätze sind Sätze von mittlerer Komplexität und Unbestimmtheit, wie jene, die uns aus der Alltagssprache vertraut sind. Sie entsprechen also in keiner Weise der Idealvorstellung vieler Leute, »atomare Sätze« zur Verfügung zu haben, um mit ihnen »molekulare Sätze« zusammenzusetzen, deren man sich im gewöhnlichen Leben und in der Wissenschaft tatsächlich bedient. Wir verfolgen einen ganz anderen Weg, da wir die empirisch gegebenen Beobachtungssätze ein wenig zurechtrichten, ohne allerdings bis zu einer »Formalisierung« der Alltagssprache zu gehen.

Es sind genau die Protokollsätze und ihre Funktion, wissenschaftliche Theorien im Rahmen einer empiristisch ausgerichteten Enzyklopädie zu überprüfen, mit denen wir uns gänzlich von den Formeln der Systeme entfernen, die man sich häufig als Paradigmen der Wissenschaft im allgemeinen vorstellt. Wir sehen, wie komplex die Abhängigkeit der Formulierung jedes Protokollsatzes von den Formulierungen der anderen Protokollsätze und der wissenschaftlichen Doktrinen ist, ohne diese Abhängigkeit jedesmal im Detail des Einzelfalles zeigen zu können. Daran hindert uns zuallererst die Tatsache, daß wir diese Analyse mit eben denselben Mitteln der Alltagssprache durchführen müssen, ohne von der technischen Klarheit der formalisierten Alltagssprachen profitieren zu können.

Systematisierung

Wir haben bereits eingangs darauf hingewiesen, daß wir nicht akzeptieren, daß das »Modell« unseres Wissens in seiner Gesamtheit das *System* sein soll, das heißt der Versuch, einen absoluten Punkt zu erreichen, von dem aus die einzelnen Dinge in irgendeiner Weise ihren Ausgang nehmen sollen. Wir haben gezeigt, daß wir nicht allen Formulierungen dieselbe Strenge geben können und daß innerhalb der umfangreichen, ziemlich schlecht verknüpften Masse der Sätze die wissenschaftlichen Systeme gleichsam kleine Inseln bilden, die wir zu vergrößern versuchen müssen. Doch unsere Kritik des Systems als Modell verlangt einen sehr intensiven Arbeitsaufwand – im Sinne des »Szientismus«, der sich seit Saint-Simon, Comte, Cournot und anderen immer bewußter entwickelt hat – um in der Wissenschaft eine neue

Ordnung und Systematik einzurichten, die, ohne voreilig nach einer universellen Klarheit zu streben, ihren Ausgangspunkt in der Masse der gegebenen Sätze findet. Unser Programm ist das folgende: Kein System von oben, aber eine Systematisierung, die von unten ihren Ausgang nimmt.

Zu diesem Zweck müssen wir bestimmte Instrumente verwenden, die im Laufe der wissenschaftlichen Tätigkeit entstanden sind. Darunter die Vereinheitlichung der Terminologie, d.h., man bemüht sich, jeden Terminus, der in mehreren Einzelwissenschaften vorkommt, immer auf dieselbe Weise zu verwenden. Das Wort »Mensch«, das verknüpft ist mit der Eigenschaft »Urteile auszusprechen«, muß ebenso definiert werden wie das Wort »Mensch« in Sätzen, die Wörter wie »wirtschaftliche Organisation« oder das »Wiegen« usw. enthalten. Mit demselben Terminus »Mensch« können wir die folgenden Sätze formulieren. »Der Arzt behandelt diesen Menschen«; »Dieser Mensch ist von seinem Trainer gewogen worden«; »Dieser Mensch steht bewundernd vor dem Parthenon«. Wenn ein Mensch *A* über sich selbst sagt: »*A* ist wütend«, und ein Mensch *B* erwidert: »*A* ist nicht wütend«, gehen wir sofort an die Überprüfung dieses Widerspruches, ohne daß es notwendig wäre zu erklären, daß *A* – den man in der Aussage von *A psychisches* Subjekt nennt – von *A* zu unterscheiden ist – den man in der Aussage von *B physischen* Gegenstand nennt –, und ohne daß wir uns die Mühe nehmen, sie ausdrücklich zu identifizieren (vgl. die Artikel von Carnap und von Hempel in der *Revue de Synthèse*, T. 10 [1935], S. 27 und S. 43). Ebensowenig sprechen wir von einer bestimmten Kugel *A* (berührt) und einer Kugel *A* (gesehen), um dann zu erklären, daß es sich um ein und dieselbe Kugel handelt. In diesen und ähnlichen Fällen ziehen wir es vor, mit einer einzigen, bewährten Terminologie zu arbeiten und die Unterscheidung durch die Situation selbst anzeigen zu lassen. Wenn man beginnen wollte, die »Vereinheitlichungen« unserer Alltagssprache aufzulösen, würde dies allgemeine Verwirrung hervorrufen, denn unsere Alltagssprache beruht eben auf diesen »Vereinheitlichungen«.

Als Beispiel die drei folgenden Fälle: *A* sagt, daß »*A* wütend ist«, weil er sich im Spiegel betrachtet oder seinen Puls befühlt hat – *A* sagt, daß »*A* wütend ist«, ohne sich im Spiegel betrachtet, noch seinen Puls befühlt zu haben – *B* sagt, daß »*A* wütend ist«, weil er das Verhalten von *A* beobachtet hat. Wenn wir diese drei Fälle grammatikalisch auf dieselbe Weise behandeln, so sehen wir davon ab, die grundlegende Unterscheidung zwischen der sogenannten »inneren« und »äußeren« Wahrnehmung zu treffen. Wir haben keinen Grund, die »innere« Wahrnehmung gesondert zu betrachten und zu bevorzugen, wir haben aber auch keinen Grund, davon abzusehen, wie es zahlreiche Behavioristen getan haben, die in diesem Punkt konsequenter waren als Comte, der zwar Bedenken hatte, an seine eigenen Gedanken und Vorstellungen zu glauben, nicht aber an seine Emotionen. In diesem letzten Fall konnte der Mensch sich in Beobachter und Beobachtetes aufspalten, was im ersten Fall nicht möglich war. Da Comte im Grunde nur die Beobachtung »nach draußen« zuließ, schränkte er das Feld des Behaviorismus mehr ein, als uns nötig scheint. Außerdem bestand er auf der Tatsache, daß die Biologie ebenso wie die Physik Gesetze und *Vorhersagen* suche, und folglich auch der Teil der Biologie, den wir als Ersatz der Psychologie betrachten können. Bezieht man diesen Standpunkt der »Prognostizierung«, so könnte man sagen, daß man keine gültige Vorhersage über das Verhalten eines Menschen treffen kann, wenn man nur seine Erklärungen über seine »innere Wahrnehmung«, über die »Welt seiner Vorstellungen und Gefühle« kennt. Die auf andere Weise zu bestimmenden Daten über sein Verhalten sind sicherlich wichtig, wenn man eine sichere Vorhersage treffen will. Was nun die Frage betrifft, ob man, wenn man auf die »Introspektion« verzichtet, ebenso umfassende Vorhersagen treffen kann, wie wenn man sie berücksichtigt, so ist das eine reine Tatsachenfrage, die für unser Bemühen um Systematisierung von keiner besonderen Bedeutung ist.

Unsere These ist nur, daß man mit den einfachen Mitteln einer primitiven Alltagssprache – ähnlich der Kindersprache – so weit wie möglich gehen muß und nicht eher als notwendig subtile

Betrachtungen über diesen so wenig subtilen Gegenstand anstellen soll. Wir möchten durch diese Bemerkung aber keinesfalls gegen die spezielle experimentelle Forschung opponieren, die sich mit den Problemen beschäftigt, die wir »Probleme der Wahrnehmung« nennen und wo sich die Disjunktion bestimmter gebräuchlicher Formeln über die »Sinne« sicher als nützlich erweist und wahrscheinlich auch einen Einfluß auf die allgemeinen Betrachtungen, die wir hier anstellen, haben kann (vgl. Rubin, Tranekjaer-Rasmussen und andere). Gerade Forschungen dieser Art sowie Forschungen, die auf der Linie des Behaviorismus (Tolman, Brunswik usw.) liegen, können für die heiklen Studien über den Behaviorismus der Wissenschaft von großem Nutzen sein. 109

Von höchster Bedeutung ist auch noch die Verbindung der Disziplinen untereinander durch die Herstellung von »Querverbindungen«, die man entweder durch eine logisch-wissenschaftliche Analyse bereits bestehender Formeln in den Einzelwissenschaften erhält oder durch besondere Untersuchungen herstellen muß. Man denke nur an die fortschreitende Annäherung von Chemie und Physik. Ein besonders aktuelles Problem besteht darin herauszufinden, in welchem Ausmaß die Biologie und die Physik unter einem einzigen Blickwinkel dargestellt werden können, in welchem Ausmaß Sätze der Biologie, abgesehen von der Vereinheitlichung des Vokabulars (Rückführung der biologischen Termini auf Termini der Physik, vgl. Carnap), auch auf Sätze der 110 Physik zurückgeführt werden können.

Die Herstellung von Querverbindungen steht in engem Zusammenhang mit der Frage einer einheitlichen Terminologie, mit der Schaffung eines »Universalslangs«, der sowohl die Alltagstermini wie auch die wissenschaftlichen Formeln und verschiedenen Fachsprachen umfaßt, die man entweder verbinden oder aufeinander zurückführen kann. Dieses konkrete Problem unserer gegenwärtigen Wissenschaft führt uns zu allgemeinen Betrachtungen über die Zahl der möglichen verschiedenen Fachsprachen (vgl. Ajdukiewicz), eine Frage, die von einem bestimm- 111 ten Standpunkt aus von tatsächlichem Interesse ist und über die man sehr wohl diskutieren kann.

Die Einheit der logischen Instrumente ist heute viel größer als je zuvor. So scheint der Begriff der Wahrscheinlichkeit in allen Bereichen der Einzelwissenschaften von gleicher Art zu sein, und das trifft auch auf die Anwendung des Begriffes »Typus« zu (vgl. Hempel und Oppenheim), der nicht nur eine begriffliche Ordnungs- und Klassifikationsleistung ist, sondern auch die Elemente zur Formulierung von Gesetzen beistellt.

Ohne von der traditionellen Alltagssprache abzugehen, kann man häufig bereits Regelmäßigkeiten und grobe Gesetzmäßigkeiten formulieren. Der Mangel an Präzision, der der Alltagssprache anhaftet, trägt, wie wir gesehen haben, dazu bei, ihre Verwendung auszuweiten. Sie formuliert die ursprünglichen Ergebnisse der Erfahrungen, die im Alltagsleben immer wieder gemacht werden; darum ist sie so allgemein anwendbar. Unsere täglichen Verrichtungen, unsere Werkzeuge spiegeln den Zustand jener Wissenschaft wider, auf der die Alltagssprache beruht. Es ist hier angebracht, sich an das Wort von J. F. Brown zu erinnern: »The instrument represents the law in action« (»A methodological consideration of the problem of psychometrics«, *Erkenntnis* 4 [1934], S. 46–63).

Wenn wir die relative Einheit der Alltagssprache hervorheben, dann übersehen wir dabei nicht, daß es in bestimmten Ländern und in bestimmten Epochen in der Alltagssprache selbst noch viele unaufgelöste Gegensätze gibt, die innig mit magischen, theologischen und metaphysischen Glaubenssystemen verknüpft sind (vgl. Rougier und andere, beim *Congrès international de Philosophie scientifique*, Paris 1935, und die Werke von L. Lévy-Bruhl). Doch man kann diese Gegensätze beträchtlich reduzieren, und es bleibt noch immer ein Bestand an gemeinsamem Material.

Auf dieser gemeinsamen Basis der Alltagssprache hat sich also das ganze Durcheinander der Wissenschaft gebildet, etwas, was uns nur die Geschichte verständlich machen kann. Welche Vielfalt von »Zergliederungen«, welcher Reichtum von Differenzierungen! Nur Schritt für Schritt beginnt man, Einheit zwischen den Einzelwissenschaften herzustellen, ein Anfang, den wir als

»notwendigen Prolog zur Vereinheitlichung der Wissenschaft« betrachten können (Marcel Boll, *La science et l'esprit positif chez les penseurs contemporains*, Paris 1921, S. 83). Daß sich dieser Prozeß der Vereinheitlichung sozusagen in alle Rangstufen der wissenschaftlichen Formulierung fortsetzen muß und daß darüber hinaus nur *kollektive Arbeit* dieses Werk der *Synthese* – das jenem, das Henri Berr, Abel Rey und andere gefördert haben, ähnelt – möglich macht, das ist genau das, was wir hier zu zeigen versuchen.

Enzyklopädie

Stellen wir uns eine Enzyklopädie vor, die das »Modell« unseres Wissens in seiner Gesamtheit wäre. Wenn wir vom herkömmlichen Wunsch absehen, uns unser Ideal als einheitliches System vorzustellen, das frei von inneren Widersprüchen auf den sichersten Grundlagen aufgebaut ist, können wir, wie wir bereits erläutert haben, die Masse der gebräuchlichen Aussagen als Ausgangspunkt unserer Betrachtungen nehmen. Eine Enzyklopädie, die keinen wesentlichen Zug unseres Wissens weglassen will, müßte auch Sätze beinhalten, von denen wir sagen, daß sie miteinander in Widerspruch stehen. Wir wissen, wie oft in der Geschichte der Wissenschaften zwei unvereinbare Theorien gleichzeitig verwendet wurden. Die eine liefert gute Vorhersagen in einem bestimmten Bereich, die andere in einem anderen. Wir bemühen uns dann, diese Theorien durch andere, miteinander vereinbare, zu ersetzen.

Eine Modell-Enzyklopädie, die keinen Widerspruch enthält, ließe uns bestimmte Eigenheiten in der Gesamtheit unseres Wissens bemerken. Offensichtlich gibt es mehr als eine von inneren Widersprüchen freie Enzyklopädie, die unsere wissenschaftlichen Ansprüche zufriedenstellen kann. Wir haben kein Mittel zur Verfügung, um aus logischen Gründen eine Enzyklopädie über alle anderen zu stellen und als »die Enzyklopädie« zu bezeichnen. Es ist die Lebenspraxis, die uns eine bestimmte Enzyklopädie aufzwingt. Da viele Menschen nötig sind, um das gesamte Wissen einer Epoche zu verkörpern, ist es verständlich, daß durch sukzessive Assimilierungen und Ablehnungen im großen und ganzen eine einheitliche Denkweise entsteht. Abweichungen kommen nur in ziemlich begrenzter Zahl vor. Die Kräfte einer ganzen Generation von Gelehrten reichen kaum aus, um alle Konsequenzen einer einzigen Theorie aufzudecken. Meistens stirbt eine Theorie, bevor sie völlig ausgeschöpft ist. In der Praxis kommt es kaum vor, daß sehr unterschiedliche konkurrierende Auffassungen einander einen Kampf großen Stils liefern, indem sie ihre jeweiligen Ergebnisse gegenüberstellen.

Stellen wir uns vor, daß wir zwischen mehreren fertiggestellten Enzyklopädien wählen müssen, die zueinander im Gegensatz stehen: Sehr unterschiedliche Faktoren können unsere Entscheidung beeinflussen. Man kann zum Beispiel annehmen, daß eine der Enzyklopädien einen bestimmten begrenzten Bereich besonders entwickelt, während sie von ihrer Struktur her weniger günstig für die Entwicklung anderer Bereiche ist. Eine andere Enzyklopädie wäre nach unserer Hypothese im Gegensatz dazu durch die gleichmäßige, einheitliche Bearbeitung aller Disziplinen gekennzeichnet, man dürfte aber nicht die technische Perfektion erwarten, die uns die erste zu versprechen scheint. Da wir keine spezielle Theorie über die Bedeutung dieser Möglichkeiten für den Fortschritt der Wissenschaften oder des Lebens im allgemeinen besitzen, oder da wir diesen beiden Enzyklopädien vom Standpunkt dieser Theorie keinen Rang zuweisen können, müssen wir selbst als »Prüfstein« dienen und uns für die eine oder die andere entscheiden. Es ist eine einfache Tatsachenfrage, ob jemals jemand über eine Theorie verfügen wird, durch die man in gewissem Ausmaß das Verhalten von Leuten, die eine solche Entscheidung treffen müssen, vorhersagen kann.

Die Enzyklopädie, die wir befürworten, die Enzyklopädie, die wir verwenden, ist etwas historisch Gewordenes, dem kein »außerhistorisches« Ideal gegenübergestellt werden kann. Gemäß unserer Auffassung bemühen wir uns, diese Enzyklopädie mit der größtmöglichen logischen Kohärenz auszustatten, sie im empiristischen Geist eines radikalen Physikalismus aufzubauen, soweit dies gelingen mag, und sie die größtmögliche Anzahl an Disziplinen umfassen zu lassen, indem man auch Sätze in sie eingliedert, die bis dahin isoliert geblieben sind, obwohl sie ständig gebraucht werden. Dieses Programm knüpft an den Panlogismus eines Leibniz, an den Empirismus eines Hume und die Gesamtwissenschaft eines Comte an. Aber wir versuchen uns der metaphysischen Spekulationen, die diesen drei Haltungen anhafteten, zu enthalten.

Jenen, die in einer Sprache, die uns fremd ist, von der Idee des wahren Weltsystems sprechen, muß dieser grundlegende Enzyklopädismus als armseliger Verzicht, als Skeptizismus erscheinen; während wir ihn als Ausdruck einer aktivistischen Einstellung auffassen, die man in gleicher Weise auch anderswo findet. Von der Situation ausgehend, in der wir leben und handeln, gehen wir so weit, wie wir können. Und wir glauben nicht, daß man Handlungen durch Träumereien ersetzen kann. Viele Dinge können sich in ein harmonisches Ganzes einfügen, andere sträuben sich dagegen, werden aber vielleicht weiter vorangetrieben, sofern sie es nicht sind. Wir haben hier eine Einstellung, die jener des originellen Werks von Jules Romains *Les hommes de bonne volonté* analog ist. Wir begegnen dort mehreren Schicksalen, von denen die einen sich verbinden, die anderen sich trennen und auseinanderbrechen: Ein unerträgliches Schauspiel für jenen Schriftsteller, der die strenge Deduktion und die konsequente Entwicklung der Einzelschicksale liebt. Die Schriftsteller können zwischen der einen und der anderen Erzählmethode wählen, aber wir Enzyklopädisten können das nicht, da das gesamte Wissen unserer Zeit etwas Gegebenes ist. Wir haben keine Wahl zwischen etwas, das uns als Aneinanderreihung von unüberprüfbaren Termini und absolutistischen Formeln erscheint – metaphysische Poesie und Träumerei –, und etwas, von dem wir meinen, daß es Teil des aktiven Lebens ist. Es kann ohne Zweifel geschehen, daß unser Versuch nach einiger Zeit von uns selbst verworfen wird – das ist noch eine Möglichkeit, die wir uns vor Augen halten müssen. Doch trotz allem wird vielleicht die kommende Generation, besser als jene, die dem Götzen eines absoluten Systems verhaftet blieb, die Kraft haben, mit Begeisterung und Erfolg auf dem Feld der Einheitswissenschaft zu arbeiten.

So ist die Enzyklopädie für uns eben das Gebiet, wo Wissenschaft lebt. Die Vertreter des logischen Empirismus setzen in gewisser Weise jenes Werk fort, das d'Alembert, mit seiner Abneigung gegen Systeme, initiiert hat. Aber sie sind, viel bewußter und in gewissem Sinn viel strenger als ihre großen Vorgänger, »Enzyklopädisten«. Die Enzyklopädie kann so zum Symbol einer entwickelten wissenschaftlichen Kooperation werden und zum Symbol *der Einheit der Wissenschaften und der Brüderlichkeit zwischen den neuen Enzyklopädisten.*

LITERATUR

Otto Neurath:
1. »Physikalismus«, *Scientia* 50 (November 1931), S. 297–303.
2. *Empirische Soziologie,* Wien 1931.
3. »Protokollsätze«, *Erkenntnis* 3 (1932), S. 204–214; in diesem Band, S. 399–411.
4. *Einheitswissenschaft und Psychologie,* Wien 1933.
5. »Radikaler Physikalismus und ›wirkliche Welt‹«, in: *Erkenntnis* 4 (1934), S. 346–362.
6. *Le developpement du Cercle de Vienne el l'avenir de l'empirisme logique,* Paris 1935.
7. *Congrès International de Philosophie Scientifique,* Paris 1935, Paris 1936. Fascicule I, »Einzelwissenschaft, Einheitswissenschaft, Pseudorationalismus«. – Fascicule II, »Mensch und Gesellschaft in der Wissenschaft« [in diesem Band, S. 620–629] – id. »Une Encyclopédie internationale de la science unitaire«.

Übersetzt von Brigitte Treschmitzer und Hans Georg Zilian.

V. ZUM BASISPROBLEM DER EMPIRISCHEN WISSENSCHAFTEN (PROTOKOLLSATZDEBATTE)

5.1 PROTOKOLLSÄTZE[1]
(1932)

Otto Neurath

Im Interesse der Forschung werden in der Einheitssprache der Einheitswissenschaft immer mehr Formulierungen in wachsendem Maße präzisiert. Kein Terminus der Einheitswissenschaft ist aber von Unpräzision frei, da ja alle Termini auf Termini zurückgeführt werden, welche für *Protokollsätze* wesentlich sind, deren Unpräzision doch jedem sofort in die Augen springt.

Die Fiktion einer aus *sauberen Atomsätzen* aufgebauten *idealen Sprache* ist ebenso metaphysisch wie die Fiktion des Laplaceschen Geistes. Man kann nicht die immer mehr mit systematischen Symbolgebilden ausgestattete wissenschaftliche Sprache etwa als eine Annäherung an eine solche Idealsprache auffassen. Der Satz »Otto beobachtet einen zornigen Menschen« ist unpräziser als der Satz: »Otto beobachtet einen Thermometerstand von 24 Grad«, sofern man »zorniger Mensch« weniger genau definieren kann, als »Thermometerstand von 24 Grad«; aber »Otto« selbst ist in vieler Richtung ein unpräzisierter Terminus, der Satz »Otto beobachtet« wird ersetzt werden können durch den Satz »Der Mensch, dessen sorgsam aufgenommenes Photo in der Kartothek am Platz 16 liegt, beobachtet«, womit aber der Terminus »Photo in der Kartothek am Platz 16« noch nicht ersetzt

---

[1] Bemerkungen zu Rudolf Carnaps Aufsatz: »Die physikalische Sprache als Universalsprache der Wissenschaft«, in: *Erkenntnis* 2 (1932), S. 432–465, in diesem Band, S. 315–353. Da mit Carnap weitgehende Übereinstimmung besteht, wird an seine Terminologie angeknüpft. Um nicht schon Gesagtes zu wiederholen, sei verwiesen auf: Otto Neurath, »Physikalismus«, in: *Scientia* 50 (1931), S. 297–305; Otto Neurath, »Soziologie im Physikalismus«, in: *Erkenntnis* 2 (1932), S. 393–431, in diesem Band, S. 269–314.

ist durch ein System mathematischer Formeln, das eindeutig zugeordnet ist einem anderen System mathematischer Formeln, das an die Stelle von »Otto«, von »zornigem Otto«, »freundlichem Otto« usw. tritt.

Gegeben ist uns zunächst unsere *historische Trivialsprache* mit einer Fülle unpräziser, unanalysierter Termini (»Ballungen«).

Wir beginnen damit, diese Trivialsprache von metaphysischen Bestandteilen zu reinigen, und gelangen so zur *physikalistischen Trivialsprache.* Eine Liste der verbotenen Wörter kann uns dabei in der Praxis sehr dienlich sein.

Daneben gibt es die *physikalistische hochwissenschaftliche Sprache,* die wir von vornherein metaphysikfrei anlegen können. Wir verfügen über sie nur für bestimmte Wissenschaften, ja Teile von Wissenschaften.

Will man die Einheitswissenschaft unseres Zeitalters zusammenfassen, müssen wir Termini der Trivialsprache und der hochwissenschaftlichen Sprache verbinden, da sich in der Praxis die Termini beider Sprachen überschneiden. Es gibt gewisse Termini, die nur in der Trivialsprache verwendet werden, andere, die nur in der hochwissenschaftlichen vorkommen, und schließlich Termini, die in beiden auftreten. In einer wissenschaftlichen Abhandlung, die das *gesamte Gebiet der Einheitswissenschaft* berührt, kann man daher nur einen »Slang« verwenden, der Termini beider Sprachen umfaßt.

Wir erwarten, daß man jedes Wort der physikalistischen Trivialsprache durch Termini der hochwissenschaftlichen Sprache wird ersetzen können – so wie man auch die Termini der hochwissenschaftlichen Sprache mit Hilfe der Termini der Trivialsprache formulieren kann. Letzteres ist uns nur sehr ungewohnt und manchmal nicht leicht, *Einstein* ist mit den Mitteln der Bantusprache irgendwie ausdrückbar, aber *nicht Heidegger,* es sei denn, daß man an das Deutsche angepaßte Mißbräuche einführt. Ein Physiker muß die Forderung eines geistvollen Denkers grundsätzlich erfüllen können: »Jede streng wissenschaftliche Lehre muß man in ihren Grundzügen einem Droschkenkutscher in seiner Sprache verständlich machen können.«

Die hochwissenschaftliche und die Trivialsprache stimmen heute vor allem im Gebiet des Ziffernrechnens überein. Aber selbst die Formulierung »2 mal 2 gleich 4« – eine *Tautologie* – wird im System des radikalen Physikalismus mit Protokollsätzen verknüpft. Tautologien werden durch Sätze definiert, die berichten, wie Tautologien als Zusatzreize bei bestimmten Befehlen unter bestimmten Bedingungen eingeschaltet wirken: »Otto sagt zu Karl: geh hinaus, wenn die Fahne weht *und* wenn 2 mal 2 gleich 4 ist.« Durch den Zusatz der Tautologie wird die Wirkung des Befehls nicht geändert.

Wir können selbst auf dem Boden strengster Wissenschaftlichkeit in der Einheitswissenschaft nur einen »Universalslang« verwenden. Da vorläufig über ihn keine Einigung besteht, muß jeder Gelehrte, der sich diesen Problemen zuwendet, einen Universalslang verwenden, für den er meist einige neue Termini schaffen muß.

Es gibt kein Mittel, um endgültig gesicherte saubere Protokollsätze zum Ausgangspunkt der Wissenschaften zu machen. Es gibt keine tabula rasa. Wie Schiffer sind wir, die ihr Schiff auf offener See umbauen müssen, ohne es jemals in einem Dock zerlegen und aus besten Bestandteilen neu errichten zu können. Nur die Metaphysik kann restlos verschwinden. Die unpräzisen »Ballungen« sind immer irgendwie Bestandteil des Schiffes. Wird die Unpräzision an einer Stelle verringert, kann sie wohl gar an anderer Stelle verstärkt wieder auftreten.

113

* * *

Wir werden den von *Metaphysik gereinigten Universalslang* als *Sprache der historisch gegebenen Einheitswissenschaft* von Anfang an die Kinder lehren. Jedes Kind kann so »dressiert« werden, daß es mit einem vereinfachten Universalslang beginnt und allmählich zum Universalslang der Erwachsenen fortschreitet. Es hat keinen Sinn für unsere Betrachtung, diese kindliche Sprache als Sondersprache abzugrenzen. Man müßte sonst vielerlei Universalslangs unterscheiden. Das Kind lernt nicht einen »ursprünglichen« Universalslang, aus dem man den Universalslang der Erwachsenen ableitet, es lernt einen »ärmeren« Universalslang, der allmählich aufgefüllt wird. Der Terminus »Kugel aus Eisen« wird auch in der Sprache der Erwachsenen verwendet, wird er hier durch einen Satz definiert, in dem Worte wie »Radius« und »Pi« vorkommen, so kommen in der kindlichen Definition Worte wie: »Kegelspiel«, »Geschenk von Onkel Rudi« usw. vor.

Aber der »Onkel Rudi« fehlt auch in der Sprache der strengen Wissenschaft nicht, wenn die physikalische Kugel durch Protokollsätze definiert wird, in denen »Onkel Rudi« als »beobachtende Person« auftritt, welche »eine Kugel wahrnimmt«.

Carnap spricht dagegen von einer *ursprünglichen* Protokollsprache (Carnap, »Die physikalische Sprache als Universalsprache der Wissenschaft«, §§ 3 u. 6, insbes. S. 321 f., S. 339–341). Seine Bemerkungen über die »ursprüngliche« Protokollsprache, über die Protokollsätze, die »keiner Bewährung bedürfen«, liegen nur am Rand seiner *bedeutsamen antimetaphysischen Ausführungen*, deren Grundidee durch die hier vorgebrachten Bedenken *nicht berührt* wird. Carnap spricht von einer »ersten Sprache«, die man auch als »Erlebnissprache« oder als »phänomenale Sprache« bezeichne. Er betont dabei, daß »die Frage nach der genaueren Charakterisierung dieser Sprache sich beim gegenwärtigen Stand der Forschung noch nicht beantworten läßt«.

Diese Bemerkungen könnten jüngere Menschen veranlassen, nach dieser Protokollsprache zu suchen. Das führt leicht auf metaphysische Abwege. Wenn man auch die Metaphysik nicht durch Argumente wesentlich zurückdrängen kann, so ist es doch um der Schwankenden willen wichtig, den *Physikalismus in seiner radikalsten Fassung* zu vertreten.

* * *

·Die Einheitswissenschaft besteht, wenn wir von den Tautologien absehen, aus *Realsätzen.*

Diese zerfallen in:
a) Protokollsätze,
b) Nichtprotokollsätze.

Protokollsätze sind Realsätze von derselben Sprachform wie die anderen Realsätze, doch kommt in ihnen immer ein Personenname *in bestimmter Verknüpfung* mit anderen Termini mehrmals vor. Ein vollständiger Protokollsatz könnte z. B. lauten: *»Ottos Protokoll um 3 Uhr 17 Minuten: [Ottos Sprechdenken war um 3 Uhr 16 Minuten: (Im Zimmer war um 3 Uhr 15 Minuten ein von Otto wahrgenommener Tisch)]«.* Dieser Realsatz ist so aufgebaut, daß nach »Auflösung der Klammern« weitere Realsätze entstehen, die aber keine Protokollsätze sind: »Ottos Sprechdenken war um 3 Uhr 16 Minuten: (Im Zimmer war um 3 Uhr 15 Minuten ein von Otto wahrgenommener Tisch)« und weiter: »Im Zimmer war um 3 Uhr 15 Minuten ein von Otto wahrgenommener Tisch.«

Jeder der in diesen Sätzen vorkommenden Termini kann *von vornherein* in einem gewissen Ausmaß durch eine Gruppe von Termini der hochwissenschaftlichen Sprache ersetzt werden. Statt »Otto« kann man ein System physikalistischer Bestimmungen einführen, man kann dieses System physikalistischer Bestimmungen weiter definieren durch die »Stelle« des Namens »Otto« in einer Gruppe, die aus den Namen »Karl«, »Heinrich« usw. gebildet ist. Alle in dem obigen Protokollsatz verwendeten Worte sind entweder Worte des Universalslangs oder können ohne weiteres von vornherein durch Worte des Universalslangs ersetzt werden.

Für einen vollständigen Protokollsatz ist *wesentlich*, daß der Name einer Person darin vorkommt. »Jetzt Freude« oder »jetzt roter Kreis« oder »Auf dem Tisch liegt ein roter Würfel« (vgl. Carnap, a. a. O., § 2, S. 322 f.) sind keine vollständigen Protokollsätze. Selbst als Ausdrücke innerhalb der letzten Klammer kommen sie nicht in Betracht. Es müßte nach unserer Fassung mindestens heißen – was ungefähr der »Kindersprache« entspräche – »Otto jetzt Freude«, »Otto sieht jetzt roten Kreis«, »Otto sieht jetzt auf dem Tisch einen roten Würfel liegen«. Das heißt, der Ausdruck innerhalb der letzten Klammer ist bei einem vollständigen Protokollsatz ein Satz, der nochmals einen Personennamen aufweist und einen Terminus aus dem Gebiet der *Wahrnehmungstermini.*

Wie weit dabei Trivialtermini oder hochwissenschaftliche Termini verwendet werden, ist nicht wesentlich, da wir innerhalb des Universalslangs eine erhebliche Freiheit der Sprachgewohnheiten haben.

Der Ausdruck nach der zweiten Klammer »Sprechdenken« empfiehlt sich, wie sich zeigt, wenn man verschiedene Gruppen von Sätzen bilden will, z. B. Sätze mit »Wirklichkeitstermini«, mit »Halluzinationstermini«, mit »Traumtermini«, und insbesondere wenn man überdies die »Unwahrheit« abtrennen will. Man könnte z. B. sagen: »Otto hatte zwar das Sprechdenken: Im Zimmer war nur ein von Otto wahrgenommener Vogel, aber er schrieb, um sich einen Scherz zu machen, nieder: Im Zimmer war nur ein von Otto wahrgenommener Tisch.« Das ist besonders für die Erörterungen des nächsten Absatzes wichtig, in dem wir Carnaps These ablehnen, daß die Protokollsätze Sätze sind, die »keiner Bewährung bedürfen«.

* * *

Der Wandlungsprozeß der Wissenschaften besteht darin, daß Sätze, die in einem bestimmten Zeitalter verwendet wurden, in einem späteren wegfallen, wobei sie oft durch andere ersetzt werden. Manchmal bleibt auch der Wortlaut bestehen, aber die Definitionen werden geändert. *Jedes Gesetz und jeder physikalistische Satz der Einheitswissenschaft oder einer ihrer Realwissenschaften kann solche Abänderung erfahren. Auch jeder Protokollsatz.*

In der Einheitswissenschaft bemühen wir uns (vgl. Carnap, a. a. O., § 3, S. 324 f.) ein *widerspruchsloses System* von: Protokollsätzen und Nichtprotokollsätzen (einschließlich der Gesetze) zu schaffen. Wird uns nun ein neuer Satz vorgewiesen, so vergleichen wir ihn mit dem System, über das wir verfügen, und kontrollieren nun, ob der neue Satz im Widerspruch mit dem System steht oder nicht. Wir können, falls der neue Satz im Widerspruch mit dem System steht, diesen Satz als unverwendbar (»falsch«) streichen, z. B. den Satz: »In Afrika singen die Löwen nur unter Verwendung von Durakkorden«, oder aber man kann den Satz »annehmen« und dafür das System so abändern, daß es, um diesen Satz vermehrt, widerspruchslos bleibt. Er heiße dann »wahr«.

Das Schicksal, gestrichen zu werden, kann auch einem Protokollsatz widerfahren. Es gibt für keinen Satz ein »Noli me tangere«, wie es Carnap für die Protokollsätze statuiert. Ein besonders drastisches Beispiel: Angenommen wir kennen einen Gelehrten namens Kalon, der gleichzeitig mit der linken und mit der rechten Hand schreiben kann. Und nun schreibe er mit der linken Hand: »Kalons Protokoll um 3 Uhr 17 Minuten: [Kalons Sprechdenken war um 3 Uhr 16 Minuten 30 Sekunden: (Im Zimmer war um 3 Uhr 16 Minuten *nur* ein von Kalon wahrgenommener Tisch)]«, während er mit der rechten Hand schreibe: »Kalons Protokoll um 3 Uhr 17 Minuten: [Kalons Sprechdenken war um 3 Uhr 16 Minuten 30 Sekunden: (Im Zimmer war um 3 Uhr 16 Minuten *nur* ein von Kalon wahrgenommener Vogel)].« Was kann er und was können wir mit diesen beiden Protokollsätzen anfangen? Wir können natürlich Aussagen von der Art machen: Bestimmte Zeichen sind auf dem Papier, die einmal so, einmal so geformt sind. In bezug auf diese Zeichen auf dem Papier kann aber das von Carnap gebrauchte Wort »Bewährung« keine Anwendung finden. Man kann »Bewährung« nur in Hinblick auf »Sätze« gebrauchen, also in Hinblick auf Zeichenreihen, die man im Rahmen einer Reaktionsprüfung verwenden und durch andere Zeichen systematisch ersetzen kann (vgl. Neurath: »Physikalismus« *Scientia* 50 [1931], S. 302). »Gleiche Sätze« sind zu definieren als Reize, die bei *bestimmten* Reaktionsprüfungen gleiche Reaktionen hervorrufen. Verknüpfungen von »Tintenhügeln auf Papier« und Verknüpfungen von »Lufterschütterungen«, die man *unter bestimmten Bedingungen* gleichsetzen kann, nennen wir Sätze.

Zwei einander widersprechende Protokollsätze können im System der Einheitswissenschaft *nicht* verwendet werden. Wenn wir auch nicht sagen können, welcher von den beiden Sätzen auszuschließen ist, oder ob beide auszuschließen sind, sicher ist, daß nicht beide sich »bewähren«, d.h. dem System einfügen lassen.

Wenn in einem *solchen* Fall ein Protokollsatz aufgegeben werden muß, warum nicht manchmal auch dann, wenn erst auf Grund vieler logischer Zwischenglieder Widersprüche zwischen Protokollsätzen einerseits und einem System von Protokollsätzen, Nichtprotokollsätzen (Gesetzen usw.) andererseits auftritt? Nach Carnap könnte man nur Nichtprotokollsätze und Gesetze abzuändern gezwungen sein. *Für uns kommt ebenso die Streichung von Protokollsätzen in Frage. Ein Satz wird mit dadurch definiert, daß er der Bewährung bedarf, also auch gestrichen werden kann.*

Carnaps Behauptung von den Protokollsätzen, die »keiner Bewährung bedürfen«, wie immer sie gemeint sein mag, kann man unschwer mit dem Glauben der überlieferten Schulphilosophie an die »unmittelbaren Erlebnisse« in Verbindung bringen. Für die gab es freilich gewisse »letzte Elemente«, aus denen das »Weltbild« aufgebaut wurde. Diese »Atomerlebnisse« waren nach der Meinung dieser Schulphilosophie selbstverständlich über jede Kritik erhaben, bedurften keiner Bewährung.

Carnap bemüht sich, eine Art »Atomprotokoll« einzuführen, indem er die Forderung stellt, es solle »Protokollaufnahme und Verarbeitung der Protokollsätze im wissenschaftlichen Verfahren streng voneinander getrennt werden«, was dadurch erreicht werde, daß man »in das Protokoll keine indirekt gewonnenen Sätze aufnehmen würde« (Carnap, a.a.O., § 3, S. 321). Die oben gegebene Formulierung eines vollständigen Protokollsatzes zeigt, daß *immer* schon dadurch, daß Personennamen im Protokollsatz vorkommen, »Verarbeitungen« stattgefunden haben müssen. Es mag zweckmäßig sein, in wissenschaftlichen Protokollen die Formulierung innerhalb der letzten Klammer möglichst einfach zu gestalten: z.B. »Otto war um 3 Uhr rot sehend«, und ein weiteres Protokoll: »Otto war um 3 Uhr Cis hörend« usw.; aber ein solches Protokoll ist nicht »ursprünglich« im Carnapschen Sinne, weil man ja um das »Otto« und um das »Wahrnehmen« nicht herumkommt. Es gibt innerhalb des Universalslangs keine Sätze, die man als »ursprünglicher« kennzeichnen kann, alles sind Realsätze von *gleicher Ursprünglichkeit;* in allen Realsätzen treten Worte, wie: »Menschen«, »Wahrnehmungsvorgänge« und andere Worte wenig ursprünglicher Art auf, mindestens in den Voraussetzungen, aus denen sie abgeleitet sind. *Das heißt, es gibt weder »ursprüngliche Protokollsätze«, noch gibt es Sätze, die »keiner Bewährung bedürfen«.*

* * *

Der Universalslang ist im oben erläuterten Sinn der gleiche für das Kind und für den Erwachsenen. Der Universalslang ist der gleiche für einen Robinson, wie für eine menschliche Gesellschaft.

Wenn Robinson das, was er gestern protokolliert hat, mit dem, was er heute protokolliert, verbinden, d. h., wenn er sich überhaupt einer Sprache bedienen will, muß er sich der »intersubjektiven« Sprache bedienen. Der Robinson von gestern und der Robinson von heute stehen einander ebenso gegenüber, wie der Robinson dem Freitag. Nehmen wir an, ein Mensch, der gleichzeitig seine »Erinnerung verloren hat« und »erblindet ist«, lerne neuerlich lesen und schreiben. Seine eigenen Aufzeichnungen aus früherer Zeit, die er mit Hilfe besonderer Apparate lesen kann, werden für ihn ebenso die eines »anderen« sein, wie die Aufzeichnungen irgendeines Nebenmenschen. Auch dann, wenn er die Schicksalskontinuität nachträglich feststellt und seine eigene Biographie verfaßt.

115 Das heißt, *jede* Sprache ist *als solche* »intersubjektiv«: die Protokolle eines Zeitpunktes müssen in die Protokolle des nächsten Zeitpunktes aufgenommen werden können, so wie die Protokolle des *A* in die Protokolle des *B*. *Es hat daher keinen Sinn, von monologisierenden Sprachen zu reden,* wie dies Carnap tut, auch nicht von den verschiedenen Protokollsprachen, die nachträglich aufeinander bezogen werden. Die Protokollsprachen des Robinson von gestern und von heute sind so nah und so fern voneinander, wie die des Robinson und des Freitag. Nennt man die Protokollsprache des Robinson von gestern und die des Robinson von heute unter bestimmten Bedingungen *dieselbe* Sprache, dann kann man *unter den gleichen Bedingungen* die des Robinson und die des Freitag dieselbe Sprache nennen.

Auch bei Carnap begegnen wir hier der uns aus der idealistischen Philosophie vertrauten Heraushebung eines »Ich«. Man kann im Universalslang ebensowenig vom »eigenen« Protokoll, wie vom »jetzt« oder vom »hier« sinnvoll sprechen. Die Personennamen werden in der physikalistischen Sprache eben durch Koordinaten und Zustandsgrößen ersetzt. Man kann nur ein »Otto-Protokoll« von einem »Karl-Protokoll« unterscheiden, nicht aber im Universalslang ein »eigenes Protokoll« von einem »fremden Protokoll«. Es fällt die gesamte Problematik des »Eigenpsychischen« und »Fremdpsychischen« weg.

Der »methodische« Solipsismus, der »methodische« Positivismus (vgl. Carnap, a.a.O., §7, S. 349) werden nicht dadurch brauchbarer, daß man das Wort »methodisch« hinzugefügt hat (vgl. Neurath, »Soziologie im Physikalismus«, §2, in diesem Band, S. 279 f.).

Wenn ich z.B. früher gesagt hätte: »Ich nehme mir heute am 27. Juli Protokolle von mir selbst und anderen vor«, so würde man korrekter so sprechen: »Otto Neuraths Protokoll vom 27. Juli 1932 10 Uhr Vormittag: [Otto Neuraths Sprechdenken um 9 Uhr 55 war: (Otto Neurath beschäftigte sich zwischen 9 Uhr 40 und 9 Uhr 54 mit einem Protokoll Neuraths und mit einem Protokoll Kalons, die beide folgende Sätze enthielten: ....)].«

Wenn auch Otto Neurath das Protokoll über die Verwendung der Protokolle verfaßt, so gliedert er doch sein eigenes Protokoll nicht anders dem System der Einheitswissenschaft ein als das Kalons. Es kann sehr gut vorkommen, daß Neurath einen Protokollsatz Neuraths streicht und statt dessen einen Protokollsatz Kalons aufnimmt. Daß ein Mensch im allgemeinen an seinen Protokollsätzen hartnäckiger festhält, als an denen eines anderen, ist eine historische Tatsache – ohne prinzipielle Bedeutung für unsere Betrachtung. Man kann Carnaps Behauptung: »Jedes Subjekt kann nur sein eigenes Protokoll als Basis nehmen« nicht annehmen, denn die Begründung ist *nicht* stichhaltig: »S_1 kann zwar auch das Protokoll des S_2 verwerten; und diese Verwertung wird durch Einordnung beider Protokollsprachen in die physikalistische Sprache besonders einfach. Aber sie geschieht doch indirekt: S_1 muß in seinem Protokoll beschreiben, daß er ein Schriftstück von der und der Gestalt sieht« (Carnap, a. a. O., § 7, S. 349). *Aber Neurath muß die gleiche Beschreibung vom Protokoll Neuraths wie vom Protokoll Kalons geben!* Er beschreibt, wie er das Neurath-Protokoll sieht, wie er das Kalon-Protokoll sieht.

Im weiteren Verlauf wird man die Protokollsätze aller Menschen behandeln. Und es ist grundsätzlich ganz dasselbe, ob Kalon mit Kalons oder mit Neuraths Protokollen arbeitet, ob Neurath mit Neuraths oder mit Kalons Protokollen sich beschäftigt. Um das recht deutlich zu machen, könnte man sich eine wissenschaftliche Säuberungsmaschine denken, in die man Protokollsätze hineinwirft. Die in der Anordnung der Räder wirksamen »Gesetze« und sonstigen geltenden »Realsätze«, einschließlich der »Protokollsätze«, reinigen den hineingeworfenen Bestand an Protokollsätzen und lassen ein Glockenzeichen ertönen, wenn ein »Widerspruch« auftritt. Nun muß man entweder den Protokollsatz durch einen anderen ersetzen oder die Maschine umbauen. *Wer* die Maschine umbaut, *wessen* Protokollsätze hineingeworfen werden, ist aber völlig gleichgültig, jeder kann »eigene« so gut wie »fremde« Protokollsätze prüfen.

* * *

Das heißt zufammenfassend:

Die Einheitswissenschaft bedient sich eines Universalslangs, in dem auch Termini der physikalistischen Trivialsprache vorkommen müssen.

Man kann Kindern durch Dressur den Universalslang beibringen; neben ihm verwenden wir keine besonders abtrennbaren »ursprünglichen« Protokollsätze, nicht »Protokollsprachen verschiedener Personen«.

Wir haben innerhalb der Einheitswissenschaft für die Termini »methodischer Solipsismus« oder »methodischer Positivismus« keine Verwendung.

Man kann nicht von endgültig gesicherten, sauberen Protokollsätzen ausgehen. Protokollsätze sind Realsätze wie andere

*Realsätze, in denen Personennamen oder Namen von Personen-
gruppen in bestimmter Weise mit anderen auch sonst vom Universalslang verwendeten Termini verknüpft auftreten.*

* * *

Die Arbeiten des *Wiener Kreises* konzentrieren sich immer mehr
um die Aufgabe, die Einheitswissenschaft (Soziologie ebenso wie
Chemie, Biologie ebenso wie Mechanik, Psychologie – besser Behavioristik genannt – ebenso wie Optik) in der Einheitssprache
darzustellen und die so oft vernachlässigten »Querverbindungen« zwischen den Einzelwissenschaften zu schaffen, so daß man
die Termini jeder Wissenschaft auf die Termini jeder anderen
mühelos beziehen kann. Das Wort »Mensch«, das mit »Aussagen
machen« verbunden wird, ist ebenso zu definieren wie das Wort
»Mensch«, das in Sätzen vorkommt, die Worte wie »Wirtschaftsordnung«, »Produktion« enthalten.

Von verschiedenen Seiten her sind dem *Wiener Kreis* mächtige
Anregungen gekommen. Was Mach, Poincaré, Duhem geleistet
haben, wurde ebenso verwertet, wie das, was Frege, Schröder,
Russell und andere beisteuerten. Ungemein belebend wirkte
Wittgenstein in dem, was man von ihm annahm, wie in dem, was
man ablehnte. Sein erster Versuch, die Philosophie als *notwendige Erläuterungsleiter* zu verwenden, kann aber als gescheitert
gelten. Es wird wie bei aller wissenschaftlichen Arbeit darauf   116
ankommen, einheitswissenschaftliche Sätze: Protokollsätze und
Nichtprotokollsätze miteinander in Einklang zu bringen. Dazu
bedarf man einer »logischen Syntax«, die vor allem in der Ar-
beitsrichtung *Carnaps* liegt, der durch seinen »logischen Aufbau
der Welt« die ersten Vorbereitungen hierzu geschaffen hat.

Die hier begonnene Aussprache – Carnap wird sicherlich an
diesen Berichtigungen manches zu berichtigen und zu ergänzen
finden – dient wie so manche andere unserer Bemühungen dazu,
die *uns Physikalisten gemeinsame breite Arbeitsbasis* weiter zu
festigen. Solche Randerörterungen werden eine immer geringere Rolle spielen; der rasche Fortschritt der Arbeiten des *Wiener
Kreises* zeigt, daß die *planmäßige Kollektivarbeit*, die dem Auf-

bau der Einheitswissenschaft gewidmet ist, sich immer mehr entfaltet. Dieser Aufbau wird uns Physikalisten um so rascher und erfolgreicher gelingen, je weniger Zeit wir der Abschaltung alter Irrtümer widmen müssen und je mehr wir uns mit der Formulierung wissenschaftlicher Korrelationen beschäftigen können. Dazu müssen wir vor allem die *physikalistische Sprache* verwenden lernen, wofür Carnap in seinem Artikel eingetreten ist.

5.2 ÜBER PROTOKOLLSÄTZE
(1932)

Rudolf Carnap

Otto Neurath hat in dem vorstehenden Aufsatz gleichen Titels 117 die *Frage der Protokollsätze* von neuem aufgeworfen. Diese Frage bildet das Kernproblem der Wissenschaftslogik (Erkenntnistheorie); in ihr stecken auch die Fragen, die man unter den Schlagworten »empirische Begründung«, »Nachprüfung« oder »Verifikation« zu behandeln pflegt. Und insbesondere für den Physikalismus ist es eine dringende Aufgabe, über die Protokollsätze und damit über die Erfahrungsgrundlage der Wissenschaft Rechenschaft abzulegen. Denn die meisten Bedenken gegen den Physikalismus setzen gerade an dieser Stelle ein; und in der Tat liegt hier der eigentliche kritische Punkt dieser Auffassung.

Neurath wendet sich gegen gewisse Punkte der Auffassung über die Protokollsätze, die ich in meinem Aufsatz über die physikalische Sprache (in diesem Band S. 315–353) vertreten habe; er will ihr eine andere Auffassung gegenüberstellen, bei der die Protokollsätze in anderer Form und nach anderem Verfahren verarbeitet werden. Nach meiner Meinung handelt es sich hier aber nicht um zwei einander widersprechende Auffassungen, sondern um *zwei verschiedene Methoden zum Aufbau der Wissenschaftssprache, die beide möglich und berechtigt sind.* Im Folgenden sollen die beiden Verfahren genauer dargestellt werden. Dabei wird sich zeigen, daß jedes von ihnen gewisse Vorteile besitzt. Die erste Sprachform gewährt größere Freiheit; an sie hatte ich in meinem früheren Aufsatz gedacht. Die zweite Sprachform hat den Vorzug einer größeren Einheitlichkeit des Systems. Wie es scheint, ist Neurath der erste, der die Möglichkeit dieses zweiten Verfahrens erkannt hat, das für die Weiterentwicklung der Wissenschaftslehre von entscheidender Bedeutung sein wird.

Der Unterschied kann kurz in folgender Weise gekennzeichnet
werden; erstes Verfahren: Protokollsätze außerhalb der Systemsprache; hierbei ist die Form der Protokollsätze beliebig; es werden besondere Regeln zur Übersetzung von Protokollsätzen in
Systemsätze aufgestellt; zweites Verfahren (Neurath): Protokollsätze innerhalb der Systemsprache; hierbei ist die Form der Protokollsätze nicht beliebig, sondern an die Syntaxbestimmungen
der Systemsprache gebunden; besondere Übersetzungsregeln
gibt es hier nicht. Um in der folgenden Darstellung der beiden
Verfahren nicht nur ihre abstrakte Beschaffenheit anzugeben,
sondern auch verständlich zu machen, wie man etwa zur Aufstellung des einen und des anderen gelangen mag, gehen wir
beide Male von einer praktischen Situation aus, von der aus sich
der eine bzw. der andere Weg als naheliegend ergibt.

Nicht nur die Frage, ob die Protokollsätze außerhalb oder innerhalb der Systemsprache stehen, sondern auch die weitere
Frage nach ihrer genaueren Kennzeichnung ist, wie mir scheint,
nicht durch eine Behauptung, sondern durch eine Festsetzung
zu beantworten. Während ich früher (a.a.O., § 3, S. 322 f.) diese
Frage offen ließ und nur einige mögliche Antworten andeutete,
meine ich jetzt, daß die verschiedenen Antworten einander nicht
widersprechen. Sie sind als Vorschläge zu Festsetzungen aufzufassen; die Aufgabe besteht darin, diese verschiedenen möglichen
Festsetzungen auf ihre Folgerungen hin zu untersuchen und ihre
Zweckmäßigkeit zu prüfen.

1. Die erste Sprachform:
Protokollsätze außerhalb der Systemsprache

Angenommen, wir finden einen Apparat, der auf bestimmte Bedingungen durch Vorweisung von Signalscheiben reagiert. Die
Scheiben mögen die Ziffern ›1‹, ›2‹ usw. tragen; es könnten statt
dessen auch beliebige bedeutungslose Figuren sein. Ohne den inneren Mechanismus des Apparates zu kennen, stellen wir durch
Beobachtung etwa folgendes fest. Die beiden Signale ›1‹ und ›4‹

sind nur dann zugleich sichtbar, wenn es gegenwärtig draußen
schwach regnet; ›1‹ und ›5‹, wenn es stark regnet; ›2‹ und ›4‹,
wenn es schwach schneit; ›2‹ und ›5‹, wenn es stark schneit; ›3‹
und ›4‹, wenn es schwach hagelt; die Kombination ›3‹ und ›5‹ ist
bisher nicht beobachtet worden. Wir können daraufhin folgendes
Wörterbuch aufstellen:

1. es regnet
2. es schneit
3. es hagelt
4. schwach
5. stark

Mit Hilfe dieses Wörterbuches können wir gewisse Signalkombinationen in Sätze unserer Sprache übersetzen, z. B. ›1,5‹ in: »Es
regnet stark«. Wichtig ist dabei, daß wir auch Kombinationen, die
noch nicht vorher beobachtet worden sind, übersetzen können,
z. B. ›3,5‹ in: »Es hagelt stark«.

Ob es sich um einen Apparat handelt, der dazu gebaut ist, Signale zu geben, oder um irgendeinen sonstigen Gegenstand, der
regelmäßige beobachtbare Reaktionen auf bestimmte Bedingungen aufweist, macht keinen grundsätzlichen Unterschied aus. Der
Gegenstand kann auch ein Organismus sein, z. B. ein Baum, der
etwa durch Form und Stellung der Blätter auf gewisse Beschaffenheiten des Bodens und der Luft reagiert. Auch hier können wir die
Reaktionen als Signale benutzen und ein System von Regeln zur
Übersetzung der Signale in Sätze unserer Sprache aufstellen.

Grundsätzlich die gleiche Situation liegt nun vor, wenn wir
einen Menschen finden, der auf bestimmte Bedingungen durch
bestimmte Sprechbewegungen reagiert. Angenommen, wir treffen einen Menschen, dessen Sprachlaute keiner uns bekannten
Sprache angehören, und stellen durch Beobachtung folgendes
fest (wobei wir uns der Kürze wegen auf Beispiele allereinfachster Reaktionen beschränken). Der Mensch sagt: »re bim«, wenn
es schwach regnet; »re bum«, wenn es stark regnet; »sche bim«
bzw. »sche bum«, wenn es schwach bzw. stark schneit; »he bim«,
wenn es schwach hagelt.

Wir stellen daraufhin folgendes Wörterbuch auf:

re   es regnet
sche   es schneit
he   es hagelt
bim   schwach
bum   stark

Mit Hilfe dieses Wörterbuches können wir gewisse Lautreihen des Menschen – wir nennen sie dann *Aussagen* – in Sätze unserer Sprache übersetzen; und zwar unter Umständen auch solche, die wir in dieser Zusammenstellung noch nicht gehört haben, z. B. »he bum« in »es hagelt stark«.

Die Signale des Apparates und die Aussagen des Menschen werden dadurch, daß für sie Übersetzungsregeln aufgestellt werden, wie Sätze einer Sprache behandelt. Wir nennen sie daher »Protokollsätze« der »Protokollsprache« des Apparates bzw. des fremden Menschen und stellen diese Sprache unserer »Systemsprache« gegenüber. Als Protokollsatz gilt somit allgemein jeder beobachtbare Vorgang (an einem Apparat, an einem Menschen oder wo immer), für den man eine Übersetzungsregel aufgestellt hat. Wenn für die verschiedenen Apparate oder Menschen *verschiedene* Regelsysteme gelten, so sagen wir: sie haben *verschiedene Protokollsprachen*. Man kann eine solche Sprache dann »intersubjektiv« nennen, wenn ihre Sätze bei mindestens zwei Körpern als Reaktionen aufeinander auftreten; andernfalls »subjektiv« oder »monologisch«. (Man kann natürlich auch so vorgehen, daß man *nicht* die Signale selbst übersetzt, sondern nur die Sätze *über das Auftreten* der Signale verwendet, z. B. »der Apparat zeigt jetzt ›1‹«, »der Mensch sagt jetzt »re««. In dieser Weise wird man innerhalb der zweiten Sprachform verfahren. Das ist sicherlich berechtigt; ebenso aber auch das beschriebene Verfahren der ersten Sprachform.)

Es wird nun zuweilen vorkommen, daß die Übersetzung eines auftretenden Signales bzw. einer gemachten Aussage einen Satz ergibt, der nach unserer Beobachtung nicht zutrifft. Z. B. sagt der Mensch: »re«, während wir feststellen, daß es nicht regnet, daß aber regenähnliche Geräusche zu hören oder regenähnliche Vorgänge zu sehen sind. Es zeigt sich dann, daß die Häufigkeit eines solchen Nicht-Stimmens für die verschiedenen Sätze der fremden Protokollsprache verschieden ist. Z.B. führt die Übersetzung eines bestimmten Protokollsatzes in den Systemsatz »dies ist schwarz« seltener zu einem falschen Satz als das vorhin genannte Beispiel. Wir können daraufhin den verschiedenen Satzformen der Protokollsprache, je nachdem wir bei ihnen mehr oder weniger häufig ein Nicht-Stimmen feststellen, einen niederen bzw. höheren Zuverlässigkeitsgrad zuschreiben. (Wenn man will, kann man die zuverlässigeren Sätze auch »ursprünglichere« nennen.) Aber auch bei Protokollsätzen von der Art des letztgenannten Beispiels (Übersetzung: »dies ist schwarz«) führt zuweilen die Übersetzung zu einem falschen Satz; (nämlich in den Fällen, die man gewöhnlich als Traumaussage, Halluzinationsaussage, Lüge oder dgl. zu bezeichnen pflegt; bei unserer Betrachtung sind wir aber noch nicht im Besitz dieser Begriffe). In den bisher besprochenen Beispielen führen die Übersetzungsregeln von den Protokollsätzen zu Sätzen, die sich auf *Dinge* in der Umgebung des betreffenden Menschen beziehen; wir wollen hier von »*D*-Regeln« und »*D*-Sätzen« sprechen. Die Beobachtung lehrt nun, daß bei der Anwendung von *D*-Regeln die gewonnenen *D*-Sätze nicht sehr zuverlässig sind. Diese Feststellung kann uns dazu veranlassen, andersartige Übersetzungsregeln aufzustellen, die wir »*K*-Regeln« nennen wollen. Diese führen auf »*K*-Sätze«, nämlich Sätze, die sich auf den jeweiligen Zustand des Körpers *K* des betreffenden Menschen beziehen. Der Protokollsatz »re« wird z.B. übersetzt in den *K*-Satz: »Der Körper *K* ist Regen-wahrnehmend«. Dabei ist die physikalische Körperbeschaffenheit »Regen-wahrnehmend« etwa dadurch zu kennzeichnen, daß sie unter den und den Bedingungen auftritt (nämlich wenn es regnet oder wenn regenähnliche hörbare oder sichtbare Vorgänge vorliegen und Auge bzw. Ohr des *K* sich in geeigneter Lagebeziehung zu diesen Vorgängen befinden) und daß bei ihrem Vorliegen die und die beobachtbaren Körperreaktionen eintreten (z.B. auf geeignete Reize, etwa Fragen, unter geeigneten Umständen die Aussage »re«). Aus dem *K*-Satz können wir mit Wahrscheinlichkeit, aber nicht mit Sicherheit auf den entsprechenden *D*-Satz (im Beispiel: »es regnet«) schließen; die Wahrscheinlichkeit wächst, wenn uns bekannt ist, daß die Umgebung von *K* sich in »normalem« Zustand befindet. Der Schluß vom *K*-Satz auf den *D*-Satz ist nichts anderes als der übliche Schluß von der Wirkung auf eine wahrscheinliche Ursache. (Vgl. hierzu auch das Beispiel in Carnap, a.a.O., S. 348; *p* entspricht dem Protokollsatz, P_1 dem *D*-Satz, P_2 dem *K*-Satz.)

Als *Protokoll* des *K* nehmen wir die Reihe seiner Protokollaussagen so, wie sie vorliegen, ohne eine Auswahl zu treffen. Jeden Protokollsatz können wir sowohl nach der *K*-Regel als auch nach der *D*-Regel in unsere Systemsprache übersetzen. Die *D*-Übersetzung ist die übliche und für das praktische Leben zweckmäßigere, da es uns gewöhnlich darauf ankommt, etwas über die Umgebung des *K* zu erfahren. Die *K*-Übersetzung ist die zuverlässigere; sie wird vorgenommen, wenn es uns hauptsächlich auf die Sicherheit ankommt, z.B. bei kritischer Nachprüfung. In beiden Fällen benutzen wir die Aussage unseres Mitmenschen *K* zur Bereicherung unseres Wissens über die Vorgänge (physikalische, intersubjektiv erfaßbare Vorgänge) ebenso, wie wir zu gleichem Zweck die Aussage des Signalapparates verwerfen.

Wie steht es nun, wenn der Apparat oder Mensch *Kalon* zwei einander widersprechende Aussagen zugleich macht (Neurath, »Protokollsätze«, S. 405)? Da die Signale des Apparates und die Aussagen des *K* zunächst als Vorgänge und nicht als Sprachsätze genommen werden, so gibt es für sie unmittelbar keinen Widerspruch. Es kann sich nur um einen Widerspruch der beiden Sätze handeln, in die die beiden Signale bzw. die beiden Aussagen von uns übersetzt werden. (Beispiele: 1. Der Apparat zeigt die Signale ›1‹, ›4‹, ›5‹; Übersetzung: »Es regnet schwach«, »Es regnet stark«. 2. *K* macht zugleich die Aussagen »re bum« und »re bim« – oder auch »non re«, wobei »non« ein Laut ist, dem durch die Übersetzungsregel das Wort »nicht« zugeordnet ist.) Kommt ein solcher Fall vor, so haben wir daraus zu entnehmen, daß wir uns bei der Deutung der Signale geirrt haben. Das wird uns veranlassen, die

Übersetzungsregeln abzuändern. (In den Beispielen: 1. Entweder die Kombination ›1,4‹ kommt unter besonderen Umständen, die durch nähere Untersuchungen festzustellen wären, auch bei starkem Regen vor oder die Kombination ›1,5‹ kommt unter besonderen Umständen auch bei schwachem Regen vor; sind die »besonderen Umstände« festgestellt, so wird etwa im ersten Fall die Übersetzung für ›1,4‹ wie folgt abgeändert: »Es regnet schwach; oder es regnet stark und dabei liegen die und die Umstände vor«. 2. Die K-Regel wird so geändert, daß der K-Satz für »re« lautet: »Entweder (wahrscheinlich) K ist Regen-wahrnehmend; oder (seltener Fall) es liegt einer von den und den besonderen Umständen vor (z. B. K lügt oder die Hand von K wird von jemandem andern zu der Schreibbewegung »re« geführt)«.)

Angenommen, ein Satz, den wir durch Übersetzung eines Protokollsatzes erhalten haben, erweist sich als unvereinbar mit unserem übrigen Wissen, d. h. mit anderen schon anerkannten Sätzen. Wir werden nun je nach den näheren Umständen entweder diese anderen Sätze modifizieren, – besonders wenn es sich dabei nicht um übersetzte, sondern um hypothetisch aufgestellte Sätze handelt, – oder aber unsere Übersetzungsregeln für den Apparat bzw. für K umändern. Da (bei dem vorliegenden ersten Verfahren) die Protokollsätze außerhalb der Systemsprache liegen, so ist es stets möglich, entweder durch Umänderung der sonstigen Sätze (zu denen auch der Satz gehört, daß K jetzt mit seinen Sprechorganen den Laut »re« gebildet hat) oder durch Umänderung der Übersetzungsregeln die jeweils vorliegenden Protokollsätze widerspruchsfrei zu verwerten. Die Protokollsätze bleiben bei dem beschriebenen Verfahren unangetastet. Es ist eine Frage der Festsetzung, ob man anstelle dieses Verfahrens ein anderes wählen will, bei dem im Falle der Unvereinbarkeit unter Umständen auch der betreffende Protokollsatz als »falsch« erklärt und gestrichen werden kann.

Auch die *eigenen Protokollaussagen* können wir im Sinn der vorliegenden ersten Betrachtungsweise als Signale auffassen und nach festzusetzenden Übersetzungsregeln in die physikalistische Systemsprache übersetzen. So wird etwa die D-Übersetzung für meine Protokollaussage »Hier ist ein Hund« lauten: »Hier ist ein Exemplar der Gattung canis familiaris oder ein dieser Gattung ähnliches Exemplar von den und den anderen (ähnlichen) Gattungen«; die *K*-Übersetzung ist noch komplizierter. Der Unterschied zwischen den Protokollsätzen und den Systemsätzen wird dann besonders deutlich, wenn ein Wort verwendet wird, das nur der (als Protokollsprache dienenden) Umgangssprache und nicht zugleich auch der (als Systemsprache dienenden) Wissenschaftssprache angehört. Nehmen wir als Beispiel die Aussage »Hier ist es muffig«. Die Aufgabe der »Physikalisierung« (vgl. Carnap, a.a.O., § 5, S. 329–333) besteht nun darin, durch systematische Beobachtungsreihen festzustellen, unter welchen äußeren Bedingungen »es mir muffig vorkommt«, d.h. unter welchen Bedingungen ich zu der Aussage »Hier ist es muffig« disponiert bin. Sind diese Bedingungen festgestellt, so stellen wir den Satz, der sie angibt, als *D*-Übersetzung für jenen Protokollsatz auf.

Das Arbeiten im System der Wissenschaft hat hiernach folgende Form. Innerhalb der Systemsprache gibt es allgemeine Sätze, die sog. »Naturgesetze«, und konkrete Sätze; außerhalb der Systemsprache gibt es Signale, die als »Protokollsätze« einer »Protokollsprache« des betreffenden Apparates oder Menschen aufgefaßt werden. Es werden *(D-* oder *K-)* Regeln zur Übersetzung aus der Protokollsprache in die Systemsprache aufgestellt. Aus den jeweils vorliegenden Protokollsätzen werden mit Hilfe dieser Regeln konkrete Systemsätze gewonnen. In Anlehnung an diese konkreten Sätze werden weitere konkrete und allgemeine Systemsätze aufgestellt, und zwar als Hypothesen, d.h. ohne strenge Ableitung und daher ohne die Möglichkeit vollständiger Verifikation. Aus diesen Sätzen (den übersetzten konkreten, den hypothetischen konkreten und den hypothetischen allgemeinen) werden weitere konkrete Sätze durch Ableitung gewonnen. Diese abgeleiteten Sätze – und dadurch indirekt auch jene hypothetisch aufgestellten Sätze – können unter Umständen empirisch nachgeprüft werden; die Nachprüfung besteht in der Vergleichung mit konkreten Sätzen, die durch Übersetzung aus Protokollsätzen gewonnen sind. Hierbei kann sich für den zu prüfenden Sy-

stemsatz entweder eine Bestätigung oder eine Widerlegung ergeben. Bestätigung (Bewährung, Verifikation) eines Systemsatzes
bedeutet also Zusammenstimmen mit den Protokollsätzen; bei
den Protokollsätzen kann nach einer Bestätigung nicht gefragt
werden (wohl aber bei demjenigen Systemsatz, der besagt, daß
der betreffende Signalvorgang tatsächlich stattgefunden hat).
Treffen wir im System auf einen Widerspruch, so nehmen wir
entweder in den hypothetisch aufgestellten Sätzen oder in den
Übersetzungsregeln eine Änderung vor.

Neurath (a.a.O., S. 408 f.) und Zilsel (»Bemerkungen zur Wissenschaftslogik«, *Erkenntnis* 3 [1932/33], S. 143–161) wenden
sich gegen den Gebrauch solcher Ausdrücke wie »ich«, »eigene
Protokollsätze«, »fremde Protokollsätze« (in inhaltlicher Redeweise: »Eigenpsychisches«, »Fremdpsychisches«). Gewiß wird in
der Philosophie mit dem »Ich« viel Unfug getrieben. In unseren
nicht-metaphysischen Diskussionen sind aber diese Ausdrücke
doch nichts anderes als Abkürzungen. Diese Abkürzungen sind
bequem und gehören dem üblichen Sprachgebrauch an, so daß jeder ihre Übersetzung kennt. Daher scheint mir ihre Verwerfung
unnötig; es genügt die Forderung, daß jeder, der solche Ausdrücke
verwendet, in jedem Fall ihre Übersetzung angeben kann. (»Die
Verarbeitung des eigenen bzw. des fremden Protokolls geschieht
so und so« bedeutet: »Wenn S_1 das Protokoll des S_1 bzw. des S_2
verarbeitet, …«; von Zilsel werden weitere Beispiele für Übersetzungen angegeben, mit denen ich ganz einverstanden bin.)

2. Zweite Sprachform:
Protokollsätze innerhalb der Systemsprache

Wir beginnen wieder wie früher mit der Betrachtung des Signalapparates. Falls wir imstande sind, die Signalscheiben nicht nur
zu beobachten, sondern sie umzuändern, so mag es uns als
zweckmäßig erscheinen, anstelle der vorgefundenen Signalfiguren diejenigen Wörter oder Sätze unserer Systemsprache auf die
Signalscheiben zu schreiben, die wir auf Grund der Beobachtungs-

reihen jenen Figuren zugeordnet haben; z. B. auf die erste Scheibe anstatt ›1‹: »es regnet« usf. Der Apparat macht dann selbst gegebenenfalls die Aussage »es schneit – stark«, die schon die Form eines Systemsatzes hat. Bei einem so geänderten Apparat haben wir es nicht mehr mit Signalen zu tun, die außerhalb der Systemsprache liegen; wir sparen die Arbeit des Übersetzens.

Grundsätzlich das gleiche gilt für die Laute des Menschen K. Falls es uns gelingt, nicht nur seine Laute zu beobachten, sondern seine Laut-Dispositionen zu ändern, so wird es zweckmäßig sein, in folgender Weise vorzugehen. Wir bringen den K dahin, die Reaktion »re« durch die Reaktion »es regnet« zu ersetzen und entsprechend für die übrigen Laute. Das ist eine Einwirkung (Umgewöhnung, Umdressur; »disconditioning« und »conditioning«, sozusagen »transconditioning«), wie sie bekanntlich bei manchen Tieren und Menschen in manchen Fällen gelingt, in anderen auch nicht. Wir wollen jetzt annehmen, diese Einwirkung sei innerhalb des Kreises derer, von denen die intersubjektive Wissenschaft aufgebaut und angewendet wird, gelungen. Dann gibt es in diesem Kreis nur noch die einheitliche Systemsprache, nicht mehr Privatsprachen wie beim ersten Verfahren (»re« usw.).

Auf die Möglichkeit des jetzt behandelten zweiten Verfahrens hat zuerst Neurath aufmerksam gemacht; es ist aber nach meiner Meinung nur eines unter mehreren gleicherweise berechtigten. – Im einzelnen scheint Neurath eine Sprachform im Auge zu haben, die nicht ganz mit der hier dargestellten zweiten Sprachform übereinstimmt. In den »Ballungen« seiner »Trivialsprache« scheint er die Möglichkeit freier Sprachformen und vielleicht auch das Vorkommen beliebiger Ausdrücke in Protokollsätzen zuzulassen; das aber würde in die Richtung unserer ersten Sprachform gehen. Ein anderer Unterschied wird nachher besprochen werden.

Während bei der ersten Sprachform die Formen gewisser vorgefundener spontaner Reaktionen zu Protokollsätzen erklärt werden, werden bei der zweiten Sprachform gewisse konkrete Sätze der Systemsprache als *Protokollsätze* genommen, d. h. als Basis der Nachprüfung, als Sätze, hinter die man bei der Nachprüfung der Systemsätze (sowohl der allgemeinen Sätze als der übrigen konkreten Sätze) nicht mehr zurückgreift. Die *Frage* lautet nun: *welche konkreten Sätze sind Protokollsätze?*

Wie schon gesagt, ist die Frage nach der Form der Protokollsätze nicht durch eine Behauptung, sondern durch eine Festsetzung zu beantworten. Das gilt auch für dieselbe Frage innerhalb der zweiten Sprachform, also für die Frage, welche konkreten Sätze der physikalischen Systemsprache als Protokollsätze zu nehmen sind. Es sind im wesentlichen die *beiden folgenden Wege*, zwischen denen hier zu wählen ist; *A) mit Beschränkung:* es wird festgesetzt, daß konkrete Sätze von der und der *ganz bestimmten Form* als Protokollsätze dienen sollen; *B) ohne Beschränkung:* es wird bestimmt, daß *jeder* konkrete Satz unter Umständen als Protokollsatz genommen werden darf. Neurath wählt den Weg *A*. Innerhalb *A* gibt es noch verschiedene Möglichkeiten für die Bestimmungen über die Protokollsatzformen. Die von Neurath getroffene Bestimmung, daß im Protokollsatz der Name des Protokollierenden und ein Ausdruck wie »wahrnehmen«, »sehen« oder dgl. vorkommen sollen, dürfte bei Wahl des Weges *A* zweckmäßig sein. Dagegen scheint es zweifelhaft, ob die spezielle von ihm vorgeschlagene Protokollsatzform mit den drei ineinandergeschachtelten Bestandteilen zweckmäßig ist; vom Gesichtspunkt der Syntax aus erheben sich auch Bedenken dagegen, daß ein Satz, der über einen andern spricht, diesen als Teilsatz enthält. Wichtig ist, daß es sich hier nicht um die Frage der Richtigkeit von Behauptungen, sondern um die Frage der Zweckmäßigkeit gewisser Festsetzungen handelt. Wir wollen hier auf die Frage, ob *A* oder *B* der zweckmäßigere Weg ist, nicht weiter eingehen; ferner auch nicht auf die Erörterungen der verschiedenen Möglichkeiten für die Festsetzung der Protokollsatzformen im Fall *A*.

Im Folgenden soll der Weg B eingeschlagen werden. Die Möglichkeit dieses Verfahrens hat mir Karl Popper in Gesprächen entwickelt. Es ist sehr zu wünschen, daß sich für seine aufschlußreichen Untersuchungen über »Deduktivismus und Induktivismus«, deren Ergebnisse er mir mitgeteilt hat, bald eine 118

Möglichkeit zur Veröffentlichung findet; sie bilden einen wichtigen Beitrag zur Klärung der gegenwärtig drängenden Fragen der Wissenschaftslogik: Charakter der Naturgesetze als Hypothesen, Verfahren der empirischen Nachprüfung. Von anderen Gesichtspunkten als *Neurath* ausgehend, hat *Popper* das Verfahren *B* als einen Bestandteil seines Systems entwickelt. Die Auffassungen beider scheinen mir trotz der bestehenden Unterschiede doch im Grunde verwandt zu sein. Meiner Meinung nach läßt sich die zweite Sprachform besonders einfach auf dem von *Popper* vorgeschlagenen Weg *B* durchführen.

Jeder konkrete Satz der physikalistischen Systemsprache kann unter Umständen als Protokollsatz dienen. G sei ein Gesetz (d. h. allgemeiner Satz der Systemsprache). Zum Zweck der Nachprüfung sind aus G zunächst konkrete, auf bestimmte Raum-Zeit-Stellen bezogene Sätze abzuleiten (durch Einsetzung konkreter Werte für die in G als freie Variable auftretenden Raum-Zeit-Koordinaten x, y, z, t). Aus diesen konkreten Sätzen sind mit Hilfe anderer Gesetze und logisch-mathematischer Schlußregeln weitere konkrete Sätze abzuleiten, bis man zu Sätzen kommt, die man im gerade vorliegenden Fall anerkennen will. Dabei ist es Sache des Entschlusses, welche Sätze man jeweils als derartige Endpunkte der Zurückführung, also als Protokollsätze verwenden will. Sobald man will, – etwa wenn Zweifel auftreten oder wenn man die wissenschaftlichen Thesen sicherer zu fundieren wünscht, – kann man die zunächst als Endpunkte genommenen Sätze ihrerseits wieder auf andere zurückführen und jetzt diese durch Beschluß zu Endpunkten erklären. In jedem Fall muß man mit der Zurückführung zum Zweck der Nachprüfung irgendwo haltmachen. In keinem Fall aber ist man gezwungen, an einer bestimmten Stelle haltzumachen. Man kann von jedem Satz aus noch weiter zurückgehen; *es gibt keine absoluten Anfangssätze für den Aufbau der Wissenschaft.*

Beispiel. Nachprüfung des Gesetzes G: »An beliebigem Ort zu beliebiger Zeit gilt: ist T die Schwingungszeit eines ebenen Pendels der Länge l im Schwerefeld g, so ist $T = 2\pi \cdot \sqrt{\frac{l}{g}}$.« Nun laute etwa mein Versuchsprotokoll: »(P_1:) Hier (in einem Laboratorium auf der Erdoberfläche) ist ein Pendel von der und der Art; (P_2:) Länge 245,3 cm. (P_3:) Ich stoße schwach an, das Pendel beginnt kleine Schwingungen. Ich lasse das Pendel ohne weitere Berührung frei schwingen. (P_4:) Ich beobachte 20 Schwingungen; Uhrablesung zu Beginn: 5 h 37 min 4 sec; nach 20 Schwingungen: 5 h 38 min 7 sec.« Aus G wird mit Hilfe des Satzes »Auf der Erdoberfläche ist $g = 981$ cm sec^{-2}« abgeleitet: »An einem beliebigen Punkt der Erdoberfläche gilt $T = 2\pi \cdot \sqrt{\frac{l}{981}}$.« Hieraus wird mit Hilfe der Protokollsätze P_1 und P_2 abgeleitet: »Die Schwingungszeit T_1 dieses Pendels beträgt $2\pi \cdot \sqrt{\frac{245,3}{981}}$; hieraus nach mathematischen Sätzen (die zu den Schlußregeln der Logik gehören): »$T_1 = 2\pi \cdot \sqrt{\frac{1}{4}} = \pi = 3,14$.« T_b sei die beobachtete Schwingungszeit; aus P_4 wird abgeleitet »$20\,T_b = 63$«, hieraus »$T_b = 3,15$«. Die Differenz zwischen der nach dem Gesetz G berechneten und der beobachteten Schwingungszeit beträgt 0,01 sec; das ist klein (im Verhältnis zur Beobachtungsgenauigkeit der Versuchsanordnung). Wir werden deshalb das Protokoll als einen bestätigenden Fall für G betrachten.

Nun wollen wir uns die *Relativität der Protokollsätze* deutlich machen. Sobald einer der Sätze des Protokolls nicht mehr einfach anerkannt wird, sondern weiter nachgeprüft werden soll, führen wir ihn auf andere Sätze zurück. Die Zeitangabe in P_4 kann z.B. auf folgende Sätze zurückgeführt werden; (Q_1:) »Dieses Instrument ist (laut Angabe der Firma …) eine genau gehende Uhr«; (Q_2:) »Zu Beginn des Versuchs stand der erste Zeiger auf 5, der zweite auf 37, der dritte auf 4«. Q_1 können wir auf Wunsch weiter zurückführen auf den Satz, der die Wahrnehmung eines Zeugnisses einer Sternwarte aussagt, oder auf Sätze, die eine von uns selbst vorgenommene Eichung beschreiben. Q_2 können wir auf folgende Sätze zurückführen; (R_1:) »Ich habe die und die Zeigerstellungen wahrgenommen«, (R_2:) »Hier ist eine Bescheinigung eines physiologischen Laboratoriums, laut welcher meine Ablesungen von Sekundenzeigern in der Regel keine größeren Fehler als … aufweisen.« – Man kann nötigenfalls, um zu sicherer fundierten Ergebnissen zu kommen, die Versuchsanordnung von vornherein nach dieser oder jener Seite anders einrichten und dadurch ein anderes umfassenderes Protokoll bekommen. Z.B. können wir einen zweiten Beobachter des Pendels und der Uhr zu Hilfe nehmen und seine Protokollsätze mit verwerten; oder einen Physiologen, der mich vor, während und nach dem Versuch beobachtet, und dessen Protokoll bestätigt, daß ich kein Fieber hatte, nicht unter Einwirkung eines Narkotikums stand, ruhig beobachtete und gleich nach der Beobachtung die Zeitangabe P_4 aufschrieb, und dgl. Auf Grund weiterer, längerer Beobachtungen meines Verhaltens werden Sätze über meine Gewissenhaftigkeit beim wissenschaftlichen Protokollieren aufgestellt. Hieraus wird ein Satz über meine Glaubwürdigkeit abgeleitet. Mit Hilfe dieses Satzes und jener Sätze des Physiologen wird dann mein Protokollsatz P_4 (mit dem und dem Sicherheitsgrad) bestätigt.

Das Beispiel macht deutlich, daß bei diesem Verfahren kein Satz einen absoluten Endpunkt für die Zurückführung bildet. Sätze aller Arten können gegebenenfalls auf andere zurückgeführt werden. Man geht bei der Zurückführung jeweils so weit, bis man zu Sätzen kommt, die man durch Beschluß anerkennt. Dabei spielt sich alles in der intersubjektiven, physikalistischen Sprache ab. Auch die Wahrnehmungssätze des protokollierenden Subjektes S sind nichts anderes als gleichberechtigte Glieder in der Kette. Im praktischen Verfahren wird S häufig gerade bei ihnen stehen bleiben. Aber das hat keine grundsätzliche Bedeutung, sondern geschieht nur, weil die intersubjektive Nachprüfung von Sätzen über Wahrnehmungen (Gehirnvorgänge) verhältnismäßig umständlich und schwierig ist und in vielen Fällen bei geschulten wissenschaftlichen Beobachtern auch als nicht so nötig erscheint wie die Nachprüfung der noch nicht auf Wahrnehmungssätze zurückgeführten Sätze. Übrigens geht man im praktischen Verfahren der Wissenschaft gewöhnlich nur in kritischen Fällen bis auf die Sätze über Wahrnehmungen zurück, während man meist – wie in dem Protokoll des besprochenen Beispiels – bei Sätzen über die beobachteten Dinge stehen bleibt, d.h. diese Sätze als Protokollsätze nimmt. Bei dem hier dargestellten Verfahren (zweite Sprachform, Weg B [Popper], im Unterschied zum Weg A [Neurath]) können somit die Protokolle in der Form, wie sie tatsächlich von Physikern, Biologen, Geographen, Soziologen usw. niedergeschrieben werden, als Protokolle im strengen Sinn gelten (vorausgesetzt, daß insbesondere die Soziologen ihre Metaphysik, wenn schon nicht aus den Theorien, so doch wenigstens aus ihren Tatsachenberichten fernhalten). Dabei mögen die Protokolle konkrete Sätze beliebiger Art enthalten: Sätze über Wahrnehmungen oder Gefühle, Sätze über beobachtete Vorgänge oder über nicht-beobachtete, aus beobachteten erschlossene Vorgänge, Sätze über Vorgänge, die von anderen berichtet worden sind, usw. Ist ein auftretender Protokollsatz nicht vereinbar mit den übrigen Sätzen des Protokolls oder mit anderen konkreten Sätzen, die schon als anerkannt gelten, so haben wir die Wahl, entweder diesen Protokollsatz oder die betreffende Gruppe anderer konkreter Sätze oder die Gruppe der Gesetze, mit deren Hilfe diese Sätze abgeleitet sind, zu modifizieren. Bei dieser Wahl wird vor allem die – vorher schon geschehene oder jetzt anzustellende – Nachprüfung dieser Sätze, also auch des Protokollsatzes verwertet werden, soweit sie praktisch durchführbar ist und zu verhältnismäßig sicheren Ergebnissen führt.

Dieser Aufsatz wendet sich in erster Linie an diejenigen, die grundsätzlich den Physikalismus anerkennen, aber in bestimmten einzelnen Fragen noch nach Klarheit suchen. Für diejenigen, die die These des Physikalismus bezweifeln, seien nur einige kurze Bemerkungen angefügt, um auf zwei häufig erhobene Einwände zu erwidern. *Erster Einwand:* »Alle Nachprüfung besteht doch in der Zurückführung auf Erlebnisinhalte; hier aber ist von solchen gar nicht die Rede; der Physikalist möge deutlich Farbe bekennen: sollen sich die Wahrnehmungssätze auf den Körper des Wahrnehmenden oder auf seine Erlebnisse beziehen?« Die Frage ist in inhaltlicher Redeweise gestellt und daher in dieser Form nicht korrekt beantwortbar. In formaler Redeweise kann man sagen: In den Wahrnehmungssätzen tritt der Name »K« des Körpers der betreffenden Person auf; ein solcher Wahrnehmungssatz kann aber auch so formuliert werden, daß die Worte »wahrnehmen«, »sehen«, »hören« oder ähnliche vorkommen. Daß man leicht in Unklarheiten und Widersprüche gerät, wenn man jene Frage in inhaltlicher Redeweise behandelt, ist früher gezeigt worden (Carnap, a.a.O., § 6, S. 339–344).

Zweiter Einwand: »Meine Rotwahrnehmung, mein Hunger, mein Zorn sind nur mir selbst gegeben, meinem Mitmenschen aber nicht. Im Physikalismus aber sind alle Sätze intersubjektiv. Wo bleibt da die Tatsache der unaufhebbaren Trennung der Subjekte von einander?« Diese Tatsache soll nicht geleugnet werden; sie muß aber mit Vorsicht formuliert werden. »S hat Hunger« ist gleichbedeutend mit »Das Nervensystem des S befindet sich im Hungerzustand«; »S sieht rot« ist gleichbedeutend mit »Das Nervensystem des S befindet sich im Zustand des Rotsehens«. »Nur S kennt unmittelbar seinen Hunger« bedeutet: »Nur S ist imstande, auf Grund des Hungers des S unmittelbar, d. h. ohne physikalische Kausalkette mit Vorgängen außerhalb des Körpers S, die Aussage »S ist hungrig« auszusprechen«. Dieser Satz ist richtig, er ist aber nichts weiter als ein Spezialfall des allgemeinen Satzes: »Ist A ein beliebiges physikalisches System, und V_1 ein beliebiger Vorgang von A, so kann nur ein Vorgang V_2 von A, niemals aber ein Vorgang V_3 außerhalb A mit V_1 durch eine ›direkte‹ Kausalkette, d. h. durch eine solche, die A nicht verläßt, verbunden sein«. Das aber ist trivial. Durch den Magen- und Gehirnzustand des S können nur die Sprechorgane des S, nicht aber die eines anderen, ohne Umweg über einen Vorgang außerhalb S beeinflußt werden.

Hiermit hängt die folgende – physikalistisch betrachtet, ebenfalls selbstverständliche – Tatsache zusammen. Wenn S_1 (sprechend, schreibend oder denkend) einen bestimmten Satz aufstellt und nachprüft, so geschieht das unmittelbar nur auf Grund von eigenen Wahrnehmungen. Auch wenn S_1 dabei Aussagen des S_2 verwertet, so geschieht das stets durch Vermittlung der eigenen Wahrnehmungen des S_1, etwa seines Hörens der Aussagen des S_2. (Mit den Ausdrücken »Denken«, »Wahrnehmen«, »Hören« sind hier selbstverständlich physikalische Vorgänge im Nervensystem des S_1 gemeint.) Genauer: die Kausalkette von der Wahrnehmung des S_2 zum nachprüfenden Denken oder Sprechen des S_1 führt über die Sprechbewegung des S_2, den Vorgang am Sinnesorgan des S_1 und den Wahrnehmungsvorgang am Gehirn des S_1. Diese Tatsache, daß die Nachprüfung auf den Wahrnehmungen des Nachprüfenden beruht, bildet den berechtigten Kern des »methodischen Solipsismus«; ich gebe aber zu, daß man gegen die Beibehaltung dieses Terminus wegen seiner idealistischen Vorbelastung Bedenken haben kann.

3. Vergleich der beiden Sprachformen

Wir haben *zwei verschiedene Sprachformen* untersucht und gesehen, daß *jede von ihnen widerspruchsfrei durchführbar und daher berechtigt* ist. Die *erste Sprachform*, bei der die Protokollsätze außerhalb der Systemsprache liegen, hat den Vorzug, daß bei ihr keine Forderungen in bezug auf die Form der Protokollierung gestellt werden: hier können Äußerungen eines Negers in unbekannter Sprache, Äußerungen eines Kindes, eines Tieres, eines Apparates in gleicher Weise verwertet werden, nachdem auf Grund hinreichender Beobachtungen geeignete Übersetzungsregeln aufgestellt worden sind. Die *zweite Sprachform* (Neurath, Popper) bei der die Protokollsätze zur Systemsprache gehören, hat den Vorteil, daß man es nur mit einer einheitlichen Sprache zu tun hat, so daß keine Übersetzungsregeln erforderlich sind. In allen bisherigen Erkenntnistheorien steckt ein bestimmter *Absolutismus*: in den realistischen ein Absolutismus der Objekte, in den idealistischen (einschließlich der Phänomenologie) ein Absolutismus des »Gegebenen«, der »Erlebnisse«, der »unmittelbaren Phänomene«. Auch im Positivismus findet sich ein Rest dieses idealistischen Absolutismus; in dem logistischen Positivismus unseres Kreises – in den bisher veröffentlichten wissenschaftslogischen (erkenntnistheoretischen) Schriften von Wittgenstein, Schlick, Carnap – nimmt er die verfeinerte Form eines Absolutismus der Ursätze (»Elementarsätze«, »Atomsätze«) an. Gegen diesen Absolutismus hat Neurath als erster sich mit Entschiedenheit gewendet, indem er die Unwiderruflichkeit der Protokollsätze ablehnt. Popper gelangt von anderen Ausgangspunkten noch einen Schritt weiter: bei seinem Nachprüfungsverfahren gibt es keine letzten Sätze; sein System stellt daher die radikalste Überwindung jenes Absolutismus dar. Wie mir scheint, kann der Absolutismus nicht nur bei der zweiten, sondern auch bei der ersten der beiden hier behandelten Sprachformen ausgeschaltet werden. Doch mag es richtig sein, daß bei Anwendung der zweiten Sprachform und besonders des Popperschen Verfahrens *B* die Gefahr noch geringer ist, daß »jüngere Menschen« bei der Suche nach den Protokollsätzen »auf metaphysische Abwege geraten« (Neurath, a.a.O., S. 402). Bei Abwägung der verschiedenen erwähnten Punkte erscheint mir die zweite Sprachform mit Verfahren *B*, also in der hier dargestellten Gestalt, als die zweckmäßigste unter den gegenwärtig in der Wissenschaftslehre vertretenen Formen der Wissenschaftssprache (die gewöhnlich nicht als Vorschlag einer Sprachform, sondern als »Theorie des Aufbaus der Erkenntnis« aufgestellt werden).

Durch die Ausschaltung des Absolutismus sind die genannten früheren wissenschaftslogischen Untersuchungen nicht abgetan; es ist nur gezeigt, daß sie in einem bestimmten, allerdings entscheidenden Punkt gereinigt werden müssen. Die Ausschaltung von Fremdkörpern ist wichtig, ja unerläßlich, aber sie bildet nur die negative Seite der Aufgabe. Nun wird in positiver gemeinsamer Arbeit die Wissenschaftslehre weiter zu entwickeln sein.

5.3 ÜBER DAS FUNDAMENT DER ERKENNTNIS
(1934)

Moritz Schlick

I.

Alle großen Versuche der Begründung einer Theorie des Erkennens entspringen aus der Frage nach der Sicherheit menschlichen Wissens, und diese Frage wiederum entspringt aus dem Wunsche nach absoluter Gewißheit der Erkenntnis.

Die Einsicht, daß die Aussagen des täglichen Lebens und der Wissenschaft schließlich nur auf wahrscheinliche Geltung Anspruch machen können, daß auch die allgemeinsten in jeder Erfahrung bewährten Ergebnisse der Forschung nur den Charakter von Hypothesen haben, diese Einsicht hat die Philosophen seit Descartes, ja weniger deutlich schon seit dem Altertum, immer wieder angestachelt, eine unerschütterliche Grundlage zu suchen, die allem Zweifel entzogen ist und den festen Boden bildet, auf dem das schwankende Gebäude unseres Wissens sich erhebt. Die Unsicherheit des Gebäudes führte man meist darauf zurück, daß es unmöglich – vielleicht prinzipiell unmöglich – war, durch menschliche Denkkraft ein solideres aufzubauen; aber das hinderte nicht, nach dem natürlichen Felsen zu suchen, welcher *vor* allem Bauen da ist und selber nicht wankt.

Dieses Suchen ist ein lobenswertes, gesundes Streben, und es ist auch bei »Relativisten« und »Skeptikern« wirksam, die sich seiner gerne schämen möchten. Es tritt in verschiedenen Formen auf und führt zu sonderbaren Meinungsverschiedenheiten. Die Frage nach den »Protokollsätzen«, nach ihrer Funktion und Struktur, ist die neueste Form, in welche die Philosophie, oder vielmehr der entschiedene Empirismus unserer Tage, das Problem des letzten Wissensgrundes kleidet.

Unter »Protokollsätzen« dachte man sich, wie der Name andeutet, ursprünglich jene Sätze, welche in absoluter Schlichtheit, ohne jede Formung, Veränderung oder Zutat die *Tatsachen* aussprechen, in deren Bearbeitung jede Wissenschaft besteht und die jeder Behauptung über die Welt, jedem Wissen vorhergehen. Es hat keinen Sinn, von ungewissen Tatsachen zu sprechen, nur Aussagen, nur unser Wissen kann unsicher sein; und wenn es daher gelingt, die rohen Tatsachen völlig rein in »Protokollsätzen« wiederzugeben, so scheinen diese die absolut unzweifelhaften Ausgangspunkte aller Erkenntnis zu sein. Sie werden zwar in dem Augenblick wieder verlassen, in dem man zu Sätzen übergeht, die im Leben oder in der Wissenschaft wirklich brauchbar sind (ein solcher Übergang scheint der von »singulären« zu »allgemeinen« Aussagen zu sein), aber sie bilden immerhin den festen Untergrund, welchem alle unsere Erkenntnisse alles verdanken, was sie an Geltung noch besitzen mögen.

Es ist dabei gleichgültig, ob diese sog. Protokollsätze jemals wirklich protokolliert, also tatsächlich ausgesprochen, aufgeschrieben oder auch nur explizite »gedacht« werden; nur darauf kommt es an, daß man weiß, zu welchen Sätzen die wirklich gemachten Aufzeichnungen zurückführen, und daß diese jederzeit rekonstruierbar sind. Wenn ein Forscher z. B. notiert, »unter den und den Umständen steht der Zeiger auf 10.5«, so weiß er, daß dies bedeutet: »zwei schwarze Striche fallen zusammen«, und daß die Worte »unter den und den Umständen« (die wir uns hier aufgezählt denken) gleichfalls in bestimmte Protokollsätze aufzulösen sind, die er, wenn auch mit Mühe, so doch im Prinzip genau angeben könnte, wenn er wollte.

Es ist klar und wird meines Wissens von keiner Seite bestritten, daß die Erkenntnis im Leben und in der Forschung in *irgendeinem* Sinne mit der Konstatierung von Tatsachen *beginnt* und daß »Protokollsätze«, in denen eben diese Konstatierung geschieht, in demselben Sinne am *Anfang* der Wissenschaft stehen. Welches ist dieser Sinn? Ist der »Beginn« im zeitlichen oder logischen Sinne zu verstehen?

Hier finden wir schon manche Unklarheit und manches Schwanken. Wenn ich oben sagte, es komme nicht darauf an, ob die entscheidenden Sätze auch wirklich protokolliert oder ausgesprochen würden, so heißt dies offenbar, daß sie nicht *zeitlich* am Anfang zu stehen brauchen, sondern ebensogut nachgeholt werden können, wenn es erforderlich sein sollte. Und man wird es *dann* erforderlich finden, wenn man sich klar zu machen wünscht, was denn das tatsächlich Aufgeschriebene eigentlich bedeutet. Also wäre die Rede von Protokollsätzen *logisch* zu verstehen? Dann würden sie durch bestimmte logische Eigenschaften, durch ihre Struktur, ihre Stellung im System der Wissenschaft ausgezeichnet sein, und es entstünde die Aufgabe, nun eben diese Eigenschaften wirklich anzugeben. In der Tat ist dies die Form, in welcher z.B. Carnap früher das Problem der Protokollsätze ausdrücklich stellte, während er es später (»Über Protokollsätze«, S. 413, 422) als eine durch willkürliche Festsetzung zu lösende Frage erklärte. 119

Auf der andern Seite finden wir manche Ausführungen, die vorauszusetzen scheinen, daß man unter »Protokollsätzen« nur solche Aussagen verstehen will, die auch zeitlich den andern Behauptungen der Wissenschaft vorausgehen. Und geschieht das nicht mit Recht? Man muß doch bedenken, daß es sich um das letzte Fundament der *Wirklichkeits*erkenntnis handelt und daß es dazu nicht genügen kann, die Sätze nur gleichsam als »ideale Gebilde« zu behandeln (wie man früher platonisierend zu sagen pflegte), sondern daß man sich um die realen Gelegenheiten, um die in der Zeit eintretenden Ereignisse kümmern muß, in denen das Fällen der Urteile besteht, also um die psychischen Akte des »Denkens« oder die physischen des »Sprechens« oder »Schreibens«. Da die psychischen Urteilsakte erst dann geeignet erscheinen, zur Begründung der intersubjektiv gültigen Erkenntnis zu dienen, wenn sie in einen mündlichen oder schriftlichen Ausdruck (d.h. in ein physisches Zeichensystem) übersetzt sind, so kam man dazu, als »Protokollsätze« gewisse gesprochene, geschriebene oder gedruckte Sätze anzusehen, d.h. gewisse aus Lauten, aus Tinte oder Druckerschwärze bestehende Zeichenkomplexe, die, wenn man sie aus den üblichen Abkürzungen in die vollständige Sprechweise überträgt, etwa bedeuten würden: »Herr N. N. hat zu der und der Zeit an dem und dem Ort das und das beobachtet«. (Diese Auffassung wurde besonders von O. Neurath vertreten.) In der Tat, wenn wir den Weg zurückverfolgen, auf dem wir realiter zu all unserem Wissen gelangt sind, so stoßen wir zweifellos immer auf diese selben Quellen: gedruckte Sätze im Buche, Worte aus dem Munde des Lehrers, eigene Beobachtungen (im letzten Falle sind wir selbst der N. N.).

Nach dieser Auffassung wären die Protokollsätze reale Vorkommnisse in der Welt und müssen den anderen realen Prozessen, in denen der »Aufbau der Wissenschaft« oder auch die Erzeugung des Wissens eines Individuums besteht, zeitlich vorangehen.

Ich weiß nicht, inwiefern die hier gemachte Unterscheidung zwischen der logischen und der zeitlichen Priorität der Protokollsätze dem Unterschiede der von bestimmten Autoren tatsächlich vertretenen Auffassungen entspricht – aber darauf kommt es auch gar nicht an. Denn es handelt sich uns nicht darum, zu unterscheiden, wer das Richtige gesagt hat, sondern was das Richtige *ist*. Und dabei wird jene Unterscheidung der zwei Standpunkte gute Dienste leisten.

De facto könnten beide Auffassungen sich miteinander vertragen, denn die Sätze, welche schlichte Beobachtungsdaten registrieren und zeitlich am Anfang stehen, könnten zugleich diejenigen sein, welche vermöge ihrer Struktur den logischen Beginn der Wissenschaft bilden müssen.

II.

Die Frage, die uns zuerst interessieren soll, ist die: welcher Fortschritt ist dadurch erzielt, daß man das Problem der letzten Grundlegung der Erkenntnis mit Hilfe des Begriffs des Protokollsatzes formulierte? Die Beantwortung dieser Frage soll uns auf die Lösung des Problems selbst vorbereiten.

Es scheint mir eine große Verbesserung der Methode zu bedeuten, daß man nicht nach den primären *Tatsachen*, sondern nach den primären *Sätzen* suchte, um zum Fundament der Erkenntnis zu gelangen. Aber mir scheint auch, daß man diesen Vorteil nicht recht zu nützen verstand, und vielleicht deshalb, weil man sich nicht recht bewußt war, daß es sich im Grunde doch um nichts anderes handelte als jenes alte Problem des Fundamentes. Ich glaube nämlich, daß die Anschauung, zu der man durch die Betrachtungen über Protokollsätze gelangte, nicht haltbar ist. Sie laufen auf einen eigentümlichen Relativismus hinaus, der eine notwendige Folge der Auffassung zu sein scheint, welche die Protokollsätze als empirische Fakta ansieht, auf denen das Gebäude des Wissens in zeitlicher Entfaltung sich erhebt.

Sowie man nämlich nach der Sicherheit fragt, mit der die Wahrheit der in dieser Weise aufgefaßten Protokollsätze behauptet werden kann, muß man eingestehen, daß sie allen möglichen Zweifeln ausgesetzt ist.

Da steht in einem Buche so ein Satz, der z.B. besagt, daß N.N. an dem und dem Instrument die und die Beobachtung machte. Mag man, wenn gewisse Voraussetzungen erfüllt sind, zu diesem Satze auch das allergrößte Vertrauen hegen – niemals kann man ihn, und damit jene Beobachtung, für *absolut* gesichert halten. Denn die Möglichkeiten des Irrtums sind zahllos. N.N. kann versehentlich oder absichtlich etwas aufgezeichnet haben, was den beobachteten Tatbestand nicht richtig wiedergibt; es kann beim Abschreiben, beim Drucken ein Fehler unterlaufen sein, ja auch die Voraussetzung, daß die Schriftzeichen eines Buches auch nur eine Minute lang ihre Gestalt bewahren und sich nicht »von selbst« zu neuen Sätzen ordnen, ist eine empirische Hypothese, die als solche niemals streng zu verifizieren ist, denn jede Verifikation würde auf Annahmen der gleichen Art beruhen und der Voraussetzung, daß unsere Erinnerung uns wenigstens während kurzer Zeiten nicht täusche, usf.

Dies heißt natürlich – und einige von unseren Autoren haben fast triumphierend darauf aufmerksam gemacht –, daß die so aufgefaßten Protokollsätze im Prinzip ganz genau denselben

Charakter tragen wie alle übrigen Sätze der Wissenschaft auch: 121 es sind Hypothesen, nichts als Hypothesen. Sie sind nichts weniger als unumstößlich, und man kann sie beim Aufbau des Erkenntnissystems nur so lange benützen, als sie durch andere Hypothesen gestützt oder wenigstens nicht widerlegt werden. Wir behalten uns also jederzeit vor, auch an den Protokollsätzen Korrekturen vorzunehmen, und solche Korrekturen finden auch häufig genug statt, wenn wir gewisse Protokollangaben ausschalten und nachträglich behaupten, daß sie durch irgendeinen Irrtum zustande gekommen sein müssen.

Auch bei Sätzen, die wir selbst aufgestellt haben, schließen wir die Möglichkeit des Irrtums niemals prinzipiell aus. Wir geben zu, daß unser Geist in dem Augenblick, als er sein Urteil fällte, vielleicht vollkommen verwirrt war, und daß ein Erlebnis, von dem wir jetzt behaupten, es vor zwei Sekunden gehabt zu haben, bei nachträglicher Prüfung als eine Halluzination oder gar als überhaupt nicht vorgekommen erklärt werden könnte.

So ist klar: die geschilderte Auffassung liefert demjenigen, der auf der Suche nach einem festen Fundament der Erkenntnis ist, in ihren »Protokollsätzen« etwas Derartiges *nicht*. Im Gegenteil, sie führt eigentlich nur dazu, den anfangs eingeführten Unterschied zwischen Protokoll- und anderen Sätzen nachträglich als bedeutungslos wieder aufzuheben. So verstehen wir, wie man zu der Meinung gelangte (K. Popper, zitiert bei Carnap, a.a.O., S. 422 f.), man könne ganz beliebige Sätze der Wissenschaft herausgreifen und sie als »Protokollsätze« bezeichnen; und es hänge nur von Gründen der Zweckmäßigkeit ab, welche man dazu wählen wolle.

Aber könnten wir dies zugeben? Gibt es wirklich nur Zweckmäßigkeitsgründe? Kommt es nicht vielmehr darauf an, woher die einzelnen Sätze stammen, welches ihr Ursprung, ihre Geschichte ist? Was heißt hier überhaupt Zweckmäßigkeit? Welches ist denn der Zweck, den man mit der Aufstellung und Auswahl der Sätze verfolgt?

Der Zweck kann kein anderer sein als der der Wissenschaft selbst, nämlich: eine *wahre* Darstellung der Tatsachen zu liefern.

Für uns versteht es sich von selbst, daß das Problem des Fundamentes aller Erkenntnis nichts andres ist als die Frage nach dem Kriterium der Wahrheit. Die Einführung des Terminus »Protokollsätze« geschah anfangs sicherlich in der Absicht, durch ihn gewisse Sätze auszuzeichnen, an deren Wahrheit dann die Wahrheit aller übrigen Aussagen wie an einem Maßstab gemessen werden sollte. Nach der beschriebenen Ansicht hätte sich nun dieser Maßstab als ebenso relativ herausgestellt, wie etwa alle Maßstäbe in der Physik. Und jene Ansicht mit ihren Folgerungen ist denn auch als Austreibung des letzten Restes von »Absolutismus« aus der Philosophie gepriesen worden (Carnap, a. a. O., S. 428 f.).

Was bleibt aber dann überhaupt als Kriterium der Wahrheit übrig? Da es sich nicht so verhalten soll, daß alle Aussagen der Wissenschaft sich nach ganz bestimmten Protokollsätzen richten müssen, sondern vielmehr so, daß alle Sätze sich nach allen richten sollen, wobei jeder einzelne als prinzipiell korrigierbar betrachtet wird, so kann die Wahrheit nur bestehen in der *Übereinstimmung der Sätze untereinander.*

III.

Diese Lehre (die z. B. von O. Neurath in dem geschilderten Zusammenhang ausdrücklich formuliert und vertreten wird) ist aus der Geschichte der neueren Philosophie wohl bekannt. In England wird sie gewöhnlich als »coherence theory of truth« bezeichnet und der älteren »correspondence theory« gegenübergestellt (wobei zu bemerken wäre, daß der Ausdruck »Theorie« hier recht unangebracht ist, da Bemerkungen über die Natur der Wahrheit einen ganz anderen Charakter haben als wissenschaftliche Theorien, die immer aus einem System von Hypothesen bestehen).

Der Gegensatz beider Ansichten wird meist so ausgesprochen, daß nach der einen, traditionellen, die Wahrheit eines Satzes in seiner Übereinstimmung mit den Tatsachen bestehe, nach der anderen aber, der »Zusammenhangs«lehre, in seiner Übereinstimmung mit dem System der übrigen Sätze.

Ich will hier nicht allgemein untersuchen, ob die Formulierung der letzteren Lehre nicht auch so gedeutet werden kann, daß sie auf etwas ganz Richtiges aufmerksam macht (nämlich darauf, daß wir in einem ganz bestimmten Sinne »aus der Sprache nicht herauskönnen«, wie sich Wittgenstein ausdrückt); hier habe ich vielmehr zu zeigen, daß sie in der Interpretation, die ihr in unserem Zusammenhange gegeben werden muß, gänzlich unhaltbar ist.

Wenn die Wahrheit eines Satzes bestehen soll in seiner Kohärenz oder Übereinstimmung mit den anderen Sätzen, so muß man sich darüber klar sein, was man unter »Übereinstimmung« versteht, und *welche* Sätze mit den »anderen« gemeint sind.

Der erste Punkt dürfte sich leicht erledigen lassen. Da nicht gemeint sein kann, daß die zu prüfende Aussage *dasselbe* behauptet wie die übrigen, so bleibt nur übrig, daß sie mit ihr nur *verträglich* sein muß, also daß kein Widerspruch zwischen ihr und ihnen besteht. Wahrheit würde also einfach in Widerspruchslosigkeit bestehen. Darüber aber, ob man Wahrheit mit Widerspruchsfreiheit schlechthin identifizieren könnte, sollte keine Diskussion mehr stattfinden. Es dürfte längst allgemein anerkannt sein, daß nur bei Sätzen tautologischen Charakters Widerspruchslosigkeit und Wahrheit (wenn man dieses Wort überhaupt anwenden will) gleichzusetzen sind, also z.B. bei Sätzen der reinen Geometrie. Bei dergleichen Sätzen aber ist jede Beziehung zur Wirklichkeit absichtlich gelöst, sie sind nur Formeln innerhalb eines festgelegten Kalküls; bei Aussagen der *reinen* Geometrie hat es keinen Sinn, zu fragen, ob sie mit den Tatsachen der Welt übereinstimmen oder nicht, sie müssen nur mit den willkürlich an die Spitze gestellten Axiomen verträglich sein (überdies fordert man üblicherweise noch, daß sie aus ihnen *folgen*), um wahr oder richtig zu heißen. Wir haben hier eben das vor uns, was man früher *formale* Wahrheit genannt und von der 123 *materialen* Wahrheit unterschieden hat.

Die letztere ist die Wahrheit der synthetischen Sätze, der Tatsachenaussagen, und wenn man sie mit Hilfe des Begriffs der

Widerspruchslosigkeit, des Zusammenstimmens mit anderen Sätzen beschreiben will, so kann man das nur, indem man sagt, daß sie mit *ganz bestimmten* Aussagen nicht im Widerspruch stehen dürfen, nämlich eben jenen, welche »Tatsachen der unmittelbaren Beobachtung« aussprechen. Nicht Verträglichkeit mit *irgend*welchen beliebigen Sätzen kann das Kriterium der Wahrheit sein, sondern Zusammenstimmen mit gewissen ausgezeichneten, in keiner Weise frei wählbaren Aussagen wird gefordert. Mit anderen Worten: das Kriterium der Widerspruchsfreiheit allein genügt durchaus nicht für die materiale Wahrheit, sondern es kommt ganz und gar auf die Verträglichkeit mit höchst besonderen eigentümlichen Aussagen an; und es steht nichts im Wege – ich halte es vielmehr durchaus für gerechtfertigt –, für *diese* Verträglichkeit den guten alten Ausdruck »Übereinstimmung mit der Wirklichkeit« zu gebrauchen.

Der erstaunliche Irrtum der »coherence theory« ist nur dadurch zu erklären, daß man bei der Aufstellung und Erläuterung dieser Lehre immer nur an tatsächlich in der Wissenschaft auftretende Sätze dachte und nur sie als Beispiele heranzog. Da genügte dann tatsächlich der widerspruchsfreie Zusammenhang untereinander, aber nur deshalb, weil diese Sätze schon ganz bestimmter Art sind. Sie haben nämlich in gewissem (alsbald noch zu beschreibendem) Sinne ihren »Ursprung« in Beobachtungssätzen, sie stammen, wie man in der traditionellen Ausdrucksweise getrost sagen darf, »aus der Erfahrung«.

Wer es ernst meint mit der Kohärenz als alleinigem Kriterium der Wahrheit, muß beliebig erdichtete Märchen für ebenso wahr halten wie einen historischen Bericht oder die Sätze in einem Lehrbuch der Chemie, wenn nur die Märchen so gut erfunden sind, daß nirgends ein Widerspruch auftritt. Ich kann eine grotesk abenteuerliche Welt mit Hilfe der Phantasie ausmalen: der Kohärenzphilosoph muß an die Wahrheit meiner Beschreibung glauben, wenn ich nur für die gegenseitige Verträglichkeit meiner Behauptungen sorge und zur Vorsicht noch jede Kollision mit der gewohnten Weltbeschreibung vermeide, indem ich den Schauplatz meiner Erzählung auf einen entfernten Stern verlege, wo keine Beobachtung mehr möglich ist. Ja, streng genommen habe ich jene Vorsicht gar nicht nötig, ich kann ebensogut verlangen, daß die anderen sich meiner Schilderung anzupassen haben, und nicht umgekehrt. Die anderen können dann nicht etwa einwenden, daß dies Verfahren den Beobachtungen widerstreite, denn nach der Kohärenzlehre kommt es auf irgendwelche »Beobachtungen« gar nicht an, sondern allein auf die Verträglichkeit der Aussagen.

Da es keinem Menschen einfällt, die Sätze eines Märchenbuches für wahr, die eines Physikbuches für falsch zu halten, so ist die Kohärenzlehre völlig verfehlt. Es muß eben zu der Kohärenz noch etwas anderes hinzukommen, nämlich ein Prinzip, nach welchem die Verträglichkeit herzustellen ist, und dieses wäre dann erst das eigentliche Kriterium.

Ist mir eine Menge von Aussagen gegeben, unter denen sich auch widersprechende befinden, so kann ich die Verträglichkeit ja auf verschiedene Weisen herstellen, indem ich z. B. das eine Mal gewisse Aussagen herausgreife und fallen lasse oder korrigiere, das andere Mal aber dasselbe mit denjenigen Aussagen tue, denen die ersten widersprechen.

Damit zeigt sich die logische Unmöglichkeit der Kohärenzlehre; sie gibt überhaupt kein eindeutiges Kriterium der Wahrheit, denn ich kann mit ihr zu beliebig vielen in sich widerspruchsfreien Satzsystemen gelangen, die aber unter sich unverträglich sind.

Der Unsinn wird nur dadurch vermieden, daß man nicht die Weglassung oder Korrektur beliebiger Aussagen zuläßt, sondern vielmehr diejenigen angibt, welche aufrechtzuerhalten sind und nach denen die übrigen sich zu richten haben.

IV.

Die Kohärenzlehre ist damit erledigt, und wir sind inzwischen schon längst bei dem zweiten Punkte unserer kritischen Überlegung angelangt, nämlich bei der Frage, ob *alle* Sätze korrigierbar sind oder ob es auch solche gibt, an denen nicht gerüttelt werden kann. Diese letzten würden natürlich das »Fundament« aller Erkenntnis bilden, nach dem wir suchten, und dem wir bisher keinen Schritt näher gekommen sind.

Nach welcher Vorschrift also sind die Sätze auszusuchen, die selbst unverändert bleiben und mit denen alle übrigen in Einklang gebracht werden müssen? Wir wollen sie im folgenden nicht »Protokollsätze«, sondern »Fundamentalsätze« nennen, da es ja zweifelhaft ist, ob sie in den Protokollen der Wissenschaft überhaupt vorkommen.

Das nächstliegende wäre zweifellos, die gesuchte Vorschrift in einer Art Ökonomieprinzip zu erblicken, nämlich zu sagen: als Fundamentalsätze sind diejenigen zu wählen, bei deren Festhaltung ein *Minimum* von Änderungen in dem ganzen Aussagensystem nötig ist, um es von allen Widersprüchen zu reinigen. 124

Es verdient bemerkt zu werden, daß eine derartige Ökonomievorschrift nicht ganz bestimmte Aussagen ein für allemal als Fundamentalsätze festlegen würde, sondern es könnte geschehen, daß mit dem Fortschritt der Erkenntnis die Fundamentalsätze, die bis dahin als solche gedient haben, wieder degradiert werden, da es sich als mehr ökonomisch herausstellt, sie fallen zu lassen zugunsten neu aufgefundener Sätze, die von da an – bis auf weiteres – die Rolle des Fundamentes spielen. – Dies wäre also zwar nicht mehr der reine Kohärenz-, sondern ein Ökonomiestandpunkt, aber der »Relativismus« würde ihm ebenso gut eignen.

Es scheint mir fraglos, daß die Vertreter der bisher kritisierten Ansicht in der Tat das Ökonomieprinzip als eigentlichen Leitfaden ansahen, ob nun ausdrücklich oder unausgesprochen; ich habe daher auch oben (S. 435) bereits angenommen, daß es bei der relativistischen Lehre Zweckmäßigkeitsgründe seien, die die Wahl der »Protokollsätze« entscheiden, und ich hatte gefragt: Können wir das zugeben?

Ich beantworte diese Frage jetzt mit Nein! Es ist tatsächlich nicht die ökonomische Zweckmäßigkeit, sondern es sind ganz andere Eigenschaften, die die echten Fundamentalsätze auszeichnen.

Das Verfahren der Wahl dieser Sätze wäre ökonomisch zu nennen, wenn es etwa in einer Anpassung an die Meinungen (oder

»Protokollsätze«) der Majorität der Forscher bestünde. Nun ist es allerdings so, daß wir ein Faktum, z. B. ein geographisches oder historisches, oder auch ein Naturgesetz, als unzweifelhaft bestehend hinnehmen, wenn wir an den für solche Berichte in Frage kommenden Stellen es sehr oft als bestehend erwähnt fanden. Es fällt uns dann gar nicht ein, es noch selbst nachprüfen zu wollen. Wir stimmen also dem allgemein Anerkannten bei. Aber dies erklärt sich dadurch, daß wir genaue Kenntnis davon haben, auf welche Art solche Tatsachenaussagen zustande zu kommen pflegen, und daß diese Art unser Vertrauen erweckt; nicht aber dadurch, daß es der Ansicht der Majorität entspricht. Im Gegenteil, es konnte erst zur allgemeinen Anerkennung gelangen, weil jeder einzelne dasselbe Vertrauen fühlt. Ob und in welchem Maße wir eine Aussage für korrigierbar oder annullierbar erklären, hängt ganz allein *von ihrer Herkunft* ab, und (von ganz besonderen Fällen abgesehen) durchaus nicht davon, ob ihre Beibehaltung eine Korrektur sehr vieler anderer Aussagen und vielleicht eine Umschichtung des ganzen Wissenssystems erfordert.

Bevor man das Ökonomieprinzip anwenden kann, muß man wissen: auf *welche* Sätze denn? Und wenn das Prinzip die *einzige* entscheidende Vorschrift wäre, so könnte die Antwort nur lauten: nun, eben auf *alle*, die überhaupt mit dem Anspruch auf Geltung aufgestellt werden oder sogar je aufgestellt worden sind. Ja, eigentlich wäre die Klausel »mit dem Anspruch auf Geltung« fortzulassen, denn wie sollen wir sie von den rein willkürlich aufgestellten, zum Spaß oder zur Irreführung erdachten unterscheiden? Diese Unterscheidung läßt sich schon gar nicht formulieren, ohne die *Entstehung* der Aussagen in Betracht zu ziehen. So sehen wir uns immer wieder auf die Frage nach ihrer Herkunft verwiesen. Ohne die Aussagen nach ihrer Herkunft klassifiziert zu haben, wäre jede Anwendung des ökonomischen Prinzips der Zusammenstimmung völlig absurd. Hat man aber die Sätze einmal auf ihren Ursprung untersucht, so bemerkt man alsbald, daß man sie damit bereits zugleich in eine Ordnung nach ihrer Geltung gebracht hat und daß für eine Anwendung des Ökonomieprinzips gar kein Platz mehr ist (abgesehen von gewissen

Sonderfällen an noch unabgeschlossenen Stellen der Wissenschaft), und daß jene Ordnung zugleich den Weg weist zu dem Fundament, das wir suchen.

V.

Hier ist freilich die äußerste Vorsicht am Platze. Denn hier stoßen wir gerade auf den Weg, den man seit jeher verfolgte, so oft man die Reise nach den letzten Gründen der Wahrheit antrat. Und immer hat man das Ziel verfehlt. Bei jener Ordnung der Sätze nach ihrem Ursprung, die ich zum Zwecke der Beurteilung ihrer Gewißheit vornehme, stellen sich nämlich alsbald diejenigen an einen ausgezeichneten Platz, *die ich selbst* aufstelle. Und von diesen treten die in der Vergangenheit liegenden wieder weiter zurück, weil wir glauben, daß ihre Gewißheit durch »Erinnerungstäuschungen« beeinträchtigt sein kann – und zwar im allgemeinen um so mehr, je weiter sie in der Zeit zurückliegen. Dagegen treten an die Spitze als allem Zweifel entrückt jene, die einen *in der Gegenwart* liegenden Tatbestand der eigenen »Wahrnehmung« oder des »Erlebens« (oder wie die Ausdrücke lauten mögen) ausdrücken. Und so einfach und klar dies zu sein scheint, so sind doch die Philosophen in ein hoffnungsloses Labyrinth geraten, sobald sie wirklich die Sätze der zuletzt erwähnten Art als Grundlage alles Wissens zu benutzen versuchten. Einige Vexiergänge dieses Labyrinths sind z. B. jene Formulierungen und Folgerungen, die unter den Namen »Evidenz der inneren Wahrnehmung«, »Solipsismus«, »Instantansolipsismus«, »Selbstgewißheit des Bewußtseins« usw. im Mittelpunkte so vieler philosophischer Kämpfe gestanden haben. Der bekannteste Endpunkt, zu dem die Verfolgung des geschilderten Weges geführt hat, ist das Cartesische cogito ergo sum, zu dem ja auch Augustinus eigentlich schon vorgedrungen war. Und über das cogito ergo sum sind uns ja heute durch die Logik die Augen genugsam geöffnet worden: Wir wissen, daß es ein bloßer Scheinsatz ist, der auch dadurch nicht zu einer echten Aussage wird, daß man ihn in der Form ausspricht: cogitatio est – »die Bewußtseinsinhalte existieren«[1]. Ein solcher Satz, der selbst nichts ausdrückt, kann in gar keinem Sinne als Fundament von irgend etwas dienen; er ist selbst keine Erkenntnis, und es ruht keine auf ihm; er kann keinem Wissen Sicherheit verleihen.

Es besteht also die größte Gefahr, daß man bei der Begehung des empfohlenen Weges statt zu dem gesuchten Fundament zu nichts als zu leeren Wortgebilden gelangt. Aus dem Wunsch, dieser Gefahr zu entgehen, war ja die kritische Protokollsatzlehre entsprungen. Der von ihr eingeschlagene Ausweg konnte uns aber nicht befriedigen; sein *wesentlicher* Mangel liegt in der Verkennung der verschiedenen Dignität der Sätze, die sich am deutlichsten in der Tatsache ausdrückt, daß für das Wissenssystem, welches einer als das »richtige« annimmt, seine *eigenen* Sätze schließlich doch die einzig entscheidende Rolle spielen.

Es wäre theoretisch denkbar, daß die Aussagen, welche alle anderen Menschen über die Welt machen, durch meine eigenen Beobachtungen in keiner Weise bestätigt würden. Es könnte sein, daß alle Bücher, die ich lese, und alle Lehrer, die ich höre, unter sich in vollkommener Übereinstimmung sind, daß sie einander nie widersprechen, daß sie aber mit einem großen Teil meiner eigenen Beobachtungssätze schlechthin unvereinbar sind. (Gewisse Schwierigkeiten würde in diesem Falle die Frage des Erlernens der Sprache und ihres Gebrauchs zur Verständigung bereiten, aber sie ließen sich beheben durch gewisse Annahmen darüber, an welchen Stellen allein die Widersprüche auftreten sollen.) Nach der kritisierten Lehre würde ich in einem solchen Falle einfach meine eigenen »Protokollsätze« opfern müssen, da ihnen ja die überwältigende Menge der anderen, unter sich harmonischen, gegenüberstünde, denen man unmöglich zumuten kann, sich nach meiner beschränkten fragmentarischen Erfahrung zu korrigieren.

Was geschähe aber wirklich in dem gedachten Falle? Nun, ich würde unter gar keinen Umständen meine eigenen Beobachtungs-

---

[1] Vgl. »Positivismus und Realismus«, in diesem Band, S. 210.

sätze aufgeben, sondern ich finde, daß ich nur ein Erkenntnissystem annehmen kann, in welches sie unverstümmelt hineinpassen. Und ein solches könnte ich auch stets konstruieren. Ich brauche nur die anderen Menschen als träumende Narren anzusehen, in deren Wahnsinn eine bewundernswerte Methode ist, oder – um dasselbe sachlicher auszudrücken – ich würde sagen, daß die anderen eben in einer andern Welt als ich leben, die mit der meinigen nur gerade so viel gemeinsam hat, daß eine Verständigung durch dieselbe Sprache möglich ist. Auf jeden Fall würde ich, welches Weltbild ich auch konstruiere, seine Wahrheit immer nur an der eigenen Erfahrung prüfen; diesen Halt würde ich mir niemals rauben lassen, meine eigenen Beobachtungssätze würden immer das letzte Kriterium sein. Ich würde sozusagen ausrufen: »Was ich sehe, das sehe ich!«

VI.

Nach diesen kritischen Vorbereitungen ist klar, in welcher Richtung wir die Auflösung der verwirrenden Schwierigkeiten zu suchen haben: wir müssen die Stücke des Cartesischen Weges benutzen, soweit sie gut und gangbar sind, dann aber uns davor hüten, uns in das cogito ergo sum und verwandte Sinnlosigkeiten zu verwirren. Das tun wir, indem wir uns klar machen, welchen Sinn und welche Rolle denn nun wirklich den Sätzen zukommt, die »gegenwärtig Beobachtetes« ausdrücken.

Was steckt eigentlich dahinter, wenn man sagt, daß sie »absolut gewiß« seien? Und in welchem Sinne darf man sie als letzten Grund alles Wissens bezeichnen?

Betrachten wir die zweite Frage zuerst. Wenn wir uns denken, daß ich jede Beobachtung sofort notierte – wobei es prinzipiell gleichgültig ist, ob dies auf dem Papier oder nur im Gedächtnis geschieht – und begönne nun von da aus den Aufbau der Wissenschaft: so hätte ich echte »Protokollsätze« vor mir, die zeitlich am Anfang der Erkenntnis stünden. Aus ihnen würden die übrigen Sätze der Wissenschaft allmählich durch jenen Prozeß entstehen, den man »Induktion« nennt und der in nichts anderem besteht als darin, daß ich, durch die Protokollsätze angeregt oder veranlaßt, allgemeine Sätze versuchsweise aufstelle (»Hypothesen«), aus denen jene ersten Sätze, aber auch unzählige andere, logisch folgen. Wenn nun diese anderen *dasselbe* aussagen wie spätere Beobachtungssätze, die unter ganz bestimmten, vorher genau anzugebenden Umständen gewonnen werden, so gelten die Hypothesen so lange als bestätigt, als nicht auch Beobachtungsaussagen auftreten, die zu aus den Hypothesen abgeleiteten Sätzen – und damit zu den Hypothesen selbst – im Widerspruch stehen. Solange das nicht eintritt, glauben wir ein Naturgesetz richtig erraten zu haben. Induktion ist also nichts anderes als ein methodisch geleitetes Raten, ein psychologischer, biologischer Prozeß, dessen Behandlung gewiß nichts mit »Logik« zu tun hat.

Hiermit ist das tatsächliche Verfahren der Wissenschaft schematisch beschrieben. Es ist deutlich, welche Rolle die Aussagen über »gegenwärtig Wahrgenommenes« darin spielen. Sie sind nicht identisch mit dem Aufgeschriebenen oder Erinnerten, also mit dem, was rechtmäßig »Protokollsätze« heißen könnte, sondern sie sind der *Anlaß* zu ihrer Bildung. Die im Buche oder Gedächtnis aufbewahrten Protokollsätze sind, wie wir oben längst anerkannten, zweifellos in ihrer Geltung den *Hypothesen* gleichzusetzen, denn wenn wir einen solchen Satz vor uns haben, so ist es eine bloße Annahme, daß er wahr ist, daß er mit dem Beobachtungssatz übereinstimmt, durch den er veranlaßt wurde. (Ja, vielleicht wurde er durch gar keinen Beobachtungssatz veranlaßt, sondern entsprang irgendeinem Spiel.) Mit einem wirklichen Protokollsatz kann das, was ich Beobachtungssatz nenne, schon deshalb nicht identisch sein, weil es sich in gewissem Sinne überhaupt nicht aufzeichnen läßt – wie wir sogleich besprechen werden.

In dem Schema des Erkenntnisaufbaus, das ich beschrieben habe, spielen also die Beobachtungssätze erstens die Rolle, daß sie zeitlich am Anfang des ganzen Prozesses stehen, ihn anregen und in Gang bringen. Wieviel von ihrem Inhalt in die Erkenntnis eingeht, bleibt prinzipiell zunächst ganz dahingestellt. Mit einem gewissen Rechte kann man also die Beobachtungssätze als letzten Ursprung alles Wissens ansehen, aber soll man sie als das Fundament, als den letzten sicheren Grund bezeichnen? Dies dürfte kaum angezeigt sein, denn dieser »Ursprung« hängt mit dem Erkenntnisgebäude doch auf eine zu fragwürdige Art zusammen. Außerdem haben wir ja den wahren Prozeß schematisch vereinfacht gedacht. In Wirklichkeit schließt sich das, was tatsächlich protokolliert wird, an das Beobachtete selbst noch weniger eng an, und im allgemeinen wird man nicht einmal annehmen dürfen, daß zwischen die Beobachtung und das »Protokoll« sich überhaupt reine Beobachtungssätze einschieben.

Aber nun scheint ja diesen Sätzen, den Aussagen über gegenwärtig Wahrgenommenes, den »Konstatierungen«, wie wir sie auch nennen könnten, noch eine zweite Funktion zuzukommen: nämlich bei der Bestätigung der Hypothesen, bei der *Verifikation*.

Die Wissenschaft macht Prophezeiungen, die durch die »Erfahrung« geprüft werden. Im Aufstellen von Voraussagen besteht ihre wesentliche Funktion. Sie sagt etwa: »Wenn du zu der und der Zeit durch ein so und so eingestelltes Fernrohr blickst, so siehst du ein Lichtpünktchen (Stern) in Koinzidenz mit einem schwarzen Strich (Fadenkreuz).« Nehmen wir an, daß bei Befolgung dieser Anweisung das prophezeite Ereignis wirklich eintritt, so heißt dies ja, daß wir eine Konstatierung machen, auf die wir vorbereitet sind; wir fällen ein Beobachtungsurteil, das wir *erwarteten*, wir haben dabei ein Gefühl der *Erfüllung*, einer ganz charakteristischen Befriedigung, wir sind *zufrieden*. Man kann mit vollem Rechte sagen, daß die Konstatierungen oder Beobachtungssätze ihre wahre Mission erfüllt haben, sobald diese eigentümliche Befriedigung uns zuteil geworden ist.

Und sie wird uns in demselben Augenblick zuteil, in dem die Konstatierung geschieht, die Beobachtungsaussage gemacht wird. Dies ist von der höchsten Wichtigkeit, denn damit liegt die Funktion der Sätze über das *gegenwärtig* Erlebte selbst in der Gegenwart. Wir sahen ja, daß sie sozusagen keine Dauer haben, daß man, sobald sie vorbei sind, an ihrer Stelle nur noch Aufzeichnungen oder Gedächtnisspuren zur Verfügung hat, die nur die Rolle von Hypothesen spielen können und damit der letzten Sicherheit ermangeln. Man kann auf den Konstatierungen kein logisch haltbares Gebäude errichten, weil sie schon fort sind in dem Moment, in dem man zu bauen anfängt. Wenn sie zeitlich am Anfang des Erkenntnisprozesses stehen, sind sie logisch zu nichts nutze. Ganz anders aber, wenn sie am Ende stehen: sie sind die Vollendung der Verifikation (oder auch Falsifikation), und in dem Augenblick ihres Auftretens haben sie ihre Pflicht auch schon erfüllt. Logisch schließt sich nichts mehr an sie an, es werden keine Schlüsse aus ihnen gezogen, sie sind ein absolutes Ende.

Freilich, psychologisch und biologisch beginnt mit der Befriedigung, die sie erzeugen, ein neuer Erkenntnisprozeß: die Hypothesen, deren Verifikation in ihnen endete, werden als bestätigt angesehen, und es wird die Aufstellung umfassenderer Hypothesen versucht, das Suchen und Erraten der allgemeinen Gesetze nimmt seinen Fortgang. Für diese zeitlich folgenden Vorgänge bilden also die Beobachtungssätze den Ursprung und die Anregung in dem Sinne, wie ich es vorhin beschrieben habe.

Durch diese Überlegungen wird, so scheint mir, auf die Frage nach dem letzten Fundament des Wissens ein neues helles Licht geworfen, und wir überblicken klar, wie der Aufbau des Systems unserer Erkenntnis geschieht, und welche Rolle die »Konstatierungen« dabei spielen:

Erkenntnis ist ursprünglich ein Mittel im Dienste des Lebens. Der Mensch muß, um sich in der Umwelt zurechtzufinden und seine Handlungen den Ereignissen anzupassen, diese Ereignisse bis zu einem gewissen Grade voraussehen können: dazu braucht er allgemeine Sätze, Erkenntnisse, und er kann sie nur insofern gebrauchen, als die Prophezeiungen wirklich eintreffen. In der Wissenschaft nun bleibt dieser Charakter des Erkennens vollständig erhalten; der einzige Unterschied ist der, daß er nicht mehr den Zwecken des Lebens dient, nicht um des Nutzens willen gesucht wird. Mit dem Eintreffen der Voraussagen ist der wissenschaftliche Zweck erreicht: die Erkenntnisfreude ist die Freude an der Verifikation, das Hochgefühl, richtig geraten zu haben. Und dieses ist es nun, das die Beobachtungssätze uns vermitteln, in ihnen erreicht die Wissenschaft gleichsam ihr Ziel, um ihretwillen ist sie da. Die Frage, die sich hinter dem Problem des absolut sicheren Erkenntnisfundaments verbirgt, ist die Frage gleichsam nach der Berechtigung der Befriedigung, mit welcher die Verifikation uns erfüllt. Sind unsere Voraussagen auch wirklich eingetroffen? In jedem einzelnen Falle der Verifikation oder Falsifikation antwortet eine »Konstatierung« eindeutig mit ja oder nein, mit Erfüllungsfreude oder Enttäuschung. Die Konstatierungen sind endgültig.

Endgültigkeit ist ein sehr passendes Wort, die Geltung der Beobachtungssätze zu kennzeichnen. Sie sind ein absolutes Ende, in ihnen erfüllt sich die jeweilige Aufgabe des Erkennens. Daß mit der Freude, in der sie gipfeln, und mit den Hypothesen, die sie zurücklassen, dann eine neue Aufgabe beginnt, geht sie nichts mehr an. Die Wissenschaft ruht nicht auf ihnen, sondern führt zu ihnen, und sie zeigen an, daß sie gut geführt hat. Sie sind wirklich die absolut festen Punkte; es befriedigt uns, sie zu erreichen, auch wenn wir nicht auf ihnen stehen können.

VII.

Worin besteht diese Festigkeit? Wir kommen damit zu der oben einstweilen aufgeschobenen Frage: In welchem Sinne kann man von einer »absoluten Gewißheit« der Beobachtungssätze sprechen?

Ich möchte dies verdeutlichen, indem ich zuerst etwas über eine ganz andere Art von Sätzen sage, nämlich die *analytischen Sätze,* und diese dann mit den »Konstatierungen« vergleiche. Bei analytischen Urteilen bildet die Frage ihrer Geltung bekanntlich kein Problem. Sie gelten a priori, man muß und kann sich von ihrer Richtigkeit nicht durch Erfahrung überzeugen, weil sie überhaupt nichts von Gegenständen der Erfahrung aussagen. Dafür kommt ihnen auch nur »formale Wahrheit« zu (siehe oben

S. 437), d.h. sie sind nicht deswegen »wahr«, weil sie irgendwelche Tatsachen richtig ausdrücken, sondern ihre Wahrheit besteht nur darin, daß sie formal richtig gebildet sind, d.h. im Einklang mit unseren willkürlich aufgestellten Definitionen stehen.

Nun haben aber einige philosophische Schriftsteller fragen zu müssen geglaubt: ja, woher weiß ich denn im einzelnen Falle, ob ein Satz wirklich im Einklang mit den Definitionen steht, ob er also wirklich analytisch ist und daher unzweifelhaft gilt? Muß ich nicht die aufgestellten Definitionen, die Bedeutung aller verwendeten Worte im Kopfe haben, während ich den Satz ausspreche oder höre oder lese? Kann ich aber sicher sein, daß meine psychischen Fähigkeiten dazu ausreichen? Ist es nicht z.B. möglich, daß ich am Schlusse des Satzes, und dauerte er nur eine Sekunde, den Anfang vergessen oder falsch in der Erinnerung habe? Muß ich also nicht eingestehen, daß ich aus psychologischen Gründen auch bei einem analytischen Urteil seiner Geltung niemals sicher bin?

Hierauf ist zu erwidern: Die Möglichkeit eines Versagens des psychischen Mechanismus muß natürlich jederzeit zugegeben werden, aber die Konsequenzen, die sich daraus ergeben, sind in den soeben angeführten zweifelnden Fragen nicht richtig beschrieben.

Es kann infolge von Gedächtnisschwäche und aus tausend anderen Ursachen geschehen, daß wir einen Satz nicht verstehen oder falsch verstehen, (d.h. anders als er gemeint war) – aber was bedeutet das? Nun, solange ich einen Satz nicht verstanden habe, ist er für mich überhaupt keine Aussage, sondern eine bloße Reihe von Worten, von Lauten oder Schriftzeichen. In diesem Falle gibt es kein Problem, denn nur bei einem Satz kann man fragen, ob er analytisch oder synthetisch ist, nicht aber bei einer unverstandenen Wortreihe. Habe ich aber eine Wortreihe falsch gedeutet, aber doch immerhin als irgendeinen Satz – nun, so weiß ich eben von *diesem* Satze, ob er analytisch und daher a priori gültig ist oder nicht. Man darf nicht meinen, ich könnte einen Satz als solchen aufgefaßt haben und dann noch über seine analytische Natur im Zweifel sein, denn wenn er analytisch ist, so habe ich ihn eben erst dann verstanden, wenn ich ihn als analytisch verstanden habe. Verstehen heißt nämlich nichts anderes, als sich klar sein über die Verwendungsregeln der vorkommenden Wörter; es sind aber gerade diese Verwendungsregeln, die den Satz zu einem analytischen machen. Wenn ich nicht weiß, ob ein Komplex von Wörtern einen analytischen Satz bildet oder nicht, so heißt dies eben, daß mir in dem Augenblick die Verwendungsregeln der Worte fehlen, daß ich also den Satz gar nicht verstanden habe. Es steht also so: Entweder ich habe gar nichts verstanden, und dann läßt sich weiter nichts sagen; oder aber ich weiß, ob der Satz, *den* ich verstanden habe, analytisch oder synthetisch ist (was natürlich nicht voraussetzt, daß mir diese Worte dabei vorschweben oder auch nur bekannt sind). Im Falle des analytischen weiß ich dann zugleich, daß er gilt, daß ihm formale Wahrheit zukommt.

Die obigen Zweifel an der Geltung analytischer Sätze waren also unrecht am Platze. Wohl kann ich daran zweifeln, ob ich den Sinn irgendeines Zeichenkomplexes richtig erfaßt habe, ja ob ich überhaupt jemals den Sinn irgendeiner Wortreihe verstehen werde; aber ich kann nicht fragen, ob ich die Richtigkeit eines analytischen Satzes auch wirklich einzusehen vermag. Denn seinen Sinn verstehen und seine apriorische Geltung einsehen, sind bei einem analytischen Urteil *ein und derselbe Prozeß*. Im Gegensatz dazu ist eine synthetische Aussage dadurch charakterisiert, daß ich durchaus nicht weiß, ob sie wahr oder falsch ist, wenn ich nur ihren Sinn eingesehen habe, sondern ihre Wahrheit wird erst durch den Vergleich mit der Erfahrung festgestellt. Der Prozeß der Einsicht in den Sinn ist hier ein völlig anderer als der Prozeß der Verifikation.

Nur eine Ausnahme gibt es hiervon. Und damit kommen wir zu unseren »Konstatierungen« zurück. Diese nämlich sind immer von der Form »Hier jetzt so und so« z.B. »Hier fallen jetzt zwei schwarze Punkte zusammen«, oder »Hier grenzt jetzt gelb an blau«, oder auch »Hier jetzt Schmerz« usw. Das Gemeinsame aller dieser Aussagen ist, daß in ihnen *hinweisende* Worte vorkommen, die den Sinn einer gegenwärtigen Geste haben, d.h.

die Regeln ihres Gebrauchs sehen vor, daß beim Aufstellen des Satzes, in dem sie vorkommen, eine Erfahrung gemacht, auf etwas Beobachtetes die Aufmerksamkeit gerichtet wird. Was die Worte »hier«, »jetzt«, »dies da« usw. bedeuten, läßt sich nicht durch allgemeine Definitionen in Worten, sondern nur durch eine solche mit Hilfe von Aufweisungen, Gesten angeben. »Dies da« hat nur Sinn in Verbindung mit einer Gebärde. Um also den Sinn eines solchen Beobachtungssatzes zu verstehen, muß man die Gebärde gleichzeitig ausführen, man muß irgendwie auf die Wirklichkeit hindeuten.

Mit anderen Worten: den Sinn einer »Konstatierung« kann ich nur dann und nur dadurch verstehen, daß ich sie mit den Tatsachen vergleiche, also jenen Prozeß ausführe, der bei allen synthetischen Sätzen für die Verifikation erforderlich ist. Während aber bei allen anderen synthetischen Aussagen die Feststellung des Sinnes und die Feststellung der Wahrheit getrennte, wohl unterscheidbare Prozesse sind, fallen sie bei den Beobachtungssätzen zusammen, ganz wie bei den analytischen Urteilen. So verschieden also auch die »Konstatierungen« von den analytischen Sätzen sind: gemeinsam ist ihnen, daß bei beiden der Vorgang des Verstehens zugleich der Vorgang der Verifikation ist: mit dem Sinn erfasse ich zugleich die Wahrheit. Bei einer Konstatierung hätte es ebensowenig Sinn zu fragen, ob ich mich vielleicht über ihre Wahrheit täuschen könne wie bei einer Tautologie. Beide gelten absolut. Nur ist der analytische, der tautologische Satz zugleich inhaltsleer, während der Beobachtungssatz uns die Befriedigung echter Wirklichkeitserkenntnis verschafft.

Es ist hoffentlich deutlich geworden, daß hier alles auf den Charakter der Gegenwärtigkeit ankommt, der den Beobachtungssätzen eigentümlich ist und dem sie ihren Wert und Unwert verdanken: den Wert der absoluten Geltung und den Unwert der Unbrauchbarkeit als dauerndes Fundament.

Auf der Verkennung dieses Charakters beruht zum großen Teil die unglückliche Problematik der Protokollsätze, von der unsere Betrachtung ausgegangen war. Wenn ich die Konstatierung mache: »Hier jetzt blau«, so ist sie *nicht* dasselbe wie der Protokollsatz: »M. S. nahm am soundsovielten April 1934 zu der und der Zeit an dem und dem Orte blau wahr«, sondern der letzte Satz ist eine Hypothese und als solcher stets mit Unsicherheit behaftet. Der letzte Satz ist äquivalent der Aussage: »M. S. machte... (hier sind Ort und Zeit anzugeben) die Konstatierung ›hier jetzt blau‹«. Und daß diese Aussage nicht mit der in ihr vorkommenden Konstatierung identisch ist, ist klar. In den Protokollsätzen ist *immer* von Wahrnehmungen die Rede (oder sie sind hinzuzudenken; die Person des wahrnehmenden Beobachters ist für ein wissenschaftliches Protokoll wichtig), in den Konstatierungen dagegen *niemals*. Eine echte Konstatierung kann nicht aufgeschrieben werden, denn sowie ich die hinweisenden Worte »hier«, »jetzt« aufzeichne, verlieren sie ihren Sinn. Sie lassen sich auch nicht durch eine Orts- und Zeitangabe ersetzen, denn sowie man dies versucht, setzt man, wie wir schon sahen, an die Stelle des Beobachtungssatzes unweigerlich einen Protokollsatz, der als solcher eine ganz andere Natur hat.

VIII.

Ich glaube, die Frage nach dem Fundament der Erkenntnis ist jetzt geklärt.

Betrachtet man die Wissenschaft als ein System von Sätzen, bei dem man sich als Logiker lediglich für den logischen Zusammenhang der Sätze interessiert, so kann man die Frage nach ihrem Fundament, das dann ein »logisches« wäre, ganz nach Belieben beantworten, denn es steht einem frei, wie man das Fundament definieren will. An sich gibt es ja in einem abstrakten Satzsystem kein Prius und Posterius. Man könnte z. B. die allgemeinsten Sätze der Wissenschaft, also die, welche man meist als »Axiome« auszuwählen pflegt, als ihre letzte Grundlage bezeichnen; man könnte aber ebensogut diesen Namen für die allerspeziellsten Sätze reservieren, die dann etwa wirklich den aufgeschriebenen Protokollen entsprechen würden – oder auch irgendeine andere Wahl wäre möglich. Alle Sätze der Wissenschaft aber sind samt und sonders *Hypothesen,* sobald man sie vom Gesichtspunkt ihres Wahrheitswertes, ihrer Gültigkeit betrachtet.

Richtet man das Augenmerk auf den Zusammenhang der Wissenschaft mit der Wirklichkeit, sieht man in dem System ihrer Sätze das, was es eigentlich ist, nämlich ein Mittel, sich in den Tatsachen zurechtzufinden, zur Bestätigungsfreude, zum Gefühl der Endgültigkeit zu gelangen, so wird sich das Problem des »Fundamentes« von selbst in das Problem der unerschütterlichen Berührungspunkte von Erkenntnis und Wirklichkeit verwandeln. Diese absolut festen Berührungspunkte, die Konstatierungen, haben wir in ihrer Eigenart kennengelernt: es sind die einzigen synthetischen Sätze, *die keine Hypothesen sind.* Sie liegen keineswegs am Grunde der Wissenschaft, sondern die Erkenntnis züngelt gleichsam zu ihnen auf, jeden nur in einem Augenblick erreichend und ihn sogleich verzehrend. Und neu genährt und gestärkt flammt sie dann zum nächsten empor. Diese Augenblicke der Erfüllung und des Verbrennens sind das Wesentliche. Von ihnen geht alles Licht der Erkenntnis aus. Und dies Licht ist es eigentlich, nach dessen Ursprung der Philosoph fragt, wenn er das Fundament alles Wissens sucht.

5.4 PSEUDORATIONALISMUS DER FALSIFIKATION
(1935)

Otto Neurath

Poppers »Logik der Forschung« (vgl. Erkenntnis V, S. 267, 290)   125
bringt viele bemerkenswerte Ausführungen, deren Bedeutung
für die Wissenschaftslogik Carnap bereits gewürdigt hat. Aber
Popper versperrt sich den Weg zu voller Würdigung der Forschungspraxis und Forschungsgeschichte, denen doch eigentlich
sein Buch gewidmet ist, durch eine bestimmte Form des *Pseudorationalismus*. Er macht nämlich nicht die *Mehrdeutigkeit* der   126
Realwissenschaften zur Grundlage seiner Betrachtungen, sondern strebt, gewissermaßen in Anlehnung an den Laplaceschen
Geist, nach einem einzigen ausgezeichneten System von Sätzen,
als dem Paradigma aller Realwissenschaften.

Man kann ohne viele Vorerörterungen in die Debatte eintreten, weil Popper erfreulicherweise gewisse Grundgedanken
verfolgt, die insbesondere in Verbindung mit dem Physikalismus innerhalb des Wiener Kreises entwickelt wurden, um die
Metaphysik der »Endgültigkeit« zu überwinden. Die Grundgedanken, denen sich Poppers Haltung im ganzen nähert, sind
ungefähr: Wenn wir die Realwissenschaften als Massen von
Sätzen logisch analysieren, gehen wir davon aus, daß wir alle
Realsätze, die ähnlich denen der Physik aufgebaut werden, unter
Umständen auch »Protokollsätze«, ändern können. Bei den Bemühungen, widerspruchslose Satzmassen zu erhalten, scheiden
wir bestimmte Sätze aus, ändern andere ab, ohne aber dabei von
absoluten »Atomsätzen« oder anderen endgültigen Elementen
ausgehen zu können.   127

1. Poppers Modelle

Obgleich Popper im ganzen ähnliche Anschauungen vertritt und so gewissen Irrtümern entgeht, verwendet er doch andererseits gewissermaßen als Modelle der Realwissenschaften gut überblickbare, aus sauberen Sätzen aufgebaute Theorien. Durch die Form seiner »Basissätze« wird bestimmt, was als empirischer, das heißt als »falsifizier*barer*« Satz gelten soll (S. 47). Die Theorien werden nach ihm durch *vorher* bis auf weiteres anerkannte Basissätze überprüft (S. 64). Sie werden abgelehnt, wenn diese Basissätze »eine falsifizierende Hypothese bewähren« (S. 47, 231). Die *Falsifizierung* ist dann die Grundlage aller weiteren Betrachtungen Poppers. Seine Gedanken kreisen dabei beständig um ein bestimmtes Ideal, das er zwar nicht als erfüllbar bezeichnet, aber sozusagen als Modell verwendet, wenn er sich klar machen will, was es heißt, daß ein empirisch-wissenschaftliches System an »*der*« Erfahrung scheitert (S. 13). Dazu wäre nach ihm eine Theorie geeignet, »durch welche ›unsere besondere Welt‹, ›Die Welt unserer Erfahrungswirklichkeit‹ mit größter für eine theoretische Wissenschaft erreichbaren Genauigkeit ausgezeichnet wäre. ›Unsere Welt‹ wäre mit theoretischen Mitteln beschrieben: die und nur die Vorgänge und Ereignisklassen wären als erlaubt gekennzeichnet, die wir tatsächlich auffinden.« (S. 68, 11.) Die Annäherung an dieses Generalsystem spielt in den Betrachtungen Poppers, wie wir sehen werden, immer wieder eine gewisse Rolle.

2. Enzyklopädien als Modelle

Demgegenüber bemühen wir uns, Modelle zu verwenden, die den Gedanken an ein Ideal dieser Art gar nicht erst aufkommen lassen. Wir gehen von Satzmassen aus, die nur teilweise systematisch zusammenhängen, die wir auch nur teilweise überschauen. Theorien stehen neben Einzelmitteilungen. Während der Forscher mit Hilfe eines Teiles dieser Satzmassen arbeitet, werden von Dritten Ergänzungen hinzugefügt, die er grundsätzlich anzunehmen bereit ist, ohne die logischen Konsequenzen dieses Entschlusses ganz zu übersehen. Die Sätze der Satzmassen, mit denen man wirklich arbeitet, verwenden viele unbestimmte Termini, so daß »Systeme« immer nur als Abstraktionen herausgehoben werden können. Die Sätze sind bald enger, bald lockerer miteinander verknüpft. Die gesamte Verknotung ist nicht durchschaubar, während man systematische Ableitungen an bestimmten Stellen versucht. Diese Situation läßt den Gedanken an einen »unendlichen Regreß« gar nicht erst aufkommen, während ihn Popper in bestimmtem Zusammenhang besonders ablehnen muß (S. 19). Wenn man sagen will, daß Popper von *Modell-Systemen* ausgeht, könnte man sagen, daß wir dagegen von *Modell-Enzyklopädien* ausgehen, womit von vornherein ausgedrückt würde, daß man nicht *Systeme von sauberen Sätzen* als Basis der Betrachtung unterstellt. 129

3. *Keine generelle Methode*
der »Induktion« und der »Kontrolle«

Wir glauben der Forschungsarbeit am meisten gerecht zu werden, wenn wir bei unserer Modellkonstruktion von der Annahme ausgehen, daß *immer die ganze* Satzmasse und *alle Methoden* zur Diskussion stehen können.

Von einem Empiristen verlangen wir freilich, daß er nur Enzyklopädien akzeptiere, innerhalb deren die Prognosen mit Protokollsätzen übereinstimmen müssen, wobei wir durch unsere Arbeit auch dazu geführt werden können, die Form der Protokollsätze etwas zu verändern. Während aber die Form der Protokollsätze vorher einigermaßen festliegen mag, sind die für eine bestimmte Enzyklopädie kennzeichnenden einzelnen Protokollsätze, die als Kontrollsätze fungieren, nicht *vorher* ausgezeichnet. Man stellt sich zweckmäßigerweise bei der Modellbetrachtung vor, daß man eben eine von den verschiedenen Enzyklopädien, die wir für widerspruchsfrei ansehen, bei wissenschaftlicher Arbeit zu verwenden gedenke. Indem man auf diese Weise eine bestimmte Enzyklopädie akzeptiert, hat man bestimmte Theorien, Hypothesen, Prognosen und deren Kontrollsätze mit akzeptiert.

Mannigfache Momente bestimmen den methodisch vorgehenden Forscher bei unserer Modellauswahl. *Wir bestreiten, daß sich die von einem Forscher bevorzugte Enzyklopädie mit Hilfe einer generell skizzierbaren Methode logisch aussondern läßt.* Damit bestreiten wir nicht nur, daß es für die Realwissenschaften generelle Methoden der »Induktion« geben könne, sondern ebenso auch, daß es generelle Methoden der »Kontrolle« geben könne – gerade die Möglichkeit solcher genereller Methoden der »Kontrolle« vertritt aber Popper. Bei unserer Betrachtungsweise gehören »Induktion« und »Kontrolle« weit enger zusammen, als bei Popper. Wenn wir aber auch die Modellvorstellung, die Wissenschaft sei ein geschlossenes System mit solchen generellen Methoden, ablehnen, so sind wir dennoch durchaus der Ansicht, daß jede Darstellung der wissenschaftlichen Forschung sich bemühen müßte, die im einzelnen angewendeten Methoden möglichst *explizit* darzustellen und vor allem jede Ausgestaltung theoretischer Systeme innerhalb einer Enzyklopädie entsprechend zu würdigen. Vielleicht ergibt es sich, daß gewisse Gedankengänge Poppers, die auf größte Allgemeinheit Anspruch erheben, innerhalb eines engeren Rahmens, wie wir ihn hier andeuten, für spezielle Forschungsprobleme besonderen Wert haben. Popper selbst scheint bei seinen Angriffen auf die Arbeiten Reichenbachs ganz zu übersehen, daß sie trotz ihrer Tendenz, eine generelle Theorie der Induktion aufzustellen, innerhalb eines begrenzteren Raumes für die wissenschaftliche Forschung 130 offenbar wertvoll sind.

4. *Erschütterung neben Bewährung*

Während Popper die »Induktion«, diese »unbegründete Antizipation« (S. 208), nicht einmal in ihren speziellen Formen logisch systematisch behandeln will, sucht er die *Falsifizierung* – ob-

gleich er zugeben muß, daß sie nicht präzise durchführbar ist –
als *generelle Methode* logisch möglichst streng zu kennzeichnen,
um von da aus die gesamte Logik der Forschung einheitlich zu
fundieren (S. 197).

Wo Popper an die Stelle der »Verifikation« die »Bewährung«
einer Theorie treten läßt, lassen wir an die Stelle der »Falsifizierung«, die »Erschütterung« einer Theorie treten, da der Forscher bei der Auswahl einer bestimmten Enzyklopädie (vor allem
meist gekennzeichnet durch bestimmte, recht allgemeine Theorien, die in anderen zur Wahl stehenden Enzyklopädien fehlen)
nicht ohne weiteres durch irgendwelche negative Ergebnisse eine
Theorie opfert, sondern in vielfacher Weise überlegt, was ihm die
Enzyklopädie, die er mit dieser Theorie aufgibt, in Zukunft noch
hätte leisten können. Negative Ergebnisse können sein Vertrauen
gegenüber einer Enzyklopädie erschüttern, aber nicht sozusagen
»automatisch«, indem er bestimmte Regeln verwendet, auf Null
reduzieren.

Wir können uns ganz gut denken, daß eine nach Popper als
»bewährt« zu bezeichnende falsifizierende Hypothese von einem
erfolgreichen Forscher beiseite geschoben wird, weil er sie auf
Grund sehr allgemeiner ernster Überlegungen für ein Hemmnis
der Wissenschaftsentwicklung hält, die schon zeigen werde, wie
dieser Einwand zu widerlegen sei. Mag solcher Entschluß auch
schwer fallen, durch Poppers Grundtendenz immer Ausschnitte
als falsifizierende Größen und nicht die gesamte Enzyklopädie im
Auge zu haben, wird er jedenfalls nicht unterstützt.

Popper steht, wenn eine überlieferte Gesamtanschauung bedroht wird, sozusagen grundsätzlich auf seiten der Angreifer.
Es wäre sehr interessant, zu zeigen, welcher Art die Abwehrbewegungen der Praktiker in solchen Fällen sind. Die Praktiker
der Forschung sind es ja, die vor allem durch solche Wandlung
zunächst empfindlich gestört werden. Popper dagegen sieht den
Hauptwiderstand nicht in solchen Praktikern und deren allgemeinen Erwägungen, sondern in den *Konventionalisten* (S. 13,
41, 42, 43 und sonst). Dabei zeichnet er einen Typus des Konventionalismus, der vielleicht unter Schulphilosophen diskutiert

wird, vielleicht gelegentlich unter philosophierenden Theoretikern auftritt, aber wohl kaum für Männer der Forschungspraxis kennzeichnend ist. Das müßte an Hand der Geschichte der Realwissenschaften diskutiert werden.

Was einen vorsichtigen Forscher veranlassen kann, eine Enzyklopädie mit bestimmten Theorien anzunehmen, kann man auch nicht durch Poppers »Einfachheit« (S. 87) generell festlegen, so wertvoll seine Ausführungen über diesen Gegenstand im übrigen sein mögen (S. 78 f.). Die unbedingte Bevorzugung der Falsifizierung läßt sich im Rahmen einer Forschungslehre nicht erfolgreich durchhalten. Wir stellen die *Erschütterung* neben die *Bewährung*, und bemühen uns, jede in ihrer Art möglichst explizit von Fall zu Fall darzustellen.

5. Unbestimmte Existenzsätze – legitim

Da Popper vom »modus tollens« der klassischen Logik als seinem Paradigma ausgeht (S. 13) bezeichnet er »universelle singuläre Sätze« (das sind die »unbestimmten Existenzsätze«) als »metaphysische«, das heißt nicht-empirische Sätze, weil sie nicht falsifizierbar seien (S. 33). Wir sehen aber, wie segensreich sie in der Geschichte der Wissenschaften sind, und wir können eine Forschungslehre entwerfen, in der sie eine legitime Rolle spielen.

Um sein Paradigma möglichst ungehemmt anwenden zu können, schlägt Popper vor, die »Naturgesetze« nicht als Sätze von bloß »numerischer«, sondern immer als Sätze von »spezifischer« Allgemeinheit aufzufassen. Wir würden meinen, daß eine Forschungslehre ihre Methoden so tolerant formulieren müßte, daß sie ebensogut Forschern Genüge leisten kann, die aus besonderer Vorsicht alle Gesetze nur für ein beschränktes Gebiet aufstellen bzw. die Welt als endlich behandeln (was Popper sogar selbst erwähnt), wie Forschern, die aus irgendwelchem Anlaß gerade Formulierungen spezifischer Allgemeinheit, wie sie Popper im Auge hat, vorziehen. In der Astronomie, in der Geologie, in der Soziologie und in vielen anderen Disziplinen, in denen das von Popper

überbetonte Experiment eine geringe Rolle spielt, sind solche
unbestimmte Existenzsätze als einseitig entscheidbare Prognosen
Bestandteil normaler Forschung – seltener natürlich innerhalb
der Optik oder Akustik. Wenn wir etwa sagen, an einem zukünftigen Tage werde an einer bestimmten Stelle ein Komet zu
beobachten sein, so haben wir »eine nur *einseitig entscheidbare*
Aussage vor uns. Ist nämlich die Aussage wahr, so wird einmal
der Tag kommen, an dem wir sie als wahr entscheiden können, ist
sie aber nicht wahr, so wird nie der Tag kommen, an dem wir sie
als unwahr entscheiden können« (Reichenbach: »Kausalität und
Wahrscheinlichkeit«, *Erkenntnis* 1 [1930], S. 168). Wie bedeutsam kann es sein, daß ein Forscher z. B. eine bestimmte Gegend
des Himmels ständig durchsucht, weil durch eine Bestätigung
seiner Prognose, es werde dort ein Komet wiederkehren, eine
vielleicht sehr kühne Theorie neuerlich bewährt würde, während
für sie keine Falsifizierung im Sinne Poppers in absehbarer Zeit
möglich scheint. So wie Popper diese »universellen singulären
Sätze« zur Metaphysik rechnet, neigt er auch dazu, Modelle, die
nicht unmittelbar zur »Falsifizierung« führen, »metaphysischen
Regionen« zuzuzählen (S. 206). Popper rechnet z. B. die ältere
Korpuskulartheorie des Lichts zu den »metaphysischen Ideen«,
während wir ein Modell, welches z. B. in vager Weise bloß zeigt,
daß gewisse Korrelationen, z. B. der Lichterscheinungen, die wir
aus unserer Enzyklopädie ohne besondere theoretische Verknüpfung kennen, dem Typus nach aus gewissen allgemeineren Voraussetzungen, z. B. einer Korpuskulartheorie, abgeleitet werden
können, durchaus der Reihe der *wissenschaftlichen* Modelle zurechnen würden. Befinden sich doch unserer Anschauung nach
zwischen diesen unbestimmteren Modellen und den bestimm-
teren unserer Wissenschaft zahllose Zwischenstufen. Denn wir
kennen ja den Schnitt nicht, der die »falsifizierbaren« Theorien
von den »unfalsifizierbaren« trennen soll. Wir suchen nur die
»Bewährungen« und »Erschütterungen« so weit es geht explizit
zu erörtern.

6. Realwissenschaften ohne Experimente

Popper genügt es nicht, daß die Sätze der Realwissenschaften der Form nach *potentiell* überprüfbar (ob diese Form genau präzisierbar ist, bleibe dabei dahingestellt), also für unsere Auffassung »unmetaphysisch« sind (vgl. insbesondere Carnap), sondern er betont überstark, daß sie auch *aktuell* überprüfbar sein sollen. Das ist ein Vorschlag zur Einengung, den wir für die Forschungslehre nicht empfehlenswert finden. »Jeder empirisch-wissenschaftliche Satz muß durch Angabe der Versuchsanordnung und dergleichen in einer Form vorgelegt werden, daß jeder, der die Technik des betreffenden Gebietes beherrscht, imstande ist, ihn nachzuprüfen« (S. 57). Die Überbetonung der »Falsifizierung« drängt Popper auch dazu, die Forschungspraxis allzusehr unter dem Gesichtspunkt zu sehen, daß »der Experimentator durch den Theoretiker vor ganz bestimmte Fragen gestellt wird und durch seine Experimente für diese Fragen und nur für sie eine Entscheidung zu erzwingen sucht« (S. 63). Materialsammlungen (Himmelphotos usw.), Reisetagebücher (sehr lehrreich gerade für diese Probleme etwa das Tagebuch, das Darwin während seiner Weltreise führte) müssen natürlich von gewissen theoretischen Einstellungen ausgehen, damit überhaupt unter den möglichen Sätzen gewählt werden kann, aber diese theoretischen Einstellungen sind nicht mit jenen scharfen Fragestellungen der Theorie identisch, die bei Popper die »Falsifizierung« gewissermaßen erzwingen sollen. Er spricht recht wegwerfend von jener »sagenhaften Methode des Fortschreitens von Beobachtung und Experiment zur Theorie (eine Methode, mit der noch immer manche Wissenschaften zu arbeiten versuchen, der Meinung, es sei das die Methode der experimentellen Physik)« (S. 208). Wie viel ethnographisches Material muß oft gesammelt werden, ehe man zu einer Theorie kommt, und wie oft wird in der Physik eine Gruppe von Vorgängen systematisch beschrieben, ehe man sie einordnen kann. Ich erinnere an die umfangreiche Literatur über den »Magnetismus der Drehung« in den zwanziger Jahren des 19. Jahrhunderts. Man verfügte über genaue Daten, auf Grund deren man prognostizieren konnte, wie sich z. B. eine Magnetnadel bewegen werde, wenn man eine Kupferscheibe dreht, ohne daß von einer Eingliederung dieser Formulierungen in eine allgemeinere Theorie die Rede war. Wie viel von dem umfangreichen Beobachtungsmaterial, das im Kampf gegen das von Popper erwähnte elektrische Elementarquantum angesammelt wurde, wird man vielleicht später theoretisch eingliedern können; vorläufig werden eine Menge von Beobachtungsaussagen, die der Lehre vom Elementarquantum zu widersprechen scheinen, nicht als wesentliche »Erschütterungen« aufgefaßt, weil man eben die »Bewährungen« der Lehre vom Elementarquantum für sehr bedeutsam ansieht. Popper dagegen möchte kräftige Entscheidungen auch kräftig begründet sehen. Das ist wohl eine Grundtendenz vieler pseudorationalistischer Bestrebungen, die vielleicht aus der »Psychologie des Entschlusses« erklärt werden müßten. Menschen, welche *eine* bestimmte Handlung auf Grund *eines* Entschlusses durchführen, begnügen sich oft nicht damit, solchen Entschluß nach Abwägung vieler Einzelmomente ausgeführt zu haben, sie möchten, wenn sie schon keine »transzendente« Billigung bekommen können, wenigstens eine *eindeutige* logische Ableitung als Rechtfertigung anführen können. Während wir bei unserer Einstellung zuweilen zwischen der Entscheidung schwanken, ob wir etwas als schwere Erschütterung ansehen oder zunächst als Forscher zur Tagesordnung übergehen sollen, deuten Poppers Formulierungen offenbar auf eine absolutere Haltung hin: »Fällt eine Entscheidung negativ aus, werden Folgerungen *falsifiziert,* so trifft ihre Falsifizierung auch das System, aus dem sie deduziert wurden« (S. 6) – als ob es ein System gäbe, welches man so sauber herauszuschälen vermöchte, daß man in dieser Weise vorgehen könnte. Begreiflich, daß Popper bei solcher Haltung auch die Verwendbarkeit des Begriffes »Falsifizierbarkeitsgrad« (S. 73) für die Analyse der Forschungsarbeit überschätzen muß. Aus dieser ganzen Haltung heraus erklärt sich wohl, weshalb Popper trotz aller Warnungen Duhems, so gern vom »experimentum crucis« spricht (S. 181, 206, auch S. 173 ff.): »Wir betrachten also im allgemeinen eine (methodisch entsprechend gesicherte) intersubjektiv nachprüfbare Falsifikation als endgültig; darin eben drückt sich die Asymmetrie zwischen Verifikation und Falsifikation der Theorien aus. Diese Verhältnisse tragen in eigentümlicher Weise zum Annäherungscharakter der Wissenschaftsentwicklung bei« (S. 199). Wir haben schon oben diesen »Annäherungscharakter« als bedenklich bezeichnet und werden auf ihn noch zu sprechen kommen. Popper meint z. B., daß »okkulte Effekte« deshalb nicht ernst zu nehmen seien, weil sie nicht jederzeit reproduzierbar seien (S. 17). Darauf wäre zu erwidern, daß es eine Menge nicht reproduzierbarer, aber wohl beglaubigter Effekte gibt, die theoretisch gut verankert sind, und sehr ernst genommen werden. Hingegen lassen die »okkulten« Forschungen keinen rechten Fortschritt erkennen (worauf Frank gelegentlich hingewiesen hat); sie sind oft durch Schwindel zustande gekommen usw. Das sind aber Argumente, die nicht aus der Überbetonung des Experiments abgeleitet sind, wie sie Popper liebt. Wir können uns das Modell einer Wissenschaftsentwicklung skizzieren, die *überhaupt kein Experiment kennt*, etwa in Anlehnung an das Höhlengleichnis Platos, der von den an die Wand geschmiedeten Gefangenen erzählt, die so trefflich Schatten und Stimmen zu prognostizieren wußten, obgleich ihnen jede Möglichkeit des Experiments genommen war. In keiner Weise soll die Bedeutung der experimentellen Methode gering geachtet werden, es soll nur der Gedanke abgewiesen werden, als ob die experimentelle Methode für die Wissenschaft so ausschlaggebend sei, wie man nach Poppers Einzelbemerkungen und seiner gesamten Falsifizierungslehre annehmen müßte.

Es ist Aufgabe dieses Aufsatzes, bestimmte Gedankengänge Poppers abzuwehren, die den alten philosophischen Absolutismus in neuer Gestalt bringen, nicht aber Einzelerörterungen durchzuführen, sonst wäre es im Zusammenhang mit dieser Überbetonung der reproduzierbaren Effekte reizvoll, auf jene Bemerkungen zur Quantenmechanik einzugehen, die zwischen »Messung« und »Aussonderung« (S. 174) unterscheiden. Wir wollen hier auch nicht auf die Diskussion der Wahrscheinlichkeitsprobleme bei Popper eingehen (dazu haben sich Carnap, Hempel,

Reichenbach bereits geäußert), obgleich sie in seinem Buche eine   133
erhebliche Rolle spielen, denn die Grundauffassung wird dadurch
nicht geändert. Es scheint aber, daß auch hier Popper durch die
Fragestellung sich das Eingehen auf gewisse Probleme der Forschung erschwert (S. 137 f.).

7. *Protokollsätze und Physikalismus*

Wir sehen die der empirischen Forschung nicht angepaßte Haltung von Poppers Buch als eine Konsequenz davon an, daß er sich
für das *System* als Paradigma entschieden hat, das aus sauberen
Sätzen aufgebaut ist und daher die Anwendung des »modus
tollens« nahelegt. Diese Sympathie für Sauberkeit scheint auch
mitzuspielen, wenn Popper unseren Vorschlag, in der Modell-
Enzyklopädie »Protokollsätze« als Kontrollsätze zu verwenden,
entschieden ablehnt. Die Protokollsätze – in vereinfachter Form:
»Karls Protokoll: (Im Zimmer ist ein von Karl wahrgenommener Tisch)« – entstanden durch das Bemühen, eine besondere
»Erlebnissprache« (»phänomenale Sprache«) zu vermeiden und
mit der Einheitssprache des Physikalismus das Auslangen zu finden. Es ist auch wichtig, daß man auf diese Weise sofort sieht,
das Grundmaterial der Wissenschaften seien komplexe, wenig
saubere Sätze – »Ballungen«. Popper irrt, wenn er meint, diese
Protokollsätze seien als Elementarsätze gemeint gewesen (S. 8).
*Sie sind in dieser Form geradezu ein Protest gegen die Elementar-
sätze.* (Carnap, der den Vorschlägen Poppers in diesem Punkt entgegenkommt, gebraucht den Terminus »Protokollsätze« in einem
etwas anderen Sinne, als es von mir geschehen ist.)

Sind Protokollsätze letzten Endes die Kontrollsätze der Modell-Enzyklopädie (das bedeutet ja nicht, daß man immer auf
sie zurückgreifen wird), dann hat man keinen Anlaß, von mehr
oder minder komplexen Kontrollsätzen zu sprechen (S. 79, 80).
Popper meint merkwürdigerweise: »merkwürdigerweise tritt der
Versuch, Sätze durch Protokollsätze zu sichern – bei logischen
Sätzen würde man ihn wohl als Psychologismus bezeichnen –,

bei empirischen Sätzen unter dem Namen ›Physikalismus‹ auf« (S. 56). Wobei er übersieht, daß er selbst die Protokollsätze als mögliche, wenn auch wenig geeignete Basissätze ansieht (S. 61). Die Protokollsätze sind den logischen Sätzen gegenüber sachfremd, während sie durchaus Sätze der Realwissenschaften sind, so daß die Konfrontierung mit anderen Realsätzen von vornherein ihnen eine Bedeutung sichert, die sie gegenüber Sätzen der Logik nicht haben.

Die Protokollsätze haben in der von uns vorgeschlagenen Form den Vorteil, daß man sie aufrechterhalten kann, ob man nun den Ausdruck innerhalb der Klammer – als selbständigen Satz betrachtet – annimmt oder ablehnt. Akzeptiert man das Protokoll – Ablehnung eines Protokolls kommt nicht oft in Frage – und dazu auch den isoliert formulierten Klammerausdruck, dann kann man das Protokoll als »Wirklichkeitsaussage« kennzeichnen, lehnt man dagegen den isoliert formulierten Klammerausdruck ab, dann können wir das Protokoll etwa als »Halluzinationsaussage« bezeichnen. Popper meint, es sei »ein weit verbreitetes Vorurteil, daß der Satz ›Ich sehe, daß der Tisch hier weiß ist‹ gegenüber dem Satz ›Der Tisch hier ist weiß‹ irgendwelche erkenntnistheoretische Vorzüge aufweist« (S. 66). Für uns haben solche Protokollsätze den Vorteil *größerer Stabilität*. Man kann den Satz: »Die Menschen sahen im 16. Jahrhundert feurige Schwerter am Himmel« beibehalten, während man den Satz »Am Himmel waren feurige Schwerter« schon streichen würde. Gerade die Kontinuität der Formulierungen spielt aber eine große Rolle bei der Wahl von Modell-Enzyklopädien. Solche Kontinuität beruht zum Teil auf ständiger Verwendung der quaternio terminorum, was auch jeder Sauberkeit widerspricht, aber die Verbindung von Volk zu Volk, von Zeitalter zu Zeitalter, von Forscher zu Forscher möglich macht (das sind Probleme, wie sie z. B. Ajdukiewicz erörtert). Wenn ein Primitiver sagt: »Der Fluß strömt durch das Tal«, dann definiert er sicher die Termini anders, wie der Europäer, der den Satz weiterverwendet. Gegenüber solcher Unsauberkeit spielt die Unsauberkeit der Protokollsätze eine geringfügige Rolle, wenn man auch zugeben muß, daß die Sätze der theoretischen Physik

– freilich nur solange man sie nicht als Mittel verwendet, Prognosen zu formulieren, die durch Protokollsätze kontrolliert werden – den Eindruck großer Sauberkeit erwecken.

Wir glauben nicht, daß Popper mit seinem Versuch »beobachtbar« als einen »undefinierten, durch den Sprachgebrauch hinreichend präzisierten *Grundbegriff*« einzuführen (S. 60) und mit den Termini »makroskopisch« usw. zu operieren, der Schwierigkeiten Herr werden kann, die sich ergeben, wenn man etwa [von] der Forschungsarbeit der experimentellen Physiker zu jener der Soziologen und Psychologen übergehen will.

8. Ältere erfolgreiche Theorien
nicht immer Annäherungen an spätere

Um ein Modell der Forschungsgeschichte entwerfen zu können, das ihre charakteristischen Wandlungen wiedergibt, muß man nicht die Änderung von Protokollsätzen in Rechnung stellen. Hingegen ist es wesentlich, daß der Bestand an erfolgreichen Prognosen sich ändert. Wenn die Theorie *I* die Gruppe guter Prognosen *A* liefert, und die Theorie *II* die Gruppe guter Prognosen *A + B*, dann würden wir die Theorie *II* erfolgreicher nennen und sagen, daß der Prognosenbestand *A* eine Annäherung an den Prognosenbestand *B* bedeutet, das bedeutet aber keineswegs, daß die Grundsätze der Theorie *I* eine Annäherung an die Grundsätze der erfolgreicheren Theorie *II* sein müssen. Logisch ist das ohne weiteres klar, aber diese Annäherung ist nicht einmal immer *historisch* gegeben. Wir meinen es auf die pseudorationalistische Grundhaltung Poppers zurückführen zu können, wenn er ausführt: »Bewährte Theorien können nur von allgemeineren, d. h. von solchen besser überprüfbaren Theorien überholt werden, die *die bereits früher bewährten zumindest in Annäherung enthalten*« (S. 205, auch S. 199). Der von Popper mehrfach erwähnte Duhem zeigt sehr schön, wie wenig die verschiedenen Stadien der Gravitationstheorie als »Annäherungen« an die jeweils folgenden Stadien aufgefaßt werden können.

Mag Popper auch erklären, daß die Wissenschaft »nicht in stetem Fortschritt einem Zustand der Endgültigkeit zustrebt« (S. 207), so deutet die oben angeführte Stelle wohl darauf hin, daß er diese Reihe von Theorien im Auge hat, wenn er von dem Glauben spricht, »daß es Gesetzmäßigkeiten gibt, die wir entschleiern, entdecken können« (vgl. S. 186, 188). Diese Wendungen passen alle zu der von uns gekennzeichneten Grundtendenz, die an mehr als einer Stelle ausdrücklich entwickelt wird. Wenn wir unter mehreren »Enzyklopädien« die Wahl treffen wollen, können wir uns ständig der Einheitssprache des Physikalismus bedienen, ohne diese ins Metaphysische abgleitende Terminologie verwenden zu müssen, die letzten Endes den Terminus »wirkliche Welt« auf Umwegen wieder einführt.

9. Pseudorationalismus und Philosophie

Historisch ist diese pseudorationalistische Tendenz Poppers als eine Art metaphysischer Restbestand aus der Entwicklung der »Philosophie« aufzufassen, denn aus der Analyse metaphysikfrei betriebener Realwissenschaften kann diese Anschauungsweise nicht entnommen werden. Zu dieser historischen Annahme würde es passen, daß Popper für eine besondere »Erkenntnistheorie« neben der Wissenschaftslogik und den Realwissenschaften eintritt. Vielleicht erklärt sich aus dieser Verwandtschaft mit gewissen metaphysischen Tendenzen, daß Popper sich Kant und anderen Metaphysikern gegenüber wesentlich freundlicher verhält, als gegenüber der Gruppe von Denkern, die er – freilich ohne sie durch Angabe eines Lehrsystems oder Aufzählung der Namen genügend zu kennzeichnen – als »die« Positivisten bezeichnet. »Der *Positivist* wünscht nicht, daß es außer den Problemen der ›positiven‹ Erfahrungswissenschaften noch ›sinnvolle‹ Probleme geben soll, die eine philosophische Wissenschaft, etwa eine Erkenntnistheorie oder eine Methodenlehre zu behandeln hätte. Er möchte in den sogenannten philosophischen Problemen ›Scheinprobleme‹ sehen. Immer wieder tritt eine ›ganz neue‹ Richtung

auf, die die philosophischen Probleme endgültig als Scheinprobleme entlarvt und dem philosophischen Unsinn die sinnvolle
Erfahrungswissenschaft gegenüberstellt; und immer wieder
versucht die verachtete ›Schulphilosophie‹, den Vertretern dieser
(›positivistischen‹) Richtungen klar zu machen, daß das Problem
der Philosophie die Untersuchung eben jener Erfahrung ist, die
der jeweilige Positivismus ohne Bedenken als gegeben ansieht«
(S. 21). Dieses Plädoyer zugunsten der Schulphilosophie läßt
wohl erwarten, daß später einmal gezeigt werde, welche wichtige Rolle sie als Lehrerin des wissenschaftlichen Empirismus
zu spielen berufen ist, der sich ja gerade grundsätzlich um die
Elimination der »Scheinprobleme« bemüht. Der Pseudorationalismus in der Grundanschauung Poppers würde uns am ehesten
verständlich machen, weshalb er sich zur Schulphilosophie und
ihrem Absolutismus hingezogen fühlen könnte, während doch
sein Buch so vieles von jener analysierenden Technik enthält, die
gerade vom Wiener Kreis vertreten wird. Hier ging es nicht um
eine Gesamtdarstellung von Poppers Anschauungen, sondern
um eine Kritik an dem *Absolutismus der Falsifikation*, der in
so manchem ein Gegenstück ist zu dem von Popper bekämpften
Absolutismus der Verifikation. Gerade dieses Buch, das dem wissenschaftlichen Empirismus des Wiener Kreises nahesteht, zeigt
doch wieder einmal recht deutlich, daß der Weg zur Wissenschaft
noch lange nicht frei ist von gewissen Resten kompakter Metaphysik, die nur durch gemeinsame Arbeit überwunden werden
können.

5.5 WAHRHEIT UND BEWÄHRUNG
(1936)

Rudolf Carnap

Der Unterschied zwischen den beiden Begriffen »wahr« und »bewährt« (»bestätigt«, »[wissenschaftlich] anerkannt«) ist wichtig,
wird aber oft nicht hinreichend beachtet. »Wahr« (in der üblichen
Bedeutung) ist ein zeitunabhängiger Begriff, d. h. er wird ohne
Angabe einer Zeitbestimmung prädiziert. Man kann z. B. nicht
sagen: »Der und der Satz ist heute (gestern, morgen) wahr«,
sondern nur: »Der Satz ist wahr«. »Bewährt« ist dagegen zeit-
abhängig. Wenn man sagt: »Der und der Satz ist in hohem Grad
durch Beobachtungen bewährt«, so muß man hinzufügen: »in
dem und dem Zeitpunkt«.

Der Begriff »wahr« führt bekanntlich bei unbeschränkter Verwendung – wie sie z. B. in der Umgangssprache erlaubt ist – zu
Widersprüchen (den sog. Antinomien). Daher waren die Logiker
in der letzten Zeit meist mißtrauisch gegen diesen Begriff und
suchten ihn zu vermeiden. Zuweilen hielt man es überhaupt für
unmöglich, eine exakte und widerspruchsfreie Definition für
»wahr« (in der üblichen Bedeutung dieses Wortes) aufzustellen;
das führte dann dazu, daß man den Terminus »wahr« für den
ganz anderen Begriff »bewährt« verwendete. Hieraus ergeben
sich jedoch erhebliche Abweichungen vom üblichen Sprachgebrauch. So ist man z. B. genötigt, den Grundsatz vom ausgeschlossenen Dritten aufzugeben, der besagt, daß für jeden Satz entweder er selbst oder seine Negation wahr ist; denn bei den meisten
Sätzen sind ja weder sie selbst noch ihre Negationen bewährt,
wissenschaftlich anerkannt. Nun ist es jetzt Tarski[1] gelungen,

---

[1] Tarski: »Grundlegung der wissenschaftlichen Semantik« [S. 1–8],
Lutman-Kokoszyńska: »Syntax, Semantik und Wissenschaftslogik«

eine einwandfreie Definition für »wahr« aufzustellen, die die in der Umgangssprache vorliegende Bedeutung dieses Wortes trifft (aber natürlich seine Verwendung im Vergleich zur Umgangssprache gewissen Beschränkungen unterwerfen muß, um die Widersprüche auszuschalten). Daher sollte man den Terminus »wahr« lieber nicht mehr für den Begriff »bewährt« verwenden. Von der Definition für »wahr« muß man nicht erwarten, daß sie uns ein Bewährungskriterium liefert, wie wir es in erkenntnistheoretischen Überlegungen suchen. Denn auf Grund dieser Definition wird auf die Frage nach dem Wahrheitskriterium für einen bestimmten Satz nur die triviale Antwort gegeben, die aus dem Satz selbst besteht. So folgt aus der Definition für »wahr« z.B.: Der Satz »Der Schnee ist weiß« ist dann und nur dann wahr, wenn der Schnee weiß ist. Diese Folgerung stimmt zwar, und darin zeigt sich, daß die Definition richtig aufgestellt ist; aber diese Folgerung beantwortet nicht die Frage nach dem Bewährungskriterium. Wir wollen hier nicht näher auf den Wahrheitsbegriff eingehen, der in anderen Vorträgen dieses Kongresses ausführlich besprochen wird, sondern den Begriff der Bewährung genauer untersuchen. | 135

Wenn wir klarstellen wollen, was unter Bewährung zu verstehen ist, so müssen wir das Verfahren der wissenschaftlichen Nachprüfung beschreiben und die Bedingungen angeben, unter denen ein Satz auf Grund einer solchen Nachprüfung als mehr oder weniger bewährt gilt, wissenschaftlich anerkannt oder abgelehnt wird. Die Schilderung dieses Verfahrens ist keine logische, sondern eine realwissenschaftliche (psychologisch-soziologische) Darstellung. (Man mag sie auch methodologisch nennen, besonders wenn sie in der Form von Vorschlägen oder Regeln auftritt.) Wir wollen hier von diesem Verfahren nur die Hauptzüge schematisch angeben; denn es kommt uns hier nicht so sehr auf die Einzelheiten an als auf die Betonung des Unterschiedes zwischen den beiden wichtigsten Operationen des Verfahrens.

[S. 9–14]; *Actes du Congrès international de Philosophie scientifique,* Paris 1935, Fasc. III, (Herman & Cie, Paris).

Die Sätze der Wissenschaft sind so beschaffen, daß sie niemals endgültig anerkannt oder abgelehnt werden können, sondern nur gradweise mehr oder weniger bewährt oder erschüttert werden. Wir können aber der Einfachheit halber zwei Arten von Sätzen unterscheiden, die allerdings nicht scharf getrennt, sondern nur graduell verschieden sind; nämlich die direkt nachprüfbaren und die nur indirekt nachprüfbaren. Unter einem direkt nachprüfbaren Satz wollen wir einen solchen verstehen, für den Umstände denkbar sind, unter denen wir auf Grund einer oder weniger Beobachtungen uns schon getrauen würden, ihn entweder als so stark bewährt anzusehen, daß wir ihn anerkennen, oder als so stark erschüttert, daß wir ihn ablehnen. Beispiel: »Auf meinem Schreibtisch liegt ein Schlüssel«; Bedingungen zur Nachprüfung: ich stehe neben meinem Schreibtisch, es herrscht hinreichende Beleuchtung, usw.; Bedingung der Anerkennung: ich sehe einen Schlüssel auf dem Schreibtisch; Bedingung der Ablehnung: ich sehe keinen Schlüssel dort. Die indirekte Nachprüfung eines Satzes besteht darin, daß andere Sätze, die zu ihm in gewissen logischen Beziehungen stehen, direkt nachgeprüft werden; diese Sätze heißen dann Kontrollsätze für jenen Satz. Zuweilen wird ein indirekt nachprüfbarer Satz dadurch bewährt, daß Sätze, aus denen er ableitbar ist, bewährt werden; das ist z. B. der Fall bei einem Existenzsatz. Meist haben die wissenschaftlichen Gesetze die Form von Allsätzen. Ein Allsatz (einfachster Form) kann etwa dadurch mehr und mehr bewährt werden, daß aus ihm ableitbare Kontrollsätze in immer größerer Anzahl bewährt und daher anerkannt werden, während kein derartiger Satz abgelehnt wird. Es gibt eine Reihe wichtiger Fragen über die möglichen logisch-syntaktischen Beziehungen zwischen einem zu prüfenden Satz und dessen Kontrollsätzen; wir wollen jedoch darauf nicht näher eingehen, sondern uns mit der Bewährung der direkt nachprüfbaren Sätze beschäftigen. Hier sind hauptsächlich die folgenden beiden Operationen zu unterscheiden:

1. *Konfrontation des Satzes mit der Beobachtung.* Man stellt Beobachtungen an und formuliert dann einen Satz derart, daß er auf Grund dieser Beobachtungen als bewährt gilt. Ich sehe z. B.

einen Schlüssel auf meinem Schreibtisch und mache die Aussage: »Auf meinem Schreibtisch liegt ein Schlüssel«, die mir auf Grund meiner Seh- und vielleicht Tast-Beobachtungen als in hohem Grade bewährt gilt und die ich daher anerkenne. (Der Begriff der Beobachtung ist hier im weitesten Sinn gemeint; »ich bin hungrig« oder »ich bin zornig« gelten in diesem Zusammenhang auch als Beobachtungssätze.[2]) Wie ein Satz formuliert werden muß oder darf, wenn bestimmte Beobachtungen gemacht sind, dafür pflegt man gewöhnlich keine ausdrücklichen Regeln aufzustellen. Kinder lernen den Gebrauch der Umgangssprache und damit die richtige Ausführung der beschriebenen Operation durch die Praxis, durch Nachahmung, meist ohne die Hilfe von Regeln. Man kann allerdings auch Regeln angeben. Aber diese werden, wenn es sich nicht um eine fremde Sprache oder um neu eingeführte Termini handelt, trivial. Z.B.: »Wenn man hungrig ist, darf man den Satz ›Ich bin hungrig‹ anerkennen«, oder: »Wenn man einen Schlüssel sieht, darf man den Satz ›Hier liegt ein Schlüssel‹ anerkennen«. An dieser Stelle kommt nämlich die Definition des Wahrheitsbegriffes in die Frage nach der Bewährung hinein; die genannten Regeln ergeben sich aus dieser Definition.

2. *Konfrontation des Satzes mit schon vorher anerkannten Sätzen.* Der auf Grund der ersten Operation aufgestellte Satz gilt als (hinreichend stark) bewährt, solange nicht bei der zweiten Operation Sätze gefunden werden, die schon vorher als bewährt galten, aber mit ihm unverträglich sind. Wird ein solcher Fall von Unverträglichkeit entdeckt, so muß entweder der neue Satz oder mindestens einer der früheren schon anerkannten Sätze abgelehnt, widerrufen werden. Dafür, ob das eine oder das andere zu tun ist, sind gewisse methodologische Regeln aufzustellen (Popper).

---

[2] Ob als direkt aufzustellende Sätze – man nennt sie zuweilen Protokollsätze – solche über den beobachteten Vorgang (»Hier liegt...«) oder über den Beobachtungsakt (»Ich sehe...«) zu nehmen sind, ist im Grund eine Frage der Konvention. Vgl. Carnap, »Über Protokollsätze«, in: *Erkenntnis* 3 (1933) [in diesem Band, S. 412–429]; und Poppers Buch, siehe Literaturverzeichnis am Schluß.

Hieraus ergibt sich das Verhältnis der beiden Operationen zueinander. Die erste ist die wichtigste; ohne sie gibt es überhaupt keine Bewährung. Die zweite ist nur eine Hilfsoperation, die meist nur eine negative, regulative Funktion hat: sie dient zur nachträglichen Ausmerzung ungeeigneter Elemente aus dem Satzsystem der Wissenschaft.

Wenn wir uns die beiden Operationen und ihr gegenseitiges Verhältnis deutlich vor Augen stellen, werden wir für verschiedene Fragen, die in der letzten Zeit viel diskutiert worden sind, leichter einen Weg zur Klärung finden. Es ist eine viel umstrittene Frage, ob man beim Verfahren der wissenschaftlichen Nachprüfung *Sätze mit Tatsachen vergleichen* müsse oder ob ein solcher Vergleich nicht nötig oder vielleicht sogar unmöglich sei. Wenn man unter »Vergleich eines Satzes mit einer Tatsache« das Verfahren versteht, das wir vorhin die erste Operation genannt haben, so ist zuzugeben, daß dieses Verfahren nicht nur möglich, sondern für die wissenschaftliche Nachprüfung notwendig ist. Andrerseits muß aber darauf hingewiesen werden, daß die Formulierung »Vergleich des Satzes mit der Tatsache« nicht unbedenklich ist. Zunächst ist der Begriff »Vergleich« hier nicht ganz am Platz. Vergleichen kann man zwei Gegenstände nur in bezug auf eine Eigenschaft, die beiden in verschiedener Weise zukommen kann (z. B. in bezug auf die Farbe, auf die Größe, auf die Anzahl der Teile usw.). Wir wollen deshalb im vorliegenden Fall anstatt von »vergleichen« lieber von »konfrontieren« sprechen. Unter einer Konfrontation zweier Gegenstände verstehen wir eine Feststellung, ob der eine (hier: der Satz) in einer gewissen Hinsicht zu dem zweiten (hier: der Tatsache) paßt, nämlich ob die Tatsache so ist, wie es der Satz besagt, oder anders ausgedrückt: ob der Satz im Hinblick auf die Tatsache wahr ist. Ferner kann die genannte Formulierung dadurch, daß sie von »den Fakten« oder »der Wirklichkeit« spricht, leicht zu der absolutistischen Auffassung verleiten, als könnten wir nach einer absoluten »Wirklichkeit« fragen, deren Beschaffenheit unabhängig von der zu ihrer Beschreibung gewählten Sprache an und für sich feststehe. Die Antwort auf eine Frage über die »Wirklichkeit« ist jedoch nicht nur von dieser »Wirklichkeit«, von den »Tatsachen« abhängig, sondern außerdem auch von der Struktur und dem Begriffsschatz der zur Beschreibung verwendeten Sprache. Bei einer Übersetzung von einer Sprache in eine andere kann der Sachgehalt eines Tatsachensatzes nicht immer unverändert erhalten bleiben, nämlich dann nicht, wenn die Strukturen der beiden Sprachen sich in wesentlichen Punkten unterscheiden. Z.B. können zwar viele Sätze der Sprache der modernen Physik restlos in die Sprache der klassischen Physik übersetzt werden, andere Sätze dagegen nicht oder nur mangelhaft. Das ist dann der Fall, wenn in dem betreffenden Satz Begriffe vorkommen (wie z.B. »Wellenfunktion« oder »Quantelung«), die in der Sprache der klassischen Physik nicht vorkommen und – das ist das Wesentliche – auch nicht in diese Sprache nachträglich eingefügt werden können, da sie eine andere Sprachform voraussetzen. Noch deutlicher wird das Verhältnis, wenn wir annehmen, die Physik der Zukunft würde zu einer Sprache mit diskontinuierlicher Raum-Zeit-Ordnung übergehen. Dann wären offenbar manche Sätze der klassischen Physik nicht und andere nur unvollkommen in die neue Sprache übersetzbar. (Es ist also nicht nur so, daß früher anerkannte Sätze später abgelehnt werden; sondern für gewisse Sätze – unabhängig davon, ob sie als wahr oder falsch gegolten haben – läßt sich in der neuen Sprache überhaupt kein entsprechender Satz bilden.) 137

Wenn wir hier Bedenken gegen die Behauptung »Der Satz wird mit der Tatsache (oder: mit der Wirklichkeit) verglichen« erhoben haben, so muß man aber beachten, daß diese Bedenken sich nicht gegen den Inhalt, sondern nur gegen die Form dieser Behauptung richten. Die Behauptung ist nicht falsch – wenn sie in der angedeuteten Weise interpretiert wird – sondern nur in einer bedenklichen Weise formuliert. Man darf also nicht, anstatt diese Formulierung abzulehnen, ihre Negation behaupten: »Man kann einen Satz nicht mit einer Tatsache (oder: mit der Wirklichkeit) vergleichen«; denn diese negierte Formulierung ist ebenso bedenklich wie die ursprüngliche. Man muß sich auch hüten, wenn man die genannte Formulierung ablehnt, nicht das mit ihr vermutlich gemeinte Verfahren, nämlich die Konfrontation mit der Beobachtung, zu verwerfen oder seine Bedeutung und Notwendigkeit zu übersehen und nur die zweite Operation allein in den Vordergrund zu stellen. (Übrigens dürfte die Bezeichnung »Vergleich zwischen Sätzen« anstatt »Konfrontation« wohl ebenfalls dem angegebenen Bedenken unterliegen.) Würde jemand die erste Operation wirklich ablehnen – ich glaube nicht, daß irgend jemand aus unseren Kreisen das will – so wäre seine Auffassung nicht mehr empiristisch.

Das Ergebnis unsrer Überlegungen sei kurz *zusammengefaßt:*

1. Es muß deutlich unterschieden werden zwischen der Frage nach einer Definition der *Wahrheit* und der Frage nach einem Kriterium der *Bewährung.*

2. Bei der direkten Bewährung sind *zwei verschiedene Operationen* vorzunehmen: Formulierung einer Beobachtung und Vergleich von Sätzen untereinander; man darf vor allem die erste Operation nicht außer acht lassen.

LITERATUR

Zur Frage der empirischen Nachprüfung und Bewährung:

Popper: *Logik der Forschung* (Schriften zur wissenschaftlichen Weltauffassung, Bd. 9), Springer, Wien 1934. (Ausführliche Theorie der Nachprüfung und Nachprüfbarkeit.)

Neurath: »Pseudorationalismus der Falsifikation«, in: *Erkenntnis* 5 (1935), S. 353–365. (Wie man die Verifikation durch graduelle Bewährung ersetzt hat, so wird hier die Falsifikation durch graduelle Erschütterung ersetzt.)

Carnap: »Testability and Meaning«, in: *Philosophy of Science* 3 (1936) [S. 419–471 und 4 (1937), S. 1–40].

VI. ZU SPEZIALPROBLEMEN EINZELNER WISSENSCHAFTEN

6.1 DIE NEUE LOGIK
(1933)

Karl Menger

In den bisherigen Vorträgen dieses Zyklus wurde die Rolle behandelt, welche *Erfahrung* und *Anschauung* in Krise und Neuaufbau der exakten Wissenschaften unserer Zeit spielen. Im Vortrage von Herrn Mark wurde auseinandergesetzt, wie durch neue experimentelle Erfahrungen das Lehrgebäude der klassischen Physik immer mehr erschüttert wurde. Im Vortrage von Herrn Thirring hörten Sie, wie diese krisenerregenden Erfahrungsdaten zu einem Neuaufbau des physikalischen Begriffsystemes führten. Im Vortrag von Herrn Hahn wurde gezeigt, wie die Mathematik eine Krise der Anschauung durchzumachen hatte, da hinsichtlich komplizierterer Gebilde des euklidischen Raumes die sogenannte geometrische Intuition sich als unzuverlässig erwies, wodurch ein logisch orientierter Neuaufbau der euklidischen Geometrie notwendig wurde. Wie schon vor hundert Jahren neben der euklidischen Geometrie als rein logische Konstruktionen noch andere Geometrien, die sogenannten nichteuklidischen Geometrien, entstanden waren und sich in jüngster Zeit auf die Physik anwendbar erwiesen, wurde im Vortrage von Herrn Nöbeling ausgeführt. Daß nun im Schlußvortrage *die Logik selbst* und mit ihr die Arithmetik im Zusammenhange mit Krise und Neuaufbau behandelt werden soll, dürfte die meisten von Ihnen verwundert haben. Was nämlich die Erfahrung und Anschauung betrifft, so kann auch jemand, dem die Details von Physik und Geometrie nicht geläufig sind, immerhin sich vorstellen, daß neue empirische Entdeckungen alte Theorien, selbst die ehrwürdigsten, umstoßen können und daß eine Intuition, die sich zu weit vorgewagt hat, aus irrtümlich bezogenen Stellungen sich zurückziehen muß. Die Logik aber gilt als etwas Unwandelbares und Unerschütterliches, und daß auch in ihrer Domäne von Krise und Neuaufbau die Rede sein kann, das ist dem nicht völlig Eingeweihten nicht nur unbekannt, sondern unvorstellbar.

Tatsächlich war ja die Logik auch zwei Jahrtausende lang die konservativste aller Wissenschaften. Aristoteles gilt als Vater der Logik. Er geht davon aus, daß jedes Urteil darin besteht, daß von einem Subjekt ein Prädikat ausgesagt wird. Die Urteile zerfallen einerseits in bejahende und verneinende, anderseits in allgemeine und partikuläre. »Alle Katzen sind Säugetiere« ist ein allgemeines bejahendes Urteil. »Einige Säugetiere sind Katzen« ist ein partikuläres bejahendes Urteil. »Einige Säugetiere sind nicht Katzen« ist ein partikuläres verneinendes Urteil. »Keine Katze ist ein Fisch« ist ein allgemeines verneinendes Urteil. Alles Schließen besteht nun nach Aristoteles darin, daß aus zwei Urteilen dieser Form ein drittes hergeleitet wird. Beispielsweise daraus, daß alle Katzen Säugetiere sind und daß alle Säugetiere Wirbeltiere sind, folgt, daß alle Katzen Wirbeltiere sind. Daraus, daß alle Katzen Säugetiere sind und kein Säugetier ein Fisch ist, folgt, daß keine Katze ein Fisch ist. In drei Figuren mit zusammen 14 Unterarten faßte Aristoteles alle seiner Ansicht nach möglichen Schlüsse zusammen. Im Mittelalter wurden diese »Schlußmodi« auf vier Figuren mit insgesamt 19 Unterarten erweitert und mit den Namen Barbara, Celarent usw. bezeichnet. (Wenn daraus, daß allen bzw. keinem M ein Prädikat P und allen S das Prädikat M zukommt, geschlossen wird, daß allen bzw. keinem S das Prädikat P zukommt, so spricht man von einem Schluß nach dem Modus Barbara bzw. Celarent.) Auch jene drei Prinzipien, die später als die Grundprinzipien der Logik bezeichnet wurden, die Prinzipien von der Identität, vom Widerspruch und vom ausgeschlossenen Dritten, wurden bereits von Aristoteles formuliert, allerdings bemerkenswerterweise nicht in seinen logischen Schriften, sondern in seiner Metaphysik. Den Kern seiner Logik bildete die erwähnte Logik der *Subjekt-Prädikat-Sätze,* und das war auch im wesentlichen alles, was zwei Jahrtausende nach Aristoteles als reine Logik angesehen wurde.

Zwar hatten im katholischen Mittelalter die *Scholastiker* mancherlei tiefsinnige logische Untersuchungen angestellt. Aber in

der Neuzeit und insbesondere während der Aufklärungsperiode
gewöhnte man sich daran, die logischen Arbeiten der mittelalterlichen Gelehrten als Spitzfindigkeiten zu bezeichnen, während
man ihren Inhalt der Vergessenheit anheim fallen ließ und durch
minder tiefliegende logische Betrachtungen ersetzte. Und ebenso
blieben die Gedanken zur Logik von Leibniz, die ihrer Zeit weit
vorauseilten, ohne unmittelbare Wirkung. Leibniz war völlig im
klaren darüber, daß die bloße Behandlung von Subjekt-Prädikat-
Sätzen unzureichend sei und durch eine Logik der Relationen
ergänzt werden müsse. Ferner behandelte er systematischer die
logischen Prinzipien und ihre gegenseitigen Beziehungen und
entwarf das Projekt einer lingua characteristica, in der alle wissenschaftlichen Sätze in präziser Form ausdrückbar sind, und eines
calculus ratiocinator, der alle Schlußarten enthalten und rechne-
risch behandeln sollte. Daß aber auch die Ansichten von Leibniz
ebenso wie die Arbeiten der Scholastiker ohne Widerhall blieben,
geht wohl am deutlichsten aus den berühmten Worten hervor,
die Kant in der Einleitung zur zweiten Auflage der »Kritik der
reinen Vernunft« über die Logik ausspricht: »Daß die Logik diesen sicheren Gang schon von den ältesten Zeiten her gegangen
ist, läßt sich daraus ersehen, daß sie seit dem Aristoteles keinen
Schritt rückwärts hat tun dürfen [...]. Merkwürdig ist noch an
ihr, daß sie auch bis jetzt keinen Schritt vorwärts hat tun können, und also allem Ansehen nach abgeschlossen und vollendet

139 zu sein scheint.« Und in Kants Logik heißt es: »Die jetzige Logik
schreibt sich her von Aristoteles Analytik [...]. Übrigens hat die
Logik von Aristoteles Zeiten her an Inhalt nicht viel gewonnen
und das kann sie ihrer Natur auch nicht [...]. Denn Aristoteles
140 hat keinen Moment des Verstandes ausgelassen.«

Die Veranlassung zu einer Krise dieser alten Logik ging von der
Mathematik aus. Der rein logische Aufbau der Geometrie und
später auch der Arithmetik führte nicht nur zu einer vollständigen Registrierung aller verwendeten *mathematischen* Voraussetzungen, sondern brachte es mit sich, daß man auch Klarheit
über alle *Prinzipien des Schließens* zu gewinnen suchte, die bei
der Ableitung mathematischer Sätze aus den Axiomen zur An-

wendung gelangen. Und da zeigte sich, daß die klassische Logik
den Ansprüchen der modernen Mathematik weder hinsichtlich
Präzision noch hinsichtlich Vollständigkeit genüge. Mathematiker waren es deshalb vorwiegend, welche den erforderlichen
Neuaufbau der Logik unternahmen und durchführten. Von den
Hauptetappen dieses Neuaufbaues, welcher als *Logistik* bezeichnet wird, will ich Ihnen nun eine kurze Skizze geben, möchte
aber gleich vorweg bemerken, daß heute diese Logistik, so außerordentlich sie auch über die Aristotelische Logik hinausgreift,
doch bereits zum klassischen Bestande der Logik gezählt werden
kann, während die eigentlichen Probleme der neuen Logik, wie
Sie sehen werden, erst da beginnen, wo die Logistik aufhört.

Der erste Schritt war die Entwicklung des sogenannten *Klassenkalküls*, auch Algebra der Logik genannt, vor allem durch Boole,
Peirce und Schröder in der zweiten Hälfte des vorigen Jahrhunderts.[1] Während die Aristotelische Logik sich, wie wir sahen, vorwiegend mit der Frage beschäftigt: Was können wir, wenn von
zwei Klassen (d.h. von zwei Gesamtheiten, z.B. von der Klasse
aller Katzen und der Klasse aller Wirbeltiere) gewisse Beziehungen zu einer dritten Klasse (z.B. zur Klasse aller Säugetiere) bekannt sind, über das Verhältnis der beiden Klassen zueinander
aussagen? – stellt der Klassenkalkül eine systematische Theorie
der Beziehungen von beliebig vielen Klassen dar. Und während
bei Aristoteles von zwei Klassen nur untersucht wird, ob die eine
ganz oder teilweise in der anderen enthalten ist (d.h. ob alle oder
manche Elemente der einen Elemente der anderen sind) oder ob
die eine ganz oder teilweise fremd zur anderen ist (d.h. ob alle
oder manche Elemente der einen nicht in der anderen enthalten
sind), werden im Klassenkalkül neben diesen sogenannten *Sub-
sumtions*beziehungen auch viele andere Beziehungen zwischen
Klassen untersucht und Operationen mit Klassen vorgenommen.
Z.B. wird die Vereinigungs- und Durchschnittsklasse zweier

---

[1] Das Hauptwerk in deutscher Sprache über den Klassenkalkül ist
Schröder, *Vorlesungen über die Algebra der Logik*, 3 Bde., bei Teubner,
Leipzig 1890–1910, und dessen *Abriß der Logik*, ebd. 1909/10.

Klassen *A* und *B* (d.h. die Klasse aller Elemente, die entweder in *A* oder in *B*, bzw. die sowohl in *A* als auch in *B* enthalten sind) systematisch behandelt. Im Gegensatz zu Aristoteles wird dabei auch die leere (d.h. keine Elemente enthaltende) Klasse betrachtet. Z.B. ist der Durchschnitt der Klasse aller Katzen und der Klasse aller Fische die leere Klasse. Der Klassenkalkül gibt nun ausgehend von einigen wenigen Sätzen eine systematische Behandlung aller Beziehungen zwischen Klassen. Unter seinen Lehrsätzen gibt es 19, welche den Aristotelisch-Scholastischen Schlußarten entsprechen.[2]

Aber im Klassenkalkül sind diese 19 Sätze nicht nur nicht die einzigen, sondern sie haben eine keineswegs ausgezeichnete Stellung. Sie kommen nicht unter den Ausgangssätzen des Klassenkalküls vor – schon deshalb nicht, weil es möglich ist, den gesamten Klassenkalkül auf viel weniger als 19 Sätze zu begründen –, so daß die 19 Aristotelischen Sätze zur Begründung des systematischen Klassenkalküls *nicht notwendig* sind. Aber selbst wenn man eine so überflüssig große Anzahl von Ausgangssätzen annehmen wollte, so wären speziell die 19 Aristotelischen Sätze auch *gar nicht hinreichend*, um aus ihnen den gesamten Klassenkalkül herzuleiten. Der Klassenkalkül ist also entschieden ein gewisser Fortschritt gegenüber der alten Subsumtionslogik.

Ein zweiter Schritt führt über den Klassenkalkül hinaus. Dieser Klassenkalkül ist ja eine aus wenigen Ausgangssätzen deduzierte

---

[2] Dieselben lassen sich übrigens nach Ladd Franklin in einen einzigen Satz zusammenfassen, nämlich in den Satz, daß niemals für drei Klassen *A, B, C* der Durchschnitt der Klassen *A* und *B* leer, der Durchschnitt der Klassen non-*B* und *C* leer, der Durchschnitt der Klassen *A* und *C* dagegen nicht leer ist. Im Falle des Schlußmodus Barbara wird vorausgesetzt: alle *M* sind *P* und alle *S* sind *M*, d.h. die Klasse *M* hat mit der Klasse non-*P* einen leeren Durchschnitt und die Klasse *S* hat mit der Klasse non-*M* einen leeren Durchschnitt. Dann ist der Ladd Franklinschen Formel zufolge unmöglich, daß die Klassen *S* und non-*P* einen nichtleeren Durchschnitt haben, mit anderen Worten die Klasse *S* hat dann mit der Klasse non-*P* einen leeren Durchschnitt, d.h. alle *S* sind *P*, womit die Behauptung des Barbaraschlusses bewiesen ist.

Theorie, welche die Beziehungen von Klassen zum Gegenstand hat, so wie die euklidische Geometrie aus wenigen Ausgangssätzen (Axiomen) deduzierbar ist, welche die Beziehungen von Punkten, Geraden und Ebenen zum Gegenstand haben.[3] Der Klassenkalkül ist also eine spezielle mathematische Theorie. Die ganze Logik zu umfassen, davon ist der Klassenkalkül dagegen weit entfernt. Die Logik erschöpft sich ja keineswegs in Umfangsbetrachtungen hinsichtlich der Klassen. Wenn wir z. B. aus irgendwelchen Aussagen, etwa aus den Axiomen irgendeiner Theorie, weitere Sätze herleiten, so wird eben dieses *Herleiten* als »logisches Schließen« bezeichnet. Der Gegenstand dieses Schließens sind aber nicht Klassen, sondern Aussagen. Und doch ist es die Logik, von der man die Angabe der Regeln des Schließens (des Transformierens und Kombinierens von Aussagen zu neuen Aussagen) erwartet. Der zweite Schritt zum Ausbau der Logistik bestand daher in der vor allem auf Peirce und Schröder zurückgehenden Entwicklung eines *Aussagenkalküls,* welcher lehrt, in welcher Weise Aussagen durch Worte wie »und«, »oder«, »nicht« und ähnliche Partikel verknüpft werden können, um wahre zusammengesetzte Aussagen zu ergeben.[4] Eine besonders wichtige Verknüpfung zweier Aussagen ist die »Implikation«. Wenn p und

---

[3] Der Klassenkalkül ist nicht nur methodisch nichts anderes wie eine axiomatische Geometrie, sondern läßt sich sogar, wie ich gelegentlich bemerkt habe, formal mit elementargeometrischen Theorien unter einen Hut bringen, d. h. es gibt eine die Elementargeometrie und den Klassenkalkül umfassende Theorie, aus welcher jede der beiden spezielleren Theorien durch spezifische Zusatzaxiome erhalten werden kann (vgl. die Bemerkungen im *Jahresbericht der Deutschen Mathematiker-Vereinigung 37* [1928], S. 309).

[4] Ausführliche Darstellungen des Aussagenkalküls sowie des Funktionenkalküls findet man bei Frege, *Begriffsschrift,* Halle 1879; Whitehead-Russell, *Principia Mathematica,* Cambridge University Press 1925; die Einleitung dieses Werkes ist unter dem Titel Russell-Whitehead, *Einführung in die mathematische Logik,* im Dreimaskenverlag, München 1932 erschienen; Hilbert-Ackermann, *Grundzüge der theoretischen Logik,* bei Springer, Berlin 1928; Carnap, *Abriß der Logistik,* bei Springer, Wien 1929.

q zwei Aussagen sind und entweder *q* oder non-*p* (d. h. die Negation von *p*) wahr ist, so wird dies in der Logik kurz durch die Worte »*p* impliziert *q*« ausgedrückt. Wenn *q* wahr ist, so ist sicher die Aussage »*q* oder non-*p*« wahr, ob *p* wahr oder falsch ist; eine wahre Aussage *q* wird also von jeder Aussage impliziert. Wenn *p* falsch ist, so ist non-*p* wahr und die Aussage »*q* oder non-*p*« ist sicher wahr, ob *q* wahr oder falsch ist; eine falsche Aussage *p* impliziert also jede Aussage *q*. Daraus ergibt sich beispielsweise, daß die Aussage »non-*p* impliziert *p*« wahr ist, wenn *p* wahr ist, und falsch ist, wenn *p* falsch ist, daß also, wenn *p* wahr ist, auch »non-*p* impliziert *p*« wahr ist.

Unter den Aussagen, die aus mehreren durch logische Partikel verbundenen Aussagen zusammengesetzt sind, sind jene von besonderer Wichtigkeit, welche auf jeden Fall wahr sind, unabhängig davon, ob die sie aufbauenden Aussagen wahr oder falsch sind. Beispielsweise ist die Aussage »es regnet oder es regnet nicht« wahr, ob die in ihr als Baustein enthaltene Aussage »es regnet« wahr oder falsch ist. Derartige stets wahre zusammengesetzte Aussagen werden nach einem Vorschlag von Wittgenstein als *Tautologien* bezeichnet. Der Aussagenkalkül beschäftigt sich mit der Aufstellung solcher Tautologien.

Nun ist es, wie Frege gezeigt hat, möglich, auch diesen Aussagenkalkül aus einigen einfachen Ausgangssätzen, d. h. alle Tautologien aus wenigen einfachen Tautologien herzuleiten. Vielleicht werden Sie meinen, der Aussagenkalkül sei die Lehre von jenen Transformationen von Aussagen, die sich durch Anwendung der drei Aristotelischen Prinzipien der Identität, des Widerspruches und des ausgeschlossenen Dritten ergeben. Dem ist aber nicht so. Vielmehr spielen die drei Aristotelischen Prinzipien im Aussagenkalkül eine ähnliche Rolle, wie die 19 Aristotelischen Schlußweisen im Klassenkalkül: Die Prinzipien von Identität, Widerspruch und vom ausgeschlossenen Dritten kommen unter den Lehrsätzen des Aussagenkalküls vor, aber sie sind nicht nur nicht die einzigen Sätze des Aussagenkalküls, sondern sie haben in demselben eine keineswegs ausgezeichnete Stellung. Insbesondere treten sie nicht unter jenen Sätzen auf, die man tatsächlich als Ausgangssätze des Aussagenkalküls wählt; sie sind also zur Begründung des Aussagenkalküls *nicht notwendig*. Sie sind aber für sich auch *nicht hinreichend*, um aus ihnen den gesamten Aussagenkalkül herzuleiten. Der Aussagenkalkül ist also entschieden ein gewisser weiterer Fortschritt gegenüber der alten Logik.

Da ich erwähnt habe, man könne den gesamten Aussagenkalkül aus einigen einfachen Ausgangssätzen *herleiten*, und da anderseits die Prinzipien des Aussagenkalküls doch gerade die Prinzipien des logischen *Herleitens* sein sollen, so werden Sie vielleicht den Verdacht hegen, daß die Begründung des Aussagenkalküls sich in irgendwelchen Zirkeln bewege. Dieser Gefahr ist aber Frege sorgsam ausgewichen. Für diejenigen von Ihnen, welche hierüber näher informiert zu werden wünschen, möchte ich einige Bemerkungen, deren Kenntnis aber für das Verständnis des Weiteren nicht erforderlich ist, einschalten: Die Ausgangssätze des Aussagenkalküls sind einfach einige Aussageformeln (und zwar Tautologien). Als solche können z. B. nach Łukasiewicz die drei folgenden gewählt werden:

p impliziert die Aussage: »non-p impliziert q«.
Die Aussage »non-p impliziert p« impliziert p.
Die Aussage »p impliziert q« impliziert folgende Aussage: »Die Aussage ›q impliziert r‹ impliziert die Aussage ›p impliziert r‹«.

Von diesen drei Formeln drückt die erste den vorhin erwähnten Umstand aus, daß eine falsche Aussage jede Aussage impliziert; die zweite Formel entspricht dem gleichfalls erwähnten Umstand, daß, wenn die Aussage »non-p impliziert p« wahr ist, auch die Aussage p wahr ist; die dritte Formel drückt den Kettenschluß aus: Wenn aus p die Aussage q und aus q die Aussage r folgt, so folgt aus p die Aussage r.

Der Aussagenkalkül ist nun die Gesamtheit aller jener Aussageformeln, die aus den drei Ausgangsformeln durch gewisse formelerzeugende Regeln erhältlich sind, wobei diese formelerzeugenden Regeln einfach darin bestehen, daß man *erstens* in die Ausgangsformeln oder aus ihnen bereits erhaltene Formeln für die Symbole p, q, r, ... andere, eventuell zusammengesetzte

Aussagensymbole substituiert und daß man *zweitens*, wenn die Aussage *P* und die Aussage »*P* impliziert *Q*« zwei Formeln des Aussagenkalküls sind, auch *Q* unter die Formeln des Aussagenkalküls aufnimmt. Beispielsweise geht aus der ersten Ausgangsformel, wenn wir für *p* die Aussage »*r* impliziert *s*« substituieren, folgende nach der ersten formelerzeugenden Regel in den Aussagenkalkül aufzunehmende Formel hervor: Die Aussage »*r* impliziert *s*« impliziert folgende Aussage: »Die Aussage ›non (*r* impliziert *s*)‹ impliziert *q*«. Sie sehen also, daß der behandelte Kalkül und das ihn systematisch entwickelnde Schließen genau auseinandergehalten werden. Der Kalkül wird durch Formeln wiedergegeben, der Ausbau des Kalküls erfolgt durch zwei Regeln zur Formelerzeugung. Sie sehen ferner, daß sowohl die Ausgangsformeln als auch die beiden formelerzeugenden Regeln genau präzisiert sind. Die formelerzeugenden Regeln sind dabei erheblich einfacher als die üblichen Regeln des logischen Schließens.

Kehren wir nach diesen Details zur Hauptlinie der Entwicklung der Logik zurück, so müssen wir vor allem feststellen, daß die meisten üblichen Aussagen, insbesondere in der Mathematik, außer den Worten »und«, »oder«, »nicht«, »impliziert« noch andere logische Partikel enthalten, vor allem die Worte »alle« und »manche« oder »es gibt«. Die genauen Regeln der Behandlung von Aussagen, welche auch diese sogenannten logischen *Quantifikatoren* enthalten, liefert ein drittes Kapitel der neueren Logik, welches seit Peirce und Frege neben den Klassen- und Aussagenkalkül tritt und als *Funktionenkalkül* bezeichnet wird. Der historische Grund für diese Benennung ist der folgende: Neben Aussagen, welche teils wahr sind, wie »diese Tafel ist schwarz«, teils falsch sind, wie »diese Tafel ist rot«, gibt es auch Wortkombinationen, wie »*x* ist schwarz«, welche keine Aussagen sind, sondern zu Aussagen erst werden, wenn man für die in ihnen auftretende sogenannte Leerstelle *x* entweder den Namen eines bestimmten Individuums eines gewissen Bereiches einsetzt oder einen Quantifikator davorsetzt, und derartige Wortkombinationen bezeichnet man als *Aussagefunktionen*. Beispielsweise geht die Aussagefunktion »*x* ist schwarz« in eine wahre Aussage über, wenn ich für *x* substituiere »diese Tafel«, sie geht in eine falsche Aussage über, wenn ich für *x* substituiere »diese Kreide«. Sie geht, falls ich als Variabilitätsbereich für *x* den Bereich aller in diesem Saale befindlichen Dinge wähle, in eine falsche Allaussage über, wenn ich vor *x* den Quantifikator »alle« setze; denn dann entsteht die falsche Aussage »alle Dinge dieses Saales sind schwarz«. Sie geht endlich, wenn ich vor *x* den Quantifikator »manche« setze, in die wahre Existenzaussage »manche Dinge dieses Saales sind schwarz« über. Womit man es in der Wissenschaft tatsächlich zu tun hat, das sind teils Aussagen, die von Individuen handeln, teils All- oder Existenzaussagen. Da nun die Regeln des logischen Operierens mit Aussagen der letzteren Art aus einer Theorie der Aussagefunktionen hergeleitet worden sind, so bezeichnet man die Lehre von dem Operieren mit All- und Existenzaussagen als Funktionenkalkül.

Während man Klassen- und Aussagenkalkül und die bisher betrachteten Teile des Funktionenkalküls, wenn auch sehr künstlich, als bloße Präzisierungen und Verschärfungen der alten Logik bezeichnen kann, so kommen wir nun zu einem vierten Schritt der neueren Logik, welcher unzweifelhaft eine *inhaltliche Erweiterung* darstellt. Auch zu diesem Schritt lag die Veranlassung in der Mathematik. Denn die Aussagen, die den Gegenstand der Mathematik bilden und zuerst von Peano in einer allgemeinen strengen Symbolik ausgedrückt wurden, sind nur zu einem ganz geringen Teil Sätze über die Zugehörigkeit von Individuen zu gewissen Klassen oder über Umfangsbeziehungen von Klassen oder Aussagen, bestehend aus derartigen Sätzen, die durch die Worte »und«, »oder«, »nicht«, »impliziert«, »alle«, »manche« verknüpft sind. Der Großteil der mathematischen Urteile handelt vielmehr, wie schon Leibniz erkannt hatte, von *Relationen*. Wenn ich sage »3 ist kleiner als 5«, so behaupte ich eine Relation zwischen zwei Zahlen; wenn ich sage »auf einer Geraden liegt der Mittelpunkt jeder Strecke zwischen den Endpunkten der Strecke«, so behaupte ich einen allgemeinen Satz über eine Relation zwischen Punktetripeln der Geraden. Eine für den Mathematiker brauchbare Logik muß also vor allem auch von Relationen handeln. So wie einem *Prädikat* eine *Klasse* entspricht, nämlich die Klasse aller Wesenheiten welchen das betreffende Prädikat zukommt, z. B. dem Prädikat »schwarz« die Klasse aller schwarzen Dinge – so entspricht einer Relation zwischen zwei Dingen oder, wie man statt dessen sagt, einer *zweistelligen Relation,* eine *Klasse von Paaren* von Dingen, nämlich die Klasse aller jener Paare von Dingen, in welchen das erste Element des Paares zum zweiten in der betreffenden Relation steht. Z. B. entspricht der Relation »kleiner als« die Klasse aller Paare von Zahlen, von denen die erste kleiner als die zweite ist. Die Erweiterung der Logik, welche darin besteht, daß den Subjekt-Prädikat-Sätzen auch Relationssätze an die Seite gestellt werden, läßt sich demnach auch dahin charakterisieren, daß neben Klassen von Individuen auch *Klassen von Individuenpaaren, von Individuentripeln* usw. untersucht werden. Auch diese Lehre geht von einigen Ausgangsformeln aus und leitet aus ihnen mit Hilfe einiger weniger, genau präzisierter, einfacher formelerzeugender Regeln ein System von Formeln her.

So außerordentlich groß diese inhaltliche Erweiterung der Logik auch ist, so reicht sie doch noch nicht aus, um alle Schlüsse wiederzugeben, welche in der modernen Mathematik gezogen werden. Um der neuesten Mathematik, insbesondere der Lehre von den reellen Zahlen und der Mengenlehre folgen zu können, mußte noch ein *erweiterter Funktionenkalkül* geschaffen werden, der sich auch mit *Klassen von beliebigen Klassen von Individuen,* mit *Klassen von Klassen von Klassen* usw. beschäftigt. Diese außerordentlich schwerwiegende Erweiterung der Logik ist nun aber nicht nur notwendig, um der modernen Mathematik folgen zu können, sondern sie ist, wie wir nun an einer kurzen Skizze zeigen wollen, zugleich hinreichend, um die gesamte Mathematik zu begründen.[5]

Wenn man diesen erweiterten Funktionenkalkül besitzt, so kann man vor allem definieren, wann zwei Klassen *A* und *B*

---

[5] Eine leicht faßliche Darstellung der logischen Begründung der Mathematik bei Russell, *Einführung in die mathematische Philosophie,* im Dreimaskenverlag, München 1923.

gleichzahlig (oder gleichmächtig) heißen. So werden sie seit Georg Cantor genannt, wenn sie eineindeutig aufeinander abbildbar sind, d. h. wenn man jedem Element der Klasse A ein Element der Klasse B derart zuordnen kann, daß bei dieser Zuordnung jedes Element von B genau einem Element von A zugeordnet wird. Z. B. heißen die hier abgebildeten Klassen von Kreuzen und von Punkten gleichmächtig, da die Klasse der Kreuze auf die

$$+ \quad + \quad + \quad + \quad +$$
$$\cdot \quad \cdot \quad \cdot \quad \cdot \quad \cdot$$
$$* \quad * \quad * \quad *$$

Klasse der Punkte z. B. dadurch, daß jedem Kreuz der vertikal unter ihm befindliche Punkt zugeordnet wird, eineindeutig abgebildet werden kann; hingegen sind die abgebildete Klasse der Punkte und die abgebildete Klasse der Sterne nicht gleichmächtig, denn wie immer man jedem der Punkte einen Stern zuordnet, wird es einen Stern geben, dem mehr als ein Punkt zugeordnet wurde. Tatsächlich führen übrigens Kinder und primitive Menschen das Zählen von geringzahligen Klassen dadurch aus, daß sie die Elemente der zu zählenden Klasse (durch Berührung oder in der Phantasie) in eineindeutige Zuordnung zu einer Klasse von Fingern ihrer Hände bringen, wodurch ja auch die besondere Bedeutung der Zahl 10 für unser Zahlsystem entstanden ist. Man glaube nicht, daß dieser Begriff der Gleichzahligkeit den der Zahl oder eine Operation des Zählens voraussetzt! Z. B. kann ich, ohne zu zählen, wie viele Zuhörer oder Sitzplätze sich in diesem Saale befinden, konstatieren, daß in diesem Saale *gleich* viele Zuhörer und Sitzplätze vorhanden sind, indem ich feststelle, daß jeder Sitzplatz mit einem Zuhörer besetzt ist und jeder Zuhörer einen Sitzplatz hat, wodurch zwischen der Klasse aller Zuhörer und der Klasse aller Sitzplätze eine für die Gleichzahligkeit erforderliche eineindeutige Abbildung hergestellt ist. Umgekehrt wird vielmehr auf diesen Begriff der Gleichzahligkeit der Begriff der Zahl gestützt, indem eine *Zahl* definiert wird als die Klasse aller Klassen, die mit einer bestimmten Klasse gleichmächtig sind. Z. B. wird 5 definiert als die Klasse aller jener Klassen, welche (wie z.B. die abgebildeten Klassen von Kreuzen und Punkten) mit der Klasse aller Finger einer Hand gleichzahlig sind. Daß man auch alle mit einer unendlichen (d.h. unendlich viele Elemente enthaltenden) Menge M gleichmächtigen Mengen zu einer Klasse vereinigen kann, welche die Zahl oder Mächtigkeit von M heißt, und auf diese Weise *verschiedene unendliche Zahlen* erhält, da nicht etwa jede unendliche Menge mit jeder anderen unendlichen Menge gleichmächtig ist, – dies ist eine der für die Mengenlehre grundlegenden Entdeckungen Cantors. Die endlichen oder *natürlichen Zahlen* (die Zahlen 1, 2, 3, ...) werden unter bloßer Verwendung der logischen Begriffe definiert, und zwar im wesentlichen dadurch, daß das wichtige sogenannte *Prinzip der vollständigen Induktion* für sie gilt, welches besagt, daß eine Aussage, die für die Zahl 1 wahr ist und, falls sie für irgendeine natürliche Zahl n wahr ist, auch für die nächstfolgende Zahl $n+1$ wahr ist, für jede Zahl wahr ist. Eine mit Hilfe des Prinzips der vollständigen Induktion beweisbare, für alle natürlichen Zahlen gültige Aussage ist z.B. der Satz, daß jede natürliche Zahl eindeutig als Produkt von Primzahlen darstellbar ist. Überhaupt erweist sich das Prinzip der vollständigen Induktion als eines der wichtigsten Beweismittel der Arithmetik. – Im Bereich der natürlichen Zahlen sind zwar Addition und Multiplikation, nicht aber Subtraktion und Division unbeschränkt ausführbar, d.h. je zwei natürlichen Zahlen a und b entspricht eine natürliche Zahl als ihre Summe $a+b$ und eine als ihr Produkt $a \cdot b$, während es natürliche Zahlen $a-b$ und $\frac{a}{b}$ bloß dann gibt, falls b kleiner als a, bzw. Teiler von a ist. Um auch Subtraktion und Division für je zwei Zahlen ausführbar zu machen, erklärt man 0 und die *negativen Zahlen* $-1, -2, -3, ...$, sowie die *rationalen Zahlen* (die Brüche) als Paare von natürlichen Zahlen. Z.B. wird -3 durch die Paare von natürlichen Zahlen a, b erklärt und durch $a-b$ symbolisiert, für welche $a+3=b$ gilt, und es wird $\frac{2}{3}$ durch die Paare von ganzen Zahlen a, b erklärt und mit $\frac{a}{b}$ symbolisiert, für welche $2b=3a$ gilt. Obwohl zwischen je zwei Brüche $\frac{a}{b}$ und $\frac{c}{d}$ ein Bruch der Größe nach eingeschaltet werden kann, z.B. $\frac{a+c}{b+d}$, so bleiben zwischen den Brüchen doch noch Lücken, was damit zusammenhängt, daß im Bereich der Brüche zwar Addition, Subtraktion, Multiplikation und Division (abgesehen von der Division durch 0) unbeschränkt ausführbar sind, andere Operationen, z. B. das Wurzelziehen, dagegen nicht. Man kann beispielsweise leicht beweisen, daß es keinen Bruch $\frac{a}{b}$ gibt, dessen Quadrat $\frac{a^2}{b^2}$ gleich 2 wäre, was man auch dahin ausdrückt, daß $\sqrt{2}$ keine rationale Zahl ist. Dennoch gibt es Brüche, deren Quadrat nur um beliebig wenig kleiner als 2 ist, und Brüche, deren Quadrat nur um beliebig wenig größer als 2 ist. Zwischen diesen zwei Klassen von Brüchen (der »Unterklasse« bestehend aus allen jenen Brüchen, deren Quadrat kleiner als 2 ist, und der »Oberklasse« bestehend aus allen jenen, deren Quadrat größer als 2 ist) besteht also in der Klasse aller Brüche eine Lücke, denn ein Bruch, dessen Quadrat gleich 2 wäre, existiert ja nicht. Um solche Lücken auszufüllen und zugleich eine größere Menge weiterer Operationen (Wurzelziehen, Auflösen aller Gleichungen ungerader Ordnung u. a.) durchführbar zu machen, führt man noch die *irrationalen Zahlen* ein, und zwar eben als die Lücken in der Klasse der Brüche, d. h. als eine gewisse Einteilung der Klasse aller Brüche in zwei Teilklassen. Sobald man sämtliche rationalen und irrationalen Zahlen, oder, wie man sagt, sämtliche *reellen Zahlen* eingeführt hat, kann man schließlich den für die gesamte höhere Mathematik fundamentalen Begriff des *Grenzwertes* und damit die Begriffe der Stetigkeit, der Differentiation und der Integration von Funktionen sowie den der analytischen Geometrie zugrunde liegenden Begriff des n-dimensionalen Raumes (als Klasse aller n-Tupel von reellen Zahlen) rein logisch definieren. Um endlich auch die Gleichung $x^2 = -1$ lösbar zu machen, führt man noch die *imaginären* und allgemein die *komplexen Zahlen* als Paare von reellen Zahlen ein, wodurch dann nach dem sogenannten Fundamentalsatz der Algebra alle Gleichungen lösbar werden und jede Gleichung n-ten Grades n Wurzeln besitzt. In der Geometrie definiert man den Begriff der *Nachbarschaft* eines Punktes und kann damit zu dem in den Vorträgen der Herren Hahn und Nöbeling erwähnten allgemeinen Begriff der *Dimension* von Raumgebilden gelangen.

Mit einem Wort, nach der Ausgestaltung der Logik durch den erweiterten Funktionenkalkül ist, wie Russell es ausdrückt, *die Mathematik ein Teil der Logik* geworden. Diese Aussage stellt nicht etwa eine willkürliche Ausdehnung des Gebrauches des Wortes Logik dar, derart, daß alle Mathematik unter die Logik fällt. Der historische Sachverhalt war vielmehr, wie wir sahen, der folgende: Dadurch, daß man bloß die *Schlüsse* verfolgte, welche in der modernen Mathematik gezogen wurden, und daß man diese Schlüsse so behandelte, wie der Aussagenkalkül die primitivsten Schlüsse (d. h. dadurch, daß man alle diese Schlüsse aus einigen Ausgangsformeln mit Hilfe einiger formelerzeugender Regeln herleitete), gelangte man zu Ausgangsformeln, welche nicht nur gestatten, die mathematischen *Schlüsse* herzuleiten, sondern dazu hinreichen, die *ganze Mathematik selbst* aus ihnen abzuleiten.

Das war der Abschluß der Logistik, die nun alles enthielt, was man tatsächlich brauchte. Nach einer zweitausendjährigen Erstarrung hatte also die Logik in den Händen der Mathematiker in weniger als einem halben Jahrhundert einen, wie es schien, vollendeten Neuaufbau erfahren und mit diesem erfreulichen Resultate hätte man etwa um das Jahr 1900 einen Vortrag über Logik schließen können.

Um die Jahrhundertwende kam nun aber völlig unerwartet ein destruktiver Rückschlag schlimmster Art, und zwar war es gerade das neueingeführte unbeschränkte Operieren mit Klassen und Klassen von Klassen, welches zu nichts weniger als zu einer *Paradoxie* führte. Nun ist ein innerer Widerspruch schon für eine Spezialtheorie irgendeiner Einzelwissenschaft unerträglich. Für die Logik aber bedeutet das Auftreten eines Widerspruches in ihrem Aufbau etwas völlig Katastrophales.

Ehe ich die neu entdeckte Paradoxie auseinandersetze, möchte ich erwähnen, daß Paradoxien schon in der antiken Logik aufgetreten waren. Bekannt ist die vom Lügner, auch genannt der Kreterschluß, weil die Kreter als besonders lügenhaft galten. Für logisch paradox hielt man es im Altertum, wenn ein Kreter den Satz ausspricht: »Alle Kreter sind Lügner«. Die beste Form, um

die hiebei vorliegende Paradoxie mit moderner Präzision darzustellen, ist wohl die, daß ich auf eine Tafel folgende drei Sätze
schreibe:

»2 + 2 = 5«,
»4 + 6 = 3«.
»Alle auf dieser Tafel befindlichen Sätze sind falsch.«

Weiter schreibe ich nichts auf die Tafel und untersuche nun die
drei auf ihr befindlichen Sätze daraufhin, ob sie wahr oder falsch
sind. Die beiden ersten sind offenkundig falsch. Vom dritten will
ich nun aber beweisen, daß er weder wahr noch falsch ist. Nehmen wir nämlich an, der dritte Satz sei *wahr*, so gilt also, daß alle
Sätze auf der Tafel falsch sind, woraus insbesondere folgt, daß der
dritte Satz *falsch* ist. Nehmen wir an, der dritte Satz sei *falsch*,
so sind, da auch die beiden ersten Sätze falsch sind, alle auf der
Tafel befindlichen Sätze falsch, also ist der dritte Satz *wahr*. Aus
der Annahme, daß der dritte Satz wahr ist, folgt demnach, daß
er falsch ist, und aus der Annahme, daß der dritte Satz falsch ist,
folgt, daß er wahr ist; m.a.W. für den dritten Satz führt sowohl
die Annahme, daß er wahr ist, als auch die Annahme, daß er
falsch ist, auf einen Widerspruch, d.h. der dritte Satz ist *weder
wahr noch falsch*, was doch paradox ist, da nach dem Prinzip vom
ausgeschlossenen Dritten jeder Satz entweder wahr oder falsch
ist und ein Drittes ausgeschlossen ist. Allerdings zeigt eine genaue Analyse, daß in diese Paradoxie die in ihr vorkommenden
Worte »Sätze auf dieser Tafel«, die doch nichtlogischer Natur
sind, wesentlich eingehen, weshalb diese und einige mit ihr verwandte Paradoxien nach einem Vorschlage von Ramsey von den
rein logischen durch einen eigenen Namen unterschieden, und
zwar als epistemologische Paradoxien bezeichnet werden.

Was nun eine schwere Krise der modernen Logik hervorrief,
war eine nach verwandten Ergebnissen Burali-Fortis von Russell
1901 entdeckte rein logische Paradoxie (d.h. eine Paradoxie, in
welcher lediglich die Begriffe des logischen Funktionenkalküls
auftreten, vor allem der Begriff der Klasse). Wenn M die Klasse
aller Menschen bezeichnet, so gilt a) jedes Element von M ist ein

Mensch, und b) jeder Mensch ist Element von M. Die Klasse M selbst ist kein Mensch (sondern eine Klasse von Menschen) und kommt daher wegen a) unter den Elementen von M nicht vor. Ebenso ist die Klasse aller Dreiecke der Ebene kein Dreieck und kommt daher unter ihren eigenen Elementen nicht vor. Sicher gibt es also, wie diese und viele andere Beispiele zeigen, Klassen, die nicht unter ihren eigenen Elementen vorkommen. Bezeichnen wir dagegen mit N die Klasse aller Nicht-Menschen, so gilt: a) jedes Element von N ist ein Nicht-Mensch, und b) was nicht ein Mensch ist, ist Element von N. Da N selbst nicht ein Mensch (sondern eine Klasse von Nicht-Menschen) ist, so kommt N wegen b) unter den Elementen von N vor. Ein weiteres Beispiel einer Klasse, die unter ihren eigenen Elementen vorkommt, liefert die Klasse aller Klassen. Bezeichnen wir sie mit K, so gilt: a) jedes Element von K ist eine Klasse, und b) jede Klasse ist Element von K. Da K selbst eine Klasse ist (nämlich die Klasse aller Klassen), so kommt K wegen b) unter den Elementen von K vor. Es sei nun L die Klasse aller Klassen, die nicht unter ihren eigenen Elementen vorkommen. Dann gilt:

(a) Jede Klasse, welche Element von L ist, kommt nicht unter ihren eigenen Elementen vor. (Beispielsweise sind also die erwähnten Klassen N und K nicht Elemente von L).

(b) Jede Klasse, welche nicht unter ihren eigenen Elementen vorkommt, ist Element der Klasse L. (Beispielsweise sind die Klasse M aller Menschen und die Klasse aller Dreiecke Elemente von L).

Wir wollen nun diese Klasse L daraufhin untersuchen, ob sie unter ihren Elementen vorkommt oder nicht. Ich behaupte *erstens:* Daß L unter den Elementen von L vorkommt, ist unmöglich. Denn wenn L ein Element der Klasse L wäre, so enthielte ja L als Element eine Klasse, nämlich L, welche unter ihren Elementen vorkommt, während nach (a) jede Klasse, welche Element von L ist, unter ihren Elementen nicht vorkommt. Daß L unter den Elementen von L vorkommt, ist also unmöglich. Ich behaupte *zweitens:* Daß L unter den Elementen von L nicht vorkommt, ist unmöglich. Denn wenn L nicht Element von L wäre, so wäre ja *L* eine Klasse, die unter ihren Elementen nicht vorkommt und dennoch nicht Element von *L* wäre, während nach (b) jede Klasse, die unter ihren Elementen nicht enthalten ist, Element von *L* ist. Daß *L* unter den Elementen von *L* nicht vorkommt, ist also unmöglich. Wir haben also bewiesen: Sowohl daß *L* unter den Elementen von *L* vorkommt, als auch daß *L* unter den Elementen von *L* nicht vorkommt, ist unmöglich. Dies ist aber paradox. Denn nach dem Prinzip vom ausgeschlossenen Dritten ist jeder Satz entweder wahr oder falsch, während wir vom Satz »*L* kommt unter den Elementen von *L* vor« bewiesen haben, daß er weder wahr noch falsch sein kann.

Einen ersten Ausweg aus der Krise, in welche die Logik durch diese rein logische Paradoxie gestürzt wurde, suchte der Entdekker der Paradoxie, Russell.[6] Seine Lösung besteht in folgendem: Vor allem muß den in der Mathematik auftretenden logischen Konstruktionen ein gewisser Ausgangsbereich von Individuen zugrunde gelegt werden. Neben diesen Individuen werden Klassen von Individuen, die aber nicht mit den Individuen selbst verwechselt werden dürfen, betrachtet, ferner Klassen von Klassen solcher Individuen, die als Klassen zweiten Typus bezeichnet werden, und mit den Klassen von Individuen (den sogenannten Klassen des ersten Typus) nicht verwechselt werden dürfen, und allgemein für jede natürliche Zahl *n* Klassen eines *n*-ten Typus, wobei alle diese Klassen verschiedener Typen wohl auseinanderzuhalten sind und wobei insbesondere, wenn von allen Klassen gesprochen wird, stets angegeben werden muß, ob alle Klassen des ersten, des zweiten oder des *n*-ten Typus gemeint sind. Eine Klasse, die Klassen verschiedener Typen als Elemente enthält, darf nicht gebildet werden. Die in der obigen Paradoxie vorkommende »Klasse aller Klassen« ist eine bei Beachtung dieser Verbote nicht auftretende Begriffsbildung; sie kommt in der Typenhierarchie nicht vor; ebenso die Klasse aller Klassen, die unter ihren eigenen Elementen nicht vorkommen, so daß diese zu Paradoxien

---

[6] Vgl. insbes. die sub [4] [S. 484] zitierte *Einführung* von Russell-Whitehead und den *Abriß* von Carnap.

Anlaß gebende Begriffsbildung durch die Typentheorie ausgeschaltet wird. Freilich bietet diese Theorie keine Gewähr dafür, daß durch sie etwaige noch unentdeckte Paradoxien anderer Art ausgeschlossen werden. Poincaré hat deshalb in ähnlichem Zusammenhang vom Verhalten eines Hirten gesprochen, der seine Herde vor Wölfen dadurch schützen will, daß er sie mit einem Zaun umgibt, ohne aber sicher zu sein, ob er nicht vielleicht einen Wolf in den Zaun miteingeschlossen hat. Tatsächlich wurde aber bisher bei Einhaltung der Typenregeln keine sonstige Paradoxie entdeckt.

Ein zweiter Weg, welcher nach der Entdeckung der Paradoxien beschritten wurde, ist der *formalistische* oder *metalogische* Weg von Hilbert. Die Grundgedanken dieser Methode[7] kann man in folgende Sätze zusammenfassen: Für jede mathematische oder logische Theorie muß erstens angegeben werden, wie die in ihr auftretenden Grundbegriffe bezeichnet werden und wie die Aussagen der Theorie aus diesen Grundzeichen als Zeichenreihen sich aufbauen. Beispielsweise werden im Falle der euklidischen Geometrie in axiomatischer Darstellung die Grundbegriffe, wie Sie aus dem Vortrag von Herrn Nöbeling wissen, Punkte, Geraden und Ebenen genannt. Eine der Grundrelationen ist die des »Liegens in«. Eine der Regeln, wie sich aus diesen Grundzeichen geometrische Aussagen aufbauen, ist z. B. die, daß überall, wo vor den Worten »liegt in« das Zeichen eines Punktes auftritt, nach den Worten »liegt in« das Zeichen einer Geraden oder einer Ebene steht. Es müssen zweitens die Axiome der Theorie formuliert werden, d. h. die gewissen Aussagen entsprechenden Zeichenreihen werden, wie wir dies beim Aussagenkalkül verfolgten, als Ausgangsformeln an die Spitze gestellt. Und drittens müssen die formelerzeugenden Regeln der Theorie angegeben

---

[7] Leicht faßliche Darstellungen bei Bernays, *Blätter für deutsche Philosophie* 4 (1930), S. 326, und Herbrand, *Révue de métaphysique et de morale* 37 (1930), S. 243. Einige Abhandlungen Hilberts zu Grundlagenfragen findet man in den neuen Auflagen seiner *Grundlagen der Geometrie*, bei Teubner, Leipzig.

werden, d.h. Rechenregeln, um aus Zeichenreihen, welche Aussagen der Theorie entsprechen, neue Zeichenreihen herzuleiten, deren entsprechende Aussagen in die Theorie aufgenommen werden, wie wir sie beim Aussagenkalkül gleichfalls aufzählten. Die Theorie wird dadurch zu einem Kalkül und die Theorie dieses Kalküls heißt die zugehörige *Metatheorie.* Diese Metatheorie beschäftigt sich damit, wie die Sätze der ursprünglichen Theorie miteinander zusammenhängen und auseinander hervorgehen, welche Sätze aus den Axiomen beweisbar oder widerlegbar sind usw. Während in der axiomatischen euklidischen Geometrie z.B. bewiesen (d.h. mit Hilfe der formelerzeugenden Regeln aus den Axiomen hergeleitet) wird, daß die Winkelsumme jedes Dreieckkes 180° ist, untersucht die Metageometrie die Frage, welche von den euklidischen Axiomen für die Herleitung dieses Satzes unentbehrlich sind. Metageometrisch ist z.B. die Feststellung, daß das Parallelenaxiom von den übrigen Axiomen unabhängig ist. Von der zu einer Theorie gehörigen Metatheorie wurde nun insbesondere erwartet, daß sie beweisen soll, daß in der Theorie kein Widerspruch auftritt, d.h. daß in der zugehörigen Theorie niemals ein Satz und sein Gegenteil beweisbar ist. Durch metageometrische Überlegungen wird, wie im Vortrag von Herrn Nöbeling erwähnt wurde, bewiesen: Wenn die euklidische Geometrie widerspruchsfrei ist, so ist auch die nichteuklidische Geometrie widerspruchsfrei. Ferner konnte durch metamathematische Überlegungen gezeigt werden: Wenn die Lehre von den reellen Zahlen widerspruchsfrei ist, so ist die euklidische Geometrie widerspruchsfrei. Nun hoffte Hilbert weiter, in einer Metalogik bzw. Metamathematik die Widerspruchsfreiheit einer auf geeignete Axiome gestützten Logik bzw. Mathematik beweisen zu können und auf diese Art die Logik und Mathematik nicht nur aus der Krise zu befreien, in die sie durch die Entdeckung von Paradoxien gestürzt worden waren, sondern für alle Zeit vor derartigen Krisen zu bewahren durch den bindenden Beweis der Unmöglichkeit irgendwelcher Widersprüche.

Bevor ich darauf eingehe, was in dieser Hinsicht auf metalogischem Wege sich herausgestellt hat, möchte ich einige allgemeine, durch die metalogische Methode angeregte Resultate erwähnen. So wie in der Geometrie neben der euklidischen Geometrie aus anderen Axiomen andere Geometrien deduziert wurden, welche, wie im Vortrage von Herrn Nöbeling ausgeführt wurde, untereinander völlig verschieden sind, von denen aber jede einzelne ein in sich geschlossenes System bildet, so wurden auch mehrere Logiken, die voneinander abweichen, von denen aber jede einzelne ein in sich geschlossenes System bildet, konstruiert. Als Beispiel möchte ich die von Łukasiewicz und Post stammenden sogenannten *mehrwertigen Logiken* anführen.[8] In der gewöhnlichen Logik werden alle Aussagen in zwei Klassen geteilt, in die Klasse der sogenannten wahren und die Klasse der sogenannten falschen Aussagen, derart, daß jede Aussage zu einer der zwei Klassen gehört, was im Prinzip vom ausgeschlossenen Dritten seinen Ausdruck findet. Entsprechend wurde nun eine Logik entwickelt, bei der die Aussagen in drei Klassen verteilt werden und ein Prinzip vom ausgeschlossenen Vierten gilt. Und so wie die Annahme, daß es zu einer Geraden durch einen Punkt mehrere Parallelen gibt, nicht nur zu einem abstrakten Gedankengebäude geführt hat, sondern sogar einer gewissen Veranschaulichung an Modellen fähig ist, so kann man auch eine ungefähre Veranschaulichung dieser dreiwertigen Logik erhalten, wenn man etwa eine Einteilung der Aussagen in sicher wahre, ungewisse und sicher falsche vornimmt. Und allgemein gibt es für jede natürliche Zahl n eine n-wertige Logik, welche die Aussagen in n Klassen verteilt und ein Prinzip vom ausgeschlossenen $(n+1)$-ten enthält. Die gewöhnliche Logik mit ihrer Zweiteilung der Aussagen geht in diese Klassifikation als eine zweiwertige Logik ein. Zu jeder dieser n-wertigen Logiken gehört eine Mathematik, von denen allerdings bloß die zur zweiwertigen Logik gehörige bisher näher studiert ist. Aber daß die bloße Tatsache der Existenz verschie-

---

[8] Eine Zusammenfassung der Resultate dieser und anderer schwerer zugänglicher Originalarbeiten erscheint in Heyting-Gödel, *Mathematische Grundlagenforschung* in der Sammlung *Ergebnisse der Mathematik* bei Springer, Berlin.

dener Logiken und zugehöriger Mathematiken von Interesse ist, geht wohl am deutlichsten daraus hervor, daß derlei noch vor kurzem für ausgeschlossen galt und z.B. noch von Poincaré explizite als unmöglich bezeichnet worden ist. Abgesehen davon dürften diese mehrwertigen Logiken in engem Zusammenhang mit der *Wahrscheinlichkeitsrechnung* stehen; ja es ist zu erwarten, daß mehrere dunkle Punkte in der Grundlegung der Wahrscheinlichkeitstheorie gerade im Zusammenhange mit der mehrwertigen Logik ihre Aufklärung finden werden.[9]

Wenn es sich nun um die Aufgabe handelt, die Widerspruchsfreiheit einer Theorie durch eine Metatheorie zu beweisen, so muß vor allem Klarheit darüber herrschen, welche Beweismittel für die metatheoretischen Überlegungen zugelassen werden. Ist die Widerspruchsfreiheit irgendeiner geometrischen oder sonstigen speziellen Theorie zu beweisen, so wird man natürlich als metatheoretische Hilfsmittel nötigenfalls die gesamte Logik verwenden, so daß die ganzen Überlegungen darauf hinauslaufen, daß man durch logisches Schließen beweist, daß im System der Aussagen der betreffenden Theorie kein Widerspruch, d. h. keine Aussage zugleich mit ihrem Negat vorkommt. Was soll es aber heißen, die Widerspruchsfreiheit *der Logik selbst* und der in der allgemeinen Logik aufgehenden Mathematik zu beweisen? Hier darf in einem Widerspruchsfreiheitsbeweise natürlich nicht alles logische Schließen in der Metatheorie verwendet werden, sonst würde die Überlegung ja darauf hinauslaufen, daß durch logisches Schließen bewiesen wird, daß im System der Prinzipien des logischen Schließens kein Widerspruch vorkommt. Ein solcher Beweis wäre aber wertlos, da dasjenige, dessen Widerspruchsfreiheit bewiesen werden soll, als Beweismittel verwendet würde! Zu Widerspruchsfreiheitsbeweisen für die Logik darf also nur *ein Teil* der Logik verwendet werden. Das Ziel ist natürlich, mit einem Minimum von metalogischen Beweismitteln einen mög-

---

[9] Ansätze in dieser Richtung findet man vor allem bei Reichenbach, *Sitzungsberichte der preußischen Akademie der Wissenschaften 39* (1932), S. 476.

lichst großen Teil der Logik und Mathematik als widerspruchsfrei zu erweisen. Beispielsweise gelang Herbrand der Beweis der
Widerspruchsfreiheit des Aussagenkalküls und eines Teiles der
Lehre von den natürlichen Zahlen, in dem das Prinzip vom ausgeschlossenen Dritten vorkommt, unter Verwendung der vollständigen Induktion, aber ohne Verwendung des Prinzipes vom
ausgeschlossenen Dritten.

Das Programm bestand nun darin, bis zu einem Widerspruchs-
freiheitsbeweis für die gesamte Mathematik vorzudringen. Mit
Rücksicht auf die Verwendung eines Teiles der Mathematik zu
diesem Beweis kann man das schließliche Grundproblem also
auch dahin formulieren, *mit einem Teil von Logik und Mathematik die gesamte Logik und Mathematik als widerspruchsfrei
zu beweisen.*

Dies war der Stand der Wissenschaft vor ganz kurzer Zeit, bis
nämlich im Jahre 1930 eine völlig unerwartete, höchst bedeutsame Entdeckung erfolgte, und zwar durch einen jungen Wiener
Mathematiker, Herrn Kurt Gödel. Er löste nämlich das Grundproblem, aber in negativem Sinn, indem er auf metalogischem
Wege, und zwar unter bloßer Verwendung der Lehre von den
natürlichen Zahlen bewies, *daß man die Widerspruchsfreiheit
der Logik und Mathematik mit einem Teil der Logik und Mathematik nicht beweisen kann.*[10] Nun entsteht natürlich sofort die
Frage: Liegt das Ergebnis nicht vielleicht an irgendeinem Mangel
des Axiomensystems der Logik, nach dessen Korrektur die Logik
doch als widerspruchsfrei beweisbar wäre? Dem ist aber nicht so.
Gödel hat nämlich folgenden ganz allgemeinen Satz bewiesen:
*Für jede formale Theorie, welche die Lehre von den natürlichen
Zahlen umfaßt, ist es unmöglich, die Widerspruchsfreiheit mit
irgendwelchen Mitteln, die sich innerhalb der Theorie ausdrükken lassen, zu beweisen.* Wie immer man also auch das System
der Logik modifizieren mag – wofern es nur so umfassend bleibt,
daß es zur Begründung der Lehre von den natürlichen Zahlen

[10] Gödel, *Monatshefte für Mathematik und Physik* 38 (1930), S. 173,
und *Erkenntnis* 2 (1931), S. 149.

ausreicht –, so wird es unmöglich bleiben, seine Widerspruchsfreiheit mit Methoden, die sich im System überhaupt ausdrücken
lassen, zu beweisen. Nimmt man zu den metalogischen Beweismitteln auch gewisse andere hinzu, die in der als widerspruchsfrei zu
erweisenden logisch-mathematischen Theorie *nicht* formulierbar
sind, dann kann man die Widerspruchsfreiheit der betreffenden
Theorie beweisen, – aber dann sind die Beweismittel umfassender als dasjenige, dessen Widerspruchsfreiheit bewiesen werden
soll. Man kann z.B. die Lehre von den ganzen Zahlen als widerspruchsfrei beweisen, wenn man als Beweismittel das Operieren
mit beliebigen Klassen von natürlichen Zahlen, d.h. also im wesentlichen das Operieren mit reellen Zahlen voraussetzt. Was
sich als unmöglich herausgestellt hat, ist jedoch, *mit einem Teil
der Mathematik* die ganze Mathematik oder *einen umfassenderen Teil der Mathematik als widerspruchsfrei zu beweisen.* Was
man *mit einem Teil der Mathematik* als widerspruchsfrei beweisen kann, ist vielmehr im allgemeinen nur *ein engerer Teil der
Mathematik,* oder m.a.W. zum Beweise der Widerspruchsfreiheit
eines Teiles der Mathematik braucht man im allgemeinen *einen
umfassenderen Teil.*

Dieses Resultat ist so grundlegend, daß es mich nicht wundern
würde, wenn bald philosophisch orientierte Nichtmathematiker
aufträten, welche sagten, daß sie nie etwas anderes vermutet hätten. Denn es sei für den Philosophen doch klar, daß man eine
Theorie, in deren Aufbau nicht überflüssige Bestandteile aufgenommen wurden, nicht auf einen ihrer Teile begründen könne
u.dgl. Indes stellen derart allgemeine Prinzipien in ihrer Anwendung auf die metalogischen Probleme sich nicht nur als nicht
evident, sondern als falsch heraus. Man kann ja z.B., wie erwähnt,
aus den Axiomen der Lehre von den reellen Zahlen beweisen, daß
aus der Widerspruchsfreiheit der Lehre von den reellen Zahlen
die Widerspruchsfreiheit der n-dimensionalen euklidischen und
der n-dimensionalen nichteuklidischen Geometrie folgt, obwohl
die n-dimensionale Geometrie die gesamte Lehre von den reellen Zahlen als Teil, nämlich als den eindimensionalen Spezialfall
enthält. Dagegen ergibt sich aus der Gödelschen Untersuchung

z. B., daß es unmöglich ist, aus den Axiomen der Lehre von den natürlichen Zahlen (für welche zuerst Peano ein Axiomensystem aufgestellt hat) zu beweisen, daß aus der Widerspruchsfreiheit der Lehre von den natürlichen Zahlen die Widerspruchsfreiheit der Lehre von den reellen Zahlen folgt. Ebenso kann man nicht mit gewissen Teilen der Lehre von den natürlichen Zahlen beweisen, daß aus der Widerspruchsfreiheit dieser Teile die Widerspruchsfreiheit der gesamten Lehre von den natürlichen Zahlen folgt. Aus dieser Gegenüberstellung geht wohl hervor, daß es sich bei der Gödelschen Entdeckung nicht um eine auf Grund allgemeiner Prinzipien evidente Bemerkung, sondern um einen tiefliegenden mathematischen Satz handelt, der eines Beweises fähig und bedürftig ist.

Eine gute Illustration für die Kraft der metamathematischen Methoden gibt nun ein zweiter Teil der Gödelschen Entdeckung. Um Ihnen diese näher auseinanderzusetzen, muß ich etwas weiter ausholen. Es war eine der größten Entdeckungen Eulers, daß man Sätze, die von den natürlichen Zahlen 1, 2, 3, 4, … handeln, auch mit sogenannten *transzendenten* Hilfsmitteln beweisen könne, d. h. mit Hilfe von Überlegungen, die über die natürlichen Zahlen und das Prinzip von der vollständigen Induktion hinausgehen, indem sie die Begriffe von Grenzwert und Stetigkeit sowie das Operieren mit beliebigen reellen Zahlen und Funktionen verwenden. Beispielsweise ist der von Fermat gefundene und elementar bewiesene Satz, daß jede Primzahl der Form $4n + 1$ auf genau eine Weise als Summe von zwei Quadraten natürlicher Zahlen darstellbar ist, auch mit transzendenten Hilfsmitteln bewiesen worden. So sehr man die Eulersche Entdeckung, aus der sich ein eigener Zweig der Mathematik, die sogenannte *analytische Zahlentheorie*, entwickelte, bewunderte, es bestand doch immer der Glaube, daß alle Sätze über natürliche Zahlen sich auch mit elementaren Mitteln beweisen lassen. Selbst als man elementare Sätze fand, die man bloß mit transzendenten Mitteln zu beweisen in der Lage war, schrieb man dies dem Umstand zu, daß man elementare Beweise dieser Sätze nur bisher noch nicht gefunden habe. Gödel hat nun auf metamathematischem Wege bewiesen, daß sicher Sätze über natürliche Zahlen existieren, die man elementar nicht beweisen kann, sondern zu deren Beweis notwendig transzendente Hilfsmittel herangezogen werden müssen.[11] Wiederum liegt dies nicht etwa in einer Unvollkommenheit unserer speziellen Annahmen über die natürlichen Zahlen, sondern es gilt allgemein das Theorem: *In jeder die gesamte Lehre von den natürlichen Zahlen umfassenden formalen Theorie existieren Probleme, die innerhalb der betreffenden Theorie nicht entscheidbar sind.* So wie es Sätze über natürliche Zahlen gibt, die nur mit Hilfsmitteln aus der Lehre von den reellen Zahlen beweisbar sind, so gibt es Sätze über reelle Zahlen, die nur mit Hilfsmitteln aus der Lehre von den Mengen reeller Zahlen beweisbar sind, und es gibt Probleme über Mengen reeller Zahlen, welche nur durch Annahmen über Mengen höherer Mächtigkeiten entscheidbar werden. Ja sogar auf *natürliche* Zahlen bezügliche unentscheidbare Sätze gibt es in jeder die ganze Lehre von den natürlichen Zahlen umfassenden formalen Theorie. Mit anderen Worten: Eine universale Logik, welche aus einigen Prinzipien heraus für alle denkbaren Fragen eine Entscheidung bringt, wovon Leibniz geträumt hat, kann es nicht geben.

Da die Metamathematik weder imstande ist, die Widerspruchsfreiheit der Mathematik zu beweisen, noch in der Lage ist, Entscheidungsverfahren für alle Probleme zu liefern, so könnte man vielleicht meinen, die metamathematische Methode habe sich nicht bewährt. Das wäre jedoch ein Irrtum. Denn abgesehen von den an sich bedeutungsvollen Ergebnissen der Metamathematik war es ja gerade die von Hilbert geschaffene metamathematische Betrachtungsweise, welche Gödel bei seinen grundlegenden Entdeckungen verwendet hat. Im Gegenteil, es hat sich die Metamathematik bisher als der einzige Weg zu tieferliegenden Einsichten und Erkenntnissen über die Grundlagen von Logik und Mathematik bewährt, wenngleich diese Einsichten teilweise in der Zerstörung von Illusionen bestehen. 144

---

[11] [Vgl. die sub [10] (S. 501) zitierte Literatur.]

Und damit komme ich auf einen dritten Weg zu sprechen, der neben Typentheorie und Metamathematik beschritten wurde, als die Logik durch die Paradoxien zu Anfang dieses Jahrhunderts in eine Krise gestürzt wurde. Es war der Ausbau eines Weges, der in den achtziger Jahren des vorigen Jahrhunderts, also noch vor der Entdeckung der Paradoxien, vom Mathematiker Kronecker energisch angebahnt worden war und der von seinen Nachfolgern als *Intuitionismus* bezeichnet wurde.[12] Während Russell die Mathematik als Teil der Logik bezeichnet, steht Kronecker auf dem Standpunkt eines Primates der Mathematik gegenüber der Logik. Die mathematische Konstruktion ist ihm zufolge das Primäre: »Die ganzen Zahlen sind von Gott gemacht; alles andere ist Menschenwerk«; insbesondere kann rein logisches Schließen, wenn begleitende mathematische Konstruktionen fehlen, zu mathematisch unrichtigen Sätzen führen. Vor allem wendet sich Kronecker gegen die indirekten Beweise, welche daraus, daß die Nichtexistenz einer Wesenheit mit gewissen Eigenschaften als widerspruchsvoll erwiesen wird, auf die Existenz einer Wesenheit mit der betreffenden Eigenschaft schließen, ohne ein Verfahren zur Konstruktion einer solchen Wesenheit zu liefern. Ein Beispiel möge dies erläutern: Wenn es auf irgendeinem Wege gelänge, aus der (als Goldbachsche Vermutung bezeichneten) Annahme, daß jede gerade Zahl als Summe von zwei Primzahlen darstellbar ist, einen Widerspruch herzuleiten, so würde der klassische Mathematiker dies auch mit den Worten aussprechen: Es existiert eine gerade Zahl, die nicht als Summe von zwei Primzahlen darstellbar ist. Kronecker dagegen würde diese Existenzaussage nur dann aussprechen, wenn wirklich eine gerade Zahl, die nicht Summe von zwei Primzahlen ist, angegeben würde oder zu mindest ein

---

[12] Eine Darstellung der historischen Entwicklung dieser Richtung gab ich nebst zahlreichen Literaturhinweisen im Artikel »Der Intuitionismus«, *Blätter für deutsche Philosophie* 4 (1930), S. 311. Neuere Resultate sind in der sub [8] erwähnten Schrift zusammengefaßt. Eine Darstellung der Diskussionen über Grundlagenfragen nebst zahlreichen weiteren Literaturangaben findet man bei Fränkel, *Mengenlehre*, 3. Aufl., bei Springer, Berlin 1928.

Verfahren, das in endlichvielen Schritten eine solche Zahl zu finden gestattete. Würde z. B. bewiesen, daß unter den 1000stelligen Zahlen eine gerade Zahl der gewünschten Art existiert, so hätte man die Sicherheit, eine zu finden, wenn man alle 1000stelligen geraden Zahlen der Reihe nach daraufhin untersuchte, ob sie als Summe zweier Primzahlen darstellbar sind oder nicht, was zwar ein so langwieriges Verfahren wäre, daß kein Mensch es durchführen könnte, aber immerhin nach endlichvielen Schritten zum Ziel führen würde; beim bloßen Beweis der Unmöglichkeit der Nichtexistenz einer Zahl der gewünschten Art liegt hingegen im allgemeinen überhaupt keinerlei Verfahren zur Auffindung einer Zahl der gewünschten Art vor und im letzteren Fall bestreitet Kronecker, daß die Existenz einer Zahl der gewünschten Art bewiesen wurde.

Poincaré richtete seine Angriffe gegen das, was er als *imprädikative Definitionen* bezeichnete: Definitionen einer Wesenheit, welche Bezug nehmen auf Klassen, zu denen die zu definierende Wesenheit selbst gehört. Die (zu Paradoxien führende) Klasse aller Klassen ist eine solche typisch imprädikative Begriffsbildung. Freilich sind imprädikativ auch die für die gesamte höhere Mathematik wichtigen Begriffe der größten Zahl und der oberen Schranke einer Zahlenmenge. Weyl hat daraus denn auch im Buche »Das Kontinuum« (Leipzig 1918) die Konsequenz gezogen, diese Wesenheiten abgesehen von jenen Fällen, in denen sie auch einer verfahrensmäßigen Bestimmung (also auch einer nicht imprädikativen Definition) fähig sind, zu verwerfen. Die vollständige Induktion dagegen betrachtet Poincaré als einen bindenden Schluß, als ein synthetisches apriorisches Prinzip im Sinne von Kant.

In den letzten zwei Dezennien hat Brouwer die Konsequenzen der Kroneckerschen Thesen verfolgt und gezeigt, wie große Teile der modernen Mathematik auf indirekten Existenzbeweisen beruhen und mit ihnen fallen. Die vollständige Induktion gründet er auf eine *Urintuition*, der er auch einen Mengenbegriff entnimmt, während er über diesen Begriff hinausgehende mengentheoretische Untersuchungen als sinnlos ablehnt. Die Logik gebe nur die Regelmäßigkeiten der Sprache des mathematischen Schließens mit endlichen Gesamtheiten wieder. Ihre Übertragung auf unendliche Gesamtheiten sei sinnlos; insbesondere sei das Prinzip vom ausgeschlossenen Dritten, die Quelle der indirekten Existenzbeweise, auf unendliche Gesamtheiten nicht anwendbar. Da Brouwer die Kroneckersche Einschränkung des Gebrauches der Worte »es existiert« auf »es ist in endlichvielen Schritten angebbar« übernimmt, so bestreitet er z. B. (solange die Goldbachsche Vermutung weder bewiesen, noch widerlegt ist) die Gültigkeit der Alternative: Entweder jede gerade Zahl ist als Summe von zwei Primzahlen darstellbar oder es existiert eine gerade Zahl, die nicht Summe von zwei Primzahlen ist. Erst wenn das Goldbachsche Problem gelöst werden sollte (d. h. wenn entweder die Darstellbarkeit aller geraden Zahlen als Summe zweier Primzahlen bewiesen oder eine nicht als Summe zweier Primzahlen darstellbare Zahl angegeben werden sollte), würde man a posteriori sehen, daß einer der beiden in der Alternative behaupteten Fälle vorliegt. Solange aber die Goldbachsche Vermutung weder bewiesen, noch widerlegt ist, sei nicht nur die *Lösung* der Frage unbekannt (d. h. ungewiß, *welcher* der beiden Fälle vorliegt), sondern ihre *Lösbarkeit* unsicher, so daß man a priori nicht einmal die Alternative aussprechen könne (d. h. nicht behaupten dürfe, *daß* einer der beiden Fälle vorliegt). Anderseits könne man auch nicht a priori behaupten, daß das Goldbachsche Problem oder irgendeine bestimmte Frage unlösbar sei.

Diesen Ansichten der Intuitionisten gegenüber ist für den klassischen Mathematiker der Satz »eine Zahl mit der Eigenschaft *E* ist in endlichvielen Schritten angebbar« (der ja mit dem Satz »es existiert eine Zahl der Eigenschaft *E*« nicht identifiziert wird) gar nicht das kontradiktorische Gegenteil des Satzes »alle Zahlen haben die Eigenschaft non-*E*«, so daß diese beiden Sätze für den Klassiker gar keine Alternative bilden. Die Tatsache, daß es unentschiedene Fragen gibt, hat für ihn also mit dem Satz vom ausgeschlossenen Dritten nichts zu tun. Für ihn wird dieser Satz nicht einmal dadurch tangiert, daß die Metamathematik, wie wir sahen, *unentscheidbare* Probleme liefert, in dem Sinne, daß in jedem die Arithmetik umfassenden Axiomensystem Sätze formuliert werden können, die mit Methoden, welche in dem Axiomensystem formulierbar sind, weder als wahr, noch als falsch erwiesen werden können. Diesen letzteren Problemen gegenüber ist wiederum der Intuitionist der Meinung, daß er sie doch vielleicht einmal wird entscheiden können, da er ja seine Methoden zur Entscheidung mathematischer Probleme nicht in einem bestimmten Axiomensystem ausdrückt, sondern, wie wir noch sehen werden, offen läßt.

Wie ist nun die klassische Mathematik gegen die intuitionistischen Angriffe zu verteidigen? Dies ergibt sich aus einer nüchternen Analyse des Intuitionismus. Zweierlei ist zu unterscheiden: die gedankliche Tätigkeit der intuitionistischen Mathematiker und ihre sprachlichen und schriftlichen Mitteilungen über dieselbe. Zwar stehen die Intuitionisten auf dem Standpunkt, daß nur ihre konstruktive gedankliche Tätigkeit die Mathematik ausmache, während alle äußeren Mitteilungen lediglich mehr oder minder unvollkommene Anweisungen zur Wiederholung dieser gedanklichen Tätigkeit durch andere Menschen darstellen. Einem nüchternen Kritiker bleibt aber natürlich nichts anderes übrig, als sich an diese äußeren Mitteilungen zu halten. Diese sind nun teils mathematischer Natur und enthalten Konstruktionen, aber auch Beweise, die sich mit voller Regelmäßigkeit gewisser Schlußweisen bedienen, teils erkenntnistheoretischer Natur und behaupten, die intuitionistischen Überlegungen seien sinnvoll, weitergehende Schlußweisen dagegen sinnlos.

Was nun *erstens* derartige Aussagen, wie »Diese Schlußweisen sind intuitiv begründet, jene sind sinnlos« betrifft, so können sie nichts anderes sein, als eine Beschreibung von subjektiven psychologischen Vorgängen oder ein Ausdruck eines subjektiven Geschmackes. Von Interesse sind sie daher lediglich für den Biographen der die Sätze aussprechenden Person; in Logik oder Mathematik gehören sie nicht. Es sind *Werturteile*, also im Grunde Gefühlsäußerungen, denen gegenüber man den eigenen Gefühlen entsprechend Stellung nimmt mit Willensentschließungen, die sich darauf beziehen, ob man gewisse Schlußweisen anwendet oder nicht anwendet, denen man aber nicht als Erkenntnissen gegenübertreten kann, die man als wahr oder falsch zu bezeichnen vermöchte.

Was *zweitens* den nach Säuberung der intuitionistischen Ausführungen von ihren unmathematischen Teilen verbleibenden Rest betrifft, so besteht derselbe aus der Herleitung gewisser Aussagen mit Hilfe gewisser Methoden und Schlußweisen, – es ist ein System von Schlüssen nach gewissen Regeln. Weniger ist aber auch die klassische Mathematik nicht. Freilich sagen die Intuitionisten, daß die Gesamtheit aller ihrer gedanklichen Konstruktionen gar nicht formalisierbar, gar nicht in einem Axiomensystem präzisierbar sei. Da man aber die Schlüsse, welche die Intuitionisten ihren sprachlichen Mitteilungen zufolge mit voller Regelmäßigkeit durchführen, zusammenstellen und auf einige wenige zurückführen kann und da Heyting tatsächlich eine solche Axiomatik des intuitionistischen Aussagen- und Funktionenkalküls aufgestellt hat, so kann diese Behauptung der Intuitionisten offenbar nur den Sinn haben, daß sie sich vorbehalten, außer den in irgendeinem Axiomensystem enthaltenen Schlüssen gegebenenfalls noch weitere Schlüsse zu verwenden. Aber die von den Intuitionisten tatsächlich durchgeführten Schlüsse sind *jeweilig* formalisierbar. So wurde z. B. bis heute im Aussagen- und Funktionenkalkül von ihnen kein im Heytingschen System nichtvorhandener Schluß gezogen; sollte aber auf Grund neuartiger Evidenzerlebnisse der Intuitionisten dieser Fall eintreten, so müßte man das Axiomensystem eben erweitern und hätte dann neuerdings ein das Vorhandene wiedergebendes formales System. Im Intuitionismus ist also das Formalisierte gleichsam nach unten beschränkt, d. h. ein gewisses Minimum gewährleistet, und nur nach oben ist es offen, d. h. es wird kein Maximum fixiert. Übrigens wird eine absolute Starrheit der zugrundeliegenden Axiome auch von der klassischen Mathematik durchaus nicht gefordert, sondern auch diese behält sich die Einführung neuer Axiome vor.

Zur näheren Beleuchtung des Sachverhaltes erwähnen wir die Begriffe »Angebbarkeit«, »Konstruierbarkeit«, »Beweisbarkeit«, von denen im Intuitionismus die Rede ist, für die aber bisher keineswegs alle Anwendungsfälle oder alle sie betreffenden Regeln präzisiert worden sind, insbesondere auch nicht im Heytingschen System. Unter einer Bedingung schiene mir nun die Festlegung der Intuitionisten auf ihre »Konstruktionen« und ihre Ablehnung der darüber hinausgehenden »unkonstruktiven« Argumentationen besonders in der Mengenlehre von mathematischer Bedeutung: wenn es bloß eine *einzige* Art gäbe, Konstruktivitätsforderungen zu präzisieren, so daß dann also die diesen Forderungen entsprechende Mathematik unter allen möglichen sonstigen Mathematiken ausgezeichnet wäre. Das ist aber sicher nicht der Fall. Es gibt *graduell verschiedene Konstruktivitätspostulate.* Was der Intuitionismus leistet, ist also bloß die Realisierung einer dieser vielen Möglichkeiten, noch dazu eines in mehreren Punkten nicht klar umschriebenen Systems von Forderungen und sicher nicht des denkbar schärfsten.

Immerhin herrscht auch bei einigen nicht intuitionistisch gerichteten Mathematikern die Meinung, daß die intuitionistischen Ausführungen als ein den Satz vom ausgeschlossenen Dritten und seine Konsequenzen nicht enthaltender Teil der klassischen Mathematik besser verbürgt seien, als diese letztere in ihrem vollen Umfang. Nun hat aber Gödel kürzlich gefunden, daß nicht nur die intuitionistische Mathematik ein Teil der klassischen ist, sondern auch der gesamte klassische Aussagenkalkül und die gesamte klassische Zahlentheorie samt dem Satz vom ausgeschlossenen Dritten als Teil des Intuitionismus aufgefaßt werden können, indem man durch ein einfaches Wörterbuch jeden klassischen Satz der erwähnten Gebiete in einen intuitionistischen übersetzen kann.[13] Eine der Übersetzungsregeln ist z. B., daß man überall, wo in klassischen Sätzen die Worte »p *oder* q« auftreten, zu setzen hat, »*es ist unmöglich, daß* p *unmöglich und* q *unmöglich*«. Die Ablehnung des Satzes vom ausgeschlossenen Dritten hat also (da die Intuitionisten Unmög-

---

[13] Siehe *Ergebnisse eines mathematischen Kolloquiums* 4, bei Teubner, Leipzig 1933.

lichkeiten von Allaussagen zulassen) in Wahrheit gar keine Einschränkung, sondern *bloß eine Umbenennung* der klassischen Sätze zur Folge. Wirkliche Einschränkungen kann der Intuitionismus nur durch die Poincarésche Ablehnung imprädikativer Definitionen in der Mengenlehre mit sich bringen. Denn, was die spezifisch mengentheoretischen Begriffsbildungen betrifft, so habe ich bereits vor einigen Jahren ein Wörterbuch angegeben, welches gestattet, alle intuitionistischen Begriffe in bekannte spezielle Begriffe der klassischen Mengenlehre zu übersetzen. Der Unterschied zwischen den intuitionistischen und den klassischen Ausführungen besteht in diesem Punkt nur darin, daß der Intuitionismus sich dogmatisch auf die speziellen Begriffe beschränkt und sie als sinnvoll und konstruktiv, die darüber hinausgehenden klassischen Begriffe aber als sinnlos bezeichnet, – doch dies gehört nicht zu den mathematischen Ausführungen, sondern zu den Werturteilen des Intuitionismus, die wir bereits besprochen haben.

Soviel zur Kritik des Intuitionismus. Allerdings ist möglich (obwohl ich es nicht für wahrscheinlich halte), daß man zu einer ganz engen Logik und zu einer wirklich *finitistischen* Mathematik (die aber dann natürlich noch viel enger wäre, als die sogenannte intuitionistische) gelangen könnte durch irgendwelche (vor allem sprachkritische und auf das Bezeichnen eingehende) Betrachtungen über den Zusammenhang von Logik und Mathematik mit empirischen Aussagen. In rein empirischen Aussagen treten ja reelle Zahlen und Stetigkeit nicht auf. Herr Hahn hat darauf hingewiesen, daß z. B. keine Messung je feststellen kann, ob ein bestimmtes Kreidestück einen rationalen oder irrationalen Durchmesser habe, und er hat bei einer anderen Gelegenheit darauf hingewiesen, daß in rein empirischen Aussagen auch der Quantifikator »alle« nicht auftritt. Aber eine so vielleicht entwickelbare ganz enge Mathematik wäre unbeschadet ihres erkenntnistheoretischen Interesses für die überwiegende Mehrzahl der Mathematiker natürlich nur etwa von demselben Interesse, wie für einen Geographen die Geographie seines Geburtsortes.

Nachdem Sie nun gehört haben, daß Logik und Mathematik nicht unwandelbar und unerschütterlich sind, – nachdem Sie erfahren haben, daß die Aristotelische Logik sich als unzureichend erwiesen hat und durch den Neubau der mathematischen Logik ersetzt worden ist, daß diese sich in Paradoxien verstrickte und daß Typentheorie, Formalismus und Intuitionismus auf verschiedene Arten einen Ausweg suchten, – nachdem Sie also erkannt haben, daß auch Logik und Mathematik unter dem Zeichen von Krise und Neuaufbau stehen gleich den anderen exakten Wissenschaften, – so werden Sie wohl fragen, als was Logik und Mathematik aus all diesen Wechselfällen hervorgehen. Was für den Mathematiker von Interesse ist und *was er tut,* das ist ausschließlich *die Herleitung von Aussagen mit Hilfe gewisser aufzuzählender (in verschiedener Weise wählbarer) Methoden aus gewissen aufzuzählenden (in verschiedener Weise wählbaren) Aussagen,* wobei die Logik die Formulierung von allgemeinen Herleitungsregeln und deren erste Entwicklung unternimmt, – und meiner Meinung nach besteht alles, was Mathematik und Logik über diese, einer »Begründung« weder fähige noch bedürftige Tätigkeit des Mathematikers aussagen können, in dieser simplen Tatsachenfeststellung; welche Ausgangssätze und Herleitungsmethoden der Mathematiker und Logiker wählt, wie sie sich zur sogenannten Wirklichkeit und zu Evidenzerlebnissen verhalten usw., – diese Fragen gehören anderen, minder exakten Wissenschaften an. Vor dem Auftreten von Widersprüchen ist der Mathematiker im allgemeinen nicht gefeit. Ob er den Wolf des Poincaréschen Vergleiches nicht in den Zaun mit der Herde eingeschlossen hat, weiß er nicht. Aber daß Poincaré aus seinem Vergleich der Mathematik einen Vorwurf drechselt, beruht ja lediglich darauf, daß er von der Mathematik eine nicht nur graduell, sondern essentiell größere Sicherheit verlangt, als von allen anderen menschlichen Tätigkeiten. Denn wenn ein Hirt einen Zaun um seine Herde errichtet, so ist er ja tatsächlich nicht absolut sicher, ob nicht ein Wolf innerhalb des Zaunes sich irgendwo befindet. Er blickt zwar nach Wölfen aus, aber ein Wolf kann irgendwo versteckt sein und erst später plötzlich auftauchen.

Die tiefgehende Wandlung, welche unsere Auffassung von Logik und Mathematik erfahren hat, in allen Details und Auswirkungen zu behandeln, würde weit über den Rahmen dieses Vortrages hinausgehen. Nur einem Mißverständnis muß vorgebeugt werden: Eine bloße Transformation irgendwelcher Aussagen nach irgendwelchen Regeln erscheint manchen nicht als Wissenschaft, sondern bloß als *Spiel*.

Ehe ich Ihnen an einem Beispiel zeige, daß die Mathematik *mehr* ist als ein Spiel, möchte ich nicht versäumen, auf die ästhetischen Qualitäten hinzuweisen, welche die spielerische Seite der Mathematik für den besitzt, der sie erfaßt, – ähnlich den Eigenschaften der Musik, der doch niemand zum Vorwurf macht, daß sie keine Erkenntnisse vermittle, sondern bloßes Spiel sei. Daß, während bloß wenige Menschen ganz unmusikalisch sind, das ästhetische Vergnügen an der Mathematik leider den meisten Menschen verschlossen ist, ist im wesentlichen nur eine bedauerliche Folge schlechten Unterrichtes; denn wenn auch die Gabe mathematischer Erfindung wohl eben so selten ist, wie die Kraft schöpferischen musikalischen Komponierens, so ist die Fähigkeit, richtig erklärte Mathematik mit Genuß aufzunehmen, gewiß nicht viel seltener als musikalisches Gehör.

Um aber zu zeigen, daß die Mathematik mehr ist als ein Spiel, will ich ein einziges Beispiel anführen – nicht etwa, weil es mir als die wichtigste Anwendung der Mathematik erschiene, sondern weil es in aller Kürze, das, was wir uns klar machen wollen, darlegt und Ihnen aus dem vorigen Vortrage geläufig ist: Was konnte vor 100 Jahren für einen oberflächlichen Beobachter mehr den Charakter bloßen Spieles haben, als das Deduzieren aus der Annahme, daß es zu einer Geraden durch einen Punkt in der sie enthaltenden Ebene mehr als eine Parallele gebe? Und doch wissen wir heute, daß die Bahnen von Lichtstrahlen und Massenpunkten unter dem Einfluß der Gravitation sich so verhalten wie die Geraden in diesen zunächst so wirklichkeitsfremden, anscheinend so rein spielerischen mathematischen Spekulationen, so daß diese Deduktionen unsere Aufmerksamkeit auf eine Fülle weiterer Relationen zwischen erfahrungsmäßig beobachtbaren

Wesenheiten lenken und uns zugleich Mittel zur quantitativen Kontrolle unserer Annahmen liefern.

Und wenn wir auch vor dem Auftreten von Widersprüchen in der Mathematik nicht logisch gesichert sind, so haben gerade die letzten Jahre den höchsten Teilen der Mathematik eine Entfaltung gebracht, die insbesondere diejenigen, welche die tiefsten logischen Zusammenhänge durchblicken, mit Bewunderung erfüllt.

Wenn wir also heute dem berühmten Hirtengleichnis Poincarés ein anderes Bild gegenüberstellen, so muß dasselbe zwar hinsichtlich der Ansprüche an die Mathematik angesichts der Erkenntnisse der neuen Logik bescheidener sein und doch angesichts der gewaltigen Erfolge der letzten Jahre im Aufbau und in der Ausgestaltung der höchsten Teile der Mathematik ohne Pessimismus. Ich würde sagen: Die Mathematiker sind wie Menschen, die Häuser bauen, – Häuser, die zu bewohnen nicht nur an sich Vergnügen bereitet, sondern auch zu vielem befähigt, was einem Höhlenbewohner nie gelingen kann, – wie Menschen, die bauen, obwohl sie nicht sicher sind, daß nicht eines Tages ein Erdbeben Häuser zerstören wird. Wenn ein Erdbeben Häuser zerstören sollte, so wird man neue bauen, womöglich solche, die erdbebenbeständiger scheinen. Aber mit Rücksicht auf mögliche Erdbeben auf das Bauen von Häusern mit allen ihren Bequemlichkeiten zu verzichten – dazu werden sich die Menschen auf die Dauer nicht entschließen, um so weniger, als ein absoluter Schutz gegen die Wirkungen von Erdbeben auch durch das unbequeme Leben in Höhlen nicht geboten wird. So scheint es mir auch um die klassische Mathematik zu stehen. Sie gewährt nicht nur an sich Genuß, sondern leistet mehr. Gesichert gegen das Erdbeben eines Widerspruches freilich ist sie nicht. Aber man wird deshalb doch nicht aufhören, ihre Gebäude auszubauen und neue zu errichten.

6.2 DIE KRISE DER ANSCHAUUNG
(1933)

Hans Hahn

Unter allen führenden Philosophen war wohl I. Kant derjenige,
der der Anschauung die weittragendste Bedeutung in unserer
Erkenntnis zuschrieb. Er ging aus von der gewiß zutreffenden
Bemerkung, daß in unserer Erkenntnis zwei entgegengesetzte
Momente sich aufs innigste durchdringen: ein passives Moment
bloßer Rezeptivität und ein aktives Moment der Spontaneität;
wir lesen in der »Kritik der reinen Vernunft« (und zwar zu Beginn des Abschnittes, der überschrieben ist: »Der transcenden-
talen Elementarlehre zweiter Teil. Die transcendentale Logik«):
»Unsere Erkenntniss entspringt aus zwei Grundquellen des Gemüths, deren die erste ist, die Vorstellungen zu empfangen (die
Receptivität der Eindrücke), die zweite das Vermögen, durch jene
Vorstellungen einen Gegenstand zu erkennen (Spontaneität der
Begriffe); durch die erstere wird uns ein Gegenstand gegeben,
durch die zweite wird dieser im Verhältniss auf diese Vorstellung (als blosse Bestimmung des Gemüths) *gedacht*. Anschauung
und Begriffe machen also die Elemente aller unserer Erkenntniss
aus [...]« [A 50, B 74]. Also: passiv verhalten wir uns, indem wir
durch die Anschauung Vorstellungen in uns aufnehmen, aktiv,
indem wir sie im Denken verarbeiten. Nach Kant sind nun in
der Anschauung wieder zwei Bestandteile zu unterscheiden: ein
der Erfahrung entstammender, empirischer, aposteriorischer
Teil, der den *Inhalt* der Anschauung ausmacht: Farben, Töne,
Gerüche, die Empfindungen des Tastsinnes, wie Härte, Weich-
heit, Rauhigkeit usw., und ein von aller Erfahrung unabhängiger,
reiner, apriorischer Teil, der die *Form* der Anschauung ausmacht;
und zwar haben wir zwei solche reine Anschauungsformen: den
Raum als die Anschauungsform unseres *äußeren* Sinnes (ver-

mittels dessen »wir uns Gegenstände als außer uns« vorstellen) und die *Zeit* als die Anschauungsform unseres *inneren* Sinnes, »vermittelst dessen das Gemüth sich selbst oder seinen inneren Zustand anschaut«.

Diese reine Anschauung spielt nun nach Kants Auffassung eine äußerst wichtige Rolle in unserer Erkenntnis. Auf reine Anschauung (und nicht etwa auf das Denken) gründet sich seiner Meinung nach die Mathematik: Die Geometrie, wie sie seit dem Altertum gelehrt wird, handelt von den Eigenschaften des uns in reiner Anschauung völlig exakt gegebenen Raumes; die Arithmetik (die Lehre von den reellen Zahlen) beruht auf der reinen, völlig exakten Anschauung der Zeit. Die reinen Anschauungsformen von Raum und Zeit bilden den apriorischen Rahmen, in den wir alle physikalischen Vorgänge, die uns die Erfahrung liefert, einordnen: jedes physikalische Ereignis hat seine ganz präzise, exakt feststehende Stelle in Raum und Zeit.

Wie plausibel diese Ansichten auch zunächst scheinen mögen und wie sehr sie auch dem Stande der Wissenschaft in den Tagen Kants entsprachen – durch den Weg, den die Wissenschaft seither genommen hat, wurden sie in ihren Grundfesten erschüttert.

Die physikalische Seite der Frage wurde schon in den beiden ersten Vorträgen behandelt, so daß ich mich da auf kurze Andeutungen beschränken kann. Die Ansichten Kants über die Stellung von Raum und Zeit in der Physik entsprechen der Newtonschen Physik, die ja in den Tagen Kants alleinherrschend war und bis in die neueste Zeit alleinherrschend geblieben ist. Einen ersten gewaltigen Stoß erhielt diese Auffassung durch Einsteins Relativitätstheorie: Nach der Kantschen Auffassung haben Raum und Zeit nichts miteinander zu tun; sie entstammen ja auch ganz verschiedenen Quellen: der Raum ist die Anschauungsform des äußeren, die Zeit die des inneren Sinnes; wir haben einen absolut ruhenden Raum und eine von ihm unabhängig dahinfließende absolute Zeit. Die Relativitätstheorie hingegen lehrt: es gibt keinen absoluten Raum und keine absolute Zeit;

absolute physikalische Bedeutung hat nur eine Union von Raum und Zeit, die »Welt«.[1]

150 Einen viel schlimmeren Stoß aber erhielt Kants Auffassung von Raum und Zeit als apriorische Anschauungsformen durch die neueste Entwicklung der Physik. Wir sagten schon, daß nach jener Auffassung jedes physikalische Ereignis seine exakt feststehende Stelle in Raum und Zeit hat. Eine gewisse Schwierigkeit war da immer vorhanden: wir kennen die physikalischen Ereignisse nur durch die Erfahrung, und alle Erfahrung ist unpräzise, jede Beobachtung ist mit Beobachtungsfehlern behaftet; nach dieser alten Auffassung wäre es also so, daß zwar jedes physikalische Ereignis seine exakte Stelle in Raum und Zeit *hat*, daß es uns aber prinzipiell unmöglich ist, diese exakte Stelle *kennenzulernen*. Darin steckt zweifellos eine gewisse Unstimmigkeit. Betrachten wir etwa ein Kreidestück; sobald eine Längeneinheit gewählt ist, wird der Abstand zweier Punkte dieses Kreidestückes durch eine ganz präzise reelle Zahl gemessen; denken wir uns für je zwei Punkte des Kreidestückes den Abstand gebildet und nennen den größten aller dieser Abstände den »Durchmesser« des Kreidestückes; bei der Auffassung, daß dieses Kreidestück einen exakt feststehenden Teil des uns in präziser Anschauung gegebenen Raumes einnimmt, wäre nun die Frage: »Ist der Durchmesser dieses Kreidestückes rational oder irrational?« durchaus sinnvoll – aber sie könnte niemals beantwortet werden, denn der Unterschied zwischen rational und irrational ist viel zu fein, als daß er jemals durch Beobachtung festgestellt werden könnte; es gibt also bei dieser Auffassung sinnvolle Fragen, die prinzipiell unbeantwortbar sind, d.h. diese Auffassung ist *metaphysisch*.

Man hat diese Schwierigkeit früher nicht recht ernst genommen; man argumentierte etwa so: wenn auch jede einzelne Beobachtung ungenau, mit Beobachtungsfehlern behaftet ist, so werden doch unsere Beobachtungsmittel immer feiner und feiner; denken wir uns nun ein und dieselbe physikalische Größe immer

---

[1] Vgl. *Krise und Neuaufbau in den exakten Wissenschaften*, Deuticke, Wien, S. 27.

erneut, durch immer feinere Beobachtungsmittel gemessen, so
werden die so ermittelten Werte, deren jeder einzelne unexakt ist,
sich unbeschränkt einem ganz bestimmten Grenzwerte annähern,
und dieser Grenzwert ist dann der exakte Wert der betreffenden
physikalischen Größe. So unbefriedigend diese Argumentation
vom philosophischen Standpunkte ist – die neueste Entwicklung
der Physik scheint darzutun, daß sie auch aus rein physikalischen
Gründen unhaltbar ist: es scheint, daß aus rein physikalischen
Gründen die Lokalisation eines Ereignisses in Raum und Zeit
nicht mit unbeschränkter Annäherung erfolgen kann; es scheint,
daß da aus rein physikalischen Gründen gewisse Genauigkeits-
schranken nicht überschritten werden können.[2] Es bleibt also
dabei: die Lehre von der exakten Lokalisation der physikalischen
Ereignisse in Raum und Zeit ist metaphysisch und somit bedeutungsleer. So erschütternd nun die neueste revolutionäre Entwicklung der Physik auf die meisten auf dogmatisch-metaphysi-
sche Lehrmeinungen festgelegten Menschen – einschließlich der
meisten Physiker – wirken mußte: für den an empiristischer Philosophie geschulten Denker hat sie nichts Paradoxes; sie erscheint
ihm sofort vertraut, und er heißt sie willkommen als einen gewaltigen Schritt nach vorwärts auf dem Wege der »Physikalisierung«
der Physik, ihrer Säuberung von metaphysischen Elementen.

Nach diesen knappen Andeutungen über die physikalische Seite
der Frage wenden wir uns nunmehr dem Gebiete der Mathematik
zu, wo der Widerstand gegen Kants Lehre von der reinen Anschauung erheblich früher einsetzte als auf dem Gebiete der Physik: Ich will also von jetzt ab ausschließlich über das Thema »Mathematik und Anschauung« sprechen; und auch da will ich einen
ebenso wichtigen als schwierigen Fragenkomplex, mit dem Herr
Menger im letzten Vortrage dieses Zyklus sich noch beschäftigen
wird, gänzlich beiseite lassen: ich werde nicht sprechen von der
heftigen und erfolgreichen Opposition gegen Kants These, daß

---

[2] Näheres hierüber bei W. Heisenberg: *Die physikalischen Prinzipien
der Quantentheorie*, Leipzig, Hirzel 1930. Vgl. auch *Krise und Neuaufbau in den exakten Wissenschaften*, Deuticke, Wien, S. 34.

auch die Arithmetik, die Lehre von den Zahlen, auf reiner Anschauung beruht – eine Opposition, die unlösbar verknüpft ist mit dem Namen Bertrand Russell und die es sich zum Ziel gesetzt hat, darzutun, daß ganz im Gegensatze zu Kants These die Arithmetik durchaus der Domäne des *Denkens,* der Logik angehört.[3] Ich enge also mein Thema weiter ein auf: »Geometrie und Anschauung« und will versuchen, zu zeigen, wie es dazu kam, daß auch auf dem Gebiete der Geometrie, die doch zunächst die ureigenste Domäne der Anschauung zu sein scheint, das Vertrauen zur Anschauung erschüttert wurde, so daß sie immer mehr in Mißkredit kam und schließlich auch aus der Geometrie völlig verbannt wurde.

Eines der erregenden Momente für diese Entwicklung war die Entdeckung, daß es, in offenbarem Gegensatz zu dem, was man anschauungsmäßig als sicher angenommen hatte, Kurven gibt, die in keinem Punkte eine Tangente besitzen, oder – was, wie wir sehen werden, auf dasselbe hinauskommt – daß Bewegungen eines Punktes denkbar sind, bei denen der bewegte Punkt in keinem Augenblick eine bestimmte Geschwindigkeit aufweist. Es erregte bei den Mathematikern gewaltigen Eindruck, als der große Berliner Mathematiker C. Weierstrass im Jahre 1861 diese Entdekkung bekanntmachte – heute wissen wir aus Manuskripten, die in der Wiener Nationalbibliothek aufbewahrt werden, daß diese Tatsache dem österreichischen Philosophen, Theologen und Mathematiker B. Bolzano schon erheblich früher bekannt war. Da es sich dabei um Fragen dreht, die unmittelbar die Grundlagen der von Newton und Leibniz entwickelten *Differentialrechnung* betreffen, so muß ich zunächst einige Worte über die fundamentalen Begriffsbildungen dieser Disziplin vorausschicken.[4]

[3] Das Hauptwerk in dieser Richtung ist: Whitehead-Russell, *Principia mathematica,* Cambridge, University Press 1910–1913 (zweite Aufl. 1925). Populärere Darstellung: B. Russell, *Einführung in die mathematische Philosophie,* München, Drei-Masken-Verlag 1923.

[4] In größerer Ausführlichkeit findet man die folgenden Darlegungen über die Begriffe »Geschwindigkeit« und »Steigung« in Hahn-Tietze, *Einführung in die Elemente der höheren Mathematik,* Leipzig, Hirzel 1925, S. 153 ff., S. 190 ff.

Fig. 1.

Newton ging aus vom Begriffe der *Geschwindigkeit*. Man denke sich einen Punkt, der sich auf einer geraden Linie bewegt, etwa auf der in Fig. 1 gezeichneten Geraden; im Augenblicke t befinde sich der bewegte Punkt etwa an der Stelle q. Was hat man nun unter der Geschwindigkeit des bewegten Punktes in diesem Augenblicke t zu verstehen? Stellt man die Lage des bewegten Punktes in einem zweiten Augenblicke t' fest (er befinde sich in diesem zweiten Augenblicke etwa an der Stelle q'), so kennt man den Weg qq', den er in der zwischen den Augenblicken t und t' verflossenen Zeitspanne zurückgelegt hat. Dividiert man den zurückgelegten Weg qq' durch die Länge der zwischen den Augenblicken t und t' verflossenen Zeitspanne, so erhält man die sogenannte »mittlere Geschwindigkeit« des bewegten Punktes zwischen den Augenblicken t und t'. Diese »mittlere« Geschwindigkeit ist keineswegs die Geschwindigkeit im Augenblicke t selbst (sie kann z. B. sehr groß ausfallen, obwohl die Geschwindigkeit im Augenblicke t sehr gering war – wenn nur der Punkt sich während des größeren Teiles der betrachteten Zeitspanne sehr rasch bewegt); aber, wenn nur der zweite Augenblick t' entsprechend nahe am ersten Augenblicke t gewählt wurde, so wird doch diese mittlere Geschwindigkeit zwischen den Augenblicken t und t' eine gute Annäherung an die Geschwindigkeit im Augenblicke t selbst liefern, und zwar eine um so bessere, je näher der Augenblick t' am Augenblicke t gewählt war. Newtons Erwägung ist nun etwa die: denkt man sich den Augenblick t' immer näher und näher am Augenblicke t gewählt, so wird die mittlere Geschwindigkeit zwischen den Augenblicken t und t' sich unbeschränkt einem ganz bestimmten Werte annähern, sie wird – wie das in der Mathematik ausgedrückt wird – einem bestimmten Grenzwerte zustreben, und dieser Grenzwert ist das, was man die »Geschwindigkeit des bewegten Punktes im Augenblicke t« nennt. Also: Geschwindigkeit im Augenblicke t ist der Grenzwert, dem die mittlere Geschwindigkeit zwischen den Augenblicken t und t' zustrebt, wenn der Augenblick t' unbegrenzt dem Augenblicke t angenähert wird.

Leibniz ging vom sogenannten Tangentenproblem aus. Denken wir uns eine Kurve gegeben (Fig. 2) und fragen wir, welche Steigung sie in einem ihrer Punkte, etwa im Punkte p, gegen die Horizontale aufweist. Wir wählen auf der Kurve einen zweiten Punkt p' und bilden auch hier wieder zunächst die »mittlere Steigung« der Kurve

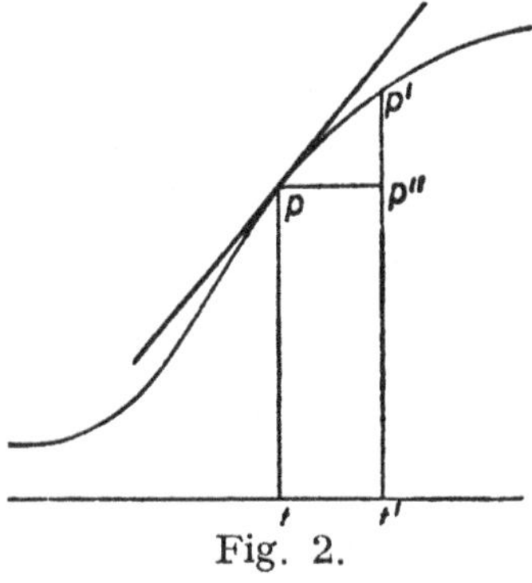

Fig. 2.

zwischen den Punkten p und p', die man erhält, indem man die bei Durchlaufung des Kurvenstückes von p nach p' gewonnene Höhe (in Fig. 2 gegeben durch die Strecke $p''p'$) dividiert durch die Horizontalprojektion des zurückgelegten Weges (in Fig. 2 gegeben durch die Strecke pp'', die angibt, um wieviel man bei Durchlaufung des Kurvenstückes von p nach p' in horizontaler Richtung weitergekommen ist). Diese mittlere Steigung der Kurve zwischen den Punkten p und p' ist nun zwar nicht identisch mit ihrer Steigung im Punkte p selbst (im Falle der Fig. 2 ist ersichtlich die Steigung im Punkte p größer als die mittlere Steigung zwischen p und p'), aber sie wird doch eine gute Annäherung an die Steigung der Kurve im Punkte p selbst liefern, wenn nur der Punkt p' entsprechend nahe am Punkte p gewählt war; und diese Annäherung wird um so besser sein, je näher p' an p gewählt wird. Und nun heißt es wieder: Nähert man insbesondere den Punkt p' unbegrenzt dem Punkte p an, so wird die mittlere Steigung der Kurve zwischen den Punkten p und p' einem bestimmten Grenzwerte zustreben, und dieser Grenzwert ist das, was man als die »Steigung der Kurve im Punkte p« bezeichnet. Also: Steigung im Punkte p ist der Grenzwert, dem die mittlere Steigung zwischen den Punkten p und p' zustrebt, wenn der Punkt p' unbegrenzt dem Punkte p angenähert wird. Als »Tangente unserer Kurve im Punkte p« bezeichnet man nun diejenige durch den Punkt p gehende Gerade, die (in ihrem ganzen Verlaufe) dieselbe Steigung aufweist, wie die Kurve im Punkte p.

Die Analogie dieses Verfahrens zur Ermittlung der Steigung einer Kurve mit dem oben auseinandergesetzten Verfahren zur Ermittlung der Geschwindigkeit eines bewegten Punktes springt in die Augen. Und in der Tat, die Aufgabe, die Geschwindigkeit des bewegten Punktes in einem bestimmten Augenblicke zu ermitteln, geht völlig über in die Aufgabe, die Steigung einer Kurve in einem gegebenen Punkte zu ermitteln, wenn man sich eines einfachen Verfahrens bedient, das von den graphischen Fahrplänen der Eisenbahnen her wohl ziemlich allgemein bekannt ist: man trage auf einer horizontalen Geraden (der »Zeitachse«) die Werte der Zeit ein, so daß jeder Punkt dieser Geraden einen bestimmten Zeitpunkt repräsentiert, und auf der Geraden der Fig. 1, auf der der betrachtete Punkt sich bewegt, fixiere man – ganz nach Belieben – irgendeinen Punkt o; befindet sich der bewegte Punkt im Augenblicke t an der Stelle q, so trage man (vgl. Fig. 2) in dem den Augenblick t repräsentierenden Punkte der Zeitachse senkrecht zu dieser Zeitachse die Strecke oq ab; der Punkt p, zu dem man so gelangt, repräsentiert dann in Fig. 2 die Lage des bewegten Punktes im Augenblicke t; denkt man sich das für jeden einzelnen Augenblick durchgeführt, so erhält man als Darstellung der Bewegung unseres Punktes eine Kurve (die »Zeit-Weg-Kurve« des bewegten Punktes), aus der man alle Einzelheiten der Bewegung dieses Punktes ebenso entnehmen kann, wie bei einem Eisenbahnzuge aus seinem graphischen Fahrplane. Offenbar ist nun die mittlere Steigung der Zeit-Weg-Kurve zwischen den Punkten p und p' identisch mit der mittleren Geschwindigkeit des bewegten Punktes zwischen den Augenblicken t und t', und daher die Steigung der Zeit-Weg-Kurve im Punkte p identisch mit der Geschwindigkeit des bewegten Punktes im Augenblicke t. Das ist der einfache Zusammenhang zwischen Geschwindigkeitsproblem und Tangentenproblem; diese beiden Probleme sind also begrifflich nicht voneinander verschieden. Die *Grundaufgabe der Differentialrechnung* ist nun diese: Es sei die Bahn eines bewegten Punktes bekannt; daraus ist seine Geschwindigkeit in jedem Augenblicke zu berechnen – oder: es sei eine Kurve gegeben; in jedem ihrer Punkte ist ihre Steigung zu berechnen (in jedem ihrer Punkte ist ihre Tangente zu finden). Wir halten uns im folgenden an das Tangentenproblem. Alles, was wir über das Tangentenproblem auseinandersetzen werden, überträgt sich nach dem Gesagten ohne weiteres auf das Geschwindigkeitsproblem.

Wir sagten: Wird der Punkt p' auf der betrachteten Kurve unbeschränkt dem Punkte p angenähert, so wird die mittlere Steigung der Kurve zwischen p und p' unbeschränkt einem Grenzwerte zustreben, der dann die Steigung der Kurve im Punkte p selbst angibt. Ist es denn aber sicher wahr, daß die mittlere Steigung zwischen p und p' einem bestimmten Grenzwerte zustrebt, wenn der Punkt p' unbeschränkt an den Punkt p angenähert wird? Bei all den Kurven, mit denen man sich seit altersher üblicherweise beschäftigte, wie Kreisen, Ellipsen, Hyperbeln, Parabeln, Zykloiden usw., ist es, wie die Rechnung zeigt, tatsächlich der Fall; aber es ist nicht bei jeder Kurve der Fall, wie wir an einem verhältnismäßig einfachen Beispiele sehen können. Man betrachte die in Fig. 3 angedeutete Kurve. Sie ist eine Wellenlinie, die in der Nähe des Punktes p unendlich viele Wellen aufweist; Wellenlänge wie Amplitude der einzelnen Wellen nehmen

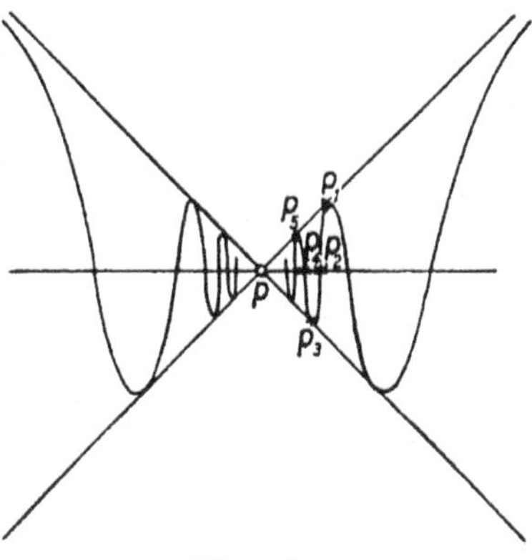

Fig. 3.

153   bei Annäherung an den Punkt p unbeschränkt ab. Wir wollen versuchen, nach dem oben angegebenen Verfahren die Steigung dieser Kurve im Punkte p zu ermitteln. Wir nehmen also auf der Kurve einen zweiten Punkt p' an und bilden ihre mittlere Steigung zwischen p und p'; legen wir den Punkt p' in den Punkt p_1 (Fig. 3), so fällt die mittlere Steigung zwischen p und p_1 gleich 1 aus. Lassen wir den Punkt p' auf der Kurve gegen den Punkt p heranrücken, so nimmt, wie man sieht, die mittlere Steigung zunächst ab; wenn der Punkt p' in p_2 angekommen ist, so ist die mittlere Steigung (zwischen p und p_2) gleich 0 geworden; rückt der Punkt p' auf der Kurve weiter gegen p, so nimmt die mittlere

Steigung zwischen p und p' weiter ab, sie wird negativ (wir haben ein mittleres »Gefälle«) und sinkt bis zum Werte -1, wenn der Punkt p' bis p_3 rückt; rückt p' weiter gegen p, so beginnt die mittlere Steigung wieder zu wachsen, sie erreicht wieder den Wert 0, wenn p' bis nach p_4 rückt, wächst durch positive Werte weiter und wird wieder gleich 1, wenn p' in p_5 angekommen ist. Rückt p' auf der Kurve weiter gegen p, so geht dasselbe Spiel nun wieder an: wenn der Punkt p' bei seiner Annäherung gegen p eine volle Welle unserer Wellenlinie durchläuft, so sinkt die mittlere Steigung zwischen p und p' vom Werte 1 bis zum Werte -1, um dann wieder vom Werte -1 bis zum Werte 1 anzusteigen. Nähert sich nun der Punkt p' unbeschränkt dem Punkte p, so muß er unendlich viele solcher Wellen durchlaufen, denn auf jeder Seite des Punktes p weist unsere Kurve unendlich viele Wellen auf; nähert sich also der Punkt p' unbeschränkt dem Punkte p, so schwankt die mittlere Steigung zwischen p und p' unablässig zwischen den Werten 1 und -1 hin und her: es kann keine Rede davon sein, daß sie sich dabei unbeschränkt einem bestimmten Grenzwerte nähert; es kann also auch nicht von einer bestimmten Steigung unserer Kurve im Punkte p die Rede sein; diese Kurve hat daher auch im Punkte p keine bestimmte Tangente.

Dieses relativ einfache, der Anschauung gut zugängliche Beispiel zeigt also, daß eine Kurve nicht in jedem ihrer Punkte eine Tangente zu haben braucht; darüber kann kein Zweifel bestehen. Aber man war früher der Meinung, daß die Anschauung zwingend dartue, daß ein solcher Mangel doch nur in vereinzelten Ausnahmepunkten einer Kurve eintreten kann, keineswegs aber in *allen* Punkten einer Kurve; man war der Meinung, man könne aus der Anschauung mit voller Sicherheit entnehmen, daß eine Kurve – wenn schon nicht in allen – so doch in der überwiegenden Mehrzahl ihrer Punkte eine bestimmte Steigung aufweisen, eine bestimmte Tangente besitzen muß. Der Mathematiker und Physiker Ampère, dessen Verdienste in der Lehre von der Elektrizität allgemein bekannt sind, hat versucht, es zu beweisen, aber sein Beweis war falsch. Und groß war die Überraschung, als Weierstrass eine Kurve bekanntmachte, die in keinem einzigen

Punkte eine bestimmte Steigung, eine bestimmte Tangente besitzt. Weierstrass kam zu einer solchen Kurve durch schwierige Rechnungen; ich kann nicht daran denken, diese Rechnungen hier vorzuführen. Wir können aber heute auf viel einfacherem Wege zu diesem Ziele gelangen, und ich will versuchen, einen solchen Weg hier wenigstens andeutungsweise vorzuführen.[5]

Wir gehen aus von der einfachen in Fig. 4 dargestellten Linie, die aus einer ansteigenden und einer abfallenden Strecke zusammengesetzt ist. Die ansteigende Strecke ersetzen wir, wie es Fig. 5 zeigt, durch einen aus sechs Strekken zusammengesetzten Streckenzug, der erst bis zur halben Höhe ansteigt, dann wieder ganz herabsinkt, dann neuerdings bis zur halben Höhe ansteigt, dann weiter steigt bis zur vollen Höhe, wieder bis zur halben Höhe zurücksinkt, schließlich wieder zur vollen Höhe ansteigt; ebenso ersetzen wir die abfallende Strecke von Fig. 4 durch einen aus sechs Strecken zusammengesetzten Streckenzug, der von der vollen Höhe bis zu halber Höhe sinkt, zur vollen Höhe zurücksteigt, wieder zur halben Höhe herabsinkt, weiter ganz herabsinkt, sich wieder zu halber Höhe erhebt, um schließlich wieder ganz herabzusinken. Von dem aus zwölf Strecken zusammengesetzten Streckenzug der Fig. 5, den wir so erhalten, gehen wir über zu dem aus 72 Strecken

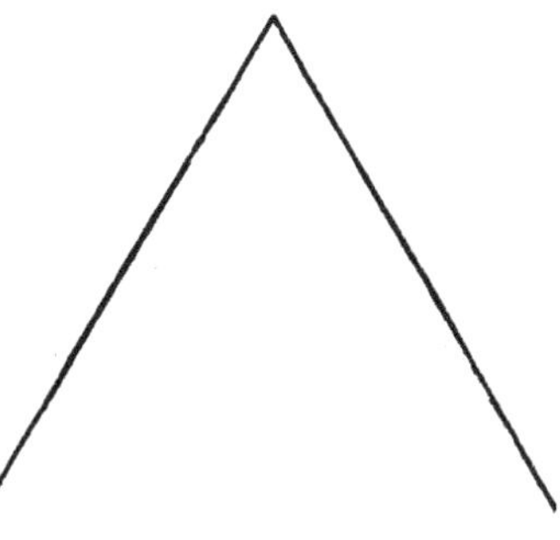

Fig. 4.

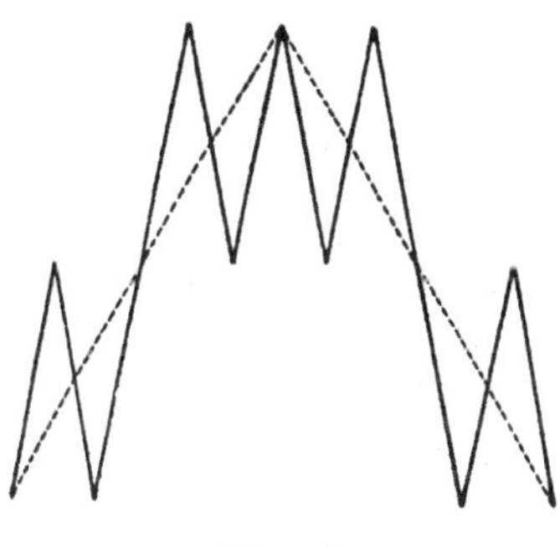

Fig. 5.

---

5 Präzise mathematische Darstellungen des Folgenden: H. Hahn, *Jahresberichte der Deutschen Mathematiker-Vereinigung* 26 (1918), S. 281. L. Bieberbach, *Differential- und Integralrechnung I.*, Leipzig, Teubner 1917, S. 104.

zusammengesetzten Streckenzug
der Fig. 6, indem wir, analog wie
beim Übergang von Fig. 4 zu Fig. 5,
jede Strecke der Fig. 5 ersetzen
durch einen aus sechs Strecken
zusammengesetzten Streckenzug,
und man sieht, wie dieses Verfahren immer weiter fortgesetzt werden kann und zu immer komplizierteren Streckenzügen führt. Es

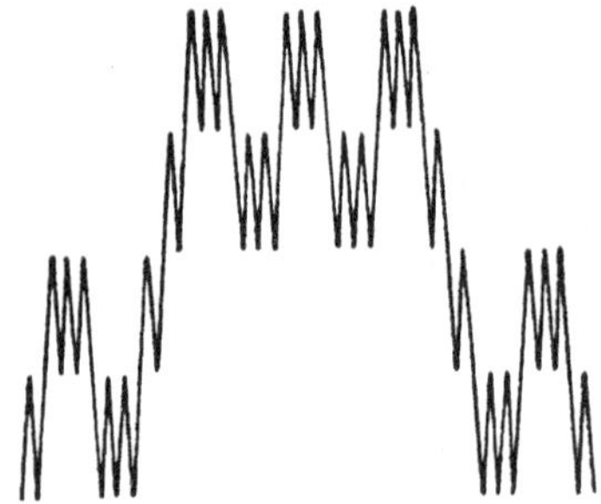

Fig. 6.

läßt sich nun (was wir natürlich hier nicht weiter ausführen wollen) in aller Schärfe zeigen, daß die so sukzessive konstruierten
Streckenzüge sich unbeschränkt einer ganz bestimmten Kurve
annähern, die die gewünschte Eigenschaft aufweist: sie hat in
keinem Punkte eine bestimmte Steigung, besitzt daher in keinem
Punkte eine Tangente. Freilich entzieht sich der Verlauf dieser
Kurve der Anschauung durchaus; und auch schon die sukzessive
konstruierten Streckenzüge werden nach wenigen Schritten des
Verfahrens so fein, daß die Anschauung nicht mehr recht folgen
kann; bei der Kurve, der sich diese Streckenzüge unbeschränkt
annähern, versagt sie jedenfalls gänzlich; nur das Denken, die
logische Analyse kann bis zu dieser Kurve vorstoßen. Und wir
sehen: hätte man sich in dieser Frage auf die Anschauung verlassen, so wäre man in Irrtum verharrt, denn die Anschauung
schien zwingend darzutun, daß es Kurven, die in keinem Punkte
eine Tangente haben, nicht geben kann.

154

Dieses erste Beispiel für das Versagen der Anschauung haben
wir den Grundlagen der Differentialrechnung entnommen; ein
zweites könnten wir den Grundlagen der *Integralrechnung* entnehmen. Die Grundaufgabe der Differentialrechnung war: bei
gegebener Bahn eines bewegten Punktes seine Geschwindigkeit
zu berechnen, bei gegebener Kurve ihre Steigung zu berechnen;
die Grundaufgabe der Integralrechnung ist gerade die umgekehrte: von einem bewegten Punkte sei in jedem Augenblicke
die Geschwindigkeit bekannt, es ist seine Bahn zu berechnen —
oder: von einer Kurve sei überall die Steigung bekannt, es ist

die Kurve selbst zu berechnen. Diese Aufgabe aber hat nur dann einen Sinn, wenn durch die Geschwindigkeit des bewegten Punktes seine Bahn, wenn durch die Steigung einer Kurve die Kurve selbst wirklich bestimmt ist. Wir stehen also vor der Frage, ob das der Fall ist oder nicht; präziser gesprochen: wir stehen vor der Frage: wenn zwei auf einer Geraden bewegliche Punkte sich im selben Augenblicke von derselben Stelle der Geraden aus in Bewegung setzen und in jedem Augenblicke übereinstimmende Geschwindigkeiten haben, müssen sie dann beisammen bleiben oder können sie auseinander geraten – bzw.: wenn zwei Kurven in einer Ebene vom selben Punkte ausgehen und immerzu übereinstimmende Steigung aufweisen, müssen sie sich dann in ihrem ganzen Verlaufe decken, oder kann sich die eine von beiden über die andere erheben? Die Anschauung scheint zwingend darzutun, daß die beiden bewegten Punkte immerzu beisammen bleiben müssen, daß die beiden Kurven sich in ihrem ganzen Verlaufe decken müssen; und doch lehrt die logische Analyse, daß es nicht notwendig so ist; für die üblicherweise in Betracht gezogenen Bewegungen, für die üblicherweise in Betracht gezogenen Kurven trifft es freilich zu; aber es sind gewisse recht komplizierte Bewegungen denkbar, es gibt gewisse recht komplizierte Kurven, für die es nicht zutrifft. Näher darauf einzugehen, fehlt uns der Raum[6]; wir müssen uns mit dem Hinweis begnügen, daß auch in dieser Frage die scheinbare Sicherheit der Anschauung sich als trügerisch erweist.

Die beiden bisherigen Beispiele für das Versagen der Anschauung waren den der Differential- und Integralrechnung zugrunde liegenden Erwägungen entnommen, also einem immerhin schwierigeren Gebiete, das man ja gemeinhin schon durch die Bezeichnung »höhere Mathematik« von den elementareren Teilen der Mathematik abhebt. Es wird also von Bedeutung sein, zu

[6] Es sei verwiesen auf H. Hahn, *Monatshefte für Mathematik und Physik* 16 (1905), S. 161. Es handelt sich dabei um Bewegungen (bzw. Kurven), bei denen auch unendliche Werte der Geschwindigkeit (bzw. Steigung) auftreten.

zeigen, wie auch schon in den elementaren Teilen der Mathematik sich ein Versagen der Anschauung feststellen läßt.

Ganz an der Schwelle der Geometrie steht der Begriff der *Kurve;* jedermann glaubt, eine anschaulich klare Vorstellung davon zu haben, was eine Kurve ist, und seit altersher glaubte man, diese Vorstellung durch die Definition einfangen zu können: Kurven sind diejenigen geometrischen Gebilde, die durch Bewegung eines Punktes[7] erzeugt werden können. Aber

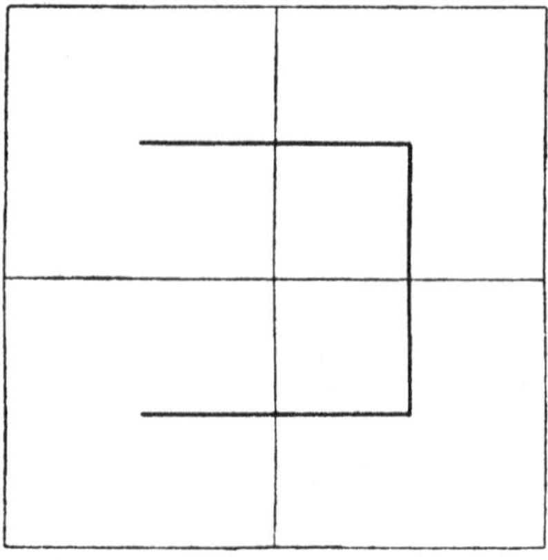

Fig. 7.

siehe da! Im Jahre 1890 zeigte der (auch durch seine Forschungen über Logik hochverdiente) italienische Mathematiker Giuseppe Peano, daß zu den durch Bewegung eines Punktes erzeugbaren geometrischen Gebilden auch ganze Flächenstücke gehören: es ist z. B. eine Bewegung eines Punktes denkbar, bei der der bewegte Punkt in einer endlichen Zeitspanne sämtliche Punkte einer Quadratfläche durchläuft – und doch wird niemand eine volle Quadratfläche als eine Kurve ansehen wollen. Ich will versuchen,

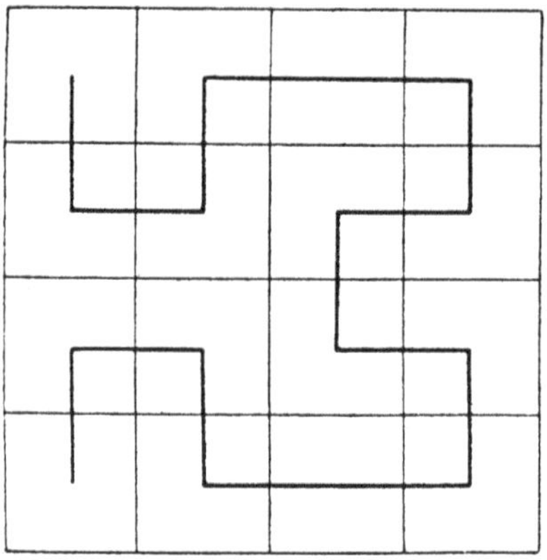

Fig. 8.

---

[7] Unter »Bewegung« wird eine *stetig* vor sich gehende Ortsveränderung verstanden, d. h. eine Ortsveränderung, bei der der bewegte Punkt in hinreichend wenig voneinander entfernten Augenblicken beliebig wenig verschiedene Lagen annimmt; ein so bewegter Punkt kann z. B. keine sprunghaften Ortsveränderungen erleiden.

an Hand einiger Figuren wenigstens eine angenäherte Vorstellung davon zu vermitteln, wie man zu einer solchen Bewegung eines Punktes gelangt.[8]

Man zerlege, wie Fig. 7 es zeigt, ein Quadrat in vier gleichgroße Teilquadrate, verbinde die Mittelpunkte dieser vier Teilquadrate durch einen Streckenzug und denke sich einen Punkt zunächst so bewegt, daß er in einer endlichen Zeitspanne – sagen wir: in der Zeiteinheit – mit gleichförmiger Geschwindigkeit diesen Streckenzug durchläuft. Sodann zerlege man (Fig. 8) jedes der vier Teilquadrate der Fig. 7 neuerdings in vier gleichgroße Teilquadrate,

Fig. 9.

verbinde die Mittelpunkte dieser 16 Teilquadrate durch einen Streckenzug und denke sich den Punkt nunmehr so bewegt, daß er in der Zeiteinheit mit gleichförmiger Geschwindigkeit diesen neuen Streckenzug durchläuft. Sodann zerlege man (Fig. 9) jedes der 16 Teilquadrate der Fig. 8 neuerdings in vier gleichgroße Teilquadrate, verbinde die Mittelpunkte dieser 64 Teilquadrate durch einen Streckenzug und denke sich nunmehr den Punkt so bewegt, daß er in der Zeiteinheit mit gleichförmiger Geschwindigkeit diesen neuen Streckenzug durchläuft. Es ist ersichtlich, wie dieses Verfahren fortzusetzen ist; Fig. 10 zeigt einen der späteren Schritte, bei dem das Quadrat in 4096 Teilquadrate geteilt ist. Es läßt sich nun in aller Schärfe zeigen, daß die hier sukzessive in Betracht gezogenen Bewegungen – bei deren erster ein Punkt in der Zeiteinheit einen die Mittelpunkte der vier Teilquadrate der Fig. 7 verbindenden Streckenzug durchläuft, bei de-

[8] Man findet ausführliche Darstellungen in: H. Hahn, *Theorie der reellen Funktionen*, Berlin, Springer 1921, S. 146; K. Menger, *Kurventheorie*, Leipzig, Teubner 1932, S. 10.

ren zweiter in derselben Zeit einen die Mittelpunkte der 16 Teilquadrate der Fig. 8, bei deren sechster in derselben Zeit einen die Mittelpunkte der 4096 Teilquadrate der Fig. 10 verbindenden Streckenzug – sich unbeschränkt einer ganz bestimmten Bewegung annähern, die den bewegten Punkt in der Zeiteinheit durch sämtliche Punkte der Quadratfläche hindurchführt. Freilich

Fig. 10.

entzieht sich diese Bewegung jeder Möglichkeit der Anschauung, sie kann nur durch logische Analyse erfaßt werden.

Während so, entgegen allem, was die Anschauung darzutun scheint, geometrische Gebilde, die niemand als Kurve ansehen wird, wie z. B. eine Quadratfläche, durch Bewegung eines Punktes erzeugt werden können, ist dies für andere geometrische Gebilde, die man viel eher geneigt sein wird, als Kurven anzusprechen, nicht der Fall. Man betrachte etwa das in Fig. 11 angedeutete geometrische Gebilde: eine Wellenlinie, die in der Nähe der (mit zu dem Gebilde zu rechnenden) Strecke *ab* unendlich viele Wellen mit unbeschränkt abnehmender Wellenlänge aufweist, deren Amplituden aber, im Gegensatz zu Fig. 3, nicht unbeschränkt abnehmen, sondern alle gleich groß sind; man zeigt unschwer, daß dieses geometrische Gebilde, trotz seines linienhaften Charakters, nicht durch Bewegung eines Punktes erzeugt werden kann: es ist keine Bewegung eines Punktes denkbar, die den be-

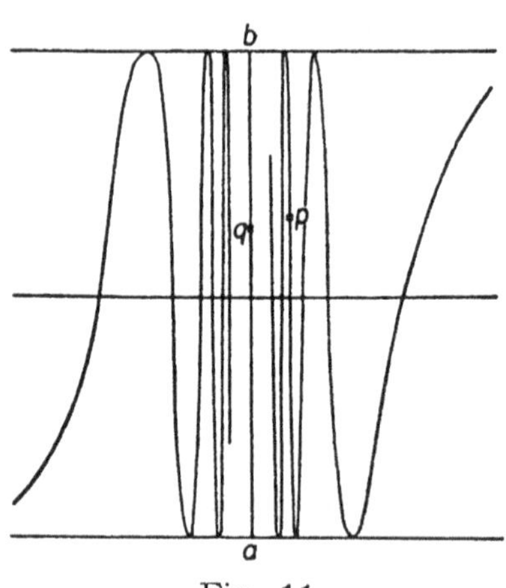

Fig. 11.

wegten Punkt in einer endlichen Zeitspanne durch alle Punkte dieses Gebildes hindurch führen würde.

Hier erheben sich nun ganz naturgemäß zwei wichtige Fragen: 1. Da, wie wir sehen, die oben angeführte altehrwürdige Definition des Begriffes Kurve durchaus ungeeignet ist, unsere primitive Kurvenvorstellung einzufangen, durch welche andere, zweckdienlichere Definition ist sie zu ersetzen? 2. Da, wie wir sehen, die durch Bewegung eines Punktes erzeugbaren geometrischen Gebilde sich keineswegs mit den Kurven decken, welche geometrischen Gebilde sind es denn, die durch Bewegung eines Punktes erzeugt werden können? Beide Fragen sind heute befriedigend beantwortet; auf die Beantwortung der ersten kommen wir später zurück; über die zweite seien gleich einige Worte gesagt[9]: Ihre Beantwortung gelang mit Hilfe eines neuen geometrischen Begriffes, des »Zusammenhanges im kleinen« oder »lokalen Zusammenhanges«. Betrachten wir einige durch Bewegung eines Punktes erzeugbare Gebilde, z. B. (Fig. 12) eine

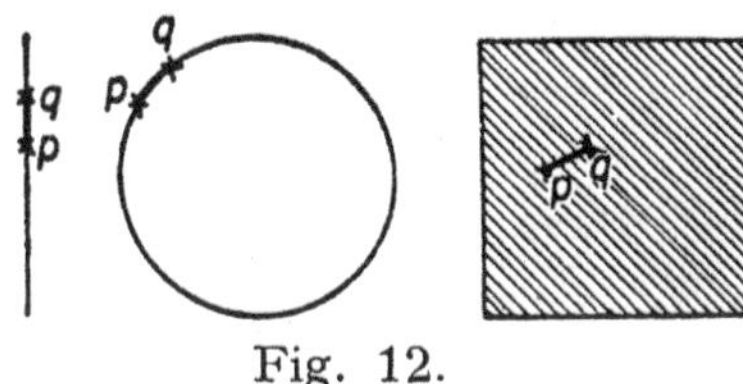

Fig. 12.

Strecke, eine Kreislinie, eine Quadratfläche; wir nehmen auf einem solchen Gebilde zwei recht nahe beieinander gelegene Punkte p und q an und sehen: wir können, ohne das betreffende Gebilde verlassen zu müssen, von p nach q auf einem Wege gelangen, der in großer Nähe von p und q verbleibt: diese Eigenschaft (in entsprechend präziserer Formulierung) bezeichnet man als »Zusammenhang im kleinen«; das in Fig. 11 angedeutete Gebilde hat diese Eigenschaft nicht: man betrachte auf ihm etwa die nahe beieinander gelegenen Punkte p und q; will man von p nach q gelangen, ohne das Gebilde zu verlassen,

---

[9] Diese Frage wurde in den Jahren 1913/14 beantwortet durch H. Hahn und St. Mazurkiewicz. Neuere Darstellungen findet man in: F. Hausdorff, *Mengenlehre*, 2. Aufl., Berlin, de Gruyter 1927, S. 205; H. Hahn, *Reelle Funktionen*, Leipzig, Akad. Verlagsgesellschaft 1932, S. 164; K. Menger, *Kurventheorie*, op. cit., S. 31.

so müßte man die sämtlichen dazwischen gelegenen unendlich
vielen Wellen der Wellenlinie durchlaufen; dieser Weg bleibt aber
nicht in großer Nähe von p und q, da alle diese Wellen dieselbe
Amplitude haben. Der »Zusammenhang im kleinen« nun ist es,
der im wesentlichen die durch Bewegung eines Punktes erzeugbaren Gebilde charakterisiert: eine Strecke, eine Kreislinie, eine
Quadratfläche können durch Bewegung eines Punktes erzeugt
werden, denn sie sind zusammenhängend im kleinen; das Gebilde
der Fig. 11 kann nicht durch Bewegung eines Punktes erzeugt
werden, denn es ist nicht zusammenhängend im kleinen.

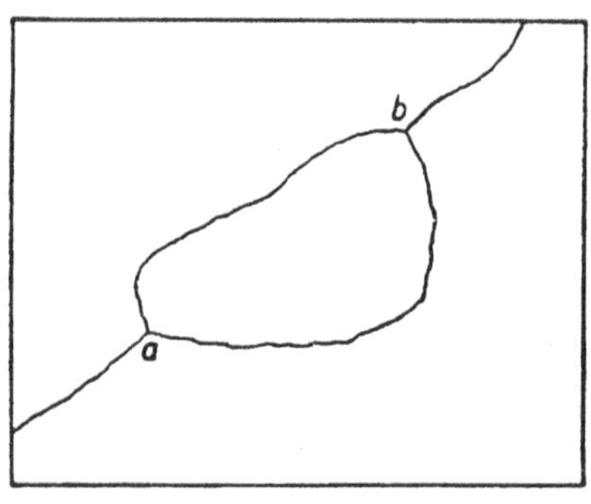

Fig. 13.

Wir wollen uns noch an einem zweiten Beispiele überzeugen, wie unzuverlässig sich
die Anschauung schon bei
geometrischen Fragen ganz
elementarer Natur zeigt. Denken wir uns ein Landkarten-
blatt (Fig. 13), auf dem im
ganzen drei verschiedene Länder vorkommen. Es werden
dann Grenzpunkte auftreten,
in denen zwei Länder aneinander grenzen, es können aber auch
Punkte auftreten, in denen alle drei Länder aneinander grenzen,
sogenannte »Dreiländerecken«, wie die Punkte a und b in Fig. 13.
Die Anschauung scheint zwingend darzutun, daß solche Dreiländerecken nur vereinzelt auftreten können, daß in der weitaus
überwiegenden Mehrzahl
aller Grenzpunkte nur zwei
Länder aneinander grenzen
werden. Und doch ist, wie der
holländische Mathematiker
L. E. J. Brouwer im Jahre 1910
zeigte, eine Einteilung eines
Kartenblattes in drei Länder
möglich, bei der in *jedem*
auftretenden Grenzpunkte

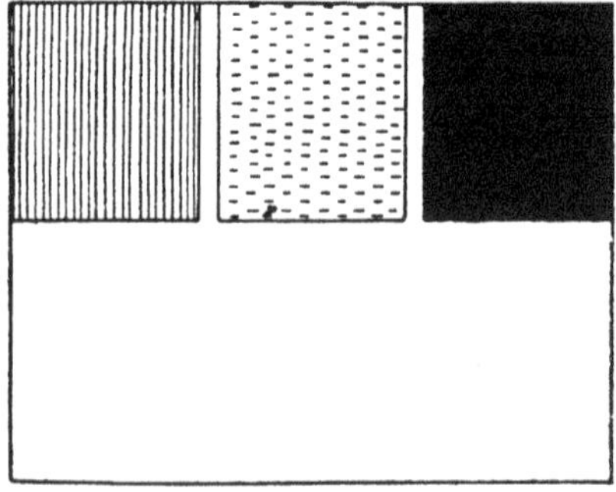

Fig. 14.

alle drei Länder aneinander grenzen.[10] Es sei wieder versucht, das wenigstens andeutungsweise einigermaßen klarzumachen.

Wir gehen aus von dem in Fig. 14 gezeichneten Landkartenblatte, auf dem man drei verschiedene Länder, ein schraffiertes, ein punktiertes, ein schwarzes Land, findet; alles übrige sei herrenloses Gebiet. Nun beschließt das schraffierte Land, um das unbesetzte Gebiet in seine Einflußsphäre zu bringen, in dieses Gebiet einen Korridor vorzutreiben (Fig. 15), der jedem Punkte des unbesetzten Gebietes bis auf einen Kilometer nahekommt, aber – um jeden Konflikt zu vermeiden – an keines der beiden anderen Länder anstößt. Nach-

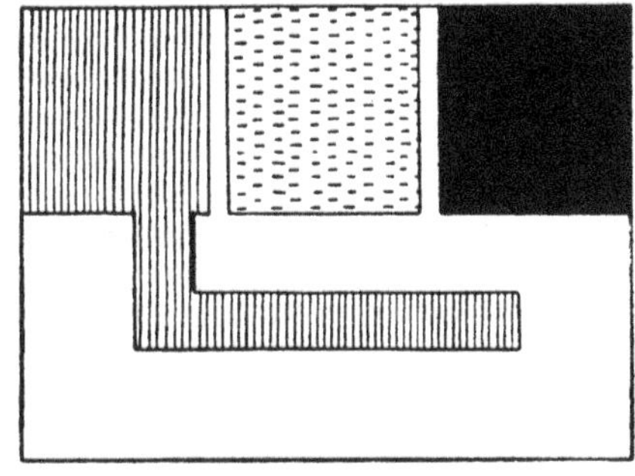

Fig. 15.

dem dies geschehen ist, denkt man sich im punktierten Land: das können wir auch! und nun treibt auch das punktierte Land einen Korridor in das noch unbesetzte Gebiet vor (Fig. 16), der jedem noch unbesetzten Punkte sogar bis auf einen halben Kilometer nahekommt, aber an keines der anderen Länder anstößt. Nachdem dies geschehen ist, denkt man sich im schwarzen Land: da können wir unmöglich zurückbleiben! und nun treibt auch das schwarze Land in das noch

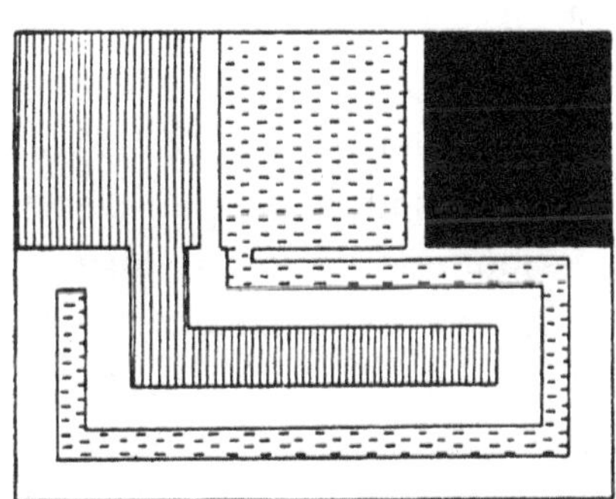

Fig. 16.

[10] L. E. J. Brouwer, *Mathematische Annalen* 68 (1910), S. 427. Bei der folgenden Darstellung machen wir Gebrauch von einer vom Japaner Wada vorgeschlagenen anschaulichen Deutung. »Grenzpunkt« heißt ein Punkt, wenn in jeder Nähe von ihm Punkte aus verschiedenen Ländern liegen. In einem Grenzpunkte grenzen alle drei Länder aneinander, wenn in jeder Nähe von ihm Punkte jedes der drei Länder liegen.

unbesetzte Gebiet einen Korridor vor (Fig. 17), der jedem Punkte dieses Gebietes sogar bis auf einen Drittel-Kilometer nahekommt, aber an keines der anderen Länder anstößt. Nachdem dies geschehen, sagt man sich im schraffierten Lande: wir sind übertrumpft worden und müssen neuerdings vorgehen! und

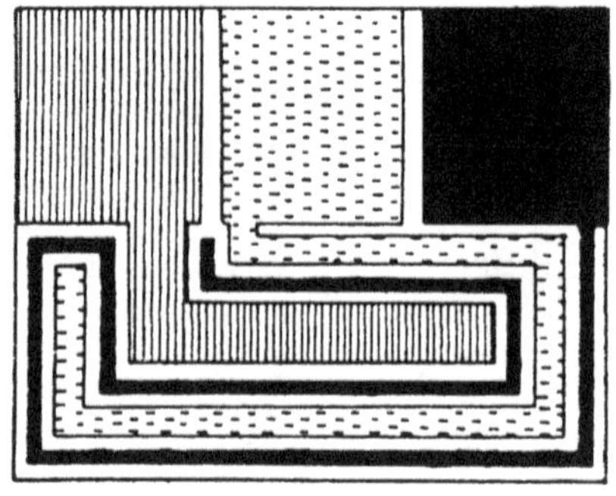

Fig. 17.

das schraffierte Land treibt wieder einen Korridor in das noch unbesetzte Gebiet vor, der jedem Punkte dieses Gebietes sogar bis auf einen Viertel-Kilometer nahekommt, aber an keines der anderen Länder anstößt. Und so geht es immer weiter: als nächstes treibt dann das punktierte Land einen Korridor vor, der jedem noch unbesetzten Punkte bis auf einen Fünftel-Kilometer nahekommt, dann das schwarze Land einen Korridor, der jedem noch unbesetzten Punkte bis auf einen Sechstel-Kilometer nahekommt, dann rückt wieder das schraffierte Land vor usw. usw. Und da wir schon unserer Phantasie die Zügel schießen ließen, wollen wir noch annehmen, das schraffierte Land habe zum Vortreiben seines ersten Korridors ein Jahr gebraucht, das punktierte Land habe sodann seinen ersten Korridor im nächsten Halbjahre vorgetrieben, dann das schwarze Land seinen ersten Korridor im nächsten Vierteljahre, dann das schraffierte Land seinen zweiten Korridor im nächsten Achteljahre usw., so daß jeder weitere Korridor in der Hälfte der Zeit fertig wird, die der letztangelegte erfordert hatte. Man überzeugt sich unschwer, daß nach Ablauf von zwei Jahren kein unbesetztes Gebiet mehr da ist, und daß dann ein Zustand erreicht ist, bei dem das ganze Kartenblatt so auf die drei Länder aufgeteilt ist, daß nirgends nur zwei dieser Länder aneinander grenzen: in jedem auftretenden Grenzpunkte grenzen sie alle drei aneinander. Anschauungsmäßig freilich kann man diese Verteilung nicht erfassen, wieder ist es nur die logische Analyse, die uns so weit führt; auch hier sehen wir also

wieder: hätte man sich bei dieser doch so einfachen Fragestellung
auf die Anschauung, verlassen, so wäre man in schweren Irrtum
verfallen.

Und da die Anschauung sich in so vielen Fragen als trügerisch
erwiesen hatte, da es immer wieder vorkam, daß Sätze, die der
Anschauung als durchaus gesichert galten, sich bei logischer Analyse als falsch herausstellten, so wurde man in der Mathematik
gegenüber der Anschauung immer skeptischer; es brach immer
mehr die Überzeugung durch, daß es unzulänglich sei, irgendeinen mathematischen Satz der Anschauung zu entnehmen, daß
es nicht anginge, irgendeine mathematische Disziplin auf Anschauung zu gründen; es entstand die Forderung nach völliger
Eliminierung der Anschauung aus der Mathematik, die Forderung
nach völliger *Logisierung der Mathematik*: Jeder neue mathematische Begriff muß durch rein logische Definition eingeführt werden, jeder mathematische Beweis muß mit rein logischen Mitteln
geführt werden. Pioniere auf diesem Wege waren (um nur die
berühmtesten zu nennen): Augustin de Cauchy (1789–1857),
Bernard Bolzano (1781–1848), Carl Weierstrass (1815–1897),
Georg Cantor (1845–1918), Richard Dedekind (1831–1916).

Die Aufgabe einer völligen Logisierung der Mathematik war
eine mühevolle und schwierige – es war eine Reform an Haupt
und Gliedern. Sätze, die man früher als anschaulich evident hingenommen hatte, mußten sorgsam bewiesen werden. Um nur ein
Beispiel zu nennen: ein so einfacher geometrischer Satz, wie: »Jedes geschlossene, sich selbst nicht durchsetzende Polygon zerlegt
die Ebene in genau zwei getrennte Teile« erfordert einen recht
langwierigen, recht kunstvollen Beweis[11], und in noch höherem
Maße gilt das von dem analogen Satz im Raume: »Jedes geschlossene, sich selbst nicht durchsetzende Polyeder zerlegt den Raum
in genau zwei getrennte Teile«.[12]

---

[11] Einen Beweis für diesen Satz findet man bei H. Hahn, *Monatshefte
für Mathematik und Physik* 19 (1908), S. 289.

[12] Lilly Hahn, *Monatshefte für Mathematik und Physik* 25 (1914),
S. 303; N. J. Lennes, *American Journal of Mathematics* 33 (1911), S. 37.

Als Prototyp eines der reinen Anschauung entnommenen synthetischen Urteiles a priori führt Kant ausdrücklich den Satz an: *der Raum ist dreidimensional.* Aber auch dieser Satz erfordert nach unserer heutigen Auffassung eine eindringende logische Analyse: es muß zunächst rein logisch definiert werden, was unter der Dimensionszahl eines geometrischen Gebildes, einer »Punktmenge« zu verstehen ist, sodann muß rein logisch bewiesen werden, daß bei Zugrundelegung dieser Definition der Raum der üblichen Geometrie, der zugleich der Raum der klassischen Newtonschen Physik ist, wirklich dreidimensional ist. Das wurde erst in jüngster Zeit, in den Jahren 1921/22 geleistet, und zwar gleichzeitig durch den Wiener Mathematiker K. Menger und den russischen Mathematiker P. Urysohn, der mittlerweile, in der Blüte seines Schaffens, einem tragischen Unfalle zum Opfer fiel. Ich will wenigstens eine flüchtige Vorstellung davon geben, 155 wie da die Dimensionszahl einer Punktmenge definiert wird.[13]

Eine Punktmenge wird als *nulldimensional* bezeichnet, wenn es zu jedem ihrer Punkte beliebig kleine Umgebungen gibt, deren Begrenzung keinen Punkt der Menge enthält; jede aus endlich vielen Punkten bestehende Menge z.B. ist nulldimensional (vgl. Fig. 18), aber es gibt auch sehr viele, sehr komplizierte

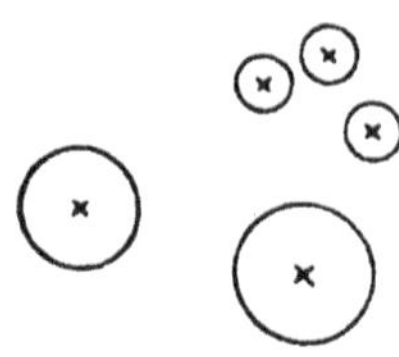

Fig. 18.

nulldimensionale Punktmengen, die aus unendlich vielen Punkten bestehen. Eine nicht nulldimensionale Punktmenge heißt nun *eindimensional,* wenn es zu jedem ihrer Punkte beliebig kleine Umgebungen gibt, deren Begrenzung mit der Punktmenge nur eine nulldimensionale Menge gemein hat; jede Gerade, jede aus endlich vielen geradlinigen Strecken zusammengesetzte Figur, jede Kreislinie, jede Ellipse, kurz alle Gebilde, die man gemeinhin als Kur-

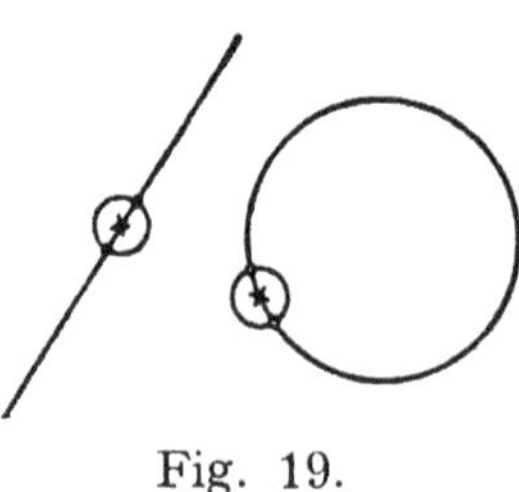

Fig. 19.

---

[13] Ausführliche Darstellung: K. Menger, *Dimensionstheorie,* Leipzig, Teubner 1928.

ven bezeichnet, sind in diesem Sinne eindimensional (vgl. Fig. 19), aber auch das in Fig. 11 dargestellte geometrische Gebilde, das – wie wir sahen – nicht durch Bewegung eines Punktes erzeugbar ist. Eine weder nulldimensionale noch eindimensionale Punktmenge heißt sodann *zweidimensional*, wenn es zu jedem ihrer Punkte beliebig kleine Umgebungen gibt, deren Begrenzung mit der Punktmenge eine höchstens eindimensionale Menge gemein hat; jede Ebene, jede Polygon- oder Kreisfläche, jede Kugeloberfläche, kurz alle Gebilde, die man gemeinhin als Flächen bezeichnet, sind in diesem Sinne zweidimensional. Eine weder nulldimensionale, noch eindimensionale, noch zweidimensionale Punktmenge nun heißt *dreidimensional*, wenn es zu jedem ihrer Punkte beliebig kleine Umgebungen gibt, deren Begrenzung mit der Punktmenge eine höchstens zweidimensionale Menge gemein hat. Ein – freilich keineswegs einfacher – Beweis zeigt nun, daß der Raum der üblichen Geometrie tatsächlich in diesem Sinne dreidimensional ist.

Diese Theorie liefert nun auch eine wirklich befriedigende Definition des Begriffes *Kurve*.[14] Als wesentlichstes Merkmal der Kurve erscheint dabei ihre Eindimensionalität. Aber darüber hinaus liefert diese Theorie auch eine außerordentlich feine Analyse der Struktur von Kurven. Auch darüber möchte ich noch einige Worte sagen. Ein Punkt einer Kurve heißt *Endpunkt*, wenn es beliebig kleine Umgebungen dieses Punktes gibt, deren Begrenzung einen einzigen Punkt mit der Kurve gemein hat (vgl. in Fig. 20 die Punkte *a* und *b*); ein Punkt der Kurve, der nicht Endpunkt ist, heißt ein *gewöhnlicher Punkt*, wenn es beliebig kleine Umgebungen dieses Punktes gibt, deren Begrenzung genau zwei Punkte mit der Kurve gemein hat (vgl. in Fig. 20 den Punkt *c*); ein Punkt einer Kurve heißt ein *Verzweigungspunkt*, wenn die

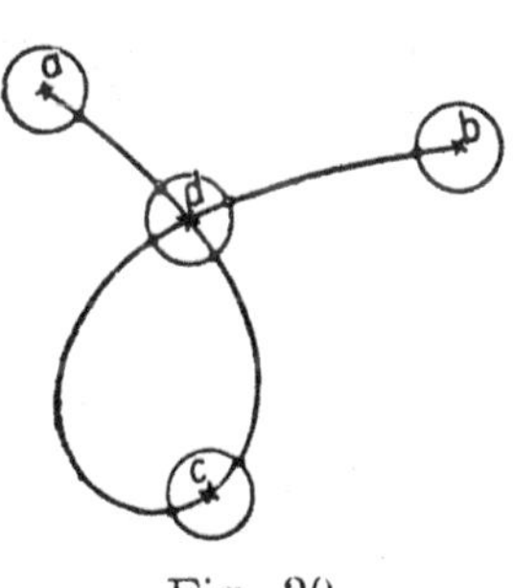

Fig. 20.

14 Ausführliche Darstellung: K. Menger, *Kurventheorie*, op. cit.

Begrenzung jeder hinlänglich kleinen Umgebung dieses Punktes
mit der Kurve mehr als zwei Punkte gemein hat (vgl. in Fig. 20
den Punkt *d*).

Die Anschauung scheint nun zu lehren, daß Endpunkte und
Verzweigungspunkte auf einer Kurve eine Art Ausnahmestellung
einnehmen, daß sie in gewissem Sinne nur vereinzelt auftreten
können, daß eine Kurve unmöglich aus lauter Endpunkten bestehen kann, oder aus lauter Verzweigungspunkten. Diese Vermutung wird, was die Endpunkte anlangt, durch die logische Analyse präzisiert und bestätigt, was aber die Verzweigungspunkte
anlangt, so wird die Vermutung durch die logische Analyse widerlegt. Es gibt, wie der polnische Mathematiker W. Sierpiński

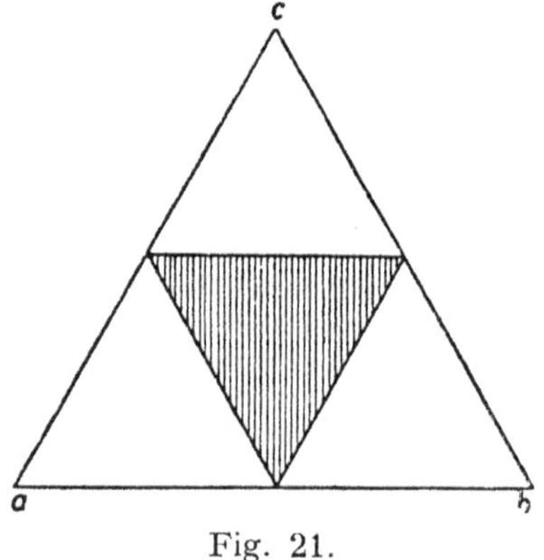

im Jahre 1915 zeigte, Kurven,
deren sämtliche Punkte Ver-
zweigungspunkte sind. Versuchen wir, uns dies durch einige
Andeutungen näherzubringen.

Man denke sich in ein gleichseitiges Dreieck ein anderes
gleichseitiges Dreieck einge-
schrieben, so wie Fig. 21 es zeigt,
und denke sich das (in Fig. 21
schraffierte) Innere des einge-

Fig. 21.

schriebenen Dreieckes getilgt; es bleiben dann drei gleichseitige
Dreiecke samt ihren Rändern übrig. In jedes dieser drei übrigge-

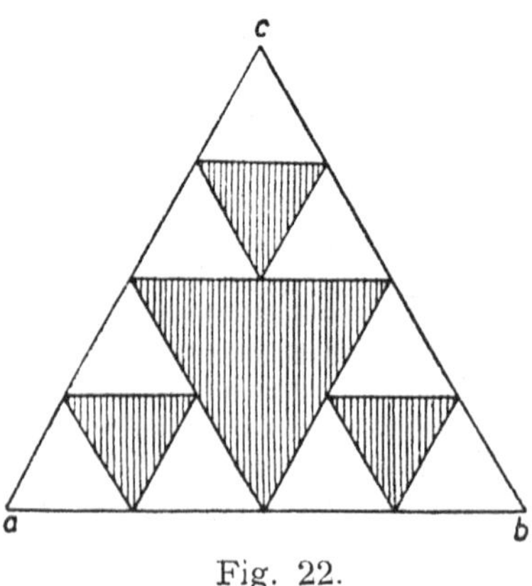

Fig. 22.

bliebenen gleichseitigen Dreiecke schreibe man (Fig. 22) wieder ein gleichseitiges Dreieck
ein und denke sich das Innere
jedes der drei eingeschriebenen Dreiecke getilgt; es bleiben dann neun gleichseitige
Dreiecke samt ihren Rändern
übrig. In jedes dieser neun üb-
riggebliebenen gleichseitigen
Dreiecke schreibe man wieder

ein gleichseitiges Dreieck ein und denke sich das Innere jedes dieser neun eingeschriebenen Dreiecke getilgt, so daß 27 gleichseitige Dreiecke übrigbleiben. Und dieses Verfahren denke man sich unbeschränkt fortgesetzt. (In Fig. 23 findet man den fünften Schritt dieses Verfahrens, bei dem 243 gleichseitige Dreiecke übrigbleiben, dargestellt.) Die Punkte des ursprünglichen gleichseitigen Dreieckes, die schließlich übrigbleiben (d.h. bei keinem der unendlich vielen Schritte unseres Verfahrens getilgt werden) bilden dann, wie

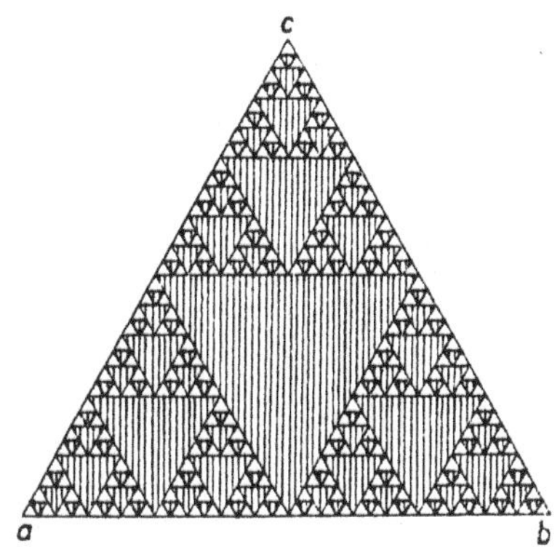

Fig. 23.

man zeigen kann, eine Kurve, und zwar eine Kurve, deren sämtliche Punkte, mit Ausnahme der drei Eckpunkte a, b, c des ursprünglichen Dreieckes, Verzweigungspunkte sind. Es ist sehr leicht, daraus eine Kurve zu gewinnen, deren *sämtliche* Punkte Verzweigungspunkte sind, z.B. indem man die ganze Figur so verzerrt, daß die drei Eckpunkte a, b, c des ursprünglichen Dreieckes in einen Punkt zusammenrücken.

Doch nun genug der Beispiele, und fassen wir das Gesagte zusammen! Immer wieder haben wir gefunden, daß die Anschauung sich in Fragen der Geometrie, und zwar auch in prinzipiell sehr einfachen und elementaren Fragen, als durchaus unzuverlässige Führerin erweist. Ein so unzuverlässiges Hilfsmittel kann aber unmöglich den Ausgangspunkt, die Grundlage einer mathematischen Disziplin abgeben. Der Raum der Geometrie ist nicht eine Form reiner Anschauung, sondern eine logische Konstruktion.

Als widerspruchsfreie logische Konstruktionen aber sind auch andersgeartete Räume möglich, als der Raum der üblichen Geometrie: Räume z.B., in denen das sogenannte euklidische Parallelenpostulat durch ein gegenteiliges ersetzt wird (»nichteuklidische« Räume), oder Räume, deren Dimensionszahl größer als drei ist, oder »nichtarchimedische« Räume, über die hier noch einige Worte gesagt seien, während den nichteuklidischen und mehrdimensionalen Räumen der ganze nächste Vortrag gewidmet ist.

Die Möglichkeit, die Länge einer Strecke durch eine reelle Zahl zu messen und die daraus fließende Möglichkeit, die Lage eines Punktes, wie es in der analytischen Geometrie geschieht, durch Angabe reeller Zahlen (seiner »Koordinaten«) festzulegen, beruht auf dem sogenannten *Postulat des Archimedes*[15], das besagt: Sind zwei Strecken gegeben, so gibt es stets ein Vielfaches der ersten, das größer als die zweite ist. Als logische Konstruktion aber sind durchaus auch Räume möglich[16], in denen das archimedische Postulat durch das gegenteilige ersetzt ist, in denen es also Strecken gibt, die größer sind als jedes Vielfache einer gegebenen Strecke, in denen es demgemäß, nach Wahl einer Strecke als Längeneinheit, *unendlich große* und *unendlich kleine* Strecken gibt, während es im Raume der üblichen Geometrie unendlich große und unendlich kleine Strecken nicht gibt. Auch in einem solchen »nichtarchimedischen« Raume kann man Strecken messen und analytische Geometrie treiben, freilich nicht mit Hilfe der reellen Zahlen der üblichen Arithmetik, sondern mit Hilfe »nichtarchimedischer Zahlensysteme«, die man aber ebenso zu überblicken vermag, mit denen man ebensogut rechnen kann, wie mit den reellen Zahlen der üblichen Arithmetik.[17]

Was sollen wir nun von dem oft gehörten Einwande halten: alle diese mehrdimensionalen, nichteuklidischen, nichtarchimedischen Geometrien – mögen sie auch als logische Konstruktionen widerspruchsfrei sein – zur Einordnung unserer Erlebnisse

[15] Es sollte richtiger Postulat des Eudoxus heißen. Eudoxus lebte 408–355 v. Chr., Archimedes 287–212 v. Chr.

[16] Als erster hat sich ausführlich mit nichtarchimedischen Räumen beschäftigt der italienische Mathematiker G. Veronese: *Grundzüge der Geometrie von mehreren Dimensionen und mehreren Arten gradliniger Einheiten*, Leipzig, Teubner 1894.

[17] Über nichtarchimedische Zahlsysteme vgl. H. Hahn, *Sitzungsberichte der mathem.-naturwiss. Klasse der kaiserlichen Akademie der Wissenschaften in Wien 116* (1907), S. 601.

sind sie unbrauchbar, denn sie sind *unanschaulich;* zur Einordnung unserer Erlebnisse ist einzig brauchbar die übliche dreidimensionale, euklidische, archimedische Geometrie, denn sie ist die einzig anschauliche. Dazu wäre vor allem zu sagen – und mein ganzer Vortrag diente ja dazu, dies zu zeigen –, daß es auch mit der Anschaulichkeit der üblichen Geometrie nicht gar so weit her ist. Es ist eben *jede* Geometrie – dreidimensionale wie mehrdimensionale, euklidische wie nichteuklidische, archimedische wie nichtarchimedische – eine logische Konstruktion. Die Entwicklung der Physik hat es mit sich gebracht, daß man bis in die jüngste Zeit sich zur Ordnung unserer Erlebnisse ausschließlich der logischen Konstruktion der dreidimensionalen, euklidischen, archimedischen Geometrie bediente; sie hat sich bis in die jüngste Zeit trefflich für diesen Zweck bewährt, und so hat man sich völlig an ihre Handhabung gewöhnt. Diese Gewöhnung an die Handhabung der üblichen Geometrie zur Ordnung unserer Erlebnisse ist es, was man als ihre Anschaulichkeit bezeichnet, jedes Abweichen davon gilt als unanschaulich, als anschauungswidrig, als anschauungsunmöglich. Solche »Anschauungsunmöglichkeiten« aber finden sich, wie wir sehen, auch in der üblichen Geometrie: sie stellen sich ein, sobald man sich nicht mehr darauf beschränkt, nur Gebilde zu betrachten, an die man durch langen Gebrauch gewöhnt ist, sondern auch Gebilde in den Kreis unserer Betrachtungen zieht, an die man bisher nicht gedacht hatte.

Die neueste Physik läßt es nun als zweckmäßig erscheinen, zur Ordnung unserer Erlebnisse auch die logischen Konstruktionen mehrdimensionaler und nichteuklidischer Geometrien heranzuziehen (während wir bisher keinen Anhaltspunkt dafür haben, daß auch das Heranziehen nichtarchimedischer Geometrien sich als zweckmäßig erweisen könnte; aber ausgeschlossen ist dies keineswegs); da sich aber diese Entwicklung erst in jüngster Zeit vollzog, sind wir an die Handhabung dieser logischen Konstruktionen zur Ordnung unserer Erlebnisse noch nicht gewöhnt, darum gelten diese Geometrien als anschauungswidrig.

So ist es auch seinerzeit gegangen, als die Lehre von der Kugelgestalt der Erde aufkam; da wurde diese Lehre vielfach abgelehnt, weil die Existenz der Antipoden anschauungswidrig sei; mittlerweile aber hat man sich an diese Auffassung gewöhnt, und heute fällt es niemandem mehr ein, sie wegen angeblicher Anschauungswidrigkeit als unmöglich zu erklären.

Auch die spezifisch physikalischen Begriffe sind logische Konstruktionen, und man kann an ihnen deutlich sehen, wie diejenigen, an deren Handhabung man gewöhnt ist, anschaulichen Charakter bekommen, und die, an deren Handhabung wir nicht gewohnt sind, unanschaulich bleiben. Der Begriff »Gewicht« ist einer, dessen Handhabung ziemlich jedermann gewohnt ist, darum verbindet sich mit diesem Begriffe ziemlich für jedermann eine gewisse Anschaulichkeit; der Begriff »Trägheitsmoment«, mit dessen Handhabung die meisten Menschen nichts zu tun haben, bleibt auch für die meisten Menschen unanschaulich, während er für manche Experimentalphysiker und Techniker, die ihn fortgesetzt handhaben müssen, ebenso anschaulichen Charakter gewinnt, wie der Begriff »Gewicht« für die meisten Menschen. Ähnlich wird für den Elektrotechniker der Begriff »Potentialdifferenz« anschaulichen Charakter haben, für die meisten Menschen aber nicht.

Wenn nun die Heranziehung der logischen Konstruktionen mehrdimensionaler und nichteuklidischer Geometrien zur Ordnung unserer Erlebnisse sich bewähren sollte, wenn man sich an ihre Handhabung immer mehr gewöhnt haben wird, wenn sie in den Schulunterricht eingedrungen sein wird, wenn man sie mit der Muttermilch einsaugen wird, wie es heute der Fall ist für die Handhabung der dreidimensionalen euklidischen Geometrie, dann wird es niemandem mehr einfallen, diese Geometrien als anschauungswidrig zu bezeichnen, dann werden sie ebenso als anschaulich gelten, wie heute die dreidimensionale euklidische Geometrie. Denn nicht, wie Kant dies wollte, ein reines Erkenntnismittel a priori ist die Anschauung, sondern auf psychischer Trägheit beruhende Macht der Gewöhnung!

6.3 DIE KAUSALITÄT
IN DER GEGENWÄRTIGEN PHYSIK
(1931)

Moritz Schlick

1. Vorbemerkungen

Unendlich ist die Zahl der denkbaren, logisch möglichen physikalischen Welten; aber die menschliche Phantasie erweist sich als erstaunlich arm, wenn sie neue Möglichkeiten darin auszudenken und durchzudenken versucht. Ihr Vorstellungsvermögen ist so fest an die anschaulichen Verhältnisse der gröberen Erfahrung gebunden, daß es sich auf eigene Faust kaum einen Schritt von dieser entfernen kann; erst der strenge Zwang der feineren wissenschaftlichen Erfahrung vermag das Denken von seinen gewohnten Standpunkten weiter fortzuziehen. Das bunteste Märchenreich der 1001 Nächte ist nur aus den Bausteinen der Welt des täglichen Lebens durch im Grunde ganz geringfügige Umgruppierungen des vertrauten Materials gebildet. Und wenn man die kühnsten und tiefsten philosophischen Systeme genauer betrachtet, so sieht man, daß von ihnen schließlich dasselbe gilt: war es beim Dichter ein Bauen mit anschaulichen Bildern, so ist es beim Philosophen ein Konstruieren mit abstrakteren, aber doch gewohnten Begriffen, aus denen mit Hilfe ziemlich durchsichtiger Kombinationsprinzipien neue Gebilde geformt werden.

Auch der Physiker verfährt bei seinen Hypothesenbildungen zunächst nicht anders. Das zeigt besonders die Zähigkeit, mit der er jahrhundertelang an dem Glauben festhielt, daß zur Naturerklärung eine Nachbildung der Prozesse durch sinnlich-anschaulich vorstellbare Modelle nötig sei, so daß er z.B. den Lichtäther immer wieder mit den Eigenschaften sichtbarer und greifbarer Substanzen ausstatten wollte, obgleich nicht der geringste

Grund dazu vorlag. Erst wenn die beobachteten Tatsachen ihm die Verwendung neuer Begriffssysteme nahelegen oder aufdrängen, sieht er die neuen Wege und reißt sich von seinen bisherigen Denkgewohnheiten los – dann aber auch bereitwillig, und leicht macht er den Sprung etwa zum Riemannschen Raume oder zur Einsteinschen Zeit, zu Konzeptionen so kühn und tief, wie sie weder die Phantasie eines Dichters noch der Intellekt irgendeines Philosophen zu antizipieren vermocht hätte.

Die Wendung, zu der die Physik der letzten Jahre in der Frage der *Kausalität* gelangt ist, konnte ebenfalls nicht vorausgesehen werden. Soviel auch über Determinismus und Indeterminismus, über Inhalt, Geltung und Prüfung des Kausalprinzips philosophiert wurde – niemand ist gerade auf diejenige Möglichkeit verfallen, welche uns die Quantenphysik als den Schlüssel anbietet, der die Einsicht in die Art der kausalen Ordnung öffnen soll, die in der Wirklichkeit tatsächlich besteht. Erst nachträglich erkennen wir, wo die neuen Ideen von den alten abzweigen, und wundern uns vielleicht ein wenig, früher an der Kreuzungsstelle immer achtlos vorbeigegangen zu sein. Jetzt aber, nachdem die Fruchtbarkeit der quantentheoretischen Begriffe durch die außerordentlichen Erfolge ihrer Anwendung dargetan ist und wir schon einige Jahre Gelegenheit zur Gewöhnung an die neuen Ideen gehabt haben, jetzt dürfte der Versuch nicht mehr verfrüht sein, zur philosophischen Klarheit über den Sinn und die Tragweite der Gedanken zu kommen, welche die gegenwärtige Physik zum Kausalproblem beiträgt. 159

2. *Kausalität und Kausalprinzip*

Die Bemerkung, daß philosophische Betrachtungen infolge ihrer engen Bindung an das vorhandene Gedankenmaterial die später gefundenen Möglichkeiten nicht voraussahen, gilt auch von den Erwägungen, die ich vor mehr als zehn Jahren vorgetragen habe (»Naturphilosophische Betrachtungen über das Kausalprinzip«, in: *Die Naturwissenschaften* 8 [1920], S. 461–474). Dennoch ist es vielleicht nicht unzweckmäßig, an einigen Punkten an die älteren Überlegungen anzuknüpfen; der inzwischen erzielte Fortschritt kann dadurch nur um so deutlicher werden.

Es gilt zunächst festzustellen, was der Naturforscher eigentlich meint, wenn er von »Kausalität« spricht. Wo gebraucht er dieses Wort? Offenbar überall da, wo er eine »Abhängigkeit« zwischen irgendwelchen Ereignissen annimmt. (Daß nur Ereignisse, nicht etwa »Dinge«, als Glieder eines Kausalverhältnisses in Frage kommen, versteht sich heute von selbst, denn die Physik baut die vierdimensionale Wirklichkeit aus Ereignissen auf und betrachtet »Dinge«, etwa dreidimensionale Körper, als bloße Abstraktionen.) Was bedeutet aber »Abhängigkeit«? Sie wird in der Wissenschaft jedenfalls immer durch ein *Gesetz* ausgedrückt; Kausalität ist demnach nur ein anderes Wort für das Bestehen eines Gesetzes. Den Inhalt des Kausal*prinzips* bildet nun offenbar die Behauptung, daß *alles* in der Welt gesetzmäßig geschieht; es ist ein und dasselbe, ob wir die Geltung des Kausalprinzips behaupten oder das Bestehen des *Determinismus*. Um den Kausalsatz oder die deterministische These formulieren zu können, müssen wir zuerst definiert haben, was unter einem Naturgesetz oder unter der »Abhängigkeit« der Naturvorgänge voneinander zu verstehen ist. Denn erst wenn wir dies wissen, können wir den Sinn des Determinismus verstehen, welcher besagt, daß *jedes* Ereignis Glied einer Kausalbeziehung sei, daß *jeder* Vorgang zur Gänze von anderen Vorgängen abhängig sei. (Ob nicht der Versuch, eine Aussage über »alle« Naturvorgänge zu machen, zu logischen Schwierigkeiten führen könnte, soll dabei unerörtert bleiben.)

Wir unterscheiden also jedenfalls die Frage nach der Bedeutung des Wortes »Kausalität« oder »Naturgesetz« von der Frage nach der Geltung des Kausalprinzips oder Kausalsatzes und beschäftigen uns zunächst allein mit der ersten Frage.

Die Unterscheidung, die wir damit machen, fällt sachlich mit derjenigen zusammen, die H. Reichenbach in seiner Arbeit »Die Kausalstruktur der Welt« (Sitzungsberichte der bayerischen Akademie der Wissenschaften, Math.-physik. Klasse 1925, S. 133–

175) an den Anfang seiner Untersuchung stellt. Er spricht dort von dem Unterschied zweier »Formen der Kausalhypothese«. Die erste nennt er die »Implikationsform«. Sie liegt vor, »wenn die Physik Gesetze aufstellt, d. h. Aussagen macht von der Form: ›wenn A ist, dann ist B‹«. Die zweite ist die »Determinationsform der Kausalhypothese«; sie ist identisch mit dem Determinismus, welcher besagt, daß der Ablauf der Welt als Ganzes »unveränderlich feststehe, daß mit einem einzigen Querschnitt der vierdimensionalen Welt Vergangenheit und Zukunft völlig bestimmt seien«. Mir scheint es einfacher und treffender, den gedachten Unterschied als den Unterschied zwischen Kausalbegriff und Kausalprinzip zu charakterisieren.

Es handelt sich jetzt also um den Inhalt des Kausalbegriffs. Wann sagen wir, daß ein Vorgang A einen anderen B »bestimme«, daß B von A »abhänge«, daß B mit A durch ein *Gesetz* verknüpft sei? Was bedeuten in dem Satze ›wenn A, so B‹ die das Kausalverhältnis anzeigenden Worte ›wenn – so‹?

3. Gesetz und Ordnung

In der Sprache der Physik wird ein Naturvorgang dargestellt als ein Verlauf von Werten bestimmter physikalischer Größen. Wir merken schon hier an, daß natürlich in dem Verlauf immer nur eine endliche Zahl von Werten gemessen werden kann, daß also die Erfahrung immer nur eine diskrete Mannigfaltigkeit von Beobachtungszahlen liefert, und ferner, daß jeder Wert als mit einer bestimmten Ungenauigkeit behaftet angesehen wird.

Es sei uns nun eine Menge solcher Beobachtungszahlen gegeben, und wir fragen ganz allgemein: Wie muß diese Menge beschaffen sein, damit wir sagen, es sei durch sie ein *gesetzmäßiger* Verlauf dargestellt, es bestehe eine kausale Beziehung zwischen den beobachteten Größen? Wir dürfen dabei voraussetzen, daß die Daten bereits eine natürliche Ordnung besitzen, nämlich die räumlich-zeitliche, d. h. jeder Größenwert bezieht sich auf eine bestimmte Stelle des Raumes und der Zeit. Es ist zwar richtig, daß wir erst mit Hilfe kausaler Betrachtungen dazu gelangen, den Ereignissen ihre definitive Stelle in der physikalischen Raum-Zeit anzuweisen, indem wir von der phänomenalen Raum-Zeit, welche die natürliche Ordnung unserer Erlebnisse darstellt, zur physikalischen Welt übergehen; aber diese Komplikation kann außer Betracht bleiben für unsere Überlegungen, die sich ganz auf den Bereich des physikalischen Kosmos beschränken. Als fundamentalste Voraussetzung liegt ferner eine Annahme zugrunde, auf die ich nur im Vorübergehen hinweise, da sie in einer früheren Arbeit bereits besprochen wurde (l.c., S. 463): es ist die Voraussetzung, daß in der Natur irgendwelche »Gleichheiten« auftreten in dem Sinne, daß verschiedene Weltbezirke überhaupt miteinander *vergleichbar* sind, so daß wir z. B. sagen können: »dieselbe« Größe, die an diesem Orte den Wert f_1 hat, hat an jenem Ort den Wert f_2. Die Vergleichbarkeit ist also eine der 160 Vorbedingungen der Meßbarkeit. Es ist nicht leicht, den eigentlichen Sinn dieser Voraussetzung anzugeben, wir dürfen aber hier darüber hinweggehen, da diese letzte Analyse für unser Problem gleichfalls irrelevant ist.

Nach diesen Bemerkungen reduziert sich unsere Frage nach dem Inhalt des Kausalbegriffes auf diese: Was für eine Eigenschaft muß die räumlich-zeitlich geordnete Menge der Größenwerte haben, damit sie als Ausdruck eines »Naturgesetzes« aufgefaßt wird? Diese Eigenschaft kann nichts anderes sein als wieder eine *Ordnung,* und zwar, da die Ereignisse extensiv in Raum und Zeit bereits geordnet sind, eine Art von *intensiver* Ordnung. Diese Ordnung muß in einer *zeitartigen* Richtung stattfinden, denn bekanntlich sprechen wir bei einer Ordnung in raumartiger Richtung (populär ausgedrückt: bei »gleichzeitigen«, koexistierenden Ereignissen) nicht von Kausalität; der Begriff des Wirkens findet dort keine Anwendung. Regelmäßigkeiten in raumartiger Richtung, falls es solche geben sollte, würde man »Koexistenz-161 gesetze« nennen.

Nach Beschränkung auf die Zeitdimension müssen wir aber nun, glaube ich, sagen: *Jede* Ordnung der Ereignisse in der Zeitrichtung, welcher Art sie auch sonst sein möge, ist als kausale

Beziehung aufzufassen. Nur das vollständige Chaos, gänzliche Regellosigkeit, wäre als akausales Geschehen, als reiner Zufall zu bezeichnen; jede Spur einer Ordnung würde schon Abhängigkeit, also Kausalität bedeuten. Ich glaube, daß diese Verwendung des Wortes »kausal« einen besseren Anschluß an den natürlichen Sprachgebrauch ergibt, als wenn man das Wort, wie es viele naturphilosophische Autoren zu tun scheinen, auf eine solche Ordnung beschränken würde, die wir etwa als »Vollkausalität« bezeichnen könnten, womit so etwas wie »völlige Determiniertheit« des betrachteten Geschehens gemeint sein soll (wir können uns natürlich hier nur inexakt ausdrücken). Wollte man die Bedeutung des Wortes auf Vollkausalität einschränken, so setzte man sich der Gefahr aus, in der Natur überhaupt keine Verwendung dafür zu finden, während wir doch das Bestehen von Kausalität *in irgendeinem Sinne* als Erfahrungstatsache vorfinden. Und die Grenze zwischen Gesetz und Zufall an irgendeiner anderen Stelle zu ziehen, wäre erst recht kein Anlaß.

Die einzige Alternative, vor der wir stehen, ist also: Ordnung oder Unordnung? Identisch mit Ordnung ist Kausalität und Gesetz, identisch mit Unordnung Regellosigkeit und Zufall.

Das bisherige Resultat scheint also zu sein: ein durch eine Menge von Größenwerten beschriebener Naturvorgang heißt kausal oder gesetzmäßig, wenn jene Werte in zeitartiger Richtung überhaupt irgendeine Ordnung aufweisen. Diese Definition wird aber erst sinnvoll, wenn wir wissen, was unter »Ordnung« zu verstehen ist, wie sie sich vom Chaos unterscheidet. Eine höchst bedenkliche Frage!

4. Definitionsversuche der Gesetzmäßigkeit

Daß wir im täglichen Leben wie in der Wissenschaft den Unterschied zwischen Ordnung und Unordnung, zwischen Gesetzmäßigkeit und Regellosigkeit ziemlich deutlich machen, ist sicher. Wie sollen wir ihn fassen? Im ersten Augenblick scheint die Antwort nicht so schwer zu sein. Wir brauchen ja, so scheint es, nur nachzusehen, auf welche Weise die Physik tatsächlich Naturgesetze darstellt, in welcher Form sie die Abhängigkeit von Ereignissen beschreibt. Nun, diese Form ist die mathematische *Funktion*. Die Abhängigkeit eines Ereignisses von anderen wird dadurch ausgedrückt, daß die Werte eines Teiles der Zustandsgrößen als Funktionen der übrigen dargestellt werden. Jede Ordnung von Zahlen wird mathematisch durch eine Funktion dargestellt; und so scheint es, als ob das gesuchte Kennzeichen der Ordnung, das sie von der Regellosigkeit unterscheidet, die Ausdrückbarkeit durch eine Funktion sei.

Aber kaum ist dieser Gedanke der Identität von Funktion und Gesetz ausgesprochen, so sieht man auch schon, daß er unmöglich richtig sein kann. Denn wie immer die Verteilung der gegebenen Größen sein möge: es lassen sich bekanntlich *stets* Funktionen finden, welche gerade diese Verteilung mit beliebiger Genauigkeit darstellen. Und dies bedeutet, daß jede beliebige Verteilung der Größen, jede nur denkbare Folge von Werten als eine Ordnung anzusehen wäre. Es gäbe kein Chaos.

Auf diese Weise gelingt es also nicht, Kausalität von Zufall, Ordnung von Unordnung zu unterscheiden und Regel und Gesetz zu definieren. Es scheint nur übrigzubleiben – und dieser Weg wurde auch in unseren früheren Betrachtungen eingeschlagen –, an die Funktionen, welche die beobachteten Wertfolgen beschreiben, gewisse Anforderungen zu stellen und durch sie den Begriff der Ordnung festzulegen. Wir würden sagen müssen: Wenn die Funktionen, welche die Größenverteilung beschreiben, einen so und so bestimmten Bau haben, dann soll der dargestellte Ablauf als gesetzmäßig, sonst als ungeordnet gelten.

Damit sind wir in eine ziemlich verzweifelte Lage geraten, denn es ist klar, daß auf diesem Wege der Willkür Tor und Tür geöffnet wird, und eine auf so willkürlicher Basis ruhende Unterscheidung von Gesetz und Zufall könnte niemals befriedigen, es sei denn, es ließe sich eine so prinzipielle und scharfe Unterscheidung im Bau der Funktionen festlegen, die zugleich so sichere empirische Anwendungsmöglichkeit besäße, daß jedermann sie sogleich als die richtige Formulierung der Begriffe Gesetzmäßigkeit und Regellosigkeit anerkennen würde, wie man sie in der Wissenschaft zu verwenden pflegt.

Hier bieten sich sogleich zwei Wege dar, die man beide einzuschlagen versucht hat. Der erste wurde bereits von Maxwell benutzt, um die Kausalität zu definieren. Er besteht darin, daß wir vorschreiben: es dürfen in den Gleichungen, die den fraglichen Ablauf beschreiben, die Raum- und Zeitkoordinaten nicht explizite vorkommen. Diese Forderung ist dem Gedanken äquivalent, der populär in dem Satze ausgesprochen zu werden pflegt: Gleiche Ursachen, gleiche Wirkungen. In der Tat, sie bedeutet ja, daß ein Vorgang, der sich irgendwo und irgendwann in bestimmter Weise abspielt, an jedem beliebigen anderen Orte und zu jeder beliebigen Zeit unter denselben Bedingungen sich genau in derselben Weise abspielen wird; mit anderen Worten: die Vorschrift besagt die *Allgemeingültigkeit* des dargestellten Zusammenhanges. Die allgemeine Geltung ist aber, wie man längst erkannt hat, gerade das, was man bei den Naturgesetzen mit dem fragwürdigen Ausdruck »Notwendigkeit« bezeichnete, so daß es scheint, als wäre der wesentliche Charakter des Kausalverhältnisses durch diese Bestimmung richtig getroffen.

Zu der Maxwellschen Definition der Naturgesetzlichkeit, für die ich früher (an der mehrfach zitierten Stelle) selbst eingetreten bin, ist folgendes zu sagen:

Zweifellos tritt in der Physik der Gesetzesbegriff nur so auf, daß diese Forderung immer erfüllt ist; tatsächlich denkt kein Forscher daran, Naturgesetze aufzustellen, in denen ein ausdrücklicher Bezug auf bestimmte Ort- und Zeitstellen des Universums vorkäme. Träten Raum und Zeit in den physikalischen Gleichungen explizite auf, so würden sie eine ganz andere Bedeutung haben, als sie in unserer Welt tatsächlich besitzen; die für unser Weltbild schlechthin grundlegende Relativität von Raum und Zeit wäre dahin, und sie könnten nicht mehr die eigentümliche Rolle von »Formen« des Geschehens spielen, die sie in unserem Kosmos haben. Es stünde uns also wohl frei, die Max- 163 wellsche Bedingung der Kausalität aufrechtzuerhalten – wäre sie aber eine notwendige Bedingung? Das werden wir kaum sagen dürfen, denn sicherlich ist eine Welt denkbar, in der alles Geschehen durch Formeln wiedergegeben werden müßte, in denen Raum und Zeit explizite auftreten, ohne daß wir leugnen würden, daß diese Formeln richtige Gesetze darstellen und daß diese Welt völlig geordnet wäre. Soviel ich sehe, wäre es z. B. denkbar, daß regelmäßige Messungen des Elementarquantums der Elektrizität (Elektronenladung) für diese Größe Werte ergeben würden, die ganz gleichmäßig, etwa in jeweils 7 Stunden, und wieder 7 Stunden, und dann in 10 Stunden, um 5 % auf und ab schwanken, ohne daß man auch nur die geringste »Ursache« dafür finden könnte; und darüber würde sich vielleicht noch eine andere Schwankung lagern, für die man eine absolute Ortsveränderung der Erde im Raume verantwortlich machen würde. Dann wäre die Maxwellsche Bedingung nicht erfüllt, aber man würde die Welt gewiß nicht ungeordnet finden, sondern ihre Gesetzmäßigkeit formulieren und mit ihrer Hilfe Voraussagen machen können. Wir werden deshalb zu der Ansicht neigen, daß die Maxwellsche Definition zu eng sei, und uns fragen, was denn wohl in dem soeben fingierten Falle als Kriterium der Gesetzmäßigkeit zu gelten habe.

Nun, das Entscheidende in dem gedachten Falle scheint zu sein, daß wir den Einfluß von Raum und Zeit so leicht berücksichtigen konnten, daß sie auf eine so *einfache* Weise in die Formeln eingehen. Würde nämlich in unserem Beispiele etwa die Elektronenladung sich jede Woche und Stunde ganz anders verhalten, in einer völlig »unregelmäßigen Kurve« verlaufen, so könnten wir zwar ihre Abhängigkeit von der Zeit hinterher immer noch durch eine Funktion darstellen, aber diese würde sehr kompliziert sein; wir würden dann sagen, daß keine Gesetzmäßigkeit vorliege, sondern daß die Schwankungen der Größe vom »Zufall« regiert würden. Fälle solcher Art brauchen wir nicht erst in Gedanken zu konstruieren, sondern die neuere Physik nimmt bekanntlich an, daß sie etwas ganz Alltägliches sind: die diskontinuierlichen Vorgänge im Atom, welche die Bohrsche Theorie als Sprünge eines Elektrons aus einer Bahn in eine andere deutete, werden als rein zufällig, als »ursachlos« aufgefaßt, obwohl wir uns ihr Eintreffen natürlich nachträglich als Funktion der Zeit aufgezeichnet denken können; aber diese Funktion wäre sehr kompliziert, nicht periodisch, nicht überschaubar, und nur deswegen sagen wir, daß keine Regelmäßigkeit bestehe. Sowie sich über die Sprünge die geringste *einfache* Behauptung aufstellen ließe, wenn z. B. die zeitlichen Abstände immer größer würden, so erschiene uns das sofort als eine Gesetzmäßigkeit, wenn auch die Zeit explizite in die Formel eininge.

Hiernach sieht es so aus, als ob wir von Ordnung, Gesetz, Kausalität immer dann sprechen, wenn der Ablauf der Erscheinungen durch Funktionen *einfacher* Gestalt beschrieben wird, während Kompliziertheit der Formel das Kennzeichen der Unordnung, der Gesetzlosigkeit, des Zufalls wäre. So gelangt man sehr leicht dazu, Kausalität durch die *Einfachheit* der beschreibenden Funktionen zu definieren. Einfachheit ist aber ein halb pragmatischer, halb ästhetischer Begriff. Wir können diese Definition deshalb vielleicht die ästhetische nennen. Auch ohne angeben zu können, was hier eigentlich mit »Einfachheit« gemeint ist, müssen wir es doch als Tatsache konstatieren, daß jeder Forscher, dem es gelungen ist, eine Beobachtungsreihe durch eine sehr einfache Formel (z. B. lineare, quadratische, Exponentialfunktion) darzustellen, sofort ganz sicher ist, ein *Gesetz* gefunden zu haben. Also hebt auch die ästhetische Definition, ebenso wie die Maxwellsche, offenbar ein Merkmal der Kausalität hervor, das wirklich als entscheidendes Kriterium angesehen wird. Für welchen der beiden Versuche, den Begriff der Gesetzmäßigkeit zu fassen, sollen wir uns entscheiden? Oder sollen wir durch Kombination von beiden eine neue Definition bilden?

5. Unzulänglichkeit der Definitionsversuche

Wir resümieren die Lage:

Für die Maxwellsche Definition spricht, daß alle bekannten Naturgesetze ihr tatsächlich genügen und daß sie als adäquater Ausdruck des Satzes »Gleiche Ursachen, gleiche Wirkungen« betrachtet werden kann. *Gegen* sie spricht, daß Fälle *denkbar* sind, in denen wir sicherlich Regelmäßigkeit sehen würden, ohne daß das Kriterium erfüllt wäre.

Für die »ästhetische« Definition spricht, daß sie auch für die eben gedachten Fälle noch zutrifft, in denen die andere versagt, und daß auch zweifellos im Betrieb der Wissenschaft selbst die »Einfachheit« der Funktionen als Kennzeichen von Ordnung und Gesetz benutzt wird. *Gegen* sie aber spricht, daß Einfachheit offenbar ein ganz relativer und unscharfer Begriff ist, so daß eine strenge Definition der Kausalität nicht erreicht wird und Gesetz und Zufall sich nicht genau voneinander unterscheiden lassen. Es wäre ja möglich, daß wir dies letztere eben in den Kauf nehmen müssen, und daß ein »Naturgesetz« tatsächlich nicht etwas so scharf Faßbares ist, wie man zunächst denken möchte; aber eine solche Ansicht wird man gewiß erst annehmen, wenn man sicher ist, daß keine andere Möglichkeit bleibt.

Es ist sicher, daß man den Begriff der Einfachheit nicht anders als durch eine Konvention festlegen kann, die stets willkürlich bleiben muß. Wohl werden wir eine Funktion ersten Grades als einfacher zu betrachten geneigt sein als eine zweiten Grades, aber auch die letztere stellt zweifellos ein tadelloses Gesetz dar, wenn sie die Beobachtungsdaten mit weitgehender Genauigkeit beschreibt; die Newtonsche Gravitationsformel, in der das Quadrat der Entfernung auftritt, gilt doch gerade meist als Musterbeispiel eines einfachen Naturgesetzes. Man kann ferner z.B. übereinkommen, von allen stetigen Kurven, die durch eine vorgegebene Zahl von Punkten mit genügender Annäherung hindurchgehen, diejenige als die einfachste zu betrachten, die im Durchschnitt überall den größten Krümmungsradius aufweist (hierüber eine noch unveröffentlichte Arbeit von Marcel Natkin); aber solche Kunstgriffe erscheinen unnatürlich, und allein die Tatsache, daß es *Grade* der Einfachheit gibt, macht die auf sie gegründete Definition der Kausalität unbefriedigend.

Die Sachlage wird noch dadurch verschlimmert, daß es bekanntlich gar nicht auf die Einfachheit eines isolierten Naturgesetzes ankommt, sondern vielmehr auf die Einfachheit des

Systems aller Naturgesetze; so hat z.B. die wahre Zustandsgleichung der Gase keineswegs die einfache Boyle-Mariottesche
Form, wir wissen aber, daß gerade ihre komplizierte Gestalt sich
durch ein besonders einfaches System von Elementargesetzen
erklären läßt. Für die Einfachheit eines Formel*systems* Regeln zu
finden, dürfte aber prinzipiell noch viel schwieriger sein. Sie blieben stets vorläufig, so daß scheinbare Ordnung mit fortschreitender Erkenntnis sich als Unordnung herausstellen könnte.

So scheint weder das Maxwellsche noch das ästhetische Kriterium eine wirklich befriedigende Antwort auf die Frage zu geben, was Kausalität eigentlich sei: die erste erscheint zu eng, die
zweite zu vag. Durch eine Kombination beider Versuche wird
kein prinzipieller Fortschritt erreicht, und man sieht bald ein,
daß die Mängel sich nicht durch irgendwelche Verbesserungen
auf dem eingeschlagenen Wege beheben lassen. Die hervorgeho-
benen Unvollkommenheiten haben offenbar einen tiefliegenden
Grund, und das bringt uns auf den Gedanken, den bisherigen
Ausgangspunkt einer Revision zu unterziehen und uns zu überlegen, ob wir denn mit unserer Fragestellung überhaupt auf dem
richtigen Wege waren.

6. Prophezeiung als Kriterium der Kausalität

Wir gingen bisher davon aus, daß eine bestimmte Werteverteilung vorgegeben sei, und fragten: Wann stellt sie einen gesetzmäßigen, wann einen zufälligen Ablauf dar? Es könnte sein, daß
sich diese Frage durch bloße Betrachtung der Werteverteilung
überhaupt nicht beantworten läßt, sondern daß es notwendig ist,
über diesen Bereich hinauszugehen.

Betrachten wir für einen Augenblick die Konsequenzen, die das
über den Kausal*begriff* Gesagte für das Kausal*prinzip* hat! Wir
denken uns in einem physikalischen System während einer bestimmten Zeit für möglichst viele Punkte des Innern und an den
Grenzen die Zustandsgrößen durch Beobachtung möglichst genau festgelegt. Man pflegt nun zu sagen, das Kausalprinzip gelte,

wenn aus dem Zustand des Systems während einer sehr kleinen Zeit und aus den Grenzbedingungen alle übrigen Zustände des Systems sich ableiten lassen. Eine solche Ableitung ist aber *unter allen Umständen* möglich, denn nach dem Gesagten kann man stets Funktionen finden, die alle beobachteten Werte mit beliebiger Genauigkeit darstellen, und sowie wir solche Funktionen haben, können wir mit ihrer Hilfe aus irgendeinem Zustande des Systems alle früheren oder späteren *bereits beobachteten* Zustände berechnen. Die Funktionen sind ja gerade so gewählt, daß sie eben alles in dem System Beobachtete darstellen. Mit anderen Worten: das Kausalprinzip wäre *unter allen Umständen* erfüllt. Ein Satz aber, der für jedes beliebige System gilt, wie es auch beschaffen sein möge, sagt überhaupt nichts über dieses System, er ist *leer*, er stellt eine bloße Tautologie dar, es ist zwecklos, ihn aufzustellen. Wenn also der Kausalsatz wirklich etwas sagen soll, wenn er einen Inhalt hat, so muß die Formulierung, von der wir ausgingen, falsch sein, denn sie hat sich als tautologisch herausgestellt. Fügen wir aber die Bedingungen hinzu, daß die benutzten Gleichungen die Raum- und Zeitkoordinaten nicht explizite enthalten sollen, oder daß sie sehr »einfach« sein sollen, so bekommt das Prinzip zwar einen wirklichen Inhalt, aber im ersten Fall gilt das Bedenken, daß wir einen zu engen Begriff der Kausalität formuliert haben; und im zweiten Fall würde das einzige Merkmal dies sein, daß die Berechnung leichter wäre; wir werden aber den Unterschied zwischen Chaos und Ordnung gewiß nicht so formulieren wollen, daß wir sagen, das erstere sei nur einem ausgezeichneten Mathematiker zugänglich, die letztere schon einem mittelmäßigen.

Wir müssen also von neuem beginnen und den Sinn des Kausalsatzes auf einem anderen Wege zu fassen suchen. Unser bisheriger Fehler war, daß wir uns nicht genau genug an das tatsächliche Verfahren hielten, durch das man in der Wissenschaft tatsächlich prüft, ob Vorgänge voneinander abhängig sind oder nicht, ob ein Gesetz, ein kausaler Ablauf vorliegt oder nicht. Wir untersuchten bisher nur die Art, wie ein Gesetz *aufgestellt* wird; um aber seinen eigentlichen Sinn kennenzulernen, muß man zusehen, wie es *geprüft* wird. Es gilt ganz allgemein, daß uns der Sinn eines Satzes immer nur durch die Art seiner Verifikation offenbart wird. Wie also geschieht die Prüfung?

Nachdem es uns gelungen ist, eine Funktion zu finden, welche eine Menge von Beobachtungsresultaten befriedigend miteinander verbindet, sind wir im allgemeinen noch keineswegs zufrieden, auch dann nicht, wenn die gefundene Funktion einen sehr einfachen Bau hat; sondern nun kommt erst die Hauptsache, die unsere bisherigen Betrachtungen noch nicht berührt hatten: wir sehen nämlich zu, ob die erhaltene Formel nun auch solche Beobachtungen richtig darstellt, die wir zur Gewinnung der Formel *noch nicht benutzt* hatten. Für den Physiker als Erforscher der Wirklichkeit ist es das einzig Wichtige, das schlechthin Entscheidende und Wesentliche, daß die aus irgendwelchen Daten abgeleiteten Gleichungen sich nun auch für *neue* Daten bewähren. Erst wenn dies der Fall ist, hält er seine Formel für ein Naturgesetz. Mit anderen Worten: Das wahre Kriterium der Gesetzmäßigkeit, das wesentliche Merkmal der Kausalität ist das *Eintreffen von Voraussagen.*

Unter dem Eintreffen einer Voraussage ist nach dem Gesagten nichts anderes zu verstehen als die Bewährung einer Formel für solche Daten, die zu ihrer Aufstellung nicht verwendet wurden. Ob diese Daten schon vorher beobachtet worden waren oder erst nachträglich festgestellt werden, ist dabei vollständig gleichgültig. Dies ist eine Bemerkung von großer Wichtigkeit: Vergangene und zukünftige Daten sind in dieser Hinsicht vollständig gleichberechtigt, die Zukunft ist nicht ausgezeichnet; das Kriterium der Kausalität ist nicht Bewährung in der Zukunft, sondern Bewährung überhaupt.

Daß die Prüfung eines Gesetzes erst erfolgen kann, *nachdem* das Gesetz aufgestellt ist, versteht sich von selbst, aber dadurch ist keine Auszeichnung der Zukunft gegeben; das Wesentliche ist, daß es gleichgültig ist, ob die verifizierenden Daten in der Vergangenheit oder Zukunft liegen; nebensächlich ist, wann sie bekannt oder zur Verifikation benutzt werden. Die Bewährung bleibt dieselbe, ob nun ein Datum bereits vor der Aufstellung einer Theorie bekannt war, wie die Anomalie der Merkurbewegung, oder durch die Theorie prophezeit wurde, wie die Rotverschiebung der Spektrallinien. Nur für die *Anwendung* der Wissenschaft, für die Technik, ist es von fundamentaler Bedeutung, daß die Naturgesetze Künftiges, noch von niemandem Beobachtetes vorauszusagen gestatten. So haben denn ältere Philosophen, Bacon, Hume, Comte, längst gewußt, daß Wirklichkeitserkenntnis zusammenfällt mit der Möglichkeit von Voraussagen. Sie haben also im Grunde das Wesentliche der Kausalität richtig erfaßt.

7. *Erläuterung des Resultates*

Wenn wir das Eintreffen von Voraussagen als wahres Kennzeichen eines Kausalverhältnisses anerkennen – und mit einer alsbald zu erwähnenden wichtigen Einschränkung werden wir es anerkennen müssen –, so ist damit zugleich zugestanden, daß die bisherigen Definitionsversuche nicht mehr in Betracht kommen. In der Tat, wenn wir wirklich neue Beobachtungen richtig voraussagen können, so ist es vollkommen gleichgültig, wie die Formeln gebaut waren, mit denen wir das zustande brachten, ob sie einfach oder kompliziert erscheinen, ob Zeit und Raum explizite auftreten oder nicht. Sobald jemand die neuen Beobachtungsdaten aus den alten berechnen kann, werden wir zugeben, daß er die Gesetzmäßigkeit der Vorgänge durchschaut hat; Voraussage ist also ein hinreichendes Merkmal der Kausalität.

Daß die Bewährung aber auch ein notwendiges Merkmal ist und daß das Maxwellsche und das ästhetische Kriterium nicht ausreichen, erkennt man leicht, wenn man sich den Fall ausmalt, daß man für einen bestimmten beobachteten Vorgang eine sehr genau geltende Formel von außerordentlicher Einfachheit gefunden hatte, daß aber diese Formel sofort versagte, wenn wir sie auf den weiteren Verlauf des Vorganges, also auf neue Beobachtungen anzuwenden versuchten. Wir würden dann offenbar sagen, die einmalige Verteilung der Größenwerte habe uns eine Abhängigkeit der Naturereignisse vorgetäuscht, die in Wirklichkeit gar nicht bestehe; es sei vielmehr bloßer Zufall gewesen, daß jener Ablauf sich durch einfache Formeln beschreiben ließ; daß kein Naturgesetz vorliege, werde eben dadurch bewiesen, daß unsere Formel keiner Prüfung standhalte, denn bei dem Versuch, die Beobachtungen zu wiederholen, findet der Ablauf ja ganz anders statt, die Formel paßt nicht mehr. Eine zweite Alternative scheint allerdings die zu sein, daß man sagt, das Gesetz habe zwar während der einmaligen Beobachtungsreihe gegolten, dann aber zu bestehen aufgehört; es ist aber klar, daß dies nur eine andere Sprechweise für das tatsächliche Fehlen einer Gesetzmäßigkeit wäre, die Allgemeingültigkeit des Gesetzes wäre doch negiert; die beobachtete einmalige »Regelmäßigkeit« wäre gar keine, sondern Zufall. Die Bestätigung von Voraussagen ist also das *einzige* Kriterium der Kausalität; nur durch sie spricht die Wirklichkeit zu uns; das Aufstellen von Gesetzen und Formeln ist reines Menschenwerk.   166

Hier muß ich zwei Bemerkungen einschalten, die unter sich zusammenhängen und von prinzipieller Wichtigkeit sind. Erstens sagte ich bereits vorhin, daß wir die »Bewährung« einer Regelmäßigkeit doch nur mit einer Einschränkung als hinreichendes Merkmal der Kausalität anerkennen dürfen: diese Einschränkung besteht darin, daß die Bestätigung einer Voraussage das Vorliegen von Kausalität im Grunde niemals *beweist,* sondern immer nur *wahrscheinlich* macht. Spätere Beobachtungen können ja das vermeintliche Gesetz stets Lügen strafen, und dann müßten wir sagen, daß es »nur zufällig gestimmt hat«. Eine endgültige Verifikation ist also, prinzipiell gesprochen, unmöglich. Wir entnehmen daraus, daß eine Kausalbehauptung logisch überhaupt nicht den Charakter einer *Aussage* hat, denn eine echte Aussage muß sich endgültig verifizieren lassen. Wir kommen gleich kurz darauf zurück, ohne doch hier, wo wir nicht Logik treiben, das scheinbare Paradoxon ganz aufklären zu können.

Die zweite Bemerkung bezieht sich darauf, daß zwischen dem Kriterium der Bewährung und den beiden vorhin verworfenen Definitionsversuchen doch ein merkwürdiger Zusammenhang besteht. Er liegt einfach darin, daß *tatsächlich* die verschiedenen Kennzeichen Hand in Hand gehen: gerade von denjenigen Formeln, die dem Maxwellschen Kriterium genügen und außerdem durch die ästhetische Einfachheit ausgezeichnet sind, erwarten wir mit großer Sicherheit, daß sie sich bewähren werden, daß die mit ihrer Hilfe gemachten Aussagen eintreffen – und wenn wir auch darin manchmal enttäuscht werden, so ist es doch Tatsache, daß die Gesetze, die sich wirklich als gültig herausgestellt haben, immer auch von einer tiefen Einfachheit waren, und die Maxwellsche Definition erfüllten sie immer. Was es mit dieser »Einfachheit« auf sich habe, ist allerdings schwer zu formulieren, und es wurde mit dem Gedanken viel Mißbrauch getrieben; wir wollen kein zu großes Gewicht darauf legen. Daß wir uns viel »einfachere« Welten als die unserige denken können, ist gewiß. Es gibt auch eine »Einfachheit«, die allein eine Sache der *Darstellung* ist, d.h. zu dem Symbolismus gehört, durch den wir die Tatsachen ausdrücken; ihre Betrachtung führt auf die Frage des »Konventionalismus« und interessiert uns in diesem Zusammenhange nicht.

Jedenfalls sehen wir: entspricht eine Formel den beiden zuerst aufgestellten und unzureichend befundenen Kriterien, so halten wir es für wahrscheinlich, daß sie wirklich der Ausdruck eines Gesetzes, einer tatsächlich bestehenden Ordnung ist, daß sie sich also *bewähren* wird. Hat sie sich bewährt, so halten wir es wiederum für wahrscheinlich, daß sie sich auch weiter bewähren wird (und zwar ist gemeint: ohne Einführung neuer Hypothesen. Denn die physikalischen Gesetze sind im allgemeinen so gebaut, daß sie sich durch ad hoc neu eingeführte Hypothesen immer aufrechterhalten lassen; werden diese aber zu kompliziert, so sagt man, das Gesetz bestehe doch nicht, man habe die richtige Ordnung noch nicht gefunden). Das Wort Wahrscheinlichkeit, das wir hier verwenden, bezeichnet übrigens etwas völlig anderes als den Begriff, der in der Wahrscheinlichkeitsrechnung behandelt wird und in der statistischen Physik auftritt (vgl. hierüber F. Waismann, »Logische Analyse des Wahrscheinlichkeitsbegriffs«, in: *Erkenntnis* 1, S. 238, mit dessen Ausführungen ich mich prinzipiell vollständig identifiziere).

167 Um der logischen Sauberkeit willen (um diese ist es dem Philosophen in erster Linie zu tun) ist es von höchster Wichtigkeit,

sich die Sachlage genau zu vergegenwärtigen. Es hat sich gezeigt, daß im Grunde Kausalität in dem Sinne überhaupt nicht definierbar ist, daß man bei einem *vorgegebenen* Ablauf auf die Frage antworten könnte: war er kausal oder nicht? Nur in bezug auf den *einzelnen Fall*, auf die einzelne Verifikation kann man sagen: es verhält sich so, wie die Kausalität es fordert. Für das Weiterkommen in der Naturerkenntnis (um diese ist es dem Physiker in erster Linie zu tun) genügt dies zum Glück durchaus. Wenn ein paar Verifikationen – unter Umständen eine einzige – geglückt sind, so bauen wir praktisch fest auf das verifizierte Gesetz mit der Zuversicht, mit der wir kein Bedenken tragen, unser Leben einem nach den Naturgesetzen konstruierten Motor anzuvertrauen.

Es ist ja oft bemerkt worden, daß man von einer absoluten Verifikation eines Gesetzes eigentlich nie sprechen kann, da wir sozusagen stets stillschweigend den Vorbehalt machen, es auf Grund späterer Erfahrungen modifizieren zu dürfen. Wenn ich nebenbei ein paar Worte über die logische Situation sagen darf, so bedeutet der eben erwähnte Umstand, daß ein Naturgesetz im Grunde auch nicht den logischen Charakter einer »Aussage« trägt, sondern vielmehr eine »Anweisung zur Bildung von Aussagen« darstellt. (Diesen Gedanken und Terminus verdanke ich Ludwig Wittgenstein.) Wir hatten das oben schon von der Kausalbehauptung angedeutet, und in der Tat ist eine Kausalbehauptung identisch mit einem Gesetz: die Behauptung »der Energiesatz *gilt*« sagt z. B. nicht mehr und nicht weniger über die Natur als das, was der Energiesatz selbst sagt. Prüfbar sind bekanntlich immer nur die Einzelaussagen, die aus einem Naturgesetz abgeleitet werden, und diese haben stets die Form: »unter den und den Umständen wird dieser Zeiger auf jenen Skalenstrich weisen«, »unter den und den Umständen tritt an dieser Stelle der photographischen Platte eine Schwärzung ein«, und ähnlich. Von dieser Art sind die verifizierbaren Aussagen, von dieser Art ist jede Verifikation.

Die Verifikation überhaupt, das Eintreffen einer Voraussage, die Bewährung in der Erfahrung, ist also das Kriterium der Kausalität schlechthin, und zwar in dem praktischen Sinne, in dem allein von der Prüfung eines Gesetzes gesprochen werden kann. In diesem Sinne aber *ist* die Frage nach dem Bestehen der Kausalität prüfbar. Es kann kaum genug betont werden, daß die Bewährung durch die Erfahrung, das Eintreffen einer Prophezeiung ein *Letztes*, nicht weiter Analysierbares ist. Es läßt sich durchaus nicht in irgendwelchen Sätzen sagen, wann sie eintreten muß, sondern es muß einfach abgewartet werden, ob sie eintritt oder nicht.

8. *Kausalität und Quantentheorie*

In den bisherigen Überlegungen wurde nichts anderes ausgesprochen, als was sich nach meiner Meinung aus dem Verfahren des Naturforschers herauslesen läßt; es wurde nicht irgendein Kausalbegriff konstruiert, sondern nur die Rolle festgestellt, die er in der Physik tatsächlich spielt. Das Verhalten der Mehrzahl der Physiker gegenüber gewissen Ergebnissen der Quantentheorie beweist nun, daß sie das Wesentliche der Kausalität tatsächlich gerade dort sehen, wo auch die vorstehenden Betrachtungen es fanden, nämlich in der Möglichkeit der *Voraussage*. Wenn die Physiker behaupten, daß eine genaue Geltung des Kausalprinzips mit der Quantentheorie nicht vereinbar sei, so liegt der Grund, ja der *Sinn* dieser Behauptung einfach darin, daß jene Theorie genaue *Voraussagen* unmöglich macht. Dies müssen wir uns recht klarzumachen suchen.

Auch in der gegenwärtigen Physik ist es als Sprechweise mit unten zu erwähnenden Einschränkungen wohl erlaubt zu sagen, daß jedes physikalische System als ein System von Protonen und Elektronen anzusehen sei, und daß sein Zustand dadurch vollkommen bestimmt sei, daß zu jeder Zeit Ort und Impuls sämtlicher Partikel bekannt sei. Nun wird bekanntlich in der Quantentheorie eine gewisse Formel abgeleitet – es ist die sog. »Ungenauigkeitsrelation« von Heisenberg –, welche lehrt, daß es unmöglich ist, für eine Partikel *beide* Bestimmungsstücke, Ort *und* Geschwindigkeit, mit beliebig großer Genauigkeit anzugeben, sondern je schärfer der Wert der einen Koordinate festgelegt ist, eine desto größere Ungenauigkeit muß man bei der Angabe der anderen in den Kauf nehmen. Wissen wir etwa, daß die Ortskoordinate innerhalb eines kleinen Intervalles Δp liegt, so läßt sich die Geschwindigkeitskoordinate q nur so genau angeben, daß ihr Wert bis auf ein Intervall Δq unbestimmt bleibt, und zwar so, daß das Produkt $\Delta p \, \Delta q$ von der Größenordnung des Planckschen Wirkungsquantums h ist. Prinzipiell könnte also die eine Koordinate mit beliebig großer Schärfe bestimmt werden, ihre absolut genaue Beobachtung würde aber zur Folge haben, daß wir über die andere Koordinate schlechthin *gar nichts* mehr sagen könnten.

Diese Unbestimmtheitsrelation ist so oft, auch in populärer Form, dargestellt worden, daß wir die Situation nicht näher zu schildern brauchen; uns muß es darauf ankommen, ihren eigentlichen *Sinn* restlos genau zu verstehen. Wenn wir nach dem Sinn irgendeines Satzes fragen, so heißt das immer – nicht nur in der Physik –: durch welche besonderen Erfahrungen prüfen wir seine Wahrheit? Wenn wir uns also z. B. den Ort eines Elektrons durch Beobachtung mit einer Ungenauigkeit Δp bestimmt denken, was bedeutet es dann, wenn ich etwa sage, die Richtung der Geschwindigkeit dieses Elektrons lasse sich nur mit einer Ungenauigkeit $\Delta \vartheta$ angeben? Wie stelle ich fest, ob diese Behauptung wahr oder falsch ist?

Nun, daß ein Teilchen in einer bestimmten Richtung geflogen ist, läßt sich schlechterdings nur dadurch prüfen, daß es in einem bestimmten Punkte ankommt. Die Geschwindigkeit eines Teilchens angeben, *heißt* absolut nichts anderes als voraussagen, daß es nach einer gewissen Zeit in einem gewissen Punkte eintreffen wird. »Die Ungenauigkeit der Richtung beträgt $\Delta \vartheta$« bedeutet: bei einem bestimmten Versuch werde ich das Elektron innerhalb des Winkels $\Delta \vartheta$ antreffen, ich weiß aber nicht, *wo* daselbst. Und wenn ich »denselben« Versuch immer wiederhole, so werde ich das Elektron immer an verschiedenen Punkten innerhalb des Winkels vorfinden, nie aber weiß ich *vorher*, an welchem Punkte. Würde der Ort der Korpuskel mit absoluter Genauigkeit betrachtet, so hätte dies zur Folge, daß wir nun prinzipiell überhaupt nicht mehr wissen, in welcher Richtung das Elektron nach einer kleinen Zeit anzutreffen sein wird. Nur spätere Beobachtung könnte uns nachträglich darüber belehren, und bei sehr häufiger Wiederholung »desselben« Experimentes müßte sich zeigen, daß im Durchschnitt keine Richtung ausgezeichnet ist.

Die Tatsache, daß man Ort und Geschwindigkeit eines Elektrons nicht beide völlig genau messen kann, pflegt man so auszudrücken, daß man sagt, es sei unmöglich, den Zustand eines Systems zu einem bestimmten Zeitpunkt vollständig anzugeben, und deshalb werde das Kausalprinzip unanwendbar. Da dieses nämlich behaupte, daß die künftigen Zustände des Systems durch seinen Anfangszustand bestimmt seien, da es also voraussetze, daß der Anfangszustand prinzipiell genau angebbar sei, so breche das Kausalprinzip zusammen, denn diese Voraussetzung sei eben nicht erfüllt. Ich möchte diese Formulierung nicht für falsch erklären, aber sie erscheint mir doch unzweckmäßig, weil sie den wesentlichsten Punkt nicht deutlich zum Ausdruck bringt Wesentlich aber ist, daß man einsieht: die Unbestimmtheit, von der in der Heisenberg-Relation die Rede ist, ist in Wahrheit eine Unbestimmtheit der *Voraussage*.

Es steht prinzipiell nichts im Wege (dies betont z.B. auch Eddington in ähnlichem Gedankenzusammenhang), den Ort eines Elektrons zweimal, zu zwei beliebig nahe beieinanderliegenden Zeitpunkten, zu bestimmen und diese beiden Messungen als einer Orts- und Geschwindigkeitsmessung äquivalent zu betrachten, aber der springende Punkt ist: mit Hilfe der so erlangten Daten über einen Zustand sind wir niemals imstande, einen zukünftigen Zustand genau vorauszusagen. Würden wir nämlich durch die beobachteten Orte und Zeiten eine Geschwindigkeit des Elektrons in der üblichen Weise definieren (durchlaufene Strecke dividiert durch die Zeit), so wäre doch im nächsten Augenblick seine Geschwindigkeit eine andere, weil ja bekanntlich angenommen werden muß, daß seine Bahn durch den Akt der Beobachtung in ganz unkontrollierbarer Weise gestört wird. Nur dies ist der wahre Sinn der Behauptung, daß ein Momentanzustand nicht genau festlegbar sei, nur die Unmöglichkeit der Voraussage ist also tatsächlich der Grund, warum der Physiker ein Versagen des Kausalsatzes für vorliegend erachtet.

Es ist also zweifellos, daß die Quantenphysik das Kriterium der Kausalität genau dort findet, wo auch wir es entdeckt haben, und von einem Scheitern des Kausalprinzips nur deshalb spricht, weil es unmöglich geworden ist, beliebig genaue Voraussagen zu machen. Ich zitiere M. Born (»Über den Sinn der physikalischen Theorien«, in: *Die Naturwissenschaften* 17 [1929], S. 109–118, Zitat auf S. 117): »Die Unmöglichkeit, alle Daten eines Zustandes exakt zu messen, verhindert die Vorherbestimmung des weiteren Ablaufs. Dadurch verliert das Kausalitätsprinzip in seiner üblichen Fassung jeden Sinn. Denn wenn es prinzipiell unmöglich ist, alle Bedingungen (Ursachen) eines Vorganges zu kennen, so ist es leeres Gerede, zu sagen, jedes Ereignis habe eine Ursache.«

Die Kausalität als solche, das Bestehen von Gesetzen, aber wird nicht geleugnet; es gibt noch gültige Voraussagen, nur bestehen sie nicht in der Angabe exakter Größenwerte, sondern sie sind von der Form: die Größe x wird in dem Intervall a bis $a + \Delta a$ liegen.

Das Neue, was die jüngste Physik zur Kausalitätsfrage beiträgt, besteht nicht darin, daß die Geltung des Kausalsatzes überhaupt bestritten wird, auch nicht darin, daß etwa die Mikrostruktur der Natur durch statistische statt durch kausale Regelmäßigkeiten beschrieben würde, oder darin, daß die Einsicht in eine bloß wahrscheinliche Geltung der Naturgesetze den Glauben an ihre absolute Gültigkeit verdrängt hätte – alle diese Gedanken sind schon früher, zum Teil vor langer Zeit, ausgesprochen worden –, sondern das Neue besteht in der bis dahin nie vorausgeahnten Entdeckung, daß durch die Naturgesetze selbst eine prinzipielle Grenze der Genauigkeit von Voraussagen festgesetzt ist. Das ist etwas ganz anderes als der naheliegende Gedanke, daß tatsächlich und praktisch eine Genauigkeitsgrenze von Beobachtungen vorhanden sei, und daß die Annahme absolut genauer Naturgesetze auf jeden Fall entbehrlich sei, um von allen Erfahrungen Rechenschaft zu geben. Früher mußte es immer so scheinen, als ob die Frage des Determinismus prinzipiell unentschieden bleiben müsse; die jetzt vorliegende Art der Entscheidung, nämlich mit Hilfe eines Naturgesetzes selbst (der Heisenberg-Relation), ist nicht vorhergesehen worden. Allerdings, wenn man jetzt von einer Entscheidbarkeit spricht und die Frage zuungunsten des Determinismus für beantwortet hält, so ist die Voraussetzung, daß jenes Naturgesetz wirklich als solches besteht und über jeden Zweifel erhaben ist. Daß wir dessen absolut sicher sind oder je sein könnten, wird ein besonnener Forscher sich natürlich hüten zu behaupten. Im Bau der Quantenlehre aber bildet die Unbestimmtheitsrelation einen integrierenden Bestandteil, und wir müssen ihrer Richtigkeit so lange vertrauen, als nicht neue Versuche und Beobachtungen zu einer Revision der Quantentheorie zwingen (in Wirklichkeit wird sie von Tag zu Tag immer besser bestätigt). Aber es ist schon eine große Errungenschaft der modernen Physik, gezeigt zu haben, daß eine Theorie von einer derartigen Struktur in der Naturbeschreibung überhaupt möglich ist; es bedeutet eine wichtige philosophische Verdeutlichung der Grundbegriffe der Naturwissenschaft. Der prinzipielle Fortschritt ist klar: es kann jetzt *in demselben Sinne* von einer empirischen Prüfung des Kausalprinzips gesprochen werden wie von der Prüfung irgendeines speziellen Naturgesetzes. Und daß man in irgendeinem Sinne davon mit Recht reden kann, wird durch die bloße Existenz der Wissenschaft bewiesen.

9. Ist der Kausalsatz in der Quantentheorie *falsch oder nichtssagend?*

Es ist für das Verständnis der Sachlage unerläßlich, zwei Formulierungen miteinander zu vergleichen, in die sich die Kritik am Kausalprinzip in der Physik kleidet. Die einen sagen, die Quantenlehre habe gezeigt (natürlich unter der Voraussetzung, daß sie in ihrer jetzigen Form zutreffend ist), daß das Prinzip in der Natur *nicht gelte;* die anderen meinen, es sei seine *Leerheit* dargetan. Die ersten glauben also, es mache eine bestimmte Aussage über die Wirklichkeit, die sich durch die Erfahrung als falsch herausgestellt habe; die anderen halten den Satz, in dem es scheinbar ausgesprochen wird, für gar keine echte Aussage, sondern für eine nichtssagende Wortfolge.

Als Zeuge für die erste Ansicht wird gewöhnlich Heisenbergs vielzitierter Aufsatz in der Zeitschrift für Physik 43 (1927) angeführt, wo es heißt: »Weil alle Experimente den Gesetzen der Quantenmechanik unterworfen sind, so wird durch die Quantenmechanik die Ungültigkeit des Kausalgesetzes definitiv festgestellt.« Als Vertreter der zweiten Ansicht pflegt Born genannt zu werden (vgl. die oben zitierte Stelle). Von philosophischer Seite haben sich mit diesem Dilemma z. B. Hugo Bergmann (*Der Kampf um das Kausalgesetz in der jüngsten Physik*, Braunschweig 1929) und Thilo Vogel (*Zur Erkenntnistheorie der quantentheoretischen Grundbegriffe*, Diss. Gießen 1928) beschäftigt. Die beiden zuletzt genannten Autoren nehmen mit Recht an, daß jene Physiker, welche das Kausalprinzip ablehnen, im Grunde doch der gleichen Meinung seien, wenn sie auch Verschiedenes sagen, und daß die scheinbare Abweichung auf eine ungenaue Sprechweise der einen Partei zurückzuführen sei. Beide sind der Meinung, daß die Ungenauigkeit auf seiten Heisenbergs liege, daß man also nicht sagen dürfe, die Quantentheorie habe das Prinzip als *falsch* erwiesen. Beide betonen mit Nachdruck, daß der Kausalsatz durch die Erfahrung weder bestätigt noch widerlegt werden könne. Dürfen wir diese Interpretation als richtig betrachten?

Zunächst sei festgestellt, daß wir die Gründe, die H. Bergmann für seine Meinung geltend macht, als ganz irrig zurückweisen müssen. Für ihn ist nämlich der Kausalsatz deswegen nicht zu widerlegen oder zu bestätigen, weil er ihn für ein synthetisches Urteil a priori im Sinne Kants hält. Ein derartiges Urteil soll bekanntlich einerseits eine echte Erkenntnis aussprechen (dies liegt in dem Worte »synthetisch«), andererseits jeder Prüfung durch die Erfahrung entzogen sein, weil die »Möglichkeit der Erfahrung« auf ihm beruhe (dies liegt in den Worten »a priori«). Wir wissen heute, daß diese beiden Bestimmungen sich widersprechen; synthetische Urteile a priori gibt es nicht. Sagt ein Satz überhaupt etwas über die Wirklichkeit aus (und nur, wenn er dies tut, enthält er ja eine Erkenntnis), so muß sich auch durch Beobachtung der Wirklichkeit feststellen lassen, ob er wahr oder falsch ist. Besteht eine Möglichkeit der Prüfung *prinzipiell* nicht, ist also der Satz mit jeder möglichen Erfahrung verträglich, so muß er nichtssagend sein, er kann keine Naturerkenntnis enthalten. Wenn unter der Voraussetzung der Falschheit des Satzes irgend etwas in der erfahrbaren Welt anders wäre, als wenn der Satz wahr wäre, so könnte er ja geprüft werden; folglich heißt Unprüfbarkeit durch die Erfahrung: das Aussehen der Welt ist ganz unabhängig von der Wahrheit oder Falschheit des Satzes, folglich sagt er überhaupt nichts über sie. Kant war natürlich der Meinung, daß der Kausalsatz sehr viel über die empirische Welt sage, ja sogar ihren Charakter wesentlich bestimme – man erweist also dem Kantianismus oder Apriorismus keinen Dienst, wenn man die Unprüfbarkeit des Prinzips behauptet. – Damit haben wir den Standpunkt H. Bergmanns abgelehnt (dasselbe würde von Th. Vogels Meinung gelten, sofern er einem – wenn auch gemäßigten – Apriorismus zuneigt; doch erscheinen mir seine Formulierungen – am Schluß der zitierten Abhandlung – nicht ganz klar), und so müssen wir in eine neue Prüfung der Frage eintreten: Folgt aus den Ergebnissen der Quantenmechanik eigentlich die Falschheit des Kausalprinzips? Oder folgt vielmehr, daß es ein nichtssagender Satz ist?

Eine Wortfolge kann auf zweierlei Weisen nichtssagend sein: entweder sie ist tautologisch (leer), oder sie ist überhaupt kein Satz, keine Aussage im logischen Sinne. Es scheint zunächst, als wenn die letzte Möglichkeit hier nicht wohl in Betracht käme, denn wenn die Worte, durch die man das Kausalprinzip auszusprechen sucht, gar keinen echten Satz darstellen, so müssen sie doch wohl einfach eine sinnlose, ungereimte Folge von Worten sein? Es ist aber zu bedenken, daß es Wortfolgen gibt, die keine Aussagen sind, keinen Sachverhalt mitteilen und doch im Leben außerordentlich bedeutsame Funktionen erfüllen: die sog. *Frage-* und *Befehlssätze.* Und wenn auch das Kausalprinzip grammatisch in der Form eines Aussagesatzes auftritt, so wissen wir doch aus der neueren Logik, daß man aus der äußeren Gestalt eines

Satzes herzlich wenig auf seine echte logische Form schließen kann, und es wäre sehr wohl möglich, daß sich hinter der kategorischen Form des Kausalprinzips eine Art von Befehl, eine Forderung verberge, also ungefähr das, was Kant ein »regulatives Prinzip« nannte. Eine ähnliche Meinung über das Prinzip ist tatsächlich von denjenigen Philosophen vertreten worden, die in ihm nur den Ausdruck eines Postulats oder eines »Entschlusses« (H. Gomperz, *Das Problem der Willensfreiheit*, Jena 1907) sehen, das Suchen nach Gesetzen, nach Ursachen, niemals einzustellen; die Ansicht muß also sorgfältig in Betracht gezogen werden.

Hiernach haben wir zwischen folgenden drei Möglichkeiten zu entscheiden:

I. Das Kausalprinzip ist eine Tautologie. In diesem Falle wäre es immer wahr, aber nichtssagend.

II. Es ist ein empirischer Satz. In diesem Falle wäre es entweder wahr oder falsch, entweder Erkenntnis oder Irrtum.

III. Es stellt ein Postulat dar, eine Nötigung, immer weiter nach Ursachen zu suchen. In diesem Falle kann es nicht wahr oder falsch, sondern höchstens zweckmäßig oder unzweckmäßig sein.

I. Über die erste Möglichkeit werden wir uns bald klar sein, zumal wir sie schon oben (§ 6) vorübergehend erwogen haben. Wir fanden dort, daß der Kausalsatz in der Form »Alles Geschehen verläuft gesetzmäßig« sicherlich tautologisch ist, wenn unter Gesetzmäßigkeit verstanden wird »durch irgendwelche Formeln darstellbar«. Aber daraus schlossen wir gerade, daß dies nicht der wahre Inhalt des Prinzips sein könne, und suchten nach einer neuen Formulierung. In der Tat, an einem tautologischen Satze hat die Wissenschaft prinzipiell kein Interesse. Hätte der Kausalsatz diesen Charakter, so wäre der Determinismus selbstverständlich, aber leer; und sein Gegenteil, der Indeterminismus, wäre in sich widersprechend, denn die Negation einer Tautologie ergibt eine Kontradiktion. Die Frage, welcher von beiden recht hätte, könnte gar nicht aufgeworfen werden. Wenn also die gegenwärtige Physik die Frage nicht nur stellt, sondern auch durch die Erfahrung in bestimmtem Sinne beantwortet glaubt, so kann das, was sie mit Determinismus und Kausalprinzip eigentlich meint, sicherlich keine Tautologie sein. Um zu wissen, ob ein Satz tautologisch ist oder nicht, braucht man selbstverständlich überhaupt keine Erfahrung, sondern man muß sich nur seinen Sinn vergegenwärtigen. Wollte jemand sagen, die Physik habe den tautologischen Charakter des Kausalsatzes dargetan, so wäre das ebenso unsinnig, als wenn er sagen wollte, die Astronomie habe gezeigt, daß 2 mal 2 gleich 4 sei.

Seit Poincaré haben wir gelernt, darauf zu achten, daß in die Naturbeschreibung scheinbar gewisse allgemeine Sätze eingehen, die einer Bestätigung oder Widerlegung durch die Erfahrung nicht fähig sind: die »Konventionen«. Die echten Konventionen, die ja eine Art von Definitionen sind, müssen in der Tat als Tautologien aufgefaßt werden; doch an dieser Stelle ist es nicht nötig, darauf näher einzugehen. Wir schließen nur: da wir schon anerkannt haben, daß die gegenwärtige Physik uns jedenfalls irgend etwas über die Gültigkeit des Prinzips der Kausalität lehrt, so kann es kein leerer Satz, keine Tautologie, keine Konvention sein, sondern es muß einen solchen Charakter haben, daß es dem Richterspruch der Erfahrung irgendwie unterworfen ist.

II. Ist der Kausalsatz einfach eine Aussage, deren Wahrheit oder Falschheit durch Naturbeobachtung festgestellt werden kann? Unsere früheren Betrachtungen scheinen diese Interpretation nahezulegen. Ist sie richtig, so würden wir uns bei dem oben berührten scheinbaren Gegensatz zwischen den Formulierungen Heisenbergs und Borns, in denen diese Forscher das Resultat der Quantentheorie aussprechen, auf die Seite Heisenbergs stellen müssen, also gerade umgekehrt wie H. Bergmann und Th. Vogel. Ich nenne jenen Gegensatz scheinbar, denn während Heisenberg von der Ungültigkeit, Born von der Sinnlosigkeit des Kausalsatzes spricht, so fügt doch der letztere hinzu: »in seiner üblichen Fassung«. Es könnte also wohl sein, daß die übliche Formulierung nur einen tautologischen Inhalt ergibt, daß aber der eigentliche Sinn des Prinzips in eine echte Aussage gefaßt werden könnte, welche durch die Quantenerfahrungen als falsch erwiesen wäre. Um dies festzustellen, müssen wir uns noch einmal vergegenwärtigen, zu welcher Formulierung des Kausalsatzes wir uns gedrängt sahen. Nach unseren früheren Ausführungen würde der Sinn des Prinzips etwa durch den Satz wiedergegeben werden können: »Alle Ereignisse sind prinzipiell voraussagbar.« Wenn dieser Satz eine echte Aussage darstellt, so ist seine Wahrheit prüfbar; und nicht nur das, sondern wir dürften wohl sagen, daß seine Prüfung bereits stattgefunden hat und bis jetzt negativ ausgefallen ist.

Wie steht es aber mit unserem Satze? Läßt sich die Bedeutung des Wortes »voraussagbar« wirklich klar angeben? Wir nannten ein Ereignis »vorausgesagt«, wenn es mit Hilfe einer Formel abgeleitet war, die an der Hand einer Reihe von Beobachtungen *anderer* Ereignisse aufgestellt wurde. Mathematisch ausgedrückt: die Vorausberechnung ist eine Extrapolation. Die Leugnung der exakten Voraussagbarkeit, wie die Quantentheorie sie lehrt, würde also bedeuten, daß es unmöglich sei, aus einer Reihe von Beobachtungsdaten eine Formel abzuleiten, die dann auch *neue* Beobachtungsdaten genau darstellt. Was bedeutet aber wiederum dies »unmöglich«? Man kann, wie wir sahen, *nachträglich* immer eine Funktion finden, die sowohl die alten wie die neuen Daten umfaßt; hinterher läßt sich also immer eine Regel finden, welche die früheren Daten mit den neuen verknüpft und beide als Ausfluß derselben Gesetzmäßigkeit erscheinen läßt. Jene Unmöglichkeit ist also nicht eine *logische,* sie bedeutet nicht, daß es eine Formel von der gesuchten Eigenschaft *nicht gibt;* es ist aber auch, streng gesprochen, keine reale Unmöglichkeit, denn es könnte ja sein, daß jemand durch reinen Zufall, durch bloßes Raten, immer auf die richtige Formel verfiele; kein Naturgesetz verhindert das richtige Erraten der Zukunft. Nein, jene Unmöglichkeit bedeutet, daß es unmöglich ist, nach jener Formel zu *suchen.* D. h. es gibt keine Vorschrift zur Auffindung einer solchen Formel. Dies aber läßt sich nicht in einem legitimen Satze ausdrücken.

Unsere Bemühungen, eine dem Kausalprinzip äquivalente prüfbare Aussage zu finden, sind also mißglückt; unsere Formulierungsversuche führten nur zu Scheinsätzen. Dies Ergebnis kommt uns aber doch nicht ganz unerwartet, denn wir sagten schon oben, der Kausalsatz lasse sich *in demselben Sinne* auf seine Richtigkeit prüfen wie irgendein Naturgesetz, deuteten aber bereits an, daß Naturgesetze bei strenger Analyse gar nicht den Charakter von Aussagen haben, die wahr oder falsch sind, sondern vielmehr »Anweisungen« zur Bildung solcher Aussagen darstellen. Steht es mit dem Kausalprinzip ähnlich, so sehen wir uns also hingewiesen auf den Fall

III. Der Kausalsatz teilt uns nicht direkt eine Tatsache mit, etwa die Regelmäßigkeit der Welt, sondern er stellt eine Aufforderung, eine Vorschrift dar, Regelmäßigkeit zu suchen, die Ereignisse durch Gesetze zu beschreiben. Eine solche Anweisung ist nicht wahr oder falsch, sondern gut oder schlecht, nützlich oder zwecklos. Und was uns die Quantenphysik lehrt, ist eben dies, daß das Prinzip innerhalb der durch die Unbestimmtheitsrelationen genau festgelegten Grenzen *schlecht* ist, nutz- oder zwecklos, unerfüllbar. Innerhalb jener Grenzen ist es unmöglich, nach Ursachen zu suchen – dies lehrt uns die Quantenmechanik tatsächlich, und damit gibt sie uns einen Leitfaden zu jenem Tun, das man Naturforschung nennt, eine Gegenvorschrift gegen das Kausalprinzip.

Hier sieht man wieder, wie sehr sich die durch die Physik geschaffene Lage von den Möglichkeiten unterscheidet, die in der Philosophie durchdacht wurden: das Kausalprinzip ist kein *Postulat* in dem Sinne, wie dieser Begriff bei früheren Philosophen auftritt, denn dort bedeutet es eine Regel, an der wir *unter allen Umständen* festhalten müssen. Über das Kausalprinzip aber entscheidet die Erfahrung; zwar nicht über seine Wahrheit oder Falschheit – das wäre sinnlos –, sondern über seine Brauchbarkeit. Und die Naturgesetze selbst entscheiden über die Grenzen der Brauchbarkeit: darin liegt das Neue der Situation. Postulate im Sinne der alten Philosophie gibt es gar nicht. Jedes Postulat kann vielmehr durch eine aus der Erfahrung gewonnene Gegenvorschrift begrenzt, d. h. als unzweckmäßig erkannt und dadurch aufgehoben werden.

Man könnte vielleicht glauben, daß die vorgetragene Ansicht zu einer Art von Pragmatismus führe, da ja die Geltung der Naturgesetze und der Kausalität allein in ihrer *Bewährung* beruht, und auf nichts anderem. Aber hier besteht ein großer Unterschied, der scharf betont werden muß. Die Behauptung des Pragmatismus, daß die Wahrheit von Aussagen in ihrer Bewährung, ihrer Brauchbarkeit, und ganz allein darin, bestände, muß gerade von unserem Standpunkt schlechterdings abgelehnt werden. Wahrheit und Bewährung sind für uns nicht identisch; im Gegenteil, weil wir beim Kausalprinzip allein seine Bewährung, allein die Brauchbarkeit seiner Vorschrift prüfen können, dürfen wir nicht von seiner »Wahrheit« reden und sprechen ihm den Charakter einer echten Aussage ab. Allerdings kann man den Pragmatismus psychologisch verstehen und seine Lehre gleichsam damit entschuldigen, daß es wirklich schwer ist und recht eindringender Besinnung bedarf, um den Unterschied einzusehen zwischen einem wahren Satze und einer brauchbaren Vorschrift, und einem falschen Satze und einer unbrauchbaren Vorschrift, denn die Anweisungen dieser Art treten grammatisch in der Verhüllung gewöhnlicher Sätze auf.

Während es für eine echte Aussage wesentlich ist, daß sie prinzipiell endgültig verifizierbar oder falsifizierbar ist, kann die Brauchbarkeit einer Anweisung niemals schlechthin absolut erwiesen werden, weil spätere Beobachtungen sie immer noch als unzweckmäßig erweisen können. Die Heisenberg-Relation ist ja selbst ein Naturgesetz und trägt als solches den Charakter einer Anweisung; schon aus diesem Grunde kann die aus ihr sich ergebende Ablehnung des Determinismus nicht als Beweis der Unwahrheit einer bestimmten Aussage, sondern nur als Aufzeigung der Unzweckmäßigkeit einer Regel aufgefaßt werden. Es bleibt also stets die Hoffnung, daß das Kausalprinzip bei weiterem Fortschritt der Erkenntnis wieder triumphieren kann.

Der Kenner wird bemerken, daß durch Erwägungen wie die vorstehenden auch das sog. Problem der »Induktion« gegenstandslos wird und damit dieselbe Auflösung findet, die ihm bereits von Hume gegeben wurde. Das Induktionsproblem besteht ja in der Frage nach der logischen Rechtfertigung allgemeiner Sätze über die Wirklichkeit, welche immer Extrapolationen aus Einzelbeobachtungen sind. Wir erkennen mit Hume, daß es für sie keine logische Rechtfertigung gibt; es kann sie nicht geben, weil es gar keine echten Sätze sind. Die Naturgesetze sind nicht (in der Sprache des Logikers) »generelle Implikationen«, weil sie nicht für *alle* Fälle verifiziert werden können, sondern sie sind Vorschriften, Verhaltungsmaßregeln für den Forscher, sich in der Wirklichkeit zurechtzufinden, wahre Sätze aufzufinden, gewisse Ereignisse zu erwarten. Diese Erwartung, dies praktische Verhalten ist es, worauf Hume durch die Worte »Gewöhnung« oder »belief« hinweist. Wir dürfen nicht vergessen, daß Beobachtung und Experiment *Handlungen* sind, durch die wir in direkten Verkehr mit der Natur treten. Die Beziehungen zwischen der Wirklichkeit und uns treten manchmal in Sätzen zutage, welche die grammatische Form von Aussagesätzen haben, deren eigentlicher Sinn aber darin besteht, Anweisungen zu möglichen Handlungen zu sein.

Fassen wir zusammen: Die Ablehnung des Determinismus durch die moderne Physik bedeutet weder die Falschheit noch die Leerheit einer bestimmten Aussage über die Natur, sondern die Unbrauchbarkeit jener Vorschrift, welche als »Kausalprinzip« den Weg zu jeder Induktion und zu jedem Naturgesetz zeigt. Und zwar wird die Unbrauchbarkeit nur für einen bestimmt umgrenzten Bereich behauptet; dort aber mit jener Sicherheit, welche überhaupt der exakten physikalischen Erfahrung der gegenwärtigen Forschung zukommt.

10. *Ordnung, Unordnung und »statistische Gesetzmäßigkeit«*

Nachdem uns der eigentümliche Charakter des Kausalprinzips klar geworden ist, können wir jetzt auch die Rolle verstehen, die das früher besprochene, dann aber verworfene Kriterium der *Einfachheit* in Wahrheit spielt. Es mußte nur insofern verworfen werden, als es sich zur Definition des Kausalbegriffes nicht eignet; aber wir bemerkten bereits, daß es de facto mit dem wahren Kriterium, der *Bewährung*, zusammenfällt. Es stellt nämlich offenbar die spezielle, für unsere Welt erfolgreiche Vorschrift dar, durch welche die allgemeine Anweisung des Kausalprinzips, Regelmäßigkeit zu suchen, ergänzt wird. Das Kausalprinzip weist uns an, aus alten Beobachtungen Funktionen zu konstruieren, die zur Voraussage von neuen führen; das Prinzip der Einfachheit gibt uns die praktische Methode, mit der wir diese Anweisung befolgen, indem es sagt: Verbinde die Beobachtungsdaten durch die »einfachste« Kurve – sie wird dann die gesuchte Funktion darstellen!

Das Kausalprinzip könnte aufrecht bleiben, auch wenn die zum Erfolg führende Vorschrift ganz anders lautete; deshalb genügt diese nicht zur Festlegung des Kausalbegriffs, sondern stellt eben eine engere, speziellere Anwendung dar. Tatsächlich reicht sie ja oft nicht zur richtigen Extrapolation aus. Ist auf diese Weise der rein praktische Charakter des Einfachheitsprinzips erkannt, so wird auch verständlich, daß »Einfachheit« nicht streng zu definieren ist, daß aber die Verschwommenheit hier auch gar nichts schadet.

Wollte man etwa durch die Punkte, durch welche bei irgendwelchen Versuchen die Daten quantenhafter Vorgänge dargestellt sind, die einfachste Kurve legen (z. B. Elektronensprünge im Atom), so würde das gar nichts nützen, um irgendwelche Voraussagen zu machen. *Und da wir auch keine andere Regel kennen,* durch die dieser Zweck erreicht würde, so sagen wir eben, daß die Vorgänge *keinem* Gesetze folgen, sondern *zufällig* sind. De facto besteht also doch eine deutliche Übereinstimmung zwischen Einfachheit und Gesetzmäßigkeit, zwischen Zufall und Kompliziertheit. Dies führt uns auf eine nicht unwichtige Betrachtung.

Es wäre denkbar, daß die Extrapolation mit Hilfe der einfachsten Kurve fast immer zu dem richtigen Ergebnis führte, daß aber hin und wieder irgendeine Einzelbeobachtung der Voraussage ohne auffindbaren Grund nicht entspräche. Denken wir uns, um die Ideen zu fixieren, folgenden einfachen Fall. Wir stellen in der Natur durch sehr große Beobachtungsreihen fest, daß ein Ereignis A durchschnittlich in 99 % der Fälle seines Eintretens von dem Ereignis *B* gefolgt ist, in dem übrigen (unregelmäßig verteilten) 1 % aber nicht, ohne daß für die Abweichung in diesem Falle sich auch nur die geringste »Ursache« finden ließe. Von einer solchen Welt würden wir sagen, daß sie noch ganz schön geordnet sei, unsere Prophezeiungen würden im Durchschnitt zu 99 % eintreffen (also immer noch viel besser als gegenwärtig etwa in der Meteorologie oder in vielen Gebieten der Medizin); wir würden ihr daher eine, wenn auch »unvollkommene« Kausalität zuschreiben. Jedesmal wenn *A* eintritt, werden wir mit recht großer Zuversicht *B* erwarten, uns darauf einstellen und dabei nicht schlecht fahren. Wir wollen annehmen, daß die Welt im übrigen sehr übersichtlich sei; wenn es dann der Wissenschaft mit den besten Methoden und größten Anstrengungen nicht gelingt, von der durchschnittlich 1 proz. Abweichung Rechenschaft zu geben, so werden wir uns schließlich dabei beruhigen und die Welt für beschränkt geordnet erklären. In einem solchen Falle haben wir ein »statistisches Gesetz« vor uns. Es ist wichtig, zu bemerken, daß ein derartiges Gesetz, wo immer wir ihm in der Wissenschaft begegnen, gleichsam als Resultante zweier Komponenten aufgefaßt wird, indem man die unvollkommene oder statistische Kausalität in eine strenge Gesetzmäßigkeit und einen reinen Zufall zerlegt, die sich überlagern. Im obigen Fall würden wir sagen, es sei ein strenges Gesetz, daß durchschnittlich in 99 unter 100 Fällen *B* auf *A* folgt; und es sei *schlechthin* zufällig, wie sich die 1 % abweichenden Fälle auf die Gesamtzahl verteilen. Ein Beispiel aus der Physik: In der kinetischen Gastheorie werden die Gesetze, nach denen jedes einzelne Teilchen sich bewegt, als völlig streng angenommen; die Verteilung der einzelnen Teilchen aber und ihrer Zustände wird in einem Augenblickszustand als völlig »regellos« vorausgesetzt. Aus der Kombination beider Voraussetzungen ergeben sich dann sowohl die makroskopischen Gasgesetze (z. B. van der Waalssche Zustandsgleichung) wie die unvollkommene Regelmäßigkeit der Brownschen Bewegung.

Wir sondern also bei der wissenschaftlichen Beschreibung des Geschehens einen rein kausalen von einem rein zufälligen Teil ab, stellen für den ersten eine strenge Theorie auf und berücksichtigen den zweiten durch die statistische Betrachtungsweise, d.h. durch die »Gesetze« der Wahrscheinlichkeit, die aber tatsächlich keine Gesetze sind, sondern nur (wie gleich zu zeigen) die Definition des »Zufälligen« darstellen. M.a.W., wir beruhigen uns nicht bei einem statistischen Gesetz der oben betrachteten Form, sondern stellen es als eine Mischung von *strenger* Gesetzmäßigkeit und *völliger* Gesetzlosigkeit. – Ein anderes Beispiel liegt offensichtlich vor in der Schrödingerschen Quantenmechanik (in der Interpretation von Born). Dort ist die Beschreibung der Vorgänge gleichfalls in 2 Teile gespalten: in die streng gesetzmäßige Ausbreitung der ψ-Wellen, und in das Auftreten einer Partikel oder eines Quants, welches schlechthin zufällig ist innerhalb der Grenzen der »Wahrscheinlichkeit«, die durch den ψ-Wert an der betreffenden Stelle bestimmt ist. (D.h. der Wert von ψ sagt uns z.B., daß an einer bestimmten Stelle durchschnittlich 1000 Quanten pro Sekunde eintreffen. Diese 1000 weisen aber in sich eine ganz unregelmäßige Verteilung auf.)

Was heißt nun hier »schlechthin zufällig« oder »gesetzlos« oder »gänzlich ungeordnet«? Von dem vorhin betrachteten Fall des gemeinsamen Auftretens von A und B in durchschnittlich 99 % der Beobachtungen, der ja keine vollkommene Ordnung mehr darstellt, können wir durch allmähliche Übergänge zu vollkommener Unordnung gelangen. Nehmen wir etwa an, die Beobachtung zeige, daß durchschnittlich an den Vorgang A in 50 % der Fälle der Vorgang B sich anschließt, dagegen in 40 % der Vorgang C, und in den übrigen 10 % der Vorgang D, so würden wir immer noch von einer deutlichen Regelmäßigkeit, von statistischer Kausalität sprechen, aber einen viel geringeren Grad der Ordnung für vorliegend erachten als im ersten Falle. (Ein Metaphysiker würde vielleicht sagen, der Vorgang A habe eine gewisse »Tendenz«, den Vorgang B hervorzubringen, eine etwas geringere, den Vorgang C zu erzeugen, usf.) Wann würden wir nun behaupten, daß *überhaupt keine* Regelmäßigkeit besteht, daß also die Ereignisse A, B, C, D vollkommen unabhängig voneinander sind (wo dann der Metaphysiker sagen würde, daß dem A überhaupt keine Tendenz zur Bestimmung seines Nachfolgers innewohne)?

Nun, offenbar dann, wenn bei einer sehr langen Beobachtungs-reihe jede aus den verschiedenen Ereignissen durch Permutation (mit Wiederholung) zu bildende Serie durchschnittlich gleich häufig vorkommt (wobei nur die Serien im Verhältnis zur Ge-samtreihe der Beobachtungen klein sein müßten). Wir würden dann sagen, daß die Natur keine Vorliebe für eine bestimmte Ab-folge von Vorgängen habe, daß die Abfolge also völlig gesetzlos stattfinde. Eine derartige Verteilung der Ereignisse pflegt man nun eine Verteilung »nach den Regeln der Wahrscheinlichkeit« zu nennen. Wo eine solche Verteilung vorliegt, sprechen wir also von einer vollkommenen Unabhängigkeit der fraglichen Ereig-nisse, wir sagen, sie seien miteinander nicht kausal verknüpft. Und nach dem Gesagten bedeutet diese Redeweise nicht etwa nur ein *Anzeichen* fehlender Gesetzmäßigkeit, sondern sie ist definitionsgemäß *identisch* damit; die sog. Wahrscheinlichkeits-verteilung ist einfach die *Definition* der völligen Unordnung, des reinen Zufalls. Daß es eine ganz schlechte Ausdrucksweise ist, von »Gesetzen des Zufalls« zu sprechen, dürfte wohl allgemein zugegeben werden (da doch Zufall gerade das Gegenteil von Ge-setzmäßigkeit bedeutet). Zu leicht gerät man in die unsinnige Fragestellung (das sog. »Anwendungsproblem« gehört hierher), wie es denn komme, daß auch der Zufall Gesetzen unterworfen sei. Ich kann daher auch der Ansicht Reichenbachs durchaus nicht beipflichten, wenn er glaubt, von einem »Prinzip der wahrschein-lichkeitsgemäßen Verteilung« als Voraussetzung aller Naturfor-schung sprechen zu sollen, welches zusammen mit dem Prinzip der Kausalität die Grundlage aller physikalischen Erkenntnis bilde. Jenes Prinzip, meint er, bestehe in der Annahme, daß die bei einem Kausalverhältnis irrelevanten Nebenumstände, die »Rest-faktoren«, »nach den Gesetzen der Wahrscheinlichkeitsrechnung ihren Einfluß ausüben« (Kausalstruktur der Welt, S. 134). Mir scheint, daß diese »Gesetze der Wahrscheinlichkeit« nichts weiter sind als die *Definition* der kausalen Unabhängigkeit.

170

Allerdings ist hier eine Bemerkung einzuschalten, die prak-tisch ohne Bedeutung, logisch und prinzipiell aber von großer Wichtigkeit ist. Die oben gegebene Definition der absoluten Unordnung (gleichhäufiges durchschnittliches Auftreten aller möglichen Ereignisfolgen) würde erst bei einer unendlich großen Zahl von Beobachtungen korrekt werden. Sie muß nämlich für beliebig große Folgen gelten, und jede von diesen muß nach der früher gemachten Bemerkung als klein gegen die Gesamtzahl der Fälle angesehen werden können; d. h. diese Gesamtzahl muß über alle Grenzen wachsen. Da dies natürlich in Wirklichkeit unmöglich ist, so bleibt es strenggenommen prinzipiell unentscheidbar, ob in irgendeinem Falle endgültig Unordnung vorliegt oder nicht. Daß dies so sein muß, folgt übrigens schon aus unserem früheren Resultat, daß es für einen fertig vorgegebenen Ablauf nicht endgültig entschieden werden kann, ob er »geordnet« ist oder nicht. Es liegt hier dieselbe prinzipielle Schwierigkeit vor, die es unmöglich macht, die Wahrscheinlichkeit irgendwelcher Ereignisse in der Natur durch die relativen Häufigkeiten ihres Eintretens zu definieren; um nämlich zu korrekten Ansätzen zu kommen, wie sie für die mathematische Behandlung (Wahrscheinlichkeitsrechnung) vorausgesetzt werden, müßte man überall zum Limes für unendlich viele Fälle übergehen – für die Empirie natürlich ein unsinniges Verlangen. Dies wird oft nicht genügend 171 beachtet (vgl. z. B. von Mises, *Wahrscheinlichkeit, Statistik und Wahrheit*, Wien 1928). Die einzig brauchbare Methode der Definition der Wahrscheinlichkeiten ist vielmehr die durch logische Spielräume (Bolzano, v. Kries, Wittgenstein, Waismann; siehe den oben zitierten Aufsatz des Letzterwähnten). 172

Doch das gehört nicht mehr zu unserem Thema. Wir gehen dazu über, aus den angestellten Betrachtungen einige Konsequenzen zu ziehen und dabei andere Konsequenzen zu kritisieren, die hier und da aus der gegenwärtigen Situation gezogen worden sind.

11. Was heißt »determiniert«?

Da von Kausalität gewöhnlich in der Weise gesprochen wird, daß man sagt, ein Vorgang *bestimme* einen anderen, oder die Zukunft sei durch die Gegenwart *determiniert*, so wollen wir uns noch einmal die wahre Bedeutung dieser unglücklichen Worte »bestimmen« oder »determinieren«, vergegenwärtigen (wobei wir beide als gleichbedeutend ansehen). Daß ein Zustand einen anderen, späteren bestimme, kann zunächst *nicht* heißen, daß zwischen ihnen ein geheimnisvolles Band, genannt Kausalität, irgendwie aufgefunden werden könnte oder auch nur gedacht werden müßte; denn so naive Denkweisen sind für uns, 200 Jahre nach Hume, gewiß nicht mehr möglich. Die positive Antwort haben wir nun am Anfang unserer Überlegungen bereits gegeben: »A determiniert B« kann durchaus nichts anderes heißen als: B läßt sich aus *A berechnen*. Und dies wieder heißt: es gibt eine allgemeine Formel, die den Zustand B beschreibt, sobald gewisse Werte aus dem »Anfangszustand« A in sie eingesetzt werden und gewissen Variablen, z. B. der Zeit t, ein gewisser Wert erteilt wird. Die Formel ist »allgemein«, heißt wiederum, daß es außer A und B noch beliebig viele andere Zustände gibt, die durch dieselbe Formel auf dieselbe Weise miteinander verknüpft sind. Auf die Beantwortung der Frage ferner, wann man sagen dürfe, es gebe eine solche Formel (genannt »Naturgesetz«), war ja ein großer Teil unserer Bemühungen gerichtet; und die Antwort war, daß das Kriterium dafür in nichts anderem gefunden werden kann als in der tatsächlichen Beobachtung des aus A berechneten B: erst dann kann man sagen, es *gibt* eine Formel (es ist Ordnung vorhanden), wenn man eine aufweisen kann, die mit Erfolg zur Voraussage benutzt wurde.

Das Wort »determiniert« bedeutet also schlechterdings genau dasselbe wie »voraussagbar« oder »vorausberechenbar«. Es bedarf nur dieser schlichten Einsicht, um ein berühmtes für die Kausalfrage wichtiges Paradoxon aufzulösen, dem schon Aristoteles zum Opfer gefallen ist und das noch gegenwärtig Verwirrung stiftet. Es ist das Paradoxon des sog. »logischen Determinismus«. Seine Behauptung ist, daß die Sätze des Widerspruchs und des ausgeschlossenen Dritten für Aussagen über zukünftige Tatbestände nicht gelten würden, wenn der Determinismus nicht bestände. In der Tat, so argumentierte schon Aristoteles, wenn der Indeterminismus recht hat, wenn also die Zukunft nicht schon jetzt festliegt – *bestimmt* ist –, so scheint es, daß der Satz »das Ereignis *E* wird übermorgen stattfinden« heute weder wahr noch falsch sein könnte. Denn wäre er z. B. wahr, so *müßte* das Ereignis ja stattfinden, es läge jetzt schon fest, entgegen der indeterministischen Voraussetzung. Auch heutzutage wird dies Argument zuweilen für zwingend gehalten, ja zur Basis einer neuartigen Logik gemacht (vgl. J. Łukasiewicz, Philosophische Bemerkungen zu mehrwertigen Systemen des Aussagenkalküls, *Comptes Rendus des séances de la Société des Sciences et des Lettres de Varsovie* 1930, S. 63 ff.). Dennoch muß hier natürlich ein Irrtum vorliegen, denn die logischen Sätze, die ja nur Regeln unserer Symbolik sind, können in ihrer Gültigkeit nicht davon abhängen, ob es eine Kausalität in der Welt gibt; jedem Satze muß Wahrheit oder Falschheit als zeitlose Eigenschaft zukommen. Die richtige Interpretation des Determinismus hebt die Schwierigkeit sofort und läßt den logischen Prinzipien ihre Geltung. Die Aussage »das Ereignis *E* trifft an dem und dem Tage ein« ist zeitlos – also auch schon jetzt entweder wahr oder falsch, und nur eins von beiden, ganz unabhängig davon, ob in der Welt der Determinismus oder der Indeterminismus besteht. Der letztere behauptet nämlich keineswegs, daß der Satz über das zukünftige *E* nicht schon heute eindeutig wahr oder falsch sei, sondern nur daß die Wahrheit oder Falschheit jenes Satzes sich aus Sätzen über gegenwärtige Ereignisse nicht *berechnen* lasse. Dies hat dann zur Folge, daß wir nicht *wissen* können, ob der Satz wahr ist, bevor der entsprechende Zeitpunkt vorbei ist – aber mit seinem Wahrsein oder mit den logischen Grundsätzen hat das nicht das geringste zu tun.

12. Determination der Vergangenheit

Wenn die Physik im Sinne des Indeterminismus heute sagt, die Zukunft sei (innerhalb gewisser Grenzen) *unbestimmt*, so heißt dies nicht mehr und nicht weniger als: es ist unmöglich, eine Formel zu finden, mittels deren wir die Zukunft aus der Gegenwart berechnen können. (Richtiger sollte es heißen: es ist unmöglich, solche Formel zu *suchen*, es gibt keine Anweisung zu ihrer Auffindung; sie könnte nur durch puren Zufall *erraten* werden.) Es ist vielleicht trostreich zu bemerken, daß wir in ganz demselben Sinne (und einen anderen Sinn des Wortes »unbestimmt« vermag ich nicht auszudenken) auch von der Vergangenheit sagen müssen, daß sie in gewisser Hinsicht indeterminiert sei. Nehmen wir z. B. an, daß die Geschwindigkeit eines Elektrons genau gemessen und hierauf sein Ort genau beobachtet wurde, so gestatten zwar die Gleichungen der Quantentheorie, auch frühere Orte des Elektrons *genau* zu berechnen (dies hebt auch Heisenberg hervor: *Die physikalischen Prinzipien der Quantentheorie*, Leipzig 1930, S. 15), aber in Wahrheit ist diese Ortsangabe physikalisch sinnlos, denn ihre Richtigkeit ist prinzipiell nicht prüfbar, da es ja prinzipiell unmöglich ist, nachträglich zu verifizieren, ob das Elektron sich zur angegebenen Zeit am berechneten Orte befunden hat. *Hätte* man es aber an diesem Orte beobachtet, so würde es gewiß nicht diejenigen Orte erreicht haben, an denen es später aufgefunden wurde, da ja bekanntlich seine Bahn durch die Beobachtung in unberechenbarer Weise gestört wird. Heisenberg meint (a. a. O., S. 15): »Ob man der Rechnung über die Vergangenheit des Elektrons irgendeine physikalische Realität zuordnen soll, ist eine reine Geschmacksfrage.« Ich würde mich aber lieber noch stärker ausdrücken, in vollkommener Übereinstimmung mit der, wie ich glaube, unanfechtbaren Grundanschauung Bohrs und Heisenbergs selbst. Ist eine Aussage über einen Elektronenort in atomaren Dimensionen nicht verifizierbar, so können wir ihr auch keinen Sinn zuschreiben; es wird unmöglich, von der »Bahn« einer Partikel zwischen zwei Punkten zu sprechen, an denen sie beobachtet wurde. (Von Körpern molarer Dimensionen gilt das natürlich nicht. Wenn eine Kugel sich jetzt hier befindet und nach einer Sekunde in 10 m Entfernung, so muß sie während dieser Sekunde die dazwischenliegenden Raumstellen passiert haben, *auch wenn niemand sie wahrgenommen hat;* denn es ist prinzipiell möglich, nachträglich zu verifizieren, daß sie sich an den Zwischenstellen befunden hat.) Man kann dies

als die Verschärfung eines Satzes der allgemeinen Relativitätstheorie auffassen: wie dort alle Transformationen keine physikalische Bedeutung haben, welche sämtliche Punktkoinzidenzen –
Schnittpunkte von Weltlinien – unverändert lassen, so können
wir hier sagen, es habe überhaupt keinen Sinn, den Weltlinien-
stücken zwischen den Schnittpunkten physikalische Realität
zuzuschreiben.

Die bündigste Beschreibung der geschilderten Verhältnisse
ist wohl die, daß man sagt (wie es die bedeutendsten Erforscher
der Quantenprobleme tun), der Gültigkeitsbereich der üblichen
Raum-Zeitbegriffe sei auf das makroskopisch Beobachtbare beschränkt, auf atomare Dimensionen seien sie nicht anwendbar.

Doch verweilen wir noch einen Augenblick bei dem soeben
erzielten Ergebnis hinsichtlich der Determination der Vergangenheit. – Man findet in der gegenwärtigen Literatur manchmal
den Gedanken ausgesprochen, daß die heutige Physik den ural-
ten aristotelischen Begriff der »causa finalis« wieder zu Ehren
gebracht habe in der Form, daß das Frühere durch das Spätere
bestimmt werde, nicht aber umgekehrt. Der Gedanke tritt bei
der Interpretation der Formeln der Atomstrahlung auf, die bekanntlich nach der Theorie von Bohr so vor sich gehen sollte,
daß das Atom jedesmal dann ein Lichtquant aussendet, wenn
ein Elektron aus einer höheren Bahn in eine niedere springt.
Die Frequenz des Lichtquants hängt dann von der Anfangsbahn
und der Endbahn des Elektrons ab (sie ist der Differenz der En-
ergiewerte beider Bahnen proportional), sie wird also offenbar
durch ein *zukünftiges* Ereignis (das Eintreffen des Elektrons in
der Endbahn) bestimmt.

Prüfen wir den Sinn dieses Gedankens! Abgesehen davon, daß
der Begriff der Zweckursache bei Aristoteles doch einen anderen
Inhalt gehabt haben dürfte, besagt der Gedanke gemäß unserer
Analyse des Begriffes »bestimmen«, daß es in gewissen Fällen
unmöglich sei, ein zukünftiges Ereignis Z aus den Daten vergangener Ereignisse V zu berechnen, daß man aber umgekehrt V
aus bekannten Z ableiten könne. Gut, denken wir uns die Formel
dazu gegeben und aus ihr ein V berechnet. Wie prüfen wir die

Richtigkeit der Formel? Natürlich allein dadurch, daß wir das berechnete mit dem beobachteten V vergleichen. Nun ist V aber bereits vorüber (es lag ja zeitlich vor Z, das auch bereits verflossen und bekannt sein mußte, um in die Formel eingesetzt werden zu können), es kann nicht post festum beobachtet werden. Hat man es also nicht schon vorher festgestellt, so ist der Satz, daß das berechnete V stattgefunden habe, prinzipiell nicht verifizierbar und daher sinnlos. Ist aber V schon beobachtet worden, so haben wir eine Formel vor uns, welche lauter bereits beobachtete Ereignisse miteinander verknüpft. Es gibt keinen Grund, warum eine solche Formel nicht umkehrbar sein sollte. (Denn *mehrdeutige* Funktionen kommen in der Physik praktisch nicht vor.) Wenn sich mit ihrer Hilfe V aus Z berechnen läßt, so muß es ebensogut möglich sein, Z durch sie zu bestimmen, wenn V gegeben ist. Man kommt also auf einen Widerspruch, wenn man sagt, es ließe sich wohl die Vergangenheit aus der Gegenwart berechnen, nicht aber umgekehrt. Logisch ist beides ein und dasselbe. Man beachte wohl: der Kern dieser Überlegung besteht darin, daß die Daten der Ereignisse V und Z vollkommen gleichberechtigt in das Naturgesetz eingehen; sie müssen alle bereits beobachtet sein, wenn die Formel verifizierbar sein soll.

Übrigens entstehen auch hier im Grunde alle Unklarheiten dadurch, daß man nicht reinlich genug scheidet zwischen dem, was als Denkzutat aufgefaßt werden kann, und dem, was wirklich beobachtet wird. Hier zeigt sich wieder der große Vorzug der Heisenbergschen Auffassung, welche vom Atom nur ein rein mathematisches, kein scheinbar anschauliches Modell liefern möchte; bei ihr fällt die Versuchung fort, sog. causae finales einzuführen. Mir scheint die bloße Klärung der Bedeutung des Wortes »bestimmen« zu zeigen, daß es unter allen Umständen unzulässig ist, anzunehmen (ganz unabhängig von der Frage des Determinismus), ein späteres Ereignis bestimme ein früheres, das Umgekehrte aber gelte nicht.

13. Zur Unterscheidung
von Vergangenheit und Zukunft

Die letzten Betrachtungen scheinen zu lehren, daß ein Schluß
auf vergangene Ereignisse logisch genau denselben Charakter
trägt wie ein Schluß auf zukünftige Vorgänge. Sofern und in dem
Maße, wie überhaupt Kausalität vorliegt, kann man mit dem gleichen Rechte sagen, das Frühere determiniere das Spätere, wie: das
Spätere bestimme das Frühere. Hiermit stimmt überein, daß alle
Versuche, die Zeitrichtung von der Vergangenheit in die Zukunft
vor der entgegengesetzten begrifflich auszuzeichnen, überhaupt
mißlingen. Dies gilt meines Erachtens auch von dem Versuche
H. Reichenbachs (in der zitierten Abhandlung in den *Bayerischen
Sitzungsberichten*), die Einsinnigkeit des Kausalverhältnisses
darzutun, mit ihrer Hilfe die positive Zeitrichtung begrifflich
festzulegen und damit sogar den Zeitpunkt der Gegenwart, das
Jetzt, definieren zu können. Er glaubt, daß die Kausalstruktur in
der Richtung auf die Zukunft sich von der umgekehrten Richtung topologisch unterscheide. Die Argumente, welche er dafür
vorbringt, halte ich für unrichtig; doch möchte ich dabei nicht
verweilen (vgl. übrigens die Kritik der Ideen Reichenbachs durch
H. Bergmann in dessen Schrift *Der Kampf um das Kausalgesetz in der jüngsten Physik*, die noch etwas zu vervollständigen
wäre), sondern nur hervorheben, daß das Verlangen nach einer
Definition des Jetzt logisch sinnlos ist. Der Unterschied des Früher und Später in der Physik läßt sich objektiv beschreiben – und
zwar, soviel ich sehe, tatsächlich nur mit Hilfe des Entropiebe-
griffs –, aber auf diese Weise wird nur die Richtung Vergangenheit – Zukunft von der entgegengesetzten *unterschieden*; daß aber
das wirkliche Geschehen in der ersten Richtung *stattfindet* und
nicht in der umgekehrten, läßt sich auf keine Weise sagen, und
kein Naturgesetz kann es ausdrücken. Eddington (*The nature of
the physical world*, Cambridge 1929) beschreibt diesen Umstand
anschaulich, indem er hervorhebt, daß eine positive Zeitrichtung
(time's arrow) wohl physikalisch definierbar sei, daß es aber nicht
möglich sei, den Übergang von der Vergangenheit zur Zukunft,

das Werden (becoming), begrifflich zu fassen. H. Bergmann sieht gegen Reichenbach richtig, daß die Physik schlechterdings kein Mittel hat, das Jetzt auszuzeichnen, den Begriff der Gegenwart zu definieren, er scheint aber fälschlich anzunehmen, daß dies mit Hilfe »psychologischer Kategorien« nicht unmöglich sei. In Wahrheit läßt sich die Bedeutung des Wortes Jetzt nur *aufweisen*, ebenso wie man nur aufweisen, nicht definieren kann, was unter »blau« oder unter »Freude« verstanden wird.

Daß die Kausalrelation asymmetrisch, einsinnig sei (wie Reichenbach, a.a.O., glaubt), wird durch Umstände vorgetäuscht, die mit dem Entropiesatze zusammenhängen; nur diesem Satze ist es zu danken, daß im täglichen Leben das Frühere leichter aus dem Späteren zu erschließen ist als umgekehrt. Die Berechnung des Späteren ist natürlich nicht ohne weiteres mit einem Schluß auf die Zukunft, die Berechnung des Früheren nicht mit einem Schluß auf die Vergangenheit identisch, sondern dies ist nur der Fall, wenn der Zeitpunkt, von dem aus geschlossen wird, die Gegenwart ist. Reichenbach glaubt (a.a.O., S. 155 f.) daß der letztere Fall tatsächlich dadurch ausgezeichnet sei, daß die Vergangenheit objektiv bestimmt, die Zukunft objektiv unbestimmt sei. Nach kurzer Analyse stellt sich heraus, daß mit »objektiv bestimmt« nur gemeint ist »aus einer Teilwirkung erschließbar«. Die Zukunft sei »objektiv unbestimmt«, weil sie aus einer Teilursache nicht erschlossen werden könne, denn die Gesamtheit aller Teilursachen lasse sich bei fehlender Determination überhaupt nicht definieren. Gegen die Begriffe Teilursache und Teilwirkung wäre allerlei zu sagen; und wir haben schon angedeutet, daß die scheinbar leichtere Erschließbarkeit durch Umstände vorgetäuscht wird, die mit dem Entropieprinzip zusammenhängen. Aber auch wenn das Argument keinen Irrtum enthielte, würde es doch wiederum nur den Unterschied des Früher und Später, nicht den von Vergangenheit und Zukunft charakterisieren.

14. *Unbestimmtheit der Natur und Willensfreiheit*

Der psychologische Grund für Gedanken der letzterwähnten Art (und deshalb führte ich sie an) scheint mir darin zu liegen, daß dem Worte »unbestimmt« unausgesprochenerweise außer der schlichten Bedeutung, zu welcher unsere Analyse führte, noch eine Art metaphysischer Nebenbedeutung beigelegt wird, nämlich als ob man einem Vorgange *an sich* Bestimmtheit oder Unbestimmtheit zuschreiben könnte. Das ist aber sinnlos. Da »bestimmt« heißt: berechenbar mit Hilfe gewisser Daten, so hat die Rede von der Bestimmtheit nur Sinn wenn man hinzufügt: *durch was?* Jeder wirkliche Vorgang, möge er der Vergangenheit oder Zukunft angehören, ist so, wie er ist; es kann nicht zu seinen Eigenschaften gehören, unbestimmt zu sein. Von den Naturvorgängen selber kann nicht mit Sinn irgendeine »Verschwommenheit« oder »Ungenauigkeit« ausgesagt werden, nur in bezug auf unsere Gedanken kann von dergleichen die Rede sein (nämlich dann, wenn wir nicht sicher wissen, welche Aussagen wahr, welche Bilder zutreffend sind). Gerade dies meint offenbar Sommerfeld, wenn er sagt (»Über Anschaulichkeit in der modernen Physik«, in: *Scientia* [Milano] 48 [1930], S. 85): »Die Unbestimmtheit betrifft nicht die experimentell feststellbaren Dinge. Diese lassen sich mit gehöriger Rücksicht auf die Versuchsbedingungen genau behandeln. Sie betrifft nur die Gedankenbilder, mit denen wir die physikalischen Tatsachen begleiten.« Man darf also nicht glauben, daß die moderne Physik für den Ungedanken »an sich unbestimmter« Naturvorgänge Raum habe. Wenn es z.B. nicht möglich ist, bei einem Versuch einem Elektron einen genauen Ort zuzuweisen, und wenn Analoges von seinem Impulse gilt, so heißt dies durchaus nichts anderes, als daß Ort und Impulswert eines punktförmigen Elektrons eben nicht die geeigneten Hilfsmittel sind, um den Vorgang zu beschreiben, der sich in der Natur abspielt. Die modernen Formulierungen der Quantentheorie erkennen dies ja auch an und nehmen Rücksicht darauf.

Ebensowenig wie zur Einführung eines metaphysischen Begriffs der Unbestimmtheit gibt die gegenwärtige Lage der Physik Anlaß zu Spekulationen über das damit zusammenhängende sog. Problem der Willensfreiheit. Das muß scharf betont werden, denn nicht nur Philosophen, sondern auch Naturforscher haben der Versuchung nicht widerstehen können, Gedanken zu äußern wie den folgenden: »Die Wissenschaft zeigt uns, daß das physische Universum nicht vollständig determiniert ist; daraus folgt 1. daß der Indeterminismus im Rechte ist, die Physik also der Behauptung der Willensfreiheit nicht widerspricht, 2. daß die Natur, da in ihr keine geschlossene Kausalität herrscht, Raum läßt für das Eingreifen seelischer oder geistiger Faktoren.«

Zu 1 ist zu sagen: Die echte Frage der Willensfreiheit, wie sie in der Ethik auftritt, ist nur infolge grober Irrtümer, die seit Hume längst aufgeklärt sind, mit der Indeterminismusfrage verwechselt worden. Die sittliche Freiheit, welche der Begriff der Verantwortung voraussetzt, steht nicht im Gegensatz zur Kausalität, sondern wäre ohne sie sogar hinfällig (vgl. meine *Fragen der Ethik*, Kapitel 7, 1930).

Zu 2 ist zu sagen: Die Behauptung impliziert einen Dualismus, das Nebeneinander einer geistigen und einer physischen Welt, zwischen denen durch die unvollkommene Kausalität der letzteren eine Wechselwirkung möglich gemacht sein soll. Es ist meines Erachtens keinem Philosophen gelungen, den eigentlichen *Sinn* eines solchen Satzes klarzumachen, d. h. anzugeben, welche Erfahrungen wir machen müßten, um seine Wahrheit behaupten zu können, und welche Erfahrungen seine Falschheit verbürgen würden. Im Gegenteil, die logische Analyse (für die hier natürlich kein Platz ist) führt zu dem Ergebnis, daß in den Daten der Erfahrung nirgends ein legitimer Grund für jenen Dualismus zu finden ist. Es handelt sich also um einen sinnleeren, unprüfbaren, metaphysischen Satz. Man scheint zu glauben, daß die Möglichkeit des Eingreifens »psychischer« Faktoren in etwaige Lücken der »physischen« Kausalität weltanschauliche Konsequenzen habe, die unseren Gemütsbedürfnissen entgegenkommen. Aber dies dürfte eine Illusion sein (wie denn überhaupt die rein theoretische Interpretation der Welt mit den richtig verstandenen Gemütsbedürfnissen gar nichts zu tun hat); wenn die winzigen

Lücken der Kausalität irgendwie ausgefüllt werden könnten, so würde das ja nur heißen, daß die praktisch ohnehin bedeutungslosen Spuren von Indeterminismus, die das moderne Weltbild enthält, teilweise wieder ausgelöscht würden.

Auf diesem Gebiet hat die Metaphysik früherer Zeiten gewisse Irrtümer verschuldet, die nun auch noch manchmal dort auftreten, wo metaphysische Motive vollkommen fehlen. So lesen wir bei Reichenbach (a. a. O., S. 141): »Hat der Determinismus recht, so ist es durch nichts zu rechtfertigen, daß wir uns für den morgigen Tag eine Handlung vornehmen, für den gestrigen Tag aber nicht. Es ist wohl klar, daß wir dann gar nicht die *Möglichkeit* haben, auch nur den *Vorsatz* zu der morgigen Handlung und den *Glauben* an Freiheit zu unterlassen – gewiß nicht, aber einen *Sinn* hat unser Tun dann nicht.« Mir scheint genau das Gegenteil der Fall zu sein: unsere Handlungen und Vorsätze haben offenbar *nur* insofern Sinn, als die Zukunft durch sie determiniert wird. Es liegt hier einfach eine Verwechslung des Determinismus mit dem Fatalismus vor, die in der Literatur schon so oft gerügt wurde, daß wir darauf nicht mehr einzugehen brauchen. Demjenigen übrigens, der die soeben kritisierte Meinung vertritt, wäre durch den Indeterminismus der modernen Physik nichts geholfen, denn in ihr ist ja bei möglichster Berücksichtigung aller in Betracht kommenden Umstände das Geschehen immer noch mit so außerordentlich großer Genauigkeit vorausberechenbar, die übrigbleibende Unbestimmtheit ist so minimal, daß der Sinn, den unsere Handlungen in dieser unserer Wirklichkeit noch besäßen, unmerklich gering wäre.

Gerade die letzten Betrachtungen lehren uns wieder, wie verschieden die Beiträge der modernen Physik zur Frage der Kausalität von den Beiträgen sind, die früheres philosophisches Denken zu der Frage lieferte: und wie recht wir hatten als wir eingangs erklärten, daß die menschliche Phantasie nicht imstande war, die Struktur der Welt vorauszuahnen, welche die geduldige Forschung uns in ihr enthüllt. Fällt es ihr doch sogar nachträglich schwer, die von der Wissenschaft als möglich erkannten Schritte zu tun!

6.4 PHILOSOPHISCHE DEUTUNGEN UND MISSDEUTUNGEN DER QUANTENTHEORIE
(1936)

Philipp Frank

I. Wie entstehen die philosophischen Deutungen physikalischer Theorien?

Fast jede neue physikalische Theorie wird bald nach ihrem Auftauchen dazu verwendet, zur Entscheidung der jahrhundertealten philosophischen Streitfragen etwas beizutragen, bei denen man der Lösung nie um einen Schritt näher gekommen ist. Beispiele bieten sich von selbst dar. Als J. J. Thomson zeigte, daß jedes elektrisch geladene Teilchen Trägheitseigenschaften wie eine mechanische Masse besitze, und eine Formel angab, aus Ladung und Größe des Teilchens seine mechanische Masse zu berechnen, zog man daraus Argumente dafür, daß alle Materie nur ein Schein sei. Man fand darin ein Argument *für* die spiritualistische Weltanschauung und *gegen* den Materialismus.

Ähnliche Deutungen wurden vorgebracht, als die Energetik aufkam und man die Erscheinungen lieber als Energieumsetzungen darstellte als durch Stöße von Massen. Die Relativitätstheorie wieder führte den vierdimensionalen Nicht-Euklidischen Raum an Stelle des dreidimensionalen Euklidischen ein, in dem die direkt beobachtbaren Vorgänge des täglichen Lebens stattfinden. Und die Wellenmechanik beschrieb gar die physikalischen Vorgänge mit Hilfe des Begriffes der Wahrscheinlichkeit, also, wie man sich ausdrückte, eines rein »geistigen« Faktors, anstatt mit Hilfe von Massenteilchen. Überall scheint nun das spiritualistische Moment an Stelle des grob Materiellen zu treten.

Mit ganz besonderer Intensität wurden derartige Deutungen an Niels Bohrs Theorie von der komplementären Natur gewisser physikalischer Beschreibungen angeknüpft, aus der man Argumente für die vitalistische Biologie und für die Freiheit des Willens zu gewinnen hoffte.

Wenn man alle diese Deutungen durchmustert, so ergibt sich die empirisch feststellbare Tatsache, daß sie alle im Dienste einer bestimmten weltanschaulichen Tendenz stehen. Es sind nicht etwa verschiedene Tendenzen, die sich da geltend machen, sondern immer wieder dieselbe.

Durch Galilei und Newton wurde die anthropomorphe mittelalterliche Physik aus dem bewußten wissenschaftlichen Leben verdrängt. Aber es blieb eine unerfüllte Sehnsucht bestehen: die Einheit von belebter und unbelebter Natur herzustellen, die in der mittelalterlichen Physik vorhanden war, die aber in der modernen Physik zerstört war. Es blieb nur ein nie recht lösbares Problem übrig: die Vorgänge des Lebens physikalisch zu verstehen. Denn das war die notwendige Bedingung einer einheitlichen Naturauffassung, nachdem die anthropomorphe Auffassung der Physik entschwunden war, die sich so gut mit der vitalistischen Auffassung des Lebens vertragen hatte.

Bei jeder Wendung in der Geschichte der physikalischen Theorien, die immer mit einer gewissen Unklarheit in den Formulierungen verbunden ist, drängte nun jene unerfüllte Sehnsucht aus dem Unbewußten mächtig hervor und suchte als »philosophische Deutung« die neuen physikalischen Theorien zu benutzen, um eine Rückkehr zur anthropomorphen Physik des Mittelalters als unmittelbar bevorstehend zu verkünden und so die verlorene Einheit der Natur wieder herzustellen. In der spiritualistischen Physik sollte die Möglichkeit liegen, auch die Lebensvorgänge zu umfassen.

Man hört manchmal die Behauptung, daß es auch eine philosophische Deutung der physikalischen Theorien im Dienste einer materialistisch-metaphysischen Weltanschauung gibt. Aber diese symmetrische Auffassung von Spiritualismus und Materialismus ist eine sehr oberflächliche. Eine »materialistische Metaphysik« existiert als eine lebendige geistige Strömung heute überhaupt nicht, sondern wird höchstens von solchen Philosophen oder Naturforschern für das Gebiet der Physik vertreten, die eine möglichst große Kluft zwischen Physik und Biologie aufreißen wollen, um im Gebiet der Lebens- oder gar der Gesellschaftsvorgänge freien Raum für eine spiritualistische Metaphysik zu gewinnen.

Wenn man hingegen unter »Materialismus« die Meinung versteht, daß alle Vorgänge der Natur auf die Gesetze der Newtonschen Mechanik zurückgeführt werden können, so ist das überhaupt kein metaphysischer Satz, sondern eine physikalische Hypothese, die heute als unrichtig nachgewiesen ist, aber doch ein physikalischer Satz, nur ein falscher, bleibt. Dieser falsche Satz wird heute von keiner der Richtungen vertreten, die man in polemischer Weise als »materialistisch« zu bezeichnen pflegt, weder von dem »dialektischen Materialismus« Sowjetrußlands, noch von den aus dem Wiener Kreis hervorgegangenen »Physikalisten«.

Den Vorgang der philosophischen Deutung physikalischer Theorien im Dienste der spiritualistischen Weltauffassung kann man psychologisch und logisch analysieren.

Vom psychologischen Standpunkt muß man ungefähr folgendes feststellen: der Physiker übernimmt wie jeder andere Gebildete den Überrest der vorwissenschaftlichen Theorien als »philosophische« Weltanschauung, die in unserem Kulturkreis meist in einem vagen Idealismus oder Spiritualismus besteht, wie man ihn aus den philosophischen Vorlesungen allgemeiner Art meist lernt. Die Sätze dieser Philosophie sind unklar und schwer verständlich. Der Physiker ist glücklich, wenn er in seiner Wissenschaft Sätze findet, die in ihrer Formulierung eine Ähnlichkeit mit Sätzen der idealistischen Philosophie haben. Er ist oft stolz darauf, durch sein Spezialfach etwas zur Erläuterung jener für die Weltanschauung wichtigen allgemeinen Lehren beitragen zu können. So genügt schon die kleinste Ähnlichkeit im Wortlaut, um den Physiker zu bewegen, einen Satz seiner Wissenschaft als Unterstützung für die idealistische Philosophie anzubieten.

Wenn J. J. Thomson von »wirklicher« und »scheinbarer« Masse spricht, ist der philosophisch gebildete Physiker gern bereit, diese Ausdrucksweise mit dem Unterschied von »wirklicher« und »scheinbarer« Welt in Verbindung zu bringen. Der Satz, daß die mechanische Masse nur eine »scheinbare« ist, wird dann als eine

Bestätigung des philosophischen Idealismus aufgefaßt, nach dem die Materie nur ein Schein ist.

Mehr wissenschaftliches Interesse bietet die Untersuchung der logischen Struktur dieser philosophischen Mißdeutungen. Der zu ihnen führende Gedankengang spielt sich in zwei Stufen ab.

Zunächst werden physikalische Sätze, die in Wirklichkeit Aussagen über beobachtbare Vorgänge sind, als Aussagen über eine reale metaphysische Welt aufgefaßt. Diese Aussagen sind zunächst, wissenschaftlich gesprochen, sinnlos, da sie sich durch keine Beobachtung bestätigen oder widerlegen lassen.

Die erste Stufe ist also der Übergang zum sinnlosen metaphysischen Satz. Auf der zweiten Stufe wird nun dieser Satz durch eine ganz kleine Verschiebung des Wortlautes in einen Satz übergeführt, der wieder einen Sinn hat, aber nicht mehr im Gebiet der Physik, sondern der einen Wunsch ausdrückt, daß die Menschen in bestimmter Weise sich benehmen sollen. Dieser Satz ist dann nicht mehr metaphysisch, er ist ein Satz der Moral oder etwas ähnliches.

Für diesen zweistufigen Prozeß lassen sich leicht unzählige Beispiele angeben. Wir wählen als leichtestes das schon oft verwendete von der elektromagnetischen Masse. J. J. Thomson hat den rein physikalischen Satz aufgestellt, daß jeder elektrisch geladene Körper mechanische Trägheit besitze, die sich aus der Ladung berechnen läßt. Man hat daran die ebenfalls physikalische Hypothese geknüpft, daß die *ganze* Masse der Körper sich auf diese Weise berechnen läßt.

Diese Hypothese wurde dann als ein metaphysischer Satz über die »reale Welt« ausgesprochen, indem man sagte: in der realen Welt gibt es keine mechanische Masse, keine Materie. Dieser Satz hat offenbar keinen wissenschaftlichen Inhalt. Es folgt aus ihm keine beobachtbare Tatsache.

Auf der zweiten Stufe wird nun daraus die Behauptung, daß die materielle Welt als bloßer »Schein« gegenüber der geistigen unwichtig sei und daß daher der Mensch in seinen Handlungen die Veränderung der materiellen Welt gegenüber seiner geistigen Vervollkommnung vernachlässigen kann oder soll.

Wenn einflußreiche Gruppen solche Wünsche aussprechen, so hat das natürlich eine große Bedeutung für das menschliche Leben und ist durchaus etwas Sinnvolles. Aber irgendeine logische Beziehung zur elektromagnetischen Theorie der Materie besteht offenbar nicht und wird nur durch die zweistufige Mißdeutung hergestellt.

Das Wesentliche an der Mißdeutung ist der Durchgang durch die »reale« metaphysische Welt. Die Mißdeutung kann also nur vermieden werden, wenn man einen direkten »Kurzschluß« zwischen dem physikalischen Satz und dem moralischen Satz herzustellen versucht. Das kann z.B. durch die konsequente Anwendung der physikalischen Sprache geschehen, wie sie Neurath und Carnap als »Universalsprache der Wissenschaft« vorgeschlagen haben.

Im Sinn der »logischen Syntax« Carnaps handelt es sich bei diesen Mißdeutungen immer um die Verwendung der »inhaltlichen Redeweise«. Es wird so der Anschein erweckt, als sei der Gegensatz von »scheinbarer« und »wirklicher« Masse eine Aussage über eine Tatsache der beobachtbaren Welt, während es in Wirklichkeit nur eine syntaktische Festsetzung über den Gebrauch des Wortes »wirklich« ist. Eine Aussage über die beobachtbare Welt ist nur die Formel für den Zusammenhang zwischen elektrischer Ladung und Trägheit.

Ganz die gleiche logische Struktur haben die Mißdeutungen der Relativitätstheorie und der Quantentheorie. Die erste wird verwendet, um den Glauben an die Vorherbestimmung zu begründen, die zweite, um für die »Spontaneität des Handelns« und den »freien Willen« naturwissenschaftliche Argumente zu liefern.

II. Die Komplementaritätsauffassungen
der Quantenmechanik und ihre Deutungen

Die philosophischen Mißdeutungen der Quantenmechanik wird man am besten verstehen, wenn man bedenkt, daß hier dieselben Tendenzen am Werk sind wie bei der Deutung früherer Theorien und daß der Prozeß psychologisch und logisch genau so verläuft wie dort.

Man muß sich zunächst klarmachen, was die Komplementaritätsauffassung in der Physik selbst bedeutet.

Oft liest man die folgende Formulierung: »es ist unmöglich, Lage und Geschwindigkeit eines bewegten Massenteilchens zugleich zu messen«. Die Welt ist also, wie nach der klassischen Mechanik, von lauter Massenteilchen mit bestimmten Lagen und Geschwindigkeiten erfüllt; zu deren Kenntnis können wir aber nie gelangen. Diese Darstellung, in der die Zustände der Massenteilchen die Rolle des »Ding an sich« in der idealistischen Philosophie spielen, führt zu unzähligen Scheinproblemen. Sie führt physikalische Gegenstände ein, nämlich Teilchen mit bestimmter Lage und Geschwindigkeit, über welche die physikalischen Gesetze der Quantenphysik überhaupt nichts aussagen. Diese Zustände spielen eine ähnliche Rolle wie das absolut ruhende Bezugssystem, das man oft als Ergänzung zur Relativitätstheorie hinzufügen will, das aber in keinem physikalischen Satz vorkommt. In beiden Fällen ist der Grund der Hinzufügung der, daß derartige Ausdrücke in der früheren Stufe der Physik aufgetreten sind und die Schulphilosophie daraus Bestandteile der »realen Welt« gemacht hat, die daher immer wieder auftreten müssen.

Eine andere Darstellungsweise wieder behauptet, daß die Teilchen »überhaupt keine bestimmte Lage und Geschwindigkeit zugleich besitzen«. Diese Ausdrucksweise scheint mir nur den Haken zu haben, daß die Wortzusammenstellung »Teilchen mit unbestimmter Lage oder Geschwindigkeit« gegen die syntaktischen Regeln verstößt, nach denen die Worte »Teilchen«, »Lage«, »unbestimmt« in der üblichen Physik und im täglichen Leben verwendet werden. Es wäre natürlich nichts dagegen einzuwenden, wenn man für die Zwecke der Quantenmechanik eine neue Syntax für diese Worte einführte. Es könnten dann Verbindungen wie »Teilchen mit unbestimmter Lage« innerhalb der Physik ohne Gefahr verwendet werden. Und es gibt viele sehr korrekte Arbeiten über Quantentheorie, in denen das der Fall ist. Aber es kommt sofort zu groben Mißverständnissen, wenn dieser Sprachgebrauch auch dort angewendet wird, wo es sich nicht mehr um Quantentheorie handelt. Man kann dann den Übergang zu anderen Gebieten nur dadurch bewerkstelligen, daß man das Teilchen mit unbestimmter Lage als einen Bestandteil der »realen Welt« ansieht – und dann ist man mitten in den in I. beschriebenen philosophischen Mißdeutungen.

Ich glaube, daß man als Ausgangspunkt für eine richtige Formulierung des Gedankens der Komplementarität möglichst genau die Formulierung festhalten muß, die N. Bohr 1935 in seiner Erwiderung auf Einsteins Bedenken gegen die heutige Quantenmechanik gegeben hat. Wie Bohr auch in dem eben hier gehaltenen Vortrag betont hat, spricht die Quantenmechanik weder von Teilchen, deren Lage und Geschwindigkeit vorhanden sind, aber nicht genau beobachtet werden können, noch von Teilchen mit unbestimmter Lage und Geschwindigkeit, sondern von Versuchsanordnungen, bei deren Beschreibung die Ausdrücke »Lage eines Teilchens« und »Geschwindigkeit eines Teilchens« nicht zugleich verwendet werden können. Wenn bei der Beschreibung einer Versuchsanordnung der Ausdruck »Lage des Teilchens« verwendet werden kann, so kann bei der Beschreibung derselben Anordnung der Ausdruck »Geschwindigkeit eines Teilchens« *nicht* verwendet werden und umgekehrt. Versuchsanordnungen, von denen eine mit Hilfe des Ausdrucks »Lage eines Teilchens« und die andere mit Hilfe des Ausdrucks »Geschwindigkeit« oder, genauer gesagt, »Impuls« beschrieben werden können, nennt man *komplementäre* Anordnungen und die Beschreibungen *komplementäre* Beschreibungen.

Wenn man diese Terminologie genau festhält, wird man nie in die Gefahr einer metaphysischen Auffassung der physikalischen Komplementarität geraten. Denn hier ist es klar, daß über eine »reale Welt« nichts ausgesagt wird, weder über ihre Beschaffenheit, noch über ihre Erkennbarkeit, noch über ihre Unbestimmtheit.

Eine große Verführung zu metaphysischen Deutungen bringt die häufig vorkommende Formulierung der Komplementarität mit sich, nach der die »raumzeitliche« und die »kausale« Beschreibung komplementär sein sollen. Es wird dadurch oft verdeckt, daß für ein Einzelteilchen damit gar nichts anderes gesagt ist als die Komplementarität von Lage und Impuls bzw. von Zeitpunkt und Energie. Unter »kausale Beschreibung« wird hier nämlich nur die Beschreibung durch die Sätze von der Erhaltung der Energie und des Impulses verstanden, was nicht ganz mit dem übereinstimmt, was man üblicherweise unter Kausalität versteht. In den populären Darstellungen, zu denen man auch die mancher Physiker rechnen muß, tritt das nicht deutlich hervor. Das kommt davon, daß die Ausdrücke »Raum, Zeit und Kausalität« verwendet werden, die in dieser Zusammenstellung in der idealistischen Philosophie eine etwas geheimnisvolle Rolle spielen. Wenn man unter »raumzeitlicher Beschreibung« einfach die Angabe von Koordinaten und Zeitpunkt, unter »kausaler« die Anwendung von Energie- und Impulserhaltung versteht, so kann natürlich die genannte und beliebte Terminologie auch beibehalten werden. Sie verliert aber dann den Reiz des Geheimnisvollen und kann nicht mehr dazu verwendet werden, von der Physik einen Zugang zur idealistischen Philosophie zu bahnen und so jene Mißdeutungen zu begünstigen, die wir in I. geschildert haben.

Wenn man einmal inmitten der metaphysischen Formulierungen ist, kann man dann leicht zu ganz krassen Mißdeutungen kommen, von denen ich als Beispiel nur die eines sehr bedeutenden Physikers anführen will. A. Sommerfeld sagt in der *Scientia* (1936): »Wenn wir den Leib physiologisch behandeln, müssen wir von einem korpuskularen örtlichen Geschehen reden. Dem seelischen Prinzip können wir keine Lokalisation zuweisen, sondern wir müssen es behandeln – und dem entspricht auch die Ansicht der Psycho-Physiologen – als ob es im Leib mehr oder weniger allgegenwärtig sei, ebenso wie die Welle mit dem Korpuskel auf eine nicht angebbare Weise verknüpft ist.«

Hier sieht man mit großer Deutlichkeit, wie jede metaphysische Formulierung sofort und mit Leichtigkeit zur Stütze einer nur halbwegs ähnlich klingenden Aussage der idealistischen Philosophie verwendet werden kann.

Wenn man den Gedanken der Komplementarität im engsten Anschluß an die Bohrsche Formulierung für die Physik so aussprechen will, daß er zu keinen metaphysischen Mißdeutungen Anlaß gibt, aber doch auf Gebiete außerhalb der Physik übertragen werden kann, so wird man das ungefähr in folgender Art versuchen müssen:

Die Sprache, in der Sätze wie »das Teilchen befindet sich an diesem Ort und hat dort diese Geschwindigkeit« vorkommen, ist den Erfahrungen an grobmechanischen Vorgängen angepaßt und ist zur Beschreibung der atomaren Prozesse nicht gut verwendbar. Man kann aber doch eine Gruppe von Versuchsanordnungen im atomaren Gebiet angeben, bei deren Beschreibung der Ausdruck »Ort eines Teilchens« verwendet werden kann. Bei der Beschreibung dieser Versuche aber – und darin besteht der Gedanke von Bohr – kann der Ausdruck »Geschwindigkeit eines Teilchens« *nicht* verwendet werden. Im atomaren Gebiet sind also gewisse Teile der grobmechanischen Sprache verwendbar. Aber die Versuchsanordnungen, bei deren Beschreibung diese Bestandteile verwendbar sind, schließen einander aus.

Es entstehen aber sofort sinnlose metaphysische Sätze, wenn man davon spricht, daß die »Realität« selbst »zwiespältig« ist oder »verschiedene Aspekte« aufweist.

III. Die Komplementarität als Argument
für den Vitalismus und die Willensfreiheit

Manche Physiker und Philosophen haben versucht, Bohrs Lehre von der Komplementarität der physikalischen Begriffe dazu auszunützen, Argumente für die Unmöglichkeit eines physikalischen Verständnisses der Biologie und Psychologie zu gewinnen. Man kann dabei etwa das *psychologische* und das *biologische* Argument unterscheiden.

Das erstere lautet ungefähr: wenn man einen psychischen Zustand durch psychologische Ausdrücke beschreiben will, wird er durch die Selbstbeobachtung so stark verändert, daß er nicht mehr der ursprüngliche Zustand ist. Man kann nicht zornig sein und dabei seinen Zorn beobachten und beschreiben. Die Existenz eines psychischen Zustandes ist mit seiner Beobachtung unvereinbar.

Das biologische Argument lautet etwa: wenn man den Zustand eines lebendigen Organismus durch physikalische Zustandsgrößen beschreiben will, so bedeutet die Messung dieser Zustandsgrößen einen so starken Eingriff in den Organismus, daß er getötet werden muß. Die Beschreibung eines Lebewesens durch physikalische Zustandsgrößen ist mit dem Leben selbst unvereinbar.

Das psychologische Argument ist im Grunde sicher zutreffend. Es ist eine seit jeher anerkannte Lehre jeder positivistischen Wissenschaftsauffassung, schon von A. Comte, daß man auf die durch Selbstbeobachtung gewonnenen Sätze keine logisch zusammenhängende Psychologie begründen kann. Man muß zur objektiven Beobachtung der menschlichen Handlungen und Ausdrucksbewegungen übergehen, wie es der amerikanische Behaviorismus verlangt und wie es der logischen Analyse, die Carnap und Neurath von den Sätzen über psychische Vorgänge gegeben haben, entspricht. Wenn die Psychologie »behavioristisch« oder »physikalistisch« formuliert ist, fällt das psychologische Argument mit dem biologischen zusammen.

Wenn man den Bohrschen Gedanken der Komplementarität anwendet, kann man die Rolle der Selbstbeobachtung in der Psychologie etwa so formulieren: es gibt gewisse Versuchsanordnungen auf dem Gebiete der Psychologie, die mit Hilfe der aus der Selbstbeobachtung gewonnenen Sätze und Ausdrücke beschrieben werden können. Andere Situationen unseres Lebens sind aber so, daß man sie nicht mit diesen Ausdrücken beschreiben kann. Darin liegt aber kein Widerspruch. Es gibt im psychischen Leben wie in der Physik komplementäre Situationen und zu deren Beschreibung komplementäre Sprachen.

Wenn man das beachtet, wird man auch leicht sehen, was man für das Verständnis der *Willensfreiheit* aus der Analogie zur Quantentheorie gewinnen kann. Schon M. Planck hat vor der Entdeckung der Komplementarität durch Bohr folgendes Argument für die Vereinbarkeit der Willensfreiheit mit der physikalischen Kausalität vorgebracht: wenn der Mensch seine künftigen Handlungen aus der gegenwärtigen physischen Konstellation vorher berechnen könnte, würde diese Kenntnis auf den gegenwärtigen Zustand, etwa seiner Gehirnmoleküle, einwirken und so auch die Zukunft ändern. Also gibt es keine Vorherberechenbarkeit der Zukunft. Also kann der freie Willen nicht im Widerspruch zur physikalischen Kausalität des Geschehens im menschlichen Körper stehen.

Daraus folgt aber nur, daß der Mensch aus den Angaben der Selbstbeobachtung seine künftigen Handlungen nicht vorherberechnen kann. Es wäre aber noch immer möglich, daß man die Handlungen anderer Menschen vorherberechnen könnte und sogar aus rein physikalischen Beobachtungen.

Wenn man den Bohrschen Gedanken der Komplementarität hier anwendet, kann man dem Ganzen eine festere logische Struktur geben. Man kann dann etwa sagen: man beschreibt gewisse Situationen des menschlichen Verhaltens mit Hilfe des Ausdrucks »Willensfreiheit«; bei anderen Versuchsbedingungen kann man diesen Ausdruck nicht anwenden. Es handelt sich also da um komplementäre Situationen, um komplementäre Beschreibungsarten, aber um keinen Widerspruch. Bohr hat selbst in seinem eben gehaltenen Vortrag hervorgehoben, daß man seine Komplementaritätsbetrachtungen nicht dazu verwenden könne, ein Argument für die »Willensfreiheit« zu gewinnen, sondern nur, um die erkenntnistheoretische Problemlage zweckmäßig darzustellen.

Es scheint mir aber auch gegen die Verwendung des Wortes »Willensfreiheit« zur Beschreibung bestimmter Situationen, die den physikalischen Versuchsanordnungen entsprechen, ein gewisses Bedenken zu bestehen. Ausdrücke wie »Ort eines Partikels« sind Ausdrücke aus der Physik des täglichen Lebens, die aber in der Atomphysik wegen der Komplementarität nur bei bestimmten speziellen Situationen anwendbar bleiben. Ebenso müßte die »Willensfreiheit« ein Ausdruck aus der Psychologie des täglichen Lebens sein, der in der wissenschaftlichen Psychologie nur mehr bei bestimmten Versuchsbedingungen verwendet werden kann. Das scheint mir aber nicht der Fall zu sein. »Willensfreiheit« ist kein Ausdruck aus der Psychologie des täglichen Lebens, sondern ein metaphysischer oder theologischer Ausdruck. 183 Im täglichen Leben heißt »Freiheit« nie etwas anderes als »Freiheit von äußerem Zwang« oder höchstens noch »Freiheit von Rausch und Hypnose«. Das hat aber mit dem philosophischen Begriff der Willensfreiheit gar nichts zu tun. Wenn man also nach Bohr mit Recht sagen kann, daß in gewissen Situationen das Wort »Willensfreiheit« zur Beschreibung zweckmäßig angewendet werden kann, so ist damit immer nur jener ganz unphilosophische Begriff der Psychologie des Alltagslebens gemeint, und man kann daraus überhaupt nichts folgern, was für die philosophische Willensfreiheit etwas aussagt. Man muß sich nur die Frage vorlegen, ob für die Hauptsituation, in der man den Begriff der Willensfreiheit praktisch anwendet, durch die Quantenmechanik und Komplementaritätsauffassung irgendeine Änderung geschaffen wird. Ich meine damit natürlich die Anwendung des Freiheitsbegriffes in der Frage der Verantwortlichkeit eines Verbrechers und in der damit zusammenhängenden Frage der strengen oder milden Bestrafung. Man braucht hier nur den ganzen Gedanken der Komplementarität präzise zu formulieren und die ganze Gedankenkette bis zur Bestrafung des Verbrechers aufmerksam durchzugehen, um sofort zu sehen, daß sich da keine Konsequenz ergibt. Es ist daher sehr fraglich, ob es zweckmäßig ist, den Ausdruck »Willensfreiheit« in den Anwendungen des Komplementaritätsgedankens auf die Psychologie zu benützen.

Wenn man aber, wie es den neuen Auffassungen des Behaviorismus und Physikalismus entspricht, die Psychologie nicht auf Sätze begründet, die Aussagen über Selbstbeobachtungen enthalten, sondern auf Aussagen über das Verhalten von Versuchspersonen, so entfällt die komplementäre Betrachtungsweise in der Psychologie, wie sie eben geschildert wurde, und die Psychologie wird ein Teil der Biologie. Dann reduziert sich das psychologische Argument Bohrs auf das biologische. Es handelt sich darum, ob das Verhalten lebender Organismen durch Gesetze dargestellt werden kann, in denen nur physikalische Zustandsgrößen auftreten.

Wenn man ein Lebewesen physikalisch beschreiben will, so muß man, und davon geht Bohr aus, den Zustand jedes seiner Atome angeben. Die dazu notwendigen Beobachtungen bedeuten aber so starke physikalische Einwirkungen auf das Lebewesen, daß es dabei seinen Tod findet. Ein lebender Organismus kann nicht mit derselben Genauigkeit physikalisch beschrieben werden, wie dies bei den Atomen unbelebter Körper der Fall ist. Denn diese können innerhalb der Grenzen beschrieben werden, die durch die Heisenbergschen Unbestimmtheitsbeziehungen angegeben sind, während schon durch Eingriffe, die das Atom noch bestehen lassen, die großen Eiweißmoleküle zerstört werden, an die das Leben gebunden ist.

184

Erfahrungen, die den lebenden Organismus in seinen für das Leben charakteristischen Funktionen beschreiben, werden daher unter ganz anderen Versuchsbedingungen angestellt als die Versuche, die zur Beschreibung des Organismus als ein physikalisches System dienen. Es handelt sich nach Bohr hier um »komplementäre« Versuchsanordnungen. Sie werden in »komplementären Sprachen« beschrieben. Daher ist es logisch ganz einwandfrei und kein Gleiten in einen spiritualistischen Vitalismus, wenn die Lebenserscheinungen in einer Sprache dargestellt werden, die nicht die der Physik oder Chemie ist.

Diese Ausdrucksweise Bohrs, die sich sehr von der seiner meisten »philosophischen Interpreten« unterscheidet, ist sicher haltbar. Was ihre Zweckmäßigkeit betrifft, so könnte man einiges dazu bemerken. Die ganze Argumentation schöpft ihre Kraft dadurch, daß sie eine Analogie der Argumentation ist, die von der klassischen Physik zur Quantenphysik geführt hat und dort die Aussage rechtfertigt, daß die atomaren Vorgänge nicht in der Sprache der klassischen Physik beschrieben werden können. Um die Grenzen für das Zutreffen dieser Analogie festzustellen, wollen wir daher die beiden Gedankengänge vergleichen:

Man schließt dort, beim Übergang zur Quantenphysik, so: Nach der klassischen Physik muß man prinzipiell Versuche ausdenken können, die es gestatten, Lage und Geschwindigkeit der einzelnen kleinsten Teilchen beliebig genau zu messen. Die

experimentell nachweisbaren Vorgänge im atomaren Gebiet, z. B.
der Comptoneffekt, zeigen aber bei genauer Analyse, daß eine
derartige Messungsmöglichkeit mit der Erfahrung im Widerspruch stünde. Also kann die Beschreibung in der Sprache der
klassischen Physik bei den atomaren Vorgängen nicht anwendbar sein.

Wenn wir diesen Gedankengang beim Übergang vom Unbelebten zum Belebten wiederholen wollen, müssen wir sagen: wir
nehmen als experimentell bewiesen an, daß eine Beobachtung
mit physikalischen Mitteln, die genau genug ist, um die einzelnen Atome eines lebenden Körpers physikalisch genau beschreiben zu können, einen so starken Eingriff darstellt, daß sie diesen
Organismus tötet. Es folgt dann wieder, daß die klassische Physik
vermehrt um die Quantenphysik (der unbelebten Atome) zur
Darstellung der Lebenserscheinungen unzulänglich ist, da es mit
der Anwendbarkeit der Physik auf die lebenden Organismen unvereinbar ist, daß jeder genaue Meßakt den Organismus tötet.

Die Quantentheorie hat ihre Stärke gerade daraus geschöpft,
daß man keine klassisch physikalische Hypothese über das Atom
finden konnte, die im Einklang mit dem experimentell prüfbaren
Verhalten der beobachtbaren Körper war. Wenn die Prüfbarkeit
einer Hypothese über die Atome durch direkte Messungen ihres
mechanischen Zustandes nicht im Widerspruch zu empirischen
Tatsachen gestanden wäre, so wäre es immer eine Hypothese
im Rahmen der klassischen Physik geblieben. Da für die Quantenmechanik aber dieser Widerspruch besteht, geht sie über die
klassische Physik hinaus.

Wenn wir denselben Gedankengang für den Übergang von der
unbelebten zu den lebendigen Körpern festhalten, so muß in der
konsequenten Durchführung des Bohrschen Gedankenganges
der empirische Beweis dafür geführt werden, daß die genaue
physikalische Beobachtung der Atome des lebendigen Körpers
mit den bekannten empirischen Gesetzen für das Verhalten der
lebendigen Körper und mit den physikalischen Hypothesen über
ihren atomistischen Aufbau unvereinbar [ist]. Solange dieser
Beweis nicht vorliegt, folgt aus dem Bohrschen Gedankengang

nur, daß in der Biologie beim heutigen Stand unserer Kenntnisse die komplementäre Ausdrucksweise *möglich* und vielleicht sogar *empfehlenswert* ist. Hingegen kann man beim Übergang von der klassischen Physik zur Quantenmechanik schließen, daß in der Atomphysik die komplementäre Ausdrucksweise *notwendig* ist.

186

IV. Zusammenfassende Bemerkungen

Es ist aus alledem klar, daß sich aus der Bohrschen Komplementaritätstheorie kein Argument für die Willensfreiheit oder den Vitalismus schöpfen läßt. Ebensowenig läßt sich aus ihr eine neue Auffassung über das Verhältnis zwischen körperlichem Objekt und beobachtendem Subjekt gewinnen, wenn wir die Worte »Objekt« und »Subjekt« in dem Sinn verstehen, wie sie in der empirischen Psychologie verwendet werden. Wenn in den Darstellungen der Quantenmechanik oft von einer solchen neuen Rolle des beobachtenden Subjektes gesprochen wird, so ist das Wort »Subjekt« immer in einem ganz anderen Sinn verstanden. Es ist damit immer die Meßanordnung gemeint, die mit den Ausdrücken der klassischen Physik beschrieben werden kann. Was durch die Quantentheorie verschoben wurde, ist die Beziehung zwischen dem Objekt der Atomlehre, dem Atom oder Elektron, das mit den Mitteln der klassischen Physik nicht beschrieben werden kann und dem klassisch beschreibbaren Meßinstrument. Das beobachtende Subjekt im Sinn der empirischen Psychologie hat keine andere Aufgabe, als das Meßinstrument abzulesen. Die Wechselwirkung von Meßinstrument und beobachtendem Subjekt ist, soweit wir bisher die Physik ausgebaut haben, klassisch beschreibbar. Der »Schnitt« zwischen klassischer und quantenmäßiger Beschreibung liegt zwischen Elektron und Meßinstrument. Da er im Gebiet der klassischen Beschreibung beliebig verschoben werden kann, so kann er auch zwischen Meßinstrument und Beobachter gelegt werden. Damit ist aber nichts Neues ausgesagt, da innerhalb des klassischen Gebietes die Lage des Schnittes willkürlich ist.

Die große Bedeutung der Bohrschen Komplementaritätstheorie für alle Gebiete der Wissenschaft, insbesondere für die Logik der Wissenschaft, scheint mir vielmehr in folgendem zu liegen: es wird von einer allgemein verständlichen und angenommenen Sprache ausgegangen, der Sprache, mit der über grobmechanische Bewegungsvorgänge gesprochen wird. Ihre Bedeutung liegt darin, daß in ihrer Anwendung alle Menschen einig sind. In der Physik kommen in dieser Sprache Ausdrücke wie »Ort eines Teilchens«, im grobmechanischen Sinn genommen, vor. Die atomaren Vorgänge lassen sich, wie die neue Physik gezeigt hat, in dieser Sprache nicht beschreiben. Bohr hat nun in einer tiefgehenden Analyse der modernen Physik gezeigt, daß trotzdem Teile der Sprache des täglichen Lebens für gewisse Versuchsanordnungen auf dem Gebiet der atomaren Vorgänge beibehalten werden können, aber für verschiedene Versuchsanordnungen verschiedene Teile. Die Sprache des täglichen Lebens enthält so komplementäre Bestandteile, die bei der Beschreibung komplementärer Versuchsanordnungen verwendbar sind.

Es ist kein Zweifel, daß dieser Gedanke auch fruchtbar für die logische Syntax im allgemeinen ist und verdient, auf weitere Gebiete der Wissenschaft angewendet zu werden.

Man müßte auch in der Psychologie von der Sprache des täglichen Lebens ausgehen und sehen, ob sich beim Übergang zu subtileren Problemen Teile dieser Sprache beibehalten lassen. Man könnte etwa von der »physikalistischen« »Protokollsprache« Carnaps und Neuraths ausgehen und sehen, ob Bestandteile derselben zur Beschreibung gewisser Situationen besonders geeignet sind. Vielleicht ist die Symbolsprache der Psychoanalyse eine Andeutung einer solchen Teilsprache. Auch die phänomenale Sprache, von der Carnap in seinen früheren Arbeiten oft gesprochen hat, muß wohl als allgemeine Sprache fallen gelassen werden, könnte aber als ein Bestandteil einer allgemeinen Sprache im Sinne der Bohrschen Auffassung für gewisse experimentelle Situationen eine zweckmäßige Beschreibung liefern.

6.5 P. JORDANS VERSUCH, DEN VITALISMUS QUANTENMECHANISCH ZU RETTEN
(1935)

Edgar Zilsel

Für die vorwissenschaftliche Betrachtung sind sämtliche Geschehnisse in der Natur Tätigkeiten, ähnlich den Handlungen eines strebenden Menschen. Mit der wissenschaftlichen Physik, d.h. im wesentlichen seit Galilei, entstand eine neue Auffassung: nach ihr sind Naturabläufe Vorgänge, die sich bei gegebenen Anfangsbedingungen nach geeigneten mathematischen Formeln eindeutig vorausberechnen lassen, wobei etwaige Ähnlichkeiten mit dem menschlichen Handeln unwichtig sind, ja, in die Irre führen. Diese *physikalisch-wissenschaftliche* Auffassung eroberte in den dreieinhalb Jahrhunderten seit Galilei nicht bloß den ganzen Bereich der leblosen Natur, sondern drang auch in das Gebiet des Lebens selber ein. Wiewohl Lebenserscheinungen, grob betrachtet, menschlichen Reaktionen mehr oder weniger ähneln, konnten sie doch in Feinvorgänge zerlegt werden, von denen zumindest ein erheblicher Teil nach physikalischen Gesetzen berechenbar abläuft. Da aber die wissenschaftliche Biologie um mehr als zwei Jahrhunderte jünger ist als Galilei, besteht hier noch ein Problem. Lassen sich biologische Großvorgänge immer und restlos aus menschenunähnlichen, nach Art der Physik berechenbaren Feinvorgängen theoretisch zusammenfügen? Wenn ja, dann sind auch die biologischen Großvorgänge selber bei gegebenen Anfangsbedingungen vorausberechenbar (*Physikalische* Auffassung des Lebens). Oder aber muß bei der theoretischen Zusammenfügung noch ein menschenähnlicher, unberechenbarer Rest hinzugetan werden (*Vitalistische* Auffassung)? In dieser Doppelfrage ist das Vitalismusproblem formuliert. Es ist, wiewohl unseres Erachtens alles zugunsten der ersten, der physikalischen Antwort spricht, heute empirisch-biologisch noch nicht entschieden.

Leider läßt sich nicht einmal eine schärfere Formulierung des Vitalismusproblems angeben. Die Ausdrücke »menschenähnlich« und »nach Art der Physik« berechenbar sind gewiß unerfreulich verschwommen. Es ließe sich jedoch zeigen, daß die vermeintlich schärferen Fassungen sowohl der »Menschenähnlichkeit« (Streben, Ziel, Zweck, Ganzheit, Entelechie usf.) als auch der »Art der Physik« oft metaphysischer, stets verwickelter, nicht aber präziser sind.

Nun ist die Frage des Determinismus, d.h. der Vorausberechenbarkeit des Naturgeschehens, durch die Quantenmechanik in ein neues Licht gerückt worden. Die klassische Physik hatte stillschweigend angenommen, die Genauigkeit sowohl bei der Feststellung der Anfangsbedingungen jedes Vorgangs als bei der Berechnung seines Ablaufs könne beliebig weit getrieben werden. Dieser keineswegs selbstverständlichen Annahme hat die Quantenmechanik durch eine zahlenmäßige Angabe widersprochen: nach der Heisenberg-Bohrschen Unschärferelation läßt sich das Produkt der Ungenauigkeiten, mit denen zueinander konjugierte Größen – z.B. Impuls und Koordinate – beobachtet werden, nie unter die Größenordnung der Planckschen Konstante h hinabdrücken, gleichgültig von welchen technischen Mitteln die Beobachtung Gebrauch macht. Mikroabläufe lassen sich infolgedessen im allgemeinen nicht eindeutig vorausberechnen. Sie verlaufen jedoch nicht beliebig, sondern sind beschränkt auf eine genau angebbare Reihe von Möglichkeiten, für die die Quantenmechanik statistische Häufigkeitsprozente berechnet: für den Einzelfall sind sie vieldeutig, statistisch dagegen eindeutig vorausberechenbar. Die Quantenmechanik vergleicht also Kleinvorgänge keineswegs mit völlig »willkürlich«, völlig »beliebig« handelnden, »beseelten« Menschen, sondern mit einem leblosen Würfel, der, geworfen, eine genau angebbare Reihe zulässiger Endpositionen einnehmen kann. In den Erfolgen der Quantenmechanik kann man nur dann eine Bestätigung vitalistischer Auffassungen erblicken, wenn man ein Würfelspiel für besonders lebens- und strebensähnlich ansieht. Die mechanistische Physik vor 1870 betrachtete Elementarteilchen wie Billard-

kugeln, die Quantenmechanik betrachtet sie seit 1927 wie Spielwürfel: soweit der Vitalismus in Frage steht, ist dies die ganze Änderung. Trotzdem haben namhafte Physiker, insbesondere P. Jordan, die Quantenmechanik zugunsten des Vitalismus ausgedeutet. (Pascual Jordan: »Die Quantenmechanik und die Grundprobleme der Biologie und Psychologie«, *Die Naturwissenschaften*
20 [1932], S. 815–821, und »Quantenphysikalische Bemerkungen
zur Biologie und Psychologie«, *Erkenntnis* 4 [1934], S. 215–252.)
Bevor wir diese Deutungen prüfen, sind aber noch zwei Punkte
zu klären.

1. Wir sprachen bisher von Kleinvorgängen an einzelnen Elementarpartikeln oder Lichtquanten. Da bei den Großerscheinungen des Alltags und des Laboratoriums sowohl den Anfangsbedingungen als dem Ablauf der Prozesse Mittelwerte aus überaus
zahlreichen Mikrogrößen entsprechen und da in der Statistik aus
gegebenen Mittelwerten gesuchte Mittelwerte sich eindeutig berechnen lassen, hat also die Quantenmechanik im Großgebiet an
der Möglichkeit der Prognosen nichts geändert. Dies gilt im allgemeinen, unter Umständen können freilich auch Großvorgänge
ihre eindeutige Prognostizierbarkeit einbüßen. Ein entsprechend
konstruierter Comptonversuch wird dies schnell verdeutlichen.
Beschießt man ein Elektron mit einem schmalen Bündel von
Röntgenstrahlen und umstellt man es in entsprechender Entfernung mit Geigerschen Zählrohren, die bekanntlich schon auf
den Stoß eines einzigen Elektrons ansprechen, so läßt sich, selbst
wenn möglichst genau gezielt wurde, infolge der Unschärferelation nicht vorhersagen, in welchem Zählrohr das Elektron landen
wird. Man braucht dann nur die im Rohr durch das Elektron ausgelösten elektrischen Ströme entsprechend zu verstärken und
entsprechende Drahtleitungen und Sprengladungen anzubringen, um je nach der vom Elektron eingeschlagenen Bahn den
Montblanc oder den Mount Everest in die Luft zu sprengen.
Selbst bei möglichst genau bekannten Anfangsbedingungen läßt
sich im voraus nicht angeben, welche der Explosionen stattfinden
wird. Das heißt: es gibt derart empfindliche Empfangsgeräte und
derart ausgiebige Verstärkeranordnungen, daß die unbehebbare

Vieldeutigkeit der Kleinvoraussagen auf beliebig umfangreiche Großgeschehnisse übertragen werden kann.   190

Für unsere Versuchsanordnung war es wesentlich, daß winzigen Änderungen zu Beginn des Ablaufs starke Änderungen am Ende entsprechen. Da sie sich also ähnlich verhielt wie eine auf ihrer Kante labil aufgestellte dünne Münze, die schon sehr kleine Erschütterungen nach links oder rechts umkippen lassen, wollen wir derartige Abläufe kurz als *Kipp*vorgänge bezeichnen. Solche Kippvorgänge – zu ihnen gehören, wie schon Smoluchowski betont hat, alle Zufallsspiele, aber z. B. auch der Wettlauf der Spermatozoen um die zu befruchtende Eizelle – wurden seit jeher statistisch behandelt (Wahrscheinlichkeitsrechnung, Mendelsche Gesetze). Die klassische Auffassung meinte freilich, es sei durch   191 genügende Verfeinerung in der Feststellung der Anfangsbedingungen stets möglich, einen Kippvorgang auch einzeln voraus zu berechnen. Seit der Quantenmechanik ist diese Meinung aufgegeben, dann nämlich, wenn die Kippwirkung derart stark wird, daß schon atomare in Großunterschiede umkippen. Jedenfalls beziehen sich alle deterministischen Gesetze der Großphysik auf Vorgänge, die von so extremen Kippwirkungen frei sind. P. Jordan hatte nun ausgeführt, die Eigenart des Lebendigen lasse sich gerade auf solche Kippwirkungen zurückführen.

Würde in einem Gas schon das Verhalten eines ausgezeichneten einzigen Molekels den Großverlauf entscheidend beeinflussen, so würden offenbar Mittelbildungen versagen und folglich die Gasgesetze ihre Geltung verlieren. Die klassische Gastheorie würde in einem solchen Fall sagen, die Molekeln seien »künstlich geordnet«. Die alte Boltzmannsche Voraussetzung der »molekularen Unordnung«, die bisher einwandfrei nicht formuliert werden konnte, enthält also u. a. die Annahme, der betrachtete Großprozeß sei ein Kippvorgang.

2. Die Unschärferelation, die ja die eigentliche Wurzel des ganzen quantenmechanischen »Indeterminismus« ist, wird seit Bohr meist auf den Umstand zurückgeführt, daß jede Beobachtung den zu beobachtenden, jede Messung den zu messenden Vorgang stört. Es ist aber zu beachten, daß solche Meßstörungen

keineswegs der Quantenmechanik eigentümlich sind. Auch in
der klassischen Physik ändert die Einbringung jedes Thermo-
meters die Temperatur, die Einschaltung jedes Ampèremeters
die Stromstärke, jedes Elektrometers die Spannung, ja selbst
die Anlegung jedes Maßstabes beeinflußt das Gravitationsfeld
und damit – wenigstens theoretisch – die gemessene Länge. Der
Physiker pflegt diese Einflüsse, die ausnahmslos *jeden* Beobach-
tungsprozeß begleiten, möglichst herabzudrücken und wählt zu
diesem Behuf die Meßinstrumente entsprechend, macht sie z.B.
möglichst klein. Da der Atomismus der Verkleinerung der Instrumente, die Quantelung der Verkleinerung ihres Einflusses eine
Schranke setzen, scheint es zunächst, als ob nur Atomismus und
Quantelung die Ausschaltung der Meßstörung verhindern und
damit die Unschärferelation verschulden würden. Das ist aber
durchaus irrig. Nehmen wir an, wir hätten eine Anzahl von nicht
weiter verkleinerbaren Thermometern und Wassertropfen gleicher Größenordnung. Die Tropfentemperatur wird also durch die
eingebrachten Thermometer erheblich gestört. Trotzdem kann
man aus den abgelesenen Thermometerständen vor Einbringung
und nach Einbringung in den Tropfen nach den üblichen Gesetzen der Kalorimetrie ohne weiteres eindeutig errechnen, wie
groß die ungestörte Temperatur des Tropfens war. Man braucht
somit Meßstörungen nicht wirklich klein zu machen, es genügt
sie wegzurechnen. Zu diesem Behuf sucht man nach eindeutig
determinierenden Gesetzen, nach denen etwa die Störung vor
sich gehen könnte. Gelingt es, solche Gesetze zu finden, ohne mit
den Beobachtungen je in Konflikt zu geraten, so sind einerseits
die Gesetze selber verifiziert, und anderseits Meßresultate unter
Abrechnung der Störung gewonnen. In der klassischen Physik
gelingt das bekanntlich, in der Quantenmechanik dagegen – und
das ist der springende Punkt – gelingt es nicht. Die Unschärferelation gilt somit nicht deshalb, weil jede Messung stört, sondern
deshalb, weil im Mikrogebiet alle eindeutig determinierenden
Gesetze, die bloß beobachtbare Größen enthalten, bisher versagt
haben. Nur statistische, d.h. nur vieldeutige Störgesetze, sind mit
den Beobachtungen widerspruchslos in Einklang zu bringen.

In unserem Thermometerbeispiel hätte man als ungestörte Tropfentemperatur T eindeutig zu definieren $T = T_2 + \frac{c_1}{c_2}(T_2 - T_1)$ (T_1 und T_2 Thermometerstände vor und nach Einbringung in den Tropfen, c Wärmekapazitäten). Es gelingt, zu jedem Tropfen und jedem Thermometer ein c derart ausfindig zu machen, daß alle Beobachtungen, die üblichen kalorimetrischen Gesetze und die angegebene Temperaturdefinition stets zusammenstimmen. In der Quantenmechanik gelingen entsprechende Definitionen und Zuordnungen nicht.

Wenn wir das unter 1 und 2 Gesagte festhalten, können wir uns jetzt der Prüfung der Jordanschen Ausführungen zuwenden. Ein reflektierender Mensch, der den Verlauf seiner Erregung mit Aufmerksamkeit verfolgt, ist in anderer Weise aufgeregt als einer, der bloß den Anlaß seines Zornausbruchs beachtet; seelische Abläufe werden also durch Selbstbeobachtung gestört. Diese bekannte Tatsache vergleicht Jordan mit dem γ-Strahl, der im γ-Strahlenmikroskop das zu beobachtende Elektron wegstößt, und zieht daraus den Schluß, es seien in der *Psychologie* eindeutige Prognosen ebenso ausgeschlossen wie in der Quantenmechanik. Was ist von der Analogie zu halten? Sehen wir von den Scheinsätzen, die ihr zugrunde liegen, ab, nehmen wir für einen Augenblick an, die »Seele«, die »Aufmerksamkeit« und der »Zorn« ließen sich tatsächlich einander ebenso gegenüberstellen wie Physiker, γ-Strahl und Elektron! Selbst dann analogisiert der Jordansche Vergleich die Psychologie nicht mit der Quantenmechanik, sondern mit der Physik überhaupt. Der Indeterminismus der Quantenmechanik beruht ja nicht auf den Meßstörungen, die auch in der klassischen Physik unvermeidlich sind, sondern auf ihrer quantitativen Eigenart, quantitative Gesetze über den Einfluß der Aufmerksamkeit auf die übrigen psychologischen Reaktionen aber sind derzeit völlig unbekannt. Besteht etwa in der Psychologie eine quantitative Unschärferelation mit einer Schranke vergleichbar dem h der Quantenmechanik? Da die Selbstbeobachtung den Ablauf von Affekten anders und viel stärker beeinflußt als den von sinnespsychologischen Vorgängen, ist es sogar recht unwahrscheinlich, daß die nur künstlich zusammengefaßten psychologischen Störvorgänge überhaupt einem gemeinsamen Gesetz unterliegen. Man kann also gewiß auf die Störwirkung der Aufmerksamkeit hinweisen und zur Ergänzung und Kontrolle der Selbstbeobachtung Fremdbeobachtungen empfehlen; solche verschwommene Überlegungen sind den Psychologen geläufig. Irgendwelche Schlüsse auf eine »prinzipielle« Nichtvorausberechenbarkeit der seelischen Vorgänge aber entbehren jeder Grundlage. Dasselbe gilt von dem psychoanalytischen Argument, das Jordan neuerdings hinzugefügt hat (*Erkenntnis 4*, S. 247). Gewiß werden unbewußte »Komplexe« durch Bewußtmachung abgeändert, ja zerstört. Aber auch hier fehlt der springende Punkt der Quantenmechanik, die quantitative Eigenart der Störung.

Ebensowenig haltbar scheinen die Analogien zwischen Quantenmechanik und *Biologie*. Jedes Lebewesen, so argumentiert Jordan fürs erste, müsse bei der und durch die Beobachtung seines Feinzustandes getötet werden; das lebendige Verhalten sei daher »grundsätzlich« unprognostizierbar. Auch hier ist lediglich auf eine verschwommene Schwierigkeit hingewiesen, die mit der Problemlage der Quantenmechanik nichts gemein hat. Auch jeder laufende Wechselstromgenerator muß außer Betrieb gesetzt und zerlegt werden, wenn sein Anfangszustand – der Verlauf der Wicklungen usf. – festgestellt werden soll. Niemand wird daraus den Schluß ziehen, das Funktionieren eines laufenden Generators sei »grundsätzlich« nicht vorausberechenbar. Freilich läßt sich der zerlegte Generator nach seiner Zusammenfügung unschwer wieder in Betrieb setzen, während der Wiederbelebung eines zerlegten Organismus derzeit unüberwindliche Schwierigkeiten entgegenstehen. Anzunehmen aber, diese sei »prinzipiell« ausgeschlossen, hieße offenbar gerade das voraussetzen, was durch den ganzen Gedankengang erst bewiesen werden soll: die vitalistisch-unphysikalische Eigenart des Lebendigen. Das Argument von der mit der Beobachtung notwendig verbundenen Abtötung des Lebens beweist somit nicht die vitalistische These, sondern setzt sie voraus.

Die Problemlage der Quantenmechanik bestünde hier nur dann, wenn die zerlegende Beobachtung des Lebewesens bis zu den letzten Feingebilden, den Atomen und Elektronen, vordringen müßte. Damit aber stehen wir vor dem zweiten der biologischen Argumente Jordans. Sind tatsächlich, wie Jordan meint, die Lebensprozesse Kippvorgänge, die durch den Verlauf ganz weniger winzigster *Atom*geschehnisse bestimmt werden? Diese Kipp-, oder, wie Jordan sagt, »Verstärker«theorie des Lebens ist nunmehr zu prüfen.

Eine gewisse Berechtigung hat der Verstärkervergleich bei den Chromosomen, auf deren Rolle Jordan ausführlich eingeht. Chromosomen, Gebilde also, die an der Grenze der mikroskopischen Sichtbarkeit stehen (freilich atomare Dimensionen weit überschreiten), vermitteln die Vererbung, winzige Chromosomenänderungen rufen die Mutationen hervor, aus denen die neuen Varietäten und wahrscheinlich auch die neuen Arten entstehen. Eben deshalb berechnet der Biologe nicht nur die Vererbungserscheinungen bloß statistisch, sondern auch das Auftreten von Mutationen. Wenn es seit 1927 gelungen ist, zum erstenmal Ursachen des Mutierens zu entdecken (Muller, Goldschmidt), so heißt das, daß in der Nachkommenschaft von Taufliegen, die röntgenbestrahlt bzw. einer Temperatursteigerung ausgesetzt wurden, ein gewisser Prozentsatz von Mutationen statistisch festgestellt werden konnte; die Frage, warum unter den hunderten Fliegen ein ganz individuelles Chromosom verändert wurde, ein anderes nicht, wurde noch von niemandem aufgeworfen. Damit ist aber schon gesagt, daß es sich hier um andere Probleme handelt, als sie sonst in der Biologie auftreten. Bei biologischen Prozessen, die von Chromosomen abhängen, wie Vererbung und Mutation, stellt man statistisch fest, daß ein bestimmter Bruchteil der untersuchten Individuen sich auf die eine, ein andrer auf die andre Weise verhält. Unter normalen Verhältnissen entwickeln sich aber *alle* Kaulquappen zu Fröschen, zucken *alle* gereizten Muskeln, belauben sich *alle* Bäume im Frühjahr. Daß solche Lebensvorgänge, wenn die Larve, der Muskel, der Baum schon da ist, wenn Ei- und Spermazelle schon der Vergangenheit angehören, weiter von einem einzigen Zellkern, einem einzigen Chromosom aus reguliert werden, ist durch nichts auch nur wahrscheinlich gemacht. Bei den allermeisten und gerade bei den charakteristischsten Lebenserscheinungen hängt also der Verstärkervergleich völlig in der Luft.

Das Kippschema: kleine Ursachen, große Wirkungen spielt freilich bei Lebewesen, auch abgesehen von den Zeugungsvorgängen, manchmal eine Rolle. Ein Mensch kann beispielsweise durch eine sehr kleine Hirnverletzung getötet oder durch sehr kleine Buchstabenvertauschungen in einer Mitteilung zu einer starken Änderung seiner Reaktion veranlaßt werden. Sowohl bei einem Korallenstock als bei einem Eichbaum werden aber entsprechende Experimente versagen; sie gelingen nur bei tierischen Organismen, und zwar um so besser, je höher organisiert, je stärker zentralisiert das Tier ist. Das Kippschema kennzeichnet also allenfalls die Organisationshöhe, versagt aber bei den Grundproblemen, die allen Lebewesen gemeinsam sind.

Die Kipptheorie, nach der die eindeutige Prognose aller Großvorgänge des Lebens die Kenntnis der Anfangsbedingungen von *atomaren* Prozessen erfordern würde, ist eine Annahme, die nichts erklärt und für die nichts spricht. Darüber hinaus ließe sich sogar zeigen, daß sie sehr unwahrscheinlich ist. Die klassischen Beispiele der statistischen Physik – Wärme, Diffusion, Osmose – sind an allen Lebensprozessen fundamental beteiligt, jede lebendige Feinstruktur (einschließlich der Zellkerne und Chromosomen) ist umzittert von molekularen Wärmebewegungen; sollte es da wirklich auf genaue Anfangsbedingungen von Elektronen ankommen? Schon der vergleichsweise langsame Ablauf biologischer Reaktionen spricht gegen eine solche Annahme, denn atomare Geschehnisse spielen sich um Größenordnungen schneller ab. Das gilt besonders auch vom nervösen Geschehen und der anschließenden psychophysischen Zuordnung: wäre der Bewußtseinsablauf den einzelnen Elektronensprüngen in der Hirnrinde zugeordnet, so müßte er sich in einem sehr viel schnelleren Tempo vollziehen. In der Biologie gilt überdies das Talbotsche Gesetz, das besagt, daß bei schnell schwankenden Reizen für die biologische Reaktion (und psychologisch für die Empfindung) nur der zeitliche *Mittel*wert des Reizes maßgebend ist.

Höchstwahrscheinlich ist also jeder Bewußtseinszustand einem statistischen Durchschnitt aus ungeheuer zahlreichen atomaren Elementarprozessen zuzuordnen, wobei es auf den genauen Verlauf des einzelnen Elementarvorgangs gar nicht ankommt. Und dasselbe gilt wohl von allen biologischen Reaktionen (einschließlich der Chromosomenvorgänge). Atomphysikalisch gesehen ist das Leben höchstwahrscheinlich ein Großvorgang, in dem der »Indeterminismus« der Quantenmechanik statistisch längst ausgeglichen ist. Einige quantitative Abschätzungen bekräftigen diese Vermutung.

In einem Fall wurde tatsächlich nachgewiesen, daß schon wenige Elementarprozesse biologisch in Betracht kommen: J. v. Kries bestimmte als die geringste Lichtstärke, die bei einem Menschen noch eine Empfindung erzeugt, $1{,}3$–$2{,}6 \cdot 10^{-10}erg$ (*Zeitschrift für Sinnesphysiologie* 41 [1906], S. 373). Da eine Wellenlänge von 507 mµ, verwendet wurde, entspricht das 30–60 Photonen. Da jedoch vor dem Versuch das Auge viertelstundenlang auf Dunkel adaptiert werden mußte und durch winzigste Lichtpünktchen ein Mensch normalerweise nicht zum Handeln veranlaßt wird, ist es unrichtig, die Kriessche Messung als den biologischen Normalfall hinzustellen, wie dies Bohr und Jordan tun. Zum Vergleich: Als die für Menschen am stärksten riechbare Substanz wird Merkaptan *(CH$_3$SH)* angegeben, als die geringste riechbare Menge $4 \cdot 10^{-11}$ g pro l. Dies entspricht $5 \cdot 10^{11}$ Molekeln pro l. – Eine menschliche Hirnzelle kann für unsere Zwecke als Kugel vom Durchmesser 10 µ und der Dichte 1 betrachtet werden. Nehmen wir vereinfachend an, das Eiweiß bestehe aus reinem Kohlenstoff! Eine einzige Hirnzelle enthielte dann etwa $2{,}5 \cdot 10^{13}$ Atome. (Für reines N bzw. reines O wäre mit $\frac{6}{7}$ bzw. $\frac{3}{4}$ zu multiplizieren.) Dabei ist es höchst unwahrscheinlich, daß irgendeine psychische Reaktion in einer einzigen Hirnzelle lokalisiert ist. – Das kleinste Chromosom der Drosophila ist ungefähr eine Kugel mit dem Durchmesser 0,3 µ (*Naturwissenschaften* 20 [1932], S. 201); es beherbergt, wie Kreuzungsexperimente ergeben, ein einziges Gen. Nach den obigen Vereinfachungen entsprechen also einem Gen etwa $9 \cdot 10^8$ Atome. – Es ist zu beachten, daß organische

Verbindungen hochpolymer sind. Schon ein einziges Kautschuk-
molekel besteht aus etwa $2{,}4 \cdot 10^4$ Atomen (Staudinger, *Naturwissenschaften* 22 [1934], S. 67).

Der Versuch, den Vitalismus durch die Quantenmechanik zu
stützen, ist wissenschaftsgeschichtlich recht interessant. Gewöhnlich bemühen sich die Vertreter vitalistischer Gedankengänge um
den Nachweis, daß gewisse Verhaltensweisen der Lebewesen in
der Physik *nicht* vorkommen können, und gewöhnlich stützen
sie sich dabei auf die eigenartige *Stabilität* der Organismen, auf
ihre Fähigkeit, Verletzungen und Störungen durch Regeneration
und Selbstregulation wieder auszugleichen (Driesch). Der hier erörterte vitalistische Versuch verfährt gerade umgekehrt. Er sucht
zu zeigen, daß die Grunderscheinungen des Lebens *dieselben*
seien wie in der Mikrophysik und stützt sich dabei auf eine Kipptheorie, also auf eine Theorie der *Labilität* der Lebensvorgänge.
Im Grunde haben trotzdem beide Theorien das gleiche Ziel: beide
wollen das unprognostizierbare Streben, den freien Willen, die
unberechenbare »Beseelung« der Organismen, die der vorwissenschaftlichen Betrachtung selbstverständlich sind, irgendwie
für die Wissenschaft retten. Wenn nun zwei Theorien eine im
Grunde übereinstimmende Grundthese mit entgegengesetzten
Argumenten zu beweisen bemüht sind, und wenn, wie man wohl
sagen darf, beiderlei Argumente der Kritik nicht standhalten, gibt
das zu denken. Sollte nicht, den Forschern unbewußt, irgendwie
der *Wunsch* der Vater des Gedankens gewesen sein? Es bestehen
offenbar heute sehr wirksame gefühlsmäßige, geschichtliche und
gesellschaftliche Umstände, die den Vitalismus als erfreulich, die
physikalische Auffassung des Lebens als unerfreulich erscheinen
lassen. Erst die nähere Betrachtung dieser ziemlich verwickelten
Umstände würde es erklären, wieso vitalistische Gedanken seit
etwa einem Halbjahrhundert deutlich wieder vordringen. Diese
psychologischen und wissenschaftssoziologischen Betrachtungen würden jedoch den Rahmen überschreiten, der uns hier gesetzt ist.

6.6 ÜBER DEN BEGRIFF DER GANZHEIT
(1935)

Moritz Schlick

Das Wort »Ganzheit« gehört zu den am meisten mißbrauchten in der gegenwärtigen Philosophie. Mit seiner Hilfe werden biologische, soziologische und psychologische Grundfragen scheinbar philosophisch aufgeklärt – aber eben nur scheinbar, denn genauere Betrachtung der vorgeschlagenen Lösungen lehrt, daß in keiner von ihnen das Wort »Ganzheit« in so präziser Weise gebraucht wird, daß die Sätze, in denen es vorkommt, einen klaren Sinn ergeben.

Eine gute Methode, über den Gebrauch eines Wortes in der wissenschaftlichen Sprache, also über seine »Bedeutung« ins klare zu kommen, besteht darin, daß man zusieht, wie denn sein Gegenteil, seine Negation, verwendet wird. Als Gegenteil der echten Ganzheit wird nun immer das »bloß Summenhafte« angegeben, das »Additive« oder »Summative«, oder wie die Ausdrücke sonst lauten mögen. Ja, das Ganzheitliche wird gerade dadurch definiert, daß es eben *nicht* eine bloße Summe sei. Eine Melodie, so sagt man, ist mehr als die bloße Summe ihrer Töne, ein Satz mehr als das bloße Beieinander seiner Worte, ein Organismus mehr als ein Haufen von Zellen, ein Volk mehr als ein großer Haufen von Individuen.

Mit diesen Bestimmungen ist nur dann etwas gesagt, wenn man weiß oder vorher definiert hat, was eigentlich eine Summe, eine additive Verbindung oder ein bloßer Haufen sei. Nun setzen die Ganzheitsphilosophen mit Unrecht voraus, daß die Bedeutung solcher Worte feststünde, und sie vergessen, daß es in jedem neuen Falle einer besonderen Definition bedarf. Ja, in manchen Fällen, wo wirklich klare Definitionen vorliegen, wie z. B. bei der physikalischen »Summe« zweier Geschwindigkeiten, haben gewisse Ganzheitsphilosophen nicht einmal diese richtig verstanden (wie sich in ihrer Polemik gegen die spezielle Relativitätstheorie zeigte) – was können wir da von ihren Argumenten in jenen Fällen erhoffen, wo überhaupt noch keine Begriffsbestimmung einer »Summe« – und folglich eines »nichtsummenhaften Ganzen« gegeben worden ist? In der Physik gibt es z. B. den Begriff der »Summe zweier Temperaturen« nicht, aber wenn sie wollte, könnte sie einen solchen Begriff natürlich durch eine willkürliche Definition einführen. Niemand hat bisher gesagt, was er unter einer »bloßen Summe von Tönen« oder unter einer »Summe von Empfindungen« verstehen will, und doch kommen beide Ausdrücke in der Literatur fortwährend vor, der erste in der psychologischen Akustik, der zweite in der Diskussion über den philosophischen Sensualismus.

Nun sind Definitionen schlechthin willkürlich. Die Frage: »Ist ein Akkordklang aus einzelnen Tönen zusammengesetzt (eine Summe von Tönen)?« hat einen Sinn erst dann, wenn ich vorher erklärt habe, unter welchen Umständen ich denn einen Klang »zusammengesetzt« nennen will. Hier bestehen verschiedene Möglichkeiten, und es hängt nur von meiner freien Wahl ab, wie ich die Begriffe »Ganzes« und »Teil« auf einen Klang anwenden will.

Ganz analog steht es mit der Frage »Ist ein Organismus, ein Volk, eine Elektrizitätsverteilung auf einem Leiter eine Ganzheit oder eine Summe?« Sie hat nicht schon für sich Sinn, sondern bekommt ihn erst, nachdem ich *festgesetzt* habe, wann ich überhaupt von »Ganzheit« sprechen will. Und diese Festsetzung – das ist das Wesentliche – kann und muß *willkürlich* getroffen werden, nur Zweckmäßigkeitsgründe sind für ihre Wahl maßgebend. Gerade so, wie man nicht ohne nähere Erläuterung fragen kann: »Ist unser Raum euklidisch oder nicht?«, sondern erst hinzusetzen muß »in bezug auf welche Definitionen?«, und wie gerade die Einsicht in diesen Sachverhalt die philosophische Vorbereitung der Raumfrage ist, so gilt es auch zuerst, einen Begriff der Ganzheit irgendwie – vielleicht für verschiedene Zwecke auf verschiedene Weise – zu definieren, und dann erst lassen sich mit seiner Hilfe Tatsachenfragen stellen und beantworten.

Daß sie dies außer acht ließen, daß diese philosophische Klärung versäumt wurde, ist den bisherigen Betrachtungen der Forscher und Denker zum Vorwurf zu machen.

Ich bin der Meinung, daß man Ganzheitsbegriffe, welche ungefähr die Funktion haben, die ihnen in jenen Betrachtungen zugewiesen wird, sehr wohl definieren und mit höchstem Vorteil verwenden kann, ja ich glaube sogar, daß dies auf manchen Wissensgebieten die einzige praktisch durchführbare Erkenntnismethode ist (wie ich z.B. die Gestaltpsychologie der früheren atomistischen für unendlich überlegen halte). Das Wesentliche dieser Begriffsbildung besteht darin, daß zuerst »Teile« definiert werden, daß aber bei der Naturbeschreibung nicht diese Teile selbst, sondern gewisse durch sinnlich wahrnehmbare Eigenschaften ausgezeichnete relativ invariante Gruppen von ihnen durch Symbole bezeichnet werden, deren Verbindung durch Formeln dann die Gesetzmäßigkeiten der Natur abbildet.

Im Reiche des Lebendigen, wo z.B. jedes Organ eine solche relativ invariante Gruppe von Einzelheiten bildet, liegt eine derartige Beschreibungsweise besonders nahe, aber auch im Reiche des Anorganischen kann sie sehr vorteilhaft sein; man kann z.B. einen Helmholtzschen Wirbelring oder ein stabiles, stationäres Atomgebilde sehr wohl als eine »Ganzheit« betrachten.

Aber damit ist nur eine besondere *Beschreibungs*weise gegeben; andere Arten der Beschreibung, die man »summative« nennen kann, bleiben stets auch möglich. Statt z.B. die Vorgänge in einer Flüssigkeit dadurch zu beschreiben, daß ich das Verhalten der Wirbelringe in ihr angebe, kann ich auch die Bewegung jedes einzelnen Flüssigkeitsteilchens für sich beschreiben. Genau ebensogut ist es aber prinzipiell denkbar (wenn auch wegen unzureichender Kenntnis nicht durchführbar), alles, was sich über einen Organismus überhaupt sagen läßt, dadurch zu sagen, daß man sämtliche Elementarprozesse angibt, die sich an allen seinen kleinsten Teilen (etwa Elektronen usw.) abspielen. Eine »ganzheitliche« Beschreibung könnte niemals mehr, sondern höchstens weniger liefern. Ebenso wüßte ich schlechthin *alles* über ein Volk und seine Geschichte, wenn ich sämtliche Handlungen aller dazu gehörenden Individuen bis ins einzelne wüßte; es wäre also nicht nötig und würde keine Erweiterung des Wissens bedeuten, daß noch Aussagen über den »Gesamtwillen«, die »Nation« usw. hinzukämen.

Das Fazit ist: Wegen der Willkür in der Definition von »Ganzheit« und »Summe« bezeichnen die Worte »ganzheitlich« und »summenhaft« nicht verschiedene objektive Eigenschaften irgendwelcher Gebilde, sondern sie bedeuten (ähnlich wie »euklidisch« und »nichteuklidisch«) zunächst verschiedene Darstellungsarten. Es ist nie die eine richtig, die andere falsch, sondern es sind stets beide möglich, nur daß in vielen Fällen die eine sehr viel zweckmäßiger oder praktischer ist als die andere und daher durch die Erfahrung nahegelegt wird.

Die hier angedeuteten Betrachtungen wollen nur als ein typisches Beispiel einer philosophischen Analyse betrachtet werden. Das Wesen der philosophischen Analyse (im Gegensatz zur wissenschaftlichen Forschung) sehe ich nämlich darin, daß sie nicht unmittelbar Wirklichkeitserkenntnis liefert, nicht die Tatsachen selbst ausdrückt, sondern sich darüber klar zu werden sucht, *auf welche Weise* wir denn die Tatsachen ausdrücken. (Und diese Klarheit bildet die Vorbedingung dafür, daß man dann die Tatsachen richtig ausdrücken kann.) Mit anderen Worten: sie stellt *Sinn*fragen, während die Wissenschaft sich auf *Tatsachen*fragen richtet. Die meisten Unklarheiten und Scheinprobleme entstehen dadurch, daß man beides verwechselt, daß man für eine Sachfrage hält, was eine Frage des Ausdruckes, der logischen Grammatik ist. Bei der Frage nach dem Wesen der Geometrie wurde dies historisch wohl zuerst klar, aber bei hundert anderen Gelegenheiten kehrt eine ähnliche Sachlage wieder. Die »Ganzheits«frage war uns ein Beispiel dafür.

6.7 MENSCH UND GESELLSCHAFT
IN DER WISSENSCHAFT
(1936)

Otto Neurath

Es gehört zum Programm unserer Internationalen Kongresse für Einheit der Wissenschaft, deren erster uns in Paris vereinigt, sich um Einheitlichkeit und Zusammenhang der Wissenschaft zu bemühen und sich der durch Metaphysiker so oft durchgeführten Zerreißung der Gesamtwissenschaft, insbesondere der Abtrennung der sogenannten »Geisteswissenschaften« zu widersetzen. Gerade hierbei wird die fundamentale Bedeutung des *Physikalismus* sichtbar, der uns die Möglichkeit zeigt, die Termini aller Wissenschaften auf einheitliche Termini zurückzuführen, die der Mechanik auf dieselben Termini wie die der Biologie oder Soziologie.

Viele der metaphysischen Bemühungen sind aber oft nur ein unvollkommener Ausdruck für das wissenschaftlich durchaus vertretbare Bestreben, »Mensch« und »Gesellschaft« nicht auch dort auszuschalten, wo man diese Termini benötigt, und vor allem auch für das Bestreben, die einschlägigen Probleme so umfassend als möglich zu erörtern. Man wendet manchmal gegen den wissenschaftlichen Empirismus ein, daß er durch seine gesamte Einstellung gewissen Problemen nicht gerecht werde, die mit dem Kunstgenuß, der Lebensgestaltung usw. zusammenhängen, mit der Stellung von Musik, Architektur, Malerei usw. im persönlichen und gesellschaftlichen Leben usw.; allzurasch komme er zu groben Formulierungen, um sie seiner logischen Analyse unterwerfen zu können. Das ist insofern berechtigt, als es sich um eine Abwehr gegen *Verarmung* unserer Formulierungen und Problemstellungen handelt, denn wir wollen nicht übersehn: Man neigt manchmal dazu, das Hantieren mit präzisen Termini so zu bevorzugen, daß man manchen Problemen, die noch weniger ausgebildet sind, ausweicht und gewisse Sätze einer Kunsterörterung oder einer soziologischen Betrachtung überrasch wegdrängt, weil sie recht vage und unvollkommen sind, ja vielleicht gewisse metaphysische Termini verwenden. Aber es steckt oft in diesen unvollkommenen Reflexionen das an wissenschaftlichem Ertrag, was auf diesem Gebiet bisher überhaupt erzielt wurde, und man müßte sich mehr um Ausbau des Gebietes bemühen. Freilich, streng wissenschaftslogische Analyse fühlt sich mehr durch Beschäftigung mit der Physik befriedigt.

Dazu kommt, daß die konkrete Durchführung wissenschaftlicher Betrachtungen auf den erwähnten Gebieten vielfach ein »Training« nötig macht. Da dies Training freilich sehr oft nicht in wissenschaftlichen, sondern metaphysischen Termini beschrieben wird, wird leicht übersehen, daß man auch in der Physik solch ein Training benötigt, wenn man z. B. in einem Laboratorium ausgebildet wird, gewisse Beobachtungsmethoden lernen muß oder gewisse Methoden, um auf Grund statistischer Daten Schätzungen zu machen. Es ist freilich oft nicht leicht, aus den mit metaphysischen Spekulationen vermengten und mit metaphysischen Termini durchsetzten Darlegungen vieler Rechtsphilosophen, Soziologen, Kunsthistoriker usw. den wissenschaftlich bedeutsamen Kern herauszuschälen, besonders dann nicht, wenn man dabei zu zwar unmetaphysischen, aber immerhin vagen Wendungen gelangt, die erst einer Präzisierung bedürfen.

Die unzulänglichen Formulierungen, die wir übrigens bei Vertretern verschiedenster Richtungen antreffen, sind oft darauf aufgebaut, daß der Terminus »Mensch« oder »Gesellschaft« in solchem Zusammenhang ganz anders behandelt wird als derselbe Terminus in anderen Wissenschaften, in denen er auch vorkommt, etwa in der Medizin, in der Biologie usw. Nun ist es gerade für unsere Bestrebungen wesentlich, mit einem *einheitlichen Terminus* »Mensch« auszukommen. Das Wort »Mensch«, das mit »Aussage machen« oder »künstlerisch genießen« verbunden wird, ist ebenso zu definieren wie das Wort »Mensch«, das in Sätzen vorkommt, in denen von »chirurgischer Operation« oder von »Welthandel« und »Produktion« die Rede ist (vgl. Otto

Neurath, »Protokollsätze«, in diesem Band, S. 409 f.). Wir können mit demselben Terminus »Mensch« etwa die Sätze bilden: »Der Arzt behandelt diesen Menschen«, »Dieser Mensch steht in Ergriffenheit vor dem Parthenon«, »Dieser Mensch erzielt auf der Börse einen Gewinn«. Wichtig, daß wir über einen reichen Schatz von Termini, wie »Ergriffenheit« usw. verfügen, um der oben erwähnten »Verarmung« zu entgehen.

In vielen Fällen kann man Korrelationen zwischen Elementen herstellen, die physikalisch mit dem Menschen verbunden sind, ohne daß man diese Verbindung immer verwendet; man kann z.B., ohne von Menschen zu sprechen, die Gesetze des Lautwandels darstellen oder gewisse Gesetze des Marktablaufs. Man müßte aber immer darauf achten, daß man, ohne etwa auf diese Art »isolierender« Betrachtung zu verzichten, jederzeit die Verknüpfung mit Mensch und Gesellschaft herstellen kann, so daß alle nationalökonomischen Formulierungen sozusagen in die Soziologie aufgenommen werden können. Aber man kann auch von logischen Formulierungen angeben, wer sie ausgesprochen hat, innerhalb welcher gesellschaftlicher Verhältnisse sie zuerst aufgetreten sind und derlei mehr. Denselben Satz, den man mit einem anderen Satz logisch vergleicht, kann man auch in der Geschichte der Wissenschaften und der Gesellschaft als soziales Phänomen betrachten. Die »Lehre von den Sätzen« wird dadurch nicht in eine »Lehre von den Sätze formulierenden Menschen« verwandelt – das sind zwei voneinander wohl zu trennende Disziplinen.

Es kann nun Fälle geben, in denen es zweckmäßig ist, um den Übergang von der einen Sphäre in die andere Sphäre ohne Wechsel der Terminologie durchführen zu können, die »psychologische« und »soziologische« Verwertung aller Sätze ins Auge zu fassen. Das würde z.B. bedeuten, daß man in einer Enzyklopädie der Gesamtwissenschaft alles so einrichtet, daß man die physikalischen, biologischen usw. Sätze auf Beobachtungssätze zurückführt, mit deren Hilfe Prognosen kontrolliert werden, derart, daß in diesen Beobachtungssätzen (wenn präziser formuliert »Protokollsätze« genannt) der »Beobachter« ausdrücklich auftritt,

und sofern er als »bewußt« vorgehender Beobachter aufgefaßt
wird, unter Zuordnung einer »Formulierung« (vgl. in diesem
Kongreßbericht Heft I. Otto Neurath, »Einzelwissenschaften,
Einheitswissenschaft, Pseudorationalismus«). Wir können so
innerhalb der Sprache des Physikalismus verbleiben und vermeiden eine besondere »phänomenale« Sprache. Unser mehrfach
ausgesprochener Vorschlag ging nun dahin, Protokollsätze etwa
so aufzubauen: »Karls Protokoll um 7 Uhr: [Karls Formulierung
um 6 Uhr 59 Minuten war: (Im Zimmer war ein von Karl um
6 Uhr 58 Minuten wahrgenommener Tisch)]«. Diese komplizierte Fassung gibt uns die Möglichkeit, auf Grund des Heran-
ziehens anderer Sätze anzugeben, wann wir z. B. dieses Protokoll eine »Wirklichkeitsaussage« nennen wollen. Nämlich dann,
wenn wir den Satz: »Im Zimmer war ein von Karl um 6 Uhr 58
Minuten wahrgenommener Tisch« oder einfach »Im Zimmer war
ein Tisch« *gleichzeitig* mit dem obigen Protokollsatz in unsere
Enzyklopädie aufzunehmen bereit sind. Hingegen würden wir
dies Protokoll eine »Halluzinationsaussage«, eine »Traumaussage« usw. nennen, wenn wir zwar das Protokoll *ohne Auflösung
der Klammern* in die Enzyklopädie aufnehmen, nicht aber den
Satz: »Im Zimmer war ein Tisch«. Läßt man zwar das Gesamt-
protokoll zu, nicht aber gleichzeitig die Formulierung: »Karls
Formulierung um 6 Uhr 59 Minuten war: (Im Zimmer war ein
von Karl um 6 Uhr 58 Minuten wahrgenommener Tisch)«, dann
würden wir etwa sagen: Das Protokoll ist eine Lüge.

Dadurch, daß wir die Protokollsätze, die den Namen des Beobachters zweimal enthalten (stattdessen kann man auch den
Terminus »Ich« verwenden, wenn man sich darüber geeinigt hat,
daß man diesen Terminus jederzeit, wie in der Kindersprache,
auf diese Doppelnennung des Eigennamens reduzieren kann),
einführen, bringen wir deutlich zum Ausdruck, daß unsere
Wissenschaft in diesen Kontrollsätzen nicht mit jener Präzision
wetteifern kann, die wir in den Formulierungen physikalischer
Gesetze antreffen. Aber jedes physikalische Gesetz wird unserem
Vorschlag gemäß durch Protokollsätze kontrolliert, indem man
Übereinstimmung oder Widerspruch der Prognosen und der

Protokolle feststellt beziehungsweise sieht, daß eine Entscheidung noch nicht möglich ist. Das heißt, die Realwissenschaften müssen früher oder später mit nicht genau definierten Termini wie »Mensch« usw. hantieren. Auch »Tisch in diesem Zimmer« ist kein sehr präziser Terminus, und doch muß man diese unbestimmten Termini irgendwie den präzisen Termini der Physik zuordnen, will man physikalische Prognosen kontrollieren.

Aber diese der Wissenschaftslehre ganz allgemein angepaßten Vorschläge haben den großen Vorteil, den Übergang in die »Behavioristik« (Psychologie) und in die Soziologie zu ermöglichen. Die Protokollsätze, die den Terminus »Mensch« (Eigennamen, Beobachter usw.) enthalten, können in der Entwicklung der Wissenschaften im allgemeinen viel länger beibehalten werden als die einfachen Realsätze. Wenn man im 16. Jahrhundert notierte: »Die Menschen teilten mit, am Himmel haben wir feurige Schwerter gesehn«, so kann dieser Satz auch heute von uns unverändert in unsere Gesamtwissenschaft übernommen werden. Anders, wenn man im 16. Jahrhundert geschrieben hätte: »Am Himmel waren feurige Schwerter«. Wir könnten uns eine Geschichte der Wissenschaften im Rahmen einer Gesellschaftsgeschichte denken, in der niemals Protokollsätze geändert würden, wohl aber die übrigen Realsätze, insbesondere die Sätze der wissenschaftlichen Theorien. Ein Protokollsatz tritt nicht so leicht wie ein anderer Realsatz mit der Gesamtwissenschaft in Widerspruch; grundsätzlich ist wohl jeder Gelehrte auch bereit, Protokollsätze abzuändern, es könnte sich z. B. ergeben, daß ein Protokollsatz mit einem Eigennamen vorkommt, der überhaupt nie einem Menschen zukam, oder daß ein Mensch im selben Zeitpunkt zwei Protokollsätze aufschrieb, die wir solange als widersprechend ansehen, als wir z. B. nicht von der »Spaltung der Persönlichkeit« sprechen wollen. Sobald man aber übereinkommt, daß man die Personennamen bei Protokollsätzen und auch als Autornamen bei anderen Sätzen anzugeben bereit ist, dann kann man mühelos die Frage untersuchen, wie oft bestimmte Sätze formuliert zu werden pflegen und in Verbindung mit welchen anderen Formulierungen oder sonstigen Vorgängen sie auftreten.

Unter Vermeidung metaphysischer Abwege kann man grundsätzlich innerhalb des Physikalismus aus dem, was Menschen »planen«, sich »vornehmen« (»bei sich selbst formulieren«), auf zukünftige Handlungen der Menschen in einem gewissen Ausmaß schließen. Aber die Praxis der Individual- und Sozialbehavioristik zeigt, daß man im allgemeinen zu weit besseren Prognosen kommt, wenn man sich nicht zu sehr auf diese Elemente, die vor allem durch »Selbstbeobachtung« gewonnen werden, stützt, sondern auf andere, die uns reichlich durch sonstige Beobachtung bekannt werden. Der Physikalismus lehnt diese »Verhaltungsweisen« des »bewußt planenden Menschen« nicht etwa ab, er weiß nur, daß es sich hierbei nicht um besonders geeignete Elemente handelt. Wenn wir die Chance, gute Prognosen zu bekommen, in dieser Weise in den Vordergrund rücken, können wir die Lehre von »Unterbau« und »Überbau«, die zu so viel Kontroversen Anlaß gegeben hat, etwas zugespitzt in wissenschaftslogisch einwandfreier Weise etwa so zu formulieren versuchen: Es seien einerseits »Formulierungen« der Menschen gegeben (»Gedanken«, »Pläne«, »gesprochene Worte«, »gedruckte Worte« usw.), andererseits »Produktionsverhältnisse«. Es könnte nun festgestellt werden, daß man aus den Formulierungen eines Zeitalters weniger gute Prognosen ableiten kann, welche Formulierungen und Produktionsverhältnisse der Zukunft betreffen, als aus den Produktionsverhältnissen eines Zeitalters Prognosen, welche Produktionsverhältnisse und Formulierungen der Zukunft betreffen. Es ist eine quaestio facti, ob für die gegenwärtige Soziologie diese *Prognosenasymmetrie* besteht oder nicht. Das Beispiel zeigt ungefähr, wie wir durch den logischen Empirismus angeleitet werden, sorgsamer zu formulieren als bisher. Man sieht unschwer, daß Fragen in die Irre führen, die etwa so lauten: »Besteht das Wesen der Geschichte mehr in Produktionsentwicklung oder Entwicklung des Geisteslebens?« oder »Haben die Produktionsverhältnisse mehr Einfluß auf die Rechtsordnung oder umgekehrt?« Wir sehen dabei ganz davon ab, daß man von »Rechtsordnung« usw. oft so spricht, als ob das physikalistisch genügend geklärte Begriffe wären. Wir werden in all diesen Fällen besser tun, wenn wir nach der Prognosenchance fragen.

Die Fragestellung der Psychologie und Soziologie ist vielfältig. *Wir gehen davon aus, daß man immer Menschennamen und andere Dingnamen grammatikalisch gleich behandeln soll, um jedem metaphysischen Fehlweg auszuweichen.* Man kann nun ohneweiters fragen, welche Prognosen können wir über gesellschaftliches Verhalten machen, sei es, daß wir aus einem Teil dieses Verhaltens auf einen anderen Teil schließen wollen, sei es, daß wir aus dem Gesamtverhalten eines Zeitpunktes, das durch bestimmte Daten gegeben ist, auf das *Gesamtverhalten in einem anderen Zeitpunkt* schließen wollen. Es ist klar, daß solche Prognosen, wie übrigens alle realwissenschaftlichen Prognosen, nicht eindeutig ausfallen können, da wir nicht einmal in bezug auf die Gesetze, die wir anwenden wollen, genügend viele Daten besitzen. Wir können das Wetter des nächsten Monats manchmal weniger gut prognostizieren als das Ergebnis der Wahlen des nächsten Monats.

Wir müssen aber nicht immer soziale Gesamtheiten als Gegenstand unserer Prognosen ins Auge fassen, wir können auch bestimmte Korrelationen auswählen, z. B. das Funktionieren bestimmter Einrichtungen; so kann man z. B. den Einfluß der Lebensordnungen auf die Lebenslagen der Menschen untersuchen wollen. Da ist es nicht unzweckmäßig, *Modelle* zugrundezulegen und nun zu sehen, welche Verschiebungen erfolgen können. Es ist sehr beliebt, die Modelle so zu wählen, daß sie keine labilen Zustände aufweisen, sondern immer eindeutige mathematische Ableitungen ermöglichen. Es werden dadurch viele sozial interessante Möglichkeiten von vornherein abgeschaltet.

Bei der Untersuchung dieser Modelle, womit sich vor allem die Nationalökonomie beschäftigt, kann man den Ablauf der Veränderungen als gegeben annehmen oder ihn willkürlich schildern, um dann zu fragen, welchen Einfluß die Vorgänge auf die Lebenslagen ausüben. Man kann etwa sagen: Angenommen, es würden die und die Produktionen durchgeführt, die Produkte weiter verarbeitet und konsumiert usw.; was würde das für die Entwicklung der Lebenslagen bedeuten, also für Wohnung, Nahrung, Kleidung, Bildung usw. der untersuchten Menschengruppe? Das ist eine viel weitere Fragestellung als die, welche sich auf Abläufe beschränkt, die aus wenigen Voraussetzungen ableitbar gedacht werden. Das gilt vor allem für die Marktlehre, die mit ihren Warenmengen und Preisen operiert und sich meist durch [die] Form der Fragestellung von vornherein den Weg zu einer umfassenderen Fragestellung versperrt, die z. B. die Möglichkeit geben würde, einen Marktwirtschaftsablauf mit einem Ablauf innerhalb einer Nichtmarktwirtschaft zu vergleichen.

204 Wissenschaftslogische Analyse muß sich z. B. mit der Frage beschäftigen, ob man deswegen, weil etwa die Lebenslagen der einzelnen Menschen mit Hilfe irgendwelcher Beurteiler skalierend geordnet werden können, nunmehr auch schon imstande ist, daraus die Skalierung der Lebenslagengesamtheiten ganzer Gruppen mit Hilfe eines Kalküls abzuleiten, oder ob diese Skalierung der Lebenslagengesamtheiten ein neues Eingreifen von Beurteilern voraussetzt. Das sind Probleme, die bisher nicht sorgsam genug erörtert wurden, weil einerseits die »Geldrechnung«, die wir historisch vorfinden, die Fragestellungen und Antworten der allgemeinen nationalökonomischen Theorien deformiert, andererseits die wissenschaftslogische Einstellung noch ungenügend entwickelt ist. Alle Bestrebungen, die darauf abzielen, solche Grundlagenfragen systematisch, womöglich in gleicher Weise für alle Wissenschaften zu behandeln, sind sehr zu begrüßen (vgl. z. B. Ausführungen von Hempel und Oppenheim auf

205 diesem Kongreß).

Die Präzision der Modellanalysen ist der Präzision physikalischer Theorien verwandt, und man muß nun zusehen, wie weit solche Analysen in der Praxis der Wissenschaft verwertbar sind. Daneben erforscht man Korrelationen auf Grund von Beobachtungsaussagen, ohne auf Modelle zu rekurrieren. Die meisten soziologischen Arbeiten bewegen sich in dieser Richtung; in der Nationalökonomie bemüht sich die Konjunkturforschung um solche Korrelationen. Doch besteht immer das Bemühen, Modellkorrelationen mit solchen kruden Korrelationen in Verbindung zu bringen oder für Korrelationen, die man im Beobachtungsbereich antrifft, entsprechende Modelle zu konstruieren, die dann zu neuen, oft unerwarteten Prognosen Anlaß geben können.

Wir sahen, daß man den Terminus »Mensch« viel häufiger verwenden kann, als man es tut, und daß gerade eine Gesamtauffassung, die immer wieder die Wissenschaften, vor allem auch die Soziologie selbst, zum Gegenstand ihrer Forschung macht, die Sätze mit diesem Terminus öfter einführen sollte, ohne deshalb in metaphysische Spekulationen abzugleiten oder gar logische Betrachtungen durch psychologische zu ersetzen.

Für die Sonderstellung des Menschen und der Gesellschaft, wie sie metaphysische Geschichts- und Gesellschaftsauffassung im Auge hat, ist aber kein Raum innerhalb der physikalistisch aufgebauten Gesamtwissenschaft. So wie man den Menschen innerhalb der Zoologie abhandelt, kann man die menschliche Gesellschaft innerhalb der Tiersoziologie abhandeln. Es ist Aufgabe einer solchen Tiersoziologie, die Eigentümlichkeiten menschlicher Gesellschaften hervorzuheben, so wie die Zoologie die Eigentümlichkeiten des Menschen hervorhebt. Und wenn man sagt, die Menschensoziologie ist ein Teil der Tiersoziologie, so ist damit nicht etwa behauptet, man könne aus den Aussagen über Tiergesellschaften besonders viel schließen auf die Aussagen über Menschengesellschaften. Das sind alles Tatsachenfragen, die keine allgemeine Erledigung gestatten. Man hat vorgeschlagen, einfach Sozialwissenschaften und Geisteswissenschaften gleichzusetzen, um so die Reibungsfläche zwischen verschiedenen Richtungen zu verringern; darauf wäre zu erwidern, daß die Reibungen durch viel wesentlichere Momente bedingt sind, daß, wenn man aber diesen Vorschlag annimmt, es eigentlich auch erlaubt sein müßte, von einer »Geisteswissenschaftlichen Betrachtung der Ameisengesellschaften« zu sprechen.

206

Gerade die Sozialwissenschaften verlangen eine ständige Ausgestaltung, sowohl infolge der Entwicklung der Psychologie und der sozialen Forschung selbst, dann aber auch, weil wir sie allmählich in die Gesamtwissenschaft eingliedern müssen. Es ist noch lange nicht genügend Klarheit darüber geschaffen, in welcher Form die überkommenen Formulierungen mit den Termini »Ethik«, »Recht«, »Pflicht« usw. einer empiristischen Umdeutung zugänglich sind, wie weit durch den logisierenden Empirismus neue Abgrenzungen der Begriffe sich als nötig erweisen, nicht nur eine Umdefinition. Es ist ja eine Eigentümlichkeit der Menschheitsgeschichte, daß man in so vielen Fällen überkommene Sätze weiterverwenden kann und mit einer Umdeutung das Auslangen findet. Ja der wissenschaftliche Empirismus wird vielleicht gerade dahin wirken, daß man möglichst darauf bedacht ist, Formulierungen zu wählen, die man möglichst selten ändern muß. Aber das darf uns nicht hindern, alle wissenschaftlich für nötig erkannten Änderungen durchzuführen und gerade »Mensch« und »Gesellschaft« so einzugliedern, daß die allgemeinen Forderungen des Empirismus erfüllt werden können. Wir suchten zu zeigen, daß man diese Termini wohl häufiger verwenden sollte, als es gewöhnlich geschieht, um sowohl in der Wissenschaftslehre als auch in der Wissenschaftssoziologie erfolgreicher fortschreiten zu können. Auch dadurch arbeiten wir an der *Ausgestaltung der Einheitswissenschaft;* sie ist nicht etwas Fertiges, sie zeigt sich uns vor allem als etwas Werdendes.

LITERATUR

1. Otto Neurath: *Empirische Soziologie*, Wien 1931.
2. Otto Neurath: *Einheitswissenschaft und Psychologie*, Wien 1933.
3. Otto Neurath: *Was bedeutet rationale Wirtschaftsbetrachtung?*, Wien 1935.

VII. RÜCKBLICK
AUS DER EMIGRATION

7.1 ERINNERUNGEN AN DEN WIENER KREIS
BRIEF AN OTTO NEURATH
(1936)

Gustav Bergmann

Sehr geehrter Herr Doktor Neurath!

Ihrer Aufforderung, die Eindrücke, die ich im »Wiener Kreis« empfangen habe, und einige persönliche Erinnerungen aus der Zeit meiner Teilnahme an den Donnerstagabenden in der Boltzmanngasse für Sie niederzuschreiben, komme ich gerne nach. Wenn ich für diese Aufzeichnungen die Briefform wähle, so geschieht dies vor allem, um ihren subjektiv-anekdotischen Charakter zu betonen. Wollen Sie auch bitte bedenken, daß sich der persönliche Zusammenhang zwischen den meisten Mitgliedern des Zirkels und mir in den letzten Jahren sehr gelockert hat und daß ich infolge meiner Tätigkeit in dieser Zeit auch sachlich in all den Einzelfragen, die die Wissenschaftler unserer Richtung beschäftigen, keineswegs »up to date« bin. Mag sein, daß diese Entwicklung dem Ablauf des Sedimentationsprozesses, dessen Ergebnis man eine »Weltanschauung«, eine »philosophische Haltung« nennt, bei mir eher förderlich gewesen ist, und in diesem Sinne möchte ich nach wie vor gerne als ein Mitglied des »Wiener Kreises« gelten. Einigermaßen zuverlässige Protokolle über Gegenstand und Ablauf der Diskussionen kann ich Ihnen jedoch heute nicht mehr liefern, sondern bestenfalls ein Bild der Stimmung unter den jüngeren Mitgliedern des Zirkels und vielleicht einige wissenssoziologische und historische Bemerkungen zu seiner Geschichte.

An den Sitzungen in der Boltzmanngasse habe ich durch etwa fünf Jahre, von 1927 bis 1931, teilgenommen, in den ersten Jahren sehr regelmäßig, in den letzten Jahren mit gewissen Unterbrechungen. Seit 1932 bin ich den Sitzungen gänzlich fern geblieben, und was ich seither durch einige persönliche Freunde über die Vorgänge im Zirkel und seine Entwicklung erfahren habe, kann kaum als hinreichende Grundlage für einen Bericht angesehen werden. Trotzdem möchte ich in diesem Zusammenhange noch einiges vorbringen:

Zunächst: Wenn ich nicht ausdrücklich darauf hinweise, daß dem nicht so ist, spreche ich hier immer nur von dem, was *geographisch* und *personell* der »Wiener Kreis« gewesen ist, also von dem Kollektiv, dessen Sitzungen zuerst einige Jahre in der Privatwohnung Schlicks und dann in der Boltzmanngasse stattfanden. Ich werde daher auch von Männern, die für das, was man *sachlich* den »Wiener Kreis« nennt, so viel bedeuten wie Philipp Frank und von Mises, nichts berichten können. Das Kollektiv Boltzmanngasse hatte aber, wie ich glaube, 1927/28 seinen Höhepunkt bereits erreicht, hielt sich dann noch einige Jahre in Schwung und zeigte 1931/32 bereits deutliche Spaltungs- und, in deren Gefolge, Verfallserscheinungen. Die Vertreter einer konsequent physikalistischen Wissenschaftstheorie, des »logischen Aufbaus der Welt« und der damit verbundenen radikalrationalen Allgemeinhaltung, hatten nämlich mit dem Abgang Carnaps die Persönlichkeit, die geeignet gewesen wäre, den Mittelpunkt eines akademischen Colloquiums zu bilden, verloren; die Wittgensteinschen Esoteriker aber, unter deren Einfluß Schlick selbst immer mehr geriet, sahen in ihrer Abneigung gegen das »Zerreden« und gegen die Diskussionen mit Leuten, denen der »Blick für das Wesentliche, die nötige Intuition«, abging, den Zerfall des alten Kreises, dessen traditioneller Grundhaltung sie selbst sich immer mehr entfremdet hatten, nicht ungern. Dies ist übrigens keineswegs eine bloße Vermutung, sondern durch wiederholte Äußerungen, die Waismann über seine eigene und Schlicks Einstellung zum Zirkel in dieser Zeit gemacht hat, belegt.

Um 1930 hatte jedenfalls Waismann noch fast zwei Winter hindurch (der Zirkel hielt sich an die akademische Einteilung des Jahres) die Thesen Wittgensteins mit großer Eindringlichkeit und einem Einsatz, der bisher im Zirkel nicht üblich war, auseinandergesetzt; eine kritische Diskussion aber, wie sie den Gepflogenheiten der Gesellschaft entsprach, stieß auf eine gewisse Abneigung. Schlick selbst, der persönliche Mittelpunkt des Zirkels, in dem Waismann bis dahin nicht so sehr hervorgetreten war, ist ihm darin, wenn auch in sehr verbindlicher Form, gefolgt. So wurden die Zusammenkünfte seltener, und man schien in Verlegenheit, geeignete Diskussionsthemen, die früher stets reichlich zugeflossen waren, zu finden. Später hat sich dann, soviel ich weiß, die Gruppe durch neue Leute ergänzt, ist aber immer mehr unter den Einfluß Wittgensteins bzw. seines Schülers Waismann, der gleichzeitig am Rande des akademischen Betriebes ein ziemlich ausgebreitetes Kurswesen zu organisieren begann, geraten. Das hatte aber wohl kaum mehr etwas mit dem »Wiener Kreis« zu tun, weder im Sinne der Schulbezeichnung noch mit der Gruppe, von der ich Ihnen hier berichten soll. Hingegen hat nach dem Tode Schlicks Zilsel, der in der Boltzmanngasse nur ein sehr seltener Gast war, regelmäßig in seiner Wohnung eine Gesellschaft um sich versammelt und soll sich bemüht haben, die Tradition der klassischen Zeit des Zirkels fortzusetzen. An diesen Zusammenkünften habe ich nicht teilgenommen.

Außer den Donnerstagabenden gab es zu meiner Zeit, besonders während der Universitätsferien zu Weihnachten und Ostern, wo Frank und Mises regelmäßig nach Wien kamen, Kaffeehauszusammenkünfte in kleinerem Kreise, denen der eine und andere von uns Jüngeren als Zuhörer zugezogen wurde. Auch solchen Abenden habe ich mitunter beigewohnt, ebenso wie gelegentlich einer privaten Diskussion zwischen Carnap und Waismann. Was ich sonst an direkter Information besitze, verdanke ich einem jahrelangen, zeitweise ziemlich intensiven Verkehr mit Waismann, der trotz einer späteren Entfremdung, die in demselben Maß, in dem Waismann seine gegenwärtige Haltung annahm, wuchs, erst nach der Gedenkrede, die er nach Schlicks Tod in der Wiener Philosophischen Gesellschaft hielt, vollständig abbrach.

Erlauben Sie mir hier eine klarstellende Bemerkung. Wenn Sie bereits den Eindruck gewonnen haben sollten, daß in diesen Aufzeichnungen einer Art Polemik gegen die Wittgensteinsche

Schule ein zu breiter Raum eingeräumt wird, so ist das nur mit
zwei Einschränkungen richtig. Erstens: (in *historischer* Hinsicht)
das große Ereignis im Kreise während der Zeit meiner Teilnahme
an den Sitzungen war eben gerade die Auseinandersetzung mit
Wittgenstein, und ich muß Ihnen also vor allem davon berichten.
Zweitens: (in *sachlicher* Hinsicht), soweit ich die Wittgensteinschen Thesen kenne und verstehe und soweit ich, der seit gerau-
mer Zeit in einiger Distanz von den Dingen lebt, mir darüber
überhaupt ein Urteil bilden kann, glaube ich, daß sehr viel von
den Wittgensteinschen Ideen richtig ist oder doch auf Wesentliches hinweist. Damit Sie nun überprüfen können, wie weit meine
Anmerkungen für Sie überhaupt von Belang sind, will ich zunächst einmal eine knappe Formulierung dessen versuchen, was
mir als die nicht ganz leicht zu fassende Grundthese der Wittgensteinschen Philosophie erscheint. Das hätte etwa zu lauten:

Die Sprache, die als solche die Welt widerspiegelt und deren
Struktur wir daher ausschließlich zu studieren haben, wenn wir
uns über philosophisch-methodologische, das heißt also richtig
»sprachlogische« Fragen klar werden wollen, ist doch wieder
von solcher Beschaffenheit, daß in ihren »logischen Raum« der
Komplex der die tatsächlich vorliegenden Sachverhalte wieder-
gebenden Sätze eingebettet ist wie etwa ein mechanisches Modell in das Newtonsche Raum-Zeitschema. Nur an den virtuellen
Verschiebungen, die an diesem Modell in seinem logischen Raum
vorgenommen werden können, an der Aus- und Absonderung
des zutreffenderweise über »Wirkliches« *Ausgesagten gegenüber dem »Sagbar-Möglichen«, »zeigt sich«,*[1] *was wir von der
Struktur der Sprache, der Natur der logischen Operationen überhaupt erfassen können.*

Wenn Ihnen in dieser Formulierung das Wörtchen »wirklich«
mißfällt, so will ich Ihnen noch Schlimmeres nicht verschweigen.

---

[1] In einer Weise, deren Legitimität mir nie ganz klar wurde, wird dort
behauptet, daß jede Operation und Klassifikation im Bereich der gewonnenen Sätze und Zeichensysteme (Zahlen) der eigentlichen Bedeutung
der Sprache nicht gerecht wird.

Wo jetzt die beiden Worte »Struktur« und »Natur« stehen, hatte ich in meinem Konzept »Wesen« und habe diesen Ausdruck erst nachträglich durch die beiden anderen, die Ihnen vielleicht doch etwas weniger anstößig klingen, ersetzt. Sie sehen also, es handelt sich hier nicht etwa um Symptome meiner eigenen Häresie, sondern eher um Ansatzpunkte meiner Kritik. Trotzdem aber und obwohl ich noch nie auf einen Atomsatz gestoßen bin und auch zu der Auffassung neige, daß man über die Sprache sehr wohl reden kann, fühle ich mich zu dem Bausch- und Bogenurteil »Metaphysik und Reaktion«, das Sie, sehr geehrter Herr Doktor, prima facie – und sehr zum Entsetzen auch klarblickender Männer wie Hahn, die jedoch die Zurückhaltung des »neutralen« Wissenschaftlers nicht gerne aufgaben – im Zirkel selbst gefällt haben, nicht befugt, soweit der Erkenntnisgehalt dieser Theorien in Frage steht, also qua »Metaphysik«. Qua »Reaktion« jedoch, pflichte ich Ihnen heute als Berichterstatter mit soziologischen und geistesgeschichtlichen Nebengedanken ohne jede Einschränkung bei und zur Begründung dieses Urteiles vor allem glaube ich Ihnen Material liefern zu können. Daß es sich aber bei allem solchen Material lediglich um eine soziale Indikation handeln kann, die die intern-sachliche Kritik nie ersetzt, wissen Sie so gut wie ich. Die Korrelation zwischen Metaphysik und Reaktion ist eben, soweit sie besteht, selbst nur ein historisches Faktum und nie ein wissenschaftliches Argument. Erlauben Sie mir aber bitte zur Verfolgung dieser geistesgeschichtlichen Linie in unserem Falle noch eine Anmerkung:

So wie wir uns daran gewöhnt haben, als das ideologische Kriterium der Reaktion gegenüber fortschrittlicheren Haltungen ein Mehr an Metaphysik, das heißt eine archaisch-primitivere Form der Metaphysik bzw. die Preisgabe empiristisch-realitätsangepaßter Denkweise zugunsten der metaphysischen Regression in einem früheren Stadium der Analyse, anzusehen, so habe ich es gelernt, in dem Bereich allgemeiner wissenschaftstheoretischer Bemühungen, die man hergebrachterweise Erkenntnistheorie nennt, Metaphysik und jede Art von Seinsphilosophie geradezu gleichzusetzen. Wo aber das Wesen der Dinge sein Unwesen trieb, ist gewöhnlich die Wesensschau, die Intuition, nicht fern. Und nun stehen wir vor folgender Situation: An der reaktionären Haltung einer Philosophie, die unseren konsequenten Physikalismus als »flachen Aufkläricht« bezeichnet, die »seichte Weisheit des 19. Jahrhunderts« und soweit sie etwa in Ordnung sein mag, als »schulmeisterlichen Kram«, an der reaktionären Haltung einer Philosophie also, für deren Vertreter Hamsun und Kierkegaard die Schildträger ihrer ästhetischen und moralischen Werte sind und die sozial eine eindeutig großbürgerlich-aristokratische Stellung beziehen (Typus: »Tief unter ihm in wesenlosem Scheine…«), ist nicht zu zweifeln. Andererseits aber wird es uns keineswegs so bequem gemacht, daß von simpler Rückkehr zu einer Ontologie und einem Intuitionismus alten Stiles die Rede sein könnte. Versagt also mein so erfreulich simples Schema: Reaktion – Metaphysik – Ontologie? Wenn aber nicht, wo steckt dann zumindest das ideengeschichtliche Analogon, das heißt die Ansatzpunkte für die Stimmungen und Werte, die als Beweggrund und Ziel hinter der Ontologie und dem Intuitionismus alter Schule standen? Darf ich Sie bitten, die Formulierung, die ich oben von der Wittgensteinschen Grundthese zu geben versucht habe, einmal darauf durchzulesen? Das Wörtchen »wirklich« habe ich an seiner Stelle bereits unter Gänsefüßchen gesetzt, und *was man früher erschaut hatte, das zeigt sich jetzt.* Ich wiederhole noch einmal: Ich zeige lediglich die Punkte auf, wo, wie ich glaube, die ontologischen und intuitionistischen »Stimmungen« und Gefühlswerte ihren homologen Ausdruck gefunden haben, und ich treibe mit dieser Feststellung nur Wissenssoziologie und nicht Erkenntnistheorie.

Eingeführt in den Zirkel wurde ich durch Waismann, dem ich, gleich vielen anderen jüngeren Gästen des Zirkels, viel Anregung und Belehrung verdanke. Kennen gelernt habe ich Waismann, als ich noch Gymnasiast war, als Hörer der mathematisch-philosophischen Vorlesungen, die er am »Wiener Volksheim« hielt, und ich bin damals auch in persönlichen Verkehr mit ihm getreten. Ich erwähne das deshalb, weil die Tatsache, daß Waismann und Zilsel durch viele Jahre überaus erfolgreiche Lehrer an dieser zwar parteimäßig neutralen, aber damals eindeutig links orientierten Volkshochschule gewesen sind, für das gesellschaftliche Milieu, aus dem, auf anderer Ebene, auch die Wiener Schule hervorgegangen ist, recht bezeichnend ist. Während aber der Sozialdemokrat Zilsel die politische Komponente seines Weltbildes, wenn auch in geeigneter Form und mit angemessener Zurückhaltung, dort stets zur Geltung brachte, hat Waismann schon damals mit einer gewissen Geflissentlichkeit seine politische Uninteressiertheit betont, ja sogar den sozialwissenschaftlichen Gegenständen als solchen gegenüber eine mißtrauische Zurückhaltung bewahrt. Den marxistischen Einfluß, unter dem ein Teil seiner Hörer in diesem Kreis naturgemäß stand, hat er vollends mißbilligt. Ich erinnere mich zum Beispiel daran, daß er einem Versuch, die Diskussion des Zusammenhanges zwischen Kants Erkenntnistheorie und den Postulaten der praktischen Vernunft ins Historisch-Soziologische zu verbreitern, mit einer entschiedenen Warnung vor solcher Betrachtungsweise entgegengetreten ist. In diesem Zusammenhang habe ich von ihm zuerst die in der Wittgensteinschen Zeit so beliebten Ausdrücke »flach« und »seicht« gehört. In seinem eigentlichen philosophischen Unterricht und in den Vorlesungen über die Grundlagen der Mathematik, aus denen wohl sein späteres Buch über den gleichen Gegenstand hervorgegangen ist, war allerdings von seiner späteren, bewußt aristokratischen, diskussions- und letzten Endes ratiofeindlichen Haltung noch nichts zu merken. Er vertrat konsequent antimetaphysisch-physikalistische Auffassungen und führte seine Hörer an Gegenständen wie der Analyse des Raumproblems und den Grundlagen der Mengenlehre in einer naturwissenschaftlich-mathematischen Atmosphäre in die Theorie der wissenschaftlichen Begriffsbildung und Analyse ein. Die Grundhaltung gegenüber den metaphysischen Restbeständen war polemisch, die Aufdeckung verwirrungstiftender Äquivokationen, die Entlarvung vermeintlicher Sätze als sinnlos war das erwartete Ergebnis, die Vermittlung einer Einstellung, wie sie etwa von Schlick damals in seinen Vorlesungen und in seiner »Erkenntnistheorie« vertreten wurde, war das Ziel.

Ich hätte diesen Kursen hier keinen so breiten Raum gewidmet, wenn ich nicht im Zirkel selbst, wenn auch naturgemäß auf der Höhe akademischer Spezialisierung, dieselbe Stimmung wiedergefunden hätte, als ich als Student der Mathematik im fünften oder sechsten Semester eingeladen wurde, an den Sitzungen teilzunehmen. Ich traf dort nicht nur eine Anzahl älterer Studenten und junger Doktoren der exakten Wissenschaften wieder, sondern auch meine Lehrer Hans Hahn und Karl Menger und Sie, sehr geehrter Herr Doktor, der mir bereits aus der Studentenbewegung bekannt war. Der hiedurch bei den jungen Studenten hervorgerufene Eindruck der ideologischen Einheit und der tatsächlichen Kooperation zwischen den verschiedenen Exponenten einer fortschrittlichen wissenschaftlichen Weltauffassung hat nicht wenig zu dem inneren Anteil beigetragen, mit dem wir Jungen den Verhandlungen folgten, und ist vielleicht überhaupt für die Stimmung des fortschrittlicheren Teiles der Wiener Studentenschaft zur Zeit der demokratischen Republik in Österreich charakteristisch.

Innerhalb der akademischen Jugend umfaßte diese »fortschrittliche« Gruppe zumindest auch einen Teil der jüngeren Schüler Kelsens und der psychoanalytisch Interessierten. Freilich war sie im Ganzen nicht allzu zahlreich und, was besonders in Wien nicht weiter verwunderlich ist, ihrer Herkunft nach überwiegend jüdisch. Wenn aber noch bis zum Zusammenbruch im Jahre 1938 ein verhältnismäßig großer Teil der Wiener Intelligenz den »Wiener Kreis« als die für sich repräsentative Philosophie ansah, so hat dazu neben dem »Verein Ernst Mach« und geschickten Popularisatoren wie Zilsel nicht zuletzt der im Laufe der Jahre etwas fluktuierende studentische Bestandteil des Boltzmanngassenzirkels – meist junge Mathematiker und Physiker, die etwas weniger als die Hälfte der Zuhörer auszumachen pflegten –, das Seine dazu beigetragen.

Der genetische Zusammenhang des Kreises mit der modernen Entwicklung des mathematisch-naturwissenschaftlichen Denkens im Gegensatz zur philologisch-historischen Philosophie der alten Schule, die Tradition Ernst Machs wurde von Schlick in der

klassischen Zeit des Zirkels stets gerne betont. Der Mathematiker
Hans Hahn und dessen Schüler Menger gehörten ja auch zum innersten Kern des Boltzmanngassenkollektivs, Mathematiker und
Physiker wie Frank und von Mises, selbst aus dem Wiener Milieu
hervorgegangene Schüler von Mach und Boltzmann, zu den literarischen Führern der Richtung. Dem entsprach es auch, daß vor
allem junge Mathematiker und Physiker gernegesehene Gäste
des Zirkels waren. Auf den wissenschaftlichen Kontakt mit den
übrigen Vertretern der Philosophie in Wien legte Schlick damals
wenig Wert. Man nahm diesen Gruppen gegenüber vielmehr bewußt die Haltung einer »linken« Opposition ein, und wenn man
sich auch als Wissenschaftler zu einem besonderen Aktivismus
nicht gedrängt sah und politischen Bindungen gegenüber gerne
die kritische Freiheit der liberal-radikalen Intelligenz, der man ja
nach Herkunft und schichtmäßig auch tatsächlich angehörte, in
Anspruch nahm, fühlte man sich doch als Mitkämpfer in einer
breiten Front des Fortschritts und war sich, soweit man überhaupt zu historischer Betrachtung neigte, des geistesgeschichtlichen Zusammenhanges mit jeder Aufklärung wohl bewußt.
Wie es sich für richtige Aufklärer gehört, war man übrigens eher
ahistorisch gestimmt und legte auf solche Selbsteingliederung
nicht allzu großen Wert.

Politisch war man also neutral, de facto waren jedoch die jüngeren Mitglieder überwiegend Linke und dies zu einer Zeit, wo
diese Bezeichnung noch einen konkreteren Inhalt hatte als in
der kurzen ständischen Periode der österreichischen Republik,
wo jeder noch so vage und kompromißbereite Wille, den kulturellen Zusammenhang mit Westeuropa aufrechtzuerhalten, bereits als links galt. Hier muß nun wieder gesagt werden, daß der
spätere Kreis ganz anderer Art war. Seine Mitglieder, darunter
in zunehmender Zahl Damen und wissenschaftliche Amateure,
gehörten ihrer Herkunft und Mentalität nach überwiegend der
Schicht an, die in Österreich der stets etwas kümmerliche Reprä-
sentant der »upper middle class« gewesen ist: von der ursprünglich radikal-rationalen Haltung war nichts übrig geblieben als
eine verschwommene Sympathie mit dem Westen; an Stelle der

Mathematiker und Physiker und der fernbleibenden Mitglieder des älteren Kreises traten in zunehmender Zahl die Schüler von Herrn und Frau Bühler. In der klassischen Zeit bestand aus dieser Gruppe lediglich mit Herrn Brunswik ein gewisser Kontakt.

Gomperz sprach während der Zeit, über die ich zu berichten habe, bloß ein einziges Mal im Zirkel, und der Verlauf der Diskussion ermutigte nicht gerade zu weiteren Versuchen in dieser Richtung. Hingegen bestand auch organisatorisch durch den »Verein Ernst Mach« ein nicht allzu lockerer Zusammenhang mit dem theoretischen Physiker Thirring, dessen saubere Haltung in erkenntnistheoretischen und allgemeinen Fragen ihm viel Sympathie im Zirkel erwarb. Gelegentlich lud Schlick auch gerne einen Thirringschüler ein, um ihn im Zirkel zum Beispiel über die damals neuen Ansätze der Quantentheorie, die von allgemeinerem wissenschaftstheoretischem Interesse waren, berichten zu lassen.

Vertreter abweichender Anschauungen unter den ständigen Teilnehmern waren eigentlich nur die beiden von der Phänomenologie herkommenden Besucher, der Soziologe und Methodologe Felix Kaufmann und der Mittelschullehrer Neumann. Die Teilnahme Kaufmanns war zweifellos, schon wegen seines umfassenden Wissens, seines Scharfsinnes und seiner Gewandtheit in der Diskussion ein Gewinn. Trotzdem hat Schlick, wenn von dieser Seite her das Wort ergriffen wurde, in der klassischen Zeit manchmal eine gewisse Ungeduld gezeigt und mitunter die Diskussion geradezu unterbrochen. Umso interessanter ist es, daß, als die Wittgensteinschen Ideen in den Vordergrund traten, die phänomenologische Gruppe an Boden gewann und manches von dem nunmehr Vorgebrachten als altes Lehrgut ihrer Schule wiederzuerkennen glaubte. Von Schlick und Waismann wurde dies allerdings abgelehnt, obwohl Waismann damals in privatem Kreise bereits die Lektüre von Husserl empfahl, bei dem viel Wesentliches vorgefühlt sei. Auch die Kritik setzte übrigens von dieser Seite an, einmal fragte Hahn im Zirkel Waismann geradezu, wodurch er sich denn noch von einem Phänomenologen unterscheide.

Die Gesellschaft, die sich zwei- bis dreimal im Monat an Donnerstagabenden in einem Saal des neuen Physikalischen Institutes in der Boltzmanngasse, wo auch die Bibliothek des Philosophischen Seminares untergebracht war, traf, zählte im Durchschnitt etwa 20 Personen. Von den jüngeren Teilnehmern möchte ich nur Gödel namentlich erwähnen. Daneben gab es häufig auch ausländische Gäste, ältere Studenten und jüngere Gelehrte, die nach Wien gekommen waren, um einige Zeit bei Schlick zu arbeiten. Entsprechend der Bedeutung angelsächsischer Wissenschaftler für die Entwicklung der wissenschaftlichen Philosophie waren es meist Engländer und Amerikaner. Eine persönliche Erinnerung bewahre ich bloß an den Finnen Kaila, eine sympathisch-ernste und schweigsame Erscheinung. Hier ist vielleicht auch die Stelle, der sehr ausgeprägten Neigung Schlicks für den angelsächsischen Kulturkreis Erwähnung zu tun. In Kalifornien, wohin er einige Male als Gastprofessor berufen wurde, soll er sich besonders wohlgefühlt haben, und er sprach davon immer mit großer Wärme. Manchmal, wenn im Zirkel Formulierungen metaphysischer Philosophen in kritischer Weise zur Sprache kamen, schüttelte Schlick den Kopf, besann sich ein wenig und sagte: »Kann man das auf Englisch überhaupt ausdrücken?« und dann, nach einer weiteren kurzen Schweigepause lächelnd: »Ich glaube, es geht wirklich nicht!«

Schlick sprach im Zirkel eigentlich selten und auch dann meist wenig und in der ihm eigenen stockenden, etwas zögernden Art, die, wie ich glaube, auch seine Wirkung auf die breite Masse der Studenten sehr beeinträchtigt hat. Er selbst hat übrigens die Vorlesungs- und Prüfungsarbeit eher als Last empfunden und sich mitunter über die Interessen- und Verständnislosigkeit der Studenten beklagt. Gegen Ende des längeren Wintersemesters fühlte er sich ziemlich müde und freute sich sehr auf die regelmäßige Osterreise in den italienischen Frühling. Im persönlichen Umgang war er ganz unförmlich, freundlich und von natürlichem Wohlwollen, aber doch auch wieder recht zurückhaltend. Sein Humor war gelegentlich nicht ohne Schärfe. In der Regel aber ging er, soweit ich es beobachten konnte, aus einer mehr passiven

Haltung nicht heraus. Außerhalb des Zirkels bin ich in einen persönlichen Kontakt mit ihm kaum getreten, und ich glaube, dasselbe gilt von den meisten Mitgliedern des Kreises. Doch haben wir ihn alle sehr geliebt und bewahren von seiner überaus anziehenden Persönlichkeit eine leuchtende Erinnerung.

Die Führung der Diskussion lag, besonders wenn es sich um spezielle Fragen handelte, bei Carnap und Hahn. Zusammen mit Ihnen waren die beiden die Triarier im Kampfe für die Reinhaltung und konsequente Durchbildung der Anschauungen der Schule, für die es so schwer war, einen Namen zu finden, weil sich gegen jede der zur Verfügung stehenden, ungefähr zutreffenden Bezeichnungen, wie »Positivismus«, »Empirismus« und dergleichen, wegen der damit verbundenen historischen Assoziationen Bedenken erhoben, sodaß man sich schließlich nur auf die von Ihnen vorgeschlagene, sachlich indifferente Bezeichnung »Wiener Kreis« einigen konnte, die sich dann auch tatsächlich in der Literatur durchgesetzt hat. Die Diskussion, die dieser Namensgebung voranging und die sich zumindest zum Teil im Zirkel abgespielt hat, war übrigens auch in anderer Hinsicht nicht uninteressant. Schlick und Waismann zeigten nämlich bei dieser Gelegenheit ein anscheinend sehr tiefsitzendes Mißtrauen gegen alles Schulmäßige, Ablehnung jeder »Abstempelung und Etikettierung« und vor allem jedes Versuches einer Wirkung in die Breite. An sich ist das in vernünftigen Grenzen gewiß ein vertretbarer und besonders in der nachliberalen Zeit gerade von bedeutenden Wissenschaftlern so häufig eingenommener Standpunkt, daß aus ihm kaum andere Schlüsse gezogen werden können, als eben auf die typische Stellung und Einstellung der Wissenschaft in dieser Epoche überhaupt. Sie haben jedoch in diesem Fall – und wie die spätere Entwicklung zeigte, mit Recht – darin bereits ein Symptom der wenig später tatsächlich angenommenen, ausgesprochen geistesaristokratisch-esoterischen, weit über den Rahmen der liberalen »Neutralität« hinausgehenden Haltung erkannt und, ein stets bereiter Rufer im Streit, mit viel Temperament bekämpft. Ihnen und Carnap war solche individualistische Zurückhaltung jedenfalls fremd, und Sie beide waren, zumindest in Wien, wohl die einzigen beiden Kräfte, die hinter allen organisatorischen Veranstaltungen wie der Herausgabe der Schriftenreihe, der Abhaltung des ersten Kongresses, standen. Es mag auch nicht ganz leicht gewesen sein, Schlick zur Mitarbeit am »Verein Ernst Mach«, Ihrer Lieblingsschöpfung, die gleichzeitig als organisatorisches Zentrum für die Richtung und eine Art Volkshochschule gedacht war, zu gewinnen. Ich glaube jedenfalls, daß für den Entschluß Schlicks, diese Institution zu patronisieren, seine persönliche Großzügigkeit und die aus ihr erfließende Bereitwilligkeit, etwas, das möglicherweise doch von Nutzen sein könnte, zu unterstützen, ausschlaggebender war als wirkliches Interesse. Aber auch für viele andere Mitglieder des Kreises hatte die Aussicht, sich mit den Obmännern von Freidenkerorganisationen und Monistenführern an einen philosophischen Tisch zu setzen, wenig Verlockendes. Auch die Stimmung der Jugend im Zirkel war dem »Verein Ernst Mach« nicht sehr günstig, und ich gestehe Ihnen, daß ich heute noch für diese Zurückhaltung ein gewisses Verständnis habe. Nur scheint es mir eben als Pflicht auch der »Persönlichkeit«, in einem solchen Fall die kulturpolitische Situation in grundsätzlich aktivistischer Einstellung durchzudenken und bei entsprechendem Ergebnis persönliche Velleitäten zurückstellen. Der Ungleichheit der persönlichen Kapazitäten und Niveaus ist Rechnung zu tragen wie jeder anderen Gegebenheit; eine Philosophie aber, die bei den natürlich gegebenen und den historisch bedingten Ungleichheiten mit einer gewissen Vorliebe verweilt, ist antihumanistisch und reaktionär.

Für Carnaps nüchterne Sachlichkeit, die unerschütterliche logische Folgerichtigkeit seines Wesens und die ihm eigene Grundhaltung eines »rationalen Optimismus«, die der Diskussion im Zirkel das Rückgrat gab, wenn Sie die Farbe beitrugen, war all das unproblematisch. Nicht ganz so einfach mag die psychologische Situation bei Hahn gelegen haben. Als Vorsitzender der Wiener Vereinigung sozialistischer Hochschullehrer und schon früher hatte er politisch eindeutig Stellung bezogen und auch menschlich hat er die Achtung seiner Schüler verdient. Wärme ist wenig von ihm ausgegangen. Sein Denken war von einem mitunter erkältenden Abstraktismus, seine persönlich gehemmte, etwas umständlich professorale Art merkwürdig stilisiert. Meiner Neigung zur soziologischen Kategorisierung erscheint er rückblickend immer mehr als der idealtypische Vertreter neutraler Wissenschaft der liberalen Ära, den die Konsequenz seines eigenen Denkens und der Frondegeist der unverfälschten bürgerlichen Tradition über seine eigene psychische und soziale Realität hinausgeführt hat. Sehr gut fügt sich in dieses Bild sein merkwürdig starrsinniges Interesse für den Spiritismus. Ich konnte das billige Bild von einer »Flucht in die vierte Dimension« nie unterdrücken. Und in der Tat traf sich Hahn auf dem Parkett der spiritistischen Salons mit der großen Welt, den Damen der altösterreichischen Aristokratie. Der meisterhaft klare Mathematiker, der scharfsinnige Vertreter unserer Philosophie, der sozialistische Universitätsprofessor – und tischrückende Gräfinnen, ein einprägsames Bild aus dem Österreich zwischen 1918 und 1938! Thirrings Interesse für den Spiritismus war ganz anderer Art. Er hatte sich davon überzeugt, daß die Überprüfung der sogenannten metapsychischen Phänomene durch auch mit äußerer Autorität bekleidete Gelehrte immerhin angezeigt sein mochte und daraufhin die obenerwähnte aktivistische Entscheidung getroffen.

Für Hahn aber war der Spiritismus offenkundig Herzenssache. Für uns junge Leute aus dem Zirkel war es jedenfalls ein eindrucksvoller Kontrast, die beiden Männer, Hahn und Thirring, nacheinander am Vortragspult einer wissenschaftlichen Vereinigung, die diesem Thema einige Abende eingeräumt hatte, zu sehen und zu hören.

Nach dem Abgang Carnaps und mit dem steigenden Einfluß der Wittgensteinschen Ideen ging die Führung in der Diskussion immer mehr auf Waismann über. Schlick hat auch in dieser Zeit nur sparsam in die Debatte eingegriffen. In der vorwittgensteinschen Zeit waren die wichtigsten Diskussionsthemen, soweit ich mich erinnere, die Brouwerschen Ideen und die Hilbertsche Mathematik, Fragen aus der Russellschen Typentheorie, der stets das besondere Interesse Hahns galt, die Begriffsbildungen der Wahrscheinlichkeitsrechnung und Referate Carnaps über seine jeweiligen Arbeiten. Oft aber verlief die Diskussion durch mehrere Abende hindurch ziemlich allgemein und ohne festes Programm, meist dann, wenn von dem Gesichtspunkt eines speziellen Problems her grundsätzliche Fragen, wie das sogenannte Realitätsproblem, der einheitliche Charakter aller wissenschaftlichen Sätze, die Kausalität, das Problem des Fremdpsychischen und methodologische Fragen, Dinge, über die die Anschauungen des Kreises bereits weitgehend geklärt waren, neuerlich zur Erörterung kamen. Sie können sich denken, daß diese Abende für uns junge Mathematiker und Physiker nicht die uninteressantesten waren. Bei solchen Anlässen wurden wohl auch Fragen der sogenannten »Geisteswissenschaften« besprochen und die grundsätzliche Einstellung des Kreises zur Problematik und Methodologie dieser Disziplinen skizziert. Bei einer Aufzählung der Teilnehmer will ich übrigens auch Kraft nicht unerwähnt lassen, neben Kaufmann der einzige Vertreter der sogenannten Geisteswissenschaften im Kreise. Er war einer der regelmäßigsten Besucher der Donnerstagabende, hat aber fast nie das Wort ergriffen.

An Buchreferate und gemeinsame Lektüre, die vor meiner Zeit die Regel gewesen sein sollen, erinnere ich mich fast nicht. Man war eben, als ich in den Zirkel eintrat, über dieses Stadium bereits hinausgelangt, die communis opinio war gebildet, die Buchreihe im Erscheinen begriffen, und man war dessen sicher, daß die Arbeiten der einzelnen Forscher den Rahmen der gemeinsamen Anschauungen aufs glücklichste ausfüllen würden. An der literarischen Verfolgung anderer Richtungen aber war man – eine oft getadelte Eigenheit der Richtung –, nicht allzu interessiert. Da aber von Buchreferaten die Rede ist, will ich doch eine recht bezeichnende Allotria nicht unerwähnt lassen – eine gemeinsame Lesung einiger Seiten aus Heideggers Abhandlung »Vom Tode«. Es mag übrigens sein, daß dies in einer Vor- oder Nachsitzung gewesen ist, die Heiterkeit, die die Versuche, die gestellte Aufgabe der Transkription des Textes in eine wissenschaftliche Sprache zu lösen, hervorriefen, war jedenfalls stürmisch und allgemein.

Überhaupt waren Ton und Stimmung trotz ernstester Sachlichkeit ungezwungen und, entsprechend der allen gemeinsamen weltanschaulichen Grundhaltung entschlossener und rücksichtsloser Kritik und Analyse, nicht ohne Heiterkeit und Frische. Wenn, was nicht häufig der Fall war, Wert- und Entscheidungsfragen zur Sprache kamen, wurden sie mit ruhiger Gelassenheit als solche bezeichnet und bald wieder zurückgestellt. Das darf nun freilich nicht dahin ausgelegt werden, daß ihre einschneidende und unmittelbare Bedeutung für den einzelnen und die Gesellschaft verkannt oder unterschätzt worden wäre. Das gemeinsame Interesse des Kreises und der Akzent innerhalb desselben lag aber vor allem auf der richtigen Kennzeichnung solcher Fragen als außerwissenschaftlich und der klaren Abgrenzung der (in einem vernünftigen Sinn »objektiven«) Wissenschaft. Man befand sich eben in einer glücklichen Mittellage, halbwegs zwischen dem für die liberale Periode so charakteristischen Bedürfnis nach wissenschaftlicher Begründung auch des Unbegründbaren und der damit Hand in Hand gehenden Überschätzung der Wissenschaft einerseits und der so ungerechtfertigten Verachtung und Unterschätzung des wissenschaftlichen Denkens und der Ratio überhaupt, die mit der gegenwärtigen Verfinsterung der Welt um sich greift, andererseits. Wenn Hahn in einem solchen seltenen Rundgespräch über »Gott und Welt« aus seiner Reserve herausgehend einmal sagte: »Wenn wir jetzt das Fenster öffneten und den Mann auf der Straße zuhören ließen, kämen wir alle miteinander entweder ins Irrenhaus oder ins Gefängnis«, so charakterisiert das diese Kipplage neutraler Wissenschaft recht gut. Daß aber in dieser Atmosphäre die leicht ästhetisierende, ja bisweilen fast religiös gesteigerte Stimmung und der Personenkult der späteren Zeit nicht gedeihen konnten, liegt auf der Hand. Ich werde übrigens am Ende auf diese Dinge in einer etwas allgemeineren Weise noch zurückkommen.

Mein Bericht wäre nicht vollständig, wenn ich nun nicht noch versuchen würde, neben dem Sein des Kreises auch sein Bewußtsein und zwar, meiner Aufgabe entsprechend, auch dies von der subjektiv-anekdotischen Seite her, zu schildern. Ich muß also jetzt von dem sprechen, was man mit einem vielleicht allzu gewichtigen Terminus die Legendenbildung des Zirkels nennen könnte. Für diese Aufgabe bietet gerade die Sicht von unten, die wir Jüngeren hatten, die richtige Perspektive. Der Wahrheitsgehalt, die Größe des tatsächlichen Kernes dieser »Legende«, ist in dem Zusammenhang kaum von Bedeutung, umso weniger, als ja die Nachprüfung kaum auf Schwierigkeiten stoßen dürfte. Ich unterscheide also nicht, was wahr und was erfunden oder doch stilisiert ist (das ist die Aufgabe des Biographen), sondern vielmehr, was über die Personen typischerweise gesagt, wie sie gesehen wurden (das ist die Aufgabe des Soziologen) – Soziologie im Klatsch und zur Soziologie des Klatsches!

Ich hoffe bereits deutlich gemacht zu haben, daß die ursprüngliche Atmosphäre des Zirkels jedem Genie- und Personenkult abhold war. Trotzdem standen zumindest wir Jüngeren sehr stark unter dem Eindruck der Persönlichkeit Schlicks, und das gilt übrigens ebenso für Waismann, eine sehr suggestible Natur. Er wechselte später bloß von der freundlichen Faszination Schlicks zu der ungleich stärkeren, alles andere verlöschenden Wittgensteins, wurde vom Schüler zum selbstvergessenen Jünger. Feigl, solange er in Wien war, war gleichfalls ein regelmäßiger Besucher des Zirkels, nannte ihn um dieser Wandlung willen einmal einen »Terrassenmenschen«. Ich selbst will hier von Waismann nicht reden, nicht nur deshalb, weil mir der persönliche Abstand hiezu fehlt, sondern auch weil das Buch, an dem er seit Jahren arbeitet und in dem er die Summe der Wittgensteinschen Philosophie niederzulegen hofft, noch nicht erschienen ist. Soviel aber darf wohl gesagt werden, daß die rückhaltlose Hingebung, mit der Waismann sich seit Jahr und Tag in den Dienst des Mannes und des Werkes Wittgenstein gestellt hat, auch auf den kritischsten Beobachter nicht ohne Eindruck bleiben kann.

Nun aber zu meiner Aufgabe, der Skizzierung der »Idealbilder« von Schlick und Wittgenstein, die im Kreise, oder doch zumindest bei den Jüngeren, in Geltung standen. Man braucht die beiden nur nebeneinander zu halten, um den Wandel, von dem ich Ihnen zu berichten habe, in Gestalten, wie es eben dem Wesen der

Legende entspricht, vor Augen zu haben. Damit ergibt sich aber auch eine natürliche Gliederung dieser Aufzeichnungen selbst. Sie beginnen mit einem sozusagen historischen Bericht, in dessen Mittelpunkt die Wandlung des Schlickzirkels zu einer Pflegestätte der Philosophie Wittgensteins steht, veranschaulichen dann die Bedeutung dieses Vorganges durch Gegenüberstellung der »Idealbilder« der beiden dominierenden Persönlichkeiten und schließen mit dem Versuch einer wissenssoziologischen Kategorisierung des Tatbestandes.

Wie erschien uns also Schlick selbst? Vor allem: Unprofessoral, weltmännisch, englischer Gentleman, keineswegs aber als Originalgenie und auch nicht etwa in einem bewußten Gegensatz zum Gelehrtentum, sondern vielmehr als der neue, nachstrebenswerte Typus des Gelehrten, von den Schranken des Spezialistentums ebenso frei wie von der menschlichen Kümmerlichkeit der Witzblattfigur, in der die bürgerliche Zeit die offizielle Verehrung der Wissenschaft abreagiert hatte. Dazu dann sehr wohl passend die aristokratisch-frondistische Familienlegende: Gatte einer vornehmen Angelsächsin, er selbst dem böhmischen Grafengeschlecht gleichen Namens entstammend, doch jenem Zweige, der nach der Schlacht am Weißen Berge Rang und Besitz verlor und flüchtend im bürgerlichen Dunkel des protestantischen Nordens untergetaucht sei. Noch der Vater, im Verwaltungsdienst zu hohem Ansehen gelangt, habe um seiner radikal-bürgerlichen Gesinnung willen die ihm im Wilhelminischen Deutschland angebotene neuerliche Standeserhöhung abgelehnt.

Man wird diesem Idealbild beziehungsreiche Anschaulichkeit kaum absprechen können. Was Wittgenstein betrifft, zunächst eine tatsächliche Feststellung: Außer Schlick, Waismann und – wie man hörte – mit wenig Glück Carnap hat ihn von den »Zünftigen« kaum jemand erblickt. Die Vorstellung, daß er auf einem Kongreß oder im Zirkel erscheinen oder gar an einer Diskussion teilnehmen könnte, war fast Blasphemie. Auf dem ersten Kongress 1929 in Prag hat deshalb der Mathematiker Toeplitz, nicht ohne einen Unterton ernster Kritik dieser Absonderlichkeit, gefragt, ob sich hinter dem »Mythos Wittgenstein« überhaupt ein wirklicher Mensch verberge. Immerhin aber soll er in Schlicks Wohnung im allerengsten Kreise mit zur Wand gekehrtem Gesicht bisweilen aus Hamsun vorgelesen haben.

Und nun das zu seiner Zeit im Zirkel kursierende Idealporträt: Ausgeprägtes Originalgenie vom Typus Religionsstifter, Gelehrtenfeind und Gelehrtenverächter, Sohn einer industriellen Magnatenfamilie der österreichischen Monarchie, habe er es abgelehnt, an dem unverdienten Reichtum teilzuhaben, nehme nur gelegentlich Unterstützungen von seiner Familie an und habe ein »Handwerk« gelernt, nämlich Architektur. (»Ich bin kein Philosoph, wenn ich etwas bin, dann bin ich Architekt.«) Aus Cambridge – das wird ja übrigens auch von Russell erwähnt – sei er plötzlich verschwunden, habe sich in die Einsamkeit einer nordischen Schäreninsel zurückgezogen und dann lange Zeit in einem abgelegenen Alpendorf gehaust. Gegenwärtig lebe er meist in zwei kleinen Zimmerchen im Dienerhaus der grandseigneuralen Familienbesitzung in einem der schönsten Vororte Wiens, und während nach seinen Plänen in der Stadt für seine Familie ein schloßähnlicher Bau errichtet werde, verharre er selbst in fast klösterlicher Strenge und Abgeschiedenheit, bereite sich seine einfachen Mahlzeiten meist selbst und entziehe sich nach Möglichkeit jedem menschlichen Umgang. Bekomme ihn aber einer der Auserwählten zu Gesicht, so sei der Eindruck seiner Persönlichkeit unvergleichlich. Im Gespräch sei er von aphoristischer Kürze, sparsam mit Worten, leicht ungeduldig und wohl auch mitunter heftig, wenn er nicht dem erwarteten Verständnis begegne. Allmählich aber sei es Waismann gelungen, das Sprachrohr des Meisters zu werden. Mit ihm unterrede er sich ausführlich und, wenn auch in großen Abständen, regelmäßig; von ihm erwartete man daher auch, daß er als Mittler die Lehre interpretiere und systemisiere.

Ich muß gestehen, mir erscheint dieses Idealporträt von so außerordentlicher Eindringlichkeit und idealtypischer Vollendung, daß ich mich bemüßigt sehe, hinzuzufügen, daß ich an dieser Stelle eben deshalb meine Erinnerung besonders streng und kritisch geprüft habe. Dafür, daß das etwa um 1931 die authentische

Gestalt des Mythos gewesen ist – allerdings aber auch nur dafür –, verbürge ich mich ausdrücklich.

Erlauben Sie mir nun zum Schluß noch die Skizzierung der etwas allgemeineren Gedankengänge, zu deren Anwendungsfall mir die Geschichte unseres Zirkels im Niederschreiben geworden ist. Vermutlich habe ich die erste Anregung zu diesen Ideen sogar Ihnen selbst zu verdanken. Erinnern Sie sich noch daran, daß Sie einmal im Zirkel unsere Richtung mit der nominalistischen Schule der Spätscholastik verglichen haben und deren Formalismus für die Auflösung des mittelalterlichen Weltbildes, in dessen Rahmen diese Schule doch wieder verblieb, dieselbe Funktion zuschrieben, wie unserer gleichfalls formalisierten, sorgfältig auf Selbstkritik und Selbstabgrenzung bedachten Wissenschaft. Ausgangspunkt des Gespräches war, wenn ich nicht irre, die Bemerkung, daß der Deutsche Carl Schmitt die von soviel (wenn auch unserer Meinung nach nicht von aller) Metaphysik und sonstigen Mißverständnissen befreite Rechtslehre Kelsens dazu gebraucht habe, die so sauber herausgearbeitete reine Form mit einem ganz anderen Inhalt zu erfüllen, als der Weltanschauung und Zielsetzung des Demokraten Kelsen entsprochen hätte. Aber daß man dies immer, in wirklich theoretisch sauberer Weise, aber gerade dann tun kann, wenn die Wissenschaft ihre Grenzen selbst erkannt hat, ist fast banal, und daß in einer solchen Zeit Theorie und Praxis der Propaganda zu in säkularem Bereich bis nun nicht erreichter Blüte und Bedeutung gelangen, ist nicht weiter verwunderlich. Weniger banal ist aber vielleicht die Vermutung, daß es sich bei diesem Umschlag um eine wissenssoziologisch typische Erscheinung handelt. Dafür, ob sich das bei der Scholastik in gleicher Weise durchdenken läßt, muß ich mangels der nötigen Kenntnisse die Verantwortung Ihnen überlassen. Ich will jedoch versuchen, aus den mir besser bekannten modernen Entwicklungen den Mechanismus zu abstrahieren. Voraussetzen und deshalb vorausschikken muß ich nur noch eine Hypothese: Der Wissenschaftsbetrieb einer Zeit als soziale Institution, die Wissenschaft selbst als soziales Phänomen ist wertmäßig an ihre Zeit gebunden und in diesem Sinn keineswegs frei und objektiv, wenn auch in einer sehr komplizierten Weise, – im Gebiet der sogenannten Geisteswissenschaften wahrscheinlich sogar inhaltlich determiniert. (Trotzdem besteht aber eine sehr weitgehende interne Eigengesetzlichkeit innerhalb der ideengeschichtlichen Entwicklungen, und das Studium der so entstehenden Wechselwirkungen ist der eigentliche, so außerordentlich reizvolle Gegenstand der Wissenssoziologie.)

Stimmt man dem einmal zu, dann kann man formulieren: Der oberste Wert, an dem sich die Wissenschaft der liberalen Epoche auszurichten hatte, war die Idee der individuellen Freiheit, der Objektivität und der Neutralität. Ist aber erst einmal Freiheit und Objektivität der oberste Wert *für* die Wissenschaft, dann liegt der Weg zur Entdeckung der Wertfreiheit *der* Wissenschaft überhaupt inhaltlich und psychologisch offen. Sind aber die Wissenschaftler einmal soweit gekommen, dann können sie den ihnen von der Gesellschaft am Beginn des Prozesses erteilten Auftrag, Führer und Begründer einer inhaltlichen Freiheit, einer politisch gemeinten Objektivität und Neutralität zu sein, nicht mehr erfüllen. Das hat nun eine doppelte Konsequenz. Erstens: Der Prozeß kann erst dann in sein Endstadium treten, wenn in der inzwischen gleichfalls verhandelten Gesellschaft neue Kräfte wirksam geworden sind, die alten Werte ihre soziale Geltung und Bedeutung bereits verloren haben und damit die Wissenschaft so weit an den Rand des sozialen Spannungsfeldes gedrängt ist, daß sie eben deshalb – gleichsam im leeren Raum schwebend (»Wenn wir jetzt das Fenster öffneten und den Mann auf der Straße zuhören ließen, kämen wir alle entweder ins Irrenhaus oder ins Gefängnis«) – einen historischen Augenblick lang wirklich frei ist. In diesem Stadium erreicht sie dann, von den Schwergewichten, die ihr sonst anhaften, befreit, mit ihrer formalen Vollendung auch das Höchstmaß kritischer Durchschlagskraft.[2] Zweitens: Es

---

[2] So gesehen gehören die bedeutsamen wissenschaftlichen Richtungen, die bis nun in Wien ein gemeinsames Ausstrahlungszentrum hatten: Psychoanalyse, die Philosophie des Wiener Kreises und die Kelsensche Rechts- und Staatslehre, wirklich zusammen und bestimmen die spezifische geistige Atmosphäre des untergegangenen Österreich ebenso wie im künstlerischen Bereich die Dichter Broch, Canetti und Musil.

liegt in der Natur der Dinge, daß sie nicht allzu lange in dieser Kipplage verharren können. Während aber im Gesellschaftlichen der Bruch offen in Erscheinung tritt und die alten Tafeln brutal zertrümmert werden, ist der Ablauf in der Front der geistigen Entwicklung (nicht so in ihren Hinterwäldern!) wesentlich feiner. Der auf die Spitze getriebene Kritizismus, der durchschaute Formalismus wird in die ihm zukommende untergeordnete Stellung verwiesen, man eignet sich zwar manches vom Tagwerk der Kärrner an, »der Akzent aber verschiebt sich« vom Sachverhalt auf die von der großen Persönlichkeit erschaute Bedeutung. Berufen ist, wer »hinter den Dingen die Geste fühlt, mit der sie über sich selbst hinausweisen«. Mit eben diesen Worten aber wurde einmal von berufenster Seite die Bedeutung Wittgensteins gegenüber dem Weltbild des ursprünglichen »Wiener Kreises« abgegrenzt. Und ich glaube auch in der Tat, daß sich in dem Zeitraum, über den ich Ihnen aus eigener Anschauung berichten sollte, dieser typische Umschlag im »Wiener Kreis« bzw. die endgültige Abspaltung einer zumindest wissenssoziologisch deutlich abgehobenen Richtung vollzogen hat.

ANMERKUNGEN

1 Die Programmschrift hat keinen offiziell genannten Autor; auf Umschlag und Titelseite stand unter »Wissenschaftliche Weltauffassung« lediglich »Der Wiener Kreis«. Sie war das Produkt einer Gemeinschaftsarbeit: Neurath schrieb einen frühen Entwurf, Hahn kommentierte ebenso wie Carnap, der die Endredaktion vornahm; andere Mitglieder, wie Feigl und Waismann, wurden konsultiert.

2 Aus Platzgründen wurden die Literaturverweise und die zum Teil reichhaltig annotierte Bibliographie hier nicht aufgenommen. Sie sind jedoch leicht zugänglich in Otto Neurath: *Gesammelte philosophische und methodologische Schriften*, hg. von Rudolf Haller und Heiner Rutte, Wien 1981, Bd. 1, S. 315–336.

3 Bertrand Russell: *Unser Wissen von der Außenwelt*, übersetzt von W. Rothstock, Leipzig 1926, S. 2 f. In der von Michael Otte besorgten überarbeiteten Übersetzung, Hamburg, 2004, S. 10 (englische Originalausgabe: *Our Knowledge of the External World*, London/Chicago 1914).

4 Alfred North Whitehead, Bertrand Russell: *Principia Mathematica*, Cambridge, Bd. I: 1910, ²1925, Bd. II: 1912, ²1927, Bd. III: 1913, ²1927. Die Werke der anderen im Text des Manifests genannten Autoren werden weder in Fußnoten noch in der Bibliographie erwähnt, so daß wir uns entschlossen haben, sie aus Platzgründen wegzulassen.

5 Die folgenden Listen von Mitgliedern, nahestehenden Autoren und führenden Vertretern sind der Bibliographie entnommen. Zur Bedeutung der Trennung zwischen Mitgliedern und nahestehenden Autoren, und zur Frage, wie weitreichend die dadurch ausgedrückte Identifikation mit dem Wiener Kreis ist, vgl. Abschnitt 1.3. der Einleitung.

6 Gemeint ist »Die alte und die neue Logik«, in: *Erkenntnis 1* (1930), S. 12–26, abgedruckt in Rudolf Carnap: *Scheinprobleme in der Philosophie und andere metaphysikkritische Schriften*, hg. von Thomas Mormann, Hamburg 2004, S. 63–80.

7 »Die Prinzipien dürfen nicht ohne Notwendigkeit vermehrt werden.« Ein verwandter, auf die zugrunde gelegten Entitäten bezogener
Grundsatz ist als »Occam's Razor« bekannt; vgl. dazu Hans Hahn:
Überflüssige Wesenheiten (Occams Rasiermesser), Wien 1930.

8 In dieser Schrift (»Das Wesen der Wahrheit nach der neuen Logik«,
Neudruck in Schlick: *Philosophische Logik*, hg. von Bernd Philippi,
Frankfurt a. M. 1986, S. 31–109), mit der er sich 1911 an der Universität Rostock habilitierte, bemühte sich Schlick um die Klarstellung
des Übereinstimmungsbegriffs: der Begriff der logisch eindeutigen
Zuordnung sollte ein qualitatives und bildhaftes Verständnis von
Wahrheit ersetzen.

9 An dieser Stelle beging Schlick einen damals weitverbreiteten Fehler. Für Poincaré war die physikalische Geometrie keineswegs konventionell, weil sie empirisch unterbestimmt war. Sein Argument
beruhte vielmehr auf seiner Verwendung des Helmholtz-Lieschen
Theorems der Gruppentheorie, welches die genaue Form der Geometrie formell unterbestimmt ließ. Vgl. Michael Friedman: »Poincaré's
Conventionalism and the Logical Positivists«, in: *Reconsidering Logical Positivism*, Cambridge 1999, S. 71–87.

10 Dies ist richtig innerhalb der Speziellen Relativitätstheorie, und
eine spezielle asymptotische Zusatzannahme innerhalb der Allgemeinen Relativitätstheorie. Letztere hatte zur Zeit der Abfassung
von Schlicks Aufsatz noch nicht ihre endgültige Form erhalten, auch
wenn Einstein und Grossmann schon wichtige Resultate erreicht
hatten – darunter auch das weiter unten thematisierte Phänomen der
Lichtablenkung im Schwerefeld großer Massen. Eine ausführliche
Chronologie der Ereignisse findet sich bei Abraham Pais: *›Subtle is
the Lord…‹. The Life and Science of Albert Einstein*, Oxford 1982.

11 Auch bei Philipp Frank (»Die Bedeutung der physikalischen Erkenntnistheorie Machs für das Geistesleben der Gegenwart«, in diesem
Band, S. 93–113) finden sich kritische Auslassungen über Study.

12 Eine Anspielung auf die berühmte Passage aus Kants *Prolegomena*
(A 13): Es war Hume der »zuerst den dogmatischen Schlummer unterbrach, und meinen Untersuchungen im Felde der spekulativen
Philosophie eine ganz andere Richtung gab«.

13 Wie sein Lehrer Planck, las Schlick Mach im Sinne eines radikalen
Phänomenalismus und weitaus »metaphysischer« als die Wiener;
vgl. die Ausführungen Franks in »Die Bedeutung der physikalischen

Erkenntnistheorie Machs für das Geistesleben der Gegenwart«, in diesem Band, S. 93–113. Insbesondere ist die Relativität aller Bewegungen für Mach nicht »denknotwendig« – wie Schlick dies weiter unten formuliert –, sondern eine Erfahrungstatsache, ebenso wie die Newtonschen Axiome. Erst wenn man Machs Rückführung der Newtonschen Axiome auf grundlegende Erfahrungen akzeptiert, folgt die Relativität der Bewegungen.

14 In der Tat spielte die Relativität aller Bewegungen in der frühen Phase von Einsteins Relativitätstheorie eine wichtige Rolle. »Machs Prinzip« wurde jedoch später von Einstein wieder fallengelassen. Wie vielgestaltige und oft wenig spezifische Vorstellungen sich unter diesem Begriff heute versammeln, sieht man an der Aufstellung auf S. 530 von Julian Barbour, Herbert Pfister (Hg.): *Mach's Principle. From Newton's Bucket to Quantum Gravity*, Basel 1995.

15 Hier ist natürlich die Lichtablenkung im Gravitationsfeld gemeint. Damit ändert sich die Lichtgeschwindigkeit im Vakuum als vektorielle Größe, ihr Betrag bleibt jedoch konstant.

16 Erst 1919 konnten zwei britische Expeditionen nach Brasilien bzw. St. Principe aufbrechen, um die totale Sonnenfinsternis vom 29. Mai 1919 zu vermessen. Deren Resultate über die Ablenkung des Lichts sonnennaher Sterne waren eine glanzvolle Bestätigung für die Allgemeine Relativitätstheorie, sie gingen durch die Weltpresse und begründeten Einsteins einzigartigen Ruhm. Für die gescheiterte Krimexpedition hatte Einstein noch eine viel geringere Ablenkung vorausgesagt, da erst die im November 1915 gefundene Form der Feldgleichungen die Wechselwirkung zwischen Geometrie und Gravitationskraft richtig beschrieb.

17 Zum Ende des 19. Jahrhunderts behauptete der Energetismus von Ostwald und Helm, alle Wirkungen in der Natur aus dem Energieerhaltungssatz und ohne Benutzung der Atomhypothese ableiten zu können. Die Energetiker waren die Hauptgegner von Boltzmanns statistischer Mechanik, und auch Mach hegte deutliche Sympathien für die Energetik.

18 In gewisser Weise kann man Franks Aufsatz als Versuch lesen, das von Auerbach (»Ernst Mach's Lebenswerk«, in: *Die Naturwissenschaften* 4 [1916], S. 177–183) entworfene Bild aus Wiener Perspektive zurechtzurücken. Auerbach hatte zwar Mach gegen manche Angriffe Plancks verteidigt, dessen Lesart der Machschen Ansichten jedoch weitgehend übernommen. So betrachtet er etwa das Ökonomieprin-

zip und die Elementenlehre, die er strikt phänomenalistisch deutet, als die beiden Säulen von Machs »metaphysischem System«. Dies konterkarierte das bereits im ersten Wiener Kreis manifeste Bemühen um eine erweiterte und durch einen Brückenschlag zu Konventionalismus und neuer Logik modernisierte Lesart des Machschen Programms, die insbesondere gegen jene »Machianer« gerichtet war, die Atomismus und Relativitätstheorie weiterhin ablehnten. Wesentliche Passagen von Franks Kritik an Planck finden sich bereits in seinen Rezensionen von »Die Einheit des physikalischen Weltbildes« (*Monatshefte für Mathematik und Physik* 21 [1910], S. 46–47) und der dritten Auflage von Plancks »Das Prinzip der Erhaltung der Energie« (*Monatshefte für Mathematik und Physik* 27 [1916], S. 18).

19 Johann Wolfgang von Goethe: *Maximen und Reflexionen*, Weimar 1907, Nr. 1222 bzw. 1229 auf S. 253 f. bzw. 255.

20 Zur Kontroverse um Mach und den Atomismus (sowie die Relativitätstheorie) siehe die Beiträge von Paul Feyerabend, John Blackmore und Gereon Wolters in Rudolf Haller, Friedrich Stadler (Hg.): *Ernst Mach. Werk und Wirkung*, Wien 1988.

21 Ernst Mach: *Die Mechanik in ihrer Entwicklung. Historisch-kritisch dargestellt*, 7. Aufl., Neudruck Berlin 1988, S. 474 f., Herv. Franks.

22 Josef Popper-Lynkeus: *Voltaire. Eine Charakteranalyse, in Verbindung mit Studien zur Aesthetik, Moral und Politik*, Dresden/Leipzig 1905, 2. Aufl. 1920 mit neuem Untertitel *Ein Bild seiner Persönlichkeit*, 3. Aufl. Wien/Leipzig 1925, mit originalem Untertitel.

23 Pick war Franks Kollege an der Deutschen Universität Prag.

24 Plancks erste Polemik gegen Mach (*Die Einheit des physikalischen Weltbildes*, Leipzig 1909) endete mit dem Bibelspruch »An ihren *Früchten* sollt Ihr sie erkennen.« In »Die Leitgedanken meiner naturwissenschaftlichen Erkenntnislehre und ihre Aufnahme durch die Zeitgenossen« (*Scientia* 7 [1910], S. 225–240) replizierte Mach in der erwähnten Weise. Neben einer detaillierten Entgegnung auf Plancks Vorwürfe bieten die »Leitgedanken« eine lesenswerte und konzise Übersicht von Machs Anschauungen. Planck seinerseits beendete die Polemik mit einem Aufsatz, der nun vor allem gegen Machs *Wärmelehre* gerichtet war (»Zur Machschen Theorie der physikalischen Erkenntnis«, in: *Physikalische Zeitschrift* 11 [1910], S. 1180–1190).

25 Die Philosophische Gesellschaft an der Universität Wien war ein wichtiges Forum für die intellektuelle Sozialisation der Mitglieder

des »ersten Wiener Kreises«, Frank, Hahn und Neurath. Die Liste der Vortragenden und Themen enthält berühmte Namen, darunter Ludwig Boltzmann und Wilhelm Ostwald, und umfaßt viele aktuelle Probleme der Wissenschaften. Vgl. Thomas Uebel: *Vernunftkritik und Wissenschaft. Otto Neurath und der erste Wiener Kreis*, Wien 2000, §§ 4.4 und 4.5. Eine Liste der Vorträge findet sich in Robert Reininger (Hg.): *50 Jahre Philosophische Gesellschaft an der Universität Wien, 1888–1938*, Wien 1938.

26 Die Passage findet sich in Descartes' *Methodus* III, 3. Neuausgabe René Descartes: *Discours de la méthode. Von der Methode des richtigen Vernunftgebrauchs und der wissenschaftlichen Forschung*, Hamburg ²1997.

27 Und zwar in Descartes' *Methodus* II, 14–17.

28 *Methodus* II, 7–10; das Zitat in II, 11.

29 Allerdings unterstreicht Descartes, daß man bei Verwendung unsicherer Grundlagen mehr Zeit benötigen werde, zum Ausgangspunkt zurückzukehren, als zur Erarbeitung sicherer Grundlagen. (Siehe *Methodus* VI, 8)

30 Friedrich Hebbel, *Herod und Marianne*, 3. Akt, 6. Szene.

31 Die Herausgeber von Neuraths *Philosophical Writings 1913–1946* (Dordrecht 1983), Robert S. Cohen und Marie Neurath, sehen hier eine Anspielung auf die Praktiken von Wahrsagern in Zirkussen der Jahrhundertwende, einen Papagei mit Voraussagen beschriebene Zettel aus einer Schale picken zu lassen.

32 Friedrich Schiller, »Die Weltweisen«, letzte Strophe ohne die einleitenden zwei Zeilen:

> Doch weil, was ein Professor spricht
> Nicht gleich zu allen dringt.

33 Eine Adaption des Fragments 435 aus Euripides, *Hippolytus*.

34 Die Prager »Tagung für Erkenntnislehre der exakten Wissenschaften«, auf der die Programmschrift des Wiener Kreises vorgelegt wurde, fand im Rahmen der Konferenz der Deutschen Physikalischen Gesellschaft und der Deutschen Mathematiker Vereinigung statt. Als Vorsitzender des Prager Gauvereins der DPG und Präsident des lokalen Organisationskomitees war es Frank möglich gewesen, eine Eröffnungssitzung zusammenzustellen, die die Wichtigkeit erkenntnistheoretischer Fragen unterstrich. Nach Franks hier wiedergegebener

Eröffnungsansprache vertrat sein Freund Richard von Mises einen sehr ähnlichen Standpunkt in bezug auf die von der Quantenmechanik nahegelegten Konsequenzen (»Über kausale und statistische Gesetzmäßigkeit in der Physik«, veröffentlicht in *Die Naturwissenschaften* 18 [1930], S. 145–153, sowie *Erkenntnis* 1 [1930], S. 189–210). Der dritte Vortragende, der Physiker Arnold Sommerfeld, unterstrich jedoch seine Ablehnung der positivistischen Anschauung (»Einige grundsätzliche Bemerkungen zur Wellenmechanik«, in: *Physikalische Zeitschrift* 30 [1929], S. 866–870). Im Einleitungskapitel einer bereits in den USA veröffentlichten Sammlung früherer Aufsätze beschreibt Frank die Umstände seiner Eröffnungsrede.

> I had prepared an elaborate paper that was intended to give the scientists a kind of preview of our ideas and to prove that the new line in philosophy is the necessary result of the new trends in physics, particularly the theory of relativity and the quantum theory. [...] Some friends cautioned me not to speak too bluntly. The audience, which consisted mostly of German scientists, knew little about philosophy, except that they had some sentimental ties to Kantianism. The doctrine was regarded in some intellectual quarters as a kind of substitute for the traditional forms of religion. My wife said to me after the lecture: »It was weird to listen. It seemed to me as if the words fell into the audience like drops into a well so deep that one cannot hear the drops striking bottom. Everything seemed to vanish without a trace.«
>
> There is no doubt that quite a few people in the audience were shocked by my blunt statements that modern science is incompatible with the traditional systems of philosophy. Probably, most of the scientists had not been accustomed to thinking of philosophy and science as a coherent system of thought. Philosophy had been for them what the Sunday sermon is for the businessman who is interested only in profit. Philosophy had been required not to be »true« but to give emotional satisfaction.
>
> After the meeting, however, our committee received a great many letters from scientists who expressed their great satisfaction that an attempt has been made toward a coherent world conception without contradictions between science and philosophy. (*Modern Science and Its Philosophy*, New York 1961, S. 49 f.)

35 Emil du Bois-Reymond: *Die Grenzen des Naturerkennens*, Leipzig
1872. Die von Frank im folgenden zitierten Passagen stammen aus
verschiedenen Teilen der Rede, die Auslassungen gehen oft über
mehrere Seiten. In der von mir verwendeten Ausgabe (*Über die
Grenzen des Naturerkennens. Die sieben Welträtsel. Zwei Vorträge*,
Leipzig 1907) stehen die Zitate auf den Seiten 16, 27 f., 45 und 51.

36 Henri Bergson: »Vérité et réalité«, Einleitung zu William James,
Le Pragmatisme, übersetzt von E. Le Brun, Paris 1911, S. i–xvi; in:
La Pensée et le mouvant. Essais et conférences, Paris 1941, S. 245 f.
Franks Auslassung wurde von den Herausgebern markiert.

37 Siehe Pierre Duhem: *Ziel und Struktur der physikalischen Theorien*,
übers. von Friedrich Adler mit einem Vorwort von Ernst Mach, Leipzig 1908 (frz. Original 1906). Neuausgabe mit einer Einleitung und
Bibliographie von Lothar Schäfer, Hamburg 1978. Frank war auch
Mitübersetzer von Duhems *Die Wandlungen der Mechanik und der
mechanistischen Naturerklärung* (Leipzig 1912, frz. Original 1903).
Vgl. auch Franks Bemerkungen auf S. 96 f.

38 Siehe z. B. Henri Poincaré: *Wissenschaft und Hypothese*, übers. von
F. und L. Lindemann, Leipzig 1904 (2. rev. Aufl. 1906, frz. Original
1902); ders., *Der Wert der Wissenschaft*, Leipzig 1906 (2. Aufl. 1910,
frz. Original 1905); ders., *Wissenschaft und Methode*, übers. von F.
und L. Lindemann, Leipzig 1914 (frz. Original 1909).

39 Siehe Hugo Dingler: *Grundlinien einer Kritik und exakten Theorie der Wissenschaften, insbesondere der mathematischen*, Leipzig
1907. Hahns Rezension dieser Schrift in *Monatshefte für Mathematik und Physik* 20 (1909), Literaturberichte S. 51, war ausgesprochen
kritisch.

40 Bergson: »Vérité et réalité«, a. a. O., S. 247. Hervorhebung des Origi-
nals von Frank getilgt.

41 Bertrand Russell: *Unser Wissen von der Außenwelt*. Auf der Grundlage der Übersetzung von Walter Rothstock bearbeitet von Michael
Otte unter Mitarbeit von Maureen Lukay und Mircea Radu, Hamburg 2004, S. 54 f. Dort steht die »wirkliche« Welt in Anführungszeichen. Die Übersetzung von Rothstock (1926) basierte auf der ersten
englischen Auflage von 1914, während die hier zitierte Übersetzung
die von Russell überarbeitete zweite Auflage von 1926 heranzog.

42 Moritz Schlick: *Allgemeine Erkenntnislehre*, Berlin 1918, 2. rev. Aufl.
1925, Zitate auf S. 55–57 bzw. S. 82.

43 Rudolf Carnap: *Der logische Aufbau der Welt*, Berlin 1928, §180. Neudruck Hamburg 1998, S. 253–255.

44 Wittgenstein: *Tractatus*, Satz 6.5.

45 Vgl. Schlick: »Erleben, Erkennen, Metaphysik«, in diesem Band, S. 169–186.

46 Rudolf Carnap: *Physikalische Begriffsbildung*, Karlsruhe 1926, S. 4.

47 Die folgenden drei Punkte verweisen wohl auf das bereits oben skizzierte und in der *Allgemeinen Erkenntnislehre* ausgeführte Argument gegen Kants Skeptizismus.

48 Schlicks eigene Übersetzung. Die auf die Übersetzung von W. Gordon und E. Gumbel (1919) gestützte, von Johannes Lenhard und Michael Otte besorgte Neuausgabe der *Einführung in die mathematische Philosophie*, Hamburg 2002, spricht auf S. 73 nicht vom Sinn, sondern von der mitteilbaren Bedeutung eines Satzes und der Bedeutungslosigkeit der Individualität für die Wissenschaft.

49 Gemeint sind hier die Positionen von Gustav Theodor Fechner und Hermann Lotze.

50 Ernst Laas: *Idealismus und Positivismus. Eine kritische Auseinandersetzung*, Berlin 1879–1881. Hans Vaihinger: *Die Philosophie des Als Ob. System der theoretischen, praktischen und religiösen Fiktionen der Menschheit auf Grund eines idealistischen Pragmatismus. Mit einem Anhang über Kant und Nietzsche*, Berlin 1911.

51 Vgl. etwa *Die Analyse der Empfindungen und das Verhältnis des Physischen zum Psychischen*, Jena ^{7}1918, Kap. XV (»Die Aufnahme der hier dargelegten Ansichten«), wo Mach betont, »daß derjenige von der richtigen Würdigung meiner Ansicht sehr weit entfernt ist, welcher dieselbe trotz wiederholter Proteste von meiner und auch von anderer Seite mit der Berkeleyschen identifiziert«. (S. 295)

52 Im Original falsch: »physisch«.

53 In Schlicks Theorie der ostensiven Definition zeigt sich deutlich seine Interaktion mit Wittgenstein zu Beginn der dreißiger Jahre. Am detailliertesten ausgearbeitet wurde sie im Aufsatz »Meaning and Verification«, in: *The Philosophical Review* 45 (1936), S. 339–369. Vgl. auch Waismanns Gesprächsnotizen, *Wittgenstein und der Wiener Kreis*, Frankfurt a. M. 1967, besonders Appendix B.

54 Schlick meint die Pragmatisten William James und John Dewey. Siehe James: *Pragmatism*, New York 1907, und Dewey: »Introduction«, in: *Essays in Experimental Logic*, Chicago 1916.

55 Planck hatte bereits in *Die Einheit der physikalischen Weltbildes*
    (Leipzig 1909) Machs Standpunkt als blanken Sensualismus darge-
    stellt. Nach dem Machschen Positivismus »gibt es keine andere Rea-
    lität als die eigenen Empfindungen, und alle Naturwissenschaft ist in
    letzter Linie nur eine ökonomische Anpassung unserer Gedanken an
    unsere Empfindungen, zu der wir durch den Kampf ums Dasein ge-
    trieben werden. Die [...] eigentlichen und einzigen Elemente der Welt
    sind die Empfindungen.« (in: Max Planck: *Wege zur physikalischen
    Erkenntnis*, Leipzig ⁴1944, S. 20) In »Die Leitgedanken meiner natur-
    wissenschaftlichen Erkenntnislehre und ihre Aufnahme durch die
    Zeitgenossen« (*Scientia* 7 [1910], S. 225–240) antwortete Mach hier-
    auf mit seinem berühmten Slogan über die Aufgabe der Wissenschaft:
    »*Anpassung der Gedanken an die Tatsachen und die Anpassung der
    Gedanken aneinander.*« (S. 226) Plancks früherer Schüler Schlick hat
    über die Jahre hinweg immer wieder den Planckschen Standpunkt
    gegen Mach verteidigt und die Bedeutung Machs für die Einstein-
    sche Relativitätstheorie auf die Kritik der Newtonschen Vorstellun-
    gen begrenzt. Zwar schwenkt Schlick auch im vorliegenden Aufsatz
    nicht auf die Interpretationslinie der »Wiener« ein (vgl. Philipp
    Franks »Die Bedeutung der physikalischen Erkenntnistheorie Machs
    für das Geistesleben der Gegenwart«, in diesem Band, S. 93–113 und
    Anm. 24). Doch Schlicks Kritik an Plancks *Positivismus und reale
    Außenwelt* ist überdeutlich, und im Verifikationismus glaubt er auch
    ein Mittel gefunden zu haben, die für Planck unvereinbaren Positio-
    nen des Positivismus und des Realismus miteinander zu versöhnen.
56 Daß auch das Kausalgesetz letztlich mit dem Eintreffen von Voraus-
    sagen zusammenfällt, hatte Schlick bereits im Jahr zuvor ausführlich
    begründet; vgl. »Die Kausalität in der gegenwärtigen Physik«, in
    diesem Band, S. 543–588.
57 John Stuart Mill: *An Examination of Sir William Hamilton's Philo-
    sophy and of the Principal Questions Discussed in His Writings*,
    1872, abgedruckt in *The Collected Works of John Stuart Mill*, vol. 9,
    hg. von J. M. Robson, Toronto 1979, S. 184.
58 Dies war ein wesentliches Element von Plancks Polemik gegen Mach.
    Der Positivismus sei zwar unwiderlegbar, aber für die physikalische
    Forschung gänzlich unfruchtbar; vgl. auch Anm. 24.
59 Sowohl in der *Erkenntnis* als auch in *Gesammelte Aufsätze 1926–
    1936*, Wien 1936, steht »Will man das Resultat / rechtfertigt wäre, so

müßte [...]«. Man kann hierin einerseits einen der in der *Erkenntnis* nicht seltenen Druckfehler erblicken und lesen: »Will man das Resultat rechtfertigen, so müßte [...].« Die englischen Übersetzungen (von David Rynin, *Synthese* 7 [1948/49], S. 478–505, und von Peter Heath in Moritz Schlick: *Philosophical Papers*, hg. von Henk L. Mulder und Barbara van de Velde-Schlick, Dordrecht 1979, Bd. 2, S. 259–284) von Schlicks Aufsatz gehen jedoch stillschweigend von der ebenso plausiblen Annahme aus, daß eine ganze Zeile fehlt, und ergänzen in einer Weise, die der von uns gewählten Version entspricht. Da Schlick den Aufsatz während seines Gastsemesters in Berkeley abschloß, finden sich in seinem Nachlaß auch weder ein Manuskript noch eine Fahnenkorrektur. Wir haben uns für die Rückübersetzung entschieden, weil sie einerseits genau dem Schlickschen Gedanken entspricht und lesbarer ist und weil andererseits die Übersetzung von Rynin in den »Communications of the Institute for the Unity of Science« – und damit unter der Ägide von Philipp Frank – erschienen ist.

60 Ähnliche Überlegungen über den Namen der Bewegung stellte Mitte der 1930er Jahre auch Otto Neurath an, der neben »Logischem Empirismus« auch die Bezeichnung »Wissenschaftlicher Rationalismus« erwog. Letzteres hatte durchaus den Hintergedanken, die französischen und italienischen Partner in das Enzyklopädieprojekt mit einzubeziehen; vgl. die Einleitung, Abschnitt 5.2.

61 Noch Ernst Mach faßte »die Sätze der Arithmetik als Erfahrungssätze auf, wenn auch als solche, welche aus der inneren Erfahrung geschöpft werden«. Ganz allgemein sei die Mathematik »*ökonomisch geordnete zum Gebrauch bereit liegende Zählerfahrung,* deren Zweck es ist, das direkte oft unausführbare Zählen durch bereits ausgeführte Zähloperationen zu ersetzen und zu *ersparen*«. (*Die Principien der Wärmelehre. Historisch-kritisch entwickelt,* Leipzig ²1919, S. 68) Überraschenderweise wurde dieser Standpunkt auch von Ludwig Boltzmann geteilt, der in einem Brief an den Mathematiker Felix Klein aus dem Jahre 1899 die gängigen abstrakten Definitionen des Zahlbegriffs ablehnte; vgl. Walter Höflechner (Hg.): *Ludwig Boltzmann. Leben und Briefe,* Graz 1994, S. II 270.

62 Den Zeitgenossen mußte klar sein, daß diese Passage gegen David Hilbert gerichtet war, der in vielen Vorträgen von einer nicht-leibniz-

schen prästabilierten Harmonie zwischen Mathematik und Physik gesprochen hatte – zuletzt in seiner Königsberger Rede vor der Versammlung Deutscher Naturforscher und Ärzte. Diese trug den Titel »Naturerkennen und Logik«, in: *Die Naturwissenschaften* 18 (1930), S. 959–963, auf den Hahns Titel offensichtlich anspielte. Vgl. Michael Stöltzner: »How Metaphysical is ›Deepening the Foundations‹? Hahn and Frank on Hilbert's Axiomatic Method«, in: Michael Heidelberger, Friedrich Stadler (Hg.): *History of Philosophy of Science. New Trends and Perspectives*, Dordrecht 2002, S. 245–262.

63 Vgl. *Wittgenstein und der Wiener Kreis (Gespräche, aufgezeichnet von Friedrich Waismann*, aus dem Nachlaß hg. von B. F. McGuinness Frankfurt a. M. 2001), Eintrag für Mittwoch, 25. Dezember 1929.

64 Als Renonce bezeichnet man das Nichtbedienen (etwa einer Farbe). Beim von Hahn mehrmals erwähnten Tarockspiel gibt es ziemlich rigide Renonceregeln.

65 Hahn war natürlich bewußt, daß durch Gödels Unvollständigkeitstheoreme die Realisierung dieses Projekts deutlich schwieriger geworden war. Vgl. Abschnitt 2.3. der Einleitung und die Darstellung Mengers, »Die neue Logik«, S. 501–504.

66 Die historische Entwicklung war ein wenig komplexer, als sie Hahn hier darstellt. Von der Suche nach einem die Störungen der Merkurbahn verursachenden Planeten Vulkan – womit sich das Beispiel des Neptun wiederholt hätte – bis zu Einsteins wiederholten Berechnungen der Perihelverschiebung des Merkur war auch immer das Verhältnis zwischen den Theorien und den Daten umstritten, insbesondere was die Beweiskraft der jeweiligen Argumente anging.

67 Boltzmann war bemüht, die philosophischen Differenzen zwischen Mach und der Energetik Wilhelm Ostwalds, seinem Hauptgegner in den Debatten um den zweiten Hauptsatz der Thermodynamik, herauszustreichen. Zu diesem Zweck bezeichnete er Machs Erkenntnislehre als mathematisch-physikalische Phänomenologie, weil sie in der direkten Beschreibung einer Tatsache mittels einer Gleichung das ausschließliche Ziel der Wissenschaft erblickte, und unterschied sie von der energetischen Phänomenologie Ostwalds, der er ein substantialistisches Verständnis der Energie unterstellte. Boltzmanns eigene Atomistik behauptete nicht die Existenz unteilbarer Grundsubstanzen, sondern vielmehr die Unabdingbarkeit möglichst universeller atomistischer Gedankenbilder, die sich nicht im jeweils Beobachtba-

ren erschöpften; vgl. Ludwig Boltzmann: *Populäre Schriften*, Leipzig 1905, S. 142.

68 Ähnlich wie Frank unterstreicht auch Hahn die Kontinuität zwischen klassischer und Quantenphysik, wenn man in empiristischer Perspektive das Verhältnis zwischen den tatsächlichen Messungen in den Mittelpunkt rückt; vgl. »Philosophische Deutungen und Mißdeutungen der Quantentheorie«, in diesem Band, insbesondere S. 601 f.

69 Siehe die Beiträge in Teil V dieses Bandes.

70 Beachtet man die Regeln für die Einführung unkonstituierbarer Terme und vermeidet jegliche Anklänge an Hilberts prästabilierte Harmonie zwischen Mathematik und Physik, so ist Hahn zufolge die Axiomatisierung der Physik sehr wohl mit dem Empirismus verträglich. »Als Ziel mag hier vorschweben: Aufstellung eines Axiomensystemes, durch das die ganze Physik logisiert, in die Relationentheorie eingeordnet wird. Dabei wird es sich wohl zeigen, daß je umfassender die Axiomensysteme werden, je mehr sie gleichzeitig vom Gesamtgebiet der Physik erfassen, ihre Grundbegriffe immer wirklichkeitsferner werden, durch immer längere, immer kompliziertere Konstitutionsketten mit dem Gegebenen zusammenhängen.« (»Die Bedeutung der wissenschaftlichen Weltauffassung, insbesondere für Mathematik und Physik«, in: *Erkenntnis* 1 [1930], S. 96–105, Zitat auf S. 102 f.)

71 Dewey ist nur Herausgeber des in der Fußnote genannten Bandes. Das Zitat stammt von Helen B. Thompson: »A Critical Study of Bosanquet's Theory of Judgment« (S. 86–126).
Hahns und Franks Verweise auf den pragmatistischen Wahrheitsbegriff stießen durchaus auf Widerstand im Wiener Kreis selbst, besonders seitens Schlicks, der einen logisch geklärten Korrespondenzbegriff bevorzugte. Im Bestehen auf die Anwendbarkeit des Wahrheitsbegriffs jedoch bestand kein Unterschied. Vgl. Schlick, »Positivismus und Realismus«, in diesem Band, S. 195.

72 Carnaps Beitrag findet sich im ersten Band der Akten des »ersten Kongresses für Einheit der Wissenschaft« – wie er von den Wienern genannt wurde – bzw. des »Congrès International de Philosophie Scientifique« an der Pariser Sorbonne. In den Einleitungsworten von Louis Rougier, Bertrand Russell, Federigo Enriques, Philipp Frank, Hans Reichenbach, Kasimir Ajdukiewicz, Charles W. Morris zeigt sich deutlich das Bestreben um die Formierung einer breiten inter-

nationalen Plattform für die Logik und Philosophie der Wissenschaft. Untermauert von Neuraths Konzeption der Einheitswissenschaft führte dies zwei Jahre später zum Start der *Encyclopedia of Unified Science*. Die Sektion, in der Carnaps Beitrag erscheint, macht schon durch ihren Titel deutlich, daß über die Identität der Bewegung noch erheblicher Diskussionsbedarf bestand: »Rationalisme empirique et Empirisme logique«. In ersterem spiegelte sich, vom italienischen Mathematiker Enriques vertreten, die romanische Tradition, in letzterem die britisch-österreichische. Einen Überblick über die Kongresse gibt Friedrich Stadler: *Studien zum Wiener Kreis. Ursprung, Entwicklung und Wirkung des Logischen Empirismus im Kontext*, Frankfurt a.M 1996, § 7.2.5.3.

73 Diese Bemerkung bezieht sich wohl auf Moritz Schlick: »Über das Fundament der Erkenntnis« (1934), in diesem Band, S. 430–453, und »Facts and Propositions«, in: *Analysis* 2 (1935), S. 65–70 (Erstdruck des deutschen Manuskripts »Tatsachen und Aussagen« in Schlick: *Philosophische Logik*, hg. von Bernd Philippi, Frankfurt a.M. 1986, S. 223–229).

74 Dies hätte Carnap schon sehr bald anders ausgedrückt, als er, in Anschluß an seine Akzeptanz der Tarskischen Semantik (siehe nächste Anm.), seine in *Logische Syntax der Sprache* (Wien 1934) vertretene These verwarf, daß alle Rede über Bedeutung streng genommen illegitim und irreführend sei. Vgl. dazu auch Carnaps entsprechende Bemerkungen in »Die physikalische Sprache als Universalsprache der Wissenschaft«, § 2 (in diesem Band, S. 318–321) und Anm. 91.

75 Alfred Tarski: »Grundlegung der wissenschaftlichen Semantik«, S. 1–8; Marja Lutman-Kokoszyńska: »Syntax, Semantik und Wissenschaftslogik«, S. 9–14, in: *Actes du Congrès international de philosophie scientifique, Paris 1935, Facs. 1, Langage et Pseudo-Problèmes*, Paris 1936. Carnaps Anerkennung der Semantik wurde dadurch erleichtert, daß er verwandte transfinite Überlegungen bereits in *Logische Syntax* illegitimerweise verwendete; siehe dazu J. Alberto Coffa: »Carnap's Sprachanschauung circa 1932«, in: F. Suppe, P. Asquith (Hg.): *PSA 1976*, East Lansing, Bd. 2, S. 205–241.

76 Siehe Kurt Lewin: »Idee und Aufgabe der vergleichenden Wissenschaftslehre«, in: *Symposion* 2 (1926), S. 61–93, auf S. 64, mit Bezug auf Franz Oppenheimer: *Theorie der reinen und politischen Ökonomie*, 3. Aufl. Berlin 1919, S. 3.

77 In »Die Kausalität in der gegenwärtigen Physik« unterstreicht Schlick, daß er diesen Gesetzesbegriff Wittgenstein verdankt (vgl. S. 560). Die Auffassung, die Allgemeinsätzen aufgrund ihrer Nichtverifizierbarkeit Bedeutung abspricht, wurde von Carnap, Hahn und Neurath nicht mehr lange aufrechterhalten, und schon hier erscheint diese Konzession an Wittgenstein überflüssig. Siehe dazu Rudolf Carnap: *Logische Syntax der Sprache*, Wien 1934, § 82, S. 249, sowie die Bemerkungen in ders.: *Mein Weg in die Philosophie*, übers. von Willy Hochkeppel, Stuttgart 1993 (engl. Original 1963), § 9.

78 In *Der logische Aufbau der Welt*, Berlin 1928, hatte Carnap noch diese Position als eine mögliche vertreten.

79 Siehe Richard Avenarius: *Der menschliche Weltbegriff*, Leipzig 1891.

80 W. Stanley Jevons entwickelte 1869 eine sogenannte logische Maschine oder »logisches Klavier«, die einfache logische Operationen mechanisiert, so z. B. alle mit der Eingabe inkonsistenten Symbolfolgen anzeigt. Diese Maschine wird im Wissenschaftshistorischen Museum in Oxford aufbewahrt. Vgl. Jevons: *The Principles of Science*, London, 2. Aufl. 1877, § 6.18.

81 Man beachte, daß Schlick statistische Gesetzmäßigkeiten nicht als endgültig ansah, sondern ihre Separation in strenge Gesetze und reinen Zufall forderte. (Vgl. Schlick: »Die Kausalität in der gegenwärtigen Physik«, in diesem Band, S. 575 f.). Indem Neurath statistische und deterministische Gesetze nicht unterschied, folgte er den »Wienern« Frank (»Was bedeuten die gegenwärtigen physikalischen Theorien für die allgemeine Erkenntnislehre?«, in diesem Band, S. 165) und von Mises (siehe den dort erwähnten Vortrag).

82 Zu Neuraths Kritik an Sombart vergleiche Neuraths Ausführungen in *Empirische Soziologie*, Wien 1931, § 5: »Metaphysische Gegenströmungen« (Neudruck in Neurath: *Gesammelte philosophische und methodologische Schriften*, hg. von Rudolf Haller und Heiner Rutte, Wien 1981, Bd. 1, S. 423–527).

83 Hier bezieht sich Neurath wohl auf Carnaps »Überwindung der Metaphysik durch logische Analyse der Sprache«, in: *Erkenntnis* 2 (1932), S. 219–241 (Neudruck in Carnap: *Scheinprobleme in der Philosophie und andere metaphysikkritische Schriften*, hg. von Thomas Mormann, Hamburg 2004, S. 81–110). In § 2 erwähnt Carnap verschiedene Auffassungen über den Inhalt und die Form der Protokollsätze (seiner Diskussion in »Die physikalische Sprache als Universalspra-

che der Wissenschaft«, § 3, sehr ähnlich; in diesem Band, S. 321–326), nicht aber diese von Neurath vertretene, die auch Eigenbeobachtung zuläßt. Die Bedeutung dieser Erweiterung der empirischen Basis für Neuraths untypisches Verständnis des Behaviorismus und Physikalismus ist bisher selten gewürdigt worden. Vgl. Anm. 109 und 200.

84 In späteren Jahren, insbesondere in der Zeit der Emigration, suchte Neurath sehr wohl erfolgreich den Brückenschlag zu Kelsen. Siehe Clemens Jabloner, Friedrich Stadler (Hg.): *Logischer Empirismus und Reine Rechtslehre. Beziehungen zwischen dem Wiener Kreis und der Hans Kelsen-Schule*, Wien 2001.

85 Siehe Max Weber: »Die protestantische Ethik und der ›Geist‹ des Kapitalismus«, in: *Archiv für Sozialwissenschaft und Sozialpolitik 20 und 21* (1905/06). Neudruck in *Gesammelte Aufsätze zur Religionssoziologie*, Bd. 1, Tübingen 1922, Neuaufl. 1988, S. 215–290.

86 Vgl. Neuraths Rezension von Johannes Baptist Kraus: *Scholastik, Puritanismus und Kapitalismus*, München/Leipzig 1930, unter dem Titel »Marxismus eines Jesuiten«, in: *Der Kampf* 24 (1931), S. 271–274, abgedruckt in Neurath: *Gesammelte philosophische und methodologische Schriften*, op. cit., Bd. 1, S. 401–405.

87 Vgl. dazu Neurath: *Antike Wirtschaftsgeschichte*, Leipzig 1909, 2. rev. Aufl. 1918, 3. Aufl. 1926. Neudruck der 2. Aufl. in Neurath: *Gesammelte ökonomische, soziologische und sozialpolitische Schriften*, hg. von Rudolf Haller und Ulf Höfer, Wien 1998, Bd. 1, S. 137–217.

88 Der fragliche Theologe ist Paul Rohrbach, Architekt der reichsdeutschen Apartheidspolitik im damaligen Südwestafrika. Neuraths Aufsatz ist abgedruckt in *Gesammelte ökonomische, soziologische und sozialpolitische Schriften*, op. cit., Bd. 2, S. 201–249, der Verweis dort auf S. 228 f.

89 Zum Thema Reflexivität – zur Soziologie der Soziologie – siehe auch die letzten Abschnitte von Neurath: *Empirische Soziologie*, op. cit., und *Foundations of the Social Sciences*, Chicago 1944. Neudruck bzw. Übersetzung in Neurath: *Gesammelte philosophische und methodologische Schriften*, op. cit., Bd. 1, S. 423–527 und Bd. 2, S. 925–978.

90 Unter »Metalogik« verstand Carnap sein Projekt, das er zuerst in Vorträgen im Wiener Kreis im Juni 1931 umriß (vgl. die Zirkelprotokolle, abgedruckt in Friedrich Stadler: *Studien zum Wiener Kreis*, Frankfurt a. M. 1997, S. 314–334) und das in *Logische Syntax der Sprache* (Wien 1934) seinen Höhepunkt fand. (Gemeinverständlicher dazu ist Car-

nap: *Die Aufgabe der Wissenschaftslogik*, Wien 1934 (Einheitswissenschaft, Heft 3); Neudruck in *Einheitswissenschaft*, hg. von Joachim Schulte und Brian McGuinness, Frankfurt a. M. 1992, S. 90–117.)

91 Heutzutage würde man Definitionen, insbesondere solche durch Aufweisung, keinesfalls mehr als syntaktische Bestimmungen bezeichnen, sondern als semantische. Hier zeigt sich sowohl die Begrenzung von Carnaps Syntaktizismus, dessen Höhepunkt seine *Logische Syntax der Sprache* (Wien 1934) darstellt, als auch deren illegitime Überschreitung durch Carnap: Semantik kann nicht auf Syntax reduziert werden. Vgl. auch die Anmerkungen 74 und 75.

92 Die dritte von Carnap erwähnte Auffassung von Protokollsätzen entspricht ungefähr derjenigen, die Neurath in »Soziologie im Physikalismus«, in diesem Band, S. 269–314, vorschlägt, allerdings ohne dessen Bestehen auf Nennung des Eigennamens des Protokollierenden und Hinzufügung von sogenannten Organempfindungen. Die Vorteile solcher physikalistischer Protokolle diskutierte Carnap in »Über Protokollsätze« (in diesem Band, S. 412–429) und in »Testability and Meaning«, in: *Philosophy of Science* 3 (1936), S. 419–471 und 4 (1937), S. 1–40.

93 Siehe Rudolf Carnap: »Psychologie in physikalischer Sprache«, in: *Erkenntnis* 3 (1932/33), S. 107–142.

94 Der von Neurath aufgegriffene Vorschlag von K. Reach, statt von »metaphysischen« von »isolierten« Aussagen zu sprechen, wurde von Hempel als Alternativvorschlag eines formalen empiristischen Sinnkriteriums diskutiert und verworfen. Siehe C. G. Hempel: »Empiricist Criteria of Cognitive Significance: Problems and Changes«, in: *Aspects of Scientific Explanation*, New York 1965, S. 101–122.

95 Der Schöpfergott bzw. der böse Dämon der zarathustrischen Religion.

96 In seinen frühen Arbeiten »Prinzipielles zur Geschichte der Optik«, in: *Archiv für Geschichte der Naturwissenschaften und der Technik* 5 (1915), S. 371–389, und »Zur Klassifikation von Hypothesensystemen (Mit besonderer Berücksichtigung der Optik)«, in: *Jahrbuch der Philosophischen Gesellschaft an der Universität zu Wien 1914 und 1915*, Leipzig 1916, S. 39–63, ist Neurath um eine Relativierung der Dichotomie zwischen Emissionstheorie und Wellentheorie des Lichts bemüht. Beide stünden einander überhaupt nicht als logische Dichotomien gegenüber, sondern repräsentierten vielmehr

eine Zusammenfassung verschiedener Kombinationen von (dichotomisch aufgebauten) Einzelhypothesen. Durch geeignete Veränderung dieser Einzelhypothesen war es den Wissenschaftlern möglich, die Erfolge der einen Theorie in die andere zu übertragen.

97 Wir sind mithin wieder bei der Unvermeidlichkeit des Auxiliarmotivs angelangt; vgl. »Die Verirrten des Cartesius und das Auxiliarmotiv (Zur Psychologie des Entschlusses)«, in diesem Band, S. 114–129.

98 Arne Naess: *Erkenntnis und wissenschaftliches Verhalten* (norwegisch), Oslo 1936.

99 Vgl. Otto Neurath: »Une encyclopédie internationale de la science unitaire«, in: *Actes du Congrès international de philosophie scientifique, Paris 1935, Fasc. II, L'Unité de la science*, S. 54–59, (Paris 1936), deutsche Übersetzung » Eine internationale Enzyklopädie der Einheitswissenschaft«, in: Neurath: *Gesammelte philosophische und methodologische Schriften*, hg. von Rudolf Haller und Heiner Rutte, Wien 1981, Bd. 2, S. 719–724.

100 Der Aufsatz erschien in zwei Teilen in *Philosophy of Science 3* (1936), S. 419–471 und 4 (1937), S. 1–40.

101 Ein etwas origineller Vorschlag der Redaktion, denn zu dieser Zeit war die Stellung der Wiener Kreises zu Dingler bereits dezidiert negativ. Vgl. Franks Kritik, in diesem Band, S. 145, und Anm. 39.

102 In »Die neue Logik« (1933), in diesem Band, S. 496 f. und 512–514.

103 So Neuraths Kritik in »Pseudorationalismus der Falsifikation« (1935), in diesem Band, S. 454–468.

104 Neurath hat Franks Bemerkung in der französischen Übersetzung ein wenig adaptiert. In der Rückübersetzung von Brigitte Treschmitzer und Hans Georg Zilian ist es das Ziel, »die Einzelwissenschaften direkt zu koordinieren, indem man ihre konkreten Beziehungen aufzeigt, und nicht indirekt, indem man sie alle unter ein abstraktes System bringt, das zwar allgemein, aber nicht sehr sauber ist.« (Otto Neurath: *Gesammelte philosophische und methodologische Schriften*, hg. von Rudolf Haller und Heiner Rutte, Wien 1981, Bd. 2, S. 729)

105 Vgl. Carnap: »Von der Erkenntnistheorie zur Wissenschaftslogik« und »Wahrheit und Bewährung«, beide in diesem Band, S. 260–266 und S. 469–475, und die dortigen bibliographischen Verweise zu den Pariser Vorträgen von Alfred Tarski und Maria Lutman-Kokoszyńska.

106 Gerade die etwas überraschende Auffassung, daß auch Protokollsätze der Enzyklopädie eingegliedert werden, zeigt, daß Neuraths
allgemeines Konzept der Enzyklopädie und die in den folgenden
Jahren konkret angegangene *Encyclopedia of Unified Science* nicht
deckungsgleich waren. Die *Encyclopedia* war nur ein zentrales Mittel
im Fortschreiten der Gelehrtenrepublik von Enzyklopädie zu Enzyklopädie, ein Mittel, das oft programmatisch gehalten sein mußte
und natürlich keine Protokollsätze enthalten konnte.

107 Es sind dies die folgenden Aufsätze: Moritz Schlick: »De la Relation entre les Notions Psychologiques et les Notions Physiques«
(S. 5–26); Carl Gustav Hempel: »Analyse logique de la psychologie«
(S. 27–42); Rudolf Carnap: »Les concepts psychologiques et les concepts physiques sont-ils foncièrement différents?« (S. 43–53).

108 Im Vorwort zum postum erschienenen Werk *Die Prinzipien der physikalischen Optik. Historisch und erkenntnispsychologisch entwikkelt*, Leipzig 1921, wendet sich Mach gegen die »immer dogmatischer
anmutende Relativitätstheorie« (S. viii f.). Für all jene Zeitgenossen,
die in der Relativitätstheorie eine positive Weiterentwicklung der
Machschen Kritik an Newton sahen, erwuchs hieraus und aus dem
Verhalten einiger Machianer beträchtlicher Erklärungsbedarf. Vgl.
Franks Würdigung Machs in »Die Bedeutung der physikalischen
Erkenntnistheorie Machs für das Geistesleben der Gegenwart«, in
diesem Band, S. 93–113, und Anm. 20. Wolters' These, daß das Vorwort gar nicht aus der Hand Ernst Machs stammte, wurde damals
nicht vertreten.

109 Vgl. Egon Brunswik: *Wahrnehmung und Gegenstandswelt. Grundlegung einer Psychologie vom Gegenstand her*, Leipzig/Wien 1934;
zus. mit E. C. Tolman: »The Organism and the Causal Texture of the
Environment«, in: *Psychological Review* 42 (1935), S. 43–77. Später
trug Brunswik zu Neuraths Serie »Einheitswissenschaft« bei (»Eingliederung der Psychologie in die exakten Wissenschaften«, in: *Zur
Enzyklopädie der Einheitswissenschaft*, Wien 1938, S. 17–34) und
bestritt den Psychologieband der *Encyclopedia of Unified Science*,
nämlich *The Conceptual Framework of Psychology*, Chicago 1952.
Diese Verbindung zeigt nochmals, wie irreführend weit Neuraths
Gebrauch des Terminus »Behaviorismus« war.

110 Rudolf Carnap: »Über die Einheitssprache der Wissenschaft«, in diesem Band, S. 362–374.

111 Vgl. Kazimierz Ajdukiewicz: »Sprache und Sinn«, in: *Erkenntnis* 4 (1934), S. 100–138; ders., »Das Weltbild und die Begriffsapparatur«, in: *Erkenntnis* 4 (1934), S. 259–287; ders., »Die menschliche Weltperspektive«, in: *Erkenntnis* 5 (1935), S. 22–30; ders., »Sinnregeln, Weltperspektive, Welt«, in: *Erkenntnis* 5 (1935), S. 165–168. Neudruck in David Pearce, Jan Woleński (Hg.): *Logischer Rationalismus. Philosophische Schriften der Lemberg-Warschauer Schule*, Frankfurt a. M. 1988, S. 147–207.

112 Carl Gustav Hempel, Paul Oppenheim: *Der Typusbegriff im Licht der neuen Logik. Wissenschaftstheoretische Untersuchungen zur Konstitutionsforschung und Psychologie*, Leiden 1936. Neuraths Rezension davon in *Scientia* 62 (1937), S. 283–287, ist aus dem Französischen übersetzt in Neurath: *Gesammelte philosophische und methodologische Schriften*, hg. von Rudolf Haller und Heiner Rutte, Wien 1981, Bd. 2, S. 795–800.

113 Neurath benutzte dieses Gleichnis seit 1913 in verschiedenen Versionen, um seinen – wie wir heute sagen würden – anti-fundamentalistischen erkenntnistheoretischen Holismus zu erläutern. Zur Geschichte von Neuraths Boot vgl. Kapitel 2 in Nancy Cartwright, Jordi Cat, Lola Fleck, Thomas E. Uebel: *Otto Neurath. Philosophy between Science and Politics*, Cambridge 1996.

114 Neurath gab in verschiedenen Aufsätzen verschiedene Skizzen seines Vorschlags zur Formulierung von Protokollsätzen, dreiteilige wie hier, aber auch zwei- und vierteilige. In diesem Band findet sich eine dreiteilige Version auf S. 385, eine zweiteilige auf S. 464. In einem Brief an Felix Kaufmann gab er eine vierteilige Analyse, deren letzte Klammer der am Anfang dieses Absatzes ausgeschlossenen Form »Auf dem Tisch liegt ein roter Würfel« entspricht (siehe Brief vom 21. Juni 1935, RC 029-09-46, Archive of Scientific Philosophy, Hilman Library, University of Pittsburgh).

115 Neurath scheint hier ein Proto-Privatsprachenargument im Sinn zu haben. Siehe Thomas Uebel: »Zur philosophischen Beziehung Carnap-Neurath«, in: Rudolf Haller, Friedrich Stadler (Hg.): *Wien – Berlin – Prag. Der Aufstieg der wissenschaftlichen Philosophie*, Wien 1993, S. 180–200.

116 Anspielung auf die berühmte Metapher aus Wittgensteins *Tractatus:* »6.54: Meine Sätze erläutern dadurch, daß sie der, welcher mich versteht, am Ende als unsinnig erkennt, wenn er durch sie – auf

ihnen – über sie hinausgestiegen ist. (Er muß sozusagen die Leiter wegwerfen, nachdem er auf ihr hinaufgestiegen ist.) Er muß diese Sätze überwinden, dann sieht er die Welt richtig.«

117 »Protokollsätze«, in diesem Band, S. 399–411.

118 Im Sommerurlaub 1932 führte Carnap im Beisein von Herbert Feigl angeregte Diskussionen mit Karl Popper. Carnap setzte sich offensichtlich dafür ein, daß Poppers *Logik der Forschung* in der von Moritz Schlick und Philipp Frank herausgegebenen Buchreihe »Schriften zur wissenschaftlichen Weltauffassung« erschien. Siehe Karl Popper: »Ein Kriterium des empirischen Charakters theoretischer Systeme (Vorläufige Mitteilung)«, in: *Erkenntnis* 3 (1932/33), S. 426 f.; ders.: *Logik der Forschung. Zur Erkenntnistheorie der modernen Naturwissenschaft*, Wien 1934.

119 Womit Carnap meinte, den in »Die physikalische Sprache als Universalsprache der Wissenschaft«, in diesem Band, S. 315–353, vertretenen Standpunkt dem Neurathschen angenähert zu haben.

120 Und zwar in »Protokollsätze«; in diesem Band, S. 399–411.

121 Gemeint ist hier natürlich Neuraths These, daß auch die Protokollsätze verworfen werden können.

122 Vgl. F. H. Bradley: *Appearance and Reality*, Oxford 1893; H. H. Joachim: *The Nature of Truth*, Oxford 1906.

123 Vgl. Schlicks Lesart von Hilberts Axiomatisierung der Geometrie als implizite Definitionen (in *Allgemeine Erkenntnislehre*, 2. Aufl., Berlin 1925, §I,7).

124 Man kann diese Passage als eine Anspielung auf Machs Ökonomieprinzip lesen. Im Gegensatz zu Frank (siehe »Die Bedeutung der physikalischen Erkenntnistheorie Machs für das Geistesleben der Gegenwart«, in diesem Band, S. 93–113) stellte sich Schlick in der Mach-Planck-Kontroverse zunächst klar auf die Seite seines Lehrers Planck, von dessen Realismus er sich erst in »Positivismus und Realismus« (in diesem Band, S. 187–222) endgültig verabschiedete.

125 Hans Reichenbachs »Über Induktion und Wahrscheinlichkeit. Bemerkungen zu Karl Poppers ›Logik der Forschung‹«, in: *Erkenntnis* 5 (1935), S. 267–284, war eine scharfe Kritik an Poppers Auffassungen über Induktion und Wahrscheinlichkeit. Rudolf Carnaps Besprechung (*Erkenntnis* 5 [1935], S. 290–294) war weitaus positiver. Beide Autoren, die Herausgeber der *Erkenntnis*, fügten ihren Beiträgen noch ein Nachwort hinzu. Reichenbach kritisierte Carnaps

Verteidigung von Popper; Carnap stellte ein solches Ansinnen in Abrede, wies aber darauf hin, daß Reichenbach Poppers Darlegungen mißverstanden habe. Popper hat übrigens nie zu Neuraths Kritik Stellung bezogen.

126 Zur Definition des Pseudorationalismus siehe »Die Verirrten des Cartesius und das Auxiliarmotiv«, in diesem Band, S. 124 ff. Neuraths Kritik trifft mithin Poppers Rationalitätsbegriff und ist daher umfassender als diejenige Reichenbachs. Der Briefwechsel Neuraths mit Philipp Frank (Juli 1935) zeigt deutlich die Entwicklung von Neuraths Mißfallen an Popper. Neuraths publizierter Text war bereits eine Abmilderung der ursprünglichen Version. Am 12. August 1935 schrieb er an Frank: »Ich finde, man muss des Friedens willen Mass halten, obgleich ich die Manier, wie Popper sein Buch geschrieben hat, sehr, sehr ungut finde und die herablassende Art, mit der er die Schulphilosophie als verkannte Lehrerin anempfiehlt, abgeschmackt. [...] Aber so ist eben die Welt.« In Neuraths Unbehagen spielte auch eine Rolle, daß Frank Poppers quantenmechanisches Gedankenexperiment im Anhang zutiefst mißbilligte und sich dadurch hintergangen fühlte, daß Popper dieses »bei der Korrektur hineingeschmuggelt« hatte, offenbar ohne einen der beiden Herausgeber der Schriftenreihe, d.h. die Physiker Frank und Schlick, zu informieren. (Nachlaß Otto Neurath, Rijksarchief Noord-Holland, Haarlem) Vgl. auch die Darstellung und weiteres Material in Friedrich Stadler: *Studien zum Wiener Kreis*, Frankfurt a. M. 1996, §§ 10.3, 10.4.

127 Carnap hatte ja Poppers Standpunkt in »Über Protokollsätze«, in diesem Band, S. 412–429, ausführlich referiert.

128 Die Seitenangaben beziehen sich auf die Erstauflage von Poppers *Logik der Forschung*, Wien 1934. Sie erschien als Bd. 9 der von Frank und Schlick herausgegebenen Schriften zur wissenschaftlichen Weltauffassung. Vgl. auch Anm. 118.

129 Vgl. Neuraths »Die Enzyklopädie als ›Modell‹«, in diesem Band, S. 375–395.

130 Auch wenn Reichenbachs spezifische Lösung des Induktionsproblems im Wiener Kreis keine Anhänger fand, so waren doch insbesondere für Carnap induktive Methoden sehr wohl zulässig und stellten ein sinnvolles Problem der Wissenschaftslogik dar. Was man allgemein an Reichenbachs Ansatz ablehnte, war die Vermengung des Induktionsproblems mit dem Wahrscheinlichkeitsbegriff. Vgl. Schlicks

Kritik in »Die Kausalität in der gegenwärtigen Physik«, §10, in diesem Band, S. 577.

131 In der Ablehnung des experimentum crucis folgte Neurath dem Vorbild Pierre Duhems. (Vgl. dessen *Ziel und Struktur der physikalischen Theorien*, Hamburg 1978, §10.3) Seine eigenen frühen Arbeiten zur Geschichte der Optik (»Prinzipielles zur Geschichte der Optik« und »Zur Klassifikation von Hypothesensystemen«) waren gerade darauf aus, in den »metaphysischen Ideen« der Korpuskular- und Undulationstheorie eher Produkte »wissenschaftlicher Rauflust« denn sinnvolle Klassifikationen zu sehen. Vgl. auch Anm. 96.

132 Philipp Frank: *Das Kausalgesetz und seine Grenzen*, Wien 1932, Kap. 3 und 4. Neudruck hg. von Anne J. Kox, Frankfurt a. M. 1988.

133 Gemeint sind die bereits in Anm. 125 zitierten Arbeiten Reichenbachs und Carnaps sowie Carl Gustav Hempel: »Über den Gehalt von Wahrscheinlichkeitsaussagen«, in: *Erkenntnis* 5 (1935), S. 228–260.

134 Vgl. Duhem: *Ziel und Struktur der physikalischen Theorien*, op. cit., §11.2.

135 Gemeint sind hier die in Fußnote 1 genannten Vorträge der Sektion »Sémantique«.

136 Während Neurath in dem von Carnap zitierten Aufsatz »Pseudorationalismus der Falsifikation« die Differenzen zu Popper betont, stellt Carnap Poppers Falsifikationismus und Neuraths entscheidungsbasierte Ansicht schlicht als gleichwertige Möglichkeiten vor. Solche Vermittlungsversuche waren für Carnap geradezu typisch; vgl. die Protokollsatzdebatte. Im vorliegenden Fall entsprach dies jedoch weder Poppers noch Neuraths Intention.

137 Man beachte Carnaps Beispiel einer Inkommensurabilität zwischen zwei verschiedenen wissenschaftlichen Theorien bzw. Wissenschaftssprachen. Auch in dieser Hinsicht paßt Thomas S. Kuhns *Die Struktur wissenschaftlicher Revolutionen* (Frankfurt a. M. 1976; engl. Original 1962) weit besser in die ursprünglich von Neurath, Carnap und Morris herausgegebene Reihe »Foundations of the Unity of Science«, in der *Struktur* zuerst erschien, als gemeinhin angenommen wird. Diese Reihe war als Kern der *Encyclopedia for Unified Science* geplant, zu deren Vorbereitung der Pariser Kongreß diente. Vgl. George Reisch: »Did Kuhn Kill Logical Empiricism?«, in: *Philosophy of Science* 58 (1991), S. 264–277.

138 Die weiteren Vorträge waren: Hermann Mark: »Die Erschütterung der klassischen Physik durch das Experiment« (S. 1–14); Hans Thirring: »Die Wandlung des Begriffssystems der Physik« (S. 15–40); Hans Hahn: »Die Krise der Anschauung« (S. 41–64), in diesem Band, S. 515–542; Georg Nöbeling: »Die vierte Dimension und der krumme Raum« (S. 65–92).

139 Tatsächlich in der Vorrede, B VIII.

140 Und zwar in der Einleitung, A 17 f.

141 Karl Menger: »Bemerkungen zu Grundlagenfragen IV: Axiomatik der elementargeometrischen Verknüpfungsbeziehungen«, in: *Jahresbericht der Deutschen Mathematiker-Vereinigung* 27 (1928), S. 309–325.

142 Erschienen ist nur Arend Heyting: *Mathematische Grundlagenforschung. Intuitionismus. Beweistheorie*, Berlin 1934 (Ergebnisse der Mathematik und ihrer Grenzgebiete 3).

143 Vgl. Mengers »Erinnerungen an Kurt Gödel«, in: Eckehart Köhler et al. (Hg.): *Kurt Gödel. Wahrheit und Beweisbarkeit. Bd. 1: Dokumente und historische Analysen*, Wien 2002, S. 63–81. Der zweite Band *Kurt Gödel: Wahrheit und Beweisbarkeit. Kompendium zum Werk*, hg. von Bernd Buldt et al., Wien 2002, bietet weitere Beiträge zum Unvollständigkeitstheorem und dessen philosophischen Konsequenzen.

144 Von der oft geäußerten Ansicht, Gödels Theorem habe die prinzipielle Undurchführbarkeit von Hilberts Programm endgültig erwiesen, findet sich bei Menger nichts. Und in der Tat gab es später Versuche zu einer Metamathematik nach dem Gödelschen Theorem, etwa von Gerhard Gentzen. Vgl. den Beitrag von Buldt »Philosophische Implikationen der Gödelschen Sätze? Ein Bericht«, in: *Wahrheit und Beweisbarkeit*, Bd. 2, op. cit., S. 402–415.

145 Menger konnte hierüber aus der Nahperspektive berichten. Denn er war von 1925–1927 zuerst Stipendiat und dann Assistent Brouwers in Amsterdam.

146 Kurt Gödel: »Zur Interpretation des intuitionistischen Aussagenkalküls«, in: *Ergebnisse eines mathematischen Kolloquiums* 4 (1933), S. 39–40. Siehe auch Karl Menger: »Bemerkungen zu Grundlagenfragen: Über Verzweigungsmengen«, in: *Jahresbericht der Deutschen Mathematiker-Vereinigung* 27 (1928), S. 213–226.

147 *Gelegentlich* ist Hilberts Formalismus bzw. Wittgensteins Behauptung, daß die Mathematik tautologisch sei, in der Tat so interpretiert worden.

148 Hilbert hat wiederholt architektonische Metaphern zur Charakterisierung der Mathematik verwendet. So bezeichnet er eine Theorie als ein »Fachwerk von Begriffen« und die axiomatische Methode »kommt also einer *Tieferlegung der Fundamente* der einzelnen Wissensgebiete gleich, wie eine solche ja bei jedem Gebäude nötig wird in dem Maße, als man dasselbe ausbaut, höher führt und dennoch für seine Sicherheit bürgen will«. (»Axiomatisches Denken«, in: *Mathematische Annalen* 78 [1918], S. 407). Mengers Metapher kann mithin als Absage an Hilberts Idee vom *einen* auf absolut festen Fundamenten ruhenden Gebäude der Mathematik gesehen werden.

149 Gemeint sind die Vorträge von Hermann Mark und Hans Thirring, vgl. Anm. 138.

150 Hahn referiert hier eine im Beitrag Hans Thirrings wörtlich zitierte Passage Hermann Minkowskis: »Raum und Zeit für sich haben die Selbständigkeit verloren; nur die Union zwischen beiden, die wir als ›Welt‹ bezeichnen, behält selbständige, absolute Bedeutung.« Minkowskis »Postulat der absoluten Welt« entsprach sicherlich nicht dem Machschen Verständnis von Relativität, sondern vielmehr Max Plancks Ansicht, daß die Relativitätstheorie das Absolute nicht abgeschafft, sondern auf eine tiefere Ebene verlegt habe (»Vom Relativen zum Absoluten«, in: *Die Naturwissenschaften* 13 [1925], S. 52–59).

151 Hahn verweist hier auf Hans Thirrings Erläuterung der Heisenbergschen Unschärferelation. Es war auch die Sichtweise anderer Mitglieder des Wiener Kreises, daß die in der Newtonsche Theorie formal mögliche Lokalisation eines Massenpunktes durch sechs reelle Zahlen keinen realen Messungen entsprach und es das Verdienst der Quantenmechanik war, den »Meßfehler« in die Theorie integriert zu haben. Vgl. Philipp Franks Bemerkungen über das Meßproblem in »Was bedeuten die gegenwärtigen physikalischen Theorien für die allgemeine Erkenntnislehre?«, in diesem Band, S. 133–168.

152 Bereits 1920 hatte Hahn eine mit Anmerkungen versehene Ausgabe von Bolzanos Schriften über die *Paradoxien des Unendlichen*, Leipzig, besorgt.

153 Die analytische Darstellung dieser Funktion ist $f(x) = \sin x/x$.

154 Dank der vielen bunten Fraktale haben wir heute eine sehr anschauliche Vorstellung von solchen Objekten, und unter dem Namen chaotische Dynamik existiert auch ein wohl etabliertes mathematisches Forschungsfeld. Allerdings hatten bereits zu Hahns Lebzeiten nir-

gends differenzierbare Kurven in der Physik Anwendung gefunden. Während Hahns Lehrer Ludwig Boltzmann noch spekuliert hatte, die Entropiekurve könnte aufgrund der atomaren Konstitution der Materie durch eine solche Funktion beschrieben werden, wurden ab den 1920er Jahren die Brownsche Bewegung und andere stochastische Prozesse ein immer wichtigeres Forschungsgebiet. Eine solche Veränderung dessen, was den Fachwissenschaftlern bzw. den Lesern von Wissenschaftsmagazinen als anschaulich gilt, ist natürlich ganz im Sinne Hahns.

155 Während eines Urlaubs in der Bretagne ertrank Uryson am 17. August 1924 mit 26 Jahren beim Schwimmen im Meer.

156 Nämlich der Beitrag von Georg Nöbeling: »Die vierte Dimension und der krumme Raum«, S. 65–92, im genannten Vortragszyklus.

157 Im Original: »Anschauungsmöglichkeiten«.

158 Eine auf die Physik fokussierte kritische Auseinandersetzung mit dem Thema findet sich in Philipp Frank: »Die Anschaulichkeit physikalischer Theorien«, in: *Die Naturwissenschaften* 16 (1928), S. 121–128. Frank führt den gegen Relativitätstheorie und Quantenmechanik gerichteten Vorwurf der Unanschaulichkeit auf eine metaphysische Weltanschauung zurück, die sich aus den sehr ungleichen Teilen einer materialistischen Weltauffassung und der geheimnisvollen Dreizahl von Raum, Zeit, Kausalität aufbaut. Vgl. auch Anm. 180.

159 Obwohl die Diskussionen um Determinismus und Kausalität sofort nach Erscheinen von Heisenbergs Arbeiten zur Quantenmechanik (und insbesondere von »Über den anschaulichen Inhalt der quantentheoretischen Kinematik und Mechanik«, in: *Zeitschrift für Physik* 43 [1927], S. 172–198) eingesetzt hatten, waren inzwischen fünf Jahre vergangen, bis Schlick, einer der führenden Philosophen der Physik, mit einer Kausalitätstheorie aufwarten konnte, die den physikalischen Entdeckungen Rechnung trug. Seit seinem im wesentlichen an der Relativitätstheorie orientierten Aufsatz »Naturphilosophische Betrachtungen über das Kausalprinzip«, in: *Die Naturwissenschaften* 8 (1920), S. 461–474, hatte Schlick zwar bereits konzediert, daß die Physik eine Aufgabe des Kausalprinzips erfordern könne (»Erkenntnistheorie und moderne Physik«, in: *Scientia* 45 [1929], S. 307–316), jedoch noch keine Konturen eines Neuansatzes vorgestellt.

160 An der angegebenen Stelle setzt sich Schlick insbesondere mit Machs Einwand auseinander, daß vollkommen gleiche Fälle in der Natur gar

nicht auftreten, und betont, daß eine weitgehende Ähnlichkeit – insbesondere wenn diese unterhalb unserer Wahrnehmungsschwelle liege – ausreichend sei.

161 1920 unterschied Schlick in ähnlicher Weise zwischen »nomologischen« und »ontologischen« Bestimmungen. Diese Terminologie geht auf Johannes von Kries zurück und ist von grundlegender Bedeutung für die Einführung des Wahrscheinlichkeitsbegriffs in der Kriesschen »Spielraumtheorie«. (Johannes von Kries: *Prinzipien der Wahrscheinlichkeitsrechnung*, Freiburg i. Br. 1886, ²1927)

162 Ein rein mathematisches Resultat, das auf Karl Weierstraß zurückgeht.

163 1920 war Schlick hier die Übereinstimmung mit Kant noch sehr wichtig: »Raum und Zeit könnten ihre Funktion als Formen nicht erfüllen, wenn sie explizite in die Differentialgesetze des Naturgeschehens eingingen, denn dann käme ihnen eben doch eine inhaltliche Bedeutung zu.« (»Naturphilosophische Betrachtungen über das Kausalprinzip«, a.a.O., S. 468)

164 1920 hatte Schlick das Maxwellsche Kriterium genau deswegen eingeführt, weil sonst nicht »zwischen einem durch Zufall verworrenen Universum und einem durch Kausalität verwirrten« (a.a.O., S. 465) unterschieden werden konnte.

165 Diese ist inzwischen veröffentlicht: »Einfachheit, Kausalität und Induktion«, in: Rudolf Haller, Thomas Binder (Hg.): *Zufall und Gesetz. Drei Dissertationen unter Schlick*, Amsterdam 1999, S. 194–301.

166 Vgl. Schlick: »Über das Fundament der Erkenntnis«, in diesem Band, S. 430–453.

167 Die auf der Prager Tagung von 1929 zum Thema Wahrscheinlichkeit und Kausalität gehaltenen Vorträge und vor allem die nachfolgende Diskussion (*Erkenntnis 1* [1930], S. 260–285) zeigen die Vielfalt der Positionen zum Thema Wahrscheinlichkeit innerhalb des Wiener Kreises und des Logischen Empirismus.

168 Vgl. die einschlägigen Passagen in *Ludwig Wittgenstein und der Wiener Kreis. Gespräche*, aufgezeichnet von Friedrich Waismann, aus dem Nachlaß hg. von B. F. McGuinness, Frankfurt a. M. 2001.

169 »Über den anschaulichen Inhalt der quantentheoretischen Kinematik und Mechanik«, a.a.O., S. 197. Schlick hat jedoch in diesem letzten Satz von Heisenbergs Artikel eine kleine Passage weggelassen. Im Original heißt es: »[…] der Quantenmechanik und damit Gleichung (1) unterworfen sind […]«. Und diese Gleichung ist nicht etwa die

Schrödingergleichung, sondern die Beziehung $p_1 q_1$, wobei q_1 und p_1 für die Genauigkeit stehen, mit der Ort und Impuls bekannt sind, wofür man heute eher $\Delta q \cdot \Delta p \geq \hbar/2$ schreiben würde. Aber es kam in Heisenbergs Gedankenexperiment nicht auf die minimale Unschärfe, sondern nur auf die Größenordnung der Störung an, welche die Messung von Ort bzw. Impuls eines Teilchens unter einem γ-Strahlenmikroskop infolge des Comptoneffekts erleiden würde.
In einem Brief an Schlick (27. Dezember 1930, Nachlaß Schlick Rijksarchief Noord-Holland, Haarlem) bekennt Heisenberg, er sei unglücklich darüber, daß dieser Satz immer als Behauptung der Falschheit des Kausalgesetzes gelesen worden sei. »Mir schien das Wort ›ungültig‹ gerade in der richtigen Mitte zwischen ›falsch‹ und ›unanwendbar‹ zu stehen.« Das Kausalprinzip habe nach der Quantenmechanik eben keinen Geltungsbereich mehr in der Physik, in dem Sinne wie etwa Briefmarken von 1912 nicht mehr gelten.

170 Reichenbach entgegnete prompt auf Schlicks Kritik in »Das Kausalproblem in der Physik«, in: *Die Naturwissenschaften* 19 (1931), S. 713–722.

171 Diejenigen im Wiener Kreis, die wie Frank auf der Grundlage der Häufigkeitsinterpretation argumentierten, sprachen im Falle statistischer Gesetze schlicht von einer pauschaleren Zuordnung zwischen Theorie und Beobachtungen; vgl. Franks Prager Eröffnungsvortrag, in diesem Band, S. 165 f.

172 Zu dieser Traditionslinie vgl. Michael Heidelberger: »Origins of the logical theory of probability: von Kries, Wittgenstein, Waismann«, in: *International Studies in the Philosophy of Science* 15 (2001), S. 177–188.

173 Das berühmte Beispiel der Seeschlacht aus Kap. 9 des *Peri Hermeneias*.

174 Dieses von Sommerfeld gelegentlich benutze Argument (etwa in »Einige grundsätzliche Bemerkungen zur Wellenmechanik«, in: *Physikalische Zeitschrift* 30 [1929], S. 866–870, und damit just auf der Prager Physikertagung 1929) hatte einige Diskussionen ausgelöst. Noch detaillierter als von Schlick wird es kritisiert in Philipp Frank: *Das Kausalgesetz und seine Grenzen*, Wien 1932, § 4.26. Vgl. die Einleitung der Herausgeber, S. XIV f.

175 Frank sprach unmittelbar nach Niels Bohr, in dessen Haus der »Zweite Internationale Kongreß für Einheit der Wissenschaft« er-

öffnet worden war. Danach wurde der Beitrag von Moritz Schlick »Quantentheorie und Erkennbarkeit der Natur«, in: *Erkenntnis* 6 (1937), S. 317–326, verlesen. Schlick hatte wegen des Semesterendes nicht nach Kopenhagen reisen können; am zweiten Tag des Kongresses wurde er auf den Stufen der Wiener Universität ermordet. Sein Beitrag wiederholt im wesentlichen den Standpunkt von »Die Kausalität in der gegenwärtigen Physik« (1931, in diesem Band, S. 543–588), jedoch ohne die von einigen Physikern beanstandete Idee der Separation statistischer Gesetzmäßigkeiten in Gesetze und puren Zufall. Frank und Schlick vereinte das Bemühen, eine empiristische und von metaphysischen Beimengungen freie Fassung von Bohrs Komplementaritätsbegriff zu geben. Sieht man jedoch auf Bohrs eigenen Beitrag »Kausalität und Komplementarität«, in: *Erkenntnis* 6 (1937), S. 293–303, gewinnt man eher den Eindruck, daß dies nur teilweise im Sinne des Erfinders war.

176 Mitte der 1930er Jahre war diese Kritik eines der Hauptthemen Franks, vgl. *Das Ende der mechanistischen Physik*, Wien 1935; wieder abgedruckt in: Joachim Schulte, Brian McGuinness (Hg.): *Einheitswissenschaft*, Frankfurt a. M. 1992, S. 166–199. Dort argumentiert Frank, daß die Ablösung des mechanistischen Paradigmas und die zunehmende Mathematisierung der Physik nichts an deren Vorgehen geändert habe; lediglich die beobachtbaren Größen und die Formeln seien heute andere als zu Newtons Zeiten. Wenn General Smuts und James Jeans (*The Mysterious Universe*, Cambridge 1935) hierin ein Vordringen »geistiger Elemente« erblicken, so könnten sie dies ebenso gut bereits in der Newtonschen Physik diagnostizieren. Vgl. auch Anm. 197.

177 Vgl. Rudolf Carnap: »Die physikalische Sprache als Universalsprache der Wissenschaft«, in diesem Band S. 315–353, und die Beiträge des Abschnitts V.

178 Dies ist z. B. in einer Quantenlogik der Fall.

179 Gemeint ist die berühmte EPR-Debatte. Sie nahm ihren Ausgang von Albert Einstein, Brian Podolsky, und Nathan Rosen: »Can Quantum-Mechanical Description of Physical Reality Be Considered Complete?«, in: *Physical Review* 47 (1935), S. 777–780. Bohrs Antwort hatte denselben Titel: »Can Quantum-Mechanical Description of Physical Reality Be Considered Complete?«, in: *Physical Review* 48 (1935), S. 696–702. Die Debatte ist vielfach analysiert worden; eine

Darstellung in deutscher Sprache gibt Carsten Held: *Die Bohr-Einstein-Debatte. Quantenmechanik und physikalische Wirklichkeit*, Paderborn 1998.

180 In »Was bedeuten die gegenwärtigen physikalischen Theorien für die allgemeine Erkenntnislehre?«, in diesem Band, S. 167, bezeichnet Frank die »Dreizahl: Raum, Zeit, Kausalität« als Zentrum eines schulphilosophischen Verständnisses der Physik. In »Die Anschaulichkeit physikalischer Theorien«, in: *Die Naturwissenschaften* 16 (1928), S. 121–128, sieht er dies als Grund dafür, daß manchen die modernen physikalischen Theorien als unanschaulich gelten.

181 Arnold Sommerfeld: »Wege zur physikalischen Erkenntnis«, in: *Scientia* 59 (1936), 181–187; Zitat auf S. 187. Dies war ein Vortrag, den Sommerfeld 1933 in Edinburgh gehalten hatte und der auf eine Rezension einer neuen Sammlung von Max Plancks philosophischen Vorträgen zurückging. Beide waren sich in ihrer Kritik des Machschen Positivismus einig, konzedierten allerdings dessen logische Konsistenz. Daher bemerkte Sommerfeld auch resigniert: »Es ist keine leichte Aufgabe mit einem überzeugten Positivisten wie z. B. Philipp Frank zu diskutieren.« (S. 182)

182 Das erste Mal am Ende von *Dynamische und statistische Gesetzmäßigkeit in der Physik*, Leipzig 1914.

183 Im Original fälschlicherweise: »Physik des täglichen Lebens«.

184 Damals eine noch durchaus gängige alternative Bezeichnung für die Heisenbergsche Unschärferelation.

185 Heisenbergs berühmtes – und später oft kritisiertes – Gedankenexperiment zur Veranschaulichung der Unschärferelation (Heisenberg-Mikroskop). Versucht man den Ort eines Elektron durch Bestrahlung mit hinreichend kurzwelligem Licht festzustellen, so ergibt sich ein Energie- und Impulsübertrag zwischen Photon und Elektron (Comptoneffekt), aufgrund dessen Ort und Impuls des Elektrons nicht genauer gemessen werden können, als es die Unschärferelation erlaubt.

186 Vgl. auch die kritische Auseinandersetzung des Wiener Kreises mit Pascual Jordan, insbesondere den Beitrag Edgar Zilsels, in diesem Band, S. 605–615.

187 Vgl. Neuraths Bemerkungen über die Stabilität solcher Ausdrücke in »Die Enzyklopädie als ›Modell‹«, in diesem Band, S. 382–384. Die Annahme des Physikalismus bildet die wesentliche Neuerung von

Franks Aufsatz im Vergleich zur Interpretation der Quantenmechanik im Prager Vortrag von 1929 (»Was bedeuten die gegenwärtigen physikalischen Theorien für die allgemeine Erkenntnislehre?«, in diesem Band, S. 133–168) und in seinem Buch *Das Kausalgesetz und seine Grenzen*, Wien 1932.

188 Zilsels Vortrag auf der »Prager Vorkonferenz der internationalen Kongresse für Einheit der Wissenschaften« antwortete auf Pascual Jordan: »Quantenphysikalische Bemerkungen zur Biologie und Psychologie«, in: *Erkenntnis* 4 (1934), S. 215–252. Daran schloß sich eine Diskussion an, in der Otto Neurath (»Jordan, Quantentheorie und Willensfreiheit«, in: *Erkenntnis* 5 [1935], S. 179–181), Moritz Schlick (»Ergänzende Bemerkungen über P. Jordans Versuch einer quanten-theoretischen Deutung der Lebenserscheinungen«, ebd., S. 181–183) und Philipp Frank (»Jordan und der radikale Positivismus«, ebd., S. 184) im wesentlichen Zilsels Standpunkt teilten – wenn auch mit unterschiedlichen Argumenten –, während Hans Reichenbach (»Metaphysik bei Jordan«, ebd., S. 178 f.) eher um Verständnis für Jordan warb und die Beweiskraft der von Zilsel vorgebrachten Abschätzungen bezweifelte. Jordan selbst antwortete auf die Kritik mit »Ergänzende Bemerkungen über Biologie und Quantenmechanik«, in: *Erkenntnis* 5 (1935), S. 348–352.

189 Eine etwas überraschende Zuschreibung; die Unschärferelation war Heisenbergs eigentliches Ergebnis, wiewohl Bohr viel zu ihrer Interpretation beigetragen hatte.

190 Denn die von der Röntgenstrahlung induzierte Emission des Elektrons ist in bezug auf ihren Zeitpunkt und die Richtung nur statistisch vorhersagbar. Berühmter als Zilsels Illustration der quantenmechanischen Unbestimmtheit ist »Schrödingers Katze« (Erwin Schrödinger: »Die gegenwärtige Situation in der Quantenmechanik«, in: *Die Naturwissenschaften* 23 [1935], S. 807–812, 823–828 und 844–849). Sie bringt auch das Meßproblem deutlicher heraus. Das Leben einer Katze innerhalb eines geschlossenen Kastens entscheide sich durch ein quantenmechanisches Ja-Nein-Experiment. Doch ob die Katze lebt oder tot ist, und damit den Ausgang des Experiments, erfahren wir erst nach Öffnung des Kastens. Zilsels Beispiel ist hingegen noch näher an der auch für klassische Systeme charakteristischen sensiblen Abhängigkeit von den Anfangsbedingungen.

191 Vgl. Marian von Smoluchowski: »Über den Begriff des Zufalls und

den Ursprung der Wahrscheinlichkeitsgesetze in der Physik«, in: *Die Naturwissenschaften* 6 (1918), S. 253–263.

192 Eine historische Übersicht über die Entwicklung bietet Jonathan Harwood: *Styles of Scientific Thought: The German Genetics Community, 1900–1933*, Chicago 1993. (Veronika Hofer sei für diesen Literaturhinweis gedankt.)

193 Ein Verweis auf die Mikrophotographien in Curt Stern: »Die Chromosomentheorie der Faktorenkopplung«, in: *Die Naturwissenschaften* 20 (1932), S. 195–201.

194 In Kap. IV von *Das Kausalgesetz und seine Grenzen*, Wien 1932, setzt sich Philipp Frank ausführlich mit der Position Drieschs auseinander.

195 Das Verhältnis des Wiener Kreises zur Biologie ist bisher kaum diskutiert worden und wird zumeist als schlecht bis nicht existent betrachtet, vgl. Gereon Wolters: »Wrongful Life: Logico-empiricist philosophy of biology«, in: Maria Carla Galavotti, Alessandro Pagnini (Hg.): *Experience, Reality, and Scientific Explanation. Essays in Honor of Merrilee and Wesley Salmon*, Dordrecht 1999, S. 187–208. Ein positiveres Bild vermittelt Veronika Hofer: »Philosophy of Biology around the Vienna Circle: Bertalanffy and the Cambridge Theoretical Club«, in: Friedrich Stadler, Michael Heidelberger (Hg.): *History of Philosophy of Science. New Trends and Perspectives*, Dordrecht 2002, S. 325–333.

196 Ein Aufsatz gleichen Namens erschien später in *Wissenschaftlicher Jahresbericht der Philosophischen Gesellschaft an der Universität zu Wien – Ortsgruppe Wien der Kant-Gesellschaft für die Vereinsjahre 1933/34 und 1934/35*, Wien 1935, S. 23–37, sowie in Comité d'organisation du congrès (Hg.): *Actes du huitième congrès international de philosophie à Prague, 2–7 Septembre 1934*, Prag 1936, S. 85–99. Der hier abgedruckte Aufsatz stellt eine Kurzfassung von Schlicks Prager Vortrag dar, die auf Veranlassung Neuraths entstanden und in der *Erkenntnis* zusammen mit den Beiträgen der vor diesem Kongreß abgehaltenen »Vorkonferenz der internationalen Kongresse für Einheit der Wissenschaften« abgedruckt ist. Neuraths Ziel war dabei, die Gemeinsamkeit der Anschauungen zu betonen, wie er am 5. Juli 1934 an Schlick schrieb. Schlicks Kritik der Ganzheitsphilosophie erschien somit im Verbund mit Zilsels Kritik an Pascual Jordans quantenmechanischer Untermauerung des Vitalismus. Beides waren diejenigen zeitgenössischer Entwicklungen in den Lebenswissen-

schaften, die dem Empirismus des Wiener Kreises am nachhaltigsten widersprachen; und hinter beiden stand nicht zuletzt als gemeinsamer Gegner Hans Driesch. Wir haben daher anders als die von Waismann besorgte Ausgabe von Schlicks *Gesammelten Aufsätzen 1926–1936* (Wien 1938) den in der *Erkenntnis* erschienenen Beitrag ausgewählt, ziehen aber den längeren gelegentlich für Anmerkungen heran. (Für die Aufklärung der Entstehungsgeschichte des Textes danken die Herausgeber Herrn Johannes Friedl.)

197 Es ist wohl bezeichnend, daß im Wiener Kreis allgemein und besonders von Neurath die Adjektive ›holistisch‹ oder ›ganzheitlich‹ kaum gebraucht wurden, obwohl ja gerade Neurath unablässig behauptete, daß immer ein *ganzes* Satzsystem einer Wissenschaft in Frage stünde und nicht nur einzelne Sätze (vgl. etwa »Protokollsätze«, in diesem Band, S. 405 f.). Wie der Begriff der Ganzheit war auch der des Holismus seit seiner Prägung durch Jaan Christiaan Smuts *Holism and Evolution* (New York 1926) idealistisch besetzt. Zur Kritik an Smuts idealistischer Ausrichtung vgl. z. B. »Soziologische Prognosen«, in: *Erkenntnis* 6 (1936), S. 398–405, wieder abgedruckt in: *Gesammelte philosophische und methodologische Schriften*, hg. von R. Haller und H. Rutte, Wien 1981, S. 771–776, insbesondere S. 774. Vgl. auch Franks Kritik an Smuts in *Das Ende der mechanistischen Physik*, Wien 1935, § 2. In *Das Kausalgesetz und seine Grenzen* (Wien 1932), § IV, 24 nahm Frank das Thema Ganzheitsphilosophie eher von der lässigen Seite und konstatierte, daß sich Neurath und Driesch aufgrund ihrer politischen Orientierung in ihrem Gesellschaftsbegriff näher waren als die Ganzheitsphilosophen Driesch und Othmar Spann.

198 Der ausführlichere Vortrag macht klar, daß Schlick vor allem Hans Drieschs *Relativitätstheorie und Weltanschauung* (Leipzig ²1930) im Auge hatte. Eine Fußnote (*Gesammelte Aufsätze*, a. a. O., S. 257) richtete sich auch gegen den Prager Brentanisten Oskar Kraus. Beide hatten gefordert, daß ungeachtet der speziellen Relativitätstheorie für zwei Geschwindigkeiten immer gelten müsse, daß $v_1 + v_2 = v$ sei. Doch Schlick zufolge beruhte dies auf einer Verwechslung zwischen der Summe zweier Zahlen und der Summe zweier physikalischer Größen, etwa der relativistischen Geschwindigkeiten. So fordert die spezielle Relativitätstheorie für zwei gleichgerichtete Geschwindigkeiten v_1 und v_2 daß

$$v = \frac{v_1 + v_2}{1 + \frac{v_1 v_2}{c^2}} \quad \text{und nicht} \quad v = v_1 + v_2.$$

199 Vgl. zur Frage des Raumes auch Schlicks Beitrag »Die philosophische Bedeutung des Relativitätsprinzips«, in diesem Band, S. 41–92.

200 Im längeren Aufsatz ist Schlick noch deutlicher. Die Gestaltpsychologie sei die einzig aussichtsreiche Darstellungsweise, um »zu einer Formulierung von Gesetzmäßigkeiten zu gelangen, die den Gegenstand der Psychologie bilden« (*Gesammelte Aufsätze*, a. a. O., S. 265). »Das Wort ›Gestalt‹, welches [...] zunächst bei Gebilden verwendet wurde, die den Gegenstand der Psychologie bilden, dann aber von W. Köhler auch auf physische Ganzheiten übertragen worden ist, dürfen wir für unsere Zwecke als völlig gleichbedeutend mit dem Worte ›Ganzheit‹ betrachten.« (S. 254) Solange es klar bleibt, daß es sich nur um verschiedene Darstellungsweisen handelt, bleiben für Schlick also auch Köhlers Übertragungen des Gestaltbegriffs in die Physik akzeptabel.
Schlicks Befürwortung der Gestaltpsychologie könnte nahelegen, im Wiener Kreis eine scharfe Frontstellung zwischen Schlick und Carnap – der in *Der logische Aufbau der Welt* (Berlin 1928), §§ 67 und 68, eben gerade nicht von atomistischen Elementarerlebnissen ausgeht – einerseits, sowie Neuraths Behavioristik andererseits zu vermuten. Doch ist hierbei Neuraths sehr weitgefaßtes Verständnis von Behavioristik zu beachten, welches nicht einfach auf die Thesen des psychologischen Behaviorismus reduziert werden kann; vgl. »Soziologie im Physikalismus« § IV, in diesem Band, S. 288–294, sowie Anm. 83 und 109.

201 In *Actes du Congrès International de Philosophie Scientifique, Sorbonne, Paris 1935. I. Philosophie scientifique et empirisme logique*, Paris 1936, S. 57–64.

202 Hier versucht Neurath, die Grundthese des historischen Materialismus so zu formulieren, daß sie nicht mehr von den metaphysischen Annahmen des Materialismus des 19. Jahrhundert abhängt.

203 Zum Begriff der Lebenslage, der sowohl für Neuraths Soziologie als auch seine Wirtschaftstheorie grundlegend ist, siehe »Das Begriffsgebäude der Wirtschaftslehre und seine Grundlagen«, in: *Zeitschrift für die gesamte Staatswissenschaft* 73 (1917), S. 484–520, oder kürzer in § 9 von *Empirische Soziologie*, Wien 1931 (*Gesammelte phi-*

losophische und methodologische Schriften, hg. von Rudolf Haller und Heiner Rutte, Wien 1981, Bd. 1, S. 103–129 bzw. 423–427).

204 Ein Lieblingsthema Neuraths, zu dem er gerade als Nachtrag zu seinen früheren Beiträgen zur Debatte um die sozialistische Rechnungslegung das Heft *Was bedeutet rationale Wirtschaftsbetrachtung?*, Wien 1935, vorgelegt hatte (abgedruckt in Joachim Schulte, Brian McGuinness (Hg.), *Einheitswissenschaft*, Frankfurt a. M. 1992, S. 118–165).

205 Carl Gustav Hempel, Paul Oppenheim: »L'importance logique de la notion de type«, in: *Actes du Congrès International de Philosophie Scientifique, Sorbonne, Paris 1935. II. Unité de la science*, Paris 1936, S. 41–49. Vgl. auch Anm. 112.

206 Ausführlicher in »Soziologie im Physikalismus« § III, in diesem Band, S. 283–287.

207 Im Vorspann zur Erstveröffentlichung dieses Briefes erläutert Bergmanns Schüler Reinhardt Grossmann den Entstehungskontext des Briefes. Zu Beginn seiner Emigration fuhr Bergmann »von Wien nach Den Haag, wo er von Otto Neurath empfangen wurde. Neurath gab Bergmann eine für damalige Verhältnisse beachtliche Menge Geld für die Überfahrt nach den Staaten und die ersten Wochen in New York City. Bergmann schrieb in einem Brief an mich, daß Neurath eindringlich gesagt hatte: ›Das Geld ist kein Geschenk; es ist ein Honorarium für eine Memoire, die Sie mir über Ihre Eindrücke vom Wiener Kreis schicken werden.‹ Bergmann kam dem Befehl Neuraths nach. In seinem Nachlaß befinden sich zwölf engbeschriebene Seiten, die er nach seinem Tode veröffentlicht haben wollte.« (»Gustav Bergmann«, in Friedrich Stadler [Hg.]: *Vertriebene Vernunft II. Emigration und Exil österreichischer Wissenschaft 1930–1940*, Teilband 1, Wien [u. a.] 1987, S. 169).

208 Für die Zeit von Dezember 1930 bis Juli 1931 existieren jedoch recht detaillierte Protokolle der Sitzungen des Kreises. Diese wurden von der Philosophiestudentin Rose Rand (1903–1980) angefertigt, was aber damals nicht auf einhellige Zustimmung stieß. Auf Initiative Neuraths brachte Rand jedoch im Jahre 1937 ihre Notizen in die Form eines rund 100 Seiten langen Typoskripts. Wie im Falle Bergmann, gab dies Neurath auch die Gelegenheit, Rand finanzielle Unterstützung zukommen zu lassen. Ein Abdruck der Zirkelprotokolle findet sich in Friedrich Stadler: *Studien zum Wiener Kreis. Ursprung,*

Entwicklung und Wirkung des Logischen Empirismus im Kontext, Frankfurt a. M. 1996, S. 275–334.

209 Bergmann war 1930/31 Mitarbeiter Walther Mayers in Berlin und stand so in Kontakt mit Albert Einstein. Nach deren Emigration kehrte er 1933 nach Wien zurück, wo er als Privatlehrer arbeitete und ein Studium der Rechtswissenschaften abschloß.

210 Für die Wichtigkeit der Wiener Volksbildung und die Rolle des Kreises im Roten Wien, vgl. Stadler, op. cit., § 12.2.

211 Friedrich Waismann: *Einführung in das mathematische Denken. Die Begriffsbildung der modernen Mathematik,* Vorwort von Karl Menger, Wien (1936).

212 Es handelt sich um Waismanns (mehrfach angekündigte) verständliche Darstellung von Wittgensteins Philosophie. Doch Wittgenstein wollte sich nicht dergestalt systematisiert sehen und lehnte sämtliche ihm vorgelegte Versionen ab. Der Band erschien erst postum als Friedrich Waismann: *Logik, Sprache, Philosophie,* hg. von G. P. Baker und B. McGuinness, Stuttgart 1976.

213 Schon Hans Kelsen selbst setzte sich mit Carl Schmitt kritisch auseinander: »Wer soll Hüter der Verfassung sein?«, *Die Justiz* 6 (1931), S. 576–628, abgedruckt in Hans Klecatsky, René Marcic, Herbert Schambeck (Hg.): *Die Wiener Rechtstheoretische Schule. Schriften von Hans Kelsen, Adolf Merkl und Alfred Verdroß,* Bd. 2, Wien/Frankfurt a. M./Zürich 1968, S. 1088 ff.

214 Bergmann war ebenfalls ein Mitglied des sogenannten Fleischer-Kreises, einer Diskussionsrunde um den Kelsen-Schüler Georg Fleischer (Kelsen selbst hatte Österreich bereits 1930 verlassen). Bergmann publizierte auch in der psychoanalytischen Zeitschrift *Imago;* vgl. sein »Zur analytischen Theorie literarischer Wertmaßstäbe«, in: *Imago* 21 (1935), S. 498–504.

QUELLENVERZEICHNIS

I. Programmschriften

1.1 *Wissenschaftliche Weltauffassung. Der Wiener Kreis,* hg. vom
Verein Ernst Mach, Artur Wolf Verlag, Wien 1929.

1.2 M. Schlick: »Die Wende der Philosophie«, in: *Erkenntnis* 1
(1930), S. 4–11.

II. Frühe philosophische Arbeiten
der Gründer

2.1 M. Schlick: »Die philosophische Bedeutung des Relativitätsprinzips«, in: *Zeitschrift für Philosophie und philosophische
Kritik* 159 (1915), S. 129–175.

2.2 P. Frank: »Die Bedeutung der physikalischen Erkenntnistheorie Machs für das Geistesleben der Gegenwart«, in: *Die Naturwissenschaften* 5 (1917), S. 65–72.

2.3 O. Neurath: »Die Verirrten des Cartesius und das Auxiliarmotiv (Zur Psychologie des Entschlusses)«, in: *Jahrbuch der
Philosophischen Gesellschaft an der Universität zu Wien 1913,*
S. 45–59.

III. Allgemeine Erkenntnislehre
und Wissenschaftstheorie

3.1 P. Frank: »Was bedeuten die gegenwärtigen physikalischen
Theorien für die allgemeine Erkenntnislehre?«, in: *Die Naturwissenschaften* 17 (1929), S. 971–977 und 987–994, ebenso in:
Erkenntnis 1 (1930), S. 126–157.

3.2   M. Schlick: »Erleben, Erkennen, Metaphysik«, in: *Kant-Studien* 31 (1926), S. 146–158.

3.3   M. Schlick: »Positivismus und Realismus«, in: *Erkenntnis* 3 (1932), S. 1–31.

3.4   H. Hahn: *Logik, Mathematik und Naturerkennen*, Wien 1933 (Einheitswissenschaft, Heft 3).

3.5   R. Carnap: »Von der Erkenntnistheorie zur Wissenschaftslogik«, in: *Actes du Congrès international de philosophie scientifique, Paris 1935, Fasc. 1, Philosophie scientifique et l'empiricisme logique*, Paris 1936, S. 36–41.

IV. Zu den Programmen des Physikalismus und der Einheitswissenschaft

4.1   O. Neurath: »Soziologie im Physikalismus«, in: *Erkenntnis* 2 (1932), S. 393–431.

4.2   R. Carnap: »Die physikalische Sprache als Universalsprache der Wissenschaft«, in: *Erkenntnis* 2 (1932), S. 432–465.

4.3   O. Neurath: »Einheit der Wissenschaft als Aufgabe«, *Erkenntnis* 5 (1935), S. 16–22.

4.4   R. Carnap: »Über die Einheitssprache der Wissenschaft. Logische Bemerkungen zum Projekt einer Enzyklopädie«, in: *Actes du Congrès International de Philosophie Scientifique, Paris 1935, Fasc. II, Unité de la science*, Paris 1936, S. 60–70.

4.5   O. Neurath: »Die Enzyklopädie als ›Modell‹«, in: *Gesammelte philosophische und methodologische Schriften*, hg. von Rudolf Haller und Heiner Rutte, Wien 1981, Bd. 2, S. 725–738 (übersetzt aus dem Französischen), orig. *Revue de Synthèse* 2 (1936), S. 187–201.

V. Zum Basisproblem der empirischen Wissenschaften (Protokollsatzdebatte)

5.1   O. Neurath: »Protokollsätze«, in: *Erkenntnis* 3 (1932), S. 204–214.

5.2   R. Carnap: »Über Protokollsätze«, in: *Erkenntnis* 3 (1932), S. 215–228.

5.3 M. Schlick: »Über das Fundament der Erkenntnis«, in: *Erkenntnis* 4 (1934), S. 79–99.

5.4 O. Neurath: »Pseudorationalismus der Falsifikation«, in: *Erkenntnis* 5 (1935), S. 353–365.

5.5 R. Carnap: »Wahrheit und Bewährung«, in: *Actes du Congrès international de philosophie scientifique, Paris 1935, Fasc. IV, Induction et Probabilité,* Paris 1936, S. 8–23.

VI. *Zu Spezialproblemen einzelner Wissenschaften*

6.1 K. Menger: »Die neue Logik«, in: *Krise und Neuaufbau in den exakten Wissenschaften. Fünf Wiener Vorträge,* Wien 1933, S. 93–122.

6.2 H. Hahn: »Die Krise der Anschauung«, in: *Krise und Neuaufbau in den exakten Wissenschaften. Fünf Wiener Vorträge,* Wien 1933, S. 41–64.

6.3 M. Schlick: »Die Kausalität in der gegenwärtigen Physik«, in: *Die Naturwissenschaften* 19 (1931), S. 145–162.

6.4 P. Frank: »Philosophische Deutungen und Mißdeutungen der Quantentheorie«, in: *Erkenntnis* 6 (1936), S. 303–317.

6.5 E. Zilsel: »P. Jordans Versuch, den Vitalismus quantenmechanisch zu retten«, in: *Erkenntnis* 5 (1935), S. 56–65.

6.6 M. Schlick: »Über den Begriff der Ganzheit«, in: *Erkenntnis* 5 (1935), S. 52–55.

6.7 O. Neurath: »Mensch und Gesellschaft in der Wissenschaft«, in: *Actes du Congrès International de Philosophie Scientifique, Paris 1935, Fasc. II, Unité de la Science,* Paris 1936, S. 32–40.

VII. *Rückblick aus der Emigration*

7.1 G. Bergmann: »Brief an Otto Neurath« (1936), in: *Vertriebene Vernunft: Emigration und Exil Österreichischer Wissenschaft,* hg. von F. Stadler, Wien 1987 (Veröffentlichungen des Ludwig Boltzmann-Institutes für Geschichte der Gesellschaftswissenschaften), S. 171–180.